“十三五”国家重点出版物出版规划项目

世界名校名家基础教育系列
Textbooks of Base Disciplines from World's Top Universities and Experts

## 伯克利物理学教程（SI 版）
## Berkeley Physics Course

### 第 2 卷

# 电磁学（翻译版·原书第 3 版）

Electricity and Magnetism，3e

［美］E. M. 珀塞尔（Edward M. Purcell）（*Harvard University*）
D. J. 莫林（David J. Morin）（*Harvard University*） 著

宋峰　杨嘉　安双新　郭昊　宛文顺　译

机 械 工 业 出 版 社

本书为“十三五”国家重点出版物出版规划项目。

50年来，Edward M. Purcell的经典教科书向学生们展示了电场和磁场的世界。第3版又做了更新，统一使用国际单位制（SI units），新增了数以百计的新实验、新问题、新数据，另外一个特点就是增加了物理在实际生活中应用的内容。

这本教科书涵盖了所有的电磁场方面的知识点，包括静电学、磁场、电流、电磁波，以及物质中的电磁场，等等。用现代的方法来看，磁场的产生是相对论作用的结果。随着物理知识的深入，引入了数学概念和公式，这使得物理的阐述过程更加清晰。本书讲述的宏观物理现象由基础的微观物理严格导出。

有用的例子、几百个图解说明、将近600道章后习题和练习，使得本书成为电磁学课程的理想教材。教师们可以在www.cambridge.org/Purcell-Morin上进行注册并找到“练习”对应的答案。

本书作者Edward M. Purcell（1912—1997）分别在其科研成果、教育以及市民工作方面被授予了很多奖励。1952年，他因为发现了液体和固体的核磁共振现象而获得诺贝尔物理学奖，通过核磁共振，可以简单、精准地确定有多种用途的基础材料的化学结构，包括磁共振成像的材料（MRI）。在他的事业生涯中，曾经分别做过艾森豪威尔（Dwight D. Eisenhower）总统、肯尼迪（John F. Kennedy）总统以及约翰逊（Lyndon B. Johnson）总统的技术顾问。

本书另一作者David J. Morin是哈佛大学物理系的讲师，大学生研究会的副董事。他也是教科书《经典力学导论》（剑桥大学出版社，2008）的作者。

# 中译本再版前言

“伯克利物理学教程”的中译本自20世纪70年代在我国印行以来已过去三十多年。在此期间，国内陆续出版了许多大学理工科基础物理教材，也翻译出版了多套国外基础物理教程。这在相当大的程度上对大学基础物理教学，特别是新世纪理工科基础物理教学的改革发挥了积极作用。

然而，即便如此，时至今日，国内高校从事物理教学的教师和选修基础物理课程的学生乃至研究生仍然感觉，无论是对基础物理的教、学还是应用，以及对从事相关的研究工作而言，“伯克利物理学教程”依旧不失为一套极有阅读和参考价值的优秀教程。令人遗憾的是，由于诸多历史原因，曾经风靡一时的“伯克利物理学教程”如今在市面上已难觅其踪影，加之原版本以英制单位为主，使其进一步的普及受到一定制约。而近几年，国外陆续推出了该套教程的最新版本——SI版（国际单位制版）。在此背景下，机械工业出版社决定重新正式引进本套教程，并再次委托复旦大学、北京大学和南开大学的教授承担翻译修订工作。

新版中译本“伯克利物理学教程”仍为一套5卷。《电磁学》卷因新版本内容更新较大，基本上是抛开原译文的重译；《量子物理学》卷和《统计物理学》卷也做了相当部分内容的重译；《力学》卷和《波动学》卷则修正了少量原译文欠妥之处，其余改动不多。除此之外，本套教程统一做的工作有：用SI单位全部替换原英制单位；按照《英汉物理学词汇》（赵凯华主编，北京大学出版社，2002年7月）更换、调整了部分物理学名词的汉译；增补了原译文未收入的部分物理学家的照片和传略。

**复旦大学　蒋平**

# “伯克利物理学教程”序

赵凯华　陆　果

20世纪是科学技术空前迅猛发展的世纪，人类社会在科技进步上经历了一个又一个划时代的变革。继19世纪的物理学把人类社会带进“电气化时代”以后，20世纪40年代物理学又使人类掌握了核能的奥秘，把人类社会带进“原子时代”。今天核技术的应用远不止于为社会提供长久可靠的能源，放射性与核磁共振在医学上的诊断和治疗作用，已几乎家喻户晓。20世纪五六十年代物理学家又发明了激光，现在激光已广泛应用于尖端科学研究、工业、农业、医学、通信、计算、军事和家庭生活。20世纪科学技术给人类社会所带来的最大冲击，莫过于以现代计算机为基础发展起来的电子信息技术，号称“信息时代”的到来，被誉为“第三次产业革命”。的确，计算机给人类社会带来如此深刻的变化，是二三十年前任何有远见的科学家都不可能预见到的。现代计算机的硬件基础是半导体集成电路，PN结是核心。1947年晶体管的发明，标志着信息时代的发端。所有上述一切，无不建立在量子物理的基础上，或是在量子物理的概念中衍生出来的。此外，众多交叉学科的领域，像量子化学、量子生物学、量子宇宙学，也都立足于量子物理这块奠基石上。我们可以毫不夸大地说，没有量子物理，就没有我们今天的生活方式。

普朗克量子论的诞生已经有114年了，从1925年或1926年算起量子力学的建立也已经将近90年了。像量子物理这样重要的内容，在基础物理课程中理应占有重要的地位。然而时至今日，我们的基础物理课程中量子物理的内容在许多地方只是一带而过，人们所说的“近代物理”早已不“近代”了。

美国的一些重点大学，为了解决基础物理教材内容与现代科学技术蓬勃发展的要求不相适应的矛盾，早在20世纪五六十年代起就开始对大学基础物理课程试行改革。20世纪60年代出版的“伯克利物理学教程”就是这种尝试之一，它一共包括5卷：《力学》《电磁学》《波动学》《量子物理学》《统计物理学》。该教程编写的意图，是尽可能地反映近百年来物理学的巨大进展，按照当前物理学工作者在各个前沿领域所使用的方式来介绍物理学。该教程引入狭义相对论、量子物理学和统计物理学的概念，从较新的统一的观点来阐明物理学的基本原理，以适应现代科学技术发展对物理教学提出的要求。

当年“伯克利物理学教程”的作者们以巨大的勇气和扎实深厚的学识做出了杰出的工作，直到今天，回顾“伯克利物理学教程”，我们仍然可以从中得到许多非常有益的启示。

首先，这5卷的安排就很好地体现了现代科学技术发展对物理教学提出的要求，其次各卷作者对具体内容也都做出了精心的选择和安排。特别是，第4卷《量子物理学》的作者威切曼（Eyvind H. Wichmann）早在半个世纪前就提出："我不相信学习量子物理学比学习物理学其他分科在实质上会更困难。……当然，确曾有一个时期，所有量子现象被认为是非常神秘和错综复杂的。在最初探索这个领域的时期，物理学工作者确曾遇到一些非常实际的心理上的困难，这些困难一部分来自可以理解的偏爱对世界的经典观点的成见，另一部分则来自于实验图像的不连续性。但是，对于今天的初学者，没有理由一定要重新制造这些同样的困难。"我们不能不为他的勇气和真知灼见所折服。第5卷《统计物理学》的作者瑞夫（F. Reif）提出："我所遵循的方法，既不是按照这些学科进展的历史顺序，也不是沿袭传统的方式。我的目标是宁可采用现代的观点，用尽可能系统和简洁的方法阐明：原子论的基本概念如何导致明晰的理论框架，能够描述和预言宏观体系的性质。……我选择的叙述次序就是要对这样的读者有启发作用，他打算自己去发现如何获得宏观体系的知识。"的确，他的《统计物理学》以其深刻而清晰的物理分析，令人回味无穷。

感谢机械工业出版社，正是由于他们的辛勤工作，才为广大教师和学生提供了这套优秀的教材和参考书。

赵凯华　陈果

2014年于北京大学

# “伯克利物理学教程”原序（一）

本教程为一套两年期的初等大学物理教程，对象为主修科学和工程的学生。我们想尽可能以在领域前沿工作的物理学家所应用的方式介绍初等物理。我们旨在编写一套严格强调物理学基础的教材。我们更特别想将狭义相对论、量子物理和统计物理的思想有机地引入初等物理课程。

选修本课程的学生都应在高中学过物理。而且，在修读本课程的同时还应修读包括微积分在内的数学课。

现在美国另外有好几套大学物理的新教材在编写。由于受科技进步和中、小学日益强调科学这两方面需要的影响，不少物理学家都有编写新教材的想法。我们这套教材发端于 1961 年末康奈尔大学的 Philip Morrison 和 C. Kittel 两人之间的一次交谈。我们还受到国家科学基金会的 John Mays 和他的同事们的鼓励，也受到时任大学物理委员会主席的 Walter C. Michels 的支持。我们在开始阶段成立了一个非正式委员会来指导本教程的编写。委员会一开始由 Luis Alvarez、William B. Fretter、Charles Kittel、Walter D. Knight、Philip Morrison、Edward M. Purcell、Malvin A. Ruderman 和 Jerrold R. Zacharias 组成。1962 年 5 月委员会第一次在伯克利开会，会上确定了一套全新的物理教程的临时大纲。因为有几位委员工作繁忙，1964 年 1 月委员会调整了部分成员，而现在的成员就是在本序言末签名的各位。其他人的贡献则在各分卷的前言中致谢。

临时大纲及其体现的精神对最终编成的教程内容有重大影响。大纲全面涵盖了我们认为既应该又能够教给刚进大学主修科学与工程的学生的具体内容以及应有的学习态度。我们从未设想编一套专门面向优等生、尖子生的教材。但我们着意以独具创新性的、统一的观点表达物理原理，因而教材的许多部分不仅对学生，恐怕对老师来说都一样是新的。

根据计划 5 卷教程包括：

Ⅰ. 力学（Kittel，Knight，Ruderman）

Ⅱ. 电磁学（Purcell）

Ⅲ. 波动学（Crawford）

Ⅳ. 量子物理学（Wichmann）

Ⅴ. 统计物理学（Reif）

每一卷都由作者自行选择以最适合其本人分支学科的风格和方法写作。

因为教材本身强调物理原理，令有的老师觉得实验物理不足。使用教材初期的教学活动促使 Alan M. Portis 提出组建基础物理实验室，这就是现在所熟知的伯克

利物理实验室。这所实验室里重要的实验相当完善，而且设计得与教材很匹配，相辅相成。

编写教材的财政资助来自国家科学基金会，加州大学也给予了巨大的间接支持。财务由教育服务公司（ESI）管理，这是一家非营利性组织，专门管理各项课程改进项目。我们特别感谢 Gilbert Oakley、James Aldrich 和 William Jones 积极而贴心的支持，他们全部来自 ESI。ESI 在伯克利设立了一个办公室以协助教材编写和实验室建设，办公室由 Mary R. Maloney 夫人负责，她极其称职。加州大学同我们的教材项目虽无正式的联系，但却在很多重要的方面帮助了我们。在这一方面我们特别感谢相继两任物理系主任 August C. Helmholz 和 Bulton J. Moyer、系里的全体教职员工、Donald Coney 以及大学里的许多其他人。在前期的许多组织工作中，Abraham Olshen 也给了我们许多帮助。

欢迎各位提出更正和建议。

Eugene D. Commins　　Edward M. Purcell
Frank S. Crawford, Jr.　　Frederick Reif
Walter D. Knight　　Malvin A. Ruderman
Philip Morrison　　Eyvind H. Wichmann
Alan M. Portis　　Charles Kittel，主席

1965 年 1 月
伯克利，加利福尼亚

# “伯克利物理学教程”原序（二）

本科生教学是综合性大学现在所面临的紧迫问题之一。随着研究工作对教师越来越具有吸引力，“教学过程的隐晦贬损”（摘引自哲学家悉尼·胡克 Sidney Hook）已太过常见了。此外，在许多领域中，研究的进展所导致的知识内容和结构的日益变化使得课程修订的需求变得格外迫切。自然，这对物理科学尤为真实。

因此，我很高兴为这套“伯克利物理学教程”作序，这是一项旨在反映过去百年来物理学巨大变革的本科阶段课程改革的大项目。这套教程得益于许多在前沿研究领域工作的物理学家的努力，也有幸得到了国家科学基金会（National Science Foundation）通过对教育服务公司（Educational Services Incorporated）拨款的形式给予的资助。这套教程已经在加州大学伯克利分校的低年级物理课上成功试用了好几个学期，它象征着教育方面的显著进展，我希望今后能被极广泛地采用。

加州大学乐于成为负责编写这套新教程和建立实验室的校际合作组的东道主，也很高兴有许多伯克利分校的学生志愿协助试用这套教程。非常感谢国家科学基金会的资助以及教育服务公司的合作。但也许最让人满意的是大量参与课程改革项目的加州大学的教职员工所表现出来的对本科生教学的盎然的兴趣。学者型教师的传统是古老的，也是光荣的；而致力于这部新教程和实验室的工作也正展示了这一传统依旧在加州大学发扬光大。

**克拉克·克尔（Clark Kerr）**

注：Clark Kerr 系加州大学伯克利分校前校长。

# 第3版前言

50年来，物理专业的学生们已经习惯了使用这本书的前两版来学习电磁学。这一版本的出版是希望能够跟上时代的步伐，所以对书里的一些内容做了更新，同时也添加了一些新的内容。相比于第2版，第3版的明显改变在于：（1）书里的高斯单位制都改成了国际单位制；（2）书中添加了很多已经解决了的问题和例子。

做出第一个改变是因为现在大多数关于电磁学的课程都是使用国际单位制讲授的。第2版已经停止了印刷，我们伤心地看着这样一本好书就这样逐渐消失，因为它和这个科目现在的讲授方式不相兼容。当然，在预备课程里面讲解哪一个单位制更“好”的时候，情况可能会有些不同。但是这只是假设，对于这些课程还是回到现实吧。

对于那些喜欢用高斯单位制的学生，或者那些希望他们的学生掌握两种单位制的教师们，我做了很多可能会有用的附录。附录A讨论了国际单位制（SI）和高斯单位制的区别；附录C中导出了两种单位制中对应单位的转化因子；附录D中解释了如何将公式从国际单位制转变为高斯单位制，然后集中列出了书中每一个重要结论的国际单位制和高斯单位制中对应的公式。花一点时间看一下这个附录会让你清楚理解那些公式在不同的坐标系中的变换过程。

本书的第二个改变是增加了很多已经解决了的问题和很多新的例子。每一章最后都以“习题”和“练习”结尾。“习题”的答案放在第12章。习题和练习之间仅有的一个区别就是书中有习题的答案而没有练习的答案。（对教师另外有一个练习的答案手册，可到 www.cambridge.org/Purcell-Morin 注册获取。）然而，在做习题时，另一个区别就是在习题中会得到更多的定理性的结论，这些结论可以应用在其他的习题或者练习中。

对于使用结论来解决问题时的一些建议：习题（和练习）给定了（对于每一个题）一个从1星到4星的难度等级标记。如果你在解一道题时遇到了麻烦，千万不要急着去看答案。自己先想一会儿。如果最后还是看了答案，不要只是读读它。相反，你要用一张纸盖住它，每一次只读一行，直到你能开始自己把这道题解出来。然后把书放在一边，再自己真正做一遍。这是能让你充分理解的唯一办法。如果仅仅只是读一遍答案，那将毫无用处。你可能会认为那样做也挺好的，但实际上那对你提升对下一个等级习题的理解能力没有任何帮助。当然，在理解基本原理的过程中，对书中包括可能的几个习题的答案的仔细阅读是必要的。但是，如果第1个等级是对基本概念的理解，第2个等级是对概念的应用，然后你就这样一遍一遍地读下去，那你将永远不会通过第1个等级。

这本书尽管在内容上新增加了几个章节，但其整体格局本质上是和第2版完全一样的。2.7节介绍了偶极子。对偶极子成型的处理方式以及它们的应用会留到第10章。但是，因为偶极子的基础知识仅仅用第1章和第2章的几个概念就能解释清楚，所以对它的讲解就安排到了这本书的较前面的部分。8.3节中介绍了用取复数形式解的实部来解几个重要的微分方程的方法。9.6.2小节解决了坡印廷矢量的问题，坡印廷矢量可以用来解决一些非常奇特的问题。

每一章中都包含了一个电磁学的“每天”应用的列表，其中的讨论比较简洁。这一节的主要目的是列出现在还需要进一步研究的热门话题。你可以使用书籍、互联网、讨论、思考等相结合的方法来对这些问题进行更深入的研究。在我们书籍之外有无限多的有用的信息可以去查询（以1.16节开始的地方的几个起始点为例），所以这一节中我们的主要目的就是提供一个进入更深入学习领域的跳板。

在第5章中详细介绍了电场、磁场以及相对论的相互关系。很多学生会感觉这些内容是富有启发性的，而同时有些学生会感觉这部分有些困难。（然而，这两种学生并不是没有一点交集!）对于那些希望避开一些纯理论路线的教师们，是可以仅仅简略介绍一下第5章中的主要结论而从第4章直接跳到第6章的，也就是说，只需要知道磁场是由直的通电导线产生的就行。

在这一版中，对于非笛卡儿坐标系（柱坐标系、球坐标系）的使用更加突出。为了建立起某种对称关系，合适地选择坐标系类型可以很大程度地简化计算。附录F给出了多种向量算符在不同的坐标系中的表示。

相比于第2版，这一版的难度等级明显提高了，主要是因为加入了一些比较难的习题。如果你正在寻找额外的挑战，这些习题会很适合你的口味。然而，如果你把它们忽略掉（在使用本书教学的任何一个标准的课程里，都是可以做到的），它的难度等级就和第2版大致相同了。

十分感谢那些使用本书的讲义并提供了反馈意见的学生们。他们的贡献是非常有价值的。我同样要感谢对书中一些微妙的话题做出很多启发性讨论的Jacob Barandes。Paul Horowitz帮助推动这个项目的发展，并且提供了大量的有用的事实。和Andrew Milewski合作来激发大脑潜能是很愉快的，他对于那些明智的新的习题提供了很多的想法。Howard Georgi和Wolfgang Rueckner提供了很多有效的技术支持和检测。Takuya Kitagawa仔细地阅读了讲义并提出了很多有用的建议。感谢Ali-Woollatt和Irene Pizzie在对本书的排版和手稿的录入工作上做出的努力。其他我要感谢的是加入我们的朋友和同事，有：Lindsay Barnes，Simon Capelin，Allen Crockett，David Derbes，John Doyle，GaryFeldman，Melissa Franklin，Jerome Fung，Jene Golovchenko，DougGoodale，Robert Hart，Tom Hayes，Peter Hedman，Jennifer Hoffman，Charlie Holbrow，Gareth Kafka，Alan Levine，Aneesh Manohar，KirkMcDonald，Masahiro Morii，Lev Okun，Joon Pahk，Dave Patterson，MaraPrentiss，Dennis Purcell，Frank Purcell，Daniel Rosenberg，Emily Russell，Roy Schwitters，Nils

Sorensen, Charlotte Thomas, Josh Winn, 以及 Amir Yacoby。

尽管经过了精心的编排，要想让书中没有一点错误是不可能的。这次添加了大量的新内容，错误无疑也会随之而来。任何人如果发现了错误，请点击网页 www.cambridge.org/Purcell-Morin 来找到打印错误列表或者更新内容等。如果你发现了还没有列出来的错误，请通知我们。欢迎提意见。

D. J. 莫林

# 第2版前言

本书是《电磁学》的修订版，出版本书主要出于三个目的。

首先，在很多观点上，我尽力使文章变得更加清晰。在多年的使用中，许多教师和学生指出了很多可以用更加简单或者系统的方法来让观点更加容易被接受的地方。当然有一些改进方案还是被漏掉了，我希望被漏掉的不是很多。

出版这本书的第二个目的就是希望把这本书从《伯克利物理学教程》中独立出来。尽管在出版时是想把它和第1卷跟第3卷归在一类的，其中第1卷提供了需要的狭义相对论，而第3卷的“波和振动”也吸收了电磁波的内容。而最终证明，第2卷有更广阔的独立应用空间。注意到这些后，我对书中的内容做了一些改动和添加。在附录A中也收录了一些相对论关系的简单回顾。我们在理解运动电荷产生的电场以及它们在不同的范围传播时需要一些观点和公式，而那些回顾正好能提供一些参考和结论。对于真空中麦克斯韦方程组的发展部分则从内容偏多的第7章（电磁感应）移了出来，组成了新的第9章，在这一章中，不管是动态的还是静态的，都把它顺其自然地当作平面电磁波来处理。对于波在电介质中传播的部分移到了第10章关于物质中的电场中。

第三个目的，为了使某些专题的处理方法更加现代化，对于电导率相关章节的修订是最迫切的。在对第4章的修订中加入了关于本征半导体物理一节，其中也包括了掺杂半导体。而其中并没有提及器件，甚至连整流结都没有提到，但是在教师的指导下学习相关课题时，其中提到的能带、施主、受主的概念可以作为课题的起始点。随着人们正在使用的电池不断接近世界人口的数量级，伏打电池的物理原理在人们的日常生活中起着越来越重要的作用，这都得益于固体电子学。在这本书的第1版里，我竟愚蠢地选择了一个电解电池——韦斯顿标准电池——一种在物理学上很快就要被完全淘汰的电池来当例子。那一节已经替换成了用新的图表对铅酸蓄电池——传统的、普遍的，并且短时间不会淘汰——的分析。

在对经典的电磁学的基本介绍中，几乎没有人会预料到，注意力会转移到粒子物理的发展中。但这是基于在第1版中的两个问题：电荷量子化的意义和磁单极子至今还没有发现。对质子衰变的观测将会在很大程度上影响我们对第一个问题的看法。和寻找磁单极子一样，观测电子衰变的研究付出了巨大的努力，尽管截至写这本书的时候还是没有找到确凿的证据，但是发现这种基本粒子的可能性还是依然存在的。

作为本书的可选拓展阅读，在简短的附录中介绍了三个特殊的课题：加速电荷的辐射、超导，以及磁共振。

我们所使用的主要单位为国际单位制单位。我们在正文中和所有的问题中所引入的单位，如安培、库仑、伏特、欧姆、特斯拉等都是国际单位制单位。

米这个单位是用光速来定义的，这在附录 E 中有简要的解释，这种定义刚刚通过了官方认定，也简化了单位之间的准确关系。

本书一共有 300 多道习题，其中多半是新加的。

要对每一个提出有益的修改建议的老师和同学都分别致谢是不现实的，我担心有些人可能会因为发现本书并没有完全按照他的建议来做修改而失望。我希望大多数熟悉第 1 版的读者会同意此次修订的最终结果是有很大进步的。新的和旧有的错误在所难免，诚挚接受读者指出的错误。

衷心感谢在手稿出版过程中耐心、娴熟地提供帮助的 Olive S. Rand。

E. M. 珀塞尔

# 第 1 版前言

本书是《伯克利物理学教程》中的第 2 卷，论述电学和磁学。粗略地看来，内容的安排与其他教材并无二致：静电、稳恒电流、磁场、电磁感应、物质中的电极化和磁极化。但是我们的研究方法却和传统的方法不同。这种区别在第 5 章、第 6 章中最为显著，在这两章中，我们在第 1 卷论述的基础上，用相对论和电荷不变性来阐明运动电荷的电场和磁场。这样的研究方法可以把注意力集中于一些基本问题，如电荷守恒、电荷不变性和场的意义。这里真正需要的狭义相对论的正式工具，只是洛伦兹坐标变换和速度叠加公式。虽然如此，读者把第 1 卷中想要发展的一些概念和处理问题的方式引入本卷也是必要的，例如，善于从不同的坐标系看问题，对不变性的理解以及对于对称性理论的考虑。在本卷中，我们还根据叠加原理进行了许多讨论。

我们对物质中的电现象和磁现象的研究，主要是用“微观”观点，着重于电与磁的原子和分子的偶极子性质。电传导也是用杜鲁德-洛伦兹（Drude-Lorentz）模型做微观描述的。当然，有一些问题必须留到读者学习第 4 卷《量子物理学》以后再讨论。讲到电子轨道和电子自旋时，我们实际上把分子和原子说成是有一定尺寸、形状及硬度的电结构。我们力图仔细处理一些初等教科书里有时回避，有时一笔带过的一个问题，即关于物质内部的宏观场 $\boldsymbol{E}$ 和 $\boldsymbol{B}$ 的意义。

在第 2 卷中加进了一些矢量微积分工具——梯度、散度、旋度和拉普拉斯算子等，以扩充读者的数学知识。由于需要，在前几章中就介绍了这些概念。

本卷初稿曾在加州大学的几个班中试用过。从与伯克利教程有关的许多人员给予的批评中，特别是从使用它教一年级的 E. D. Commins 和 F. S. Crawford, Jr. 所提出的意见中我得到了很多教益。他们以及他们的学生发现了许多需要澄清和补充的地方。我根据他们的建议做了许多修改。读者对最后初稿的批评意见，由 Robert Goren 负责收集，他还帮助组织了习题。在德克萨斯大学使用本书初稿的 J. D. Gavenda 和卫斯廉大学的 E. F. Taylor，也都提供了很有价值的批评。在本书编写初期，Alan Kaufman 提供了许多想法。A. Felzer 作为我们的第一个“试验生”参加了第一稿的大部分工作。

这种讲述电学与磁学的新方法，不仅得到了本教程委员会的支持，而且还得到了在麻省理工学院并行编写新教程的同事们的支持。在后者中，麻省理工学院科学教育中心和塔夫斯大学的 J. R. Tessman 在最初制订编写方案时给了我很大的帮助和影响。他在麻省理工学院教学中使用了本书初稿，由于他对全书的审读，使我们能够做许多进一步的修改和订正。

本书初稿经历次修改的出版工作是由 Mary R. Maloney 夫人指导的。大部分手稿的输入由 Lila Lowell 夫人来完成。插图由 Felix Cooper 确定了最终的版式。

本卷作者一直以来对伯克利分校的同事们怀有深深的感激，尤其是 Charles Kittel，由于他们经常一贯的鼓励，才使本书的繁重编写任务得以顺利完成。

E. M. 珀塞尔

# 目　录

# 静电学：电荷与电场

## 概述

物质具有电荷。电荷守恒和电荷量子化是电荷的两个重要属性。两个电荷之间的作用力由库仑定律给出。像引力一样，作用力与电荷之间距离的平方 $r^2$ 成反比。电荷是守恒的，所以我们能够讨论电荷系统的电势能（组装电荷系统时所做的功）。单位电荷所受的作用力称为电场，电场是一个很有用的概念。空间中的任一点都对应着一个电场。我们定义通过给定平面的电场为电通量，进一步可以得到高斯定理，高斯定理其实是库仑定律的另一种表达形式。在对称情况下，用高斯定理计算电场比用库仑定律再积分要快得多。本章的最后，我们讨论电场的能量密度，可以通过它来计算系统的势能。

## 1.1 电荷

很久以前，人们在一些奇特的现象中发现了电。从使身体上出现通常被称为“奇妙的火花”的现象，到使一个物体高度带电，再到产生稳恒的电流，都需要非常巧妙的设计。在日常的自然现象中，除了壮丽的闪电，从水的结冰到树的生长看上去好像都跟电的现象无关。但现在我们知道了，从原子到活细胞，所有物质的物理性质和化学性质很大程度上都是与电荷的相互作用有关的。之所以有这些认识，我们必须感谢 20 世纪那些揭示了原子结构的物理学家和化学家们，也要感谢 19 世纪发现电磁现象本质的科学家们，比如安培、法拉第、麦克斯韦等。

经典电磁学在解决电荷、电流以及它们之间的相互作用问题时，认为所有的物理量都是可以无限精确地独立测量出来的。这里的“经典”也就是“非量子化”。在经典电磁理论中，带有常量 $h$ 的量子理论就像在普通的力学问题中一样被忽略了。其实，经典的理论在 1900 年普朗克发现量子效应之前就已经发展得非常完善了，而且至今仍然发挥着显著的作用。无论是量子物理学革命还是狭义相对论，它们的发展都无法掩盖住150年前麦克斯韦写下的电磁场方程的光辉。

当然，电磁理论是严格基于实验事实提出的，并且基于这些理论我们有把握在一定范围内——比如螺线管、电容器、交变电流，甚至到电磁波和光波——准确预测结果。但是即便在这些领域取得了更大的成功，也不能保证这些理论在其他领域也能适用，比如在一个分子的内部，就有可能打破这种理论。

从下面两个现象可以看出，传统的电磁场描述在现代物理学中依然具有重要性。首先，狭义相对论没有对经典电磁场理论做修改。从历史角度讲，狭义相对论是受到经典电磁场理论和实验的启发而发展起来的。事实证明，早在洛伦兹和爱因斯坦的工作之前很久，麦克斯韦的场方程就已经提出了，但它和相对论是完全兼容的。再者，直到长度的量级小到原子量级的百分之一，也就是$10^{-12}$m时，电磁力的量子修正被证明也是不重要的。尽管我们需要用量子力学去预测原子内部微粒之间在相互吸引和排斥的作用力下的活动，但其实我们仍然可以使用描述验电器薄片上的电荷相互作用的经典规律来描述这些作用力。对于更小尺度的空间，电磁场理论和量子学理论相融合的产物，称为量子电动力学，已经证明是成功的。利用量子电动力学进行的一些预测已经被更小尺度的空间探测实验所证实。

我们假设读者已经了解了与电学相关的基本知识，所以本书不会去回顾那些证明电荷存在的全部实验，也不会去介绍那些证明物质电学结构的知识。我们要做的是去仔细研究那些决定着事物的基本定律的基础实验。本章我们将要学习关于静止电荷的物理学——静电学。

电荷的一个明显的基本特征是，它以正电荷和负电荷两种形式存在。长期以来，人们观察到所有的带电粒子都可以分成这两种，同种带电粒子相斥，不同种带电粒子相吸。如果两个分立的小带电体$A$和$B$相互吸引，同时$A$吸引第三个带电体$C$，那么我们就会发现$B$和$C$是相互排斥的。这种现象和重力场完全不同：重力场中产生引力作用的是质量，而质量只有一种，并且所有的质量之间都是相互吸引的。

人们可能会把正负两种电荷当作电性的两种相对的表现形式，就像人的左手和右手一样。实际上，在基础粒子物理学中，涉及的电荷符号问题通常和左右手的对称性问题相关，而且还和另外一种基本的对称关系，也就是事件进展顺序相关，比如从$a$到$b$再到$c$，可以在时间上把序列反转对称成从$c$到$b$再到$a$。这就是我们所涉及的电荷的二元性。据目前我们所了解的自然界中的任何一种粒子，都存在与之对应的反粒子，就像电学中的“镜像”关系一样。这种反粒子带着相反符号的电荷。如果粒子的其他固有属性存在对立的性质，则反粒子就会表现出相反的性质，然而如果一种属性，比如质量，没有与之相对的表象的话，那么反粒子和正粒子的这个属性就是完全一致的。

电子带负电，它的反粒子称为正电子，就带有正电荷，但是正电子的质量和电子的质量完全一致。质子的反粒子被称作反质子，带有负电。一个电子和一个质子

结合就形成了一个普通的氢原子。一个正电子和一个反质子以相同的方式结合就形成了一个反氢原子。有了正电子、反质子和反中子[1]，通过合适的组合方式，就可以建造出从反氢原子到反星系的全部物质的反物质。当然，这实现起来还是有很大难度的。因为如果一个正电子和一个电子相遇，或者一个反质子和一个质子相遇，成对的粒子将会很快地以爆炸辐射的形式消失。因此，不用说反原子，就是正电子和反质子在我们的世界中都是如此稀有并且寿命如此短暂就不足为奇了。也许，在宇宙的某一个地方，就集中存在着大量的反物质。如果真的是这样，探索它的神秘位置将会是天文学家们十分感兴趣的。

我们周围的宇宙空间是由绝对的正物质组成的，而不是由反物质组成的。也就是说，几乎全部的负电荷都是由电子携带的，并且几乎全部的正电荷都是由质子携带的。质子要比电子重将近 2000 倍，并且在其他一些方面也与电子有很大的不同。因此原子量级的物质以一种非同寻常的方式携带着正负电荷。正电荷集中在原子核内部，局限在半径不到 $10^{-14}$m 的物质结构中，而负电荷却在大概比原子核尺寸大 $10^4$倍的空间中分布着。如果不是因为物质的这种最基本的电荷不对称性，要想象原子和分子乃至全部的化学物质是什么样子是十分困难的。

顺便要提的是，我们称它们为正电荷和负电荷，只是因为历史上一直这么叫着，名字只是历史的巧合而已。电子的电性本质上并没有什么正负之分。它不像负数。对于负数，一旦进行乘法运算，符号就会改变，一个负数的平方就会变成一个正数，负数在这个特点上与正数有本质区别。但是两个电荷无法相互作用成为一个电荷，这与正负数没有可比性。

电荷的另外两个特性也是物质的电学结构上最基本的特点，这就是：电荷的守恒特性和量子化。其中起着决定性作用的电荷量子化揭示了电荷量的计算测量方法。接下来我们将细致地介绍由相隔一定距离的电荷之间的作用力来计算电荷量的方法等内容。但是我们暂时把这当成一种假设，以便于我们可以自由地讨论这些基本的物理现象。

## 1.2 电荷守恒定律

在孤立系统中，电荷的总量是不变的。我们这里所提到的孤立是指没有任何物质可以通过这个系统的边界。不过我们可以允许光线传入或者传出这个系统，因为组成光的粒子，也就是光子，不会携带任何电荷。在系统内部，带电的粒子可能消失或者再生，但它们会以电荷量相同而符号相反的形式成对发生。例如，在真空当中暴露在伽马射线中的薄壁盒子，就可能成为一个“成对”粒子发生器，在盒子

1 对于中子，虽然它的电荷量为零，但它和它的反粒子不是等价的。在这里我们不去讨论它的某些性质，只要知道它们是相对的两种粒子。

内部，高能量的光子以产生一个电子和一个质子的形式发生湮灭（见图1.1）。这个过程产生了两个带电粒子，但是在盒子的内部以及盒子壁上，总电荷量的净变化量为零。那种只产生带正电的粒子而没有同时产生带负电的粒子这样违背我们刚才所提出的定律（电荷守恒）的现象，还从来没有被发现过。

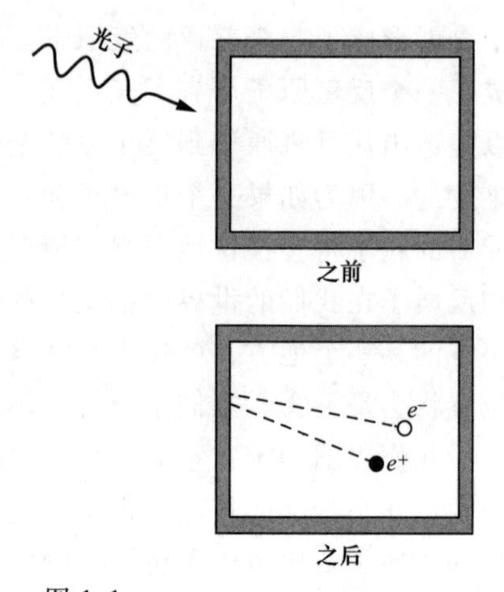

图1.1
带电粒子以等量异号的形式成对产生。

当然，如果电子和质子的电荷量不是严格相等，成对粒子的产生依然会打破严谨的电荷守恒定律。电荷的这种相等性也是自然界一种普遍的对称规律，也是我们前面提到的正粒子和反粒子的二元性的一种表现。

在我们对电磁场的学习过程中，有一点将会变得很明确：电荷不守恒将会与我们现在的电磁场理论结构不相容。不管是作为理论假设，还是作为到目前为止还没有发现例外情况而形成的经验定律，我们可以得到如下的电荷守恒定律：

> 在孤立系统中，电荷量的总和，也就是任意时刻存在的正电荷量和负电荷量的代数和，永远不会改变。

我们迟早会问，这个定律能否禁得住相对论不变性的考验。我们会在第5章对这个重要的问题进行彻底的讨论。不过，答案是肯定的，电荷守恒定律不仅像在上文所说的在给定的一个惯性坐标系中的情况下是成立的，而且在观测者处在不同的坐标系的这种复杂的情况下，对电荷量的测量将得到同样的数值。换句话说，在孤立系统中，电荷量的总和永远是一个恒定值。

## 1.3 电荷的量子性

我们在自然界中发现的最小的电荷量，与一个单电子所带的电荷量相等，用$e$来表示这种电荷的量。当我们关注电荷正负的时候，把电子自身所带的电荷量写作$-e$，而正电子所携带的电荷量严格相等于$e$。因此，电荷量保持守恒的话，正电子和电子发生湮灭时，除了光以外不会留下任何物质。要提醒的是，所有中性粒子所带的正负电荷量都严格相等，也就是说，中性粒子中所有质子所带的正电荷量和所有电子所带的负电荷量都是相等的。

这种相等性可以很容易地由实验验证。我们可以看一下含有两个质子和两个电

子的氢分子所携带的静电荷量是否为零。在 J. G. King[2] 进行的实验中，氢气被压缩到一个电绝缘的容器中。容器中大概包含 $5\times10^{24}$ 个氢分子（质量大约为 17g）。然后氢气以非离子的形式向外排出，所谓离子，是指缺失一个电子或者携带一个额外的电子的分子。如果质子携带的电荷量和电子的不同，比如二者相差十亿分之一的话，那么每一个氢分子将带有 $2\times10^{-9}e$ 的电荷量，氢气全部排出后，容器的电荷量将会改变 $10^{16}e$，这是一个十分可观的数量。事实上，实验证明，剩余的电荷量大概在 $2\times10^{-20}e$ 量级，几乎无法被观测到。这个实验证明了质子和电子所携带的电荷量的差别不会大于 $10^{20}$ 分之一（实验误差范围之内）。

也许正负电荷的这种相等性确实是由某种我们还不知道的原因所决定的。现在的理论推测，非常少量的质子可能会衰变为一个正电子和一些不带任何电荷的粒子，而电荷的相等性也许就和这个衰变过程有关系。如果这种衰变确实可以发生的话，即使质子和正电子的电荷量存在非常轻微的差别，都会彻底打破电荷守恒定律。据 1983 年以来的资料记载，曾经的几个用来探测质子衰变的实验都没有一个能明确证明这个衰变的记录。如果这种现象被观测到的话，电荷守恒定律就是一个必然的结论，而质子和电子（正电子的反粒子）电荷量的这种严格相等性则是必定的。

尽管如此，现在有大量的证据表明，所有强子（粒子的一类，具有强相互作用力，中子和质子就属于强子）都是由一种叫作夸克的更基本的粒子组成的，夸克所携带的电荷量以 $e/3$ 为单位。比如，质子由三个夸克组成，其中两个带电量为 $2e/3$，一个为 $-e/3$。中子由一个带电量 $2e/3$ 和两个带电量 $-e/3$ 的夸克组成。

一些实验已经找到了夸克，包括单独存在的或是束缚在普通物质内部的夸克。因为夸克的这种分数电荷不能被任何数量的电子或者质子所中和，所以利用这种性质很容易发现夸克的存在。迄今为止，分数形式的电荷量还不能完全被人们所信服。目前，量子力学这个讨论强相互作用的理论就给出了对强子不可能释放出夸克的解释。

当然，电荷的量子化这个问题在经典电磁学研究范围之外。我们经常忽略它，就好像我们的点电荷 $q$ 可以携带任何数量的电荷量。这并不会给我们带来什么麻烦。然而，有必要记住的是，经典理论不能用来解释基本粒子的结构体系（即使现有的量子理论都不能完全解释它）。是什么把电子聚集在一起这个问题就像到底是什么东西使得电荷的量固定为一个确定值这个问题一样神秘而未知。这里肯定会涉及一些电力学以外的东西，因为电子内部不同部分之间的静电力是相互排斥的。

在学习电场和磁场时，我们只需要简单地把带电粒子看作是电荷的一种载体，这种载体非常小以至于它的体积和结构在各方面都没有任何意义。可以用一个质子作为例子，我们从高能量的散射实验中知道，质子的电荷量局限在一个半径不超过 $10^{-15}$m 的范围内。我们回顾 α 粒子的卢瑟福散射实验就可以知道，即使是很重的

---

2 J. G. King, *Phys. Rev. Lett.* 5：562（1960）。参考了之前的关于电荷相等性的实验，包括本文中的一些实验以及在 H. Y. Chieu、W. F. Hoffman 和 W. A. Benjamin 等 1964 年在纽约编著的《引力与相对论》第 13 章中 W. A. Benjamin 的实验。

原子核，它的电荷也只分布在半径不到 $10^{-13}$ m 的空间内。对于19世纪的物理学家，“点电荷”是一个非常抽象的概念。而现在我们对原子量级的粒子已经非常熟悉。现在，我们在描述自然时，非常清楚电荷的粒子性，因而，找到一个接近理想化的点电荷，比找到一个电荷密度均匀分布的电荷要更容易。当我们假设电荷均匀分布时，意思是大量基本电荷组成的带电体的电荷是平均分布的。就好似虽然液体在微观上是大量分子一个个堆积组成的，但我们可以定义液体的宏观密度。

## 1.4　库仑定律

正如读者可能已经了解的，库仑定律描述了处于静止状态的电荷之间的相互作用：处于静止状态的两个电荷相互排斥或者吸引，其作用力正比于两个电荷量的乘积，同时反比于两个电荷之间距离的平方。

我们可以用矢量形式简单地表达这种关系：

$$\boldsymbol{F}_2 = k\frac{q_1 q_2 \hat{\boldsymbol{r}}_{21}}{r_{21}^2} \tag{1.1}$$

这里的 $q_1$ 和 $q_2$ 分别是给定电荷的带符号的电量值，$\hat{\boldsymbol{r}}_{21}$是从第1个电荷指向[3] 第2个电荷的单位矢量，而 $\boldsymbol{F}_2$是指对第2个电荷的作用力。这样，式（1.1）代表的就是电荷之间的排斥力而不是吸引力。并且这种力遵循牛顿第三定律，也就是$\boldsymbol{F}_2=-\boldsymbol{F}_1$。

单位矢量 $\hat{\boldsymbol{r}}_{21}$说明了力是平行于两个电荷之间的连线的。它不可能出现在别的方向上，除非空间自身有内在的方向性，如果两个单独的点电荷处在各向同性的空间中，就不会有别的方向选择。

如果电荷具有内部结构，比如有一个跟自身相关的轴向结构，那么我们就不能仅仅用一个标量 $q$ 来描述它。其实某些基本粒子，比如说电子，就有自旋的性质。这导致两个电子之间的作用力在静电排斥力的基础上要再加入磁力影响。一般来讲，这种磁力确实不在两个粒子的连线方向上。它的大小跟距离的四次方成反比，并且在 $10^{-10}$ m 的原子距离之间，库仑力比自旋所产生的磁力要强几乎 $10^4$倍。如果电荷移动的话，还会有另外的磁场力出现，因此，库仑定律仅仅局限于描述静止电荷。在以后的几章中，我们将会转向讨论磁现象。

当然，在式（1.1）中，我们必须假设两个电荷足够小，每个电荷所占的空间相对于 $r_{21}$很小，否则，我们将无法准确地确定 $r_{21}$的大小。

在式（1.1）中，常量 $k$ 的值取决于 $r$、$\boldsymbol{F}$ 和 $q$ 所使用的单位。本书中我们采用国际单位制（SI），国际单位制中长度、质量和时间的单位分别是米、千克和秒，电荷的单位是库仑（C）。其他的一些电学参量的单位有伏特、欧姆、安培和特斯

3　我们这里所默认的习惯好像不是自然选择的，但是这在物理的其他部分的使用中会很方便，并且我们在这整本书中都将遵循这个规则。

拉。对库仑的完整定义中也包含磁力的影响，这会在第 6 章中进行讨论。目前在静电学中，库仑的定义是这样的：各带有 1C 电量的两个电荷，相距 1m 时，其相互排斥力为 $8.988\times10^{9}$N。换言之，式（1.1）中

$$k=8.988\times10^{9}\ \frac{\mathrm{N}\cdot\mathrm{m}^{2}}{\mathrm{C}^{2}} \tag{1.2}$$

第 6 章中我们将会了解到 $k$ 的这个看似有点随意的数字是怎么来的。一般情况下，$k$ 可以近似取 $9\times10^{9}\mathrm{Nm}^{2}/\mathrm{C}^{2}$。电子电荷 $e$ 大约是 $1.602\times10^{-19}$C。因此，可以认为 1C 是 $6.242\times10^{18}$个电子所带的电量。

历史上，习惯引入一个常量 $\varepsilon_0$ 来代替 $k$，其中 $\varepsilon_0$ 的定义为

$$k\equiv\frac{1}{4\pi\varepsilon_0}\Longrightarrow$$

$$\boxed{\varepsilon_0=\frac{1}{4\pi k}=8.854\times10^{-12}\frac{\mathrm{C}^{2}}{\mathrm{N}\cdot\mathrm{m}^{2}}}\left(\text{或者}\frac{\mathrm{C}^{2}\cdot\mathrm{s}^{2}}{\mathrm{kg}\cdot\mathrm{m}^{3}}\right) \tag{1.3}$$

库仑定律可以写成

$$\boxed{\boldsymbol{F}=\frac{1}{4\pi\varepsilon_0}\frac{q_1q_2\hat{\boldsymbol{r}}_{21}}{r_{21}^{2}}} \tag{1.4}$$

在我们后面的学习中，常量 $\varepsilon_0$ 将会在很多表达式中出现。$\varepsilon_0$ 的定义式中有个 $4\pi$，可以让一些公式（如 1.10 和 2.9 节中高斯定理）变得简洁。有关 $\varepsilon_0$ 的详细介绍可以参阅附录 E。

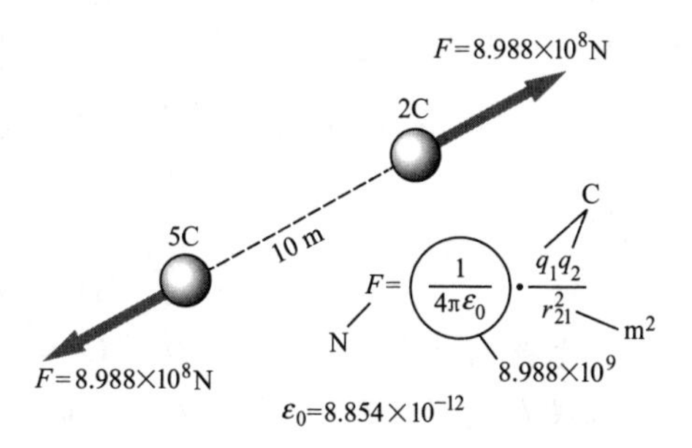


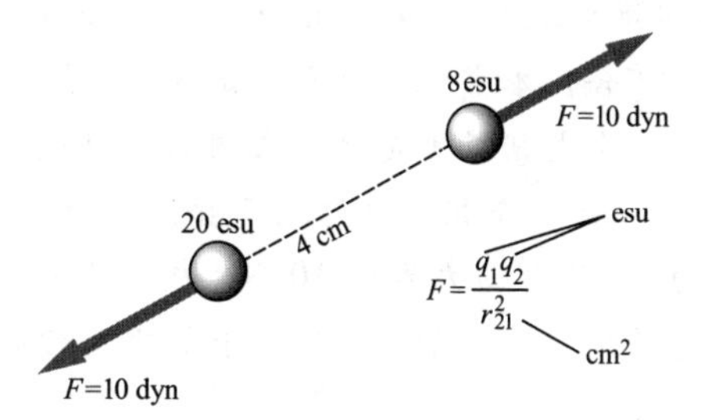


1 N=$10^{5}$dyn
1 C=$2.998\times10^{9}$esu
$e=4.802\times10^{-10}$ esu=$1.602\times10^{-19}$C

图 1.2
在厘米克秒制（CGS）下（底图）和国际单位制（SI）下（顶图）的库仑定律的表达式。我们以后将会学到，常量 $\varepsilon_0$ 和库仑与 esu 之间的关系因子是通过光速相联系的。我们把图中的常量的精度控制在 4 位有效数字。它们的精确值在附录 E 中给出。

电学中用到的另外一个单位制是高斯制，属于厘米-克-秒单位制（简写为 CGS 制，国际单位制也可以简写为 MKS 制，即米-千克-秒制），高斯单位制中电荷的单位是 esu，称为一个静电单位。esu 是这样定义的，当 $r_{21}$用 cm，$\boldsymbol{F}$ 用 dyn（达因），$q$ 用 esu，则式（1.1）中的 $k=1$（就是数字 1，没有单位）。图 1.2 用 SI 制和高斯制画出了两个电荷受力情况。关于 SI 制和高斯制的更多的讨论见附录 A。

**例题（1C 和 1esu 之间的关系）** 证明 $1\mathrm{C}=2.998\times10^{9}$esu（一般可以近似为 $3\times10^{9}$esu）。

**解** 根据式（1.1）和式（1.2），两个相距为 1m 的各带有 1C 的电荷，其相互作

用力为 $8.988\times10^9\text{N}\approx9\times10^9\text{N}$。将 N 转换成高斯制的 dyn：

$$1\text{N}=1\ \frac{\text{kg}\cdot\text{m}}{\text{s}^2}=\frac{(1000\text{g})(100\text{cm})}{\text{s}^2}=10^5\ \frac{\text{g}\cdot\text{cm}}{\text{s}^2}=10^5\text{dyn} \tag{1.5}$$

因此，上述两个 1C 的电荷之间的作用力为 $9\times10^{14}\text{dyn}$。在高斯制下，如何解题呢？高斯制下，库仑定律具有更为简单的形式，力等于 $q^2/r^2$，电荷距离是 100cm，设 $1\text{C}=N\text{esu}$（$N$ 是待定数），则两个电荷之间的 $9\times10^{14}\text{dyn}$ 的力等于

$$9\times10^{14}\text{dyn}=\frac{(N\cdot\text{esu})^2}{(100\text{cm})^2}\Longrightarrow N^2=9\times10^{18}\Longrightarrow N=3\times10^9 \tag{1.6}$$

因此[4]，

$$1\text{C}=3\times10^9\text{esu} \tag{1.7}$$

从而，电荷的大小为 $e=1.6\times10^{-19}\text{C}\approx4.8\times10^{-10}\ \text{esu}$。

如果在式（1.2）中我们使用 $k$ 的更精确的数值，则式（1.7）中的 3 应该是 $\sqrt{8.988}=2.998$，这个值和光速的值不可思议地相似，光速 $c=2.998\times10^8\text{m/s}$。这不是巧合！本书 6.1 节会给出式（1.7）可以写成 $1\text{C}=(10\{c\})\text{esu}$，这里我们把 $c$ 放在一个大括弧里是为了表明它仅仅是一个不带单位 m/s 的数值 $2.998\times10^8$。

1C 是一个相当大的电荷量，两个 1 C 的电荷相距 1m（先不用考虑怎么克服排斥力），其电场力为 $9\times10^9\text{N}$，相当于一百万吨。相比而言，esu 就是一个比较适中的电荷单位，比如，气球上能够吸附你的头发的静电荷大约在 10~100esu。

我们检验和测量电荷的唯一的办法就是利用带电体的相互作用。有人可能会有疑问，库仑定律所表达的内容到底有多大部分实质上仅仅是个定义？实际上，它真正的物理意义在于距离平方反比例关系，以及电荷之间的相互作用在实际效果上是可叠加的。为了说明电荷作用的可叠加性，我们考虑多于两个电荷的情况。毕竟，如果在我们的实验空间里只有两个电荷 $q_1$ 和 $q_2$ 的话，我们是不可能分别测量出它们的。我们只能证明 $F$ 的值会跟 $1/r_{21}^2$ 成比例关系。假设有三个分别带有电量 $q_1$、$q_2$ 和 $q_3$ 的带电体，当 $q_2$ 距离 $q_1$ 0.1m，而 $q_3$ 距离 $q_1$ 非常远时，我们可以测量 $q_1$ 受到的力，如图 1.3（a）。然后，我们

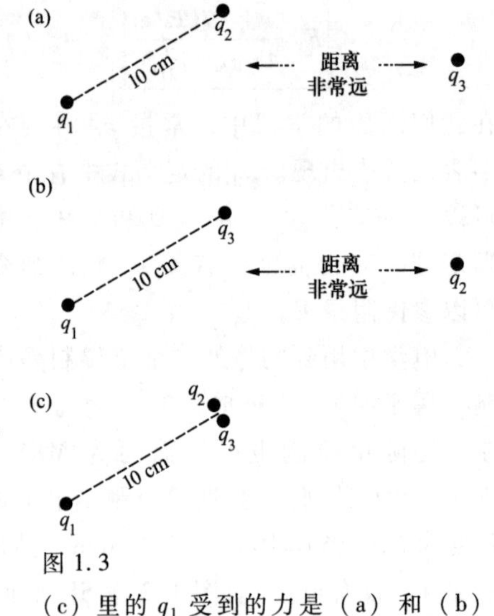


图 1.3
（c）里的 $q_1$ 受到的力是（a）和（b）里 $q_1$ 受到的力之和。

4　这里，本来不该使用“=”号，因为“=”表示 1 库仑和一定的 esu 是一样的。而实际上，库仑和 esu 是不同单位制中的单位，不能简单地这样表达。对式（1.7）的合适的描述方式是：1C 等价于 $3\times10^9\text{esu}$。不过我们总是采用“=”来表示这种描述。更详细的讨论参见附录 A。

把 $q_2$移走，把 $q_3$放到 $q_2$的位置，再次测量 $q_1$受到的力。最后，我们把 $q_2$和 $q_3$并在一起，并且把它们放到距离 $q_1$为 0.1m 的地方。经过测量我们会发现，$q_1$所受到的力等于前两个测量到的力的总和。这是一个非常有意义的结论，这个结论不能从之前我们用来说明两个电荷之间的作用力必须沿着它们之间的连线这种对称关系的逻辑讨论中推断出来。两个电荷之间的作用力不会因为第三个电荷的存在而改变。

不管我们的系统中有多少电荷，都可以用库仑定律来计算每一对电荷之间的相互影响。这是叠加原理的基本内容，我们在学习电磁场的过程中将要频繁使用到。叠加原理是指把两个体系合并成一个系统，即把第二个体系叠加在第一个体系的上面而不会改变每一个体系的结构。这个原理保证，复合系统中任一点上的电荷所受到的力，等于每一个体系单独对该点处的点电荷作用的电场力的矢量和。不要认为叠加原理是理所当然的，在某些条件下，比如在非常小的距离上或者非常强烈的力的作用下，叠加原理就不再适用。其实，在电磁场的量子现象中，确实表现出不再适用经典理论的叠加原理的情况。

因此，只有在两个以上电荷时，电荷之间相互作用的物理关系才能得到全面研究。如图 1.3 中，我们可以突破式（1.1）的局限而推导出，在任意位置处的三个点电荷组成的系统中，其中的任一个，以 $q_3$为例，所受到的力可由下式准确给出：

$$\boldsymbol{F}=\frac{1}{4\pi\varepsilon_0}\frac{q_3q_1\hat{\boldsymbol{r}}_{31}}{r_{31}^2}+\frac{1}{4\pi\varepsilon_0}\frac{q_3q_2\hat{\boldsymbol{r}}_{32}}{r_{32}^2} \tag{1.8}$$

在验证电荷之间吸引和排斥力的二次方反比关系上，有一段有趣的历史故事。库仑用扭秤平衡法测量了两个带电球体之间的力，在 1786 年发表了他的库仑定律。但是在 20 年前，受到本杰明·富兰克林的启发而进行了实验的约瑟夫·普里斯特利已经注意到，一个中空的带电容器不受电场的影响，并且做了一个大胆的猜测："这个实验可能在暗示我们电荷之间的吸引力跟重力遵循同样的规律，即跟距离的平方成反比例关系；因为很容易证明如果地球是一个壳形的话，在里面的物体将不会受到任何方向的吸引力"（普里斯特利，1767）。

这个观点也符合 1772 年亨利·卡文迪许的一个精彩实验的基本内容。卡文迪许在内部放一个小球，并且给与小球连接的导体球壳充电。然后将外面的导体球壳分成两半，再把里面的小球与导体球壳断开。然后对小球进行电量检测，如果球体上没有电荷，就证明了距离平方反比关系是正确的（此题的理论部分参见习题 2.8）。假定距离平方的关系不成立，就是说距离的指数是 $2+\delta$ 而不是 2，卡文迪许得出：$\delta$ 的值一定小于 0.03。当时卡文迪许的实验还有大量未知的东西，直到一个世纪后（1876 年）麦克斯韦发现并出版了卡文迪许的笔记后才解开谜团。麦克斯韦用更先进的设备重复了这个实验，把 $\delta$ 的范围缩减到 $\delta<10^{-6}$。在现代的几个卡文迪许实验，如克兰多尔（1983）和威廉姆斯（1971）等人的实验，依然使用同样的测量方法，其结论已经将范围缩减到 $\delta<10^{-16}$。

然而，在卡文迪许之后二百多年的实验中，热点问题有了一些变化。人们不再在乎库仑定律对实验室里带电物体的描述有多精确——而是库仑定律是否会在某个距离范围内不再起作用呢？可以想象，在两个范围内库仑定律会是失效的。第一个是在非常小的距离范围内，就像我们了解的，当距离小于$10^{-16}$m的时候，电磁场理论根本就不起作用了。另外，对于非常大的空间范围，比如从地理到天文学的空间尺度，用卡文迪许的实验方法来对库仑定律进行验证明显是不可能的。然而，我们确实也观测到了这样的一些明确的电磁现象，它们能够证明经典的电磁场理论在非常大的距离空间上依然是适用的。最有说服力的现象是行星的磁场效应，其中以开拓者10号所探测到的巨行星木星的磁场最具有典型性。通过对木星磁场的区域性差异进行仔细的分析[5]后发现，在离行星$10^5$km的距离处，磁场的表现与经典理论完全一致。这虽然采用的是间接方式，但也相当于是在这么大的距离空间上对库仑定律的验证。

总结来说，在从距离$10^{-16}$m到$10^8$m这24个数量级内，我们完全有理由对库仑定律充满信心，只要在这个范围内，我们就可以以库仑定律为基础来描述整个电磁场。

## 1.5　电荷系统的能量

原则上，库仑定律包含了静电学的全部内容。给定电荷和它们的位置，我们就可以得出所有的与电学相关的力。或者已知电荷在其他种类的作用力下自由运动的规律，我们就可以找到一种可以使得电荷静态分布的平衡排列。同样地，牛顿运动定律在力学上也是完全成立的。但是不管在力学中还是在电磁学中，我们需要引入其他的概念来对其中蕴藏的能量进行更深入的了解，其中最重要的就是能量的概念。

在这里能量是一个有用的概念，因为静电力是一个**保守力**。让一个电荷在电场里转圈，是不损失能量的。一切能量都是完全可互相转换的。首先考虑一下把某带电体放到某个特定位置时，外界必定对系统做功。如图1.4（a）所示，让我们从两个相距非常远的带电量分别为$q_1$和$q_2$的带电体或带电粒子开始。我们暂且不讨论把两个电荷合并在一起

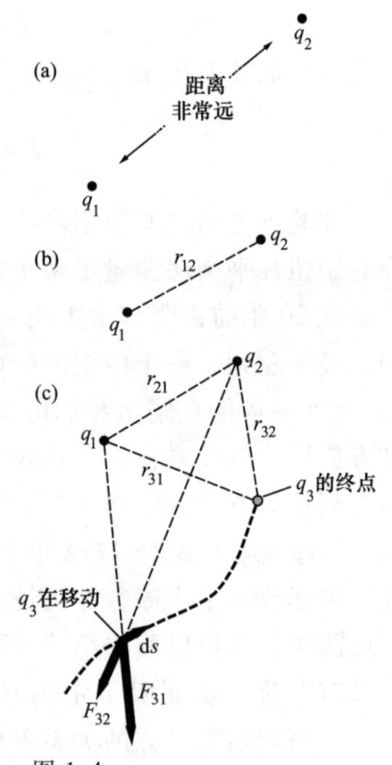


图1.4
三个电荷被移入到靠近另一个电荷的位置。首先移入$q_2$；然后固定$q_1$和$q_2$，把$q_3$移入。

5　Davis等（1975）。如果要看经典电磁场的外空间探索的有关综述，可以参阅Goldhaber和Nieto（1971）的论文。

会需要多少能量。把带电粒子缓慢靠近直到两者之间的距离为 $r_{12}$。这需要做多少功呢？

不管是把 $q_1$移向 $q_2$，还是把 $q_2$移向 $q_1$，结果都是一样的。每一种情况的结果都是以下乘积的积分：力乘上在力的方向上的位移。把电荷移向另一个电荷所施加的力和库仑力大小相等方向相反。因此，

$$W=\int 受力\times 距离=\int_{r=\infty}^{r_{12}}\left(-\frac{1}{4\pi\varepsilon_0}\frac{q_1q_2}{r^2}\right)\mathrm{d}r=\frac{1}{4\pi\varepsilon_0}\frac{q_1q_2}{r_{12}} \tag{1.9}$$

注意，因为 $r$ 变化范围是从$\infty$到 $r_{12}$，位移增量 $\mathrm{d}r$ 是负的。我们知道，如果电荷是同号的，那么对系统所做的功肯定是正的，它们一定是被推到一起去的（所受到的力是负的）。此时，位移和受力都是负的，所以功是正的。当 $q_1$和 $q_2$的单位为库仑，$r_{12}$的单位为米时，式（1.9）中功的单位就是焦耳。

不论电荷是按照怎样的路径靠近的，外界所做的功应该都是一样的。让我们再看一下图1.5中对两个电荷 $q_1$和 $q_2$做功的讨论。我们固定电荷 $q_1$，讨论把电荷 $q_2$沿着两种不同的路径移到相同的终点位置的情况。两种路径都必须穿过如图中所示球壳的 $r$ 到 $r+\mathrm{d}r$ 那段路径。在这一小段距离上，功的增量为$-\boldsymbol{F}\cdot\mathrm{d}\boldsymbol{s}$，对于这两种路径功的增量是相同的。[6] 原因是在这两种路径，$\boldsymbol{F}$ 的大小是相同的，方向都沿着 $q_1$的径向方向，而 $\mathrm{d}s=\mathrm{d}r/\cos\theta$；因此 $\boldsymbol{F}\cdot\mathrm{d}\boldsymbol{s}=F\mathrm{d}r$。沿着一条路径的功的每一增量都等同于沿着另一路径上相对应的功的增量，所以，两者的和也一定相等。对于图1.5中那样在某个球壳内外来回往复的路径（虚线标注），我们的结论同样适用（为什么?）。

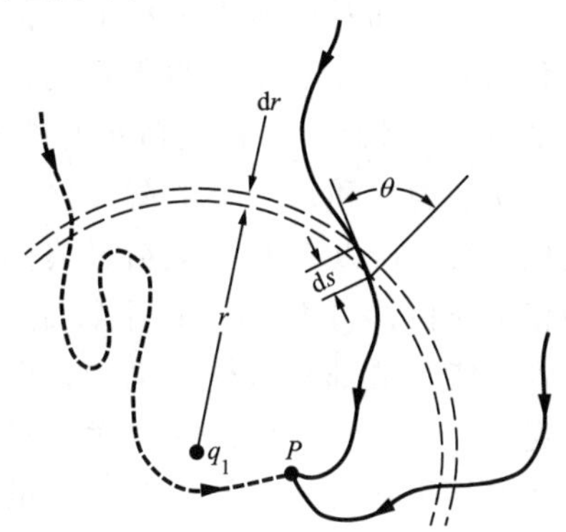


图 1.5

因为力的方向是指向中心的，在不同路径上对 $r+\mathrm{d}r$ 和 $r$ 中间的那一段路程做的功是相等的。

现在让我们回到如图1.4（b）中那样两个点电荷的情况。从无穷远的地方移入第三个电荷 $q_3$，并且把 $q_3$放到距离第一、二个电荷分别为 $r_{31}$和 $r_{32}$的一个点 $P_3$上。完成这个过程需要做的功为

$$W_3=-\int_{\infty}^{P_3}\boldsymbol{F}_3\cdot\mathrm{d}\boldsymbol{s} \tag{1.10}$$

借助我们之前强调过的电荷之间相互作用的可叠加性，有

6　这里我们第一次使用的是两个矢量的标量积，或者说“点积”。回忆一下：两个矢量 $\boldsymbol{A}$ 和 $\boldsymbol{B}$ 的标量积写作 $A\cdot B$，它的值为 $AB\cos\theta$。$A$ 和 $B$ 是矢量 $\boldsymbol{A}$ 和 $\boldsymbol{B}$ 的模，$\theta$ 是它们的夹角。用这两个矢量的分量来表示可以表达成 $\boldsymbol{A}\cdot\boldsymbol{B}=A_xB_x+A_yB_y+A_zB_z$。

$$-\int \boldsymbol{F}_3 \cdot \mathrm{d}\boldsymbol{s} = -\int (\boldsymbol{F}_{31} + \boldsymbol{F}_{32}) \cdot \mathrm{d}\boldsymbol{s} = -\int \boldsymbol{F}_{31} \cdot \mathrm{d}\boldsymbol{s} - \int \boldsymbol{F}_{32} \cdot \mathrm{d}\boldsymbol{s} \tag{1.11}$$

这就是说，把 $q_3$ 移动到 $P_3$ 点上所做的功等于 $q_1$ 和 $q_2$ 分别单独存在时移动 $q_3$ 所需做功之和。

$$W_3 = \frac{1}{4\pi\varepsilon_0}\frac{q_1 q_3}{r_{31}} + \frac{1}{4\pi\varepsilon_0}\frac{q_2 q_3}{r_{32}} \tag{1.12}$$

把这三个电荷集中起来，所需做的总功 $U$ 的大小为

$$U = \frac{1}{4\pi\varepsilon_0}\left(\frac{q_1 q_2}{r_{12}} + \frac{q_1 q_3}{r_{13}} + \frac{q_2 q_3}{r_{23}}\right) \tag{1.13}$$

我们注意到尽管 $q_3$ 是最后被移过来的，但是 $q_1$、$q_2$ 和 $q_3$ 都对称地出现在上面的表达式中。如果我们先移来 $q_3$ 的话，将得到同样的结果（自己试试看）。因此，$U$ 和电荷被移来的先后顺序无关。又因为它和每一个电荷被移入时所经历的路径也无关，所以 $U$ 只是电荷最终的排布方式的一种特定属性，将 $U$ 称为这个特定系统的**电势能**。尽管势能一般都是这样定义的，但它还是有一些特定的性质。在电势能中，我们把三个电荷已经存在但是相互之间都间隔无穷远的状态定义为势能的零点。**势能取决于整体系统的电荷分布形态**。给单独的一个电荷定义一个特定的势能值是没有意义的。

很明显，这个简单的结论可以推广应用于任意多个电荷的情况。如果在空间中有 $N$ 个任意排布的电荷，可以像式（1.13）那样对每一对电荷的势能相加计算得出系统的总的势能。这种情况下，势能的零点对应于所有的电荷都相距为无穷远的情形。

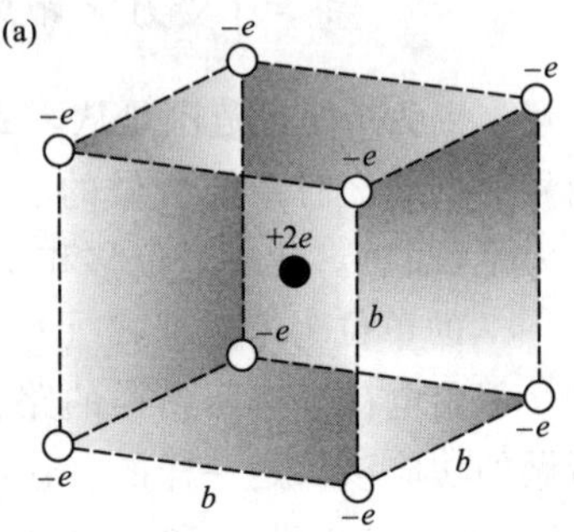


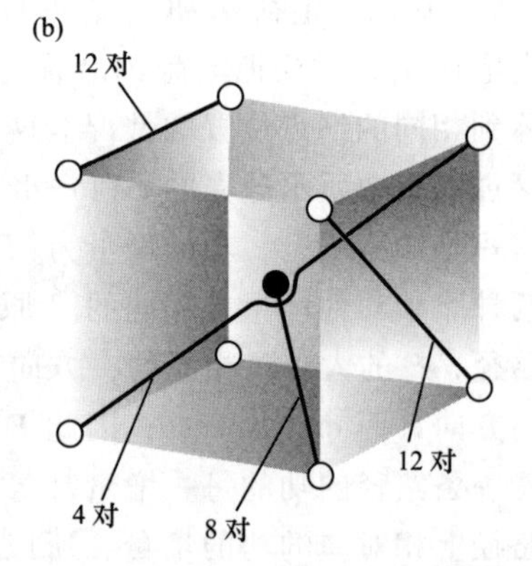


图 1.6

(a) 这种排列方式下的 9 个点电荷的势能值由式（1.14）给出。

(b) 在求和过程中涉及的四种类型的电荷对。

**例题**（立方体中的电荷）　如图 1.6（a），有八个负电荷分别位于一个边长为 $b$ 的立方体的顶点上，同时有一个正电荷在立方体的中心，假定每一个负电荷是一个带电量为 $-e$ 的电子，而处在立方体中心的粒子带有两倍于电子的正电荷 $2e$。试计算这种空间分布下系统的势能。

**解**　图 1.6（b）给出了四对不同类型的电荷对，一种类型包含有中心正电荷，而另外三种类型包含对角线的电荷以及棱边上的电荷。对每一对电荷求和，得到

$$U=\frac{1}{4\pi\varepsilon_0}\left(8\cdot\frac{(-2e^2)}{(\sqrt{3}/2)b}+12\cdot\frac{e^2}{b}+12\cdot\frac{e^2}{\sqrt{2}b}+4\cdot\frac{e^2}{\sqrt{3}b}\right)\approx\frac{1}{4\pi\varepsilon_0}\frac{4.32e^2}{b} \tag{1.14}$$

能量是个正值，说明在排布电荷时，外界必须对系统做正功。当然，如果我们把电荷分开，则系统对外界做功，会对外界的物体施以力的作用。或者说，电子简单地从这个系统中分散开，则全部粒子的总动能将会等于 $U$。不管它们是同时对称地分开还是在某个时刻以某种顺序依次释放开，这个结论都是正确的。由此可以看到系统的势能这个简单的定义的意义。想象一下如果我们必须对电荷分布的每一种状态不同阶段的每一个粒子单独计算合力的话，那问题将会变成什么样子！可以肯定的是，在这个例子中，立方体的几何对称性可以简化计算任务；但即使如此，那也会比上边的简单计算复杂得多。

对所有电荷对势能的求和可以写成

$$U=\frac{1}{2}\sum_{j=1}^{N}\sum_{k\neq j}\frac{1}{4\pi\varepsilon_0}\cdot\frac{q_jq_k}{r_{jk}} \tag{1.15}$$

这里的双求和符号 $\sum_{j=1}^{N}\sum_{k\neq j}$ 代表的是：首先使 $j=1$，对所有的 $k=2, 3, 4, \cdots, N$ 求和；然后让 $j=2$，对所有的 $k=1, 3, 4, \cdots, N$ 求和；以此类推，直到 $j=N$。显然，这里面对每一对粒子都计入了两次，所以我们在前面加入因子 1/2 进行修正。

## 1.6 晶格中的电能

以上这些概念在晶体物理学中有很重要的应用。我们知道，像氯化钠这样的离子晶体，可以近似地认为，其正（阳）离子（$Na^+$）和负（阴）离子（$Cl^-$）在规则的三维列阵或者三维框格上整齐交叉排列。如图 1.7（a）中所示。

当然，离子不是点电荷，其相当于球状电荷，因此，离子之间相互作用的电场力等同于用球状电荷中心的等量点电荷来代替时的情况（我们在 1.11 节中将会证明）。图 1.7（b）中表示了这种等效系统。这种电荷的格状结构产生的静电势能在解释离子晶体的稳定性和内聚力方面起到了重要的作用。现在来计算它的电势能。

每一个宏观的晶体中至少包含 $10^{20}$ 个原子，用上面给出的公式计算电势能，我们好

(a)

(b)

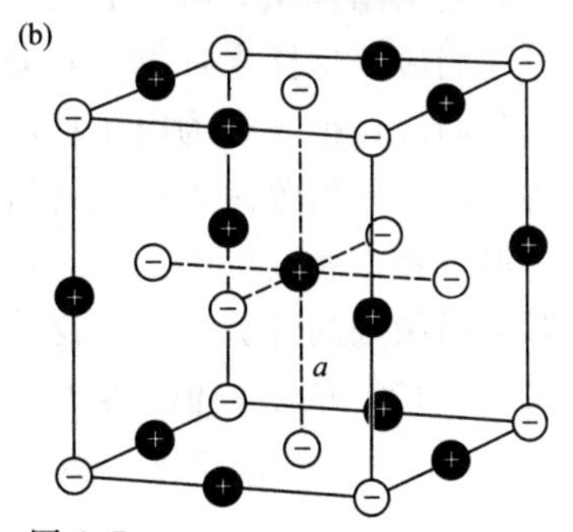


图 1.7

氯化钠晶体的一部分，（a）中以正确的相对比例展示了 $Na^+$ 和 $Cl^-$ 离子，（b）中以等效的点电荷做了替换。

像要一下子面对一个庞大的求和运算。计算的结果会是收敛的吗？我们可以换个思路，计算一下晶体中单位体积或单位质量的势能，这个值与晶体的大小无关，因为一个宏观晶体的边界原子对其他原子的影响极其微小。2g 氯化钠晶体的势能应该是 1g 氯化钠的两倍，只要表面的原子在总的原子数中占很少一部分，晶体的形状就无关紧要了。不过，如果晶体是由只带一种电荷的离子组成的话，则上述论断将得出错误的结果。因为，1g 的晶体会携带有大量的电荷，把两个这样的只有单一一种电荷的晶体放在一起来形成一个 2g 的晶体将会消耗难以想象的能量（你可以计算一下是多少！）。好在晶体的结构是由等量并且异号的电荷交叉组成的，每一个宏观晶体块几乎都是电中性的。

为了计算势能，我们首先注意到，每一个正离子所处的位置和其他正离子所处的位置完全相当。或者说，多个正离子包围着一个负离子的排布，与多个负离子包围着一个正离子的排布，完全一致（尽管在图 1.7 中画的不是很明显）。所以我们可以以一个离子（正负离子均可）为中心，对其与其他所有离子的相互作用进行求和，然后直接乘以两种离子的总数量。这样就把式（1.15）中的两次求和变为一次求和，再乘以因子 $N$；我们依然需要因子 1/2 来修正对每一对离子的重复计算。也就是说，一个总共包含 $N$ 个离子的氯化钠晶体，它内部的能量为

$$U=\frac{1}{2}N\sum_{k=2}^{N}\frac{1}{4\pi\varepsilon_0}\cdot\frac{q_1q_k}{r_{1k}} \tag{1.16}$$

对于图 1.7（b）中正离子位于中心的情况，对它周围的所有离子进行求和，得到的结果中开始的几项为

$$U=\frac{1}{2}N\frac{1}{4\pi\varepsilon_0}\left(-\frac{6e^2}{a}+\frac{12e^2}{\sqrt{2}a}-\frac{8e^2}{\sqrt{3}a}+\cdots\right) \tag{1.17}$$

首项是由最近的距离为 $a$ 的 6 个氯离子所得，第二项则来自于立方体棱边上的 12 个钠离子，以此类推。顺便提一下，式（1.17）显然并不能保证绝对收敛。如果我们天真地试图首先对所有的正离子求和的话，结果会是发散的。为了求出这个和的值，我们应该这样来计算：随着我们计算范围的向外扩大，包括进来距离更远的离子，我们应该把表现为电中性的一层材料一组一组地扩充进来，逐组计算。如果计算得到的和开始收敛，还没有被计算到的更远处的离子就可看成是一种正负电荷的均匀混合物，我们可以认为它们对计算的影响已经变得非常小，可以忽略掉。对于实际上很精细的计算问题，这是一种粗略的计算方法。用计算机可以很容易得到多项式（1.17）的精确值。它的结果是

$$U=\frac{-0.8738Ne^2}{4\pi\varepsilon_0 a} \tag{1.18}$$

这里的离子数目 $N$ 是晶体中 NaCl 分子数的两倍。

上式中的负号代表了如果把晶体分离成离子，外界必须对其做功。换句话说，电能可以解释晶体的凝聚力。然而，如果这是势能的全部内容，晶体将会崩塌，因

为如果缩短所有的距离，电荷分布的势能将会明显变得更低。我们在这里又一次遇到了经典物理——也就是非量子物理——的窘境。根据经典理论，只在电学力的作用下，任何静止的粒子系统都不能平衡地稳定存在。这会导致我们的分析毫无用处吗？完全不是。非常明显也非常巧合的是，在晶体的量子物理学中，电势能依然有意义，并且很大程度地可以采用我们这里学到的方法去计算。

## 1.7 电场

假定在空间固定分布的一些电荷 $q_1$，$q_2$，…，$q_N$，组成一个系统，我们不去讨论它们互相之间的作用力，而是将另外一个电荷 $q_0$ 移到该空间，讨论一下原系统中的电荷对于 $q_0$ 的影响。对于坐标为（$x$，$y$，$z$）处的电荷 $q_0$，其受到的作用力为

$$\boldsymbol{F}=\frac{1}{4\pi\varepsilon_0}\sum_{j=1}^{N}\frac{q_0 q_j\hat{\boldsymbol{r}}_{0j}}{r_{0j}^2} \tag{1.19}$$

式中，$\boldsymbol{r}_{0j}$ 是系统中第 $j$ 个电荷指向点（$x$，$y$，$z$）的矢量。力的大小和 $q_0$ 的量成正比，如果用力 $\boldsymbol{F}_0$ 除以 $q_0$，就得到一个只和原系统中电荷 $q_1$，…，$q_{\mathrm{N}}$ 的分布相关的关于（$x$，$y$，$z$）的矢函数。我们把这个关于（$x$，$y$，$z$）的矢函数称为 $q_1$，…，$q_{\mathrm{N}}$ 电荷系产生的**电场**，并且用符号 $\boldsymbol{E}$ 来代表。$q_1$，…，$q_{\mathrm{N}}$ 称为电场的源。我们可以用这种方式定义一种电荷分布在点（$x$，$y$，$z$）处产生的电场 $\boldsymbol{E}$：

$$\boldsymbol{E}(x,y,z)=\frac{1}{4\pi\varepsilon_0}\sum_{j=1}^{N}\frac{q_j\hat{\boldsymbol{r}}_{0j}}{r_{0j}^2} \tag{1.20}$$

因此，在（$x$，$y$，$z$）处，电荷 $q$ 所受到的作用力为

$$\boxed{\boldsymbol{F}=q\boldsymbol{E}} \tag{1.21}$$

图 1.8 展示了由一个 2C 的点电荷产生的电场和一个-1C 的点电荷产生的电场在空间某一点通过矢量叠加而形成的合电场。在国际单位制中，电场强度 $\boldsymbol{E}$ 用单位电荷受到的力来表示，其单位是牛顿/库仑。在高斯单位制中，电荷的单位为 esu，力的单位为 dyn，于是电场强度的单位是 dyn/esu。

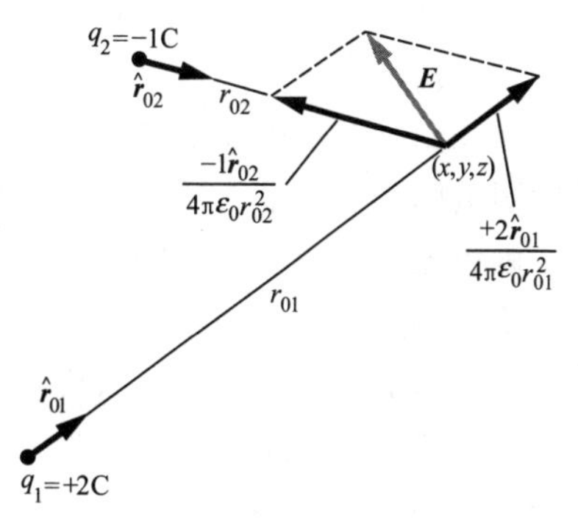


图 1.8

一个点上的电场矢量等于系统中每一个电荷在该点处产生的电场的矢量和。

在第 2 章介绍完电势之后，我们将会学到另外一个完全等价的电场强度的单位，即国际单位制中的 V/m（伏/米），以及高斯单位制中

的 statvolt/cm（静伏/厘米）。

到现在为止，我们其实没有介绍什么新的东西。电场只是描述电荷系统的另一种方法；描述方法是：一个试探电荷 $q_0$在系统中任何一点受到的力，以单位电荷受力（在数值和方向上）的形式进行描述。要注意的是，除非源电荷是真的被固定住，否则电荷 $q_0$的引入可能导致源电荷移开它们自己的位置，从而使式（1.20）定义的电场发生变化。这就是为什么我们在讨论的开始就假定源电荷是固定不动的。人们有时用使 $q_0$作为一个“无限小”的测试电荷的方法来定义电场，从而 $\boldsymbol{E}$ 就成为当 $q_0 \to 0$ 时，$\boldsymbol{F}/q_0$的极限。其实，要引入任何一种严谨的假设都是不可能的，要记得在现实世界中我们还没有发现过比 $e$ 还要小的电荷！实际上如果我们不涉及试探电荷而把式（1.20）作为 $\boldsymbol{E}$ 的定义的话，不会有任何问题，源电荷也没必要固定。如果新电荷的引入导致了源电荷的移动，也就是说新电荷带来了电场的变化，这样我们如果要计算新电荷受到的力，就必须用发生变化后的新电场。

或许你依然想问，电场是什么？它是真实存在的东西吗？或者它只是一个方程中的某个因子，该因子与别的东西相乘可以得到我们在实验中要测量的力？这里，可以从两个方面来考察。首先，只要电场是实际有用的东西，以上两种说法都可以。这不是一个轻率的回答，而是非常严肃的。再者，要计算空间某点处的任意电荷所受到的力，只需要知道该点处的电场矢量就够了，这一点非常重要。或许情况可能是另外一回事：我们假设，单位电荷在两种情况下受到的力是相同的，而强度是 2 个单位的电荷由于系统中其他电荷的自然属性不同所受到的力却是不同的。如果这是真的的话，电场的描述就没有意义了。系统中每一点的电场都有局域性，如果我们知道了某一点的 $\boldsymbol{E}$，不需要有其他更多的条件，我们就能知道在该点临近位置的电荷将会发生什么。我们没必要知道到底是什么产生了那个电场。

为了使电场变得直观，用一个能够同时表示大小和方向的矢量来表示某点的电场。在本书中，我们使用了各种各样的标志来描述电场矢量，不过没有一个能够完全理想地描述电场。

要在二维的平面图上画出三维空间的矢量函数是非常难的。我们可以在不同的点的附近画带有小箭头的线段来表示这些点上的 $\boldsymbol{E}$ 的大小和方向，当 $E$ 比较大时线段画得比较长一些。[7] 在图 1.9（a）中我们用这种图表示了一个+3 单位的孤立点电荷形成的电场，在图 1.9（b）中表示了-1 单位的点电荷的电场。对于了解一个孤立点电荷的电场，该图没有带来什么新意；即使没有这个图，我们也可以想象得到一个简单的径向距离平方反比关系的电场。不过利用这个图，可以把这两个场叠加起来。图 1.9 中的两个电荷相距为 $a$，其叠加电场如图 1.10 所示。图 1.10 能够展示的仅仅是这两个电荷在一个平面上的电场分布。为了能够得到在三维空间的电

7　这种表达方式相当粗糙。它很难表示出空间中那些具有特定矢量的点的电场，并且 $E$ 的大小通常会很大，以至于让带箭头线段的大小和 $E$ 成比例是不现实的。

场分布，可以想象把图围绕其对称轴旋转。在图 1.10 的空间中有一个点的电场强度 $\boldsymbol{E}$ 为零，作为一个练习，读者可以找出这个点在哪儿。我们注意到，在图的边缘，电场的指向或多或少的呈辐射状指向外侧。可以推测在距离电荷非常远的地方，电场看上去将会是从一个正的点电荷发出的一样。这是预料之中的，因为对于非常远的电荷来说，这两个电荷之间的距离可以忽略，可以认为两个源电荷叠加成一个电量为+2 单位的点电荷。

描述电场矢量的另外一种方法就是画**电场线**。电场线是这样的曲线，曲线上的任一点的切线都沿着该点电场的方向。这些曲线是光滑并且连续的，除非是在奇点上（比如一个点电荷或者像在图 1.10 的例子中电场为零的点上）。电场线不能直接显示出电场的大小，不过，通常情况下，在电场非常强的区域附近电场线变得密集，在电场弱的区域附近电场线变得稀疏，我们可以据此来推断电场的大小。图 1.11 中画出了和图 1.10 同样的由+3 单位的正电荷和−1 单位的负电荷组成的电荷系统的电场线。同样地，在纸面上我们只能画出三维图中的一个二维截面图。

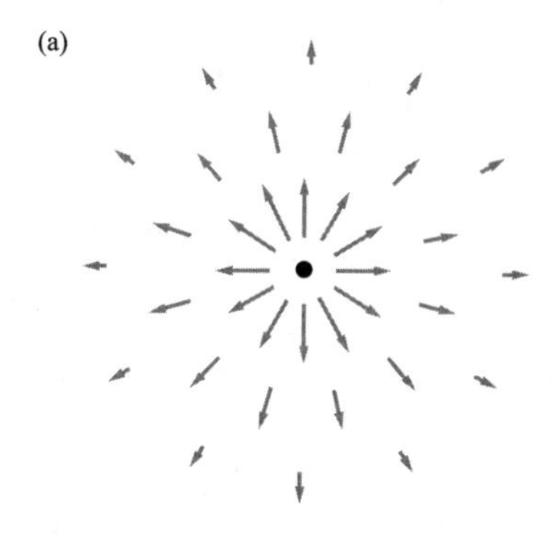


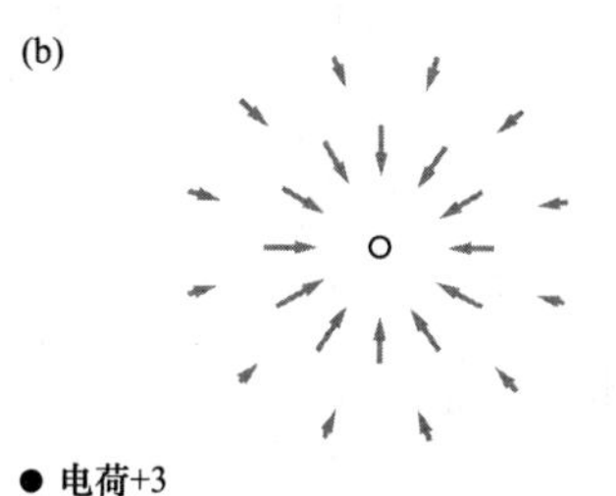


图 1.9

（a）电荷 $q_1=+3$ 的电场。（b）电荷 $q_2=-1$ 的电场。两种表示都比较粗略，并且做了大致的定量化。

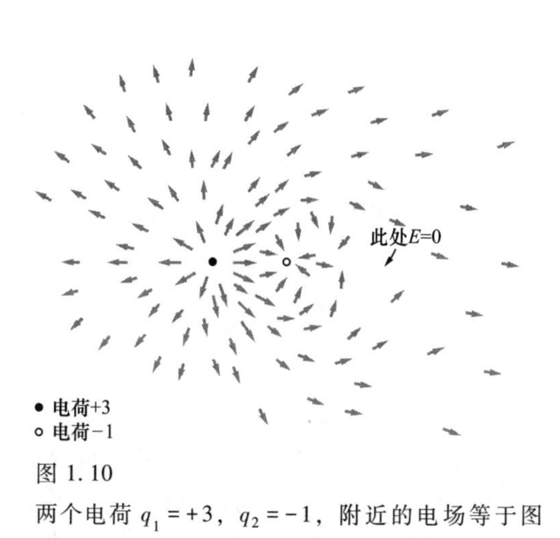


图 1.10

两个电荷 $q_1=+3$，$q_2=-1$，附近的电场等于图 1.9（a）和（b）中电场的和。

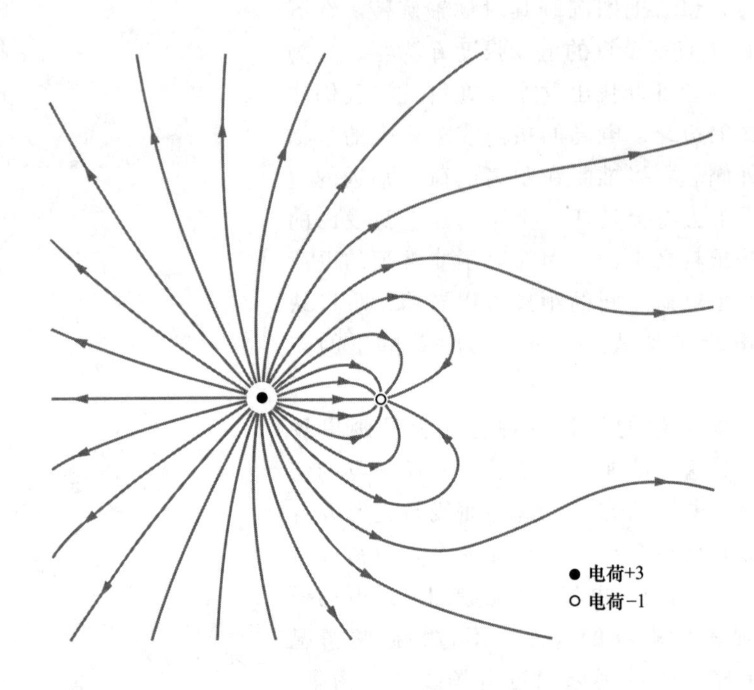


图 1.11
在两个电荷 $q_1=+3$ 和 $q_2=-1$ 周围的电场中的电场线。

## 1.8　电荷分布

我们介绍了点电荷的性质，本节中，我们将推广到连续分布的电荷。用一个表示电荷密度的标量符号 $\rho$ 来表示电荷的体积分布，它是跟位置有关的函数，其单位为“电荷量/体积”。也就是说，$\rho$ 乘以体积元就得到了这个体积元内包含的电荷量。$\rho$ 经常用来表示单位体积物质的质量，但是在本书中 $\rho$ 优先用于表示单位体积的电荷量。如果我们把 $\rho$ 写成一个带有 $x$、$y$、$z$ 坐标的方程，那么 $\rho(x,y,z)\mathrm{d}x\mathrm{d}y\mathrm{d}z$ 就表示了在（$x$，$y$，$z$）位置处一个体积为 $\mathrm{d}x\mathrm{d}y\mathrm{d}z$ 的空间里所包含的电荷量。

当然，在原子量级，电荷密度在每一个点上的差别是非常大的，即便如此，可以证明这个概念在这个尺度上还是有用的。然而，多数情况下我们还是用它来计算规模比较大的系统，尽管体积元 $\mathrm{d}v=\mathrm{d}x\mathrm{d}y\mathrm{d}z$ 大到可以包含很多原子和基本电荷，但它相对系统的大小来说还是显得非常小的。就像之前提到的，我们遇到了一个跟定义普通物质的质量密度一样的问题。

如果电场的源不是点电荷而是连续分布的电荷，我们只需要把式（1.20）的求和替换成积分运算。这个积分给出了点（$x'$，$y'$，$z'$）处的电荷在点（$x$，$y$，$z$）处产生的电场：

$$\boldsymbol{E}(x,y,z)=\frac{1}{4\pi\varepsilon_0}\int\frac{\rho(x',y',z')\hat{\boldsymbol{r}}\mathrm{d}x'\mathrm{d}y'\mathrm{d}z'}{r^2} \tag{1.22}$$

这是一个体积积分。保持（$x$，$y$，$z$）固定，我们让积分变量 $x'$、$y'$、$z'$遍历整个连续电荷的空间，这样就把整个带电体的作用叠加了起来。单位矢量 $\hat{\boldsymbol{r}}$ 从（$x'$，$y'$，$z'$）指向（$x$，$y$，$z$）——如果 $\hat{\boldsymbol{r}}$ 方向相反，则要在积分运算前边加上一个负号。直接确定式子的符号往往是困难的。我们只需要记住，电场总是从正电荷源发出的（见图1.12）。

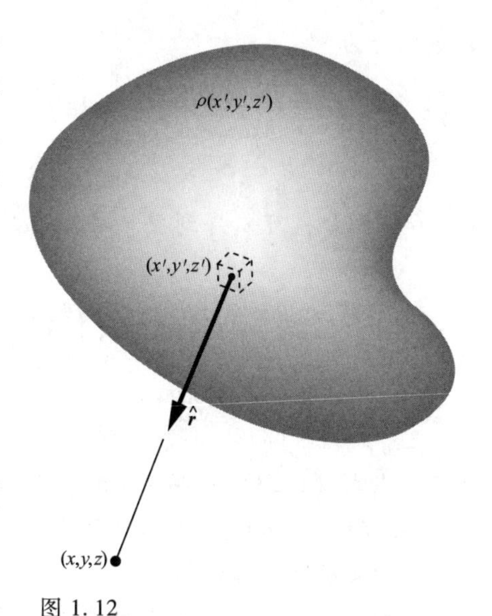


图 1.12
电荷分布 $\rho$（$x'$，$y'$，$z'$）中的每一个元电荷都对点（$x$，$y$，$z$）处的电场 $\boldsymbol{E}$ 有一个分量。在这一点上的总电场是所有这些分量的总和，参见式（1.22）。

**例题（半球的电场）** 均匀带电的半径为 $R$ 的半球，电荷密度为 $\rho$。试求球心处的电场。

**解** 可以将半球看成是绕着对称轴的无数个微小圆环组成的，求出每个圆环在球心处的电场，然后再进行积分，就可以得到半球的电场了。本题中采用极坐标（也可以采用球坐标），要比采用笛卡儿直角坐标更合适。

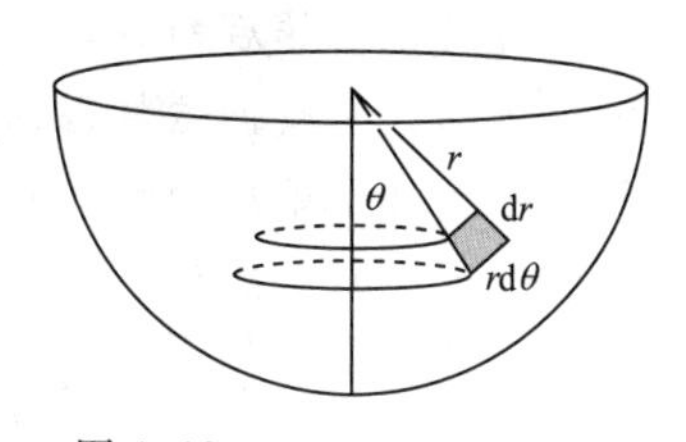


图 1.13
圆环的截面，半球可以认为是由一系列圆环组成的。

如图 1.13 所示，每一个圆环的截面（实际上）是一个边长分别为 $\mathrm{d}r$ 和 $r\mathrm{d}\theta$ 的矩形，其面积为 $r\mathrm{d}r\mathrm{d}\theta$。圆环的半径为 $r\sin\theta$，所以这个圆环的总的体积是 $(r\mathrm{d}r\mathrm{d}\theta)(2\pi r\sin\theta)$。因此上面携带的电荷量为 $\rho(2\pi r^2\sin\theta\mathrm{d}r\mathrm{d}\theta)$。我们也可以利用球坐标来得到这个体积元 $r^2\sin\theta\mathrm{d}r\mathrm{d}\theta\mathrm{d}\phi$，然后再对 $\phi$ 进行积分，从而得到因子 $2\pi$。

考虑上面的圆环上的一小段，上面带有电荷量 $\mathrm{d}q$。它在球心产生的电场沿着这个小体积和球心的连线指向上方（假设电荷是正的），其大小为 $\mathrm{d}q/(4\pi\varepsilon_0 r^2)$。垂直方向的分量为该值乘上 $\cos\theta$。对整个圆环进行积分，上面的 $\mathrm{d}q$ 就变成了我们刚才得到总电量的值。根据对称性，由这种小体积元组成的圆环在球心产生的电场只有垂直分量，因为平行分量相互抵消了。因此这个圆环在圆环处产生的（竖直

的）电场为

$$\mathrm{d}E_y=\frac{\rho(2\pi r^2\sin\theta\mathrm{d}r\mathrm{d}\theta)}{4\pi\varepsilon_0 r^2}\cos\theta=\frac{\rho\sin\theta\cos\theta\mathrm{d}r\mathrm{d}\theta}{2\varepsilon_0} \tag{1.23}$$

对 $r$ 和 $\theta$ 积分，可以得到整个半球在球心处的电场强度为

$$E_y=\int_0^R\int_0^{\pi/2}\frac{\rho\sin\theta\cos\theta\mathrm{d}r\mathrm{d}\theta}{2\varepsilon_0}=\frac{\rho}{2\varepsilon_0}\left(\int_0^R\mathrm{d}r\right)\left(\int_0^{\pi/2}\sin\theta\cos\theta\mathrm{d}\theta\right)$$

$$=\frac{\rho}{2\varepsilon_0}R\left.\frac{\sin^2\theta}{2}\right|_0^{\pi/2}=\frac{\rho R}{4\varepsilon_0} \tag{1.24}$$

注意，在式（1.23）中半径 $r$ 相互抵消了。如果给定了 $r$、$\mathrm{d}\theta$ 和 $\mathrm{d}r$，圆环的面积会随着 $r^2$ 而增长，正好抵消了库仑定律中分母上的 $r^2$。

**讨论：** 本例表明，半球产生的电场是垂直的。这符合这个结构的对称性。本书中后面还有很多地方涉及对称性，所以我们在这里先把这个原理讲清楚。假定（找出一个矛盾）半球产生的电场不是垂直的，比如图1.14（a）所示 $\boldsymbol{E}$ 矢量与虚线成某个角度。我们将该系统绕对称轴旋转180°，由于这个电场还必须穿过这条虚线，所以它必定指向如图1.14（b）所示的方向。可是，旋转后的半球，和旋转之前的半球是完全一样的，所以电场理应指向同一个方向，而我们这样得到的电场分别指向了左上方向和右上方向。这是相互矛盾的。避免这个矛盾的唯一可能就是电场的方向是沿着对称轴的（也可能沿着对称轴的负方向），只有这样，半球旋转后，电场方向才不会改变。

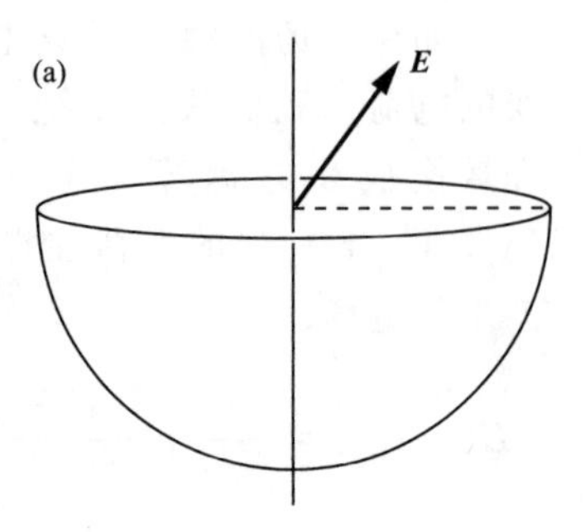


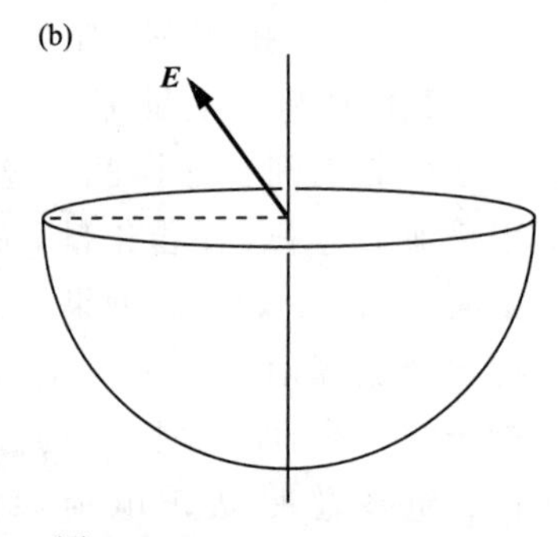


图1.14
利用对称性可以解释为什么电场 $\boldsymbol{E}$ 一定是垂直的。

在一个实际的点电荷附近，逐渐靠近点电荷，电场会按照 $1/r^2$ 的规律而变得无限大，因此讨论电荷所在点的电场是没有意义的。因为实际的电场的源并不是体积为零的空间里无限集中的电荷，而是一个具有有限体积的结构。我们可以简单地忽略掉由点电荷所引入的数学奇点问题和电荷内部结构及边界问题。有限的连续分布电荷 $\rho(x',\ y',\ z')$ 不会出现点电荷的这种问题。可以用式（1.22）来求出在这种连续电荷内部的电场。当 $r=0$ 时，体积元的体积用球坐标表示成 $r^2\sin\phi\mathrm{d}\phi\mathrm{d}\theta\mathrm{d}r$，这里的 $r^2$ 正好就抵消了式（1.22）中分母中的 $r^2$。也就是说，因为 $\rho$ 是有限的，所以各处的电场也是有限的，即便是电荷体的内部或者边界也是如此。

## 1.9　通量

电场和它的源之间的关系可以用一种简单明确的方式来描述，我们会发现这种

描述方式是非常有用的。为此，我们需要定义一个叫作通量的物理量。

考虑空间中有一些电场，这个空间的表面是任意形状并且封闭的，就像一个任意形状的气球一样。图 1.15 表示了一个这样的表面，电场用电场线表示了出来。现在把表面分割成很多小块，这些小块小到每一块的表面几乎都是平的，并且在小块的每一个地方电场矢量都是一样的。换句话说，不要让这个气球有太多褶皱，并且不要让它的表面有像点电荷这样的电场奇点[8]。每一个小块的面积都有一个以 $m^2$ 为单位的确定值，并且被定义了一个确定的方向——垂直于表面从内部指向外部（因为表面是封闭的，可以分辨出其内部和外部，这是很明确的）。可以用一个矢量来表征该小块面积的大小和方向。这样，对于从表面上分割出来的每一个小块，比如说第 $j$ 个小块，我们就可以用一个矢量 $\boldsymbol{a}_j$ 来代表它的面积和方向。我们刚刚做的这几个步骤画在图 1.15（b）和图 1.15（c）中。注意：矢量 $\boldsymbol{a}_j$ 完全和小块的形状无关，所以只要小块足够小，无论怎么对表面进行分割都行。

假定在第 $j$ 个小块的位置处的电场矢量是 $\boldsymbol{E}_j$，则矢量的点乘 $\boldsymbol{E}_j \cdot \boldsymbol{a}_j$ 是一个标量，我们把这个标量叫作穿过这个小块表面的通量。为了理解这个名字的来源，想象一个代表流体速度的矢量，比如说在一条河中，各处的速度值是不同的，但是每一处的速度是恒定的。用 $\boldsymbol{v}$ 来表示这种矢量场，单位比如说是 m/s。这样，如果 $\boldsymbol{a}$ 是水下的一个面向水流方向的框的面积，其单位为 $m^2$，则 $\boldsymbol{v} \cdot \boldsymbol{a}$ 就是通过这个框的水的流量率，其单位为 $m^3/s$（见图 1.16）。点乘后出现的 $\cos\theta$ 表示矢量 $\boldsymbol{v}$ 沿着 $\boldsymbol{a}$ 方向的分量，或者是矢量 $\boldsymbol{a}$ 沿着 $\boldsymbol{v}$ 方向的分量。必须强调的是我们对通量的定义可以适用于任何矢量函数，不管它代表什么物理量。

(a)

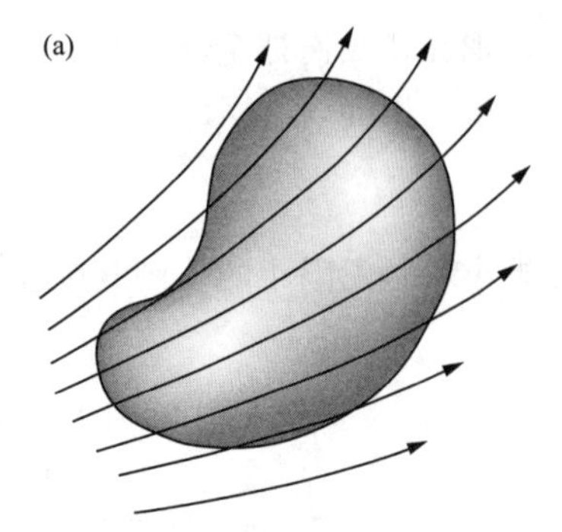

(b)

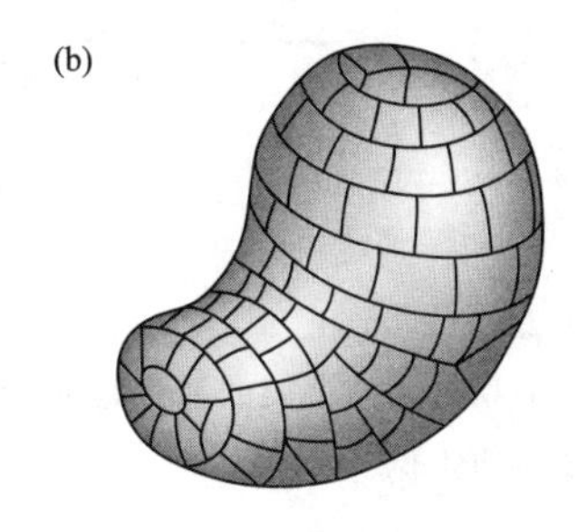

(c)

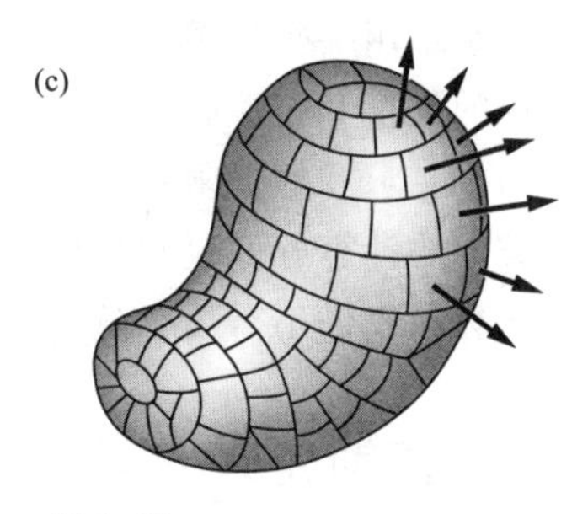

图 1.15
（a）电场内部的一个闭合表面。（b）被分割成小的面积元。（c）每一个面积元被替换成一个指向外侧的矢量

8　对于电场中的奇点，我们一般不仅仅指使得电场无限大的一个点电荷源处，而且也包括任何电场幅度或者其方向不连续的地方，比如一个集中了电荷的无限薄层。实际上后者是比较弱的奇点，在我们所考虑的情况中不会造成任何麻烦，除非是所选择的表面碰巧在某些有限区域内是不连续的。

现在让我们把全部的小块上的通量加起来以得到通过整个表面的通量，这是一个标量，用 $\Phi$ 来表示：

$$\Phi = \sum_{全部j} \boldsymbol{E}_j \cdot \boldsymbol{a}_j \tag{1.25}$$

如果小块是无限小的，则其数量会无限多，因此式（1.25）中的和就变成了表面积分：

$$\Phi = \int_{整个表面} \boldsymbol{E} \cdot \mathrm{d}\boldsymbol{a} \tag{1.26}$$

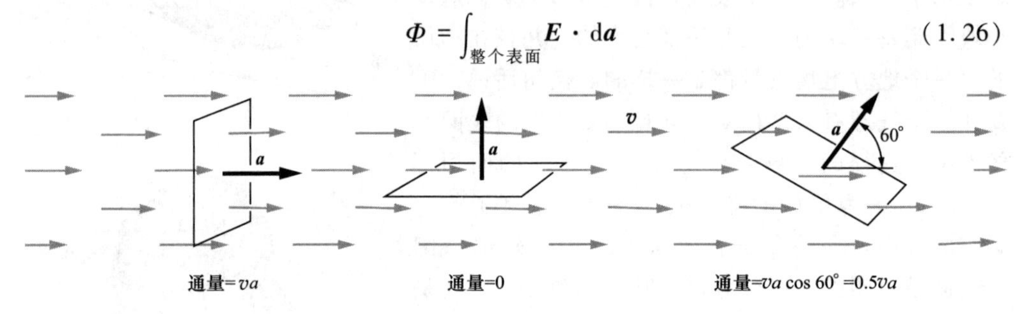


图 1.16

通过面积为 $\boldsymbol{a}$ 的框架的通量是 $\boldsymbol{v}\cdot\boldsymbol{a}$，其中 $\boldsymbol{v}$ 是液体的流速。通量是单位时间流过这个框架的液体的体积。

对于任意的矢量函数 $\boldsymbol{F}$ 在整个表面 $S$ 上的面积分可以理解为：把 $S$ 分割成小块，每一个小块用一个矢量来表示，其方向指向外侧的，大小等于小块的面积，将每一个小块的矢量和在该处的 $\boldsymbol{F}$ 点乘得到内积，然后对这些积进行求和；随着小块的不断缩小，求和的极限就成了求面积分了。对于图1.15中的复杂的形状，要对其进行类似的计算好像是很麻烦的事，请不要对这种计算感到头疼，我们后面要讲到的知识会让我们不需要做这些复杂计算。

## 1.10　高斯定理

想象一个简单的例子：在一个孤立的正点电荷 $q$ 产生的电场中，有一个以该点电荷为球心、半径为 $r$ 的球面（见图1.17），通过该球面的通量 $\Phi$ 是多少？答案很简单，因为在表面上的任何一点 $E$ 的值都是 $q/4\pi\varepsilon_0 r^2$，其方向为该点的外法线方向，所以我们有

$$\Phi = E\times总面积 = \frac{q}{4\pi\varepsilon_0 r^2}\cdot 4\pi r^2 = \frac{q}{\varepsilon_0} \tag{1.27}$$

可见通量和球体的大小无关。上式中，我们首次发现库仑定律中含有 $1/4\pi$ 因子的好处，因为库仑定律中含有该因子，因而上式就没有 $1/4\pi$ 因子，

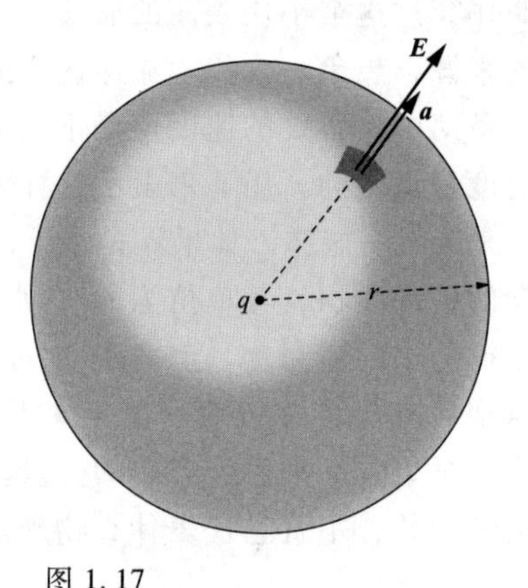


图 1.17

对于点电荷 $q$ 形成的电场 $E$，在这个包围着 $q$ 的球面上，朝外的通量是多少？

变得很简单了。如果库仑定律中没有这个因子，则式（1.27）中就会有个 $4\pi$ 因子，从而后面要学到的麦克斯韦方程中也会多出这么一个因子。实际上，在高斯单位制下，式（1.27）的形式是 $\boldsymbol{\Phi}=4\pi q$。

现在考虑第二种情况，设想一个气球表面，如图 1.18 所示，也是封闭的，但不是球形。我们可以证明通过这个表面的通量和通过球形表面的通量是一样的。为了得到这个结论，先来看一个从点电荷 $q$ 处向外辐射的一个小锥体，这个锥体与半径为 $r$ 的球面相交，切出一个小块 $\boldsymbol{a}$；锥体继续向外辐射，在距离点电荷为 $R$ 的"气球"外表面切出一个小块 $\boldsymbol{A}$。有两个原因决定了小块 $\boldsymbol{A}$ 的面积会比小块 $\boldsymbol{a}$ 的大：首先，锥形的截距比为 $(R/r)^2$；再者，由于外表面是倾斜的，要比平面大 $1/\cos\theta$ 倍。这里的 $\theta$ 角是径向和外表面法向的夹角（见图 1.18）。在小块 $\boldsymbol{A}$ 的电场值要比球形小块 $\boldsymbol{a}$ 的电场强度值缩小 $(r/R)^2$ 倍，方向依然沿着径向方向。用 $\boldsymbol{E}_{(R)}$ 表示在外面小块 $\boldsymbol{A}$ 上的电场，$\boldsymbol{E}_{(r)}$ 表示球面 $\boldsymbol{a}$ 上的电场，我们有

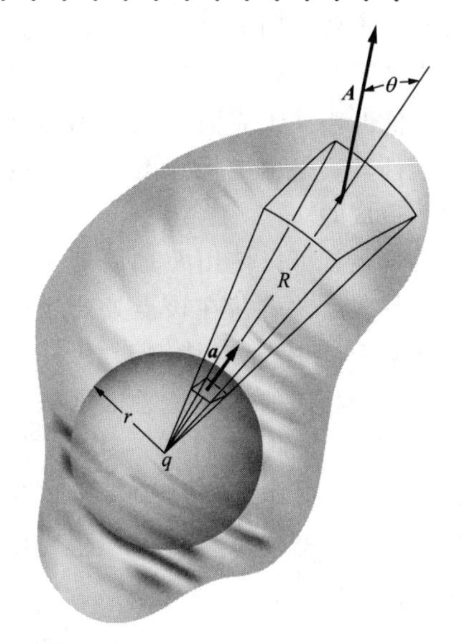


图 1.18

展示了通过 $q$ 外面的任意形状的闭合表面的通量和通过球面的相等。

$$
\begin{aligned}
&\text{通过外侧小块的通量}=\boldsymbol{E}_{(R)}\cdot\boldsymbol{A}=E_{(R)}A\cos\theta\\
&\text{通过内侧小块的通量}=\boldsymbol{E}_{(r)}\cdot\boldsymbol{a}=E_{(r)}a
\end{aligned}
\tag{1.28}
$$

利用 $\boldsymbol{E}_{(R)}$ 的表达式以及面积 $\boldsymbol{A}$ 之间的关系，外侧小块上的通量可以写成

$$
E_{(R)}A\cos\theta=\left[E_{(r)}\left(\frac{r}{R}\right)^2\right]\left[a\left(\frac{R}{r}\right)^2\frac{1}{\cos\theta}\right]\cos\theta=E_{(r)}a \tag{1.29}
$$

可见，通过两个小块的通量是相同的。

现在在"气球"外表面上的每一个小块都可以用同样的方法与球形表面的每一块对应上，所以通过两个表面的总的通量肯定是相同的。也就是说，尽管这是一个任意形状和大小的表面[9]，通过该表面的通量正好是 $q/\varepsilon_0$。我们得出结论：通过任意的一个包含点电荷 $q$ 的闭合表面的电场的通量为 $q/\varepsilon_0$。作为一个推论：如果电荷在闭合表面的外侧，那么通过这个表面的总的通量为零。我们把这个证明过程留给读者去做，证明时可以采用图 1.19。

这里有一个可以更直观地理解这种结论的方法。把 $q$ 想象成一个以一个恒定的速率在所有方向上不断放出粒子——比如子弹或者光子——的源。显然，通过一个

9　当然，我们让第二个表面包围了那个球体，但是实际上没有必要。另外，这个球体可以是任意小的。

单位面积的窗口的粒子流量会随着窗口到 $q$ 的距离的增大而按照与距离的平方成反比例衰减。因此我们可以将电场强度 $E$ 和单位时间在单位面积上子弹的密度做一个类比。很明显，穿过任何一个完全包围 $q$ 的表面的子弹通量不依赖于表面的大小和形状，因为这个量正好就是单位时间内所发出的子弹总数。相比较而言，穿过闭合表面的 $E$ 的量也独立于表面的大小和形状。这种特点的相似性其实是由电场强度跟距离的平方成反比的关系造成的。

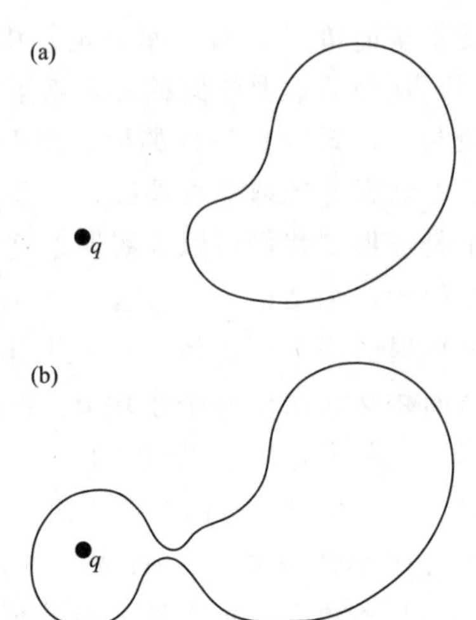


图 1.19
你可以利用（b）来证明通过（a）中的闭合表面的通量为零。

现在就可以使用叠加原理了！任何一点的电场都是各个源电荷在该点处产生的电场之和。这个特点已为库仑定律（1.19）中所表达。很明显，出于相同的原因，通量是一个可以相加的标量，因为如果我们有一定数量的电荷，$q_1$，$q_2$，…，$q_N$，如果它们都是独立存在的，那么它们每一个电荷形成的电场是 $\boldsymbol{E}_1$，$\boldsymbol{E}_2$，…，$\boldsymbol{E}_N$，实际的电场通过相同的表面 $S$ 的通量可以写成

$$\Phi = \int_S \boldsymbol{E} \cdot \mathrm{d}\boldsymbol{a} = \int_S (\boldsymbol{E}_1 + \boldsymbol{E}_2 + \cdots + \boldsymbol{E}_N) \cdot \mathrm{d}\boldsymbol{a} \tag{1.30}$$

我们刚学过，电荷 $q_n$ 如果在表面 $S$ 的内部，$\int_S \boldsymbol{E}_n \cdot \mathrm{d}\boldsymbol{a}$ 就等于 $q_n/\varepsilon_0$，否则就等于零。所以表面内部的电荷 $q$ 对于式（1.30）的贡献都等于 $q/\varepsilon_0$，而处于外面的所有电荷的贡献为零。这样我们就得到了高斯定理：

> 通过任意闭合表面的电通量，也就是用 $\int \boldsymbol{E} \cdot \mathrm{d}\boldsymbol{a}$ 对整个表面进行积分，其值等于 $1/\varepsilon_0$ 乘以表面所包围的电荷的总量：
>
> $$\int \boldsymbol{E} \cdot \mathrm{d}\boldsymbol{a} = \frac{1}{\varepsilon_0}\sum_i q_i = \frac{1}{\varepsilon_0}\int \rho \mathrm{d}v \quad （高斯定理） \tag{1.31}$$

我们之所以称其为定理，是因为在电荷和电场被定义后，它和库仑定律是等价的，是静电学中的基本定律。高斯定理和库仑定律不是两个独立的定律，而是对一个定律的两种不同解释。[10]在高斯单位制中，高斯定理中的 $1/\varepsilon_0$ 会被替换成 $4\pi$。

回头看看我们上面的证明过程，我们看到这种证明取决于相互作用之间的平方

10　这里有一个不同点，它不是很重要，但是在后面学习运动电荷的电场中会涉及。高斯定理可以适用于比静电场更加广泛的各种场。尤其是那些和 $r$ 的平方成反比例关系但是不满足球对称关系的场也能满足高斯定理。换句话说，高斯定理并不像库仑定律那样暗示点电荷电场需要有对称性。

反比例关系，当然，也取决于相互作用的可加性或者叠加定理。因此这种法则可以应用到物理学中任何有平方反比关系的场中，比如重力场中。

很容易看出，如果力的关系定律不是平方反比例关系，比如说换成立方反比例关系，高斯定理将不再成立。因为在这种情况下，点电荷 $q$ 产生的电场穿过以电荷为中心半径为 $R$ 的球面所产生的通量为

$$\Phi = \int \boldsymbol{E} \cdot \mathrm{d}\boldsymbol{a} = \frac{q}{4\pi\varepsilon_0 R^3} \cdot 4\pi R^2 = \frac{q}{\varepsilon_0 R} \tag{1.32}$$

可见，在电荷总量保持不变时，改变球体大小，就可以使通过表面的通量变得任意小，而不再保持不变了。

这个出色的理论从两个方面拓宽了我们的知识。首先，它揭示了电场和它的源之间的关系，它是库仑定律的逆向推导。库仑定律告诉我们怎样从已知的电荷得到电场，而高斯定理告诉我们从已知的电场中推导出任何位置的电荷量是多少。其次，高斯定理的数学表达式是一种非常有用的解析工具，我们将要看到，它能让复杂的计算变得简单。本书 1.11～1.13 节中我们将使用高斯定理来计算不同带电体产生的电场，在计算中带电体的对称性是很关键的。

## 1.11 球形对称分布电荷的电场

我们可以用高斯定理得到一个球形对称分布电荷的电场，所谓球形对称分布也就是电荷的密度 $\rho$ 仅仅取决于其到球中心的半径长度。图 1.20 显示了这种电荷分布的截面。在这里球心处的电荷密度很高，而在 $r_0$ 以外的电荷密度为零。那么空间中的点，比如在电荷分布范围外的 $P_1$ 或者分布范围以内的 $P_2$（见图 1.21）处的电场是怎样的呢？如果只从库仑定律出发，我们只能使用积分运算，对电荷分布中所有的电荷元在 $P_1$ 点产生的电场矢量进行求和。利用电荷分布的对称性，通过高斯定理，可以尝试一种不同的方法来求解电场。

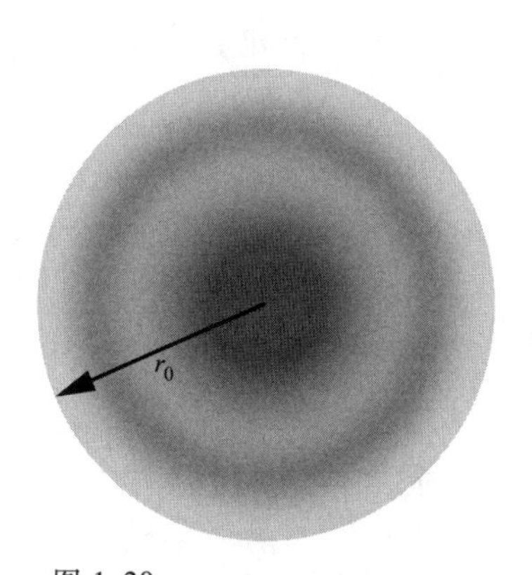


图 1.20
一种呈球对称分布的电荷。

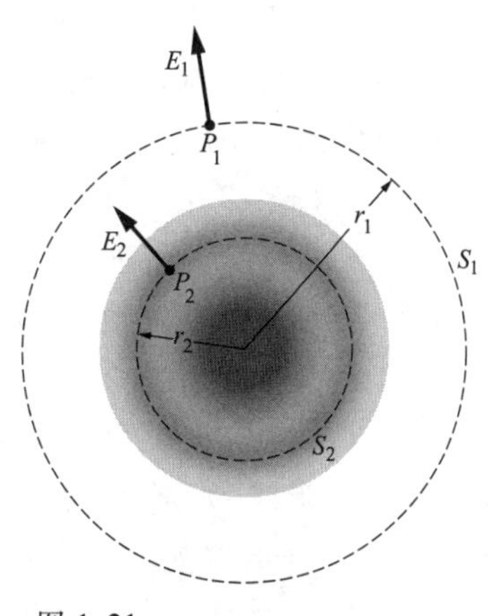


图 1.21
球形对称分布电荷的电场。

由于球形的对称性，在任意一点的电场肯定是径向的——这是满足对称要求的唯一方向。同样，在半径为 $r_1$ 的球形表面 $S_1$ 上所有点的电场 $\boldsymbol{E}$ 的大小都是相同的，因为所有的这些点都是等价的。把这个电场值称为 $E_1$，因此通过这个表面 $S_1$ 的通量为 $4\pi r_1^2 E_1$，根据高斯定理，这个值等于表面 $S_1$ 所包围的电荷量的 $1/\varepsilon_0$ 倍。也就是，$4\pi r_1^2 E_1 = 1/\varepsilon_0$ 乘以（$S_1$ 内部的电荷）或者

$$E_1 = \frac{S_1\text{ 内部的电荷}}{4\pi\varepsilon_0 r_1^2} \qquad (1.33)$$

把上式和点电荷的电场对比，我们可以发现，$S_1$ 面上各点的电场强度和把 $S_1$ 内部的电荷都集中在中心时该点的电场强度是一样的。这个性质同样适用于在电荷分布范围内部的一个球面（比如 $S_2$ 面）。$S_2$ 上任意一点的电场强度就如同 $S_2$ 内部所有的电荷都集中在其中心并且所有外面的电荷都不存在一样。很明显，在一个空心球形电荷分布里面电场强度为零（见图 1.22），习题 1.17 给出了另一种证明。

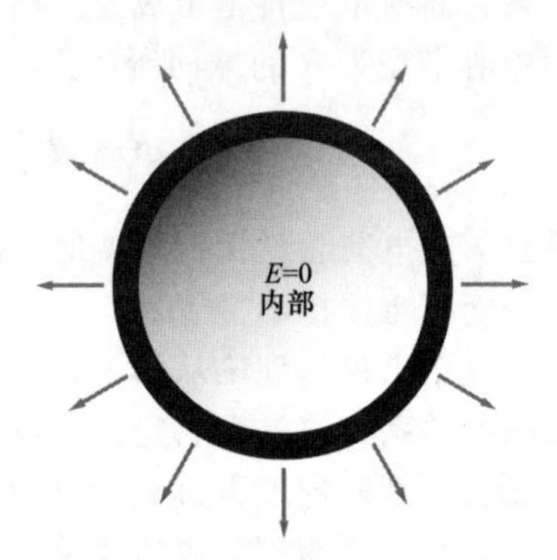


图 1.22
电荷分布在球壳上的系统，球壳内部电场为零。

**例题（均匀带电球体内外的电场强度）**　一个半径为 $R$ 的球体，球体上半径 $r=0$ 到 $R$ 范围内电荷分布密度恒为 $\rho$，球体以外的空间电荷密度为零，试求球体内外电场强度随着 $r$ 的变化。

**解**　对于 $r \geqslant R$，任一点的电场强度，相当于电荷都集中在球心的电场强度，因为球的体积为 $4\pi R^3/3$，所以球体外部的电场强度大小为

$$E(r) = \frac{(4\pi R^3/3)\rho}{4\pi\varepsilon_0 r^2} = \frac{\rho R^3}{3\varepsilon_0 r^2} \qquad (r \geqslant R) \qquad (1.34)$$

其方向沿着径向方向。在 $r \leqslant R$ 的球体内部，半径 $r$ 以外的电荷对于电场强度没有任何贡献，而以内的电荷产生的电场强度相当于这些电荷都集中在球心所产生的。半径 $r$ 以内的球体积 $4\pi r^3/3$，其电场强度是

$$E(r) = \frac{(4\pi r^3/3)\rho}{4\pi\varepsilon_0 r^2} = \frac{\rho r}{3\varepsilon_0} \qquad (r \leqslant R) \qquad (1.35)$$

其方向也是沿着径向。因为总的电荷为 $Q=(4\pi R^3/3)\rho$，式（1.35）的电场强度可以写成 $Qr/4\pi\varepsilon_0 R^3$。可见，在球体内部，电荷是随着 $r^3$ 增长的，而电场强度与 $1/r^2$ 成比例关系，因而电场强度随着 $r$ 线性增加。而由式（1.34）可知，球体外部的电场强度随着 $1/r^2$ 下降。在图 1.23 中画出了 $E(r)$ 的图形。注意 $E(r)$ 在 $r=$

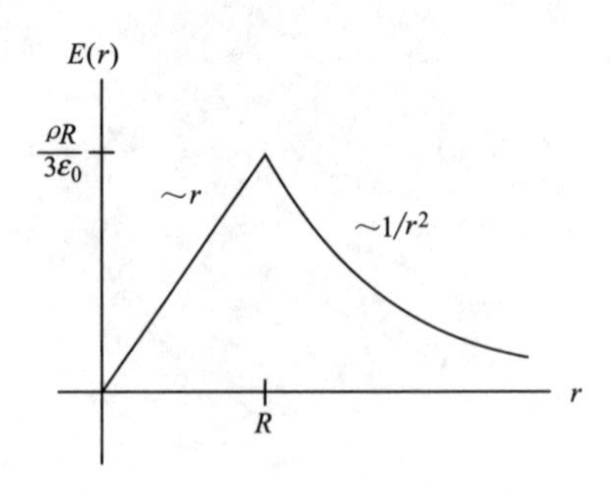


图 1.23
电荷均匀分布的球体产生的电场。

$R$ 处是连续的，其值为 $\rho R/3\varepsilon_0$。在后面的 1.13 节可见，有些电荷分布情况下（系统的表面没有电荷），电场强度是不连续的。本题中，中心点的电场强度为 0，该点处的电场强度也是连续的。如果要保证球体内部的电场强度 $E(r)$ 是均匀的，那么电荷密度应该随着 $r$ 怎么变化呢？这是习题 1.68 的内容。

同样的理论应用于重力场时，我们可以得到，假定地球的质量分布是中心对称的，它对外面物体的吸引力就如同所有的质量都集中在地心一样。这是我们所熟知的结论。倾向于把这种理论表明了质心的一种特性的人必须注意到，一般而言，对于其他形状的物体，这个理论不一定正确。一个密度均匀分布的理想的立方体对它外面物体的吸引力，确实和把它的质量都集中在它的几何中心时的吸引力是不同的。

牛顿明显没有意识到这个问题。如果他以此为原理，则可以容易地证明月球在围绕地球的轨道上运行和地球上物体的下落是同一种作用力。牛顿的重力定律书籍的出版晚了将近 20 年，这是因为，至少一部分原因是他在获得令人满意的证明时遇到了困难。他最终想出的并于 1686 年在 Principia 上（第一册，第Ⅻ节，第ⅩⅩⅪ个原理）出版的证明过程非常绝妙，简直是一个奇迹。大致地讲，他没有用我们现在所知道的微积分运算，而只是用一个巧妙的简单的体积积分。这个证明过程要比我们前面所提到的高斯定理的讨论要更长一些，并且其推理更加复杂。非常具有数学才能和独创性的牛顿错过了高斯定理——就像我们本节展示的，利用高斯定理，可以把非常繁琐的计算简化得如此简洁明了。

## 1.12 线电荷的电场

一根长直带电导线，忽略导线的粗细，可用每单位长度所带的电荷量，即线电荷密度，来表征，用 $\lambda$ 表示线电荷密度，其单位为 C/m。这种电荷线密度为 $\lambda$ 的无限长连续分布的线电荷的电场是什么样的呢？我们用两种方法来解决这个问题，首先是利用库仑定律进行积分的方法，然后再利用高斯定理的方法来计算。

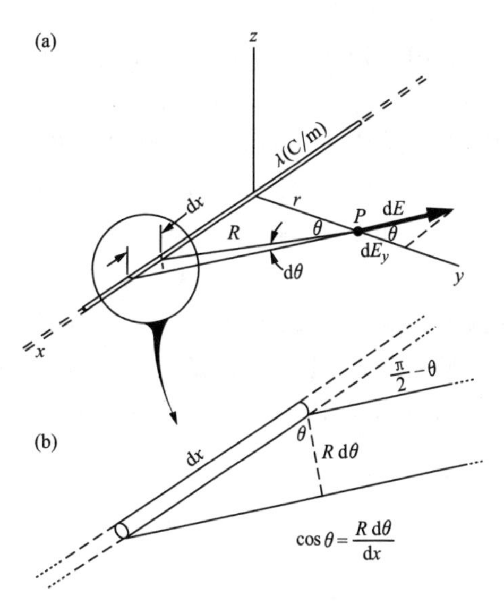


图 1.24

（a）$P$ 点处的电场强度是长直导线上每个小电荷源在该点电场强度的矢量和。（b）（a）图中圆圈内的放大图。

如图 1.24 所示，为了得到在某一点 $P$ 的电场值，我们必须把线电荷上所有小段对 $P$ 点的贡献累加起来。每一个小段的长度用 $dx$ 来表示，每一个长度元上的电荷量可以表示成 $dq=\lambda dx$。把 $x$ 轴定

为沿着线电荷的方向，进而可以把 $y$ 轴定为穿过 $P$ 点的方向，其中 $P$ 点到长直导电线上的最近距离为 $r$。从一开始就利用对称性优势的这种做法非常好。根据对称性，很显然，$P$ 点的电场方向肯定指向 $y$ 轴方向，所以 $E_x$ 和 $E_z$ 的值都为零。电荷元 $\mathrm{d}q$ 对 $P$ 点处贡献的电场的 $y$ 分量为

$$\mathrm{d}E_y=\frac{\mathrm{d}q}{4\pi\varepsilon_0R^2}\cos\theta=\frac{\lambda\,\mathrm{d}x}{4\pi\varepsilon_0R^2}\cos\theta \tag{1.36}$$

这里的 $\theta$ 指的是 $\mathrm{d}q$ 产生的电场方向和 $y$ 方向的夹角。则总的 $y$ 分量为

$$E_y=\int\mathrm{d}E_y=\int_{-\infty}^{\infty}\frac{\lambda\cos\theta}{4\pi\varepsilon_0R^2}\mathrm{d}x \tag{1.37}$$

用 $\theta$ 来作为积分变量是非常方便的。由图 1.24（a）和图 1.24（b）可知，$R=r/\cos\theta$，$\mathrm{d}x=R\mathrm{d}\theta/\cos\theta$，所以 $\mathrm{d}x=r\mathrm{d}\theta/\cos^2\theta$。（$\mathrm{d}x$ 的表达式会经常出现，也可以这么推导：$x=r\tan\theta\Longrightarrow\mathrm{d}x=r\mathrm{d}(\tan\theta)=r\mathrm{d}\theta/\cos^2\theta$），消去式（1.37）中的 $\mathrm{d}x$ 和 $R$，保留 $\theta$，积分演化为

$$E_y=\int_{-\pi/2}^{\pi/2}\frac{\lambda\cos\theta\mathrm{d}\theta}{4\pi\varepsilon_0r}=\frac{\lambda}{4\pi\varepsilon_0r}\int_{-\pi/2}^{\pi/2}\cos\theta\mathrm{d}\theta=\frac{\lambda}{2\pi\varepsilon_0r} \tag{1.38}$$

可见，无限长直的带电密度均匀的线电荷在某点所产生的电场强度的大小与该点到导线的距离成反比。如果线上带的是正电荷，电场的方向沿径向指向外侧，如果是负电荷则指向内侧。

利用高斯定理可直接得到这个结论。如图 1.25 所示，用一个长为 $L$、半径为 $r$ 的封闭圆柱面包围在一小段长度的线电荷周围，来讨论一下通过这个表面的通量。我们注意到，线电荷的对称性决定了电场是径向的，所以通过圆柱体上下两端的通量为零。通过圆柱体表面的通量就可以简单地表示为面积 $2\pi rL$ 和在表面处的电场 $E_r$ 的乘积。另一方面，圆柱表面所包围的电荷量正好是 $\lambda L$，所以高斯定理告诉我们 $(2\pi rL)E_r=\lambda L/\varepsilon_0$，因而

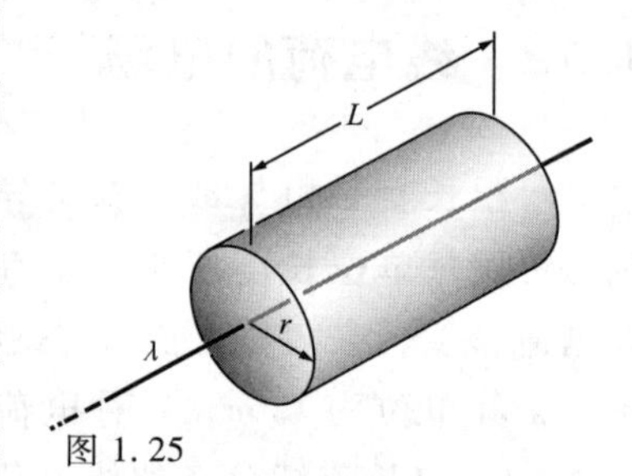


图 1.25
用高斯定理来计算线电荷的电场。

$$E_r=\frac{\lambda}{2\pi\varepsilon_0r} \tag{1.39}$$

## 1.13　无限大带电平面的电场

面电荷分布是指电荷均匀分布在一个薄平面上。考虑一个在空间内无限延伸的厚度可以忽略的平面，其面电荷密度为定值 $\sigma$。不管这个值是多大，在平面任意一

侧的电场一定指向与平面垂直的方向，不可能指向别的方向，这是因为对称性。同样由于对称性，在平面两侧，距平面的距离相同的两点 $P$ 和 $P'$ 的电场一定是等值反向的。基于这点，由高斯定理可以很容易得到电场强度，如图 1.26，画一个横截面积为 $A$，上下底面分别过 $P$ 和 $P'$ 点的圆柱。因为只有在底面上才有通量射出，所以，用 $E_P$ 来表示在 $P$ 点的电场强度，$E_{P'}$ 表示 $P'$ 处的电场强度，发出的通量为 $AE_P+AE_{P'}=2AE_P$。内部的电荷量为 $\sigma A$，因此由高斯定理得到 $2AE_P=\sigma A/\varepsilon_0$，或者

$$E_P=\frac{\sigma}{2\varepsilon_0} \tag{1.40}$$

上式表明电场强度值和到电荷面的距离 $r$ 无关。采用对平面上所有的源电荷在该点产生的电场矢量进行叠加的方法也能得到式（1.40），不过计算过程将会比这复杂得多。

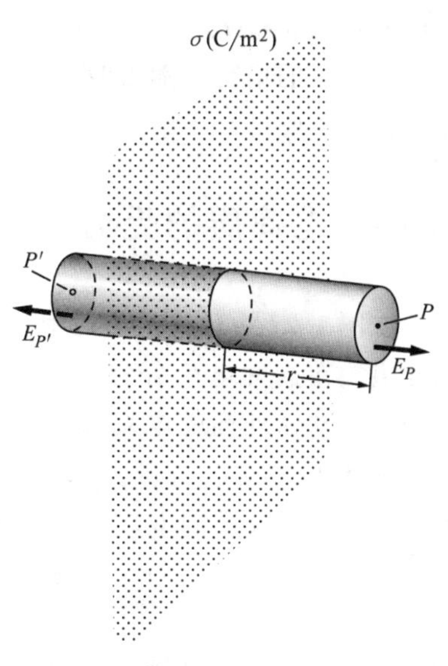


图 1.26
用高斯定理计算无限平面电荷的电场。

如果在带电平面附近还有其他电荷，则电场强度就不会垂直于带电平面了，也不会对称于平面了。设想一个非常矮胖的高斯面，$P$ 和 $P'$ 点无限靠近带电平面，而不是图 1.26 中那样的细长状的高斯面。由于这个矮胖高斯柱面的侧面极小，穿过侧面的通量可以忽略，因而总的通量就是两个底面的通量之和：$E_{\perp,P}+E_{\perp,P'}=\sigma/\varepsilon_0$，式中“⊥”表示垂直于带电平面的分量。上式写成矢量的话就是：$\boldsymbol{E}_{\perp,P}-\boldsymbol{E}_{\perp,P'}=(\sigma/\varepsilon_0)\hat{\boldsymbol{n}}$，这里 $\hat{\boldsymbol{n}}$ 是指向 $P$ 点的垂直于带电平面的单位矢量。换句话说，穿过带电平面的$\boldsymbol{E}_\perp$的不连续量是

$$\Delta\boldsymbol{E}_\perp=\frac{\sigma}{\varepsilon_0}\hat{\boldsymbol{n}} \tag{1.41}$$

仅仅法向分量是不连续的，而平行分量是连续的。因此可以用 $\Delta\boldsymbol{E}$ 来代替式（1.41）中的 $\Delta\boldsymbol{E}_\perp$。这个结论对任何有限大小的带电平面的电场也是有效的。因为从非常靠近平面的一点来看，平面就相当于是无穷大的，至少对于法向分量来说是这样的。

我们注意到，一个无限长直导线产生的电场强度与到线的距离成反比，而无限大带电平面的电场强度在任何位置上都是一样的。由此也能容易推论出一个点电荷电场的电场强度会与距离的平方成反比关系。如果还不够明白，那么让我们来换一种方式来看这个问题。如图 1.24 所示，大致来讲，线电荷上对 $P$ 点电场起主要作用的那一部分是距离 $P$ 点比较近的那一段——长度大概为 $r$ 的那一段电荷。如果我们把这段电荷集中起来并且忽略掉其他的电荷，我们就得到了一个集中的点电荷，

其电荷量为 $q\approx\lambda r$，这个点电荷产生的电场应该会跟 $q/r^2$，也就是 $\lambda/r$ 成正比。对于带电平板的情况，随着我们不断远离平面，“起作用”的电荷量会按照 $r^2$ 的比例增加，这正好抵消了给定源电荷电场的衰减因子 $1/r^2$。

## 1.14 电荷层的受力

在图1.27中球体的表面上均匀分布着密度为 $\sigma$ 的电荷，$\sigma$ 的单位为 $C/m^2$。我们知道，在这种电荷分布状态下，球体内部的电场为零。球体外面的电场强度为 $Q/4\pi\varepsilon_0 r^2$，其中 $Q$ 是球体上的总电荷量，其值为 $4\pi r_0^2\sigma$。在球表面外侧接近球面处的电场强度为

$$E_{\text{球面外侧}}=\frac{\sigma}{\varepsilon_0} \tag{1.42}$$

把这跟式（1.40）和图1.26相对照，两种情况下高斯定理都成立：在球的内外两侧电场强度的法向分量的变化值等于 $\sigma/\varepsilon_0$，与式（1.41）相一致。

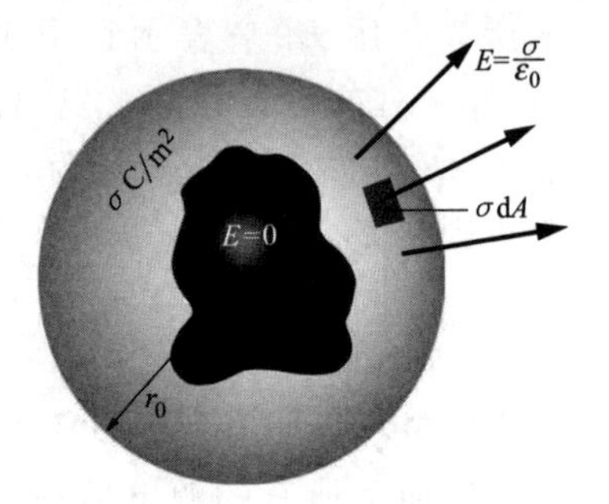


图1.27
一个分布有均匀电荷密度 $\sigma$ 的球面。

在电荷形成这种分布结构的过程中，电荷之间的静电力是什么样的呢？这个问题乍看起来很令人困惑，因为电场 $\boldsymbol{E}$ 正好就是这些电荷产生的。我们先来看一个小的电荷元 $\mathrm{d}q$ 所受到的力，比如一个面积为 $\mathrm{d}A$ 的小块，其带电量为 $\mathrm{d}q=\sigma\mathrm{d}A$。小块 $\mathrm{d}q$ 上所受到的力，源自于分布的所有其他电荷对小块产生的静电力，和小块自身内部的电荷对小块的静电力，可以将这两部分力分开来考虑。后者的力可以确定为零。小块内部电荷之间的库仑力遵循牛顿第三定律；小块作为一个整体不能给自己施加力的作用。这样问题就简化了，因为这允许我们在计算小块上电荷 $\mathrm{d}q$ 所受到的力 $\mathrm{d}\boldsymbol{F}$ 时，能够使用整体的电场 $\boldsymbol{E}$，包括小块内部所有电荷所产生的电场：

$$\mathrm{d}\boldsymbol{F}=\boldsymbol{E}\mathrm{d}q=\boldsymbol{E}\sigma\mathrm{d}A \tag{1.43}$$

但是计算上式时该使用哪个电场值呢？是球面外侧的 $E=\sigma/\varepsilon_0$ 还是球面内侧的 $E=0$？我们一会将要证明，其实正确的答案是这两个电场的平均值：

$$\mathrm{d}F=\frac{1}{2}\left(\frac{\sigma}{\varepsilon_0}+0\right)\sigma\mathrm{d}A=\frac{\sigma^2\mathrm{d}A}{2\varepsilon_0} \tag{1.44}$$

为了证明这个结论，我们来考虑一个更普通的情况：面电荷分布更加贴近实际的情形。我们知道，实际的电荷层厚度并不为零。图1.28展示了在电荷层内部电荷的几种可能的分布方式。在每一个例子中 $\sigma$ 的值，也就是电荷层的单位面积的电荷量，都是相同的。选定的电荷层的区域如图1.27穿过球面的那小部分截面，非常之小以至于其在表面的曲率的尺度可以被忽略。然而，为了更加不失一般性，

我们令左边的电场强度为 $E_1$（而不是 0，尽管它在球体内部），右边的电场强度为 $E_2$。对于给定的 $\sigma$，利用高斯定理，图 1.28 所示的每一种情况下都有

$$E_2-E_1=\frac{\sigma}{\varepsilon_0} \tag{1.45}$$

现在让我们来仔细看一下电荷层的内部，在这里电场从 $E_1$ 变化到 $E_2$，在电荷层中的电荷从 $x=0$ 到 $x=x_0$ 都不同（见图 1.29），可用体电荷密度 $\rho(x)$ 表示，$x_0$ 为电荷层的厚度。考虑一个更薄的薄层，其厚度 $dx \ll x_0$，单位面积包含电荷量 $\rho dx$。如果薄层的面积是 $A$，其受力为

$$dF=E\rho dx\cdot A \tag{1.46}$$

因此电荷层每单位面积所受到的总的力为

$$\frac{F}{A}=\int\frac{dF}{A}=\int_0^{x_0}E\rho dx \tag{1.47}$$

高斯定理推出的式（1.45）告诉我们，通过每一个薄层的电场变化 $dE$ 正好是 $\rho dx/\varepsilon_0$，因此式（1.47）中的 $\rho dx$ 就可以被替换为 $\varepsilon_0 dE$，并且式中的积分会变成

$$\frac{F}{A}=\int_{E_1}^{E_2}\varepsilon_0 E dE=\frac{\varepsilon_0}{2}(E_2^2-E_1^2) \tag{1.48}$$

因为 $E_2-E_1=\sigma/\varepsilon_0$，式（1.48）因式分解后可以写成

$$\boxed{\frac{F}{A}=\frac{1}{2}(E_1+E_2)\sigma} \tag{1.49}$$

我们证明了前面提到的，对于给定的 $\sigma$，在电荷体上每单位面积所受到的力由电荷体内外两侧电场的平均值决定。[11] 只要考察的电荷层与总的面积相比足够小，受力跟电荷体的厚度以及电荷体内部电荷密度的分配 $\rho(x)$ 都没有关系。参见习题 1.30 中对式（1.49）的另一种推导过程。

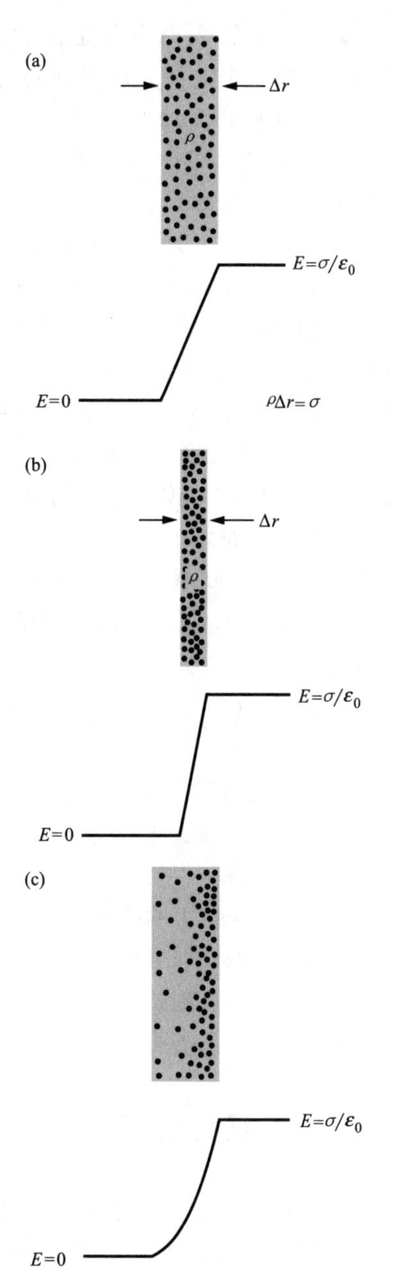


图 1.28
电荷层中电场的净电荷仅取决于单位面积上总的电荷量。

11 注意到这没有必要和带电层里面的电场平均值相等，它的大小没有特定的意义。

显然，不管表面电荷是正的还是负的，在球面上的每一个电荷元所受到的力都是向外的。如果电荷没有脱离球面，则肯定存在一个在方程中没有出现的一个向内的力来平衡这个向外的静电力，这样才可以使带电体固定在合适的位置。把这种力称为“非电力”可能不太合适，因为一般来讲静电的吸引力和排斥力在原子的结构和物质的内聚力中是起决定性作用的力。不同之处在于这种力只在非常短的距离上发挥作用，比如原子到原子，或者电子到电子的距离上。在那个尺度上，就是研究粒子物理了。假定有一个橡胶球体，半径为0.1m，在它的外表面上均匀分布着$10^{-8}$C的负电荷。则它的面电荷密度为$\sigma=(10^{-8}\text{C})/[4\pi\times(0.1\text{m})^2]=8\times10^{-8}\text{C/m}^2$。由式（1.44），面电荷所产生的向外的作用力为

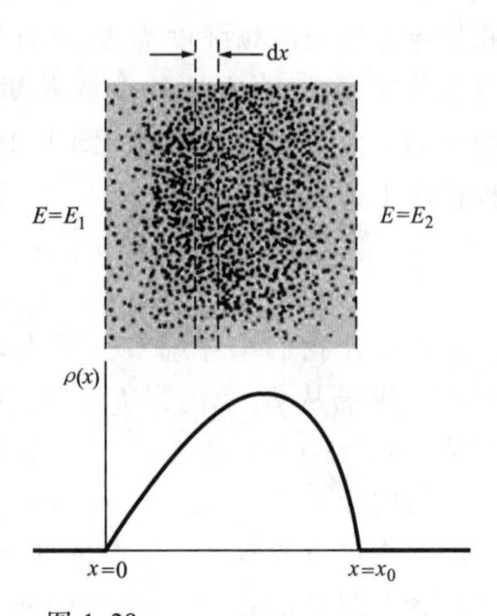


图 1.29
在密度为$\rho(x)$的电荷层内部，$E(x+\mathrm{d}x)-E(x)=\rho\mathrm{d}x/\varepsilon_0$。

$$\frac{\mathrm{d}F}{\mathrm{d}A}=\frac{\sigma^2}{2\varepsilon_0}=\frac{(8\times10^{-8}\text{C/m}^2)^2}{2\times[8.85\times10^{-12}\text{C}^2/(\text{N}\cdot\text{m}^2)]}=3.6\times10^{-4}\text{N/m}^2 \tag{1.50}$$

实际上吸附在橡胶薄层上的电荷总共包含了$6\times10^{10}$个电子，对应着每立方厘米有5000万个电子，因此电荷分布似乎不是一粒粒的。但是如果让我们能够看到这些电子的话，会发现其中某个电子离另一个电子的距离大约是$10^{-4}$cm——在微观的粒子世界，这是一个巨大的距离。这个电子，通过静电吸引被吸附在橡胶分子上，橡胶分子又会吸附在跟它邻近的其他橡胶分子上，以此类推。如果你用力推这个电子，力会用同样的方式传递到整个橡胶体；除非你施加的力足够大，以使得电子从吸附的分子上被拉下来。但那需要使用比我们例子中的电场强度还要强几千倍的电场。

## 1.15　电场的能量

假定我们的带电球壳被轻微地压缩，半径从最初的$r_0$压缩到一个比较小的值，如图1.30所示。这个过程需要我们克服静电力——上面计算的结果是每平方米表面的力为$\sigma^2/2\varepsilon_0$——而做功。设压缩后半径的变化量为 dr，则总共做的功为（$4\pi r_0^2$）$(\sigma^2/2\varepsilon_0)\mathrm{d}r$，化简成（$2\pi r_0^2\sigma^2/\varepsilon_0$）dr。这代表了我们在聚集电荷系统时需要增加的能量，

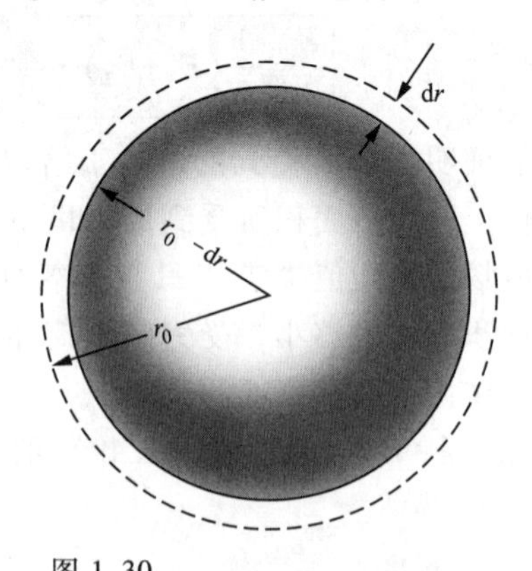


图 1.30
把一个球壳或者带电的气球进行压缩。

我们在 1.5 节中所讨论的能量 $U$ 为

$$dU=\frac{2\pi r_0^2\sigma^2}{\varepsilon_0}dr \tag{1.51}$$

注意一下电场 $E$ 是如何变化的。在厚度为 d$r$ 的壳层内部，电场之前为零，而现在变成 $\sigma/\varepsilon_0$。在 $r_0$之外，电场没有发生变化。事实上，在体积为 $4\pi r_0^2dr$ 的空间中产生了一个强度为 $E=\sigma/\varepsilon_0$ 的电场。在这个过程中消耗的能量值由式（1.51）给定，如果用 $\varepsilon_0E$ 来替换式（1.51）中的 $\sigma$，则可以写成

$$dU=\frac{\varepsilon_0E^2}{2}4\pi r_0^2dr \tag{1.52}$$

这正是下述的一个普遍定理的具体实例，我们现在不对这个定理进行证明（可参见习题 1.33）：一个电荷系统的势能 $U$，等于聚集这个电荷系统所要做的总功，可以采用电场强度用如下方法计算得出，把每一个体积元 d$v$ 的能量定为 $(\varepsilon_0E^2/2)dv$，然后对所有有电场存在的体积元进行积分：

$$\boxed{U=\frac{\varepsilon_0}{2}\int_{\text{整个空间}}E^2dv} \tag{1.53}$$

其中 $E^2$是标量，$E^2\equiv\boldsymbol{E}\cdot\boldsymbol{E}$。

有人可能会认为这种能量“储存”在电场中。这个系统是保守的，如果使得电荷分离，能量值当然会恢复；所以认为能量是“在某处存在的”也是可以的。如果我们认为它以密度 $\varepsilon_0E^2/2$，单位为 J/m$^3$储存在空间中，我们的结论也是正确的。这种做法没有什么坏处，但是实际上，我们也没有办法辨别出储存在空间的某一立方米中脱离其他任何物质而独立存在的能量。只有总能量是可以定性测量的。这也就是说，从其他的分布状态到一个特定的分布状态需要外界对其做功。就像用电场的概念代替库仑定律来解释电荷的关系一样，当我们使用式（1.53）代替式（1.15）来解释电荷系统的总势能时，我们只是用了一种不同的记录方式。有时，仅仅是一个观点甚至只是一种记录方式的变化，就能带来新的想法和更深的理解。在我们学习电动力学和电磁辐射时，会提出一种独立的实体物质的电场概念。

---

**例题（均匀带电球的势能）** 半径为 $R$，带电量为 $Q$ 的均匀带电球的势能是多少？

**解** 球内外的电场都不是 0，所以式（1.53）中包含球内外两部分积分。在球外，半径 $r$ 处的电场强度为 $Q/4\pi\varepsilon_0r^2$，因此储存在球外电场中的能量为

$$U_{\text{ext}}=\frac{\varepsilon_0}{2}\int_R^\infty\left(\frac{Q}{4\pi\varepsilon_0r^2}\right)^2 4\pi r^2dr=\frac{Q^2}{8\pi\varepsilon_0}\int_R^\infty\frac{dr}{r^2}=\frac{Q^2}{8\pi\varepsilon_0R} \tag{1.54}$$

1.11 节中的例题给出了在球内半径 $r$ 处的电场强度为 $E_r=\rho r/3\varepsilon_0$，而电荷密度 $\rho=Q/(4\pi R^3/3)$，则电场强度为 $E_r=(3Q/4\pi R^3)r/3\varepsilon_0=Qr/4\pi\varepsilon_0R^3$。因此储存在球内电场的能量为

$$U_{\text{int}} = \frac{\varepsilon_0}{2}\int_0^R \left(\frac{Qr}{4\pi\varepsilon_0 R^3}\right)^2 4\pi r^2 \mathrm{d}r = \frac{Q^2}{8\pi\varepsilon_0 R^6}\int_0^R r^4 \mathrm{d}r = \frac{Q^2}{8\pi\varepsilon_0 R} \cdot \frac{1}{5} \tag{1.55}$$

可见，球内电场储存的能量仅为球外电场储存能量的 1/5。总的能量为球内外电场储能之和 $U_{\text{ext}}+U_{\text{int}}$，其值为 $(3/5)Q^2/4\pi\varepsilon_0 R$。可以看出，组装一个带电量为 $Q$ 的均匀带电球的所需要的能量，是分开两个点电荷 $Q$ 到相距为 $R$ 的距离处所需要的能量的 3/5。练习 1.61 给出了另外一种计算均匀带电球的电势的方法，是通过设想一层一层构建带电球来求电势能的。

---

如果我们把式（1.53）应用于一个只包含一个点电荷的系统，也就是一个大小为零的有限的电荷 $q$ 时，就会遇到麻烦。把点电荷 $q$ 定位在坐标原点。与原点相距 $r$ 时，$E^2$ 为 $q^2/(4\pi\varepsilon_0)^2r^4$。因为体积元 $\mathrm{d}v=4\pi r^2\mathrm{d}r$，式（1.53）中的积分 $E^2\mathrm{d}v$ 将会变成 $\mathrm{d}r/r^2$，在 $r=0$ 的极限处积分会变得无穷大。这其实告诉我们：要把有限的电荷集中在体积为零的空间中将要消耗无限大的能量——这是正确的，但对我们没有什么用处。在现实的世界里，我们要大量打交道的粒子是电子和质子，它们非常小，以至于在多数情况下，我们在考虑它们之间的电学相互作用时可以忽略它们的尺寸而把它们当成点电荷。要形成这样一个点电荷到底要消耗多少能量，这个问题已经超出了经典电磁场理论的范围。我们必须把它们当成已经存在的粒子。我们所关心的能量是在移动它们时需要外界做的功。

这种差别一般是很容易区分的。比如，考虑两个带电的粒子，一个质子和一个带负电的 π 介子。令 $\boldsymbol{E}_{\text{p}}$ 为质子的电场，$\boldsymbol{E}_{\pi}$ 为 π 介子的电场。总的电场为 $\boldsymbol{E}=\boldsymbol{E}_{\text{p}}+\boldsymbol{E}_{\pi}$，$\boldsymbol{E}\cdot\boldsymbol{E}=E_{\text{p}}^2+E_{\pi}^2+2\boldsymbol{E}_{\text{p}}\cdot\boldsymbol{E}_{\pi}$。根据式（1.53），这个两电荷系统电场的总能量是

$$U = \frac{\varepsilon_0}{2}\int E^2\mathrm{d}v = \frac{\varepsilon_0}{2}\int E_{\text{p}}^2\mathrm{d}v + \frac{\varepsilon_0}{2}\int E_{\pi}^2\mathrm{d}v + \varepsilon_0\int \boldsymbol{E}_{\text{p}}\cdot\boldsymbol{E}_{\pi}\mathrm{d}v \tag{1.56}$$

第一个积分的值是对任何一个孤立质子都成立的。这是一个自然的恒定值，它不会随着质子的移动而变化。第二个积分同样表明了一个孤立 π 介子电场的恒定性。所以跟我们有直接关系的是第三个积分，因为它表示了我们要形成一个质子和一个介子的系统时需要外界所做的功。

如果两个粒子之间相互作用的强度达到某一个粒子的内部结构会因另一个粒子的存在而发生变化时，这个结论将不再成立。我们现在已经知道了这两种粒子都存在内部结构（质子包含两个夸克，π 介子有两个夸克），在它们距离很近时，这种情况可能会发生。实际上，在 $10^{-15}$ m 的距离上不会发生什么；在更小的距离上，对于强相互作用的粒子比如质子和 π 介子，非电学力将会起主导作用。

这也解释了我们讨论系统能量时，为什么没必要考虑“自身能量”，如式（1.56）中两项积分式。实际上，我们想要省略掉它们。事实上，把一个实际上分散的元电荷（在橡胶球上的电子）用一个理想的连续分布的电荷来替换，像刚才做的那样，是可行的。

## 1.16　应用

本书的每一章的最后一节，都将介绍与本章内容有关的应用。讨论将是简要的。会用一些篇幅来详细介绍某个应用。实际生活的实例是多变的、复杂的、细微的。每章最后一节的目的是想通过短短的一些文字来让读者知道物理的应用是有趣的，值得你花时间去学习。你可以继续通过书籍、互联网、向他人请教、思考等方式方法继续学习物理知识。各种信息源是无限的，要好好利用这些资源。下列两本书讲述了物理在实际生活中的应用：

- 《飞翔的物理马戏团》（*the flying circus of physics*，Walker，2007）
- 《万物是如何运转的》（*how things work*，Bloomfiedm，2010）

下面是一些有用的网站：

- 飞翔的物理马戏团网站：www. flyingcircusofphysics. com
- 万物是如何运转的网站：www. howstuffworks. com
- 释惑网站：www. explainthatstuff. com
- 维基百科网站：www. wikipedia. org

如果你想学习更深入的物理知识，上述这些网站可以给你提供帮助。

除了让我们待在地球上的引力，并且忽略地球的磁场，可以说，我们日常中的力都起源于静电力［保证物体稳定，需要一些量子力学知识，见 2. 12 节的恩绍原理（Earnshaw's theorem）］。摩擦力、张力、法向力等，都可归结为各种原子和分子中的电子之间的相互作用力。你通过推力把门打开，是因为门以及你手的分子之间的力足够大。我们可以忽略掉日常生活中常见的物体之间的吸引力（除非其中一个物体是地球），因为吸引力比电作用力要弱得多（见习题 1. 1）。如果两个物体之间有一个是地球，分子之间的电作用力还是很显著的，比如，你站在木板上，木板分子间的电作用力完全可以和整个地球作用在你身上的重力相平衡。不过，如果你站在湖面上，就无法平衡了（除非结冰情况）。

如果要给一个物体净电荷，一种可能的方法就是通过摩擦起电。某些物体和另外一种物体摩擦，则物体可以带电。比如将羊毛和特氟龙进行摩擦，羊毛会带上正电，而特氟龙带上负电。原理很简单：特氟龙捕获了羊毛中的电子。两种物体摩擦，至于哪种物体带上电子，取决于物体分子的电子结构。实践表明，不一定非要摩擦才能让物体带上电。让物体接触并分开，也可能会让物体带上电荷。潮湿的气候可以缓解摩擦起电效应，因为空气中的水分子易于接受或释放电子，以使得物体保持电中性。这是因为水分子是极性分子，即它是电不平衡的（极性分子将在第 10 章中讨论）。

当电场强度达到 $3\times10^6\,\mathrm{V/m}$，空气就会电击穿。在这么强的电场下，电子从空气分子中被撕扯下来，在电场作用下加速，与其他分子相碰撞，把这些分子中的电子击打出来，如此过程持续下去。电子最终会回到分子中，恢复到低能态，发射出能够见到的光，这就是所形成的电火花。如果在地毯上拖着脚步走，把手指靠近地上的物体，你就会看到火花。

地球表面处的电场大约是 100V/m，指向下方。可以由此证明，地球带有 $-5\times10^5$C 的电荷。大气含有大致等量的相反电荷，因此地球-大气系统是电中性的，也应该是电中性的（为什么?）。如果没有再生过程，电荷将在地球和大气间泄漏，大约一个小时中和。但是实际上有再生过程：闪电。这是一个电击穿的壮观的实例。在地球表面每天会发生上百万次闪电，大部分闪电会将负电荷传给地球。闪电是因为云层中的电荷的复合或分离而产生的强电场所引发的。云层的分离起因于运动的雨滴所携带的电荷。当然实际的过程要复杂得多（参见费曼讲义第 9 章，1977）。闪电也可产生于煤矿、面粉磨坊、谷物堆场中灰尘所携带的电荷，其结果将会产生致命的大爆炸。

电击穿的另外一个常见例子就是电晕放电。靠近一个带电物体的尖端，比如针，电场很强并且随距离快速下降（可以认为针尖是一个很小的球）。电子从针尖中或者非常靠近针尖的空气中被“撕扯”出来，不过离针尖稍远处的电场不够大，所以无法维持击穿，因此无法产生放电，而是只有电泄漏。这种泄漏有时可以看到微弱的微光，比如 St Elmo 轮船桅杆尖头上的火花，飞机翅尖的微光。

静电喷涂可以产生非常均匀的涂层。当涂料离开喷涂嘴，电极会给涂料带上电荷，因而雾状涂料颗粒将互相排斥，形成没有团聚的均匀的涂层。如果使喷涂的物体本身接地（或者带有与涂料相反的电荷），则涂料将被有序地吸引到物体上，不会造成太大浪费。比如在喷涂金属管道时，雾状涂料将绕着管道喷涂，而不会喷洒得到处都是。

复印机也是通过给色粉带上电荷，并且给硒鼓和或皮带的特定位置处以相反的电荷。硒鼓带上电荷的位置对应着空白复印纸上将要印上墨粉的位置。用光导材料（光照后将导电的材料）涂在硒鼓上。整个硒鼓表面带有某种电荷，然后对要印上墨粉的位置曝光（从复印纸上反射光），硒鼓上有光导材料的位置处电荷会消失，而对应着墨粉的位置的电荷会留下来，当带有相反电荷的色粉进入时，会被吸引到硒鼓上的刚才描述的特定位置处，然后传到复印纸上，得到复印完的备份。

电子书中使用的电子纸技术，是利用电场转动或推动微小的黑白物体。一种技术中使用的黑白小球（直径约 $10^{-4}$m）的一面是黑色的，另外一面是白色的，分别带有异号电荷；另外一种技术在黑色染料中使用更小的带电白球。两种技术中，电极片（其中一片电极是透明的）之间的窄小空间内填满了小球。在电极片上沉积上不同图案的电荷，可以控制你眼睛以看到物体的颜色。采用第一种技术的系统中，黑白小球可以相应地旋转。第二种技术中，细小白颗粒在黑球的一侧堆积起来。和标准的 LCD 显示屏相比，电子纸更像一张普通的纸，它本身不发光，用外部光源来照亮。电子纸的一个重要优点是它只需要用很少的粉末球。只有电子纸显

示的内容更新时才需要用电，而 LCD 则需要一直耗电。

## 本章总结

• 电荷，有正负两种，电荷是守恒的，量子化的。两个电荷之间的作用力服从库仑定律：

$$\boldsymbol{F}=\frac{1}{4\pi\varepsilon_0}\frac{q_1q_2\hat{\boldsymbol{r}}_{21}}{r_{21}^2} \tag{1.57}$$

对力沿路径求积分，可以得到点电荷系统的势能（从无穷远处将点电荷移动过来所需要做的功）

$$U=\frac{1}{2}\sum_{j=1}^{N}\sum_{k\neq j}\frac{1}{4\pi\varepsilon_0}\frac{q_jq_k}{r_{jk}} \tag{1.58}$$

• 空间分布（连续的或分立的）的电荷产生的电场强度

$$\boldsymbol{E}=\frac{1}{4\pi\varepsilon_0}\int\frac{\rho(x',y',z')\hat{\boldsymbol{r}}\mathrm{d}x'\mathrm{d}y'\mathrm{d}z'}{r^2}\quad 或\quad \frac{1}{4\pi\varepsilon_0}\sum_{j=1}^{N}\frac{q_j\hat{\boldsymbol{r}}_j}{r_j^2} \tag{1.59}$$

电场中试探电荷 $q$ 上受到的力为 $\boldsymbol{F}=q\boldsymbol{E}$。

• 电场中通过表面 $S$ 的通量为

$$\Phi=\int_S\boldsymbol{E}\cdot\mathrm{d}\boldsymbol{a} \tag{1.60}$$

高斯定理表明，通过任何闭合表面的电场 $\boldsymbol{E}$ 的通量等于表面内所含电荷的 $1/\varepsilon_0$，即（下式用哪个式子，取决于电荷是连续的还是分立的）

$$\int\boldsymbol{E}\cdot\mathrm{d}\boldsymbol{a}=\frac{1}{\varepsilon_0}\int\rho\mathrm{d}v=\frac{1}{\varepsilon_0}\sum_i q_i \tag{1.61}$$

用高斯定理可以求出带电的球、线、平面的电场强度为

$$E_{球}=\frac{Q}{4\pi\varepsilon_0r^2},\quad E_{线}=\frac{\lambda}{2\pi\varepsilon_0\boldsymbol{r}},\quad E_{面}=\frac{\sigma}{2\varepsilon_0} \tag{1.62}$$

更一般地，穿过带电平面的 $E$ 的法向不连续分量是 $\Delta E_{\perp}=\frac{\sigma}{\varepsilon_0}$。高斯定理适用于各种场合，不过在对称性的场合，其计算更加简洁。

• 带电平面的单位面积上的力等于电荷密度乘以平面两边电场强度的平均值

$$\frac{F}{A}=\frac{1}{2}(E_1+E_2)\sigma \tag{1.63}$$

• 电场的能量密度是 $\varepsilon_0E^2/2$，因此，系统的总能量为

$$U=\frac{\varepsilon_0}{2}\int E^2\mathrm{d}v \tag{1.64}$$

## 习　　题

### 1.1　重力和电场力*

(a) 在基本粒子的范畴里，质量的自然单位是核子（即质子和中子，组成普通物体的基本

基团）的质量。核子的质量为$1.67\times10^{-27}$kg，引力常量$G$为$6.67\times10^{-11}\mathrm{m^3/(kg\cdot s^2)}$，比较一下两个质子的万有引力和静电斥力。结果可以说明为什么我们把万有引力称为非常“弱”的力。

（b）在氦核里，两个质子之间的距离在某个时刻可以达到$10^{-15}$m。在这个距离上两个质子之间的静电斥力是多大？用牛顿和英镑分别作为力的单位。每一对强子（包括中子和质子）为这么大距离时，其相互之间的核子力会更大。

**1.2　三角形中的零受力点****

两个正离子和一个负离子分别固定在一个等边三角形的三个顶点上。在三角形的对称轴上再放一个离子，放在什么位置，其受力为0？有几个这样的位置？

**1.3　圆锥体的力****

（a）一个电荷$q$放在面电荷密度为$\sigma$的中空圆锥体（比如一个没有盛冰激凌的圆筒的外壳）的顶点，圆锥体的斜面高为$L$，顶角的半角为$\theta$，求锥体给电荷$q$施加的力。

（b）如果圆锥面的上半部分被移走，如图1.31所示，在原处的电荷$q$所受到的力是多少？角度$\theta$为多少时，受力最大？

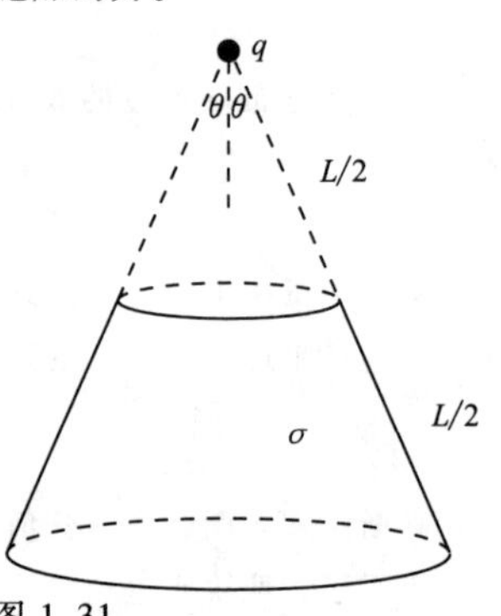

图1.31

**1.4　矩形的功****

两个质子和两个电子，分别放在一个边长为$a$和$b$的矩形的顶点上，可以有两种放置方式（由于$a$、$b$长度关系未定，所以只需考虑同种粒子同侧放置和交叉放置的两种情况）。将这四个带电粒子从遥远的地方移过来，需要做多少功？不同情况下，功都是正的吗？如果是正的，$a$和$b$有什么关系？

**1.5　稳不稳定？****

如练习1.37所述的正方形的中心有一个电荷$-Q$，处于稳定还是不稳定状态？可以从力或者从能量的角度来回答该问题。从能量的角度来看，可以不需要逐个考虑各个电荷，但计算可能会有些麻烦。不过可以利用计算机来进行计算。设想从无穷远处移动$-Q$到指定点$(x, y)$，利用数学中的级数来计算，降低变量$x$和$y$的幂级。如果某一个方向的能量减少，则平衡会变得不稳定。（在垂直于正方形平面的方向的平衡是稳定的，因为来自于四个电荷的吸引力指向平面且对称。问题是，正方形平面上会出现什么情况？）

**1.6　平衡的零电势能****

（a）两个点电荷$q$，与另外一个电荷$Q$相距均为$d$，如图1.32（a）所示。$Q$为多少时，系统处于平衡状态？也就是说，作用在每个电荷上的力为0？［这种平衡是不稳定的，当（负）电荷$Q$纵向上位移时，系统平衡将破坏，这与2.12节要介绍的一般结果是一致的。］

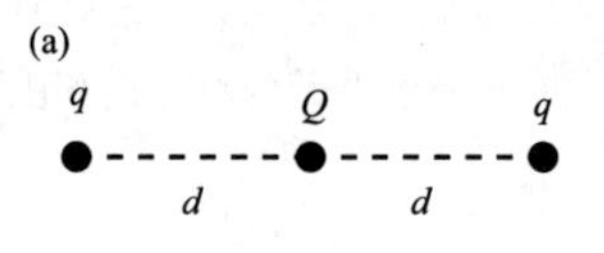


（b）如图1.32（b）所示，三个点电荷$q$置于等边三角形的三个顶点上，问题同上。

（c）证明上述两种情况下，系统的总电势能为0。

（d）根据上述结果，进行如下猜想：“任何处于平衡态的系统的总电势能为0”。证明该猜想。提示：可以证明将电荷移动到无穷远处，做功为0。因为静电力是保守力，做功与路径无关。

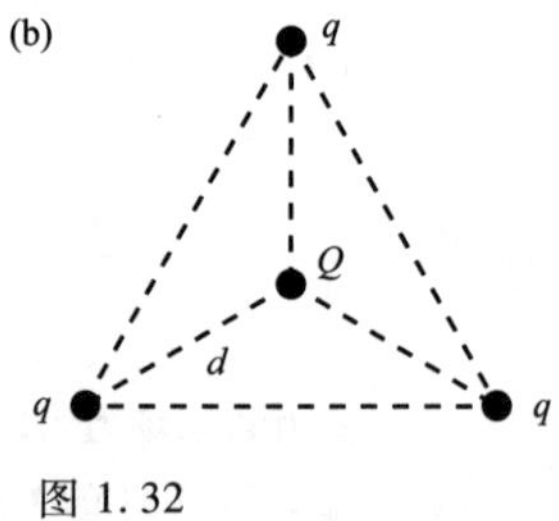

图1.32

你只需要采用某种特殊路径来求静电力的功，这条特殊路径在计算时很清晰方便。

### 1.7 二维晶体上的电势能**

对一个无限大的二维平面（棋盘格状）的离子晶体，电量为 $e$ 的正负电荷交替分布在边长为 $a$ 正方形的顶角上，求其势能，用计算机计算出具体的数值。

### 1.8 环的振动***

均匀带电的半径为 $R$ 的圆环，其线电荷密度为 $\lambda$，带有正电 $q$、质量为 $m$ 的粒子放在环的中心，轻轻踢开该粒子。如果该粒子只能在环的平面内运动，证明该粒子将做简谐运动，试求其频率。提示：求出粒子在一个很小半径运动的势能，对整个环求积分，取负导数得到力。需要用到余弦定理和泰勒级数 $1/\sqrt{1+\varepsilon}\approx 1-\varepsilon/2+3\varepsilon^2/8$。

### 1.9 两个电荷的场**

电荷 $2q$ 置于远点，电荷 $-q$ 置于 $x$ 轴上的 $x=a$ 处。

（a）求出 $x$ 轴上电场强度为 0 的点。

（b）过 $-q$ 的垂直于 $x$ 轴的线 $x=a$，在该线上找到电场方向平行于 $x$ 轴的点。

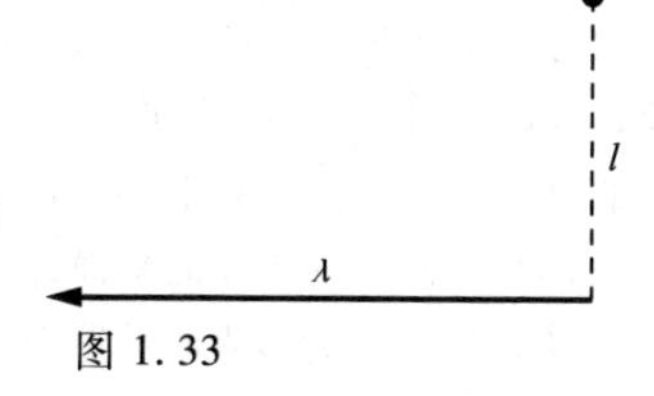

图 1.33

### 1.10 45°电场线**

半无限长导线，其线电荷密度为 $\lambda$。证明离导线距离为 $l$ 的线尾外侧的某一点（如图 1.33 所示）的电场方向指向 45°方向，与 $l$ 无关。

### 1.11 柱面体末端的电场**

（a）一个半无限大的中空的圆柱面（一个方向是无限长的），底面半径为 $R$，带电面密度为 $\sigma$。则底面中心的电场是多少？

（b）利用上述结果，计算实心圆柱体（底面半径 $R$，体电荷密度 $\rho$）的底面中心的电场。圆柱体可以认为是无数个圆柱面组成的。

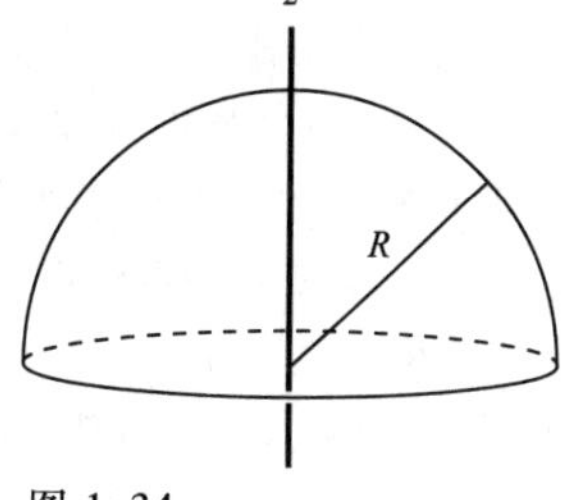

图 1.34

### 1.12 半球面的电场***

半球面的半径为 $R$，表面电荷密度为 $\sigma$，如图 1.34 所示，求对称轴上距球中心距离为 $z$ 的点的电场强度，$z$ 的范围从 $-\infty$ 到 $\infty$。

### 1.13 均匀场***

（a）两个半径为 $r$ 的圆环，均匀带电，电荷分别为 $Q$ 和 $-Q$。两环平行放置，相距为 $h$，如图 1.35 所示。$z$ 为垂直轴，$z=0$ 为下面环的圆心。求 $z$ 轴上某点的电场强度（$z$ 的函数）

（b）可以求出电场强度是关于 $z=h/2$（两环距离的中心）的偶函数，这意味着在该点的场具有极值，该点的场相对而言是较均匀的，从该点起沿着 $z$ 轴没有一阶变化，要使得场“非常”均匀，则 $r$ 与 $h$ 的关系应该是怎样的？

所谓“非常”均匀，是指随着 $z$ 没有二阶变化，即二阶导数为 0。这暗示着关于 $z$ 的首项的变化是四阶的（奇次阶没有任何变化，因为电场是关于中点的偶函数）。可以用计算机来计算微分。

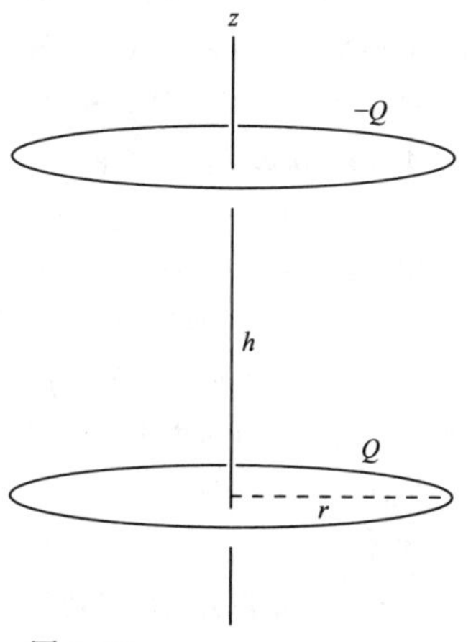

图 1.35

### 1.14 平面上的孔**

（a）在无限大均匀带电平面（带电密度 $\sigma$）上切割出一

个半径为 $R$ 的孔，$L$ 是穿过孔心的垂直于带电平面的直线。求直线 $L$ 上距离圆心为 $z$ 的一点处的电场。提示：可以认为无限大带电平面是由无数个同心圆环组成的。

（b）在直线 $L$ 上，一个质量为 $m$ 带电为 $-q$ 的物体，从静止释放，无限靠近孔心时，证明该物体将做振动，求出振动频率 $\omega$。如果 $m=1\text{g}$，$-q=-10^{-8}\text{C}$，$\sigma=10^{-6}\text{C/m}^2$，$R=0.1\text{m}$，则频率 $\omega$ 为多少？

（c）上述物体离孔心距离为 $z$ 时，从静止释放，当它穿过孔心时的速度是多少？当 $z$ 很大（或者 $R$ 很小）时，速度可以简化成什么形式？

**1.15　通过圆环的电通量**＊＊

点电荷 $q$ 置于原点，离电荷 $q$ 距离为 $l$ 处的圆环对原点的张角为 $2\theta$，如图 1.36 所示。因为除了原点以外，没有其他电荷，以圆环为边界的在原点右边的任何表面，其电通量都是相同的（为什么?），计算下述两种表面情况下的电通量：

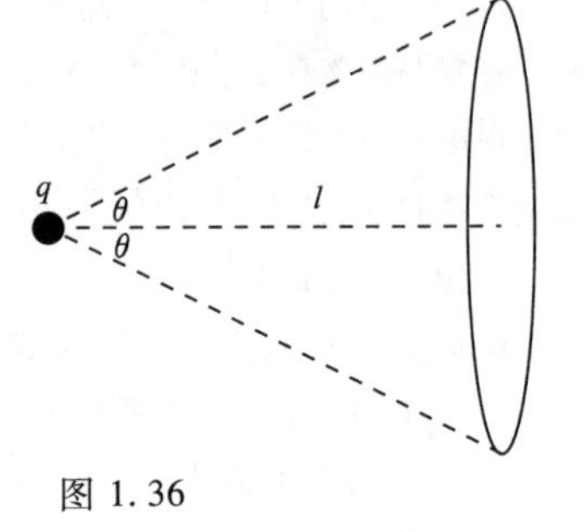


图 1.36

（a）以圆环为边界的平面；

（b）以圆环为边界的球冠面（球心在原点处）。

**1.16　高斯定理和两个点电荷**＊＊

（a）两个点电荷分别放在 $x=\pm l$ 处，求 $x$ 轴上靠近原点处的电场 $E_x$，$y$ 轴上靠近原点处的电场 $E_y$。在 $x \ll l$、$y \ll l$ 时做合理的近似。

（b）一个小柱面体，轴为 $x$ 轴，柱体中心为原点，柱体的底面半径为 $r_0$，柱体高 $2x_0$，根据上一问的结果，证明通过柱面体的电通量为 0，正如高斯定理所证明的那样。

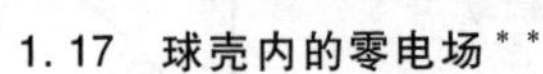

**1.17　球壳内的零电场**＊＊

一个中空的均匀带电球壳，证明球壳内任一点 $P$ 处的电场强度为 0（这意味着球壳内部的电势是常数）。证明时可利用如图 1.37 所示的过 $P$ 点的两个小圆锥。

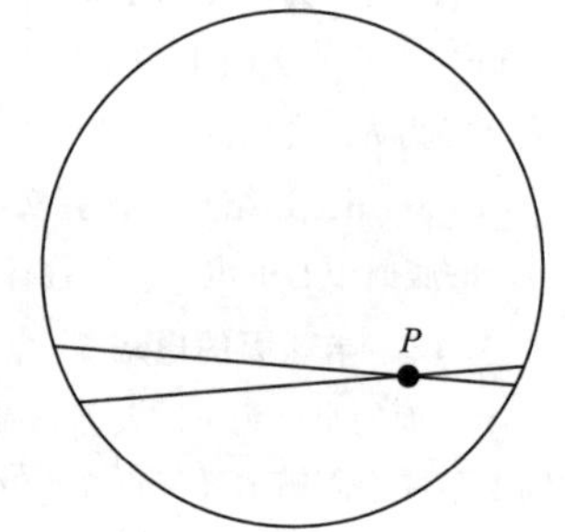


图 1.37

**1.18　表面的电场**＊＊

考虑下述几种表面上某点的电场：（a）半径为 $R$ 的球体，（b）底面半径为 $R$ 的无线长圆柱体，（c）厚度为 $2R$ 的无限大平面。以上三种带电物体的体电荷密度均为 $\rho$，比较上述三种情况下的电场，解释其相互之间大小关系的原因。

**1.19　球体上的一块板**＊＊

厚度为 $x$ 的无限大带电平面，电荷体密度为 $\rho$，该带电平面相切地放置在一个半径为 $R$，体电荷密度为 $\rho_0$ 的带电球体上，如图 1.38 所示。$A$ 为切点，$B$ 为对应于 $A$ 点的平面另外一端的点。证明，如果 $\rho>(2/3)\ \rho_0$，则 $B$ 点处的电场强度（带电球和带电平面共同产生的）的向上分量大于 $A$ 点处的（假设 $x \ll R$）。

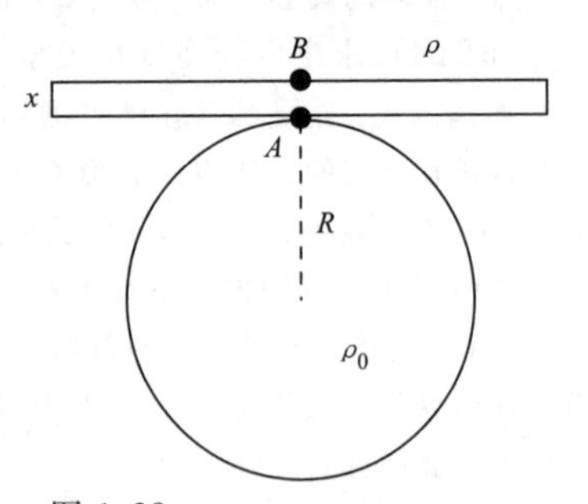


图 1.38

**1.20　雷雨云**＊＊

天空一片雷雨云的经过使得地面附近大气中垂直的电场强度升至 $3\times10^3\text{N/C}$（或 V/m）。

（a）雷雨云中所含的电荷量是多少？以单位 $C/m^2$ 来表示每单位水平方向的面积上含有的电荷量。（假设云层的宽度比距地面的高度大。）

（b）假设在雷雨云里有足够的以 1mm 直径的水滴的形式存在的水，这些水可以形成 0.25cm 的降水量，如果云中的电荷全都在这些水滴上。则每个水滴表面的电场强度是多大？

**1.21　底面的电场***

考虑一个均匀带电的半无限长的中空的圆柱面（在一个方向无限延伸），求证：在底面上所有点，电场方向平行于圆柱面的轴的方向。提示：利用叠加原理和无限长圆柱面的电场的知识。

**1.22　球壳的电场，对或错？****

半径为 $R$，电荷密度为 $\sigma$ 的均匀带电球壳外无限靠近表面的一点电场强度由式（1.42）表示为 $\sigma/\varepsilon_0$，采用下面方法来求解。

（a）将球壳分割成一个个小圆环（对称于所求点），将每个圆环对所求点的电场强度进行积分，会得到电场强度为 $\sigma/2\varepsilon_0$。

（b）为什么结果是错误的？如何进行修正才能得到正确的结果 $\sigma/\varepsilon_0$？提示：对球壳内无限靠近球面的某一点求电场强度，利用上述方法进行积分，可以得到结果为 0。这个结果是否可以用于球壳上的一点（无限靠近题目中所说的球壳外一点）的电场强度。

**1.23　细棒附近的电场****

长度为 $2l$ 的均匀带电的细棒，线电荷密度为 $\lambda$，距细棒中心为 $\eta l$（$0 \leqslant \eta < 1$）的离细棒无限近的一点 $P$，该点越靠近细棒，则细棒越可以看成是无限长的，这与 $\boldsymbol{E}$ 的垂直于细棒的分量相关。$E_{\perp} = \lambda/2\pi\varepsilon_0 r$。求出 $\boldsymbol{E}$ 的平行分量 $E_{\parallel}$。在细棒的头上，它是接近于无穷大还是保持为有限值？

**1.24　圆柱体的势能*****

底面半径为 $a$ 的圆柱体均匀分布着电荷，体电荷密度为 $\rho$，求该圆柱体单位长度的电势能，即组装单位长度该柱体所做的功。可以设想圆柱体是由一层层的圆面构成的，利用这样一个事实：圆柱体外某点的电场和该圆柱体的电荷都集中在其轴线上该点的电场是一样的。电荷从无穷远运来，则单位长度的电势能是无穷大，可以一开始假设，电荷分布在一个中空的底面半径为 $R$ 的圆柱面上，给出电场强度，用单位长度柱面的电荷 $\lambda = \rho\pi a^2$ 来表示。（该题目的另外一种解法参见练习 1.83。）

**1.25　两个相等的电场****

练习 1.78 给出一个球壳上的小孔的电场为 $\sigma/2\varepsilon_0$，这个电场和带电密度为 $\sigma$ 的无限大均匀带电平面的电场是一样的。也就是说，球壳顶部的小孔的中心处，球壳产生的电场等于无限大带电平面（该平面可以放在任何位置）产生的电场，如图 1.39 所示。证明该相等性，利用图示，角度 $\theta$ 及角宽度 $d\theta$ 相对应的球壳上的环和平面上的部分在球壳顶部的小孔中心产生的电场强度是相同的。

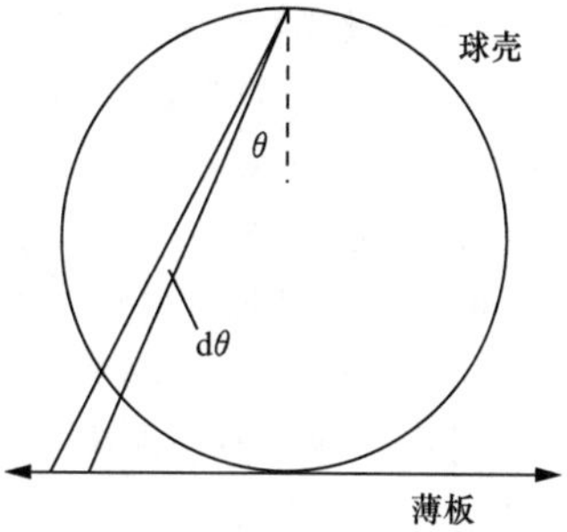

球壳　$\theta$　$d\theta$　薄板

图 1.39

**1.26　电子果冻的稳定平衡****

练习 1.77 的目的是，找到电子果冻球内部两个质子的平衡态，总电量为 $-2e$，证明这个平衡是稳定的。也就是说，在任何方向的位移，将导致反向的力。（没有必要知道平衡的精确位置，因此可以不用先求解 1.77 练习题。）

**1.27　腔内的均匀场＊＊**

半径为$R_1$的体电荷密度为$\rho$的均匀带电球，在该球内，挖一个半径为$R_2$的球，证明挖空的腔内的电场是均匀的（包括大小和方向）。提示：求出带电球内部的电场的矢量表达式，再利用叠加原理。

对于圆柱面和平板，情况会是什么样的？上面的结论是否依然成立？

**1.28　球面和球内的平均电场＊＊**

（a）一个点电荷$q$放置于一个虚构的半径为$R$的球内的任何位置，证明，球表面的平均电场强度为0。提示：利用牛顿第三定律和你所知道的球壳的电场知识。

（b）如果点电荷$q$放置于球外面，离球心距离为$r$，证明球表面的平均电场为$q/4\pi\varepsilon_0 r$。

（c）回到第（a）问，点电荷$q$放置于半径为$R$的球内，其离球心的距离为$r$，利用上述结果证明整个球体产生的电场强度为$qr/4\pi\varepsilon_0 R^3$，其方向指向球心（假设$q$是正的）。

**1.29　将两个带电平板拉开＊＊**

两个面积为$A$的带电平板相距为$l$，平板电荷密度分别为$\sigma$和$-\sigma$，将其中一块平板拉开$x$距离，需要做多少功？利用下列两种方法来计算：

（a）利用公式 $W$=力×位移；

（b）计算储存在电场中的能量的增量。

证明两种方法得到结果是一样的。

**1.30　小块上的力＊＊**

一个很大的平面上有一个小块，表面电荷密度为$\sigma$，$\boldsymbol{E}_1$和$\boldsymbol{E}_2$分别是小块两边的电场，证明小块上单位面积的力等于$\sigma(\boldsymbol{E}_1+\boldsymbol{E}_2)/2$。在1.14节中我们推导过垂直于某表面的电场就是这个值。证明时，利用这个事实：系统中其他部分（不包含小块）产生的电场$\boldsymbol{E}^{\text{other}}$对小块产生力的作用，先求出$\boldsymbol{E}^{\text{other}}$，用$\boldsymbol{E}_1$和$\boldsymbol{E}_2$来表示。

**1.31　能量减少？＊**

半径为$R$的球壳，表面均匀分布着电荷$Q$。习题1.32的任务是证明储存在这个系统中的能量是$Q^2/8\pi\varepsilon_0 R$（你可以先证明这个结论，或者在本题中直接采用这个结论）。现在假设将球壳上的电荷聚成两个电量为$Q/2$的电荷，放在直径的两端。这个新系统的能量为$(Q/2)^2/4\pi\varepsilon_0(2R)=Q^2/32\pi\varepsilon_0 R$，比上述球壳系统的能量要小。这意味着什么？是否有什么错误？

**1.32　球壳的能量＊＊**

均匀带电的电量为$Q$、半径为$R$的中空球壳。证明该系统所储存的能量为$Q^2/8\pi\varepsilon_0 R$。按照下述两种方式来求解：

（a）用式（1.53）求出系统中储存的能量。

（b）假想将带电量为$dq$的无限薄的球壳一个个堆起来，形成一个整的带电量为$q$的球壳，对$q$积分，求出所需要的能量。

**1.33　能量密度的推导＊＊＊**

两个相距为$b$的质子，由式（1.53）（我们直接给出了，但是没有证明），系统的势能为

$$U=\frac{\varepsilon_0}{2}\int \boldsymbol{E}^2\mathrm{d}v=\frac{\varepsilon_0}{2}\int(\boldsymbol{E}_1+\boldsymbol{E}_2)^2\mathrm{d}v$$

$$=\frac{\varepsilon_0}{2}\int \boldsymbol{E}_1^2\mathrm{d}v+\frac{\varepsilon_0}{2}\int \boldsymbol{E}_2^2\mathrm{d}v+\varepsilon_0\int \boldsymbol{E}_1\cdot\boldsymbol{E}_2\mathrm{d}v \tag{1.65}$$

式中$\boldsymbol{E}_1$是一个质子单独存在时的电场，$\boldsymbol{E}_2$是另外一个质子的。上式最右边三个积分中的第一项是一个质子的“自电能”，这是质子本身的固有属性，它取决于质子的大小和结构。在计算电荷系的电势能时，我们假设它是一个常量，而忽略它；对于第二项积分，也是同样的。第三项积分含有两个电荷的距离。我们来看如何计算这个积分，采用球极坐标会很容易，设一个质子在原点上，另外一个质子在极轴上。先对$r$积分，再对$\theta$积分，经过计算可以得到第三项积分的值为：$e^2/4\pi\varepsilon_0 b$，这个值恰好就是把质子从无穷远移到相距为$b$的距离所需要做的功。这样，就证明了式（1.53）的正确。利用叠加原理，式（1.53）可以给出组装任何一个电荷系统所需要的能量。

## 练　　习

### 1.34　航空母舰和小金块*

想象一下（实际中是做不到的）从一块1mm见方的金块中的每一个原子中拿走一个电子（不要管如何将这些正电荷聚拢在一起）。对另外一个一米外的相同金块做同样的处理。那么两个金块之间的静电斥力是多少？这个斥力等于多少个航空母舰的总重量？可能会用到的数据：金的密度为$19.3\mathrm{g/cm^3}$，分子量为197，亦即1mol金原子（$6.02\times10^{23}$个）的质量为197g。一艘航空母舰的质量大约为1亿千克。

### 1.35　重量平衡*

一个极不现实的假设即附近没有任何带电粒子的情况下，求在距离一个质子下方多远的地方，电子受到的向上的作用力等于电子本身的重量？电子的质量为$9\times10^{-31}\mathrm{kg}$。

### 1.36　相互排斥的排球*

两个排球，每个质量为0.3kg，用尼龙绳拴住，用一个静电发生器给排球充上相同电量的电荷，如图1.40所示那样悬挂，则两个排球的电量是多少？

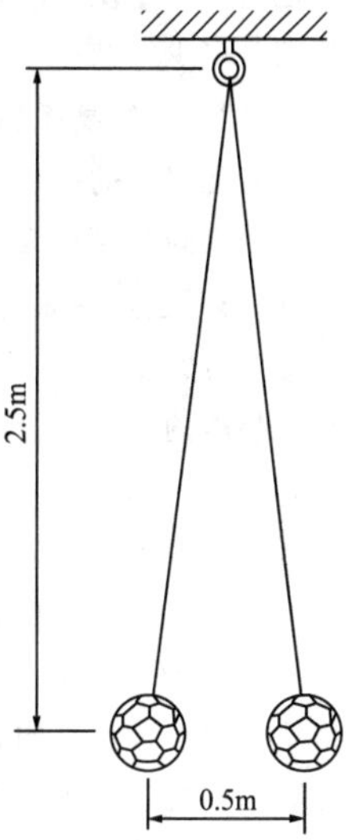

图 1.40

### 1.37　使顶点的受力为零**

（a）在正方形的每一个顶点上有一个带电量为$q$的粒子。在正方形的中心固定着一个符号相反、电量大小为$Q$的点电荷。要使得四个顶点上的粒子所受合力均为零，$Q$的值应该是多少？

（b）把$Q$的值定为上面计算得到的结果，证明这个系统的势能为零，这个结论和习题1.6是一致的。

### 1.38　线上的振荡**

两个带正电的点电荷$Q$分别位于点（$\pm l$，0）。另外一个带正电$q$、质量为$m$的粒子开始时位于这两个点电荷的中间，现在让它的位置出现一个小的偏移。如果限制该粒子只能在两个电荷$Q$的连线上运动，证明它的运动符合简谐振动（在振幅比较小的情况下），并计算振动的频率。

### 1.39　菱形电荷**

四个带正电的带电体，其中两个的电量为$Q$，另外两个为$q$，它们用四根等长且不可伸长的线连接。假设在没有外力的情况下它们会在图1.41所示的形状下保持平衡。证明$\tan^3\theta = q^2/Q^2$。可以通过两种方法来证明。其一，你可以证明如果要让每个带电体受到的合力（也就是电场的斥力和绳子上的拉力的矢量和）为零，它们必须保持这个形状。其二，你也可以计算出图示情况下系统的能量$U$的表达式（就像式（1.13）中那样，但是这里是四个电荷而不是三个），然后使能量值最小化。

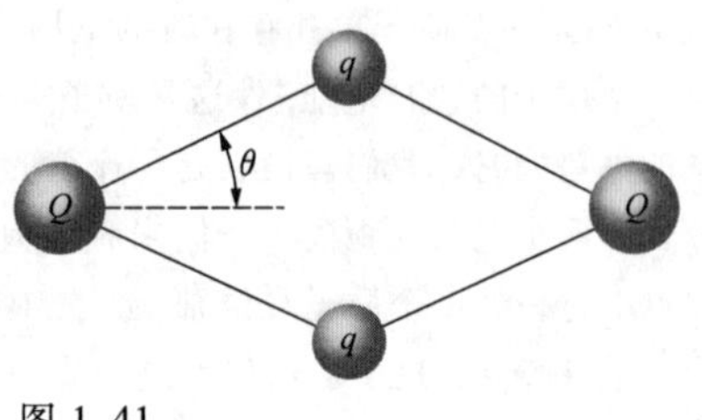

图1.41

**1.40　零势能****

有一个质子和两个电子，要想让它们组成的系统的势能正好为零，它们的几何分布形式应该是什么样的？其中，三个粒子在一条直线上的几何分布方式有几种？你会发现两个距离的比值正好是黄金分割比例。

**1.41　构建八面体需要的功****

三个质子和三个电子分别位于一个边长为$a$的正八面体的顶点上。求出这个系统的能量，即要把这些粒子从无限远的地方聚集到这里需要做的功。有两种可能的排布方式，每一种的能量分别是多少？

**1.42　一维晶体的势能****

一个无限长的一维离子晶体，即一排等间隔排列的带电量为$e$的符号交替变化的电荷，每两个离子之间的距离为$a$，计算出它的势能。提示：可能会用到$\ln(1+x)$的幂级数展开式。

**1.43　三维晶体的势能****

按照习题1.7中的思想，对于一个无限大的三维立方离子晶体，粒子间距为$a$，用计算机算出它的势能的确定数值结果。换句话说，要导出式（1.18）。

**1.44　棋盘****

一个无限大的国际象棋盘，棋格的边长为$s$，在每个白格的中心有一个电荷$e$，每个黑格的中心有一个电荷$-e$。我们来看一下要把一个电荷从它所处的位置处移到距离棋盘无限远的位置需要做的功$W$。已知$W$是一个有限值（这看上去是对的，但很难证明），你认为这个值是正的还是负的呢？设棋盘的大小是7×7的，通过移动其中心的电荷来近似计算一下这个$W$值（这样在计算求和的过程中只有9个不同的项）。对于更大规格的棋盘，你可以在计算机上编一个程序来计算这个数值。这也给出了针对一些无限大的阵列的计算方法；参见习题1.7。

**1.45　零电场点？****

四个电荷，电量分别为$q$、$-q$、$q$和$-q$，它们等间距地分布在$x$轴上，其$x$坐标分别为$-3a$、$-a$、$a$和$3a$。在$y$轴上是否存在一个电场为零的点？如果存在，计算出这个$y$值。

**1.46　环路上的电荷****

假定三个带正电的粒子被限制住只能在一个固定的环路中移动。如果它们的电量是相等的，显然，如果三个粒子分布在圆环上分别相隔120°的对称位置，可以保持平衡。现在假定其中两个电荷是相等的，平衡时这两个粒子在圆环上的相隔90°而不是120°的位置上，则第三个电荷的电量是多少？

**1.47　半环的电场***

把电量$Q$均匀分布的一根塑料棒弯成半径为$R$的半圆形。求出半圆中心处的电场强度。

### 1.48　圆环产生的最大电场**

一个半径为 $b$、圆心在原点、位于 $xy$ 平面上的细圆环，电荷量 $Q$ 均匀地分布在细圆环上。求出在 $z$ 轴的正半轴上电场强度最强点的位置。

### 1.49　块体产生的最大的电场**

（a）一个点电荷位于如图 1.42 所示的曲线上的某个位置。这个点电荷在原点处产生了一个电场。令 $E_y$ 代表这个电场的纵向分量。要使得 $E_y$ 的值和点电荷在曲线上的位置无关，那么这个曲线应该是什么形状（忽略缩放因子）的？

（b）有一块带有均匀体电荷密度的可塑形材料。要想让它在空间中的某点产生的电场最强，这块材料应该是什么形状的？详细解释你的推理过程。

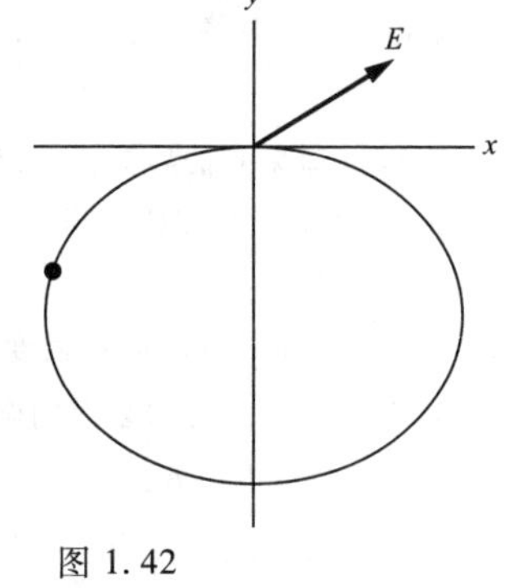


图 1.42

### 1.50　半球面产生的电场**

（a）一个中空的半径为 $R$、带有均匀面电荷密度 $\sigma$ 的半球面，求其在球心处产生的电场强度？（该题只是习题 1.12 的一个特例，但是你可以通过直接计算更容易地得到这个题的结果，而不是通过习题 1.12 中那些复杂的积分。）

（b）对于一个实心的、半径为 $R$ 的半球体，其体电荷密度为 $\rho$，利用上面的结果来证明在它的球心位置处的电场等于 $\rho R/4\varepsilon_0$。

### 1.51　圆环上的 $N$ 个电荷***

在一个半径为 $R$ 的圆环上，均衡地分布着 $N$ 个带电量为 $Q/N$ 的点电荷。在其中的一个电荷位置处，试求由其他的点电荷所产生的电场。（可以把你的结果写成一种求和的形式。）在 $N\to\infty$ 的极限条件下，这个电场的大小是有限值还是无限值？作用在其中一个电荷上的力是有限值还是无限值？

### 1.52　等边三角形*

有 $A$、$B$ 和 $C$ 三个正电荷，电量分别为 $3\times10^{-6}$C、$2\times10^{-6}$C 和 $2\times10^{-6}$C，它们分别位于一个边长为 0.2m 的等边三角形的三个顶点上。

（a）求出每一个电荷受到的力的大小，力的单位用 N 表示。

（b）求出三角形中心位置处的电场强度大小，单位为 N/C。

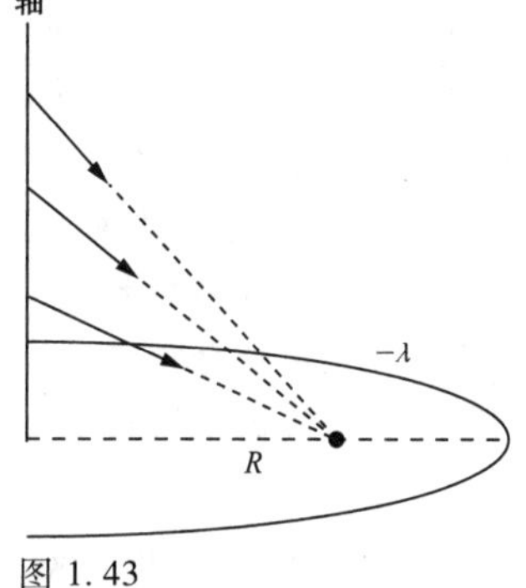


图 1.43

### 1.53　轴上的电场强度**

有一个半径为 $R$ 的均匀带电密度为 $-\lambda$ 的半圆形的导线，证明在这个半圆形的“轴”（穿过圆心垂直于半圆所在平面的直线）上的任意一点位置处的电场矢量都指向半圆所在平面的同一点，如图 1.43 所示。这个点的位置在哪里？

### 1.54　半圆线**

（a）两个细长的平行放置的棒，相距 $2b$，通过一个半径为 $b$ 的半圆连接在一起，如图 1.44 所示。在整个装置上均匀地分布着电荷，其线电荷密度为 $\lambda$。证明这种电荷分布状态下，$C$ 点的电场为零。你可以通过比较图中对应着同样的 $\theta$ 和 $\mathrm{d}\theta$ 的 $A$ 段和 $B$ 段各自在 $C$ 点产生的电场，来得出上述结论。

(b) 考虑一个跟这个装置相似的二维装置，由一个圆筒和一个半球形的帽子组成，上面有均匀的面电荷密度 $\sigma$。使用 (a) 中得到的结论，你觉得在对应 (a) 中 $C$ 点的位置处，电场是指向上面、下面、还是为零呢？(不需要计算！)

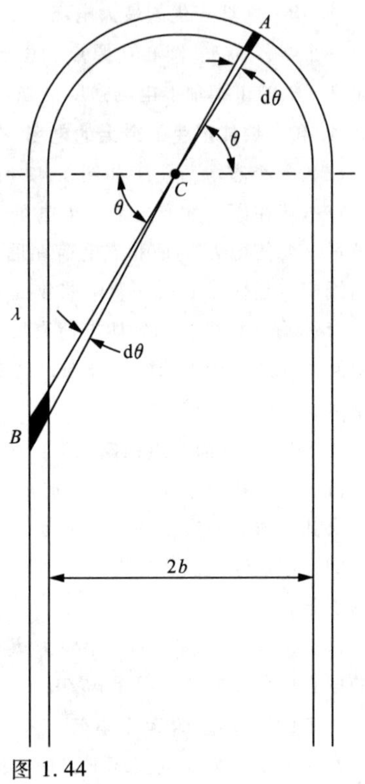

图 1.44

**1.55　有限长的导体棒上产生的电场**＊＊

一个长 10cm 的细棒，沿着它的长度方向上均匀分布有 $24\text{esu}=8\times10^{-9}\text{C}$ 的电荷量。求出位于如图 1.45 所示的两个点 $A$ 和 $B$ 处的电场强度。

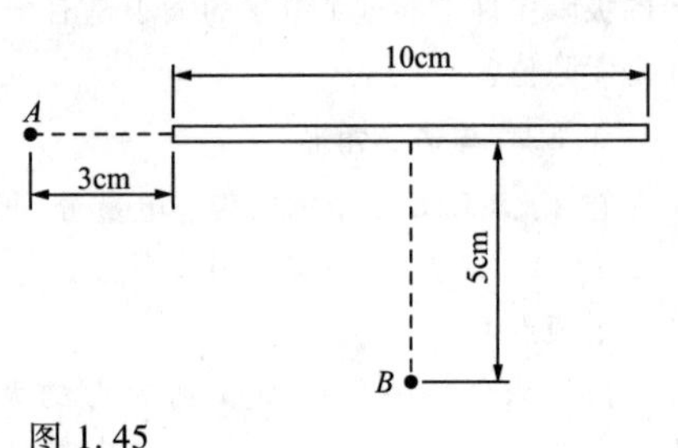

图 1.45

**1.56　通过立方体表面的电通量**＊

(a) 一个点电荷 $q$ 位于一个边长为 $d$ 的立方体的中心。用 $\int \boldsymbol{E}\cdot \mathrm{d}\boldsymbol{a}$ 在立方体的一个面上进行积分得到的值会是多少？

(b) 电荷 $q$ 在立方体的一个顶点上，则 $\boldsymbol{E}$ 在立方体的每一个面上产生的电通量是多少？(为了让这个定义更加明确，可以把电荷看成是一个小球。)

**1.57　逃逸电场线**＊＊

电荷 $2q$ 和 $-q$ 分别位于 $x$ 轴上的 $x=0$ 和 $x=a$ 点上。

(a) 求出 $x$ 轴上电场为零的点，并且大致画出电场线的草图。

(b) 你应该会发现从电荷 $2q$ 出发的电场线有一部分终止在电荷 $-q$ 上，而其他的部分则一直通向无限远。考虑这两种情况的分界点的电场线。这些电场线是以什么角度（对于 $x$ 轴）远离电荷 $2q$ 的呢？提示：合理选择一个基本和这些线重合的高斯面。

**1.58　圆环中心的高斯定理**＊＊

(a) 电荷量 $Q$ 均匀分布在半径为 $R$ 的圆环上。首先求出圆环的轴上距离圆环中心一个很小的距离 $z$ 处的电场。

(b) 再考虑一个其中心位于这个圆环中心的小圆柱体，小圆柱体的半径为 $r_0$，高度为 $2z_0$，其在圆环平面两侧的部分高度均为 $z_0$，这个圆柱体上没有电荷，所以通过它的净通量一定是零。使用在解习题 1.8 的过程中给出的结论，证明这个结论的正确性（利用上一问的结果）。

**1.59　圆筒内部的零点场**＊

考虑一个中空的圆柱面，比如一个带电的长导管，上面均匀地分布着电荷，利用习题 1.17 中的思路，证明这个导管内部的电场为零。

**1.60　中空圆柱体的电场**＊

考虑练习 1.59 中的中空圆柱面。利用高斯定理证明这个圆柱面内部的电场为零。同时也证

明一下它外部的电场形式就像是上面的电荷都集中在圆柱的轴线一样。对于一个截面为正方形，上面分布有均匀的面电荷密度的中空导管，上述结论还是正确的吗？

### 1.61 球的势能**

一个半径为 $R$ 的球体，上面分布着均匀的电荷，且体电荷密度为 $\rho$。计算一下这个球体的势能 $U$，即组建这个带电球体所需要的功。在 1.15 节中的例题中，我们通过对电场的能量密度积分得到了 $U$；其结果为 $U=(3/5)Q^2/4\pi\varepsilon_0 R$。在这里，我们可以通过一层一层的叠加来组件这个带电球体，过程中可以利用该结论：带电球面外某点的电场分布和电荷完全集中在该球球心时形成的电场是一样的。

### 1.62 电子的自身能量*

在 20 世纪初，电子的净质量可能是由纯粹的电荷元组成的这个说法非常流行，尤其是在狭义相对论使得质量和能量可以相互转化后，这种说法更加引人关注。把电子想象成一个电荷球，在某个最大半径 $r_0$以内它的体密度是均匀的。利用 1.61 题的结论，令这个系统的势能等于 $mc^2$，计算一下 $r_0$应该是多少。这个模型的缺点是显而易见的：没有什么东西使得这个电荷可以聚在一起！

### 1.63 球和圆锥**

(a) 考虑一个固定的半径为 $R$ 的中空球面，面上带有电荷，其面电荷密度为 $\sigma$。一个质量为 $m$、电荷量为 $-q$ 的粒子从无穷远处以零初速度进入到这个系统，那么当粒子到达球心时的速度是多大？（假定为了使电荷可以穿进球面，球面上已经开了一个很小的洞。）

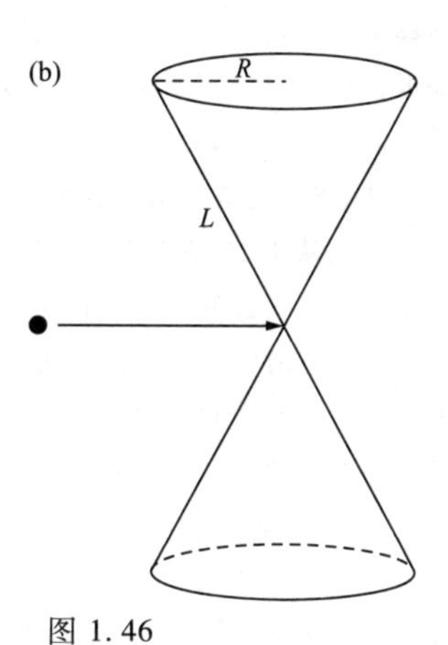

图 1.46

(b) 考虑两个固定的中空圆锥面（就像是一个没有装冰激凌的冰激凌壳），底面半径为 $R$，倾斜面长度为 $L$，面电荷密度为 $\sigma$，如图 1.46 所示那样排放着。一个质量为 $m$，电荷量为 $-q$ 的粒子，开始时在无穷远处静止，没有外力作用下沿着图示的中垂面上的直线进入这个系统。粒子到达圆锥顶点时的速度是多少？你会发现你得到的结果和 (a) 中的非常接近。

### 1.64 两条导线之间的电场*

考虑一组高压直流输电线，包含两跟相距为 3m 的平行导线，它们分别带有相反的电荷。如果两根线之间中间位置处的电场强度是 15000N/C，那么在 1km 长的带正电的导线上的正电荷有多少？

### 1.65 由细棒组成的平面**

一个无限大的带电平面可以看成是由无限多个均匀带电的小细棒组成。利用无限长的细棒产生的电场为 $\lambda/2\pi\varepsilon_0 r$ 这个结论，通过对这些带电细棒进行积分，来证明面电荷密度为 $\sigma$ 的无限大的平面产生的电场为 $\sigma/2\varepsilon_0$。

### 1.66 两个电荷带之间的力**

(a) 两个电荷带如图 1.47 所示，宽度为 $b$，高度方向无限长，同时忽略其厚度（垂直于纸面的方向）。它们每单位面积的带电量分别为 $\pm\sigma$。求出其中一个电荷带在距离它 $x$ 远的位置处

（在纸面内）产生的电场强度是多大。

（b）证明两个电荷带之间的力（每单位高度）等于$\sigma^2 b(\ln 2)/\pi\varepsilon_0$。注意，即使你发现在靠近电荷带的时候电场是发散的，上面得到的这个结果依然是个有限值。

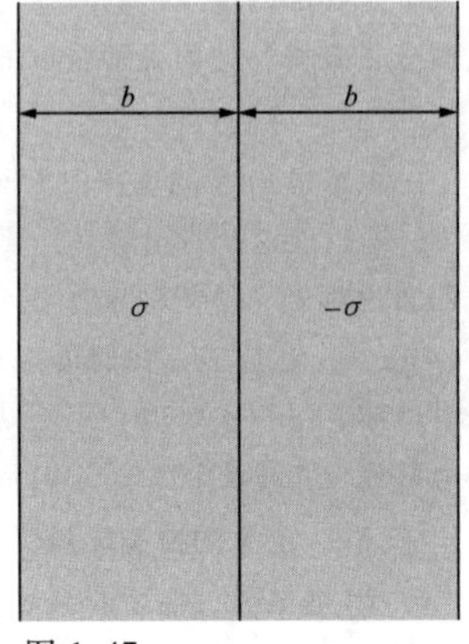

图1.47

**1.67　圆柱面产生的电场，为什么会错**＊＊

一个半径为$R$的中空的圆柱面，电荷密度为$\sigma$，求出在圆柱外侧距离柱面非常近的一点上的电场。通过以下方式来计算。

（a）把柱面分割成无限多个平行的细棒，然后对这些细棒产生的电场强度进行积分。你会得到一个错误的结果$\sigma/2\varepsilon_0$。

（b）为什么这个结果会是错的呢？解释一下怎样修正才能得到正确的结果$\sigma/\varepsilon_0$。提示：你可能已经利用上面的积分努力计算了在圆柱面的内侧的非常靠近柱面的某一点的电场，我们知道，那个电场应该是零。对于位于柱面上的某一点（非常靠近上面的问题中提到的柱面外的那一点），上面的积分还能够正确表示它们之间的作用吗？

**1.68　均匀的电场强度**＊

我们从1.11节中例题中知道，在一个带有均匀体电荷密度的实心球内部，电场强度是和$r$成正比的。现在假定电荷的分布不是均匀的，而是只和$r$相关的。那么电荷密度和$r$保持怎样的关系才能使球体内部的电场强度和$r$无关（除了球心处）？如果不是球体而是圆柱体，这种关系又应该是什么样呢？

**1.69　被挖空的球**＊＊

一个半径为$a$的球，内部充满了体电荷密度为$\rho$的正电荷。如图1.48所示，在其内部挖空一个半径为$a/2$的球形区域。试求$A$点和$B$点位置处电场的方向和强度。

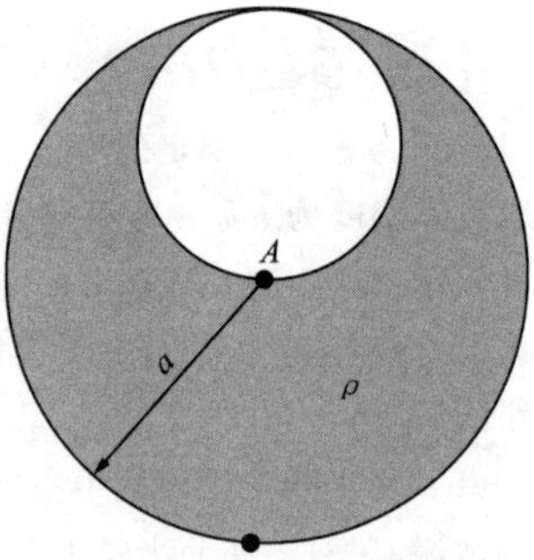

图1.48

**1.70　两个平面产生的电场**＊

两个无限大的带电平面，面电荷密度分别为$3\sigma_0$和$-2\sigma_0$，它们相互平行且相距为$l$。讨论一下这个系统的电场。现在假定这两个平面不是平行的，而是保持相互垂直，指出在由这两个平面分成的四个空间中的电场的形状大概是什么样的。

**1.71　交叉的平面**＊＊

（a）三个无限大的平面，面电荷密度都是$\sigma$，相互交叉放置且其夹角相同，图1.49为截面示意图。通过对每一个平面形成的电场进行叠加来计算空间中任意一个点的电场。

（b）改用高斯定理来计算电场。解释为什么在这种情况下，高斯定理是适用的。

（c）如果不是三个平面而是$N$个平面，那么对应的电场应该是什么样的呢？在$N\to\infty$的极限情况下呢？这种极限情况和练习1.68中的圆柱体是有关系的。

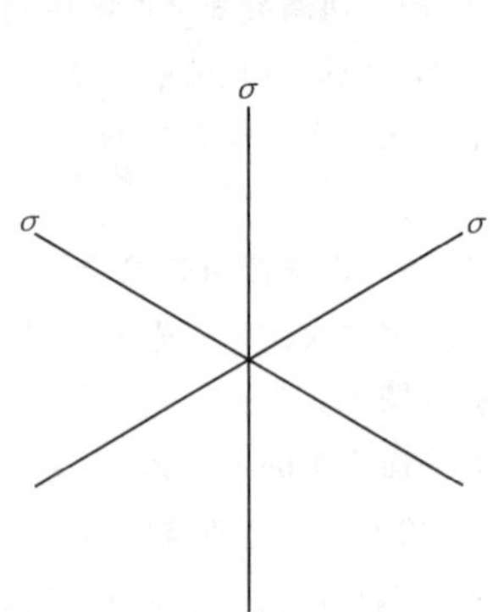

图1.49

**1.72 平面和平板** * *

一个无限大的均匀带电平面，面电荷密度是 $\sigma$。在它的一侧与一个平行的、无限大的、厚度为 $d$ 的带有均匀的体电荷密度 $\rho$ 的电荷层相接触，如图 1.50 所示。所有的电荷都是固定的。求出任意一点处的 $E$。

**1.73 圆柱体内的球** * *

一个无限长的均匀带电圆柱体，体电荷密度为 $\rho$，其轴线沿着 $z$ 轴方向。在这个圆柱体内部一个球形的区域被挖空，而后又填充上电荷密度为 $-\rho/2$ 的物质。假定球心位于 $x$ 轴上 $x=a$ 的位置。证明在这个球体内部电场在 $xy$ 平面上的分量是一致的，求出这个值。提示：可用到习题 1.27 中的方法。

**1.74 球内部的零点场** * *

在图 1.51 中，一个半径为 $R$ 的球，球心位于原点，一个无限长的半径为 $R$ 的圆柱体，轴线沿着 $z$ 轴的方向，还有一个无限大的平板，厚度为 $2R$，位于 $z=-R$ 和 $z=R$ 之间。这些几何体均匀带电，体电荷密度分别为 $\rho_1$、$\rho_2$ 和 $\rho_3$。它们相互重叠；重叠区域的总电荷密度是各电荷密度之和。要使得球体空间内任意一点的电场为零，那么这三个电荷密度之间的关系是怎样的？提示：求出每一个几何体内部的电场矢量，再利用叠加定理。

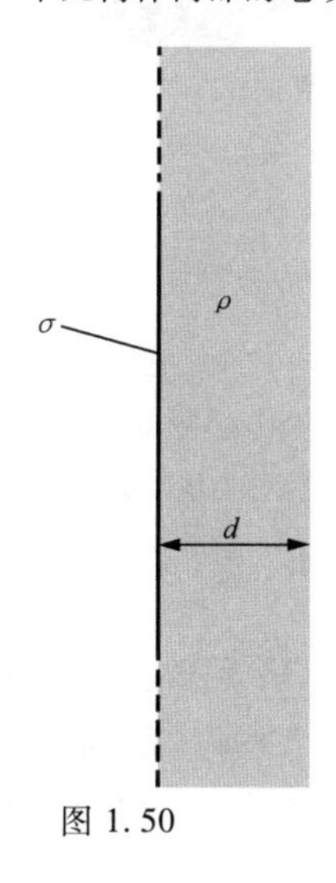


图 1.50

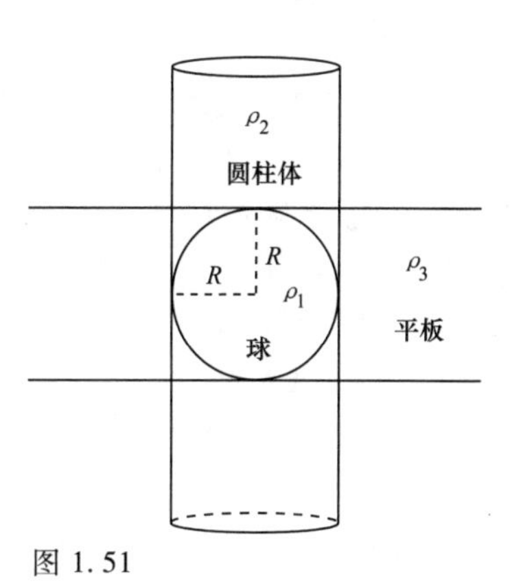


图 1.51

**1.75 球中球** * *

我们已经知道，对于一个半径为 $R$ 体电荷密度为 $\rho$ 的均匀带电球体的内部，在半径 $a$ 处的一个点电荷 $q$ 受到的力只和半径 $a$ 以内的有效电荷量有关。

（a）一个均匀带电的球体整个放在一个更大的半径为 $R$ 的球内部。设内球半径为 $b$，其球心和外球球心距离为 $a$。内球上的总电荷量为 $q$。假定内球和外球上的电荷可以相互叠加，而不影响大球上其他电荷的存在。要计算内球上受到的力，是否可以把这个内球看成是一个点电荷，同时只考虑大球半径 $a$ 以内的电荷量？

（b）如果我们把大球中内球位置处的电荷移除，这个力会改变吗？现在计算大球上挖出这个球形空腔后内球受到的力，这更接近现实的情形。

1.76　氢原子**

中性的氢原子在常态下，可以认为像是一个电荷量为 $e$ 的正的点电荷（原子核）处在一个密度为 $\rho(r)=-Ce^{-2r/a_0}$的负电荷环境中。其中 $a_0$是玻尔半径，大小为 $0.53\times10^{-10}$m，$C$ 是为了使总的负电量为 $e$ 而添加的一个常量。在半径为 $a_0$的球面以内静电荷量是多少？在这个距离处原子核产生的电场强度是多少？

1.77　电子云**

试想一个半径为 $a$ 的球体内均匀地充满着负电荷，其总电量等于两个电子的电量。在这个负电子云中埋入两个质子，并假定，除了这两个质子的位置，其余地方负电荷的分布是均匀的。要让这两个质子受到的力为零，它们应该处在什么位置上？（这就是一个氢分子的实际模型；围绕在质子外面的电子不会坍缩的原因，要用量子力学来解释！）

1.78　球面上的洞**

图 1.52 展示了一个球面电荷，半径为 $a$，面电荷密度为 $\sigma$，球面上切掉一个半径为 $b\ll a$ 的小圆片。在这个空洞中点的位置，电场的大小和方向是怎样的？有两种方法可以得到答案。你可以对整个剩余的部分进行积分，从而得到所有的电荷在题中给定点的作用之和。或者，你可以考虑一下被移除的这个小块的影响，它本身就是一个小圆盘，再利用叠加定理。把这个结果和面电荷上受到的力联系起来——也许这个是能获得答案的第三种方法。

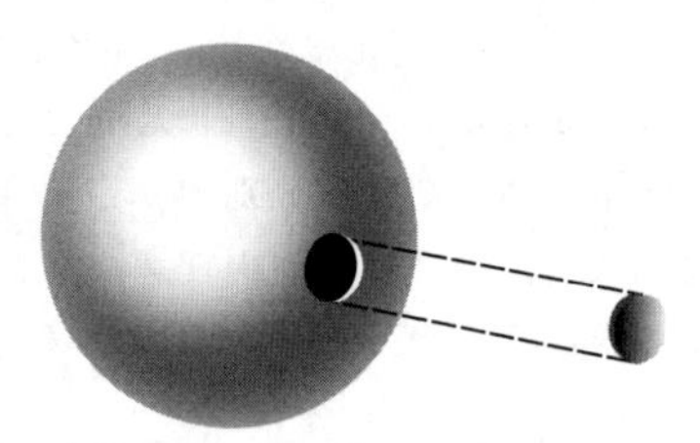
图 1.52

1.79　三个平面上的力**

考虑 $A$、$B$ 和 $C$ 三个带电平面。$A$ 位于 $B$ 的上面，$B$ 位于 $C$ 的上面，它们都互相平行。每个面上都有均匀的面电荷密度：$A$ 上面为 $-4\times10^{-5}$C/m$^2$，$B$ 上面为 $7\times10^{-5}$C/m$^2$，$C$ 上面为 $-3\times10^{-5}$C/m$^2$（这些密度包含了面两侧的电荷）。每个平面上单位面积受到的力各是多少？检查一下三个面每单位面积上受到的合力是否为零。

1.80　肥皂泡上的力**

一个带电的肥皂泡，就像 1.14 节末尾处的那个橡胶球那样，其表面的每个位置都受到向外的电场力。给定这个泡的总电荷量为 $Q$，半径为 $R$，对于任意一个半球，受到的另外半球的向外排斥的合力为多大？（这个力除以 $2\pi R$ 后如果超过肥皂薄膜的表面张力，就会出现非常有意思的现象！）

1.81　球周围的能量*

一个半径为 $R$ 的球，其表面均匀地分布着电荷量 $Q$。这种电荷分布下所有静电场能量的 90%都位于一个多大的球中？

1.82　同心球面的能量*

（a）考虑两个半径分别为 $a$ 和 $b$ 的同心球面，其中 $a<b$，带电量为 $Q$ 和 $-Q$，每一个球面上电荷都均匀地分布。求出这个系统的电场中储存的能量。

（b）用另一种方法来计算储存的能量：从两个中性的球面开始，慢慢地以球对称的形式从外面的球面把正电荷转移到里面的球面上。在某个中间状态，里面的球面上电荷量为 $q$，这时继续转移 d$q$ 的电量，计算出要转移电量 d$q$ 需要做的功。然后对 $q$ 进行积分。

1.83 圆柱体的势能 * *

对于一个半径为 $a$，实心且体电荷密度为 $\rho$ 的圆柱体，习题 1.24 给出了计算每单位长度中储存的能量的一种方法。现在利用式（1.53）来计算每单位长度产生的电场中包含的总能量。记住要考虑进圆柱体内部的电场。

你会发现这个能量是无穷大，所以现在把初始条件换成一个半径为非常大的 $R$ 的中空圆柱面，其电荷均匀分布在它的表面上，来计算一下这个系统的能量（两种条件下半径 $R$ 以外的电场分布是相同的，所以在计算能量时可以将这部分忽略掉）。已知这个圆柱面每单位长度上的电荷量 $\lambda$，证明每单位长度的能量为 $(\lambda^2/4\pi\varepsilon_0)[1/4+\ln(R/a)]$。

# 电　势

## 概述

本章前半部分讲述与电场相关联的电势，后半部分讲述在处理电磁学问题中非常关键的一些数学知识。两点之间的电势差定义为电场强度的线积分的负值；反之，电场强度则是电势差的梯度的负值。正如电场强度是单位电荷的力一样，电势是单位电荷的电势能。我们举出一些例子，对给定电荷分布计算其电势能。一个重要的例子就是电偶极子，它由两个等量异号电荷组成。第 10 章中还要详细介绍电偶极子的应用。

关于数学知识，我们介绍了散度，可以用来计算小体积元的矢量场的通量。我们证明高斯定理（或散度定理）并给出高斯定理的微分形式，这是著名的麦克斯韦方程组（见第 9 章）的四个方程中的第一个。接着介绍笛卡儿坐标系下的散度。梯度的散度称作拉普拉斯算符。拉普拉斯算符作用下等于 0 的函数有很多重要性质，比如恩绍原理，它指出在真空中构建稳定的静电平衡是不可能的。旋度是矢量场沿着小的闭合曲线进行线积分。本章还证明了斯托克斯理论，并计算了笛卡儿坐标下的旋度。静电场的保守特性意味着其旋度为 0。附录 F 中讨论了不同坐标系下的各种矢量算符。

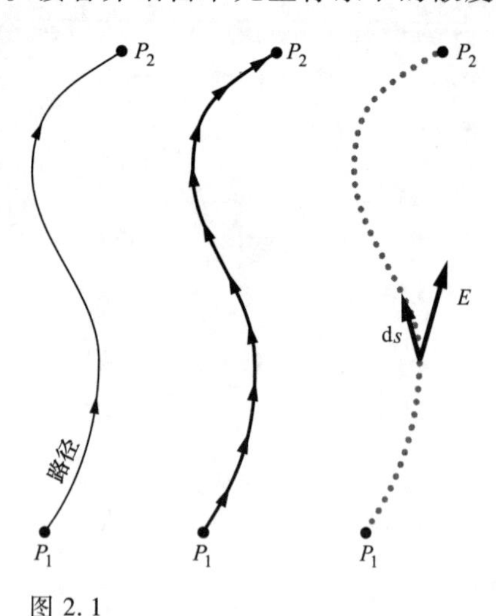


图 2.1
展示了路径中的元路径 d$s$ 的分割过程。

## 2.1　电场的线积分

假定 $\boldsymbol{E}$ 是稳定分布的电荷的电场。$P_1$ 和 $P_2$ 为电场中的任意两点。在这两点之间沿着某个路径，如图 2.1 所示，从 $P_1$ 点到 $P_2$ 点对电

场的线积分为 $\int_{P_1}^{P_2} \boldsymbol{E} \cdot \mathrm{d}\boldsymbol{s}$。它的意思是：把选定的路径分割成许多小段，每一个小段用一个首尾相接的矢量表示；把每个小段矢量和它所在位置处的电场 $\boldsymbol{E}$ 点乘得到一个标量；把整个路径上的所有这些标量加起来。当所选取的这些小段无限短，就有无限多个标量相加，这就是所谓的积分。

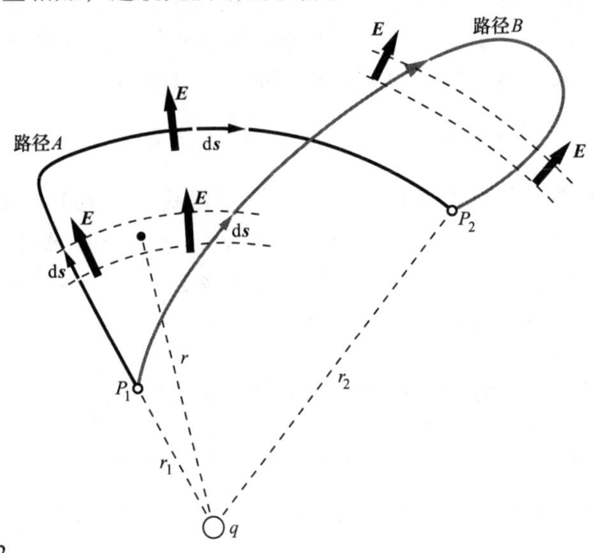


图 2.2

电场 $\boldsymbol{E}$ 是由正的点电荷 $q$ 发出的。沿着路径 $A$ 从 $P_1$ 到 $P_2$ 对电场 $\boldsymbol{E}$ 进行积分的值为 $(q/4\pi\varepsilon_0)(1/r_1-1/r_2)$。如果沿着路径 $B$ 或者其他的从 $P_1$ 到 $P_2$ 的任何一条路径计算得到的值都和这个值一样。

让我们考虑一个点电荷 $q$ 的电场和在这个电场中从 $P_1$ 到 $P_2$ 的几个不同路径，如图 2.2 所示。沿着路径 $A$ 对 $\boldsymbol{E}$ 的积分比较容易计算，这条路径由从 $P_1$ 发出的一条径向线段和一个以 $r_2$ 为半径的弧线组成。沿着路径 $A$ 中的径向线段，$\boldsymbol{E}$ 和 $\mathrm{d}\boldsymbol{s}$ 是平行的，$\boldsymbol{E}$ 的大小为 $q/4\pi\varepsilon_0 r^2$，所以 $\boldsymbol{E} \cdot \mathrm{d}\boldsymbol{s}$ 就可以简单地写成 $(q/4\pi\varepsilon_0 r^2)\mathrm{d}s$。因此在这一段上的线积分可以写成

$$\int_{r_1}^{r_2} \frac{q\mathrm{d}r}{4\pi\varepsilon_0 r^2} = \frac{q}{4\pi\varepsilon_0}\left(\frac{1}{r_1} - \frac{1}{r_2}\right) \tag{2.1}$$

路径 $A$ 中的第二段，也就是弧形的那一段，因为 $\boldsymbol{E}$ 和 $\mathrm{d}\boldsymbol{s}$ 在弧形的任何位置都是垂直的，所以积分结果为零。因此，总的线积分为

$$\int_{r_1}^{r_2} \boldsymbol{E} \cdot \mathrm{d}\boldsymbol{s} = \frac{q}{4\pi\varepsilon_0}\left(\frac{1}{r_1} - \frac{1}{r_2}\right) \tag{2.2}$$

现在来看一下路径 $B$。因为 $\boldsymbol{E}$ 的大小是 $q/4\pi\varepsilon_0 r^2$，方向是沿着径向辐射的方向，所以即使 $\mathrm{d}\boldsymbol{s}$ 并不是沿着径向的，仍然可以写成 $\boldsymbol{E} \cdot \mathrm{d}\boldsymbol{s} = (q/4\pi\varepsilon_0 r^2)\mathrm{d}r$。图中所示的路径 $A$ 和路径 $B$ 的积分结果是完全一致的。路径 $B$ 中在半径 $r_2$ 以外的部分对

积分总的贡献为零；相对应的朝向外侧和朝向内侧的部分互相抵消，所以对于整条积分，路径 $B$ 的结果和路径 $A$ 是一样的。由于路径 $B$ 具有普遍性，式（2.1）对任意从 $P_1$ 点到 $P_2$ 点的路径都适用。

在1.5节中，利用图1.5我们从本质上反复讨论了在一个点电荷附近移动另一个点电荷做功的问题。现在我们来看看在任何电荷分布形式下产生的总的电场。根据叠加原理可以得出一个重要的结论：对于电场之和的线积分等于各个电场独立积分之和。或者，更加严格地说，如果 $\boldsymbol{E}=\boldsymbol{E}_1+\boldsymbol{E}_2+\cdots$，则有

$$\int_{P_1}^{P_2}\boldsymbol{E}\cdot\mathrm{d}\boldsymbol{s}=\int_{P_1}^{P_2}\boldsymbol{E}_1\cdot\mathrm{d}\boldsymbol{s}+\int_{P_1}^{P_2}\boldsymbol{E}_2\cdot\mathrm{d}\boldsymbol{s}+\cdots \tag{2.3}$$

这里的所有的积分都是对于同一个路径。正像式（1.20）或者式（1.22）中表示的一样，任何静电场都可以看成是一定数量的（这个数量可能会很大）点电荷电场的总和。因此，如果在每一个点电荷的电场 $\boldsymbol{E}_1$，$\boldsymbol{E}_2$，…，从 $P_1$ 到 $P_2$ 的线积分都与路径无关，那么总的电场 $\boldsymbol{E}$ 就有如下的特性：

| 在任何静电场 $\boldsymbol{E}$ 中，对于从 $P_1$ 到 $P_2$ 所有路径的线积分 $\int_{P_1}^{P_2}\boldsymbol{E}\cdot\mathrm{d}\boldsymbol{s}$ 都有相同的值。 |
|---|

点 $P_1$ 和 $P_2$ 可能在同一个位置。这种情况下积分的路径就是一个闭合的回路，它们的总路径长度抵消为零。由此得到以下定理：

| 在静电场中，沿任何闭合路径的线积分 $\int\boldsymbol{E}\cdot\mathrm{d}\boldsymbol{s}$ 为零。 |
|---|

严格地讲，这里所说的静电场是指静止的电荷所产生的电场。稍后，我们会遇到其内部的线积分与路径有关的电场，这些电场往往都与快速移动的电荷有关。就目前的情况我们可以说，如果源电荷移动得足够慢，它的电场 $\boldsymbol{E}$ 必定满足 $\int\boldsymbol{E}\cdot\mathrm{d}\boldsymbol{s}$ 的值与路径无关。当然，如果 $\boldsymbol{E}$ 本身是随时间而变化的，公式 $\int\boldsymbol{E}\cdot\mathrm{d}\boldsymbol{s}$ 里的 $\boldsymbol{E}$ 必须理解为在给定的某个瞬间在整个路径上存在的电场。带着这种理解，对变化的静电场中的线积分才有意义。

## 2.2　电势差和电势函数

因为在静电场中的线积分是与路径无关的，我们可以不用指定任何特定路径而定义一个标量 $\phi_{21}$：

$$\boxed{\phi_{21}=-\int_{P_1}^{P_2}\boldsymbol{E}\cdot\mathrm{d}\boldsymbol{s}} \tag{2.4}$$

前面有一个负号，$\phi_{21}$ 代表在电场 $\boldsymbol{E}$ 中外力把正电荷从 $P_1$ 移动到 $P_2$ 时对每单位电荷所做的功（外力 $\boldsymbol{F}_{\text{ext}}=-q\boldsymbol{E}$，这里的负号是因为它和电场力 $\boldsymbol{F}_{\text{elec}}=q\boldsymbol{E}$ 平衡）。

$\phi_{21}$是对于位置 $P_1$和 $P_2$的单值标量函数，我们把它称为这两点之间的**电势差**。

在 SI 制中，电势差的单位为 J/C，这个单位有一个单独的名字，叫作“伏特”（V）：

$$1\mathrm{V}=1\mathrm{J/C} \tag{2.5}$$

在 1V 的电势差中移动 1C 的电荷量所需要做的功为 1J。在高斯单位制中，电势差的单位为 erg/esu，这个单位有一个单独的名字，叫作“静伏”（静意味着静电场）。1.4 节已经给出了 $1\mathrm{C}=3\times10^9\mathrm{esu}$，利用这个关系式可以证明 1V 约等于 1/300 静伏。由于光速 $c$ 很接近 $3\times10^8\mathrm{m/s}$，这两个关系式的精度在 0.1%以内。附件 C 给出了高斯单位制和国际单位制体系中电学单位之间的关系。附件 E 对这些关系做了进一步讨论，给出并介绍了用光速对米重新进行定义。

假定我们把 $P_1$固定在某个参考位置。那么 $\phi_{21}$ 就只是关于 $P_2$的函数，也就是一个关于空间坐标 $x$、$y$、$z$ 的函数，可以写为无下标的 $\phi(x,y,z)$，记住根据定义，$\phi$ 应该是包含了原点 $P_1$的。可以说 $\phi$ 是跟电场矢量相关的势能，是一个跟位置相关的标量函数，或者说是一个标量场（这两种说法是一样的），在某一个点处的值是一个简单的数（单位为每单位电荷的功）而没有方向性。一旦给定电场矢量 $\boldsymbol{E}$，除了要加上一个跟 $P_1$点的选择相关的常数外，势能函数 $\phi$ 就已经确定了。

**例题** 如图 2.3 所示的电场，图中画出了一些电场线。试求其电势。电场的各个分量为 $E_x=Ky$，$E_y=Kx$，$E_z=0$，其中 $K$ 是一个常数。这个静电场是可能存在的，参见 2.17 节。

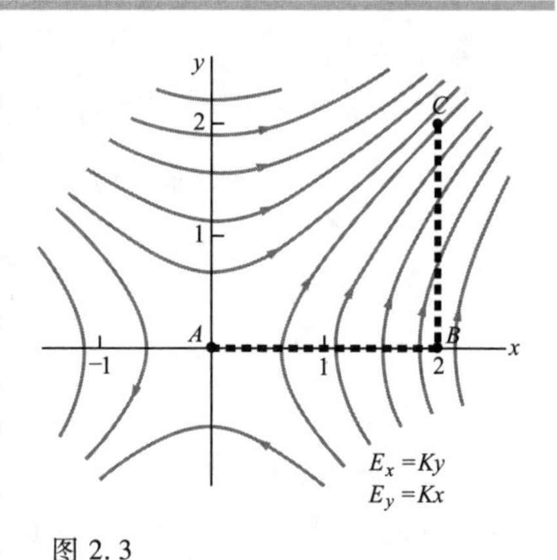


图 2.3
在 $E_x=Ky$，$E_y=Kx$ 的电场中的一条特定的路径 $ABC$，图中给出了一些电场线。

**解** 因为 $E_z=0$，所以电势将会与 $z$ 无关，我们只需要在 $xy$ 平面内考虑这个问题。把 $P_1$的坐标定为 $(x_1,y_1)$，$P_2$点的坐标定为 $(x_2,y_2)$。为了方便，我们可以把 $P_1$点定位在坐标原点即 $x_1=0$，$y_1=0$。在计算从参考点到一般点 $(x_2,y_2)$ 的积分 $-\int\boldsymbol{E}\cdot\mathrm{d}\boldsymbol{s}$ 时，使用如图 2.3 中的虚线路径 $ABC$ 是最简单的一种方法。

$$\begin{aligned}\phi(x_2,y_2)&=-\int_{(0,0)}^{(x_2,y_2)}\boldsymbol{E}\cdot\mathrm{d}\boldsymbol{s}\\&=-\int_{(0,0)}^{(x_2,0)}E_x\mathrm{d}x-\int_{(x_2,0)}^{(x_2,y_2)}E_y\mathrm{d}y\end{aligned} \tag{2.6}$$

在右侧的两个积分中，因为 $E_x$在沿 $x$ 轴方向的分量为零，所以第一个积分的值为零。第二个积分中带有一个常量 $x$，因为 $E_y=Kx_2$：

$$-\int_{(x_2,0)}^{(x_2,y_2)}E_y\mathrm{d}y=-\int_0^{y_2}Kx_2\mathrm{d}y=-Kx_2y_2 \tag{2.7}$$

因为点（$x_2, y_2$）是任意的，所以我们可以写成如下式子：

$$\phi = -Kxy \tag{2.8}$$

这个方程代表了在这个电场中任意一点（$x, y$）的电势，其中原点的电势为零。在这个电势上可以加上一个任意的常数，这只是意味着被定为零电势的那个参考点被定位到了其他地方。

**例题（均匀带电球体的电势）**　半径为 $R$ 均匀带电的球体，体电荷密度为 $\rho$，利用1.11节中的结果，试求球内和球外任意 $r$ 处的电势。设参考点 $P_1$ 为无穷远。

**解**　由1.11节中的例题可知，球体内的电场强度为 $E(r) = \rho r/3\varepsilon_0$，球外的电场强度为 $E(r) = \rho R^3/3\varepsilon_0 r^2$。

式（2.4）给出了电势的定义式，对电场沿着从 $P_1$ 点（本题中 $P_1$ 为无穷远）到半径 $r$ 处的点的路径进行线积分，积分结果的相反数是电势。因此，球外的电势为

$$\phi_{\text{out}}(r) = -\int_{\infty}^{r} E(r')\,\mathrm{d}r' = -\int_{\infty}^{r} \frac{\rho R^3}{3\varepsilon_0 r'^2}\mathrm{d}r' = \frac{\rho R^3}{3\varepsilon_0 r} \tag{2.9}$$

球体的总电荷为 $Q = (4\pi R^3/3)\rho$，则上述电势可以写成 $\phi_{\text{out}}(r) = Q/4\pi\varepsilon_0 r$。这和所希望的一样，因为我们已经知道基于球体的一个电荷 $q$ 的势能为 $qQ/4\pi\varepsilon_0 r$，而电势 $\phi$ 等于单位电荷的势能。

在计算球内某点的电势时，需要将积分分成两部分：

$$\begin{aligned}\phi_{\text{in}}(r) &= -\int_{\infty}^{R} E(r')\,\mathrm{d}r' - \int_{R}^{r} E(r')\,\mathrm{d}r' \\ &= -\int_{\infty}^{R} \frac{\rho R^3}{3\varepsilon_0 r'^2}\mathrm{d}r' - \int_{R}^{r} \frac{\rho r'}{3\varepsilon_0}\mathrm{d}r' \\ &= \frac{\rho R^3}{3\varepsilon_0 R} - \frac{\rho}{6\varepsilon_0}(r^2 - R^2) = \frac{\rho R^2}{2\varepsilon_0} - \frac{\rho r^2}{6\varepsilon_0}\end{aligned} \tag{2.10}$$

注意，利用式（2.9）和式（2.10）计算球表面的电势，得到的值是相同的，即 $\phi(R) = \rho R^2/3\varepsilon_0$。因此，电势在球面上是连续的，事实上也该如此（任一点的电场是有限的，在一个微小路径上的线积分一定是微小值）。$\phi$ 的斜率也是连续的，因为 $E(r)$（是 $\phi$ 的微商的负值，因为 $\phi$ 是 $\boldsymbol{E}$ 的积分的负值）是连续的。图2.4画出了$\phi(r)$。

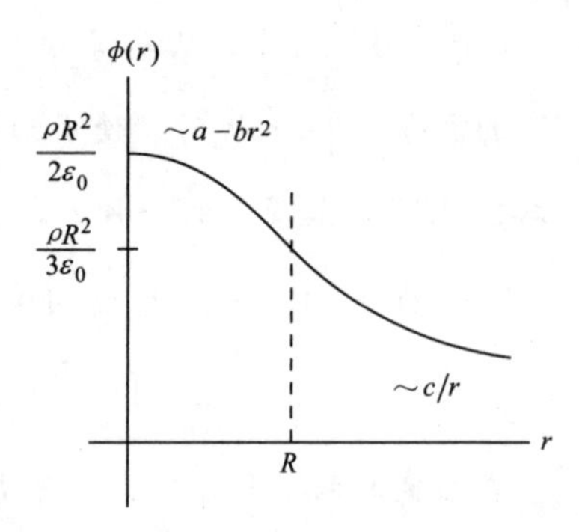


图2.4
均匀带电球体的电势。

球心的电势 $\phi(0) = \rho R^2/2\varepsilon_0$，是球面上电势的3/2。如果从无穷远移动电荷，移到球面上花费了2/3的功，再从球面到半径为 $R$ 的球心又花了1/3的功。

我们必须注意，不要把给定电场 $\boldsymbol{E}$ 的电势 $\phi$ 和电荷系统的静电势能混淆起来。电荷系统的静电势能是指把电荷从无穷远处移动到指定的排布空间时所需要的功。以式（1.14）为例，我们用 $U$ 来表示如图 1.6 所示的静电系统的静电势能。而图 1.6 中电场的电势 $\phi(x,y,z)$ 是指在那个九电荷结构的电场中把一个单位的正电荷从参考点移动到点（$x,y,z$）时需要的功。

## 2.3 标量函数的梯度

给定了电场，我们就可以得到电势函数。其实我们也可以逆向运算：从电势函数中求出电场。从式（2.4）可以看出，在某种意义上电场是电势函数的导数。为了让这个概念变得清晰，我们引入跟位置相关的标量函数的梯度这个概念。设 $f$（$x,y,z$）为一个连续可微的坐标函数。用它的偏微分$\partial f/\partial x$、$\partial f/\partial y$ 和$\partial f/\partial z$ 可以在空间的任意一点上构造一个矢量，这个矢量的 $x$、$y$、$z$ 分量分别等于函数在各个方向的导数。[1] 我们称这个矢量为 $f$ 的梯度，记作"gard $f$"或者 $\nabla f$。

$$\nabla f=\hat{\boldsymbol{x}}\frac{\partial f}{\partial x}+\hat{\boldsymbol{y}}\frac{\partial f}{\partial y}+\hat{\boldsymbol{z}}\frac{\partial f}{\partial z} \tag{2.13}$$

矢量 $\nabla f$ 告诉我们函数 $f$ 在一个点附近的变化趋势。它的 $x$ 分量是函数 $f$ 对 $x$ 的偏微分，也就是沿 $x$ 方向移动时 $f$ 的变化率。在任意一点矢量 $\nabla f$ 的方向代表了函数 $f$ 增长速度最快的方向。假定我们处理只含有两个变量 $x$ 和 $y$ 的函数，该函数可以由三维空间的一个面来表示。站在该面上的某一点，可以看到那个面在某个方向上是上升的，而在反方向是下降的。我们从站着的那一点向任意方向跨出一步，总会有一个方向，走相同的距离所对应的高度比其他方向的要高。函数的梯度是一个指向这个上升速度最快的方向的一个矢量，它的大小就是在该方向上的斜率。

图 2.5 会帮助你理解这个概念。想象一个如图 2.5（a）中展示的关于 $x$ 和 $y$ 的特殊函数用一个面 $f(x,y)$ 来表示。在（$x_1,y_1$）位置处，在与 $x$ 正方向大约成 80°的方向，表面的上升最快。$f$（$x,y$）的梯度，即 $\nabla f$ 是一个关于 $x$ 和 $y$ 的矢量函数。其特征可用图 2.5（b）中二维平面上不同点处的矢量来表示，其中也包括点（$x_1,y_1$）在内。式（2.13）中定义的矢量函数 $\nabla f$ 可按照这种想法扩展到三维空间（注意不要把图 2.5（a）和真正的三维 $xyz$ 空间相混淆；这里的第三个坐标是函数

---

1 要提醒读者，一个关于 $x$、$y$、$z$ 的函数在 $x$ 方向的偏微分可以简单地写成$\partial f/\partial x$，表示函数在保持 $y$ 和 $z$ 为一个恒量时，在 $x$ 方向的变化率。更精确地讲，

$$\frac{\partial f}{\partial x}=\lim_{\Delta x\to 0}\frac{f(x+\Delta x,y,z)-f(x,y,z)}{\Delta x} \tag{2.11}$$

例如，如果 $f=x^2yz^3$，则

$$\frac{\partial f}{\partial x}=2xyz^3 \quad \frac{\partial f}{\partial y}=x^2z^3 \quad \frac{\partial f}{\partial z}=3x^2yz^2 \tag{2.12}$$

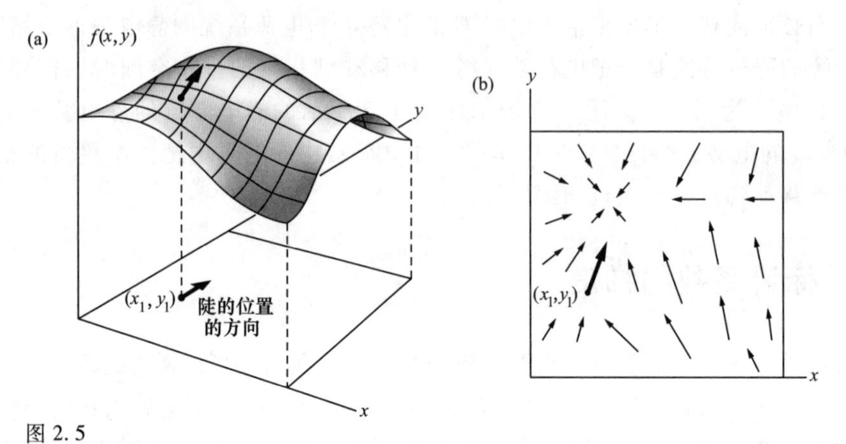


图 2.5

标量函数 $f(x,y)$ 通过（a）里面的一个表面表示了出来。（b）里面的箭头表示了矢量函数 grad $f$。

$f(x,y)$ 的值）。

作为一个在三维空间中的方程的一个例子，假定 $f$ 是一个只关于 $r$ 的函数，这里的 $r$ 是到一个固定点 $O$ 的距离。在以球心为 $O$、半径为 $r_0$ 的球面上，$f(r_0)$ 是一个常量。在半径为 $r_0+\mathrm{d}r$ 的稍微大一点的球面上 $f=f(r_0+\mathrm{d}r)$ 也是一个常量。如图 2.6 所示，如果我们想要从 $f(r_0)$ 变化到 $f(r_0+\mathrm{d}r)$，最短的路径是沿着径向方向（从 $A$ 到 $B$）而不是从 $A$ 到 $C$。$f$ 的“斜率”在径向方向上是最大的，所以在任一点的 $\nabla f$ 都是一个沿着径向的矢量。实际上，在这种情况下 $\nabla=\hat{\boldsymbol{r}}(\mathrm{d}f/\mathrm{d}r)$，$\hat{\boldsymbol{r}}$ 表示径向单位矢量。关于梯度的进一步讨论，请参阅附录 F 中的 F.2 节。

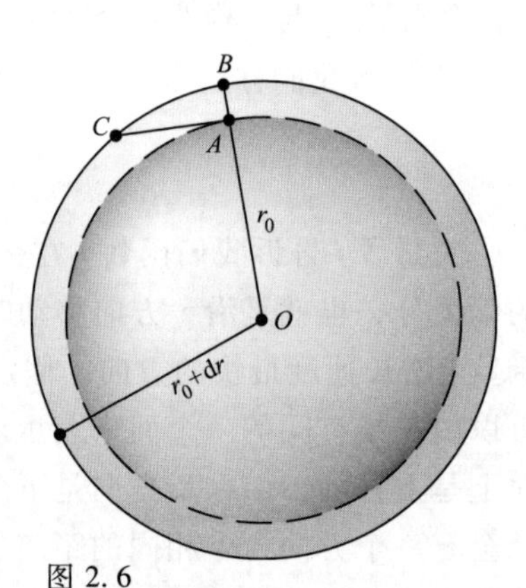


图 2.6

如果 $f$ 仅仅是关于 $r$ 的函数，使得 $f$ 变化一个定值的最短路径是沿着径向 $AB$ 的方向。

## 2.4　从电势推导出电场

现在容易看出，标量函数 $f$ 和矢量函数 $\nabla f$ 的关系跟势能函数 $\phi$ 和电场 $\boldsymbol{E}$ 的关系除了差个负号外，是一样的。考虑相邻的两个点 $(x,y,z)$ 和 $(x+\mathrm{d}x,y+\mathrm{d}y,z+\mathrm{d}z)$ 的电势差 $\phi$，从第一个点到第二个点的 $\phi$ 的变化的一级近似为

$$\mathrm{d}\phi=\frac{\partial\phi}{\partial x}\mathrm{d}x+\frac{\partial\phi}{\partial y}\mathrm{d}y+\frac{\partial\phi}{\partial z}\mathrm{d}z \tag{2.14}$$

另一方面，利用式（2.4）$\phi$ 的定义，电势的变化也可以写成

$$\mathrm{d}\phi=-\boldsymbol{E}\cdot\mathrm{d}\boldsymbol{s} \tag{2.15}$$

无限小位移矢量 d$\boldsymbol{s}$ 代表的是$\hat{\boldsymbol{x}}\mathrm{d}x+\hat{\boldsymbol{y}}\mathrm{d}y+\hat{\boldsymbol{z}}\mathrm{d}z$。因此如果我们令 $\boldsymbol{E}$ 与$-\nabla\phi$ 等同，$-\nabla\phi$ 由式（2.13）定义，则式（2.14）和式（2.15）就等同。所以电场就是电势梯度的负值：

$$\boxed{\boldsymbol{E}=-\nabla\phi} \tag{2.16}$$

这里的负号是因为电场是从高的势能区域指向低的势能区域，而矢量 $\nabla\phi$ 被定义为指向势能增长的方向。

为了说明如何应用上式，我们回顾图 2.3 中电场的那个例子。从式（2.8）给定的电势 $\phi=-Kxy$，我们可以反推得到电场

$$\boldsymbol{E}=-\nabla(-Kxy)=-\left(\hat{\boldsymbol{x}}\frac{\partial}{\partial x}+\hat{\boldsymbol{y}}\frac{\partial}{\partial y}\right)(-Kxy)=K(\hat{\boldsymbol{x}}y+\hat{\boldsymbol{y}}x) \tag{2.17}$$

## 2.5 分布电荷的势能

在第 1 章的式（1.9）中我们计算了把一个电荷移动到另外一个电荷附近时外界所需要做的功，因而得到了一个单独的点电荷所产生的电势。一个孤立点电荷 $q$ 产生的电场中，任一点的电势是 $q/4\pi\varepsilon_0 r$，这里 $r$ 是该点到源电荷 $q$ 的距离，并且把距离源电荷无限远位置处的点的电势定义为零。

叠加定理像适用于电场那样适用于电势。如果我们有很多源电荷，总的电势函数就是每个源电荷单独存在时的势能函数的简单求和——如果我们在每种情况对零电势点的定义保持一致。大多数情况下，如果源电荷分布在一个有限的区域内，通常最简单的做法是把零电势点选择在无限远的位置。如果我们接受这种规则，那么任意的电荷分布的势能函数都可以由以下的积分式给出：

$$\phi(x,y,z)=\int_{\text{所有的源电荷}}\frac{\rho(x',y',z')\mathrm{d}x'\mathrm{d}y'\mathrm{d}z'}{4\pi\varepsilon_0 r} \tag{2.18}$$

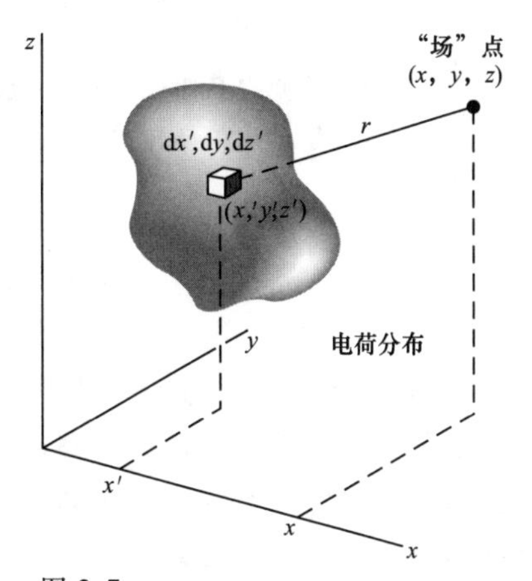


图 2.7
电荷分布 $\rho$（$x'$，$y'$，$z'$）里的每一个元素对点（$x$，$y$，$z$）处的电势 $\phi$ 都有贡献。这一点的电势值就是所有这些贡献之和，即式（2.18）。

其中 $r$ 是从体积元 d$x'$d$y'$d$z'$到计算电势的点 $(x,y,z)$（见图 2.7）的距离。其值为 $r=[(x-x')^2+(y-y')^2+(z-z')^2]^{1/2}$，注意一下这和给定电荷分布的电场时的积分之间的区别。这里我们的分母是 $r$ 而不是 $r^2$，并且积分结果是标量而不是矢量。从标量的电势函数 $\phi(x,y,z)$，根据式（1.22）来计算 $\phi$ 的梯度的负数，就可以得到电场分布。

**例题（两个点电荷的电势）**　考虑一个非常简单的例子，求如图2.8所示的两个点电荷的电势。一个带电量为12μC的正电荷与一个带电量为-6μC（“μ”代表$10^{-6}$）的负电荷相距3m。空间中任一点的电势等于每一个电荷单独存在时的电势之和。图中给出了空间中几个选定点的电势。这里没有涉及矢量加法，只有标量的代数相加。例如，在右侧距离正电荷6m并且距离负电荷5m的点上，电势的值为

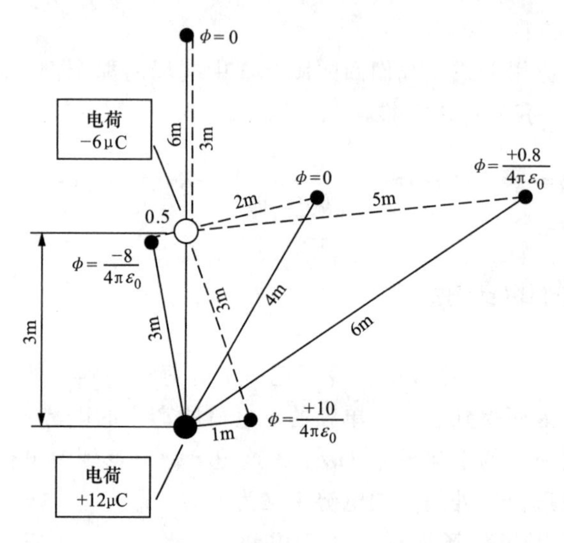


图2.8
在两个点电荷组成的系统中各个位置的电势$\phi$。$\phi$在无穷远的位置处趋近于零。给出的$\phi$的单位为V或者J/C。

$$\frac{1}{4\pi\varepsilon_0}\left(\frac{12\times10^{-6}\ \mathrm{C}}{6\mathrm{m}}+\frac{-6\times10^{-6}\ \mathrm{C}}{5\mathrm{m}}\right)=\frac{0.8\times10^{-6}\ \mathrm{C/m}}{4\pi\varepsilon_0}$$
$$=7.2\times10^{3}\mathrm{J/C}=7.2\times10^{3}\mathrm{V}\quad(2.19)$$

这里我们利用了$1/4\pi\varepsilon_0\approx9\times10^{9}\mathrm{Nm^2/C^2}$（以及1Nm=1J）。在无限远处电势为零。把一个单位正电荷从无限远处移动到$\phi=7.2\times10^{3}$ V的点上需要消耗$7.2\times10^{3}$ J的功。注意图中有两个点的电势$\phi=0$。把任何电荷从无穷远移动到这两个点中的一个时总功为零。可以看到在空间中一定有无数多个这样的点，它们围绕着负电荷构成一个面。实际上，所有$\phi$相等的点的轨迹都是一个面——称为**等势面**——在二维的图像中则可用曲线来表示。

利用式（2.18）时有一个限制：所有的电荷源都必须在有限区域内。举一个简单的例子，1.12节中的无限长带电导线，在无穷远处有电荷，用式（2.18）对分布电荷进行积分，会发现积分是发散的，其结果是电势为无穷大。如果带电导线是有限长，则不会出现这种情况，因为电荷元对电场的贡献随着距离而迅速下降。显然，对于无穷远处有电荷的带电系统，我们最好确定某个附近的地方为电势零

点，这样一来，用式（2.4）计算某点（$x$，$y$，$z$）和参考点之间的电势差 $\phi_{21}$ 就很容易了。

**例题（带电长导线的电势）** 为了在无限长带电导线的情况下求电势，我们任意选择一个距离导线为 $r_1$ 的点为参考点 $P_1$。因此把点电荷从 $P_1$ 点移动到其他任意的距离电荷线 $r_2$ 的点 $P_2$ 时，对每单位电荷所需要做的功：

$$\phi_{21} = -\int_{P_1}^{P_2} \boldsymbol{E} \cdot \mathrm{d}\boldsymbol{s} = -\int_{P_1}^{P_2}\left(\frac{\lambda}{2\pi\varepsilon_0 r}\right)\mathrm{d}r$$

$$= -\frac{\lambda}{2\pi\varepsilon_0}\ln r_2 + \frac{\lambda}{2\pi\varepsilon_0}\ln r_1 \tag{2.20}$$

这表明，长导线的电势可以写成

$$\phi = -\frac{\lambda}{2\pi\varepsilon_0}\ln r + \text{常量} \tag{2.21}$$

式中的常量值为（$\lambda/2\pi\varepsilon_0$）$\ln r_1$，在我们使用 $\phi$ 的梯度来反向计算电场 $\boldsymbol{E}$ 时不会对结果有影响。电场为

$$\boldsymbol{E} = -\nabla\phi = -\hat{\boldsymbol{r}}\frac{\mathrm{d}\phi}{\mathrm{d}r} = \frac{\lambda\hat{\boldsymbol{r}}}{2\pi\varepsilon_0 r} \tag{2.22}$$

## 2.6 均匀带电圆盘

作为一个具体的例子，我们来研究一个均匀带电圆盘周围的电势和电场。除了圆盘大小有限外，和 1.13 节中的电荷分布很像。如图 2.9 中的一个半径为 $a$ 的平面圆盘上均匀分布有正电荷，其电荷密度为 $\sigma$，单位为 $\mathrm{C/m^2}$。（这是一个非常薄的单电荷层，而不是在两个面上各分布一层电荷。）即系统的总电荷量为（$\pi a^2\sigma$）。我们以后将会经常遇到这种面电荷分布，尤其是在金属导体上。然而，我们刚才所说的那个圆盘不是导体，后面我们很快会学到，如果是导体的话，电荷不会均匀地分布而是会重新分布最终使圆盘的边缘存在有大量电荷。我们讨论的是一个绝缘的圆盘，就像一个塑料薄片，电荷喷洒在上面，而且每平方米的圆盘都接收到等量的电荷并且电荷都固定住了。

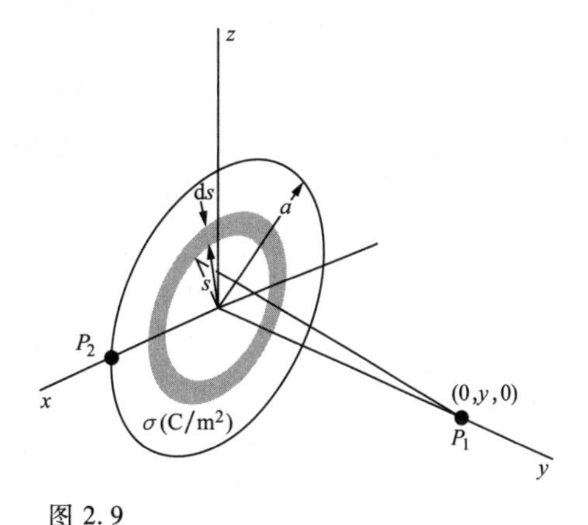


图 2.9
计算均匀带电的圆盘的轴线上一点 $P_1$ 的电势。

**例题（轴上的电势）** 我们来计算一下上述带电圆盘在对称轴上的某一点 $P_1$ 处的电势，我们把对称轴定为 $y$ 轴。在圆盘上取一个微圆环，该环上任一点和 $P_1$ 点距离

相同。用 $s$ 代表这个圆环的半径，$\mathrm{d}s$ 代表圆环的宽度，则其面积为 $2\pi s\mathrm{d}s$，所包含的电荷量为 $\mathrm{d}q$，$\mathrm{d}q=\sigma 2\pi s\mathrm{d}s$。圆环上的所有点到 $P_1$ 的距离都是一样的，为 $r=\sqrt{y^2+s^2}$，所以圆环在 $P_1$ 点处产生的电势为 $\mathrm{d}q/4\pi\varepsilon_0 r=\sigma s\mathrm{d}s/(2\varepsilon_0\sqrt{y^2+s^2})$。为了得到整个圆盘在该点产生的总电势，我们必须对圆环进行积分

$$\phi(0,y,0)=\int\frac{\mathrm{d}q}{4\pi\varepsilon_0 r}=\int_0^a\frac{\sigma s\mathrm{d}s}{2\varepsilon_0\sqrt{y^2+s^2}}$$

$$=\frac{\sigma}{2\varepsilon_0}\sqrt{y^2+s^2}\Big|_0^a \tag{2.23}$$

把边界值代入,我们得到

$$\phi(0,y,0)=\frac{\sigma}{2\varepsilon_0}\left(\sqrt{y^2+a^2}-y\right)\quad（其中\ y>0） \tag{2.24}$$

有一点值得注意：我们在式（2.24）中得到的结论适用于 $y$ 的正半轴。很显然由于系统的对称性（圆盘的两个面之间是一样的），在 $y$ 轴的负半轴电势也具有相同的值，这同样在式（2.23）中也能反映出来，因为只有 $y^2$ 出现。但是在式（2.24）中我们在计算 $y^2$ 的平方根时基于只考虑 $y$ 轴的正半轴而做了一个符号的选择。当 $y<0$ 时，我们用另一个平方根所得到的正确的结论应该是

$$\phi(0,y,0)=\frac{\sigma}{2\varepsilon_0}\left(\sqrt{y^2+a^2}+y\right)\quad（其中\ y<0） \tag{2.25}$$

因此，我们不必对 $y=0$ 时 $\phi(0,y,0)$ 存在一个奇点而感到奇怪。实际上，函数的斜率在这个位置会有一个突变，正如图 2.10 所示，以 $y$ 为变量绘制了坐标轴上的电势分布图。在圆盘的中心电势为

$$\phi(0,0,0)=\frac{\sigma a}{2\varepsilon_0} \tag{2.26}$$

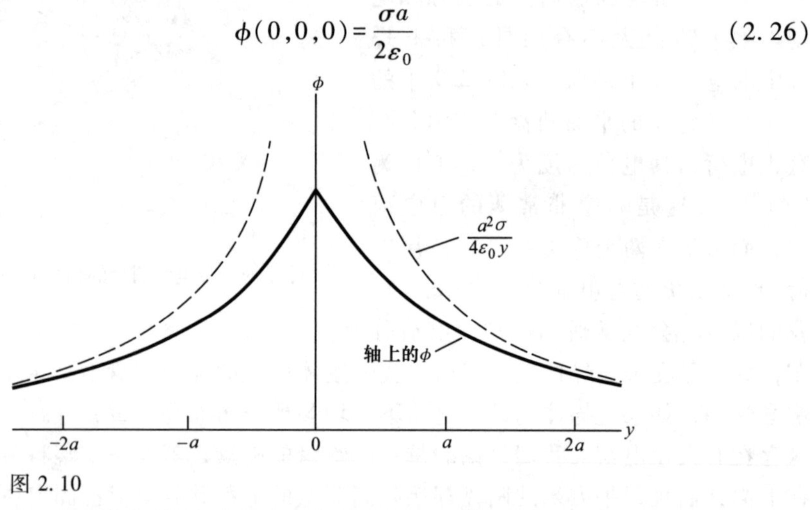


图 2.10

轴上的电势分布图。虚线是一个点电荷 $q=\pi a^2\sigma$ 形成的电势。

这就是把一个单位正电荷从无限远处不管通过何种路径移动到圆盘中心时所需要做的功。

当 $y$ 非常大时，$\phi(0,y,0)$ 的变化是非常有意思的。对于 $y \gg a$，我们可以用下式大致计算式（2.24）的值：

$$\sqrt{y^2+a^2}-y=y\left[\left(1+\frac{a^2}{y^2}\right)^{1/2}-1\right]=y\left[1+\frac{1}{2}\left(\frac{a^2}{y^2}\right)+\cdots-1\right]\approx\frac{a^2}{2y} \tag{2.27}$$

因此

$$\phi(0,y,0)=\frac{a^2\sigma}{4\varepsilon_0 y}\qquad（其中\ y\gg a） \tag{2.28}$$

现在 $\pi a^2\sigma$ 是圆盘上的总电荷量 $q$，并且式（2.28）正好表示了是这么多的点电荷所形成的电势。正如我们所预料的，在相当大的距离上（和圆盘的直径相比），电荷的形状对电势的结果没有什么关系，在一级近似里，有关系的只有总电荷量。在我们绘制的图 2.10 中，就像虚曲线所表示的函数 $a^2\sigma/4\varepsilon_0 y$ 一样，可以看到轴上的电势函数很快趋向于一个完美的渐近线形状。

要得到对称轴以外的点的电势不是很容易，因为要确定的积分式不是这么简单，需要用到椭圆积分。这些积分函数已经很成熟并且都有了成型的数据表，我们没有必要对一个特定的问题进行细致的数学推导。一种更简单的计算可能会对我们更有用。

**例题（圆盘边缘的某一点的电势）**　我们来求带电圆盘边缘某点 $P_2$ 的电势，如图 2.11 所示。考虑一个长度为 $R$ 角宽度为 $d\theta$ 的楔形，在距离 $P_2$ 为 $r$ 的一个黑色的楔形元上，包含的电量为 $dq=\sigma r d\theta dr$，它对 $P_2$ 点电势的贡献为 $dq/4\pi\varepsilon_0 r=\sigma d\theta dr/4\pi\varepsilon_0$。整个楔形对 $P_2$ 点的电势贡献是 $(\sigma d\theta/4\pi\varepsilon_0)\int_0^R dr=(\sigma R/4\pi\varepsilon_0)d\theta$。利用三角函数可知 $R$ 等于 $2a\cos\theta$，在整个圆盘上 $\theta$ 的范围为 $-\pi/2$ 到 $\pi/2$。由此我们便得到了 $P_2$ 点的电势

$$\phi=\frac{\sigma a}{2\pi\varepsilon_0}\int_{-\pi/2}^{\pi/2}\cos\theta d\theta=\frac{\sigma a}{\pi\varepsilon_0} \tag{2.29}$$

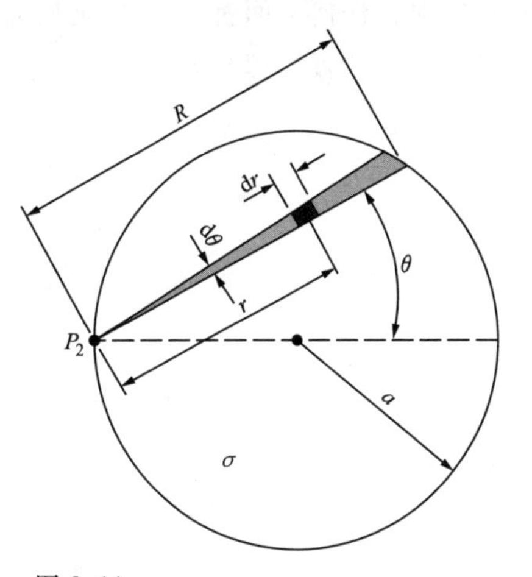

图 2.11
计算均匀带电圆盘的边缘上一点 $P_2$ 处的电势。

把这跟圆盘中心的电势 $\sigma a/2\varepsilon_0$ 做比较，可以发现，就像预期的那样，从圆盘的中心到边缘电势不断地降低。因此，在圆盘的平面上电场肯定有一个向外的分量。这就是为什么我们从一开始就提出了，如果电荷是可以自由移动的，那么它们自己会朝着边缘重新排布。换一种说法，均匀带电圆盘并不是一个等电势面，而任何导体的表面都是等电势面，除非电荷是运动的。[2]

2　导体表面一定是等势面这个情况将在第 3 章中进行全面的讨论。

现在来计算带电圆盘的电场。对于 $y>0$，对称轴上的电场可以从式（2.24）的零电势函数中直接计算得出：

$$E_y=-\frac{\partial\phi}{\partial y}=-\frac{\mathrm{d}}{\mathrm{d}y}\frac{\sigma}{2\varepsilon_0}\left(\sqrt{y^2+a^2}-y\right)$$

$$=\frac{\sigma}{2\varepsilon_0}\left[1-\frac{y}{\sqrt{y^2+a^2}}\right]\qquad y>0\tag{2.30}$$

诚然，如果用电荷分布来直接计算对称轴上的点的电场 $E_y$ 也并不难。我们可以像在方程（2.23）之前所做的那样，将圆盘分割成一系列同心圆，但是要记住 $E$ 是矢量，合成后只剩下 $y$ 方向的分量。而在用上述通过标量函数电势来计算电场强度时，我们可以不用操心各分量的情况。

当 $y$ 从正半轴接近于零时，$E_y$ 接近 $\sigma/2\varepsilon_0$。在圆盘的背面，也就是是在 $y$ 的负方向上，$\boldsymbol{E}$ 的方向指向另一侧，并且在 $y$ 轴上的分量 $E_y$ 为 $-\sigma/2\varepsilon_0$。这和 1.13 节中得到的在无限大平面上以密度 $\sigma$ 分布的电荷所形成的电场是一样的。对于接近圆盘中心的点，圆盘边缘以外的电荷存在与否理应是没有什么影响的。换句话说，在非常接近时，任何平面都可以看成是无限大的。实际上，$E_y$ 不只是在中心，而且在圆盘的所有位置上都是 $\sigma/2\varepsilon_0$。

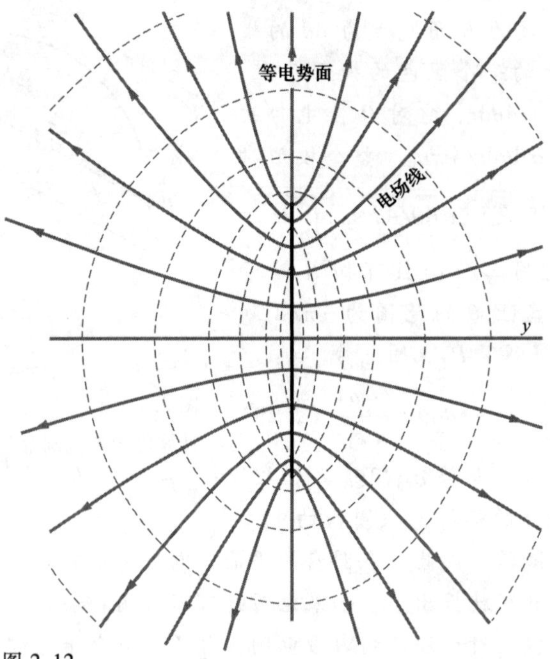


图 2.12
均匀带电圆盘的电场。实线是电场线。虚线是等势面在纸面上的截面。

对于大的 $y$，采用泰勒级数近似，如同式（2.27）那样，我们可得到 $E_y$ 的近似表达式。得到的 $E_y$ 接近于 $a^2\sigma/4\varepsilon_0 y^2$，也可写作 $\pi a^2\sigma/4\pi\varepsilon_0 y^2$。这个值是正确的，因为符合点电荷电场的量级 $\pi a^2\sigma$。

我们在图 2.12 中画出了这个系统的电场线，同时用虚线绘出了等电势面在 $yz$ 平面上的截面。在接近圆盘中心的位置，等势面类似于透镜的表面，当距离远大于 $a$ 时，等电势面近似于围绕在点电荷附近的球面。

图 2.12 表明了电场线和等电势面的一般规律。通过一个点的电场线和通过这个点的等势面是互相垂直的，这正如在一个丘陵地形的等高线图上，在与等高线成 90°角的方向上，斜坡是最陡的。这是必然的，因为在某一点上，如果电场有一个与等势面平行的分量，那么在等势面上移动一个试探电荷的话就需要外界对其做功了。

电场的能量可以在整个空间对 $(\varepsilon_0/2)E^2\mathrm{d}v$ 进行积分求得。其值等于把这些电荷从相距无限远的地方聚集到这种分布状态时需要的功。对于带电圆盘这个例子，在练习 2.56 中将证明，如果我们知道了电荷均匀分布的圆盘边缘的电势的话，直接计算功的值是不困难的。

形成电荷分布 $\rho(x,y,z)$ 所需要的功 $U$ 和这种分布下的电势 $\phi(x,y,z)$ 之间，存在一个一般的联系：

$$\boxed{U = \frac{1}{2}\int \rho\phi\,\mathrm{d}v} \tag{2.31}$$

在第 1 章中用于计算分立电荷系统能量的方程（1.15），可以写成下面的形式：

$$U = \frac{1}{2}\sum_{j=1}^{N} q_j \sum_{k\neq j} \frac{1}{4\pi\varepsilon_0}\frac{q_k}{r_{jk}} \tag{2.32}$$

第二个求和公式是除第 $j$ 个电荷之外的所有的电荷在第 $j$ 个电荷的位置处的电势。为了把这个式子推广到连续分布的电荷，我们只需要把 $q_j$ 替换成 $\rho\mathrm{d}v$，并把对 $j$ 的求和换成积分，便得到了式（2.31）。

## 2.7 偶极子

考虑一个带有两个相等异号的电荷 $\pm q$ 组成的电荷系统，电荷分别位于 $y$ 轴的 $\pm l/2$ 处，如图 2.13 所示，该电荷系统称为偶极子。本节将介绍偶极子的基本性质。第 10 章中将进一步讨论，给出偶极子的准确定义，推导出一般结论，讨论实际情况下偶极子的例子。

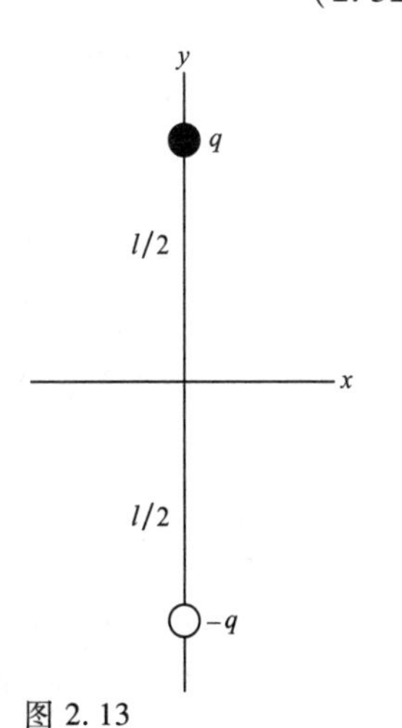


图 2.13
偶极子中两个等量异号的电荷。

本节用我们掌握的知识来求出偶极子的电场和电势。

我们只考虑离偶极子很远的点（$r \gg l$）。虽然对于空间任何点，都可以很容易地求出电势 $\phi$（以及电场 $E=-\nabla\phi$），但是结果比较繁杂。而在远距离近似情况下，所获得的结果虽然不是精确的，但却是清晰明了的。这就是合理近似的效果——损失了一点精度，却可以得到清晰的物理含义。

我们在球极坐标下，求出电势 $\phi$，再利用梯度计算得到电场 $E$，随之可以画出电场线和等势面。在下面的计算中，为了简单起见，在中间计算过程中，我们将 $1/4\pi\varepsilon_0$ 写成 $k$。

## 2.7.1 电势 $\phi$ 和电场 $E$ 的计算

偶极子是关于电荷连线旋转对称的，因此只需要计算包含该连线的任何一个平面上的点的电势和电场就可以了。采用球坐标系，与极坐标相比，少考虑一个平面，因为不需要考虑角度 $\phi$（不过注意角度 $\theta$ 是从垂直轴往下度量的），对于球坐标系中的一点（$r$，$\theta$），如图 2.14 所示，$r_1$ 和 $r_2$ 分别是从 $P$ 到两个电荷的距离。则点 $P$ 的电势为（其中 $k\equiv 1/4\pi\varepsilon_0$）

$$\phi_P=\frac{kq}{r_1}-\frac{kq}{r_2} \tag{2.33}$$

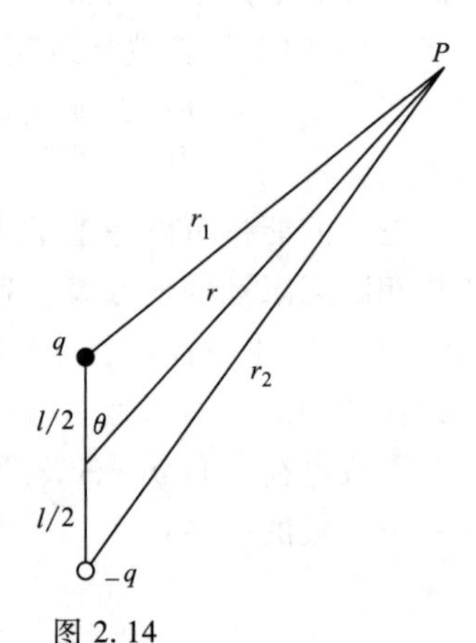


图 2.14

计算 $P$ 点处的电势 $\phi$。

可以利用余弦定理，用 $r$、$\theta$ 和 $l$ 来表示 $r_1$ 和 $r_2$。

现在来对上式在 $r \gg l$ 时做近似处理。方法之一是利用 $r_1$ 和 $r_2$ 的余弦表达式，第 10 章中将采用这种方法。我们这里采用另外一种简单的方法。在 $r \gg l$ 时，偶极子的一个放大图参见图 2.15。从电荷到 $P$ 点的两个连线可以看成是基本平行的，从图中可见，线的长度上为 $r_1=r-(l/2)\cos\theta$ 和 $r_2=r+(l/2)\cos\theta$。利用近似公式 $1/(1\pm\varepsilon)\approx 1\mp\varepsilon$，式（2.33）可以写成

$$\phi(r,\theta)=\frac{kq}{r-\frac{l\cos\theta}{2}}-\frac{kq}{r+\frac{l\cos\theta}{2}}=\frac{kq}{r}\left[\frac{1}{1-\frac{l\cos\theta}{2r}}-\frac{1}{1+\frac{l\cos\theta}{2r}}\right]$$

$$\approx\frac{kq}{r}\left[\left(1+\frac{l\cos\theta}{2r}\right)-\left(1-\frac{l\cos\theta}{2r}\right)\right]$$

$$=\frac{kql\cos\theta}{r^2}\equiv\boxed{\frac{ql\cos\theta}{4\pi\varepsilon_0 r^2}}\equiv\frac{p\cos\theta}{4\pi\varepsilon_0 r^2} \tag{2.34}$$

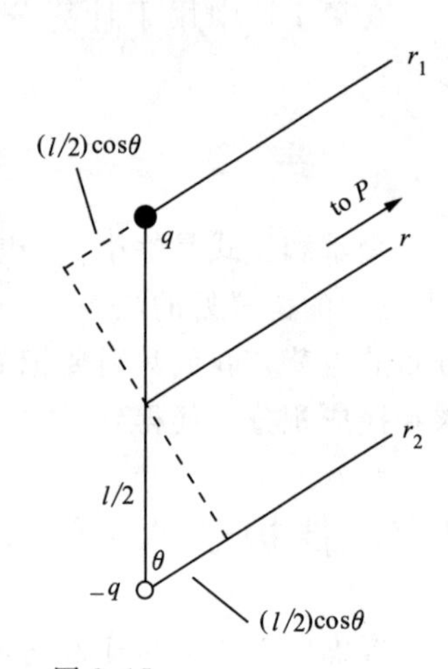


图 2.15

图 2.14 的放大图。

式中，$p\equiv ql$，称为偶极矩。

关于上式这个结果，有三个重要点。首先，电势 $\phi(r,\theta)$ 依赖于 $q$ 和 $l$ 的乘积，$p=ql$，这意味着，如果 $q$ 增大 10 倍，同时 $l$ 缩小到原来的 1/10，则在给定点 $P$ 的电势是不变的（至少在 $r\gg l$ 的近似情况下）。理想偶极子或者点偶极子是指 $l\to 0$，$q\to\infty$，而 $ql$ 为有限值时的偶极子。类似地，如果 $q$ 很小，而 $l$ 相应地增大，$P$ 点的电势也维持不变。当然，如果 $l$ 太大的话，$r\gg l$ 的假设就难以成立了。

其次，电势 $\phi(r,\theta)$ 正比于 $1/r^2$，而点电荷的电势是正比于 $1/r$ 的。下面我们会看到，电势 $\phi(r,\theta)$ 正比于 $1/r^2$，导致了电场正比于 $1/r^3$，而点电荷的电场则是随着 $1/r^2$ 的幅度下降的。也就是说，偶极子的电势和电场随着 $r$ 下降得更快，因为两个异号点电荷的电势几乎会相互抵消。偶极子的电势从某种程度上看，像是点电荷电势的微分，因为是两个相近值（两个点电荷在 $P$ 点的电势）的差。

再次，电势 $\phi(r,\theta)$ 依赖于角度，而点电荷的电势则不是。这是预料之内的事情，因为偶极子沿着点电荷的连线有一个优先的方向，而点电荷则没有。

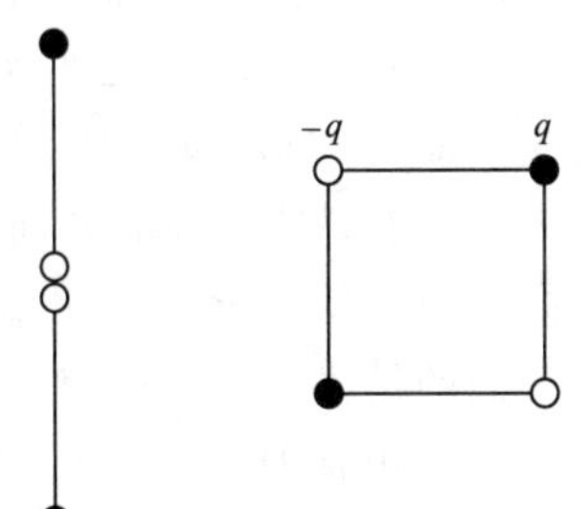

图 2.16
两种可能的四极子。

第 10 章中我们会看到，点电荷（或者称为单极子）的电势 $q/r$ 和偶极子的电势 $ql/r^2$ 是多极子的两个最简单的情况。通常的电荷分布的电势可能会有一个四极子项，像 $ql^2/r^3$（$l$ 是电荷系统中的某个长度）等，甚至八极子项，像 $ql^3/r^4$ 等。这些电荷分布的电势有着更复杂的角度依赖关系。图 2.16 给出了四极子的分布图。其中一种是由两个互相靠近的反向的偶极子组成的，正如偶极子是由两个相近的异号单极子组成的一样。电势展开式中的各个项称为分布的电极矩。

即使是图 2.13 中的最简单的偶极子系统，其电势展开式中也有高阶项。如果在式（2.34）的泰勒展开中再多保留 $1/(1+\varepsilon)$ 项，你会发现四极项等于 0，但是八极项不是 0。可以很容易发现 $r$ 的偶数幂次的项不为 0，但是，在理想偶极子（$l\to 0, q\to\infty$，且 $ql$ 为有限值）情况下，只有偶极项存在，因为其他高阶项随着 $l/r$ 幂而缩小趋于 0。

我们对展开式再往回走一步，来考虑单极项。如果物体带有不为零的净电荷（注意我们的偶极子不是这样的），则单极子的电势主要由 $q/r$ 确定，而所有的高阶项在 $r\gg l$ 的情况下都是可以忽略的。带电物体中的电荷分布决定了展开式中哪一项不为零，而恰恰是这个不为零的项确定了远距离处的电势（以及相应的电场）。我们根据第一个非零项来称呼带电体，如图 2.17 所示。

现在来求与式（2.34）相关的偶极子的电场，$\boldsymbol{E}=-\nabla\phi$，在球坐标下（本处讨论中，退化为极坐标），$\phi$ 的梯度是 $\nabla\phi=\hat{\boldsymbol{r}}(\partial\phi/\partial r)+\hat{\boldsymbol{\theta}}(1/r)(\partial\phi/\partial\theta)$，参见附录 F。因此，电场为

$$\boldsymbol{E}(r,\theta)=-\hat{\boldsymbol{r}}\frac{\partial}{\partial r}\left(\frac{kql\cos\theta}{r^2}\right)-\hat{\boldsymbol{\theta}}\frac{1}{r}\frac{\partial}{\partial\theta}\left(\frac{kql\cos\theta}{r^2}\right)$$

$$=\frac{kql}{r^3}(2\cos\theta\,\hat{\boldsymbol{r}}+\sin\theta\hat{\boldsymbol{\theta}})$$

$$\equiv\boxed{\frac{ql}{4\pi\varepsilon_0 r^3}(2\cos\theta\,\hat{\boldsymbol{r}}+\sin\theta\,\hat{\boldsymbol{\theta}})}$$

$$\equiv\frac{p}{4\pi\varepsilon_0 r^3}(2\cos\theta\,\hat{\boldsymbol{r}}+\sin\theta\,\hat{\boldsymbol{\theta}})\qquad(2.35)$$

图 2.18 画出了电场线。我们来看一下一些特殊角度 $\theta$ 的电场。式（2.35）表明，在 $\theta=0$ 时，$\boldsymbol{E}$ 指向正的径向，而 $\theta=\pi$ 时指向负的径向，这意味着 $\boldsymbol{E}$ 总是指向 $y$ 轴的正向。式（2.35）还表明，在 $\theta=\pi/2$ 时，$\boldsymbol{E}$ 指向正的切向，而 $\theta=3\pi/2$ 时指向负的切向。从图 2.18 中的 $\hat{\boldsymbol{r}}$ 和 $\hat{\boldsymbol{\theta}}$ 矢量（不同位置处的方向不同）来看，$x$ 轴上各点的 $E$ 方向向下。对于小的，我们没有画出电场线，是为了强调我们的结果只在 $r\gg l$ 时才有效，当然，小的 $r$ 处也有电场（靠近电荷时会发散），其不能用式（2.35）来表示。

## 2.7.2 曲线的形状

我们现在来定量分析电势和电场的形状。我们先确定电场线和等势面的方程，在确定方程的时候也可以确定曲线切线的斜率。我们知道电势和电场是正交的，因为 $\boldsymbol{E}$ 是 $\phi$ 的梯度（负的），而一个函数的梯度总是垂直于该函数表面的。图 2.19 表明这种正交性。现在我们来推导图中关于 $r$ 的电场和电势的两个式子。

首先来求电势 $\phi$。先求出等势面的方程，再求某一点的切线的斜率。从式（2.34）可以很快得到电势曲线的方程。电势等于常量 $\phi_0$ 的那些点满足

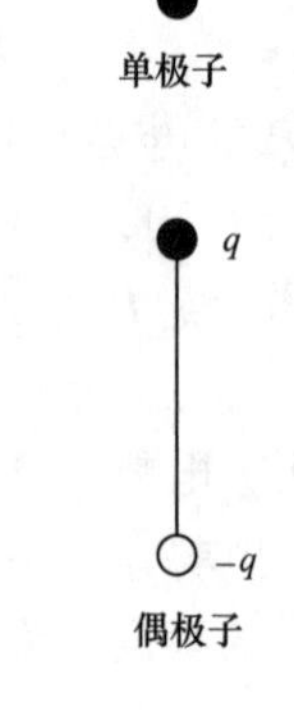


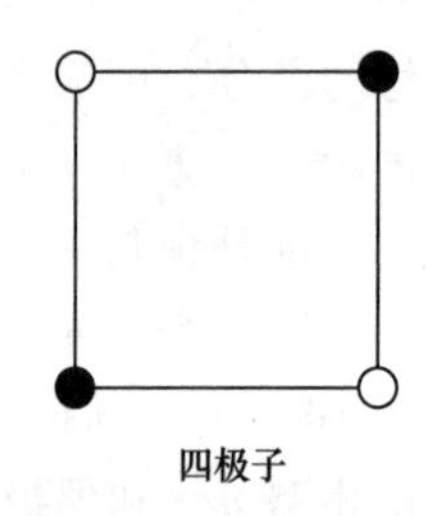


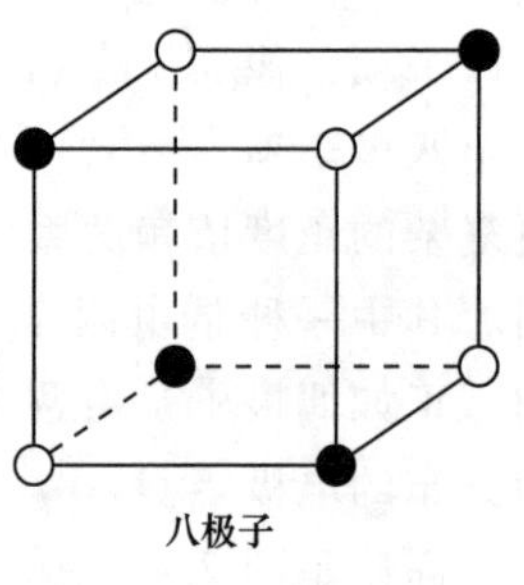


图 2.17
扩展的几种多偶极子结构的例子。

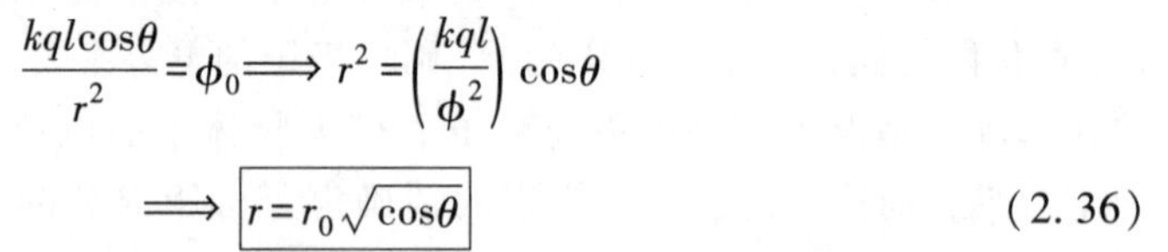

$$\frac{kql\cos\theta}{r^2}=\phi_0\Longrightarrow r^2=\left(\frac{kql}{\phi^2}\right)\cos\theta$$

$$\Longrightarrow\boxed{r=r_0\sqrt{\cos\theta}}\qquad(2.36)$$

式中，$r_0\equiv\sqrt{kql/\phi_0}$ 是与角度 $\theta=0$ 相关的半径。该结果在 $-\pi/2<\theta<\pi/2$ 的上半平面是有效的。在下半平面，$\phi$ 和 $\cos\theta$ 都是负的，因此需要加一个绝对值符号。即，$r=r_0\sqrt{|\cos\theta|}$，其中 $r_0=\sqrt{kql/|\phi_0|}$。图 2.19 中的等势线是等势面与纸平面的交线。

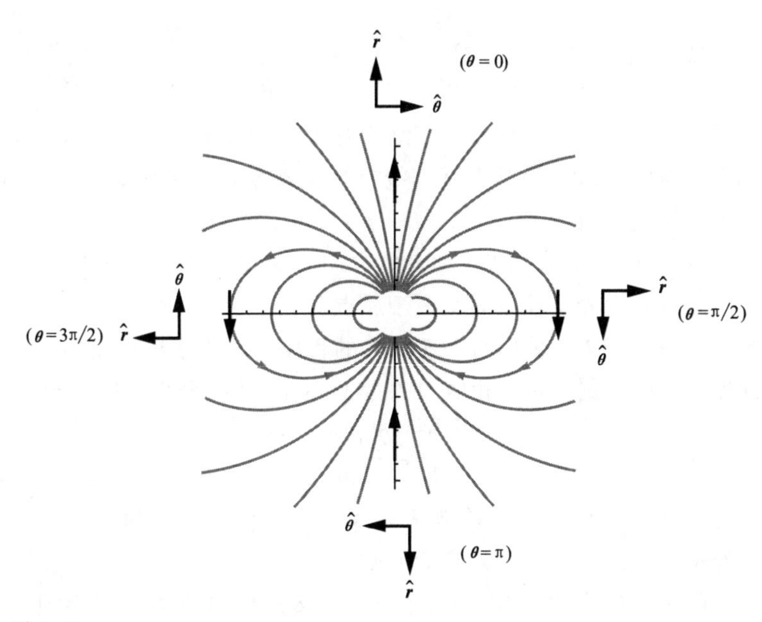


图 2.18

一个偶极子产生的电场，注意其中的单位矢量 $\hat{\boldsymbol{r}}$ 和 $\hat{\boldsymbol{\theta}}$ 是和位置相关的。

绕着竖直轴旋转等势线就可以得到等势面。与由方程 $r=r_0\cos\theta$ 描述的圆（读者可以自行证明）相比，等势线在水平方向上向外延伸。

某给定点的等势线的斜率，与该点的单位矢量 $\hat{\boldsymbol{r}}$ 和 $\hat{\boldsymbol{\theta}}$ 有关，为 $\mathrm{d}r/r\mathrm{d}\theta$。$r$ 在分母中，因为 $r\mathrm{d}\theta$ 是 $r$—$\theta$ 平面上与张角 $\mathrm{d}\theta$ 有关的距离，如图 2.20 所示。因此，曲线 $r=r_0\sqrt{\cos\theta}$ 的斜率是

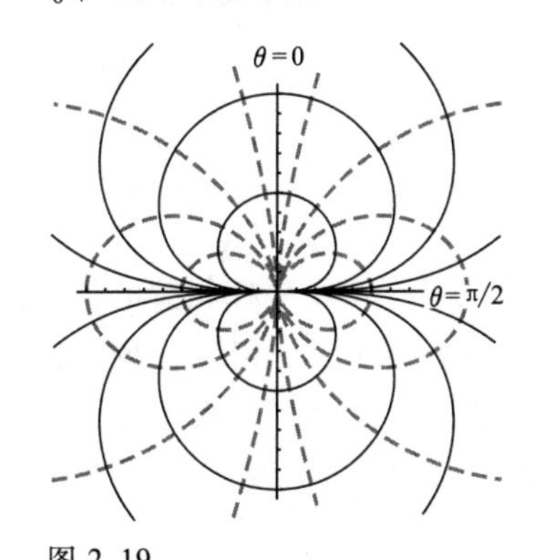


图 2.19

一个偶极子产生的电场线和等势线。这两组曲线在每一个交叉点上都是相互垂直的。其中实线代表等势线（$r=r_0\sqrt{\cos\theta}$），虚线代表电场线 $\boldsymbol{E}$（$r=r_0\sin^2\theta$）。

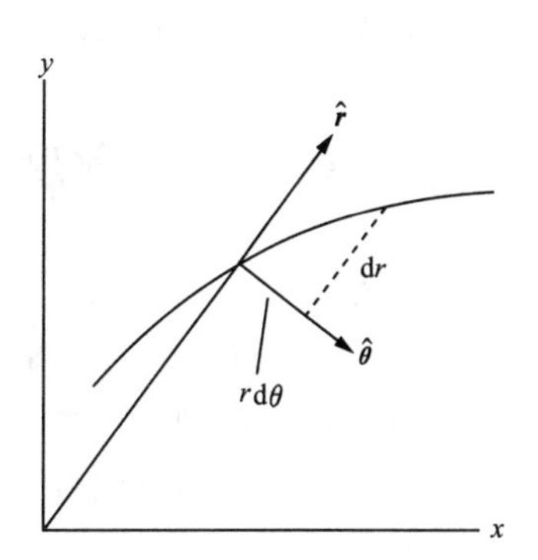


图 2.20

在单位矢量 $\hat{\boldsymbol{r}}$ 和 $\hat{\boldsymbol{\theta}}$ 下，斜率等于 $\mathrm{d}r/$（$r\mathrm{d}\theta$）。

$$\frac{1}{r}\frac{\mathrm{d}r}{\mathrm{d}\theta}=\frac{1}{r_0\sqrt{\cos\theta}}\frac{\mathrm{d}(r_0\sqrt{\cos\theta})}{\mathrm{d}\theta}=\frac{1}{r_0\sqrt{\cos\theta}}\frac{-r_0\sin\theta}{2\sqrt{\cos\theta}}=-\frac{\sin\theta}{2\cos\theta} \tag{2.37}$$

记住斜率是与单位基矢 $\hat{\boldsymbol{r}}$ 和 $\hat{\boldsymbol{\theta}}$（与位置有关）而不是与固定基矢 $\hat{\boldsymbol{x}}$ 和 $\hat{\boldsymbol{y}}$ 相关，当 $\theta=0$ 或 $\pi$ 时，斜率为0，意味着其切线平行于 $\hat{\boldsymbol{\theta}}$ 方向，在图2.19中为水平方向，等势线与轴水平相交。对于 $\theta=\pm\pi/2$，斜率为 $\pm\infty$，意味着切线平行于 $\hat{\boldsymbol{r}}$ 方向，在图2.19中为水平方向，由于基矢 $\hat{\boldsymbol{r}}$ 和 $\hat{\boldsymbol{\theta}}$ 的方向（见图2.18），图2.19中等势线也在水平面上，并且都沿着 $x$ 轴方向交汇于原点。

现在再来考虑电场 $\boldsymbol{E}$。采用与上面相反的程序。首先求出切线的斜率，再求出电场线的方程。切线的斜率可以由式（2.35）的 $E_r$ 和 $E_\theta$ 分量立即得到

$$\frac{E_r}{E_\theta}=\frac{2\cos\theta}{\sin\theta} \tag{2.38}$$

该斜率是式（2.37）给出的等势面切线斜率的倒数的负值，这意味着这两组曲线在交点处是正交的，而这正是我们所知道的。

为了求出电场线的方程，我们利用式（2.38）所给出的斜率必须等于 $\mathrm{d}r/r\mathrm{d}\theta$ 这个事实，然后分离变量并进行积分，得到

$$\frac{1}{r}\frac{\mathrm{d}r}{\mathrm{d}\theta}=\frac{2\cos\theta}{\sin\theta}\Longrightarrow\int\frac{\mathrm{d}r}{r}=\int\frac{2\cos\theta\mathrm{d}\theta}{\sin\theta}\Longrightarrow\ln r=2\ln\sin\theta+C \tag{2.39}$$

两边取幂，得到

$$\boxed{r=r_0\sin^2\theta} \tag{2.40}$$

式中，$r_0\equiv e^C$ 是与角度 $\theta=\pi/2$ 相联系的半径。与 $r=r_0\sin\theta$ 描述的圆相比，等势线在水平方向被“挤扁”了。如果要得到进一步的实际练习，可完成2.63题，该题将重复本节的步骤，只是针对二维方向上的偶极子。

## 2.8　矢量函数的散度

电场在每一个点上都有一个确定的方向和大小，它是一个跟坐标相关的矢量函数，我们经常用 $\boldsymbol{E}(x,y,z)$ 来表示。我们将要讲的内容会适用于任何矢量场，而不单是电场；所以我们用另外一个符号 $\boldsymbol{F}(x,y,z)$ 来代表。换句话说，我们接下来将要讨论的是数学而不是物理，并且把 $\boldsymbol{F}$ 简单地称为一般的矢量函数，而且我们将会在三维空间中进行讨论。

考虑一个某种形状的有限体积 $V$，其表面记作 $S$。我们已经对穿出 $S$ 的通量 $\Phi$ 这个概念很熟悉了，其值由 $\boldsymbol{F}$ 在整个表面上积分得到

$$\Phi=\int_s\boldsymbol{F}\cdot\mathrm{d}\boldsymbol{a} \tag{2.41}$$

在积分中，$\mathrm{d}\boldsymbol{a}$ 是一个微小的矢量，其大小等于 $S$ 上的一个小面元的面积，方

向为该小面元的外法向，如图 2.21（a）所示。

如图 2.21（b）所示，现在想象一下用一个面积或隔板 $D$ 切入“气球” $S$ 表面，将体积 $V$ 分成两部分并把 $V$ 的两个部分分别记作 $V_1$ 和 $V_2$，把它们当作一个独立的体积，分别计算每一个表面上的积分。$V_1$ 的边界面 $S_1$ 中包含了 $D$，同样 $D$ 也包含在 $S_2$ 中。很明显两个积分的和是

$$\int_{S_1} \boldsymbol{F} \cdot \mathrm{d}\boldsymbol{a}_1 + \int_{S_2} \boldsymbol{F} \cdot \mathrm{d}\boldsymbol{a}_2 \tag{2.42}$$

这和式（2.41）中对整个表面进行积分得到的值相等。这是因为对于给定的 $D$ 上的任意一个小块，在第一个积分和第二个积分中得到的值分别等值反向，在一个体积中的“指向外侧”会在另一个体积中表现为“指向内侧”。换句话说，任何从 $V_1$ 通过表面 $D$ 流向外侧的通量，都会流向 $V_2$ 的内侧。对于其余表面的情况，和开始时整个体积的表面进行了积分是完全一致的。

我们可以照此继续分割，直到把体积 $V$ 从内部分割成大量的部分，即 $V_1$，…，$V_2$，…，$V_N$，其表面分别为 $S_1$，…，$S_2$，…，$S_N$。不管把它推广到多远，我们始终可以得到

$$\sum_{i=1}^{N} \int_{S_i} \boldsymbol{F} \cdot \mathrm{d}\boldsymbol{a}_i = \int_{S} \boldsymbol{F} \cdot \mathrm{d}\boldsymbol{a} = \Phi \tag{2.43}$$

我们要得到的是：随着 $N$ 的不断增大，我们想要找到某个物理量来表征一个特别小的区域的特征，并能推广应用到表征其他相邻的区域。对一个小区域上的表面的面积分

$$\int_{S_i} \boldsymbol{F} \cdot \mathrm{d}\boldsymbol{a}_i \tag{2.44}$$

并不是这样的一个量，因为如果我们把 $N$ 个小区域再次分割，那么 $N$ 就变成 $2N$，积分就变成了两项，其和不变，所以每一项都会比之前的值小。换句话说，如果在某个区域的体积越分越小，则对每一个体积的面积分将会稳定的变小。但是我们注意到，当我们进行分割的时候，

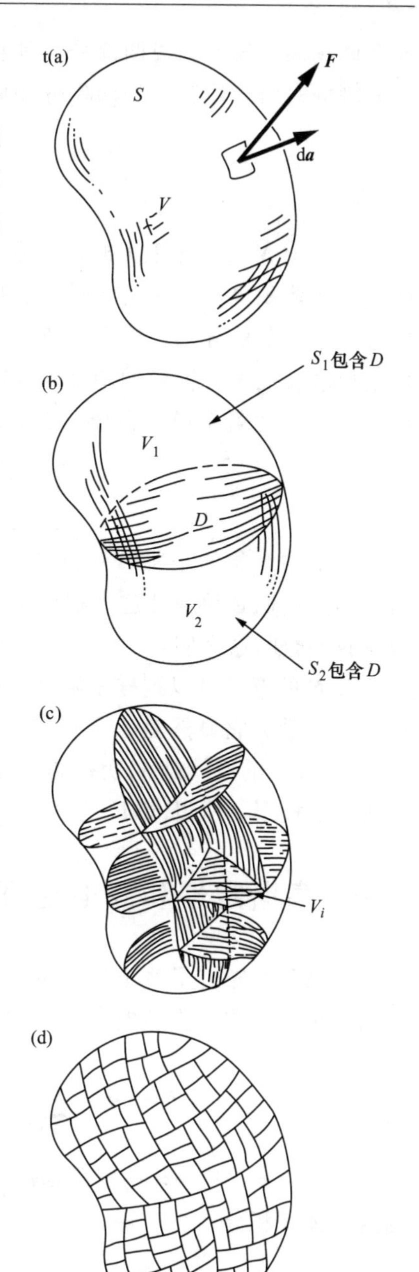


图 2.21
（a）被表面 $S$ 包围的一个体积 $V$ 被分割。（b）被面 $S_1$ 和 $S_2$ 包围的两块。按照这样的方式不管分割多少次。（c）和（d），对矢量函数 $\boldsymbol{F}$ 在所有小块的表面积分的和等于最开始时的在整个 $S$ 的面积分。

这个体积同样被分割成两部分，其和仍然等于原始的体积。这提示我们在对空间进行分割的时候要注意一下面积分和体积元的比值

$$\frac{\int_{S_i} \boldsymbol{F} \cdot \mathrm{d}\boldsymbol{a}_i}{V_i} \tag{2.45}$$

这对于 $N$ 变得无限大时似乎是有意义的，也就是说，对应于十分细小的分割，我们每次体积也都分成两半时，面积分也分成两项了。这样，我们最终会发现，对任意区域不断地分割，这个比值会逐渐趋近于一个极限值。如果这成立的话，这个极限值就表征了矢量函数 $\boldsymbol{F}$ 在该区域附近的一个特征，我们把它叫作 $\boldsymbol{F}$ 的散度，记作 div$\boldsymbol{F}$，也就是说，在任一点的 div$\boldsymbol{F}$ 的值定义为

$$\boxed{\mathrm{div}\boldsymbol{F} \equiv \lim_{V_i \to 0} \frac{1}{V_i} \int_{S_i} \boldsymbol{F} \cdot \mathrm{d}\boldsymbol{a}_i} \tag{2.46}$$

这里的 $V_i$ 指的是所研究的那个区域的体积，同时，做面积分的 $S_i$ 就是 $V_i$ 的表面。当然我们必须保证这个积分是存在的，而且积分的值与我们分割的方式无关。现在我们暂时这么假定。

div$\boldsymbol{F}$ 的意义可以这样来解释：div$\boldsymbol{F}$ 是当 $V_i$ 为无限小时，在单位体积上流出体积 $V_i$ 的通量，它显然是一个标量，其值可能会随着位置的不同而不同。在特定位置 $(x,y,z)$ 的值就是 $V_i$ 变得越来越小但始终包含点 $(x,y,z)$ 时，式（2.46）所示比值的极限。所以 div$\boldsymbol{F}$ 是一个跟坐标位置相关的标量函数。

## 2.9　高斯定理和高斯定理的微分形式

如果我们知道了关于位置的标量函数 div$\boldsymbol{F}$，就可以反向推导在一个大的体积上的面积分：首先我们把式（2.43）写成如下形式：

$$\int_S \boldsymbol{F} \cdot \mathrm{d}\boldsymbol{a} = \sum_{i=1}^{N} \int_{S_i} \boldsymbol{F} \cdot \mathrm{d}\boldsymbol{a}_i = \sum_{i=1}^{N} V_i \left[ \frac{\int_{S_i} \boldsymbol{F} \cdot \mathrm{d}\boldsymbol{a}_i}{V_i} \right] \tag{2.47}$$

在 $N \to \infty$，$V_i \to \infty$ 的极限情况下，方括号里的分式就变成了 $\boldsymbol{F}$ 的散度，求和就变成了体积积分

$$\boxed{\int_S \boldsymbol{F} \cdot \mathrm{d}\boldsymbol{a} = \int_V \mathrm{div}\boldsymbol{F}\,\mathrm{d}v} \quad \text{（高斯定理）} \tag{2.48}$$

该结果称为高斯定理，或者散度定理。该定理对任何矢量场都适用，只要式（2.46）中的极限存在。注意这个定理的全部内容都已经包括在式（2.43）中了，式（2.43）本身就说明了在所有的小区域的边界上通量会成对抵消。证明过程的其他一些方法就是仿照式（2.46）定义式中的方法，通过加入因子 $V_i/V_i$ 的方式乘以 1，然后把无限求和的部分变成积分。这些方法都不是很复杂。

让我们来看一下，对于电场 $\boldsymbol{E}$，式（2.48）意味着什么。式（1.31）的高斯定理表明

$$\int_S \boldsymbol{E}\cdot \mathrm{d}\boldsymbol{a}=\frac{1}{\varepsilon_0}\int_V \rho \mathrm{d}v \tag{2.49}$$

因为散度定理适用于任何矢量场，它当然也适用于电场 $\boldsymbol{E}$：

$$\int_S \boldsymbol{E}\cdot \mathrm{d}\boldsymbol{a}=\int_V \mathrm{div}\boldsymbol{E}\mathrm{d}v \tag{2.50}$$

式（2.49）和式（2.50）都适用于我们所选择的任何一个体积——任何形状、大小和位置。比较上面两式会发现，要想保证它们是正确的，在每一点上必须要有

$$\boxed{\mathrm{div}\boldsymbol{E}=\frac{\rho}{\varepsilon_0}} \tag{2.51}$$

如果我们以后把散度定理看成是一个普遍的数学定理，我们可以把式（2.51）简单地看成是高斯定理的另一种表达方式。它是高斯定理的微分形式，也就是特定位置处的电荷密度和电场的关系。

---

**例题（球体中的电场和密度）** 利用 1.11 节中的例题的结果来验证式（2.51）对于一个半径为 $R$、体电荷密度为 $\rho$ 的均匀带电球体的内部和外部都是适用的。本题中显然采用球坐标是最方便的。本题中，我们需要利用附录 F 中球坐标下的散度的式（F.3）（电场的散度也写成 $\nabla\cdot\boldsymbol{E}$）。附录 F 介绍了在常见坐标下（包括笛卡儿坐标、柱坐标、球坐标）如何推导包括散度在内的矢量算符。建议读者在学习本章内容的同时阅读该附录。在 2.10 节中我们将详细推导笛卡儿坐标下的散度公式。

球体产生的电场只有 $r$ 分量，式（F.3）告诉我们 $\boldsymbol{E}$ 的散度 $\mathrm{div}\boldsymbol{E}=(1/r^2)\partial(r^2E_r)/\partial r$，在球体内，由式（1.35）可知 $E_r=\rho r/3\varepsilon_0$。因此

$$\mathrm{div}\,\boldsymbol{E}_{\mathrm{in}}=\frac{1}{r^2}\frac{\partial}{\partial r}\left(r^2\frac{\rho r}{3\varepsilon_0}\right)=\frac{1}{r^2}\frac{\rho r^2}{\varepsilon_0}=\frac{\rho}{\varepsilon_0} \tag{2.52}$$

在球体外，由式（1.34）知道，电场 $E_r=\rho R^3/3\varepsilon_0 r^2$，如果用总的带电量 $Q$ 表示的话，也就是 $Q/4\pi\varepsilon_0 r^2$。用电荷密度还是电量来表示都没有什么关系，有关系的是电场 $E_r$ 正比于 $1/r^2$。因为

$$\mathrm{div}\,\boldsymbol{E}_{\mathrm{out}}\propto\frac{1}{r^2}\frac{\partial}{\partial r}\left(r^2\frac{1}{r^2}\right)=0 \tag{2.53}$$

这与式（2.51）是吻合的，因为在球外，$\rho=0$。当然，有这样的关系式很正常的——我们起初是从高斯定理推导出的 $E_r$，而式（2.51）又是高斯定理的微分形式。

虽然在这个例子中我们使用的是球坐标，实际上高斯定理的任何一个坐标系都

是适用的。练习 2.68 要求在笛卡儿坐标下重新求解本例题。如果对上面球坐标下的散度形式不太熟悉，你可以在学习完下节内容后做一下练习 2.68。

## 2.10　笛卡儿坐标系中的散度

式（2.46）是散度的基本定义式，与采用何种坐标系无关，对于如何在给定矢量函数 $F$ 的确切表达式后求其散度是很有用的。假定矢量函数 $F$ 的表达式是在笛卡儿坐标系中关于 $x$、$y$ 和 $z$ 的函数，这就意味着有三个标量函数 $F_x(x,y,z)$、$F_y(x,y,z)$ 和 $F_z(x,y,z)$。如图 2.22（a）所示，取一个小长方体的盒子 $V_i$，其一个顶点在点（$x,y,z$），边长为 $\Delta x$、$\Delta y$ 和 $\Delta z$。至于别的形状是否会得到同样的结果，将在以后遇到时再处理。

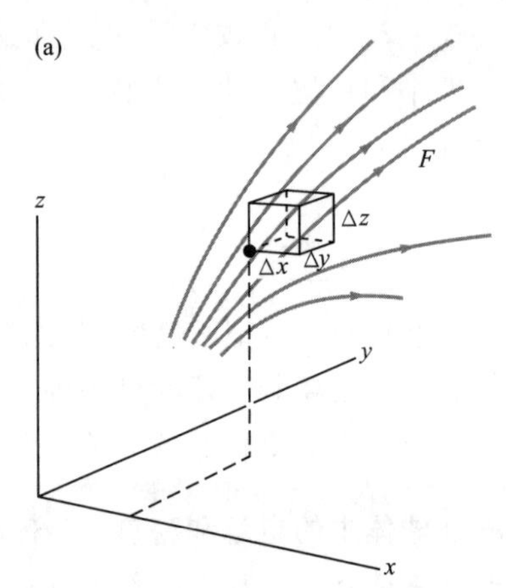


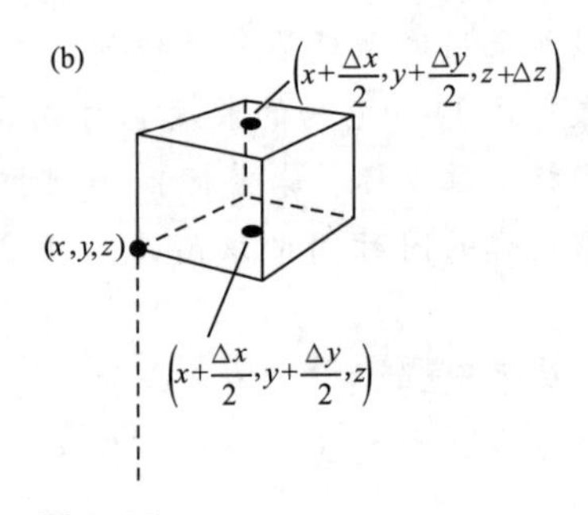


图 2.22
计算体积为 $\Delta x\Delta y\Delta z$ 的一个小盒子内的通量。

考虑盒子的两个对面，比如上表面和下表面，可以用 d$\boldsymbol{a}$ 矢量 $\hat{z}\Delta x\Delta y$ 和 $-\hat{z}\Delta x\Delta y$ 来表示。通过这些表面的通量仅包含 $\boldsymbol{F}$ 的 $z$ 分量，并且净通量取决于 $F_z$ 在上下底面的差，更精确的讲，取决于 $F_z$ 在盒子的上表面的平均值和在下表面的平均值之差。在一阶小量近似下该差值为 $(\partial F_z/\partial z)\Delta z$。图 2.22（b）可以帮助我们理解这一点。在这个小长方体中如果我们只考虑 $F_z$ 的一阶变量近似，$F_z$ 在盒子的底面的平均值等于它在长方体中心的值。在一阶近似下[3]，这个值用 $\Delta x$ 和 $\Delta y$ 表示成

$$F_z(x,y,z)+\frac{\Delta x}{2}\frac{\partial F_z}{\partial x}+\frac{\Delta y}{2}\frac{\partial F_z}{\partial y} \tag{2.54}$$

对于 $F_z$ 在顶面上的平均值，我们取顶面中心的值，其一阶近似为

$$F_z(x,y,z)+\frac{\Delta x}{2}\frac{\partial F_z}{\partial x}+\frac{\Delta y}{2}\frac{\partial F_z}{\partial y}+\Delta z\frac{\partial F_z}{\partial z} \tag{2.55}$$

3　这只不过就是标量函数 $F_z$ 在点 $(x,y,z)$ 的邻域内其泰勒级数展开式的起始项。也就是 $F_z(x+a,y+b,z+c)=F_z(x,y,z)+\left(a\frac{\partial}{\partial x}+b\frac{\partial}{\partial y}+c\frac{\partial}{\partial z}\right)F_z+\cdots+\left(\frac{1}{n!}\right)\left(a\frac{\partial}{\partial x}+b\frac{\partial}{\partial y}+c\frac{\partial}{\partial z}\right)^n F_z+\cdots$。这里的微分都是在点 $(x,y,z)$ 上的微分。在我们这里，$a=\Delta x/2$，$b=\Delta y/2$，$c=0$，并且舍弃了更高阶的级数项。

上下表面的面积均为 $\Delta x\Delta y$，穿过这两个面的净通量为

$$\underbrace{\Delta x\Delta y\left[F_z(x,y,z)+\frac{\Delta x}{2}\frac{\partial F_z}{\partial x}+\frac{\Delta y}{2}\frac{\partial F_z}{\partial y}+\Delta z\frac{\partial F_z}{\partial z}\right]}_{\text{（盒子顶面上的流出量）}}$$

$$\underbrace{-\Delta x\Delta y\left[F_z(x,y,z)+\frac{\Delta x}{2}\frac{\partial F_z}{\partial x}+\frac{\Delta y}{2}\frac{\partial F_z}{\partial y}\right]}_{\text{（盒子底面的流出量）}} \qquad (2.56)$$

化简后得到 $\Delta x\Delta y\Delta z(\partial F_z/\partial z)$。显然，这个推导过程同样适用于其他的对面。也就是说，通过与 $xz$ 平面平行的两个面的净通量为 $\Delta x\Delta z\Delta y(\partial F_y/\partial y)$，通过与 $yz$ 平面平行的两个面的净通量为 $\Delta y\Delta z\Delta x(\partial F_x/\partial x)$。注意一下，在这里同样也出现了 $\Delta x\Delta y\Delta z$。因此流出这个小盒子的总通量为

$$\boldsymbol{\Phi}=\Delta x\Delta y\Delta z\left(\frac{\partial F_x}{\partial x}+\frac{\partial F_y}{\partial y}+\frac{\partial F_z}{\partial z}\right) \qquad (2.57)$$

盒子的体积是 $\Delta x\Delta z\Delta y$，所以通量和体积的比值是$\partial F_x/\partial x+\partial F_y/\partial y+\partial F_z/\partial z$，这个表达式中并没有包含盒子的尺寸，盒子缩小到无穷小的极限情况时该式仍然成立（在计算的过程中，如果我们留下了正比于（$\Delta x$）$^2$、（$\Delta x\Delta y$）的项，当缩小到极限时，这些项就会消失）。

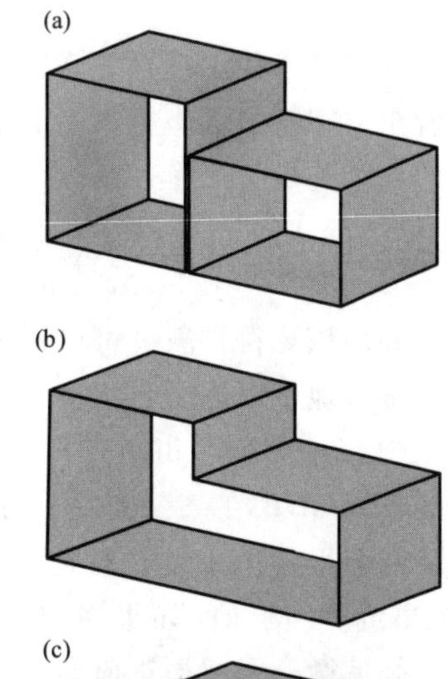


图 2.23
通量/体积比值的极限值和盒子的形状无关。

现在我们来看一下为什么这个极限值是和盒子的形状无关的。显然这和长方体的特性没有什么关系，但这并不能说明什么问题。我们很容易看到，对于那些可以用不同的形状和大小的长方体粘接在一起而形成的体积，计算所得的值是一样的。考虑如图 2.23 所示的那两个盒子。流出盒子 1 的通量 $\boldsymbol{\Phi}_1$ 和流出盒子 2 的通量 $\boldsymbol{\Phi}_2$ 的和，不会因为去除两个盒子的连接部分合并为一个盒子后而改变，因为不管怎样，流过连接面的流量对其中一个盒子是正的，则对另一个盒子就是负的。所以即使是图 2.23（c）中那样离奇的形状，也不会影响结果。我们把更为一般的情况下的证明留给读者。如果你先证明了像图 2.24 中那样的四面体的四个表

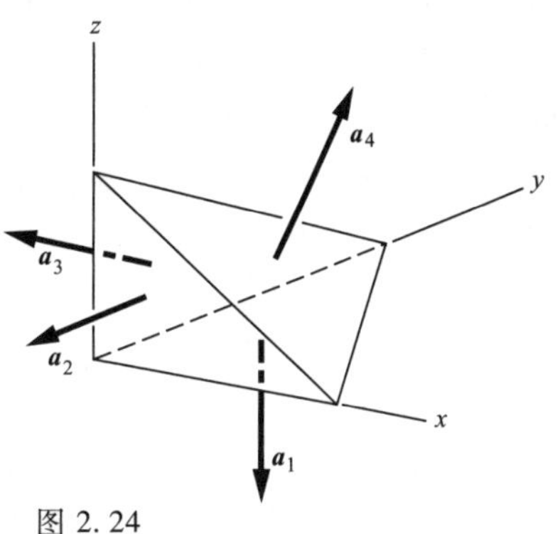


图 2.24
你可以证明 $\boldsymbol{a}_1+\boldsymbol{a}_2+\boldsymbol{a}_3+\boldsymbol{a}_4=0$。

面上的矢量和为零的话，就可以考虑斜面的情况了。

我们可以总结一下：只要函数 $F_x$、$F_y$ 和 $F_z$ 是可微的，那么极限就存在，并且有

$$\boxed{\mathrm{div}\boldsymbol{F}=\frac{\partial F_x}{\partial x}+\frac{\partial F_y}{\partial y}+\frac{\partial F_z}{\partial z}} \tag{2.58}$$

我们可以使用符号“$\nabla$”将散度写成另外一种紧凑的形式。由式（2.13）可以看出，在笛卡儿坐标系下，梯度算符（用符号 $\nabla$ 表示，读作“del”）是含有微分的一个矢量

$$\nabla=\hat{\boldsymbol{x}}\frac{\partial}{\partial x}+\hat{\boldsymbol{y}}\frac{\partial}{\partial y}+\hat{\boldsymbol{z}}\frac{\partial}{\partial z} \tag{2.59}$$

利用该算符，散度可以写成简单的形式（读者可以很快地予以证明）

$$\mathrm{div}\boldsymbol{F}=\nabla\cdot\boldsymbol{F} \tag{2.60}$$

如果 div$\boldsymbol{F}$ 在某一点是一个正值的话，我们在那一点会得到——假定 $\boldsymbol{F}$ 是一个速度场——一个净“流出量”。例如，如果在 $P$ 点上，式（2.58）中的三个偏微分全部是正值的话，我们在该点附近就可以得到一个像图 2.25 显示的那样一个矢量场。但是如果叠加了一个矢量函数 $\boldsymbol{G}$，并且 div$\boldsymbol{G}=0$ 的话，原矢量场就会变得非常不同并且会依然保持正值。因此，在三个偏微分方程中有一个或者两个是负值的话，我们仍然有可能会有 div$\boldsymbol{F}>0$。散度只表示矢量场的空间差异的一个方面。

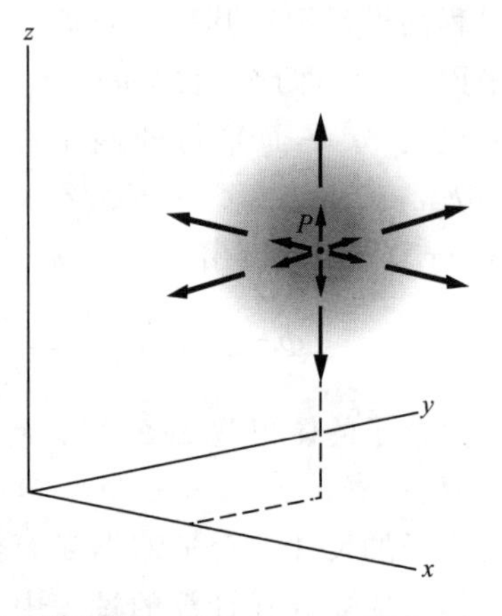


图 2.25
图中表示了在 $P$ 点附近的电场有非零的散度。

**例题（柱体的场）** 我们来求解一个比较容易想象的电场的散度。一个半径为 $a$ 的无限长的圆柱体，其内部充满了体电荷密度为 $\rho$ 的正电荷。由高斯定理可知，在圆柱体外部的电场就如同电荷全部集中在圆柱轴上一样。利用式（1.39），$\lambda=\rho(\pi a^2)$，这是一个径向放射状的电场，其值正比于 $1/r$。柱体内部的电场可以对 $r<a$ 的圆柱使用高斯定理求得，通过简单的求解你会发现，圆柱体内部的电场直接和 $r$ 成正比，也是径向辐射状的，其准确的表达式为

$$E^{\text{out}}=\frac{\rho a^2}{2\varepsilon_0 r}\qquad r>a$$

$$E^{\text{in}}=\frac{\rho r}{2\varepsilon_0}\qquad r<a \tag{2.61}$$

图 2.26 所示为与圆柱体的轴线垂直的一个截面。直角坐标系在这里并不是一

个最自然的选择，但为了用式（2.58），这里我们仍然选择直角坐标系。由 $r=\sqrt{x^2+y^2}$，电场的分量可以表达成如下形式：

$$E_x^{\text{out}}=\left(\frac{x}{r}\right)E^{\text{out}}=\frac{\rho a^2 x}{2\varepsilon_0(x^2+y^2)}\qquad r>a$$

$$E_y^{\text{out}}=\left(\frac{y}{r}\right)E^{\text{out}}=\frac{\rho a^2 y}{2\varepsilon_0(x^2+y^2)}\qquad r>a$$

$$E_x^{\text{in}}=\left(\frac{x}{r}\right)E^{\text{in}}=\frac{\rho x}{2\varepsilon_0}\qquad r<a$$

$$E_y^{\text{in}}=\left(\frac{y}{r}\right)E^{\text{in}}=\frac{\rho y}{2\varepsilon_0}\qquad r<a\qquad(2.62)$$

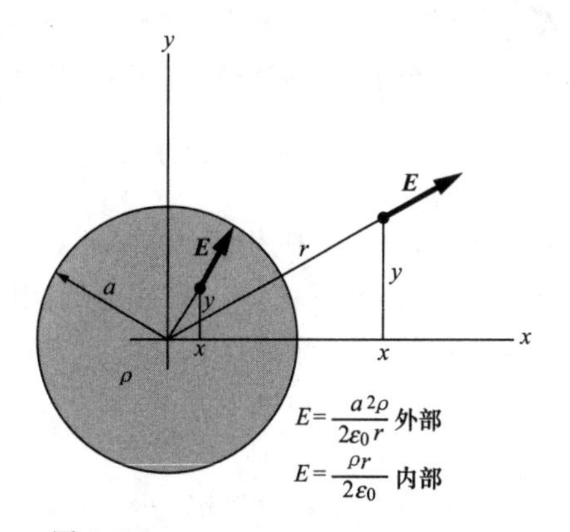


图 2.26

均匀圆柱体电荷的内部和外部的电场。

当然，各处的 $E_z$ 均为零。

在带有电荷的圆柱体外侧，div**E** 的值由下式给出：

$$\frac{\partial E_x^{\text{out}}}{\partial x}+\frac{\partial E_y^{\text{out}}}{\partial y}=\frac{\rho a^2}{2\varepsilon_0}\left[\frac{1}{x^2+y^2}-\frac{2x^2}{(x^2+y^2)^2}+\frac{1}{x^2+y^2}-\frac{2y^2}{(x^2+y^2)^2}\right]=0\qquad(2.63)$$

在圆柱体内部 div**E** 的值为

$$\frac{\partial E_x^{\text{in}}}{\partial x}+\frac{\partial E_y^{\text{in}}}{\partial y}=\frac{\rho}{2\varepsilon_0}(1+1)=\frac{\rho}{\varepsilon_0}\qquad(2.64)$$

我们预料到这两个结果。在圆柱体外侧，不存在电荷，通过任何一个体积——无论大小——的净通量都为零，所以通量/体积的比值的极限一定为零。在圆柱体内部，我们用基本关系式（2.51）得到结果。

在笛卡儿坐标系下做完此题后，让我们再在柱坐标系下重新计算一遍，在柱坐标系中的求解过程会更加快捷。因为 $E$ 只有径向分量，附录 F 中的方程（F.2）给出了柱坐标下的散度：$\text{div}\boldsymbol{E}=(1/r)\partial(rE_r)/\partial r$（详细推导见 F.3 节）。在柱体内，电场为 $E_r=\rho r/2\varepsilon_0$，因此很快就可以得到和上面一样的结果 $\text{div}\boldsymbol{E}=\rho/\varepsilon_0$；对于柱体外，电场 $E_r=\rho a^2/2\varepsilon_0 r$，立即可以得出 $\text{div}\boldsymbol{E}=0$，这个结论是正确的。与 $1/r$ 成正比的场，都有 $\text{div}\boldsymbol{E}=0$。

## 2.11 拉普拉斯算符

我们现在已经遇到了两个跟电场相关的标量函数，分别是电势函数 $\phi$ 和散度函数 div**E**。在笛卡儿坐标系中两个式子分别是

$$\boldsymbol{E}=-\text{grad}\phi=-\left(\hat{\boldsymbol{x}}\frac{\partial\phi}{\partial x}+\hat{\boldsymbol{y}}\frac{\partial\phi}{\partial y}+\hat{\boldsymbol{z}}\frac{\partial\phi}{\partial z}\right)\qquad(2.65)$$

$$\text{div}\boldsymbol{E}=\frac{\partial E_x}{\partial x}+\frac{\partial E_y}{\partial y}+\frac{\partial E_z}{\partial z}\qquad(2.66)$$

式（2.65）显示了 $\boldsymbol{E}$ 的 $x$ 分量是 $E_x=-\partial\phi/\partial x$。将此式以及 $E_y$ 和 $E_z$ 的相应表达式代入式（2.66），我们就得到了 div$\boldsymbol{E}$ 和 $\phi$ 的关系：

$$\mathrm{div}\boldsymbol{E}=-\mathrm{div}\ \mathrm{grad}\phi=-\left(\frac{\partial^2\phi}{\partial x^2}+\frac{\partial^2\phi}{\partial y^2}+\frac{\partial^2\phi}{\partial z^2}\right) \tag{2.67}$$

式（2.67）中出现的对 $\phi$ 的操作过程，除了负号的那部分，我们称之为 "div grad"，或者 "取…的梯度的散度"。表示这个操作过程的符号是 $\nabla^2$，称为拉普拉斯算符，简称为拉普拉斯。表达式为

$$\frac{\partial^2}{\partial x^2}+\frac{\partial^2}{\partial y^2}+\frac{\partial^2}{\partial z^2} \tag{2.68}$$

这是在笛卡儿坐标系中的拉普拉斯算符。所以我们有

$$\boxed{\mathrm{div}\boldsymbol{E}=-\nabla^2\phi} \tag{2.69}$$

可以对算符 $\nabla^2$ 做如下解释。对于式（2.59）中的矢量算符 $\nabla$，其平方等于

$$\nabla\cdot\nabla=\frac{\partial^2}{\partial x^2}+\frac{\partial^2}{\partial y^2}+\frac{\partial^2}{\partial z^2} \tag{2.70}$$

这和笛卡儿坐标系中的拉普拉斯算符一样。所以拉普拉斯算符被称为 "del 平方"，并且我们说 "del 平方 $\phi$"，表示 "div grad $\phi$"。注意：在其他坐标系中，比如在极坐标系和球坐标系中，对梯度和拉普拉斯算符的表达式没有这么简单，这从附录 F 前面部分中列出的一些公式可以看出。最好能够记得拉普拉斯算符是 "梯度的散度" 这个基本的定义。

我们现在直接写出在某点的电荷密度和该点附近的电势函数的局域关系。合并式（2.69）和高斯定理的微分形式 div$\boldsymbol{E}=\rho/\varepsilon_0$，我们得到

$$\boxed{\nabla^2\phi=-\frac{\rho}{\varepsilon_0}} \tag{2.71}$$

式（2.71）表示了电荷密度和电势的二次微分之间的关系，这个方程通常也被称为泊松方程，其在笛卡儿坐标系的形式为

$$\frac{\partial^2\phi}{\partial x^2}+\frac{\partial^2\phi}{\partial y^2}+\frac{\partial^2\phi}{\partial z^2}=-\frac{\rho}{\varepsilon_0} \tag{2.72}$$

可以认为该方程是式（2.18）描述的积分方程的微分表达式。把上面的式子看成是方程（2.18）所表示的关系的微分形式。式（2.18）用积分的形式告诉了我们怎样把各处的源电荷的作用叠加起来以得到某点处的电势。[4]

---

**例题（球的泊松方程）**　对于半径为 $R$ 的体电荷密度为 $\rho$ 的均匀带电球体，试证

4　实际上，可以证明式（2.72）和式（2.18）在数学上是等价的。这就是说，如果你把拉普拉斯算符用在式（2.18）中的积分中，可以计算得到 $-\rho/\varepsilon_0$。我们不想停下来做这个证明，读者请相信这是正确的，或者可以通过习题 2.27 自己来证明。

明式（2.71）是成立的。2.2 节中的第二个例题已经给出带电球体的电势。本题中球坐标是最好的选择，我们将利用球坐标下的拉普拉斯算符的表达式，见附录 F 中的式（F.3）。因为电势仅仅依赖于半径 $r$，我们有：$\nabla^2\phi=(1/r^2)\partial(r^2\partial\phi/\partial r)/\partial r$。

球体外的电势为 $\phi=\rho R^3/3\varepsilon_0 r$，电势 $\phi$ 正比于 $1/r$，则 $\partial\phi/\partial r$ 正比于 $1/r^2$，由此可以立即得出 $\nabla^2\phi=0$。这与式（2.71）一致，因为球体外 $\rho=0$。

在球体内，我们有 $\phi=\rho R^2/2\varepsilon_0-\rho r^2/6\varepsilon_0$，取微分后，式中的常数项消失，其结果为：

$$\nabla^2\phi=\frac{1}{r^2}\frac{\partial}{\partial r}\left(r^2\frac{\partial\phi}{\partial r}\right)=\frac{1}{r^2}\frac{\partial}{\partial r}\left(r^2\cdot\frac{-\rho r}{3\varepsilon_0}\right)=-\frac{1}{r^2}\frac{\rho r^2}{\varepsilon_0}=-\frac{\rho}{\varepsilon_0} \tag{2.73}$$

如同希望的那样，满足式（2.71）。

## 2.12 拉普拉斯方程

如果在任何位置处 $\rho=0$，也就是说，空间中的任何位置都没有电荷，那么电势函数 $\phi$ 一定满足以下方程：

$$\nabla^2\phi=0 \tag{2.74}$$

该式称为拉普拉斯方程。我们在很多物理学的分支学科中都会遇到它。实际上，有人可能会说，从数学的角度看，经典的场理论主要是研究拉普拉斯方程的解。满足拉普拉斯方程的这一类函数被称为调和函数。它们有一些明显的特点，其中包括如下所述。

**定理 2.1　如果函数 $\phi(x,y,z)$ 满足拉普拉斯方程，那么函数 $\phi$ 在任何球面（不一定限定于一个很小的球面）的平均值等于在球心的值。**

**证明**　很容易证明，不含电荷的区域内，电势函数 $\phi$ 是满足上式的（一般性的证明，请参考附录 F 中的 F.5 节）。考察一个点电荷 $q$ 和一个均匀分布着电荷 $q'$ 的球面 $S$。如图 2.27，将 $q$ 从无限远的地方移动到距离带电球心为 $R$ 的地方。带电球面形成的电场就如同总电荷 $q'$ 都集中在球心一样，因此移动电荷 $q$ 所需要的功为 $qq'/4\pi\varepsilon_0 R$。

相反地，现在假定点电荷 $q$ 在一开始就存在，之后带电球面才从无限远的地方移到这附近，则需要做的总功为 $q'$ 和点电荷 $q$ 在表面 $S$ 上产生电势的平均值的乘积。这种情况中，所需要做的功一定也是 $qq'/4\pi\varepsilon_0 R$，所以 $q$ 在球面上形成的电势的平均值一定是 $q/4\pi\varepsilon_0 R$。这就是球面外的电荷 $q$ 在球面中心产生的电势。这就证明了对球面以外的任何独立点电荷，上述断言也是成立的。而多电荷系统产生的电势，就是各个孤立电荷形成的电势之和，并且其和的平均值就等于平均值的和。这表明了对于在球面 $S$ 以外的多电荷系统，定理 2.1 的断言也是成立的。

电势在整个空球壳内的平均值等于其在球心位置的值，这种性质和下面这个听起来会让人产生些许失望的定理是相互关联的。

**定理 2.2 （恩绍原理）在空无一物的空间中，不可能构建一个使带电粒子能够保持稳定平衡的静电场。**

这个独特的“不可能定理”，就像物理中的其他原理一样，可以避免我们去做一些无谓的推测和努力。我们可以用两种紧密关联的方法来证明这个原理，其一是利用高斯定理来求电场 $\boldsymbol{E}$，其二是利用上述关于球面上电势 $\phi$ 平均值的知识。

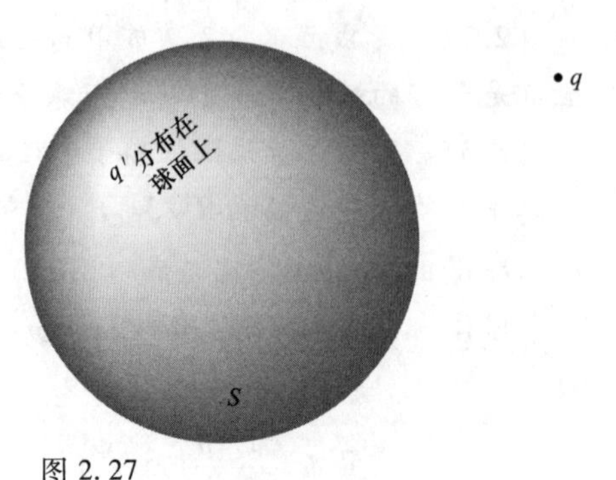


图 2.27
引入 $q'$ 并将它均匀分布在球面上所需要外界做的功的值为 $q'$ 与 $q$ 在球面上形成的电势 $\phi$ 平均值的乘积。

**证明**　利用反证法，假定有一个电场，在电场内有一点 $P$ 可以使带正电的粒子达到稳定平衡。这就意味着粒子从 $P$ 点发生任何一个微小的位移，则电场将会把粒子拉回到 $P$ 点。这也意味着，在 $P$ 点周围的一个小球面上的任何位置都有指向其内部的电场 $\boldsymbol{E}$，也就是说有一个穿过球面的净通量。这与高斯定理相违背，因为此区域内没有负电荷存在（我们的试探电荷不计在其内，何况，它是正电荷）。换句话说，你不可能会有一个电场完全指向其内或完全指向其外的空区域，而这正是你要达到稳定平衡所需要的条件。注意这个证明仅仅用到高斯定理，因此我们实际上可以在第1章描述这个原理的。

第二种证明可以利用定理 2.1，证明如下。一个带电粒子所处的稳定位置，其电势 $\phi$ 必须比附近点的电势低（如果带电粒子带正电）或者高（如果带电粒子带负电）。很显然，对于一个在球面上的平均值和在球心的平均值相等的函数来说两种情况都是不可能的。

当然，我们可以使一个带电粒子在静电场中平衡，此时其受到的合外力为零。在图 1.10 中的 $\boldsymbol{E}=0$ 的点就是这样一个位置。在两个等量正电荷中间的位置，对第三个电荷来说就是平衡点，无论第三个电荷是正电荷还是负电荷。但这种平衡是不稳定的（想象一下如果第三个电荷稍微偏离了平衡位置一点的话将会发生什么）。顺便要说的是用一个随时间变化的电场是可以把一个带电粒子捕获并固定住的。在一个非零电荷分布系统中，可以稳定地固定住一个带电粒子。比如，在一个均匀带有负电的实心球体的中心，所放置的一个正电荷是稳定的。

## 2.13　物理和数学的差别

在前面几节中，我们关注了数学关系式和解决熟悉问题的新方法。我们想象一下如果静电力不是严格按照与距离的平方成反比的关系而衰减的，而是这样变化的

$$F(r)=\frac{e^{-\lambda r}}{r^2} \tag{2.75}$$

那么会发生什么事情呢？这有助于我们区分数学与物理学，以及定义和定理。如果静电力像式（2.75）那样，则式（2.49）所代表的积分形式的高斯定理将不再成立，因为对于一个包含一些源电荷的非常大的表面来说，我们会发现在这个表面上的电场会迅速变得非常小。随着表面的扩大，通过表面的电通量不会保持一个常数而会逐渐趋于零。当然我们仍然可以定义在空间中任意一点的电场。我们可以计算电场的散度，并且描述任何矢量场数学特性的式（2.50）仍然是正确的。这有矛盾吗？没有，因为式（2.51）将不再成立。电场的散度将不再是源电荷的密度。我们可以明白地指出，如果电场局限于一个有限的范围，在一个不含源电荷的小体积内由于其外部的电荷的影响仍然会有通过它的净通量。就像图 2.28 中那样，在靠近源电荷的一侧流入的通量要比流出该体积的通量更多。

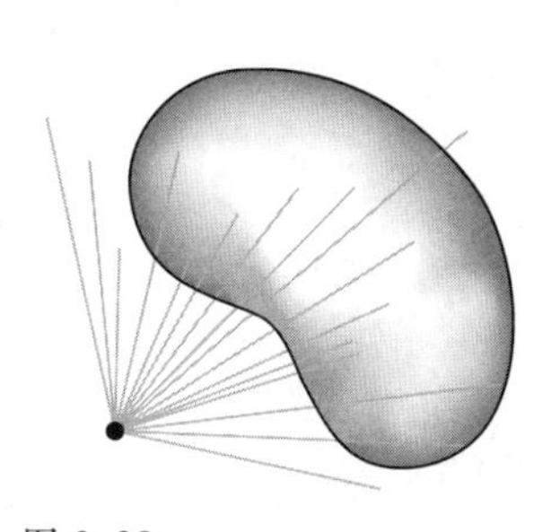
图 2.28
在非平方反比关系的场中通过闭合表面的通量不为零。

因此，我们可以说式（2.49）和式（2.51）表达了同一个物理定律，也就是库仑通过直接测量两个带电体之间的力而建立的平方反比例关系，而式（2.50）则是一个数学原理的表达式，它使我们能够把该定律的微分形式和积分形式相互转化。$\boldsymbol{E}$、$\rho$ 和 $\phi$ 的相互转化关系参见图 2.29（a），高斯单位制则见图 2.29（b）。

在真实的世界中电荷并不是平滑均匀地分布的，而是像我们已经知道的集中在内部一个非常小的粒子上，这些粒子的内部我们还知之甚少，那么我们怎么证明这个源电荷和电场的微分关系呢？实际上，像泊松式（2.71）只在宏观尺度上才有意义。电荷密度 $\rho$ 应该理解为在一个包含很多粒子的有限小区域内的电荷的平均值。所以 $\rho$ 函数不会像数学家期望的那样连续。在证明高斯定理的微分形式中，当我们使区域 $V_i$ 不断缩小时，我们要知道在实际中它不能缩得太小。这可能会很棘手，但事实上我们在处理大尺寸的电荷系统时这种连续模型用得非常好。在原子世界，含有基本粒子和空隙。在粒子内部，即使是库仑定律也可证明是有一定意义的，当然也还有很多其他的定律在起作用。在空隙中，只要是和静电相关的，都符合拉普拉斯方程。即使是在间隙内部，体积过渡到零的极限时仍然是有物理意义的，不过对此我们还不太确定。

## 2.14 矢量函数的旋度[5]

注意：本节和第 2 章后面的几节也可以在学完第 6 章以后再学习，到那时才会

5 对这一节以及第 2 章剩下部分的学习，可以延迟到第 6 章。到那时这种矢量的微分的应用将会证明在 2.16 节提出的电场中 curl $\boldsymbol{E}=0$ 这一特点。

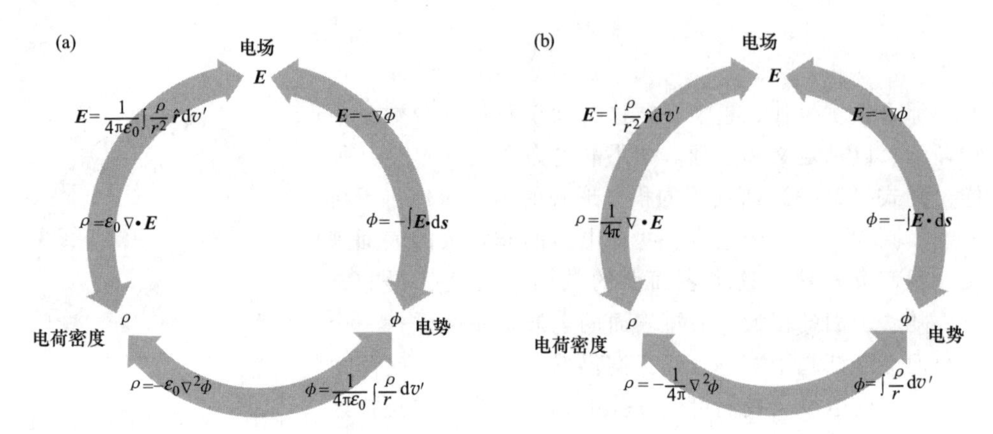


图 2.29

（a）电荷密度、电势和电场之间的相互关系。其中的积分关系包括线积分和体积分。微分关系包括梯度、散度、梯度的散度以及拉普拉斯算符 $\nabla^2$。电荷密度 $\rho$ 的单位是 $C/m^3$，电势 $\phi$ 的单位是 V，电场 $\boldsymbol{E}$ 的单位是 V/m，所有的长度的单位都是 m。（b）使用高斯单位制的单位表示同样的关系。电荷密度 $\rho$ 的单位是 $esu/cm^3$，电势 $\phi$ 的单位为静伏，电场 $\boldsymbol{E}$ 的单位为静伏/m，所有的长度单位为 cm。

证明旋度的唯一的应用就是证明静电场满足 2.17 节所提到的 curl $\boldsymbol{E}=0$。现在就引入旋度，是因为我们刚讲完与旋度非常类似的散度。

我们是从对一个大的闭合表面进行积分开始，发展出了描述矢量场基本特性的散度概念的。用同样的思路，让我们考虑一个沿着一条闭合路径对矢量场 $\boldsymbol{F}(x,y,z)$ 的线积分，其路径为一个首尾相接的曲线 $C$。曲线 $C$ 可以直观地看作是一个面 $S$ 的边界。这样的一个闭合路径的线积分值叫环路积分；我们用 $\Gamma$（希腊字母）来表示：

$$\Gamma=\int_C \boldsymbol{F}\cdot d\boldsymbol{s} \qquad (2.76)$$

在上述积分中，d$\boldsymbol{s}$ 是一个路径元，即在曲线 $C$ 的切线方向的一个无限小的矢量（见图 2.30（a））。$C$ 的路径方向有两种可能，我们必须选择一个以确定 d$\boldsymbol{s}$ 的方向。顺便说一句，曲线 $C$ 是没有必要在一个平面上的——它可以是任意扭曲的。

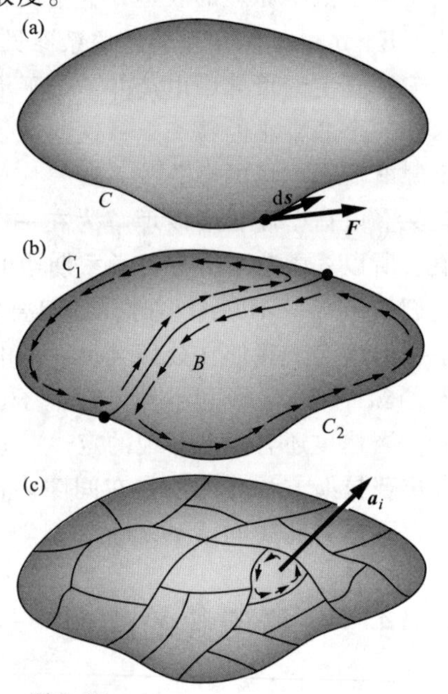


图 2.30

对于分得很细的环路，所有环路的积分值 $\Gamma_i$ 的和等于围绕最初的曲线 $C$ 的环路积分值。

现在把环路 $C$ 上的两点连接起来形成一个新的路径 $B$（相当于架了一座桥，所以可以

叫作桥线)，因此 $C$ 变成了两个环路 $C_1$ 和 $C_2$，每一个都把 $B$ 作为了自己的一部分(见图 2.30 (b))。对这两个环路按照相同的绕行方向进行线积分，容易看到，这两个加减分之和，即 $\Gamma_1$ 和 $\Gamma_2$ 的和，与沿着 $C$ 进行积分得到的结果是一样的：原因是在两个积分中，通过路径 $B$，积分方向是相反的，剩下的就正好是绕着环路 $C$ 的线积分所贡献的部分了。对曲线 $C$ 进一步分割使得曲线 $C$ 变成更多的环路 $C_1$，…，$C_i$，…，$C_N$，积分之和还是保持不变

$$\int_C \boldsymbol{F}\cdot \mathrm{d}\boldsymbol{s} = \sum_{i=1}^{N}\int_{C_i}\boldsymbol{F}\cdot \mathrm{d}\boldsymbol{s}_i \quad 或 \quad \Gamma = \sum_{i=1}^{N}\Gamma_i \tag{2.77}$$

和在 2.8 节中讨论散度时细分面积一样，我们可以通过添加桥线的方式进行无限细分，以找到在表征某点邻近区域内的场 $\boldsymbol{F}$ 特点的一个极限值。当我们对环路进行细分时，用于积分计算的环路不断变小，环路的面积也随之变小，因此很自然地，我们就会考虑到环路积分和环路面积的比值，就像在 2.8 节中我们讨论的通量和体积的比值一样。然而，在这里还是有一些差别的，因为被小的环路 $C_i$ 所包围的表面的面积 $\boldsymbol{a}_i$ 是一个矢量（见图 2.30 (c)），而 2.8 节中的体积 $V_i$ 是一个标量。在空间中的表面有一个方向，而体积则没有方向。实际上，在某个邻域内随着环路不断缩小，可以安排小环路指向任意我们选择的方向（记住，我们没有对整个曲线 $C$ 指定任何特定的曲面）。因此我们可以通过完全不同的方法达到我们的极限，并且我们希望得到的结果能体现这些特点。

在细分的最后，让我们给每一个小块选择一个特定的方向。单位矢量 $\hat{\boldsymbol{n}}$ 表示了小块面积的法线方向，随着包含着特定点 $P$ 的小块面积逐渐缩小到零，其法线的方向就固定了下来。环路积分和面积的比值的极限可以写成

$$\lim_{a_i\to 0}\frac{\Gamma_i}{a_i} \quad 或 \quad \lim_{a_i\to 0}\frac{\int_{C_i}\boldsymbol{F}\cdot \mathrm{d}\boldsymbol{s}}{a_i} \tag{2.78}$$

确定符号的规则是，矢量 $\boldsymbol{n}$ 的方向和线积分中环路 $C_i$ 的绕行方向符合右手定则，如图 2.31 所示。这个过程所得到的极限值是一个标量，这个量与矢量场 $\boldsymbol{F}$ 在 $P$ 点的值和 $\boldsymbol{n}$ 的方向相关。我们要用到三个方向，比如 $\boldsymbol{x}$、$\boldsymbol{y}$ 和 $\boldsymbol{z}$，并且分别得到三个不同的值。结果证明这些值可以看成是一个矢量的三个分量。我们把它称为 $\boldsymbol{F}$ 的旋度。也就是说，对特定方向 $\boldsymbol{n}$ 上所得到的极限值是在该方向上 $\boldsymbol{F}$ 的旋度矢量的一个分量。可以用方程来表示

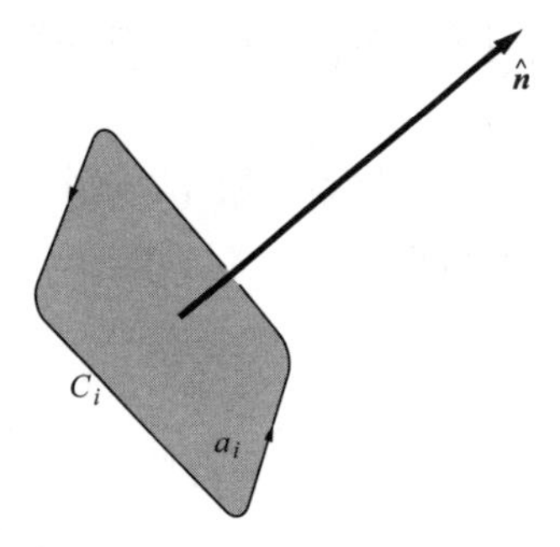


图 2.31
表面法线和环路线积分方向之间的右手螺旋关系。

$$(\mathrm{curl}\,\boldsymbol{F})\cdot \hat{\boldsymbol{n}} = \lim_{a_i\to 0}\frac{\int_{C_i}\boldsymbol{F}\cdot \mathrm{d}\boldsymbol{s}}{a_i} \tag{2.79}$$

式中，$\hat{\boldsymbol{n}}$ 是曲线 $C_i$ 包围面积的单位法向矢量。

比如，要得到 curl $\boldsymbol{F}$ 在 $x$ 轴上的分量，可以使 $\hat{\boldsymbol{n}}=\hat{\boldsymbol{x}}$，就像图 2.32 中那样。在环路围绕着 $P$ 点不断缩小时，我们保持环路所在的小平面垂直于 $x$ 轴。一般来讲，在每个位置的矢量 curl $\boldsymbol{F}$ 的值都会不同。如果我们让小块面积围绕着另外某点不断缩小，通量和面积的比将会是一个不同的值，这取决于矢量方程 $\boldsymbol{F}$。也就是说 curl $\boldsymbol{F}$ 本身就是一个坐标相关的矢量方程。其在空间中某点的方向，是通过该点且回路积分最大的那个平面的法向。其大小就是围绕着该点的平面上的环路积分值和单位面积的比值的极限。

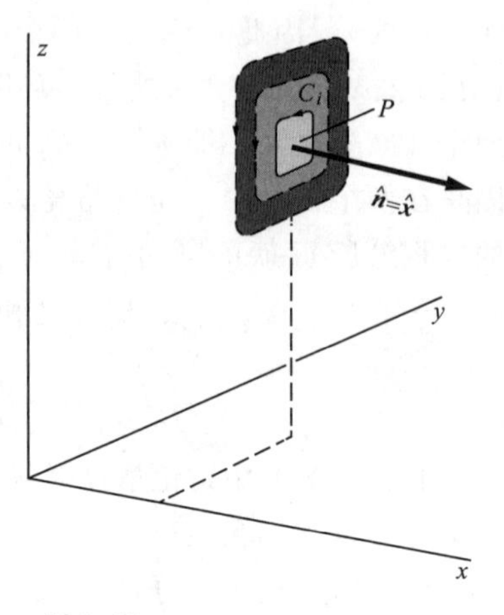


图 2.32
在 $P$ 点周围保持法线方向指向 $x$ 方向而收缩的一个小块。

最后这两句话可以作为 curl $\boldsymbol{F}$ 的定义。就像式（2.79），它与坐标系的种类无关。我们只是提到这样定义和命名的对象是一个矢量，但是还没有证明它。有方向和大小并不一定就是矢量。我们所定义的分量必须有矢量的分量的特点。假定我们利用式（2.79）把 $\hat{\boldsymbol{n}}$ 依次替换为 $\hat{\boldsymbol{x}}$、$\hat{\boldsymbol{y}}$ 和 $\hat{\boldsymbol{z}}$ 从而得到了 cutl $\boldsymbol{F}$ 在 $x$、$y$ 和 $z$ 方向的确定值，如果 curl $\boldsymbol{F}$ 是一个矢量，它将会由这三个分量唯一地确定下来。如果用第四个方向来替换 $\hat{\boldsymbol{n}}$，式（2.79）的左半部分就确定了，并且方程右侧的值也就是在垂直于新的 $\hat{\boldsymbol{n}}$ 的平面上的环路积分值也一定与其相符！实际上，除非确定 curl $\boldsymbol{F}$ 是一个矢量，否则很难看出存在一个使在 $P$ 点的单位面积的环路积分最大的方向——尽管在之后的定义中我们这样默认了。事实上，式（2.79）确实定义了一个矢量，但是我们并没有给出证明。

## 2.15　斯托克斯定理

用围绕着无限小表面的环路积分，我们可以求出沿着开始时所提到的大环路 $C$ 的环路积分

$$\Gamma = \int_C \boldsymbol{F} \cdot \mathrm{d}\boldsymbol{s} = \sum_{i=1}^{N} \Gamma_i = \sum_{i=1}^{N} a_i \left( \frac{\Gamma_i}{a_i} \right) \tag{2.80}$$

在最后一步，我们先除而后又乘了 $a_i$。我们来看看当 $N$ 变得无限大而使 $a_i$ 缩小时，方程的右侧会如何变化。由式（2.79）圆括号里的式子变成了（curl $\boldsymbol{F}$）$\cdot\, \hat{\boldsymbol{n}}_i$，其中 $\hat{\boldsymbol{n}}_i$ 是第 $i$ 个小面积的法线方向的单位矢量。所以在等式右侧，通过对组成 $C$ 包围着的整块面积 $S$ 的全部小面积进行累加，我们得到“小面积乘以（curl $\boldsymbol{F}$）法线方向分量”的乘积之和。这就是矢量 curl $\boldsymbol{F}$ 在面 $S$ 上的**面积分**：

$$\sum_{i=1}^{N} a_i\left(\frac{\Gamma_i}{a_i}\right) = \sum_{i=1}^{N} a_i(\text{curl}\,\boldsymbol{F})\cdot\hat{\boldsymbol{n}}_i \to \int_s \text{curl}\,\boldsymbol{F}\cdot \mathrm{d}\boldsymbol{a} \qquad (2.81)$$

因为有 $\mathrm{d}\hat{\boldsymbol{a}}=a_i\hat{\boldsymbol{n}}_i$，所以我们可以得到

$$\boxed{\int_C \boldsymbol{F}\cdot \mathrm{d}\boldsymbol{s} = \int_S \text{curl}\boldsymbol{F}\cdot \mathrm{d}\boldsymbol{a}} \quad \text{（斯托克斯定理）} \qquad (2.82)$$

式（2.82）所表示的关系在数学上被称为斯托克斯定理。可以看到它和高斯定理和散度定理在结构上很相似。斯托克斯定理把矢量的线积分和矢量旋度的面积分联系起来。高斯定理［式（2.48）］把矢量的面积分和矢量散度的体积分联系起来。斯托克斯定理涉及了一个表面和表面的边界线。高斯定理则涉及了一个体积和包围该体积的表面。

## 2.16 笛卡儿坐标系中的旋度

式（2.79）是对 curl $\boldsymbol{F}$ 的最基本的定义，它和坐标系的类型无关。在这方面它和式（2.46）所表示的散度的基本定义是一样的。在这种情况下我们想知道在给定矢量函数 $\boldsymbol{F}(x,y,z)$ 时，应该如何去计算 curl $\boldsymbol{F}$。为了找到这个方法，我们使用式（2.79）中的积分式，但我们只对一个形状非常简单的小表面，平行于 $xy$ 平面的一个矩形面，进行计算（见图 2.33）。即我们取 $\hat{\boldsymbol{n}}=\hat{z}$。为了和我们的符号规则一致，顺着 $\hat{\boldsymbol{n}}$ 的方向看过去，绕边界的积分必须是顺时针的。在图 2.34 中，我们从上面向下看矩形面。

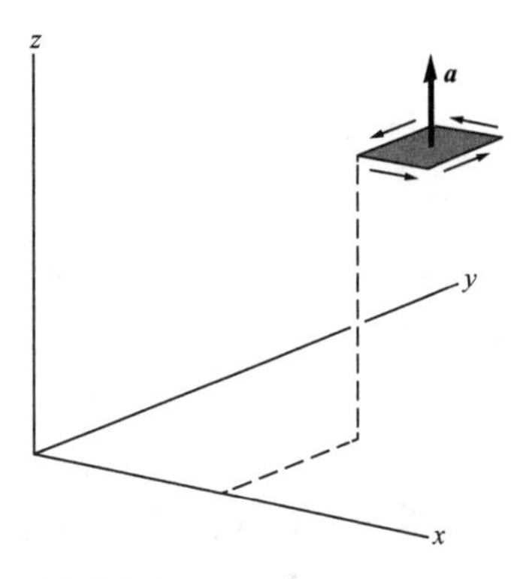


图 2.33
围绕一个 $\hat{\boldsymbol{n}}=\hat{z}$ 的矩形小块的计算。

围绕这样一个小面积的 $\boldsymbol{A}$ 的线积分取决于变量 $A_x$ 随 $y$ 的变化以及变量 $A_y$ 随 $x$ 的变化。如果在图 2.34 中 $A_x$ 沿着方框的上边和沿着方框的下边有相同的平均值的话，在整个积分中这两部分就可以相互抵消了。在两个侧边也是同样的情况。对于小量 $\Delta x$ 和 $\Delta y$ 的一级近似，$A_x$ 在 $y+\Delta y$ 的框架上边的平均值和它在 $y$ 处的框架下边的平均值之间的差是

$$\left(\frac{\partial A_x}{\partial y}\right)\Delta y \qquad (2.83)$$

这和我们在图 2.22（b）中的讨论一样。

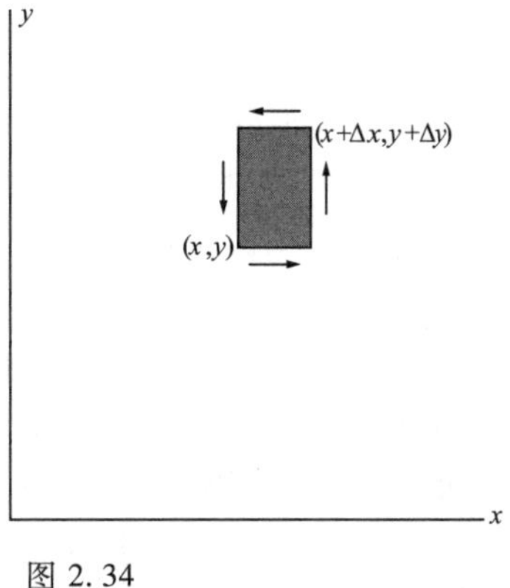


图 2.34
图 2.33 中小块的俯视图。

$$A_x = A_x(x,y) + \frac{\Delta x}{2}\frac{\partial A_x}{\partial x} \quad （在框架底边中点）$$
$$A_x = A_x(x,y) + \frac{\Delta x}{2}\frac{\partial A_x}{\partial x} + \Delta y\frac{\partial A_x}{\partial y} \quad （在框架顶边中点） \tag{2.84}$$

这就是利用泰勒级数的一级展开式所得到的平均值。用它们的差值乘上小面积的边长 $\Delta x$，就得到了它们在环路积分中的净贡献。这个值为 $-\Delta x\Delta y(\partial A_x/\partial y)$。这里的负号是因为我们在框架的顶边积分时方向是朝左的，所以如果 $A_x$ 在顶边更大，它在积分中的结果是一个负值。侧边上的总积分值为 $\Delta x\Delta y(\partial A_y/\partial x)$，并且这里的符号是正的，因为如果 $A_y$ 在右侧的值更大，它在环路积分中会是一个正值。

忽略掉 $\Delta x$ 和 $\Delta y$ 的更高阶近似值，在整个矩形上的线积分会是

$$\int \boldsymbol{A}\cdot \mathrm{d}\boldsymbol{s} = -\Delta x\cdot\left(\frac{\partial A_x}{\partial y}\right)\Delta y + \Delta y\cdot\left(\frac{\partial A_y}{\partial x}\right)\Delta x$$
$$= \Delta x\Delta y\left(\frac{\partial A_y}{\partial x} - \frac{\partial A_x}{\partial y}\right) \tag{2.85}$$

$\Delta x\Delta y$ 就是矩形所包含的面积，可以用一个指向 $z$ 轴方向的一个矢量来表示。显然上式中的

$$\frac{\partial A_y}{\partial x} - \frac{\partial A_x}{\partial y} \tag{2.86}$$

就是随着小块元逐渐缩小到零的时候，下面这个比值的极限：

$$\frac{\text{围绕小块的线积分}}{\text{小块的面积值}} \tag{2.87}$$

如果我们把矩形框架的法线方向定为 $y$ 轴正方向，我们将得到上述比值极限的表达式为

$$\frac{\partial A_x}{\partial z} - \frac{\partial A_z}{\partial x} \tag{2.88}$$

如果我们把矩形线框的法线方向定为沿 $x$ 方向，就像如图 2.35 那样，我们将得到

$$\frac{\partial A_z}{\partial y} - \frac{\partial A_y}{\partial z} \tag{2.89}$$

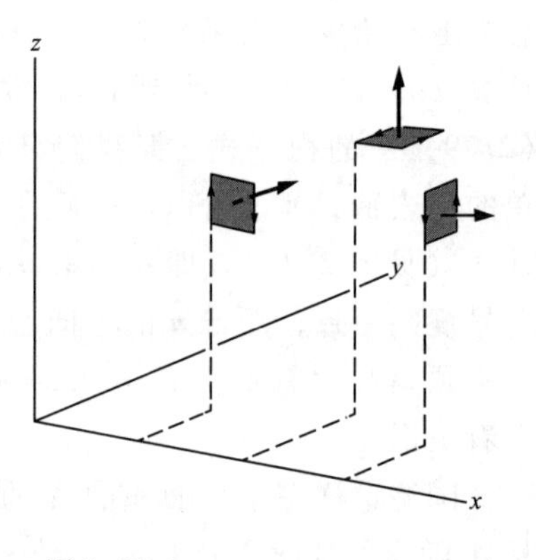

图 2.35
在每一个方向上，比值“流量/面积”的极限确定了 curl $\boldsymbol{A}$ 在该点的一个分量。为了确定矢量 curl $\boldsymbol{A}$ 的所有分量，所有的小块都应该围绕在该点的周围，在这里为了清晰起见，小块元分开了一点距离。

尽管我们只考虑了矩形的情况，实际上结果不会随小块的边框和形状而发生改变，原因和散度定理中的积分情况非常相似。比如，很显然我们可以随意地把不同的矩形粘接成其他的形状，沿着接触边界的线积分相互抵消了（见图 2.36）。

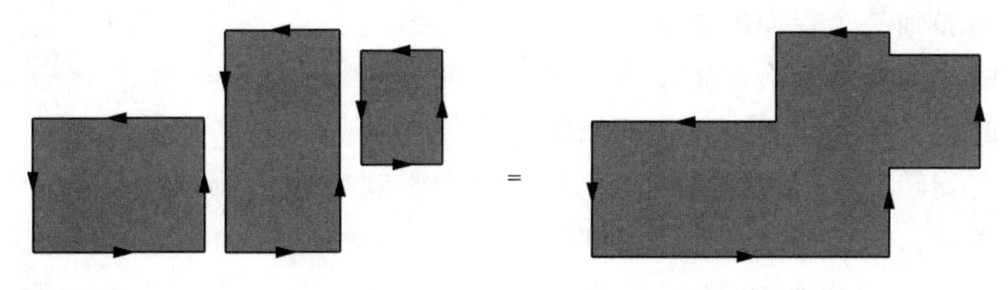

图 2.36
右边环路中的环量是对所有矩形环量的和，并且右边的面积是所有矩形的面积之和。这张图表明了比值“环量/面积”与图形的形状无关的原因。

我们可以得出结论，在任意方向上，环路积分和面积比值的极限和我们选定的小块的形状无关。因此我们就得到了当关于 $x$、$y$、$z$ 的函数 $\boldsymbol{F}$ 被给定时，矢量 curl $\boldsymbol{F}$ 各个分量的一般表达式为

$$\text{curl}\ \boldsymbol{F}=\hat{\boldsymbol{x}}\left(\frac{\partial F_z}{\partial y}-\frac{\partial F_y}{\partial z}\right)+\hat{\boldsymbol{y}}\left(\frac{\partial F_x}{\partial z}-\frac{\partial F_z}{\partial x}\right)+\hat{\boldsymbol{z}}\left(\frac{\partial F_y}{\partial x}-\frac{\partial F_x}{\partial y}\right) \tag{2.90}$$

你可能会发现用下面的规则可能会比公式更容易记忆。建立一个像这样的行列式：

$$\begin{vmatrix} \hat{\boldsymbol{x}} & \hat{\boldsymbol{y}} & \hat{\boldsymbol{z}} \\ \dfrac{\partial}{\partial x} & \dfrac{\partial}{\partial y} & \dfrac{\partial}{\partial z} \\ F_x & F_y & F_z \end{vmatrix} \tag{2.91}$$

用行列式的规则把它展开，就能得到式（2.90）中的 curl $\boldsymbol{F}$。注意到 curl $\boldsymbol{F}$ 的 $x$ 分量取决于 $F_z$在 $y$ 方向的变化率和 $F_y$在 $z$ 方向的负的变化率，并以此类推。

符号 $\nabla\times$读作“del cross”，其中 $\nabla$代表下述“矢量”：

$$\nabla=\hat{\boldsymbol{x}}\frac{\partial}{\partial x}+\hat{\boldsymbol{y}}\frac{\partial}{\partial y}+\hat{\boldsymbol{z}}\frac{\partial}{\partial z} \tag{2.92}$$

经常用来替换 curl 这个名字。如果我们写 $\nabla\times\boldsymbol{F}$ 并且遵循矢量叉乘规则，自然就得到矢量 curl $\boldsymbol{F}$。所以 curl $\boldsymbol{F}$ 和 $\nabla\times\boldsymbol{F}$ 的意义是相同的。

## 2.17 旋度的物理意义

旋度这个名字使我们想到一个具有非零旋度的矢量场会有循环量，或者一个漩涡。麦克斯韦使用的名字是旋转（rotation），并且德国到现在一直在用一个更简短的名字 rot。想象一个速度矢量场 $\boldsymbol{G}$，假定 curl $\boldsymbol{G}$ 不为零。那么在这个场中的速度会有这样的特性：

$\downarrow \overset{\leftarrow}{\underset{\rightarrow}{}} \uparrow$ 或者 $\uparrow \overset{\rightarrow}{\underset{\leftarrow}{}} \downarrow$

并且可能叠加到某个定向的流动上。例如，从浴缸流出的水的速度场通常会产生漩涡。在水流的大部分表面上的旋量并不是零。在表面漂浮的物体在移动时会发生旋转。在流体物理中，比如流体力学和空气动力学中，这种概念是非常关键的。

为了制作一个电场的“旋度计”——至少在我们的想象中——我们可以像图 2.37 中那样把正电荷用绝缘的辐条固定在一个中心轴上。用这种装置去探测电场，我们会发现 curl $\boldsymbol{E}$ 不为零的任何位置，轮子有一个围绕着轴线方向转动的趋势。用一根弹簧来抑制这种转动趋势，可以用弹簧扭转量来代表力矩，力矩与 curl$\boldsymbol{E}$ 沿转轴方向的分量成正比。如果我们能找到使得力矩最大并且与转动是顺时针关系的转轴的方向，那么该方向就是 curl $\boldsymbol{E}$ 的方向。(当然，如果电场在转轮尺度范围内变化很大的话，我们也不能完全信任这个旋度计)。

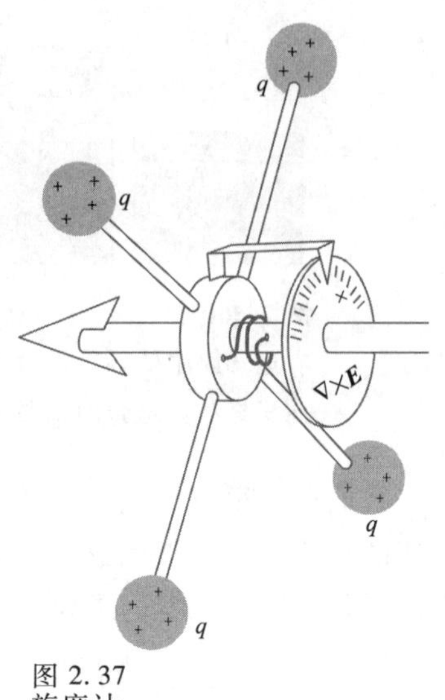


图 2.37
旋度计。

学完这些知识后，关于静电场 $\boldsymbol{E}$，我们能确定什么呢？我们只能得出一个简单的结论：静电场中旋度计的结果将会一直是零！这可以由我们已经学过的一个事实得到：即在静电场中沿着任何闭合路径对 $\boldsymbol{E}$ 的线积分为零。让我们回顾一下为什么会是这样，2.1 节中图 2.38 中 $\boldsymbol{E}$ 在任意两点 $P_1$ 和 $P_2$之间的线积分是和路径无关的（这意味着 $\boldsymbol{E}$ 可以写成式（2.4）所定义的势函数的梯度的负值）。随着 $P_1$ 和 $P_2$不断靠近，在图中较短的路径的线积分就会趋于 0——除非最后的位置是在一个奇点上，比如在一个点电荷上，这种情况我们不考虑。所以在图 2.38（d）中的闭合环路上的线积分一定是零。如果沿着任何闭合路径的线积分都是零，从斯托克斯定理中可以得到 curl $\boldsymbol{E}$ 在任何大小、形状或者位置的面积分始终是零。但是这样的话 curl $\boldsymbol{E}$ 就必须处处为零，因为如果它在某个位置不是零，我们可以在那个邻域找到一个小面元来推翻这个结论。上面所有的讨论都推出一个简单的结论，即在静电场 $\boldsymbol{E}$ 中

$$\text{cul } \boldsymbol{E}=0 \text{（适用任何位置）} \qquad (2.93)$$

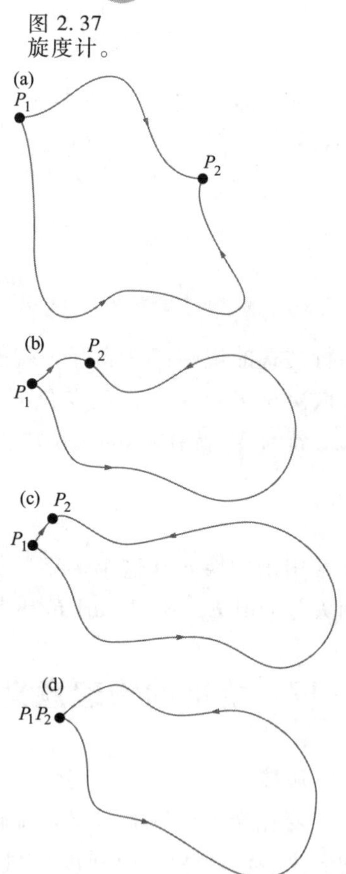


图 2.38
如果 $P_1$ 和 $P_2$之间的线积分和路径无关，那么沿着一条闭合回路的线积分一定为零。

反过来也同样成立。如果已知 curl $\boldsymbol{E}$ 处处为零，那么 $\boldsymbol{E}$ 一定可以写成某个电势函数 $\phi$ 的梯度。该结论可由下述事实得到：电场的旋度为 0，意味着 $E$ 的线积分与路径无关（参见上述理由），反过来也意味着电势 $\phi$ 可以很清晰地定义为场的线积分的负值。如果 curl $\boldsymbol{E}=0$，那它一定是一个静电场。

**例题** 证明：如果 curl $\boldsymbol{E}=0$，那它一定是一个静电场。

这很容易验证。首先给定图 2.3 中那样的一个矢量函数，它代表一个可能的静电场。电场的分量分别为 $E_x=K_y$ 和 $E_y=K_x$，考虑三维空间的情况，可以加上 $E_z=0$。计算 curl$\boldsymbol{E}$ 可得到

$$
\begin{aligned}
(\text{curl}\,\boldsymbol{E})_x &= \frac{\partial E_z}{\partial y}-\frac{\partial E_y}{\partial z}=0 \\
(\text{curl}\,\boldsymbol{E})_y &= \frac{\partial E_x}{\partial z}-\frac{\partial E_z}{\partial x}=0 \qquad (2.94)\\
(\text{curl}\,\boldsymbol{E})_z &= \frac{\partial E_y}{\partial x}-\frac{\partial E_x}{\partial y}=K-K=0
\end{aligned}
$$

这告诉我们 $\boldsymbol{E}$ 是某个标量势的（负）梯度，这由式（2.8）给出。由式（2.17）可证明，$\phi=-Kxy$。巧合的是，这个电场 $\boldsymbol{E}$ 的散度正好也为零：

$$
\frac{\partial E_x}{\partial x}+\frac{\partial E_y}{\partial y}+\frac{\partial E_z}{\partial z}=0 \qquad (2.95)
$$

因此这表示了一个没有电荷的区域里的静电场。

另一方面，一个同样简单的由 $F_x=Ky$；$F_y=-Kx$；$F_z=0$ 确定的矢量函数，其旋量就不为零，而是

$$
(\text{curl}\,\boldsymbol{F})_z=-2K \qquad (2.96)
$$

因此不会有这种形式的静电场。如果你简单地画一下这种电场的草图，你就马上能看到它的环路积分不为零。

**例题（带电球的场）** 证明：半径为 $R$ 的体电荷密度为 $\rho$ 的均匀带电球体，其电场旋度为 0。

由 1.11 节的例子，知道球内和球外的电场分别是

$$
E_r^{\text{in}}=\frac{\rho r}{3\varepsilon_0} \quad \text{和} \quad E_r^{\text{out}}=\frac{\rho R^3}{3\varepsilon_0 r^2} \qquad (2.97)
$$

处理球的问题时通常采用球坐标。球坐标下的旋度公式，由附录 F 中的式（F.3）给出，很不幸是非常繁琐的。不过，上面给出的电场只有径向分量，在长长的旋度表达式中的六项中只有两项有可能是非零项。而且，径向分量仅仅与 $r$ 有关，正比于 $r$ 或 $1/r^2$。因此，两个可能的非零项 $\partial E_r/\partial\phi$ 和 $\partial E_r/\partial\theta$ 都是 0（这里的 $\phi$ 是一个角度，而不是电势）。所以旋度也是 0。这个结论对于任何仅仅依赖于 $r$ 的径向场都适用。本题中电场的 $r$ 和 $1/r^2$ 的形式是无关的。

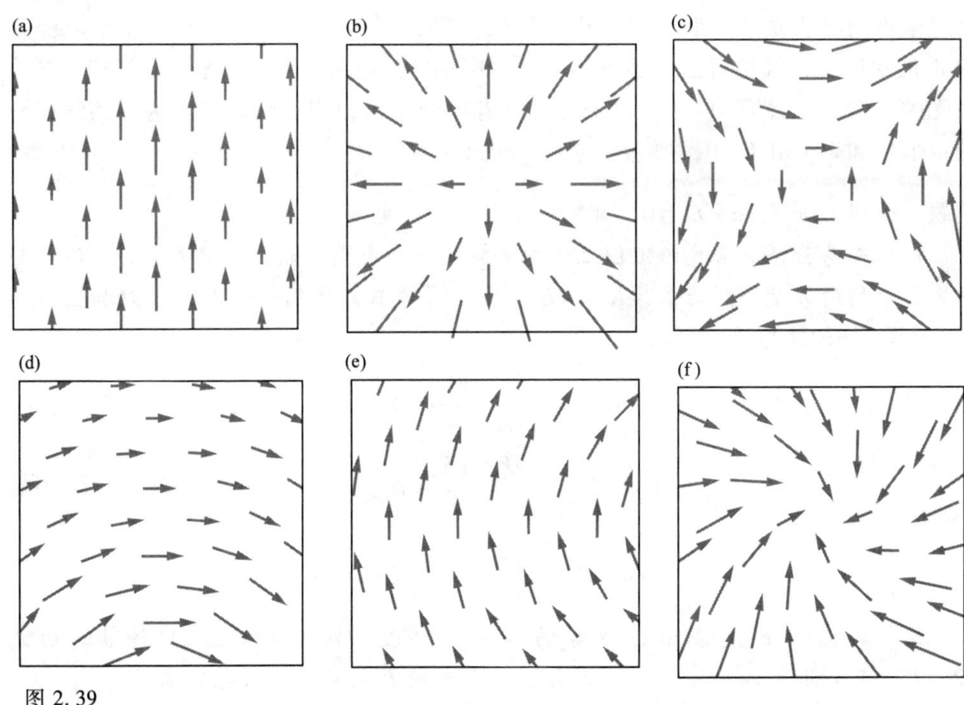


图 2. 39
这些矢量场中有四个的散度为零。三个的旋度为零。你能指出它们吗？

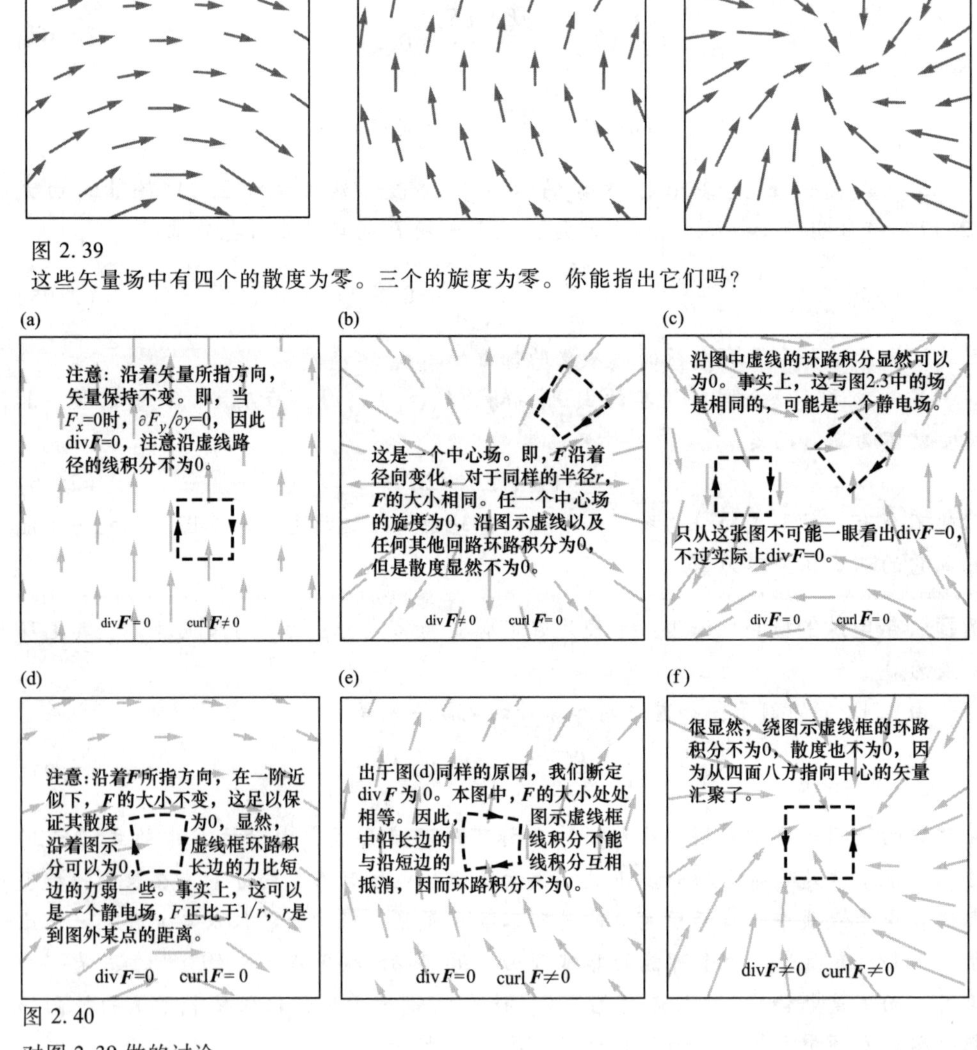


图 2. 40
对图 2. 39 做的讨论。

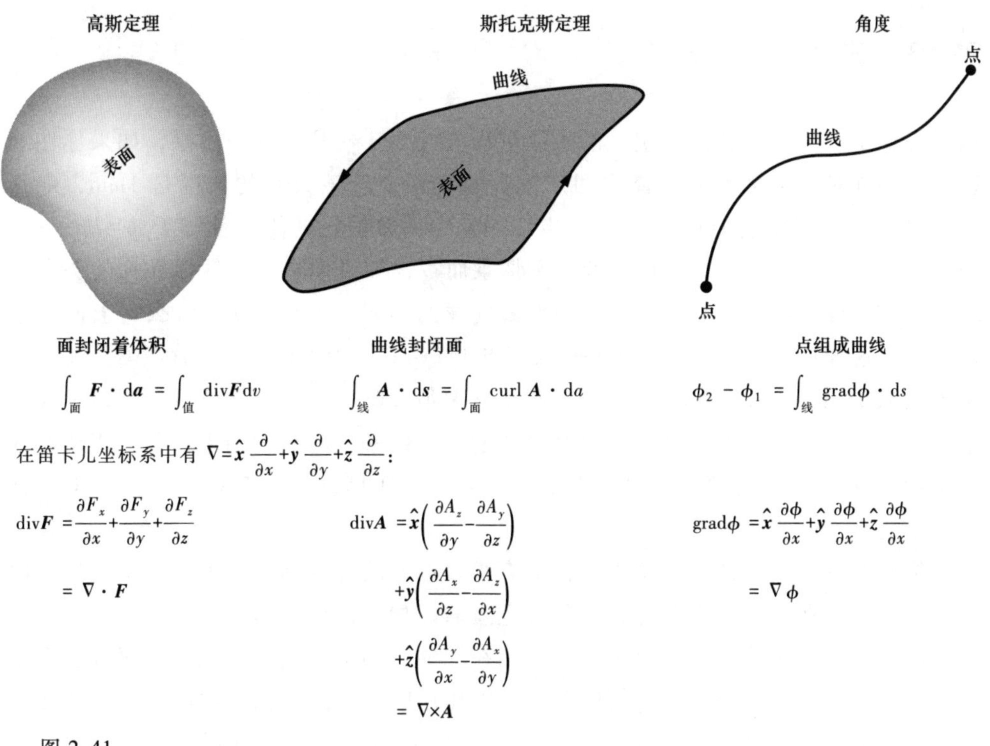


图 2.41

对矢量关系的总结。

你可以通过研究图 2.39 中画出的二维电场来感受一下矢量场函数这方面的特点。在所画出的区域中这些电场中有四个矢量函数的散度为零。试着指出这四个图。散度代表了流入或者流出某邻域的净通量。在某些图形中很容易识别出，在另一些图形中一眼可以看出散度为 0。通过图示区域的场矢量的旋度，有三个为零。在每个图中，看看绕着任何回路的线积分是否为零，以此来鉴别这三个电场。这其实就是旋度的本质。看完这些图片后，先认真思考，然后再把你思考得到的原因和结论跟图 2.40 中给出的解释进行比较。

稍后我们在解决其旋度不为零的电场和磁场问题时，矢度场的旋度将会被证明是一个有用的工具。我们之所以在这里引入旋度，是因为它所包含的思想和在散度中包含的思想是密切相关的。可以说，我们遇到了关于矢量场的两种微分形式。其一，散度表示了一个矢量分量在其自身方向上的变化率，如 $\partial F_x/\partial x$ 等。其二，旋度是一类“偏微分”，它表示了 $F_x$ 在沿 $y$ 或者 $z$ 方向变化时的变化率。

高斯定理和斯托克斯定理的关系在图 2.41 中做了总结。标量的电势函数和其梯度的线积分之间的关系也作为这些定理家族中的一员放在了第三列。所有这三个定理，方程的右边包含了 $N$ 维空间的线积分，而方程左边则包含了空间的 $(N-1)$ 维边界的积分。在“梯度”理论中，左边的积分只是两点之间的不连续的加和。

## 2.18　应用

正如 1.6 节中提到的，空气的击穿电压大约为 $3\times10^6$ V/m。所以，如果你在地毯上走动并和一个接地的物体之间产生火花的话，若该火花的长度是 1mm，那么你的电势（假定在这 1mm 的距离上电场是一个大致恒定的值）就等于 $\phi=Ed\Rightarrow\phi=(3\times10^6\text{V/m})(10^{-3}\text{m})=3000\text{V}$。换一种情景而言，如果你拿一个气球在你的头发上摩擦而使气球的电势达到 3000V，如果该气球的半径为 $r=0.1$m，那么它上面的电荷量可以这样计算得到：$\phi=kq/r\Rightarrow q=(3000)(0.1)/(9\times10^9)\approx3\times10^{-8}$ C，或者说是大约 100esu。[6]尽管 3000V 的电压听起来好像很危险，但其实在这种情况下是很安全的，因为决定一个电击过程的安全指数的一个因子是所包含的电荷量。当留在气球上的这些电荷从气球上流出时产生不了多大的作用；不过 3000V 的连续电压将会产生完全不同的效果。

然而在可燃性气体的环境中，比如有很多汽油的加油站中，如果发生这种类似于气球的物体上产生的火花将会是非常危险的。如果两个物体之间由于某种原因产生了电势差，危险的电击穿就可能产生。在加油时如果你回到车上就会很容易产生这种电势差。你和汽车座椅之间的摩擦生电作用就会导致电荷发生转移，假如你从汽车中出来时没有碰到车上的任何金属部件的话，你和汽车之间就会产生电势差。所以在加油时请不要回到你的车上，如果你非要回到车上的话，那么在回到汽车前一定要确保你和一个远离加油胶管的接地物体有过接触。汽油在胶管中传输时同样会产生摩擦生电的效应。在胶管中心线附近的流速较快的汽油和靠近胶管壁的流速较慢的汽油之间存在的相对位移同样会导致电子的转移。因此流进油箱的汽油是带电的。所以，给一个不接地的容器，比如说小货车后车厢里一个没有接地的容器加汽油，是很危险的。一个不接地的容器很可能带有相当大的电势。

在持续供电的情况中，造成危险的不再是给定物体的电压，而是两个物体之间的电势差（实际上最终需要考虑的是电流，但是在其他条件不变时，大的电压差就意味着大的电流）。如果你站在一个木凳子上，把手放在一个 100kV 的范德格拉夫电机上，那么你身体的电势也达到 100kV。但是你并不会感觉到有什么不舒服（假定你并不在意你的头发是否直立起来，是否心跳加速等），因为你身体上的所有部位都有相同的电势，所以身体的任何位置都没有电流经过。同样地，当鸟在输电线上休息时，虽然它们的电势是非常高的，但是它们的整个身体上的电势都是同一个值；它们的两个爪子之间的电势在它们身上产生的电流是微不足道的。当然，每只鸟每次都是只能站在一根电线上的。如果鹿也会飞的话那就得提高警惕了，它

---

6　可以迅速获得这些电荷。适用下述经验方法（利用第 3 章要学到的电容知识可以证明）：半径为 $N$ 厘米的球的电容大概是 $N$ 个皮法，即 $N\times10^{-12}$F。电势 $\phi$ 乘上该电容就得到电荷量 $q$。

的身体很大，所以它可以同时接触到两根电线（两根不同电势的电线）。在 2011 年的夏天，一头“飞”起来的鹿曾经在坠落到输电线上时导致了蒙大拿州的断电。当然，鹿是不会飞的，它只是一头被老鹰抓到空中的幼鹿。[7]

站立在导线上的鸟的两脚之间的电势差是微不足道的，但是如果你的脚和地面产生电火花的话，脚与地面之间的电势差就是相当可观的了。这两种情况之间的最主要的差别在于地面的电阻率（这个问题将在第 4 章中讨论）要比导线金属的大很多。你的两脚之间的电势差可以达到几千伏，所以会有电流从一条腿传到另一条腿上。并且在电火花中存在的电荷足以对人体造成伤害。所以如果周围有闪电或电火花，除采取其他一些必要的防护措施外，你最好保持双脚合拢站立。从这一点看，牲畜处于一个比较劣势的地位，因为它们无法并腿站立。

汽车的轮胎在地上滚动时，就会产生摩擦生电效应，所以汽车就带上了电荷，并因此和地面产生电势差。当汽车停下时，这些电荷就会逐渐离开轮胎传到地面上去，但是这个过程会持续几秒钟的时间。因此，如果收费站没有排队的汽车，你能在停车后马上见到收费员，而这时如果你刚好又接触到了收费员的手的话，你就可能受到（或者说是给出）一个电击。因此收费员还是愿意看到哪怕是比较短的排队等候的汽车队列的。

直升机在飞行时由于其旋翼与空气的摩擦生电效应，机身可以积累足够多的电荷，从而自身电势可以达到 100kV。同时由于直升机的体积比之前提到的气球要大很多，所以它上面积累的电荷足可以产生非常强烈的（甚至是致命的）电火花。因此在救援过程中，如果悬停在空中的直升机抛下的绳索直接与地面上的求救人员接触的话，是非常危险的，为了避免这种危险，绳索在接触到人之前要先和地面（或者水）接触，以避免这个放电过程发生在人身上。通常在主绳索的底部再附加一个**防静电绳**，以防地面人员先抓到救援绳，从而增加其安全性。

沿神经元传输的信号其实就是神经元轴突（长度比较长的部分）上内外侧之间的电势差。某种酵素把 $Na^+$（氯化钠）拉向外侧，同时把 $K^+$（氯化钾）拉向内部。但是前者被拉动的更多，因此外侧相对于内侧来讲就拥有了正电荷；电势差大约为 70mV。这是一个静电势。神经信号包含一个去极化的波，其中 $Na^+$转向轴突内部而 $K^+$转向外侧。这个转化的电势叫作**动态电势**。在某个位置，信号的传导需要几个毫秒的时间，然后电势又会回到开始时的值。去极化脉冲沿神经传输的速度大概是 100m/s。尽管这个神经信号在某种意义上是一个电学信号，但是实际上它并没有产生电流。在沿着神经元的方向上没有净电荷流动；存在的只是 $Na^+$和 $K^+$的横向移动。这种信号的传输过程依赖于不同酵素通道的开与关，所以这个传输速度远不能和金属上的电信号传输速度相比较，金属上的电信号是按照接近光速的速

7 从照片上看，鹿好像并没有接触到两根电线。因此或许当接触电线时它是倒在了某种安全机制上，假设它正高速飞行。在任何情况下，一头假想的飞行的鹿都可以假定碰到两根电线。

度传输的。

## 本章总结

• 对于一个电场，线积分 $\int_{P_1}^{P_2}\boldsymbol{E}\cdot\mathrm{d}\boldsymbol{s}$ 是和 $P_1$ 到 $P_2$ 的路径无关的。这就使得我们可以定义电势差的一般表达式：

$$\phi_{21} = -\int_{P_1}^{P_2}\boldsymbol{E}\cdot\mathrm{d}\boldsymbol{s} \tag{2.98}$$

相对于无穷远的位置，一种电荷分布（下面两个公式分别给出连续分布和离散分布）产生的电势为

$$\phi(x,y,z) = \int\frac{\rho(x',y',z')\mathrm{d}x'\mathrm{d}y'\mathrm{d}z'}{4\pi\varepsilon_0 r} \quad \text{或者} \quad \sum\frac{q_i}{4\pi\varepsilon_0 r} \tag{2.99}$$

• 在笛卡儿坐标系中，一个标量函数的梯度（写作 grad $f$ 或者 $\nabla f$）为

$$\nabla f\equiv\hat{\boldsymbol{x}}\frac{\partial f}{\partial x}+\hat{\boldsymbol{y}}\frac{\partial f}{\partial y}+\hat{\boldsymbol{z}}\frac{\partial f}{\partial z} \tag{2.100}$$

利用这个梯度可以找到 $f$ 的增长速度最快的方向。同时，式（2.98）的微分形式可以写成

$$\boldsymbol{E}=-\nabla\phi \tag{2.101}$$

这个关系式表明了电场线是和等势面垂直的。

• 电荷 $q$ 在点 $P_1$ 和 $P_2$ 位置处的静电势能之差等于 $q\phi_{21}$。把一组电荷从无穷远处集中到一起需要的能量值为（分别给出电荷分布是连续的和离散的两种形式）

$$U = \frac{1}{2}\int\rho\phi\mathrm{d}v \quad \text{或者} \quad \frac{1}{2}\sum_{j=1}^{N}q_j\sum_{k\neq j}\frac{1}{4\pi\varepsilon_0}\frac{q_k}{r_{jk}} \tag{2.102}$$

这里的因子1/2是用来修正每对电荷的重复计数的。

• 距离为 $l$ 的两个电荷 $\pm q$ 组成的偶极子，偶极矩为 $p\equiv ql$。在远距离处，这个偶极子产生的电势和电场分别为

$$\phi(r,\theta)=\frac{p\cos\theta}{4\pi\varepsilon_0 r^2}$$

$$\boldsymbol{E}(r,\theta)=\frac{p}{4\pi\varepsilon_0 r^3}(2\cos\theta\hat{\boldsymbol{r}}+\sin\theta\hat{\boldsymbol{\theta}}) \tag{2.103}$$

我们已经证明了任何位置处的电场都是垂直于等势面的。

• 在笛卡儿坐标系中，一个矢量函数的散度（写作 div $\boldsymbol{F}$ 或者 $\nabla\cdot\boldsymbol{F}$）为

$$\mathrm{div}\boldsymbol{F}=\frac{\partial F_x}{\partial x}+\frac{\partial F_y}{\partial y}+\frac{\partial F_z}{\partial z} \tag{2.104}$$

这个散度出现在高斯定理或者散度定理中，

$$\int_S\boldsymbol{F}\cdot\mathrm{d}\boldsymbol{a} = \int_V\mathrm{div}\boldsymbol{F}\mathrm{d}v \tag{2.105}$$

就其物理意义而言，这个散度等于在体积趋向于无限小的极限情况下，$\boldsymbol{F}$ 流出这个体积的通量除以体积的值。把它和式（1.31）的高斯定理相结合，得到

$$\text{div}\boldsymbol{E}=\frac{\rho}{\varepsilon_0} \tag{2.106}$$

这是麦克斯韦方程组的第一个方程。

• 在笛卡儿坐标系中，一个标量函数的拉普拉斯算符（写作 grad $f$，或者 $\nabla\cdot\nabla f$ 再或者 $\nabla^2 f$）为

$$\nabla^2 f=\frac{\partial^2 f}{\partial x^2}+\frac{\partial^2 f}{\partial y^2}+\frac{\partial^2 f}{\partial z^2} \tag{2.107}$$

结合拉普拉斯方程，式（2.101）可以和式（2.106）相结合，从而得到

$$\nabla^2\phi=-\frac{\rho}{\varepsilon_0} \tag{2.108}$$

这个式子叫作泊松方程。在图 2.29 中，列出了静电学物理量 $E$、$\phi$ 和 $\rho$ 之间的所有关系表达式，式（2.108）的一个特殊的情况是拉普拉斯方程

$$\nabla^2\phi=0 \tag{2.109}$$

如果 $\phi$ 满足这个方程，那么在任何一个球的整个球面上的 $\phi$ 的平均值就和球心位置处的 $\phi$ 值相等。这（也可以利用高斯定理）表明不可能在真空中建立起一个能够使某个带电粒子保持平衡的静电场。

• 在笛卡儿坐标系中，一个矢量函数的旋度（写作 curl $\boldsymbol{F}$ 或者 $\nabla\times\boldsymbol{F}$）为

$$\text{curl }\boldsymbol{F}=\begin{vmatrix}\hat{\boldsymbol{x}} & \hat{\boldsymbol{y}} & \hat{\boldsymbol{z}}\\ \partial/\partial x & \partial/\partial y & \partial/\partial z\\ F_x & F_y & F_z\end{vmatrix} \tag{2.110}$$

旋度出现在斯托克斯定理中，

$$\int_C \boldsymbol{F}\cdot d\boldsymbol{s} = \int_V \text{curl }\boldsymbol{F}\cdot d\boldsymbol{a} \tag{2.111}$$

旋度的物理意义在于，在一个面积的值趋向于无限小的极限情况下，沿该面积的边沿进行的线积分与其面积的比值。因为静电场沿任何闭合路径的线积分的值都为零，所以斯托克斯定理表明 curl $\boldsymbol{E}=0$。对于各种算符在不同的坐标系中讨论参见附录 F。

# 习　题

**2.1　等价命题***

我们在 2.1 节中把两个方框内其中一个的内容作为另一个的推论，这种做法有点随意。现在来证明，如果在任意的一个闭合路径上的线积分 $\int\boldsymbol{E}\cdot d\boldsymbol{s}$ 都是零，那么在两个不同点之间的这个线积分是和路径无关的。

**2.2　两个球面的结合体***

从习题 1.32 中我们知道，一个半径为 $R$ 的带电量为 $Q$ 的均匀带电球面，它的自身能量为 $Q^2/8\pi\varepsilon_0 R$。如果我们把两个这样的球面叠放在一起，这时总电荷量为 $2Q$，那么这个系统的自身能量是多少呢？因为我们知道我们只是对原来的结果进行了一次复制，所以这个能量好像应该是上面的能量的两倍，即 $Q^2/4\pi\varepsilon_0 R$。然而上面的公式给出的能量却是 $(2Q)^2/8\pi\varepsilon_0 R=Q^2/2\pi\varepsilon_0 R$。哪一个答案是正确的？导致那个错误答案的原因是什么呢？

## 2.3　四个电荷的等势面*

两个电量都为 $2q$ 的点电荷和两个电量都为 $-q$ 的点电荷，它们按照如下方式对称地分布在 $xy$ 平面上。两个正电荷位于（0，$2l$）和（0，$-2l$）点，两个负电荷位于（$l$，0）和（$-l$，0）点。图 2.42 中画出了 $xy$ 平面上的一些等势面的图（当然，这些曲线仅是三维空间中的等势面在 $xy$ 平面上的截线）。研究一下这张图以了解它的基本形状。现在假定无限远的位置处为 $\phi=0$，求出曲线 $A$、$B$ 和 $C$ 的电势 $\phi$。其中曲线 $A$ 是经过 $y$ 轴上的点 $y=l$ 的任意选择的一条曲线，那么可以证明曲线 $B$ 经过 $x$ 轴上的点 $x\approx(3.44)l$（如何证明?）。画出中间的几条等势面的草图。

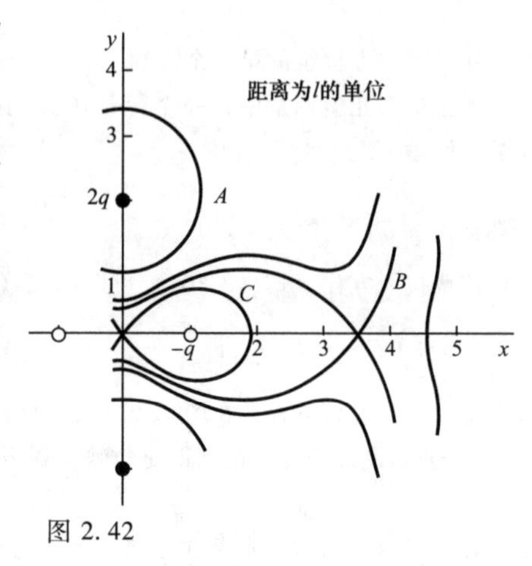

图 2.42

## 2.4　立方体的中心和顶点**

考虑一个边长为 $b$ 的立方体，在它的内部分布着均匀的电荷密度 $\rho$，立方体外部电荷密度处处为零。定义离这个带电立方体无限远的位置处电势 $\phi$ 为零，用 $\phi_0$ 代表立方体中心位置的电势，$\phi_1$ 代表角点上的电势。计算比值 $\phi_0/\phi_1$。把叠加定理和对维度的讨论结合起来，利用很少的计算就可以得到答案。（可以再考虑一下带有相同电荷密度的边长加倍的立方体中心的势能。）

## 2.5　逃脱立方体**

假定有八个质子，它们分别固定在一个立方体的八个顶点位置处。现有第九个质子在立方体中心位置处自由漂浮。周围不存在其他的电荷，不考虑重力。这第九个质子被俘获住了吗？它能否找到一条势能单调下降的逃逸路径呢？通过数据或者图表来分析都可以。

## 2.6　篮球上的电子*

对一个篮球大小的球体充电，使其电压为-1000V。在它的每平方厘米的面积上大概有多少个额外电子？

## 2.7　通过直接积分得到球面电场**

考虑一个半径为 $R$、表面均匀分布有电荷量 $Q$ 的球面产生的电场 $E$。在 1.11 节中我们利用高斯定理计算得到了电场 $E$。现在使用以下方法来计算电场 $E$（球内外的电场都要算）：通过直接对球面上不同部分产生的影响进行积分来得到位置 $r$ 处的电势，然后使用 $E_r=-\mathrm{d}\phi/\mathrm{d}r$ 来得到电场值。最简单的方法就是把球面切割成如图 2.43 所示的一个个的圆环。计算过程中你会用到余弦定理。

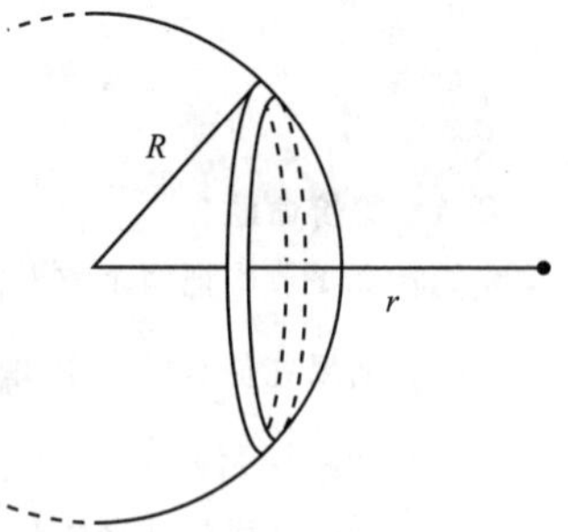

图 2.43

## 2.8　平方反比定律的证明***

如 1.4 节中提到的，卡文迪许和麦克斯韦通过实验验证了库仑定律的平方反比关系。本题涉及了他们的实验所基于的一些理论。

（a）假定库仑定律的形式为 $kq_1q_2/r^{2+\delta}$。给定一个半径为 $R$、电荷量为 $Q$ 的中空的均匀带电球面，证明在半径 $r$ 处的势能为（其中 $f(x)=x^{1-\delta}$，$k\equiv1/4\pi\varepsilon_0$）

$$\phi(r)=\frac{kQ}{2(1-\delta^2)rR}[f(R+r)-f(R-r)]\quad(\text{对于 } r<R)$$
$$\phi(r)=\frac{kQ}{2(1-\delta^2)rR}[f(R+r)-f(r-R)]\quad(\text{对于 } r>R)\tag{2.112}$$

这个计算只需要在直接计算标准库仑 $1/r^2$ 定律的过程（即不需要使用高斯定理进行快捷计算）中稍微进行一下改动就可以；参见习题 2.7。

注意：我们通常只关注 $\delta\ll1$ 的情况，这种情况下方程（2.112）分母中的（$1-\delta^2$）因子完全有理由近似成 1。在本题中的后面几问中我们会忽略掉它。

（b）考虑两个同心的球面，半径分别为 $a$ 和 $b$（$a>b$），面上均匀地分布着电荷量 $Q_a$ 和 $Q_b$。证明球面上的势能为

$$\phi_a=\frac{kQ_a}{2a^2}f(2a)+\frac{kQ_b}{2ab}[f(a+b)-f(a-b)]$$
$$\phi_b=\frac{kQ_b}{2b^2}f(2b)+\frac{kQ_a}{2ab}[f(a+b)-f(a-b)]\tag{2.113}$$

（c）证明如果这两个球面是连接在一起的，因此它们的电势都是 $\phi$，那么内侧的球面上的电荷应该是

$$Q_b=\frac{2b\phi}{k}\cdot\frac{bf(2a)-a[f(a+b)-f(a-b)]}{f(2a)f(2b)-[f(a+b)-f(a-b)]^2}\tag{2.114}$$

如果 $\delta=0$，则 $f(x)=x$，因此 $Q_b$ 就应该是零。因此如果 $Q_b$ 测量出来的结果不是零，那么 $\delta$ 就一定不是零。

对于一个小量 $\delta$，利用近似式 $f(x)=x\mathrm{e}^{-\delta\ln x}\approx x(1-\delta\ln x)$ 来展开 $Q_b$ 关于 $\delta$ 的一阶函数是可以的，不过这会让问题变得不明朗。你最好是通过计算机来计算并绘出 $Q_b$ 关于变量 $a$、$b$ 和 $\delta$ 的变化关系。你也可以用 Mathematica 中的 series 操作来展开 $Q_b$ 关于 $\delta$ 的一阶级数。

### 2.9 积分得到的 $\phi$ * *

（a）一个半径为 $R$、体电荷密度 $\rho$ 的均匀带电实心球。通过估算式（2.18）中的积分来求出球心位置处的势能。

（b）一个半径为 $R$、面电荷密度为 $\sigma$ 的均匀带电球面。通过估算式（2.18）中的积分来求出球面上任意一点位置处的势能。

（c）把上面的电荷都写成总电荷的形式，比较上面的两个结果，会有什么结论？

### 2.10 厚球壳 * *

（a）一个内径为 $R_1$ 外径为 $R_2$ 的球壳，在球壳内部均匀分布有电荷量 $Q$。在 $0\leqslant r\leqslant\infty$ 的范围内，计算（并画出草图）电场关于 $r$ 的函数。

（b）球心的电势是多大？题中，为了避免计算太麻烦，可以设 $R_2=2R_1$。给出当 $R\equiv R_1$ 时的答案。

### 2.11 计算直导线产生的 $E$ * *

一条无限长的电荷线密度为 $\lambda$ 的均匀带电直导线，求其形成的电场。在 1.12 节中，我们先后通过对库仑定律直接积分的方法和利用高斯定理的方法得到了 $E$。在这里，我们要通过先得到电势，而后求得电势的梯度的方法来计算 $E$。

你会发现一条无限长直导线的电势（趋向于无穷大）是发散的。为了避开这个难题，你

可以换成计算一条长度为 $2L$ 的有限长直导线上位于这条线中垂面上的那一点的电势。使用泰勒级数来简化你的结果，然后再对其求梯度来得到 $E$。解释一下为什么即使我们切掉了部分导线的电势，但这种计算方法依然是有效的原因。

**2.12　圆环产生的 $E$ 和 $\phi$ ****

（a）考虑一个半径为 $R$ 电荷量为 $Q$ 的圆环。$P$ 为圆环的轴心上距圆环平面距离为 $x$ 的一点。通过圆环上每一块在 $P$ 产生的贡献的叠加，求出 $P$ 点的电场 $E(x)$。

（b）用同样的方法求出 $P$ 点的电势 $\phi(x)$。

（c）证明 $E=-\mathrm{d}\phi/\mathrm{d}x$。

（d）如果一个质量为 $m$、电荷量为 $-q$ 的电荷在中心轴上无限远的位置处开始释放，当它穿过圆环中心位置的时候，其速度是多少？假定带电圆环是固定的。

**2.13　正 $N$ 边形中心的 $\phi$ ****

对于一个正 $N$ 边形的面，面电荷密度为 $\sigma$，利用 2.6 节中第二个例题的方法来计算在这个正 $N$ 边形中心的电势。把中心到边长中点的距离定为 $a$。证明在 $N\to\infty$ 的情况下这个结果会演变成式（2.26）。

**2.14　球体的能量 ****

一个半径为 $R$ 的均匀带电球体，体电荷密度为 $\rho$。练习 1.61 和 1.15 节中的例题给出了计算这个系统中储存能量的两种方法。现在要求用第三种方法来计算，即通过使用式（2.31）计算这个能量。

**2.15　交叉的偶极子 ***

两个偶极子，每个偶极子的偶极矩都为 $p$，它们如图 2.44 那样相互垂直地放置着。这个系统的偶极矩是多大？

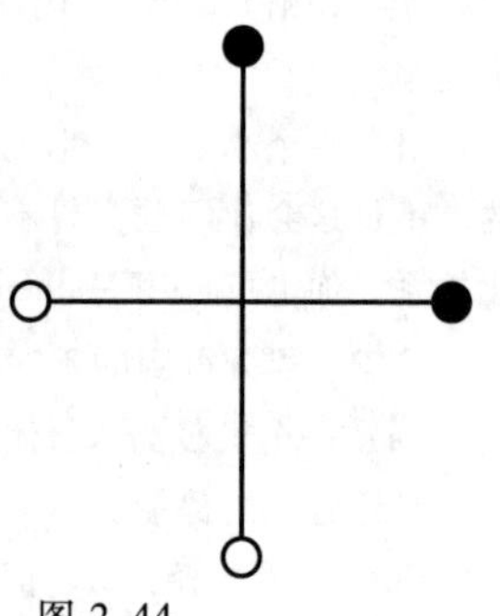
图 2.44

**2.16　圆盘对和偶极子 ****

两个半径为 $R$ 的圆盘，平行放置，相距为 $l$。面电荷密度分别为 $\sigma$ 和 $-\sigma$。在两个圆盘轴线上距离这圆盘轴心为 $r$（长距离）的地方电场强度是多少？通过下面这两个方法来求解此题。

（a）把圆盘看成是大量的偶极子密集排列而形成的一个结合体。

（b）解释一下为什么图 2.45 中圆锥体内的两个圆盘在 $P$ 点产生了相互抵消的电场，并找出上面的圆盘产生的没有被抵消掉的电场部分。

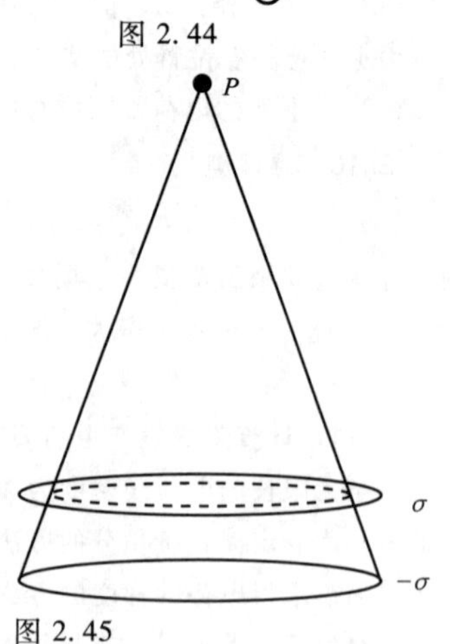

图 2.45

**2.17　线性四极子 ****

考虑一个“线性四极子”系统，它包含两个反方向放置并且两端对接的偶极子；参见图 2.16 中左边那个四极子。在它的中心有一个 $-2q$ 的有效电荷量。通过电荷产生电场的叠加原理分别求出：（a）在轴线上，（b）在中垂面上的任一点的电场强度。

**2.18　原点附近的电场线 ****

（a）两个等量的正电荷 $q$ 位于点（$\pm a$, 0, 0）。写出 $xy$ 平面上的任意点的电势 $\phi(x, y)$ 的表达式，然后用泰勒展开

式来计算原点附近 $\phi$ 的近似表达式。（为了让问题简化，可以设 $a=1$。）

（b）求出原点附近的任一点的电场。然后求出原点附近电场线的方程。定义曲线上某点的斜率 $\mathrm{d}y/\mathrm{d}x$ 等于该点处电场的斜率 $E_y/E_x$。

### 2.19 圆环的等势面***

（a）$xy$ 平面上有一个半径为 $R$、带电量为 $Q$ 的均匀带电圆环，其中心位于原点。求出 $z$ 轴上所有的点的电场。$z$ 轴上电场最大的点在什么位置？

（b）画出空间中所有位置处（或者包含 $z$ 轴在内的平面上的所有位置，在这个面上你可以用圆环穿过平面位置处的两个点来代表这个圆环）等势面的草图。指出离圆环非常近的位置和非常远的位置曲面都是什么形状的，从近处到远处这个过程中是怎么转变过去的。

（c）在 $z$ 轴（负半轴方向）上有一个特殊点，在这一点上，电场从向上凸起变成向下凹陷。解释一下为什么这个 $z$ 值恰好是你在（a）中得到的那个 $z$ 值。提示：$E$ 的散度为零。

### 2.20 一维电荷分布**

求出（并作出一个草图）满足下面电势条件的电场和电荷分布状态：

$$\phi(x)=\begin{cases}0 & (x<0)\\ \rho_0x^2/2\varepsilon_0 & (0<x<l)\\ \rho_0l^2/2\varepsilon_0 & (l<x)\end{cases} \tag{2.115}$$

### 2.21 圆柱的电荷分布**

一种具有圆柱对称性的电荷分布，其电势跟到对称轴距离 $r$ 的函数关系为

$$\phi(r)=\begin{cases}\dfrac{3\rho_0R^2}{4\varepsilon_0} & (r\leqslant R)\\ \dfrac{\rho_0}{4\varepsilon_0}(4R^2-r^2) & (R<r<2R)\\ 0 & (2R<r)\end{cases} \tag{2.116}$$

其中 $\rho_0$ 是体电荷密度。

（a）求出（并作出一个草图）$r$ 为任意值时的电场和电荷的分布。柱坐标系下的散度的运算关系可以在附录 F 中查到。

（b）利用你得到的电荷分布函数计算出圆柱体单位长度上的总电荷量。

### 2.22 不连续的 $E$ 和 $\phi$**

（a）什么样的电荷分布可以产生不连续的电场？

（b）你能想到一种可以产生不连续的电势的电荷分布（或者可能是一种电荷分布的极限情况）吗？

### 2.23 不同电荷分布产生的电场**

下面描述的几个均匀带电物体的体电荷密度均为 $\rho$。在给定的物体以外没有其他的电荷存在。在每种条件下使用 $\nabla\cdot\boldsymbol{E}=\rho/\varepsilon_0$ 来证明电场满足所给定的式子。

（a）一个厚板在 $x$ 方向的厚度为 $l$，在 $y$ 方向和 $z$ 方向都无限延伸。证明在板的内部有 $E_x=\rho x/\varepsilon_0$，其中的 $x$ 为到板平面的距离。

（b）一个半径为 $R$ 的无限长的圆柱体。证明在圆柱体内部有 $E_r=\rho r/2\varepsilon_0$。

（c）一个半径为 $R$ 的球体。证明在球体内部有 $E_r=\rho r/3\varepsilon_0$。

（d）上面给定的这三个结构，电荷密度是相同的，电荷密度和电场的关系都是 $\nabla\cdot\boldsymbol{E}=\rho/\varepsilon_0$，为什么得到的结果却是不一样的呢？

**2.24　能量的两种表达方式＊＊**

（a）证明下面的这种等价性：

$$\nabla\cdot(\phi\boldsymbol{E})=(\nabla\phi)\boldsymbol{E}+\phi\nabla\cdot\boldsymbol{E} \tag{2.117}$$

可以通过在笛卡儿坐标系中计算导数来证明。

（b）这个等价性对于任何的标量函数 $\phi$ 和矢量函数 $\boldsymbol{E}$ 都成立。尤其是，它也适用于电势和电场的关系。对于一个在有限空间的电荷分布，利用上面的这个关系来证明表达储存在它的电场中的能量的式（1.53）和式（2.31）是等价的。你可以选择一个合适的体积然后应用散度定理来进行证明。

**2.25　永远不受束缚＊＊**

在空间中大量的固定位置上有很多带正电的具有不同带电量的点电荷。现有一个额外的正电荷 $q$，证明无论这个正电荷放在什么位置，它总可以沿着一条电势一直降低的路径逃逸到无限远的位置。可能会用得上2.12节中的“不可能定理”，但那只在小位移的情况适用，所以你需要把这个理论进行扩展。

**2.26　$\nabla$函数＊＊**

在球坐标系中，考虑一下函数 $f(r)=1/r$ 的拉普拉斯算符，即 $\nabla^2(1/r)$。利用附录F，我们知道对于仅包含变量 $r$ 的函数，有：$\nabla^2 f=(1/r^2)(\partial/\partial r)(r^2\partial f/\partial r)$。因为 $r^2\partial(1/r)\partial r$ 的值恒为 $-1$，所以我们得到 $\nabla^2(1/r)$ 等于零。当然这在大多数情况下都是成立的。很明显，在 $r\neq 0$ 时，结果一定是零，但是讨论原点位置的情况时我们必须小心，因为 $1/r^2$ 这个无限大的因子可能导致结果变样。

证明在 $r=0$ 的位置处 $\nabla^2(1/r)$ 不等于零。可以证明这个值在原点位置处的值非常大（精确来说，应该是无穷大）以至于包含原点的一个体积中的体积分 $\int\nabla^2(1/r)\,\mathrm{d}v$ 的值等于 $-4\pi$。证明过程中可以利用散度定理。

**2.27　$\phi$ 和 $\rho$ 之间的关系＊＊＊**

图2.29给出了 $\phi$ 和 $\rho$ 之间的两个关系式，也就是 $\phi=(1/4\pi\varepsilon_0)\int(\rho/r)\,\mathrm{d}v'$ 和 $\nabla^2\phi=-\rho/\varepsilon_0$。通过对第一个方程用拉普拉斯算符 $\nabla^2$ 作用来证明这两个关系式是一样的。证明过程中要注意这两个方程分别是在基本坐标系和非基本坐标系这两个不同的坐标系中的。它可以更精确地写成

$$\phi(\boldsymbol{r})=\frac{1}{4\pi\varepsilon_0}\int\frac{\rho(\boldsymbol{r}')\,\mathrm{d}v'}{|\boldsymbol{r}'-\boldsymbol{r}|} \tag{2.118}$$

求解该题之前应该先去计算习题2.26。

**2.28　零旋量＊**

考虑这样一个电场，$\boldsymbol{E}=(2xy^2+z^3,\ 2x^2y,\ 3xz^2)$。我们已经忽略了起修正单位作用的一个单位为 $\mathrm{V/m^4}$ 的常数因子。证明它的旋度 $\mathrm{curl}\boldsymbol{E}=0$，并且求出与之相关的势能函数 $\phi(x,y,z)$。

**2.29　线的终点＊**

解释一下为什么静电场的电场线不能形成一个闭合的回路，为什么其必须终止于电荷或者无穷远处。

**2.30　梯度的旋度＊＊**

电场等于电势梯度的负值，即 $\boldsymbol{E}=-\nabla\phi$。证明这意味着 $\boldsymbol{E}$ 的旋度，即我们写成 $\nabla\times\boldsymbol{E}$ 的物理

量等于零。证明时可通过以下方法：

（a）在笛卡儿坐标系中计算 $\nabla\times\nabla\phi$ 的值。

（b）巧借斯托克斯定理来证明。

## 练　　习

**2.31　计算电势***

下面的矢量函数代表一种可能的静电场：

$$E_x = 6xy, \qquad E_y = 3x^2 - 3y^2, \qquad E_z = 0 \tag{2.119}$$

（我们已经忽略了一个单位为 $V/m^3$ 的单位修正因子）沿着以下路径计算 $\boldsymbol{E}$ 从（0，0，0）点到（$x_1$，$y_1$，0）点的线积分：从（0，0，0）沿直线方向到（$x_1$，0，0），然后再沿直线方向到（$x_1$，$y_1$，0）。沿着过点（0，$y_1$，0）的矩形的另外两条边进行相似的计算。如果上面的电场是真实的电场，你应该得到相同的结果。现在你得到了电势函数 $\phi$（$x$，$y$，$z$）。然后对这个函数求梯度，你会又得到给定电场的三个分量。

**2.32　线积分的简单方法***

选定一个边长为 $l$ 的正方形，按照顺时针方向依次定义它的顶点为 $A$、$B$、$C$、$D$。在 $A$ 点放上电荷 $2q$，$B$ 点放上电荷 $-3q$。计算一下电场 $\boldsymbol{E}$ 从 $C$ 点到 $D$ 点的线积分的值（不需要实际的积分运算！），如果 $q=10^{-9}$C，$l=5$cm，计算一下这个答案的具体数值。

**2.33　画出势能***

考虑图 2.8 中那两个电荷组成的系统。把 $z$ 轴定义为沿着两个电荷所在直线的方向，正电荷的位置 $z=0$。指出在这条直线上从 $z=-5$m 到 $z=15$m 处的电势 $\phi$（或者为了简化可以计算 $4\pi\varepsilon_0\phi$）。

**2.34　$\phi$ 的极值***

原点处有一个电荷量为 2C 的电荷。两个电荷量为 −1C 的电荷分别位于点（1，1，0）和点（−1，1，0）。如果定义无限远的位置（和通常一样）为电势零点，可以很容易看出点（0，1，0）处的电势 $\phi$ 也为零。这意味着在 $y$ 轴上除（0，1，0）以外的某个点上函数 $\phi(0,y,0)$ 必定有一个极大值或者极小值。在那一点上，电场 $\boldsymbol{E}$ 一定为零。为什么？给出那一点的位置（至少近似地给出）。

**2.35　正方形的中心和顶点****

一个带有均匀面电荷密度 $\sigma$ 的正方形平面。设距离这个正方形无限远的位置为电势零点，将正方形中心位置的电势记为 $\phi_0$，顶点位置处的电势记为 $\phi_1$。计算 $\phi_0/\phi_1$ 的比值。利用叠加原理对空间的一些变量进行叠加，可以通过很少的计算就得到结果（再计算一下，一个带有同样的电荷密度，但是边长是原来两倍的正方形，在它的中心处电势是多少。）

**2.36　向着立方体的边逃逸****

考虑习题 2.5 中的结构。如果那个质子从立方体的中心直接朝着立方体棱边的中点方向移动，它能逃逸出去吗？通过计算定量说明或者通过作图法来定性讨论这个问题。

**2.37　地球上的电场***

一个和地球的大小相当的球体，在它的表面分布着 1C 的电荷量。在球体表面附近位置处电场强度是多大？如果定义无限位置的电势为零，这个球的电势是多少？

**2.38　星际尘埃***

有一颗星际尘埃，大致可以看成是一个半径 $3\times10^{-7}$m 的球体。上面的负电荷使得它的电势为-0.15V。在它上面携带了多少个额外的电子？它的表面位置处的电场强度是多大？

**2.39　最近距离接触****

在范德格拉夫电机中，质子通过一个 $5\times10^{6}$V 的电势差加速。然后这些质子束穿过一个薄银膜。银的原子序数是47，并且假定这些银原子核相对于这些质子来说很重，以至于它们在质子穿过时的运动可以忽略。那么质子和银原子核之间的最小距离大概是多少？在这个位置上作用在这个质子上的电场强度是多大？质子的加速度是多大？

**2.40　金的电势****

作为一种电荷分布状态，金原子核可以看成是一个总电荷量 $Q=79e$ 的电荷均匀分布在 $6\times10^{-15}$ m 的球体内部的一个模型。它的原子核中心位置处，电势是多少兆伏？（首先对于一个半径为 $a$、电量为 $Q$ 的球体，求出它的电势 $\phi_0$ 的一般表达式。这个表达式可以使用高斯定理来得到球体内外的电场，再对电场进行积分而得到。尽管这个过程已经在课本的例题中做过了，但是在这里你需要重新再做一次。）

**2.41　两个平面中间的球****

如图2.46所示，一个半径为 $R$ 的球面位于两个无限大的平面之间，球面上的面电荷密度为 $\sigma$，两个平面上的电荷密度分别为 $-\sigma$ 和 $\sigma$。如果定义在右侧 $x=+\infty$ 的位置处的电势为零，那么球心位置处的电势是多大？在 $x=-\infty$ 的位置呢？

**2.42　圆柱体的 $E$ 和 $\phi$****

对于图2.26中的那个均匀带电的圆柱体：

(a) 证明圆柱体内部的电场表达式服从高斯定理。

(b) 设在 $r=0$ 的位置 $\phi=0$，分别求出在圆柱体内侧和外侧的电势 $\phi$ 关于 $r$ 的表示式。

**2.43　细棒的电势****

沿着 $z$ 轴方向，两个端点分别在 $z=-d$ 和 $z=d$ 的位置处的细棒。棒上沿着长度方向均匀分布着线电荷密度为 $\lambda$ 的电荷。现通过对这些电荷进行积分的方式计算出 $z$ 轴上坐标为 $(0,0,2d)$ 的 $P_1$ 点的电势。再通过另外一个积分在 $x$ 轴上找到一点 $P_1$，使得 $P_1$ 的电势和 $P_2$ 的电势相等。

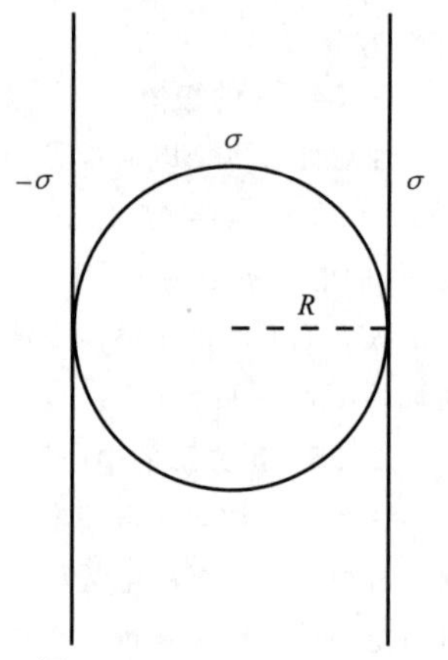

图2.46

**2.44　椭圆等势面*****

在练习2.43中求得的两个点 $P_1$ 和 $P_2$ 正好位于一个椭圆上，椭圆的焦点在棒的两个端点，你可以通过比较这两个点到棒的两个端点的距离之和来验证一下。这暗示了整个椭圆面可能就是一个等势面。另还有一点 $(3d/2,\ 0,\ d)$ 也位于这个椭圆面上，计算一下这个点的电势来验证一下这个猜测。虽然原因不是很明显，但实际上这个猜测是对的，这个系统的等势面就是一系列共焦点的扁长的椭球面。试证明该猜测。证明时首先需要得到位于 $xz$ 平面上的一个普通的点 $(x,\ 0,\ z)$ 的电势的表达式，然后证明 $x$ 和 $z$ 的关系满足 $x^2/(a^2-d^2)+z^2/a^2=1$。这个方程代表一个焦点在 $z=\pm d$ 的椭圆。在这个面上电势只和参量 $a$（还有参量 $d$）有关，和 $x$ 和 $z$ 的取值无关。

### 2.45 棒体电荷和点电荷 * *

一个长度为 $l$ 的棒体，上面均匀带有电量为 $Q$ 的电荷。它位于 $x$ 轴上，端点分别在 $x=-l$ 点和 $x=0$ 点。一个电荷量也为 $Q$ 的点电荷位于 $x$ 轴上 $x=l$ 的位置；整个结构如图 2.47 所示。

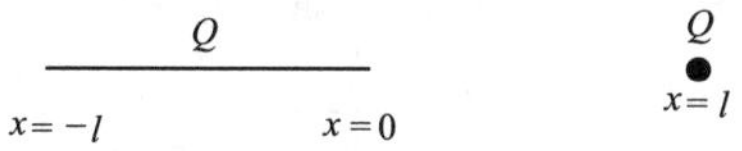

$Q$ $Q$

$x=-l$ $x=0$ $x=l$

图 2.47

（a）假定在两个物体之间的 $x$ 轴上，$x=a$ 点的位置处电场为零，求出 $a$ 的值。

（b）还有一点的电场也正好为零（这个点位于棒体内部）。除了这一点，空间中是否还存在其他的电场为零的点？为什么会存在或者为什么不会存在呢？

（c）在纸面上作出电场线和等势面的草图。要确保能表示出这些线和面是怎样从靠近物体时的形状过渡到距离物体非常远时的形状的。（不要关心在非常接近棒体时会出现什么情况）对于你在（a）中得到的那个点，这个点附近是什么样的情况呢？

### 2.46 直角三角形的 $\phi$ * *

如图 2.48 所示，直角三角形的顶点在原点，底边为 $b$，高度为 $a$，上面均匀分布有面电荷密度 $\sigma$。计算顶点 $P$ 处的电势。首先计算出在 $x$ 位置处宽度为 $dx$ 的一个竖条在 $P$ 点产生的电势，再证明在 $P$ 点的电势可以写成 $\phi_P=(\sigma b/4\pi\varepsilon_0)\ln[(1+\sin\theta)/\cos\theta]$。

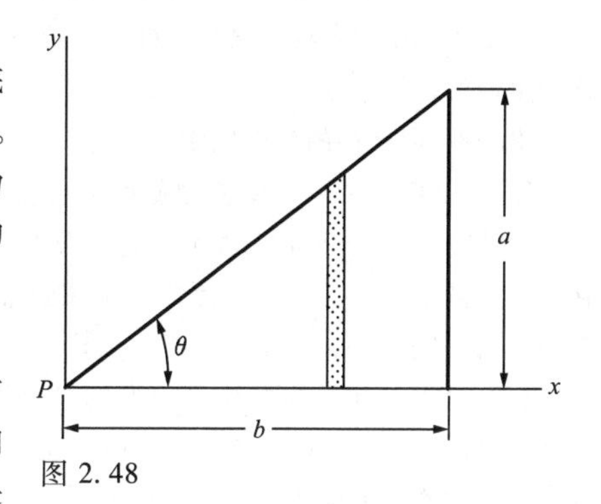

图 2.48

### 2.47 正方形和圆盘 * *

利用练习 2.46 中的结论来求解下面的问题。有一个边长为 $s$ 的正方形和一个直径为 $d$ 的圆盘，它们的面电荷密度都为 $\sigma$，如果它们中心位置处的电势是相等的，那么 $s/d$ 的比值是多少？你的答案合理吗？

### 2.48. 半球面产生的电场 * *

对于一个半径为 $R$、面电荷密度为 $\sigma$ 的均匀带电半球面，利用习题 2.7 中的思路求出半球球心处的电场。也就是说，先求出 $\phi$ 关于 $r$ 的函数，然后再求它的导数。在进行微分计算之前先对 $\phi$ 进行泰勒展开会使问题变得简单。（如果你已经解出了练习 1.50 的答案，那么你已经得到了电场的简单形式。这里使用的方法更加复杂，因为我们不只需要计算某个点处的 $\phi$，我们还要知道 $\phi$ 关于 $r$ 的函数关系，以便我们可以得到它的导数值。）

### 2.49 利用截取的电势求平面的电场 * *

一个面电荷密度为 $\sigma$ 的均匀带电的无限大平面，求它产生的电场。在 1.3 节中我们使用高斯定理得到了 $E$。这里，通过计算电势并取其梯度的方式来计算电场 $E$。

你会发现一个无限大的平面产生的电势（相对于无限远处）是无限大的。但是利用习题 2.11 的思路，我们可以先来看一个半径为 $R$ 的很大但是有限的带电圆盘，计算一下位于过它的中心且与之垂直的线上的一点处的电势。使用泰勒级数可以使这个电势简化一些，然后再对其求梯度以得到电场 $E$。解释一下为什么我们只截取了无限大的电势中的一部分，而这个做法依然是有效的呢？

**2.50　划分电荷 ${}^{**}$**

有两个金属球，半径分别为 $R_1$ 和 $R_2$，它们之间的距离相对于半径很大。现有总电荷量 $Q$ 要分布在这两个球上，为了使它们最终的电势能尽可能小，这些电荷量该如何分配？要得到这个答案，首先计算一下把任意电荷量 $q$ 分到其中一个球上，同时把 $Q-q$ 分到另一个球上时这个系统的总势能。然后对这个关于 $q$ 的能量函数取极小值。可以假定因为它们相距很远，所以它们之间的相互影响可以忽略，因此当把电荷分布到任何一个球上时，电荷会自动均匀地分布到球面上。当你求出这个最佳的电荷分配比例后，证明在这种分配方式下两个球的电势差为零。（因此它们之间通过一条线连接起来的话，电荷不会重新分配。这是我们将要在第3章中遇到的一个基本原理的一个特例，这个原理是：在导体上，电荷会自动分布以使得系统的势能最小。）

**2.51　轴线上的电势 ${}^{**}$**

一个中空的圆柱面，半径为 $a$，长度为 $b$，两端开口，在它的表面上均匀分布着总电荷量 $Q$。在圆柱面的轴线上，端口位置处和中点处的电势差是多少？你认为这个系统中的电场线是什么样的，通过画出一些电场线来证明上面的结果。

**2.52　厚板内的球形空腔**

图2.49展示了一个厚板的截面，它在一个维度上的厚度为 $2R$，另外两个维度上无限大，均匀分布的体电荷密度为 $\rho$。在它的内部挖出了一个半径为 $R$ 的球状空腔。图中画出了一些等势面的曲线。

(a) 证明一条从空腔中心出发的等势面曲线（图中的曲线 $A$）会在厚板无限远位置处的表面终止。提示：利用两个带异号电荷的物体的电势的叠加进行证明。

(b) 证明曲线 $A$ 在空腔内部是一条直线，并求出其斜率。

(c) 证明和球面相切的等势线（图中的曲线 $B$）会在厚板无限远距离厚板 $R/3$ 的位置处终止。

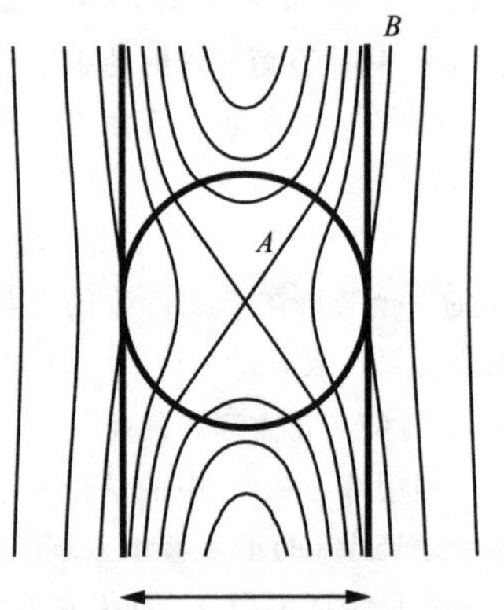

图2.49

**2.53　两个球壳的电场 ${}^{**}$**

两个半径为 $a$ 的绝缘球壳，一个均匀分布有电量 $Q$，另一个均匀分布有电量 $-Q$。两个球壳不断靠近直至相互接触。球壳内外的电场都是什么形状的？把它们分开到相距无限远的位置需要多少功？

**2.54　圆盘的等势面 ${}^{*}$**

对于图2.11中描述的系统，画出和这个圆盘边缘相接触的等势面的草图。指出这个等势面和它的对称轴相交的那一点。

**2.55　圆盘上的洞 ${}^{**}$**

一个薄圆盘，半径为3cm，在中间位置处有一个半径为1cm的圆洞。圆盘上有均匀分布的 $-10^{-5}\mathrm{C/m^2}$ 的面电荷密度。

(a) 这个圆洞中心位置处的电势是多少？（假定无限远处的电势为零。）

(b) 一个电子，从这个洞的中心由静止开始沿着轴线向外运动，过程中除了圆盘上的电荷产生的斥力外不受任何其他外力。求出它最终获得的速度（电子质量 $=9.1\times10^{-31}\mathrm{kg}$）。

### 2.56 圆盘的能量**

用式（2.29）的结果来证明，2.6 节中描述的带电圆盘所形成的电场中，所储存的能量大小是$(2/3\pi^2\varepsilon_0)(Q^2/a)$。（提示：要把这个电荷圆盘从半径为零通过不断累加宽度为 d$r$ 的圆环的方法使半径达到 $a$，考虑一下这个过程中要做的功。）把这个结果和构建半径为 $a$ 的均匀带电量 $Q$ 的中空球面所需要的能量进行一下比较。

### 2.57 圆盘附近的电场****

（a）一个半径为 $R$ 的均匀带电圆盘，面电荷密度为 $\sigma$。考虑一个距离圆盘中心为 $\eta R$（其中 $0\leqslant\eta<l$）并且距离圆盘表面很近位置处的点 $P$。在非常接近圆盘面的位置，圆盘就像是一个无限大平面，以至于电场 $E$ 主要在垂直圆盘的方向上。因此我们得到 $E_\perp=\sigma/2\varepsilon_0$。证明 $E$ 在平行于圆盘方向上的分量为

$$E_\parallel=\frac{\sigma}{2\pi\varepsilon_0}\int_0^{\pi/2}\ln\left(\frac{\sqrt{1-\eta^2\sin^2\theta}+\eta\cos\theta}{\sqrt{1-\eta^2\sin^2\theta}-\eta\cos\theta}\right)\cos\theta\mathrm{d}\theta \tag{2.120}$$

提示：可以利用 2.6 节中第二个例题（只是现在用 $E$ 代替 $\phi$）的方法来计算出图 2.50 中两个楔形块产生的电场之和（两个发散的项可以相互抵消）。图中的 $r_1$ 和 $r_2$ 可以通过余弦定理来计算。

（b）给定 $\eta$，上面的积分可以通过数值计算得到结果。然而，如果 $\eta$ 很小或者非常接近 1，可能会得到一些解析解。证明在 $\eta\to0$ 的极限条件下对 $\eta$ 的关系表达式的首项为 $E_\parallel=\sigma\eta/4\varepsilon_0$。同样，证明在 $\varepsilon\to0(\varepsilon=1-\eta)$ 的情况下关于 $\varepsilon$ 的关系表达式的一阶近似为 $E_\parallel=-(\sigma/2\pi\varepsilon_0)\ln\varepsilon$。你可以通过数值计算来验证这个结论。

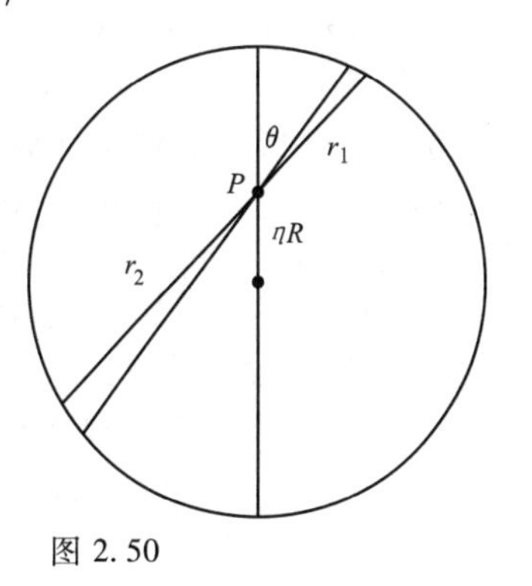

图 2.50

### 2.58 球面的能量*

一个半径为 $R$ 的球面，电荷量 $Q$ 均匀地分布在上面。习题 1.32 提供了计算这个系统势能的两种方法。现在通过第三种方法来计算，即通过方程（2.31）来计算这个势能。

### 2.59 圆柱体的能量***

有一个半径为 $a$，均匀体电荷密度为 $\rho$ 的圆柱体，在习题 1.24 和练习 1.83 中提供了两种计算圆柱体单位长度中储存的能量的方法。现在用第三种方法即利用方程（2.31）来计算这个能量。如果设 $\phi=0$ 的点位于无穷远的位置，得到的结果会是无限大。所以可以选定圆柱体外侧半径为 $R$ 的位置处电势为零。你需要做的是计算电荷分布在半径为 $R$ 的圆柱体时的能量。考虑最终的圆柱体上单位长度的总电荷量为 $\lambda$，证明单位长度圆柱体的能量可以写成$(\lambda^2/4\pi\varepsilon_0)[1/4+\ln(R/a)]$。

### 2.60 水平的电场线**

用式 $r=r_0\sin^2\theta$ 来表示图 2.19 中偶极子电场线 $\boldsymbol{E}$ 的表达式，找出让这个曲线保持水平的位置。

### 2.61 轴上的偶极子场**

一个偶极子，其中心位于原点，有电荷 $q$ 和 $-q$ 分别位于 $z=l/2$ 和 $z=-l/2$ 的位置。求出 $z$ 轴上 $r$ 位置处的电场和 $x$ 轴上 $r$ 位置处的电场（或者 $xy$ 平面内任何半径为 $r$ 的位置处的电场）。首

先写出这两个电荷分别形成的电场，再对电场相叠加得到答案，在 $r \gg l$ 的极限条件下可以做适当的近似。检验一下在 $\theta=0$ 和 $\theta=\pi/2$ 时，你的答案是否和方程（2.35）相吻合。

**2.62　正方形四偶极子**＊＊

考虑一个正方形的四偶极子，由两个并排反方向放置的偶极子组成，如图 2.16 所示。如果正方形的边长为 $l$，求出沿着两个正电荷组成的对角线上离正方形非常远的距离 $r$ 处的电场。计算时保留 $l/r$ 的二阶项。

**2.63　二维偶极子**＊＊＊

两根平行的均匀带电直线，线电荷密度为 $\lambda$ 和 $-\lambda$，线之间的距离为 $l$。考虑这两条线的垂面上各个点的电场。线上产生的电场按照 $1/r$ 的比例进行衰减。所以在离线非常远的位置，相当于我们有一个二维的偶极子，其中代表这两条线的两个点电荷的电场不再按照库仑电场的 $1/r^2$ 衰减，而是按照 $1/r$ 衰减。

对这个二维的偶极子重复 2.7 节中的过程。也就是说，先求出 $\phi(r,\theta)$ 和 $\boldsymbol{E}(r,\theta)$，然后得到电场线和等势面曲线的形状。（某些点上的电势会发散到无限大，所以你要在附近找一个参考点。怎样选择都可以，但是你最好选择这两条直线中间位置的点作为参考点。）

**2.64　平衡点附近的电场线**＊＊

（a）在点（$-2a$，0，0）和点（$-a$，0，0）上分别有点电荷 $4q$ 和 $-q$。写出 $xy$ 平面上各点的电势 $\phi(x,y)$，并用泰勒展开来求出原点附近处 $\phi$ 的近似表达式，证明这个原点是一个平衡点。（可以设定 $a=1$ 来简化这个问题。）

（b）算出原点附近的电场。定义在给定的点上，电场线的斜率 $\mathrm{d}y/\mathrm{d}x$ 等于该点上电场分量的比值 $E_y/E_x$，求出原点附近电场线的方程。

**2.65　关于电场线的定理**＊＊

如果你解出了练习 2.64，你可能会注意到最后的结果和习题 2.18 的结果是一样的。这暗示着一个定理。考虑两个带有任意电荷量 $q_1$ 和 $q_2$ 的点电荷。

（a）首先解释一下，除了几种特殊情况外（哪几种?），为什么在两个电荷的连线方向上肯定存在一个正好 $E=0$ 的点。

（b）证明在这个 $E=0$ 的点上附近非常小的范围内，等势面和电场的形状跟图 12.39 和图 12.40 中的形状是一样的，而和 $q_1$ 和 $q_2$ 的值无关。换句话说，穿过这个平衡点的等势线的斜率总是等于 $\pm\sqrt{2}$。（你可以看一下习题 2.8 的解。）

**2.66　两个电荷的等势面**＊＊

（a）两个点电荷 $Q$ 分别位于（$\pm R$，0，0）点的位置处。求出 $z$ 轴上所有点的电场。$z$ 为何值时电场有最大值?

（b）作出空间中等势面的草图（或者在 $xz$ 平面内的草图）。要确保能表示出这两个电荷附近和距离这两个电荷非常远的位置处的曲线形状，以及曲线的形状是如何由近及远地过渡的。

（c）在 $z$ 轴（负方向上）有一个特殊的点，在这个点上等势面由向上凸起过渡到向下凹陷的状态。在习题 2.19 中，我们在圆环中看到了和这类似的情况，这个点和 $z$ 轴上电场最大的点相关。这里也是这样吗？解释一下为什么习题 2.19（包括发散的电场 $\boldsymbol{E}$）中的推理过程在这里仍然是适用的，或者为什么不适用。

**2.67　$\rho$ 和 $\phi$ 的乘积**＊＊

考虑一种电荷分布 $\rho_1(\boldsymbol{r})$ 和由这种分布产生的电势 $\phi_1(\boldsymbol{r})$。同时考虑另一种电荷分布 $\rho_2(\boldsymbol{r})$

和由它产生的电势 $\phi_2(\boldsymbol{r})$。两种电荷都分布在有限的空间内，但是它们各自是任意分布的，互相之间没有什么联系。证明 $\int\rho_1\phi_2 \mathrm{d}v = \int\rho_2\phi_1 \mathrm{d}v$，其中积分范围遍历整个空间。可以通过下面两种方法来证明。

（a）把这两个电荷分布体看成是坚固的可以移动的刚体。开始时让它们距离无限远，然后把它们聚集在一起。这需要做多少功？想象一下把电荷体 1 移向电荷体 2，然后考虑反方向移动的情况。

（b）考虑在整个空间中进行的积分 $\int \boldsymbol{E}_1\ \boldsymbol{E}_2 \mathrm{d}v$，其中 $\boldsymbol{E}_1$ 和 $\boldsymbol{E}_2$ 分别是两种分布产生的电场。使用矢量计算 $\nabla\cdot(\boldsymbol{E}_1\phi_2)=(\nabla\cdot\boldsymbol{E}_1)\phi_2+\boldsymbol{E}_1\cdot\nabla\ \phi_2$（下标 1,2 互换，情况类似）把积分 $\int \boldsymbol{E}_1\ \boldsymbol{E}_2 \mathrm{d}v$ 改写成两种不同的形式。

**2.68　球体的 $E$ 和 $\rho$ ****

在 2.9 节中，我们在一个半径为 $R$、均匀体电荷密度为 $\rho$ 的球体中，利用球坐标系验证了关系式 $\mathrm{div}\boldsymbol{E}=\rho/\varepsilon_0$。现在在笛卡儿坐标系中来验证这个关系。你需要首先写出 $\boldsymbol{E}$ 的笛卡儿坐标分量。

**2.69　厚板的 $E$ 和 $\phi$ ****

一个带有均匀体电荷密度的矩形厚板，在 $x$ 方向上的厚度为 $2l$，在 $y$ 和 $z$ 方向上延伸至无限远的位置。把 $x$ 方向的原点定位在板的中心。对于板内和板外的 $x$ 位置：

（a）求出电场 $E(x)$ 的表达式（你可以通过考虑 $x$ 两边的电荷量来计算，或者通过使用高斯定理来计算）；

（b）定义在 $x=0$ 的位置 $\phi$ 的值为零，求出 $\phi(x)$ 的表达式；

（c）证明 $\rho(x)=\varepsilon_0\ \nabla\cdot\boldsymbol{E}(x)$ 和 $\rho(x)=-\varepsilon_0\ \nabla^2\cdot\phi(x)$。

**2.70　三角形的 $E$ ****

对于图 2.51 中的电场，$E$ 是和 $y$、$z$ 的值无关的。假定在 $x=0$ 的位置 $\phi=0$。求出这个系统的电荷密度 $\rho$ 和电势 $\phi$。

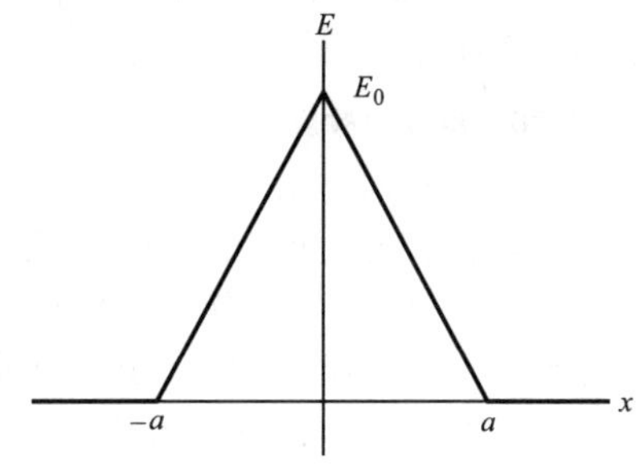

图 2.51

**2.71　一维电荷分布**

当 $|x|\leqslant l$ 时，$\phi(x)=B(l^2-x^2)$；且当 $|x|>l$ 时，$\phi(x)=0$。求出（并作出草图）满足这个电势关系的电场和电荷分布。

**2.72　球形电荷分布 ****

求出（并作出草图）满足以下电势关系的电场和电荷分布：

$$\phi=\begin{cases}\dfrac{\rho_0}{4\pi\varepsilon_0}(x^2+y^2+z^2) & (x^2+y^2+z^2<a^2)\\[2ex] \dfrac{\rho_0}{4\pi\varepsilon_0}\left(-a^2+\dfrac{2a^3}{(x^2+y^2+z^2)^{1/2}}\right) & (x^2+y^2+z^2<a^2)\end{cases}\qquad(2.121)$$

其中 $\rho_0$ 是体电荷密度。注意我们在这里并没有指定无限远位置处为零电势点。

**2.73　验证拉普拉斯 ***

函数 $f(x,y)=x^2+y^2$ 满足二维拉普拉斯方程吗？方程 $g(x,y)=x^2-y^2$ 呢？画出后面这个方程的草图，并计算它在点 $(x,y)=(0,1)$、$(1,0)$、$(0,-1)$ 和 $(-1,0)$ 的梯度，进而用小箭头表示出这些梯度矢量的方向。

**2.74 指数振荡的 $\phi$*****

$xy$ 平面上有一个绝缘的平面。系统中的电荷都在这个平面上。在这个平面的上半个空间即 $z>0$ 的空间内，电势为 $\phi=\phi_0 e^{-kz}\cos kx$，其中 $\phi_0$ 和 $k$ 为常量。

（a）证明在平面的上半空间内 $\phi$ 满足拉普拉斯方程。

（b）电场线是什么形状的?

（c）描述一下平面上的电荷分布方式。

**2.75 旋度和散度***

计算下面矢量场的旋度和散度。如果旋量为零，找出标量函数 $\phi$，矢量场为 $\phi$ 的梯度。

（a）$\boldsymbol{F}=(x+y,\ -x+y,\ -2z)$；

（b）$\boldsymbol{G}=(2y,\ 2x+3z,\ 3y)$；

（c）$\boldsymbol{H}=(x^2-z^2,\ 2,\ 2xz)$。

**2.76 零旋量***

对于练习 2.31 中的矢量函数，通过精确计算 $\nabla\times\boldsymbol{E}$ 的分量来证明这个函数一个可能的静电场。(当然，如果你计算得到了那个练习的答案，你已经通过计算标量函数的梯度证明过了这个结论)。计算该电场的散度。

**2.77 零偶极子旋量***

证明方程（2.35）中那个偶极子的旋量为零。当然，我们知道，因为那个电场是两个点电荷产生的电场之和，所以它的旋量一定是零。但是在这里，使用附录 F 中的方程（F.3）来直接计算这个旋量。

**2.78 旋度的散度****

如果 $A$ 是某种具有连续散度值的矢量场，div(curl $\boldsymbol{A}$) = 0 或者用 "del" 表示成 $\nabla\cdot(\nabla\times\boldsymbol{A})=0$。我们稍后会用上这个理论，在这里我们先来证明它。这里有两个不同的方法可供我们使用。

（a）（在一个指定的坐标系系统中通过直接而又繁琐的计算来证明。）在笛卡儿坐标系中使用 $\nabla$来计算出 $\nabla\cdot(\nabla\times\boldsymbol{A})$ 表示的第二个偏微分。

（b）（利用散度定理和斯托克斯定理，不需要考虑坐标系。）考虑图 2.52 中的表面 $S$，把一个气球切成以闭合曲线 $C$ 为边界的两部分。在任意一个矢量场中对 $C$ 曲线做线积分。然后引入合适的斯托克斯和高斯理论。（当曲线 $C$ 是一个非常小的环时，这个推理过程依然适用。）

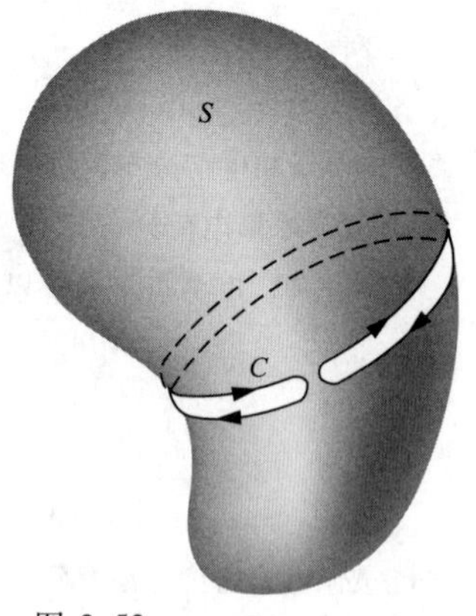


图 2.52

**2.79 矢量和 squrl 运算符***

为了证明在得到一个矢量时，需要的不仅仅只是大小和方向，让我们来定义一个叫作 squrl $\boldsymbol{F}$ 的矢量，我们把它定义为和方程（2.79）类似但是对右边的式子进行平方的式子：

$$(\text{squrl}\ \boldsymbol{F})\cdot\hat{\boldsymbol{n}}=\left[\lim_{a_i\to 0}\frac{\int_{C_i}\boldsymbol{F}\cdot d\boldsymbol{s}}{a_i}\right]^2 \qquad (2.122)$$

证明用这个关系定义的变量确实不是一个矢量。（提示：考虑 $\hat{\boldsymbol{n}}$ 的反方向。）

# 导体的电场

## 概述

前两章中，我们关注了位置固定且已知的电荷系统的电场和电势。本章我们将学习导体上的电荷产生的电场和电势，导体上的电荷可以自由移动。这个任务要困难一些，因为一方面我们需要知道电场以确定电荷的位置，但是另外一方面，我们又需要知道电荷的位置来确定电场。好在有一些实验现象和原理能够解决这个问题甚至是细致的问题。最重要的实验事实是在静电装置中，导体材料内部的电场为零。也就是说，一个给定导体的所有点具有相等的电势。这导致了所谓的令人有点惊讶的静电屏蔽现象：空导体壳内部的电场强度为零，而和导体外部的任何电荷分布没有关系。我们会证明唯一性定理，即给定了导体表面的电势值 $\phi$，则整个空间的电势将是唯一的。唯一性定理使得事实非常简单，有时简单得让你误认为你的分析判断是错误的。唯一性定理的一个副产品就是镜像电荷，镜像电荷允许我们在某些情况下构建导体附近的电场。我们定义导体的电容；电容告诉我们在给定电势下导体中储存有多少电荷。电容器是基本的电路元件，我们将在第 8 章中介绍。本章的最后，将讨论电容器的储能。

## 3.1 导体和绝缘体

最早的研究电学现象的实验人员观察到各种物体保持“顿牟掇芥”（这里英文原文为“Electrick Vertue”）的能力是不一样的：一些材料很容易摩擦带电并且保持带电的状态；而另外的一些材料却不能通过这种方式带电，或者在接触到带电体时也不容易捕获并保持这种能力。18 世纪早期的研究人员列了一张表，在表中把物质根据“导电的”和“不导电的”进行了分类。约 1730 年，英格兰的史蒂芬·格雷的一个重要的实验证明了这种“顿牟掇芥”可以通过一条水平的引线从一个物体传导到数百英尺远的另一个物体，这种可以支撑自身重量的引线由丝线组成。[1] 但这种传导性和非传导性的分类被定义后，当时的电气工作者发现，即使是不导电的物体，和玻璃或者丝线接触之后也有可能会带很多电。当时一个非常流行的电学展览里的壮观现象是，一个被很多丝线摩擦之后带电的一个被悬挂起来的男孩，他的头发直立起来，并且可以从他的鼻子尖发出火花。

通过格雷和他的同伴们的努力，导电体和非导电体的详细列表被做了出来，整体而言，他把物质分成了电学绝缘体和电学导体两部分。它们之间的差别仍然是以自然性质的明显表现而划分的。一般的良导体比如普通的金属与一般的绝缘体（比如玻璃和塑料）之间在电学传导性质上相差$10^{20}$倍。为了解释这种现象，18世纪的实验者像格雷或者本杰明·富兰克林已经了解到，在金属杆上的金属球可以在一秒钟之内损失掉百万分之一的电性；而一个玻璃杆上的金属球可以保持其上的弗图很多年不变。（为了使后一种情况尽量理想，我们需要采取一些超出18世纪实验条件的措施，你能列举几个吗？）

一个良导体和一个良好的绝缘体之间的电学差异就和液体和固体之间的力学性能差异一样大。这完全不是偶然的。这两种性质都取决于原子微粒的流动性：在电学方面，指的是电子质子等带电微粒的流动性，在力学性能方面，指的是组成物质结构的原子或者分子的流动性。可以把这个类比更加深入一点，我们知道有些物质的流动性介于液体和固体之间——像焦油或者冰激凌这样的物质。实际上某些物质——比如玻璃——随着温度从几百度逐渐下降的过程中，会连续不断地从一个低黏度的液体向一个稳定的高硬度固体转变。电学中的电导率同样具有这样的特征，我们在良导体和良绝缘体中都发现了这样的例子，并且某些物质可以根据其所在的条件，比如温度，在很大范围内改变自身的电导率。其中很有趣也很有用的一类被称作半导体的材料就有这样的性质，我们将在第4章遇到它们。

一种材料我们称其为固体还是液体有时取决于时间尺度，甚至也有可能取决于空间尺度。当你把一块天然沥青抓在手里，它看起来像是一个十足的固体。如果从地质学来看的话，它是一种液体，它会从地下的储存空间涌向地面，甚至会形成湖泊。我们可能会想，基于类似的某种原因，一种材料应该被看成是导体还是绝缘体是否也应该和我们所关心的那种现象的时间尺度相关。

## 3.2　静电场中的导体

我们首先来看一下包含导体在内的静电系统。即在导体内部的电荷发生重新分布以后形成的电荷和电场的静态分布。假设现在所有的绝缘体都是理想的绝缘体，就像我们已经提过的，现实中的大多数绝缘体和这种理想模型十分接近，所以我们

1　他在引线中使用的这种“打包线”的导电性无疑要比金属线差很多，但用在静电实验中来传递电荷也足够了。格雷同时也发现了铜线是一个导体，但是他在长距离的实验中使用的大多都是这种打包线。

将要讨论的系统并不是太偏离现实。实际上，我们周围的空气就是一个非常好的绝缘体。我们所想象的一个系统可能具有这个例子中的一些特点：有两个带电金属球，它们之间以及它们和外界是相互隔离的。将两个球固定住，相隔距离较近时，在两个球之间以及它们周围的电场最终会是什么样子的，并且每一个球体上的电荷都是如何分布的？我们从一个更简单的问题开始：电荷静止之后，导体内部的电场会是什么样子？

在静止状态时，不会再有电荷进行移动。你可能会说在导体材料内部的电场肯定为零。你会这样证明，如果电场不是零，那些可以移动的载流子会受到力的作用从而在附近发生移动，这样我们根本就得不到一个静态的系统。这种讨论忽略了某些力的可能性，即某些作用在载流子上，并和电场力相互平衡从而使系统最终达到一个定态的力。要提醒我们的是，在物理上除了电场力以外是有可能有其他力作用在载流子上的，我们现在只考虑重力。一个实际的离子是有重量的；它在重力场中受到一个稳定的力，同样一个电子也会受到重力；并且，它们受到的力是不相等的。这个例子有些离谱。我们知道在原子的量级上，重力的影响是完全可以忽略的。

然而，还是会有其他的力发生作用，比如我们不太严格地就把它叫作“化学力”。在电池中和许许多多的化学反应过程中，包括活细胞中，带电体有时会逆着一般的电场方向而运动；它们这样运动是因为它们可能受到了在那附近的某些力的作用，这种运动所产生的能量比抵制电场所花费的能量更多。很难把这些力称为非电力，因为我们现在知道原子和分子的结构以及它们之间的作用力可以用库仑定律和量子力学来解释。然而，从电学的经典理论角度来看，这些力一定看成是外加力。确实，这些力和我们的理论所立足的平方反比关系是有很大差别的。在第 2 章中的讨论中已经预言了，只依靠平方反比例关系的力是不能建立一个静态稳定的结构的（见 2.12 节的恩绍原理），所以非电学力是肯定存在的。

以上分析可以得出很简单的结论：我们相信在导体内部一定存在某种非平衡的非库仑力作用在带电粒子上。如果是这样的话，当在导体内部一个有限的电场刚好和其他力的作用相平衡的话，不管那是什么力，都可以形成一个稳定的静电状态。

然而，提出这些问题后，我们马上要研究一个非常熟悉也非常重要的一种情况，即各向同性的均匀导体材料的情况，在这种情况下，我们不去考虑那样的非电力。在静态情况下，我们可以很确定地说这种导体内部的电场为零。[2] 如果电场不为零，电荷肯定会移动。这也说明，在导体内部的所有区域，包括导体表面以内的所有点，电势肯定相同。在导体外部，电场不为零。导体的表面肯定是这个电场的

2 谈到物质内部的电场时，我们指的是一个平均电场，是在可以和原子结构的细节相比较的很大区域内电场的平均值。当然，我们知道包括良导体在内的所有物质的内部在靠近原子核的小空间内都有一个强电场。通常来说，原子核的电场不会对物质内部的平均电场产生影响，这是因为它在原子核的一侧指向一个方向，而在另一侧则指向相反的一个方向。这个平均电场该如何定义，以及它是通过什么方法来测量的这些问题我们将要在第 10 章中进行讨论。

一个等势面。

导体内部的电场消失意味着导体内部的体电荷密度为零。这满足高斯定理，$\nabla \cdot \boldsymbol{E}=\rho/\varepsilon_0$。因为导体内部电场为零，其散度为零，从而电荷密度也为零。当然，这个电场只是从平均角度来看才有意义，导体内部质子的电荷密度就不是零。

设想一下我们可以把一种材料从绝缘体变成导体。（这不是不可能的——玻璃加热后就会变成导体；任何气体都可以被X射线电离。）在图3.1（a）中在两个固定电荷层产生的电场中放置了一个不带电的绝缘体。其电场在绝缘体的内部和外部是一样的。（实际上一个像玻璃一样的致密体会使电场发生扭曲，这种影响我们会在第10章中进行研究，但是在这里这种现象并不重要。）现在，通过某种方式，产生了可移动的电荷（或者离子），使得这个绝缘物体变成了导体。在电场作用下阳离子被拉向了一个方向，阴离子朝着相反的方向，如图3.1（b）所示。它们不能脱离导体的表面。随着它们在表面的积累，开始在物体内部产生了一个电场，这个电场有削弱原电场的趋势。实际上，这种电荷的移动会一直持续到原始的电场被恰好完全抵消为止。图3.1（c）中展示了电荷在表面上的最终分布，这种分布所产生的电场和外部源电荷产生的电场相叠加使得导体内部的电场为零。因为这种“自动分布”会发生在任何的导体上，所以当我们考虑外部的电场时，我们只需要考虑导体的表面。

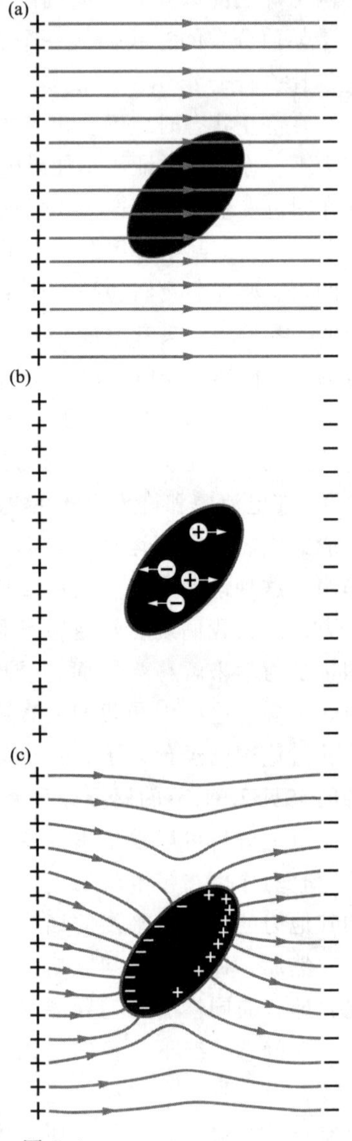

图3.1

（a）中的物体是一个绝对的绝缘体，在它里面，无论是正电荷还是负电荷都不能移动。在（b）中，电荷被释放并开始移动。最终电荷运动到（c）所展示的状态。

考虑到这些后，让我们看一下一个外部空间是空的、内部带有不同电量的导体系统会发生什么。在图3.2中有一些带电物体。如果你喜欢，可以把它们看成是固体金属块。它们被看不见的绝缘材料固定住——可能是被史蒂芬格雷丝线。每一个物体的总电荷是不变的，因为没有什么渠道可以使电荷吸附或者脱离开物体，这里的总电量指的是正电荷多于负电荷的净剩余量。我们定义第$k$个导体上的电荷量为$Q_k$。每一个物体也可以用电势函数$\phi$的一个特定值$\phi_k$来标定。我们说

导体 2 的“电势为 $\phi_2$”。在无限空间内这种没有其他物理实体存在的系统中，把无限远处的电势定义为零电势点是比较方便的。这样 $\phi_2$ 就是一个极小的试探电荷从无限远处移动到导体 2 的任何一点上时，每单位电荷需要的功。（顺便要说的是，注意这就是试探电荷必须保持非常小的那种系统，这一点已经在 1.7 节中提到了。）

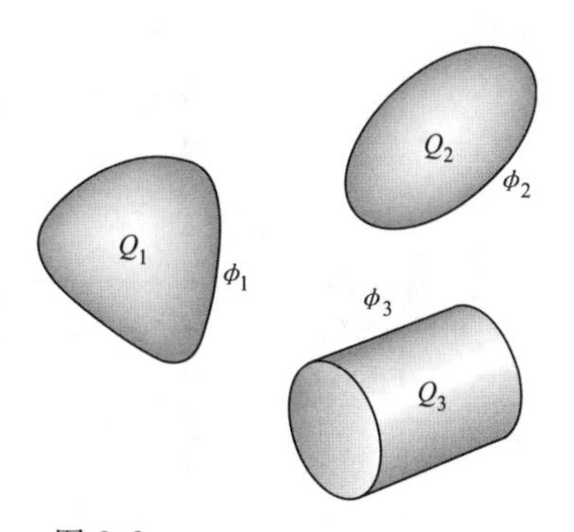


图 3.2
三个导体组成的系统。$Q_1$ 为导体 1 上的电荷，$\phi_1$ 是它的电势，以此类推。

因为图 3.2 中的导体表面必须具有相同的电势，所以在导体表面上任意一点的电场，也就是 -gard$\phi$，必须垂直于表面。从导体的内部向外出发，我们会发现电场在表面处会有一个突变；$\boldsymbol{E}$ 在表面的外部不为零，而在内部为零。$\boldsymbol{E}$ 的这种不连续性可以用表面电荷密度 $\sigma$ 来说明，用高斯定理可以证明它是和 $\boldsymbol{E}$ 直接相关的。我们可以使用一个含有一小块表面的扁平盒子（见图 3.3），就像在 2.6 节中讨论的那个带电的圆盘一样。只是在这里没有电通量通过盒子的处于导体内部的那个“底面”，因此我们得到 $E_n=\sigma/\varepsilon_0$（而不是方程（1.40）中的 $\sigma/2\varepsilon_0$），这里 $E_n$ 是表面法线方向的电场分量。我们已经看到，在这种情况下，不会有其他的分量，因为电场始终是垂直于表面的。表面电荷的总电荷量必须是 $Q_k$。也就是，在整个导体表面上对 $\sigma$ 的面积分等于 $Q_k$。总之，对于任何形状和排布方式的导体系统，我们可以得出下面的结论：

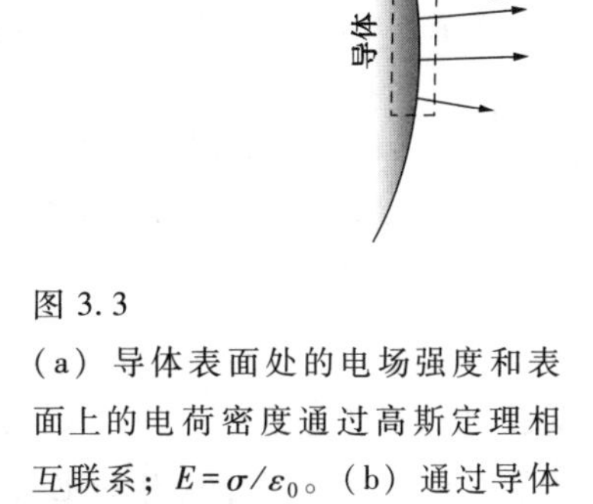


图 3.3
（a）导体表面处的电场强度和表面上的电荷密度通过高斯定理相互联系；$E=\sigma/\varepsilon_0$。（b）通过导体表面和盒子的截面。

（1）导体内部，$E=0$；

（2）导体内部，$\rho=0$；

（3）第 $k$ 个导体的内部和表面的电势，都有：$\phi=\phi_k$；

（4）在紧靠导体表面的外侧的任何点上，$\boldsymbol{E}$ 垂直于表面，并且 $E=\sigma/\varepsilon_0$，$\sigma$ 代表该点的表面电荷密度；

（5）
$$Q_k=\int_{S_k}\sigma \mathrm{d}a=\varepsilon_0\int_{S_k}\boldsymbol{E}\cdot \mathrm{d}\boldsymbol{a}$$

$\boldsymbol{E}$ 是在这个系统中所有电荷产生的总电场，其中表面电荷只是这个系统中的所有电荷的一部分。导体上的表面电荷被迫“做自身调整”直到满足条件（4）。相对于其他的面电荷分布，导体是一种特殊情况，其特点在图 3.4 中做了对比。

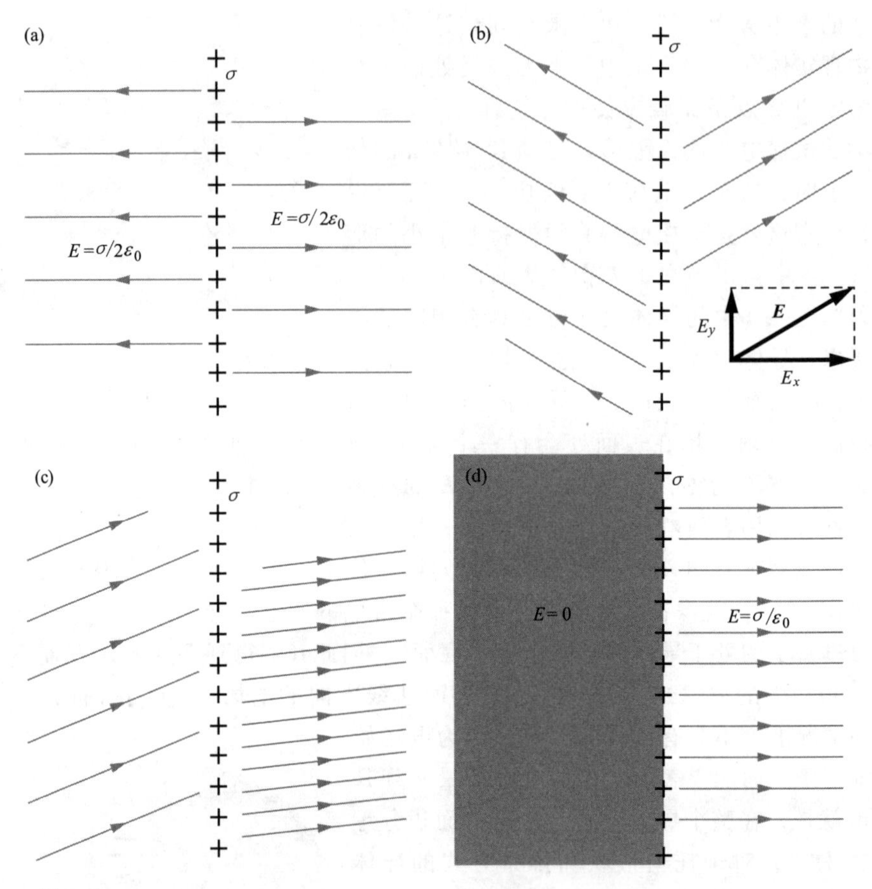


图 3.4

(a) 只有一个孤立的面电荷层而没有其他带电体的系统。这在图 1.23 中讨论过。电荷层两面的电场对称地分布着强度为 $\sigma/2\varepsilon_0$ 的电场。(b) 如果系统中还存在着其他电荷，则电场在 $E_x$ 方向的变化量一定为 $\sigma/\varepsilon_0$，而在 $E_y$ 方向上没有变化。除了 (a) 中那样的电场外很多电场都有这样的特点，图中 (b) 和 (c) 就是两个例子。(d) 如果我们知道在介质表面的一侧是导体，就可以知道在介质表面的另一侧的电场 $\boldsymbol{E}$ 一定是垂直于表面的，大小为 $E=\sigma/\varepsilon_0$。为了不使电荷发生移动，电场 $E$ 不能与表面平行。

**例题（球对称电场）**　一个点电荷 $q$ 位于一个不带电的导体球壳内部的任意一个位置。试证明此时球壳外的电场和该点电荷 $q$ 置于球壳中心时（没有球壳时，尽管这种情况下点电荷的位置是无关紧要的）形成的球对称电场是一样的。

**解**　球壳有内表面和外表面。我们知道两个表面之间（导体材料内部）的电场为零。因此如果我们在导体内部做一个高斯面，如图 3.5 中的虚线所示，则没有通量穿过这个高斯面，因而高斯面内没有净电荷。所以球壳内表面上的电荷为 $-q$，外

表面电荷为 $q$。内表面上的电荷 $-q$ 不是均匀分布的，除非点电荷置于球壳中心，不过这不是我们所关心的。

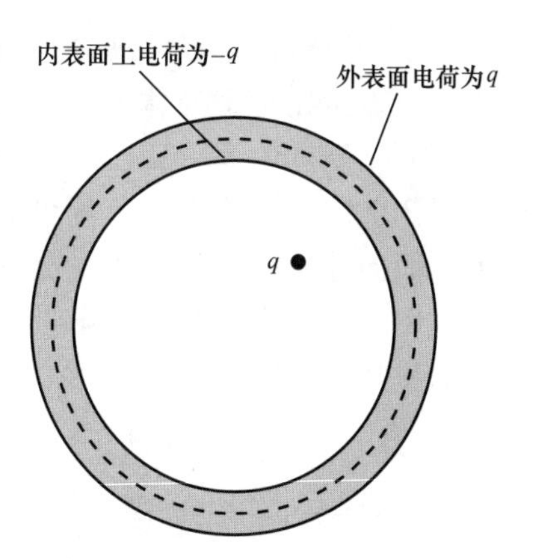


图 3.5
导体球壳材料内部的高斯面（虚线）。

唯一的问题是 $+q$ 的电荷在外表面是如何分布的。假设我们把这个 $+q$ 电荷移走，则只剩下点电荷 $q$ 和内表面的 $-q$ 电荷了。这两种电荷共同作用使得导体中的电场强度为零，导体外部的场强也为零。这是正确的，因为电场线至少有一头必须在电荷上（另外一头可以在无穷远处）；同样因为静电场的旋度为零，所以电场线不能形成闭合回路。但是，在现在这种情况下，外部的电场线不可能连接到内部的电荷，因为导体内场强为零，因而电场线不能穿过导体接触到电荷。因此，在导体外部，没有电场线。

如果我们把电荷 $+q$ 一点一点地加到球壳的外表面上，由于没有来自其他电荷的电场，加上去的那些电荷将球对称地分布在球面上。而且，因为这种球对称性，外表面的电荷对其他的电荷也没有电场作用（因为均匀带电球壳内部的电场为零），因此我们不必担心这些电荷会移动。

由于点电荷和内部电荷的共同作用，使得球壳外部没有电场，外部电场仅仅依赖于外表面的球对称电荷分布。利用高斯定理可知，外部电场是径向分布的（相对于球壳中心而不是点电荷 $q$），其大小为 $q/4\pi\varepsilon_0 r^2$。注意内表面的形状对这个结论并没有影响。如果是图 3.6 所示的那种构型，外部的电场仍然是球对称的，其大小仍然是 $q/4\pi\varepsilon_0 r^2$。

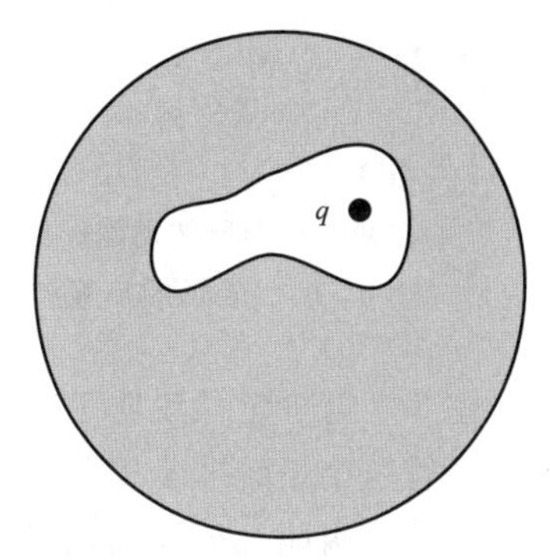


图 3.6
即使导体腔是一个奇怪的形状，其外部电场仍然是径向的。

更一般地，如果是一个不带电的非球对称形状的导体，则我们不能说外部的电场是球对称的。但是我们可以说，不用管外部电场是什么样的，它与导体内部的点电荷 $q$ 的位置是无关的。无论点电荷在什么位置，外部的电场等同于没有内部点电荷 $q$，而在外表面上有 $q$ 分布（采用某种特殊方式进行分布）的系统形成的电场。[3]

图 3.7 展示了本节开头提到的简单系统中电场和电荷的分布。有两个导体

3 这种情况有点微妙，即外表面电荷对内表面电荷的作用。可以证明，对于球壳，则没有任何作用。3.3 节将告诉我们原因。

球，其中一个单位半径的球总带电量为+1 个单位，那个稍微大一点的球的总电量为零。显然在每个导体上面电荷分布密度都不是均匀的。右边的球总带电量为零，在靠近左球的那一面上分布有负电荷，在剩下的那部分表面上分布有正电荷。图 3.7 中的虚线表示了等势面，或者说是等势面在图示平面上的一个截面。如果我们向外走很远的距离，会发现等势面逐渐接近于一个球面；而电场也沿着径向方向，看上去像是一个电量为 1 的点电荷所产生的，这个电量就是整个系统的净电荷量。

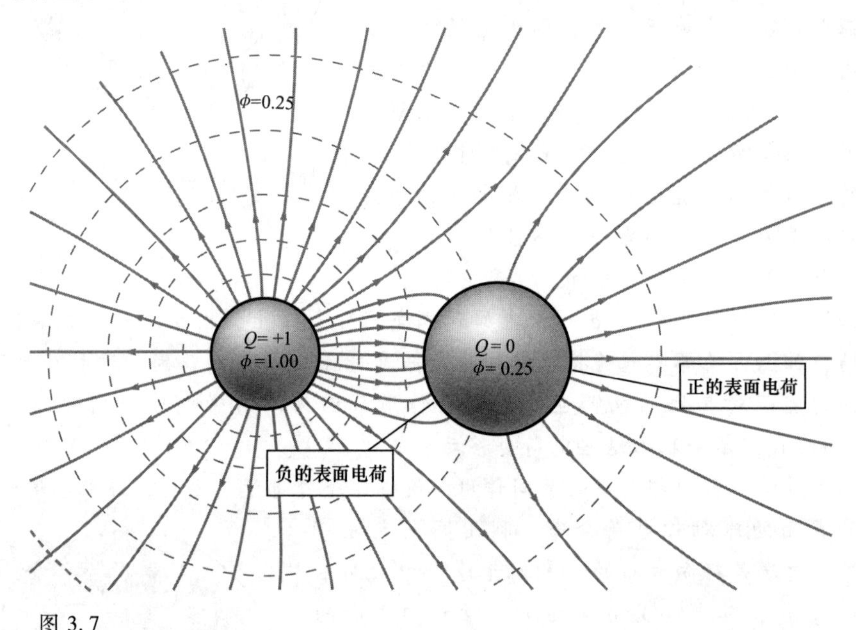


图 3.7

在两个球形导体周围形成的电场，其中一个总的电荷量为+1，另一个总电荷量为 0。实线表示的是等势面在图片平面上的截面。零电势的位置在无穷远处。

图 3.7 至少定性说明了我们所预期的所有特征，但是我们介绍它还有另外的原因。尽管这个系统非常简单，但是并没有一个直接的方法来得到精确的数值解。实际上，三维封闭几何空间的导体排布系统，能用数学方法求解的非常少。如果专注于那少数几个例子所使用的数学方法，是学不到多少物理知识的。让我们先来了解一下所述导体系统中涉及的数学问题的一般性质。

## 3.3 静电场中的普遍问题和唯一性定理

我们可以用电势函数 $\phi$ 来解决这个问题，因为如果得到了 $\phi$，我们就可以马上从 $\phi$ 得到 $\boldsymbol{E}$。在导体以外的任何位置处 $\phi$ 必须满足我们在第 2 章学过的偏微分方程，即拉普拉斯方程：$\nabla^2\phi=0$。在笛卡儿坐标系中，拉普拉斯方程写作

$$\frac{\partial^2\phi}{\partial x^2}+\frac{\partial^2\phi}{\partial y^2}+\frac{\partial^2\phi}{\partial z^2}=0 \tag{3.1}$$

问题就是要找到满足方程（3.1）并且同时满足导体表面限定条件的函数。这些条件可能会由多种方法来限定。可能是每一个导体上固定或者已知的电势 $\phi_k$。（在真实的系统中，导体会被连接到一个稳定的电池或者其他恒压“电源”以维持电势固定。）所以在每一个表面上的所有点上我们的结果 $\phi(x, y, z)$ 一定会有一个确定值。这些表面整体上界定了一个电势为 $\phi$ 的区域，如果这里面有一个“无限远的”非常大的面，那么这个电势 $\phi$ 就趋近于零。有时我们要研究的区域是被一个导体表面完全包围的；这样我们可以给这个导体定义一个电势值，而不用去管外面其他的所有东西。在每种情况下，我们都会遇到一个边值问题，即假设的在边界上的函数值，这个值可以在整个边界上使用。

另一种情况，也许指定了每个导体上的总电荷量 $Q_k$，（我们不能随便指定所有的电荷和电势，那样在求解问题时会有过多的条件。）指定了电荷量，实际上我们就指定了在每一个导体的表面上$\nabla\phi$ 的面积分的值（使用 3.2 节中的第（5）个事实，以及 $\boldsymbol{E}=-\nabla\phi$）。这是从另一个不同的角度给出的数学问题。或者我们可以把这两种边值条件“混合”起来。

一个有趣的一般问题：当边值条件以某种方式给定之后，这个问题会没有解、一个解或者会有多个解吗？我们可以试着先不去回答这个问题的答案可能会是什么样的形式，但是一种重要的情形一定要指明，如何处理这样的问题，以便能得到有用的结果。假如指定了每一个导体的电势 $\phi_k$，并且规定在无限远的位置处或者在包围系统的某个导体上电势 $\phi$ 为零。我们将会证明这种边值问题只有一种解。作为一个物理问题，有一个解是很显然的，因为如果我们真的以一定的方式进行排布，并且用极其细小的导线把它们连接到特定的电势上时，这个系统最终会在某种状态下固定下来。然而要用数学方法去证明这种问题的解的存在却是另外一回事，我们也不会去那么做。反而我们将证明下述定理。

**定理 3.1 （唯一性定理）对于分别具有电势 $\phi_k$ 的一系列导体构成的系统，假定有一个解 $\phi(x, y, z)$ 是成立的，这个解一定是唯一的。**

**证明** 这类证明题的典型证明可以采取下述方式。假定有另外一个函数 $\Psi(x, y, z)$ 也是适用于同样的边值条件的一个解。现在拉普拉斯方程是线性的，即 $\phi$ 和 $\Psi$ 满足式（3.1），因此，$\phi+\Psi$ 或者这两个解的任一线性组合 $c_1\phi+c_2\Psi$ 都满足，式中 $c_1$ 和 $c_2$ 为常数。特别地，两个解的差值 $\phi-\Psi$ 一定也满足式（3.1），把这个差值叫作 $W$：

$$W(x,y,z)\equiv\phi(x,y,z)-\Psi(x,y,z) \tag{3.2}$$

当然 $W$ 不满足边界条件。实际上，在每一个导体的表面 $W$ 为零，因为在导体 $k$ 的表面上 $\Psi$ 和 $\phi$ 具有相同的值 $\phi_k$。因此 $W$ 是另外的一个静电问题的解，也就是具有同样的导体并且所有导体的电势都为零的这样一个系统的解。

我们现在可以断言，如果对于所有的导体 $W$ 都为零的话，那么 $W$ 在空间中的任何点上必定都为零。因为如果不为零的话，它必定在某个位置会有最大值或者最小值——记住 $W$ 在无穷远处和在包围所有导体的界面上都为零。如果 $W$ 在某一点 $P$ 上有一个极值，考虑在该点为中心的一个球体。就像我们在第2.12节中看到的，满足拉普拉斯方程的函数在球体表面上的平均值等于其在中心的值。如果其中心有一个极大值或者极小值的话，那该结论就不正确了。因此 $W$ 不能有最大值或者最小值；[4] 它必须处处为零。这就说明了在任何位置处都有 $\phi=\Psi$，也就是说满足特定边边界条件的式（3.1）的解只有一个。

在证明唯一性定理时，我们假定 $\phi$ 和 $\Psi$ 满足拉普拉斯方程。也就是说，我们假定导体外的区域内没有电荷。但是，即使存在电荷，只要这些电荷是固定的，唯一性定理仍然适用。这些电荷可以是点电荷或连续电荷。对于这个更为普遍的情况下的唯一性定理的证明本质上是一样的。在上面的证明中，你会发现我们从来没有使用 $\phi$ 和 $\Psi$ 满足拉普拉斯方程的事实，而只是说了它们的差 $W$ 满足。因此如果我们从更一般的泊松方程 $\nabla^2\phi=-\rho/\varepsilon_0$ 和 $\nabla^2\psi=-\rho/\varepsilon_0$ 出发，两个方程中的 $\rho$ 是一样的。所以可以得到它们的差值 $\nabla^2 W=0$。也就是说，$W$ 满足拉普拉斯方程。因而，就可以继续前面的证明了，并最终得到 $\phi=\psi$。

作为唯一性定理的一个直接推论，我们将证明下述一个重要事实。

**推论 3.2　一个任意形状的空腔导体的内部空间里如果没有电荷，那么这个空腔内电场一定为零。**

**证明**　导体内的电势函数 $\phi(x, y, z)$ 必须满足拉普拉斯方程。在这个区域的整个边界上，也就是导体上，是等电势的，所以我们有 $\phi=\phi_0$，在边界上任何位置都是这个常量。显然 $\phi=\phi_0$ 这个解适用于整个空间。但是根据上述的唯一性定理，这个问题只能有一个解，所以只能是它了。"$\phi$=常量"意味着 $\boldsymbol{E}=0$，因为 $\boldsymbol{E}=-\nabla\phi$。

不管导体外部的电场是什么样的，这个推论都是正确的。就像熟悉的空球壳内部的重力场为零一样，我们也已经熟悉了在电荷均匀分布的孤立球壳的内部电场为零。从某种角度来看，我们刚才证明的推论有些令人奇怪。考虑一个闭合的金属盒，它被挖掉一部分，如图3.8所示。盒子周围分布有一些电荷，盒子外部的电场被大致地画了出来。盒子表面的电荷分布很不均匀。现在，整个空间的电场，包括盒子内部的电场，就是盒子上的电荷和盒外电荷源产生的电场的叠加。金属盒表面的电荷如此聪明地自行排布在盒子上，以使其产生的电场恰好抵消了盒外电荷源在盒内任意点上产生的电场。这看起来似乎难以置信。不过事实上就是这么回事，我们上面已经证明过了。

对空腔导体的这种性质，和导体本身处于电场中其表面电荷会自行排布，以使

4　如果你不利用球面上平均值这个结论来证明的话，你可以使用高斯定理：如果 $P$ 点的电势最大（或最小），那么 $P$ 点附近的 $\boldsymbol{E}$ 必定指向外面（或里面）。这意味着有一个净通量穿过包围 $P$ 点的球面，这与高斯面内没有电荷的事实有矛盾。

得导体内部电场为零（否则内部电荷还会自由移动）的性质一样奇特。这两种情况是相关联的，因为固态导体内部是电中性的（因为$\nabla\cdot\boldsymbol{E}=\rho/\varepsilon_0$和$\boldsymbol{E}$都等于零）。因此假如我们能够把电中性材料从固态导体中移走（这个过程不改变电场，因为我们没有移走任何带有净电荷的粒子），则剩下了一个中空的空腔导体，其内部电场为零。

推论 3.2 和我们知道的电场线的知识也是相一致的。假如导体壳内有电场线，电场线一定起于壳上某点并止于另外一点（由于 curl$\boldsymbol{E}=0$，电场线不可能是闭合的）。但是这意味着壳上这两点的电势差不为零，这与导体壳上所有点都是等电势的这一结论相矛盾。因此，空腔内不可能有电场线。

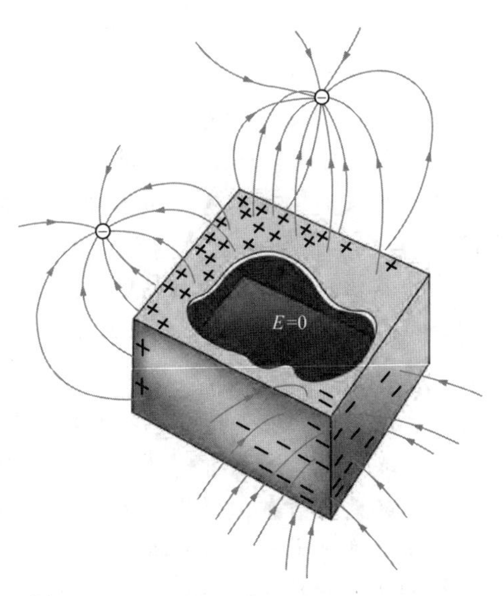


图 3.8
封闭的导体盒子内部电场处处为零。

在导体包围的空腔内电场消失，是有用的，这就像一个有趣的理论一样。这是电学屏蔽的基础。在某些实际的场合，这种包围不必是完全密闭的。如果在它的壁上有很多小孔，或者是由金属网制成，其内部除了孔洞附近处，其他位置的电场就会极弱。一个几厘米长的两端开口的金属管，就可以有效的屏蔽内部空间中不太接近于两端的部分。当然我们一直在考虑静电场中的问题，但是对于变化率非常小的电场，这些结论也是适用的。（一个快速变化的电场可以变成穿透管子的电波。这里的“快速”指的是“比光穿过管子直径所花费的时间稍少一些”。）

---

**例题（空腔内的电荷）** 一个球形导体 $A$ 里面有两个空腔。导体上的总净电量为0。在一个空腔的中心有电荷 $q_b$，在另外一个空腔的中心有电荷 $q_c$，如图 3.9 中 $A$ 所示。在导体球外一个比较长的距离 $r$ 处有另外一个电荷 $q_d$。则上述四个物体 $A$、$q_b$、$q_c$、$q_d$分别受到的力是多大？近似而言，哪一个结果和 $r$ 的关系最大？

**解** 可以快速得到答案的是，作用在 $q_b$和 $q_c$上的力为 0，作用在 $A$ 和 $q_d$上的力大小相等，方向相反。其大小近似等于 $q_d(q_b+q_c)/4\pi\varepsilon_0 r^2$。理由如下。

先来看 $q_b$，然后同理可得到 $q_c$上的力。如果下面那个空腔中没有电荷 $q_b$，根据上面讨论过的唯一性定理，可知腔内电场为零。这个事实与是否存在电荷 $q_c$、$q_d$无关。现在我们在空腔的中心引入电荷 $q_b$，则在空腔的内表面上就分布有电荷$-q_b$（参见 3.2 节中的例子），这个电荷是均匀分布在内表面的，因为 $q_b$置于球心，它也不会改变球心的电场为零的事实。因此作用在 $q_b$上的力为 0。同理可得到 $q_c$上的力也为0。注意，如果$q_b$不放在球心，则力不等于0了。

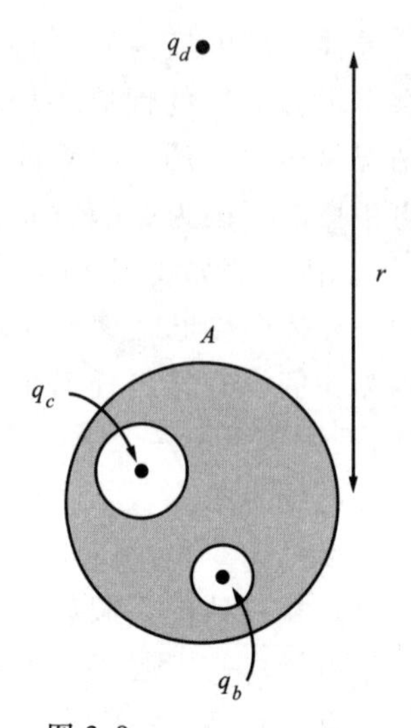


图3.9
一个中性球形导体内部有球形空腔，在空腔的中心位置处分别有一个点电荷，另有一个电荷距离导体球比较远。

现在来看导体$A$。因为导体$A$不带电，在它的外表面上会感应上电荷$q_b+q_c$，以和两个空腔内表面上的$-q_b$、$-q_c$保持电荷守恒。如果没有$q_d$，则$q_b+q_c$均匀分布在$A$的外表面，导体$A$外面的电场是球对称且径向分布的，$E=(q_b+q_c)/4\pi\varepsilon_0 r^2$。表面电荷分布必须是均匀的，因为导体材料内部的电场为0，而且这时假设导体外没有电荷而只关注外表面的电荷，场是径向对称的。（内部电荷对于外表面上电荷的作用力，只能通过电场进行。由于内部的电场为0，所以没有作用力。）

现在我们再引入电荷$q_d$，它将稍微改变一下导体$A$外表面上的电荷分布，但是不改变其上的电荷量。如果$q_d$是正电荷，则$A$外表面上的负电荷将会移动到$q_d$这一侧，等量的正电荷则移向另一侧。因此对于相对较长距离$r$，作用在$q_d$上的力近似为$q_d(q_b+q_c)/4\pi\varepsilon_0 r^2$。更有意思的是，无论$q_d(q_b+q_c)$取什么符号，这个式子都是正确的。作用在$A$上的力和作用在$q_d$上的力，大小完全相等，符号相反。

作用在$q_d$上的力的精确值应该是刚才给出的力$q_d(q_b+q_c)/4\pi\varepsilon_0 r^2$，与$A$上和$A$内部总电荷为0时（本题中为$q_b+q_c$）作用在$q_d$上的力，二者之和。后者这个力（总是吸引力）可以通过下一节要学习的镜像电荷法进行求解，见习题3.13。

## 3.4　镜像电荷

在一个最最简单的系统中，导体内部电荷的自由移动特性会让一个导体平面等效成它附近的一个点电荷。假定一个向无限大方向延伸的导体的表面位于$xy$平面，我们假定这个平面上的电势为零。现在如图3.10（a）所示，在平面上方高度为$h$的$z$轴上引入一个电荷量为$Q$的正电荷。周围的电场和导体上的电荷会怎样分布呢？我们会想到，正电荷$Q$一定会吸引负电荷，同时我们也会意识到，吸引的这些负电荷肯定也不会在电荷$Q$的垂足位置处堆积成一个密度无限大的点电荷（为什么?）。还有，我们会记起，在导体的表面，电场应该是处处垂直于导体面的。另一方面，在点电荷$Q$附近，电场会因为导体的存在而有些不同；电场线必须从$Q$出发，就像它们要沿径向离开点电荷一样。所以如果忽略某些细节，我们推测电场可能会跟图3.10（b）差不多。当然，整个形状肯定会严格关于$z$轴对称。

但是我们怎样才能真正解决这个问题呢？答案是，用一个假象，但是这个假象

既是有利于解题的又是经常有用的。于是我们找到了这样的一个问题，这个问题很简单，而问题的答案或者答案的一部分可以和我们的问题相互匹配。这个简单的问题就是两个等量异号的电荷 $Q$ 和 $-Q$。图 3.10（c）表示了这个结构的截面，其中直线 $AA$ 表示了这个系统中的一个平面，在这个平面上，电场是处处垂直于平面的。如果我们使 $Q$ 到平面的距离和我们在刚才的问题中的距离 $h$ 相同，那么图 3.10（c）中上半部分的电场就和我们的所有限制条件都符合了：电场垂直于导体平面，并且在 $Q$ 附近的电场类似于点电荷的电场。

这里的边值条件和前一节唯一性定理指出的内容不完全相符。导体的电势是固定的，但是我们在系统中有一个电势接近无限大的点电荷。我们可以把这个点电荷看作是一个无限小的带有固定的总电荷量 $Q$ 的球形导体。对于这个混合的边值条件——给定某个表面的电势，和另外物体上的总电荷量——唯一性定理仍然成立。如果我们“借来的”这个解和这种条件能够完全符合，这个解就是正解。

图 3.11 展示了平面上方的电场的最终解，在平面上有面电荷密度的图示。我们可以利用图 3.10（c）中的双电荷问题和库仑定律来计算任意一点处的电场强度和方向。考虑在平面上一个到原点的距离为 $R$ 的点，它到 $Q$ 的距离的平方是 $r^2+h^2$，并且在那一点上 $Q$ 所产生的电场在 $z$ 轴的分量为 $-Q\cos\theta/4\pi\varepsilon_0(r^2+h^2)$。那个平面以下的“镜像电荷” $-Q$ 提供的电场 $z$ 分量是相同的。因此这里的电场由下式给定：

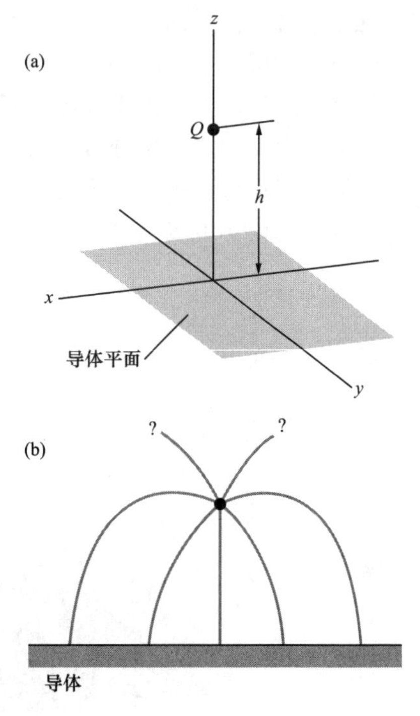



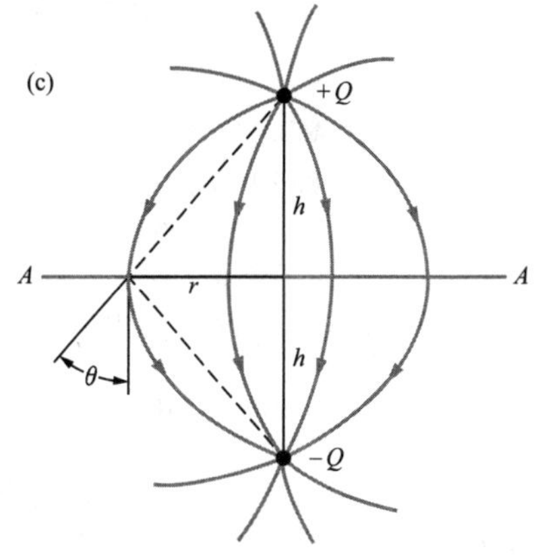



图 3.10

(a) 一个无限大的平面导体上方有一个点电荷 $Q$。(b) 电场看上去应该是这个样子的。(c) 一对异性电荷形成的电场。

$$E_z = \frac{-2Q}{4\pi\varepsilon_0(r^2+h^2)}\cos\theta = \frac{-2Q}{4\pi\varepsilon_0(r^2+h^2)} \cdot \frac{h}{(r^2+h^2)^{1/2}} \qquad (3.3)$$

$$= \frac{-Qh}{2\pi\varepsilon_0(r^2+h^2)^{3/2}}$$

回到这个包含导体平面的系统的实际情况，我们知道由于表面电荷密度 $\sigma$ 的存在，平面上方表面附近位置处的电场为 $E_z=\sigma/\varepsilon_0$。因为如果我们在一个小盒子的空间上使用高斯定理的话，由于导体平面以下的电场为零，所以小盒子的底面上通量为零，因此，上面的式子中分母上没有因子2。实际上平面板以下的空间中电场确实是零，因为我们可以把这个平面看成是一个非常大的导体球壳的顶部，而我们知道在一个导体的内部电场是零。利用 $E_z=\sigma/\varepsilon_0$ 可以得到密度 $\sigma$ 为

$$\sigma=\varepsilon_0 E_z=\frac{-Qh}{2\pi\left(r^2+h^2\right)^{3/2}} \tag{3.4}$$

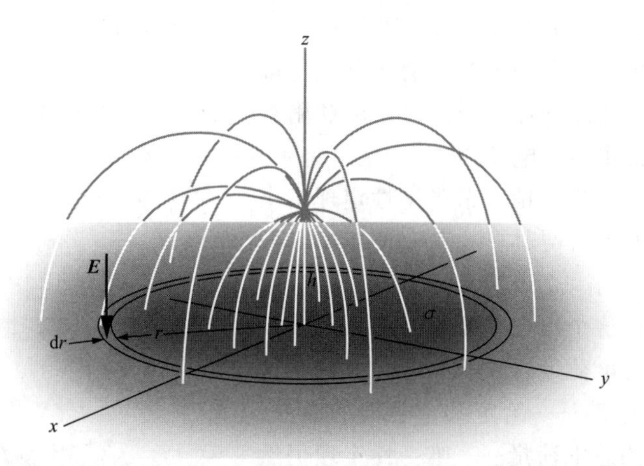


图 3.11
平面上方的电荷形成的一些电场线。表面处的电场强度由方程（3.3）给出，它决定了表面的电荷密度 $\sigma$。

通过积分可得到这种面电荷分布的总电荷量

$$\int_0^{\infty}\sigma\cdot 2\pi r\mathrm{d}r=-Qh\int_0^{\infty}\frac{r\mathrm{d}r}{\left(r^2+h^2\right)^{3/2}}=\left.\frac{Qh}{\left(r^2+h^2\right)^{1/2}}\right|_0^{\infty}=-Q \tag{3.5}$$

我们已经预料到这个结果了。这意味着所有从电荷 $Q$ 出发的电场最终都终止在导体平面上。

这里有一个疑点。我们从来没有介绍这个导体平面上的电荷量是多少，如果这个平面在电荷 $Q$ 被放置在那个位置之前进行了完全放电会是什么样子？（你可能已经默认为我们已经默许这个条件了。）导体上为什么会出现一个 $-Q$ 的净电荷呢？答案是肯定会有一个电荷量为 $+Q$ 的补偿电荷出现的，这个补偿电荷会分布在整个平面上。给定的电荷 $Q$ 和式（3.4）给出的面电荷密度 $\sigma$ 共同产生了式（3.3）中的电场 $E_z$，但这并不影响我们再往这个导体平面上添加额外的电荷从而再产生一些额外的电场。

为了能看看这个过程到底是怎么发生的，我们可以把导体平面想象成一个金属的圆盘，它不是无限大的，而是有一个有限的 $R\gg h$ 的半径。如果电荷 $+Q$ 在这个圆

盘的两个面上均匀地扩散（每个面上的电荷量为 $Q/2$），那么最终面电荷密度会是 $Q/2\pi R^2$，这将会产生一个垂直于圆盘平面强度为 $Q/2\pi\varepsilon_0 R^2$ 的电场。因为这个圆盘是一个导体，电荷可以在圆盘上移动，再加上电荷有向外扩散到边缘的趋势，在圆盘的中心附近电荷密度和最终的电场强度甚至会比 $Q/2\pi\varepsilon_0 R^2$ 小。无论在哪种情况下这种分布所产生的电场会比式（3.3）所描述的电场小 $h^2/R^2$ 倍，因为 $r=0$ 附近的最终电场变为 $1/h^2$。只要 $R>>h$，我们就有理由忽略它，当然对于一个没有边界的 $R=\infty$ 的导体平面它就完全消失了。

图 3.12 用分开的基片展示了式（3.4）给出的面电荷密度 $\sigma$，并且补偿电荷 $Q$ 分布在圆盘的上下两个表面。在这里为了清楚地展示相同半径下两种电荷的分布情况，我们没有使 $R$ 远远大于 $h$。注意一下，补偿电荷会在圆盘的上下表面自动按照严格一致的方式进行分布，就好像根本不在乎堆积在上表面中心的负电荷一样！实际上，它完全可以这样做，因为在圆盘表面负电荷所产生的电场和点电荷 $Q$ 的电场相加后总电场的水平分量为零，因此不会对正的补偿电荷产生任何影响。

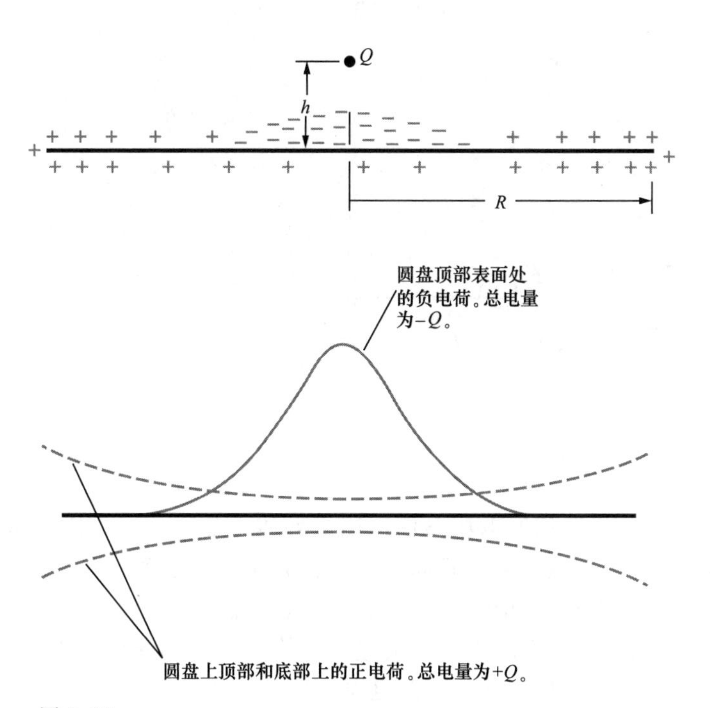


图 3.12

一个总电荷量为零的导体圆盘上的电荷分布，在上方距离为 $h$ 的高度处有一个电量为 $Q$ 的正点电荷。圆盘上任意一点位置处最终的电荷密度是如图所示的正负电荷密度的代数和。

上面所提到的孤立的导电圆盘属于另一类可解问题中的一种，即包括任意的孤立球形导体在内的一类，也就是旋转椭球体。我们在图3.13中没有涉及数学计算[5]而展示了一些在导体圆盘周围的电场线和等势面。电场线是双曲线。等势面是包围着圆盘的扁平旋转椭球面。和无穷远的位置相比，圆盘自身的电势 $\phi$ 是

$$\phi_0=\frac{(\pi/2)Q}{4\pi\varepsilon_0 a} \tag{3.6}$$

这里的 $Q$ 是圆盘上的总电荷量，$a$ 是圆盘的半径（在这种写法中，我们可以看到这个电势 $\phi_0$ 比带有相同电荷量的半径为 $a$ 的球面的电势大 $\pi/2$ 倍）。把这个图和图2.12中均匀带电而不导电的圆盘产生的电场相比较。在那种情况下，表面附近的电场不是垂直于表面的，而是有一个向外的径向分量。如果你能使图2.12中的圆盘变成导体，电荷会向外侧流动直到建立起图3.13中那样的电场。根据图3.13所使用的数值解，圆盘中心的电荷密度会变得只有电荷均匀分布的圆盘的中心时电荷密度的一半。这个结果同样可以作为习题3.4的一个推论。

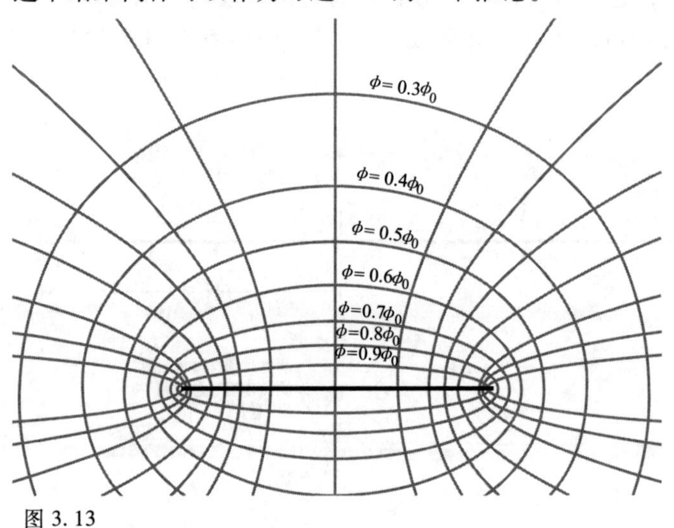


图3.13

带电导体圆盘产生的电场线和等势面。

图3.13中展示给我们的电场不仅适用于导体圆盘，它对于任何孤立的旋转椭球体都适用。为了证明这一点，我们选择旋转椭球形等势面中的任意一个——比如说图中标记为 $\phi=0.6\phi_0$ 的那个。假定我们在这个椭球面上镀上铜并在上面分布上 $Q$ 的电荷量。那么图中给出的它外面的电场完全满足边值条件：电场垂直于表面，总通量为 $Q/\varepsilon_0$。这个解是成立的，并且结合唯一性定理，这个解一定是这种形状的孤立带电导体系统的确定解。我们只需要擦除掉这个导体内部的电场线就可以了。同样我们也可以假设给其中的两个椭球面都镀上铜，内侧球面带电量 $Q$，外侧球面带电量 $-Q$。图3.13中这两个等势面中间的电场线就是这种同心椭球面导体的

5　从数学的角度讲，这一类问题是可解的，因为球坐标系正好是一个使得拉普拉斯方程变成一种很简单的形式的坐标系统。

结构产生的电场。其余的地方电场都为零。

这样我们就有了一个求解类似问题的一般方法。给定一个有固定的等势面的静电系统的解，我们可以知道以这个系统中一个或者几个等势面为导体面的系统的解。或许我们可以把这种方法叫作“寻找问题求解法”。麦克斯韦曾经这样恰当地描述这个方法：

“然而，这种给定电势的表达式来推导导体形状的逆向问题确实要比给定导体形状来推导电势的直接问题容易得多。”[6]

如果你做了练习 2.44，那么你已经利用那个非常重要的例子来验证过这个结论了。你已经发现了一根有限长度的均匀带电的线电荷产生的等势面的形状是一个个的扁平的旋转椭球体。因此，要求解任何一个孤立的带电旋转椭球导体的电场和电势，就可以归结为求解相对简单的一个点电荷的电势。你可以在练习 3.62 中试着用一下这个结论。

## 3.5 电容和电容器

一个孤立的导体带电量为 $Q$，电势为 $\phi_0$，定义无穷远处的电势为零。$Q$ 和 $\phi_0$ 成正比。比例系数仅仅和导体的大小和形状有关。我们把这个系数称为导体的**电容**，用 $C$ 表示：

$$\boxed{Q=C\phi_0} \tag{3.7}$$

显然 $C$ 的单位取决于表达式中 $Q$ 和 $\phi_0$ 的单位。在 SI 制中，电荷的单位是 C，电势是 V，所以电容的单位是 C/V，这个单位有一个自己的名字，叫作**法拉**（F）。

$$1\mathrm{F}=1\mathrm{C/V} \tag{3.8}$$

因为 1V 等于 1J/C，所以 1F 还可以表示成

$$1\mathrm{F}=1\frac{\mathrm{C}^2\cdot\mathrm{s}^2}{\mathrm{kg}\cdot\mathrm{m}^2} \tag{3.9}$$

对一个半径为 $a$ 的孤立球形导体，我们知道 $\phi_0=Q/4\pi\varepsilon_0 a$，因此，根据式（3.7）的定义，球的电容为

$$C=\frac{Q}{\phi_0}=4\pi\varepsilon_0 a \tag{3.10}$$

对一个半径为 $a$ 的孤立圆盘导体，根据式（3.6），$Q=8\varepsilon_0 a\phi_0$，因此其电容为 $C=8\varepsilon_0 a$。比同样半径的球导体的电容要小。换句话说，要达到同样的电势，圆盘

---

6 见麦克斯韦（1891 年）的著作。每一个物理专业的学生都应该抽时间去阅读麦克斯韦的著作。其著作的第七章就是关于我们现在正在学习的内容的。在其著作第一卷的末尾，你会看到一些漂亮的电场图（我们刚才也引用了一些），以及给出的解释。麦克斯韦当时令人难以置信地沉迷于这些优雅知识体系的建立。

所需要的电荷量比球所需要的要少。这看上去是有道理的。

法拉是一个很大的单位，对于地球大小的一个孤立导体，它的电容仅仅是

$$
\begin{aligned}
C_{\mathrm{e}} = 4\pi\varepsilon_0 a &= 4\pi\left(8.85\times10^{-12}\frac{\mathrm{C}^2\cdot\mathrm{s}^2}{\mathrm{kg}\cdot\mathrm{m}^3}\right)(6.4\times10^{6}\mathrm{m}) \\
&\approx 7\times10^{-4}\frac{\mathrm{C}^2\cdot\mathrm{s}^2}{\mathrm{kg}\cdot\mathrm{m}^2} = 7\times10^{-4}\mathrm{F}
\end{aligned}
\tag{3.11}
$$

不过这个问题不大。我们更多地使用**微法**（μF），即 $10^{-6}$F，和**皮法**（pF），即 $10^{-12}$F。注意，常数 $\varepsilon_0$可以很方便地用 F/m 这个单位来表达。电容总是包含有一个系数 $\varepsilon_0$和一个具有长度量纲的量。因此对于给定形状的导体，电容的大小和导体的几何尺寸是呈线性关系的。

以上的讨论对于单个孤立导体来说是适用的。当我们考虑一些导体上的电荷和电势时，也经常要用到电容的概念。比如分别带有等量异号电荷 $Q$ 和 $-Q$ 的两个导体的情况。这里，电容定义为电量 $Q$ 与两个导体电势差之比。包含有两个导体的物体，两个导体用绝缘材料分开，也许带有电极，这个物体称为**电容器**。很多电路含有电容器。平行板电容器是最简单的例子。

两个相同的导电平板互相平行放置，相距 $s$，如图 3.14（a）所示。设平板的面积为 $A$，一个平板带电量为 $Q$，另外一个带电量为 $-Q$，两个平板上的电势分别为 $\phi_1$、$\phi_2$。图 3.14（b）给出了这个系统中的电场线。除了边缘以外，在两个平板之间的区域内，电场几乎是均匀的。假如就认为它是均匀的，那么它的大小为 $(\phi_1-\phi_2)/s$。其中一个平板内侧的表面电荷密度是

$$
\sigma = \varepsilon_0 E = \frac{\varepsilon_0(\phi_1-\phi_2)}{s} \tag{3.12}
$$

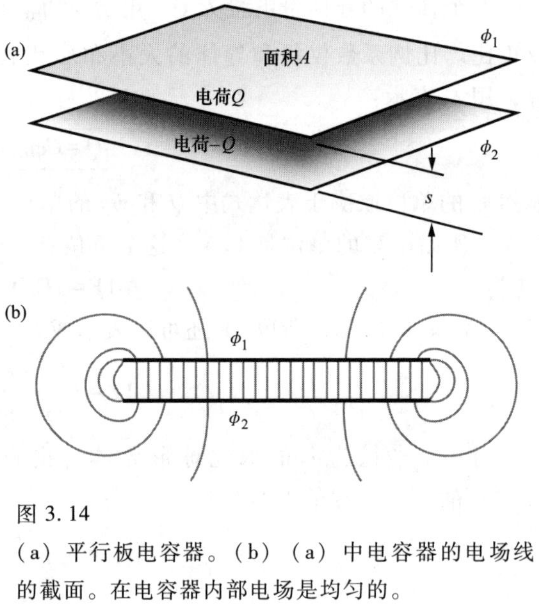

图 3.14

（a）平行板电容器。（b）（a）中电容器的电场线的截面。在电容器内部电场是均匀的。

在实际的情况中，$E$ 的变化和由此带来的 $\sigma$ 的变化主要发生在平板的边缘，如果我们忽略这些变化，就可以写出总电量的简单表达式，$Q=A\sigma$，在一个平板上

$$
Q = A\,\frac{\varepsilon_0(\phi_1-\phi_2)}{s}\ (\text{忽略边缘效应}) \tag{3.13}
$$

平行板的间距 $s$ 与平板的面积的比值小一些的话，式（3.13）给出的电量就更

精确些。当然，如果我们考虑边缘和所有其他条件，以精确求解出一个特定形状的平板的静电场问题，我们可以用一个更精确的式子来代替式（3.13）。为了证明式（3.13）是一个足够好的近似式，图3.15列出了两个导体圆盘间隔一定距离情况下，精确求解得到的值和式（3.13）给出的$Q$近似值之间的修正因子$f$。总电量总是比式（3.13）给出的值要稍微大一些。我们看一下图3.14（b）就会觉得这是有道理的，在边缘处有一个明显的电荷聚集，甚至在边缘的外表面处也有一些电荷。

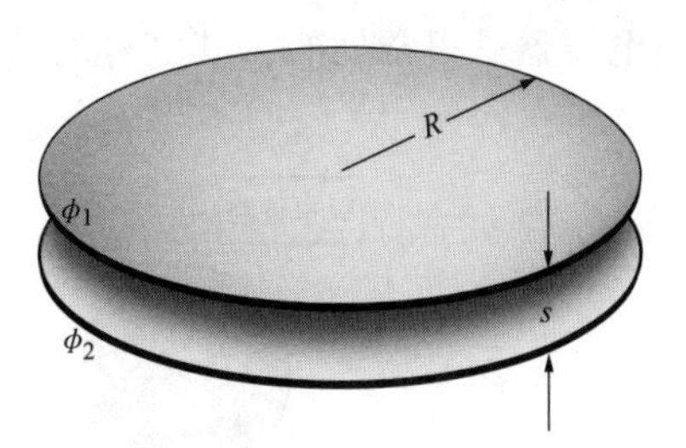


图3.15
实际的平行圆盘电容器中不同板间距离和圆板半径比值的情况下的电容值和式（3.13）得到的值的对比。可以把$Q$写成下面的式子来平衡边缘效应：

$$Q=\frac{\varepsilon_0 A(\phi_1-\phi_2)}{s}f$$

对于圆板，因子$f$和$s/R$的关系如下：

| $s/R$ | $f$ |
|---|---|
| 0.2 | 1.286 |
| 0.1 | 1.167 |
| 0.05 | 1.094 |
| 0.02 | 1.042 |
| 0.01 | 1.023 |

我们现在不用关心修正的细节，而只需要关心这个包含两个导体的系统，即电容器的一般性质。我们感兴趣的是一个平行导体板上的电量$Q$和两个导体板的电势差之间的关系。对于式（3.13）适用的特定系统，商$Q/(\phi_1-\phi_2)$等于$\varepsilon_0 A/s$。尽管这只是一个近似，但也清晰地表明了精确结果只跟平行平板的位置关系和尺寸有关。也就是说，对于一对固定的导体板，电荷与电势差的比值是常量。我们把这个常量叫作电容器的电容，通常用$C$来表示：

$$Q=C(\phi_1-\phi_2) \tag{3.14}$$

对于平行平板电容器，忽略边缘效应，则电容为

$$\boxed{C=\frac{\varepsilon_0 A}{s}} \tag{3.15}$$

至于上面提到的球形和圆盘形电容器，其电容包含有一个系数$\varepsilon_0$和一个相当于是长度的项。图3.16总结了SI单位制和高斯单位制下的电容公式，有不清楚的地方可以看一下。跟通常一样，两种单位之中，任何包含有电荷的表达式中都有系数$4\pi\varepsilon_0$的差别。附录C推导了1cm(esu/statvolt)$=1.11\times10^{-12}$F(C/V)。

在定义两个导体系统的电容时，我们假定它们携带的电荷是等量异号的（不过，看看下面的描述）。这是有道理的。我们在起初都是电中性的两个导体间连接上一个电池，电荷就会离开其中一个导体而流向另一个导体。因此当我们谈论“电容器的电荷”时，我们是指其中任何一个导体的电荷，而两个导体的总电荷当然是零。我们定义的电容是一个正值。如果你记得式（3.14）中电荷$Q$和$-Q$分别与电势$\phi_1$和$\phi_2$相联系，则电容自然是正的。不过你要是不想为符号而操心，也可以简单地将电容定义成：$C=|Q|/|\phi_1-\phi_2|$。

任何一对导体，不管它是什么形状或者怎么放置，都可以看作是电容器。平行

板电容器是很常见的，其电容的近似计算很容易。图3.17展示了两个导体，一个

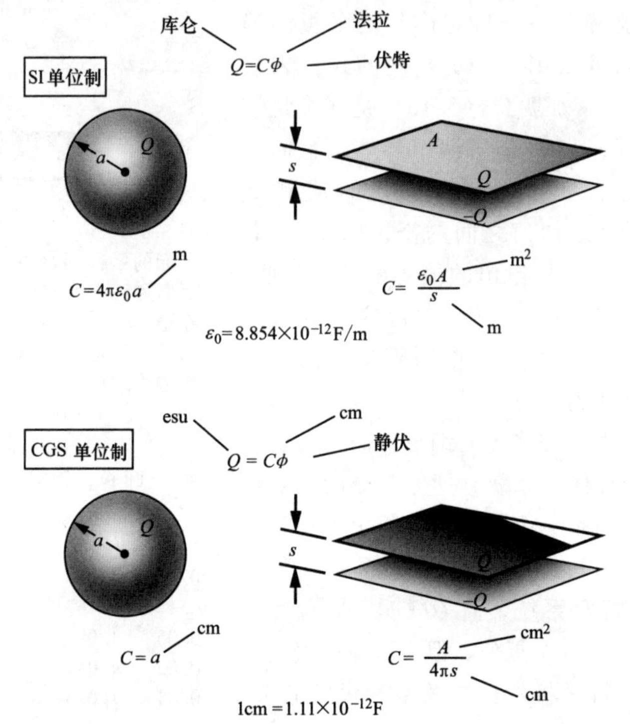


图3.16

不同单位制下的电容的总结。

在另外一个的里面。我们也可以将这种构型称作电容器。实际情况中这种电容器里面的导体需要有一个机械支撑，但这跟我们关心的问题无关。把电荷传导到导体上或者从导体上传回还需要本身就是导体的导电电极。把从里面导体引出的电线编号为1号线，它需要穿越两个导体之间的空间，这样必然会对该空间中的电场造成扰动。为了减小这种扰动，我们可以假设电极导线极细，以至于在其上的电荷可以忽略。或者我们可以假设在电势确定之前电极被移走了。

在这样一个系统中，我们可以确认出三种电荷：里面导体的总电量 $Q_1$；外面导体内表面的总电量 $Q_2^{(i)}$；以及外面导体外表面的总电量 $Q_2^{(o)}$。首先，$Q_2^{(i)}$ 一定等于 $-Q_1$。我们从前面的例题中已经知道，这是由于如图3.17所示的表面 $S$ 包围了这两种电荷，没有其他电荷。表面 $S$ 所处的导体内部的电场为0，所以通量也为0。

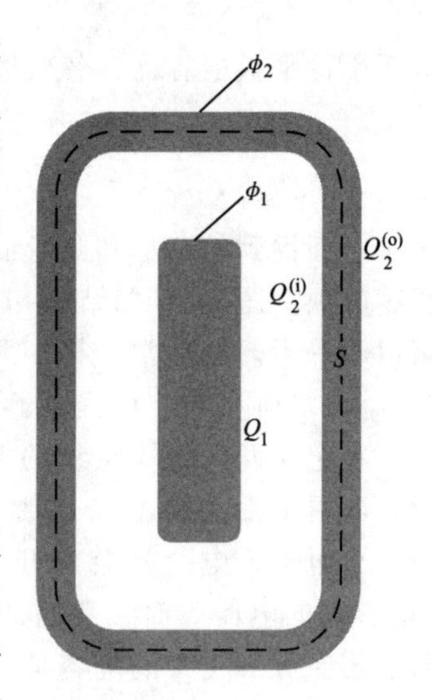


图3.17

一个导体在另外一个导体内部的电容器。

显然，$Q_1$的值将唯一地决定着两个导体之间区域的电场，因而也就决定了两个导体之间的电势差 $\phi_1-\phi_2$。所以，如果我们把这两个导体当成是电容器的两个“板”，那么决定电容值的量就只有 $Q_1$或者它的感应电荷 $Q_2^{(i)}$，其表达式为

$$C=\frac{Q_1}{\phi_1-\phi_2} \tag{3.16}$$

这个表达式是和 $Q_2^{(o)}$无关的，因为在外侧的导体的外表面上无论堆聚上多少电荷，$\phi_1$和 $\phi_2$两个电势的增加量是一样的（因为一个简单导体上的电荷在该导体内部不产生电场），因此，$\phi_1-\phi_2$是不变的。一个导体完全包围住另外一个导体的电容器，其电容和外部没有任何关系。如果你愿意，你可以把这个系统看作是带有电量 $Q_1$和 $Q_2{}^{(i)}=-Q_1$的两个导体构成的，而系统中的另外一个导体 $Q_2^{(o)}$不会改变电势差 $\phi_1-\phi_2$。

---

**例题（两个球壳的电容）** 两个同心金属球壳组成的电容器的电容是多少？其中外球壳的内径（半径）为 $a$，内球壳的外径（半径）是 $b$。

**解** 设内球壳带电量为 $Q$，外球壳带电量为 $-Q$。如上面所说的，外球壳上任何额外的电荷不会影响电势差。球壳之间的电场仅仅依赖于内球壳，等于 $Q/4\pi\varepsilon_0r^2$。电势差等于

$$\Delta\phi=\int_b^a E\mathrm{d}r=\int_b^a\frac{Q\mathrm{d}r}{4\pi\varepsilon_0r^2}=\frac{Q}{4\pi\varepsilon_0}\left(\frac{1}{b}-\frac{1}{a}\right) \tag{3.17}$$

则电容为

$$C=\frac{Q}{\Delta\phi}=\frac{4\pi\varepsilon_0}{\dfrac{1}{b}-\dfrac{1}{a}}=\frac{4\pi\varepsilon_0ab}{a-b} \tag{3.18}$$

对于两个导体之间的距离 $a-b$ 相对于 $b$ 非常小的极限情况，我们检查一下这个结果是否正确。这种情况下，电容器本质上相当于间距为 $s=a-b$ 的平行板电容器，平板面积为 $A=4\pi r^2$，其中 $r\approx a\approx b$。其实在这个极限情况下，利用式（3.18）就可以得到 $C\approx4\pi\varepsilon_0r^2/s=\varepsilon_0A/s$，这与式（3.15）一样。如果让 $r$ 等于 $a$ 和 $b$ 的几何平均值，那么这个结果就更为精确了，因为此时 $C$ 表达式中分子上的乘积 $ab$ 正好等于 $r^2$。

同样在 $a\gg b$ 的极限情况下，从式（3.18）可以得到 $C=4\pi\varepsilon_0b$。这就是半径为 $b$ 的孤立球形导体和一个位于无穷远位置处的导体形成的电容器的电容，参见式（3.10）。

---

## 3.6　几种导体上的电势和电荷

我们一直在试图研究更加普遍的问题，也就是在给定排布方式的任意数量的导

体之间电荷量和电势的关系。两个导体组成的电容器仅仅是其中的一个特例。可能会让你惊奇的是，任何实际的问题都可以用上面提到的一般问题来解决。在这里，我们能用到的就是唯一性定理和叠加定理。首先让我们明确一些东西，考虑三个彼此分离的导体，如图3.18所示，它们全都被包围在一个导体壳内部。我们选定这个导体壳的电势为零，以它为参考，系统中特定状态的三个导体的电势为$\phi_1$、$\phi_2$和$\phi_3$。由唯一性定理可知，给定了$\phi_1$、$\phi_2$和$\phi_3$，那么整个系统的电场就确定了下来。这也就是说每个导体上的电荷$Q_1$、$Q_2$和$Q_3$也同样被唯一确定了下来。

我们不必再去计算外壳内表面上的电荷量，因为它肯定是$-(Q_1+Q_2+Q_3)$。如果你愿意，可以想象这个壳无限地向外扩大，用“无限远”来代替这个外壳。我们之所以在图中把它画出来是因为对于人们来说，如果有什么东西和它相连的话，可以让电荷的传递过程变得更加简单。

在这个系统中，有一个可能的状态是$\phi_2$和$\phi_3$都为零。我们把导体2和导体3与零电势的导体壳连接起来就能形成这种状态，就像图3.18（a）中那样。和前面一样，我们可以假定连线非常细以使其上面的电荷可以忽略。当然，我们可以不关心这种状态是如何形成的。我们把这种状态称为状态Ⅰ，在这种状态下，整个系统的电场和每一个导体上的电荷都由$\phi_1$的值唯一决定。再者，如果$\phi_1$是不确定的，将会导致每一个位置处的电场强度都是不确定的，因此每个电荷$Q_1$、$Q_2$和$Q_3$也都不确定。也就是说，当$\phi_2=\phi_3=0$时，这三个电荷都必须正比于$\phi_1$。用数学方式可以表达成

- 状态Ⅰ（$\phi_2=\phi_3=0$）：

$$Q_1=C_{11}\phi_1;\ Q_2=C_{21}\phi_1;\ Q_3=C_{31}\phi_1 \tag{3.19}$$

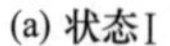
(a) 状态Ⅰ

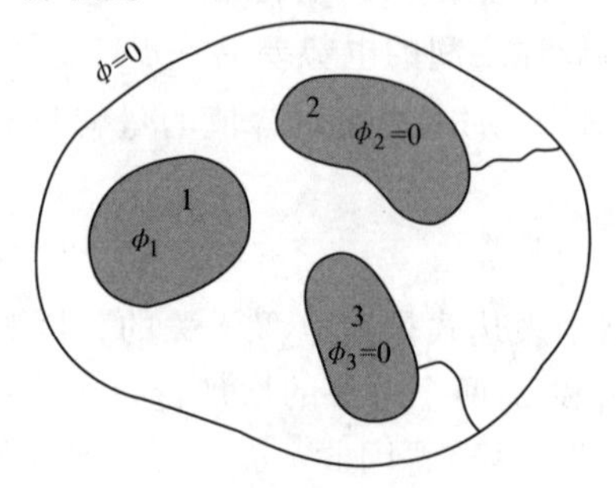


(b) 状态Ⅱ

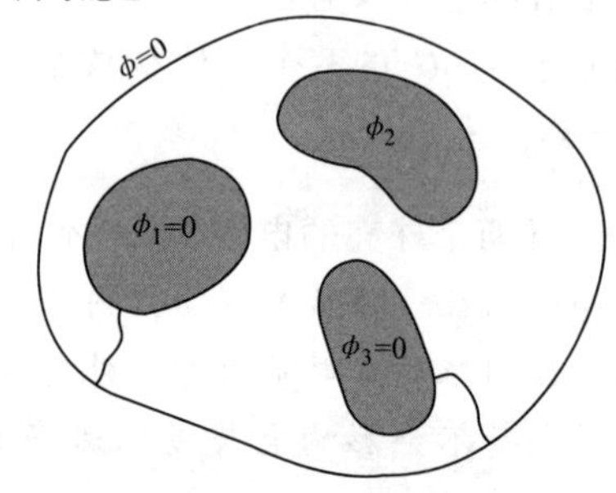


(c) 状态Ⅲ

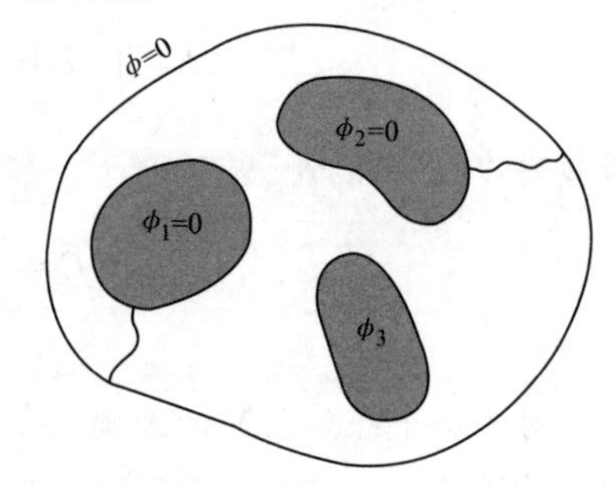


(d) 叠加态

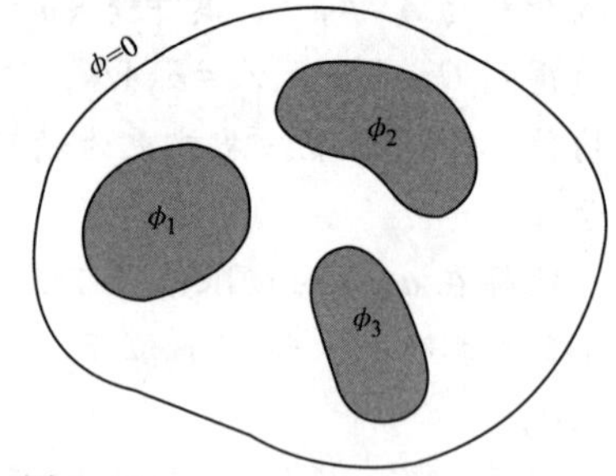


图3.18
（a）~（c）三个状态中每一个状态都只有一个导体不是零电势，对于一般的状态（d）可以看成是这几个状态的叠加状态。

三个常量 $C_{11}$、$C_{21}$和 $C_{31}$仅取决于导体的形状和分布方式。

用完全同样的方法就可以分析 $\phi_1$ 和 $\phi_3$ 为零的系统，把这个系统称为状态Ⅱ［见图 3.18（b）］。在这种状态下，我们要再找到一个唯一非零的电势 $\phi_2$ 和变化的电荷量之间的线性关系：

- 状态Ⅱ（$\phi_1=\phi_3=0$）：

$$Q_1=C_{12}\phi_2;\ Q_2=C_{22}\phi_2;\ Q_3=C_{32}\phi_2 \tag{3.20}$$

最后，当 $\phi_1$ 和 $\phi_2$ 为零时，电场的电荷量正比于 $\phi_3$：

- 状态Ⅲ（$\phi_1=\phi_2=0$）：

$$Q_1=C_{13}\phi_3;\ Q_2=C_{23}\phi_3;\ Q_3=C_{33}\phi_3 \tag{3.21}$$

状态Ⅰ、Ⅱ和Ⅲ的叠加状态也是一种可能的状态。每一点处的电场是三个状态下该点的电场的矢量和，而每一个导体上的电荷量就是三种状态的电量之和。在这种新的状态下电势分别为 $\phi_1$、$\phi_2$ 和 $\phi_3$，每一个都不必为零。简而言之，我们得到了一个完全普通的状态。电荷和电势的关系可以把式（3.19）加到式（3.21）而得到

$$\begin{aligned}Q_1&=C_{11}\phi_1+C_{12}\phi_2+C_{13}\phi_3\\Q_2&=C_{21}\phi_1+C_{22}\phi_2+C_{23}\phi_3\\Q_3&=C_{31}\phi_1+C_{32}\phi_2+C_{33}\phi_3\end{aligned} \tag{3.22}$$

可以发现这个系统中的电学性质由这九个常量 $C_{11}$，$C_{12}$，…，$C_{33}$来决定。实际上只有六个常量是必需的，因为可以证明在任何系统中都有 $C_{12}=C_{21}$，$C_{13}=C_{31}$并且 $C_{23}=C_{32}$。为什么是这样，原因不是很明显。练习 3.64 将会提供一个基于能量守恒定律的证明方法，但是为了达到那个目的，你需要 3.7 节中提到的一种思想。在式（3.22）中的那些 $C$ 被称为电容系数。显然我们的讨论可以扩大到任何数量的导体。

利用像式（3.22）中那样的方程组可以解得 $\phi$ 关于 $Q$ 的函数。也就是说，有一个这种形式的线性方程组：

$$\begin{aligned}\phi_1&=P_{11}Q_1+P_{12}Q_2+P_{13}Q_3\\\phi_2&=P_{21}Q_1+P_{22}Q_2+P_{23}Q_3\\\phi_3&=P_{31}Q_1+P_{32}Q_2+P_{33}Q_3\end{aligned} \tag{3.23}$$

$P$ 叫作电势系数；它们可以由 $C$ 计算得来，反之亦然。

这里我们介绍了可以应用于任何线性物理系统的一类关系的简单例子。这种关系会经常出现在对机械结构的研究（力和负载之间的关系）以及对电路的分析中（电压和电流的关系），一般来讲，它可以应用于任何叠加定理可以应用的领域。

---

**例题（两个金属平板的电容系数）** 图 3.19 所示为一个金属盒的横截面，盒内有两个平板 1 和 2，每一个面积为 $A$。选定盒子的电势为 0。金属平板之间的距离、

平板距离金属盒上下底面的距离分别是 $r$、$s$ 和 $t$，这几个值与平板的长度和宽度相比都很小，因此在估算平板上的电荷时可以忽略边缘效应。在这种近似下，计算出电容系数 $C_{11}$、$C_{22}$、$C_{12}$ 和 $C_{21}$。检查是否有 $C_{12}=C_{21}$。

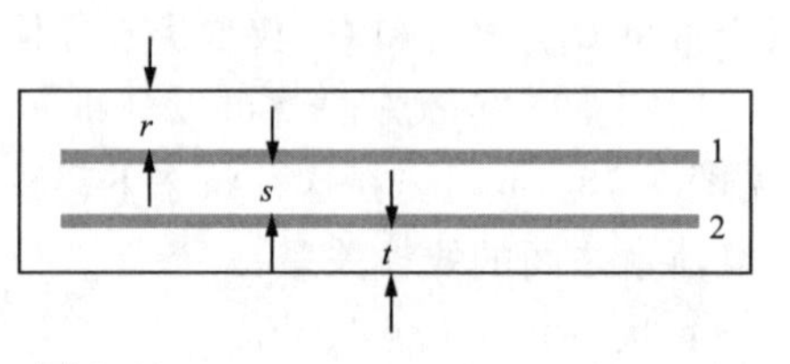


图 3.19

一个导体盒子内部的两个电容器极板。

**解**　选定了金属盒的电势为 0，则一般情况下有

$$\begin{aligned} Q_1 &= C_{11}\phi_1 + C_{12}\phi_2 \\ Q_2 &= C_{21}\phi_1 + C_{22}\phi_2 \end{aligned} \tag{3.24}$$

把平板 2 连接到金属盒，使得 $\phi_2=0$，在这种情况下，在三个区域的电场分别是 $E_r=\phi_1/r$，$E_s=\phi_1/s$ 和 $E_t=0$（见图 3.20）。作一个完全包围平板 1 的高斯面，用高斯定理可以得到 $Q_1=\varepsilon_0(AE_r+AE_s)$。用 $\phi$ 来代替 $E$，得到

$$Q_1=\varepsilon_0 A\phi_1\left(\frac{1}{r}+\frac{1}{s}\right) \Longrightarrow C_{11}=\varepsilon_0 A\left(\frac{1}{r}+\frac{1}{s}\right) \tag{3.25}$$

作一个完全包围平板 2 的高斯面，用高斯定理也可以得到 $Q_2=-\varepsilon_0(AE_s+0)$，因此

$$Q_2=-\frac{\varepsilon_0 A\phi_1}{s} \Longrightarrow C_{21}=-\frac{\varepsilon_0 A}{s} \tag{3.26}$$

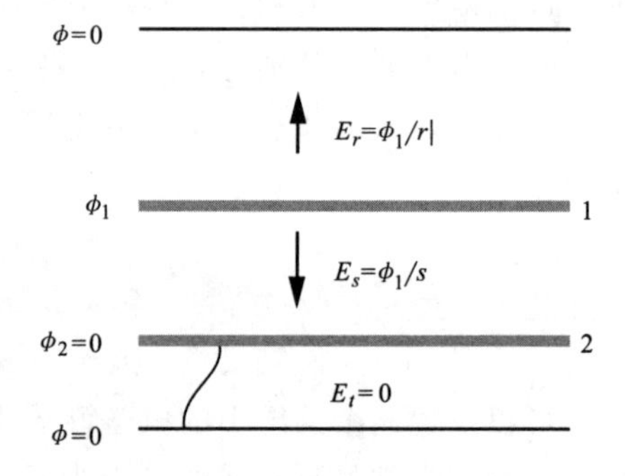


图 3.20

底层的平板通过盒子接地的情况下系统的解。

现在把 $\phi_2=0$ 换成 $\phi_1=0$，重复以上讨论。这就相当于将平板 1 和 2 对换，令 $r\to t$（保持 $s$ 不变），可以很快得到

$$C_{22}=\varepsilon_0 A\left(\frac{1}{t}+\frac{1}{s}\right) \quad \text{和} \quad C_{12}=-\frac{\varepsilon_0 A}{s} \tag{3.27}$$

如所预料的，$C_{12}=C_{21}$。这四个系数怎么会简化为式（3.15）所描述的平行板电容器中的电容 $C=\varepsilon_0 A/s$ 呢？这是习题 3.23 的问题。

## 3.7　电容器的储能

考虑一个电容值为 $C$ 的电容器，两个板之间的电势差为 $\phi$。电荷量 $Q$ 等于 $C\phi$。一个板带电 $Q$，另一个板带电 $-Q$。假定我们克服电势差 $\phi$ 从负电荷板转移 $\mathrm{d}Q$ 的正电量到正电荷板，从而使电量从 $Q$ 增加到 $Q+\mathrm{d}Q$。需要做的功为 $\mathrm{d}W=\phi\mathrm{d}Q=Q\mathrm{d}Q/C$。因此要把电容器从未充电状态开始充电，直到最终电荷量为 $Q_\mathrm{f}$，需要做的功为

$$W=\frac{1}{C}\int_{Q=0}^{Q_f} Q\mathrm{d}Q=\frac{Q_f^2}{2C} \tag{3.28}$$

这就是"储存"在电容器的能量 $U$。因为 $Q_f=C\phi$，它也可以写成

$$\boxed{U=\frac{1}{2}C\phi^2} \tag{3.29}$$

式中，$\phi$ 是两个极板间的最终的电势差。再次利用 $Q=C\phi$，我们可以把能量写成 $U=Q\phi/2$。这个结果和我们从式（2.32）得到的能量是一样的。见练习 3.65。

对于板面积为 $A$、板间距离为 $s$ 的平行板电容器，电容值为 $C=\varepsilon_0 A/s$，电场为 $E=\phi/s$。所以式（3.29）也等价于

$$U=\frac{1}{2}\left(\frac{\varepsilon_0 A}{s}\right)(Es)^2=\frac{\varepsilon_0 E^2}{2}\cdot As=\frac{\varepsilon_0 E^2}{2}\cdot(\text{体积}) \tag{3.30}$$

这符合我们在第 1 章中表述电场中储存的能量的式（1.53）这个一般公式。[7]

式（3.29）也适用于孤立的带电导体，它可以看成是包围在一个电势为零的无限大导体内部的电容器的内板。对于一个半径为 $a$ 的孤立球体，我们有 $C=4\pi\varepsilon_0 a$，所以 $U=(1/2)C\phi^2=(1/2)(4\pi\varepsilon_0 a)\phi^2$ 或者写成等价的 $U=(1/2)Q^2/C=(1/2)Q^2/4\pi\varepsilon_0 a$，这和我们之前对带电球体的电场所储存的能量的结论相一致。

分别带异种电荷的电容器的两个平板会相互吸引；需要一些机械力量来使它们互相分开。这对于平行板电容器来说是很明显的，在平行板电容器中，我们可以很容易地计算出面电荷受到的力。但是我们可以基于表征储存的能量和电荷量 $Q$ 以及电容 $C$ 关系的式（3.28）来得到一个更为普遍的结果。假定 $C$ 以某种方式和 $x$ 轴上的表征电容器的一个"板"的坐标位置线性相关，这个"板"可以是相对另一个"板"的任何形状的导体。用 $F$ 表示施加在每一个板上的用来克服电荷之间的吸引力以维持 $x$ 为一个常量的力。现在假想固定住一个板。保持电荷量 $Q$ 不变，而使板间的距离 $x$ 增加一个增量 $\Delta x$。加在另一个板上的力 $F$ 做的功为 $F\Delta x$，并且如果能量是守恒的，电容所储存的能量 $Q^2/2C$ 必定有一个增量。$Q$ 保持恒量时，这个增量为

$$\Delta U=\frac{\mathrm{d}U}{\mathrm{d}x}\Delta x=\frac{Q^2}{2}\frac{\mathrm{d}}{\mathrm{d}x}\left(\frac{1}{C}\right)\Delta x \tag{3.31}$$

把这个量和功 $F\Delta x$ 相等，得到

$$F=\frac{Q^2}{2}\frac{\mathrm{d}}{\mathrm{d}x}\left(\frac{1}{C}\right) \tag{3.32}$$

---

**例题（平行板电容器）** 我们用式（3.32）来求平行板电容器中一个平板上的作用力。设平板间隔为 $x$，式（3.15）给出其电容为 $C=\varepsilon_0 A/x$。则式（3.32）给出作

---

7 这些都可以应用于导体内部有一个空的空间的真空电容器。你从实验室可以知道，电路中使用的电容器都是中间填充了一个绝缘或者说"不导电"的物质的。我们将在第 10 章中讨论它产生的影响。

用力（吸引力）为

$$F=\frac{Q^2}{2}\frac{\mathrm{d}}{\mathrm{d}x}\left(\frac{x}{\varepsilon_0 A}\right)=\frac{Q^2}{2\varepsilon_0 A} \tag{3.33}$$

这个结果正确吗？从式（1.49）可知，作用在电荷层上的力（单位面积上）等于电荷面密度乘以每侧的场强。在整个平板面积 $A$ 上的力则是总电荷 $Q=\sigma A$ 项乘以平均场强。电容器外部场强为 0，内部为 $\sigma/\varepsilon_0$。因此两个场强的平均值是 $\sigma/2\varepsilon_0$，（这恰好就是另一个极板所产生的场强大小，也就是这一个极板能够感受到的场强的大小）。因此平板上受到的作用力是

$$F=Q\frac{\sigma}{2\varepsilon_0}=Q\frac{Q/A}{2\varepsilon_0}=\frac{Q^2}{2\varepsilon_0 A} \tag{3.34}$$

## 3.8 对于边值问题的几种其他观点

给读者留下一个拉普拉斯方程的边值问题没有一般的解决方法这种印象是不对的。尽管我们不能对这个问题做进一步的讨论，但是我们还是介绍几种你在将来的物理学和应用数学的学习中将会见到的有用的也很有意思的方法。

首先是一种叫作保角变换的巧妙的分析方法，它是以复变函数理论为基础的。遗憾的是它只能用于二维系统。这些系统中的电势 $\phi$ 只依赖于 $x$ 和 $y$，比如这样一个系统，其所有导体的边界都是每一部分都平行于 $z$ 轴的圆筒（一般意义上的）。拉普拉斯方程就简化为

$$\frac{\partial^2\phi}{\partial x^2}+\frac{\partial^2\phi}{\partial y^2}=0 \tag{3.35}$$

边界值由在 $xy$ 平面上的一些直线或者曲线指定。现实中有很多这样的系统或者是非常类似的系统，这种方法很有用，更不用说它具有数学上的内在意义。比如，两个平行的长条周围电势的精确解可以很容易地用保角变换的方法求得。在图 3.21 中画出了一个截面上的电场线和等势面。此图给出了任何平行板电容器（其边缘比平板的间距要长得多）的边缘的电场。图 3.14（b）展示的电场是这个解的复制

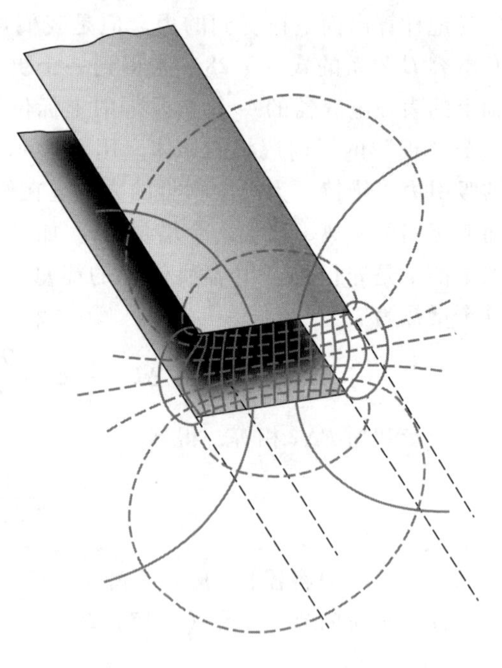

图 3.21

两个无限长的导体条形成的电场和等势面。

版本。你在更高级的数学课程中学了复变函数后就可以使用这种方法了。

其次，我们讲一下，给定边界值后计算静电势的近似解的数值方法。这种方法非常简单并且应用非常普遍，它基于我们已经熟悉的调和函数的特殊的性质：函数在某一点上的值等于它在该点的邻域的平均值。在这个方法中，电势函数 $\phi$ 只能由一组分立点的值来表示，包括边界上的分立点。对非边界点的值进行调整直至它等于邻域上的平均值。原则上你可以通过解很多线性方程来解决这个问题——线性方程的数量和内部的点的数量一样多。但是可以通过一种叫作弛豫法的方法来得到一个近似值。首先把点阵或者格点上的边界点设定为规定的值。给内部的点任意地设定一个起始值。现在以某种顺序访问内部所有的点。把每一个点的值设置成与它邻近的四个（对于正方形格子）点的平均值。对内部的所有点一次次的重复计算，直至所产生的变化小到可以接受的程度。如果你想看一下这种方法是如何操作的，练习 3.76 和练习 3.77 将会对此进行介绍。能否保证弛豫过程的收敛性还是有疑问的，或者弛豫方法和对联立方程的直接求解方法哪一个对给定问题是更加有效的，这些问题都是应用数学里研究的，我们在这里不做讨论。当然可以让这两种方法都可行的途径就是使用高速计算机。

## 3.9 应用

建筑物上安装避雷针的目的是为了提供一条让雷电产生的电流流向大地的路径，也就是说提供一个建筑物自身以外的一条金属路径。这个避雷针的顶端做成尖的好还是圆的好呢？顶端产生的电场越强，就越容易形成雷电的导电通路，也就是说，相对于建筑上的其他点，这个避雷针更容易被雷电击中。一方面讲，尖形的顶端能够在顶端附近产生更强的电场，但是从另一方面，相对于圆形顶端产生的电场，这个电场的衰减会很快（你可以把圆形的顶端用一个小球来模拟一下）。这两种情况到底哪一种更占据优势并不是很明显，但是大量实验证实圆形的顶端被雷电击中的概率更大。

电容器非常有用；我们来举一些例子看看。电容器可以用来储存能量，可以减缓或加快放电过程。在这个减缓过程中，电容器的角色就像是一个电池。闪光手电筒和电源适配器中就是这样的例子。在快速放电过程中，电容器能够快速释放能量（不同于普通电池）。这样的例子有闪光灯泡、电击枪、电击除颤器以及用于持续产生高能量的国家点火装置（NIF）。闪光灯泡中的电容器大概能储存 10J 的能量，而 NIF 中的巨型的电容阵列足可以存储 $4\times10^8$J 的能量。

在很多电学元件中，电容器是用来消除 DC 电路中电压的波动的。如果电容器是和负载并联的，它就像是一个备用电池。如果电源掉电，电容器就可以（暂时地）维持负载上的电流。

在你的计算机里，动态随机存储器（DRAM）就是靠几十亿个存储电荷的小电容来工作的。每一个电容器代表了信息中的一“位”；不带电的代表0，带电的代表1。然而，电容器自身是缓慢放电的，所以它们上面的电荷必须每秒钟更新很多次（一般的更新周期是64ms）；因此才被称作是“动态的”。电源掉电时，存储器上记录的信息就丢失了。因此硬盘上用来记录永久信息的方法和这种方式是不同的——硬盘是用小磁畴来记录信息的，这一点我们将在第11章中介绍。

电容器也被用于调制电路。在第8章我们会看到，对于一个包含电阻、电感、电容的电路，它的谐振频率取决于电路的电感系数和电容。收音机、手机、计算机的无线连接等，都是通过调节内部电路中的电容值来使其谐振频率和希望接收的信号的频率（信号是通过电磁波传输的，这一点我们将在第9章中介绍）保持一致的。

在AC供电网络中的功率因子矫正中也有电容器的应用。我们将要在第8章中介绍AC电路，其中的重点在于，通过给负载加入电容器（或者是电感器），传送的能量会被更多地利用，从而避免能量从电源和负载之间来回振荡传输，这种来回振荡的传输会以传输线发热的方式把能量浪费掉的。

电容式麦克风就是利用平行板电容器的电容值依赖于两个板之间的距离这个事实而做成的。一个小电容器由一块固定的极板和一个可以振动的薄膜组成。空气中的声波产生的压强推动薄膜来回振荡，不断改变两个极板之间的距离，也因此不断改变电容值。这个振幅非常小，但也足以影响电路从而产生电信号传给扩音器。由于电路中的电阻很大，在薄膜振动的过程中电容器上的电荷量几乎不变。所以电压的改变量仅取决于电容值的改变，即 $\phi = Q_0/C$。

相对于由一对平行板组成的电容器来讲，超级电容器能够得到超大的电容值。一个标准的D型电池大小的超级电容器的电容值可以很容易地达到法拉量级（甚至可以达到千法量级）。距离为1mm的两个方形平板组成的电容器要使电容值 $\varepsilon_0 A/s$ 达到1F，那么方形平板的边长大概需要10km！超级电容器是通过把 $A$ 做得很大而把 $s$ 做得很小实现的。用一张绝缘的羊皮纸插入到两张碳膜中间，然后再浸入到电解液中。（当然，也有用石墨烯做导电层的。）由于泡沫上有很多空隙，所以有效面积 $A$ 是很大的，并且由于电解液和海绵直接接触，又使得有效距离 $s$ 很小（大概在原子大小的量级）。超级电容能够承受的电压一般为几伏特，所以它通常用在需要保持电源电压稳定的条件下，而不是那些需要爆发式电源的地方。也就是说，它是用来做电源的（尽管它的寿命只有分钟量级这么短），而不是用于闪光灯泡的。一个超级电容器的充电时间也在分钟的量级——这比传统的电池快多了。

## 本章总结

• 如果不考虑其他力的影响，在导体材料内部的电场为零（在静态条件下）。也就是说，这个导体是一个等势体。在导体外表面附近，利用高斯定理可知，电场是和表面垂直的，其大小

为 $E=\sigma/\varepsilon_0$。

• 由唯一性定理可知，对于给定电势值的一组导体，电势函数 $\phi(x, y, z)$ 是唯一的。这意味着，(不管通过什么方法) 只要我们找到了一个符合条件的解，那么这个解就是问题的唯一解。很容易就得出一个推论，即在一个任意形状的中空的导体内，如果内部的这个空间中没有电荷，那么这个空间中的电场为零。

• 在一个导体壳内部，如果存在一个电荷 $q$，那么在这个导体壳的内表面上就会出现总电荷量为 $-q$ 的电荷。所有的其余的电荷都分布在导体壳外表面上，并且都会自动分布，分布的结果就像是内部的电荷 $q$ 和内表面上的电荷 $-q$ 都不存在一样。这个结果满足高斯定理，同时也满足导体材料内部电场为零的这个事实。

• 对于给定边值条件的一系列导体，要计算它们周围的电场，镜像电荷是一个比较有用的方法。在给定点电荷 $q$ 和一个无限大的导体平面的情况下，镜像电荷 $-q$ 位于平面的另一侧，和平面之间的距离与 $q$ 距平面的距离相等。由高斯定理可知，平面上的总电荷量为 $-q$。

• 定义式 $Q=C\phi$ 给出了电容量 $C$ 的定义，这个电容量给出了对于一个给定电势 $\phi$ 的导体上能容纳多少电荷量的测量方法。球体和平行板电容器的电容量分别为

$$C_{球}=4\pi\varepsilon_0 r \quad 和 \quad C_{平行板}=\frac{\varepsilon_0 A}{s} \tag{3.36}$$

如果系统中有很多导体，那么每一个导体上的电荷量都和它的电势呈线性关系，其电容系数是比例常数。

• 电容器里储存的能量可以写成如下几种形式：

$$U=\frac{1}{2}C\phi^2=\frac{Q^2}{2C}=\frac{1}{2}Q\phi \tag{3.37}$$

## 习　题

### 3.1 内表面的电荷密度**

如图 3.22 所示，在一个导体球壳内部，距离球心一定距离的位置上有一个正点电荷 $q$。(你可以假定这个球壳是电中性的，其实是否是中性没什么关系。) 利用高斯定理我们知道在这个球壳内表面上电荷总量为 $-q$。是不是在整个内表面上的电荷密度都是负值呢？如果这个电荷位于非常接近这个球壳的位置，它是否可以在靠近电荷一侧的内表面吸引足够多的负电荷从而使远离电荷的那一侧内表面上出现正电荷呢？证明你的答案。提示：想一想它的电场线。

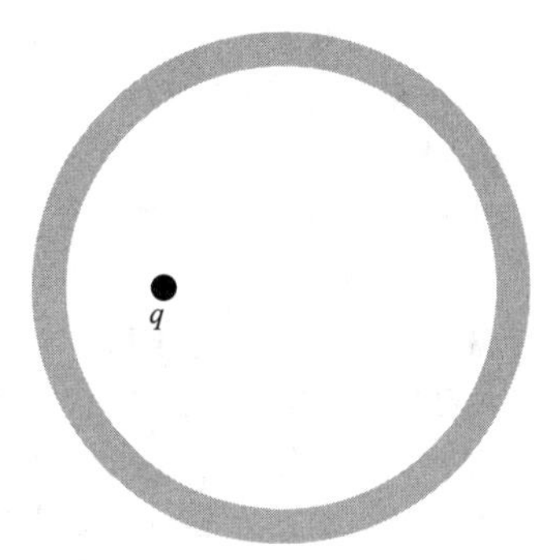


图 3.22

### 3.2 把电荷束缚起来**

图 3.23 (a) 中的两个导体球通过导线连接在一起，总电荷量为零。在图 3.23 (b) 中，两个带有相反电荷的两个导体球放到图示的位置处，分别在 $A$ 和 $B$ 球上感应出相反电荷。如果现在把 $C$ 和 $D$ 像图 3.23 (c) 那样用一根导线连接起来，有人会认为电荷的分布形式应该还会是像图 3.23 (b) 中那样，每一片电荷都会被其附近相反的电荷的吸引力束缚到它原来的位置。会

发生这种情况吗？你能证明这种情况不会发生吗？

**3.3　特征曲率半径** * *

考虑导体表面上的一点。这点上的特征曲率半径定义为在这一点处最大和最小的曲率半径值。要得到曲率半径，考虑在这个给定点处包含表面法线在内的一个平面。把这个平面绕着法线旋转，看看这个平面和表面相交形成的曲线。能和这个曲线匹配的一个圆的半径即为这个曲线的曲率半径。例如，在一个球面上，任何位置的特征曲率半径都是 $R$。对于一个圆柱面，它的一个特征曲率半径等于它的横截面的半径 $R$，另一个则为无限大。

可以证明，一个导体外表面附近处的电场的空间导数（对法向求导）可以用特征曲率半径 $R_1$ 和 $R_2$ 表示成下面的形式：

$$\frac{\mathrm{d}E}{\mathrm{d}x}=-\left(\frac{1}{R_1}+\frac{1}{R_2}\right)E \tag{3.38}$$

（a）在球体、圆柱体和平面的情况下来验证这个表达式的正确性。

（b）证明这个表达式。可以巧妙地在外表面处选择一个小立方体空间，通过在这个空间上使用高斯定理来证明。要记得在表面附近处，电场是和表面垂直的。

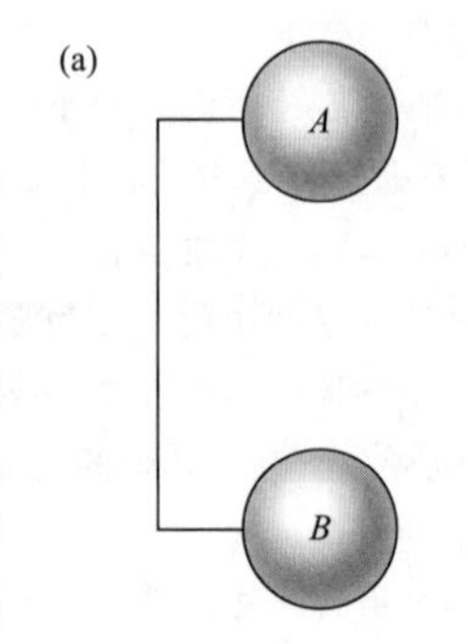


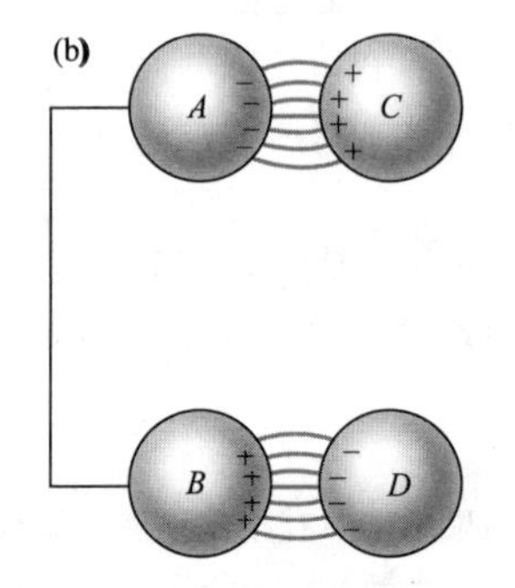


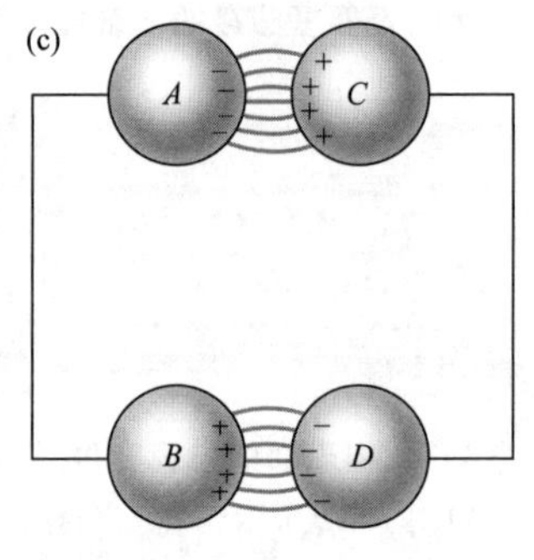


图 3.23

**3.4　导体圆盘上的电荷分布** * *

要推导一个半径为 $R$、带电量为 $Q$ 的导体圆盘上的电荷分布方式，这里有一个投机取巧的方法。我们最终是要找到一种电荷的分布方式以使得圆盘上任何位置处的电场都没有平行圆盘方向的分量。从习题 1.17 中，我们知道一个带有均匀面电荷密度的球壳，在它的内部，任何位置的点 $P$ 的电场都是零。考虑球壳在包含点 $P$ 的赤道面上的投影。解释一下这个结构和我们的问题的相关性，并用这个结构来推导导体圆盘上的电荷密度。

**3.5　导体棒上的电荷分布** * * * *

如果我们让一个三维空间的导体球带电，那么电荷都趋向于分布在球面上；球体内部的体电荷密度为零。如果我们让一个二维空间的导体“球”（也就是一个圆盘）带电，我们在习题 3.4 中已经发现整个圆盘的电荷密度都不为零，但是越接近边缘的位置密度越大。如果我们让一个一维空间的导体“球”（也就是一个棒）带电，可以用习题 3.4 中的方法证明最后棒上的线电荷密度是均匀的；参见 Good 的文献（1997）。初看上去，这是不可能的，因为当我们关注这个棒上不在中心位置的一小块时，它两边的电荷量不是相等的。所以这一小块上的电场不为零，而我们知道在导体上的这个位置处电场一定为零。

你要做的是解释上面的话到底意味着什么，完全均匀，就是说可以把这个结构上的电荷分成大量的一共 $N$ 个点电荷，均匀分布在棒上，每个点电荷的电量是 $Q/N$，每两个电荷之间距离为 $L/N$。大致地推算一下（保留到一阶量级）要使一个偏离中心位置的点电荷处的电场为零，

需要在这个电荷附近添加多少电荷。然后，使 $N \to \infty$。考虑这个给定的电荷接近端点和远离端点的两种情况。(这是一个半定量半定性的问题。可以无顾虑地省掉一阶的所有系数，只需要看看这些变量和给定的参数尤其是参数 $N$ 的关系。)

**3.6 球面内的电荷***

下面的推理过程是否正确（如果不正确，指出来错在什么地方)。一个点电荷 $q$ 位于一个导体球壳内的偏心位置。这个导体表面的电势是一个常量，所以，由唯一性定理，内部的电势也应该是一个常量。所以内部的电场也应该是零，因此里面的电荷受到的力为零。

**3.7 内外不对称的电场****

如果一个点电荷位于一个中空导体壳的外侧，那么在这个导体壳的外侧有电场，而内侧没有电场。另一方面，如果这个电荷位于导体壳的内侧，那么在导体壳的内外都会有电场（尽管在特殊情况下外面电场可能为零，比如这个导体壳刚好带有和点电荷等量异号的电荷时)。这就是说导体壳的内外没有对称性。通过考虑电场线可以从什么地方开始和结束来解释一下这个现象的原因。

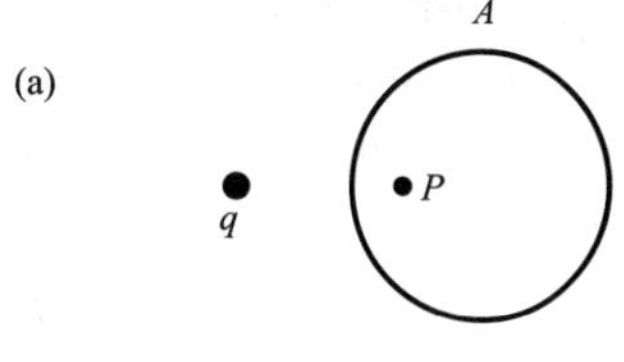


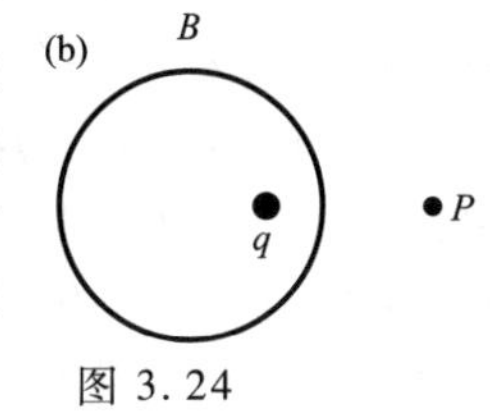


图 3.24

**3.8 内部还是外部****

对于包含一个金属球面和一个点电荷 $q$ 的结构。我们来看一下给定点 $P$ 处的电场。在图 3.24（a）中，如果这个球面放在围绕着点 $P$ 的位置 $A$ 处，电荷 $q$ 在球外面，由唯一性定理我们可以知道 $P$ 点处的电场强度为零。另一方面，如果球面放在围绕着电荷 $q$ 的位置 $B$ 处，点 $P$ 在球面外面，我们知道这样的话 $P$ 点的电场就是零了（参见 3.2 节中的例题)。

然而，这两种情况是可以通过连续的方式相互转化的，通过不断增大球面 $A$ 的尺寸，直到球面 $A$ 的左半部分变成无限大平面，它位于 $q$ 和 $P$ 之间，然后可以把这个平面看成是尺寸无限大的球面 $B$ 的右半部分，然后再把这个球面缩小到给定的尺寸。这个过程中，点 $P$ 从球面里面过渡到球面以外。这个过程中发生了什么？$P$ 点的电场是怎样从零过渡到非零的？

**3.9 接地的球壳****

一个半径为 $R_1$ 的导体球壳上带有电荷量 $Q$。跟它同心的一个更大的导体球壳半径为 $R_2$，带电荷量为 $-Q$。如果把外面的球壳接地，解释一下为什么它上面的电荷不会发生变化。如果换成是把里面的球壳接地，计算一下最后的电荷分布情况。

**3.10 为什么会逃逸？*****

在习题 3.9 中的结构中，把内部的球壳连接一根细导线，导线穿过外面球壳上的一个微小的洞连接至无限远位置处的一个很大的电中性导体上，这样内部的球壳就接地了。如果你考虑电势的话（如果已经解决了习题 3.9，那你可能已经这样做过了)，你可以很快了解为什么内球壳上的部分电荷会漏出到无限远的位置处。因为内球壳开始时的电势比无限远处的电势要高很多。

然而，如果关注内球壳上的电荷受到的力的话，事情好像就不那么简单了。内球壳上的少量的正电荷确实有随着电场集中到导线上并跨过中间的各层向着外侧球壳运动的趋势。但是当

它们到达外球壳附近时，它们没有理由再向着无限远的位置运动，因为球外的电场是零。并且，更进一步讲，当有部分电荷从内球壳上逃逸出去后，这个电场实际上指向内侧的。所以电场好像会把任何逃逸出去的电荷都拉回来。这个过程到底是怎样的？电荷真的会逃离出内球壳吗？如果真会的话，上面这个推理过程错在了哪里？

**3.11 需要多少功？***

如图 3.10（a）所示，一个点电荷 $Q$ 位于一个导体平面上方距离 $h$ 的地方。现要把这个电荷移动到距离平面无限远的位置，当问到这个过程需要做多少功时，一个学生说这个功应该和把相距 $2h$、分别带电 $Q$ 和 $-Q$ 的两个点电荷分开相距无限远距离时需要的功一样多，因此这个功应该是 $W=Q^2/4\pi\varepsilon_0(2h)$。另一个学生计算了这个电荷在移动的过程中受到的力，并对 $F\mathrm{d}x$ 进行了积分，但是他得到了一个不同的答案。第二个学生得到的答案是什么？谁的答案是正确的？

**3.12 两个平面中的镜像电荷****

一个点电荷 $q$ 位于两个平行的无限大导体平面之间，距一个平面的距离为 $d$，距另一个平面的距离为 $l-d$。为了使平面上任何位置的电场都垂直于平面，这些镜像电荷应该在什么位置？

**3.13 接地球壳的镜像电荷*****

（a）一个点电荷 $-q$ 位于 $x=a$ 处，同时另一个点电荷 $Q$ 位于 $x=A$ 处。证明在 $xy$ 平面上的 $\phi=0$ 的点组成的轨迹是一个圆（同理，在空间中这个轨迹应该是一个球面）。

（b）要使得这个圆的中心位于 $x=0$ 点处，$q$、$Q$、$a$ 和 $A$ 之间的关系应该是什么样的？

（c）假定现在满足你在（b）中得到的关系，那么圆的半径和 $a$ 以及 $A$ 之间有什么关系？

（d）解释一下上面的结果可以说明下面的命题：如果有一个半径为 $R$ 的接地导体球壳，在球外侧距离球心为 $A>R$ 的位置处有一个电荷 $Q$，那么这个球壳在外面产生的电场就像是把这个球壳换成是一个距离球心 $a=R^2/A$ 位置处一个镜像点电荷 $-q=-QR/A$ 形成的；参见图 3.25。而外侧的总电场就是这个电场和电荷 $Q$ 产生的电场之和。（由唯一性定理可知内部的电场为零。）

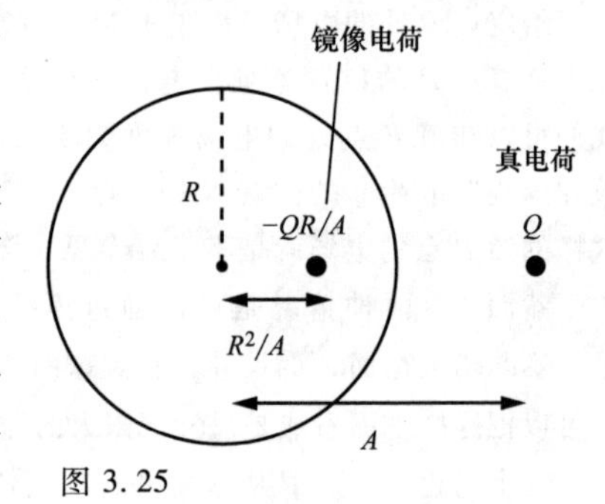


图 3.25

（e）上面的结果同样也适用于下面的命题：如果在半径为 $R$ 的接地导体球面内部距离球心 $a<R$ 的位置处有一个电荷 $-q$，那么这个球壳在球面内形成的电场就像是一个位于距离球心 $A=R^2/a$ 位置处的镜像电荷 $Q=qR/a$ 产生的；参见图 3.26。球内的总电场就等于这个电场和电荷 $q$ 的电场之和。（外面的电场为零，否则球壳不可能和无限远处的电势相同。显然会有 $+q$ 的电荷流到接地球壳上。）

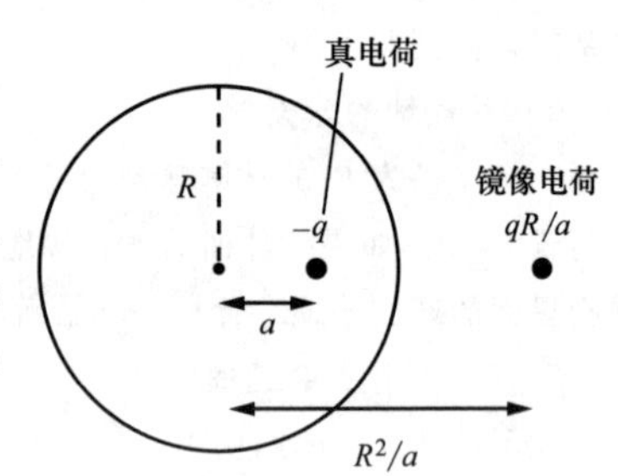


图 3.26

**3.14 导体球壳所产生的力****

半径为 $R$ 的导体球壳接地，一电荷 $Q$ 与球壳球心距离为 $r$，$r>R$。利用习题 3.13 的结果，计算球壳对电荷 $Q$ 的作用力，之后考虑 $r\approx R$ 和 $r\to\infty$ 这两种极限情况。

**3.15 处于匀强电场中的球壳产生的偶极子*****

若一个电中性的导体球壳半径为 $R$，位于匀强电场 $E$ 中，则球壳上的电荷会自发地重新分

布并产生偶极子。

(a) 证明球壳上重新分布的电荷所产生的外部电场恰好等于球壳中心理想偶极子所产生的电场。偶极子强度 $p$ 为多少?

(b) 利用式 (2.36) 中偶极子场强的结果，证明总的外电场（$E$ 加上球壳产生的电场）在球壳表面是与球壳垂直的。

(c) 球壳上各位置处的表面电荷密度是怎样的?

提示：利用习题 3.13 中的结果，并可以认为匀强电场 $E$ 是由分别位于 $x=-A$ 处的电荷 $Q$ 及 $x=A$ 处的电荷 $-Q$ 产生的。在 $Q$ 与 $A$（以某种适当的方式）扩大至无限的情况下，球壳处的电场是有限的、均匀分布、并指向 $x$ 轴正方向。

**3.16 不接地的球壳的镜像电荷****

一个不接地的半径为 $R$ 的球壳，总带电量为 $q_s$，一电荷 $Q$ 与球壳球心距离为 $r$，$r>R$。球壳外部的电场可以认为是两个镜像电荷所产生电场的叠加，其中一个镜像电荷的形式我们在习题 3.13 中已经遇到。求第二个像电荷的大小及位置。

**3.17 雨滴的电容量***

现有 $N$ 颗半径为 $a$ 的带电雨滴，彼此电势相等。假设雨滴之间的距离足够大，每一滴雨上电荷的分布不会受到其他雨滴的影响（即雨滴上的电荷分布是球对称的）。该系统的电容量为多大? 若所有的雨滴结合为一颗大雨滴，则该系统的电容量如何变化?

**3.18 电容器的叠加****

(a) 如图 3.27 (a) 所示，电容器 $C_1$ 和 $C_2$ 串联。证明该系统的有效电容为

$$\frac{1}{C}=\frac{1}{C_1}+\frac{1}{C_2} \tag{3.39}$$

在 $C_1\to 0$ 和 $C_1\to\infty$ 的极限情况下验证上式是否成立。

(b) 如图 3.27 (b) 所示，若两电容器并联，证明有效电容为

$$C=C_1+C_2 \tag{3.40}$$

同样地，在 $C_1\to 0$ 和 $C_1\to\infty$ 的极限情况下验证上式是否成立。

这两条叠加公式与电阻（见习题 4.3）或电感（见习题 7.13）的叠加公式是相反的。

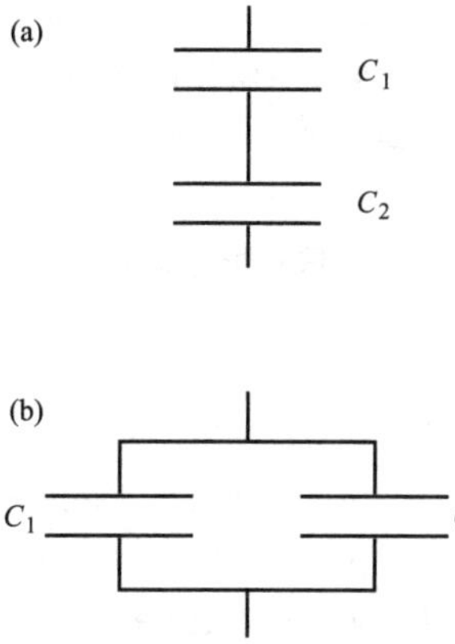

(a) $C_1$ $C_2$

(b) $C_1$ $C_2$

图 3.27

**3.19 电容器上的均匀电荷****

在习题 3.4 中我们证明了一个孤立导电圆盘上的电荷分布是非均匀的。但将两个带电量相等、符号相反的圆盘（或其他任意二维形状）相互靠近形成一个电容器，则圆盘上的电荷是均匀分布的。你能证明这一点吗?

**3.20 电容器上的电荷分布****

考虑有这样一个平行板电容器，电容器两极板上带有不同的电量 $Q_1$ 和 $Q_2$（通常情况下我们会令两极板上电量分别为 $Q$ 和 $-Q$）。求两极板内外共四个表面上的电量。

**3.21 四板电容器****

一电容器由四块面积均为 $A$ 的大平行板构成，四板均匀分布，每两板之间距离为 $s$。第一板

与第三板之间由导线相连，第二板与第四板相连。求该系统的电容量。

**3.22　三层柱面电容器****

一电容器由三个同心柱面构成，柱面半径分别为 $R$、$2R$ 及 $3R$。最内层与最外层的柱面通过导线连接，因而它们电势相同。柱面起初都是电中性的，之后通过电池将把电荷从中间层移至内层/外层柱面上。

(a) 若最终中间层柱面上单位长度所携带电荷为 $-\lambda$，那么内层及外层柱面上单位长度所携带的电荷为多少？

(b) 该系统每单位长度的电容量为多少？

(c) 若电池与电容器断开，外层柱面每单位长度上添加电荷 $\lambda_{new}$，那么另外两层柱面上单位长度电荷量如何变化？

**3.23　电容系数与 $C$****

考虑3.6节中的例题中的结构。请解释包含着四个电容系数的式（3.24）如何能化为简单的平行板电容器的 $Q=C\phi$，此处的 $C$ 由式（3.15）给出。

**3.24　人体电容量***

粗略地计算一下单独的一个人电容量为多大。(提示：其一定处于人体的内切球的电容与外接球的电容中间。) 如果我们想让自己带电，只需在某一干燥的冬日里在尼龙毛毯上来回走动，即可让自己带上两三千伏的电压—可以通过将手靠近一接地导体产生火花的现象来证明。这样的一个火花意味着消耗了多少能量？

**3.25　圆盘的能量***

已知某独立的导体圆盘半径为 $a$，其电容量为 $8\varepsilon_0 a$，那么当该圆盘上净电量为 $Q$ 时，圆盘所产生的电场中储存着多少能量？另有一不导电圆盘，半径也为 $a$，电量同样为 $Q$，电荷均匀分布于表面，则与上一情况相比此时能量如何？(见练习2.56。) 这两种情况下哪个能量更大？为什么？

**3.26　电容器极板所受的力*****

一平行板电容器由一块固定极板和一块活动极板构成，其中活动极板可以沿着平行于极板的方向滑动。如图3.28所示，$x$ 表示两极板相互重叠的长度。两极板间距固定。

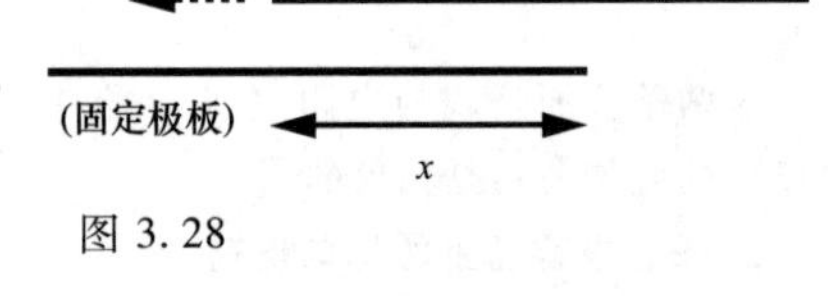

图3.28

(a) 假设两极板彼此是绝缘的，其所携带电量 $\pm Q$ 为定值。对于给定的 $Q$ 以及（变量）电容量 $C$，推导出作用于可移动极板的指向左方的力。提示：考虑系统能量随着 $x$ 怎么变化。

(b) 现在假设两极板连在一电池上，则极板间电势差 $\phi$ 恒定。对于给定的 $\phi$ 及电容量 $C$，推导出作用力的表达式。

(c) 若可移动的极板被一反向的力固定在原地，那么对于上述两种情况下，没有任何物体处于移动状态，因此（a）与（b）中的力应该相等。请对此进行证明。

**3.27　电容器极板所受的力*****

条件与习题3.26中的三个部分相同，但在解答过程中不要涉及“电容量”，而是通过考虑电场的能量密度来求出该系统所储存的能量。用重叠长度 $x$、极板间距 $s$、极板宽度 $l$（沿垂直于纸面的方向）以及电荷量 $Q$（对应（a）部分）或密度 $\sigma$（对应（b）部分），来表示出所求的力。

**3.28 球壳间所能储存的最大能量****

我们想要设计这样一个球形真空电容器：外层球壳半径为 $a$，在内层球壳表面处的电场强度不会超过 $E_0$的情况下，需要储存在该系统的电场中的能量为最大，则内层球壳的半径 $b$ 应该为多少？该电容器最多能储存多少能量？

**3.29 压缩球壳****

现有一半径为 $R$、电势为 $\phi$ 的导体球壳。我们可以认为该球壳是某电容器的一部分，另一部分位于无穷远处。现在我们压缩此球壳直至其半径接近于零（形状一直保持为球形），在此过程中与球壳相连的电池保持其电势一直为 $\phi$。计算此系统在开始和最后的状态下所储存的能量，以及在变化过程中外界对其（或其对外界）所做的功，证明能量是守恒的。（请清晰地阐述该“能量守恒”，注意辨别清楚各变量所使用的符号。）

**3.30 两种计算能量的方法*****

一电容器由两块任意形状的导体壳组成，其中一块位于另一块内部。位于内部的导体带电量为 $Q$，外部的带电量为 $-Q$。我们有两种方法可以计算出此系统中所储存的能量 $U$。第一种方法，我们可以求出电场 $E$ 的分布，并对两导体之间的空间做关于 $\varepsilon_0E^2/2$ 的体积分。第二种方法，如果我们知道电势差 $\phi$，就可以写出 $U=Q\phi/2$（或 $U=C\phi^2/2$，二者是等价的）。

（a）证明对于同心的导体壳所构成的电容器，用这两种方法计算出的能量是相等的。

（b）利用等式 $\nabla\cdot(\phi\nabla\phi)=(\nabla\phi)^2+\phi\nabla^2\phi$，证明对于任意形状的两导体构成的电容器，上述两种方法计算出的能量都是相等的。

## 练　　习

**3.31 内部与外部***

空心柱状导体壳的截面如图 3.29 所示（图上白色区域表示真空，暗色曲线表示金属导体壳），该导体壳是电中性的，其中心位置处有一正电荷 $q$。对于图中所示的两种情况，请粗略地说明感应电荷在导体上的分布情况，一定要指出电荷位于表面的哪个部位。你所给出的电荷分布，与导体壳内部的空腔环境中不存在电场这一事实是否相符？

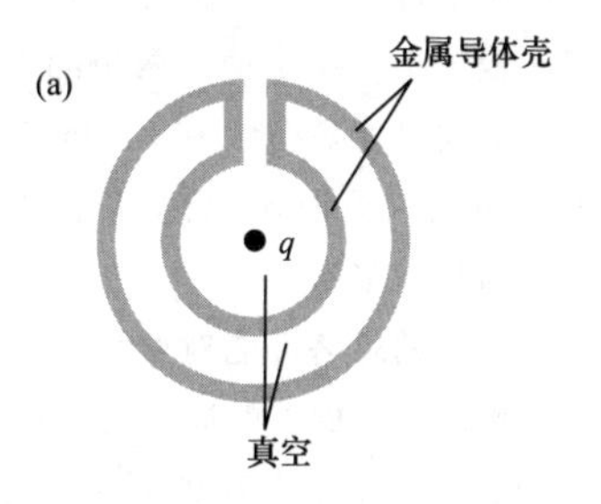


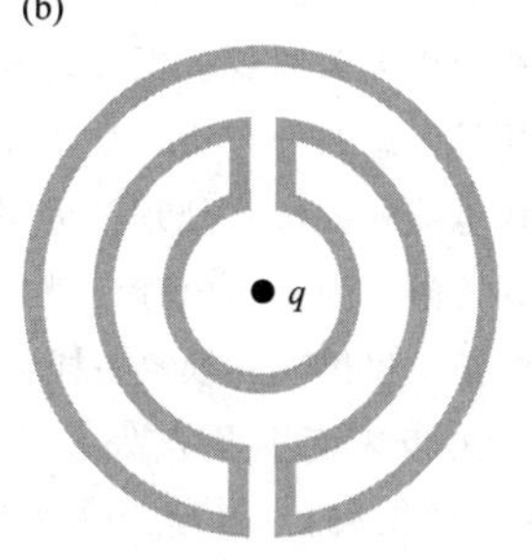


图 3.29

**3.32 重力屏蔽***

设想有这样一个屏，它可以将重力“阻隔”在外，就像金属板能“阻隔”电场一样。这个想法有什么问题？考虑一下重力源与电场源之间的差别。注意，图 3.8 中盒子的壁并没有阻隔电场，而是利用表面电荷产生了起补偿作用的电场。为什么对重力不能做类似的设计处理呢？为此我们需要做些什么？

**3.33 两个同心球壳****

（a）图 3.30 所示阴影部分为两个电中性的同心导体球壳。白色区域代表真空。两个点电荷 $q$ 的位置如图所示，其中内部的电荷是偏离球心的。画出整个空间中大致准确的电场线，并以电场线的疏密来表示出电荷密度的大小，这其中有多少是球面对称的？（你所画出的电场分布有两种可能的形式，这取决于外部电荷与球壳的距离，见练习 3.49，本练习中两种情况可任意选择其一。）

（b）若两球壳通过一导线相连，则球壳间电势相等，在此情况下再次求解上述问题。

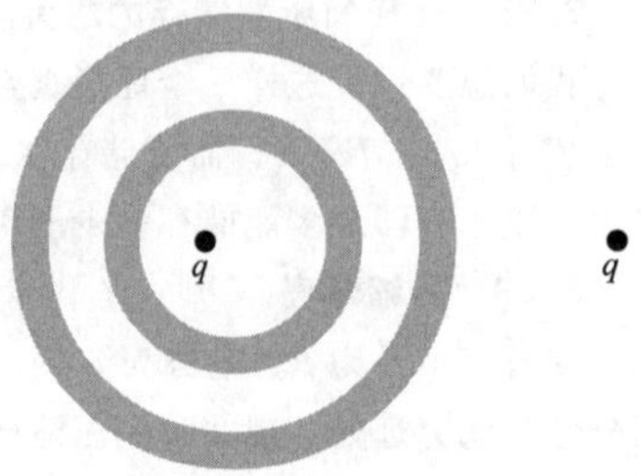

q　q

图 3.30

**3.34　等势面****

一个点电荷位于电中性的导体球附近。请粗略地画出几个等势面，只需定性地表现出一些特征即可。等势面是如何由电荷附近非常小的圆（在空间中则为小球面）过渡为包含整个系统在内的非常大的圆面的？请解释为何球面上总有一些点的电场为零。

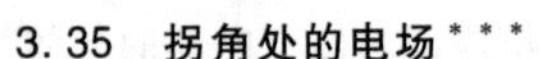

**3.35　拐角处的电场*****

有一很长的导电管，其截面为方形，在纵向上单位长度电荷为 $\lambda$。请解释为何外部电场在管的拐角处会分叉。此结果是否取决于管的形状？若管的截面是三角形或六边形，结果如何？若是在圆锥的顶点或者导线打结处，电场又将如何？

**3.36　零流量*****

如果你已经完成了练习题 2.50，你会发现每个球面上的电荷是正比于半径 $r$ 的，正如该题中所述，如果将两个球通过导线相连，那么导线中不会有电荷流过。假设一个球比另一个小得多，这样，由于电场正比于 $1/r^2$，在小球的表面处的电场比大球表面处的电场要强得多，这是因为电荷只正比于 $r$。那么为何电荷不会被小球排斥从而经过导线流向大球呢？提示：参见习题 3.10。

**3.37　两板间的电荷****

两平行平板之间通过一导线相连，因此它们将保持相等的电势。令其中一个板位于 $xz$ 平面，另一板位于 $y=s$ 平面。两板间的距离 $s$ 相比于板的侧向尺寸要小得多。点电荷 $Q$ 位于两板之间 $y=b$ 处（见图 3.31）。两极板内侧表面上的总电荷量为多少？

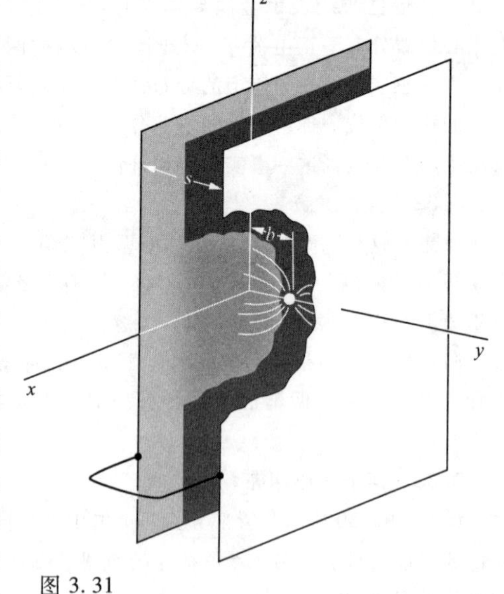


图 3.31

下面的思路可能对解该问题有帮助。两极板内侧表面上的总电荷量之和一定为 $-Q$（为什么？），其中靠近电荷的板上携带的电荷较多。若电荷非常靠近左边的板，即 $b \ll s$，则右侧板的存在与否无关紧要。但是，我们想要知道的是电荷具体怎么分布于两块板上的。如果你想用镜像电荷的方法来处理该问题，你会发现需要用到无限多的镜像电荷，就像理发店两边墙壁上的镜子里出现的景象一样（见习题 3.12）。要计算出板表面上某点处总的电场是很难的（见练习题 3.45）。然而，解决本题只需要通过叠加的方法来进行简单计算即可。（提示：在

$y=b$ 平面上任意位置处再增加一个电荷 $Q$，让每个板上的面电荷加倍。事实上由任意量的点电荷所引发的表面电荷量都与点电荷在 $y=b$ 平面上的位置无关。如果此时板上有一块区域是均匀带电的，我们就可以应用高斯定律，问题就简单了。请读者负责之后的解答部分。）

**3.38　两电荷与一个平面***

一个正点电荷 $Q$ 固定于水平放置的导电平面上方 $l$ 处。另有一等量的负电荷 $-Q$ 位于由 $Q$ 到平面的垂线上的某一位置。若要作用于 $-Q$ 的力为零，它应该位于什么位置？

**3.39　地面上方的导线***

通过求解点电荷与平面导体的问题，我们实际上是解决了所有基于此类构建的问题，只需通过叠加的方法处理即可。例如，我们现在有一根 200m 长的导线，导线均匀带电，每米导线带电量为 $10^{-5}$C，导线在地面上方 5m 处平行于地面放置。在导线正下方的地面处电场强度为多少？（对于稳定电场来说地面相当于良导体。）你可以近似地认为导线的长度比其离地面的高度要大得多。作用于导线的电场力为多少？

**3.40　力的方向****

如图 3.32 所示，点电荷 $q$ 被固定于无限大水平导体面上方高度为 $h$ 处。另一点电荷 $q$ 位于平面上方高度为 $z$ 处（$z>h$）。两点电荷在竖直方向上位于同一条线上。若 $z$ 只比 $h$ 大一点点，那么显然作用于上方电荷的力是指向上方的。但对于更大的 $z$，力的方向仍是向上的么？请尝试不通过计算来解决该问题。提示：通过偶极子的方式来考虑。

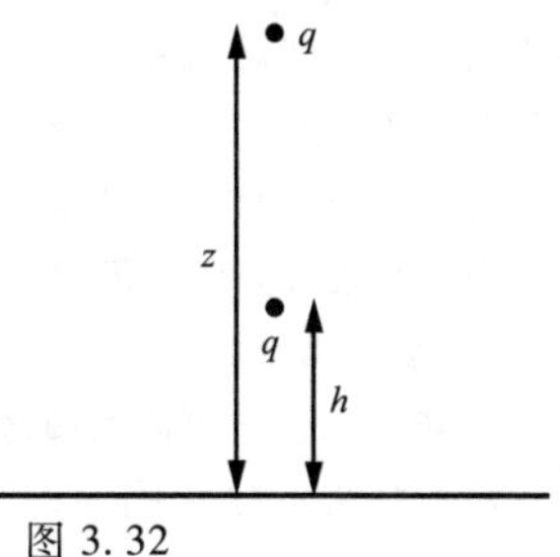

图 3.32

**3.41　水平电场线****

在平面上方的点电荷所产生的电场中（见图 3.11），由点电荷出发的电场线，沿着水平方向即平行于平面方向，将会在何处连到导体表面？（你可能需要用到高斯定理以及简单的积分。）

**3.42　拐角处附近的电荷****

在方形的四个拐角处分别放置两个电量为 $q$ 的电荷以及两个电量为 $-q$ 的电荷，使位于对角位置的电荷电性相同（根据这个题的解法，四个电荷应该是可以形成以矩形的两个对称轴为导体板的系统的镜像电荷，所以这里应该是同一条对角线上的电荷相同，两条对角线上的电荷相反。——译者）。证明有两个等势面为平面。将一块金属板折成直角，将点电荷放置在直角内部，整个系统呈对称状态，利用与上述类似的方式定性地画出电场的分布。什么类型的导体平面与点电荷的问题可以用这种方式来解，什么类型的问题无法用这种方式来解？若两平面成 120°的二面角，一点电荷位于其角平分面上，类似的上述问题如何解？

**3.43　三个平面的镜像电荷****

假设 $xy$ 平面、$xz$ 平面与 $yz$ 平面都由金属制成并在相交处焊接在一起。点电荷 $Q$ 与每个平面的距离都为 $d$。画出能够满足边界条件的镜像电荷。作用于 $Q$ 的力的大小和方向如何？

**3.44　两板间电荷所受的力****

两无限大导电平面平行放置，有一点电荷 $q$ 位于其间，$q$ 与其中一板距离为 $b$，与另一板距离为 $l-b$。利用习题 3.12 及第 2.7 节中的结果，求出在电荷非常靠近一块板（即 $b<<l$）的情况下电荷所受的力的近似表达式。

**3.45　每块平板上的电量******

（a）点电荷 $q$ 位于平行放置的两个无限大导电平面之间。两平面间距离为 $l$，点电荷到右边

平板的距离为 $b$。利用习题 3.12 的结论，证明：在右侧板的内表面上，与包含所有镜像电荷的轴相距为 $r$ 的一点的电场为

$$4\pi\varepsilon_0 E=\frac{2qb}{(b^2+r^2)^{3/2}}+\sum_{n=1}^{\infty}\left(-\frac{2q(2nl-b)}{((2nl-b)^2+r^2)^{3/2}}+\frac{2q(2nl+b)}{((2nl+b)^2+r^2)^{3/2}}\right) \tag{3.41}$$

（b）由于 $\sigma=-\varepsilon_0 E$，上式（除以 $-4\pi$）为右侧平面上的电荷密度。[8] 在练习题 3.37 中需要（用一种简单的方法）计算出每个平面上的总电荷量。在此处需要（用一种较复杂的方法）完成同样的任务，这一次我们需要对整个右侧平面做电荷密度 $\sigma$ 的积分。该问题比较复杂，原因如下。

如果你分别计算上述和式中的每一项的积分，你会遇到一个困难，因为该（无限项）和式中每一项的积分结果都为 $\pm q$。（这是可以预见的，因为式（3.5）的结果与电荷到平面的距离无关。）因此该和式并没有很好地定义出我们所要的结果。你所需要做的是将和式中的各项按照之前所说的那样进行成对分类，并对其进行积分以得到一个用 $r$ 表示的固定值 $R$，该值较大。首先你需要将各项按对分开（近似地认为 $b<<R$），之后你就能得到一个 $n$ 项的收敛和式，通过将该和式转化为积分的方法可以对其进行计算（这对于 $R$ 趋近于无穷大的极限情况是成立的）。这一过程中涉及很多问题，但最终结果非常简洁。你所得到的最终结果里面应该没有 $R$，所以假设 $R\to\infty$ 不会对结果产生影响。

**3.46　球体与平面的镜像电荷 ***

利用习题 3.13 中的结果，证明在真实电荷非常接近接地球壳（可以在球壳内部或外部）的情况下，整个系统可以简化（即所设置的镜像电荷的电量大小和位置都是正确的）为 3.4 节中讨论过的无限大平面的镜像电荷问题。

**3.47　平面上的凸起 ****

无限大的导电平面上有一半球状的凸起，凸起的半径为 $R$。有一点电荷 $Q$ 位于凸起的顶端上方距离为 $R$ 处，如图 3.33 所示。利用习题 3.13 的结果，找出能令电场垂直于半球表面和无限大平面的镜像电荷。

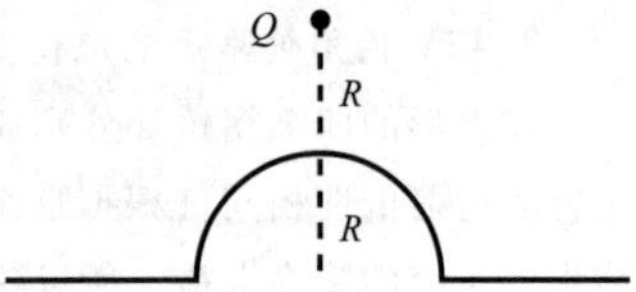

图 3.33

**3.48　平面上小凸起顶端的电荷面密度 *****

如果你已经解出了练习 3.47，本题是对该练习的拓展。假定给定的电荷 $Q$ 到平面的距离 $A$ 要远远大于半球的半径 $R$。证明在 $A\gg R$ 的条件下，半球形顶端的面电荷密度等于没有凸起的平面上（从 $Q$ 到平面的垂足位置处）的面电荷密度的三倍。

**3.49　正负电荷密度 ****

一个半径为 $R$ 的没有接地的导体球面外面有一个正点电荷 $Q$。球面上的净电荷量也是 $Q$。如果这个点电荷距离球面非常近，那么在接近点电荷位置处的球面上会感应出负电荷。但是如果点电荷距离球面很远的话，球面上任何位置处的电荷密度都是正的（而且可能是完全均匀的）。利用习题 3.13 和习题 3.16 的结论来证明上面两种情况的分界情况为这个点电荷位于距离球心 $R(3+\sqrt{5})/2$，也就是距离球面 $R(1+\sqrt{5})/2$ 的位置处；这个系数正好是黄金比例。

---

8　负号是因为正电场产生了穿过含有右侧平面的高斯面的通量。

### 3.50 吸引还是排斥？**

一个半径为 $R$ 的没有接地的导体球面，上面带有 $Q$ 的净电荷量，一个电量也为 $Q$ 的点电荷位于球面外距离球心 $r>R$ 的位置处。如果这个点电荷距离球面非常远，那么球面看起来就像是一个点电荷 $Q$，所以这两个物体之间的力肯定是相互排斥的。但是如果这个点电荷距离球面非常近，在接近点电荷的球面处会感应出负电荷，所以它们之间会相互吸引。利用习题 3.13 和习题 3.16 的结论，证明它们之间的力从相互吸引变成相互排斥的过渡点发生在 $r=R(1+\sqrt{5})/2\approx(1.618)R$ 的时候。这里的系数是黄金比例。（在解题过程中，不要因为对问题中的五次方函数而厌烦。只要证明这个系数的形式为 $x^2-x-1$ 就可以。）

### 3.51 均匀场中的导体球****

在一个均匀电场 $E$ 中放着一个电中性的半径为 $R$ 的导体球。习题 3.15 中提供了一个计算最终的面电荷密度的方法，它的计算结果是 $\sigma=3\varepsilon_0E\cos\theta$，其中 $\theta$ 是相对于电场 $E$ 的方向的夹角。本题提供了另外一个方法。

（a）考虑两个绝缘实心球，它们的体电荷密度分别为 $\pm\rho$。假如开始时它们相互重叠放置，然后用手把其中一个错开一个距离 $s$，如图 3.34 所示。（假定它们可以自由地相互穿插。）现在它们的球心相距 $s$，求出在它们的重叠区域的电场（这里的净电荷量为零）。这里忽略外面的匀强电场。可能会用到习题 1.27 中的技巧。

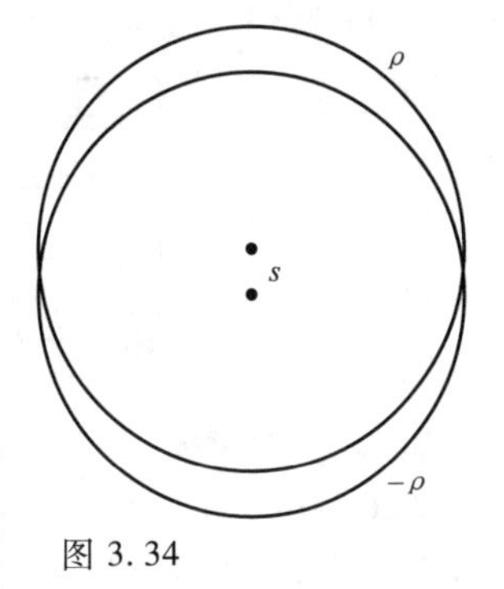

图 3.34

（b）当这两个球心距离 $s$ 时，计算一下两个球面之间的作用力。你可以假定 $s\ll R$。提示：在图 3.35 中，上面的球体中位于虚线球体以内的部分受到的下面的球体的力为零，因为这部分是相对于下面那个球体的球心对称的。所以我们只需要计算下面那个球体对上面的球体中阴影部分的力。对于一个很小的 $s$ 值，这部分整个都位于下面那个球体的正上方，所以你只要算出这部分厚度与位置的函数关系，你就可以得到总的力。

（c）现在让我们引入匀强电场 $E$。把这两个球体放入到这个场中后，当电场 $E$ 的排斥力和它们之间的相互吸引力相平衡后就可以达到稳定的平衡。最后它们球心之间的距离是多少？

（d）利用刚才得到的 $s$，证明重叠区域的合电场（两个球体产生的电场加上匀强电场 $E$）为零。对于比较小的 $s$ 值，球面上的电势为恒定值，这就是说我们需要重新确定这个导体球面的边值条件。

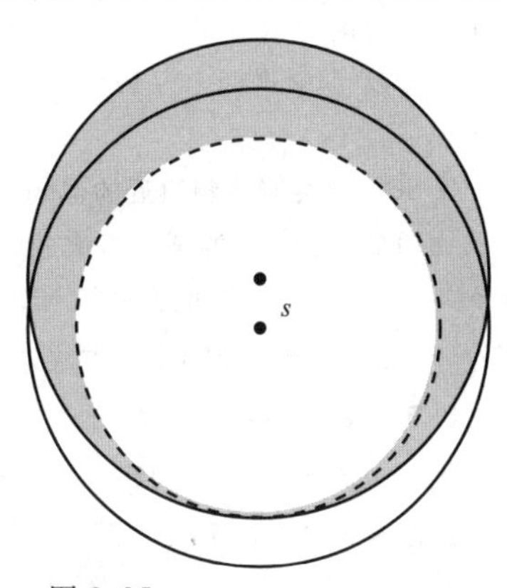

图 3.35

（e）由唯一性定理，我们这个双球系统（在 $s$ 比较小的情况下）和导体球面相对比，它们的电场和表面电荷密度是相同的。通过联系图 3.34，证明匀强电场 $E$ 中导体球面上的电荷密度为

$$\sigma=3\varepsilon_0E\cos\theta$$

**3.52　铝电容器***

电容器由两个铝质的光滑圆形平板组成，圆板的直径为 15cm，两个圆板之间相距 0.04mm。这个电容器的电容是多少皮法？

**3.53　插入一个平面****

如果图 3.36（a）中的电容为 $C$，那么如图 3.36（b）所示，把第三块板插入中间并把外面的两块板用导线连接后，它的电容是多大？

**3.54　面电荷的分配****

三块导体平板像图 3.37 那样相互平行地放置。两个外侧的平板用导线连接起来。中间的平板与其他物体隔绝并且其净面电荷密度为 $\sigma$（包含了该平板上下两个表面上的电荷）。则中间平板的上下表面的面电荷密度 $\sigma_1$ 和 $\sigma_2$ 分别是多少？

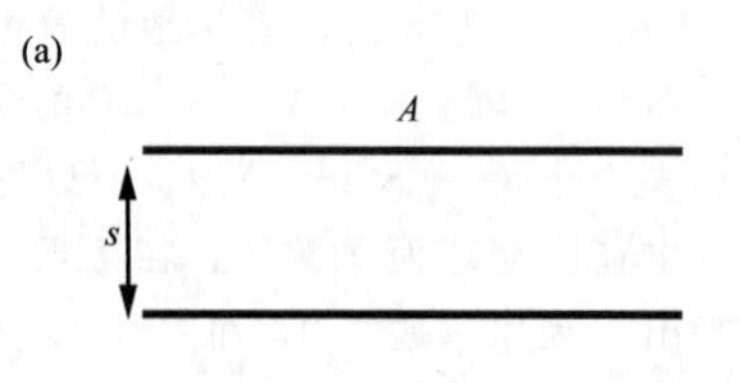


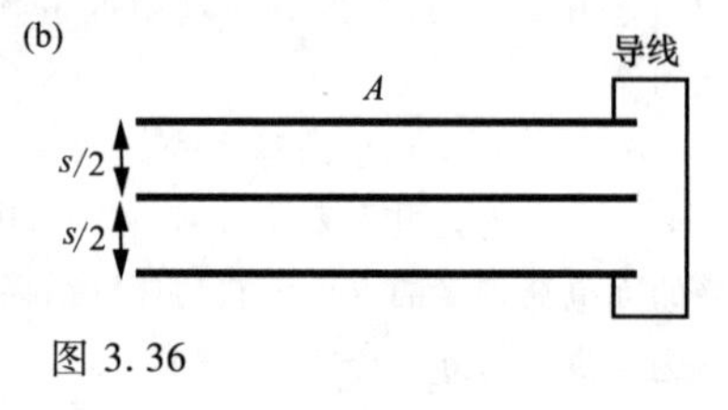


图 3.36

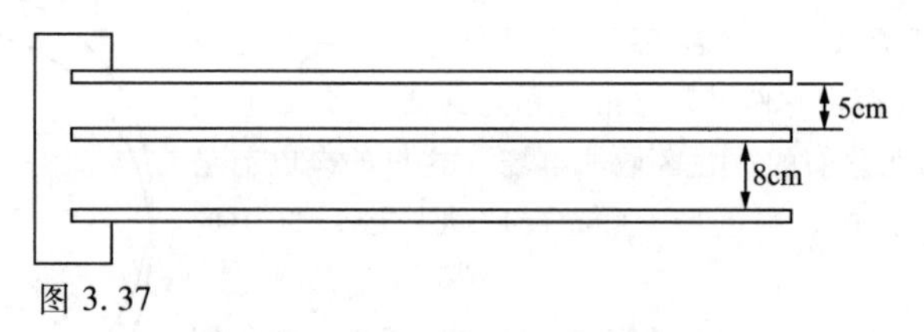


图 3.37

**3.55　两对平板****

如图 3.38 所示，四个导体平板相互平行放置。它们之间的距离是任意的（但是相对于侧向尺寸很小）。上面的两个平板用一根导线连接起来，因此它们的电势相同，下面的两个平板做同样的处理。上面两个平板上的总电荷量为 $Q_1$，下面的两个平板总电荷量为 $Q_2$。那么这四个平板中每一个上的电荷各是多少？

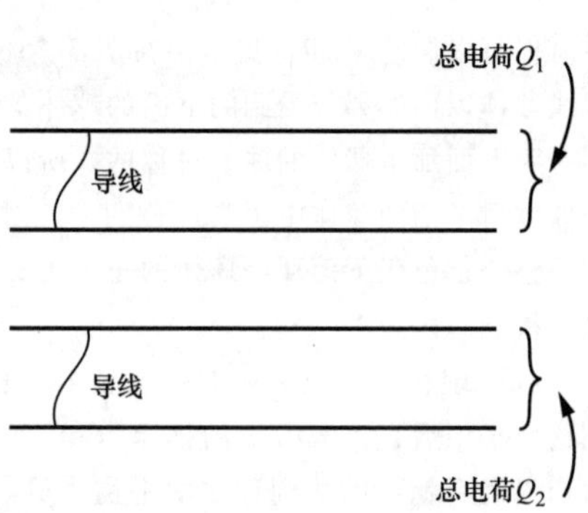


图 3.38

**3.56　电容器外侧附近的电场****

由两个半径为 $R$ 的圆盘组成的电容器，极板间的距离 $s$ 很小，面电荷密度为 $\pm\sigma$。计算在电容器外侧附近位置处，以及距离正极板圆盘中心无限小位置处的电场。

**3.57　2*N* 个平面的电容器****

把习题 3.21 结构中的四个平面换成 $2N$ 个平面。把第一个、第三个、第五个等平面通过导线连接起来，同样把第二个、第四个、第六个等平面也通过导线连接起来。这个系统的电容值是多少？当 $N\to\infty$ 时，这个值等于多少？

**3.58　电容器悖论****

有两个电容值与电量都相等的电容器紧挨着放置，如图 3.39 所示。两个正极板用导线连接起来。导线上会有电荷通过吗？考虑以下两种推理方式：

（A）两个极板连接以前，两个电容器的电势差相等（因为 $Q$ 和 $C$ 是相同的）。所以两个正极板的电势是相同的。因此，两个极板连接在一起时，不会有电荷通过导线。

（B）从左到右把极板编号为 1~4。极板连接以前两个电容器之间的空间中没有电场，所以极板 3 和极板 2 的电势肯定是相同的。但是极板 2 的电势比极板 1 要低。因此极板 3 的电势比极板 1 的电势低，所以导线上会有电荷流过。

哪一个推理是正确的？那个错误的推理错在了哪里？

图 3.39

**3.59　共轴电容器**＊＊

两个长度为 $L$ 的共轴圆柱面组成一个电容器，外圆柱和内圆柱的半径分别为 $a$ 和 $b$。假定 $L \gg a-b$，这样就可以忽略掉端口位置的边缘效应。证明它的电容值为 $C=2\pi\varepsilon_0 L/\ln(a/b)$。然后验证一下当两个柱面之间的距离 $a-b$ 相比于半径的大小非常小的时候，这个值和在平行板电容器中得到的公式是一样的。

**3.60　三层电容器**＊＊

一个电容器由三层同心的球壳组成，半径分别为 $R$、$2R$ 和 $3R$。内层和外层的球面通过一条导线连接在一起（导线从中间的球壳上一个很小的洞穿过但不与这个球面相连），这样两层球壳的电势是相等的。这些球壳开始时是电中性的，后来用一个电池把中间球壳上的电荷传递到内外两层球壳上。

（a）如果中间的球壳上最终的电荷量为 $-Q$，那么内外两层球壳上的电荷量各是多少？

（b）这个系统的电容值是多大？

（c）如果把电池断开，当有电荷 $q$ 被添加到外面的球壳上时，这三个球壳会发生什么变化？

**3.61　椭球体的电容**＊＊

对于一个长度为 $2a$、半径为 $2b$ 的椭球导体，其电容值 $C$ 的准确公式如下：

$$C=\frac{8\pi\varepsilon_0 a\varepsilon}{\ln\left(\frac{1+\varepsilon}{1-\varepsilon}\right)}\quad 其中\quad \varepsilon=\sqrt{1-\frac{b^2}{a^2}} \tag{3.42}$$

首先验证一下，当 $b\to a$ 时，这个公式就演变成了球体电容的表达式。现在把这个椭球体想象成一个带电的水滴。如果水滴从球体变成椭球体，而体积与电量恒定，则它的电场能量是增加了还是减少了？（这个椭球体的体积是 $4\pi ab^2/3$）

**3.62　推导椭球体的电容 $C$**＊＊＊

如果你解出了练习题 2.44，使用其结果来推导练习题 3.61 中的孤立椭球形导体的电容公式。

**3.63　球壳的电容系数**＊＊

一个电容器由两个同心球壳组成。把内侧的半径为 $b$ 的球壳标记为导体 1；同时把外侧的半径为 $a$ 的球壳标记为导体 2。对于这个由两个导体组成的系统，计算出 $C_{11}$、$C_{22}$ 和 $C_{12}$。

**3.64　电容系数的对称性**＊＊

要证明 $C_{12}$ 和 $C_{21}$ 的值肯定是相等的，这里有一些建议。我们知道，当一个电荷元 $dQ$ 从零电势的位置移动到电势为 $\phi$ 的导体上，外界需要对它提供的能量为 $\phi dQ$。考虑一个包含两个导体的系统，给这两个导体充电，它们的电势分别为 $\phi_{1f}$和 $\phi_{2f}$（下角标“f”代表“最终”）。这个条件可以从电荷量和电势都为零开始通过很多种方式得到。现在我们来关注一下下面这两种方式：

（a）首先保持 $\phi_2$ 为零，将 $\phi_1$ 从0逐渐升高到 $\phi_{1f}$。然后保持 $\phi_1$ 一直为 $\phi_{1f}$不变，将 $\phi_2$ 从0升高到 $\phi_{2f}$。

（b）把1和2的次序换一下，然后执行相同的操作，也就是先把 $\phi_2$ 从零升至 $\phi_{2f}$，然后再升 $\phi_1$。

在这两种情况下，分别计算一下外界做的总功。然后完成对命题的证明。

**3.65　电容器的能量***

在3.7节中我们发现电容器内存储的能量是 $U=Q\phi/2$。证明利用方程（2.32）可以得到同样的结果。

**3.66　增加一个电容器****

给一个100pF的电容器充电到100V。充电完成后断开电池，把电容器和另一个电容器并联，如果最后电压变成了30V，第二个电容器的电容值是多少？过程中消耗了多少能量，这些能量都消耗在哪儿了？

**3.67　同轴管中的能量****

长度为30cm的同轴铝管，内管的外径是3cm，外管的内径是4cm。把这个铝管连接到45V的电池上，管中的电场储存了多少能量？

**3.68　圆柱体之间储存的最大能量****

我们要设计一个中间为真空的圆柱体电容器，外层柱面的半径为 $a$，对于内柱面，其表面处的电场不能超过 $E_0$，这就限制了这个电容器单位长度上能存储的最大的能量。那么要使电容器单位长度能存储的能量最大，内柱面的半径 $b$ 应该为多少？此时单位长度上的最大储存能量是多大？

**3.69　力和势能平方***

（a）在高斯单位制中，证明电势差的平方 $(\phi_2-\phi_1)^2$ 和力的量纲相同。（在国际标准单位制中，$\varepsilon_0(\phi_2-\phi_1)^2$ 和力的单位相同。）这告诉我们两个物体之间的静电力大小的量级很大程度上可以由它们之间的电势差来确定。这两个物理量之间的转换可能只需要加入一个比值，并且这个比值有可能就是4π之类的常量。你觉得电势差为1静伏的两个物体之间的力应该是多大呢？

（b）实际上人类能得到的电势差是严格受限的，这受限于物质的结构。人造的最高的电势差大约为 $10^7$V，是由范德格拉夫电机在高压下得到的。（十亿伏加速器内实际上没有这么高的电势差。）你觉得和“兆伏平方”对应的力应该是多少磅？这可能也说明了为什么静电电机的应用很受限制的原因。

**3.70　两个平面的力和能量。****

计算一下平行板电容器中其中一个极板上受到的力。两个极板之间的电势差为10V，两个极板为边长20cm的正方形，极板之间的距离为3cm。极板是孤立的，所以上面的电荷量不会发生变化，那么要把这两个极板合并到一起，可以对外做多少功？这个值和开始时储存在电场里的能量相等吗？

**3.71　电容器里的导体****

（a）电容器的极板面积为 $A$，极板间距为 $s$（假定非常小）。两个极板是孤立的，即上面的电荷量不变；电荷密度为 $\pm\sigma$。一个面积同样为 $A$，厚度为 $s/2$ 的不带电的导体平板开始时位于电

容器的外侧；参见图 3.40。现在释放这个平板。当它全部位于电容器内的时候它的动能是多大？(你会发现你计算出来的动能是个正值，这说明这个平板确实会被吸入这个电容器中。)

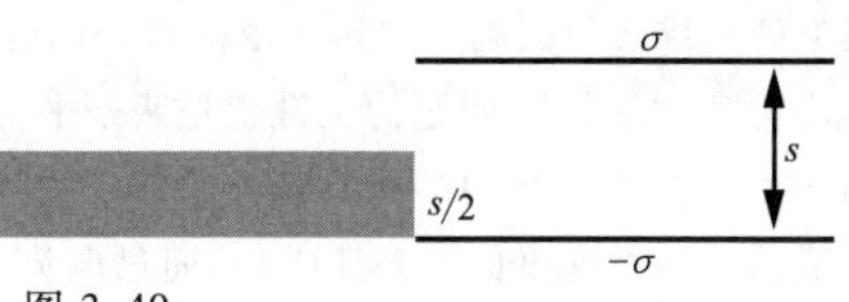


图 3.40

(b) 同样的问题，但是现在把两个平板连接到一个可以提供稳定电势差的电池上。开始时的电荷密度为$\pm\sigma$。(不要忘了加入电池做的功，你会发现这个功是个非零值。)

**3.72　电容片的力 * * ***

如图 3.41 所示，铝板 $A$ 用绝缘的细线吊起，位于弯曲的铝板 $B$ 之间。板 $A$ 和 $B$ 带有相反符号的电荷；它们之间的电势差为 $V$。由于这个电势差，$A$ 板在重力之外又受到一个向下拉的力 $F$。如果我们已知板的面积，并且能测量到这个力 $F$ 的大小，我们就可以推断出 $V$。作为方程 (3.32) 的一个应用，计算出 $V$ 关于 $F$ 和相关面积的关系表达式。

**3.73　共轴电容器上的力 * * ***

一个外径为 4cm 的圆柱体悬挂在一个平衡臂上，其轴线保持垂直。这个圆柱体的下面一部分包围在一个共轴的内径为 6 cm 的固定圆柱面内。当这两个圆柱之间的电势差保持为 5kV 时，悬挂着的那个圆柱体受到的向下拉的力是多大？

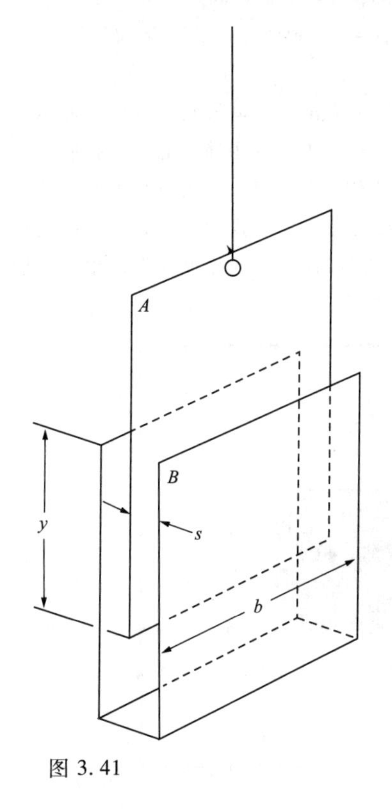


图 3.41

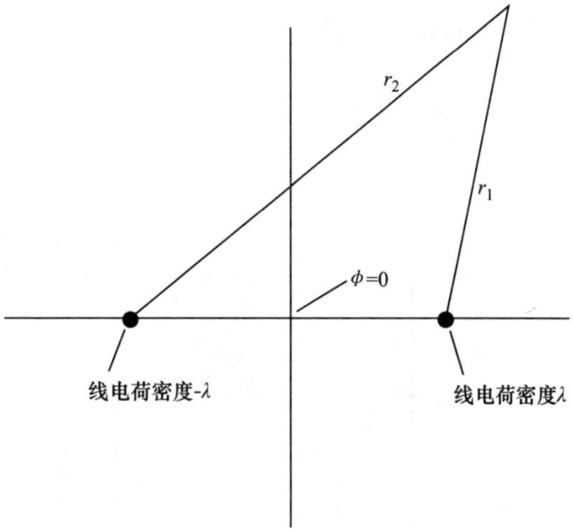

图 3.42

**3.74　两个管子的等势面 * * ***

两个相互平行的无限长导体圆柱体，例如两根金属导管，它们具有不同的电势，这是一个典型的二维边值问题。要定量解决这个问题显然比解决三维问题在数学上要容易得多。实际上，解决这类“双管”问题的关键就是两条平行的带有等量异号电荷的直线周围的电场；可以参见图 3.42。这个电场中的所有等势面都是圆柱形的！你可以对此进行证明。（所有的电场线也都是圆形，但是在这里你不必证明。）通过电势来解决这个问题是最容易的，但是你同时得注意在二维的系统中是不能把无限远的位置定为电势零点的。把电势零点设在两个线电荷连线的中点位置，也就是图示平面上的原点的位置。每个点上的电势是每个线电荷各自产生的电势之和。这会使你很快发现这个电势的值是和 $\ln(r_1/r_2)$ 成简单的正比关系的，因此到图中两个点（指垂直于纸面的带电导线）的距离之比相等的那些点构成的轨迹就是等势面。作一些表示等势面的草图。

**3.75　六个点的平均值 ***

设 $\phi(x, y, z)$ 是一个可以在点 $(x_0, y_0, z_0)$ 附近展开成幂级数的函数。对于对称分布在点 $(x_0, y_0, z_0)$ 周围，与该点距离为 $\delta$ 的六个点 $(x_0+\delta, y_0, z_0)$，$(x_0-\delta, y_0, z_0)$，$(x_0, y_0+\delta, z_0)$，$(x_0, y_0-\delta, z_0)$，$(x_0, y_0, z_0+\delta)$，$(x_0, y_0, z_0-\delta)$，分别写出这些点上 $\phi$ 值的泰勒级数展开式。证明如果 $\phi$ 满足拉普拉斯方程，这六个值的平均值与点 $(x_0, y_0, z_0)$ 的值的关于 $\delta$ 的前三阶项都相等。

把内部的点上的值替换成和它临近的四个点的平均值，如 $c\to(100+a+d+e)/4$；保持 $a'=a$，$b'=b$，$c'=c$ 和 $f'=f$。建议的初始值：$a=50$，$b=25$，$c=50$，$d=25$，$e=50$，$f=25$，$g=25$。

**3.76　弛豫法 ****

对于给定边值条件的问题，这里给出一个怎样只利用算术方法就可以得到拉普拉斯近似解的方法。这个方法就是 3.8 节中的弛豫法，它是基于练习题 3.75 的。为了简单起见，我们举一个二维的例子。在图 3.43 中有两个等电势的正方形边界，它们互相嵌套。这可以是由两个正方形截面的金属管组成的电容器的一个横截面。问题就是对于分立点阵，找到与精确的二维电势函数 $\phi(x, y)$ 足够近似的点的个数。在这个练习中，为了可以让我们的计算变得简单，我们将对点阵进行粗略的估计。

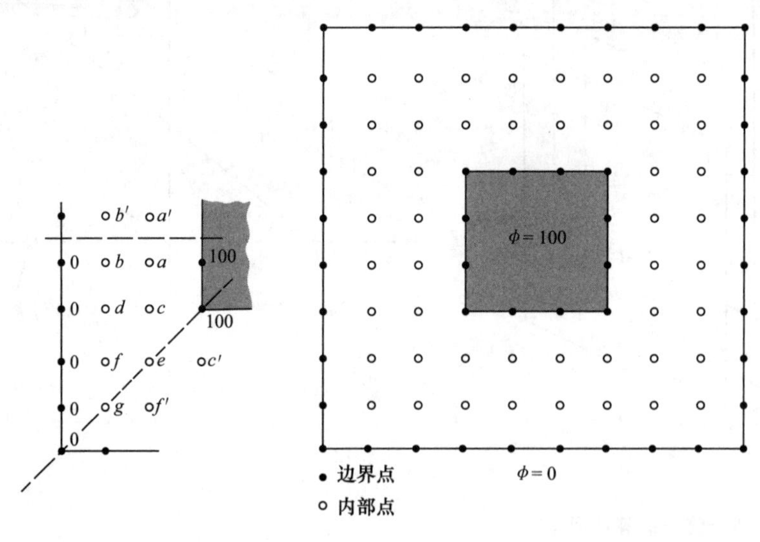


图 3.43

我们可以随意设定里面边界的电势为100，外面边界的电势为零。在这个边界上的所有点都是这个值。在内部的点上可以以任意的值开始，但是明智的猜测可能会节省很多时间。我们知道正确的值一定位于0和100之间，并且我们预测更靠近内侧边界的点一定会比更靠近外侧的点有更高的值。一些合适的初始值在图中表示了出来。显然，你需要借助这种结构的对称性优势：只需要计算里面的七个不同的值。现在你需要用某种系统的方式对里面的这七个格点进行简单的计算，即，用与它临近的四个点的平均值来替换每一个点的值。不断重复直到每一次对点阵的计算所产生的值的变化量变得足够小。在这个练习中，我们承认，要达到在每一次的计算中没有哪一个变化量的绝对值会大于一个单位，是要花费一定时间的。在点阵上填上你的最终结果，并且画出在实际为连续函数的 $\phi(x, y)$ 中，作出 $\phi=25$ 和 $\phi=50$ 的两个等势面的草图。

趋于一个最终稳定不变的分布值，这种方式和“扩散”这种物理现象紧密相关。如果在某一点上以一个非常大的值开始，它的值将会“散布”到与它邻近的点上，然后在“散布”到下一个邻近的点，一直进行到这种过程达到平衡。

**3.77 弛豫法的数值计算*****

弛豫法明显很适合用计算机来计算。写一段程序来以一种非常理想的网格求解练习题3.76提到的问题——比如，用具有四倍这些点的数量并且其间隔是原来的一半的格点来计算，利用粗网眼的计算结果来作为细网眼弛豫问题的初值，这是一个不错的主意。

# 4

# 电流

## 概述

本章我们将讨论运动的电荷，或者电流。电流密度定义为单位面积上的电流，它通过连续性方程与电流联系起来。在大多数情况下，电流密度正比于电场，比例系数叫电导率，电导率的倒数叫电阻率。欧姆定律是表明这种比例关系的另外一种等价方式。通过考虑外加电场后载流子的漂移速度，我们从分子层级上详细解释了电导率的起源。随后是电导率应用于金属和半导体上的内容。在电路中，电动势（emf）驱动电流。电池通过化学反应产生 emf。通过电阻的串联和并联公式，或者通过基尔霍夫定律可以计算出电路中的电流。电阻上耗散的功依赖于电阻及电阻上通过的电流。任何电路都可以被简化成包含一个电阻和一个 emf 的戴维南等效电路。本章最后将研究 RC 电路中电流的变化。

## 4.1 电流和电流密度

电流是运动的电荷。电荷的载体是像电子和质子这样的物理粒子，它们可能吸附在也可能不吸附在像原子、分子这样更大的物体上。在这里我们关心的不是电荷载体的自然属性，而是由于它们的运动引起的电荷净传输量。导线上的电流的值是在单位时间内通过导线上的一个固定位置的电荷量。在 SI 单位制中电流的单位是库/秒（C/s），称为安培（amp 或 A）。

$$1\mathrm{A}=1\mathrm{C/s} \tag{4.1}$$

在高斯单位制中，电流的单位是 esu/s。1A 的电流和 $2.998\times10^9$ esu/s 的电流相同，这等价于每秒通过 $6.24\times10^{18}$ 个电子电荷。

要注意的是静电荷传输量是具有符号的。负电荷向东移动等价于正电荷向西移动。水流过一个胶管的过程就涉及大量电荷的传输——每千克的水大概有 $3\times10^{23}$ 个电子！但是因为有同样多的质子和电子一起移动（每一个水分子包含 10 个质子

和 10 个电子），电流为零。另一方面，如果你使一根尼龙线带上负电荷并使其稳定地通过一个绝缘管，这就形成了电流，电流的方向和尼龙线的运动方向相反。

我们考虑电流沿着一个定义好的方向，比如一根导线前进。如果电流是稳定的——也就是说，不随时间变化——则在导线的任一点上电流是一样的。就像是稳定的车流中，没有分岔的道路上的任一点，每小时通过同样数量的汽车。

一般来说，电流，或者说是电荷的传输，是电荷载体在三维空间里的运动。为了方便描述，我们需要引入电流密度这个概念。因为电荷载体都是分立的粒子，所以我们必须考虑其平均值。就像我们定义电荷密度 $\rho$ 一样，我们必须假定求平均值的尺度内，包含着各种类型的大量粒子。

首先考虑一种特殊的情形，每立方米的空间中包含着 $n$ 个粒子，平均而言它们都以相同的速度矢量 $\boldsymbol{u}$ 运动并且都带有相同的电荷量 $q$。想象一个如图 4.1（a）中那样的指向固定方向的面积为 $\boldsymbol{a}$ 的小框架。在一个时间段 $\Delta t$ 内有多少粒子通过这个框架？如果 $\Delta t$ 开始于图 4.1（a）和（b）中的那个时刻，那么在接下来的 $\Delta t$ 秒内要通过框架的粒子就是在图 4.1（b）中的位于斜角棱柱体内的粒子。这个棱柱体的底面积和框架面积相同，棱长为 $u\Delta t$。这个棱柱体外面的粒子错过了或者还没有到达窗口。这个棱柱体的体积为底面积×高，或者是 $au\Delta t\cos\theta$，也可以写成 $\boldsymbol{a}\cdot\boldsymbol{u}\Delta t$。平均而言，在这个体积里的粒子数量为 $n\boldsymbol{a}\cdot\boldsymbol{u}\Delta t$。因此，电荷通过框架的平均速率，也就是通过框架的电流，我们把它称为 $I_a$，其值为

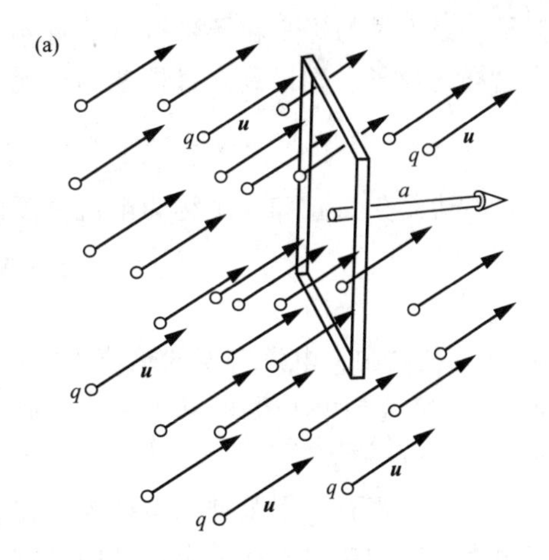


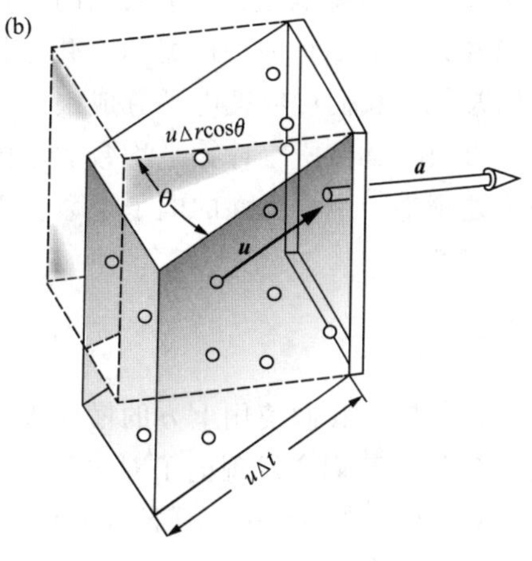


图 4.1

（a） 一群带电粒子以相同的速度 $u$ 移动。框架的面积为 $a$。在接下来的 $\Delta t$ 秒内要通过这个框架的粒子现在位于这个斜棱柱中。（b） 斜棱柱的底面积为 $\boldsymbol{a}$，高度为 $u\Delta t\cos\theta$，所以它的体积是 $au\Delta t\cos\theta$ 或者 $\boldsymbol{a}\cdot\boldsymbol{u}\Delta t$。

$$I_a=\frac{q(n\boldsymbol{a}\cdot\boldsymbol{u}\Delta t)}{\Delta t}=nq\boldsymbol{a}\cdot\boldsymbol{u} \tag{4.2}$$

假设我们有很多种不同的粒子，它们所带的电量 $q$ 不同，或速度矢量 $\boldsymbol{u}$ 不同，或者两个量都不同。每一个粒子都对电流产生自己的贡献。用下标 $k$ 来标记每一种

粒子。第 $k$ 种的每个粒子带有电荷量 $q_k$，以速率 $\boldsymbol{u}_k$ 运动，每立方厘米中平均有 $n_k$ 个这样的粒子。则最终穿过框架的电流为

$$I_a = n_1 q_1 \boldsymbol{a} \cdot \boldsymbol{u}_1 + n_2 q_2 \boldsymbol{a} \cdot \boldsymbol{u}_2 + \cdots = \boldsymbol{a} \cdot \sum_k n_k q_k \boldsymbol{u}_k \tag{4.3}$$

上式右边是矢量 $\boldsymbol{a}$ 和一个称为电流密度的矢量 $\boldsymbol{J}$ 的标量积，电流密度 $\boldsymbol{J}$ 为

$$\boxed{\boldsymbol{J} = \sum_k n_k q_k \boldsymbol{u}_k} \tag{4.4}$$

在 SI 单位制中，电流密度的单位为安培每平方米（$A/m^2$）[1]。或者等价于 $C \cdot s^{-1} \cdot m^{-2}$。安培是 SI 单位制的基本单位，而库仑不是。高斯单位制中电流密度的单位是 $esu \cdot s^{-1} \cdot cm^{-2}$。

让我们来看一下某种电荷载体，比如说电子，对电流密度 $\boldsymbol{J}$ 的贡献，电子可以有很多不同的速率。在一个典型的导体中，电子会有一个完全随机的速度分布，在方向和大小上都有一个很宽的变化范围。用 $N_e$ 来表示每单位体积内所有速度的电子的总数。我们可以把电子分成很多小组，每一个小组内的电子具有几乎相同的速率和方向。就像所有计算平均数的规则一样，所有电子的速率平均值可以通过把每一个速率乘上小组里面的电子个数，再对所有的小组加和，然后除以电子的总数求得。也就是

$$\overline{\boldsymbol{u}} = \frac{1}{N_e} \sum_k n_k \boldsymbol{u}_k \tag{4.5}$$

在 $\overline{\boldsymbol{u}}$ 中，我们使用上方的横线表示在某个分布中的平均值。对比式（4.4）和式（4.5），我们会发现电子对电流密度的贡献可以简单地用电子的平均速度来表示。对于电子有 $q=-e$，用下标 $e$ 来表示和这个电子相关的物理量，我们可以写成

$$\boldsymbol{J}_e = -eN_e \overline{\boldsymbol{u}}_e \tag{4.6}$$

这样看起来更加明显，我们在得到这个结果的过程中，一步步地证明了对于具有随机速度的电荷载体其通过框架的电流仅仅取决于电荷载体的平均速度值，这个通常仅是关于载体的随机速度的一个简单的方程。注意式（4.6）也可以写成 $\boldsymbol{J}_e = \rho_e \overline{\boldsymbol{u}}_e$，其中 $\rho_e = -eN_e$ 是电子的体电荷密度。

## 4.2　稳恒电流和电荷守恒

通过任何一个截面 $S$ 的电流 $I$ 是一个面积分：

$$I = \int_S \boldsymbol{J} \cdot \mathrm{d}\boldsymbol{a} \tag{4.7}$$

当一个系统在任何位置处的电流密度矢量 $\boldsymbol{J}$ 随时间的变化都保持在一个常数

1　有时会把电流密度表示成 $A/cm^2$。这样表示也没有什么错误；只要确定了单位，它的意义就会很清楚。（在 SI 还没有公布之前，两三代电子工程师都已经对安培每平方英尺这个单位很熟悉了！）

时，我们就说这是一个稳恒的或者是静态的电流系统。稳恒电流必须遵守电荷守恒定律。想象在空间中有一个用气球形状的表面完全包围的区域。$\boldsymbol{J}$ 在整个表面 $S$ 上的面积分代表了电荷离开这个被包围体积的速率。如果电荷一直流出（或者流入）这个固定的体积，那么里面的电荷密度肯定会增长到无穷大，除非在这里面会不停地产生补偿电荷。但是电荷绝不会凭空产生。因此，对于一个和时间完全无关的电流分布，$\boldsymbol{J}$ 在任何一个闭合表面的面积分一定为零。这完全等价于这个描述，即在空间中的任意一点

$$\mathrm{div}\boldsymbol{J}=0 \tag{4.8}$$

为了理解这种等价关系，我们使用了高斯定理和在包围所考察点的一个小表面上面积分相关的散度的基本定义。

我们可以推导一个比式（4.8）更加普遍的结论。假设电流不是稳恒的，$\boldsymbol{J}$ 是关于 $t$ 和 $x$、$y$ 和 $z$ 的函数。因为 $\int_S \boldsymbol{J}\cdot\mathrm{d}\boldsymbol{a}$ 表示的是电荷离开一个闭合体积的瞬时速率，而 $\int_V \rho\cdot\mathrm{d}v$ 是在任何瞬间这个体积内部的电荷总量，我们就有

$$\int_S \boldsymbol{J}\cdot\mathrm{d}\boldsymbol{a}=-\frac{\mathrm{d}}{\mathrm{d}t}\int_V \rho\mathrm{d}v \tag{4.9}$$

使问题中的体积围绕着点（$x$，$y$，$z$）不断缩小，式（4.9）所表示的关系就变成[2]

$$\boxed{\mathrm{div}\boldsymbol{J}=-\frac{\partial\rho}{\partial t}}\quad（电荷分布和时间无关） \tag{4.10}$$

电荷密度 $\rho$ 的时间导数写成偏微分的形式是因为 $\rho$ 通常和时间一样也是空间坐标的函数。式（4.9）和式（4.10）表达了（局域）电荷守恒定律：如果某个位置的电荷量不减少，则不会有电荷流出这个区域。式（4.10）也称作连续性方程。

**例题（真空二极管）** 一个很好的说明稳恒电流分布的例子发生在平面二极管，也就是一种有两个电极的电子管中。如图 4.2 所示，其中一个电极也就是阴极，涂上一层加热时可以大量放出电子的材料。另一个电极，也就是阳极，仅仅就是一个金属片。连上电池使阳极相对于阴极保持在正电压。电子从热离子阴极以一个很小的速率逸出，因为其带负电，所以在阳极和阴极之间的电场中朝着阳极的方向加速。在阳极和阴极之间的空间中，这些运动的电子形成了电流，和外面的导线上电子的流动组成了一个完整的回路，这个回路可能也包括电池里面的离子的移动，在这里我们不关心。

在这个二极管中，在任何一个区域的电荷密度 $\rho$ 可以简单地写成 $-ne$，其中 $n$

2 如果觉得式（4.9）到式（4.10）之间的推导步骤不是很清楚，回顾一下我们在第 2 章中对散度的基本定义。随着体积的缩减，在右边我们最终把 $\rho$ 移到体积分以外。可以计算出在某个瞬间的体积分值。它的时间导数取决于在 $t$ 和 $t+\mathrm{d}t$ 时间内体积分的变化量。唯一的不同就取决于 $\rho$ 的变化，因为体积的边界保持在相同的位置不变。

是那个位置处的电子的密度，表示每立方厘米中包含的电子的个数。电流密度 $\boldsymbol{J}$ 当然就是 $\rho\boldsymbol{v}$，其中 $\boldsymbol{v}$ 是那个位置处电子的速度。在平面二极管中，我们假设 $\boldsymbol{J}$ 没有 $y$ 和 $z$ 方向的分量。如果这种情况是稳定存在的，那么 $J_x$ 就和 $x$ 无关，因为像式（4.8）中说的，如果 $\mathrm{div}\boldsymbol{J}=0$。在 $J_y=J_z=0$ 时，$\partial J_x/\partial x$ 肯定为零。这是很明显的；如果有一个稳定的电子流仅沿着 $x$ 方向移动，那么每秒钟通过阴阳极中间任何截面的电子数量都是一样的。我们会得出 $\rho v$ 是一个常量。但是很明显 $v$ 并不是一个常量；它会随着 $x$ 而变化，因为电子会在电场中加速。因此 $\rho$ 也不会是一个常量。实际上负电荷的密度在阴极附近会比较高，而在阳极附近比较低，就像在高速公路上速度慢的地方车的密度就大，速度快的地方车的密度就小一样。

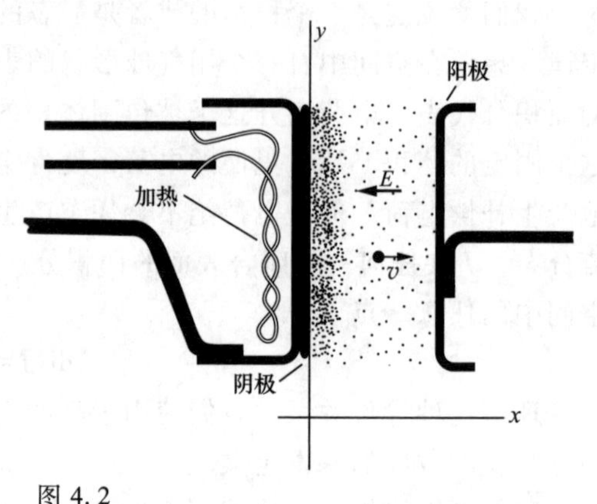


图 4.2

一个阴极和阳极为平行的平面的真空二极管。

## 4.3　电导率和欧姆定律

有很多方法可以使电荷移动，包括我们称为电荷的“人工传导”方法。在范德格拉夫起电机中（见习题 4.1），一个绝缘的皮带的表面带上电荷，然后把电荷传递给另一个电极，这非常像自动扶梯传送人的过程。这产生了一个非常理想的电流。在大气中，由于重力的作用，带电的小水滴降落，这就构成了地球上电流系统的一部分。在这一节中我们将要研究使得电荷传递的基本媒介，也就是通过电场加在电荷载体上的力。一个电场 $\boldsymbol{E}$ 推动正电荷朝着一个方向移动，同时推动负电荷朝着相反的方向移动。如果一种或者两种电荷移动，结果电流都是沿着 $\boldsymbol{E}$ 的方向。在大多数的物质当中，在较大范围的电场强度下，我们发现电流密度和引起电流的电场强度成正比。这种电流密度和电场的线性关系由下式给出：

$$\boxed{\boldsymbol{J}=\sigma\boldsymbol{E}} \tag{4.11}$$

因子 $\sigma$ 叫作这种材料的**电导率**。它的值和材料有关：在金属导体中这个值非常大，对于良好的绝缘体这个值非常小。它也可能和材料的物理状态有关——比如和材料的温度有关。但是在给定的条件下，它确实和 $\boldsymbol{E}$ 的值无关。如果你保持其他物理量不变，而把电场强度加倍的话，你就会得到两倍的电流。

第 3 章中我们指出在导体内部电场为零，可是这里我们却在谈论非零的内部电场。这是为什么？原因是，第 3 章我们讨论的是静态情况，也就是所有的电荷在运

动之后都归于静止。在这种情况下，电荷堆积在某处并产生了电场，并在导体内部与外加电场相抵消。但是在讨论导体内部电流的问题时，电荷不会堆积起来，也就是说它们无法静止下来。比如，一个电池从导线的一端接收传回的电子，而在另外一端传出电子。如果电子不能从另外一端传出，则它们将在这一端堆积起来，则内部的电场将变为零（事实上速度很快）。

$\sigma$ 的单位是电流密度矢量 $\boldsymbol{J}$ 的单位（即 $C \cdot s^{-1} \cdot m^{-2}$）除以电场 $\boldsymbol{E}$ 的单位（即 V/m 或 N/C）。可以马上得出其单位是 $C^2 \cdot s \cdot kg^{-1} \cdot m^{-3}$。不过，习惯上将 $\sigma$ 的单位写成欧·米的倒数 $(\Omega \cdot m)^{-1}$，$\Omega$ 是电阻的单位，后面将给出其定义。

在式（4.11）中 $\sigma$ 是一个标量，这暗示了 $\boldsymbol{J}$ 的方向始终和 $\boldsymbol{E}$ 的方向保持一致。这在没有特殊方向性的材料中和我们的这个预期是完全一致的。不过也确实存在着自身的电导率和电场 $\boldsymbol{E}$ 与材料内部固有的某个轴线之间的角度有关系的材料。原子具有层式结构的碳单晶就是这样的例子。还有一个例子，可以在习题 4.5 中遇到。在这种情况下 $\boldsymbol{J}$ 可能和 $\boldsymbol{E}$ 有不同的方向。但是 $\boldsymbol{J}$ 的分量和 $\boldsymbol{E}$ 的分量依然具有线性关系，这种关系中式（4.11）中的 $\sigma$ 换成了张量而不是标量。[3] 从现在开始我们将只考虑各向同性材料，在这种材料中电导率在各个方向上都是一样的。

式（4.11）是欧姆定律的一种定义。它是一个经验法则，一种从实验中得出的结论，而不是一个普遍适用的理论。实际上，对于某些特殊材料如果电场太强的话，欧姆定律就失效了。我们将会见到一些有意思并且很有用的材料，它们在非常弱的电场下就会表现出不符合欧姆定律的现象。然而一个明显的事实是，对于大多数材料，在很大的电压变化范围下电流密度都是正比于电场强度的。在这一章中稍后我们会解释为什么会是这个样子。现在认为式（4.11）是正确的，由此推导出推论。我们现在关心的是流过一个导线或者是具有明确的边缘或者终点的任意形状的导体上的总电流 $I$，和它两端之间的电势差，这里我们用符号 $V$（表示电压）而不是 $\phi_1-\phi_2$ 或者 $\phi_{12}$来表示电势差。

$I$ 是 $\boldsymbol{J}$ 在导体的一个截面上的积分，这暗示着 $I$ 正比于 $\boldsymbol{J}$。$V$ 是 $\boldsymbol{E}$ 沿着导体从一个端点到另一个端点的线积分，这暗示着 $V$ 正比于 $\boldsymbol{E}$。因此，若在导体内部任何位置处，都如式（4.11）那样，$\boldsymbol{J}$ 正比于 $\boldsymbol{E}$，那么 $I$ 一定正比于 $V$。因此 $V$ 和 $I$ 的关系就是欧姆定律的另外一种表达式，我们可以写成这种形式：

$$\boxed{V=IR} \quad \text{（欧姆定律）} \tag{4.12}$$

常量 $R$ 是两个端点之间导体的电阻。$R$ 取决于导体的大小和形状以及材料的电

3 $\boldsymbol{J}$ 和 $\boldsymbol{E}$ 这两个矢量的线性关系可以用以下方式表达。把式（4.11）写成三个等价的方程，也就是 $J_x=\sigma E_x$，$J_y=\sigma E_y$，$J_z=\sigma E_z$，我们可以得到 $J_x=\sigma_{xx}E_x+\sigma_{xy}E_y+\sigma_{xz}E_z$，$J_y=\sigma_{yx}E_x+\sigma_{yy}E_y+\sigma_{yz}E_z$ 和 $J_z=\sigma_{zx}E_x+\sigma_{zy}E_y+\sigma_{zz}E_z$。这九个系数 $\sigma_{xx}$、$\sigma_{xy}$ 等组成了一个张量。（由于对称性，有 $\sigma_{xy}=\sigma_{yx}$，$\sigma_{yz}=\sigma_{zy}$，$\sigma_{xz}=\sigma_{zx}$，更进一步讲，选取合适 $x$、$y$、$z$ 轴的方向，除了 $\sigma_{xx}$、$\sigma_{yy}$和 $\sigma_{zz}$以外的所有系数都会变成零。）

导率 $\sigma$。最简单的例子是一个截面积为 $A$ 长度为 $L$ 的固体棒。稳恒电流 $I$ 沿着这个杆从一个端点流向另一个端点（见图4.3）。当然肯定存在其他导体使电流流入或者流出这个导体棒。我们把导体棒的端点想象成这些导体要接触的点。在导体棒内部，电流密度为

$$J=\frac{I}{A} \tag{4.13}$$

电场强度为

$$E=\frac{V}{L} \tag{4.14}$$

式（4.12）中的电阻 $R$ 为 $V/I$。通过式（4.11）、式（4.13）和式（4.14）我们很容易得到

$$R=\frac{V}{I}=\frac{LE}{AJ}=\frac{L}{A\sigma} \tag{4.15}$$

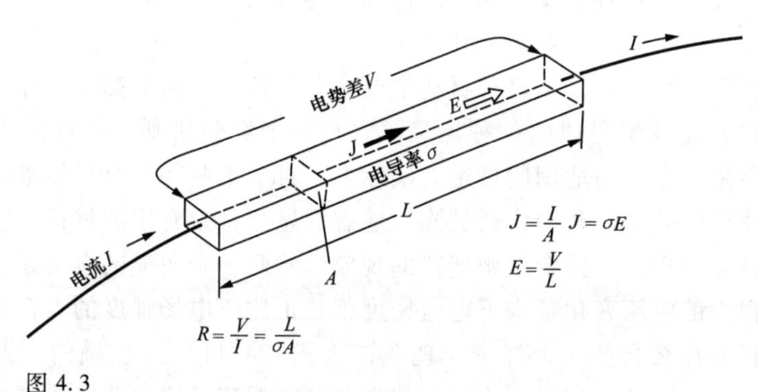


图4.3
一个长度为 $L$、横截面积为 $A$、电导率为 $\sigma$ 的导体的电阻。

在得到这个简单公式的过程中我们做了一些默契的假设。首先我们假设在导体棒的截面上电流密度是均匀的。为了看看它为什么一定会这样，想象 $J$ 在导体棒的某一端实际上比另一端要大。所以在那一端上 $E$ 肯定也要更大。但是这样 $\mathbf{E}$ 从一个端点到另一个端点的线积分肯定会因为路径的不同而不同，这对于静电场来说是不对的。

第二种假设是在整个导体棒上 $\mathbf{J}$ 的大小和方向保持均匀一致。这个假设的正确与否取决于电流如何流入和流出到外面的导体以及它们之间是如何连接的。比较一下图4.4（a）和图4.4（b）。假设在（b）中的端点是由一种电导率要比导体棒高得多的材料制成，以使导体棒端面成为一个等势面，式（4.15）可以精确地应用于它所产生的电流系统。但是一般而言，对于这种“端点效应”我们可以说如果导体棒的宽度相对于它的长度很小的话，式（4.15）给出的 $R$ 和理想值是很相近的。

第三种假设是导体棒被一种不导电的介质包围。如果没有这样的介质，我们甚

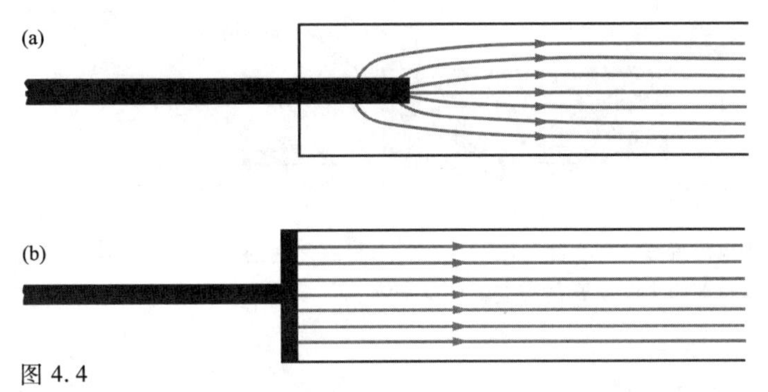


图 4.4

电流 $I$ 流入一个导体棒上的不同方式。在（a）中电流密度 $\boldsymbol{J}$ 还没有变均匀时，电流就已经开始传输了。在（b）中如果外加的导体的电导率比棒的电导率高的话，棒的端面是一个等势面，电流在一开始传输时就已经变得均匀了。对于像普通电线那样细长的导体来说，这种差别可以忽略。

至无法定义端点之间的独立电流路径和电流 $I$ 以及电阻 $R$。换句话说，在包含空气在内的良好的绝缘体和我们知道的可以作为导线的导体材料之间，电导率有一个很大的变化范围，想象图 4.3 中的导体棒弯曲成图 4.5 中的形状。因为它嵌入到了一个可以防止电流流出的绝缘介质的内部，用于实际应用的图 4.5 中的问题就和图 4.3 中我们已经解决的问题是一样的。如果沿着导线测量到导线的长度 $L$，式（4.15）可以像用于直的导体棒那样适用于弯曲的导线。

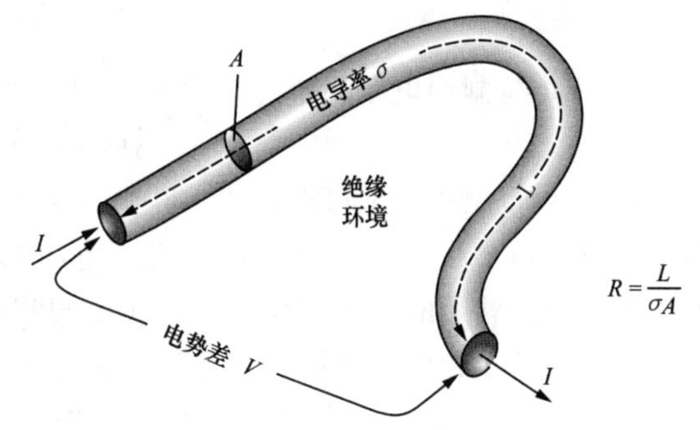


图 4.5

被等长的绝缘介质（空气，油，真空等）包围的导体，其电阻值仅和导体的长度以及横截面积有关，而和它的形状无关。

在电导率保持为一个常量的区域，稳恒电流的条件是 $\mathrm{div}\boldsymbol{J}=0$［式（4.8）］和式（4.11），这二者意味着 $\mathrm{div}\boldsymbol{E}=0$。这告诉我们在那个区域内部电荷密度为零。另一方面，如果在导电介质内部各处的 $\sigma$ 是不同的，稳恒电流可能会使导体的内部产生静止的电荷。图 4.6 展示了这样一个简单例子，由两种不同电导率的导体组成了一个导体棒，电导率分别为 $\sigma_1$ 和 $\sigma_2$。电流密度 $\boldsymbol{J}$ 在接触面的两边一定相同；否则在这个位置会产生电荷的堆积。这说明了在两个地方的电场 $\boldsymbol{E}$ 必定不同，在界面处有一个突变。高斯定理告诉我们，$\boldsymbol{E}$ 的突变反映了在界面处肯定有一个静电荷层。习题 4.5 会更深入地研究这个问题。

相对于电导率，在解决电场和电流密度问题时我们经常使用它的倒数即电阻

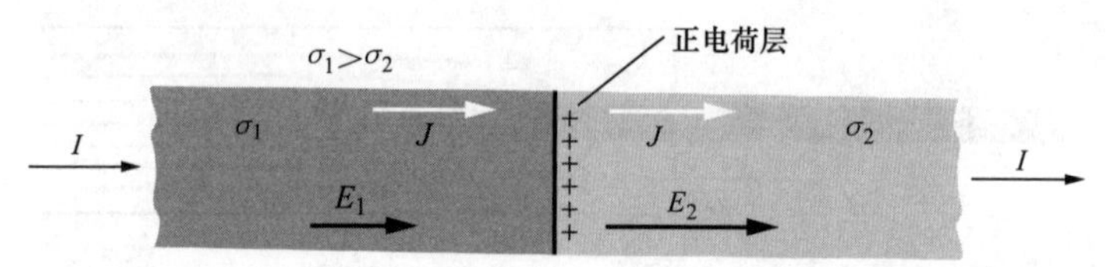


图 4.6

当电流流过这个复合导体时，在两个材料之间的界面上会出现静态电荷，这也证明了电场 $\boldsymbol{E}$ 的突变。在这个例子中 $\sigma_2<\sigma_1$，因此 $E_2$一定比 $E_1$大。

率 $\rho$：

$$\boldsymbol{J}=\left(\frac{1}{\rho}\right)\boldsymbol{E} \tag{4.16}$$

我们通常都是用 $\rho$ 来作为电阻率的符号，用 $\sigma$ 来表示电导率的符号。虽然有些公式中也用这两个符号表示体电荷密度和面电荷密度。在本章余下的内容中，$\rho$ 和 $\sigma$ 总是用来表示电阻率和电导率。把式（4.15）写成电阻率的形式就变成

$$\boxed{R=\frac{\rho L}{A}} \tag{4.17}$$

在 SI 单位制中电阻的单位为欧姆（用符号 Ω 表示），根据式（4.12），有

$$1\Omega=1\text{V/A} \tag{4.18}$$

在 SI 单位制中，你可以证明 1 欧姆等于 $1\text{kg}\cdot\text{m}^2\cdot\text{C}^{-2}\cdot\text{s}^{-1}$。如果电阻用欧姆作为单位，由式（4.17）显然可以得到电阻率的单位是欧姆×米。因此 SI 单位中电阻率的单位就是欧·米（Ω·m）。但是可以用另一个有明确的意义的长度单位。实际上在物理学和电导体技术中电阻率通常使用的单位是欧·厘米（Ω·cm）。如果选择 Ω·cm 为电阻率的单位，那么相对应的电导率的单位就写成 $\Omega^{-1}\cdot\text{cm}^{-1}$，或者是 $(\Omega\cdot\text{cm})^{-1}$，并且把它叫作“Ω·cm 的倒数”。要强调的是，对于任何自洽的单位体系，式（4.11）~式（4.17）都可以适用。

---

**例题（电线拉伸）** 用一个模具将一根纯锡的电线拉伸，其直径达到原先的 25%。则其电阻增加了多少倍？再把它碾成一个平的丝带，其长度进一步增加到初始值的两倍。则电阻的总的变化是多少？假设整个过程中密度和电阻率保持不变。

**解** 设 $A$ 为电线的横截面，$L$ 是其长度。体积 $AL$ 是一个常量。因此，$L\propto 1/A$。电阻 $R=\rho L/A$ 正比于 $1/A^2$。如果通过模具拉长后直径减小了 3/4，则 A 减少了 $(3/4)^2$。电阻则需要乘上因子 $1/(3/4)^4=3.16$。对于半径 $r$，电阻正比于 $1/r^4$。

因为 $A\propto 1/L$，我们还可以说 $R=\rho L/A$ 正比于 $L^2$。总长度增加了 2 倍，则电阻增加了 $2^2=4$ 倍。

---

在高斯单位制中，电荷的单位可以用其他基本单位表示，因为无量纲的库仑定律给出 $1\text{esu}=1\text{g}^{1/2}\cdot\text{cm}^{3/2}\cdot\text{s}^{-1}$，这个你可以给出验证。利用这个你可以证明电阻

的单位是 s/cm。因为式（4.17）还告诉我们电阻率 $\rho$ 具有（电阻）*（长度）的量纲，则高斯单位之中 $\rho$ 的单位就是一个简单的秒。你可以自己检查一下，在国际单位制中，类似的分析可以得出 $\rho$ 的单位是秒除以 $\varepsilon_0$。因此 $\varepsilon_0\rho$ 具有时间的量纲。电阻率和时间的这种自然的联系在 4.11 节中会解释清楚。

为了对比，在表 4.1 中用不同的单位给定了几种不同材料的电阻率和电导率。同时也给出了关键的转换因子（具体推导见附录 C）。

**表 4.1 几种材料的电阻率及其倒数——电导率**

| 材料 | 电阻率 $\rho$ | 电导率 $\sigma$ |
|---|---|---|
| 纯铜,273K | $1.56\times10^{-8}\Omega\cdot m$<br>$1.73\times10^{-18}s$ | $6.4\times10^{7}(\Omega\cdot m)^{-1}$<br>$5.8\times10^{17}s^{-1}$ |
| 纯铜,373K | $2.24\times10^{-8}\Omega\cdot m$<br>$2.47\times10^{-18}s$ | $4.5\times10^{7}(\Omega\cdot m)^{-1}$<br>$4.0\times10^{17}s^{-1}$ |
| 纯锗,273K | $2\Omega\cdot m$<br>$2.2\times10^{-10}s$ | $0.5(\Omega\cdot m)^{-1}$<br>$4.5\times10^{9}s^{-1}$ |
| 纯锗,500K | $1.2\times10^{-3}\Omega\cdot m$<br>$1.3\times10^{-13}s$ | $830(\Omega\cdot m)^{-1}$<br>$7.7\times10^{12}s^{-1}$ |
| 纯水,291K | $2.5\times10^{5}\Omega\cdot m$<br>$2.8\times10^{-5}s$ | $4\times10^{-6}(\Omega\cdot m)^{-1}$<br>$3.6\times10^{4}s^{-1}$ |
| 海水,(随盐度变化) | $0.25\Omega\cdot m$<br>$2.8\times10^{-11}s$ | $4(\Omega\cdot m)^{-1}$<br>$3.6\times10^{10}s^{-1}$ |

注意：$1\Omega\cdot m=1.11\times10^{-10}$ s

**例题（铜线中的漂移速度）** 一根铜线长度 $L=1$km，连着一个 $V=6$V 的电池。铜的电阻率 $\rho=1.7\times10^{-8}\Omega\cdot m$，单位立方米的电子数量为 $N=8\times10^{28}$。则导体中电子的漂移速度是多少？一个电子漂移一周需要多少时间？

**解** 方程（4.6）给出了电流密度的大小 $J=Nev$，所以漂移速率为 $v=J/Ne$，但是 $J$ 是由式 $J=\sigma E=(1/\rho)(V/L)$ 得到，代入到式 $v=J/Ne$，于是得到

$$v=\frac{V}{\rho LNe}=\frac{6V}{(1.7\times10^{-8}\Omega\cdot m)(1000m)(8\times10^{28}m^{-3})(1.6\times10^{-19}C)}$$
$$=2.8\times10^{-5}m/s \tag{4.19}$$

这比室温下电子的平均热运动速度 $10^5$m/s 要小得多。电子漂移一周所需要的时间是：$t=(1000\text{ m})/(2.8\times10^{-5}\text{m/s})=3.6\times10^{7}$s，这要一年多。$v$ 与界面面积无关。这是有意义的，因为如果我们有两根独立的相同电线，连上同样的电压源，它们会有同样的 $v$。如果把这两个电线并成一根粗电线，$v$ 将不变。

在处理电线中的电流问题时，我们通常假定电线是电中性的。也就是说，我们假定单位长度中运动的电子的密度和电线晶格上的质子的密度是一样的。但是，我们应该提及，实际导电的导线不是不带电的。Marcus（1942）和 Jefimenko（1962）已经证明了导线上有表面电荷。这些电荷的存在有三个原因。

其一，表面电荷使得电子沿着电线流动。考虑一个电池连着一根长导线，在远

离电池的地方把导线弄弯。不管用什么方式弄弯导线，电池都不“知道”我们改变了导线的形状，因此电池不是导致电子沿着空间中的这个新路径传输的原因。导致电子沿着新路径传输的原因是附近的电荷形成的电场导致的。这些电荷就是导线的表面电荷。

其二，表面的电荷的存在是使得沿着电流方向有能量流动的必要条件。要了解能量的流动，我们需要学完第6章的磁场和第9章的波印廷矢量。现在我们只能说，要想有能量流动，导线上的电场必须有一个沿着导线径向指向外侧的分量。如果导线的净电荷为零的话，则不会存在这个电场分量。

其三，表面电荷引起电势沿导线变化，变化规律符合欧姆定律。可以参阅Jackson（1966）关于这三种原因的更多讨论。

尽管讨论了这些东西，还是要说明，在本书中对绝大多数电路和电流的讨论中，我们没有必要去关心导线外的电场。因而我们通常可以忽略表面电荷，这不会产生什么不良后果。

## 4.4　电导的物理意义

### 4.4.1　电流和离子

为了更好地说明电传导的过程，我们有必要首先介绍一下原子和分子。要记得一个包含着同等数量电子和质子的中性原子是完全不显电性的（参见1.3节）。电场力作用在这样一个物体上的力严格为零。不过即使是中性的原子也会以某种方式移动，这种移动不会产生电流。对于中性分子来说也是同样的情况。一种只包含中性分子的物质的电导率应该为零。这里有一个前提条件：我们现在所关心的是稳恒电流，即直流而不是交流。交变电场可以导致分子周期性形变，从而使得电荷产生位移而形成交变电流。我们将在第10章中讨论这个话题。对于稳恒电流我们需要移动电荷载体或者是离子。这些东西在施加外电场前就已经存在了。我们要考虑的电场达不到可以把分子的电子从分子中撕开而形成离子的强度。因此电传导的物理现象以两个问题为中心：在一个单位体积的材料内有多少离子，以及这些离子在电场的作用下如何运动？

室温下，对于纯净的水，在任何给定的一个时刻，每十亿个水分子中大约有两个$H_2O$解离成为阴离子$OH^-$和阳离子$H^+$。（实际上把阳离子描述成$OH_3^+$更合适，也就是一个质子吸附在一个水分子上。）这给每立方厘米的水提供了大约$6\times10^{13}$个阴离子和同等数量的阳离子。[4] 这些离子在外加电场的作用下发生运动就形成了纯净

4　学化学的学生可以回忆起纯水的氢离子浓度的pH值等于7.0，这就是说它的浓度为$10^{-7.0}$mol/L。也就相当于$10^{-10.0}$mol/$cm^3$。1mol的任何物质都是$6.02\times10^{23}$个粒子——因此上面给出的离子数就是$6\times10^{19}$。

水的电导率，具体数值见表 4.1。如果加上一些像氯化钠这样的物质，其分子很容易在水中电离，就会大大增加水中离子的数量。这就是为什么海水的电导率比纯净水要高将近一百万倍的原因。海水中每立方厘米的体积中包含了大约 $10^{20}$ 个离子，其中大多数都是$Na^+$和$Cl^-$。

在常温下，像氮气氧气这样的气体中是完全不存在离子的，除非有像紫外线、X 射线或者核辐射这样的电离射线存在。例如，紫外线可能会从一个氮气分子中激发出一个电子而留下一个带有正电荷量 $e$ 的分子离子 $N_2^+$。这个激发出的自由电子就是一个阴离子。它可能会一直保持自由也可能会作为一个“多余的”电子而吸附在其他分子上，由此就形成了带负电的分子离子。氧气分子对于额外的电子正好有特别高的吸引力；当空气被电离时，通常就会形成 $N_2^+$ 和 $O_2^-$ 离子。在任何情况下气体最终的电导率取决于在那个瞬间气体里面存在的离子的数量，而这个数量又取决于电离射线的强度或者其他的一些环境条件。所以我们在表中找不到一种气体的电导率。严格来说，在屏蔽掉所有电离射线的环境中，纯净氮气的电导率为零。[5]

对于给定阴阳离子浓度的一种材料，如何来确定在式（4.11）中的最终的电导率 $\sigma$ 呢？让我们首先来考虑一个轻度电离的气体。为了让结果更加明确，假定每立方厘米的分子密度和房间内气体的分子密度差不多——每立方米大概 $10^{25}$ 个。在这些分子之间到处都分布有阴阳离子。假设在每单位体积中有 $N$ 个阳离子，每个质量为 $M_+$，带电量为 $e$，阴离子的数量和阳离子的数量相同并且质量为 $M_-$，带电量为$-e$。在单位体积中，离子的数量 $2N$ 相对于中性分子的数量来说非常小。如果一个离子和其他粒子发生碰撞，那么和它碰撞的一般都是中性的分子而不是其他离子。确实偶尔会有一个阳离子和阴离子发生碰撞而复合成一个中性的分子。如果离子不能用其他方法持续产生的话，离子的这种复合[6] 过程将会持续地削减离子的数量。但是任何情况下 $N$ 的变化率都会慢到可以被忽略的程度。

### 4.4.2 无外电场时的运动

现在在分子的尺度下想象一下没有外加电场时的场景。分子、离子，以与温度适当的随机速率飞行着。在气体内部大部分空间都是空的，两个最近的分子之间的平均距离大概是分子直径的 10 倍。分子的平均自由程，也就是分子在和其他分子发生碰撞时所移动的平均距离，是非常大的，大概是 $10^{-7}$m，或者说是分子直径的几百倍。气体里面的分子或者离子在 99.9%的时间里都是自由的粒子。如果我们

5 那么它的热力学能量呢？它会偶尔地导致分子电离吗？实际上，要电离一个分子，也就是从一个中性的分子中激发出一个电子所需要的能量是一个分子在 300K 时具有的平均热力学能量的几百倍。你在整个地球的大气层中都找不到一个通过这种方式得到的离子。

6 我们称这个过程为复合，我们当然是说这两个“复合”的离子原本就来源于一个分子。一个阴离子和一个阳离子的相互碰撞是由于它们之间静电吸引力的作用。然而，这种关系在单位体积内离子数量比中性分子的数量少很多时就变得不重要了。

在某个特定的瞬间比如 $t=0$ 的瞬间，去观察某个特定的离子，我们会发现它正在以某个速度 $\boldsymbol{u}$ 在空间中移动。

接下来会发生什么呢？离子会沿着直线以恒定的速度运动，直到（也迟早会）和一个分子非常接近，接近到一种很强的短程力能够发挥作用。在这个碰撞过程中分子和离子的总的动能和动量会守恒，不过离子的速度会极迅速地在大小和方向上改变成一个新的速度 $\boldsymbol{u}'$。然后它以这个新的速度继续自由飞行直到另一次碰撞把它的速度变成 $\boldsymbol{u}''$，照此一直下去。仅仅几次碰撞后，离子在各个方向上的运动都是可能的。离子将会“忘记掉”它在 $t=0$ 时的速度方向。

换一种方式来说，如果我们选择 10000 个水平向南运动的离子，并且对它们进行跟踪，$\tau$ 秒之后，它们最终的速度方向会均匀地分布在一个球面上。要使离子的方向发生完全改变可能需要一些碰撞，也可能只需要几次，这取决于每次碰撞中可能带来的动量变化量大还是变化小的情况哪种更普遍，还取决于粒子相互作用的性质。一种极端的情况是和一个重的弹性球的碰撞，这种情况下仅一次碰撞就可以产生一个完全随机的新速度。我们不必担心这种差异。重点是，无论碰撞性质如何，一定会有某个小的时间间隔 $\tau$，在 $\tau$ 秒时间后，给定系统中离子的初始速度和最终速度之间就没有什么关系了。[7] 这个特征时间 $\tau$ 和离子以及它周围的环境有关；碰撞频率越大，这个时间越短；因为对于我们的气体在两次碰撞之间离子没有意外情况发生。

### 4.4.3　外加电场下的运动

现在我们要把一个匀强电场 $\boldsymbol{E}$ 加在这个系统上。我们可以认为只通过一次碰撞，粒子的方向就可能改变为任何可能的方向，在粒子与重球体的碰撞下就是这样的情况，这样一来描述会变得非常简单。我们的主要结论将和这个假设完全无关。在碰撞之后离子会立即以一个随机的方向离开。我们将碰撞之后的瞬间速度标记为 $\boldsymbol{u}^c$。作用在离子上的电场力 $\boldsymbol{E}e$ 不断地把动量传递给离子。经过时间 $t$ 后，离子将会从电场中获得一个动量增量 $\boldsymbol{E}et$，也就是在它的原始动量 $M\boldsymbol{u}^c$ 的基础上增加了一个矢量，变为 $M\boldsymbol{u}^c+\boldsymbol{E}et$。如果这个动量增量相比于 $M\boldsymbol{u}^c$ 是一个小量，也就是说它的速度并没有改变多少，所以我们可以预料到下一次的碰撞时间和没有电场时的时间是一样的。换句话说，只要电场不是太强，每次碰撞之间的时间间隔，我们标记为 $\bar{t}$，和电场 $\boldsymbol{E}$ 是无关的。

由电场所获得的动量是沿着同一方向的矢量。但是实际上在每次碰撞中这个动量会发生变化，因为在每次碰撞之后运动方向都是一个和碰撞之前无关的一个随机

7　在一般的系统中可以通过测量粒子在起始和终止方向上的相互关系来精确地定义 $\tau$。这是一个统计问题，就像测量大老鼠出生时的体重和它们成熟时的体重之间的关联一样。然而在我们的分析中并不需要对它做一个定量的定义。

方向。

在一个给定的瞬间，所有的阳离子的平均动量是多大呢？如果我们用这种方法来考虑这个问题，将是极其简单的：在该问题中的所说的那个瞬间，我们假定时间已经停止，并且看看每一个离子距离它的最后一次碰撞过了多少时间。假设我们对于离子 1 得到一个明确的答案 $t_1$。该离子肯定从它最后一次撞击产生的动量 $M\boldsymbol{u}_1^c$ 中获得了一个动量增量 $e\boldsymbol{E}t_1$。因此全部的 $N$ 个离子的平均动量就是

$$M\overline{\boldsymbol{u}}_+ = \frac{1}{N}\sum_j (M\boldsymbol{u}_j^c + e\boldsymbol{E}t_j) \tag{4.20}$$

这里的 $\boldsymbol{u}_j^c$ 指的是第 $j$ 个离子在刚刚碰撞之后的速度。这些速度 $\boldsymbol{u}_j^c$ 在方向上是完全随机的，因此它们对平均值的总贡献为零。第二部分就是简单地用 $\boldsymbol{E}e$ 乘以 $t_j$的平均值，也就是乘以最后一次碰撞后的平均时间。这肯定和距离下一次碰撞的平均时间是相等的，这两个时间和两次碰撞之间的平均时间间隔 $\bar{t}$ 相等。[8] 我们得出在稳定的电场 $\boldsymbol{E}$ 的作用下，一个阳离子的平均速度是

$$\overline{\boldsymbol{u}}_+ = \frac{\boldsymbol{E}e\,\bar{t}_+}{M_+} \tag{4.21}$$

这说明带电粒子的平均速度和加在它上面的力成正比。如果我们只观察平均速度的话，它看起来好像是介质正在以一个和速度成正比的力抵抗着它的运动。事实确实如此。我们可以把式（4.21）重新写成 $\boldsymbol{E}e-(M_+/\bar{t}_+)\overline{\boldsymbol{u}}_+=0$，该式可以这样解释，电场力 $\boldsymbol{E}e$ 和拉力$-b\,\overline{u}_+$保持平衡，其中 $b\equiv M_+/\bar{t}_+$。这个力$-b\boldsymbol{u}$ 是某种摩擦力，就像你用一个勺子搅动浓稠的糖汁时感觉到的一种“黏滞”力。只要带电粒子这样运动，我们就可以对其使用欧姆定律。其理由如下。

在式（4.21）中我们写作 $\bar{t}_+$是因为对于阳离子和阴离子它们两次碰撞之间的时间可能是不同的。阴离子获得的速度的方向相反，但是同时也因为它们带的电荷是负的，它们产生的电流密度 $\boldsymbol{J}$ 会增加正电流的电流密度。包含两种离子在内的式（4.6）应该写成

$$\boldsymbol{J} = Ne\left(\frac{e\boldsymbol{E}\,\bar{t}_+}{M_+}\right) - Ne\left(\frac{-e\boldsymbol{E}\bar{t}_-}{M_-}\right) = Ne^2\left(\frac{\bar{t}_+}{M_+}+\frac{\bar{t}_-}{M_-}\right)\boldsymbol{E} \tag{4.22}$$

我们的理论预言了系统将会符合欧姆定律，因为式（4.22）表明 $\boldsymbol{J}$ 和 $\boldsymbol{E}$ 之间满足线性关系，式中其他的量都是和材料相关的常量。对比一下式（4.22）和式（4.11），常量 $Ne^2(\bar{t}_+/M_++\bar{t}_-/M_-)$ 出现在了电导率 $\sigma$ 的位置。

---

8 你可能会认为碰撞之间的平均时间应该和最后一次碰撞到现在的平均时间和现在到下一次碰撞的平均时间之和相等。如果粒子的碰撞按照非常规律的节奏进行的话这就是正确的，但是它确实不是这样发生的。它们的碰撞是相互独立的随机事件，这看上去可能会和之前的说明相矛盾，但它确实是这样的。想一下。问题并没有影响我们主要的碰撞过程，但是当你理解了这个问题时，你的统计学知识会有所增长。参见练习题 4.23。（提示：如果一个碰撞不会影响其他碰撞发生的可能性——这也就是独立的意义——那么你把起始时刻定义为任意时刻还是碰撞发生的时刻是没有什么不同的。）

我们在这个系统中做了很多特定的假设，但是回顾一下，我们会看到它们和我们关心的 $\boldsymbol{E}$ 和 $\boldsymbol{J}$ 的线性关系并没有脱离太远。在电场 $\boldsymbol{E}$ 不是太强的情况下，对于任何包含恒定密度的自由带电体，并且其内部带电体因为碰撞或者其他相互作用而频繁地“再随机化”的系统，应该都适用欧姆定律。其中 $\boldsymbol{J}$ 和 $\boldsymbol{E}$ 的比值，也就是材料的电导率 $\sigma$，和带电粒子的数量以及带电粒子的方向失去关联性的特征时间 $\tau$ 成正比。问题中所有复杂的碰撞细节就全部由最后的这个特征时间 $\tau$ 来代表了。假定已知带电粒子的数量，确定给定系统的电导率就转变成了对 $\tau$ 的计算过程。在我们前面给的特定例子中这个量用 $\bar{t}$ 来代替了，预测了确定的电导率 $\sigma$ 结果。引入更加一般的量 $\tau$，并且考虑到正负电荷载体的数量可能不同，我们可以把理论总结成下面的形式：

$$\boxed{\sigma \approx e^2\left(\frac{N_+\tau_+}{M_+}+\frac{N_-\tau_-}{M_-}\right)} \tag{4.23}$$

我们使用符号≈来表示我们并没有给 $\tau$ 一个明确的定义。然而，这其实是可以做到的。

**例题（大气的电导率）** 通常，地球的大气层有大量的自由电子（由太阳的紫外线电离产生的），其数量大概是每立方米 $10^{12}$ 个，主要存在于 100km 的高度，这个高度下，空气密度很小，电子的平均自由程大约为 0.1m。在该高度所处的温度下，电子的平均速度为 $10^5$m/s。则电导率为多少 $(\Omega\cdot\text{m})^{-1}$？

**解** 只有一种带电粒子，由式（4.23）得到，$\sigma=Ne^2\tau/m$。平均自由时间为 $\tau=(0.1\text{m})/(10^5\text{m/s})=10^{-6}\text{s}$。因此

$$\sigma=\frac{Ne^2\tau}{m}=\frac{(10^{12}\text{m}^{-3})(1.6\times10^{-19}\text{C})(10^{-6}\text{s})}{9.1\times10^{-31}\text{kg}}=0.028(\Omega\cdot\text{m})^{-1} \tag{4.24}$$

为了强调实际的导体中带电粒子只是在完全随机的运动中叠加了一个系统的很小的定向漂移方向这个事实，我们把一直在讨论的这种系统的微观图像画成了图4.7。阳离子用灰色的点来表示，阴离子用小圆圈来表示。我们假设后者就是电子，由于它们的质量很小，所以它会比阳离子更容易运动，以至于我们可以完全忽略掉阳离子的运动。在图 4.7（a）中，我们看到粒子和电子的速度是完全随机分布的。在作这个图时，图中的粒子和符号是由一个随机数表生成的。电子的速度矢量同样是随机分布的，这种随机分布就相当于气体中分子速度的“麦克斯韦”分布。在图 4.7（b）中，粒子的位置与图 4.7（a）中相同，但是它们全部都增加了一个向右的小速度增量。也就是说，图 4.7（b）是一种被电离了的材料的情况，在这里面所有的负电荷有一个向右的流动，相当于一个向左的一个正电流。图 4.7（a）表示了一个平均电流为零的情况。要是单独看两幅图，很难判定哪种情况下平均电流是 0，可见，系统的漂移是非常微弱的。

(a)

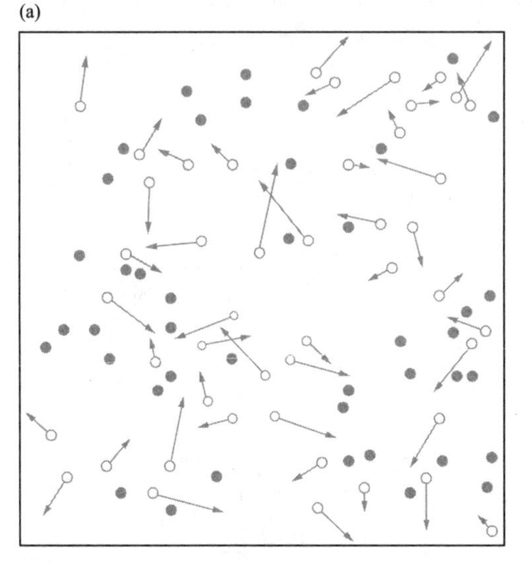

(b)

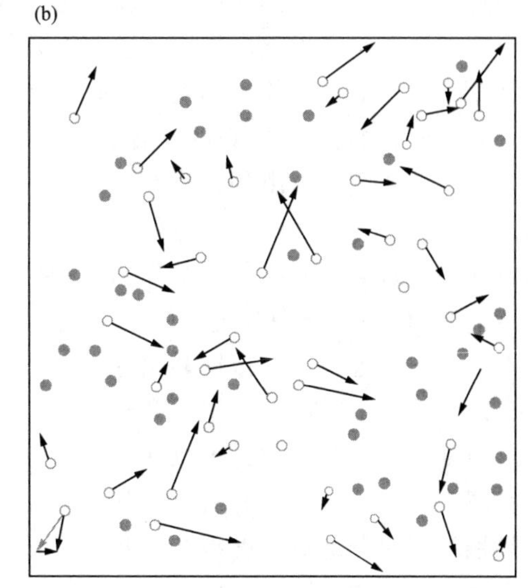

图 4.7

(a) 数目大致相等的电子和阳离子随机的分布。在 (a) 中展示的电子的速度矢量是完全随机的。在 (b) 中引入了一个用速度矢量→表示的漂移速度。这个速度叠加在原来的每一个电子的速度上，就像图中最左下角的那个电子一样。

显然我们不会期待图 4.7 (a) 中的 46 个电子的实际平均速度为零，因为它们只是一个统计量。一个电子的运动不会影响其他电子。没有外加电场时，实际上作为电子速度矢量和的一个统计的涨落结果，只有一个随机的电流。这种自发的涨落电流是可以检测到的。它是存在于所有电流中的一种噪声源，它也经常决定弱电信号检测器件的极限灵敏度。

## 4.4.4 材料类型

带着这个观点，来看一下图 4.8 中描绘出的电导率和温度成函数关系的材料。玻璃在室温条件下是一种良好的绝缘体。玻璃内部结构中并不缺乏离子，但是这些离子都被固定在某一个位置而不能随便移动。当给玻璃加热时，它的结构就会发生一些变化。在电场的推动下离子就可以沿着电场的方向时不时地移动。这种现象也发生在氯化钠晶体中。在这种情况下，其离子 $Na^+$ 和 $Cl^-$ 以罕见的短跳形式移动。[9] 在给定的温度下，它的平均步长正比于电场的强度，所以它也是符合欧姆定律的。在这两种材料中，升高温度所产生的主要影响都是增加带电粒子的移动能力而不是增加带电粒子的数量。

硅和锗被称为半导体。它们的电导率大小也同样和温度有很大关系，但是其原因是不一样的。在绝对零度，它们只包含中性的原子而没有任何的离子，所以表现

9 这里面涉及了图 1.7 中描绘的整齐排列的离子队列中的一些缺陷。

为良好的绝缘体。热能的作用就是通过从原子中释放出电子而产生带电粒子。在室温附近以及室温以上电导率的急剧上升代表的是可移动电子数量的大幅增加，而不是单个电子的移动能力的增加。我们将在4.6节中更加详细地讨论半导体。

金属材料是非常好的导体，其中以图4.8中画出的铜和铅最为典型。随着温度的上升它们的电导率通常会有所降低，其原因我们将在4.5节中阐述。实际上，在图示范围内，像铜和铅这样的纯金属材料的电导率是和绝对温度成反比关系的，可以从对数图中看到一个45°的斜率。如果铜和铅向着绝对零度冷却，我们推测它们的电导率会有一个很大的增量。在当今实验室可以达到的0.001K的温度下，我们预测每种金属的电导率将会比室温下增长300000倍。不过对于铜来说，我们很失望。当我们把铜冷却到大概20K以下时，它的电导率会停止增长而保持一个常量。我们将会在下一节试着解释这个现象。

对于铅来说，通常情况下它的电导率会比铜小一些，但是对它冷却时会有一个非常奇特的现象发生。当铅导线冷却到7.2K时，它的电阻突然完全消失。金属变成了超导体。这意味着，相比于其他材料，在铅导线的电路中，一旦有了电流，那么这个电流会在没有外加电场的情况下永远地持续下去（甚至能持续几年!）。电导率可以认为是无限大，尽管在超导体状态下这个概念已经没有意义了。当铅导线温

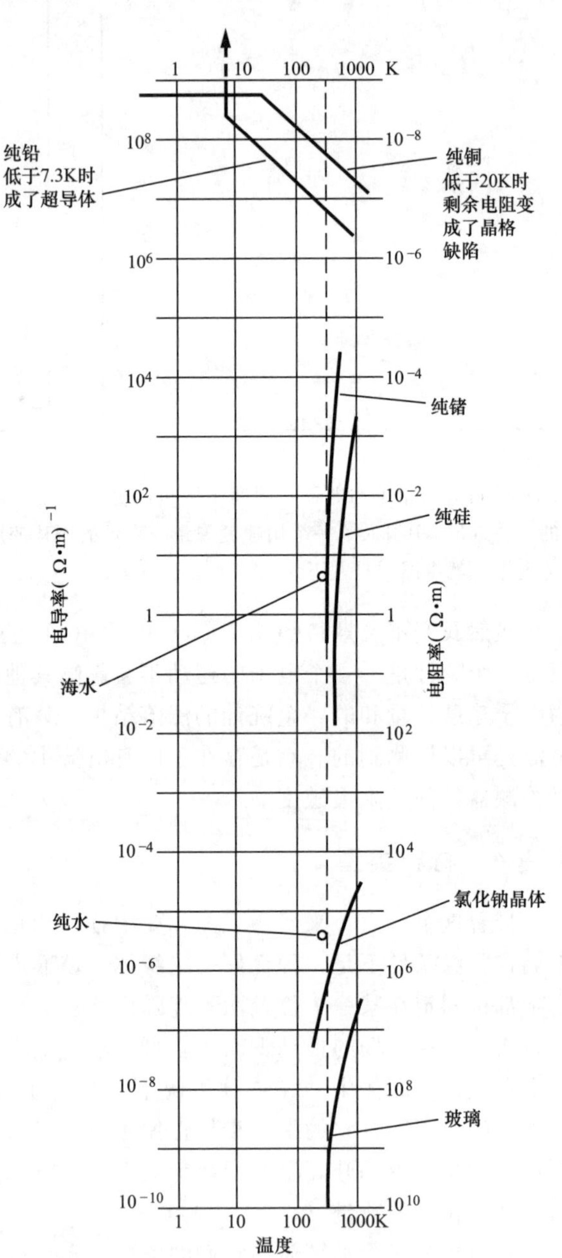


图4.8

几种特征材料的电导率。电导率和热力学温度都是使用的对数坐标。

度升到 7.2K 以上时，它的电阻又会像当初突然消失那样又突然恢复正常值。很多种金属可以变成超导体。从普通状态向超导状态转变的温度依赖于材料本身。在高温超导体中，观察到了最高 130K 的转变温度。

离子在电场中加速并持续不断受到各种碰撞的阻碍，这个模型在超导情况下完全不再适用了。在超导状态下，对电子运动的阻碍消失了。不仅如此，超导体还对磁场有着神秘莫测的影响。在当今时代，我们的研究仍然还不能完全描述这种超导现象，更不用说解释了。在附录 I 中有更多关于这方面的介绍，我们会在学完磁场后对它有更深的了解。

除了超导体之外，所有的这些材料都符合欧姆定律。在其他条件包括温度都保持恒定时，电场强度加倍，则电流就会加倍。至少在电场不是很强的情况下是这样的。很容易看到欧姆定律在某些部分电离的气体中是不适用的。假设电场强度很强，足以使电子在连续两次碰撞之间获得的速度可以和它的热运动速度相比拟，那么电子两次碰撞之间的时间，就会比没有外加电场时的要短，我们上面讲的理论中没有考虑这个影响，要是考虑这个影响，则观测到的电导率依赖于电场强度。

另外一种明显违背欧姆定律的情况是这样的，如果电场增长到可以使电子在碰撞中获得足够大的能量，该能量足以从一个中性原子中激发出另一个电子，之后这两个电子又可以同样的方式激发更多的电子。电离爆发式地增长，在两个电极之间迅速形成导电通路，这就是电火花。在火花塞中的火花就是这样产生的，当你在干燥的天气中走过地毯然后接触到门拉手时，也会发生这个现象。通常在大气中总会存在一些由宇宙射线或者其他方法电离出来的电子。因为只要一个电子就足够产生电火花。所以这就限定了气体中可以维持的最大电场强度。标准大气压下的空气大约在 3MV/m 的电场强度下就会被击穿。在低气压气体中，电子的自由程非常长，就像在一个普通的荧光灯灯管中，电子冲击导致电离的过程以一个恒定的比率发生，那么在合适的电压下就可以维持一个恒定的电流。这个物理过程非常复杂，远非欧姆定律能够解释。

## 4.5 金属的电导

金属的高电导率是因为金属内部的电子不是被束缚在原子上而是可以在整个固体中自由移动。一个很好的例证就是铜线上的电流——和离子溶液的电流不同——电流中没有化学物质的传递。电流可以在导线中稳定地传递几年而不会引起任何细微的变化。导线上移动的物质只有电子，它从导线的一端进入，从另一端离开。

我们从化学中知道金属元素的原子很容易失掉它的最外层电子。[10] 如果原子被隔离，电子会束缚在原子的周围，但是在固体中有大量原子堆积在一起时，电子就

10 这甚至可以作为一种定义金属元素的特征属性，同时这句话反过来也可以证明金属是良导体。

会离开原子。此时的原子就变成了一个阳离子，并且这些处于金属固体晶格中的阳离子通常会以一个有序的方式排列。我们可以把这些脱离开的电子叫作导带电子，它们在阳离子组成的三维晶格中移动。

导带电子的数量是非常大的。比如在金属钠中，$1cm^3$的金属中包含$2.5\times10^{22}$个原子，并且每一个原子都可以提供一个导带电子。无疑金属钠是一个良导体！但是等一下，这里有一个很大的疑点。把我们的简单的电导理论应用到这种情况，疑点就会显现出来。我们已经看到，带电粒子的移动性由时间$\tau$来决定，在这个时间内，电子自由移动而没有跟任何东西发生碰撞。如果在每立方米中有$2.5\times10^{28}$个质量为$m_e$的电子，我们只需要在实验中测量一下钠的电导率就可以得到电子的平均自由时间$\tau$。在室温下，钠的电导率为$2.1\times10^7\ (\Omega\cdot m)^{-1}$。而$1\Omega=1kg\cdot m^2\cdot C^{-2}\cdot s^{-1}$，由此有$\sigma=2.1\times10^7C^2\cdot s\cdot kg^{-1}\cdot m^{-3}$。由于没有可以移动的正电荷，所以$N_+=0$，用式（4.23）计算$\tau_-$，我们得到

$$\tau_-=\frac{\sigma m_e}{Ne^2}=\frac{\left(2.1\times10^7\frac{C^2\cdot s}{kg\cdot m^3}\right)(9\times10^{-31}kg)}{\left(2.5\times10^{28}\frac{1}{m^3}\right)(1.6\times10^{-19}C)^2}=3\times10^{-14}s \tag{4.25}$$

对于一个在钠离子晶格中穿梭而没有发生碰撞的电子来说，这是一个极其长的时间。根据分子运动理论，室温下一个电子的热运动速度应该是$10^5m/s$，在$\tau_-$那么长的时间内电子应该移动了$3\times10^{-9}m$的距离。在钠晶体中离子之间实际上是相互接触的。相邻的离子之间其中心距离仅有$3.8\times10^{-10}m$，在它们之间的空间中充满很强的电场和大量的束缚电子。电子怎么能在这些障碍物中穿越几乎10个晶格的空间而不发生偏离呢？为什么离子的晶格会这么容易被导带电子穿透呢？

这个疑点一直困扰着物理学，一直到电子运动的波动性得到公认并在量子力学中得到解释。这里我们只能解释为一种自然现象。它大概是这样的。我们现在不能把电子看成是在电场作用下发生偏移的微小带电粒子。在这种意义下，它不会局限于特定位置。在任何时刻，它表现得更像是一个伸展开的波，和很大区域内的晶体相互作用。打断这种波的传播的，不是规律性排列的离子，而是排列中的非规律性。（在水中传播的光波会被水泡或者悬浮粒子打散，而不会被水自身散射；这个比喻很有用。）具有完美的无缺陷的几何排列的晶体内部，电子永远不会散射，也就是说电子永远不会发生偏移，我们的时间$\tau$会接近无穷大。但是实际的晶体至少在两方面是不完美的。其一，阳离子有一个随机的热振动，这会导致晶体在任何时刻都会有一个轻微的不规则排列，并且温度越高，这种不规则越明显。这正是纯净金属的电导率会随着温度升高而降低的原因。我们在图4.8中看到的纯铜和纯铅的$\sigma$图像的倾斜就是由这个原因引起的。实际的晶体中也可能由于外来原子或杂质的引入，或者晶格缺陷——晶格在堆积过程中出现的错误——而形成晶格的不规则排

列。在任何温度下这种晶体的不规则性都限制着自由时间 $\tau$。这些缺陷是导致图 4.8 中铜的图像中存在一部分和时间无关的电阻率的原因。

在金属中，欧姆定律能在远超过比金属能够维持流动的电流大很多的电流范围下精确地适用。这种稳定性可以明确地由实验证实。根据理论预测，当电流密度达到 $10^{13}\,\mathrm{A/m^2}$ 时，电阻率将会有一个 1% 的偏移。这个电流密度是普通电路中典型值的几百万倍。

## 4.6 半导体

在硅晶体中每一个原子有四个相邻的原子。原子在三维空间中的排布如图 4.9 所示。硅就像在周期表中位于它正上方的碳原子一样有四个价电子，这正是要和周围的原子形成共用电子对——化学中称为共价键——所需要的电子数量。这种整齐的排列组成了一个十分坚固的结构。实际上这也是金刚石中碳原子的排列方式，金刚石是我们知道的最硬的物质。因为它连接得非常完美，所以理想的硅晶体是绝对的绝缘体；里面没有可以移动的电子。但是想像一下，我们从一个电子对中提取出一个电子并在晶体中把它移动几百个晶格长度的距离。这将会在抽取电子的地方留下一个正的静电荷量并且得到一个自由电子。这个过程当然会消耗一定的能量。一会我们会提到这个能量问题。

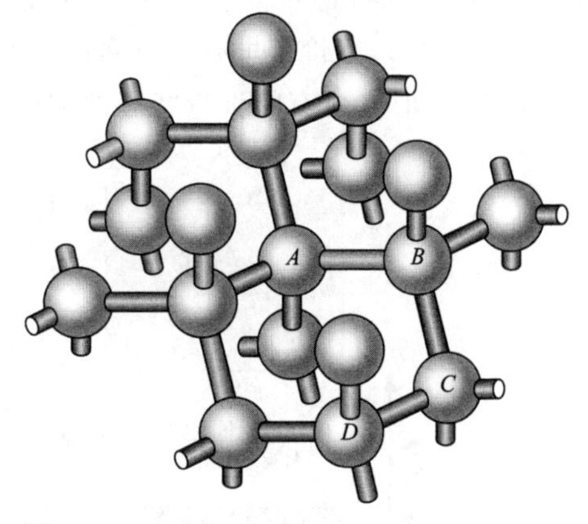

图 4.9
硅晶体的结构。球是硅原子。小棒表示相邻硅原子之间的共价键，它是通过共享电子对形成的。每一个硅原子需要 4 个价电子。钻石和锗晶体也有这样的结构。

但是首先要注意到，我们产生了两个移动电荷，不是只有一个。其中那个自由的电子是可以移动的。它可以像金属里的导带电子一样，没有固定在某一位置，而是可以向外伸展移动。我们称电子所占据的这种量子状态为导带状态。另外一个留下的那个正电荷也是可以移动的。我们可以这样来看待这个问题。图 4.9 中 $A$ 和 $B$ 原子之间共价键缺失了一个电子，你会看到这个价电子的空位可以传导到 $B$ 和 $C$ 之间，从那里又可以传递到 $C$ 和 $D$ 之间，以此类推，靠的只是电子从一个键上转移到另一个键上。实际上，今后我们把这些空位叫作空穴，它的移动要比我们想的更自由。它可以像导带电子那样顺利通过晶格。不同之处只是它带的是正电荷。电场 $\boldsymbol{E}$ 会使空穴在 $\boldsymbol{E}$ 的方向上加速，而不是和 $\boldsymbol{E}$ 相反的方向。空穴就像有一个和电子质量相当的质量。这确实很难理解，因为空穴的移动是很多价电子集体移动的结

果。[11]尽管如此，也非常幸运的是，它的运动如此地像一个带正电的粒子，我们以后甚至可以把它画出来。

要把硅中的一个电子从价带激发到导带需要的最小能量是 $1.8\times10^{-19}$J，或者是 1.12 电子伏特（eV）。一电子伏特就是一个电子在一伏特的电势差中移动所需要的功。因为 1eV = 1J/C，因此有[12]：

$$1\text{eV}=(1.6\times10^{-19}\text{C})(1\text{J/C})\Longrightarrow\boxed{1\text{eV}=1.6\times10^{-19}\text{J}}\tag{4.26}$$

这个 1.12eV 就是在两个可能的状态即价带和导带之间的**能量间隙**。处于这个能量状态中间的电子不可能存在。这个能级图在图 4.10 中表示了出来。两个电子永远不会有相同的量子态——这是物理学中的基本定理（**泡利不相容原理**，你将在量子力学中学到）。因此即使在绝对零度，能级图上面那个能量状态也会被占用。正巧的是，在价带里有足够多的状态可以容下全部的电子。如图 4.10（a）所示，在 $T=0$ 时，所有的价带状态都被占用，并且所有导带状态都是空的。

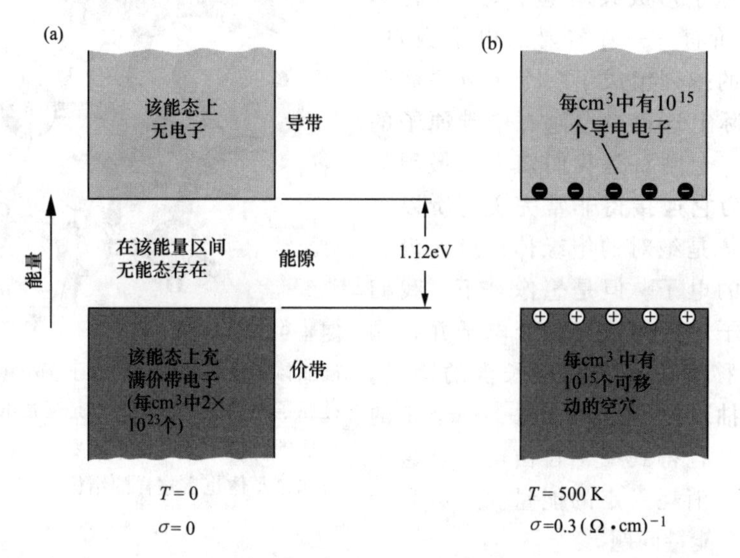


图 4.10

硅的能带示意图，按照能量大小的顺序排列，包括了电子所有的可能态。两个电子不能具有相同的状态。（a）在温度为 0K 时，价带是满的，电子占据着所有可能的状态，导带是空的。（b）在 $T=500$K 时，$1\text{cm}^3$ 的晶体中有 $10^{15}$ 个电子处于较低的导带状态，同时在价带中留下 $10^{15}$ 个空穴。

---

11　比较神奇的现象一般可以用类比的方式来说明，但是这里并不能用液体中的气泡来类比。在离心机里，液体里的气泡会向着轴心的方向移动；而我们这里讲的空穴最终会消失。只有在量子力学中才能解释清楚它的神秘。但正确的说法是这样的：空穴的运动表现就像一个带有正质量的正电荷一样，因为在那个位置处缺少了一个带有负质量的负电荷。

12　技术上，eV 应当写成 $e$V，因为 1 电子-伏特是两个量的乘积：电子电荷 $e$ 的大小和 1 伏特 V。

如果温度足够高，热能可以使一些电子从价带升到导带。温度对电子状态占用的影响可以用指数因子 $e^{-\Delta E/kT}$来表示，称作玻尔兹曼因子。假设有两个标定为 1 和 2 的可能被电子占用的状态，并且状态 1 中电子的能量为 $E_1$，状态 2 中的能量为 $E_2$。用 $p_1$表示电子占用状态 1 的概率，$p_2$表示电子占用状态 2 的概率。在一个温度为 $T$ 的热平衡系统中，比值 $p_1/p_2$仅取决于它们的能量差值 $\Delta E=E_2-E_1$。它们的关系由下式给定：

$$\boxed{\frac{p_2}{p_1}=e^{-\Delta E/kT}} \tag{4.27}$$

其中玻尔兹曼常量 $k$ 的值为 $1.38\times10^{-23}$ J/K。这种关系对于任意两个状态都适用。能带图上的各种状态的粒子数都满足这个规律。为了用这个关系式求出给定温度下导带内部的电子数量，我们必须知道更多的可用状态的数量。这也说明了为什么单位体积内导带的电子数量和温度有那么紧密的关系。当 $T=300$K 时，能量 $kT$ 大概是 0.025eV。那么能量相差 1eV 的两个状态其玻尔兹曼因子为 $e^{-40}$，或者说是 $4\times10^{-18}$。室温下在每立方厘米的硅中，位于导带的电子大约有 $10^{10}$个。在 500K 时，每立方厘米中导带电子大概有 $10^{15}$个，并且价带中还有同等数量的空穴（如图 4.10（b））。空穴和电子都可以影响电导率，在这个温度下电导率为 0.3（$\Omega\cdot$cm$)^{-1}$。锗的性质和硅的非常相似，但是其能量间隙要稍微小一点，为 0.7eV。在任何给定的温度下，它的导带电子和空穴的数量要比硅多，所以电导率更高，这在图 4.8 中非常明显。如果钻石的能量间隙不是这么高（5.5eV）而导致在任何可达到的温度下其导带都没有电子的话，钻石也会是一个半导体。

在室温下的硅晶体中，因为每立方厘米只有 $10^{10}$个导带电子和空穴，所以它基本上就是一个绝缘体。但是在纯净的硅晶体中掺入杂质原子后就会发生一个戏剧性的变化。这是所有半导体电子器件的基础。假设有很少一部分的硅原子——比如 $10^7$个原子中有一个——被磷原子替代。（这种对硅的“掺杂”可以通过很多方法完成。）现在在每立方厘米体积里大概有 $5\times10^{15}$个磷原子，它们有规律地排列在硅的晶格中。一个磷原子有五个价电子，比理想硅晶体中的四共价键结构多出一个电子。这个多余的电子很容易成为自由电子。仅需要 0.044eV 的能量就可以把它激发到导带上去。同时它留下的不是一个可以移动的空穴，而是一个固定的磷的阳离子。现在我们在导带里有了 $5\times10^{15}$个可移动的电子，电导率将近 1（$\Omega\cdot$cm$)^{-1}$。还有非常少量的空穴，但是与电子数目相比完全可以忽略。（空穴数量甚至比纯净的硅晶体的都要少，因为电子数目的增加很可能使得空穴减少）。因为几乎所有的电荷载体都是负的，我们把这种“磷掺杂”的晶体称为**n 型半导体**（见图 4.11（a））。

现在我们以铝原子为杂质来掺杂半导体。铝原子有三个价电子，在和它周围的晶格形成四个共价键时少了一个电子。如果一个常规价电子永久加入到铝原子中，

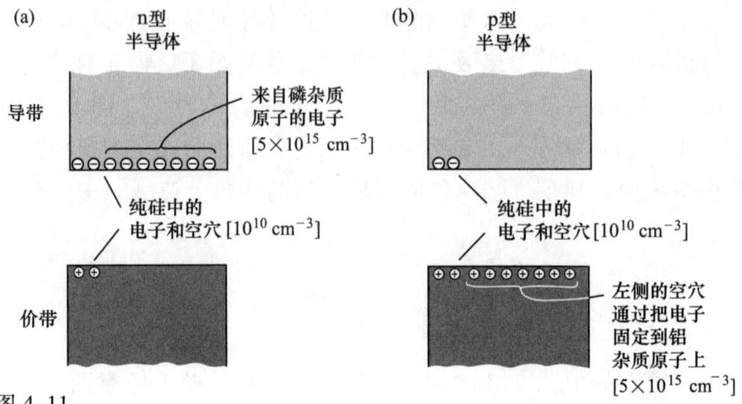


图 4.11
在 n 型半导体中（a）多数载流子是电子，它们是从像磷这样最外层有五个电子的杂质原子中释放出来的。在 p 型半导体中（b）多数载流子是空穴。空穴的产生是由像杂质铝这样的三价原子在形成四个共价键时从它相邻的硅原子捕获一个电子形成的。这样，相比于同温度下的纯硅晶体就形成了正电载流子。我们这个例子中提到的粒子浓度在室温下的数量级为每立方厘米 $5\times10^{15}$个。这种情况下多数载流子和杂质原子的数量相等，而同时少数载流子的数量非常少。

以形成共价键，这是很容易的。这个过程仅仅消耗 0.05eV 的能量，比价电子升到导带所需要的 1.2eV 小得多。这就使得价带里产生了一个空位，一个可以移动的空穴，并把铝原子变成了一个固定的阴离子。正是由于产生的这些空穴——室温下和掺杂进的铝原子数几乎相等——晶体变成了非常好的导体。当然在导带里还会有少数一些电子，但是绝大多数的导电粒子都是正的，我们把这种材料叫作**p 型半导体**［见图 4.11（b）］。

一旦可移动的载流子的数量确定下来，无论是电子还是空穴还是两者都有，晶体的电导率就取决于它们的可移动性，这种移动性就像金属里的电子一样会因在晶体内部受到散射而被约束。一个单一类型的半导体服从欧姆定律。在半导体器件中——比如整流器或者晶体管中——表现出的明显的非欧姆现象存在于由 n 型材料和 p 型材料的各种复合结构中。

**例题（硅中的平均自由时间）** 图 4.10 中，每立方米导带上的 $10^{21}$ 个电子和同样数目的空穴，对应的电导率为 30 $(\Omega\cdot\mathrm{m})^{-1}$，设 $\tau_+=\tau_-$ 同时有 $M_+=M_-=m_e$，则平均自由时间 $\tau$ 是多少？电子在 500K 时的转速为 $1.5\times10^5$m/s。计算平均自由程，并与硅的相邻原子距离 $2.35\times10^{-10}$m 做比较。

**解** 我们有电子和空穴两种载流子，式（4.23）给出

$$\tau=\frac{m\sigma}{2Ne^2}=\frac{(9.1\times10^{-31}\mathrm{kg})(30(\Omega\cdot\mathrm{m})^{-1})}{2(10^{21}\mathrm{m}^{-3})(1.6\times10^{-19}\mathrm{C})^2}\approx5.3\times10^{-13}\mathrm{s}\tag{4.28}$$

这段时间内移动距离为：$v\tau=(1.5\times10^{5}\mathrm{m/s})(5.3\times10^{-13}\mathrm{s})\approx8\times10^{-8}\mathrm{m}$，大约为相邻硅原子距离的 300 倍。

## 4.7 电路和电路元件

电子器件通常会有明确的端口以便连接导线。电荷可以通过这些端口进入或者离开器件。特别地，如果一个器件只有两个端口，而这两个端口和外面的电路相连接，并且如果电流在任何位置处都是一个恒定值，那么显然两个端口上的电流必定是大小相等方向反向的。[13]这种情况下，我们可以说流过这个器件的电流为 $I$，并且说“两个端口之间”或者“穿过两个端口”的电压为 $V$，这表示它们之间的电势差。对于给定的 $I$，比值 $V/I$ 是一个带有电阻单位（如果 $V$ 用伏特，$I$ 用安培，这个单位就是欧姆）的某个值。如果在这个元件中电流流过的每一个部分都服从欧姆定律，这个值会是一个和电流无关的常量。这个值可以完整地描述这个器件给定的端口之间在稳恒电流（直流）下的电学性质。带着这些明显的特征，我们介绍一种简单的想法，即电路元件的概念。

看图 4.12 中所示的五个盒子。每个盒子有两个端口，盒子里面有一些东西，每个盒子里面的东西都不同。如果每一个盒子都用导线连接其端口使其成为电路中一部分，端口之间的电势差和连接端口的导线上电流的比值为 65Ω。我们说每个盒子两个端口之间的电阻都是 65Ω。这个结论肯定不是对所有可以想象的电流和电势差都成立的。随着端口之间的电势差或者说电压的升高，在某些盒子中可能会先后发生各种不一样的变化而改变电压/电流的比值。你可以猜一猜哪个盒子会首先出现问题。在某个上限范围以内，电压和电流都表现为线性关系，对于稳恒电流，这些盒子的表现都是一样的。它们的相同之处在于：如果有一个电路包含着一个这样的盒子，无论是哪一个盒子，其电路性质都一样。这个盒子等价于一个 65Ω 的电阻器。[14]我们用符号来表示，在描述由这种盒子组成的电路时，我们就用这个符号来代替盒子。电路或电路网络就是由这些电路元件和电阻可忽略的连接线组成的。

取一个有很多元件连在一起的网络，在其上选取两个点作为端口，只要这两个端口连接起来，我们可以把这个整体等价地看成是一个单独的电阻器。图 4.13（a）中这些器件的物理网络可以表示成图 4.13（b），并且对于端口 $A_1A_2$，其等效电路为

13 在一个二端口器件中从一个端口流入 4A 的电流同时从另一个端口流出 3A 的电流是完全可能的。但是这样器件就会以 1C/s 的速率积累正电荷。它的电势会发生很快的变化——所以这不能维持很长一段时间。因此这不会是一个稳恒的或者说与时间无关的电流。

14 我们用术语“电阻器”这个名词来表示为了实现电阻功能而特殊设计的实际器件。因此一个“200Ω，10W，绕线电阻器”就是一个这样的器件：它包含一个缠绕在绝缘基底上的线圈，和用于连接外电路的两个端口，并且在它上面消耗的平均功率不能大于 10W。

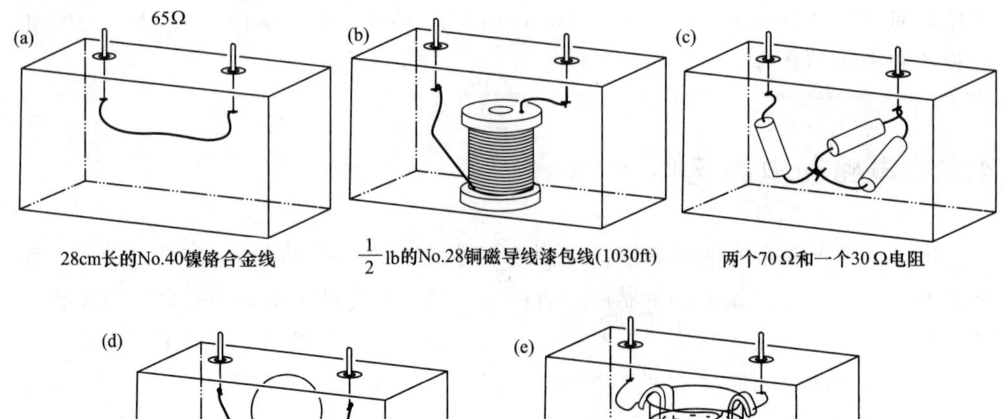


图 4.12
在直流情况下几种等价的 65Ω 的电阻器。

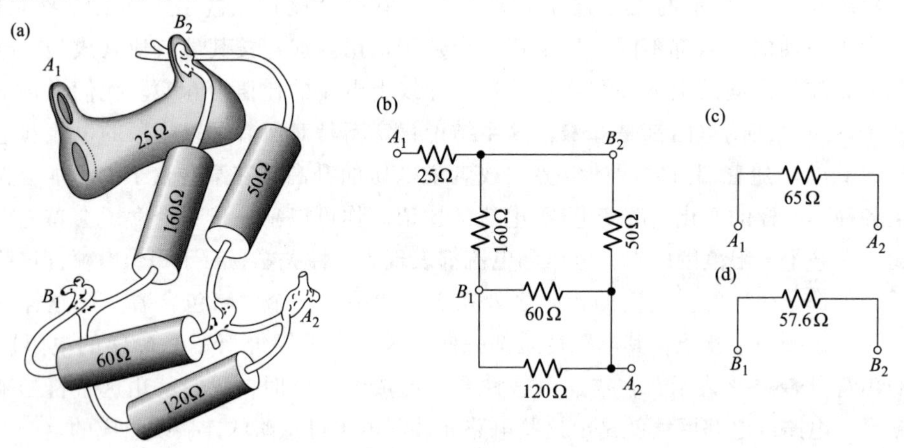


图 4.13
（a）几个连在一起的电阻器；（b）电路图；（c）和（d）以及在几个确定的端点处的等效电阻。

4.13（c）。以 $B_1B_2$ 为端口的等效电路在图 4.13（d）中给出。如果你把它装配到一个盒子里使得只有一对端口可见，它就和阻值为 57.6Ω 的电阻器没有什么区别。

这里有一个重要的原则——只能用直流电测量！我们本章所说的全部内容只能用于电流和电场都是和时间无关的常量的时候；如果不是的话，这些电路元件的性质可能不只和它的电阻值相关。等效电路的概念可以从这些直流网络中推广到电流和电压随时间变化的系统中。实际上，这正是它最常应用的领域。不过这里我们不

打算探索这个领域。

这里将花一小段时间来介绍对电路元件组成的网络中等效电阻的计算方法。串联和并联的等效电阻计算是很简单的。如图 4.14 中所示的阻值为 $R_1$ 和 $R_2$ 的两个电阻的结合方式就是串联。其等效电阻是

$$\boxed{R=R_1+R_2} \tag{4.29}$$

如图 4.15 中所示的两个电阻的连接方式就是并联。你可以证明，它的等效电阻 $R$ 写成下面的形式：

$$\boxed{\frac{1}{R}=\frac{1}{R_1}+\frac{1}{R_2}} \quad 或者 \quad R=\frac{R_1R_2}{R_1+R_2} \tag{4.30}$$

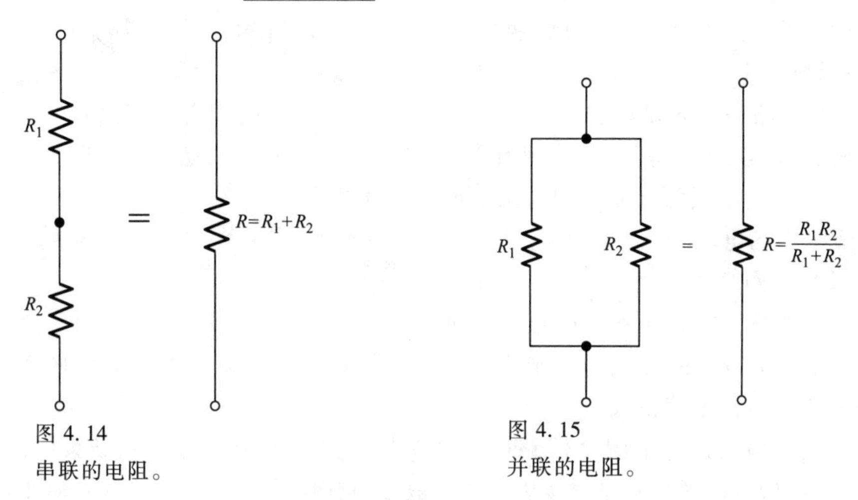


图 4.14
串联的电阻。

图 4.15
并联的电阻。

**例题（简化网络）** 让我们用式（4.29）和式（4.30）中的加法规则来将图 4.16 中

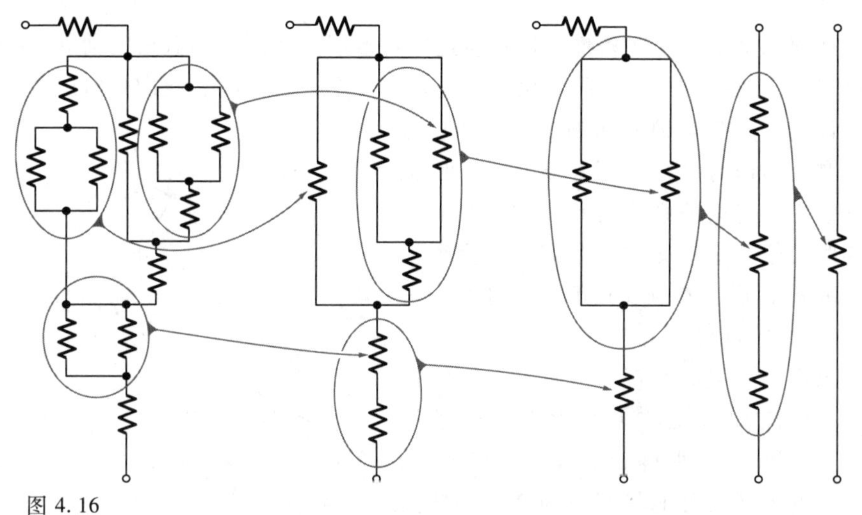

图 4.16
对仅由串联和并联组成的电路的简化过程。

的电路网络，简化成为一个等效的电阻。这个电路网络看起来很复杂，但是可以用串联或者并联的连接方式一步步地简化。我们假设电路中的每个电阻的阻值为100Ω。

使用上述规则，我们可以采用下述步骤那样简化电路（你可以一步步地验证）。两个100Ω电阻并联，得到一个50Ω的电阻。因此第一个图中，上面两个圈内的等效电阻都是150Ω，下面一个圈内的等效电阻为50Ω。在第二个图中，上下两个圈中分别等效为160Ω和150Ω的电阻。第三个图中，圈中的电阻等效为77.4Ω。因此，整个电路的电阻为(100+77.4+150)Ω=327.4Ω。

---

虽然式（4.29）和式（4.30）可以用来解决图4.16那样的复杂电路，然而，像图4.17中那样简单的电路却不能这样简化，所以还需要更多的解决方法（见练习题4.44）。任何有稳恒的电流流过的电阻电路一定满足这些条件（首先是欧姆定律，其实是基尔霍夫方程组）：

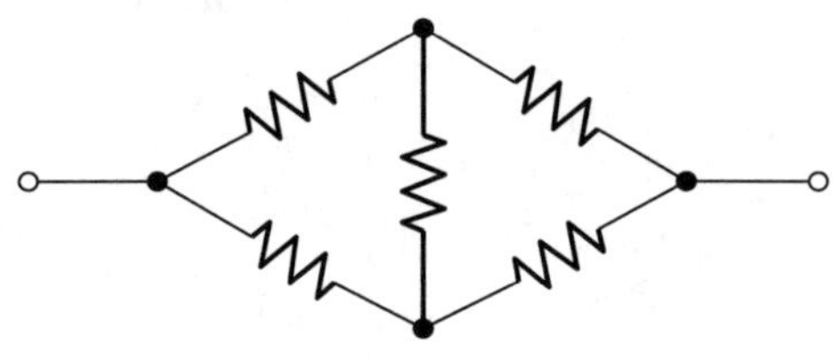

图4.17
一个简单的桥电路。它不能简化成图4.16的形式。

（1）每一个元件上流过的电流一定等于元件上的电压除以元件的电阻值。

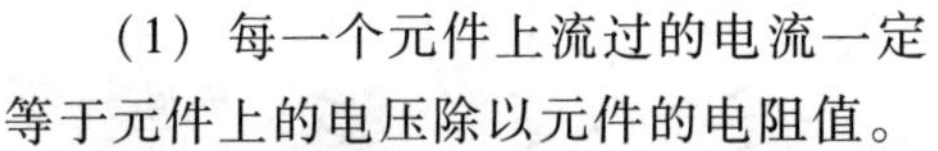

（2）在网络的一个**节点**上，也就是有三个或者更多的导线连接的点上，流入这个节点的电流的代数和一定为零。（这是我们的古老的电荷守恒的条件，式（4.8）中用电流形式的表达式。）

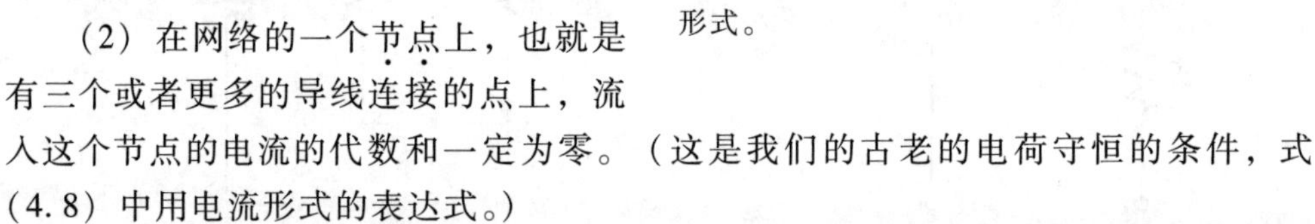

（3）在电路的一个闭合**回路**中，也就是以同一个节点开始和结束的路径中，电势差的和为零。（这是静电场中一个一般性质在电路网络中的描述：对于任何闭合回路有$\int \boldsymbol{E} \cdot \mathrm{d}\boldsymbol{s} = 0$。）

在任何网络中，这些条件的代数表达式将恰好组成所需要数量的独立的线性方程，以保证任意两个节点之间解出一个且只有一个等效电阻。我们只给出这个结论而不作证明。一个有趣的问题是，这种直流电路问题的结构与电路的**拓扑学**有关，也就是和它们之间连接关系的特点有关，而和图像中连线的任何变形无关。我们将在介绍了电动势的概念后，在4.10节中利用上述三条规则来求解电路题目。

一个由电阻组成的直流电路是一个**线性**系统——电流和电压的关系由上述的条件（1）、（2）和（3）所确定的线性方程确定。因此网络的不同的可能状态叠加之后仍然是一种可能的状态。图4.18展示了一个在导

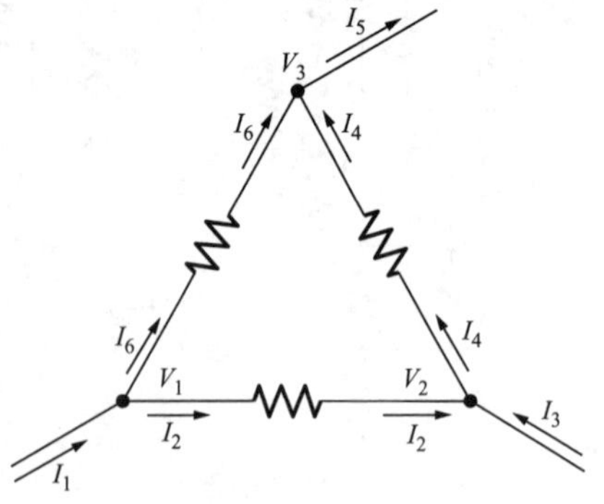


图4.18
网络节点处的电流和电压。

线上具有指定电流 $I_1$，$I_2$，…，并且节点上的电压为 $V_1$，$V_2$，…的电路结构的一部分。如果在这个部分中另外一组电流电压的值比如说 $I_1'$，…$V_1'$，…，也是一个可能的状态，那么新的一组值（$I_1+I_1'$），…，（$V_1+V_1'$），…，也同样是一组可能的状态，这些符合叠加关系的电流电压也同样满足条件（1）、（2）和（3）。在电子工程中，对电路的一些非常有趣也很有用的定理，都是基于这个理论的。这就是戴维南定理，将在 4.10 节讨论，在习题 4.13 中证明。

## 4.8 电流的能量损耗

电阻器中的电流会消耗能量。如果施加一个力 $\boldsymbol{F}$，把一个带电粒子以平均速度 $\boldsymbol{v}$ 移动，那么要完成这个工作的力必须以速率 $\boldsymbol{F}\cdot\boldsymbol{v}$ 做功。如果电场 $\boldsymbol{E}$ 推动一个带电量 $q$ 的离子移动，则 $\boldsymbol{F}=q\boldsymbol{E}$，并且做功的速率为 $q\boldsymbol{E}\cdot\boldsymbol{v}$。这些能量最终都将转化成热能。在我们的离子导体模型中这种现象的发生方式很清楚。离子在碰撞中获得一些额外的动能，也同样获得动量。一次碰撞或者最多几次碰撞就可以使它的动量变得随机，但是不一定会恢复它原来的动能。因为碰撞中离子要传递一些动能给障碍物以使它发生偏移。假定带电粒子的质量跟与它碰撞的中性原子的质量相比小得多，就像一个台球和一个保龄球碰撞时，它们之间的能量传递量是很小的。因此离子（台球）将继续积累额外的能量直到它的动能很高以使它在碰撞中损失的能量等于它在碰撞之间所获得的能量。在这个过程中，首先带电粒子自身进行“加热”，推动带电粒子的电场力所做的功最终传递给介质中的其他物质而变成随机的动能，或者说是热能。

假设有一个稳恒电流 $I$，单位为 A，流过一个 $R$（单位：Ω）的电阻器。在时间 $\Delta t$，有 $I\Delta t$（单位：C）的电荷通过 $V$（单位：V）的电势差，这里 $V=IR$。因此 $\Delta t$ 时间内做的功为（$I\Delta t$）$V=I^2R\Delta t$，单位为 J。（1C×1V＝1J）因此做功的速率（即功率）为

$$\boxed{P=I^2R} \tag{4.31}$$

功率的单位是瓦（W），1W 等于 1J/s，或者 1V · A。

当然这个稳定的直流电路中的稳恒电流，需要一个可以维持电场驱动这些电荷的能量源。现在为止，我们只研究了电路中的一部分而没有讨论电动势的问题；我们没有在图中画出“电池”。在 4.9 节中我们将要讨论提供电动势的电源。

## 4.9 电动势和伏打电池

在直流电路中最早的电动势是一些使带电粒子在电场中逆着电场力的方向移动的机械装置。范德格拉夫起电机（见图 4.19）就是一个例子，它的尺寸很大。当

它内部部件稳定运行时，我们就能在外面的电阻上发现沿着电场 $\boldsymbol{E}$ 的方向的电流，并且会以速率 $IV_0$ 或者 $I^2R$ 消耗能量（表现为热能）。在这个机器的圆柱体内部同样有一个向下的电场。在这里如果电荷固定在绝缘的传送带上的话，它们就会逆着电场力的方向移动。它们在传动带上粘得很紧，即使是在向下的电场中也不会沿着传送带向下滑落。（在传送带末端的刷子上有很强的电场，这些电荷还是能被这个电场移除的。我们在这里不考虑在带轮附近电荷粘到传送带和从传送带移除的方法。）驱动传送带的能量由其他的地方供给——通常由带有电源线的电动机驱动，但是也可以是汽油发动机，甚至可以是由人力转动手柄来驱动。在这些条件下，范德格拉夫起电机实际上就是一个有 $V_0$ 伏特电动势的电池。

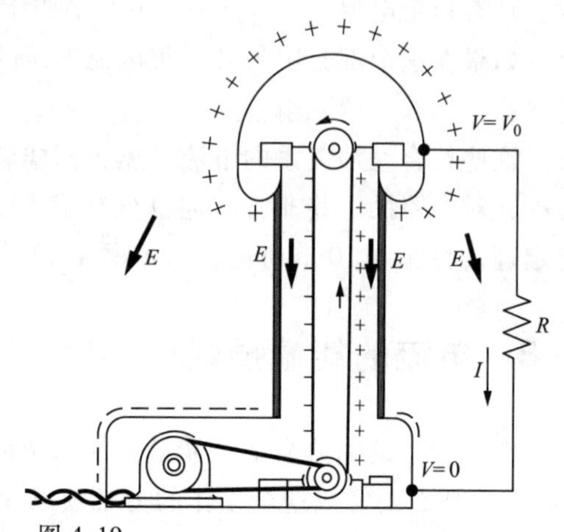

图 4.19
在范德格拉夫起电机中，电荷被机械式的沿着电场受力相反的方向传输。

在普通的电池里，驱动电荷在和它运动方向相反的电场中移动的能量是化学能。也就是说，正电荷可移动到电势更高的地方，这种移动所产生的化学反应可以使电荷获得的能量要比它爬到电势高的地方所消耗的能量更多。

为了看看这是怎么实现的，让我们来看一个伏打电池的例子。伏打电池是能产生电动势的化学电源的总称。1790年前后，加尔瓦尼的实验中，著名的蛙腿震颤实验标志着化学物质能够产生电流能。伏打证明了导致这个现象的不是加尔瓦尼所提出的“动物电”，而是电路中互相接触的不同种类的金属。伏打进而制作出了第一个电池，它由很多单元组成，每一个单元里有一个锌片和一个银片，用被卤水浸湿了的纸板隔开。给你的手电筒提供能量的电池包在一个整齐的盒子里，但是其工作原理都是一样的。有些伏打电池现在还在用，它们的化学物质不同，但是特点都相同：两个不同材料的电极浸泡在一种电离液体或者是电解质中。

作为一个例子，我们介绍一下作为汽车电池基本单元的铅——硫酸电池。这种电池有一个很重要的性质，就是它的充放电是可逆的。用这种电池组成的蓄电池，可以重复地充放电，能量可以储存在电池里也可以从电池中释放出来。

一个充满电的铅——硫酸电池有一个由铅的氧化物也就是 $PbO_2$ 的粉末构成的正极板，和一带有海绵状结构的纯铅的负极板。其机械框架或者说网格是由铅合金制成。所有的正极板以及电源的正接口都连在一起。负极板也连在一起，并且交错地分布在正极板中间并和正极板保持一定距离。图 4.20 的原理图中只展示了包含一个正极板和一个负极板的一小部分。硫酸电解液填充在电池和活性多孔材料的空

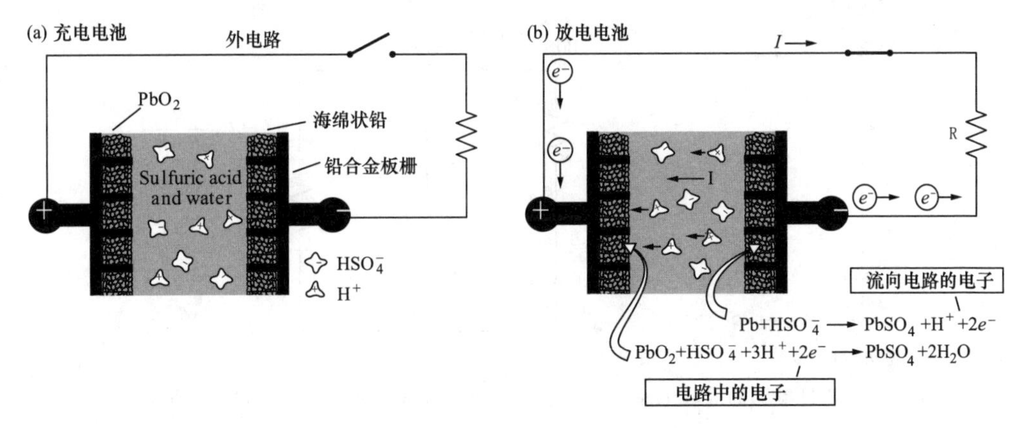


图 4.20

铅-硫酸酸性电池的原理示意图，其中的比例关系和实际不相符。电解质即硫酸溶液充满在正极板的二氧化铅颗粒和负极板的铅多孔空隙中。正负端点之间的电势差为 2.1V。当外电路连通时，在两个极板上的固体和液体的界面上就开始发生化学反应，电解质里的硫酸不断耗尽，电子从负电极经过外电路流向正电极，这就形成了电流 $I$，给这个电池充电时，把负载电阻 $R$ 替换成大于 2.1V 的电动势，就迫使电流朝着与原来相反的方向流动，化学反应也朝着逆反应方向进行。

隙中，这些空隙给化学反应提供了大的表面积。

如果没有其他电路连接在它的端口上，电池将保持这个状态不变。它的两个端口之间的电势差将近 2.1V。这个开路电势差由它内部成分的化学反应“自动”形成。这就是这种电池的**电动势**，用符号$\mathscr{E}$表示。它的值取决于电解液中硫酸的浓度，而和极板的大小数量以及之间的间距完全无关。

现在用一个阻值为 $R$ 的外部电路把电池的端口连接起来。如果 $R$ 不是太小，端口之间的电势差将会只比开路电压$\mathscr{E}$小一点，并且在电路中会有 $I=V/R$ 的电流流过［见图 4.20（b）］。电子流进正极；别的电子从负极流出。每一个极板上都有化学反应发生，这个反应带来的整体变化就是把铅、二氧化铅和硫酸变成了硫酸铅和水。每生成一个硫酸铅分子，就会有一个电荷 $e$ 流过外面的电路并且释放掉 $e\mathscr{E}$ 的能量。这些能量中有 $eV$ 的能量变成外面电阻 $R$ 上的热能。$\mathscr{E}$和 $V$ 之间的差值是由电解液自身的电阻引起的，电流 $I$ 在电池内部流过这个电阻。如果我们把这个内阻表示成 $R_i$，这个系统可以用图 4.21 中的等效电路很好地描述。

随着不断放电，电解液被水冲淡，电动势$\mathscr{E}$会有所下降。一般当$\mathscr{E}$下降到 1.75V 以下时，就认为电池放电结束了。为了给电池再充电，必须给电池加上一个比端口之间的$\mathscr{E}$大的电压源以使电流可以沿着电路反向流动。化学反应就会反向进行，直到所有的硫酸铅都转变回铅和二氧化铅。给电池充电的过程中输入的能量会比它输出的能量多少要多一些，因为无论电流怎样流动，内阻 $R_i$始终损失一个功率 $I^2R_i$。

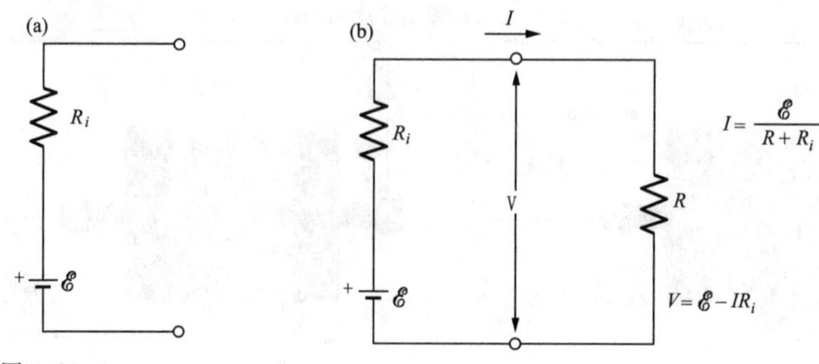


图 4.21

(a)　伏打电池的等效电路是一个电阻 $R_i$ 和一个恒定的电动势$\mathscr{E}$简单串联的电路。(b)　包含一个伏打电池的电路中对电流的计算。

注意图 4.20（b）中电极之间的电流 $I$ 完全是由阳离子向着正极板流动而产生的。最终电极之间的电场是指向正极板而不是背离正极板的。然而，沿着整个电路对 $\boldsymbol{E}$ 的积分为零，这个电场一定要是某种形式的静电场。这个现象是这样解释的：在正极板和电极之间的接触面上以及负极板和电极的接触面上有两个电势的突变。这是离子在化学反应所产生的力的作用下逆着强电场移动的地方。这个地方和范德格拉夫起电机中传送带相对应。

每一种伏打电池都有它的特征电动势，通常从 1V 到 3V 变化。在化学反应中，每一个分子所产生的能量实质上就是外部电子从一个原子传递到另一个原子的过程中获得或者损失的能量。它不会大于几个电子伏特。我们可以完全确定地说，没有人打算发明一个电势差为 12V 的伏打电池。12V 的汽车电池里包含六个串联起来的独立铅——硫酸电池。关于电池具体工作原理的更多的讨论，和一些有用的类比，参见文献 Roberts（1983）。

**例题（铅酸电池）**　一个 12V 的铅酸蓄电池，存储电量为 20 安培·时，质量为 10kg。

(a) 电池放电过程中可以产生多少千克的硫酸铅？($PbSO_4$的摩尔质量是 303。)

(b) 要储存效率为 20%的发动机燃烧 1kg 汽油的能量，需要多少千克的这种电池？(汽油的燃烧热为 $4.5\times10^7$J/kg。)

**解**

(a)　20 安培·时传递的总电荷量为 (20C/s)(3600s) = 72000C。从图 4.20（b）可知，每产生一个 $PbSO_4$分子，就有两个电子产生。但是，另一个过程中每产生一个 $PbSO_4$分子，就有两个电子被吸收。所以，两个电子在电路中的产生和吸收过程是和两个 $PbSO_4$分子的产生联系在一起的。比例是 1∶1。因此每摩尔 $PbSO_4$传递的电荷是 $(6\times10^{23})(1.6\times10^{-19}\text{C}) = 96000\text{C}$。上面计算出来的 72000C 电荷对应着 3/4mol。每摩尔的质量为 0.303kg，所以，所求的质

量为 0.23kg。

(b) 在 12V 时，与 72000C 相联系的能量输出为 (12J/C)(72000C) = 864000J。1kg 汽油以 20%的效率燃烧，产生的能量为 (0.2)(1kg)($4.5\times10^7$ J/kg) = $9\times10^6$J。这等价于 ($9\times10^6$J)($8.64\times10^5$J) = 10.4 个电池。因为每个电池的质量为 10kg，所以，对应着 104kg 的电池。

## 4.10 含有多个电压源的电路

### 4.10.1 基尔霍夫定律的应用

一个电阻器组成的电路可以包含一个以上的电动势或电压源。我们来看下面这个例子。

**例题** 图 4.22 所示的电路包含两个电动势分别为$\mathscr{E}_1$和$\mathscr{E}_2$的电池。每一个电池都用传统的符号来表示，其中长点的线代表正极。假设 $R_1$ 包含了一个电池的内阻，$R_2$ 包含了另一个电池的内阻。对于这些给定的电阻，这个电路网络中的电流是多少？

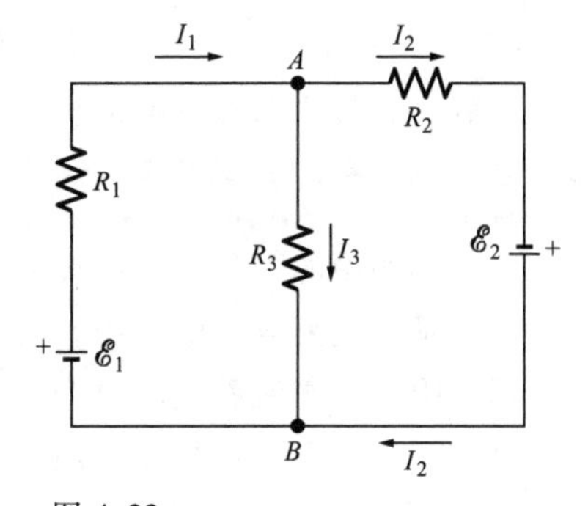


图 4.22
含有两个电压源的电路。

**解** 首先任意地指定电流 $I_1$、$I_2$ 以及支路中 $I_3$ 的方向，根据 4.7 节中的必要条件，有一个节点和两个回路，[15] 我们得到三个独立的方程：

$$
\begin{aligned}
&I_1-I_2-I_3=0\\
&\mathscr{E}_1-R_1I_1-R_3I_3=0\\
&\mathscr{E}_2+R_3I_3-R_2I_2=0
\end{aligned}
\tag{4.32}
$$

为了符号正确，注意在写这两个环路方程的过程中我们在每一个环路中的绕行方向都是沿着电池电流流出的方向。由这三个方程可以解得 $I_1$、$I_2$和 $I_3$的结果为

$$
\begin{aligned}
I_1&=\frac{\mathscr{E}_1R_2+\mathscr{E}_1R_3+\mathscr{E}_2R_3}{R_1R_2+R_2R_3+R_1R_3}\\
I_2&=\frac{\mathscr{E}_2R_1+\mathscr{E}_2R_3+\mathscr{E}_1R_3}{R_1R_2+R_2R_3+R_1R_3}\\
I_3&=\frac{\mathscr{E}_1R_2-\mathscr{E}_2R_1}{R_1R_2+R_2R_3+R_1R_3}
\end{aligned}
\tag{4.33}
$$

15 事实上有两个节点，但是两个节点给出的电流方程是一样的。也有第三个回路，但是其电压方程是另外两个回路的电压方程之和。

某些条件下如果$I_3$的结果是一个负值，那就是说那条支路上的实际的电流方向和我们假定的电流正方向相反。

我们还可以用图4.23中的“环”电流来解题。这种方法的优点是：（1）4.7节所描述的节点条件自动满足，因为流入节点的电流必定会流出来。（2）三个未知量的问题就变成了两个未知量的问题了［然而公平地说，方程组（4.32）中的第一个式子不太重要］。这个方法的缺点是，如果我们想求出中间支路上的电流$I_3$，则需要计算两个回路电流$I_1$和$I_2$的差，因为根据我们选择的电流符号，这两个电流流经$R_3$的方向相反。不过这不算麻烦。两个回路的方程是

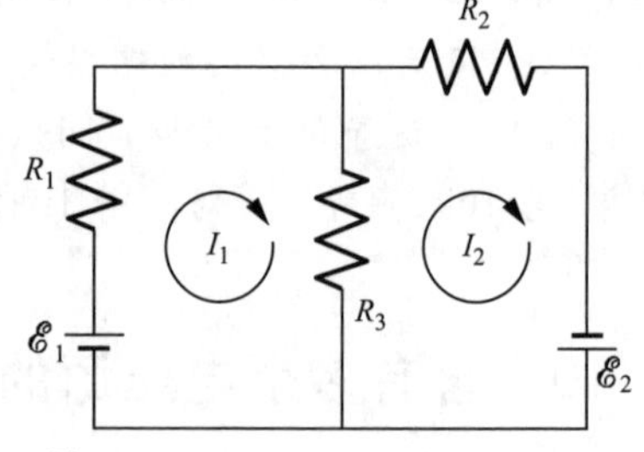


图4.23

基尔霍夫定律中的环形电流，这些电流环会自动满足节点条件。

$$
\begin{aligned}
&\mathscr{E}_1-R_1I_1-R_3(I_1-I_2)=0\\
&\mathscr{E}_2-R_3(I_2-I_1)-R_2I_2=0
\end{aligned}
\tag{4.34}
$$

当然，利用方程组（4.32）中第一个方程$I_3=I_1-I_2$，把其代入上述两个方程，正是方程组（4.32）的后两个方程。因此我们可以得到同样的$I_1$和$I_2$（以及$I_3$）。

上述例题中的两种方法的计算差别是无足轻重的。但是在大型复杂电路中，第二种方法会更好处理，因为对于所看到的每个回路只需要写一个回路方程。这个可以很清晰地告诉你有多少个未知量（回路电流）。任何一种情况下，根据4.7节的规则所写出来的方程，都阐明了物理意义。写方程时最困难的是要保证每个符号都是正确的。用计算机来求解这些方程是很容易的。复杂大网络的计算不会比小网络的求解更困难。差别在于复杂网络需要耗费更多时间，因为需要更多时间写方程（方程都是类似的），并输入到计算机里。

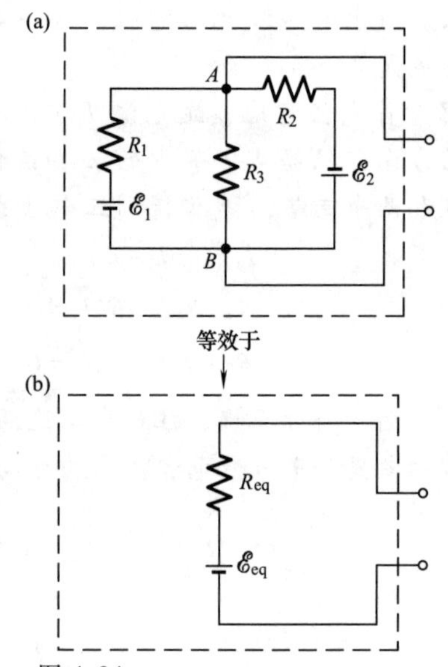


图4.24

使$R_{eq}$等于（a）中所有的电动势为零时在端口处测得的电阻值。同时使$\mathscr{E}_{eq}$等于（a）外电路开路时在端口处测得的电压。这样（b）的那个电路就和（a）那个等效了。你在端口处进行直流测量是检测不到它们的区别的。

## 4.10.2　戴维南定理

假设如图4.22所示的网络是一个大网络系统的一个组成部分，它通过两个节点跟系统相连。比如，像图4.24（a）中那样用导线连接在$A$和$B$这两个节点上，剩余的部分封装在一个“黑盒子”中，这两个导线是它仅有的外接端

口。戴维南定理是一个非常普遍的定理，利用它可以将这个二端口盒子完全等效成一个内阻为 $R_{eq}$ 的单电压源 $\mathscr{E}_{eq}$ 的电路（eq 代表等效），二者特性一样。任何电压源和电阻的网络无论多么复杂，都适用这个定理。不能只看看出 $\mathscr{E}_{eq}$ 和 $R_{eq}$ 的存在（见习题 4.13 的证明），但是假设它们确实存在，它们的值可以通过下面所说的实验方法或者理论计算给出。

如果我们不知道盒子里面有什么，我们可以通过两种实验方法测定 $\mathscr{E}_{eq}$ 和 $R_{eq}$。

• 将两个端口连上电压表，其电流可以忽略，测量其开路电压。（电压表的无限大的电阻意指两端相当于没有连接上，因此叫作开路），这个电压等于 $\mathscr{E}_{eq}$。这从图 4.24（b）可以清楚地看出来。如果没有电流流过电阻 $R_{eq}$，则电阻上也就没有电压。因此测量出的电压就是 $\mathscr{E}_{eq}$。

• 将两个端口连上电流表，其电阻可以忽略，测量其短路电压 $I_{sc}$。（电压表的零电阻意指两端短接上，因此叫作短路）。对图 4.24（b）的电路应用欧姆定律，得到 $\mathscr{E}_{eq}$。$=I_{SC}R_{eq}$，等效电阻为

$$R_{eq}=\frac{\mathscr{E}_{eq}}{I_{sc}} \tag{4.35}$$

如果我们知道盒子里是什么东西，则我们可以不通过测量而是通过计算来确定 $\mathscr{E}_{eq}$ 和 $R_{eq}$。

• 对 $\mathscr{E}_{eq}$，计算两个端口之间的开路电压（在盒子外没有连接任何东西），在上述例子中，就是 $I_3R_3$，其中 $I_3$ 由式（4.33）给出。

• 对 $R_{eq}$，用一根无电阻的导线连接两个端口，计算流经这根导线的短路电流 $I_{SC}$，则马上计算出 $R_{eq}$ 等于 $\mathscr{E}_{eq}/I_{SC}$。习题 4.14 就是关于上例的这个计算。第二种计算 $R_{eq}$ 的方法更快。$R_{eq}$ 是内部电动势为零的两个端口间的可测量电阻。在我们这个例题中这个值就是 $R_1$、$R_2$ 和 $R_3$ 全部并联起来之后的电阻值，也就是 $R_1R_2R_3/(R_1R_2+R_2R_3+R_1R_3)$。为什么这个方法是可行的，参见习题 4.13。

**例题**

（a）求出图 4.25 所示电路的戴维南等效 $\mathscr{E}_{eq}$ 和 $R_{eq}$。

（b）换用一种方法计算 $\mathscr{E}_{eq}$ 和 $R_{eq}$。利用基尔霍夫定律求出通过图 4.26 电路中底部支路的电流，然后再给出定 $\mathscr{E}_{eq}$ 和 $R_{eq}$。

**解**

（a）$\mathscr{E}_{eq}$ 是开路电压。端口不连接任何东西，流经整个环路的电流是 $\mathscr{E}/3R$。在 $R$ 电阻上的电压降是 $(\mathscr{E}/3R)(R)=\mathscr{E}/3$。这也就是两个端口之间的开路电压，所以 $\mathscr{E}_{eq}=\mathscr{E}/3$。

我们可以用两种方式求出 $R_{eq}$。较快的方法是设两

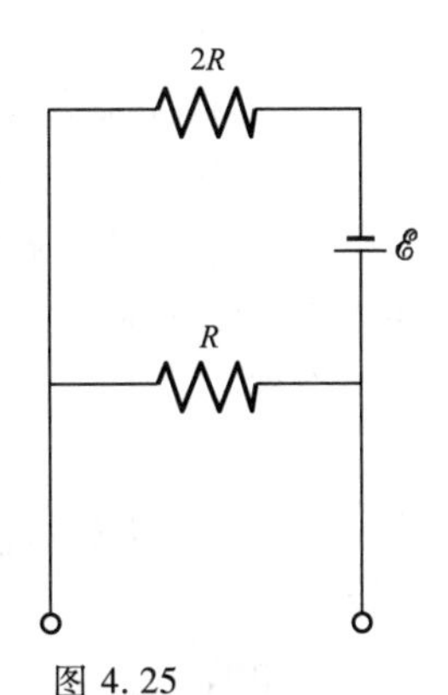

图 4.25
求出这个电路的 $\mathscr{E}_{eq}$ 和 $R_{eq}$。

端口之间$\mathscr{E}=0$，计算出电阻。这是 $R$ 和 $2R$ 并联，因此 $R_{eq}=2R/3$。

另外一种方法是，通过计算两端口的短路电流来计算 $R_{eq}$。短路时，没有电流通过电阻 $R$，因此只有$\mathscr{E}$和 $2R$ 串联。两个端口之间的电流是 $I_{SC}=\mathscr{E}/2R$。则等效电阻为 $R_{eq}=\mathscr{E}_{eq}/I_{SC}=(\mathscr{E}/3)(\mathscr{E}/2R)=2R/3$。

（b）图 4.26 中的回路方程为

$$\begin{aligned}0&=\mathscr{E}-R(I_1-I_2)-(2R)I_1\\0&=V_0-R(I_2-I_1)-R_0I_2\end{aligned}\tag{4.36}$$

解方程得到 $I_2=(\mathscr{E}+3V_0)/(2R+3R_0)$（你可以验算一下），可以写成

$$V_0+\frac{\mathscr{E}}{3}=I_2\left(R_0+\frac{2R}{3}\right)\tag{4.37}$$

这就是 $V=IR$ 的形式，对于图 4.27 所示电路，总电动势为 $V_0+\mathscr{E}/3$，总电阻为 $R_0+2R/3$。式（4.37）对任何 $V_0$和 $R_0$都适用，所以我们可以得出，题中给定电路等效于电动势$\mathscr{E}_{eq}=\mathscr{E}/3$ 串联上一个电阻 $R_{eq}=2R/3$ 的电路。其实这种方法背后的思路就是证明戴维南定理的第一种方法，见习题 4.13。

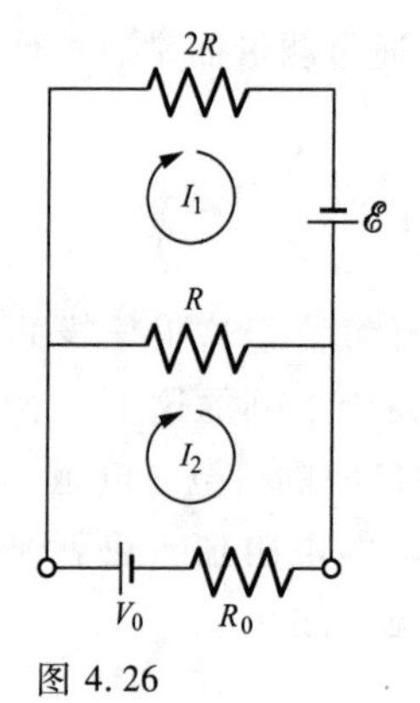


图 4.26

基尔霍夫定律中的电流环。

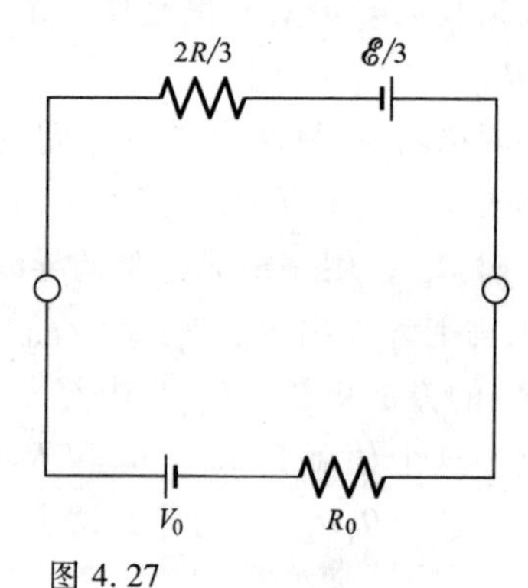


图 4.27

戴维南等效电路。

在分析复杂电路时，有时用等效$\mathscr{E}_{eq}$和 $R_{eq}$来替换电路中的两端口部分是很有帮助的。戴维南定理假定所有的电路元件都是线性的，并且通过电池的电流也是可逆的。如果我们的电池中有一个是不可充电的干电池，它的电流不能逆向流动，就要慎用这个定理！

## 4.11　阻容电路中的电流

把一个电容值为 $C$ 的电容器充电到电压 $V_0$，然后通过与它连接的电阻 $R$ 迅速放电。图 4.28 所示的电路含有一个用符号┤├代表的电容器，一个电阻 $R$ 和

一个开关，我们认为在 $t=0$ 时刻这个开关是关着的。显然随着电流的流动，电容器将失去电荷，导致其电压降低，并反过来使电流变小。我们来定量分析这个过程。

**例题（*RC* 电路）** 在图 4.28 所示电路中，电容上的电量 $Q$ 和电路中的电流 $I$ 随时间是怎样变化的？

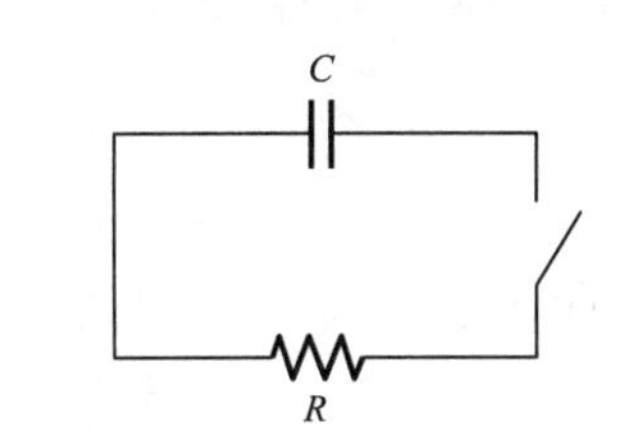


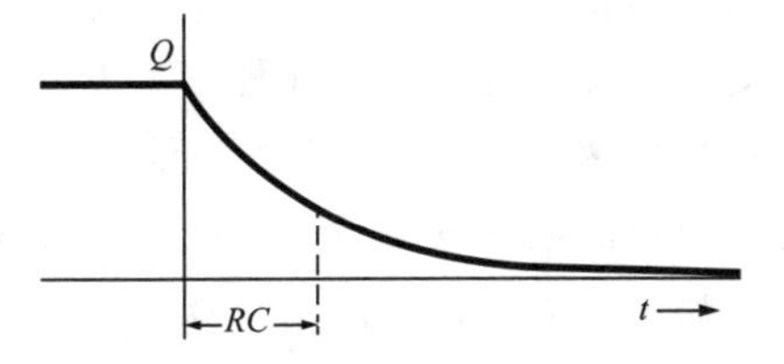


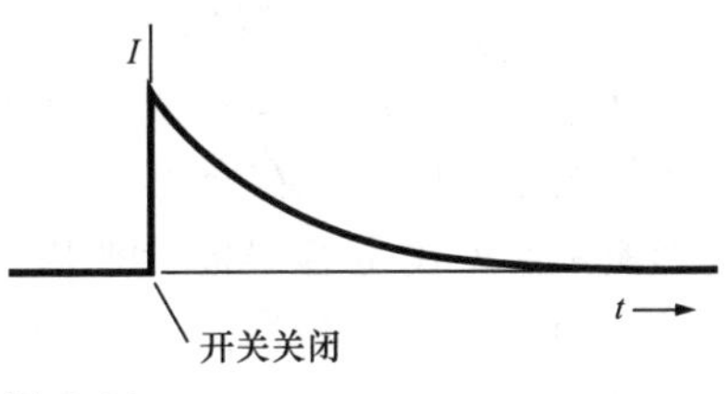


图 4.28

*RC* 回路的电荷和电流曲线。电荷量在 *RC* 的时间里衰减了 1/e 倍。

**解** 为了求出 $Q(t)$ 和 $I(t)$，我们只需要写下整个电路的条件。用 $V(t)$ 表示极板上的电势差，同时也是电阻 $R$ 上的电压。设电流 $I$ 从电容器正极板流出的方向为正方向。$Q$、$I$ 和 $V$ 这些量都是时间的函数，有以下关系：

$$Q=CV,\ I=\frac{V}{R},\ -\frac{\mathrm{d}Q}{\mathrm{d}t}=I \tag{4.38}$$

消掉 $I$ 和 $V$，我们得到 $Q$ 随时间变化的方程

$$\frac{\mathrm{d}Q}{\mathrm{d}t}=-\frac{Q}{RC} \tag{4.39}$$

把它写成如下形式：

$$\frac{\mathrm{d}Q}{Q}=-\frac{\mathrm{d}t}{RC} \tag{4.40}$$

对两边进行积分得到

$$\ln Q=\frac{-t}{RC}+\text{常量} \tag{4.41}$$

这个微分方程的解是

$$Q=(\text{另外一个常量})\times \mathrm{e}^{-t/RC} \tag{4.42}$$

如果在 $t=0$ 时，$V=V_0$，那么 $t=0$ 时有 $Q=CV_0$。这就确定了这个常量值，我们现在得到了开关闭合之后 $Q$ 的确切变化

$$Q(t)=CV_0\times \mathrm{e}^{-t/RC} \tag{4.43}$$

用这个式子可以直接求出电流 $I$ 的变化

$$I(t)=-\frac{\mathrm{d}Q}{\mathrm{d}t}=\frac{V_0}{R}\mathrm{e}^{-t/RC} \tag{4.44}$$

在任何时候的电压 $V(t)=I(t)R$ 或者 $V(t)=Q(t)/C$。

开关闭合时，电流瞬间升为 $V_0/R$，然后按照指数形式衰减变为零。表征它的衰减时间的是指数中的 $RC$ 常数。人们在描述电路或者电路中的一部分时常说“$RC$ 时间常数”。我们再核查一下，$RC$ 确实具有时间的单位。在 SI 单位制中，$R$ 的单

位是Ω，由式（4.18），也就是V/A。$C$的单位是F，由式（3.8），也就是C/V。因此$RC$的单位就是C/A，也就是s。如果我们使图4.28的电路中电容器为0.05μF，电阻为5MΩ，这些标称值的实物在任何实验室中都是可以找到的，我们就有$RC=(5\times10^{6}\Omega)\times(0.05\times10^{-6}\text{F})=0.25\text{s}$。

---

一般地，在任何由充电电容和电阻电路组成的电力系统中，可以用一个时间标度——也许不止一个——就是由电阻-电容的乘积来分析系统的过程。这和我们之前163页讨论的$\varepsilon_0\rho$具有时间量纲有些冲突。想象一个板面积为$A$，间隔距离为$s$的电容器。它的电容值$C$等于$\varepsilon_0A/s$。现在假设在两个极板之间的空间中填满一种电阻率为$\rho$的导电介质。为了避免它影响电容值，我们假定这种介质是一种轻微电离的气体；就是一种在那种密度下不会对电容值产生任何影响的材料。这个新的导电路径会像图4.28中那个外部的电阻一样给电容器放电。这个过程会有多快呢？这个路径的电阻$R$等于$\rho s/A$。因此，时间常量$RC$就是$(\rho s/A)(\varepsilon_0A/s)=\varepsilon_0\rho$。例如，如果我们这种弱电离气体的电阻率是$10^6\Omega\cdot\text{m}$，那么电容器放电的时间常量是（回忆一下$\varepsilon_0$和欧姆的单位）$\varepsilon_0\rho=(8.85\times10^{-12}\text{C}^2\cdot\text{s}^2\cdot\text{kg}^{-1}\cdot\text{m}^{-3})(10^6\text{kg}\cdot\text{m}^3\cdot\text{C}^{-2}\cdot\text{s}^{-1})\approx10\mu\text{s}$。这个值和电容器的大小形状都无关。

我们这里讲的只是在介质内部通过电荷的再分布来释放电场的一个时间常数。我们确实不必使用电容器极板来描述它。想象我们可以在一个导体——比如在图4.29（a）中的n型半导体上——的两边突然加上两个电荷层，其中一个带正电，另一个带负电。这些电荷是怎么消失的呢？是负电荷从左边的极板上穿过中间的空间之后在右边的极板上中和掉了正电荷吗？显然不是——如果是那样的话，这个过

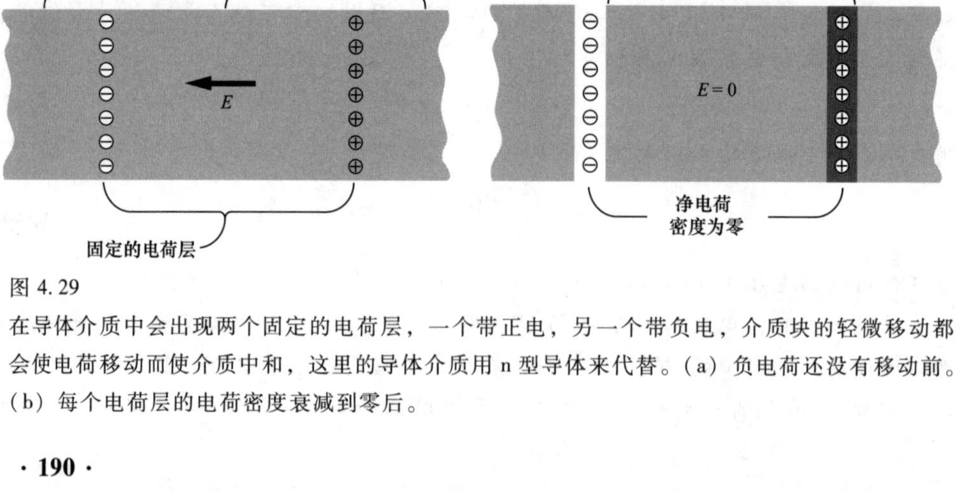

(a)　　(b)

正电荷与移动的负电荷中和

$E$

固定的电荷层

负电荷流向右边

$E=0$

净电荷密度为零

图4.29

在导体介质中会出现两个固定的电荷层，一个带正电，另一个带负电，介质块的轻微移动都会使电荷移动而使介质中和，这里的导体介质用n型导体来代替。（a）负电荷还没有移动前。（b）每个电荷层的电荷密度衰减到零后。

程需要的时间会和两个板之间的距离成正比。实际情况是这样的。填充在板之间的全部的负电荷在电场力的作用下产生移动。正如图 4.29（b）中一样，这个电荷云只需要轻微地移动一点距离就足以清除掉左边的板上多余的负电荷，并同时在右边的板上产生要中和正电荷所需的负电荷。换句话说，在导体内部，这种中和是通过全部的电荷产生一个小的调整来实现的，而不是通过很少的电荷经过长距离的移动来实现的。这就是这个放电时间和系统的大小和形状无关的原因。

对于电阻率典型值为 $10^{-7}\Omega\cdot m$ 的金属来讲，$\varepsilon_0\rho$ 的值大约为 $10^{-18}$s，这个值比金属内部导带电子的平均自由时间还短。在这里放电时间就没有意义了。在当代，我们的理论还无法告诉我们在那么短的时间标度上会发生什么事。

## 4.12 应用

在纽芬兰和爱尔兰之间的那一条跨大西洋电报线（参见练习 4.22）总长度为 2000 英里，在那个年代，这是最昂贵也是最复杂的一个电学工程。该工程经历了无数的失败，直到 1858 年获得过短暂的成功，最终于 1866 年全部建造完成。在工程的开始阶段，失败的部分原因归结于很多的电学单位不统一，尤其是电阻的单位。因此，这个工程的副作用就是加速了一系列单位的统一。

电击产生的效果可以是刚刚足以让人察觉到，也可以让人感到讨厌，还可以使人感觉到疼痛，甚至置人于死地。电击产生的效果取决于它的电流，而不取决于电压（尽管对于给定的电阻器，电压越高，电流就越大）。持续时间也会起到一定作用。电流会以以下两个原因产生破坏作用：电流会出现烧伤作用；电流会使心脏产生纤维性跳动，从而使心脏的正常节律发生异常，最终导致心脏的供血功能停止。大约 50mA 的电流就可以产生纤维性颤动。电击除颤器的工作原理就是使心脏通过一个比较大的电流从而让心脏停跳。只要让这种不正常的节律停止，心脏自己就会逐渐恢复正常搏动。

如果你的手上通过 10mA 的电流，你的手就会出现“不由自主”的感觉，电流导致的肌肉收缩效应就会防止你抓住电线或者是任何形式的电源。不过一旦没能逃脱电线或电源，你就会不可避免地出汗，进而导致皮肤的电阻降低，情况就会变得更加严重。电工经常会把一只手放在口袋里，从而避免手接触到一个接地的东西而形成一个导电回路，严重地讲，是一条通过心脏的回路。

如果你接触到一个电压源，电流和电压的关系取决于这个电路相关的电阻值，而这个电阻值根据具体情况是可以在很大的范围内变动的。它主要取决于你皮肤的电阻以及接触面积的大小。干燥的皮肤比起湿润的皮肤电阻值要大很多。具体而言，假如说干燥皮肤的电阻值是 100000Ω，那么湿润皮肤的电阻可能就是 1000Ω。对于插座上的 120V 电压而言，产生的电流大约分别为 1mA（几乎察觉不到）和 100mA（很可能致命）。最好不要出现后者的情况。皮肤的汗液导致电阻变化，是测谎仪的一个主要原理。即使你觉得你出的汗并不多，电流的增长也是很明显的。如果你用这种仪器进行测试（经常在科技博物馆中看到类似的情况），并且同时你想象一下自己在一个非常高的桥上做蹦极，你会发现电流值会剧烈增长。就像它会看懂你心里在想什么一样。你身体内部的湿润会使得电阻值变得更低，当然，这种特殊情况只能发生在手术室里。在暴露的心脏上加上一个很小的电压就足以产生导致纤维性颤动的电流。

在干燥的季节里，如果你在毛毯上搓动双脚，你就会使自己带上电荷，从而使自身的电压非常高，有可能会达到50000V。假使你在这时接触到了一个接地的物体，你可能会受到一个电火花的电击。但即使你的身体十分湿润，这个50000V的电压也不会致命，而插座上的120V电压却很可能致命。正如2.18节中所言，其中的原因就在于你在搓动双脚后身体上带的电荷量是非常小的，而电力公司可以提供的电荷量是无限多的。从地毯上得到的电荷从开始放电到放电结束只能持续很短的一段时间，而这段时间远不足以产生任何伤害。

在电路中，熔丝是用来保护电路避免产生大电流的安全装置；20A是它的一个典型阈值。这个电流值产生的热量足以引起一场火灾了。熔丝是与电路连在一起的一系列薄金属片组成的。当电流变大时，自身的电阻值上产生的热量 $I^2R$ 就会把这些薄片融化，从而导致电路断路，截断电流。每次熔丝熔断后都需要换一个新的上去，但烧掉一个熔丝毕竟要比烧掉一座房子好！断路器是另一种安全保护装置，它不需要每次更换；只需要复位一下。我们将在6.10节中对它进行介绍。

“电离式”烟雾探测器的工作原理就是对一个非常小的电流进行探测。一个小放射源放射出的阿尔法粒子，可以使空气电离，这些电离的离子就产生了电流。当有烟雾进入探测器时，这些离子就会附着在这些烟雾颗粒上从而被中和，导致电流中断，最终就会触发警报。

电鳗大概可以产生500V左右的电压，这个电压足以伤害甚至会杀掉一个人。这种放电过程很简单，在几个毫秒的时间内持续放出大约1安培的电流，但是这个时间已经足够长了。占到电鳗身体大部分的这种特殊的发电细胞，每一个都能通过对钠-钾（分布在神经和肌肉细胞内的一种普通的化学物质）的调节产生将近0.1V的电压。几千个这样的细胞串联（这也是使用电池时的一个基本思路）在一起就产生了大约500V的电势，最后大量的这种串联组并联起来。令人困惑的事情是它是如何使所有的这些发电细胞同时放电的；目前为止，谜团还没有被完全解开。

在强雷阵雨的上空有时会出现精灵，也就是一系列昏暗的闪光。它们以红色为主，范围大概能竖直覆盖到100km。对于它们是怎么形成的这个问题目前还是有很多疑问，但是一个重要的因素就是在高海拔位置处，大气会变得很稀薄，所以它的击穿电压会比较低。（电子在两次碰撞之间经历的加速时间更长，所以它能获得更大的速度。）雷雨云内部极化的电荷分布产生的相对较小的电压就足以使高层大气击穿。

在一条金属导线上，电流朝着两个方向都可以流动。这两个方向是对称的；如果你把它的两头对调，结果和原来是一样的。但是在二极管中，电流只能朝着一个方向流动。半导体二极管是由一个 n 型半导体区域和一个 p 型半导体区域相接触（这个结合区叫作 p-n 结）而成。在这些区域上，电流是分别以电子流和空穴流的形式存在。正是由于这种不同，电流在朝两个方向流动时表现出非对称性。因此这种装置在某种程度上可以说只允许电流单向传输。实际上，可以证明（在电压不是很大的时候）其中的电流只能从 p 型区流向 n 型区。或者换种说法，就是电子只能从 n 型区流向 p 型区。原因是电子和空穴在 p-n 结处复合，由此产生了耗尽区，在这个区域内没有自由电荷。反过来，电子不能从 p 型区流向 n 型区，因为在 p 型区内没有可以形成电流的自由电子。

当电流流过二极管时，电子从导带坠入价带中的空穴从而放出能量。这个能量会以光子的形式放出，对于某些材料，这个能量间隔对应的光子的频率会在可见光的范围内。这种二极管叫作发光二极管（LED）。LED 的寿命会比白炽灯泡更长（LED 内部没有会熔断的灯丝），同时拥有更高的能量效率（它的热能浪费更少，并且在不可见光谱范围内的光子浪费也非常少）。而且它的体积通常也非常小，所以很方便地用在电路中。

晶体管是一种利用一段电路上的小信号来控制另段电路的大电流的器件。比如，晶体管可以用 n-p-n 型的结来制造（尽管要把中间的区域做得非常薄才能使它正常工作）。这叫作双极型晶体管（BJT）。如果电路接入了两端的 n 型材料，晶体管中不会形成电流，因为它这时只相当于两个方向相反的 p-n 结，但是如果把中间的 p 型材料当作第三个端口并在上面通入一个小电流的话，那么就会发现（虽然这并不怎么明显）在开始的那两个端口上有一个很大的电流通过这个晶体管。所以晶体管可以运行在一个“全无或者全有”的状态，也就是说，它可以作为一个控制大电流导通或者关断的开关。或者它也可以运行在连续的模式下，也就是使最终的电流受中间 p 型区的小电流的控制。

另外一种晶体管是场效应晶体管（FET）。有几种不同类型的 FET，其中一种沿着 p 型材料的一侧分布有栅极。如果在栅极上加上正电压，它就会吸引电子，从而把 p 型材料中的一个薄层转变成 n 型。如果把这个薄层两端的 n 型区域接入电路，那么在电路的两个端口之间就有了一个连续的 n 型材料，于是便形成了电流。增大栅极电压会导致这个 n 型层的厚度增大，进而就会使两个端口之间的电流增大。最后的结果就是放大了加在栅极上的信号。实际上，在音响系统中的放大器里，最主要的部件就是这种晶体管。尽管 BJT 是最先被发明出来的，但是在现代的电路中占据支配地位的却是 FET 晶体管。

太阳能电池是利用光伏效应来产生电能的。在两种半导体组成的 p-n 结位置处，电子从 n 区扩散到 p 区，同时空穴从 p 区扩散到 n 区，从而产生了电场（参见练习题 4.26)。如果太阳光的光子能够把电子激发到导带，那么激发出来的电子（同时伴随着空穴的产生）就可以在电场的作用下移动，于是就产生了电流。

## 本章总结

• 对于一个给定类型的载流子，电流密度等于 $\boldsymbol{J}=nq\boldsymbol{u}$。可以用连续性方程 $\mathrm{div}\boldsymbol{J}=-\partial\rho/\partial t$ 来解释电荷守恒定律，也就是说，如果某个区域内的电荷减少了（或者增加了），那么肯定有电流流出（或者流入）这个区域。

• 在导体内部，电流密度和电场的关系为 $\boldsymbol{J}=\sigma\boldsymbol{E}$，其中 $\sigma$ 是电导率。这体现了电压和电流之间的线性关系，就是我们熟知的欧姆定律：$V=IR$。导线的电阻值等于 $R=L/A\sigma=\rho L/A$，其中 $\rho$ 是电阻率。

• 在外加电场的作用下，载流子（一般）会产生一个微小的漂移速度。对于给定的载流子，与此相关的电导率 $\sigma\approx Ne^2\tau/m$，其中 $\tau$ 是两次碰撞之间的平均时间。

• 半导体的导电性是导带中可移动的自由电子和价带中可移动的“空穴”产生的。前者表示的是 n 型半导体，后者表示的是 p 型半导体。掺杂能极大地增加电子或者空穴的数量。

• 通常通过串联电阻或者并联电阻的方法可以有效地简化电路：

$$R=R_1+R_2 \quad \text{和} \quad \frac{1}{R}=\frac{1}{R_1}+\frac{1}{R_2} \tag{4.45}$$

通常，电路中的电流可以通过欧姆定律（$V=IR$）和基尔霍夫定律（任何一个节点上的净电流都是零，同时任何回路中的电势降落都为零）计算出来。

• 电阻上消耗的功率 $P=I^2R$，也可以写成 $IV$ 或者是 $V^2/R$。

• 一个伏打电池，或者一节干电池，通过化学反应提供电动势。由于在一个完整的回路上对电场进行积分的结果为零，所以在电路中肯定存在某个位置处的离子是逆着电场的方向流动的。化学反应就可以提供这种力。

• 戴维南定理说明，任何电路都可以等效表示成一个单一的电源 $\mathscr{E}_{\mathrm{eq}}$ 和一个单一的电阻 $R_{\mathrm{eq}}$ 组成的电路。证明该定理时，线性电路是关键点。

• 如果电容器上的电荷通过一个电阻进行放电，那么电荷量和电流的值会以指数形式衰减，衰减过程的时间常数等于 $RC$。

## 习　题

### 4.1　范德格拉夫电流 *

在范德格拉夫静电发电机中，一条 0.3m 宽的胶带以 20m/s 的速度运动。此胶带由低处的滚轴赋予了表面电荷，面电荷密度很高，能够在胶带的每一面上产生 $10^6$V/m 的电场。则电流应为多少毫安？

### 4.2　节点电荷 **

证明图 4.6 中两种材料节点处的电荷总量为 $\varepsilon_0 I(1/\sigma_2-1/\sigma_1)$，此处 $I$ 为流经节点的电流，$\sigma_1$ 和 $\sigma_2$ 为两种材料的电导率。

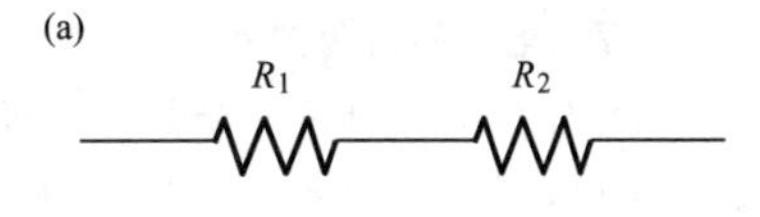


### 4.3 电阻相加*

(a) 如图 4.30 (a) 所示，两电阻 $R_1$ 和 $R_2$ 串联，证明该系统的有效电阻为

$$R=R_1+R_2 \tag{4.46}$$

在 $R_1\to 0$ 和 $R_1\to\infty$两种极限情况下对上式进行验证。

(b) 如图 4.30 (b) 所示，两电阻并联，证明系统的有效电阻为

$$\frac{1}{R}=\frac{1}{R_1}+\frac{1}{R_2} \tag{4.47}$$

同样在 $R_1\to 0$ 和 $R_1\to\infty$两种极限情况下对上式进行验证。

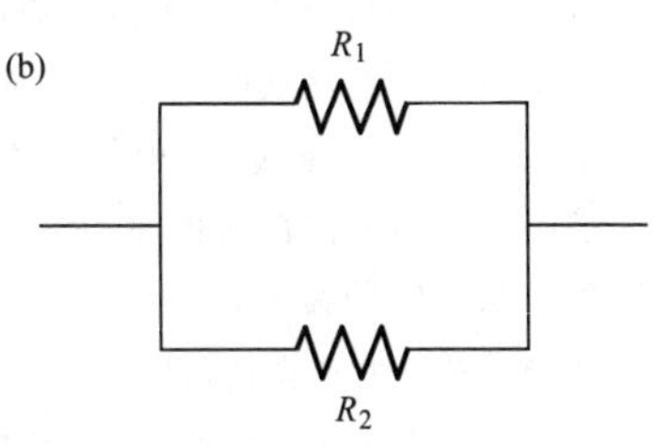


图 4.30

### 4.4 球形电阻**

(a) 两同心球壳之间的区域填满了电阻率为 $\rho$ 的材料。内球壳半径为 $r_1$，外球壳半径 $r_2$ 为 $r_1$ 的许多倍（接近于无限）。证明球壳间的电阻接近于 $\rho/4\pi r_1$。

(b) 在不经过计算只进行量纲分析的情况下，上述的电阻应该正比于 $\rho/r_1$，因为 $\rho$ 的单位为 $\Omega\cdot$m，$r_1$的单位为 m，但这种说法严密吗？

### 4.5 叠片导体**

一叠片导体由交替沉积的厚度为 100Å 的银层和厚度为 200Å 的锡层构成（$1\text{Å}=10^{-10}$m）。当在较大尺度时，此复合材料可以认为是均匀的各向异性材料，其对于垂直于各层表面的电流，电导率为 $\sigma_\perp$，对于平行于各层表面的电流，电导率为 $\sigma_\parallel$。已知银的电导率为锡的 7.2 倍，求 $\sigma_\perp/\sigma_\parallel$。

### 4.6 锥形杆近似的有效性*

(a) 练习 4.32 中的结果仅为近似结果，它只对锥形变化较慢（即，$a-b$ 比椎体的长度小得多）的情况有效。由于在 $b\to\infty$的情况下上述结果给出的电阻为 0，但如图 4.31 所示的物体在 $b\to\infty$情况下电阻显然不为 0，所以该结果不是普适的，这是为什么呢？

(b) 练习 4.32 的提示中给出的方法对如图 4.32 所示的物体是适用的，其底面为球冠状（球心在同一位置）。两底面间的径向距离为 $l$，两底面面积分别为 $A_1$ 和 $A_2$。求两底面间的电阻。

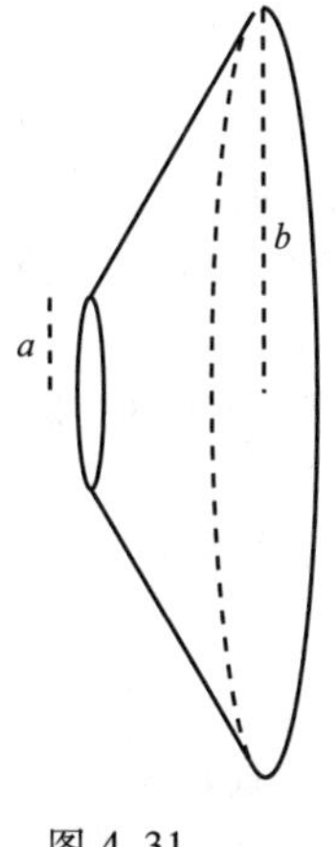


图 4.31

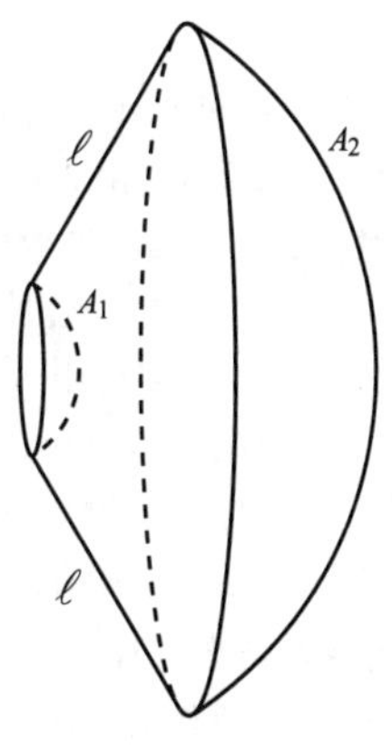


图 4.32

**4.7　电阻的三角关系**＊＊

（a）如图 4.33 所示，分割出的每个部分都代表着一个电阻 $R$（与它们在纸面上的长度无关）。$A$ 和 $B$ 之间的有效电阻 $R_{eff}$ 为多少？对计算过程中遇到的数字你应该感到熟悉。

（b）在三角的数目非常多的极限情况下，$R_{eff}$ 应该为多少？你可以认为它们呈螺旋状超出纸面，这样它们彼此之间就不会重合了。你在此处的计算结果，应该是与（a）中你熟悉的数字是一致的。提示：在无限多三角形情况下，如果你在 $A$ 的左边添加另一个三角形，那么沿着新的“辐射线”的电阻一定仍为 $R_{eff}$。

图 4.33

**4.8　无限方形点阵**＊＊

假设有一个由 1Ω 电阻组成的二维无限方形点阵。即，平面上的每一个阵点都与四个 1Ω 电阻相连。那么相邻两节点之间的等效电阻为多少？此问题是体现对称性和叠加方法的绝佳示例。提示：当某电流，比如说 1A 的电流，由一节点流向另一节点，此时如果你能确定两节点之间的电压降，那么你就解决了该问题了。将上述构型看作另外两种构型的叠加。

**4.9　有效电阻的叠加**＊＊＊＊

空间中的 $N$ 个点之间由一些电阻相连，每个电阻都为 $R$。电阻之间的连接方式可以是任意的（不必都在一个平面内），唯一的限制是电阻之间必须“相连”（即从一个电阻可以沿着电阻链到达其他任意一个电阻而不需破坏该链）。给定的两点之间可能会连接着数个电阻（见图 4.34），所以由一个给定点延伸出的电阻可能为等于 1 或大于 1 的任意数。考虑下面这样一个特别的电阻。在该电阻两端之间其余的电阻网络相当于一个等效电阻，整个网络的等效电阻之和为多少？（该结果即福斯特定理。）请按照如下两个步骤来求解该问题。

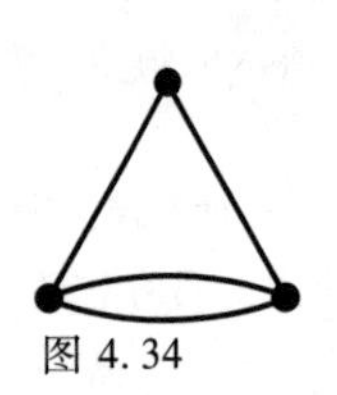

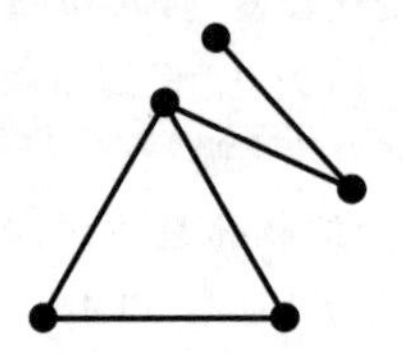

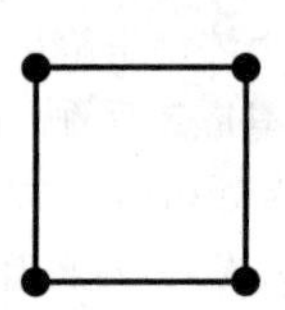

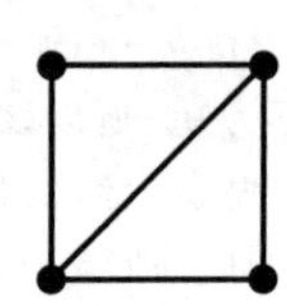

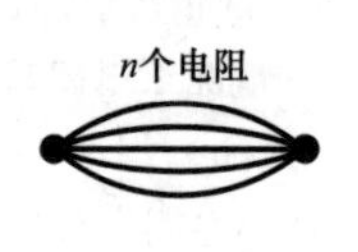


图 4.34

（a）求出如图 4.34 所示的各种电阻网络各自的电阻和。例如，对于第一种网络，两个有效电阻（单位为 $R$）为 2/5（由 2 和 1/2 电阻并联得到），另两个有效电阻为 3/5（由 1 和 3/2 电阻并联得到），因此所有共四个有效电阻之和为 2。注意，该求和是对所有电阻进行的，而非某两个点，所以两弯曲的电阻每个会被数一次。

（b）根据你在（a）部分中得到的结果，或者是其他任意形式的网络的结果，你现在应该能够推断出对于任意情况下的 $N$ 个点及等量电阻组成的网络（满足网络之间是连接着的这一条件）的结果如何了。证明你的猜想。注意：解的过程非常复杂，你可能需要查看答案中第一段给出的提示。即使有该提示要求解此题还是有难度。

**4.10　电压计与电流计**＊＊

电压计和电流计的基础元件（起码对于旧式的电压计电流计来说是这样的）为检流计，检流计是一个能够测量很小电流的装置。（检流计的工作依靠磁效应，但具体的工作机制在此并不重要。）任何检流计内部都有一些电阻 $R_g$，图 4.35 表示出一个检流计的构成。考虑如图 4.36 所示的一个电路，其中所有的量均为未知。现在我们想要实验测出流过点 $A$ 的电流（在这样一个简单的电路中，各处的电流都一样），并测出 $B$ 和 $C$ 之间的电压。现在给你一个已知 $R_g$ 的检流计，以及一些已知阻值的电阻（既有小于 $R_g$ 的也有比 $R_g$ 大得多的），你如何来完成上述两个任务？请解释一下你想如何构建你的这两样装置（分别叫作电流计和电压计），并说明对于一个给定的电路你想如何将你的装置连入/插入该电路。你需要确定两点，即（a）对给定电路的影响越小越好，以及（b）不要因为过大的电流经过检流计而使其损坏，检流计所能承受的电流比给定电路中的电流小得多。

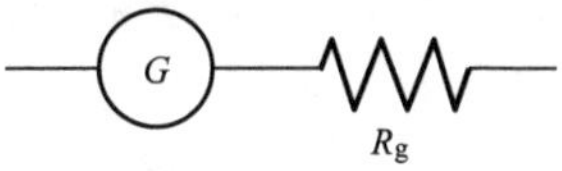

图 4.35

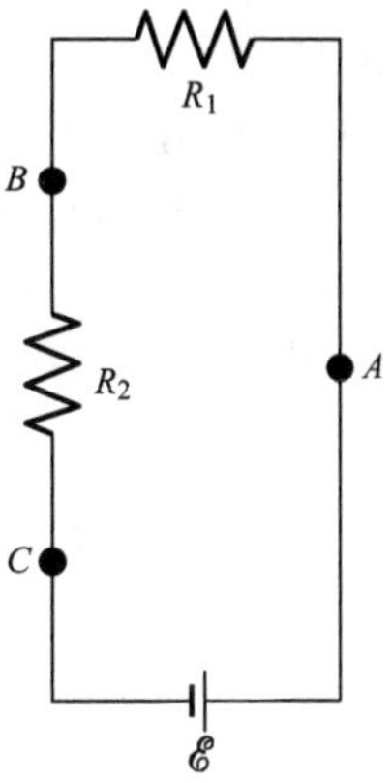

图 4.36

### 4.11 正四面体电阻 **

一个四面体的六条边电阻都为 $R$，求出其任意两顶点之间的等效电阻，步骤如下：

（a）利用四面体的对称性将其简化为一个等效电阻；

（b）将四面体平放在桌面上，将两顶点连在一个电动势为 $\mathcal{E}$ 的电池上，并写出关于该四面体的四个回路方程。该方程组很简单可以手算解出，但如果用计算机来解就更简单了。

### 4.12 求电势差 **

如图 4.37 所示的电路中 $a$ 点和 $b$ 点之间的电势差为多少？

### 4.13 戴维南定理 ****

一个任意电路 $A$ 与另一任意电路 $B$ 通过 $A$ 的外部导线与 $A$ 相连，如图 4.38 所示。证明戴维南定理，即，当 $B$ 与 $A$ 相连时，$A$ 所产生的影响等价于串联起来的一个电动势 $\mathcal{E}_{eq}$ 和一个电阻 $R_{eq}$，并请解释如何确定这两个量。注意上述结果与 $B$ 的性质无关。不妨认为 $B$ 中仅含有一个电动势 $\mathcal{E}$ 来进行证明。答案中提供了两种证明方法。此题有一些难度，读者解题之前可能需要看一下答案的前几行。

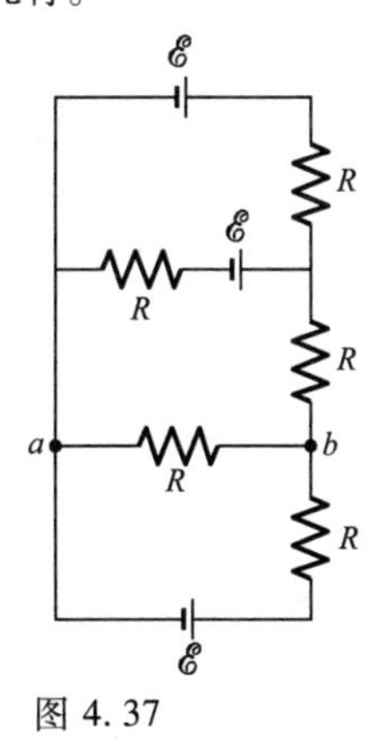

图 4.37

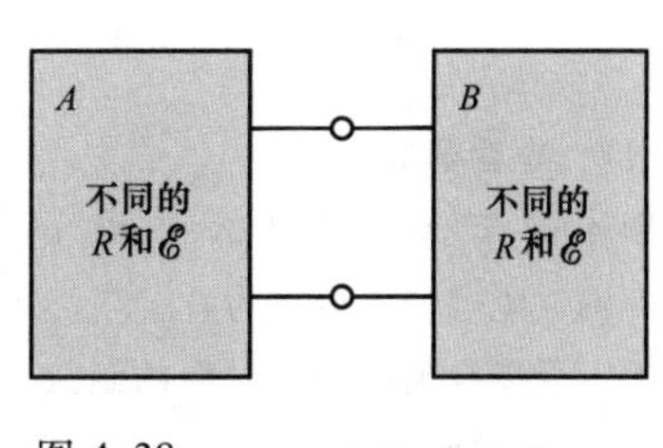

图 4.38

### 4.14 戴维南等效电阻 $R_{eq}$ 与短路电流 $I_{sc}$ **

求出图 4.24（a）所示电路的戴维南等效电阻 $R_{eq}$。你可以先求出 $A$ 点和 $B$ 点之间的短路电

流 $I_{sc}$，之后再以 $R_{eq}=\mathscr{E}_{eq}/I_{sc}$ 求出等效电阻。（可以利用$\mathscr{E}_{eq}=I_3R_3$ 这一结果，其中 $I_3$ 由式(4.33) 给出。）

**4.15 戴维南等效****

求出如图 4.39 所示电路的等效电阻及等效电动势。若在节点间添加一个 15Ω 的电阻，那么流经该电阻的电流为多大？

**4.16 电容器放电****

有一电容器初始电量为 $Q$。将图 4.40 中所示的开关闭合使电容器放电。你可能认为由于电容器外部电场为零，所以没有电荷流过导线，极板上的电荷也就没有受到使其离开极板去往导线的力。那么，是什么使得电容器放电呢？（定量地）说明图 4.41 所示电路的两部分中哪一部分是（更）重要的。

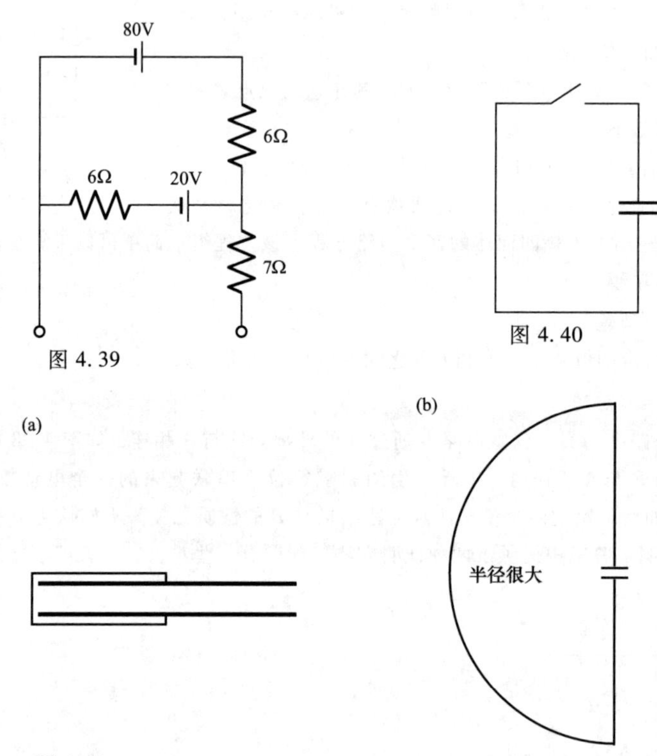


图 4.39

图 4.40

图 4.41

**4.17 电容器充电****

如图 4.42 所示，电池与一个 $RC$ 电路相连。初始状态下开关是打开的，电容器上电荷为 0。若 $t=0$ 时刻开关闭合，求出电容器上的电荷以及电流关于时间的函数。

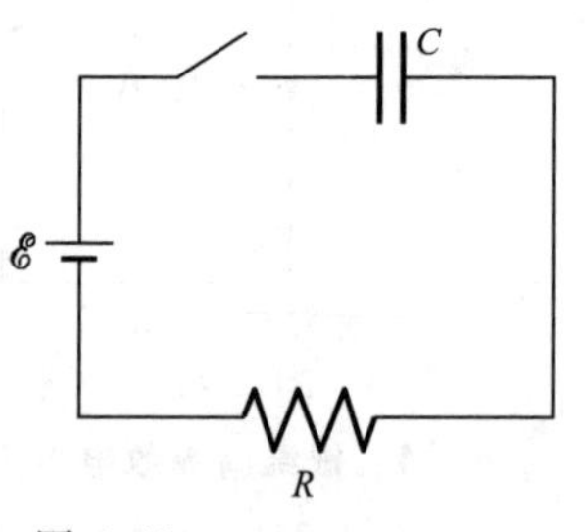


图 4.42

**4.18 两电容器放电*****

(a) 如图 4.43 所示的电路中有两个相同的电容器和两个相同的电阻。初始状态下左边电容器带电量为 $Q_0$（左侧为正极板），右侧电容器不带电。若 $t=0$ 时刻开关闭合，求出两极板上

带电量关于时间的函数。你所列出的回路方程形式应为简单的。

(b) 对于图 4.44 所示电路回答与上述同样的问题，在此电路中我们增加了一个（同样的）电阻。右侧电容器最大（或最小）带电量为多少？注意：你的回路方程此时可能较为复杂。解决此问题最简单的方法可能是求出它们的和与差，这样你就可以求得电荷量的和值与差值，然后你就可以得出每一个电容器的带电量了。

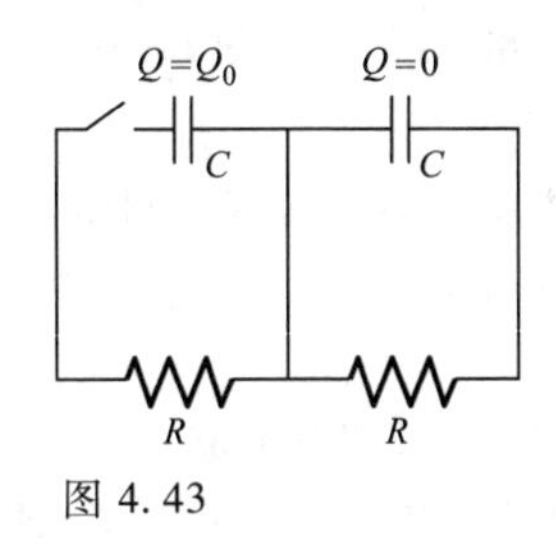

图 4.43

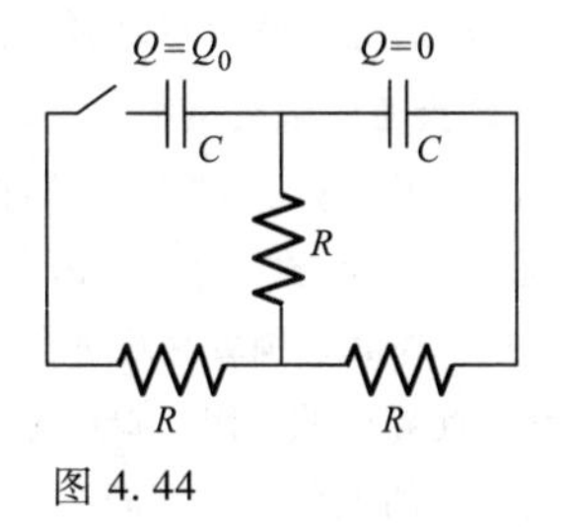

图 4.44

## 练　　习

### 4.19　同步加速器电流 *

在一个 6GeV（$1\text{GeV}=10^9\text{eV}$）的电子同步加速器中，电子沿着长约 240m 的路径上回旋运动。在一次加速周期中通常有 $10^{11}$ 个电子沿着该路径运动。电子的速度接近于光速。电流为多大？我们给出此简单练习题的目的是为了强调我们对电流速度的定义中所说的电荷携带者的速度无需是相对论性的，且对于一个特定的电荷在计算由于其产生的电流时可以在 1s 内多次计数其经过的次数。

### 4.20　电流密度的叠加 **

在某区域中，每立方米空间内有 $5\times10^6$ 个带电的二价阳离子，都以 $10^5$m/s 的速度向西运动。在同一区域内每立方米空间内有 $10^{17}$ 个电子，以 $10^6$m/s 向东北方向运动。（不要问我们是如何实现这一点的！）$\boldsymbol{J}$ 的大小和方向是怎样的？

### 4.21　阿尔法粒子产生的电流脉冲 ***

在某电路中，两电极之间流过带电粒子，练习题 3.37 的结果告诉了我们这样的电路中电流是怎样的。问题在于，当只有一个粒子横穿此区域时，形成的电流本质是怎样的？（如果我们能解该问题，我们就能够解决任何类似问题了，无论粒子的数量以及穿过电极间区域的时间如何。）

(a) 考虑如图 4.45 (a) 中所示的简单电路，该电路包括两个处于真空中的电极，电极之间以一条短导线相连。假设两电极之间距离为 2mm。一个由放射性原子核释放出的带电量为 $2e$ 的阿尔法粒子从

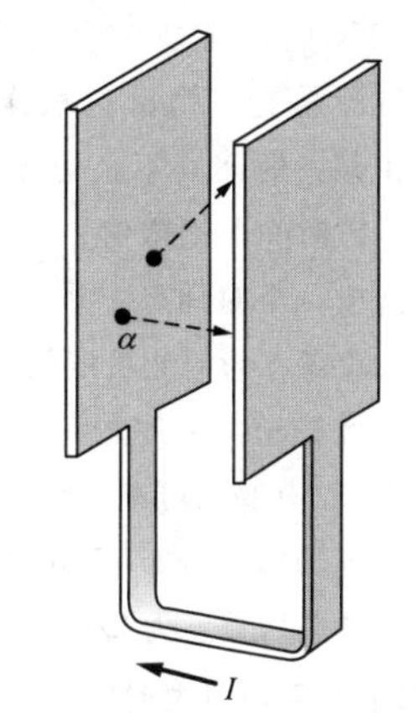


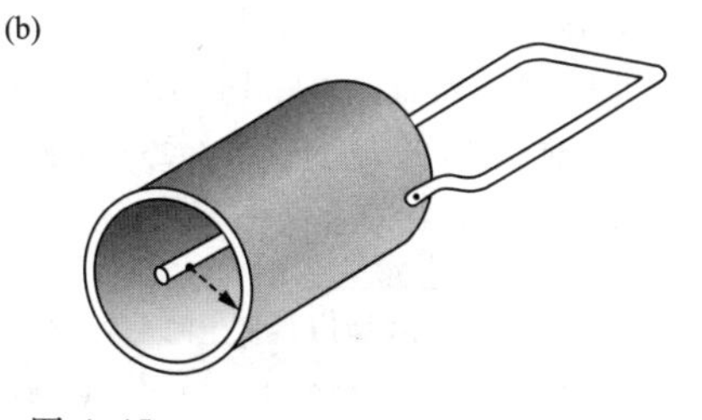

图 4.45

左侧电极缓慢进入此区域。该粒子以 $10^6$m/s 的速度匀速向右侧电极运动，并最终停在电极处。请通过定量计算来画出导线中的电流与时间的关系。另一阿尔法粒子同样穿过电极之间的间隙，速度大小与上述相同，但沿着与垂直于电极方向成45°角的方向，回答与上述同样的问题。（实际上对于如此短暂的脉冲，此处所忽略掉的导线中的电感会影响脉冲形状。）

（b）假设电极为圆柱状的，如图4.45（b）所示，此时阿尔法粒子由轴处圆柱状细导线电极释放出。此时的电流脉冲与之前形状相同么？（你需要先解出练习题3.37的圆柱版本。）

**4.22 跨大西洋电报电缆 ****

第一条跨越了大西洋的电报是在1858年实现的，此电报经过了纽芬兰和爱尔兰之间的3000km电缆才得以传播。此电缆由七根铜导线构成，每根铜导线的直径为0.73mm，七根铜导线捆绑在一起，外面包围着绝缘护套。

（a）计算此导体的电阻。铜的电导率取 $3\times10^{-8}\Omega\cdot$m，该值并非纯铜的值。

（b）此电流的返回线路即海洋本身。若海水的电导率约为 $0.25\Omega\cdot$m，请你试着证明海洋回路的电阻比电缆电阻小得多。（假设浸于水中的电极为10cm半径的球形。）

**4.23 独立事件之间的间隔 *****

与其说本练习题是一个物理问题，不如说其是一个数学问题，所以可能它不应该出现在本书中，但本题是很有趣的。假设有一系列的随机事件发生于任意时间点，比如第4.4节中的碰撞问题，该问题也引出了脚注8中所讨论的事件。该过程完全可以由事件在每个单位时间内发生的概率（记为 $p$）来表征。这么定义 $p$ 后，则无限小[16]的时间 $dt$ 内某事件发生的概率为 $pdt$。

（a）证明由某一时间（不必是某事件发生的时间）开始，下一事件发生在 $t$ 与 $t+dt$ 之间的概率为 $e^{-pt}pdt$。要证明这一点，你可以将时间间隔 $t$ 分成许多小的时间间隔，并令事件不发生在这些时间间隔内，而是发生在其后的 $dt$ 内。（你可能需要用到：在 $N\to\infty$ 的情况下，$(1-x/N)^N=e^{-x}$。）检查 $e^{-pt}pdt$ 的积分是否等于1。

（b）证明由某一时间（不必是某事件发生的时间）开始，到下一事件发生所需等待的平均时间（也叫作等待时间的期望值）为 $1/p$。请解释为何事件之间的平均时间也为此值。

（c）任意选出一个时间点，并观察该时间点所处的两连续事件之间的时间间隔的长度。请利用之前的结果解释，为何此长度的平均值为 $2/p$ 而非 $1/p$。

（d）我们已经知道两事件之间的平均时间为 $1/p$，并且知道一个任意时间点所处的时间间隔的长度平均为 $2/p$。有些人可能会认为这两个值应该相等。请直观地解释为何这两个值不等。

（e）利用上述的概率分布 $e^{-pt}pdt$，通过数学的方式来证明为何对于一个任意选定的点，其所处的时间间隔的平均长度为 $2/p$。

**4.24 水中的平均自由时间 ***

液体中的一个离子周围往往紧密环绕着中性分子，所以对其而言很难说清两次碰撞之间的“自由时间”。然而，如果我们取表4.1中纯水的电导率，并认为 $N_+$ 和 $N_-$ 为 $6\times10^{19}\text{m}^{-3}$，见脚注4，那么我们就可以通过式（4.23）来计算出 $\tau$ 的值。一个水分子的典型热运动速度为500m/s，在时间 $\tau$ 内它将移动多远？

16 在非无限小时间 $t$ 内发生的一个时间的概率不等于 $pt$。如果 $t$ 足够大，则 $pt$ 大于1，所以它显然不能代表概率。这种情况下，$pt$ 是 $t$ 时间内发生的事件数目的平均数。但是这并不等于一件事发生的概率，因为在 $t$ 时间内可以发生两倍、三倍等事件。如果 $dt$ 无限小，我们不必担心发生很多事情。

4.25　海水中的漂移速度*

海水的电导率约为 0.25Ω·m。导电离子主要为 $Na^+$ 和 $Cl^-$，其浓度为 $3\times10^{26}m^{-3}$。如果我们将一根长为 2m 的塑料管中充满海水，并在管两端的电极之间连上 12V 的电池，那么由此导致的离子的平均漂移速度为多少？

4.26　硅结二极管**

在硅结二极管中，n 型半导体和 p 型半导体之间的平面结区域可以近似地表示为相邻的两块均匀带电层，其中一个带正电一个带负电。在这些带电层之外远离节点的区域内电势是恒定的，n 型材料处的电势为 $\phi_n$，p 型材料处的电势为 $\phi_p$。已知 $\phi_n$ 和 $\phi_p$ 之间的电势差为 0.3V，带电层的厚度均为 $10^{-4}$m，求两板上的电荷密度，并画出电势 $\phi$ 在节点附近作为 $x$ 函数的图像。在两板中间平面处的电场强度为多少？

4.27　非平衡电流**

作为对第 4.7 节中脚注 13 所提到的问题的解释，下面我们来考虑这样一个黑盒子，盒子可以近似看成是一个 10cm 边长的立方体，盒子上有两个接线柱。这两个接线柱分别与一些外部电路通过导线相连。盒子的其他部位都与外部很好地绝缘。流过该电路元件的电流约为 1A。现在假设将电流流过的部分分为一百万份。在不受到其他影响的情况下，此盒子的电势上升 1000V 所需要的时间为多久？

4.28　并联电阻*

通过求解图 4.46 所示电路的回路方程，求出电阻并联的公式。

4.29　保持电阻相等*

在如图 4.47 所示的电路中，若 $R_0$ 为已知，那么要使端点间的输入电阻等于 $R_0$，$R_1$需要为多大？

4.30　汽车电池*

如果在汽车电池的两端跨接了一个 0.5Ω 的电阻后，电池两端的电压由 12.3V 降至 9.8V，

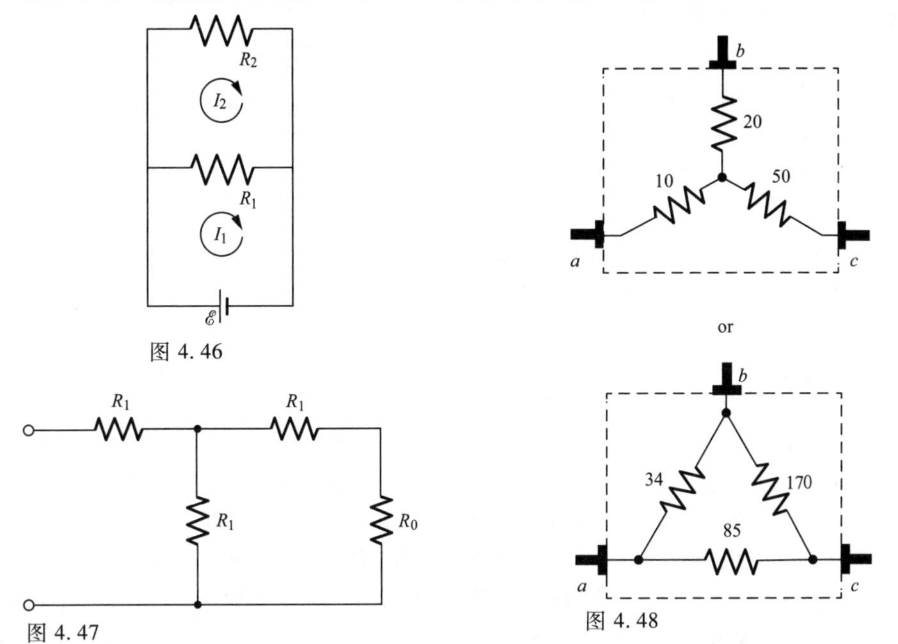


图 4.46

图 4.47

图 4.48

则电池的内阻为多大?

**4.31　等价的盒子****

一个黑盒子有三个接线端 $a$、$b$ 和 $c$，盒子内只有三个电阻及连接导线。通过测量两接线端之间的电阻，我们发现 $R_{ab}=30\Omega$，$R_{ac}=60\Omega$，$R_{bc}=70\Omega$。证明盒子中的线路可能为图 4.48 中的任何一种。还有其他的可能性么？图中所示的两种电路是完全等价的，还是可以通过某种外界测量方式区分开?

**4.32　锥形杆***

两根石墨棒长度相等。其中一根是半径为 $a$ 的圆柱，另一根是锥形杆，由半径为 $a$ 的一端逐渐线性地减小（或扩大）至半径为 $b$ 的另一端。证明锥形棒两端面间的电阻是圆柱杆两端面间电阻的 $a/b$ 倍。提示：可以将棒看作由一连串的薄圆盘片叠加而成。（此结果只是一个近似结果，仅在锥形变化较慢的条件下成立。习题 4.6 中对此有讨论。）

**4.33　叠片导体的极值****

（a）考虑习题 4.5 中的题设。在两种材料的电导率已知的情况下，证明当每层厚度相等时 $\sigma_{\perp}/\sigma_{\parallel}$ 为最小（与电导率无关）。

当一种材料层的厚度比另一种材料层大/小得多时，$\sigma_{\perp}/\sigma_{\parallel}$ 是如何变得接近其最大值或最小值的，请就此进行讨论。

（b）对于确定的层厚，证明当材料的电导率相等时，$\sigma_{\perp}/\sigma_{\parallel}$ 取得最大值（与层厚是多少无关）。

当一种材料层的电导率比另一种材料层的大/小得多时，$\sigma_{\perp}/\sigma_{\parallel}$ 是如何变得接近其最大值或最小值的，请就此进行讨论。

**4.34　节点间的等效电阻****

作为习题 4.8 的延伸，分别求出无限大的（a）3D 立方点阵，（b）2D 三角形点阵，（c）2D 六角形点阵以及（d）1D 点阵中，两节点间的有效电阻。（最后一个问题有些难度。）假设这些点阵中每个节点都为 1Ω 的电阻。

**4.35　立方体中的电阻****

有一立方体每条边的电阻都为 $R$。求出以下情况中两点间的等效电阻：

（a）体对角线上的两点；

（b）面对角线上的两点；

（c）相邻两点。

解此题无需求解联立方程，只需通过对称性进行讨论即可。提示：若两顶点的电势相等，那么可以将它们缩并为一个点，这不会对给定两点之间的等效电阻产生影响。

**4.36　衰减器链****

有些重要的网络是可以无限延伸的。如图 4.49 所示为一些电阻通过串联和并联的方式向右无限延伸。底部的是无电阻的回路线。该网络被称为衰减器链，或梯形网络。

此次的问题是求出“输入电阻”，即求出端点 $A$ 和 $B$ 之间的等效电阻。我们在解此题中需要注意的是解题的方法，这里需要采用特别的扭曲方法，今后在处理类似的同样器件无限迭代问题（比如光学中无限多镜片的迭代）时也可以采用此方法。解此问题的重点在于输入电阻（我们还不知道是多少，暂且称其为 $R$）不会因为链的前端添加一个电阻重复单元而发生变化。现在通过本节的知识，我们知道这一新的输入电阻为：$R_2$ 和 $R$ 并联之后再与 $R_1$ 串联。

利用上述方法来确定 $R$。证明当链的输入端加上电压 $V_0$ 时，连续节点间的电压呈几何级数

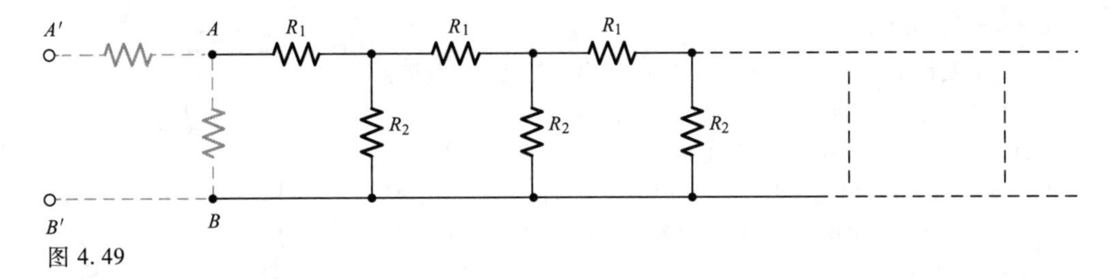


图 4.49

下降。要想让衰减器每一级电压衰减为一半，电阻的比例应为多少？显然一个真正的无限梯形网络是无法实现的。你能想出一个办法来让衰减器在延伸了几节之后终止而不引发任何错误么？

**4.37　一些黄金比例***

求出图 4.50 所示的两种电阻链的 $AB$ 间的电阻。每个电阻阻值都为 $R$。（练习 4.36 中的解题方法适用于此题。）

**4.38　两个灯泡***

（a）如图 4.51（a）所示，两灯泡并联后与电池相连。你观察到灯泡 1 的亮度是灯泡 2 的两倍。假设灯泡的亮度与此灯泡电阻消耗的能量是成正比的，哪个灯泡的电阻更大？是另一个灯泡电阻的几倍？

（b）现在将上述两灯泡串联，如图 4.51（b）所示。哪个灯泡更亮？亮度是另一个灯泡的几倍？两个灯泡的亮度与（a）中相比发生了什么变化？

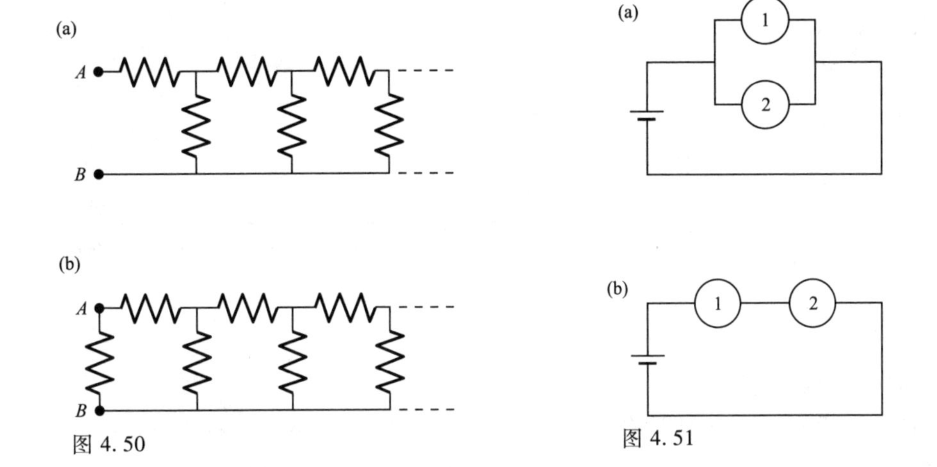


图 4.50　　图 4.51

**4.39　最大功率***

一个电池的电动势固定为$\mathscr{E}$，内阻为 $R_i$，电池与外部可变电阻 $R$ 相连，当 $R=R_i$时内阻消耗的功率最大，请对此进行证明。

**4.40　最小功率损耗****

如图 4.52 所示，两电阻并联，阻值分别为 $R_1$和 $R_2$。电流 $I_0$按照某种比例分别流过两电阻。在 $I_1+I_2=I_0$的条件下，若要损耗的功率最小，我们利用普通电路公式计算出的电流应该是相等的，请对此进行证明。这阐明了一个对直流电路普遍适用的变分原理：对于给定的输入电流 $I_0$，电路中电流总是按照使功率损耗最小的形式分布。

**4.41 D 号电池**$^{**}$

手电筒及许多其他设备中使用的 1.5V 干电池是通过其负极上锌的氧化来放电，与此同时在其正极上消耗二氧化锰（$MnO_2$）使其变为 $Mn_2O_3$。（它被称为碳-锌电池，但碳棒为惰性导体。）一块重量为 90g 的 D 号电池能够在 30 小时内持续提供 100mA 电流。

（a）计算上述电池所储存的能量为多少 J/kg，并与第 4.9 节的示例中介绍的铅酸电池进行比较。很可惜这种电池是不能再充电的。

（b）如果用一块 D 号电池给一个效率为 50% 的绞盘供电，那么它可以将你抬到多高？

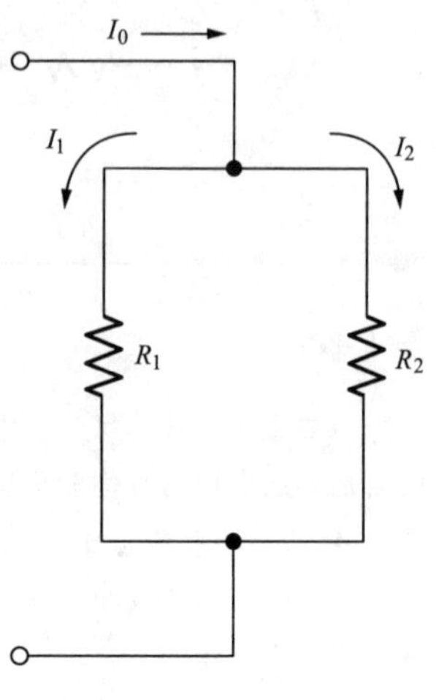


图 4.52

**4.42 制作一块欧姆表**$^{***}$

你现在有一块最大量程为 50μA 的微安计，其内部绞线的电阻为 20Ω。通过如图 4.53 所示的方式将微安表与两电阻 $R_1$ 和 $R_2$ 以及 1.5V 电池相连，你可以将此微安计转化为一块欧姆表。当此欧姆表两输出端相接时，指针满表偏转，此时记录指针位置为 0Ω。如果将刻度盘合理标上刻度后，那么当欧姆表输出端与某未知的电阻 $R$ 相连时就会显示出其阻值大小。特别地，我们让指针半偏时表示 15Ω，如图 4.54 所示。如果我们需要表示出 5Ω 和 50Ω，所需要的 $R_1$ 和 $R_2$ 为多少？分别对应着刻度在什么位置（相对于原来微安计的指针刻度盘）？

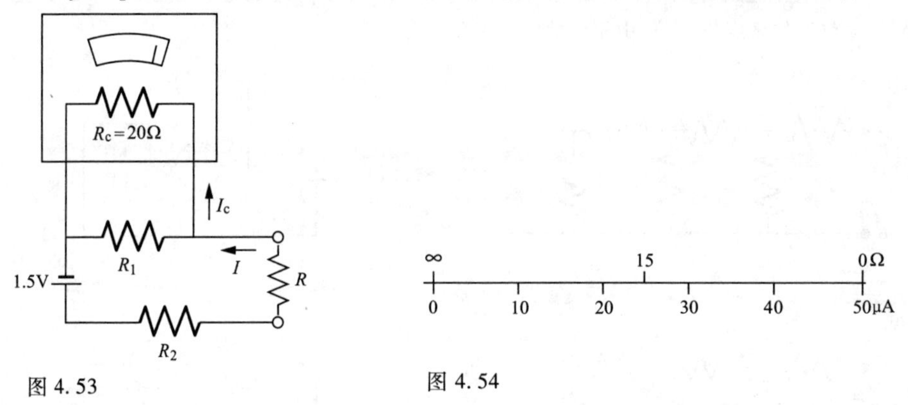


图 4.53

图 4.54

**4.43 利用对称性**$^{**}$

如图 4.55 所示，五个电阻组成的网络有 $T_1$ 和 $T_2$ 两个接线端，本题中我们需要求出 $T_1$ 和 $T_2$ 两个接线端之间的等效电阻 $R_{eq}$。一种解法设有电流 $I$ 从 $T_1$ 流入，在 $T_1$ 和 $T_2$ 之间电压差为 V，然后由 $R_{eq}=V/I$ 得到等效电阻。这种解法需要进行大量的代数计算，很容易出错（但如果用计算机的话就不存在这些问题，见练习题 4.44），因此我们在此直接给出大部分的答案

$$R_{eq}=\frac{R_1R_2R_3+R_1R_2R_4+[\ ?\ ]+R_2R_3R_4+R_5(R_1R_3+R_2R_3+[\ ?\ ]+R_2R_4)}{R_1R_2+R_1R_4+[\ ?\ ]+R_3R_4+R_5(R_1+R_2+R_3+R_4)} \tag{4.48}$$

由对称性你应该能够填上答案中所缺少的三个部分。现在由四个特例来检查 $R_{eq}$ 的表达式是否正确：（a）$R_5=0$，（b）$R_5$ 无限大，（c）$R_1=R_3=0$，以及（d）$R_1=R_2=R_3=R_4=R$。将你计算出的结果与公式进行比较。

### 4.44 利用回路方程*

练习题 4.43 给出了关于图 4.55 所示电路中 $T_1$ 和 $T_2$ 之间的等效电阻的（很长的）表达式。根据图 4.56 中给出的电流写出回路方程，并利用软件 Mathematica 导出上题中的表达式并求出 $I_3$。（不需要任何凌乱的代数式。一旦你列出了回路方程并将其输入计算机，问题就基本得到解决了。）

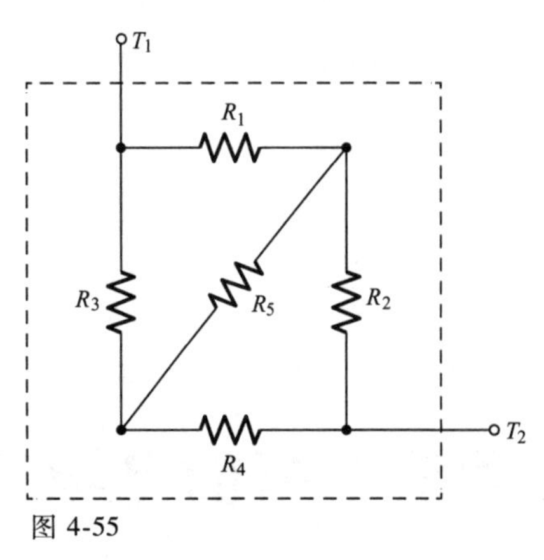


图 4-55

### 4.45 电池/电阻环**

在图 4.57 所示电路中，五个电阻阻值相等，都为 100Ω，每个电池的电动势都为 1.5V。求出 $A$ 与 $B$ 端之间的开路电压和短路电流，并求出戴维南等效电路的 $\mathscr{E}_{eq}$ 和 $R_{eq}$。

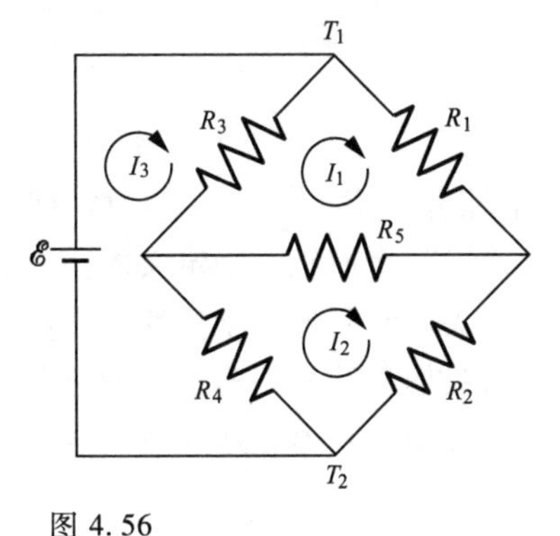


图 4.56

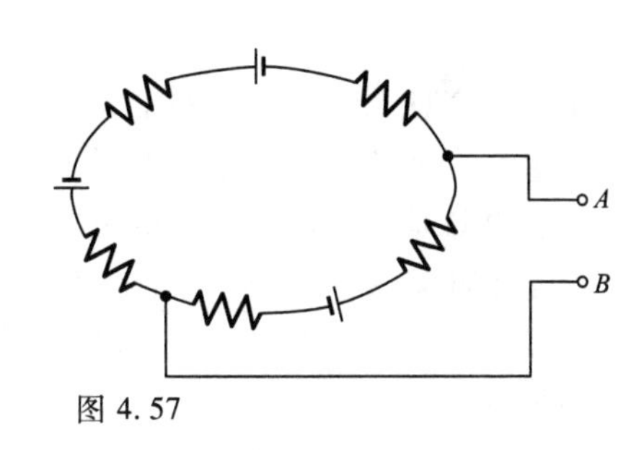


图 4.57

### 4.46 通过戴维南定理求出最大功率**

如图 4.58，接线端 $A$ 与 $B$ 之间连有电阻 $R$。当 $R$ 为何值时该电阻上消耗的功率最大？为了解该题，请首先构建戴维南等效电路，之后采用练习题 4.39 的结果。$R$ 上消耗的功率为多大？

### 4.47 电容器放电**

现在回想第 4.11 节中关于电容器 $C$ 通过电阻 $R$ 放电的例子，证明电阻上总共消耗的能量等于电容器中初始储存的能量。假设有人认为电容器不可能完全放电，因为只有当 $t=\infty$ 时 $Q$ 才为 0。你将如何反驳这种观点？通过某些合理的假设，你应该能够求出电量降低至 1 个电子所需要的时间。

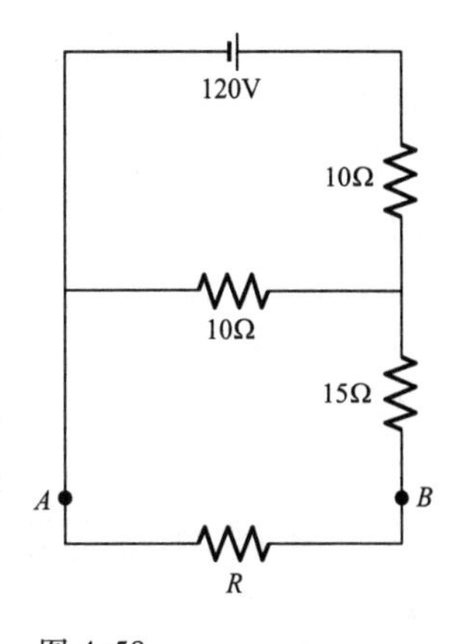


图 4.58

### 4.48 电容器充电**

在习题 4.17 中我们已经处理过给电容器充电的问题。利用该题的结果来证明能量是守恒的。即证明电池所做的功等于电容器中最终储存的能量加上电阻上总共消耗的能量。

### 4.49 移动电子云*

图 4.29 中的导电介质为 n 型硅，其导带中每立方米有 $10^{21}$ 个电子。假设板上初始电荷密度使得电场强度为 $3\times10^4$ V/m。需要将介于其中间分布的电子移动多远的距离才能使其恢复电中性并将电场强度减小为零？

# 5

# 运动电荷的电场

## 概述

本章旨在证明：若我们将相对论与电学理论综合考虑，一种新的力，即磁场力，一定是存在的。在非静态情况下，电荷量是通过一个面积分来定义的。在这种定义下，电量是不变的，即，电量与所选参考系无关。利用这种不变性，我们就可以确定在不同参考系之间电场是如何转化的。之后我们将计算匀速运动的电荷所产生的电场，此场与球对称的库仑场不同。电荷在开始运动和停止运动时，会产生很有趣的场分布。

在 5.9 节中，我们将导出本章中最重要的结果，即一个运动电荷（或一些运动电荷）作用于另一个运动电荷上的力的表达式。在推导出此表达式的过程中，我们将逐渐增加条件的复杂程度。更准确地说，要计算一个电荷 $Q$ 作用于另一电荷 $q$ 的力，需要根据二者的运动状态的不同来考虑四种基本情况：①在给定的参考系中，若两电荷都处于静止状态，那么由第 1 章中的库仑定律我们可以确定上述的力；②若源 $Q$ 运动而 $q$ 静止，我们可以应用上述的电场转换法则；③若源 $Q$ 静止而 $q$ 运动，那么我们可以应用附录 G 中给出的公式来对力进行转换，可以证明所求的力直接源于库仑场，正如所期待的那样；④最后是我们最关心的情况，即两电荷都处于运动状态，在 5.9 节中我们将发现，考虑了相对论效应之后，除了电场力之外一定还存在一种额外的力，这就是磁场力。简单来说，磁场力是综合考虑了库仑定律、电荷不变性以及相对论之后得出的推论。

## 5.1 从奥斯特到爱因斯坦

在 1819 年与 1820 年相交的这个冬季，奥斯特（Hans Christian Oersted）执教于哥本哈根大学，给优等学生教授电学、流电学和磁学。此处“电学”为静电学；“流电学”研究的是从电池持续流出的电流所产生的效应，这一课题最早起源于加

尔瓦尼（Galvani）的一些偶然发现及随后伏打（Volta）的一些实验；“磁学”讨论的则是关于天然磁石、罗盘指针和地球磁场的知识。在当时，人们已广泛认为加尔瓦尼发现的电荷与电流之间存在一定的联系——虽然当时除了二者都可以致使休克这一个直接证据外，没有任何其他证据。另一方面，磁与电二者之间则似乎没有联系。尽管如此，奥斯特隐约之间有一种感觉，并一直追求证实它，那就是：磁，可能与电流一样，也是电的某种潜在相关形式。为了探究这一点，他在上课之前做了这样一个实验：在指南针上方沿与其成直角的方向引一条导线，导线中通有电流（指南针水平放置，使得其能够在水平面内旋转），但什么现象都没有发生。上课结束后某种想法驱使他又做了另一个实验，将通电导线与指南针平行放置，这一次磁针有了大幅摆动。当电流反向之后，磁针摆动的方向也与之前相反。

这一发现在整个科学界引起了很大影响。其他实验室的人员得知这一结果后，也相继进行了一系列相关的实验，并得出了一些结论。不久，安培（Ampere）、法拉第（Faraday）与众多研究人员对电流的磁效应做出了基本完整且准确的描述。在奥斯特实验之后不到 12 年内，法拉第取得了杰出的研究成果——电磁感应。早在 1600 年，威廉·吉尔伯特（William Gilbert）就发表了的杰作《磁石论》，但在其后的两个世纪中，人们对于磁的了解几乎毫无进展。现在，从上述实验结果中，人们总结出了较为完整的经典电磁学理论。此后，1860 年早期，麦克斯韦（Maxwell）以数学方式对此进行了规范性表述。1888 年，赫兹（Hertz）证实了电磁波的存在，从而也验证了麦克斯韦方程。

狭义相对论是植根于电磁学的。研究电动力学的洛伦兹（Lorentz）有一些观点与爱因斯坦（Einstein）的猜想非常相近。1905 年，爱因斯坦发表了其影响深远的论文，此论文并非以《相对论》（*Theory of Relativity*）命名，而是叫作《关于运动物体的电动力学》（*On the Electrodynamics of Moving Bodies*）。在今天看来，相对论的一些既定假设及其衍生条件是一个广阔的物理学框架，此框架中包容了所有的物理规律，而非仅仅电磁学规律。我们希望任何完备的物理理论都要满足相对论不变性。在所有惯性参考系中应该是一样的。而早在相对论不变性的意义被发现之前，物理学界已经有了一套满足相对论不变性的理论，即麦克斯韦电磁理论。如果不从电磁场相关理论出发是否可以得出狭义相对论呢？这是科学史上一个有待观察的问题，也可能是一个无法得出答案的问题。我们所能够确定的是，既有的历史已经向我们展现了由奥斯特的磁针到爱因斯坦基本理论的发展轨迹。

然而，相对论并不是电磁学的一个分支，甚至也不是依赖于光而存在的。狭义相对论中有一个最重要的假设，即匀速运动的参考系彼此之间是等价的。至今没有任何证据能推翻这一假设。在该假设成立的前提下，再加上“空间的所有方向等

价”[1] 这一假设，我们就可以得到狭义相对论的方程，这期间甚至都不必提及光。方程中出现的常量 $c$ 为极限速度，任何高能粒子都只能接近这一速度，而不能超越它。$c$ 的值可以由一个实验来得到，这一实验中却不必涉及光、中微子等我们认为以速度 $c$ 运动的事物。换句话说，即使电磁波不存在，我们也可以得出狭义相对论。

在本章的后续部分，我们将以几乎是倒叙的方式来介绍由奥斯特到爱因斯坦的历史发展进程。我们将狭义相对论看作已知条件，并探究一个由电荷与电场组成的静电系统在另一个参考系中是怎样的。用这种方式，我们将了解作用于运动电荷上的力，同时也包括电流之间的相互作用。从某种观点来看，磁在相对论条件下是电的另一面。[2] 接下来，让我们来讨论一些现象，随后我们将对这些现象进行解释。

## 5.2 磁力

若两条导线平行放置，其中流过同向的电流，则两导线互相吸引。单位长度导线上所受力的大小与两导线的距离成反比（见图 5.1（a））。若其中一根导线内的电流反向流动，则两导线互相排斥。因此，图 5.1（b）中同一根导线的两部分会趋于分离。这两条通有稳定电流的导线之间存在一种“远距离作用”，而这种作用似乎与导线表面的静电荷没有关系。导线中存在许多电荷，虽然这些导线的电势可能不尽相同，但是我们所关心的力只与导线内部运动中的电荷有关，即，仅与电流有关。在两导线之间放置一块金属薄片（见图 5.1（c）），这并不会影响两导线对彼此的作用。这种仅当电荷运动时才会出现的力被称作“磁力”。

奥斯特的磁针（见图5.2（a））看起来并不像是一条直流电回路。然而，我们现在知道，正如安培首先猜测的那样，磁铁中遍布持续移动的电荷，即存在于原子尺度上的电流，我们将在第 11 章详细讨论。一条与电池相连的细导线圈中通有电流（见图 5.2（b）），它在附近其他电流的影响下，会发生与磁针相似的运动。

1 见 N. David Mermin 的《没有光的相对论》，载于 American Journal of Physics，52：119（1984）。本文阐述了速度的叠加的通用定律，即 $v=(v_1+v_2)/(1+v_1v_2/c^2)$，此定律与“惯性系之间是等价的”相一致，且与附录 G 中的式（G.8）相符。所以要得到宇宙常量 $c$ 的值，我们只需准确测量三个较小的速度，即 $v$、$v_1$ 和 $v_2$ 即可。更多关于此问题的讨论见 N. D. Mermin，American Journal of Physics，52，967（1984）。

2 据我们所知，最早提出这一观点的为 L. Page，其文章 *A Derivation of the Fundamental Relation of Electrodynamics from Those of Electrostatics*（《由静电学的基本关系得出的电动力学中的基本关系》）见于 American Journal of Science，XXXIV：57（1912）。Page 在爱因斯坦发表了具有革命意义的论文之后的七年内写出了这一文章，在他看来，比起电动力学，相对论更应该得到关注。他在文章最后总结道：“从另一种观点来看，在符合相对论原则的前提下，我们可以由静电学得出一些电动力学中的基本关系，这在某种程度上就对相对论的假设进行了证明。”

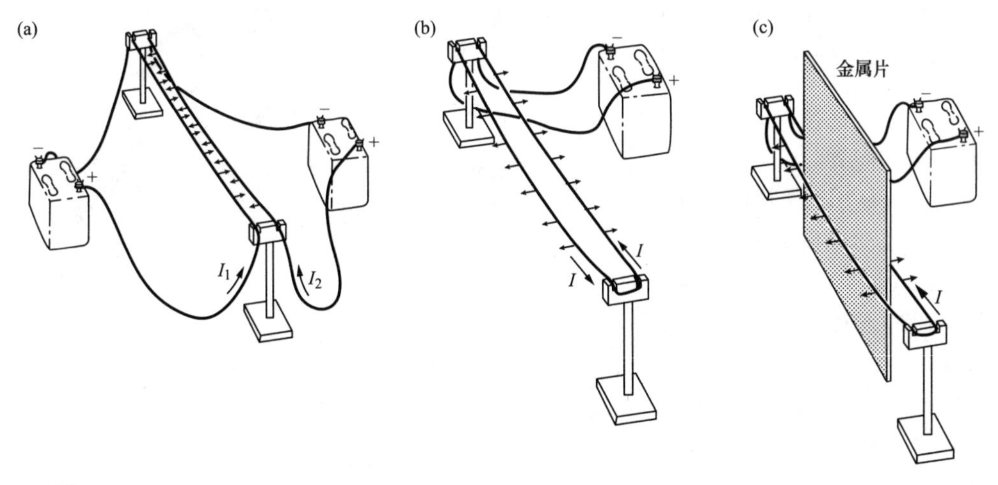


图 5.1
(a) 电流方向相同的导线被互相吸引。(b) 电流方向相同的导线被互相排斥。(c) 导线之间放一个金属片，不影响导线的受力。

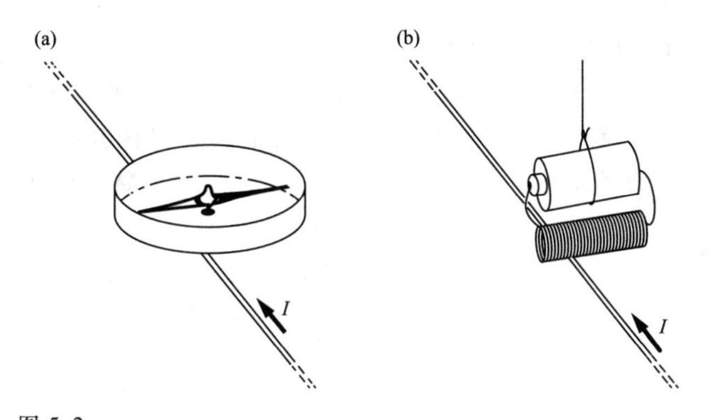


图 5.2
(a) 罗盘指针与通电导线圈；(b) 所受影响与附近导体中电流所产生的影响相似。此处若正离子为电流载体，则认为正离子移动方向为电流 $I$ 的方向。在地磁场中罗盘指针黑色一端指向北方。

此外，当我们观察自由带电粒子的运动时，将会发现与带电导线中具有同样的现象。在阴极射线管中，电子的运动轨迹会因为外部通电导线的关系而发生朝向或远离导线的偏转，偏转的方向取决于导线中电流的方向。若没有外部导线的影响，则电子的运动轨迹为一直线（见图 5.3），这都是我们已经熟知的。我们现在知道，这种电流与运动电荷之间的关系正是源于接下来要介绍的“磁场”。（如库仑定律中所描述的，空间中的两电荷之间存在距离，它们之间的相互作用是通过电场来实现的。）电流是与遍布其周围的磁场相互关联的。若磁场中存在电流或运动电荷，则电流或运动电荷会受到一个力的作用，此力的大小与该位置磁场强度成正比。对

于带电粒子，此力与其速度方向垂直，带电量为 $q$ 的物体所受的力为

$$\boxed{\boldsymbol{F}=q\boldsymbol{E}+q\boldsymbol{v}\times\boldsymbol{B}} \tag{5.1}$$

此处 $\boldsymbol{B}$ 为磁场。[3]

式（5.1）为 $\boldsymbol{B}$ 的定义式。$\boldsymbol{B}$ 为一矢量，它决定着运动电荷所受的与其速度成正比的力。换句话说，“测量某处磁场 $\boldsymbol{B}$ 的方向与大小”即是要通过下述方法做：测量一带电量为 $q$ 的物体在静止时所受的力以确定 $\boldsymbol{E}$，然后测量此物体以速度 $\boldsymbol{v}$ 运动时所受的力，并改变 $\boldsymbol{v}$ 的方向再次测量，最后找到一个 $\boldsymbol{B}$ 使得这些测量结果满足式（5.1）。$\boldsymbol{B}$ 即该处磁场。

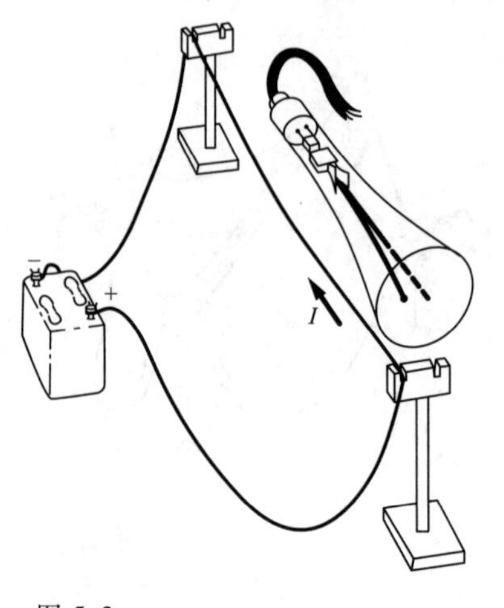


图 5.3
同向电流互相吸引的一个示例。可与图 5.1（a）相互比较。我们还可以将此描述为电子束受磁场影响而产生偏转。

显然这并没有真正地解释任何问题。为什么式（5.1）是正确的呢？为什么对于所有可能的速度，我们总能通过这样一个关系来确定 $\boldsymbol{B}$ 呢？我们需要知道的是，为什么会存在这样一个与速度成正比的力。有一点很重要，这种力与 $\boldsymbol{v}$ 的大小严格成正比，但这种场的作用却完全不依赖于 $\boldsymbol{v}$ 而存在。在接下来的部分我们将讨论其原因。我们将发现，若电荷之间的作用力遵循狭义相对论的假设，则满足这些特性的 $\boldsymbol{B}$ 一定存在。从这种观点来看，磁场力是与运动中的电荷相关的力。

在附录G中有关于狭义相对论的基本概念和公式，现在是阅读这些内容的好时候。

## 5.3　运动电荷的测量

如何测量运动中的粒子的带电量呢？在解决这一问题之前，研究移动对电荷本身的影响都是没有意义的。一个电荷的电量只能根据它产生的影响才能被测量出来。点电荷 $Q$ 处于静止状态，要确定其电量，基于库仑定律，只能通过测量距其 $\boldsymbol{r}$ 之外的试探电荷 $q$ 所受的力来进行（见图 5.4（a））。但是如果我们要测量的电荷处于运动状态，我们就不能这样处理了。现在空间内有一个特殊的方向，即瞬时运动方向。作用于试探电荷 $q$ 上的力，与 $Q$ 指向 $q$ 的方向，以及两者之间的距离有关。如图 5.4（b）所示，试探电荷处在不同位置，其所受的力也不同。将这一结

3　此处我们用到两矢量的矢量积，即交叉乘积。注意：$\boldsymbol{v}\times\boldsymbol{B}$ 的结果为一个与 $\boldsymbol{v}$ 和 $\boldsymbol{B}$ 都垂直的量，大小为 $vB\sin\theta$，$\theta$ 为 $\boldsymbol{v}$ 与 $\boldsymbol{B}$ 的夹角。在确定 $\boldsymbol{v}\times\boldsymbol{B}$ 的方向时可以利用右手法则。在笛卡儿坐标系中 $\hat{\boldsymbol{x}}\times\hat{\boldsymbol{y}}=\hat{\boldsymbol{z}}$，$\boldsymbol{v}\times\boldsymbol{B}=\hat{\boldsymbol{x}}(v_yB_z-v_zB_y)+\hat{\boldsymbol{y}}(v_zB_x-vB_z)+\hat{\boldsymbol{z}}(v_xB_y-v_yB_x)$。

果代入库仑定律，对于同一个 $Q$，会得到不同的值。而且，我们也不能确定力的方向总是与半径矢量 $\boldsymbol{r}$ 的方向相同。

对于这一问题，我们暂且将 $Q$ 定义为所有方向上测试结果的平均值。假设在球状空间内均匀分布有大量无穷小的试探电荷（见图 5.4（c））。在运动电荷经过球心的一瞬间，测量所有试探电荷所受的径向力，并根据其平均值来计算 $Q$，即，需要在时刻 $t$ 沿着球表面做电场的面积分。注意，此处所有的试探电荷都处于静止状态。按照定义，作用于每个单位电荷 $q$ 上的力给出了此点的电场。因此，在确定一个运动的带电体或一些运动电荷的电量时，是高斯定理给出了普适的方法[4]，而不是库仑定律。下面我们将完善这一定义。

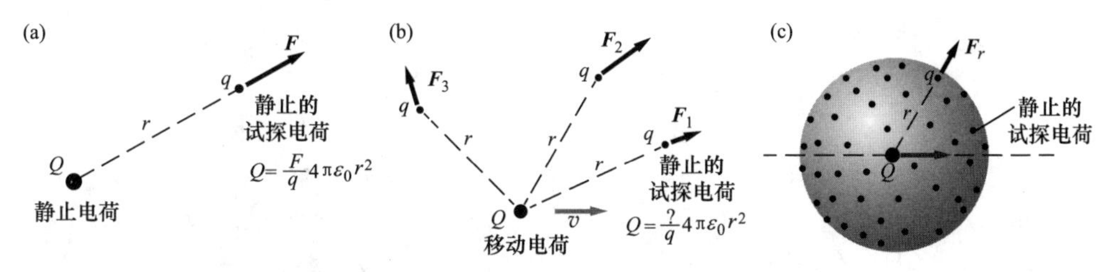


图 5.4

（a）处于静止状态的电荷电量可以由其作用于另一静止电荷的力及库仑定律确定；（b）在电荷移动的情况中，就我们现在所知，此力可能取决于试探电荷的角位置，如果是这样，我们就无法应用（a）中的步骤；（c）在 $Q$ 经过球状分布的各试探电荷的中心位置时，测量各试探电荷所受的径向力，取平均值 $F_r$ 以确定 $Q$。这与取 $E$ 的面积分是等价的。

某一区域内的电荷量是由 $\boldsymbol{E}$ 沿包含此区域在内的面 $S$ 做面积分所确定的。在某参考系 $F$ 中有一固定的表面 $S$，$F$ 中任意一点（$x$，$y$，$z$）处于时刻 $t$ 时的电场 $\boldsymbol{E}$ 由此时此处静止于 $F$ 中的试探电荷所受的力来确定。此面积分必须为针对某一特定时刻的结果。也就是说，场的取值是由 $S$ 上各个点处同时测量得到的结果来确定的。（要做到这一点并不困难，因为 $S$ 静止于参考系 $F$ 中。）我们用 $\int_{S(t)} \boldsymbol{E}\cdot \mathrm{d}\boldsymbol{a}$ 来表示时刻 $t$ 电场在 $S$ 上的面积分，如此我们定义出 $S$ 内部的电荷量 $Q$ 等于 $\varepsilon_0$ 乘以上述积分，即

$$\boxed{Q = \varepsilon_0 \int_{S(t)} \boldsymbol{E}\cdot \mathrm{d}\boldsymbol{a}} \tag{5.2}$$

如果说 $Q$ 的值跟表面 $S$ 的形状及尺寸有关，显然是不合理的。对于一个静止电荷，二者是无关的，这一点由高斯定理可以确定。但当电荷运动的时候高斯定理是否仍能够适用呢？事实上仍然成立，我们可以将其看作是一个实验结论。正是由

4 这并不是唯一的方法。例如，你可以认为测试电荷必须放置于待测电荷前方（运动方向的前方）。这样定义出的电荷量没有我们将要讨论的一些简单特性，且这种理论既笨拙又复杂。

于运动电荷的电场具有这一特性，我们可以用式（5.2）来定义电荷量。如此，我们可以确定某区域内或者某物体上所有的电量了，且即便是电荷处于运动状态，我们也可以将其表示出来。

图5.5概括了上述几点。在某一特定时刻，有两个运动的质子和两个运动的电子。在同一时刻，电场 $\boldsymbol{E}$ 沿表面 $S_1$ 做的面积分与沿 $S_2$ 做的积分是完全相等的，我们可以用这一面积分来确定面内所包含的总电量，这与我们在静电学中应用高斯定理是一样的。图5.6提出了一个新的问题，若粒子相同，速度不同，结论是否仍是如此呢？例如，这两个质子和两个电子结合成为了一个氢分子，它们所表现出的电量会与之前完全相等么？

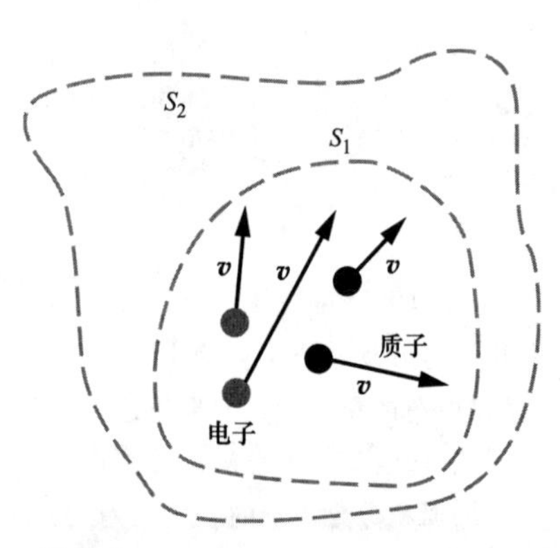


图5.5
对于移动电荷的电场，高斯定律仍然有效。对于某确定时刻，$\boldsymbol{E}$ 流过 $S_2$ 的通量与 $\boldsymbol{E}$ 流过 $S_1$ 的通量是相等的。

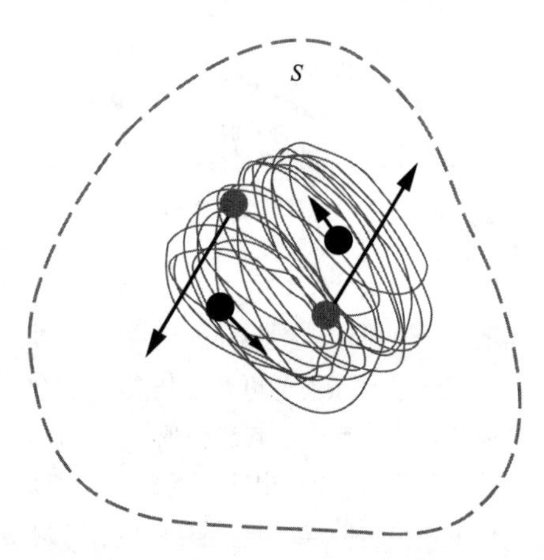


图5.6
$\boldsymbol{E}$ 流过 $S$ 的通量是否与带电粒子的运动状态有关？$\boldsymbol{E}$ 沿 $S$ 的面积分与图5.5中的情况是否相同？此处的粒子如氢分子般被束缚在一起。

## 5.4　电荷不变性

实验结果证明，一个系统中的总电量并不因为带电体的运动而改变。长久以来我们认为这是理所当然的，以至于很少停下来想想这是多么基础而又重要。为了证明这一点，我们可以看看呈现电中性的原子和分子。在1.3节中我们已经讨论过关于氢分子的电中性的测试，测试证明了电子与质子所携带的电荷在大小上是相等的，精确度优于 $1/10^{20}$。我们用氦原子进行了类似的实验。氦原子中含有两个质子和两个电子，其带电粒子的组成与氢分子相同，而在氦原子中它们的运动方式是十分不同的。特别是对于质子来说，它并不是在距离原子核0.7Å处旋转，而是紧紧地被束缚在原子核附近，其动能被限制在一百万eV以内的范围内。如果“运动”对电量会有影响，那么对于氢分子和氦原子，我们不能将原子和电子的电量抵消

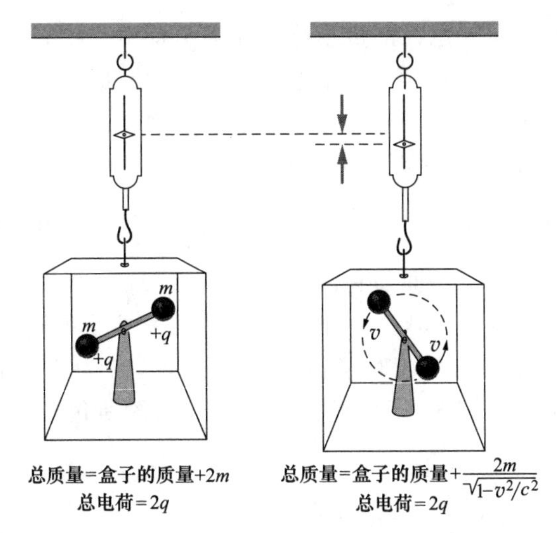


图 5.7

证明电荷不变性的假想实验。通过测定整个盒子周围的电场来确定电荷，也可以通过测定其作用于静止电荷的力来确定，这二者是等价的。但我们不能由该方法得出质量不变的结论，具体见脚注 5。

掉。但事实上，氦原子在实验中表现出了精准的电中性。

另一证据来自同位素光谱。同位素是核电量相等而质量不等的原子。在此我们再一次发现了这些核内质子运动的显著不同，但是在对其光谱线进行比较的过程中，并没有发现能够说明其总电荷量不同的证据。

但是，质量并非不变的。我们知道，物体的能量是根据运动状态而变化的，变化的因子为 $1/(1-v^2/c^2)^{1/2}$。如一个可分解的粒子的各个部分都处于运动状态，能量随着粒子的总质量的增加而增加（即使粒子的组成成分的质量保持不变）。为了使大家理解质量和电荷的差别，我们在图 5.7 中展示了一个假想的实验。右边盒中有两个带大量电荷的粒子被固定在绕轴旋转的棒头上，以速率 $v$ 转动。右边的总重量比左边的大，这一点可以通过弹簧秤的测量证明，也可以通过测量使其加速所需要的力来证明。[5] 但是，总电量是没有发生改变的。与上述实验等价的，是一个可以用质谱仪演示的实验。质谱仪可以分辨出电离的氘分子（两个质子，两个中子，一个电子）和电离的氦原子（同样为两个质子，两个中子，一个电子）的质量差。它们的结构差异很大，其中的各部分会按各自的速度运动，速度的差异同样很大。其能量的差别会表现为可测量的质量差。对于这两种离子，在很高的精度范围内都没有测到其电量差别。

5　一般而言，系统的总质量 $M$ 由 $M^2c^4=E^2-p^2c^2$ 给出，其中 $E$ 是总能量，$p$ 是总动量。假设总动量为 0，则能量与质量的关系为 $M=E/c^2$。这个能量可以有不同的形式：静止能量、动能和势能。在我们考虑的试验中，我们假定右边盒子中的棒的弹性势能可以忽略。如果棒是刚体，相比于 $v^2/c^2$ 项，势能的贡献是很弱的。你可以证明为什么吗？

这种电荷不变性预示了电荷的量子化。在第1章中，我们强调了带基本电荷的粒子其带电量与任何其他这种粒子的带电量是相等的，这一现象既是重要的，又是神秘的。现在我们知道，这种精确的相等不仅对于静止的两粒子来说是成立的，对处于“任何”相对运动状态的粒子也是成立的。

上述实验以及其他许多实验都表明，高斯定理中的面积分 $\int_S \boldsymbol{E}\cdot \mathrm{d}\boldsymbol{a}$ 仅与 $S$ 内部带电粒子的数量及种类相关，而与它们的运动状态无关。根据相对论的假设，这一表述如果在某个惯性参考系中成立，则在任意其他惯性系中同样成立。也就是说，如果 $F'$为另外一个惯性系，其相对于惯性系 $F$ 运动，$S'$为 $F'$惯性系中在 $t'$时刻包含了一定电量的一个闭合表面，电量与 $S$ 表面在 $t$ 时刻所包含的相同，我们就有

$$\int_{S(t)} \boldsymbol{E}\cdot \mathrm{d}\boldsymbol{a} = \int_{S'(t')} \boldsymbol{E}'\cdot \mathrm{d}\boldsymbol{a}' \text{（电荷不变性）} \tag{5.3}$$

其中，电场 $\boldsymbol{E}'$是在 $F'$中测得的，也就是说，是通过测量 $F'$中静止的试探电荷所受的力而得到的。不要忽视 $t$ 与 $t'$的差别。正如我们所知，$F$ 中同时发生的几件事不一定在 $F'$中也是同时发生的。式（5.3）中的每个面积分都要在其所处的参考系中的某个时刻进行。如果电荷位于 $S$ 或 $S'$的边界上，则 $t$ 时刻 $S$ 内的电荷是否与 $t'$时刻 $S'$内的电荷相等是一个需要注意的问题。若如图5.8中所示那样电荷不在边界上，就不需要考虑这一问题了。该图是用来解释式（5.3）的。

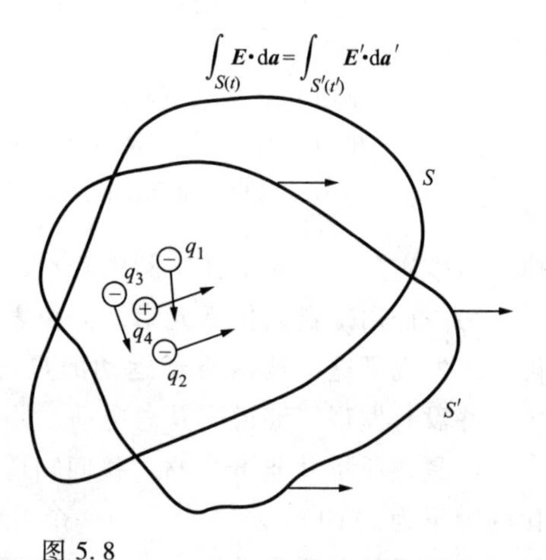


图5.8
$\boldsymbol{E}$ 沿 $S$ 的面积分与 $\boldsymbol{E}'$沿 $S'$的面积分是相等的。在所有参考系中电荷量是相等的。

式（5.3）是关于电荷的相对论不变性的一个正式的描述。我们可以在任意惯性系中取高斯面，面积分与所选的参考系无关。电荷不变性与第4章中所讨论的电荷守恒是不同的，后者的数学表达式为

$$\mathrm{div}\boldsymbol{J} = -\frac{\partial \rho}{\partial t} \tag{5.4}$$

电荷守恒的意思是，如果我们在一个坐标系中取一个闭合面，此闭合面内包含一些带电体，若没有带电粒子穿过这一边界，则面内总电量保持恒定。电荷不变性的意思则是，我们在一个惯性系中测得其电量，则在任意一个其他的惯性系中也会测得相同的电量。能量是守恒的，但是能量不是一个相对论性不变量。电荷是守恒的，且电荷是一个相对论不变量。在相对论的理论中，能量是四维矢量的一个分量，而电荷是洛伦兹变换下一个不变的标量。这是一个具有深远意义的实验事实。它完整地定义了运动电荷的场的本质。

## 5.5 不同参考系下的电场测量

如果电荷量是洛伦兹变换下的一个不变量，则电场 $\boldsymbol{E}$ 必须通过一个特定的方式来变换。“变换 $\boldsymbol{E}$”意味着要解决这样一个问题：如果观察者在惯性系 $F$ 中某一时空点测得的电场 $\boldsymbol{E}$ 为多少伏特/米，则在另一个惯性系 $F'$中的观察者测得的同一时空点的电场是怎样的？对于某一类的电场，我们可以通过将高斯定理应用于某些简单的系统来回答这一问题。

在参考系 $F$［见图 5.9（a）］中有两个静止的正方形带电薄片，均匀分布的电荷密度分别为 $\sigma$ 和$-\sigma$。平行于 $xy$ 平面放置，边长为 $b$，其相距距离与横向大小相比很小，因此其间电场可以看作均匀的。此电场的大小在 $F$ 中的观察者看来为 $\sigma/\varepsilon_0$。

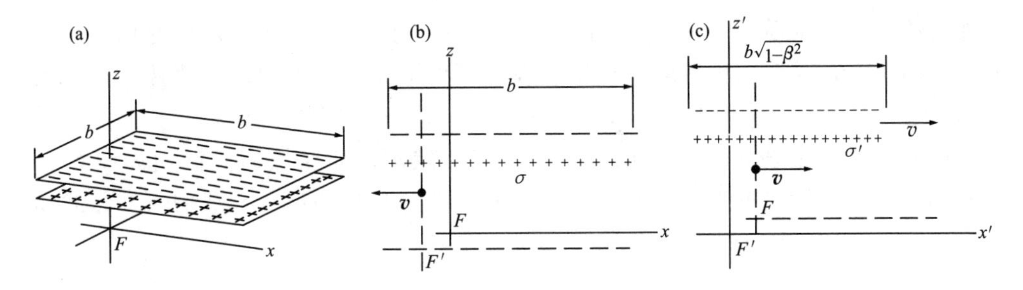


图 5.9

（a）两方形薄板相对于惯性参考系 $F$ 静止，面电荷密度分别为$+\sigma$ 和$-\sigma$；（b）坐标系 $F$ 中的截面图，另一坐标系 $F'$相对于 $F$ 沿$-\hat{\boldsymbol{x}}$ 方向移动；（c）由 $F'$中观察到的带电薄板的截面图。在总电荷量相等的情况下，较短的薄板上电荷密度更大：$\sigma'=\gamma\sigma$。

现在设想一个向左移动的惯性系 $F'$，其相对于 $F$ 的速度为 $\boldsymbol{v}$。对 $F'$中的观察者来说，带电的“正方形”不再是正方形。$x'$轴向上的长度由 $b$ 收缩为 $b\sqrt{1-\beta^2}$，此处 $\beta$ 代表 $v/c$。但是总电量是不变的，即与参考系无关，所以，在 $F'$中测得的电荷“密度”将会是 $\sigma$ 的 $\gamma=1/\sqrt{1-\beta^2}$ 倍。图 5.9 为此系统的横截面，（b）为 $F$ 中的情况，（c）为 $F'$中的情况。如果我们知道运动电荷的电场由式（5.3）确定，则 $F'$中的电场是多少呢？

我们可以确定，如果薄片是无限延伸的，那么薄片之间的电场是均匀的，而结构之外是没有电场的。此无限大均匀带电薄片在某点的场与该点到薄片的距离及位置是无关的。此系统中薄片外的任意一点上是没有场的。但是，在我们惯有思维中，一个运动的带正电荷的薄板的场可能如图 5.10（a）所示。如果电场确实如此，那么以相同速度运动的带负电的薄片的场就会如图 5.10（b）所示。两电场的

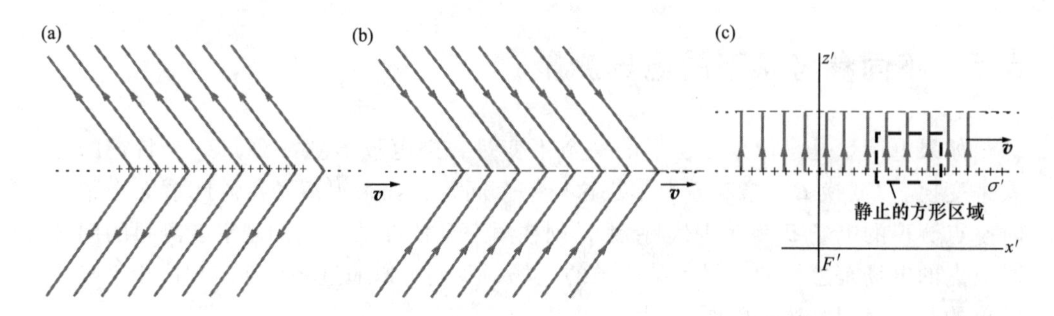


图 5.10

（a）单独一片移动中的带正电荷薄板所产生电场的可能形式（实际上并非如此，但我们还未就此进行证明）；（b）若带正电薄板产生电场如图 5.10（a）所示，则此图为带负电薄板所产生的电场；（c）若（a）和（b）都是正确的，则叠加后电场如图所示。

叠加在薄片外部为零，在薄片之间产生一个垂直于薄片的均匀分布的场，如图 5.10（c）所示。（我们稍后就会证明，在其所处平面内移动的带电薄片产生的场是与其垂直的，而不像图 5.10（a）和图 5.10（b）中假设的那样。

在 $F'$参考系中静止的方形区域内应用高斯定理，此区域的横截面如图 5.10（c）所示，电荷量取决于 $\sigma'$。此结构外的场为零。根据高斯定理我们可知，此场唯一的分量 $E_z'$的大小为 $\sigma'/\varepsilon_0$，或者说是 $(\sigma/\sqrt{1-\beta^2})/\varepsilon_0$，因此

$$E_z'=\frac{E_z}{\sqrt{1-\beta^2}}=\gamma E_z \tag{5.5}$$

现在设想一个不同的情况，参考系 $F$ 中有两个静止的带电薄片垂直于 $x$ 轴，如图 5.11 所示。$F$ 中的观察者观测到 $x$ 方向的电场大小为 $E_x=\frac{\sigma}{\varepsilon_0}$。在这一例子中，$F'$中测得的面电荷密度与 $F$ 中测得的相等。薄片没有收缩，只有薄片之间的距离收缩变小了，但是没有影响电场。我们对 $F'$中的静止区域应用高斯定理可得

$$E_x'=\frac{\sigma'}{\varepsilon_0}=\frac{\sigma}{\varepsilon_0}=E_x \tag{5.6}$$

对于图中这种特别简单的电荷分布，上述结论是正确的，那么该结论对于更普遍的情况是否也成立呢？这一问题将会把我们带入“场”的核心意义。如果电场 $\boldsymbol{E}$ 在某一时空点有着独特的意义，那么在另外一个参考系的同一时空点，$\boldsymbol{E}$ 表现出的形式不会依赖于产生 $\boldsymbol{E}$ 的源的性质，无论这个源在何处。换句话说，$F$ 中的观察者可以仅根据其在某时刻测得的其周围的场来推测另一参考系中的观察者测得的结果。如果这不成立，那么“场”就是一个无用的概念。所幸最终我们的实验与场的理论是一致的，证明了场的真实存在。

就现在来看，式（5.5）与式（5.6）中所表达的平行板上电荷间的关系是有

普遍意义的。设想这样一种情况，任意分布的所有电荷都相对于 $F$ 静止。如果 $F$ 中的观察者测得 $z$ 向上的场为 $E_z$，那么 $F'$ 中（相对于 $F$ 的速度为 $v$，平行于 $x$ 轴）同一时空点处的观察者测得的场为 $E'_z=\gamma E_z$。也就是说，他得到的测量结果 $E'_z$ 比 $F$ 中的观察者的测量结果 $E_z$ 多出一个 $\gamma$ 因子。另一方面，如果 $F$ 中的观察者测得 $x$ 方向上的场为 $E_x$，则 $F'$ 中测得的结果 $E'_x$ 与 $E_x$ 相等。显然，$y$ 向与 $z$ 向是等效的，它们都垂直于速度 $\boldsymbol{v}$ 的方向。我们关于 $E'_z$ 的任何讨论同样适用于 $E'_y$。（说起来显得有些琐碎了，但对于上面讨论的带电薄片的两种朝向，$E_y$ 和 $E'_y$ 都等于 0，因此 $E'_y=\gamma E_y$ 是成立的）无论 $F$ 中的 $\boldsymbol{E}$ 是什么方向的，我们可以将其看作 $x$、$y$、$z$ 三个方向上的叠加，并分别在三个方向上转换至 $F'$，即可得出 $F'$ 中相同点处的矢量场 $\boldsymbol{E}'$。

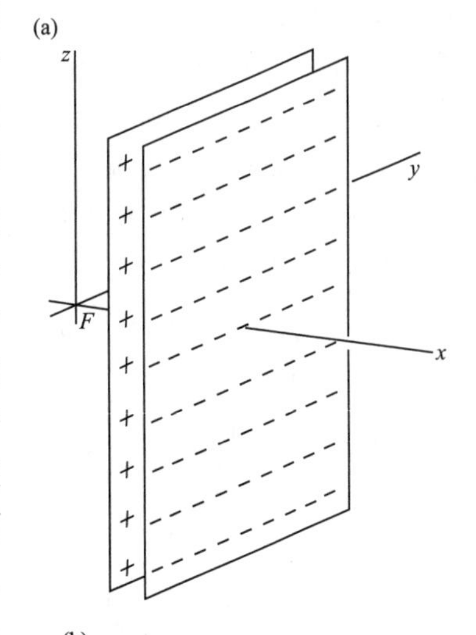


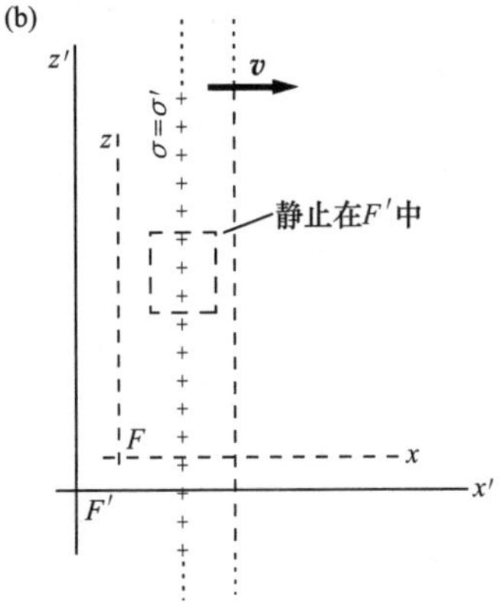


图 5.11

相对于另一参考系的电场（此参考系平行于场的方向运动）。(a) 在参考系 $F$ 中；(b) 在参考系 $F'$ 中的截面图。

对于任何方向的相对运动，我们都可以如下总结：参考系 $F$ 中静止的电荷为场 $\boldsymbol{E}$ 的源。令参照系 $F'$ 相对于 $F$ 以速度 $\boldsymbol{v}$ 运动。对 $F$ 中的任意一点，将 $\boldsymbol{E}$ 分解为平行于 $\boldsymbol{v}$ 的纵向量 $E_\parallel$ 和垂直于的 $\boldsymbol{v}$ 横向量 $E_\perp$。对 $F'$ 中相同的时空点，场 $\boldsymbol{E}'$ 被分解为 $E'_\parallel$ 和 $E'_\perp$，分别与 $\boldsymbol{v}$ 平行和垂直。则有

$$\boxed{\begin{aligned}E'_\parallel&=E_\parallel\\E'_\perp&=\gamma E_\perp\end{aligned}}\quad\text{（对于 }F\text{ 参考系中的静止电荷）}\tag{5.7}$$

如果不知道 $\gamma$ 因子放在哪个式中，只需要记住下列简单事实，该事实是电荷不变和长度收缩的结果：

在场源所在的参考系里的电场横向分量，小于其他参考系里的该量。

式 (5.7) 仅对 $F$ 中静止电荷所引发的场适用。我们将在 6.7 节中看到，如果 $F$ 中电荷是运动的，那么 $F'$ 中的电场跟 $F$ 中的两个场有关，即电场和磁场。但是我们已经有了一个有用的结论，即只需找到一个相对于电荷静止的惯性系，即可应用此结论。5.6 节中我们将利用这一点来研究匀速运动的点电荷的电场。

**例题（倾斜薄板）** 参考系 $F$ 中固定有一均匀带电薄板，其面电荷密度为 $\sigma$，该薄板将 $xy$ 平面与 $yz$ 平面所成的二面角等分。该静止薄板所产生的电场必然是与该薄

板垂直的。有另一参考系 $F'$ 相对于 $F$ 沿着 $x$ 方向以 0.6$c$ 的速度运动，那么在 $F'$ 中观察到的情况是怎样的呢？即在 $F'$ 中观察到的面电荷密度 $\sigma'$、电场的强度及方向分别是怎样的？求 $F'$ 中垂直于薄板的电场分量，并证明高斯定理仍然成立。

**解** 参考系 $F$ 及 $F'$ 中的情形如图 5.12 所示。我们首先求面电荷密度 $\sigma'$。由 $v=0.6c$ 得因子 $\gamma$ 为 5/4，所以由 $F$ 变到 $F'$ 中时，纵向距离缩短 4/5。因此，$F'$ 中 $A'$ 到 $B'$ 的距离比 $F$ 中 $A$ 到 $B$ 的距离短。若 $l$ 为如图所示的距离，则前文中所述两距离中前者为 $\sqrt{1+(4/5)^2}\,l$，后者为 $\sqrt{2}l$。由于电荷量不变，所以 $A'B'$ 之间包含的电量与 $AB$ 间电量相等。因此

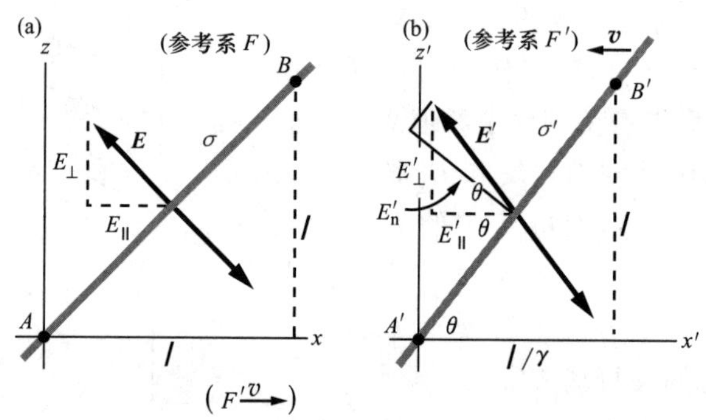


图 5.12

在 $F$ 及 $F'$ 这两个不同参考系下的题设条件。在 $F'$ 中薄板向左移动。

$$\sigma'\sqrt{1+(4/5)^2}\,l=\sigma\sqrt{2}\,l \Longrightarrow \sigma'=(1.1043)\sigma$$

现在求电场 $\boldsymbol{E}'$。$F$ 中电场 $\boldsymbol{E}$ 的大小为 $E=\sigma/2\varepsilon_0$（由高斯定理可得），方向为指向 45°角方向。由式（5.7）可得 $F'$ 中的分量为

$$E'_{\parallel}=E_{\parallel}=E/\sqrt{2}$$

$$E'_{\perp}=\gamma E_{\perp}=\gamma E/\sqrt{2} \tag{5.8}$$

$\boldsymbol{E}'$ 方向标在图 5.12（b）中。其大小为 $E'=(E/\sqrt{2})\sqrt{1+(5/4)^2}=(1.1319)E$，斜率为（负）$E'_{\perp}/E'_{\parallel}=\gamma$。薄板的斜率也为（正）$l/(l/\gamma)=\gamma$。因此所示角度 $\theta$ 为 $\arctan\gamma=51.34°$。这意味着 $E'$ 指向与薄板成角度 $2\theta$ 的方向，即与薄板法线成角度 $2\theta-90°\approx 12.68°$。所以 $E'$ 在法线方向的分量为

$$E'_{\mathrm{n}}=E'\cos 12.68°=(1.1319E)\cos 12.68°=(1.1043)E \tag{5.9}$$

由于在 $E'_{\mathrm{n}}=(1.1043)E$ 和 $\sigma'=(1.1043)\sigma$ 这两个式子中出现了同样的系数，我们可将等式 $E=\sigma/2\varepsilon_0$ 两边都乘以 1.1043，就得到 $E'_{\mathrm{n}}=\sigma'/2\varepsilon_0$。换言之，在 $F'$ 中，高斯定理仍然是成立的。在 $F'$ 中平行于薄板的方向也有电场分量（与 $F$ 中不同），但这并不影响流过高斯面的通量。通过计算 $\gamma$ 相关问题，可以证明此处计算出的数字并非巧合，见练习 5.12。

## 5.6　匀速运动的点电荷的场

如图 5.13（a）所示，在参考系 $F$ 中点电荷 $Q$ 于原点保持静止。每一点处的场强 $\boldsymbol{E}$ 都为 $Q/4\pi\varepsilon_0 r^2$，方向为呈放射状向外。在 $xz$ 平面中点（$x$，$z$）处场强的两个分量为

$$E_x=\frac{Q}{4\pi\varepsilon_0 r^2}\cos\theta=4\pi\varepsilon_0\frac{Qx}{(x^2+z^2)^{3/2}}$$

$$E_z=\frac{Q}{4\pi\varepsilon_0 r^2}\sin\theta=4\pi\varepsilon_0\frac{Qz}{(x^2+z^2)^{3/2}} \tag{5.10}$$

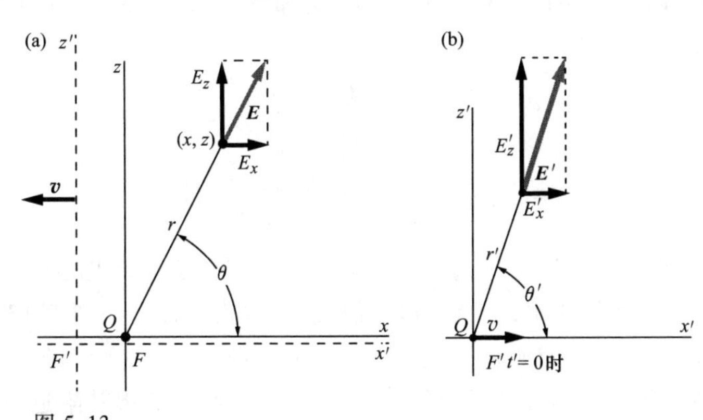


图 5.13

点电荷的电场：（a）电荷相对于参考系静止；（b）电荷相对于参考系匀速运动。

假设有另一个相对于参考系 $F$ 以速度 $v$ 沿 $x$ 轴负向运动的参考系 $F'$，我们需要知道同一事件在两个参考系内的坐标关系。为此，我们可以参考附录 G 中式（G.2）所给出的洛伦兹变换。我们可以自由地假设，根据两个参考系中的观察者看来，在零时刻两参考系的原点是重合的，这样可以使问题简化。换句话说，“原点重合”这一事件可以看作式（G.2）中的事件 $A$，其坐标在参考系 $F$ 中为（$x_A$，$y_A$，$z_A$，$t_A$）=（0，0，0，0），在参考系 $F'$中为（$x_A'$，$y_A'$，$z_A'$，$t_A'$）=（0，0，0，0）。事件 $B$ 则是我们要求的时空点。我们可以将 $B$ 在 $F$ 中的坐标简单记为（$x$，$y$，$z$，$t$），其在 $F'$中的坐标为（$x'$，$y'$，$z'$，$t'$）。这样附录 G 中的式（G.2）就变为

$$x'=\gamma x-\gamma\beta ct$$
$$y'=y$$
$$z'=z$$
$$t'=\gamma t-\frac{\gamma\beta x}{c} \tag{5.11}$$

不过，此变换是用于 $F'$相对于 $F$ 沿着 $x$ 正方向运动的，你可以很容易证实，

因为随着时间 $t$ 的增加，$x'$越来越小。为了建立我们现在的这个问题即 $F'$系沿与此相反的方向运动时相应的洛伦兹变换，我们可以改变 $\beta$ 的正负或者改变等式上的上标符号，在此，我们选择第二种方式。我们想以 $x'$和 $z'$来表示 $x$ 和 $z$，所以，我们所需要的洛伦兹变换为

$$
\begin{aligned}
x &= \gamma x' - \gamma\beta c t' \\
y &= y' \\
z &= z' \\
t &= \gamma t' - \frac{\gamma\beta x'}{c}
\end{aligned}
\tag{5.12}
$$

根据式（5.5）与式（5.6）可知，$E'_z=\gamma E_z$，$E'_x=E_x$。利用式（5.10）与式（5.12），我们可以以 $F'$中的坐标来表示场的分量 $E'_z$和 $E'_x$。在时刻 $t'=0$，当 $Q$ 经过 $F'$中的原点时，我们有

$$
\begin{aligned}
E'_x = E_x &= \frac{Q(\gamma x')}{4\pi\varepsilon_0[(\gamma x')^2+z'^2]^{3/2}} \\
E'_z = \gamma E_z &= \frac{\gamma(Qz')}{4\pi\varepsilon_0[(\gamma x')^2+z'^2]^{3/2}}
\end{aligned}
\tag{5.13}
$$

首先要注意的是 $E'_z/E'_x=z'/x'$，这告诉我们矢量 $\boldsymbol{E}'$与 $x'$所成的夹角与矢量 $\boldsymbol{r}'$的相同。因此 $\boldsymbol{E}'$方向为由 $Q$ 所在的瞬时位置呈放射状指向外，如图 5.13（b）所示。仔细研究此结论，它意味着如果 $Q$ 在中午 12:00，即“标准时间”通过某系统的原点，则此系统中静止于任意位置的观察者在中午 12:00 所测得其附近的电场的方向都为由原点呈放射状指向外的。乍听起来这像是信息在一瞬间完成了传递！一英里以外的观察者是如何知道同一时刻此物体在哪里的呢？事实上，他是无法知道的，因为在这之前他没有得到任何与此有关的信息。要注意，此物体一直以匀速运动，按照其“飞行计划”它将在正午经过原点，这一信息在很长一段时间都是有效的。如果你讨论其原因和结果，那么，是物体的“既往历史”决定了我们所将观察到的场。我们在 5.7 节中将会讨论，在飞行计划中改变了计划将会怎样。

为了得到各方向的场强分量，我们需要得到电场 $\boldsymbol{E}'$的平方，即 $E'^2_x+E'^2_z$：

$$
\begin{aligned}
\boldsymbol{E}'^2 = E'^2_x+E'^2_z &= \frac{\gamma^2 Q^2(x'^2+z'^2)}{(4\pi\varepsilon_0)^2[(\gamma x')^2+z'^2]^3} \\
&= \frac{Q^2(x'^2+z'^2)}{(4\pi\varepsilon_0)^2 r^4[x'^2+(1-\beta^2)z'^2]^3} \\
&= \frac{Q^2(1-\beta^2)^2}{(4\pi\varepsilon_0)^2\,(x'^2+z'^2)^2\left(1-\dfrac{\beta^2 z'^2}{x'^2+z'^2}\right)^3}
\end{aligned}
\tag{5.14}
$$

（在这里，以 $\beta$ 来进行表达更为简洁。）以 $r'$来表示 $Q$ 到点（$x'$，$z'$）的距离，$Q$ 位于原点，$r'=(x'^2+z'^2)^{1/2}$。点（$x'$，$z'$）处的电场为待测量。以 $\theta'$表示半径矢量与

电荷 $Q$ 运动的速度矢量的夹角，电荷 $Q$ 在参考系 $F'$ 中沿 $x'$ 轴正向移动的夹角。因为 $z'=r'\sin\theta'$，所以电场强度可以写为如下形式：

$$E'=\frac{Q}{4\pi\varepsilon_0 r'^2}\frac{1-\beta^2}{(1-\beta^2\sin^2\theta')^{3/2}} \tag{5.15}$$

坐标轴上的原点并没有特别之处，$x'z'$ 平面与任何其他穿过 $x'$ 轴的平面也没有太大差别。因此我们可以说，对于以给定的匀速运动的电荷，其产生的电场的方向为由电荷所在位置辐射向外，大小则由式（5.15）给出，某瞬间电荷的位置和观察位置之间的半径矢量与电荷速度方向之间的夹角即 $\theta'$。

对于低速情况，场的表达式可以化简为 $E'\approx Q/4\pi\varepsilon_0 r'^2$，在任何时刻，对于 $F'$ 中处于 $Q$ 的瞬时位置的点电荷，这也是成立的。但如果 $\beta^2$ 不可忽略，则在距离相等的条件下，垂直于运动方向上的那些点的场强比运动方向上的点的场强要大。如果我们像通常所做的那样，以电场线的疏密程度来表示场强，则电场线会集中于垂直于运动方向上的一个饼状范围内。图 5.14 描述了一个点电荷沿 $x'$ 方向以速度 $v/c=0.866$ 穿过一个单位球体时的电场线。图 5.15 展示了一个更简单的电场，即 $x'z'$ 平面上的包含电场线的一个横截面。[6]

这是一个值得注意的电场。此场并非是球对称的，这并不奇怪。此参考系中有一个重要的方向，即电荷的运动方向。但是，此场是关于一个垂直于电荷运动方向并包含有电荷的面对称的。顺便一提，这也证明了一块沿其所在面运动的均匀带电薄片的电场一定与其自身垂直。我们可以将上述电场看作是薄片上均匀分布的电荷所产生的场的叠加。由图 5.15 可知，因为其中的每个单独的场在纵向上都是对称

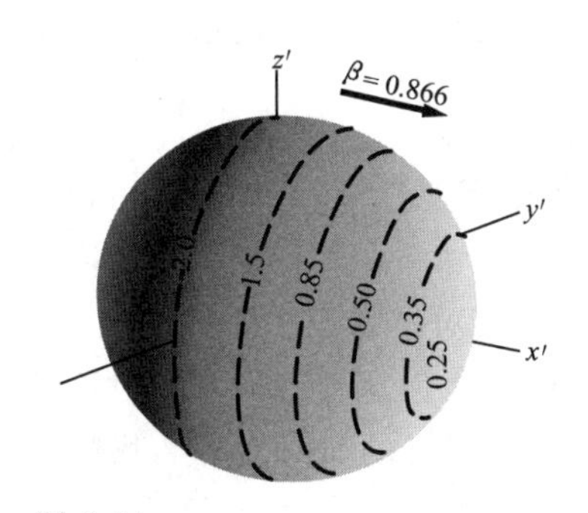


图 5.14

移动电荷所产生的电场在各个方向的强度。此刻，电荷正经过坐标系 $x'y'z'$ 的原点。图中数字与 $Q/4\pi\varepsilon_0 r'^2$ 相关。

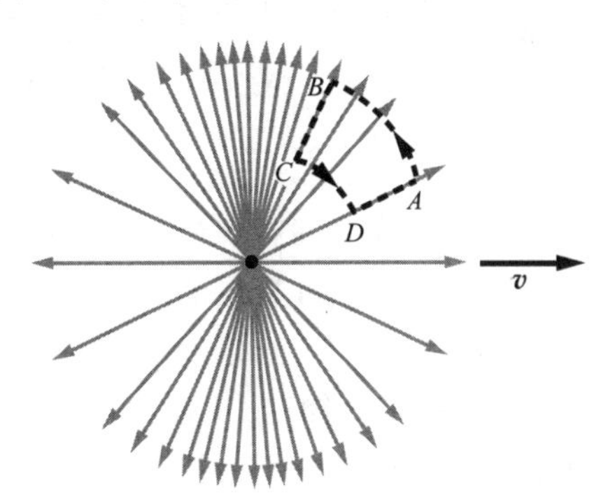


图 5.15

非匀速运动电荷所产生场的示例。

6 像图 5.15 这样的二维图无法仅通过电场线疏密程度来完全体现出场强大小。若我们任意折断一些电场线，图片中电场线的密度变为原来的 $1/r'$，则我们试图表现出的场强就变为原来的 $1/r'^2$。所以图 5.15 只能定性地体现出 $E'$ 是如何随着 $r'$ 和 $\theta'$ 变化的。

的，所以它们叠加后的电场定与薄片垂直，而不像图 5.10（a）所描述的那样。

**例题（横向场与纵向场）** 下面我们来证明式（5.15）中的电场遵循式（5.7）中关于横向电场及纵向电场的关系式。当然，我们知道一定是这样的，因为我们在导出式（5.15）的过程中用到了式（5.7），但再进行一次检验也是很好的练习。如前文提及的，无上标的参考系 $F$ 为电荷 $Q$ 所在参考系，而有上标的 $F'$ 以速度 $v=\beta c$ 向左运动。

首先来考虑横向场。在 $F$ 中任意方向上场都为 $E=Q/4\pi\varepsilon_0 r^2$。在 $F'$ 中，电荷以速度 $\beta c$ 向右运动，令式（5.15）中的 $\theta=\pi/2$ 即可得到横向电场。将 $\gamma\equiv 1/\sqrt{1-\beta^2}$ 代入，可得 $E'_\perp=\gamma Q/4\pi\varepsilon_0 r'^2$。由于横向上没有长度收缩，所以 $r'=r$。正如我们所预期的，$E'_\perp=\gamma E_\perp$。

现在来考虑纵向场。在 $F'$ 中，可以令式（5.15）中的 $\theta=0$，这样得出 $E'_\parallel=Q/4\pi\varepsilon_0\gamma^2 r'^2$。根据式（5.7），此场应与 $F$ 中的场等价，即 $E_\parallel=Q/4\pi\varepsilon_0 r^2$。事实上上式确实成立，因为纵向距离之间存在关系 $r=\gamma r'$，也就是说 $F$ 中此距离更长，见式（5.12）中 $t'=0$ 的情况。

让我们来更细致地讨论 $r=\gamma r'$ 这一关系。当我们说 $E'_\parallel=E_\parallel$ 时，我们默认是对同一时空点上测到的 $E'_\parallel$ 和 $E_\parallel$ 进行比较。为了更形象地说明，我们可以设想有一纵向长度为 $r$ 的棍子与电荷 $Q$ 相连，棍的另一端坐着一个人 $P$（这样此人与电荷是相对静止的）。$F'$ 中 $x'$ 轴上某一点上另一人 $P'$ 也处于静止状态。两个人都看到对方在以速度 $v$ 运动。若二者在位置重合时同时给出各自所观察到的纵向场强，则他们给出的值是相同的，为 $Q/4\pi\varepsilon_0 r^2$。注意，$P'$ 测得的与电荷之间的距离较小（由于长度收缩，$r'=r/\gamma$ 而非 $r$），但式（5.15）中的场被压缩为 $1/\gamma^2$，所以这两个条件的影响相互抵消了。

若我们将连续的粒子流沿一条线移动会出现什么情况呢？由高斯定理可得知此情况下的电场为标准形式的 $\lambda/2\pi\varepsilon_0 r$，此处 $\lambda$ 为给定参考系中测得的电荷密度。即当考虑电场时，对于给定的 $\lambda$，电荷的纵向移动是不会对结果产生影响的。（在第 5.9 节中我们将会知道，移动的通电导线还会产生磁场，但这与我们现在讨论的问题无关。）在式（5.15）中，对于任意的 $\beta$，所有电荷产生的非球对称的场的叠加等于 $\lambda/2\pi\varepsilon_0 r$，在习题 5.5 中我们将会对此进行证明。

图 5.15 所示的场不可能是静电荷所能产生的场，无论此电荷是什么类型。因为这样的场中 $E'$ 沿闭环所做的线积分不为零。如图 5.15 中的闭合环路 $ABCD$，因为弧形部分与场是垂直的，所以其对线积分的贡献为零；对于径向部分，因为 $BC$ 处电场比 $DA$ 上的强，所以 $\boldsymbol{E}'$ 沿这两部分路线的线积分之和不为零。但是要注意，这并非静电场。参考系 $F'$ 中任意一处的 $\boldsymbol{E}'$ 都会因为电荷的移动而变化。

在某一参考系中，电子沿 $x$ 轴方向匀速运动，在某些时刻其形成的电场如图

5.16 中所示。[7] 图中，电子速度为 0.33$c$，其动能约为 30000eV(30keV)，$\beta^2$ 的值为 1/9，电场与静止电荷并无太大差别。图 5.17 中，电荷速度为 0.8$c$，动能为 335keV。若图中的时间单位取为 $1.0\times10^{-10}$s，则图中所示距离与实物的大小是一致的。当然，此图对于任何其他以光速的几分之一的速度运动的带电物体同样成立。我们在此提到电子的等价能量，只是为了让读者知道相对论速度与实验室中的普通速度并非毫无关系。

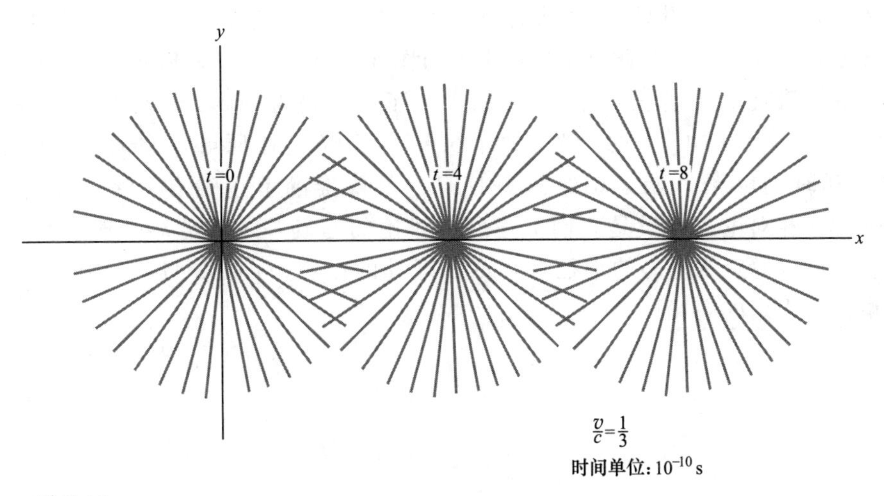


图 5.16

移动电荷产生的电场在三个不同时刻的形式；$v/c=1/3$。

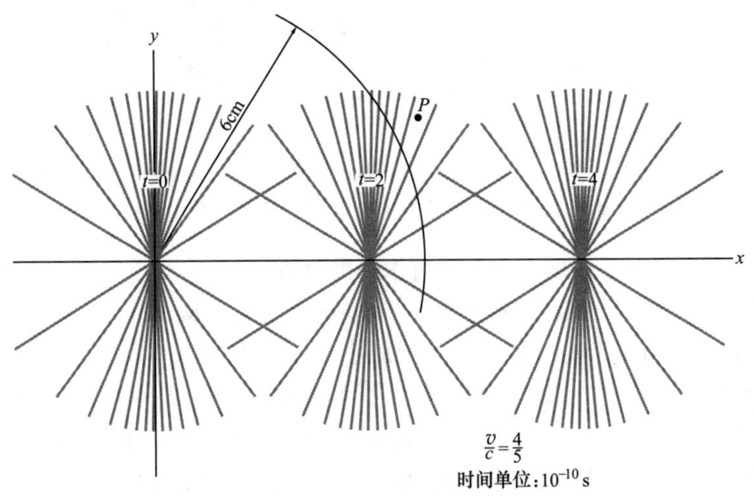


图 5.17

移动电荷产生的电场在三个不同时刻的形式；$v/c=4/5$。

7　之前我们令无上角标表示的参考系中的电荷处于静止状态，有上标的参考系中电荷移动。此处我们用 $xyz$ 来表示包含移动电荷的坐标系，以避免与之后讨论中所涉及的′符号上角标发生混淆。

## 5.7　变速运动的点电荷的场

我们一直使用的“匀速”这一概念，是指物体以一个恒定大小的速度沿直线持续运动。若电子从遥远的过去并没有沿着 $x$ 轴负向运动，直到 $t=0$ 时刻进入我们的视野，这会是怎样的情形呢？假设电子 $t=0$ 时刻之前一直在原点处于静止状态，就在 $t=0$ 时刻之前一瞬间，突然给电子一个加速度，使其加速至 $v$，随后它以此速度沿 $x$ 轴正方向运动。从此电子的速度就与图 5.17 中所绘的情形相同。但图 5.17 并没有完全表现出上述电子的历史状态。为了看看是否如此，设想场中有一点为 $P$，在 $t=2$ 即 $t=2\times10^{-10}$ s 时，光走过了 6cm。因为 $P$ 点距原点为 6cm，它无法接收到“$t=0$ 时刻电子开始运动”这一信息！若要推翻上述观点，除非违背相对论——然而相对论的假设是我们上述所有讨论的基础——否则 $t=2$ 时，在 $P$ 点，以及所有的以原点为球心的半径为 6cm 的球外的任意一点处，场都是**处于原点的静止电荷所引发的电场**。

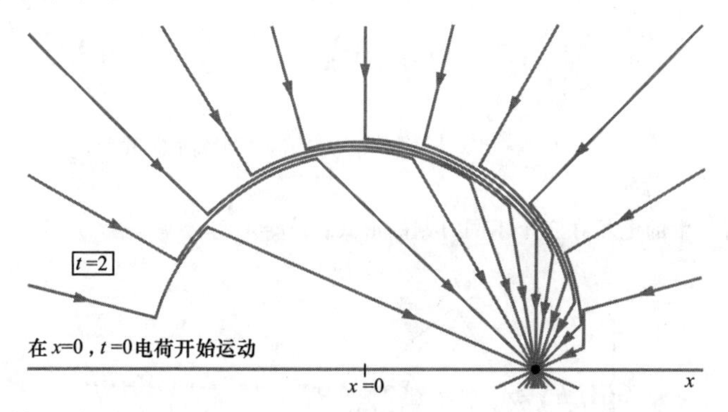


图 5.18

实验室参考系中，电子初始处于静止状态，$t=0$ 时刻突然加速，之后匀速运动，该图为 $t=2$ 时刻实验室参考系中的电场形式。

从另一方面来讲，在靠近运动电荷本身的地方，场是不会受到遥远的过去所发生事情的任何影响的。当我们考虑离电荷越来越远的区域，在 $t=2$ 时刻，场会从图 5.17 的第二幅图所示的那种场，变为原点处静止电荷的场。在不知道信息传播的速度有多快的情况下，我们无法推断出更多的结论。假设——仅仅是假设——信息可以在不违背相对论假设的情况下以尽可能快的速度传播，再忽略掉加速这一瞬时过程，我们就可以认为，在 $t=2$ 时刻，以 6cm 为半径的球状区域内，电场为匀速运动的点电荷所形成的。如果事实确实如此，则对于本来处于静止状态，突然在 $t=0$ 时刻获得了速率 $v=0.8c$ 的电子，其电场如图 5.18 所示。存在一个薄球壳（球壳厚度与实际情况中加速过程的持续时间有关），在其内部，电场由一种形式转变为另一种形式。此球壳会以速率 $c$ 扩张，球心保持在 $x=0$ 处。场线的箭头方向表

示电场源为负电荷时的电场方向，这正如我们设想的一样。

电子在 $t=0$ 时刻之前保持匀速运动，当 $t=0$ 时，电子到达 $x=0$ 处，突然停止运动，其电场如图 5.19 所示。现在，在时刻 $t$，“电子停止运动”这一信息无法传达至距离原点 $ct$ 以外的地方。以 $R=ct$ 为半径的球状之外的区域的电场，一定是电子好似还保持着匀速运动状态的电场。这也就是为什么图 5.19 的右半部分中的“刷子”状的电场线都指向一个位置，一个如果电子没有停止运动而“本应”到达的位置。（注意，关于最后这一讨论中我们并未用到之前的假设，即“信息会尽可能快地传播”。）这样看起来，场自身似乎是有一定寿命的。

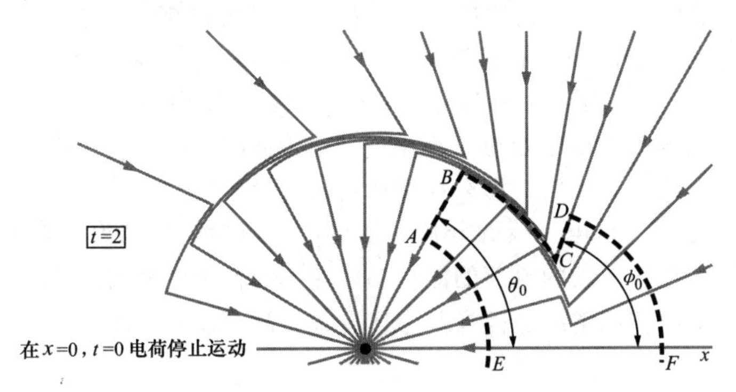


图 5.19

实验室参考系中，电子初始处于匀速运动状态，$t=0$ 时刻到达原点并突然停止运动，之后保持静止状态，该图为 $t=2$ 时刻实验室参考系中的电场形式。虚线所示为由 $A$ 到 $D$ 的一条电场线。将 $EABCDF$ 绕 $x$ 轴旋转会得到一个闭合曲面，经过该面的净通量为零。流入球面 $FD$ 的通量一定等于流出球面 $EA$ 的通量。由此可以得出 $\theta_0$ 和 $\phi_0$ 的关系。

要将内部与外部的电场线连接起来并不复杂，只有一种办法可以做到满足高斯定理。以图 5.19 为例，从与 $x$ 轴成 $\theta_0$ 角的辐射状电场线中某一点如 $A$ 点开始，沿场线向外直至遇到与 $x$ 轴成 $\phi_0$ 角的外部电场线。（所谓的“外部电场线”是根据电子初始运动状态推测出的，而推测出的位置处的电荷即外部场的源。）用弧线将 $A$ 与 $D$ 和 $x$ 轴连起来，弧 $AE$ 以内部场的源为圆心，弧 $DF$ 以推测出的电荷位置为圆心。将曲线 $EABCDF$ 绕 $x$ 轴旋转，会形成一个旋转面。因为此表面没有包含任何电荷在内，所以 $\boldsymbol{E}$ 沿整个面所做的面积分一定为零。对积分有贡献的部分来自于球冠部分，因为其余的由 $ABCD$ 旋转而成的面，平行于场的方向。内部盖子的场为静止于原点的电荷产生的，外部盖子的场为匀速运动的电荷产生的，由式（5.15）给出，此刻该电荷应位于 $x=2v$ 处。在做练习 5.20 时，你会发现，要满足“进入一个球盖的流量等于流出另一个球盖的流量”这一条件需要满足

$$\tan\phi_0=\gamma\tan\theta_0 \tag{5.16}$$

式中出现 $\gamma$ 并不奇怪。我们注意到，对于快速运动的电荷，其电场会发生“相对

论性压缩”，如图 5.15 所示。图 5.19 的一个新的重要特征就是“之”字形的电场线 $ABCD$。其成因并非式（5.16）中的 $\gamma$，而是产生外部场的假象的源与产生内部场的源有一个位移。如果 $AB$ 与 $CD$ 属于同一条电场线，则将二者连接的 $BC$ 会与半径矢量的方向近乎垂直，这样，就有了一个横向的场。与径向的场相比，通过电场线疏密来判断，会更强。随着时间推移，此形状为“之”字形的电场线会以速度 $c$ 快速沿着径向以速度 $c$ 向外移动。但是此横向电场的球壳厚度不会增加，因为其厚度是由加速过程持续的时间决定的。

这一持续扩张的横向电场会继续向外膨胀，即使我们在某一时刻——比如说 $t=3$ 时——突然使电子变回初始速度，这只会使得再出现一个新的如图 5.18 中的这种向外扩张的电场。场是有自己的寿命的！此处，就在我们眼前，出现了“电磁波”。而作为“电磁波”中一部分的磁场并没有在图中画出来。之后，在第 9 章我们将会学习电场与磁场是如何一起在真空中传播的。如果狭义相对论的假设和电荷的相对论不变性是正确的，那么我们此前所讨论的这种波就一定是存在的。

根据对“之”字形电场线的分析我们可以得出更多的结论。附录 H 讲述了如何简单地推导出加速运动的电荷的能量辐射速率的精确而简洁的公式。现在我们继续讨论匀速运动电荷的情况，因为其中还有很多问题需要解决。

## 5.8　作用于运动电荷的力

由式（5.15）我们得知，在一个匀速运动的电荷产生的电场中，另一个静止的电荷的受力情况是怎样的。现在我们提出另外一个问题：对于一个运动的电荷，若它处于其他电荷形成的电场中，其受力情况是怎样的？

首先，我们来讨论运动电荷在静电荷形成的电场中的受力情况（5.9 节讨论了带电粒子和场源都在运动的情况），如示波器带电板之间运动的电荷，或在原子核外库仑场中运动的阿尔法粒子。在这些例子中，场源相对某个参考系 $F$，我们可以称这些参考系为“实验室参考系”，处于静止状态。在实验室参考系中某特定的时空点，带电量为 $q$ 的粒子以速度 $\boldsymbol{v}$ 穿过静电场，那么作用于 $q$ 的力是怎样的呢？

要知道某物体的受力情况，可以通过测其动量变化率来实现。因此，实际上我们刚才问的问题是：在此实验室参考系 $F$ 中，此时此处带电粒子的动量变化率 $\mathrm{d}\boldsymbol{p}/\mathrm{d}t$ 为多少？（这就是我们想要得知的作用于移动粒子的力。）通过我们已经学过的知识就可以得到此问题的答案。设想有一个坐标系 $F'$，在上述问题中涉及的时空点，$F'$ 相对于运动中的粒子是静止的。[8] 在此“粒子参考系”$F'$ 中——至少是在

8　该符号看起来像是我们曾在第 5.6 节中使用过的符号的负值，当时无上标的参考系 $F$ 为粒子参考系。但现在我们认为所关心的电场源在无上标参考系 $F$ 中是静止的，在此条件下我们才使用了该符号。在 5.6 节中电场源为单个电荷，而此处场源为任意多电荷组成的电荷系，我们所需要考虑的也正是这样一些电荷产生的场，而非参考系 $F'$ 所代表的“受测”粒子产生的场。

这一瞬间——粒子是处于静止状态的，而其他电荷正在运动，这就变成了我们可以解决的问题。电荷量 $q$ 仍然保持原值，因为电荷量是不变的。作用于静止电荷 $q$ 的力为 $q\boldsymbol{E}'$，此处的 $\boldsymbol{E}'$ 为在 $F'$ 中测得的值。我们知道如何在已知 $\boldsymbol{E}$ 的情况下求 $\boldsymbol{E}'$，即通过式（5.7）。所以，若已知 $\boldsymbol{E}'$，我们就可以求出 $F'$ 中粒子的动量变化率，然后需要做的就是将这个物理量转换回 $F$ 参考系中。所以，我们的问题就变成了：作用于粒子的力，也就是电荷的动量变化率，如何由一个惯性系转换至另一个惯性系？

附录 G 中的式（G.16）和式（G.17）给出了该问题的答案。在相对粒子运动和静止的两个参考系中，粒子所受的力在平行于运动方向上的分量是相同的。而力在垂直于运动方向上的分量在 $F$ 中较小，为粒子参考系中的 $1/\gamma$。我们将上述结果总结为式（5.17），其中"∥"与"⊥"分别表示动量在平行和垂直于 $F'$、$F$ 相对运动的方向上的分量，此表示方法与式（5.7）中相同：

$$\boxed{\begin{aligned}\frac{\mathrm{d}p_{\parallel}}{\mathrm{d}t}&=\frac{\mathrm{d}p'_{\parallel}}{\mathrm{d}t'}\\ \frac{\mathrm{d}p_{\perp}}{\mathrm{d}t}&=\frac{1}{\gamma}\frac{\mathrm{d}p'_{\perp}}{\mathrm{d}t'}\end{aligned}}\quad\text{（对于参考系 }F'\text{ 中静止的粒子）}\tag{5.17}$$

注意，此处带上标的量与不带上标的量并非对称关系。这里我们选用 $F'$ 来表示相对于粒子静止的参考系（注意，在附录 G 中，我们称之为 $F$ 参考系），这是一个特别的参考系，力是作用在该相对静止的粒子上的。如果你不记得 $\gamma$ 应该放在哪个式子中，请记住下述简单法则（这可以追溯到相对论中的时间膨胀效应）：

在粒子参考系中，作用在粒子上的力的横向分量，比任何其他参考系中的都要大。

在得到力的转换定律（5.17）以及电场分量的转换定律（5.7）之后，我们回到"穿过电场 $\boldsymbol{E}$ 的运动电荷"这一问题，就会得到一个十分简单的结论。考虑第一个 $E_{\parallel}$，即 $\boldsymbol{E}'$ 在平行于电荷运动方向上的分量，在参考系 $F'$ 中，此分量为 $E'_{\parallel}$，根据式（5.7）有 $E_{\parallel}=E'_{\parallel}$。因此 $\mathrm{d}p'_{\parallel}/\mathrm{d}t'$ 为

$$\frac{\mathrm{d}p'_{\parallel}}{\mathrm{d}t'}=qE'_{\parallel}=qE_{\parallel}\tag{5.18}$$

回到参考系 $F$ 中，观察者正在测量纵向的力，即动量的纵向分量的变化率 $\mathrm{d}p_{\parallel}/\mathrm{d}t$。根据式（5.17），$\mathrm{d}p_{\parallel}/\mathrm{d}t=\mathrm{d}p'_{\parallel}/\mathrm{d}t'$，因此在参考系 $F$ 中，观测者测量到的纵向分量的力为

$$\frac{\mathrm{d}p_{\parallel}}{\mathrm{d}t}=\frac{\mathrm{d}p'_{\parallel}}{\mathrm{d}t'}\Longrightarrow\boxed{\frac{\mathrm{d}p_{\parallel}}{\mathrm{d}t}=qE_{\parallel}}\tag{5.19}$$

当然，随着时间推移，粒子在 $F'$ 中不会一直保持静止。粒子会因为电场 $\boldsymbol{E}'$ 而加速，因此粒子在惯性系 $F'$ 中的速度 $v'$ 会由零开始逐渐增加。然而，因为我们只

关心瞬时加速度，此时速度 $v'$ 可以认为是无限小的，因而式（5.17）所要求的条件可以完全被满足。

对于惯性系 $F$ 中的横向电场分量 $E_{\perp}$，转换方式为 $E'_{\perp}=\gamma E_{\perp}$，因此有

$$\frac{\mathrm{d}p'_{\perp}}{\mathrm{d}t'}=qE'_{\perp}=q\gamma E_{\perp} \tag{5.20}$$

当我们将此力的分量转换回 $F$ 中去时，我们有 $\mathrm{d}p_{\perp}/\mathrm{d}t=(1/\gamma)(\mathrm{d}p'_{\perp}/\mathrm{d}t')$。最终消掉 $\gamma$，有

$$\frac{\mathrm{d}p_{\perp}}{\mathrm{d}t}=\frac{1}{\gamma}\frac{\mathrm{d}p'_{\perp}}{\mathrm{d}t}\Longrightarrow\frac{\mathrm{d}p_{\perp}}{\mathrm{d}t}=\frac{1}{\gamma}(q\gamma E_{\perp})\Rightarrow\boxed{\frac{\mathrm{d}p_{\perp}}{\mathrm{d}t}=qE_{\perp}} \tag{5.21}$$

式（5.19）与式（5.21）所表达的信息为：$F$ 中运动的带电粒子所受的力为 $q$ 乘以 $F$ 中的 $\boldsymbol{E}$，与粒子的速度完全无关。图 5.20 是对此的解释。

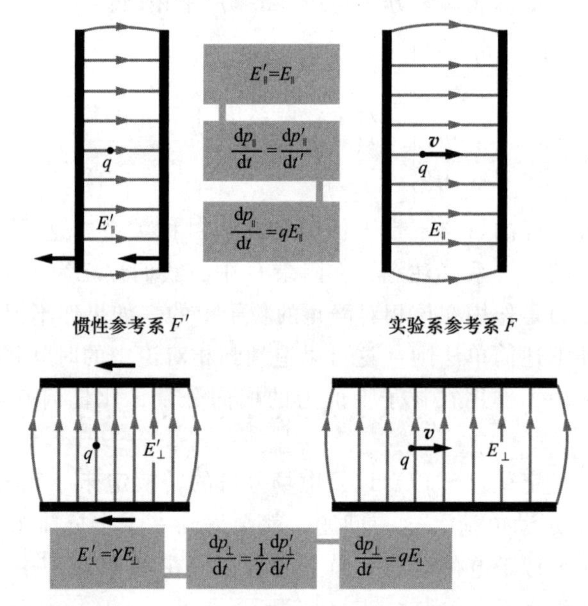


图 5.20
此参考系中，产生电场 $\boldsymbol{E}$ 的电荷处于静止状态，以任意速度运动的移动电荷 $q$ 所受力为 $q\boldsymbol{E}$。

在此课程之前的部分，即学习电场对运动电荷的作用力为 $q\boldsymbol{E}$ 时，我们已经应用过这一结果。此结论如此简单，你甚至可以认为这是显而易见的，认为我们证明它完全是在浪费时间。我们可以将其看作是由经验得出的事实。结论对于在很大的范围内变动的速度都适用，最大可以达到接近于光速，对应的 $\gamma$ 因子为 $10^4$。从这一点来看，这几乎是最值得铭记的定律之一。我们在此章中的讨论表明此结论是直接源于电荷不变性的。

在 5.5 节和 5.6 节中，我们导出了运动电荷所产生的电场对静止电荷的作用

力。本节我们导出了静止电荷的电场对运动电荷的作用力。在这两种情况下总有某样东西处于静止状态。在 5.9 节中我们将导出所有（或绝大多数）电荷都处于运动状态的情况下各种力的作用，在这一过程中我们将发现磁场的存在。下面我们先来看一个例子，该示例与我们将在第 5.9 节中讨论的核心问题相关。

**例题（电荷与薄板）**

(a) 在参考系 $F$ 中，点电荷 $q$ 处于静止状态，位于无限大薄板上方，薄板上均匀分布有面电荷密度为 $\sigma$ 的电荷（该面电荷密度是在薄板所在参考系中测得的）。该薄板以速度 $v$ 向左运动，如图 5.21 (a) 所示。我们知道若薄板在参考系 $F$ 中产生的电场为 $E_1$（此电场恰好为 $\gamma\sigma/2\varepsilon_0$，但在此并不重要），因此作用于点电荷的力为 $qE_1$。

设有另一参考系 $F'$ 以速度 $v$ 向左运动，此时情况亦如图 5.21 (a) 所示，薄板处于静止状态而电荷向右移动。试通过将 $F$ 中的电场与力转换至 $F'$ 中来证明 $F'$ 中的力等于电场力。

(b) 现在设想另一种简单情形，如图 5.21 (b) 所示，电荷与薄板都处于静止状态。设 $F$ 中的薄板产生的电场为 $E_2$（该场强恰好为 $\sigma/2\varepsilon_0$，同样，这也不重要）。与上述情况相似，$F'$ 以速度 $v$ 向左运动。通过将 $F$ 中的电场与力转换至 $F'$ 中来证明 $F'$ 中的力与电场力并不相同。这意味着 $F'$ 中还存在一些其他的力，这就是磁力。

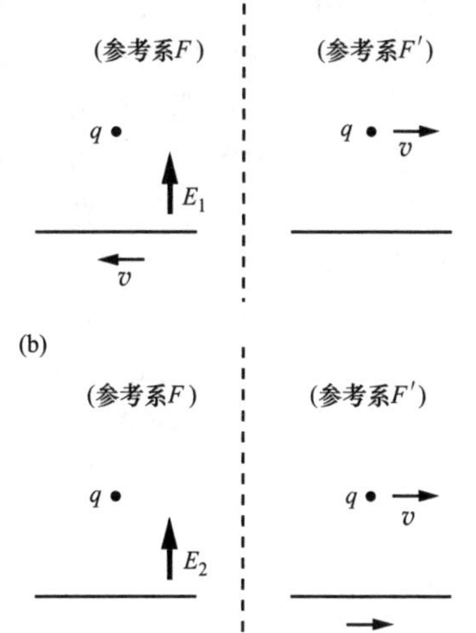


图 5.21
(a) 一个点电荷与一块薄板相对于彼此运动；(b) 一个点电荷与一块薄板相对于彼此静止。

**解**

(a) 由式 (5.17) 可知，作用于粒子的横向力在相对于粒子静止的参考系中是最大的（即此处的 $F$），因此 $F'$ 中的力相比较要小些，该力为 $qE_1/\gamma$。由式 (5.7) 可知，在相对于力作用源静止的参考系中（即此处 $F'$），横向场是最小的。因为 $F$ 中的场为 $E_1$，所以 $F'$ 中的电场为 $E_1/\gamma$。由此我们可以知道 $F'$ 中的力等于电场力。

(b) 在此情况下对力的分析方式是相同的。在粒子参考系（此处为 $F$）中作用于粒子的横向力是最大的，因此 $F'$ 中的力较小，该力为 $qE_2/\gamma$。然而，对场的分析方法与 (a) 中是相反的。在作用源参考系（现在为 $F$）中横向场是最小的，因此 $F'$ 中的场较大，该场为 $\gamma E_2$。因此 $F'$ 中的力为 $\gamma qE_2$。该力与合力 $qE_2/\gamma$ 不同，因此 $F'$ 中一定存在一些其他的力抵消了部分电场力 $\gamma qE_2$，使其变为正确值 $qE_2/\gamma$，此力即为磁场力，当运动电荷

周围存在另一运动电荷时就会出现这种力。

我们给出此示例的目的，就是要证明在上述第二种情况下，通过利用式(5.7)和式(5.17)中的转换法则，可以得知 $F'$ 中一定存在某种其他的力。在此处我们不再过多讨论，读者可以在习题5.8中定量地求解该问题。

## 5.9 运动电荷之间的相互作用

式(5.1)告诉我们，运动的电荷会受到一个与其运动速度相关的力。此力与磁场有关，而磁场源于电流，即其他运动中的电荷。奥斯特实验证明了电流会影响磁性，但在当时磁性是很神秘的东西。很快，安培与其他一些人发现了电流之间的相互作用，即平行放置的两导线若携带同向电流，就会互相吸引。安培据此给出了一个假设：磁物质包含有永久循环的电流。如果是这样，奥斯特实验就可以理解为导线中的电流与磁针中的永久的微弱电流之间产生了相互作用。对于稳恒电流之间的相互作用，以及磁物质与永久电流之间的等价性，安培给出了完美的数学表达式。他提出的铁的磁性本质的假设直到约一个世纪后才被最终证实。

对于安培及他那一代人，还不太清楚电流的磁性表现是否除了电荷的运动相关以外还有其他原因。一个带静电的物体运动产生的效应是否与持续直流电的相同？麦克斯韦理论证明了该问题的答案为“是”。而亨利·若兰（Henry Rowland）的实验直接证明了这一点，在第6章的末尾我们将讨论这一实验。

用我们现在的观点来看，电流之间的磁性相互作用可以看作是库仑定律的必然推论。如果相对论的假设是正确的、电荷不变性是正确的，且库仑定律成立，那么，我们通常称为“磁”的效应就一定是存在的。这在之后我们讨论一个运动电荷与其他运动电荷之间的电作用时就立即会有体现。下述的一个简单系统可以来表明这一点。

在图5.22(a)的参考系中，空间中有 $x$、$y$、$z$ 坐标轴，有一些呈线状排列的正电荷处于静止状态，向两个方向无限延伸。我们将之简称为离子，如铜导线中的铜离子。同时，还有一些带负电的电荷，我们称之为电子，呈线状排列，它们都以速率 $v_0$ 向右运动。在实际的导线中，电子与离子是互相混合在一起的，在图中为了清晰起见我们将其分开。正电荷的线密度为 $\lambda_0$，负电荷的线密度的大小与之完全相等。因此，在某个时刻，任意给定长度的导线中所含有的电子数与质子数是相等的，[9] 导线中的净电量为零。由高斯定理我们可知，不包含任何电荷在内的柱体表面是没有电通量的，因此导线外的区域电场处处为零。处于静止状态的试探电荷 $q$ 在导线附近不会受力。

假设试探电荷 $q$ 在实验室参考系中并非处于静止状态，而是以速率 $v$ 沿 $x$ 轴方向移动。图5.22(b)中的 $x'y'$ 平面是随着试探电荷移动的参考系，在该参考系中

9　虽然并非必要，但我们总可以通过调整单位长度上的电子数来使该等式关系成立。在理想条件下，我们认为已经这么做过了。

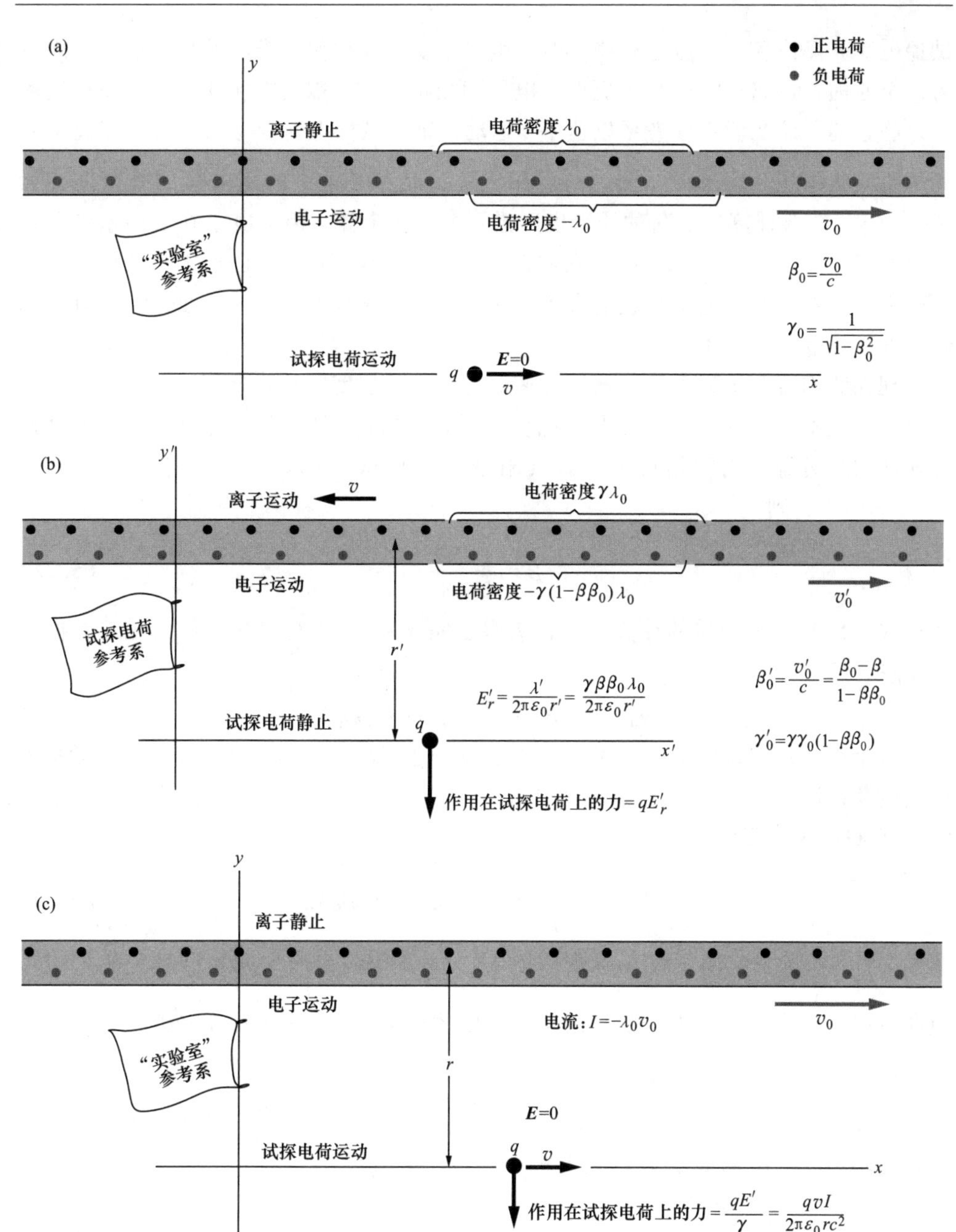


图 5.22

试探电荷 $q$ 平行于导线中的电流运动。(a) 在实验室参考系中，导线静止，导线内带正电粒子固定。电流是由以速度 $v_0$ 向右运动的电子形成。导线内的净电荷为零，导线外无电场。(b) 在此参考系中，试探电荷静止，正离子以速度 $v$ 向左运动，电子以速度 $v_0'$ 向右运动。相比于负电荷的线密度，正电荷的线密度更大。导线表现为带正电，外部电场 $E_r'$ 使静止受测电荷 $q$ 受到作用力 $qE_r'$。(c) 转换回实验室参考系后力变为 $qE_r'/\gamma$，此力正比于试探电荷运动速度 $v$ 和导线中电流线密度的乘积 $-\lambda_0 v_0$。

试探电荷 $q$ 保持静止，但是有些东西发生了改变：导线像是带电的！造成这一现象有两个原因：正离子彼此相距更近，电子则相距较远。因为在实验室参考系中正离子是静止的，而实验室参考系以速率 $v$ 运动，则在试探电荷参考系看来，正离子之间的距离收缩了 $\sqrt{1-v^2/c^2}$，或 $1/\gamma$。相应地，此参考系中的正电荷的线密度变大了，为 $\gamma\lambda_0$。要计算负电荷的线密度则需要多一些步骤。因为电子在实验室参考系中已经以速度 $v_0$ 在运动了，所以它们在实验系中的线密度 $-\lambda_0$ 已经因为洛伦兹变换而变大了。在相对于电子静止的参考系中，其线密度定为 $-\lambda_0/\gamma_0$，此处 $\gamma_0$ 为与 $v_0$ 相关的洛伦兹变换因子。

现在我们需要知道电子在试探电荷参考系中的速度以计算它们的线密度。为了得出这一速度［图 5.22（b）中的 $v_0'$］，我们需要将速度 $-v$ 加到速度 $v_0$ 上，此处计算速度相加时需要用到相对论公式（附录 G 中的式（G.6））。令 $\beta_0'=v_0'/c$，$\beta_0=v_0/c$，$\beta=v/c$，则

$$\beta_0'=\frac{\beta_0-\beta}{1-\beta\beta_0} \tag{5.22}$$

通过式（5.22）和简单的计算（请读者自己完成），可以得出相应的洛伦兹变换因子 $\gamma_0'$ 为

$$\gamma_0'\equiv(1-\beta_0'^2)^{-1/2}=\gamma\gamma_0(1-\beta\beta_0) \tag{5.23}$$

这个因子是在试探电荷参考系中测量的线电荷密度，相对电子静止的参考系中的线电荷密度（为 $-\lambda_0/\gamma_0$）的增大因子。现在，在试探电荷参考系中，总的电荷线密度 $\lambda'$ 可以计算出：

$$\lambda'=\gamma\lambda_0-\frac{\lambda_0}{\gamma_0}\gamma\gamma_0(1-\beta\beta_0)=\gamma\beta\beta_0\lambda_0 \tag{5.24}$$

式中，$\gamma$ 为转换至受测坐标系要乘的因子；$\lambda_0$ 为相对于离子静止的坐标系中的正电荷密度；$\dfrac{\lambda_0}{\gamma_0}$ 为相对于电子静止的坐标系中的负电荷密度；$\gamma\gamma_0(1-\beta\beta_0)$ 为另一个转换至受测坐标系要乘的因子。

导线带有正电荷。由高斯定理可以得出，任意无限长线型分布电荷的电场为一个径向辐射状的电场 $E_r'$，表达式由式（1.39）给出：

$$E_r'=\frac{\lambda'}{2\pi\varepsilon_0 r'}=\frac{\gamma\beta\beta_0\lambda_0}{2\pi\varepsilon_0 r'} \tag{5.25}$$

在试探电荷所在的这一点，电场方向是沿 $y'$ 轴负方向的。试探电荷受力为

$$F_y'=qE_y'=-\frac{q\gamma\beta\beta_0\lambda_0}{2\pi\varepsilon_0 r'} \tag{5.26}$$

现在我们再次回到如图 5.22（c）实验室参考系中，电荷 $q$ 受力如何？若在相对于试探电荷静止的参考系中此力为 $qE_y'$，则根据式（5.17）在实验室参考系中的

观察者测得的值应在此基础上乘以一个因子 $1/\gamma$。因为 $r=r'$，所以在实验室参考系中测得的作用于运动的试探电荷上的力为

$$F_y=\frac{F'_y}{\gamma}=-\frac{q\beta\beta_0\lambda_0}{2\pi\varepsilon_0 r} \tag{5.27}$$

这里的 $-\lambda_0 v_0$ 或者说 $-\lambda_0\beta_0 c$ 是实验室参考系中导线内的总电流 $I$，即每秒内通过特定点的电荷总量。如果是正电荷沿 $x$ 轴正方向流动，则我们称此电流为正向的。在我们上述的例子中，电流是负向的。结果可以写为如下形式：

$$\boxed{F_y=\frac{qv_x I}{2\pi\varepsilon_0 rc^2}} \tag{5.28}$$

式中我们用 $v_x$ 代替 $v$，是因为试探电荷 $q$ 是沿着 $x$ 方向运动的。我们发现，在实验室参考系中，运动中的试探电荷受到一个（负）$y$ 方向的力，该力与导线中的电流成正比，与试探电荷在 $x$ 向的运动速度也成正比。在第 6 章的开头我们会看到，这个力与磁场 $\boldsymbol{B}$ 的关系。但是现在我们只是提一下，该力和的方向由 $\boldsymbol{v}\times\boldsymbol{B}$ 决定，如果 $\boldsymbol{B}$ 的方向与 $\hat{z}$ 相同，则力指向纸外。

有一点值得注意，作用于运动的试探电荷上的力并非单独取决于带电粒子的速度或是电荷密度，而是取决于两者的乘积，即示例中的 $\beta_0\lambda_0$，该乘积决定了电荷的迁移。假设有一电流 $I$，大小为 1mA，无论电流是由速度为 0.99$c$ 的高能电子形成，或是由具有某个方向的微小漂移的电子无规则热运动形成，或是溶液中正电子向一个方向运动而负电子向另外一个方向运动而形成的，或者如练习 5.30 所示的那样是这几种运动共同形成的，都没有关系。作用于试探电荷的力与电荷运动速率 $v$ 严格成正比。上面的论述不仅只适用于较小的速度，对于导线中的电荷和运动中的电荷 $q$ 都是成立的。对于式（5.28），没有任何额外限定条件。

---

**例题（导线互斥）** 下面我们来看通有反向电流的导体为何如本章开始的图 5.1（b）所示那样是互相排斥的。在图 5.23（a）中，实验室参考系中有这样两条导线，它们不带电。[10]这样，对于导线中相对于实验室参考系静止的正离子来说，就不会受到来自另一条导线的电场力。

现在将上述情况转换至另一个电子相对静止的参考系［见图 5.23（b）］，我们发现，在此参考系中，电子的分布所受到的洛伦兹收缩比正离子的更严重。［我们可以进行证明，式（5.24）中现在含有一个 $1+\beta\beta_0$ 因式，这将使净密度为负。］

10　正如 4.3 节末尾部分提到的那样，在实际的带电导线表面会有一些电荷。因此，除了我们此处讨论的磁场力之外，导线之间还存在电场力的作用，参考 Assis 等（1999）对此的论述。但在通常情况下，该电场力与磁场力相比是很小的，所以我们可以将其忽略掉。当然，在导电率无穷大的极限情况下该力的作用为零，因为在这种情况下为了保持一个给定的电流一定需要表面电荷为零。

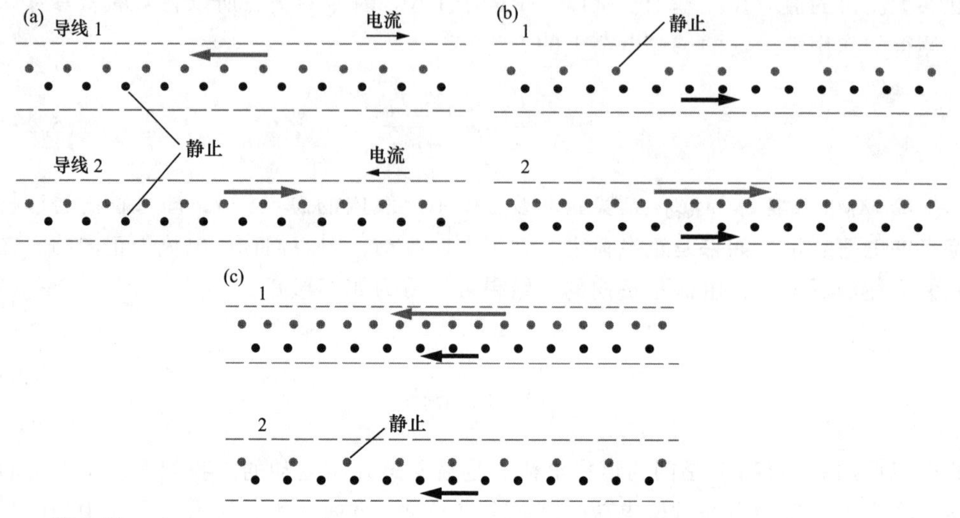


图 5.23

(a) 在实验室参考系中，有两导线携带方向相反的电流。在金属导线中，电流仅由负离子（电子）形成。(b) 相对于导线 1 中电子静止的参考系。注意，导线 2 中的正离子被压缩了，但负离子被压缩得更多。(c) 相对于导线 2 中电子静止的参考系。就像 (b) 中一样，另一导线此时似乎是带负电的。

如此，此参考系中处于静止状态的电子将被另一导线排斥。在第三个参考系中，另外的那些电子都处于静止状态［见图 5.23 (c)］，当我们在此参考系中进行分析时，我们会发现与上述相同的情况，即同样被排斥。在实验室参考系中同样可以观察到这种排斥力，只是需要用 $\gamma$ 参数来进行修正。

至此我们得出结论，在实验室参考系中，两束电子流会互相排斥。尽管静止的正离子不会直接受到来自另一导线的排斥力，但只要电子仍被限制在导线内部，正离子也会间接地受到这种排斥力的作用。所以，正如 5.1 (b) 所示，导线会因互相排斥而分开，直至外力将这种排斥力平衡掉。

**例题（一起运动的质子所受的力）**　实验室参考系中有两质子以速率 $\beta c$ 互相平行运动，其距离为 $r$。根据式 (5.15)，某时刻一个质子位于某处，另一个质子在该处产生的电场强度 $E$ 为 $\gamma e/4\pi\varepsilon_0 r^2$，此强度为在实验室参考系中测得。但在实验室参考系中测得的一个质子的受力并非 $\gamma e^2/4\pi\varepsilon_0 r^2$。请读者对此进行证明，在证明过程中可以先在相对于质子静止的参考系中算出质子所受的力，再将力转换回实验室参考系中。若当质子在实验室参考系中运动时有指向某个方向的磁场 $B$ 存在，磁场强度的大小为 $\beta/c = v/c^2$ 乘以电场强度，则式 (5.1) 中的第二项的改变会导致前文所述的矛盾，请读者对此进行证明。[11]

11　该例题中的条件与 5.8 节末尾处例题的条件很相似，但我们需要按此处的条件来进行讨论。

**解**　在相对于两质子静止的参考系中，很容易得出排斥力大小为 $e^2/4\pi\varepsilon_0 r^2$。因此在实验室参考系中此力为 $(1/\gamma)e^2/4\pi\varepsilon_0 r^2$。（读者应记得，与力作用在其上的粒子相对静止的参考系中，力总是最大的。）此力正是实验室参考系中的合力。但正如前文所说，由式(5.15)可知，运动电荷所产生的场在横向上的分量比原来的大 $\gamma$ 倍，所以排斥力 $eE$ 在实验室参考系中应为 $\gamma e^2/4\pi\varepsilon_0 r^2$。显然，我们还没有将所有的力考虑进去。除上述的力之外一定还有一些外部吸引力的作用，这些外吸引力会将 $\gamma e^2/4\pi\varepsilon_0 r^2$ 中的一部分抵消，从而得到正确值 $e^2/\gamma 4\pi\varepsilon_0 r^2$。因此，此外力大小为（令 $1/\gamma^2=1-\beta^2$）

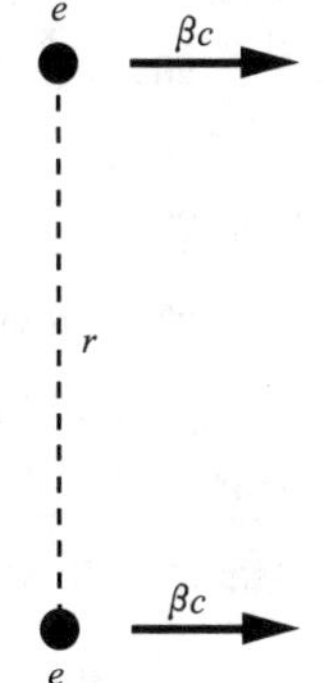

图 5.24　两质子相互平行运动，距离为 $r$。

$$\frac{\gamma e^2}{4\pi\varepsilon_0 r^2}-\frac{e^2}{\gamma 4\pi\varepsilon_0 r^2}=\gamma\left(1-\frac{1}{\gamma^2}\right)\frac{e^2}{4\pi\varepsilon_0 r^2}=\gamma\beta^2\frac{e^2}{4\pi\varepsilon_0 r^2}=e(\beta c)\left(\frac{\beta}{c}\frac{\gamma e}{4\pi\varepsilon_0 r^2}\right)\tag{5.29}$$

我们之所以选择用这种方式来给出此力的大小，是因为这样我们就可以在后面对式(5.1)中的磁力 $q\boldsymbol{v}\times\boldsymbol{B}$ 进行解释，$\boldsymbol{B}$ 的大小为 $(\beta/c)(\gamma e/4\pi\varepsilon_0 r^2)$，即 $\beta/c$ 乘以实验室参考系中的电场强度，在图 5.24 中顶部（或底部）质子处 $\boldsymbol{B}$ 的方向指向纸外（或纸内）。这样矢量积 $\boldsymbol{v}\times\boldsymbol{B}$ 指向一个合适的方向（即相互吸引的方向）。两质子分别在对方位置处产生一个磁场。将磁场与电场相关联的因子为 $\beta/c$，这与我们将在 6.7 节中导出的洛伦兹变换是一致的。

现在我们知道，磁场力的一部分与电场力抵消，下面这两种论述是一致的：①电荷所产生的电场的横向分量在相对于电荷静止的参考系中是最小的（是其他任意参考系中的 $1/\gamma$）；②粒子在横向上所受的力在相对于该粒子静止的参考系中是最大的（是其他任意参考系中的 $\gamma$ 倍）。这两种论述分别意味着，在实验室参考系中电场力比在质子参考系中的大，而实验室参考系中的合力则比质子参考系中的小。这两种论述是相一致的，因为磁场力的存在使得合力不等于电场力。

读者可能会质疑质子并非“穿过”另一个质子的磁场 $\boldsymbol{B}$，因为场“与质子共同运动”，这是不正确的。在 $\boldsymbol{B}$ 最基础的定义中，力需要满足规则 $\boldsymbol{F}=q\boldsymbol{E}+q\boldsymbol{v}\times\boldsymbol{B}$，$\boldsymbol{B}$ 为某一瞬时电荷 $q$ 所在位置的场，测量该场需要在测量电荷 $q$ 受力的参考系中进行，而此时产生 $\boldsymbol{B}$ 的“源”的行为对此是没有影响的。

注意，此例中我们采用的推理方法与之前我们在电荷与导线示例中采用的方法是一样的。在这两个例题中我们都是首先求出相对于给定电荷静止的参考系中的力（这一步在此例中很简单，但在电荷与导线一例中则需要详细讨论有关长度收缩的问题），之后我们通过一个除以 $\gamma$ 的步骤就能很快地将此力转换至实验室坐标系中。最终，我们通过电场力与额外的（磁场）力叠加等于正确的合力这一关系即可得出磁场力。（在电荷与导线一例里，实验室参考系中电场力为零，而此例中则不然。）读者可对这类问题多进行练习，见练习 5.29。

沿平行于导线内电流方向运动的带电粒子会受到一个垂直于其运动方向的力。那么，如果其运动方向与导线垂直会怎样呢？垂直于导线的速度会使受力方向变为平行于导线——带电粒子所受的力仍是与其速度方向垂直的。为了研究这一现象，我们回到实验室参考系中，设试探电荷在 $y$ 方向上以速率 $v$ 运动，如图 5.25（a）所示。换至相对于试探电荷静止的参考系中［见图 5.25（b）］，正离子垂直向下移动。显然，在测试电荷的位置处并无一个水平方向的场。这是因为，处于左侧的一个离子所产生的场在 $x'$ 方向上的分量和与之对称的右侧的一个离子所产生的场在 $x'$ 上的分量互相抵消了。

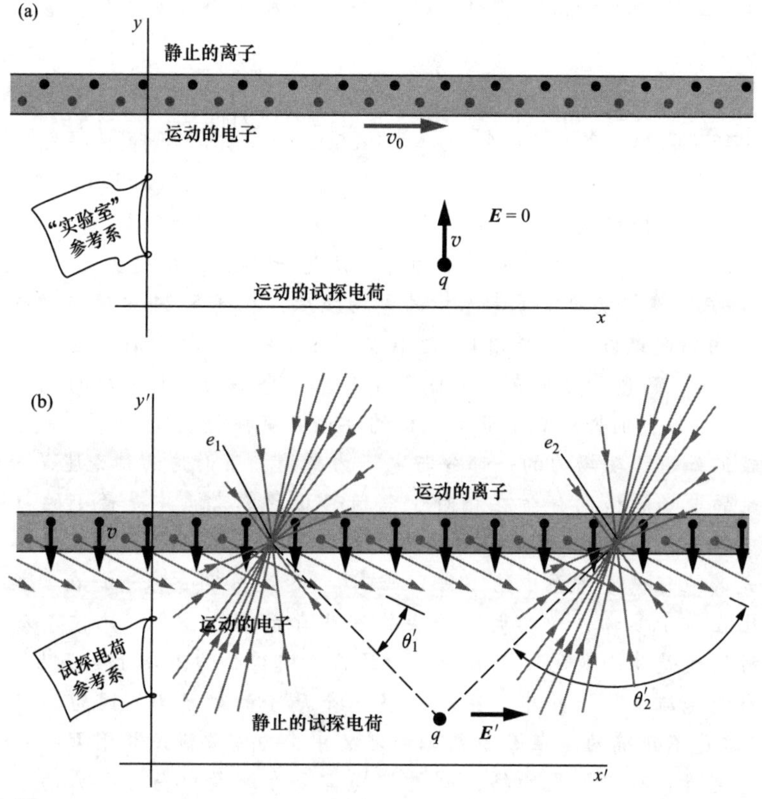


图 5.25

（a）“导线”中的负电荷即电子运动形成电流，这与图 5.22 中是相同的，但现在试探电荷向着导线运动。（b）在相对于试探电荷静止的参考系中，正电荷即“正离子”沿 $y$ 轴负向运动。电子斜向运动。这是由于移动电荷产生的场在与其速度越接近于垂直的方向上越大，所以右侧某电子 $e_2$ 在试探电荷处所产生的场与位于左侧与其对称位置的 $e_1$ 相比更强。所以在此参考系中各场的矢量和在 $x$ 轴正向上有分量。

我们所讨论的现象是电子引起的，而电子在此参考系中沿斜向右下的方向运动。设想有两个对称放置的电子 $e_1$ 和 $e_2$，它们在电子运动方向上产生的电场会发生相对论性压缩，这在图 5.15 中已经通过“刷子状”电场线表示。我们将发现，尽管 $e_1$ 和 $e_2$ 相对于测试电荷距离相等，电子 $e_2$ 的电场在这一点还是比 $e_1$ 的强。这是因为由 $e_2$ 指向测试电荷的方向与 $e_2$ 的运动方向更近乎垂直。换句话说，式(5.15) 中分母里出现的角度 $\theta'$ 在这里对 $e_1$ 和 $e_2$ 来说是不等的，因此 $\sin^2\theta'_2 > \sin^2\theta'_1$。这对于一条线上任何对称放置的成对电子来说都是成立的，这一点可以通过图 5.26 来进行验证。右边的电子总是影响较强的一方。总的来说，电子会产生一个 $x$ 正向的场 $E'$，其 $y'$ 方向的分量被离子的场抵消掉了。$E'_y$ 为零，这一点可以通过高斯定理来证明，因为单位长度导线内的电荷数与实验室参考系中的相等。导线在两个参考系中都不带电。

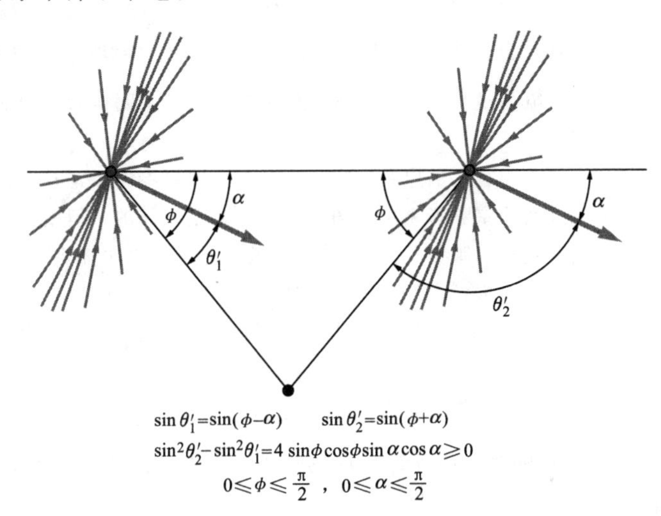


图 5.26

更仔细地观察图 5.25（b）。该图表明，对于与试探电荷等距的两电子，右侧电荷的 $\sin^2\theta'$ 值更大。因此，由式（5.15）可知，右侧电子将在试探电荷处产生更强的场。

作用于试探电荷的力大小为 $qE'_y$，当其转换回实验室参考系中时，为一个与 $v$ 成正比的指向 $x$ 方向（平行于导线运动的情况下）的力，如果 $\boldsymbol{B}$ 为沿 $z$ 轴正向的矢量，则力的方向为 $\boldsymbol{v}\times\boldsymbol{B}$，即由图中射向纸外的方向。这个与速度相关的力的大小也可以由式（5.28）给出：$F=qvI/2\pi\varepsilon_0 rc^2$。式（5.15）中有我们所需的所有的物理量，不过有很多因子需要求解，参见练习 5.31。

本章中，我们看到了，电荷不变性意味着电流之间的互相作用力。这并不是说二者互为因果。它们只是电磁的两个方面，其相互关系完美地展示了一个规律：物理定律在所有惯性参考系中都是一样的。

若我们每次分析不同参考系下的运动电荷的问题时都需要来回转换，未免过于冗繁而且易于出错。所幸，我们有一个更好的办法。所有的电流之间的作用力，或者电流对运动电荷的作用力，都可以通过引入一个新的场来完整而简单地描述，这就是磁场，磁场将是第6章的主题。

通常我们在每一章的最后有一节“应用”的内容，但此次我们将如何应用磁场留至6.10节讨论，届时我们将已深入地学习了解了磁场。

## 本章总结

• 处于磁场中的带电粒子将受到磁场力：$\boldsymbol{F}=q\boldsymbol{v}\times\boldsymbol{B}$。

• 无论对于运动电荷还是静止电荷（根据电荷的定义），高斯定理 $Q=\varepsilon_0\int \boldsymbol{E}\cdot \mathrm{d}\boldsymbol{a}$ 都成立。电荷是不变的，也就是说，电荷量与在哪个参考系中测量无关。某闭合曲面内的电荷总量与其中带电体运动状态无关。

• 假设有相互之间处于静止状态的电荷，它们相对于实验室参考系运动。这些电荷会产生一个电场。在场源参考系及实验室参考系中，场的纵向分量是相同的，但横向分量在实验室参考系中较大。即，该横向分量在场源参考系中比其在任意其他参考系中都要小：

$$E_{\parallel}^{实验室}=E_{\parallel}^{场源},\quad E_{\perp}^{实验室}=\gamma E_{\perp}^{场源} \tag{5.30}$$

• 以速度 $v=\beta c$ 匀速运动的电荷所产生的电场是沿径向向外辐射出的，其大小为

$$E=\frac{Q}{4\pi\varepsilon_0 r^2}\ \frac{1-\beta^2}{(1-\beta^2\sin^2\theta)^{3/2}} \tag{5.31}$$

若电荷停止运动，则在膨胀球壳外部的场与电荷仍在运动情况下是相同的，如图5.19所示。

• 若某粒子相对于实验室参考系运动，则作用于粒子的力在纵向上的分量，在相对于粒子静止的参考系及实验室参考系中是相同的。但力的横向分量在实验室参考系中较小。即，在粒子参考系中横向力比其余任意参考系中都大：

$$F_{\parallel}^{实验室}=F_{\parallel}^{场源},\quad F_{\perp}^{实验室}=\frac{1}{\gamma}F_{\perp}^{场源} \tag{5.32}$$

• 静止电荷产生的电场为 $\boldsymbol{E}$，某电荷 $q$ 穿过该场，则 $q$ 所受力为 $q\boldsymbol{E}$。

• 实验室参考系中有一些运动中的电荷（可以认为其位于导线中），另有一电荷相对于这些电荷处于运动状态，则此电荷受到一个磁场力的作用。这一磁场力也可以看作该粒子参考系中的电场力。此非零电场是源于导线内正负电荷受到的不同长度的收缩。从这种方式看来磁是一种相对论效应。

## 习　题

### 5.1　细导线产生的电场*

在直径为0.01cm、长度为4cm的尼龙细线的表面上均匀分布有$5.0\times10^8$个额外电子。在以

下两个参考系中，细线表面处的电场强度为多大？

(a) 相对于细线静止的参考系；

(b) 在细线沿与其长度平行的方向上以 0.9$c$ 的速度运动的参考系。

## 5.2 最大横向力 **

静止电荷 $q_1$位于原点，电荷 $q_2$在直线 $z=b$ 上以速度 $\beta c$ 沿 $x$ 方向运动，如图 5.27 所示。当 $\theta$ 为何值时 $q_1$所受力的水平方向的分量最大？在 $\beta\approx 1$ 和 $\beta\approx 0$ 两种情况下 $\theta$ 应为多少？

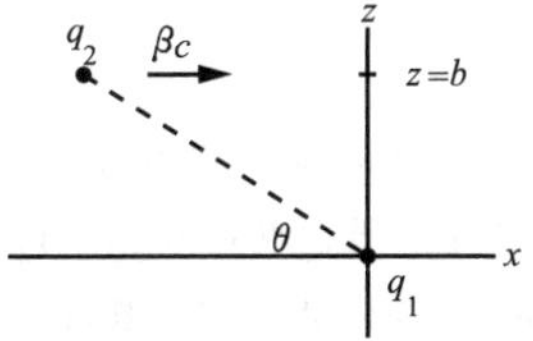


图 5.27

## 5.3 牛顿第三定律 **

在实验室参考系中，$t=0$ 时刻有一质子静止于原点。此时有一个沿 $x$ 轴以 0.6$c$ 的速度运动的负 π 介子（带电量$-e$）到达了$x=$ 0.01cm 处。附近没有其他电荷。作用于此介子的力的大小是多少？作用于质子的力呢？这符合牛顿第三定律吗？（最后一个问题有些超出目前我们所学的知识范围，但读者可以尝试来进行解答。）

## 5.4 电场的散度 **

(a) 证明式（5.15）中给出的 $\boldsymbol{E}$ 的散度为 0（除了原点处）。请在球坐标系下证明。

(b) 用式（5.13）中给出的 $\boldsymbol{E}$ 的形式在笛卡儿坐标系中证明 $\boldsymbol{E}$ 的散度为 0。[注意，式（5.13）中少了一部分。]

## 5.5 运动电子束产生的电场 **

一束点电荷组成的粒子流沿 $x$ 轴以速度 $v$ 运动。该粒子束由$-\infty$延伸至$+\infty$。假设实验室参考系中测得的线电荷密度为 $\lambda$。通过取圆柱高斯面我们可以知道在与 $x$ 轴距离为 $r$ 处的电场强度为 $E=\lambda/2\pi\varepsilon_0 r$。请以式（5.15）及对所有运动电荷的积分来重新导出上述结果。解此问题可能需要用到计算机或附录 K 中的积分表。

## 5.6 经过的电荷所产生的最大场 **

在一对撞束储存环中，一个反质子向东运动经过一个向西运动的质子，两路径间最短距离为 $10^{-10}$ m。在实验室参考系中每个粒子的动能都为 93GeV，对应着 $\gamma=100$ 时的速度。在相对于质子静止的参考系中，反质子产生的电场在质子位置处的强度最大为多少？大约要多久场强会超过其最大值的一半？

## 5.7 示波器中的电子 **

在实验室参考系中，示波器两极板间区域存在电场 $E$。一个电子以平行于极板的相对速度 $v_0$进入此区域。若极板长度为 $l$，则电子离开此区域时横向动量及横向偏距应为多少（在实验室参考系中）？请首先在实验室坐标系 $F$ 中解此问题，然后在平行于极板以速度 $v_0$运动的惯性参考系 $F'$中解此问题。[解此题可能需要用到式（G.11）及式（G.12），可以假设横向的运动是非相对论性的。]

## 5.8 求磁场 **

考虑 5.8 节末尾例题中的第二种情况。证明参照系 $F'$中的合力为电场力和磁场力的叠加，此处设磁场指向纸外，其大小为 $\gamma v E_2/c^2$。

## 5.9 速度“加倍” **

假设图 5.22 中试探电荷速度一定，那么在相对于试探电荷静止的参考系中，电子以速度 $v_0$

向后运动。

（a）证明在实验室参考系中与试探电荷速度相关的 $\beta$ 一定为 $\beta=2\beta_0/(1+\beta_0^2)$。

（b）利用长度收缩来求出试探电荷参考系中的净电荷密度，并检查结果是否与式（5.24）相符。

## 练　　习

### 5.10　两种参考系中的平板电容器*

电容器由两块互相平行的矩形平板构成，两板间垂直距离为 2cm。板在东西方向上长度为 20cm，在南北方向上长度为 10cm。电容器通过与 300V 的电池连接来充电。两板间的电场强度为多少？负极板上多出的电子为多少？现在，另一参考系相对于平板所在的实验室以 0.6$c$ 的速度向东移动。对于该参考系再次回答这些问题：电容器的三维尺寸；负极板上多出的电子数；平板间电场强度。

### 5.11　电子束*

能量为 9.5MeV 的电子束（$\gamma=20$）相当于 0.05μA 的电流，在真空中流动。电子束的横向宽度不超过 1mm，且电子束内或附近都没有正电荷。

（a）在此实验室参考系中，电子束中相邻两个电子间的距离为多少？距电子束约 1cm 处的电场强度为多少？

（b）在相对于电子静止的参考系中再次回答上述两个问题。

### 5.12　倾斜薄板**

根据 $\gamma$ 参数来重做 5.5 节中的“倾斜薄板”的例题，证明不论两个参考系的相对速度如何，高斯定理都是成立的。

### 5.13　场的叠加*

静止质子位于 $z$ 轴上 $z=a$ 处。一个带负电的 μ 介子以速度 0.8$c$ 沿 $x$ 轴运动。当 μ 介子通过原点时，在实验室参考系下求两个粒子产生的总电场。此时 $x$ 轴上的点（$a$，0，0）处 $E_x$ 与 $E_z$ 的值为多少？

### 5.14　忽略相对论*

对于给定的 $\beta$，$\theta$ 需要取何值才能使式（5.15）为忽略相对论时候的值 $Q/4\pi\varepsilon_0 r'^2$？在 $\beta\approx1$ 和 $\beta\approx0$ 的极限情况下 $\theta$ 应为何值？

### 5.15　对运动电荷应用高斯定理**

验证高斯定理对于式（5.15）所给出的场仍成立。即，证明通过以电荷为中心的球面的电通量为 $q/\varepsilon_0$。当然，我们在推导式（5.15）时的一开始就将上述问题作为条件，所以我们知道这一定是正确的。但再检查确认一下是没有害处的。在证明过程中可能会需要用到计算机或附录 K 中的积分表。

### 5.16　宇宙射线*

宇宙射线是由外太空射来的需要考虑相对论效应的带电粒子，宇宙射线中一个粒子的动能很大以至于它在大气中引发了由第二类粒子形成的“巨型空气簇射”，其能量约为 $10^{19}$eV（大于 1J）。首先提到的那种粒子，可能是一个质子，其 $\gamma\approx10^{10}$。对于这样一个质子，当它运动时其

引发的场在距其多远的位置会达到 1V/m？在一段距离之外，此“饼形”场的厚度为多少？（此处可利用习题 5.6 或练习题 5.21 中的结论，即饼的角幅约为 $1/\gamma$。）

**5.17　运动状态反转***

质子沿 $x$ 轴向原点运动，速度为 $v_x=-c/2$。在原点处此质子与另一个较大的原子核发生弹性碰撞，并以同样大小的速度反向运动。通过画图的方式来表示质子到达原点后的 $10^{-10}$s 这一时刻由质子产生的电场是怎样的。

**5.18　非匀速运动的电子***

图 5.28 为 $t=0$ 时刻电子所处位置及相关电场。图中距离的单位为 cm。

（a）描述该过程，请尽可能完整定量地描述。

（b）在时刻 $t=-7.5\times10^{-10}$s 时电子处于何处？

（c）此刻原点处电场度强度为多少？

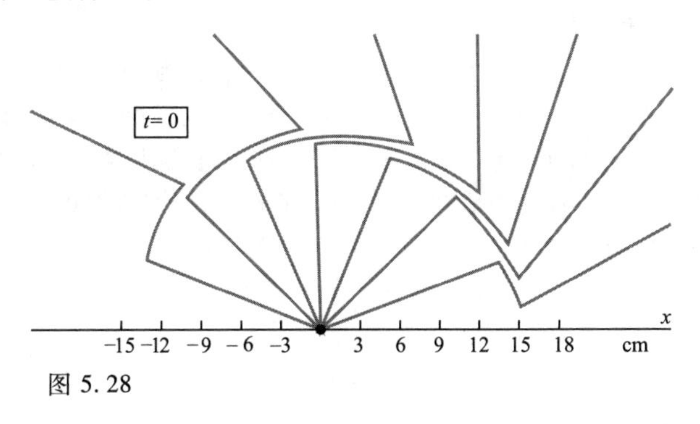


图 5.28

**5.19　粒子对撞****

图 5.29 中有一个高度相对论性的带正电粒子由左边接近原点，同时有一带负电粒子由右侧以同样速度接近。它们在 $t=0$ 时刻在原点相碰撞，找到某种方式来处置它们的动能，使其成为一个电中性物体。你认为在 $t>0$ 的某刻电场是怎样的？画出电场线。随着时间推移该场如何变化？

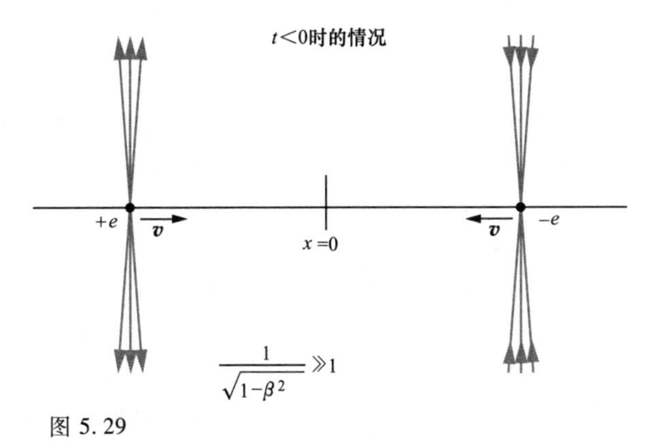


图 5.29

**5.20　角之间的关联*****

通过计算图 5.19 中各个球面上的 $E$ 的流量积分来导出式（5.16）。球面内部的场强是恒定的，表面的面积元可以取 $2\pi r^2\sin\theta d\theta$。球面外部的场可以由式（5.15）经一些符号替换而得，此处面积元为 $2\pi r^2\sin\phi d\phi$。

可以利用计算机来求积分。如果你想手工计算，可以试着将 $\sin^2\phi$ 写成 $1-\cos^2\phi$，再令 $x\equiv\cos\phi$，你可能需要用到如下积分：

$$\int\frac{dx}{(a^2+x^2)^{3/2}}=\frac{x}{a^2(a^2+x^2)^{1/2}} \tag{5.33}$$

**5.21　电通量减半*****

在运动电荷 $Q$ 形成的场中，已知式（5.15），我们想要找到一个满足如下条件的角度 $\delta$：流过两个锥面 $\theta'=\pi/2+\delta$ 和 $\theta'=\pi/2-\delta$ 之间的电通量为所有电通量的一半。如果你已经做过练习题5.20，那么你已经完成了大部分的工作了。你将会发现，对于 $\gamma\gg1$ 的情况，这两锥形体之间的角度在 $1/\gamma$ 量级。

**5.22　示波器中的电子****

高电压阴极射线示波器中的偏转板是两个矩形平板，长为4cm，宽为1.5cm，两板相距0.8cm，两板间电势差为6000V。一个经过250kV加速的电子初始由左侧进入两板正中间，并平行于板运动。我们想知道当此电子由另一侧离开平行板时的位置与速度分别是怎样的。我们忽略掉边缘电场，并假设两板间的电场是均匀的。此电子的静止能量为500keV。

（a）首先，在实验室参考系下进行分析，回答如下问题：

- $\gamma$ 和 $\beta$ 分别为多少？
- 以 $mc$ 为单位，$p_x$ 为多少？
- 电子在两板间运动时间是多少？（忽略练习题5.25中水平方向上的速度变化。）
- 电子获得的横向动量分量是多少？以 $mc$ 作为单位来表示。
- 离开两极板时电子的横向速度是多少？
- 离开两极板时电子在垂直方向上的位置？
- 离开两极板时电子的速度方向如何？

（b）现在，对于一个相对于电子静止的惯性坐标系，讨论上述整个过程：板的尺寸是怎样的？板间电场是怎样的？此坐标系中的电子是如何运动的？讨论此问题主要是给你一个概念，即这两种描述是完全一致的。

**5.23　从两方面分析示波器****

在高电压示波器中电子源是电势为-125kV（相对于阳极）的阴极。在包围阳极的区域内有一对沿 $x$ 方向（电子束方向）的5cm平行板，在 $y$ 方向上相距8mm。电子以可忽略大小的速度离开阴极，加速向正极移动，在某一时刻通过平行板，此时下方板的电势为-120V，上板电势为+120V。

采用四舍五入的常量，如电子的静止质量为 $5\times10^5$eV 等，填空。当电子到达阳极时，其动能为____eV，其总能量增加的倍数为____，其速度为____$c$，其 $x$ 方向的动量为____kg · m/s。在阳极外，电子由两个平行金属板间穿过。平行板间电场为____V/m；作用于电子的向上的力为____N。电子经过平行板所需的时间为____s，获得的 $y$ 方向的动量大小为：$p_y$ =____kg · m/s。其运动轨迹的倾角为____ rad。

快中子在电子到达阳极时恰好与电子做相同的运动，它“陈述”了随后发生的事：“我处于静止状态，电容器以____m/s的速度向我们飞来，电容器的长度为____m，因此它在我们周围存在了____s，其间的电场为____V/m，此电场使电子加速，在电容器离开我之后，电子以____m/s 的速度离开了我，其动量是____kg · m/s。”

**5.24　求解横向动量*****

在相对于带电量为 $q_1$ 的粒子静止的参考系中，有一带电量为 $q_2$ 的粒子以速度 $u$ 接近前者，$u$ 相对于 $c$ 并非特别小。如果其继续沿直线运动，它将与第一个粒子相距距离为 $b$。此粒子很大，其在相遇过程中的偏移相对于距离 $b$ 来说很小。同样的，第一个粒子也很大，它在第二个粒子靠近的过程中所产生的移动相比于 $b$ 也很小。

（a）证明两粒子相遇过程中每个粒子获得的动量增量垂直于 $\boldsymbol{v}$，大小为 $q_1q_2/2\pi\varepsilon_0 vb$（应用高斯定理）。

（b）以其他物理量来表示，粒子的质量需要为多大才能使我们的假设是正确的？

**5.25　速度减慢****

在某较大区域内存在 $y$ 方向的匀强电场，现有一带电粒子进入此区域，在 $x$ 方向上以速度 $0.8c$ 运动，考虑其运动轨迹如何。证明粒子在 $x$ 方向上的速度在减慢。$x$ 方向上的动量如何变化？

**5.26　导线中的电荷***

对于图 5.22 中的黑点和灰点之间的相对距离，对应着 $\gamma=1.2$，$\beta_0=0.8$，计算 $\beta'_0$。求测试电荷参考系中的净电荷密度 $\lambda'$，$\lambda'$ 为 $\lambda_0$ 的一部分。

**5.27　相等的速度***

假设图 5.22 中的试探电荷的速度与电子速度相等，为 $v_0$。那么，在试探电荷参考系中，正电荷与负电荷的线密度分别为多少？

**5.28　静止的棒与移动电荷***

如图 5.30 所示，有一很长的棒，处于静止状态，棒上线电荷密度为 $\lambda$，另一电荷 $q$ 以速度 $v$ 平行于棒运动。若电荷 $q$ 与棒距离为 $r$，则其所受力为 $F=qE=q\lambda/2\pi r\varepsilon_0$。

现在设想有一相对于 $q$ 静止的参考系，在此参考系中 $q$ 受力如何？试着采用如下方法来求解本题：

（a）将前一参考系中的力转移至新的参考系中，不必考虑新参考系中力的来源是什么。

（b）计算新参考系中的电场力。

**5.29　反向运动的两质子*****

在实验室参考系中，两质子反向平行运动，速度都为 $\beta c$，平行线间距离为 $r$。当两质子位于同一水平位置时，二者距离为 $r$，如图 5.31 所示。由式（5.15）可知，在实验室参考系中，一个质子在另一质子处产生的电场 $E$ 为 $\gamma e/4\pi\varepsilon_0 r^2$，但质子所受的力并非 $\gamma e^2/4\pi\varepsilon_0 r^2$。为证明这一点，请读者先在相对于质子静止的参考系中求出力的大小，然后将力转换至实验室参考系中。（此处可能需要用到速度叠加公式以求出在一个质子看来另一个质子速度为何。）若此时存在一恰当方向的磁场，其场强大小为 $\beta/c=v/c^2$ 乘以电场强度，磁场对每个质子都产生影响，则上述矛盾就可以解释了，请读者对此进行证明。

**5.30　$\lambda$ 和 $I$ 的转化*****

假设有一条线形带电物体，由不同种类带电粒子组成，每种粒子速度不同。对于某种电荷 $k$，在参考系 $F$ 中测得的线电荷密度为 $\lambda_k$，速度为 $\beta_k c$，平行于线的方向。所以在 $F$ 中这种电荷

图 5.30

图 5.31

对电流 $I$ 的贡献为 $I_k=\lambda_k\beta_k c$。有一参考系 $F'$ 相对于 $F$ 以速度 $-\beta c$ 平行于该线运动，则在 $F'$ 中这种 $k$ 型带电物体对电荷和电流的贡献为多少？我们可以根据图 5.22 中的转换步骤进行考虑，证明：

$$\lambda_k'=\gamma\left(\lambda_k+\frac{\beta I_k}{c}\right)$$

$$I_k'=\gamma(I_k+\beta c\lambda_k) \tag{5.34}$$

如果每种粒子对电荷密度及电流的贡献都可以用这种方式转换，则会有一个总的 $\lambda$ 和 $I$：

$$\lambda'=\gamma\left(\lambda+\frac{\beta I}{c}\right)$$

$$I'=\gamma(I+\beta c\lambda) \tag{5.35}$$

现在你得出了一个线形带电物体与电流的关于平行运动参考系的洛伦兹转换方式，无论该电荷的组成是怎样的。

### 5.31 垂直于导线运动****

在 5.9 节的最后部分我们讨论了电荷 $q$ 垂直于导线运动的情况。图 5.25 和图 5.26 定性地说明了为什么电荷所受的合力不为零，而其方向指向 $x$ 轴正方向。通过计算证明在距离导线 $l$ 处的力为 $qvI/2\pi\varepsilon_0 lc^2$。即，利用式（5.15）先在电荷自身的参考系中计算出其受力，之后除以 $\gamma$ 将力转换至实验室参考系中。

提示：可以认为在电荷 $q$ 的参考系中，电子在 $x$ 方向的速度为 $v_0/\gamma$（这源于横向速度叠加公式）。注意式（5.15）中的 $\beta$ 是电子在电荷参考系中的速度，该速度含有两个分量。在处理横向距离时要小心。此问题中涉及许多量，但如果借用计算机（或附录 K 的积分表），积分本身并不复杂。

# 磁场

## 概述

本章旨在证明：在第5章中我们证明了磁场力的存在，本章中我们将对磁场的各种性质进行讨论，并证明对于任意（稳定的）电流分布形式都可以计算出磁场分布。洛伦兹力的表达式 $\boldsymbol{F}=q\boldsymbol{E}+q\boldsymbol{v}\times\boldsymbol{B}$ 给出了电荷所受合力。在上一章中我们得出了长直导线所产生的磁场形式。由该磁场形式我们可以导出安培定律，此定律将磁场的线积分与积分回路所包围的电流联系起来。可以证明，安培定律对任意形状的导线都适用。如果再多加上一项变化的电场，上述定律就变成了麦克斯韦方程组的一部分（对此将在第9章中讨论）。电场的来源是电荷，而磁场来源于电流。孤立的磁核和磁单极子都是不存在的。这一表述是麦克斯韦方程组中的另一部分。

如同我们在处理电场问题时所做的那样，我们可以通过一个势来求出磁场，但此次的势为一个矢量势，其旋度给出了磁场。利用毕奥-萨伐尔定律，我们（原则上）可以计算出任意稳定电流分布形式对应的磁场。螺线管（多匝环绕导线）的磁场是我们经常遇到的问题，（本质上）螺线管内部磁场恒定，外部磁场为零。根据安培定律，跨过通电薄片时是不连续的，这与上述螺线管周围的磁场形式是兼容的。通过考虑一系列特殊情况，我们将导出电场及磁场的洛伦兹变换方程。一个参考系中的电场（或磁场）与另一参考系中的电场和磁场都有关系。霍尔效应源于洛伦兹力中的 $q\boldsymbol{v}\times\boldsymbol{B}$ 部分。霍尔效应使我们首次可以确定电流载荷子的电性。

## 6.1 磁场的定义

电荷的运动会形成电流，若此时有另一个外部电荷以平行于电流的速度运动，则此外部电荷会受到一个与其速度方向垂直的力。图5.3中所示的电子束的偏转就属于这种现象。在5.9节中，我们发现这是符合库仑定律中的电荷不变性及狭义相对论的——事实上，也必须符合。我们也发现带电粒子垂直于带电导线运动时，同样受到一个垂直于运动速度的作用力。根据在图5.22（a）中的计算可知，对于一个给定的电流，在我们的参考系中，其受力大小与其电量 $q$ 及其速率 $v$ 的乘积成正比。正如我们将电场 $\boldsymbol{E}$ 定义为静止的单位电荷所受的矢量力一样，我们同样可以定义另一个场 $\boldsymbol{B}$，此场会对运动电荷产生一个与其运动速度相关的力。此定义在第5章的开始处我们已经提及，在此我们对其进行详细阐述。

在某一特定的时刻 $t$，一个带电量为 $q$ 的粒子以速度 $\boldsymbol{v}$ 经过了坐标系中的（$x$，$y$，$z$）点。此时作用于粒子的力（动量变化率）为 $\boldsymbol{F}$，则该点的电场为 $\boldsymbol{E}$。所以，此时此点的磁场可以用矢量 $\boldsymbol{B}$ 来描述，$\boldsymbol{B}$ 的定义式满足下式（对于任意 $\boldsymbol{v}$）：

$$\boxed{\boldsymbol{F}=q\boldsymbol{E}+\frac{q}{c}\boldsymbol{v}\times\boldsymbol{B}} \tag{6.1}$$

这个力 $\boldsymbol{F}$ 叫作洛伦兹力。显然，此处的 $\boldsymbol{F}$ 仅与电荷量有关，而与带电粒子的重量无关。满足式（6.1）的矢量 $\boldsymbol{B}$ 总是存在的。如果给出某些区域内的 $\boldsymbol{E}$ 和 $\boldsymbol{B}$，我们就可以根据式（6.1）来确定以任意速度通过该区域的电荷所受的力。对于一些随时间空间变化的场，式（6.1）可看作是 $\boldsymbol{F}$、$\boldsymbol{E}$、$\boldsymbol{v}$ 和 $\boldsymbol{B}$ 的瞬时值之间的关系。当然，这四个量必须是在同一个惯性系下测得。

在图5.22（a）的"试探电荷"实验参考系中，电场 $E$ 为零。当电荷 $q$ 沿 $x$ 轴正方向以 $\boldsymbol{v}=\hat{\boldsymbol{x}}v$ 的速度运动时，由式（5.28），我们发现其受力方向为 $y$ 轴负方向，大小为 $Iqv/2\pi\varepsilon_0 rc^2$：

$$\boldsymbol{F}=-\hat{\boldsymbol{y}}\frac{Iqv}{2\pi\varepsilon_0 rc^2} \tag{6.2}$$

此例中磁场为

$$\boldsymbol{B}=\hat{\boldsymbol{z}}\frac{I}{2\pi\varepsilon_0 rc^2} \tag{6.3}$$

则式（6.1）变为

$$\boldsymbol{F}=q\boldsymbol{v}\times\boldsymbol{B}=(\hat{\boldsymbol{x}}\times\hat{\boldsymbol{z}})(qv)\left(\frac{I}{2\pi\varepsilon_0 rc^2}\right)=-\hat{\boldsymbol{y}}\frac{Iqv}{2\pi\varepsilon_0 rc^2} \tag{6.4}$$

这与式（6.2）相符。

$\boldsymbol{B}$ 与 $\boldsymbol{r}$ 及电流 $I$ 的关系如图6.1所示。其中涉及3个互相垂直的方向：某一点 $\boldsymbol{B}$ 的方向，由该点到导线的矢量 $\boldsymbol{r}$ 的方向以及线中通过的电流的方向。在这里，我们这门课程首次遇到了旋向性问题。根据式（6.1）中对 $\boldsymbol{B}$ 的定义，并在符合传统矢量乘积规则，即如图6.1中所示坐标下的 $\hat{\boldsymbol{x}}\times\hat{\boldsymbol{y}}=\hat{\boldsymbol{z}}$ 等规则基础上，我们可以确定 $\boldsymbol{B}$ 的方向。如果一个粒子沿电流方向运动，并同时根据 $\boldsymbol{B}$ 的方向环绕导线，我们就可以发现这种旋向性关系。无论你由什么方向看去，它的轨迹都是如图6.2（a）中的右手螺旋，而不是图6.2（b）中的左手螺旋。

从 $\boldsymbol{F}=q\boldsymbol{E}+q\boldsymbol{v}\times\boldsymbol{B}$ 公式，我们还可以看到另外三个矢量（不必互相垂直），分别是作用在电荷 $q$ 是的力 $\boldsymbol{F}$，电荷的速度 $\boldsymbol{v}$，及电荷所在位置处的磁场 $\boldsymbol{B}$。图6.1中，

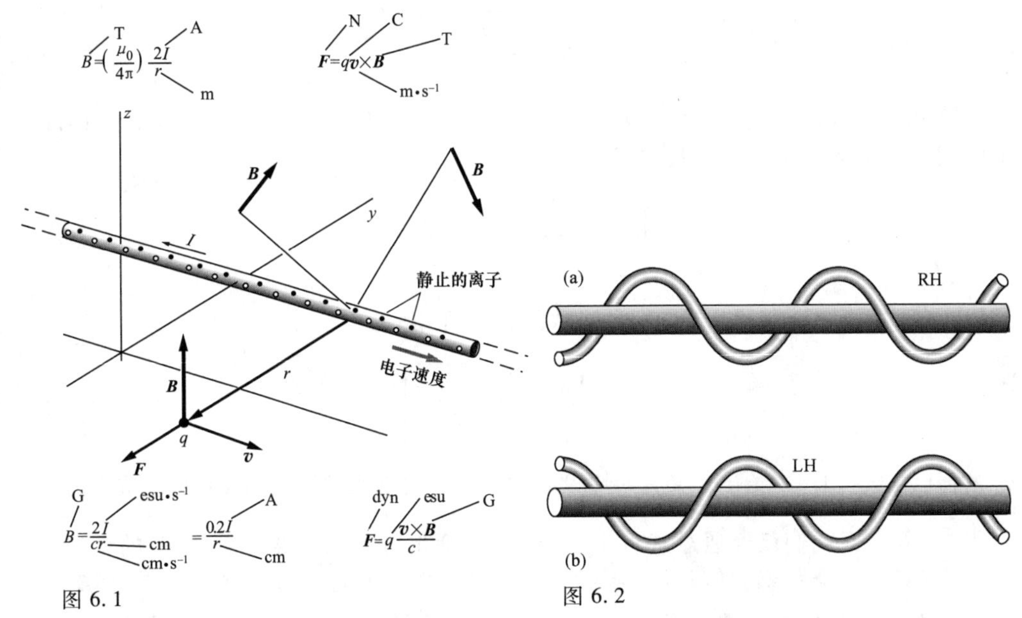


图 6.1

一条长直导线中的电流所产生的磁场及运动的带电粒子经过此磁场时所受的力。

图 6.2

（a）中的为右手螺旋；（b）中的为左手螺旋。

$\boldsymbol{v}$ 恰好是沿着导线的方向的，$\boldsymbol{F}$ 沿着 $\boldsymbol{r}$ 的方向。但是这都不是必需的。$\boldsymbol{F}$ 总是垂直于 $\boldsymbol{v}$ 和 $\boldsymbol{B}$，不过 $\boldsymbol{v}$ 可以是任何方向，不必垂直于 $\boldsymbol{B}$。

设想一个如图 5.2（a）中所示的奥斯特实验。实验中，当导线与电池相连时，电流的方向就确定了。将磁针的一端涂色，并称之为标记端。早在奥斯特之前“指北”的一端正是被如此设计的，即图 5.2（a）中所示的黑色一端。[1] 若你将其与图 6.1 比较，可以发现定义中 $\boldsymbol{B}$ 的方向正是其所指的“北磁极”。换句话说，图 5.2（a）中的电流与磁针确定的右手螺旋（见图 6.2），正如图 6.1 中的电流方向与矢量 $\boldsymbol{B}$ 方向的关系。这并不能说明电磁学中一定有什么本征的“右手法则”，我们所关心的只是规则及定义的自洽性。然而，我们必须指出，静电学中永远不会有旋向性的问题。就这一点来看矢量 $\boldsymbol{B}$ 与矢量 $\boldsymbol{E}$ 有着本质上的区别。同样地，力学中表达角速度的矢量与表达线速度的矢量也不同。

由式（6.1）可确定 $\boldsymbol{B}$ 的国际单位制下的单位。在单位场强的磁场中，带电量为 1C 的电荷以 1m/s 的速度垂直于磁场运动，该电荷受到 1N 的力。如此定义出的 $\boldsymbol{B}$ 的单位为特斯拉（T）：

$$1\mathrm{T}=1\,\frac{\mathrm{N}}{\mathrm{C}\cdot\mathrm{m/s}}=1\,\frac{\mathrm{N}}{\mathrm{A}\cdot\mathrm{m}} \tag{6.5}$$

若要用其他单位表示，1T 还等于 $1\mathrm{kg}\cdot\mathrm{C}^{-1}\cdot\mathrm{s}^{-1}$。在国际单位制下，如式（6.3）所示的电场与电流之间的关系通常被写为

1 我们知道，在地质学历史上，地球的磁极反转了许多次。见习题 7.19。

$$\boxed{\boldsymbol{B}=\hat{z}\frac{\mu_0 I}{2\pi r}} \tag{6.6}$$

此处 $\boldsymbol{B}$ 单位为 T，$I$ 单位为 A，$r$ 单位为 m。常量 $\mu_0$ 与静电学中的 $\varepsilon_0$ 相似，是国际单位制中的基本常量之一，其精确值为

$$\boxed{\mu_0 \equiv 4\pi\times10^{-7}\frac{\mathrm{kg\cdot m}}{\mathrm{C}^2}} \tag{6.7}$$

当然，若式（6.6）与式（6.3）是一致的，则可知

$$\mu_0=\frac{1}{\varepsilon_0 c^2} \Rightarrow \boxed{c^2=\frac{1}{\mu_0\varepsilon_0}} \tag{6.8}$$

$\varepsilon_0$ 的值已由式（1.3）给出，又有 $c=2.998\times10^8\,\mathrm{m/s}$，读者可验证上述关系确实成立。

注意：在我们已经通过式（6.3）得出了通电导线所产生的磁场 $\boldsymbol{B}$ 的情况下，读者可能会疑惑为何我们还要用式（6.6）中引入的常量 $\mu_0$ 来重新表示 $\boldsymbol{B}$。这是因为 $\mu_0$ 是研究磁的过程中的产物，这可与我们在第5章中所用到的狭义相对论相对照。狭义相对论是在1905年被提出的，早在这之前电效应与磁效应之间的联系已经被揭示出了。有一个关于这种联系的例子，即我们在5.1节中学过的，奥斯特于1820年发现通电导线会产生一个磁场，$\mu_0$ 最终作为式（6.6）中的比例常数出现（或者更准确地说，可以认为 $\mu_0$ 为一个给定的量，然后式（6.6）就此来定义了一个电流的单位）。即使人们已经观察到了电与磁之间的联系，至19世纪中叶为止，人们对于 $\boldsymbol{B}$ 表达式中的 $\mu_0$ 与 $\boldsymbol{E}$ 表达式中的 $\varepsilon_0$ 之间的联系尚不明确，二者似乎是两种独立的理论中没有关系的两个常量。但之后的两个发现改变了这一点。

第一，在1861年麦克斯韦完成了其方程组，该方程组可以解决所有电磁学问题。之后麦克斯韦用此方程组证明了电磁波的存在以及电磁波的速度为 $1/\sqrt{\mu_0\varepsilon_0}\approx 3\times10^8\,\mathrm{m/s}$。（我们将在第9章中学习麦克斯韦方程组及电磁波。）这强烈地暗示了光是一种电磁波，赫兹于1888年对此进行了实验证明。因此，$c=1/\sqrt{\mu_0\varepsilon_0}$，进而有，$\mu_0=1/\varepsilon_0 c^2$，上述推理过程证明了光速 $c$ 是由常量 $\mu_0$ 及 $\varepsilon_0$ 决定的。

第二，爱因斯坦于1905年提出了狭义相对论。相对论是我们在第5章中推理的基础（第5章中的推理主要体现在长度收缩及相对论下的速度叠加公式），同时也是得出式（6.3）所示磁场表达式的基础。将此式与式（6.6）相比可得 $\mu_0=1/(\varepsilon_0 c^2)$。按照这样的推理方式，$\mu_0$ 是由常量 $\varepsilon_0$ 与 $c$ 决定的。当然，按照第5章的处理方式，我们在已有式（6.3）的情况下无需引入式（6.6）中的 $\mu_0$。不过我们更习惯于用式（6.6）所示的国际单位制下 $\boldsymbol{B}$ 的表达形式。如果你愿意，你可以认为 $\mu_0$ 是 $1/\varepsilon_0 c^2$ 的简写。

比较前面两段，不清楚用哪种方法推出 $\mu_0=1/(\varepsilon_0c^2)$ 更好。是先将 $\mu_0$ 和 $\varepsilon_0$ 作为基本常数，再在麦克斯韦的帮助下，得出 $c$ 的值，还是把 $\varepsilon_0$ 和 $c$ 作为基本常数，再在爱因斯坦的帮助下，求出 $\mu_0$ 的值？前面那种推导方法可以解释为什么 $c$ 的值为 $2.998\times10^8$m/s，而后者可以解释磁场是如何从电场力引起的。总之，采用哪个方法取决于你开始知道的信息。

在高斯单位制中，式（6.1）有少许不同，写为

$$\boldsymbol{F}=q\boldsymbol{E}+\frac{q}{c}\boldsymbol{v}\times\boldsymbol{B} \tag{6.9}$$

注意，此处的 $\boldsymbol{B}$ 与 $\boldsymbol{E}$ 量纲相同，系数 $\boldsymbol{v}/c$ 为无量纲量。如果力 $F$ 的单位为达因（dyne），电荷 $q$ 的单位为 esu，那么磁场强度的单位为 dyne/esu，此单位称为高斯（G）。当 dyne/esu 被用作电场强度时没有特别的称谓，等同于 1statvolt/cm，后者常被用于高斯单位制中表示电场强度。在高斯单位制下，式（6.3）应写为

$$\boldsymbol{B}=\hat{z}\,\frac{2I}{rc} \tag{6.10}$$

若我们按照第 5 章中的方法来分析，就会发现 $\boldsymbol{B}$ 是将式（6.3）中的 $1/(4\pi)$ 换为 $\varepsilon_0$ 并将含 $c$ 的因式去除所得。若 $I$ 的单位为 esu/s，$r$ 单位为 cm，$c$ 单位为cm/s，则 $\boldsymbol{B}$ 的单位为 G。

**例题（1 特斯拉与 1 高斯之间的关系）** 证明 1T 等价于 $10^4$ G。

**解** 设想如下条件：1C 的电荷以 1m/s 的速度沿垂直于磁场的方向运动，磁感应强度为 1T。由式（6.1）及式（6.5）可知此时电荷所受的力为 1N。下面我们用式（6.9）中给出的高斯单位制下各种力的关系来推导出上述结果。我们知道 $1\text{N}=10^5$ dyn，$1\text{C}=3\times10^9$esu（此处的“3”并非实际的 3，见下面的讨论）。若我们令 $1\text{T}=n\text{G}$，$n$ 待定，那么式（6.9）给出的关系就可以表示成

$$10^5\,\text{dyn}=\frac{3\times10^9\,\text{esu}}{3\times10^{10}\,\text{cm/s}}\left(100\,\frac{\text{cm}}{\text{s}}\right)(n\text{G}) \tag{6.11}$$

由于 1G 等价于 1dyn/esu，所以上式所有的单位都抵消，最终有 $n=10^4$，题设得证。

式（6.11）中的两个 3 实际上是 2.998，这是由分母中的 $c$ 所含的 3 而来。若要知道为何该因式出现在分母中，不妨回想 1.4 节中的例题，当时我们证明了 $1\text{C}=3\times10^9$esu。如果你重新看一遍那个例题，并代入式（1.2）和式（1.3）中给出的常量 $k$，你就会发现数值 $3\times10^9$ 实际上为 $\sqrt{10^9k}$（忽略 $k$ 的单位）。如果考虑到式（6.7）中对 $\mu_0$ 的定义，那么式（1.3）中的 $k=1/4\pi\varepsilon_0$ 可以写为 $k=1/(10^7\mu_0\varepsilon_0)$，由前面的叙述可知，$1/\mu_0\varepsilon_0=c^2$，因此 $k=10^{-7}c^2$（忽略单位）。综上，数值 $3\times10^9$ 实际上为 $\sqrt{10^9k}=\sqrt{10^2c^2}=10c$（忽略单位），也就是 $2.998\times10^9$。由于式（6.11）中的两个 3 都经过同一方式修正，所以结果 $n=10^4$ 是正确的。

让我们用式（6.1）与式（6.6）来计算平行载流导线间彼此作用的磁场力。设 $r$ 为两导线间距离，$I_1$ 和 $I_2$ 为同向电流，如图 6.3 所示。导线设为无限长，这种假设在导线长度与 $r$ 相比非常大时是成立的。我们想要得到一根导线上长为 $l$ 的一段所受到的另外一根导线给它的作用力。导线 1 中的电流在导线 2 处引发的磁场为

$$B_1 = \frac{\mu_0 I_1}{2\pi r} \tag{6.12}$$

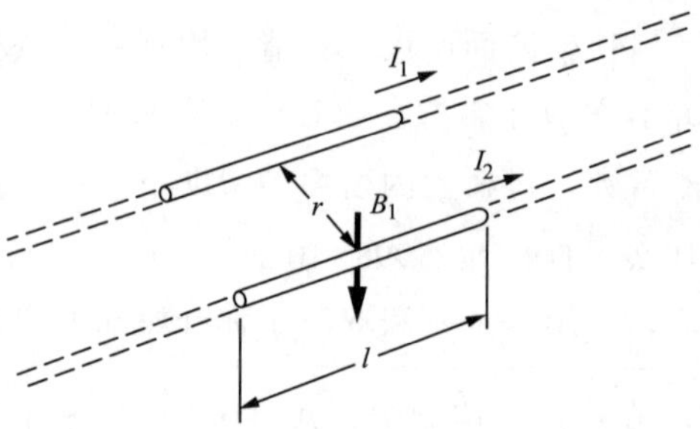

图 6.3
电流 $I_1$ 在导体 2 处的磁场为 $B_1$。导体 2 上长为 $l$ 的一段所受的力由式（6.15）给出。

导线 2 中每米长的导线中的运动电荷数为 $n_2$，每个电荷的电量为 $q_2$、速率为 $v_2$。因此 $I_2$ 为

$$I_2 = n_2 q_2 v_2 \tag{6.13}$$

根据式（6.1），作用于每个电荷的力为 $q_2 v_2 B_1$。[2] 因此作用于每米导线上的力为 $n_2 q_2 v_2 B_1$，或简单地写为 $I_2 B_1$。导线 2 上长度为 $l$ 的一段所受的力为

$$\boxed{F = I_2 B_1 l} \tag{6.14}$$

将式（6.12）中的 $B_1$ 代入，得

$$\boxed{F = \frac{\mu_0 I_1 I_2 l}{2\pi r}} \tag{6.15}$$

此处 $F$ 单位为 N，$I_1$、$I_2$ 单位为 A。因为 $l/r$ 这一因子在式（6.15）及式（6.16）中都是无量纲的量，所以 $I$ 和 $r$ 可使用任何单位制。[3]

在高斯单位制下根据式（6.9）和式（6.10）进行类似的计算，可得

$$F = \frac{2 I_1 I_2 l}{c^2 r} \tag{6.16}$$

式（6.15）中的脚标 1 和 2 是对称的，因此导线 2 对导线 1 上长度为 $l$ 的一段施加的力一定与该式相同。我们无需过分注意符号，因为我们知道，方向相同的两电流互相吸引。

---

2　$B_1$ 为导线 2 中的磁场，它是由导线 1 中的电流引发的。在第 11 章中我们将学习物体内的磁场，届时我们将发现，多数金属，如铜和铝——但不包括铁——是对磁场有影响的。现在，我们暂且不考虑铁、铁磁体类物质的影响。这样我们就可以认为，导线内部的磁场与真空中的相同。

3　式（6.15）通常被看作国际单位制中对安培的定义，此处 $\mu_0$ 取值为 $4\pi\times10^{-7}$。也就是说，两条无限长载流导线相距为 $r$，其中一段长度为 $l=r$ 的导线上受力为 $2\times10^{-7}$N，则电流就为 1A。这样就可以用安培来定义国际单位制中一些其他单位了，如库仑为安培·秒，伏特为焦耳/库仑，欧姆为伏特/安培。

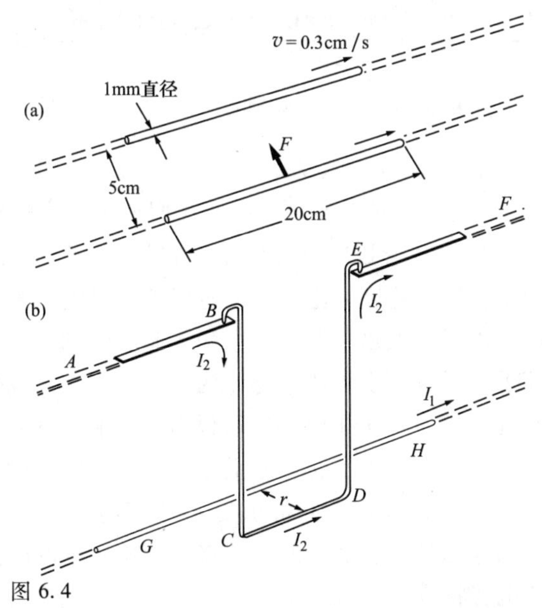


图 6.4

（a）每条铜导线中的电流为 32A，作用于长度为 20cm 的导体上的力 $F$ 为 $8\times10^{-4}$N。（b）测量单位长度导体受力的一种方法。线段 $BCDE$ 在导电转轴下方作钟摆运动。直导体 $GH$ 产生的场使 $CD$ 受力，该力为使钟摆偏离垂直位置的唯一的力。

再考虑更普遍的情况，我们可以考虑在磁场 $\boldsymbol{B}$ 中的一小段通电导线所受的力。假设导线长度为 $\mathrm{d}l$，导线中运动电荷的密度为 $\lambda$，电荷运动速度为 $v$。那么导线内处于运动状态的电荷量为 $\mathrm{d}q=\lambda\mathrm{d}l$，电流为 $I=\lambda v$（由于 $\lambda=nq$，所以该结果与式（6.13）相符）。由式（6.1）可知，作用于此导线片段的磁场力为

$$\mathrm{d}\boldsymbol{F}=\mathrm{d}q\boldsymbol{v}\times\boldsymbol{B}=(\lambda\mathrm{d}l)(v\hat{\boldsymbol{v}})\times\boldsymbol{B}=(\lambda v)(\mathrm{d}l\hat{\boldsymbol{v}})\times B\Longrightarrow\mathrm{d}\boldsymbol{F}=I\mathrm{d}\boldsymbol{l}\times\boldsymbol{B} \tag{6.17}$$

矢量 $\mathrm{d}\boldsymbol{l}$ 表示一小段导线的长度及方向，式（6.14）中的结果 $F=I_2B_1l$ 为该式的一个特例。

**例题（铜导线）** 这里我们利用式（6.13）和式（6.14）来分析图 6.4（a）中的导线对。两铜线直径都为 1mm，相距 5cm。在第 4 章中已经提到了，铜中每立方米中导电电子数为 $8.45\times10^{28}$，因此每米导线中导电电子数为 $n=(\pi/4)(10^{-3}\ \mathrm{m})^2(8.45\times10^{28}\ \mathrm{m}^{-3})=6.6\times10^{22}\ \mathrm{m}^{-1}$。假设电子的平均漂移速度 $\bar{v}$ 为 0.3 cm/s = 0.003m/s（当然，电子的随机漂移速度比这大得多），则导线中的电流为

$$I=nq\bar{v}=(6.6\times10^{22}\mathrm{m}^{-1})\times(1.6\times10^{-19}\mathrm{C})\times(3\times10^{-3}\mathrm{m/s})\approx32\mathrm{C/s}$$

一段 20cm 导线所受的吸引力为

$$F=\frac{\mu_0 I^2 l}{2\pi r}=\frac{(4\pi\times10^{-7}\mathrm{kg\cdot m/C^2})(32\mathrm{C/s})^2(0.2\mathrm{m})}{2\pi(0.05\mathrm{m})}\approx8\times10^{-4}\mathrm{N} \qquad (6.18)$$

$8\times10^{-4}$N 的力很小，但已可以被测量到，图 6.4（b）为如何测量特定长度的导体所受的力的示意图。

式（6.18）中的 $\mu_0$ 可以写为 $1/\varepsilon_0 c^2$。正如我们在第 5 章中所说，分母中的 $c^2$ 告诉我们磁场力是一个与相对论效应有关的量，它与 $v^2/c^2$ 成正比，符合洛伦兹收缩。此处，上述例题中，即使速度 $v$ 比一只普通蚂蚁的速度还要小，仍会有一个相当大的力产生！我们可以对此做出解释：导电粒子是大量的负电荷，通常这些负电荷都被正电荷中和掉了，以致几乎无法察觉。为理解这一点，我们可以设想，若这些每米导线中所含有的数量为 $6.6\times10^{22}$ 的电荷没有被中和，图 6.4 中的导线将对彼此产生一个排斥力，作为一个练习，你可以计算出此力的大小为 $c^2/v^2$ 乘以之前我们所算得的力，结果大概是每米导线上将承受 $4\times10^{15}$ 吨的力。所以将所有需涉及的电荷作为一个整体来考虑是很有必要的。若将一滴雨水中的电荷由地球上简单地抹去，则整个地球的电势将升高几百万伏。

小到雨滴，大至星球，几乎所有的物体都是电中性的。对于一个物体，只要它比分子大得多，那么其携带的质子数与电子数就应该是等量的，若非如此，就会产生一个很强的电场，多余的电荷将被排出该物体。在我们的实验中，如果铜导线中多出的负电荷仅为总数的 $10^{-10}$，上述现象就会发生。但是，磁场是不会这样的。不论磁场有多强，它都不会对静电荷产生力的作用，这就是为何运动电荷所产生的力会起主导作用。式（6.1）中右侧的第二项比第一项大得多。正是因为这个大得多的第二项，汽车中的马达才能发动汽车。而在原子范畴，两个带电粒子对之间的库仑力起着作用。相比于静电力，磁场力就是第二位的了。通常来说，根据粒子速度与光速之比的平方这个因子，可知磁场力更弱。

在原子内部，磁场大小大约为 10T（或 $10^5$G）。实验室中，虽然可以做到在短时间内产生几百特斯拉的磁场，不过能够实现的大规模磁场最强也就是 10T 这个量级。在传统的电力装置中，如电力马达中，1T（或 $10^4$G）的磁场[4] 较常见。磁谐振成像（MRI）仪也工作在 1T。冰箱的磁场大概是 10G。地球表面的磁场大致是数十个高斯的强度，而在地球的金属矿内部的电流会引起磁场，其磁场会强几十倍。在太阳表面及其附近，我们可以观察到强大的磁场。太阳黑子正是磁场爆发所导致的，局部磁场的强度为数千高斯。一些其他行星具有更强的磁场，如在中子星

4　尼古拉·特斯拉（Nikola Tesla）（1856—1943），发明家，电气工程师，国际单位以他命名。特斯拉发明了交流感应电动机及许多很有用的电磁器件。高斯关于磁场的工作主要关注的是地磁场，这可能有助于我们记住哪个是更强的磁场强度单位。对于较弱的磁场，用 G 作为单位比以 tesla（T）为单位更方便，虽然严格说来 G 不属于国际单位。这不会引发任何问题，因为只要考虑 $10^4$ 系数即可得到 T。如果你不习惯使用国际单位制以外的单位，那么大可以将 G 认为是 T 的万分之一。

或者脉冲星的表面，其磁场的强度有时可达到令人难以置信的 $10^{10}$T。从更广阔的范围来说，我们所处的银河系遍布着磁场，它们延伸至数千光年之外的星际空间中。根据天文观测，我们可以推断出其强度大概为数毫高斯，这足以使磁场成为影响星际动力学中一个重要因素。

## 6.2 磁场的一些性质

与电场相似，磁场也是一种用来描述带电粒子之间如何相互影响的体系。若正午 12：00 时，点（4.5，3.2，6.0）处的磁感应强度为 5G，方向为沿 $y$ 轴负方向，那么就是说在该时刻该处的一个运动带电粒子就会有一个加速度。这种“给出一个矢量 $\boldsymbol{B}$”的描述给出了所有我们需要的信息，根据这一描述，我们可以唯一地得出，以任意速度运动的任意带电粒子所受到的与其速度相关的力，而无需再考虑产生这一磁场的带电粒子的状态。换句话说，若有两个不同的运动电荷系统在某一确定点恰好产生了相同的 $\boldsymbol{E}$ 和 $\boldsymbol{B}$，那么处于该点的试探电荷的行为将完全相同。正是因为这一点，场作为描述粒子相互作用强度的概念，是十分有用的。也正是基于这一点，我们认为场是一个独立存在的实体。

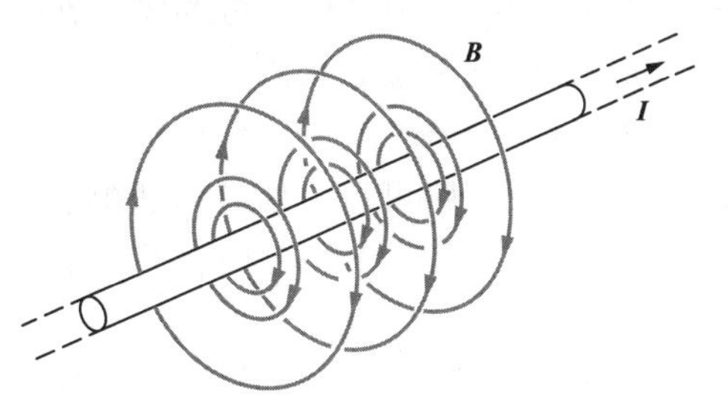

图 6.5
环绕通电导线的磁场线。

从我们现在的观点来看，用我们发明的场的概念来描述粒子之间的相互作用，比用粒子来描述是更加真实一些还是差一些？这是一个很有深度的问题，我们将对此深入讨论。对于某些人——如法拉第和麦克斯韦——来说，电场和磁场是真实存在的，这种观点让他们获得了很多新的观点和伟大的发现。下面，让我们像他们那样来切实地观察和学习磁场的一些性质。

到现在为止，我们只学习了直导线中的稳恒电流所产生的磁场。磁场的方向与包含导线及待测点的平面相垂直，磁场的强度的大小与 $1/r$ 成正比。磁场线为环绕导线的圆，如图 6.5 所示。$\boldsymbol{B}$ 的方向是由我们之前提及的式（6.1）中的第二项 $q\boldsymbol{v}\times\boldsymbol{B}$矢量叉乘法则决定的，以及“沿着电流方向运动的正电荷彼此相吸而不是互斥”这一物理事实。这样一来，如果我们如图 6.5 中所示的那样，根据磁场的来源的方向，即电流的方向，这样就可以确定出 $\boldsymbol{B}$ 的方向。从电流的正方向看去，磁场线是顺时针的方向，可以记成是右手螺旋关系。

接下来讨论磁场 $\boldsymbol{B}$ 沿闭合回路的线积分。（在讨论电场相关问题时有一个与此类似的关于点电荷的讨论，当时的例子证明了电场的一个简单而基本的性质，即电场沿闭合回路的积分 $\int \boldsymbol{E}\cdot d\boldsymbol{s}=0$，或者说 $\mathrm{curl}\boldsymbol{E}=\boldsymbol{0}$。）考虑图 6.6（a）中的第一条

路径 $ABCD$，这条路径在与导线垂直的平面内，事实上我们也只需要在该平面内计算，因为 $\boldsymbol{B}$ 在平行于导线的方向上没有分量。因为如下的原因，在该路径上 $\boldsymbol{B}$ 的线积分为零。路径 $BC$ 和路径 $DA$ 垂直于 $\boldsymbol{B}$，对积分的贡献为零。在 $AB$ 上的磁感应强度为 $CD$ 上的磁感应强度乘以 $r_2/r_1$，不过 $CD$ 长度是 $AB$ 长度的同样倍数。因为 $CD$ 与 $AB$ 弧度相同，半径不同，所以这两条弧线对积分的贡献大小相等，正负相反，因此整个环路积分为零。

如图 6.6（b）中由径向线段和弧构成的任何闭合回路，其积分同样为零。由此可以得出结论，沿任意不包含导线的闭合回路的积分都为零。为使路径的边角圆滑，我们只需要证明沿着三角形的积分为零。在讨论电场问题时也涉及过类似的步骤。

图 6.6（c）所示为一条不包含导线的路径，而这一线路可以是任意形状的。$\boldsymbol{B}$ 沿着不包含导线的任意形状的闭合路径的积分为零。

再考虑如图 6.6（d）中的那样包含导线在内的路径。此处路径的周长为 $2\pi r$，路径上的磁场强度为 $\mu_0 I/2\pi r$，方向为处处与路径相平行，因此沿该特定路径的积分为 $(2\pi r)(\mu_0 I/2\pi r)$，或 $\mu_0 I$。现在我们猜测，$\boldsymbol{B}$ 沿着任意包含着导线的路径的积分值都相等。设想一条如图 6.6（e）中所示的弯曲路径 $C$，并使其与一条不环绕导线的环线共同构成图 6.6（f）中的路线 $C'$，此时 $\boldsymbol{B}$ 沿 $C'$ 的积分一定为零。因此 $\boldsymbol{B}$ 沿后半部分曲线的积分与沿 $C$ 的积分值 $\mu_0 I$ 必定互为相反数。因此我们得到一个通用结论为

$$\boxed{\int \boldsymbol{B}\cdot \mathrm{d}\boldsymbol{s}=\mu_0\times(\text{路径所环绕的电流})}$$

（安培定律）

（6.19）

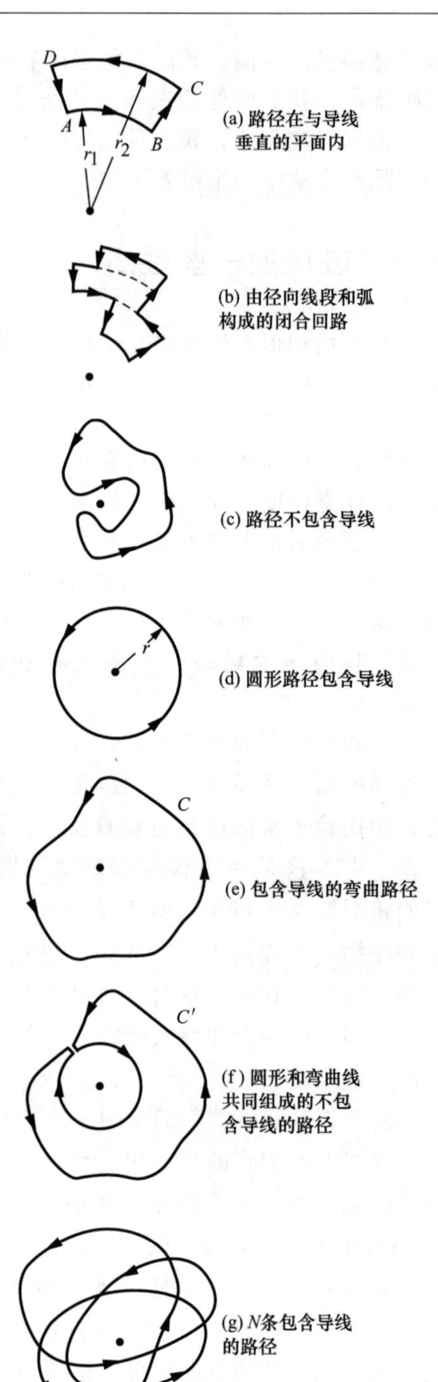


图 6.6

磁场 $\boldsymbol{B}$ 沿着任意环绕电流的路径做积分的结果仅取决于所环绕的电流大小。

该式被称为安培定律，对于任意稳恒电流都适用。若将 $\mu_0$ 换为 $4\pi/c$，则对比式（6.6）和式（6.10）可得到上式的高斯单位制下的形式。

式（6.19）在积分路径环绕通电导线一周时有效。显然，若路径为如图 6.6（g）中所示那样绕导线 $N$ 周，则积分结果为原结果乘以 $N$。

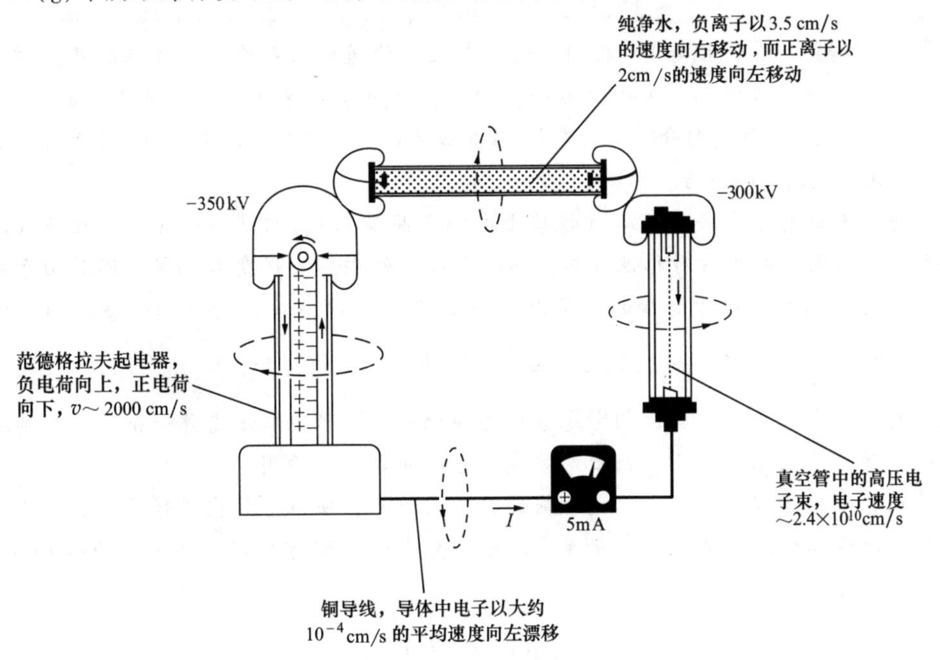


图 6.7

对于环绕该电路任意部分的路径，尽管对应部分电路内载流子的速度相差很大，但 $\boldsymbol{B}$ 沿这些路径的线积分都是相等的。

正如我们之前强调的那样，磁场仅与电荷的运动速度相关，即仅与单位时间内通过指定点的电荷量相关。图 6.7 电路中的电流为 5mA。带电粒子的平均运动速度从部分电路中的 $10^{-6}$m/s 到另外部分电路中的光速的 0.8 倍。$\boldsymbol{B}$ 沿任意环绕该电流的闭合回路的线积分值都相同，为

$$\int \boldsymbol{B}\cdot \mathrm{d}\boldsymbol{s}=\mu_0 I=\left(4\pi\times 10^{-7}\frac{\mathrm{kg}\cdot\mathrm{m}}{\mathrm{C}^2}\right)\times\left(5\times 10^{-3}\frac{\mathrm{C}}{\mathrm{s}}\right)=6.3\times 10^{-9}\frac{\mathrm{kg}\cdot\mathrm{m}}{\mathrm{C}\cdot\mathrm{s}} \quad (6.20)$$

结果的单位等价于 T · m，读者可以通过计算等式左侧各物理量的量纲对此进行检验。

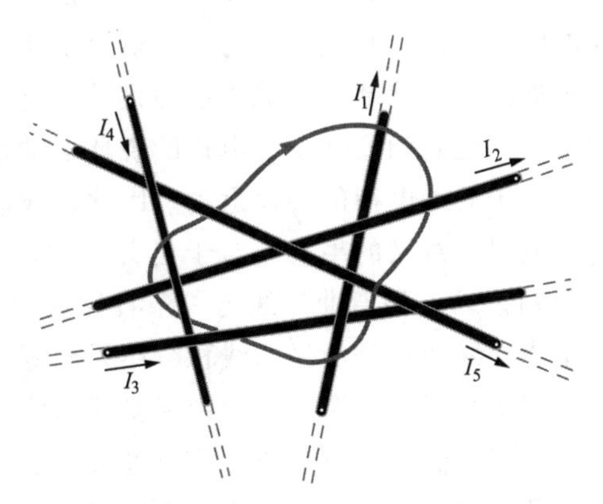


图 6.8

多根直导线叠加的情况。$\boldsymbol{B}$ 沿着箭头方向绕着所示闭合路径的积分为 $\mu_0(-I_4+I_5)$。

我们通过长直通电导线得出了上述结果，在处理多根导线情况时，经过叠加仍能成立。在图6.8中数根导线中通过了不同方向的电流，若式（6.19）对于其中一根导线形成的磁场适用，则它必定也对各个场的矢量和形成的总场适用。因此，只要我们知道图6.8中的路径所包含的电流的值，即可得出 **B** 沿此线路的积分值。

**例题（粗导线产生的磁场）** 我们知道，在极小的通电细导线外部存在磁场，磁场方向沿着导线切线方向，大小为 $B=\mu_0 I/2\pi r$。但对于粗导线来说如何呢？假设导线半径为 $R$，内部通过均匀分布的电流 $I$，该导线可以看作许多彼此平行的通电细导线的叠加。求导线内外的磁场。

**解** 考虑有这样一个安培环路（性质上类似于高斯面），它是一个环绕着粗导线的半径为 $r$ 的圆。由圆柱对称性可知，环路上各点处磁感应强度 $B$ 相等。同时由于粗导线是许多细导线对称叠加的，所以 **B** 的方向为切线方向，无径向分量。因此线积分 $\int \boldsymbol{B}\cdot \mathrm{d}\boldsymbol{s}$ 等于 $B(2\pi r)$。如此，由安培定律可以很快得知，$B=\mu_0 I/2\pi r$。我们发现，对于一条粗导线，当我们考虑其外部的磁场时，可以将其看作一条位于其轴线处的细导线。该结果对于一条带电导线的电场问题同样适用。

现在考虑导线内部一点。由于截面积正比于 $r^2$，所以导线内半径为 $r$ 以内的一部分所携带的电流为 $I_r=I(r^2/R^2)$。如此，由安培定律可知半径为 $r$ 处的（切向）磁感应强度为

$$2\pi rB=\mu_0 I_r \Longrightarrow B=\frac{\mu_0(I\cdot r^2/R^2)}{2\pi r}=\frac{\mu_0 Ir}{2\pi R^2} \qquad (r<R) \tag{6.21}$$

上面我们讨论了长直导线的磁场。但是我们还要了解以任意形式分布的电流所产生的磁场，比如有一个简单的例子是，电流呈闭环状流动的圆导线中的磁场是怎样的呢？或许，我们可以通过分析每个移动带电粒子的场来得出？但是这种方法是行不通的。虽然环形电流可以假设是带电粒子以恒定大小的速度沿环状路径运动所产生的，但是问题在于，电荷的绕环运动是一个加速运动的过程，而我们之前的分析所基于的是电荷的匀速运动。因此，我们放弃这种讨论方法，直接阐述如下虽然简单但很有意义的事实：对于更普遍的场也严格遵循着与上述相同的定律，即式(6.19)。若一条弯曲导线与一条直导线中通过的电流的大小相等，则 **B** 分别沿着两条绕导线的路径所做的线积分结果相等。这一结果我们目前还无法严格推论，所以我们将其看作一个由实验结果验证的假设。

虽然我们已经对“安培定律适用于任意形状的导线”这一点进行了推理，但我们还是只能暂时“承认”上述结论是正确的，读者可能对此感到困扰。这里所说的“推理”和“承认”之间的差别很难解释清楚。在第9章中我们将认识到，安培定律是麦克斯韦方程组中一个方程的特例。因此，承认安培定律的正确性等同

于承认对应的麦克斯韦方程。考虑到麦克斯韦方程组可以解释所有的电磁学现象(该方程组与无数实验现象都相符)，我们不得不承认其正确性。同样，到现在为止我们在本书中推导出的结论（特别是第 5 章中的结论）都可以追溯到库仑定律，库仑定律等价于高斯定律，而高斯定律又等价于麦克斯韦方程组中的另一个方程。这样，承认库仑定律的正确性就等价于承认对应的麦克斯韦方程。总的来说，所有的问题都可以归结到麦克斯韦方程组。库仑定律并不是一个比安培定律更基本的定律，我们很久以前已经接受了前者，所以此处不应该对承认后者感到困惑。

为了以普适的方式陈述这一结果，我们需要讨论电流在空间中的分布。稳恒电流的分布可用空间中不同点处的电流密度 $\boldsymbol{J}(x, y, z)$ 来描述，电流密度会随位置而变，但不随时间而变。在讨论导线中的电流时，可以认为导线中 $\boldsymbol{J}$ 很大，而在导线外 $\boldsymbol{J}$ 处处为零。在第 4 章中，我们讨论了电流的空间分布，当时我们指出，对于不随时间变化的电流，$\boldsymbol{J}$ 必须满足连续性方程，或者说需要满足电荷守恒定律，即

$$\mathrm{div}\boldsymbol{J}=0 \tag{6.22}$$

对于任意一个有电流流过的曲面 $C$，通过 $C$ 的总电流为通过 $C$ 的所有 $\boldsymbol{J}$ 的流量，即对其表面 $S$ 做 $\boldsymbol{J}$ 的积分 $\int_S \boldsymbol{J}\cdot \mathrm{d}\boldsymbol{a}$（见图 6.9）。因此，式（6.19）中的关系可以以普适的方式表达为

$$\int_C \boldsymbol{B}\cdot \mathrm{d}\boldsymbol{s}=\mu_0\int_S \boldsymbol{J}\cdot \mathrm{d}\boldsymbol{a} \tag{6.23}$$

将该式与第 2 章中所得出的斯托克斯定理相比较：

$$\int_C \boldsymbol{F}\cdot \mathrm{d}\boldsymbol{s}=\int_S (\mathrm{curl}\boldsymbol{F})\cdot \mathrm{d}\boldsymbol{a} \tag{6.24}$$

可得出式（6.23）的一个等价的表达式为

$$\boxed{\mathrm{curl}\boldsymbol{B}=\mu_0\boldsymbol{J}} \tag{6.25}$$

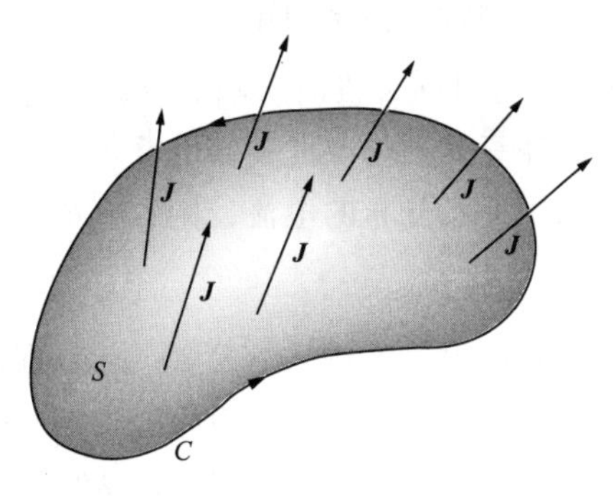

图 6.9
$\boldsymbol{J}$ 为局部电流密度。沿整个面 $S$ 做 $\boldsymbol{J}$ 的面积分，结果等于 $C$ 所包含的电流。

该式为安培定律的微分形式，它是对磁场和产生磁场的运动电荷之间关系的一个最简单、最通用的表述。如式（6.19），将 $\mu_0$ 换为 $4\pi/c$ 即可得到该式的高斯单位制下的形式。注意，式（6.25）中 $\boldsymbol{J}$ 的形式确保了式（6.22）的成立，因为其旋度的散度一定为零（见练习 2.78）。

**例题（粗导线产生的 $B$ 的旋度）** 对于前文“粗导线”的例题，证明在导线内部和外部都满足 $\mathrm{curl}\boldsymbol{B}=\mu_0\boldsymbol{J}$。

**解** 我们可以利用附录 F 中式（F.2）中给出的柱坐标系下的旋度表达式。表达式中唯一的非零微分项为 $\partial(rA_\theta)/\partial r$，所以在导线外有

$$\mathrm{curl}\boldsymbol{B}=\hat{z}\frac{1}{r}\frac{\partial(rB_\theta)}{\partial r}=\hat{z}\frac{1}{r}\frac{\partial}{\partial r}\left(r\frac{\mu_0 I}{2\pi r}\right)=0 \tag{6.26}$$

由于导线外电流密度为零，所以上式正确。目前我们只能确定外部的场正比于 $1/r$。

在导线内部有

$$\mathrm{curl}\boldsymbol{B}=\hat{z}\frac{1}{r}\frac{\partial(rB_\theta)}{\partial r}=\hat{z}\frac{1}{r}\frac{\partial}{\partial r}\left(r\frac{\mu_0 Ir}{2\pi R^2}\right)==\hat{z}\mu_0\frac{1}{\pi R^2}=\mu_0(\hat{z}J)=\mu_0\boldsymbol{J} \tag{6.27}$$

题设得证。

然而，在给定 $\boldsymbol{J}(x, y, z)$ 的情况下，仅根据式（6.25）并不能得出 $\boldsymbol{B}(x, y, z)$，因为许多不同的矢量场都有相同的旋度。我们还需要另外的一个条件来完善它，即 $\boldsymbol{B}$ 的散度。再次观察单根直导线的磁场，可以发现该场的散度为零。在磁场范围内，我们无法找到这样的一个区域，即使是包围导线的区域，其中有净流量流入或流出。这就说明图 6.10 中的 $V_1$ 和 $V_2$ 没有净流量通过。不需任何其余的条件来限定，我们就可以将 $V_1$ 和 $V_2$ 缩减到零，该过程中上述结论仍成立。（这里，磁场 $\boldsymbol{B}$ 依赖于 $1/r$ 并没有影响。有影响的是指向切向方向而其大小与 $\theta$ 角无关）。因此，对于任意此类场及此类场的叠加，都有 $\mathrm{div}\boldsymbol{B}=0$。我们再次假设这一准则适用于在空间中任意分布的电流，则式（6.22）以外的另一个条件为

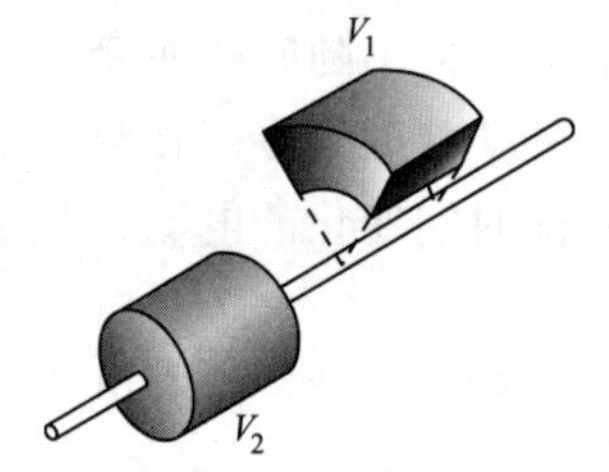

图 6.10
流经两个区域的净磁通量都为零。

$$\boxed{\mathrm{div}\boldsymbol{B}=0} \tag{6.28}$$

利用附录 F 中式（F.2）给出的散度在柱坐标系下的表达式，我们可以容易地证明上式对于前面关于粗导线的例题是成立的，即在导线内部和外部都成立。$\boldsymbol{B}$ 中唯一非零的分量为 $B_\theta$，而 $\partial B_\theta/\partial\theta=0$。

我们关心的是场源存在于有限空间内的场，而不考虑场源处于无限远处或者场源无限强的情况。如此，在无限远处 $\boldsymbol{B}$ 为零。在这样的条件下，我们有如下定理。

**定理 6.1　假设 $\boldsymbol{B}$ 在无穷远处为零，对于给定的 $\boldsymbol{J}$，由式（6.25）和式（6.28）就可以确定唯一的 $\boldsymbol{B}$。**

**证明**　假设有两个不同的磁场 $\boldsymbol{B}_1$ 和 $\boldsymbol{B}_2$，都满足上述两个方程。两个磁场存在矢量差 $\boldsymbol{D}=\boldsymbol{B}_1-\boldsymbol{B}_2$，这是一个散度和旋度处处为零的场。因为其旋度为 0，所以它一定是某标量势函数 $f(x, y, z)$ 的梯度[5]，即 $D=\nabla f$。又因为 $\nabla\cdot\boldsymbol{D}=0$，所以又处处有

5　这承接自我们在第 2 章中的讨论内容。若 $\mathrm{curl}\boldsymbol{D}=0$，那么 $\boldsymbol{D}$ 沿着任意闭合路径的线积分都为零。这意味着我们可以对任意一个参考点来定义出唯一的一个势函数 $f$ 表示 $\boldsymbol{D}$ 的线积分。这样 $\boldsymbol{D}$ 就为 $f$ 的梯度。

$\nabla\cdot\nabla f=\nabla^2 f=0$。对于 $f$，由于很远处的 $\boldsymbol{B}_1$ 和 $\boldsymbol{B}_2$ 为零（也因此 $\boldsymbol{D}$ 为零），所以在足够远的边界处 $f$ 的值一定为一个定值 $f_0$。由于 $f$ 在此边界内部处处满足拉普拉斯方程，所以它在该区域内任意一处都不会有最大值或最小值（见 2.12 节），也因此 $f$ 必定处处都有一相同的值 $f_0$。综上所述，$\boldsymbol{D}=\nabla f=0$，即 $\boldsymbol{B}_1=\boldsymbol{B}_2$。

由某矢量场自身的旋度和散度可以唯一地确定该场的形式（假设该场在无限远处为零），这被称为亥姆霍兹定理。我们在散度为零的特殊情况下对此定理进行过证明。

对于静电场，式（6.25）与式（6.28）的对应式是

$$\boxed{\begin{aligned}&\mathrm{div}\boldsymbol{E}=\frac{\rho}{\varepsilon_0}\\&\mathrm{curl}\boldsymbol{E}=0\end{aligned}} \tag{6.29}$$

要证明这一点，我们可以由库仑定律开始，因为库仑定律正是直接描述静电场中的电荷对每一点电场的贡献的。接下来我们将处理一些有关这种关系的问题。[6] 为此，我们将引入“势函数”来进行分析。

## 6.3 矢势

我们曾引入标量势函数 $\phi(x, y, z)$ 来描述电荷产生的静电场。如果电荷的分布为 $\rho(x, y, z)$，任意一点 $(x_1, y_1, z_1)$ 处的势由如下体积分得出：

$$\phi(x_1,y_1,z_1)=\frac{1}{4\pi\varepsilon_0}\int\frac{\rho(x_2,y_2,z_2)\,\mathrm{d}v_2}{r_{12}} \tag{6.30}$$

积分区域为整个有电荷分布的空间。其中的 $r_{12}$ 为由 $(x_2, y_2, z_2)$ 到 $(x_1, y_1, z_1)$ 的距离。电场 $\boldsymbol{E}$ 为 $\phi$ 的负梯度：

$$\boldsymbol{E}=-\mathrm{grad}\phi \tag{6.31}$$

同样的方法在处理 $\boldsymbol{B}$ 的过程中不再适用，因为 $\boldsymbol{B}$ 与 $\boldsymbol{E}$ 有着本质上的不同。$\boldsymbol{B}$ 的旋度不一定为零，所以通常来说，$\boldsymbol{B}$ 不是某个标量势的梯度。然而，我们知道还有另一个矢量的衍生物，即旋度。我们虽然不能将 $\boldsymbol{B}$ 看作某个标量函数的梯度，但是可以将 $\boldsymbol{B}$ 看作某个矢量函数的旋度，如下：

$$\boxed{\boldsymbol{B}=\mathrm{curl}\boldsymbol{A}} \tag{6.32}$$

作为类比，我们将 $\boldsymbol{A}$ 称作“矢势”。这种矢势有何帮助目前尚不清楚，而当我们继续研究下去，其意义将会显现。式（6.28）总会满足，因为对任意 $\boldsymbol{A}$，其旋度的散度 div curl $\boldsymbol{A}$ 都为零。换句话说，“$\boldsymbol{B}$ 的散度为零”使我们有可以将 $\boldsymbol{B}$ 看作

---

6 学生们可能会疑惑，为什么我们在讨论电流间的相互关系时不从等价于库仑定律的内容开始。答案是，一小段电流与电荷不同，它不能作为一个单独的物体而在物理意义上独立存在。你无法用实验的方式来确定电流的“一部分”所产生的场，因为如果电流的其他部分不存在，那么“电流处于稳定状态”这一表述就会与连续性条件相违背。

另一个矢量函数的旋度。

**例题（导线的矢势）** 作为矢势的一个例子，考虑如图 6.11 的一条长直导线，导线中通过的电流为 $I$，电流方向为流出纸面，即沿着 $z$ 轴正方向。在导线外部矢势 $A$ 是怎样的形式？

**解** 我们知道直导线产生的磁场的场线是如图 6.5 所示的环形线，其中一部分如图 6.11。$\boldsymbol{B}$ 的强度大小为 $\mu_0 I/2\pi r$，用 $\hat{\boldsymbol{\theta}}$ 代表切线方向的单位矢量，我们就得到了 $\boldsymbol{B}$ 的表达式

$$\boldsymbol{B}=\frac{\mu_0 I}{2\pi r}\hat{\boldsymbol{\theta}} \tag{6.33}$$

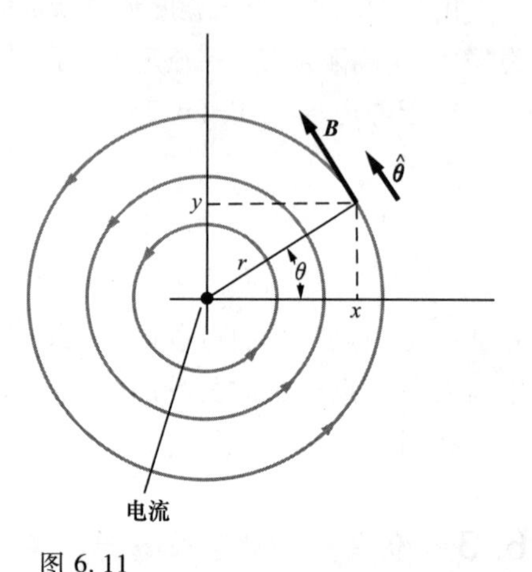


图 6.11
通电导线附近的一些场线。电流流向我们（流出纸平面）。

我们想要求出一个矢量场 $\boldsymbol{A}$，其旋度应该等于 $\boldsymbol{B}$。附录 F 中的式（F.2）给出了旋度在柱坐标系下的形式。在式（6.33）中，我们只需要关心 $\hat{\boldsymbol{\theta}}$ 分量的旋度表达式，即 $(\partial A_r/\partial z-\partial A_z/\partial r)\hat{\boldsymbol{\theta}}$。由于该系统相对于 $z$ 轴对称，所以对 $z$ 求偏导结果为零，上式只剩下 $-(\partial A_z/\partial r)\hat{\boldsymbol{\theta}}$ 项，令其等于式（6.33）中的 $\boldsymbol{B}$，得

$$\nabla\times\boldsymbol{A}=\boldsymbol{B}\Longrightarrow-\frac{\partial A_z}{\partial r}=\frac{\mu_0 I}{2\pi r}\Longrightarrow\boldsymbol{A}=-\hat{z}\frac{\mu_0 I}{2\pi}\ln r \tag{6.34}$$

最后一步看起来应该是分离变量和积分，但实际上不需如此，因为我们知道 $1/r$ 的积分结果为 $\ln r$。在习题 6.4 中我们需要在笛卡儿坐标系下验证上述的 $\boldsymbol{A}$ 的旋度是正确的，类似的见习题 6.5。

当然，式（6.34）中的 $\boldsymbol{A}$ 并非唯一一个与特定 $\boldsymbol{B}$ 对应的矢势，因为 $\boldsymbol{A}$ 再加上任意旋度为零的矢势之后仍对应同样的 $\boldsymbol{B}$。上述结果对导线外的空间成立，在导线内部，$\boldsymbol{B}$ 与此不同，因此对应的 $\boldsymbol{A}$ 也不同。在实心导线内部，要找到一个合适的矢势函数并不困难，见练习 6.43。

现在我们需要做的是，在给定电流密度 $\boldsymbol{J}$ 分布的情况下求出 $\boldsymbol{A}$，进而通过式（6.32）就可求出磁场分布。由式（6.25），可以得出 $\boldsymbol{J}$ 与 $\boldsymbol{A}$ 的关系为

$$\text{curl}(\text{curl}\boldsymbol{A})=\mu_0\boldsymbol{J} \tag{6.35}$$

矢量式（6.35）可以分解为三个标量式。接下来我们计算其中的一个，即 $x$ 方向上的对应式。$\boldsymbol{B}$ 的旋度在 $x$ 方向上的分量为 $\partial B_z/\partial y-\partial B_y/\partial z$，在 $y$ 和 $z$ 方向上的分量分别为

$$B_z=\frac{\partial A_y}{\partial x}-\frac{\partial A_x}{\partial y}$$

$$B_y = \frac{\partial A_x}{\partial z} - \frac{\partial A_z}{\partial x} \tag{6.36}$$

同时式（6.35）的 $x$ 方向分量的部分可以写作

$$\frac{\partial}{\partial y}\left(\frac{\partial A_y}{\partial x} - \frac{\partial A_x}{\partial y}\right) - \frac{\partial}{\partial z}\left(\frac{\partial A_x}{\partial z} - \frac{\partial A_z}{\partial x}\right) = \mu_0 J_x \tag{6.37}$$

上述方程中的偏微分的顺序是可以互换的，利用这一点做重新排列之后可以将式（6.37）写为如下形式：

$$-\frac{\partial^2 A_x}{\partial y^2} - \frac{\partial^2 A_x}{\partial z^2} + \frac{\partial}{\partial x}\left(\frac{\partial A_y}{\partial y}\right) + \frac{\partial}{\partial x}\left(\frac{\partial A_z}{\partial z}\right) = \mu_0 J_x \tag{6.38}$$

为了使该等式更加对称，我们可以在等式的左边添加和删去一项 $\partial^2 A_x/\partial x^2$，就得到[7]

$$-\frac{\partial^2 A_x}{\partial x^2} - \frac{\partial^2 A_x}{\partial y^2} - \frac{\partial^2 A_x}{\partial z^2} + \frac{\partial}{\partial x}\left(\frac{\partial A_x}{\partial x} + \frac{\partial A_y}{\partial y} + \frac{\partial A_z}{\partial z}\right) = \mu_0 J_x \tag{6.39}$$

该式的前三项可以看作是 $A_x$ 的拉普拉斯算子的负值。括号内的量为 $\boldsymbol{A}$ 的散度，这样我们就可以对 $\boldsymbol{A}$ 有一个清楚的描述了。我们所关心的只是 $\boldsymbol{A}$ 的旋度，它的散度可以是任意量，因此我们可以令

$$\text{div}\ \boldsymbol{A} = 0 \tag{6.40}$$

换句话说，在众多满足 curl $\boldsymbol{A}=\boldsymbol{B}$ 的式中，我们只需考虑其中散度为零的那些。为了证明我们这样做是正确的，我们做如下考虑：假设有一个 $\boldsymbol{A}$ 满足 curl $\boldsymbol{A}=\boldsymbol{B}$，同时 div $\boldsymbol{A}=f(x, y, z)\neq 0$。我们认为，对于任意函数 $f$，我们总可以找到一个场 $\boldsymbol{F}$，使得 curl$\boldsymbol{F}=0$ 及 div$\boldsymbol{F}=-f$。如果这是正确的，那么我们就可以用新的场 $\boldsymbol{A}+\boldsymbol{F}$ 来代替 $\boldsymbol{A}$，此场的旋度仍等于 $\boldsymbol{B}$，但散度等于零。事实上，上述的情况确实是正确的，因为我们可以认为 $-f$ 是产生静电场的电荷密度 $\rho$，显然我们可以找到一个形如静电场 $\boldsymbol{E}$ 的一个场 $\boldsymbol{F}$，使 $\boldsymbol{F}$ 满足 curl $\boldsymbol{F}=0$ 且 div $\boldsymbol{F}=-f$，处理方法见图 2.29（a），其中无需涉及 $\varepsilon_0$。

由于 div $\boldsymbol{A}=0$，式（6.39）的括弧中的量可以消去，只剩下如下部分：

$$\frac{\partial^2 A_x}{\partial x^2} + \frac{\partial^2 A_x}{\partial y^2} + \frac{\partial^2 A_x}{\partial z^2} = -\mu_0 J_x \tag{6.41}$$

已知 $J_x$ 是与 $x$，$y$，$z$ 有关的标量函数。让我们将式（6.41）与泊松式（2.73）相比：

$$\frac{\partial^2 \phi}{\partial x^2} + \frac{\partial^2 \phi}{\partial y^2} + \frac{\partial^2 \phi}{\partial z^2} = -\frac{\rho}{\varepsilon_0} \tag{6.42}$$

---

7 该式为矢量恒等式 $\nabla\times(\nabla\times\boldsymbol{A}) = -\nabla^2\boldsymbol{A}+\nabla(\nabla\cdot\boldsymbol{A})$ 的 $x$ 分量。因此，我们此时实际上是在证明这一恒等式。当然，我们可以跳过这些中间步骤，直接将此恒等式应用于式（6.35），但我们认为这一证明对于我们学习很有帮助。

此处两式在形式上是相同的。我们已经知道了如何求解式（6.42），即如式（6.30）做体积分。这样，将式（6.30）中的 $\rho/\varepsilon_0$ 换为 $\mu_0 J_x$，就得到式（6.41）的一个解

$$A_x(x_1,y_1,z_1)=\frac{\mu_0}{4\pi}\int\frac{J_x(x_2,y_2,z_2)\,\mathrm{d}v_2}{r_{12}} \tag{6.43}$$

其他两个方向也满足与此类似的方程。各个方向的分量可以整合为如下简洁的矢量方程：

$$\boxed{\boldsymbol{A}(x_1,y_1,z_1)=\frac{\mu_0}{4\pi}\int\frac{\boldsymbol{J}(x_2,y_2,z_2)\,\mathrm{d}v_2}{r_{12}}} \tag{6.44}$$

再对此做简化，有

$$\boldsymbol{A}=\frac{\mu_0}{4\pi}\int\frac{\boldsymbol{J}\mathrm{d}v}{r}\quad 或\quad \mathrm{d}\boldsymbol{A}=\frac{\mu_0}{4\pi}\frac{\boldsymbol{J}\mathrm{d}v}{r} \tag{6.45}$$

至此，还有一个小问题。在得出式（6.41）的过程中，我们规定 $\boldsymbol{A}$ 的散度为零。如果式（6.44）中 $\boldsymbol{A}$ 的散度不为零，那么，尽管 $\boldsymbol{A}$ 满足式（6.41），它却不满足式（6.39），即，它也不满足式（6.35）。所幸，只要电流是稳恒的（即 $\nabla\cdot\boldsymbol{J}=0$），事实上这也正是我们所关心的情况，式（6.44）中的 $\boldsymbol{A}$ 就满足 $\mathrm{div}\,\boldsymbol{A}=0$。在完成习题6.6时读者可对此进行证明。此证明对于我们接下来要讨论的问题并不重要，在此我们只是出于完整性的考虑而对此进行说明。

然而上例中的 $\boldsymbol{A}$ 无法通过式（6.44）得到，因为导线向远处无限延伸会使积分发散。这可能会让你想起我们在第2章中遇到的困难，当时我们为了求带电导线所产生的电场需要设置一个标量势函数。事实上，这两个问题之间联系非常紧密，这从它们之间相似的几何结构以及式（6.44）和式（6.30）之间的相似性也可以看出来。在式（2.22）中，我们所得到的对应于线电荷问题的标量势为 $-(\lambda/2\pi\varepsilon_0)\ln r+C$，$C$ 为任意常量。对于不在导线上且非无穷远处的任意点，上式对应着零势。对于该标量势和式（6.34）中的矢量势来说，原点和无穷远处的点为奇点。但我们也有办法来解决这一问题，见习题6.5。在 Semon 和 Taylor（1996）的工作中，关于矢量势有过很有趣的论述，其中包括将其解释为“电磁动量”。

## 6.4　任意载流导线的磁场

图6.12所示为一条环形载流导线，通过电流为 $I$。通过式（6.44）进行回路积分可得到点（$x_1$，$y_1$，$z_1$）处的矢势 $\boldsymbol{A}$。对于细导线中的电流，我们取长度为 $\mathrm{d}l$ 的导线元，其对应的体积元为 $\mathrm{d}v_2$。电流密度 $J$ 为 $I/a$，此处的 $a$ 为导线截面积。因为 $\mathrm{d}v_2=a\mathrm{d}l$，所以有 $J\mathrm{d}v_2=I\mathrm{d}l$。如果我们取矢量 $\mathrm{d}\boldsymbol{l}$ 方向为电流正方向，则可以以 $\mathrm{d}\boldsymbol{l}$

来替换 $\boldsymbol{J}\mathrm{d}v_2$。综上，对于细导线，式（6.44）可以写为如下的线积分：

$$\boldsymbol{A}=\frac{\mu_0 I}{4\pi}\int\frac{\mathrm{d}\boldsymbol{l}}{r_{12}} \tag{6.46}$$

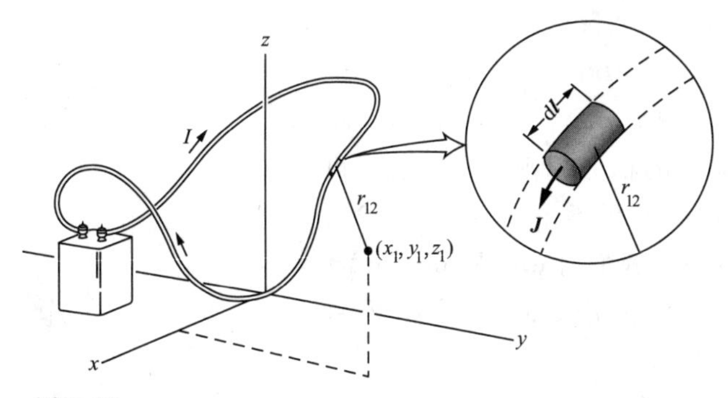


图 6.12
电路中的每一部分对（$x_1$，$y_1$，$z_1$）处的矢势 $\boldsymbol{A}$ 都有贡献。

如果求出各处的 $\boldsymbol{A}$，并通过求 $\boldsymbol{A}$ 的旋度来得出 $\boldsymbol{B}$，无疑是一项艰巨的任务。如图 6.13 所示，我们可以研究沿 $x$ 方向的一小段导线中电流对 $\boldsymbol{A}$ 的贡献。与前一种方法相比，这种处理方式更加合适。这一小段导线的长度以 $\mathrm{d}l$ 表示，此处的积分对 $\boldsymbol{A}$ 的贡献以 $\mathrm{d}\boldsymbol{A}$ 来表示。这样，在某点（$x$，$y$，$z$）处，沿 $x$ 轴正方向的 $\mathrm{d}\boldsymbol{A}$ 为

$$\mathrm{d}\boldsymbol{A}=\hat{\boldsymbol{x}}\frac{\mu_0 I}{4\pi}\frac{\mathrm{d}l}{\sqrt{x^2+y^2+z^2}} \tag{6.47}$$

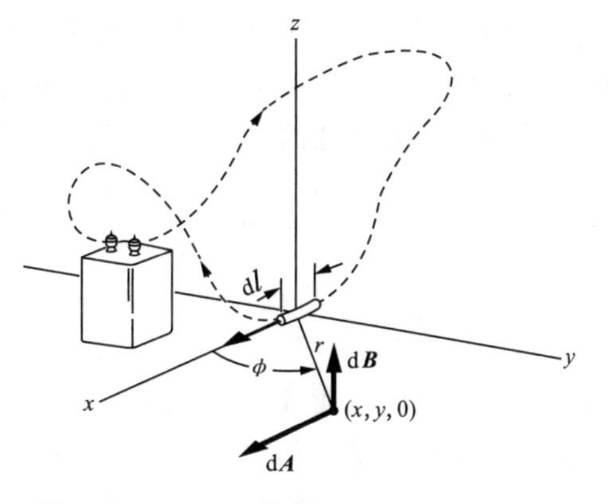


图 6.13
如果我们求出了某电路元对 $\boldsymbol{A}$ 的贡献 $\mathrm{d}\boldsymbol{A}$，那么它对 $\boldsymbol{B}$ 的贡献可以通过 $\boldsymbol{B}=\mathrm{curl}\ \boldsymbol{A}$ 求出。

用 $\mathrm{d}\boldsymbol{B}$ 表示 $\boldsymbol{B}$ 中与之相应的部分。现在我们考虑 $xy$ 平面上的（$x$，$y$，0）点，取 $\mathrm{d}\boldsymbol{A}$ 的旋度，获得 $\mathrm{d}\boldsymbol{B}$，则在几个微商项中，只剩下一项了：

$$\begin{aligned}\mathrm{d}\boldsymbol{B}&=\mathrm{curl}(\mathrm{d}\boldsymbol{A})=\hat{\boldsymbol{z}}\left(-\frac{\partial A_x}{\partial y}\right)\\&=\hat{\boldsymbol{z}}\frac{\mu_0 I}{4\pi}\frac{y\mathrm{d}l}{(x^2+y^2)^{3/2}}=\hat{\boldsymbol{z}}\frac{\mu_0 I}{4\pi}\frac{\sin\phi\mathrm{d}l}{r^2}\end{aligned} \tag{6.48}$$

此处的 $\phi$ 如图 6.13 所示。读者应该能够理解，由于式（6.47）中的 $\mathrm{d}\boldsymbol{A}$ 相对于 $xy$ 平面是对称的，所以 $\mathrm{curl}(\mathrm{d}\boldsymbol{A})$ 一定垂直于 $xy$ 平面。

有此结论之后，我们就不必再拘泥于某一特定的坐标系了。显然，我们需要关

注的部分是 $\mathrm{d}\boldsymbol{l}$ 的方向及矢量 $\boldsymbol{r}$，即由该点指向磁场 $\boldsymbol{B}$ 中待测点的矢量。任意长为 $\mathrm{d}l$ 的导线元对 $\boldsymbol{B}$ 的贡献，是一个方向与包含 $\mathrm{d}\boldsymbol{l}$ 和 $\boldsymbol{r}$ 的平面垂直、大小为 $(\mu_0 I/4\pi)\sin\phi \mathrm{d}l/r^2$ 的矢量，其中 $\phi$ 为 $\mathrm{d}\boldsymbol{l}$ 与 $\boldsymbol{r}$ 的夹角。这可以用矢量叉乘的形式写出来，如图 6.14 所示。用 $\boldsymbol{r}$ 或 $\hat{\boldsymbol{r}}$ 表示，公式为

$$\mathrm{d}\boldsymbol{B}=\frac{\mu_0 I}{4\pi}\frac{\mathrm{d}\boldsymbol{l}\times\hat{\boldsymbol{r}}}{r^2}\quad\text{或}\quad \mathrm{d}\boldsymbol{B}=\frac{\mu_0 I}{4\pi}\frac{\mathrm{d}\boldsymbol{l}\times\boldsymbol{r}}{r^3}\quad\text{（毕奥-萨伐尔定律）}\tag{6.49}$$

若读者对矢量的积分规则比较熟悉，可以直接由式（6.46）计算得到式（6.49），而不用考虑坐标系。我们有 $\mathrm{d}\boldsymbol{B}=\nabla\times\mathrm{d}\boldsymbol{A}$，$\mathrm{d}\boldsymbol{A}=(\mu_0 I/4\pi)(\mathrm{d}\boldsymbol{l}/r)$。再利用矢量等式 $\nabla\times(f\boldsymbol{F})=f\nabla\times\boldsymbol{F}+\nabla f\times\boldsymbol{F}$，得到

$$\mathrm{d}\boldsymbol{B}=\nabla\times\frac{\mu_0 I}{4\pi}\frac{\mathrm{d}\boldsymbol{l}}{r}=\frac{\mu_0 I}{4\pi}\left[\frac{1}{r}\nabla\times\mathrm{d}\boldsymbol{l}+\nabla\left(\frac{1}{r}\right)\times\mathrm{d}\boldsymbol{l}\right]\tag{6.50}$$

此处 $\mathrm{d}\boldsymbol{l}$ 为一常量，所以等式右边的第一项为 0。回想之前学过的 $\nabla(1/r)=-\hat{\boldsymbol{r}}/r^2$（从库仑势到库仑场中有对此的讨论），据此有

$$\mathrm{d}\boldsymbol{B}=\frac{\mu_0 I}{4\pi}\left(-\frac{\hat{\boldsymbol{r}}}{r^2}\right)\times\mathrm{d}\boldsymbol{l}=\frac{\mu_0 I}{4\pi}\frac{\mathrm{d}\boldsymbol{l}\times\hat{\boldsymbol{r}}}{r^2}\tag{6.51}$$

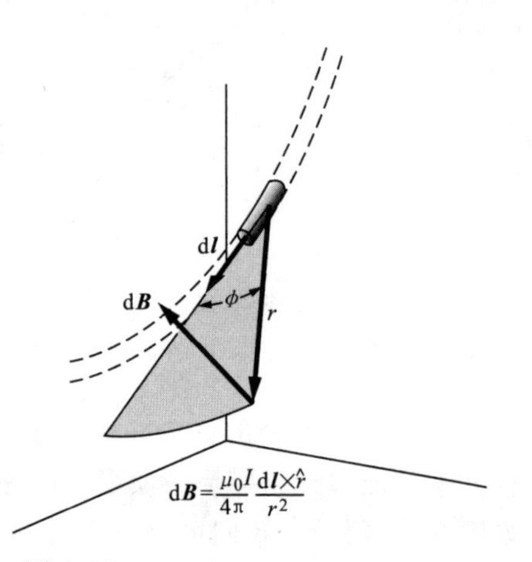


图 6.14
毕奥-萨伐尔定律。导线上任意微元对整条导线产生的场的贡献可以通过此关系式计算出来。

式（6.49）就是我们所知的毕奥-萨伐尔定律，其含义为：将每个积分元对整体的贡献都考虑在内，通过对一个闭合圆回路做积分计算得到 $\boldsymbol{B}$。正如我们在脚注 6 中讨论过的那样，某一部分电路对整体的贡献在物理上是不能识别的。事实上，式（6.49）并不是唯一能够得出正确的 $\boldsymbol{B}$ 的公式——可以给它添加上沿闭合回路积分为零的任意函数。

毕奥-萨伐尔定律适用于稳恒电流（或非常缓慢变化的电流）。[8] 如果形成稳恒电流的运动电荷的分布满足连续性条件，那么电荷的运动速度不会对定律的适用性产生影响。即使电荷以相对论层面的速度运动，毕奥-萨伐尔定律仍能很好地适用。对于电流不稳恒（或变化足够快）的情况，虽然毕奥-萨伐尔定律不再适用，但还有另一个与之相似的包含所谓的“迟滞时间”的定律适用。在这里我们暂不对此进行讨论，若读者对迟滞时间感兴趣，可以做一下习题 6.28 对其进行了解。

我们只使用了一次矢势这一概念后就再也没有提起它。事实上，因为我们有了式（6.49），我们可以直接得出电流产生的磁场，而不用事先求出相应的矢势，这

8　事实上还需要几个条件此定律才成立，但是在此我们不需考虑这一点。如果读者想要了解关于电和磁的各种定律在什么条件下成立，请参照 Griffiths 和 Heald（1991）。

样简便许多。[9] 在 6.5 节中我们将通过几个例子来验证这一点。然而，对于更深层次的研究，矢势是很重要的。通过矢势，可以揭示出静电场 $\boldsymbol{E}$ 与其场源（电荷）的关系、磁场 $\boldsymbol{B}$ 与其场源（稳恒电流，意味着静磁场）的关系，是很相似的。此外，矢势最大的用途在于处理一些先进的研究课题，如电磁辐射以及时变场问题。

## 6.5 线圈的磁场

首先我们通过两个例子来展示如何利用式（6.49）来计算磁场。其中第二个例子以第一个例子的结果为基础。

**例题（环形线圈）** 如图 6.15（a）所示，细载流导线的形状为环形，半径为 $b$。无需计算我们就可以知道此电流产生的磁场应该如图 6.15（b）所示，图中画出了对称轴所在平面的一些磁场线。整个磁场关于图 6.15（a）中的 $z$ 轴一定是旋转对称的，磁场线本身是关于环路所在平面，即 $xy$ 平面，对称的（不考虑场线方向）。在非常靠近细载流导线的地方，场的分布类似于长直载流导线附近的场分布，这是因为远处的电流部分相对来说并不重要。

利用式（6.49），很容易计算出轴上的场。电流环上每一段长为 $dl$ 的部分都会产生一个垂直于 $\boldsymbol{r}$ 的贡献 $d\boldsymbol{B}$。我们知道，轴上各点处的磁场一定是指向 $z$ 轴方向的，所以我们只需要考虑 $d\boldsymbol{B}$ 的 $z$ 向分量，这样就引入了因式 $\cos\theta$，可得

$$dB_z = \frac{\mu_0 I}{4\pi}\frac{dl}{r^2}\cos\theta = \frac{\mu_0 I}{4\pi}\frac{dl}{r^2}\frac{b}{r} \quad (6.52)$$

对整个环路做积分，有 $\int dl = 2\pi b$，所以轴上任意一点 $z$ 处的磁场为

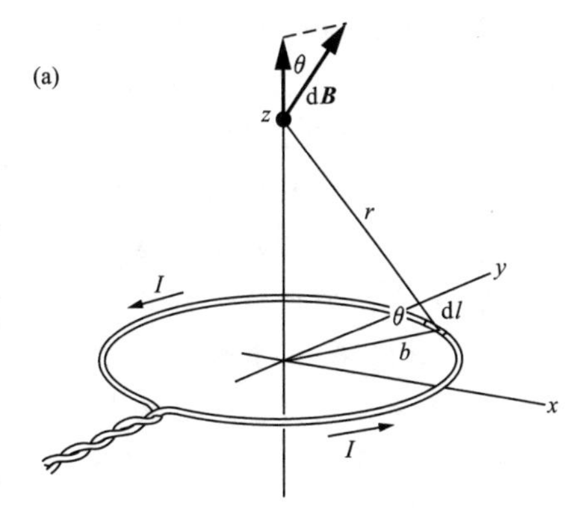

图 6.15
环形电流产生的磁场。（a）轴线上磁场的计算；（b）部分磁场线。

9 这主要是因为如果我们想要通过 $\boldsymbol{A}$ 求出某点的 $\boldsymbol{B}$，那么我们还需要知道在附近其他点处的 $\boldsymbol{A}$。也就是说，我们需要知道 $\boldsymbol{A}$ 关于坐标的函数，这样才能对其旋度进行微分。另一方面，如果我们通过式（6.49）来计算 $\boldsymbol{B}$，那么我们只需要求出指定点处的 $\boldsymbol{B}$。

$$B_z=\frac{\mu_0 I}{4\pi}\frac{2\pi b^2}{r^3}=\frac{\mu_0 I b^2}{2\left(b^2+z^2\right)^{3/2}}\quad（轴上各点的场）\tag{6.53}$$

在环的中心处，即 $z=0$ 处，磁场的大小为

$$B_z=\frac{\mu_0 I}{2b}\quad（中心处的场）\tag{6.54}$$

注意，在轴上所有点处，磁场方向均相同（向上）。

**例题（螺线管）**　如图 6.16（a）所示，导线绕圆柱缠绕成螺线管。假设导线均匀紧密地排布，单位长度的螺线管上所包含的导线圈匝数为一个定值 $n$。此时，电流的线路实际上是螺旋状的，但如果匝数非常多且彼此之间紧密相邻，那么我们可以不管这个螺旋状，而是近似地认为螺线管为许多环形线圈堆叠而成。这样，我们就能以式（6.53）为基础，来计算线圈轴上任意一点 $z$ 处的磁场。

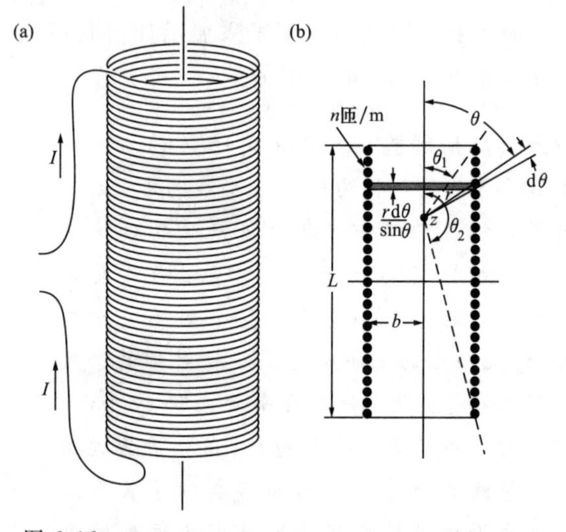


图 6.16
（a）螺线管。（b）螺线管中轴线上磁场的计算。

首先考虑从 $z$ 点画出的与轴线成角度 $\theta$ 和 $\theta+\mathrm{d}\theta$ 的两条线所包围的电流环对总磁场的贡献。如图 6.16（b）所示，这一小段螺线管的长度为 $r\mathrm{d}\theta/\sin\theta$，（因为 $r\mathrm{d}\theta$ 为这段螺线管所对应角度的弧长，因子 $1/\sin\theta$ 表示垂直分量）等价于一个携带电流为 $\mathrm{d}I=\mathrm{L}nr(r\mathrm{d}\theta/\sin\theta)$ 的导线圈。因为 $r=b/\sin\theta$，所以由式（6.53）可知这一导线圈对轴向场的贡献为

$$\mathrm{d}B_z=(\mathrm{d}I)\frac{\mu_0 b^2}{2r^3}=\left(\frac{nIr\mathrm{d}\theta}{\sin\theta}\right)\frac{\mu_0 b^2}{2r^3}=\frac{\mu_0 nI}{2}\sin\theta\mathrm{d}\theta\tag{6.55}$$

计算出由 $\theta_1$ 到 $\theta_2$ 的积分为

$$B_z=\frac{\mu_0 nI}{2}\int_{\theta_1}^{\theta_2}\sin\theta\mathrm{d}\theta=\frac{\mu_0 nI}{2}(\cos\theta_1-\cos\theta_2)\tag{6.56}$$

如图 6.17 所示，我们通过式（6.56）绘出了螺线管轴上各处的磁场，图中螺线管的直径是其长度的四倍。纵坐标为磁感应强度 $B_z$，是相对于单位长度上线圈匝数相同、电流强度相同的无限长螺线管的轴上场强而标定的。对于无限长螺线管，$\theta_1=0$、$\theta_2=\pi$，因此

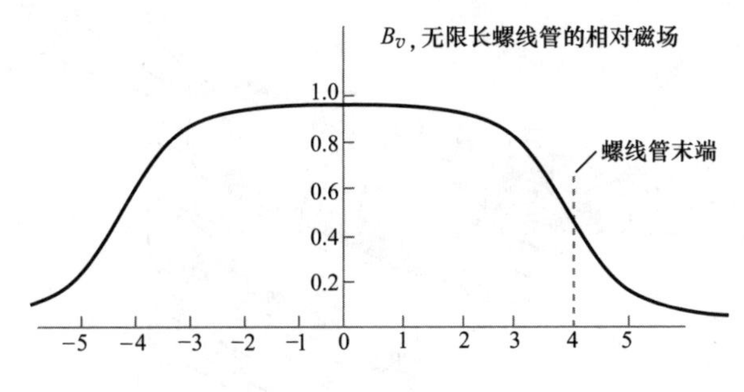


图 6.17
图 6.18 所示的螺线管轴线上的磁场大小 $B_z$。

$$\boxed{B_z=\mu_0 nI} \qquad (无限长螺线管) \qquad (6.57)$$

在这个“4∶1”线圈的中间部分，磁感应强度几乎等于这个定值，直到接近于螺线管的末端处才有变化。式 (6.57) 对于无限长螺线管内所有的点都成立，而非只适用于轴上的点，见习题 6.19。

图 6.18 显示的是这种大小长度直径比例的线圈内部及附近的磁场线。注意，有一些磁场线穿过了线圈。通有“圆柱形的电流”的螺线管表层是这一磁场的不连续面。当然，如果我们要检查非常靠近导线处的磁场的话，那么我们不会见到无限大的磁场突变，但会发现有非常复杂的波纹状场线围绕和穿过每一根导线。

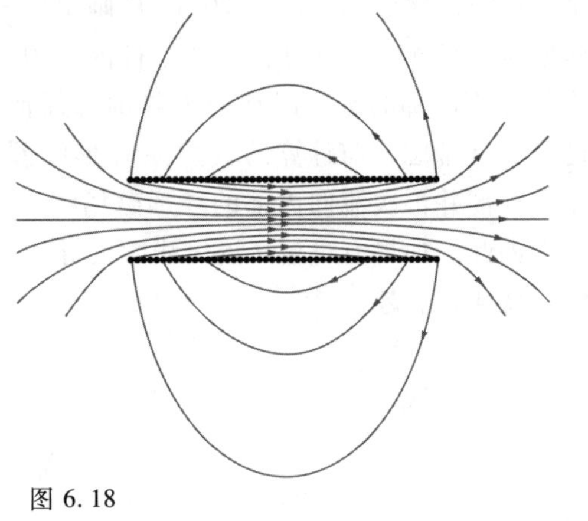

图 6.18
螺线管内外的磁场线。

如图 6.19 所示，我们可以用细带状导体弯成一个单圈的长螺线管。图 6.18 中的计算结果与图示完全适用于这一模型，只需将其中的 $nI$ 换成薄片上流过的单位长度电流即可。由图 6.19 可见，穿过管壁的磁场线的方向发生了改变，不过方向的改变完全发生在管壁厚度范围之内。

在计算图 6.16 所示螺线管磁场的问题时，我们将螺线管看作了载流线圈的叠加，而没有考虑每圈导线上都存在的从一端穿入从另一端穿出的纵向上的电流。如果将其考虑在内，磁场需要做何修正呢？若考虑其外部的场，图 6.20（c）中的螺线管等价于图 6.20（a）中叠加的电流圈，再加上图 6.20（b）中所示的轴向载流导体。将后者的 $\boldsymbol{B}'$ 叠加到前者的 $\boldsymbol{B}$ 中之后，我们就得到了线圈的外部场，这是一

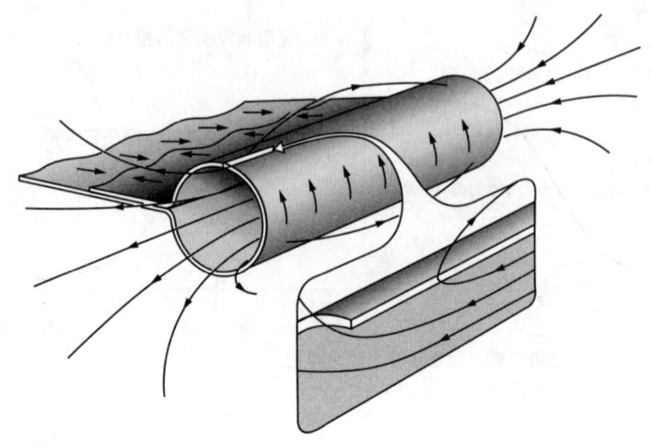

图 6.19
由单个导电薄片形成的柱状螺线管。内嵌图给出了在通电导体内部磁场线的方向是如何变化的。

个螺旋扭曲状的场。图 6.20（c）画出了一部分磁场线。至于螺线管内部的场，纵向电流 $I$ 流过圆柱自身，这样一种内部为空的电流分布状况在螺线管内部产生的场为零［管内部的圆形回路中不包围有任何电流，再由式（6.19）可知这个结论］，这里没有考虑之前计算的（多匝环形线圈产生的）内部场。如果你沿一条由内部流向外部并再次流向内部的环形磁场线去看，你就会发现它其实并不闭合，磁场线通常如此。如果有电流 $I$ 流出线圈的导线沿着线圈轴线移动至底部，你将发现磁场线的变化很有趣。

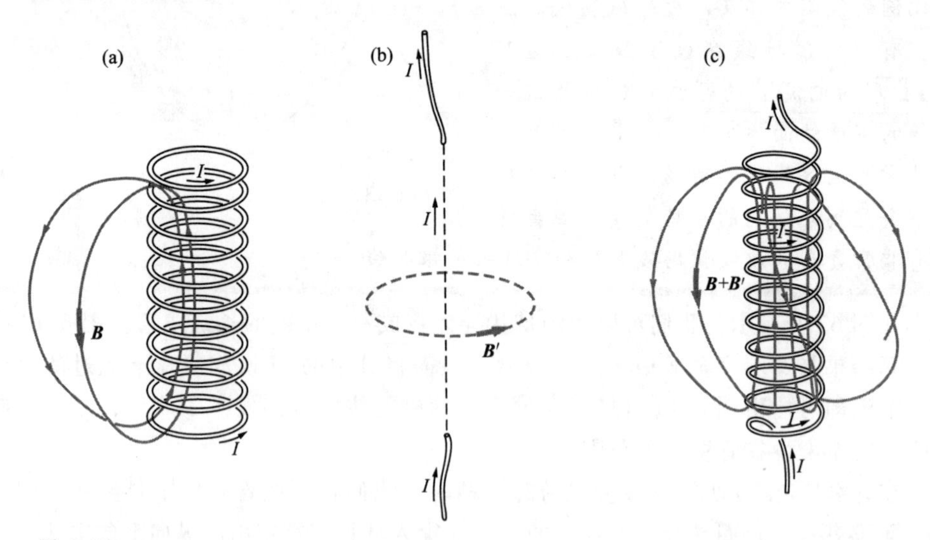


图 6.20
螺旋状线圈（c）等价于图（a）所示的许多通过电流 $I$ 的环形线圈的叠加，再加上图（b）所示的平行于轴线的电流 $I$。要计算螺旋形线圈外部的场，除了导线环产生的磁场 $\boldsymbol{B}$ 之外，还要加上电流 $I$ 产生的磁场 $\boldsymbol{B}'$。

## 6.6 载流薄平板的 $\boldsymbol{B}$ 的变化

在图 6.19 的示例中，螺线管是由单层载流薄片卷曲而成。现在我们来看一个更简单的例子，即一个平坦无边界的载流薄平板。此薄平板可以是厚度均匀的铜片，其中电流的密度和方向处处都相同。为了讨论方向问题，我们将薄平板置于 $xz$ 平面并规定电流沿 $x$ 方向流动。因为薄平板是可以无限延展的，所以很难画出其形状。为了方便讨论，我们在图 6.21 画出了薄平板的一部分，读者可以自己想象一下，这一部分可以在整个平面中根据需要扩展。薄片的厚度并非关键影响因素，我们可以假设其厚度为 $d$。

若此金属平板内部的电流密度为 $J$，单位为 $\mathrm{C\cdot s^{-1}\cdot m^{-2}}$，则 $z$ 方向上高度 $l$ 内的电流为 $J(ld)$，单位为 C/s。$Jd$ 称作**表面电流密度**或者**平板电流密度**，以符号 $\mathcal{J}$ 标示，以区别于体电流密度 $J$。$\mathcal{J}$ 的单位[10]为 A/m，将 $\mathcal{J}$ 与表面上某线段（垂直于电流方向）的长度 $l$ 相乘可得穿过此线段的电流。如果我们不关心薄平板内部的现象，则 $\mathcal{J}$ 是一个非常有用的量。我们将会发现，正是 $\mathcal{J}$ 决定了磁场如何由薄平板的一面到另一面变化的。

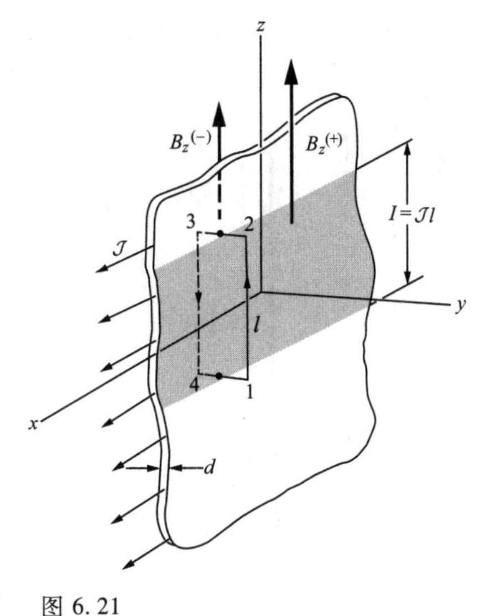


图 6.21
对于带有面电流的薄平板，当位置从平板的一面变化至另一面时，$\boldsymbol{B}$ 在平行于平板方向上的分量一定会发生变化。

图 6.21 中所示的场并非源于薄平板自身，另外一些场源产生的 $z$ 轴方向上的场也在图中画出了。总的磁场，包含载流薄平板产生的，用画在平板前后的 $\boldsymbol{B}$ 矢量表示出来。

考虑 $\boldsymbol{B}$ 沿着图 6.21 中的矩形 12341 路径的线积分，矩形的一条长边在薄平板前方，另一长边在后方，两条短边穿过薄平板。以 $B_z^+$ 表示磁场在紧靠薄平板前方某点的 $z$ 向分量，$B_z^-$ 表示靠薄平板后方某点的 $z$ 向分量。此处我们所说的场包括周围所有可能存在的源所产生的，也包括薄平板本身产生的场。$\boldsymbol{B}$ 沿此矩形的线积分为 $l(B_z^+-B_z^-)$（即使周围存在一些其他场使 $\boldsymbol{B}$ 沿着短边的积分不为零也无妨，因为我们设想薄平板厚度很小，所以 $\boldsymbol{B}$ 沿着短边的积分与其沿长边的积分相比可以忽

10 此处的“面”电流密度和“体”电流密度表示的是电流经过的空间的维度。由于 $\mathcal{J}$ 和 $J$ 的单位分别为 A/m 和 $\mathrm{A/m^2}$，所以我们对这些参量的表达方式与我们讨论面电荷密度及体电荷密度时不同，后者的单位分别为 $\mathrm{C/m^2}$ 和 $\mathrm{C/m^3}$。例如，我们可以将体电流密度乘以面积来得到电流。

略）。矩形所包围着的电流为 $\mathcal{J}l$。因此，由式（6.19）可知 $l(B_z^+ - B_z^-) = \mu_0 \mathcal{J} l$，也可以写为

$$B_z^+ - B_z^- = \mu_0 \mathcal{J} \tag{6.58}$$

载流薄平板的表面电流密度 $\mathcal{J}$ 会使得 $\boldsymbol{B}$ 的某方向的分量变大，此方向平行于表面而垂直于 $\mathcal{J}$，这会让我们想起带电薄片的电场的变化。$\boldsymbol{E}$ 在垂直方向上的分量是不连续的，突变的大小取决于表面电荷密度。

如果薄平板是唯一的电流源，那么显然场是关于薄平板对称的。$B_z^+$ 为 $\mu_0 \mathcal{J}/2$，$B_z^-$ 为 $-\mu_0 \mathcal{J}/2$，如图 6.22（a）中所示。其他一些情况下，载流薄平板的影响与其他源产生的磁场相互叠加，如图 6.22（b）与图 6.22（c）中所示。设想有两块载有大小相等方向相反的电流的薄平板，如图 6.23 所示，周围没有其他的源。电流的方向垂直于纸平面，从左半边流出，从右半边流入，则两薄平板之间的场为

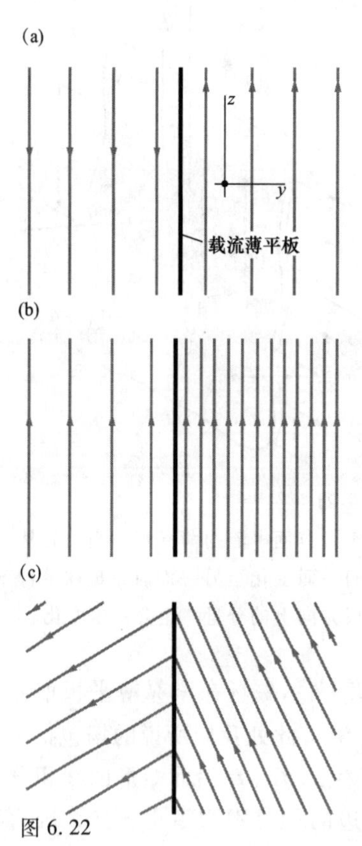


图 6.22

载流薄平板附近总磁场的几种可能形式。电流沿着 $x$ 方向流动（流出纸面）。(a) 薄平板自身的场；(b) 叠加了一个沿 $z$ 向的匀强场（与图 6.21 所示的情况相似）；(c) 叠加了另一个方向的匀强场。在每种情况下，穿过薄平板时分量 $B_y$ 不会发生改变，而分量 $B_z$ 因 $\mu_0 \mathcal{J}$ 改变。

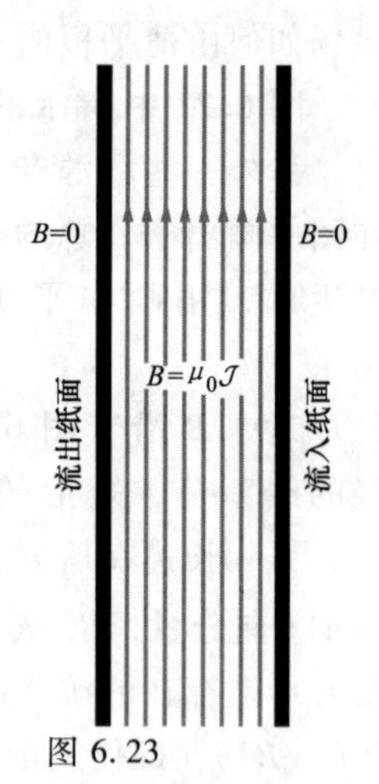


图 6.23

相互平行的载流薄平板之间的磁场。

$\mu_0 \mathcal{J}$，平板外面则完全没有磁场。当两者间距很小（相比于其宽度）、平行放置的带状或片状物体通有这样的电流时，即可观察到上述现象，如图 6.24 所示。通常在电站中用于分配强电流所作的“母线”就是这种形式。

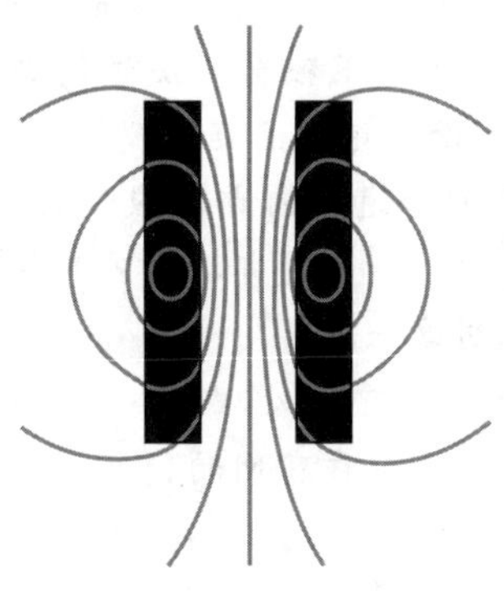

图 6.24
一对通过相反方向电流的铜母线产生的磁场，图示为横截面内的情况。

**例题（载流柱面产生的场）** 半径为 $R$ 的柱面上载有平行于其轴向的均匀分布的电流 $I$。求柱面外距离柱面无穷近处的磁场。按照如下步骤解此问题。

(a) 将柱面分割为无穷多个平行于轴的细长“棒”，计算每个细棒对场的贡献，然后对其做积分。你将得到的结果为 $B=\mu_0 I/4\pi R$。然而，这并非正确的结果，因为由安培定律可知导线（或柱）外场的形式应为 $\mu_0 I/2\pi r$，而此处 $r=R$。

(b) 上述过程哪里存在问题？请尝试对其进行修正以得到正确结果 $\mu_0 I/2\pi R$。提示：我们知道在柱面内部距离柱面无穷近处的磁感应强度为零，读者可以尝试应用上述的积分方法来计算之。

**解**

(a) 图 6.25 所示为圆柱的一个横截面。圆周上的一小段表示分割出的细棒，棒垂直于纸面。我们要计算点 $P$ 处的场，以棒相对于点 $P$ 的角度 $\theta$ 来表示棒。若棒对应的角度变化为 $d\theta$，那么棒内携带的电流占总电流 $I$ 的 $d\theta/2\pi$。$P$ 点距离柱面顶部无限近，棒与 $P$ 点的距离为 $2R\sin(\theta/2)$。

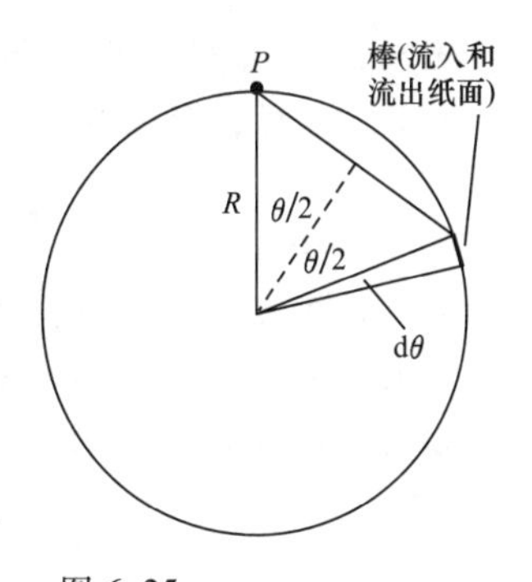


图 6.25
载流柱面外部距离柱面很近处的磁场计算。

若电流方向指向纸面内，那么所示棒在 $P$ 点产生的场指向右上。由于与所示棒对应的左侧的棒所产生的场会在纵向上与所示棒的场的纵向分量相抵消，所以最终只剩下横向（切向）分量。这样就引入了一个因式 $\sin(\theta/2)$，读者可以验证。

我们已知直棒产生的场的形式为 $\mu_0 I/2\pi r$，所以可知 $P$ 点处的场方向向右，其大小（显然）为

$$B = 2\int_0^{\pi} \frac{\mu_0 (I\mathrm{d}\theta/2\pi)}{2\pi(2R\sin(\theta/2))}\sin(\theta/2) = \frac{\mu_0 I}{4\pi^2 R}\int_0^{\pi}\mathrm{d}\theta = \frac{\mu_0 I}{4\pi R} \tag{6.59}$$

(b)（读者应在继续看下去之前尝试一下独自解决该问题，参照练习题 1.67 可能会有帮助。）如题目所述，上面的结果无疑是错误的，因为计算柱面内部场时也可以用这样的过程，而我们知道，内部场应该为零。尽管如此，上述计算过程还是得出了一个有用的结果，即内部场与外部场（此处为 0 和 $\mu_0 I/2\pi R$）的平均值。很快我们就能证明这一点。

上述计算过程不正确的原因是它在处理与给定点 $P$ 非常接近的柱面上的棒时存在问题，即，对于 $\theta \approx 0$ 处的棒需要做其他分析，这其中存在两点问题。图 6.26 给出的特写图（为了清晰，$P$ 与柱面之间的距离被放大了）显示，棒与 $P$ 之间的距离并不等于 $2R\sin(\theta/2)$。此外，$P$ 处的场与 $P$ 到柱面顶之间的连线并不垂直，相对来说，$P$ 处的场偏向于水平方向，因此式（6.59）中的因式 $\sin(\theta/2)$ 不正确。

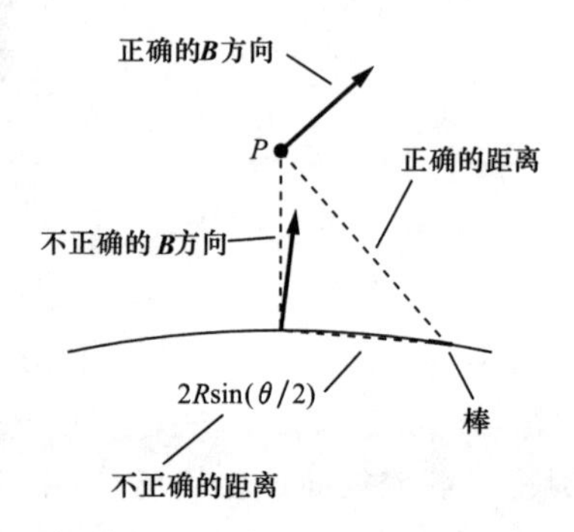


图 6.26
对于距离柱面顶部较近的“棒”来说，点 $P$ 与柱面的细微距离不可被忽略。

如果我们移除柱面顶端一个小窄带（这样在所示截面中的圆环上就有了一段空隙），那么题目所述的积分方法就适用于柱面剩下的部分了。我们移除的部分对式（6.59）中积分的贡献可以忽略（假设该部分涵盖的角度非常小），所以我们可以认为剩余的柱面部分产生的场为题目中的 $\mu_0 I/4\pi R$。这样，通过进行叠加，最终的场应该为 $\mu_0 I/4\pi R$ 加上移除部分产生的场。如果题目中给定的点距离柱面距离无限小，那么移除的部分就可以看作无限大的载流薄片，我们知道它所产生的场为 $\mu_0 \mathcal{J}/2 = \mu_0 (I/2\pi R)/2 = \mu_0 I/4\pi R$。这样，所求的场应为

$$B_{外部} = B_{柱面减去窄带} + B_{窄带} = \frac{\mu_0 I}{4\pi R} + \frac{\mu_0 I}{4\pi R} = \frac{\mu_0 I}{2\pi R} \tag{6.60}$$

此处两部分场之间的关系确实应该为相加，因为在所移除的窄带上方，窄带产生的场指向右方，这与柱面剩余部分产生的场的方向相同。通过叠加我们也可以得到柱面内部场的正确值为

$$B_{内部} = B_{柱面减去窄带} - B_{窄带} = \frac{\mu_0 I}{4\pi R} - \frac{\mu_0 I}{4\pi R} = 0 \tag{6.61}$$

此处的减号来源于窄带在其下方产生的场，其方向为向左。Bose 和 Scott（1985）给出了此问题的另一种解法。

**B** 的改变发生于薄片中间。对于相同的 $\mathcal{J}$，薄片的厚度越小，则这种改变越突然。在第 1 章与第 2 章中，我们研究过与此类似的问题薄片表面的 **E** 在垂直方向上是不连续的。这对我们接下来讨论表面电荷所受的力是有启发的，这里我们讨论一个类似的问题。

考虑此薄平板上一块边长为 $l$ 的方形区域（用矩形来分析也可以），其中的电流等于 $\mathcal{J}$，电流路径的长度为 $l$。假设电流均匀地分布于薄片中，则作用于此电流的平均场为 $(B_z^+ + B_z^-)/2$。因此作用于长度为 $l$ 的载流线上的力为 $IBl$ [见式(6.14)]，作用于这部分方形区域的力是

$$\text{作用于薄片上 } l^2 \text{ 部分的力} = IB_{\text{平均}}l = (\mathcal{J}l)\left(\frac{B_z^+ + B_z^-}{2}\right)l \qquad (6.62)$$

对式（6.58），我们可以用 $(B_z^+ - B_z^-)/\mu_0$ 来代替 $\mathcal{J}$，因此作用于单位面积上的力可以用如下的形式表达：

$$\text{单位面积受力} = \left(\frac{B_z^+ - B_z^-}{\mu_0}\right)\left(\frac{B_z^+ + B_z^-}{2}\right) = \frac{1}{2\mu_0}[(B_z^+)^2 - (B_z^-)^2] \qquad (6.63)$$

此力垂直于表面，大小与面积成正比，类似于流体静压力。为了确定符号，我们可以分析图 6.23 这一例子中力的方向。对于每个导体薄片来说，力的方向都是向外的，磁感应强度较大的区域所受的压力也较大。如图 6.24 所示，携带相反方向电流的两块导体薄片互斥，这可以看作上述现象的一个例证。

虽然我们一直在讨论的只是无限大的薄平板，但任何紧靠某个表面附近处的 **B** 的变化都与之相似。无论在何处，由表面一侧到另一侧，只要 **B** 平行于表面的分量由 $\boldsymbol{B}_1$ 变到 $\boldsymbol{B}_2$，我们就可以确定不只是表面通有电流，而且其表面本身也受一个垂直方向的力 $(B_1^2 - B_2^2)/2\mu_0$，力的单位为 $\text{N/m}^2$，这是磁动流体力学中的一个重要定理。磁动流体力学研究以电磁来控制流体运动，是电气工程师和天体物理学家所需学习的科目。

## 6.7 场之间如何转化

若一个表面携带电荷的薄片沿平行于其自身的平面移动，就会形成表面电流。假设表面有均匀的电荷密度 $\sigma$，薄片的移动速率为 $v$，则表面电流密度为 $\mathcal{J} = \sigma v$。要对此进行验证，可按照如下方式考虑，在时间 $\mathrm{d}t$ 内，薄片在横向上平移距离 $l$，则滑过的面积为 $(v\mathrm{d}t)l$，由此得出的电流为 $\sigma(v\mathrm{d}tl)/\mathrm{d}t = (\sigma v)l$。按照定义可知电流还等于 $\mathcal{J}l$，所以 $\mathcal{J} = \sigma v$。移动薄平板这一简单方法有助于我们理解电场和磁场是如何由一个参考系转化至另一个参考系的。我们将首先讨论横向场的转化问题，然后再考虑纵向场。

设想有如图 6.27 这样两个平行于 $xz$ 平面的薄板，表面带有电荷。图中仍只画出了薄板的一部分，实际薄板是可以无限延伸的。在以 $x$、$y$、$z$ 为坐标轴的惯性系

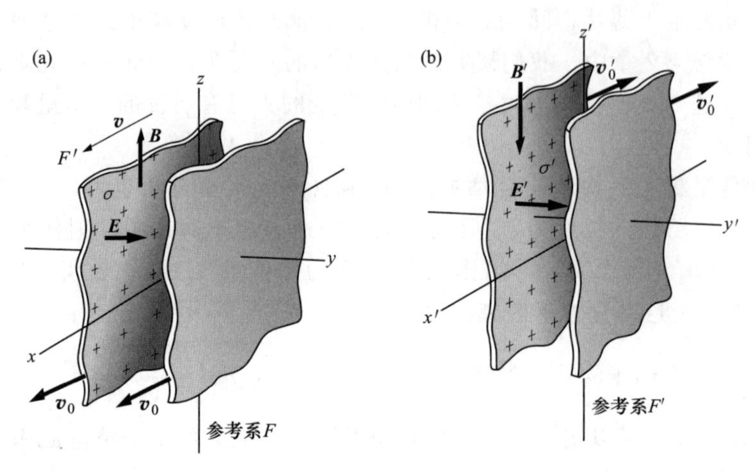


图 6.27

（a）在参考系 $F$ 中观察到的面电荷密度为 $\sigma$，面电流密度为 $\sigma v_0$。

（b）参考系 $F'$相对于 $F$ 沿着 $x$ 轴以速度 $v$ 运动，在 $F'$中面电荷密度和面电流密度分别为 $\sigma'$和 $\sigma' v_0'$。

$F$ 中，薄平板上的表面电荷密度为 $\sigma$，另一薄平板上的为$-\sigma$。此处的 $\sigma$ 为静止于 $F$ 中的观察者所测得的单位面积上的电荷量（在其他坐标系下测得的电荷密度可能与此不同，因为需要考虑 $1/\gamma_0$）。在参考系 $F$ 中均匀分布的电场 $\boldsymbol{E}$，其方向为 $y$ 轴正方向，由高斯定律我们可知其电场强度为

$$E_y = \frac{\sigma}{\varepsilon_0} \tag{6.64}$$

在参考系 $F$ 中两个薄板都沿 $x$ 轴正方向以速率 $v_0$运动，两薄板上都相当于有电流。其中一个薄板的表面电流密度为 $\mathcal{J}_x = \sigma v_0$，另一片上的与之相反。如图 6.23 所示，像这样的两个薄板之间的磁场为

$$B_z = \mu_0 \mathcal{J}_x = \mu_0 \sigma v_0 \tag{6.65}$$

相对于 $F$，惯性系 $F'$沿 $x$ 轴正方向以速率 $v$ 运动。$F'$中的观察者将会测得怎样的磁场？为了回答这一问题，我们只需知道场源在 $F'$中是怎样的。

在 $F'$中，携带电荷的薄板在 $x'$方向上的速率为 $v_0'$，$v_0'$可由下式求得：

$$v_0' = \frac{v_0' - v}{1 - v_0 v/c^2} = c\,\frac{\beta_0 - \beta}{1 - \beta_0 \beta} \tag{6.66}$$

正如之前 5.9 节中运动线电荷的例子一样，在这一参考系中电荷密度会发生洛伦兹收缩。当时我们得出了这样的结论：在相对于原参考系以速率 $v_0$ 运动的参考系中的电荷密度为 $\sigma(1-v_0^2/c^2)^{1/2}$，也可写为 $\sigma/\gamma_0$，因此 $F'$中的表面电荷密度为

$$\sigma' = \sigma\,\frac{\gamma_0'}{\gamma_0} \tag{6.67}$$

通常 $\gamma_0'$代表 $(1-v_0'^2/c^2)^{-1/2}$。通过式（6.66）我们可知 $\gamma_0'=\gamma_0\gamma(1-\beta_0\beta)$。这样，结果就变为

$$\sigma'=\sigma\gamma(1-\beta_0\beta) \tag{6.68}$$

$F'$中的表面电流密度为"电荷密度×电荷速度"：

$$\mathcal{J}'=\sigma' v_0'=\sigma\gamma(1-\beta_0\beta)c\frac{(\beta_0-\beta)}{1-\beta_0\beta}=\sigma\gamma(v_0-v) \tag{6.69}$$

这样，我们就知道了 $F'$中的场源是怎样的，进而我们就知道了该参考系中的场是怎样的。此处，我们需要再次采用相对论假设。物理学的定律必须在各种惯性系中都是通用的，电场与表面电荷密度的关系方程以及磁场与表面电流密度的关系方程也是如此：

$$E_y'=\frac{\sigma'}{\varepsilon_0}=\gamma\left[\frac{\sigma}{\varepsilon_0}-\frac{\sigma}{\varepsilon_0}\left(\frac{v_0}{c}\right)\left(\frac{v}{c}\right)\right]=\gamma\left[\frac{\sigma}{\varepsilon_0}-\frac{v}{\mu_0\varepsilon_0c^2}\mu_0\sigma v_0\right]$$

$$B_z'=\mu_0\mathcal{J}'=\gamma[\mu_0\sigma v_0-\mu_0\sigma v]=\gamma\left[\mu_0\sigma v_0-\mu_0\varepsilon_0 v\cdot\frac{\sigma}{\varepsilon_0}\right] \tag{6.70}$$

（这些表达式看起来很复杂，但不要担心，它们是可以简化的。）若返回去看式（6.64）与式（6.65）中 $E_y$和 $B_z$的值，$E_y'$ 和 $B_z'$可以写成如下形式：

$$\begin{aligned}E_y'&=\gamma\left(E_y-\frac{v}{\mu_0\varepsilon_0c^2}\cdot B_z\right)\\B_z'&=\gamma(B_z-\mu_0\varepsilon_0v\cdot E_y)\end{aligned} \tag{6.71}$$

利用式（6.8）中的关系式 $1/\mu_0\varepsilon_0=c^2$ 可以将上式继续简化为

$$\begin{aligned}E_y'&=\gamma(E_y-vB_z)\\B_z'&=\gamma\left(B_z-\frac{v}{c^2}E_y\right)\end{aligned} \tag{6.72}$$

或与之等价的

$$\begin{aligned}E_y'&=\gamma(E_y-\beta(cB_z))\\cB_z'&=\gamma((cB_z)-\beta E_y)\end{aligned} \tag{6.73}$$

读者会发现上述这些表达式实际上是对 $x$ 和 $t$ 都适用的**洛伦兹变换**（见附录 G 中的式（G.2））。对于 $E_y$和 $cB_z$来说，上述式是互相对称的。

若这一通电薄板方向设置为平行于 $xy$ 面而不是 $xz$ 面，我们就会得到 $E_z'$与 $E_z$、$B_y$的关系、$B_y'$与 $B_y$、$E_z$的关系，都与上述方程形式相似。若深入地研究它们的方向问题，就会发现因为 $\boldsymbol{B}$ 方向的不同，方程其余各项的方向也会有所不同。

现在我们需要讨论，场在运动方向上的分量是如何变化的。在 5.5 节中我们发现在两个参考系中 $\boldsymbol{E}$ 的纵向分量是相同的。接下来我们会发现在两个参考系中 $\boldsymbol{B}$ 的纵向分量也是相等的。如图 6.27 中的 $B_x$，我们可以假设，参考系 $F$ 中（螺线管

静止）一个绕 $x$ 轴的螺线管产生的 $\boldsymbol{B}$ 在纵向上有一分量。我们据式（6.57）可知，螺线管内部的磁场只取决于导线内的电流 $I$，即每秒钟通过的电荷量，以及导线圈的轴向上每米长度上的匝数 $n$。在参考系 $F'$ 中，因为洛伦兹收缩，每米螺线管所包含的导线圈数更多。但由 $F'$ 中的观察者所测得的电流会变小，在这一观点下，$F$ 中的观察者在测量电流时，即测量每秒内通过导线内某点的电子数时，是在用一个“走得较慢的表”。时间的延长刚好抵消了乘积 $nI$ 中长度缩减的影响。事实上在洛伦兹变换中任何（纵向长度）$^{-1}$×(时间)$^{-1}$的数值都不会改变，因此 $B'_x=B_x$。

在第 5 章中式（5.6）后面的讨论中，我们得出了一个结论。这种场的转换性质具有局部特性。对于确定的参考系中的某个确定的时空点，必定有一个确定的 $\boldsymbol{E}$ 和 $\boldsymbol{B}$ 的值，而在任何其他参考系中的相同的时空点处也一定能测得相同的值。在没有其他更好方法的情况下，我们选用了一个特别简单的源（互相平行的带有均匀分布电荷的一些薄平板）来得出该结论。无论从何处开始讨论和采用什么结构，我们都可以得到电场和磁场的各个分量的转换法则。

下面我们给出了所有转换的列表。所有带撇号标注的值都是在 $F'$ 中测得，此 $F'$ 在 $F$ 中看来是以速度 $v$ 沿 $x$ 轴正方向移动的。没有上标的值则是在 $F$ 中测得的值。$\beta$ 代表 $v/c$，$\gamma$ 代表$(1-\beta^2)^{-1/2}$。

$$\begin{array}{|ll|}\hline E'_x=E_x & B'_x=B_x \\ E'_y=\gamma(E_y-vB_z) & B'_y=\gamma[B_y+(v/c^2)E_z] \\ E'_z=\gamma(E_z+vB_y) & B'_z=\gamma[B_z-(v/c^2)E_y] \\ \hline\end{array} \tag{6.74}$$

框中的式给出了式（6.73）的另外一种形式，表明了关于 $\boldsymbol{E}$ 和 $c\boldsymbol{B}$ 的对称性。若打印机误将 $\boldsymbol{E}$ 与 $c\boldsymbol{B}$ 互换，或将 $y$ 与 $z$ 互换，则得出的方程仍是完全相同的！当然了，我们在自然中发现的磁现象与电现象是不相同的。我们周围的世界中电与磁并不是完全对称的。然而，对于涉及此物理图景之外的源的情况，电场 $\boldsymbol{E}$ 与磁场 $c\boldsymbol{B}$ 本身是以一种非常对称的方式互相联系的。

磁场与电场的某个分量在某些方面也似乎有着相同的性质。当我们说“电磁场”时，我们可能认为 $E_x$、$E_y$、$E_z$、$cB_x$、$cB_y$ 和 $cB_z$ 是电磁场的六个分量。同样一个场在不同的惯性系中这些分量的值也不同，正如一个矢量在不同坐标系下（后一个坐标系绕着前一个坐标系旋转一个角度）用不同的分量来表示。从数学角度来说，这样构造出来的电磁场并非一个矢量，而是一个“张量”。当此张量的各个分量由一个惯性系换至另一个惯性系时，转化准则即为框中的方程。此处我们并不打算以数学语言对此多做分析。我们将再次采用原先的讨论方法，即把电场看作一个矢量场，将磁场看作另一矢量场。在第 7 章中，我们将继续研究它们之间是以怎样的一种方式互相联系的。若要沿这一线索继续探究四维空间内的电磁场，我们需要学习一些更为深入的课程。

我们可以用一种更严谨的更常用的方式来表述式（6.74）中所描述的场的变

换。设在 $F$ 中测量到的参考系 $F'$ 的速度为 $\boldsymbol{v}$，在 $F$ 和 $F'$ 中我们都可以将场分别分解为平行于和垂直于 $\boldsymbol{v}$ 方向的分量：

$$\begin{aligned} &\boldsymbol{E}=\boldsymbol{E}_{\parallel}+\boldsymbol{E}_{\perp} \qquad \boldsymbol{B}=\boldsymbol{B}_{\parallel}+\boldsymbol{B}_{\perp} \\ &\boldsymbol{E}'=\boldsymbol{E}'_{\parallel}+\boldsymbol{E}'_{\perp} \qquad \boldsymbol{B}'=\boldsymbol{B}'_{\parallel}+\boldsymbol{B}'_{\perp} \end{aligned} \tag{6.75}$$

然后变换形式可以写作（读者可对此进行证明）

$$\boxed{\begin{aligned} &\boldsymbol{E}'_{\parallel}=\boldsymbol{E}_{\parallel} \quad \boldsymbol{E}'_{\perp}=\gamma(\boldsymbol{E}_{\perp}+\boldsymbol{v}\times\boldsymbol{B}_{\perp}) \\ &\boldsymbol{B}'_{\parallel}=\boldsymbol{B}_{\parallel} \quad \boldsymbol{B}'_{\perp}=\gamma(\boldsymbol{B}_{\perp}-(\boldsymbol{v}/c^2)\times\boldsymbol{E}_{\perp}) \\ &(\boldsymbol{v}\text{ 为 }F'\text{相对于 }F\text{ 的速度}) \end{aligned}} \tag{6.76}$$

在得出式（6.72）的例子中，$\boldsymbol{v}$ 为 $v\hat{\boldsymbol{x}}$，$\boldsymbol{E}_{\perp}$ 为 $\dfrac{\sigma}{\varepsilon_0}\hat{\boldsymbol{y}}$，$\boldsymbol{B}_{\perp}$ 为 $\mu_0\sigma v_0\hat{\boldsymbol{z}}$。可以发现，这些矢量将式（6.76）中的“⊥”式转换为了式（6.70）中的形式，期间需要用到 $1/\mu_0\varepsilon_0=c^2$。

在高斯单位制下，$\boldsymbol{E}$ 的单位为 statvolt/cm，$\boldsymbol{B}$ 的单位为 G，洛伦兹变换采用如下形式（其中 $\boldsymbol{\beta}\equiv\boldsymbol{v}/c$）：

$$\boxed{\begin{aligned} &\boldsymbol{E}'_{\parallel}=\boldsymbol{E}_{\parallel} \quad \boldsymbol{E}'_{\perp}=\gamma(\boldsymbol{E}_{\perp}+\boldsymbol{\beta}\times\boldsymbol{B}_{\perp}) \\ &\boldsymbol{B}'_{\parallel}=\boldsymbol{B}_{\parallel} \quad \boldsymbol{B}'_{\perp}=\gamma(\boldsymbol{B}_{\perp}-\boldsymbol{\beta}\times\boldsymbol{E}_{\perp}) \end{aligned}} \tag{6.77}$$

如果要对该式进行证明，只需在高斯单位制下重复一遍上面的步骤即可。还有一种更简便的方法。在由国际单位制转换为高斯单位制时，我们需要将 $\varepsilon_0$ 换为 $1/4\pi$（分析库仑定律及与其等价的高斯定律的表达式可以帮助理解），同时将 $\mu_0$ 转换为 $4\pi/c$（分析安培定律表达式可以帮助理解）。如此，乘积项 $\mu_0\varepsilon_0$ 就变为了 $1/c$，由式（6.71）就可以导出式（6.77）。

高斯单位制的一个优势就在于式（6.77）的变换式相比于式（6.76）来说更为对称，这是因为高斯单位制中 $\boldsymbol{E}$ 和 $\boldsymbol{B}$ 的单位相同。然而，在国际单位制下，$\boldsymbol{E}$ 和 $\boldsymbol{B}$ 采用了不同的单位（这是式（6.1）中对 $\boldsymbol{B}$ 的定义决定的），这影响了真空中电与磁的对称性。电场与磁场都是一个张量的分量。洛伦兹变换像是一个循环，将 $\boldsymbol{E}$ 在一定程度上转换为 $\boldsymbol{B}$，$\boldsymbol{B}$ 则转换为 $\boldsymbol{E}$。式（6.77）中唯一的一个参量是无量纲的比例系数 $\beta$，这是很自然合理的。我们做一个大体合理的类比：在东西方向上位移分量用米来表示，而在南北方向上位移分量用英尺表示。这种造成坐标轴旋转的转换至少在美学上来看是不合适的。而在很多情况下，式（6.76）中的 $\boldsymbol{B}$ 被换为第 11 章中将出现的矢量 $\boldsymbol{H}$ 或者真空中的 $\boldsymbol{B}/\mu_0$ 时，这种对称性仍然不是完美的。

说到这里我们应该已经了解了，国际单位制下的洛伦兹变换中出现 $c$ 并不是很大的问题。$\boldsymbol{E}$ 与 $c\boldsymbol{B}$ 之间的洛伦兹对称性与 $x$ 和 $ct$ 之间的洛伦兹对称性很相似。尽管 $x$ 坐标和 $t$ 坐标有不同的量纲，但在引入了 $c$ 因子之后二者可以通过洛伦兹变换互相关联起来。

**例题（静止的电荷与棒）**　带电长棒上电荷密度为$\lambda$，与棒距离为$r$处有一静止电荷$q$，如图6.28所示。棒中的电荷亦处于静止状态。棒所产生的电场为$E=\lambda/2\pi\varepsilon_0 r$，因此在实验室参考系下电荷$q$所受的力为$F=qE=q\lambda/2\pi\varepsilon_0 r$。假设$q$与$\lambda$电性相同，则$F$为排斥力。

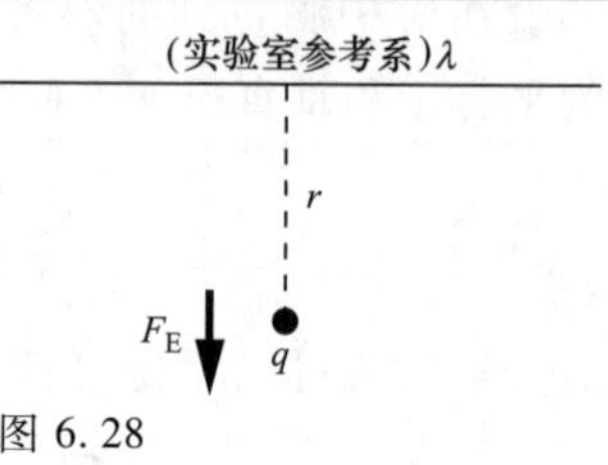


图6.28
点电荷相对于带电棒静止。

现在考虑在相对于实验室参考系以速度$v$向左运动的参考系中的情况。在此参考系中电荷$q$和棒上的电荷都以速度$v$向右运动。在新参考系中电荷$q$受力是怎样的？请用如下三种不同的方法来解该问题。

（a）将实验室参考系中的力转换至新参考系中，此时无需考虑新参考系中力的来源；

（b）直接求出新参考系中的电场力与磁场力，此时需要考虑棒中的电荷；

（c）利用洛伦兹变换法则对场进行转换。

**解：**

（a）在相对于粒子静止的参考系中作用于粒子的力总是最大的。在其他任意参考系中力要小$\gamma$倍。$\gamma$与粒子的速度$v$相关。在相对于粒子静止的参考系中（即实验室参考系中）力的大小为$q\lambda/2\pi\varepsilon_0 r$，因此在新参考系中，力为$q\lambda/2\gamma\pi\varepsilon_0 r$。

（b）在新参考系（设为$F'$）中，由于长度收缩效应，棒上的线电荷密度增大为$\gamma\lambda$。因此电场变为$E'=\gamma\lambda/2\pi\varepsilon_0 r$，此场产生一个排斥力$F'=\gamma q\lambda/2\pi\varepsilon_0 r$。

在$F'$中棒产生的电流为密度乘以速度，因此$I=(\gamma\lambda)v$。由此产生的磁场为$B'=\mu_0 I/2\pi r=\mu_0\gamma\lambda v/2\pi r$，方向为指向纸面内（假设$\lambda$为正），如图6.29所示。因此磁场力表现为吸引力，其大小为（利用关系式$\mu_0=1/\varepsilon_0 c^2$）

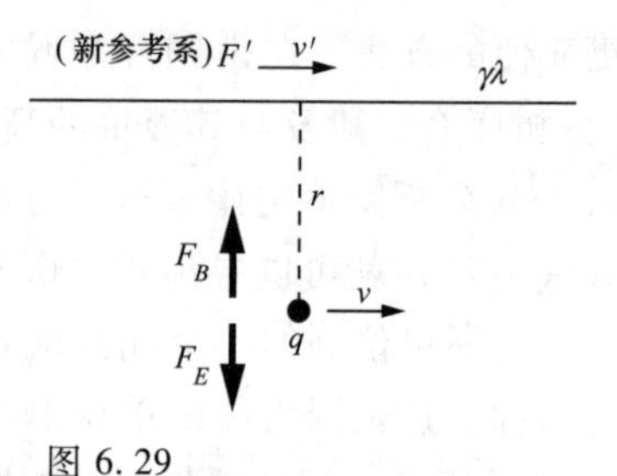


图6.29
新参考系中的电场与磁场。

$$F_B=qvB'=qv\cdot\frac{\mu_0\gamma\lambda v}{2\pi r}=\frac{\gamma q\lambda v^2}{2\pi\varepsilon_0 rc^2} \tag{6.78}$$

因此在新参考系中作用于电荷$q$的净排斥力为

$$F_E-F_B=\frac{\gamma q\lambda}{2\pi\varepsilon_0 r}-\frac{\gamma q\lambda v^2}{2\pi\varepsilon_0 rc^2}=\frac{\gamma q\lambda}{2\pi\varepsilon_0 r}\left(1-\frac{v^2}{c^2}\right)=\frac{q\lambda}{2\gamma\pi\varepsilon_0 r} \tag{6.79}$$

此处我们用到了$1-v^2/c^2\equiv 1/\gamma^2$。此力与（a）部分中的结果一致。

（c）在实验室参考系中，棒内的电荷没有处于运动状态，因此$\boldsymbol{E}_\perp$为式（6.76）洛

伦兹变换式中唯一的非零场，其大小为 $\lambda/2\pi\varepsilon_0 r$，方向为远离棒的方向。由式（6.76）立刻可以得到新参考系中的电场，即 $\boldsymbol{E}'_\perp=\gamma\boldsymbol{E}_\perp$。因此 $\boldsymbol{E}'_\perp$ 大小为 $E'_\perp=\gamma\lambda/2\pi\varepsilon_0 r$，指向远离棒的方向，这与（b）部分中所求得的电场相符。

由式（6.76）可得新参考系中的磁场为 $\boldsymbol{B}'_\perp=-\gamma(v/c^2)\times\boldsymbol{E}_\perp$。$F'$ 相对于 $F$ 的速度 $\boldsymbol{v}$ 方向向左，大小为 $v$。如此可知 $\boldsymbol{B}'_\perp$ 指向纸面内，大小为 $B'_\perp=\gamma(v/c^2)(\lambda/2\pi\varepsilon_0 r)$。根据 $\mu_0=1/\varepsilon_0 c^2$，上式可写为 $B'_\perp=\mu_0\gamma\lambda v/2\pi r$，这与（b）部分中求得的磁场一致。由此我们可以得出与（b）部分中相符的合力 $F_E-F_B$。

在一类特殊而重要的例子中，电场矢量与磁场矢量之间有一种更简单的关系。我们可以假设有这样一个参考系，其中部分区域内 $\boldsymbol{B}$ 为零（如上例所示），我们将该参考系称为 $F$。同时，在任意其他相对于此参考系 $F$ 以速度 $v$ 运动的参考系 $F'$ 中，根据式（6.76），我们有

$$\begin{aligned}\boldsymbol{E}'_\parallel&=\boldsymbol{E}_\parallel \quad & \boldsymbol{E}'_\perp&=\gamma\boldsymbol{E}_\perp\\ \boldsymbol{B}'_\parallel&=0 \quad & \boldsymbol{B}'_\perp&=-\gamma(\boldsymbol{v}/c^2)\times\boldsymbol{E}_\perp\end{aligned}\tag{6.80}$$

由于 $\boldsymbol{B}'_\parallel=0$，所以上式中最后一个方程中的 $\boldsymbol{B}'_\perp$ 可以换为 $\boldsymbol{B}'$。同样，由于 $\boldsymbol{v}\times\boldsymbol{E}'_\parallel=0$（这是因为按照定义 $\boldsymbol{E}'_\parallel$ 平行于 $\boldsymbol{v}$），所以我们可以将 $\gamma\boldsymbol{E}_\perp$ 换为 $\boldsymbol{E}'_\perp$，反过来 $\boldsymbol{E}'_\perp$ 又可以换为 $\boldsymbol{E}'$。因此 $\boldsymbol{E}'$ 与 $\boldsymbol{B}'$ 的关系可化简为

$$\boldsymbol{B}'=-(\boldsymbol{v}/c^2)\times\boldsymbol{E}' \quad \text{（若 } \boldsymbol{B} \text{ 在某参考系中为零）}\tag{6.81}$$

若在某一个参考系中 $\boldsymbol{B}=0$，则上式在任何一个参考系中都成立。记住，此处的 $\boldsymbol{v}$ 为参考系 $F'$ 相对于特殊参考系 $F$（其中 $\boldsymbol{B}=0$）的速度。

同样地，由式（6.76）中我们可以推断出，若存在一个参考系，其中 $\boldsymbol{E}=0$，则在其他任意参考系中有

$$\boldsymbol{E}'=\boldsymbol{v}\times\boldsymbol{B}' \quad \text{（若在某参考系中 } \boldsymbol{E}=\boldsymbol{0}\text{）}\tag{6.82}$$

同上例中一样，$\boldsymbol{v}$ 为参考系 $F'$ 相对于 $\boldsymbol{E}=0$ 的参考系 $F$ 的速度。

因为式（6.81）与式（6.82）中所涉及的量都为同一参考系中测得，所以在满足限制条件时，它们都可以应用于空间中变化的场。第 5 章中所讨论的匀速运动点电荷 $q$ 的场就是一个很好的例子。假设参考系 $F$ 中的电荷处于静止状态，则在此参考系中没有磁场的存在。由式（6.81）可知，在电荷以

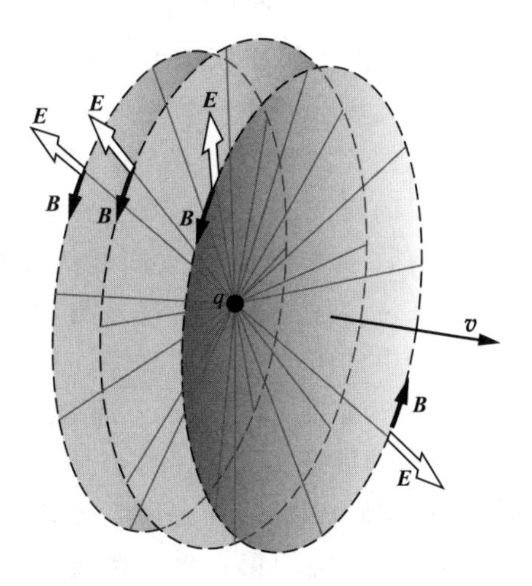


图 6.30
匀速运动的电荷产生的电场线与磁场线在某一时刻的形式。

速度 $v$ 运动的实验室参考系中，磁场一定与电场方向垂直，也与运动的方向垂直。我们已经得出此参考系中电场的形式：其大小已在第5章的式（5.15）中给出，其方向是由电荷的瞬时位置辐射出去的。磁场线一定为环绕运动方向的圆，如图6.30所示。当电荷的速度很大（$v \approx c$）时，$\gamma \gg 1$，辐射状的电场线叠加成薄板状。而环形的磁场线也同样聚集于这一板中。磁场 $\boldsymbol{B}$ 的大小几乎等于 $\boldsymbol{E}/c$。也就是说，以T为单位的磁场的大小，几乎等于此时此处以V/m为单位的电场强度的 $1/c$ 倍。

在之前的两章中，我们讨论了许多有关库仑定律的问题，每次都遵循相对论以及电荷不变性的规定。在这些原则的引导下，我们开始发现，磁场的存在及其与电场的奇妙对称性是这些原则的必然结果。我们再次提醒读者，本书并没有完全按照历史顺序来介绍电磁学的发展历程。式（6.74）中隐晦表达出了电场与磁场的联系，这种联系在迈克尔·法拉第用变化的电流进行了相关实验后变得明朗。关于这一点我们将会在第7章中讨论。爱因斯坦于1905年发表了具有划时代意义的论文，但在此前75年，式（6.74）就已经出现了。

## 6.8　罗兰实验

正如我们在5.9节中提到的，在150年前，人们并不清楚，导线中流过的电流与运动的带电物体作为磁场的来源，在本质上是十分相似的。麦克斯韦的著作中出现了统一的电与磁的概念，告诉我们任何运动电荷都应该会产生磁场，但是该理论的实验依据一直不够充分。

亨利·罗兰第一次向我们证明了充电薄片的运动会产生一个磁场。罗兰是一位伟大的美国物理学家，他因在衍射光栅方面的研究而知名。罗兰在电学测量方面有许多准确而有独创性的成就，但对他来说，最杰出的成就是测量出了一张旋转中的带电平板的磁场。他所要测的磁场强度仅相当于地磁场的 $1/10^5$——即使是在今天，这仍是一个令人赞叹的实验！图6.31是罗兰实验装置的草图及其论文的第一页，在此页中他对该实验进行了简述。罗兰的实验结果比赫兹发现电磁波早十年，这为麦克斯韦的电磁场理论提供了支持。

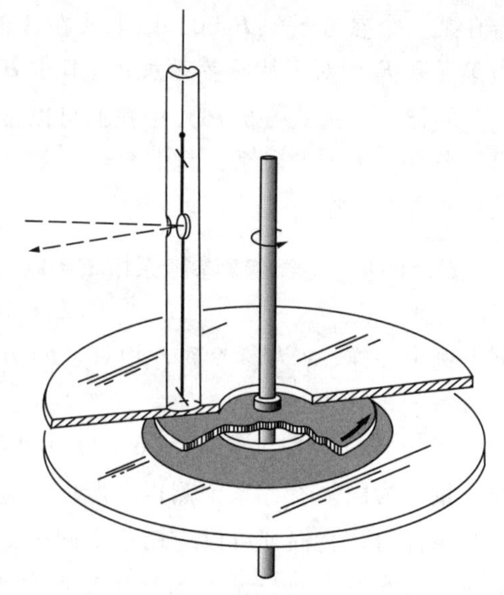

图6.31
罗兰实验的主要装置。在左侧的管中，水平悬挂着两根磁针。

## 电流对磁现象的影响[11]

美国科学杂志［3］，XV，30-38，1878

本文所讨论的实验旨在探究运动的带电物体是否会引发磁现象。我们发现通电导体引发的磁现象可以归结于导体与电流之间的相互作用，而迄今为止还没有关于此现象的理论基础。因此，此实验现象具有很重要的意义。麦克斯韦教授曾在其著作《电学通论》（"Treatise on Electricity," Art. 770）中计算了一个运动中的带电面可能引发的磁现象，但截至目前还没有实验或理论对此进行证明。

所采用的实验装置主要包括一个直径为 21cm、厚度为 0.5cm 的橡胶圆盘，该圆盘穿过一根竖直的轴并能够以 61r/s 的速度转动。在距离橡胶圆盘上下两表面各 0.6cm 处分别固定着直径为 38.9cm、厚度为 0.6cm 的玻璃盘，玻璃盘中央有直径为 7.8cm 的孔。橡胶盘两面镀金，玻璃盘一面镀上圆环形的金面，圆环的内径和外径分别为 8.9cm 和 24cm。玻璃盘镀金面可以是靠近橡胶盘的一面也可以是相对橡胶盘靠外的一面，但通常来说我们令镀金面靠内，这样计算时更简单且不会引入充电带来的不确定性。靠外的圆盘与地面相连，靠内的圆盘与电池相连，电池极点靠近圆盘边沿且与圆盘边沿之间保持 1/3 毫米的距离。由于圆盘边沿相对来说非常宽阔，所以除非电池靠近的点与边沿之间存在电势差，否则电池不会放电。在电池和圆盘之间……

## 6.9 磁场中的电传导：霍尔效应

当通电导体处于磁场中时，会有一个力 $q\boldsymbol{v}\times\boldsymbol{B}$ 作用于运动中的带电粒子。不过我们看到的是作用整个导体上的总的力。图 6.32（a）中通有稳恒电流的金属棒的一段，电子受电场 $\boldsymbol{E}$ 的作用漂移至左方，平均速率为 $\bar{v}$，此处的 $\bar{v}$ 与第 4 章中我们讨论传导过程中所说的 $\bar{u}$ 具有相同的含义。导电电子以灰色点表示，黑点为正离子，它们构成了整个金属棒的基本结构。电子携带的为负电荷，所以电流方向为 $y$ 轴正方向。电流密度 $\boldsymbol{J}$、电场 $\boldsymbol{E}$ 与金属的电导率有关，$\boldsymbol{J}=\sigma\boldsymbol{E}$。图 6.32（a）中除了电流本身没有任何其他磁场来源，而电流本身产生的磁场可以忽略。

现在给 $x$ 方向施加一个外加磁场 $\boldsymbol{B}$。之后电子的运动状态如图 6.32（b）所示，电子的运动方向变得下偏。因为电子无法逸出金属棒，所以它们就堆积在底部，与之相应地，携带正电荷的粒子则聚集于顶部，这些聚集的电荷产生了一个电场 $\boldsymbol{E}_t$，该电场对电子产生了一个向上的力 $eE_t$，此力逐渐增大，直至与因磁场而产生的向下的力 $e\bar{v}B$ 平衡为止。当达到平衡状态时（这一状态会很快就达到），在金

11 所述实验在亥姆霍兹教授的帮助下完成于柏林大学的实验室，亥姆霍兹教授对该实验提出了很多建议，这对实验的完整性很有助益。我于 1868 年产生了关于此实验的灵感，此想法当时记在了一个记录本上。

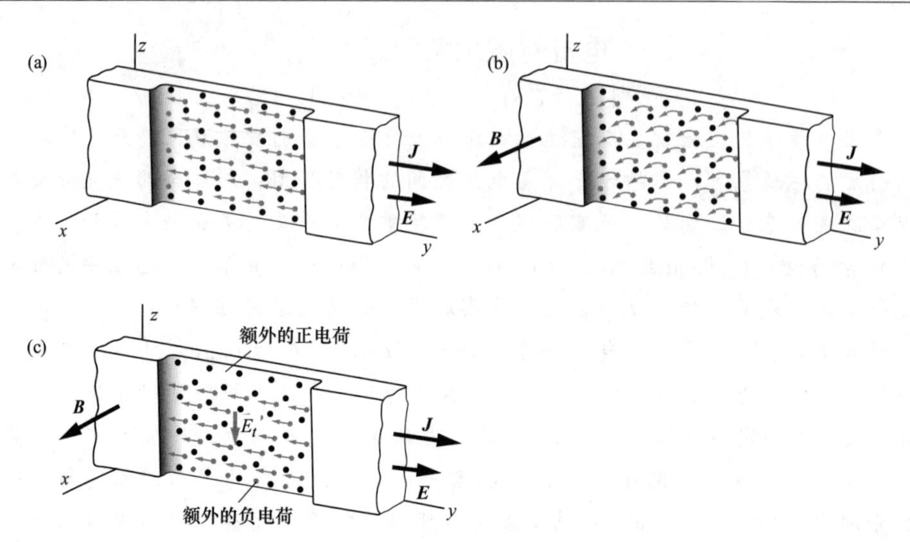


图 6.32

(a)　电流流经金属棒。图中只显示了金属棒的一小段。灰点表示导电电子（图示尺寸与数量与真实情况不同），黑点表示晶格中的正离子。箭头表示了电子的平均速度 $\bar{v}$。(b)　在 $x$ 方向上施加了一个磁场，这使运动中的电子（开始时）向下偏。(c)　重新分布后的电荷产生了一个横向的电场 $\boldsymbol{E}_t$。在该场作用下静止的正离子受到一个向下的力。

属内部就会存在一个横向电场 $\boldsymbol{E}_t$，此电场对于携带正电荷的粒子会产生一个向下的力。这就是作用于电子上的力 $-e\bar{\boldsymbol{v}}\times\boldsymbol{B}$ 如何传递至棒上的。金属棒，当然要有推动支撑它的东西，没有支撑物，它会加速向下运动。

运动的带电粒子在横向上受力平衡的条件为

$$\boldsymbol{E}_t+\bar{\boldsymbol{v}}\times\boldsymbol{B}=0 \tag{6.83}$$

假设每立方米内运动带电粒子数为 $n$，每个粒子带电量为 $q$，则电流密度 $\boldsymbol{J}$ 为 $nq\bar{\boldsymbol{v}}$。若我们现在将式（6.83）中 $\bar{\boldsymbol{v}}$ 换为 $\boldsymbol{J}/nq$，我们就可以将横向电场 $\boldsymbol{E}_t$ 与直接可测得的量 $\boldsymbol{J}$ 和 $\boldsymbol{B}$ 联系起来：

$$\boldsymbol{E}_t=\frac{-\boldsymbol{J}\times\boldsymbol{B}}{nq} \tag{6.84}$$

如图 6.32（c），对于电子 $q=-e$，因此 $\boldsymbol{E}_t$ 的方向为 $\boldsymbol{J}\times\boldsymbol{B}$ 。

这一横向电场的存在很容易就可以证明。在金属棒的两端上的 $P_1$ 和 $P_2$ 点之间接一根导线（见图 6.33），连接点需要仔细选取以便有电流通过时它们处于相同的电势，且 $\boldsymbol{B}$ 为零，导线连在一台电压计上。加上了 $\boldsymbol{B}$ 之后 $P_1$ 与 $P_2$ 不再处于相同的电势，其电势差即 $\boldsymbol{E}_t$ 乘以棒的宽度，此例中 $P_1$ 相对于 $P_2$ 为正。此时将有一稳恒电流通过 $P_1$ 到 $P_2$ 这一外部回路，电流大小由电压计的电阻决定。要注意的是，如果金属中电流 $\boldsymbol{J}$ 是因为正电子右移形成而不是电子左移形成的，则这两点间的电势差将反转。因为正的载流子将向下偏转，和电子一样（因为 $q\boldsymbol{v}\times\boldsymbol{B}$ 中的两个量，$q$、$\boldsymbol{v}$

可以改变符号），因此场 $\boldsymbol{E}_t$ 符号会相反，指向上。在历史上这个实验首次告诉我们导体中载流子的正负。

此效应是 E. H. Hall 在 1879 年发现的，当时霍尔正在约翰霍普金斯大学跟随罗兰老师学习。当时没有人明白金属中电流传导的机制，电子本身也未被了解，因此要完全弄明白这一现象并不容易。通常来说“霍尔电压”是存在于负电荷导体中，但也有一些例外。直到霍尔的发现 50 年后，人们才通过量子理论得以清楚解释金属导体中的霍尔效应。

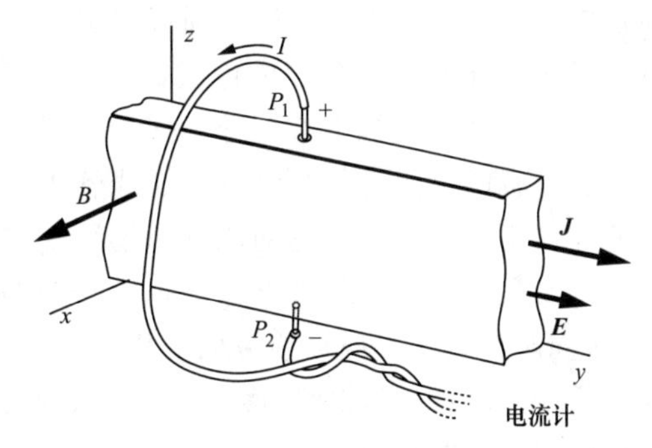


图 6.33

霍尔效应。在垂直于通电导体的方向上施加一个磁场，就能在导体棒相对的两面上观测到电势差——没有施加此磁场时这两个观测点之间没有电势差。该现象与导体棒内部出现的电场 $\boldsymbol{E}_t$ 是相符的。通过测量“霍尔电压”我们可以确定单位体积导体内的载流子的数量及电性。

霍尔效应在研究半导体的过程中十分有用，它向我们揭示了带电粒子的存在及其一些行为。如我们所料，第 4 章中所讨论的 n 型与 p 型半导体产生的霍尔电压的符号是相反的。因为霍尔电压是与 $\boldsymbol{B}$ 成正比的，所以当我们将一合适的半导体如图 6.33 中那样放置并校准之后，就可以测量任何未知的磁场了。练习题 6.73 中就是关于此的一个例子。

## 6.10 应用

质谱仪是一种用来确定物体化学成分的仪器。其工作原理基于这样一个事实：垂直于磁场运动的某带电粒子的圆周运动半径，取决于粒子的质量（见练习题 6.29）。在质谱仪中，首先会通过电子撞击等方式使样品分子中的电子脱离，从而使样品分子带正电，之后这些带正电粒子会经过电压的加速后被送入磁场中，较轻的粒子运动轨迹半径较小。（尽管较轻的粒子最终速度更大，但相对于较重的粒子，磁场会使它们的运动轨迹弯曲程度更大，读者可对此进行证明。）如此，通过测量各种离子的最终位置，就可以确定出其各自的质量（准确地说，是确定出其质荷比）。质谱仪可以应用于多个领域，包括取证、药物检测、食物污染成分测试以及确定星球的大气成分。

老式电视机（2000 年以前制造的）的成像是由阴极射线管完成的，射线管宽的一端即电视屏幕。朝电视屏幕射出的电子被通电线圈产生的磁场影响而发生偏转，线圈中通过的电流不断发生变化，从而使电子与屏幕的碰撞点在水平方向上的位置不断发生变化并覆盖整个屏幕（每秒钟许多次）。电子撞击到屏幕上时，会使

屏幕中的磷光剂发光。这样，通过使屏上特定的点发光，就形成了特定的图案，而每点发光的强度（黑色、白色或是二者之间的颜色）是通过调节电子束的强度来实现的。彩色电视机中有三种不同的电子束，对应着三原色。

假设有两个同轴的螺线管，螺线管中流过的电流方向相同，在纵向上相隔一段距离。在距离螺线管越远的地方磁场线越发散，至两螺线管之间的位置处磁场线之间的宽度最大。如果某带电粒子垂直于磁场线做近似圆周运动（受洛伦兹力的影响），同时该粒子沿磁场线方向发生漂移。若某区域内磁场线快速收敛，则该区域内粒子沿磁场线方向的漂移会反向，如此，粒子就被陷于所谓的“磁瓶”内部，在其中交替做向前向后的往返运动。举个例子，这种瓶型效应可以应用于控制核聚变实验中的等离子体。

通过电流环产生的磁场同样可以产生一个磁瓶。电流环实际上会产生一个弯曲的磁瓶，在靠近环所在平面时磁场线发散，在靠近轴线处磁场线收敛，地磁场基本上就是这样的形式。带电粒子被限制的区域被称为范艾伦辐射带，当粒子接近辐射带的边缘，即接近大气层时，粒子会与空气分子发生碰撞从而使其发光，我们将其称为北极光（或南极光），极光中的各种颜色源于氧气和氢气中不同的原子跃迁。上述带电粒子多是由太阳风和宇宙风暴产生的，但也可以是人为产生的：1962 年，代号为“海星一号”的高空氢弹试验在太平洋上很大一片区域内引发了与上述类似的极光效应，当时檀香山广告报还事先“警告”过人们“今夜可能会有很美的景观”。

地球的大气层不仅防止我们受到太阳风暴（主要由质子和电子组成）的伤害，同时也防止宇宙射线（主要由质子组成）对我们的侵扰。此外，地磁场同样对我们有类似的保护作用，它可以使带电粒子受到洛伦兹力从而使其偏离地球。然而，当太阳耀斑发生时，会有很多粒子穿过磁场并对人造卫星及其他电子器件产生影响。困扰着我们的使宇航员无法向宇宙更深处探索的一个问题是，如何防止宇航员受到辐射的危害。对待此问题，一个可能的解决方案是通过超导体（见附录 I）中的电流来产生一个磁场。虽然这种办法耗资巨大，但要将现有的厚重保护层（原理为模拟地球大气层）延伸向太空，代价也是很高昂的。

轨道炮中炮弹的加速是利用洛伦兹力 $q\boldsymbol{v}\times\boldsymbol{B}$ 而非爆炸产生的力来实现的。轨道炮由两根平行的导轨及一个跨越导轨的导体构成。跨越导轨的导体（即炮弹，或是一个夹持着炮弹的较大导体）可以沿着导轨滑动。由电源发出的电流由一条导轨流过轨间导体，之后经另一导轨流回。导轨中的电流会产生一个磁场，由右手螺旋法则我们可以知道由此产生的洛伦兹力会使炮弹被推离电源。大型的轨道炮可以发射出速度为数千米每秒的炮弹，其射程为数百千米。

有一种电动马达中包含一个固定的磁铁，磁铁两磁极之间有一导线圈，线圈可以自由转动。当线圈中通过直流电时，线圈中的运动电荷会受到洛伦兹力，从而产生一个扭矩（见练习题 6.34）使线圈转动。（也可以将线圈看作一个有南北磁极的

磁铁，此磁铁会与固定的磁铁相互作用。）这样，线圈就可以对与马达相连的物体产生一个扭矩的作用。电动马达包含直流和交流两类，每一类中又有不同的构成。在有刷直流马达中，换向器每隔半圈就会使电流方向发生一次改变，这样扭矩的方向就可以保持不变。如果马达因为某些原因被卡住停止转动了，反向电动势（我们将在第 7 章中学到）将降为零，线圈中的电流会变大，这会使得线圈升温，通过随后闻到的糊味儿我们就知道马达正在烧坏。

由超导导线做成的螺线管可以产生非常强的场，磁感应强度可以达到约 20T。超导导线中能够允许非常大的电流通过而不会因电阻的原因产热。核磁共振成像（MRI）仪利用了附录 J 中提到的物理现象，可以使我们身体内部成像，其磁感应强度一般为 1~2T。欧洲核子研究委员会（CERN）所使用的大型强子对撞机中的磁体也是超导体。若电路因为某种扰动而变成非超导的（称之为猝灭），那么电路就会急速地产热升温并可能发生一系列后果严重的链式反应，这正如我们将在第 7 章中学到的那样，螺线管中储存着能量，这些能量必须要去往别处。2008 年，CERN 中发生了一次上述反应，严重损坏了加速器，使磁体在一年以内都无法使用。

超导螺线管产生的磁场大小终究是有限的，这是因为超导导线无法满足某临界值以上的磁场或者说电流。实验室中能够实现的最大稳定磁场是由有电阻的导体产生的，为此需要将螺线管中的线圈换为一系列螺旋状排列的比特盘。这些比特盘的工作原理与线圈大体相同，但通过合理设置一些孔洞即可对盘进行水冷。例如，对于一个可以产生 35T 磁场的比特磁体，我们需要对其进行快速水冷——每秒需要约 100 加仑水。

如果将导线绕金属芯缠绕，则由线圈产生的磁场会被金属芯放大，放大的倍数可以为 100 或 1000 甚至更大，其原理我们将在第 11 章中讨论。这种放大效应在继电器、断路器（在下面都将讨论）等许多器件中都有应用。这种线圈和金属芯（甚至只有线圈没有金属芯）的组合结构被称为电磁体。相对于永磁体，电磁体的主要优势在于由其产生的磁场的存在与否是可以控制的。

继电器是一种以小信号闭合（或断开）大信号的装置。（因此继电器和晶体管的工作原理是一样的。）在某电路中，小电流流经电磁体，电磁体产生的磁场会扳动某装有弹簧的金属杆，从而使另一电路闭合（或断开）。通常情况下，第二条电路中的能量源比第一条电路中的要大。继电器有许多用途，例如，可以用于恒温器。恒温器中的温度传感装置所产生的小电流能够闭合实际加热系统的电路，此加热系统中包括诸如热水泵浦之类的装置。在过去，继电器被用于电报中继器，继电器接收到由长导线一段传来的微弱信号，并自发地将该信号转变为强输出信号，这样就无需人为的接收和转发信息了。

断路器的作用与熔丝（见 4.12 节）类似，都可以防止电路中的电流过大，15A 和 20A 为家用断路器的常见阈值。如果你在家中在同一时间使用太多的用电

器，总电流就有可能过大，从而使墙中某处电线过热引发火灾。同样，长时间的短路几乎一定会引发火灾。有一种断路器中包含电磁体，其产生的磁场会推动断路器中的金属杆。通常状态下金属杆由弹簧固定位置，但当电磁体中的电流足够大时，作用于金属杆的力就会大到使其偏离静止时所处的位置。根据电路的形式不同，这种金属杆的移动会以不同的方式使电路断开。如果想重置断路器的状态，只需轻轻地按动开关将金属杆扳回原位即可。与之相比，熔丝每次发挥作用后都会被烧坏因而需要更换。

废栈磁体所产生的磁感应强度大约为1T，这是相当强的磁场，但真正重要的是其场的面积巨大，约为一平方米。如果你曾经接触过小的稀土磁体（磁感应强度约为1T），那么请试着想象直径为一米的稀土磁体吸附在其他物体上的力能有多大，这种力无疑可以吸起一辆汽车！

门铃（至少是那种“叮咚”响类型的门铃）中包含一个螺线管，螺线管内部有一个活塞，活塞上有一部分是永磁体。通常状态下，活塞被弹簧置于螺线管一端（比如说，左端），活塞的左端静止于一个声音条上。当门铃按钮被按下时，电路闭合，电流流过螺线管，由此产生的磁场会使活塞沿着螺线管被推向右侧的另一个声音条（这是发出“叮”声音的声音条）。在门铃按钮保持着被按下状态时，活塞一直位于右侧。而当按钮被放开时，螺线管中不再有电流通过，弹簧将活塞推回其初始位置并撞向左侧的声音条（发出“咚”的声音）。

对于音响系统中的扬声器，如果我们希望其产生高质量的声音，那么我们需要做大量工程方面的工作，然而，扬声器的工作原理并不复杂。扬声器能够将电信号转换为声波。在扬声器内有一块可移动的锥体，锥体后置有导线圈（这是我们所见到的扬声器的主体部分，也称为隔膜），线圈与锥体中部相连。线圈环绕着永磁体的一个磁极，线圈外部则被永磁体的另一个磁极环绕（想象一下做甜甜圈时用的刀具的形状，上述结构与此类似，线圈可以沿着其内部的圆柱自由移动）。当线圈中通过电流时，永磁体会推着线圈（同时也推动着锥体）向某方向移动，移动的方向取决于电流的方向。锥体的移动会发出声音，然后声音会传播到我们的耳朵。如果线圈中所通过的电流合适（电流振幅随着时间合理变化以控制音量，音高则由电流频率控制），那么锥体的振动就会发出我们想要的声音。我们所能听到的声音的频率范围是20Hz到20kHz，相应地，锥体的振动很快。振动所需的电流是由麦克风产生的，麦克风的工作原理与扬声器的相反。麦克风的种类有很多，我们在3.9节中讨论过其中的一种，在7.11节中我们将讨论另一种，届时我们将已经学习过电磁感应的相关知识。

磁悬浮列车是在垂直方向上支撑住、横向上加以稳定并在纵向上由磁场力加速的。列车与轨道之间没有接触，这意味着它可以比传统列车跑得更快，其速度可以达到500km/h，或者300mile/h，同时磁悬浮列车的磨损也更少。磁悬浮列车主要有两种：电磁悬浮（EMS）和电动悬浮（EDS）。EMS系统中既有永磁体又有电磁

体。因为横向的运动会使列车不稳，所以需要对其进行精确的计算和修正。EDS系统中主要应用电磁体（有些地方还用到了超导体），同时利用了磁感应现象（将在第7章中讨论）。EDS的优势在于其横向不会有太大的晃动，而劣势则在于车厢内部的磁场非常强。此外，EDS列车需要一个使其漂浮起来的最小速度，因此在低速运动时还需要车轮。两种系统推进列车运动的原理都是利用交变电流产生磁场来使列车持续加速（或减速）。所有的磁悬浮列车都需要特殊制作的轨道，这是阻碍其推广应用的一大问题。

## 本章总结

- 在电磁场中作用于一个带电粒子的洛伦兹力为

$$\boldsymbol{F}=q\boldsymbol{E}+q\boldsymbol{v}\times\boldsymbol{B} \tag{6.85}$$

- 长直导线中的电流所产生的磁场方向为沿切线方向，大小为

$$B=\frac{I}{2\pi\varepsilon_0 rc^2}=\frac{\mu_0 I}{2\pi r} \tag{6.86}$$

此处

$$\mu_0\equiv 4\pi\cdot 10^{-7}\frac{\text{kg}\cdot\text{m}}{\text{C}^2},\quad c^2=\frac{1}{\mu_0\varepsilon_0} \tag{6.87}$$

若携带有电流 $I_2$ 的导线垂直于磁场 $B_1$ 放置，那么导线上长度为 $l$ 的一段受力大小为 $F=I_2B_1l$。在国际单位制及高斯单位制中，磁感应强度的单位分别为特斯拉和高斯，1特斯拉等于 $10^4$ 高斯。

- 安培环路定理的积分及微分形式分别为

$$\int\boldsymbol{B}\cdot\mathrm{d}\boldsymbol{s}=\mu_0 I\Longleftrightarrow\text{curl}\boldsymbol{B}=\mu_0\boldsymbol{J} \tag{6.88}$$

磁场还满足

$$\text{div}\boldsymbol{B}=0 \tag{6.89}$$

上式的意义是不存在磁单极子，或者说磁场线是没有端点的。

- 矢势 $\boldsymbol{A}$ 的定义为

$$\boldsymbol{B}=\text{curl}\boldsymbol{A} \tag{6.90}$$

由此可以导出 $\text{div}\boldsymbol{B}=0$ 的正确性。对于给定的电流密度 $\boldsymbol{J}$，可由下式导出矢势：

$$\boldsymbol{A}=\frac{\mu_0}{4\pi}\int\frac{\boldsymbol{J}\mathrm{d}v}{r}\quad\text{或}\quad\boldsymbol{A}=\frac{\mu_0 I}{4\pi}\int\frac{\mathrm{d}\boldsymbol{l}}{r}\quad\text{（对于细导线而言）} \tag{6.91}$$

- 由毕奥-萨伐尔定律可知，携带电流 $I$ 的导线上每一小段对磁场的贡献为

$$\mathrm{d}\boldsymbol{B}=\frac{\mu_0 I}{4\pi}\frac{\mathrm{d}\boldsymbol{l}\times\hat{\boldsymbol{r}}}{r^2}\quad\text{或}\quad\mathrm{d}\boldsymbol{B}=\frac{\mu_0 I}{4\pi}\frac{\mathrm{d}\boldsymbol{l}\times\boldsymbol{r}}{r^3} \tag{6.92}$$

该定律对于稳恒电流成立。

- 无限长螺线管在其外部产生的磁场为零，在内部产生的磁感应强度为 $B=\mu_0 nI$，$n$ 为单位长度螺线管的导线匝数。若某通电薄片上电流密度为 $\mathcal{J}$，那么穿过薄片时 $B$ 的改变量为 $\Delta B=\mu_0\mathcal{J}$。

• 在两个不同坐标系之间做 $\boldsymbol{E}$ 和 $\boldsymbol{B}$ 的洛伦兹变换需要遵循以下规则：

$$\begin{aligned} \boldsymbol{E}'_{\parallel} &= \boldsymbol{E}_{\parallel}, \quad \boldsymbol{E}'_{\perp} = \gamma(\boldsymbol{E}_{\perp} + \boldsymbol{v}\times\boldsymbol{B}_{\perp}) \\ \boldsymbol{B}'_{\parallel} &= \boldsymbol{B}_{\parallel}, \quad \boldsymbol{B}'_{\perp} = \gamma(\boldsymbol{B}_{\perp} - (\boldsymbol{v}/c)^2\times\boldsymbol{E}_{\perp}) \end{aligned} \tag{6.93}$$

此处 $\boldsymbol{v}$ 是参考系 $F'$ 相对于参考系 $F$ 的速度。若存在一个 $\boldsymbol{B}=0$ 的参考系（例如，在某参考系中所有的电荷都处于静止状态），那么在所有的参考系中都有 $\boldsymbol{B}'=-(\boldsymbol{v}/c^2)\times\boldsymbol{E}'$。类似地，如果存在一个 $\boldsymbol{E}=0$ 的参考系（例如，在某携带有中性电流的导线参考系中），那么在所有参考系中 $\boldsymbol{E}'=\boldsymbol{v}\times\boldsymbol{B}'$。

• 亨利 · 罗兰证明了磁场不仅会由导线中的电流产生，而且运动中的带静电的物体也会产生磁场。

• 在霍尔效应下，带电导线中的载流子会因外部磁场的作用偏向导线的一侧，这会在电场内部引发一个横向电场 $\boldsymbol{E}_t=-(\boldsymbol{J}\times\boldsymbol{B})/nq$。多数情况下，负电荷沿某方向运动所产生的电流与正电荷沿相反方向运动所产生的电流是等效的，而根据霍尔效应可以判定出载流子的正负。

## 习　　题

### 6.1　星际尘埃颗粒 **

此题是关于练习题 2.38 中所讨论过的带电星际尘埃颗粒的。当时没有提到的颗粒的质量，该质量为 $10^{-16}$kg。假设颗粒可以在垂直于宇宙磁场的平面中自由运动，其速度 $v\ll c$，宇宙磁感应强度为 $3\times10^{-6}$ G。颗粒完成一次圆周运动需要多少年？

### 6.2　电线的场 *

一条 50kV 的直流电线由两条相距 2m 的导线组成。当电线传输功率为 10MW 时，两导线中间位置处的磁感应强度为多大？

### 6.3　导线互斥 **

假设图 6.4（b）中的电流 $I_2$ 与 $I_1$ 大小相等方向相反，那么 $CD$ 会受到 $GH$ 的排斥作用。另假设 $AB$ 和 $EF$ 在 $GH$ 上方且与其垂直放置，$BC$ 与 $CD$ 的长度分别为 30cm 和 15cm。图 6.4（a）中的 $BCDE$ 为 1mm 直径的铜导线，其重量为 0.08N/m。在平衡状态下该悬挂着的系统与竖直方向偏离的距离 $r=0.5$cm。电流为多大？该平衡状态稳定么？

### 6.4　导线的矢势 *

考虑 6.3 节例题中长直导线的矢势。在笛卡儿坐标系下重新写出式（6.33）和式（6.34），并证明 $\nabla\times\boldsymbol{A}=\boldsymbol{B}$。

### 6.5　有限长导线的矢势 **

（a）　回想 6.3 节中的例题，该例题中有限细长导线中带有电流 $I$。我们已经证明过式（6.34）中的矢势 $\boldsymbol{A}$，或者是与之等价的习题 6.4 的解答中的式（12.272），能导出我们所需要的磁场 $\boldsymbol{B}$。然而，尽管由 $\boldsymbol{A}$ 的表达式可以导出 $\boldsymbol{B}$，但其表达式中还是存在一些基础的错误。这些错误是什么？（可以认为 $r=0$ 和 $r=\infty$ 处是没问题的。）

（b）　正如我们在 6.3 节的末尾部分提到的，如果你用式（6.44）来计算无限长导线的 $\boldsymbol{A}$，那么你将得到一个无限大的结果。在此题中你需要计算在与中心距离为 $r$ 处由有限长导线产生的 $\boldsymbol{A}$，导线长度为 $2L$（忽略电流回路）。这样对于一个较大的 $L$ 你就可以先得出 $\boldsymbol{A}$ 的近似表达式

[(a) 部分中的问题得到解决了吗?]，然后通过取其旋度得到 $\boldsymbol{B}$，最后再取 $L\to\infty$ 的极限，得到真实的无限长导线所产生的 $\boldsymbol{B}$。

### 6.6 $A$ 的散度为零***

证明稳恒电流条件下（即 $\nabla\cdot\boldsymbol{J}=0$），式（6.44）中的矢势满足 $\nabla\cdot A=0$。提示：利用散度定理，注意式（6.44）使用了两种坐标系（分别为 1 和 2）。你需要证明 $\nabla_1(1/r_{12})=-\nabla_2(1/r_{12})$，此处的下角标表示的是对于哪个坐标系而言的。你可能会用到 $\nabla\cdot(f\boldsymbol{F})=f\nabla\cdot\boldsymbol{F}+\boldsymbol{F}\cdot\nabla f$ 这一矢量等式。

### 6.7 旋转球处的矢势****

一半径为 $R$ 的球壳上带有均匀分布的面电荷密度 $\sigma$，该球壳绕 $z$ 轴以角速度 $\omega$ 转动。计算该球壳表面某一点的矢势。请按照以下三个步骤进行。

(a) 通过直接积分的方法，计算点（$R$，0，0）处的 $\boldsymbol{A}$。你需要将球壳分解为许多圆环，每个圆环上的所有点到（$R$，0，0）的距离都相等。只有一个方向上的速度分量会对最后的结果产生影响，一旦你意识到了这一点，计算就变得简单了。

(b) 求出如图 6.34 所示的（$x$，0，$z$）点处的 $\boldsymbol{A}$，你可以将原条件看为两个球壳的叠加，两球壳转动的角速度分别为 $\omega_1$ 和 $\omega_2$。(可以这样分解的原因是角速度矢量是可以直接相加的。)

(c) 最后，求出球壳表面上任意一点（$x$，$y$，$z$）处的 $\boldsymbol{A}$。

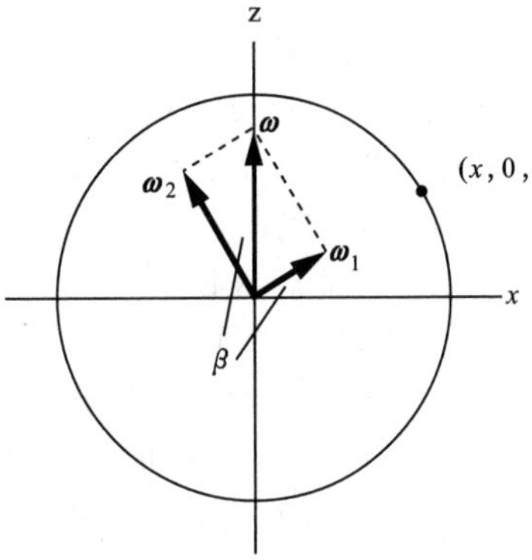

图 6.34

### 6.8 多圈导线的场*

如图 6.35 所示，给定的两点 $AB$ 之间连有一条导线，导线被折成任意的形状（导线不一定在同一平面内），导线中的电流为 $I$。证明该导线在远处产生的磁场与 $AB$ 两点间电流为 $I$ 的直导线的磁场相同。

图 6.35

### 6.9 按比例增大的环*

假设有两个由铜导线绕成的环，其中一个为另一个按比例增大为两倍（半径及截面半径）的形状。如果两环中的电流都源于相同大小的电压源，比较一下两个环中心处的磁场。

### 6.10 电流方向不同的环**

两个同轴圆环平行放置，两环之间有一很小的距离 $\varepsilon$。两环的半径都为 $a$，环中电流大小都为 $I$，电流方向相反。考虑环的轴线上的磁场。两环中间点的磁场为零，因为两个环在此点处的磁场贡献互相抵消了。因此，磁场一定会在两环之间某点处达到最大，请找出这一点。解题时可利用 $\varepsilon\ll a$ 近似。

### 6.11 球心处的场**

半径为 $R$ 的球壳上带有均匀分布的面电荷密度 $\sigma$，球壳绕某一直径以角速度 $\omega$ 转动。求出球心处的场。

### 6.12 环所在平面内的场**

半径为 $R$ 的环通有电流为 $I$。证明环所在的平面内，与环中心距离为 $a$ 处，由环产生的磁

场为

$$B = 2 \cdot \frac{\mu_0 I}{4\pi}\int_0^{\pi} \frac{(R - a\cos\theta)R\mathrm{d}\theta}{(a^2 + R^2 - 2aR\cos\theta)^{3/2}} \tag{6.94}$$

提示：求毕奥-萨伐尔定律中的矢量积时最简单的做法是将笛卡儿坐标系中的 $\mathrm{d}\boldsymbol{l}$ 和 $\boldsymbol{r}$ 写成与环的角度 $\theta$ 相关的项。

此积分通常无法得出解析解（除非是椭圆函数的形式），但如果需要的话可以求出其数值解。对于 $a=0$ 即在环中心的特殊情况，积分很容易计算，证明该结果与式（6.54）相符。

### 6.13　磁偶极子**

考虑习题6.12中的结果。在 $a \gg R$（即距离环很远）的极限情况下，请做出合理的近似，证明环所在平面内的场约等于 $(\mu_0/4\pi)(m/a^3)$，此处 $m \equiv \pi R^2 I = (\text{面积})I$，即环的磁偶极矩。我们将在第11章中再次讨论该问题，此题是其中的一种特殊情况。

### 6.14　正方形回路产生的远场***

边长为 $a$ 的正方形回路中通过电流 $I$。本题的目的是求出距离环路为 $r(r \gg a)$ 处的磁场。

（a）在如图6.36所示的远点处，两条竖直边对毕奥-萨伐尔定律中的磁场的贡献为零，这是因为它们与至 $P$ 点的径向矢量基本是平行的。两水平方向边对毕奥-萨伐尔定律中磁场的贡献为多少？由于横边上每一小段都是与到 $P$ 的径向矢量垂直的，所以该贡献很容易算出。证明两边贡献之和（或差）为 $\mu_0 Ia^2/2\pi r^3$，其中主导阶（即量级最大项）为 $a$。

（b）环在 $P$ 点产生的场并非 $\mu_0 Ia^2/2\pi r^3$，正确值应该为上述的一半，即 $\mu_0 Ia^2/4\pi r^3$。我们将在第11章中导出该式，届时我们将知道正确的普适结果应该为 $\mu_0 IA/4\pi r^3$，$A$ 为任意形状环路的面积。但我们用毕奥-萨伐尔定律应该是可以计算出该结果的。（a）中哪一部分推理是错误的？你将如何修正这一错误？此题是一个很好的练习——先别急着看答案。

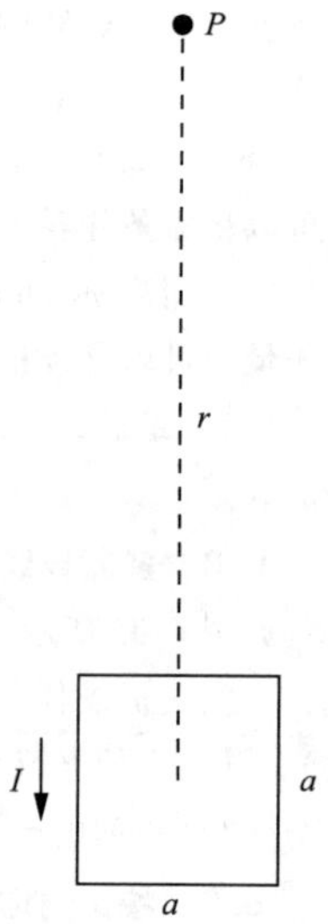

图6.36

### 6.15　磁标量势**

（a）有一无限长直导线携带电流为 $I$。我们知道导线外的磁场为 $\boldsymbol{B} = (\mu_0 I/2\pi r)\hat{\boldsymbol{\theta}}$。由于导线之外没有电流，所以 $\nabla \times \boldsymbol{B} = 0$，请通过计算该旋度来对此进行证明。

（b）由于 $\nabla \times \boldsymbol{B} = 0$，所以我们应该可以将 $\boldsymbol{B}$ 表示为某函数的梯度，即 $\boldsymbol{B} = \nabla \psi$。求出 $\psi$，并证明为何 $\psi$ 的用处是有限的。

### 6.16　铜螺线管**

某螺线管是由14号铜线在圆柱上缠绕两层制成的，其直径为8cm。在每一层上每厘米螺线管包含4圈铜线，螺线管总长为32cm。由导线信息表中我们查出，14号铜线的直径为0.163cm，在75℃下其电阻率为0.010Ω/m（螺线圈会发热！）。如果该螺线管与一50V的发电机相连，则其内部中心处的磁感应强度应该为多少高斯？其消耗的功率为多少瓦？

### 6.17　旋转的实心圆柱体**

（a）某半径为 $R$ 的实心圆柱体长度很长，携带有均匀分布的电荷，体电荷密度为 $\rho$，该圆柱体绕其轴以频率 $\omega$ 转动。其轴上某点处的磁场是怎样的？

（b）若所有的电荷都集中于表面，上述问题的答案又如何？

### 6.18 螺线管的矢势**

某螺线管半径为 $R$，通过的电流为 $I$，每单位长度上有 $n$ 圈。已知内部的磁场为 $B=\mu_0 nI$，外部磁场为 0，求出螺线管内部和外部的矢势 $\boldsymbol{A}$。按照如下两个方法来解该问题。

（a）利用练习题 6.41 的结果。

（b）利用附录 F 中柱坐标系下的旋度表达式来求出 $\boldsymbol{A}$ 的表达式，并借此求出两个区域内的 $\boldsymbol{B}=\nabla\times\boldsymbol{A}$。

### 6.19 螺线管内部与外部的场***

假设有一无限长的螺线管，其截面为圆形，通过螺线管的电流为 $I$，每单位长度螺线管包含 $n$ 匝导线。证明螺线管外部磁场为 0，内部磁场处处为 $B=\mu_0 nI$（沿纵向）。按下述三个步骤来解本题：

（a）证明磁场只有一个纵向分量。提示：考虑相对于某特定点对称的两个环对该点总磁场的贡献。

（b）利用安培环路定理证明螺线管内部和外部的磁场都是均匀分布的，且两区域的磁感应强度相差为 $\mu_0 nI$。

（c）证明当 $r\to\infty$ 时 $B\to 0$。要证明这一点有很多种方法。一种方法是先将给定的环展开为直导线片段，之后求出直导线片段对总场的贡献，借此求出磁感应强度的上限值。

### 6.20 厚板与薄板**

有一厚板位于两无限大平面 $x=-b$ 和 $x=b$ 之间，其体电流密度为 $\boldsymbol{J}=J\hat{\boldsymbol{z}}$。（所以在图 6.37 中电流流向纸面外。）此外，在平面 $x=b$ 上还有表面电流密度 $\mathcal{J}=2bJ$，方向为 $z$ 轴负方向。

（a）对于厚板内部和外部的区域分别求出磁场作为 $x$ 的函数。

（b）证明在厚板内部 $\nabla\times\boldsymbol{B}=\mu_0\boldsymbol{J}$。（不必担心边界问题。）

### 6.21 回旋加速器中最强的场**

有时候我们需要在回旋加速器中将带负电的氢离子加速。一个带负电的氢离子 $H^-$ 是一个氢原子附带上一个额外的电子。氢原子与额外电子之间的附着力是很弱的，在氢离子所处的参考系中强度为 $4.5\times10^8$V/m 的电场（在原子基准下这是很弱的场）就会使电子脱离，只留下一个氢原子。如果我们想要将 $H^-$ 的动能提升至 1GeV（$10^9$eV），我们用来使其加速的磁场最强可以为多大时，能保证其做圆周运动并达到这个动能？（要求出该问题中的 $\gamma$，我们只需要求出 $H^-$ 的静止能量，该能量与质子实际上是一样的，约为 1GeV。）

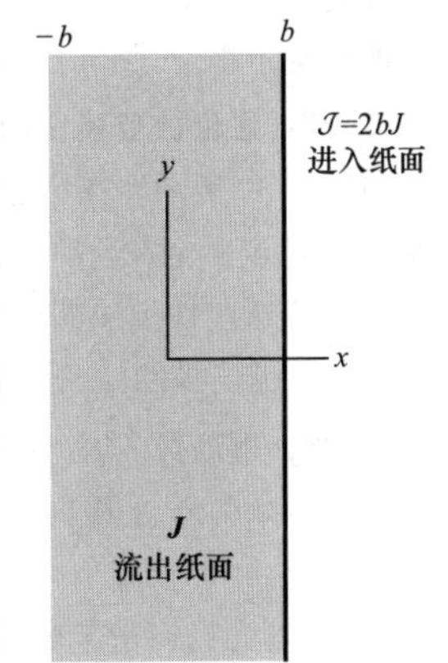


图 6.37

### 6.22 任意参考系中的零作用力**

某电中性的导线中通过的电流为 $I$，附近有一静止的电荷。该电中性的导线没有电场，所以电荷所受的电场力为零。虽然存在磁场，但是由于电荷处于静止状态，所以电荷受到的磁场力为零。因此电荷所受的合力为零，也因此在其他任意参考系内电荷所受的力都为零。请在平行于导线以速度 $v$ 运动的参考系中通过洛伦兹变换来求出 $\boldsymbol{E}$ 和 $\boldsymbol{B}$，并借此特例来对上述结论进行验证。

### 6.23 无磁屏蔽**

一个学生问道：“我之前认为电流之间的作用力为磁场力，而你告诉我说这种力是源于运动电荷所产生的电场。如果是这样的话，为什么图 5.1（c）中的金属盘没有将一条导线对另一条导线的影响屏蔽掉？”你能对此进行解释吗？

**6.24　点电荷的 $\boldsymbol{E}$ 和 $\boldsymbol{B}$ ＊＊**

(a) 利用洛伦兹变换来证明以速度 $v$ 匀速运动的点电荷所产生的 $\boldsymbol{E}$ 和 $\boldsymbol{B}$ 之间的关系为 $B=(v/c^2)\times E$。

(b) 若 $v \ll c$，则 $\boldsymbol{E}$ 可由库仑定律得出，而 $\boldsymbol{B}$ 可由毕奥-萨伐尔定律得出。用这种方法计算出 $\boldsymbol{B}$，并验证 $B=(v/c^2)\times E$。（你可以将点电荷想象成一个很小的带电棒，这样在处理毕奥-萨伐尔定律中的 $dl$ 时会比较简单。）

**6.25　三个参考系中的力＊＊＊**

有一导线的线电荷密度为 $\lambda$（在实验室参考系中测得），另有一电荷 $q$ 以速度 $v$ 平行于导线运动。导线中的电荷以速度 $u$ 沿相反的方向运动，如图 6.38 所示。若电荷 $q$ 与导线距离为 $r$，在以下三种情况下求出电荷所受的力：(a) 在给定的实验室参考系中；(b) 在相对于电荷 $q$ 静止的参考系中；(c) 在相对于导线中的电荷静止的参考系中。求出不同参考系下的电场力和磁场力。然后检验一下相对于电荷 $q$ 静止的参考系中的力与另外两个参考系中力之间的关系。$u$ 和 $v$ 的相对论速度叠加公式中的 $\gamma$ 因式为 $\gamma_u\gamma_v(1+\beta_u\beta_v)$，你可以利用这一点来解该题。

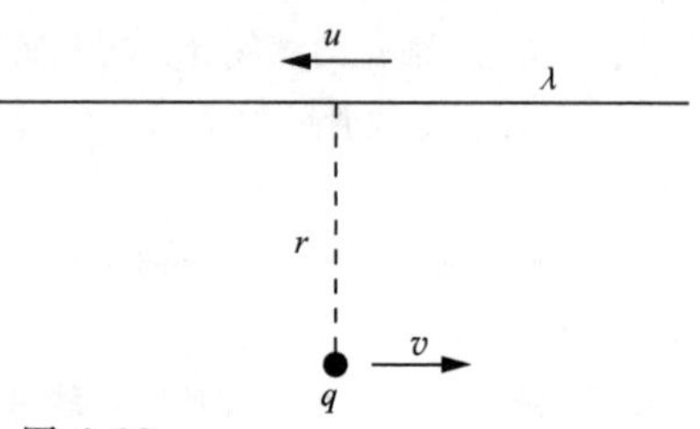

图 6.38

**6.26　电场与磁场内的运动＊＊＊**

练习 6.29 要求证明在 $z$ 方向上有匀强磁场的空间中，如果一个带电粒子在 $xy$ 平面内运动，其运动轨迹应该为一个圆。如果我们在 $y$ 方向上再加一个匀强电场，粒子的运动轨迹是怎样的？此粒子质量为 $m$、电量为 $q$，并设电场强度和磁感应强度分别为 $E$ 和 $B$。假设其运动速度是非相对论性的，所以 $\gamma\approx 1$（在练习 6.29 中用不到此假设，因为 $v$ 是恒定的）。注意，答案可能与直观上的感觉不符。

**6.27　洛伦兹变换中的特例＊＊＊**

如图 6.39 所示，在给定的参考系 $F$ 中，有四种不同条件下的两个无限大带电薄片。另一参考系 $F'$ 以速度 $v$ 向右运动。请解释这些条件如何诠释了式（6.76）中关于洛伦兹变换的六个特例（取决于这些特例中哪个场强设为零）。（注意：其中一块薄板画得稍微短了一些，借此来表现出长度收缩。当然这只是象征性地表达，所有的薄片都是无限大的。）

**6.28　推迟势＊＊＊＊**

点电荷 $q$ 在 $xy$ 平面内沿着 $y=r$ 以速度 $v$ 运动。我们想要求出当电荷穿过 $y$ 轴时，原点处的磁场。

(a)　首先我们来考虑电荷参考系中的电场，然后利用洛伦兹变换来证明实验室参考系中（在电荷经过 $y$ 轴时）原点处的磁场为 $B=(\mu_0/4\pi)(\gamma qv/r^2)$。

(b)　利用毕奥-萨伐尔定律来计算出原点处的磁场。为了得出电流，我们需要将“点”电荷的形状看成很短的棍棒。如果缺少了上面答案中的正确的 $\gamma$ 因子，此题是无法得出正确结果的。

(c)　利用毕奥-萨伐尔定律的方法是不可行的，因为毕奥-萨伐尔定律只对稳恒电流（或慢变电流，见脚注 8）成立，而点电荷形成的电流显然不是稳恒的。在电荷运动方向所在直线上的某一点，电流先是为零，其次不为零，然后再为零。

对于非稳态电流，我们可以利用所谓的“迟滞时间”来使毕奥-萨伐尔定律重新变得有

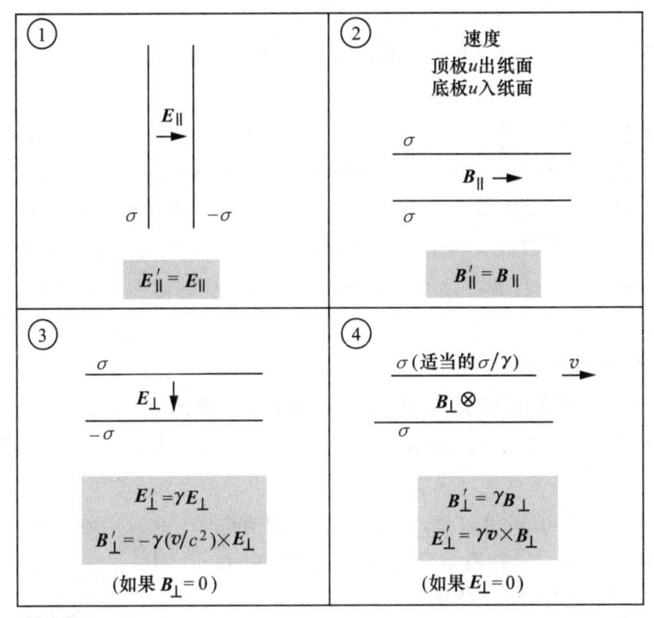


图 6. 39

参考系 $F$ 中的各个条件（$F'$以速度 $v$ 向右运动）。

效。[12]迟滞时间大致的意思为：由于信息的传递速度不可能比光速更快，所以当电荷穿过 $y$ 轴时原点处的磁场肯定与之前某时刻电荷的行为有关。更准确地说，此提前的时间（即“迟滞时间”）指的是电荷由此刻发出光信号，至电荷经过 $y$ 轴时，光信号正好到达原点。换句话说，如果有个人站在原点拿着照相机拍下周围的情况，那么当电荷经过 $y$ 轴时的照片中显示的电荷的位置（此位置不是在 $y$ 轴上）正是我们所关心的电荷位置。[13]

你的任务是：找出照片中电荷的位置；解释为何照片中的代表电荷形状的长度会比你之前所设想的要长；求出此长度。在求原点处的矢势 $\boldsymbol{A}$ 时，我们将发现有电流分布的长度比我们之前在（b）部分得到的错误长度要长，所以当时的长度是不对的。证明这一效应使得需要对 $\boldsymbol{A}$ 进行一个 $\gamma$ 因子的修正，同样对 $\boldsymbol{B}$ 也需要修正。（将迟滞时间考虑在内以后，式（6.46）中的表达式仍是有效的。）[14]

---

12 然而，在修正后的毕奥-萨伐尔定律中还有额外的项，这使得问题更加复杂。因此，我们用矢势 $\boldsymbol{A}$ 来解决问题，其修正后的形式仍然只有一项。然后我们可以通过取 $\boldsymbol{A}$ 的旋度来得出 $\boldsymbol{B}$。

13 由于光速是有限的，所以此处的陈述看起来令人难以相信，这里我们暂且认为这是正确的。但抛开主观的看法不谈，$\boldsymbol{B}$ 和 $\boldsymbol{A}$ 按照迟滞时间的概念修正之后的形式是可以由麦克斯韦方程组严格推导出来的，而后者对于任意电磁场问题都可以做出正确的陈述。

14 如果你想用毕奥-萨伐尔定律的修正后的形式来解该问题，可能会有一些难。你可能需要用到脚注 8 中提及的论文中的式（14）。而且，你需要非常仔细地处理所有问题中涉及的长度。

# 练　　习

### 6.29　在磁场 $\boldsymbol{B}$ 中的运动**

某带电量为 $q$ 的粒子静止质量为 $m$，在磁场 $\boldsymbol{B}$ 中以速度 $\boldsymbol{v}$ 运动，$\boldsymbol{v}$ 与 $\boldsymbol{B}$ 的方向垂直，该区域内不存在电场。证明粒子运动的轨迹是一个半径为 $R=p/qB$ 的圆曲线，其中 $p$ 为粒子的动量，即 $\gamma mv$。（提示：证明力 $q\boldsymbol{v}\times\boldsymbol{B}$ 只改变动量的方向而不改变动量的大小。在一个较短的时间 $\Delta t$ 内 $\boldsymbol{p}$ 方向改变的角度 $\Delta\theta$ 为多大？）若各处的 $\boldsymbol{B}$ 都相同，那么粒子的运动轨迹将是一个圆。求粒子圆周运动的周期为多少。

### 6.30　宇宙中的质子*

动能为 $10^{16}$eV（$\gamma=10^7$）的质子垂直于星际磁场运动，该区域内磁感应强度为 $3\times10^{-6}$G。质子运动轨迹的半径为多少？其运动的周期为多少？（利用练习题 6.29 中的结果。）

### 6.31　三条导线的场

三条长直导线如图 6.40 所示放置。一条导线中通有电流 $2I$，方向为指向纸面内，另外两条导线分别通过电流 $I$，方向与前者相反。$P_1$ 点与 $P_2$ 点处的磁感应强度分别为多少？

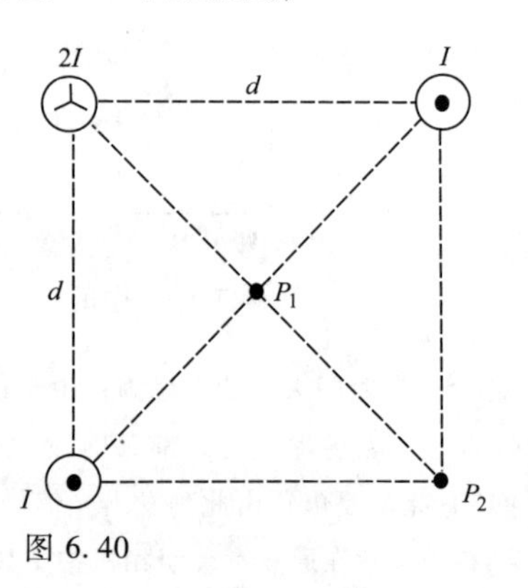

图 6.40

### 6.32　奥斯特的实验*

H. C. 奥斯特在描述他所发现的电流会对其附近的罗盘磁针产生影响时说道："若通电导线与磁针的距离不超过四分之三英寸，则磁针偏转角度为 45°。若二者距离增加，则磁针偏转角度按比例减小。此外，磁针的偏转角度还随着电池的电压改变。"奥斯特的"通电导线"中流过的电流大约为多大？假设 1820 年哥本哈根的地磁场的水平分量与现在是相等的，都为 0.2G。

### 6.33　导线之间的作用力*

假设图 5.1（b）所示的电路中流过的电流 $I$ 为 20A。导线之间的距离为 5cm。作用于单位长度导线的水平方向上的推力为多大？

### 6.34　作用于环的扭矩***

本题要求读者求出处于匀强磁场中的平面电路所受的扭矩。匀强磁场 $\boldsymbol{B}$ 指向空间中的某个方向。我们可以调整坐标系以使 $\boldsymbol{B}$ 的方向与 $x$ 轴垂直，这样二维电路位于 $xy$ 平面内，如图 6.41 所示。（你应该相信，我们一定可以将坐标系调整为上述情况。）所述（平面）电路形状和大小都是任意的。我们可以认为电路的输入与输出端是绞缠在一起的，这样作用于其上的合力为零。考虑电路上的一小段，计算它相对于 $x$ 轴的扭矩的贡献。在此过程中只涉及了力在 $z$ 向上的分量，所以我们只需考虑 $\boldsymbol{B}$ 的 $y$ 向分量，如图所示我们令其为 $\hat{\boldsymbol{y}}B_y$。列出能够表示所求扭矩的积分式。证明此积分的结果为一些常量和环路的面积。

在定义中，**磁矩** $\boldsymbol{m}$ 的大小为 $Ia$，其中 $I$ 为电流，$a$ 为环路面积，其方向垂直于环路，满足环路电流的右手螺旋关系，如图所示。（我们将在第 11 章中再次遇到电流回路及其磁矩。）证明：你的计算结果表明了作用于任意环路的扭矩 $\boldsymbol{N}$ 符合下式：

$$\boldsymbol{N}=\boldsymbol{m}\times\boldsymbol{B} \tag{6.95}$$

作用于环路的合力为多少？

### 6.35 确定 $c^{****}$

$1/\sqrt{\mu_0\varepsilon_0}$的值（与 $c$ 等价的值）可以仅由包含低频场的电学实验确定。考虑如图 6.42 所示的条件。电容器极板之间的作用力与通过相同方向电流的导线之间的作用力互相抵消了。平行板电容器 $C_1$和 $C_2$上都连接有按正弦变化的交变电压，电压变化频率为 $f$（每秒变化周数）。电路中流过的电流是由流入和流出 $C_2$的电荷形成的。

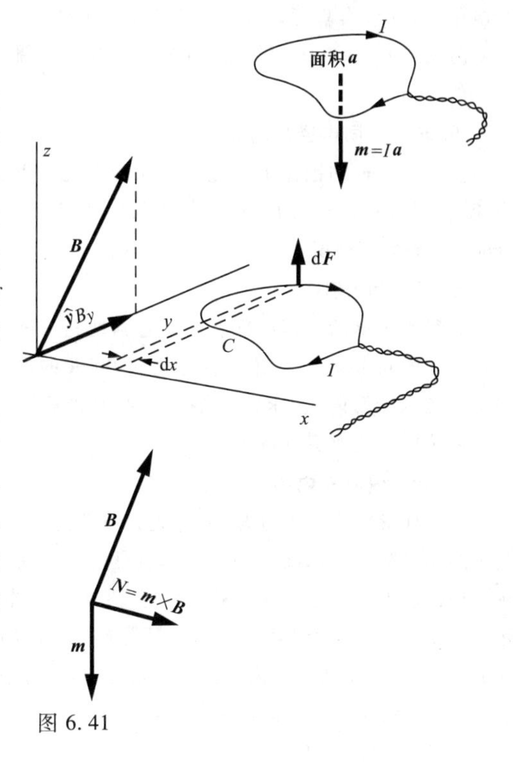


图 6.41

假设 $C_2$的大小以及电路中各长度皆经过调整，使得 $C_1$上极板所受的向下的一段时间内的平均作用力与上部环路所受的向下的平均作用力相互平衡。（当然，两边的重量会在电压源断开的情况下调整至平衡。）请证明：通过测定下式中的量就可以确定常量 $1/\sqrt{\mu_0\varepsilon_0}$（$=c$）的值：

$$\frac{1}{\sqrt{\mu_0\varepsilon_0}}=2(\pi)^{3/2}a\left(\frac{b}{h}\right)^{1/2}\left(\frac{C_2}{C_1}\right)f \tag{6.96}$$

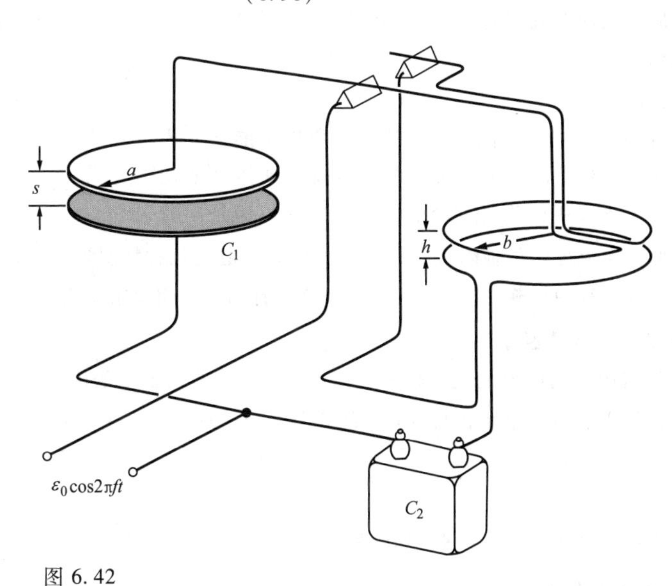


图 6.42

（如果你用高斯单位制而非国标单位制，那么你最后求出的应是 $c$ 而非 $1/\sqrt{\mu_0\varepsilon_0}$。）假设 $s\ll a$，$h\ll b$。

注意，只需测量距离和时间（或频率），不必测量 $C_1$和 $C_2$的比值。同样，在结果中也不包

含电单位。（该实验可以在频率低至60周/秒的条件下完成，但此时需要$C_2$为$C_1$的$10^6$倍，且电路被盘成数圈以增强微小电流的影响。）

**6.36　不同半径处的场***

直径为4cm的铝棒中流过8000A的电流。假设在截面上电流密度是均匀分布的，求出与棒的轴距离为1cm、2cm和3cm处的磁感应强度。

**6.37　偏心孔***

直径为8cm的铜棒内部有一偏心圆柱孔，该孔贯穿整根铜棒，如图6.43所示。该导体中通过900A的电流，电流方向为“流入纸面内”。求铜棒轴上一点$P$处磁场的方向，并求出磁感应强度为多少高斯。

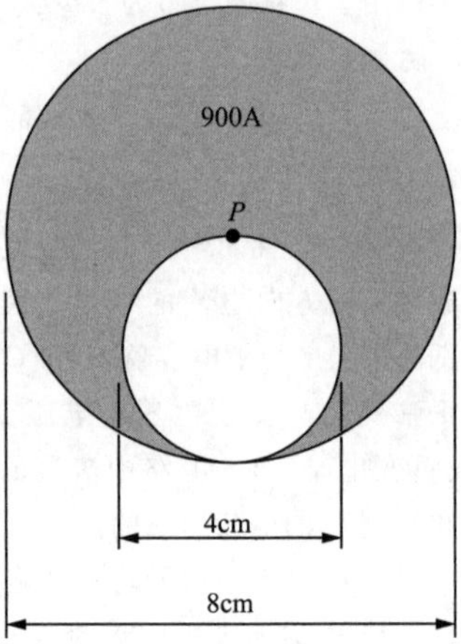

图 6.43

**6.38　偏心孔内的匀强磁场****

某圆柱形棒的半径为$R$，棒中通过电流为$I$（电流密度均匀分布），棒的轴沿$z$轴方向。在棒内任意位置处挖出一任意半径的圆柱孔，截面图如图6.44所示。假设剩下的部分中电流密度不变（在棒两端电压不变的情况下电流密度确实不变）。以$\boldsymbol{a}$表示孔的中心相对于棒中心的位置。证明圆柱孔内部的磁场是均匀分布的（大小和方向都需要证明）。提示：证明实心棒内的磁场可以写为$\boldsymbol{B}=(\mu_0 I/2\pi R^2)\hat{\boldsymbol{z}}\times\boldsymbol{r}$，之后再合理地叠加上另一圆柱的影响。

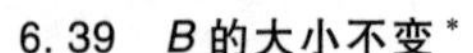

**6.39　$B$的大小不变***

在实心圆柱形导线内电流密度与$r$的关系应该如何才能使导线内磁场大小处处相等？

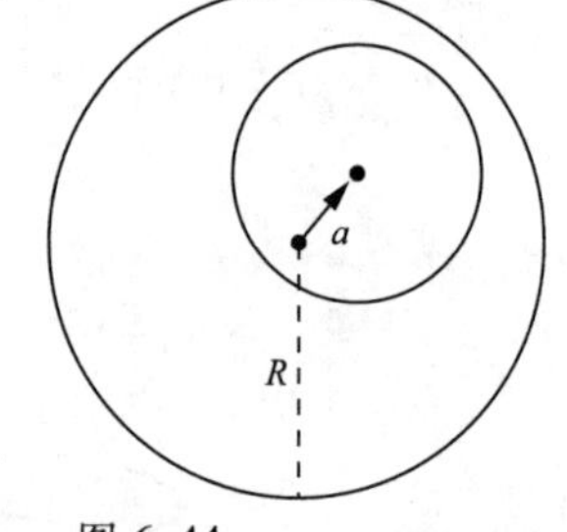


图 6.44

**6.40　收敛效应****

由于互相平行的电流细丝之间会互相吸引，所以可能会有人认为如练习题6.36中的实心导体棒内的电流会聚集到棒轴的位置。也就是说，电子不像平时那样在金属内均匀分布，而是向着轴聚集，因此大部分电流也位于轴附近。你认为应该如何避免这种情况发生？这种情况会在多大程度上发生？如果这种现象确实存在的话，你能否设计出一个实验来观测这一现象？

**6.41　$A$的积分，$B$的通量***

证明矢势$\boldsymbol{A}$沿着闭合曲线$C$的线积分等于穿过以$C$为边界的面$S$的磁通量$\Phi$。这与安培环路定理很像，后者是说磁场$\boldsymbol{B}$沿闭合曲线$C$的线积分等于（或相差一个系数$\mu_0$）以该曲线为边界的面$S$中通过的电通量$I$。

**6.42　求出矢势***

试着求出对应如下沿着$z$向的匀强磁场的矢势：$B_x=0$，$B_y=0$，$B_z=B_0$。

**6.43　导线内部的矢势****

半径为$r_0$的圆导线中通过电流$I$，电流在导线截面上均匀分布。令导线轴为$z$轴，电流方向为$z$轴正方向。证明对应着导线内部磁场$\boldsymbol{B}$的矢势的形式应该为$\boldsymbol{A}=A_0\hat{\boldsymbol{z}}(x^2+y^2)$。常量$A_0$为多少？

### 6.44 沿着轴的线积分**

考虑式（6.53）中给出的通电环形导线在其轴上各点产生的磁场。请对轴上$-\infty$到$+\infty$各点计算出关于场的线积分，对下述普适公式做验证：

$$\int \boldsymbol{B} \cdot \mathrm{d}\boldsymbol{s} = \mu_0 I \tag{6.97}$$

电路中的“返回路径”对于形成闭合环路是必需的，为什么我们在此可以忽略掉回路中“返回路径”部分？

### 6.45 无限长导线的场**

某无限长导线中通有电流$I$，利用毕奥-萨伐尔定律计算出与导线距离为$b$处的磁场。

### 6.46 导线框产生的场*

（a）图6.45（a）中所示的导线框中通过的电流为$I$。在该立方框架的中心点$P$的磁场方向指向哪里？

（b）如图6.45（b）所示，若用一个方形回路来代替上述导线框架，利用叠加原理证明点$P$的场没有发生变化。

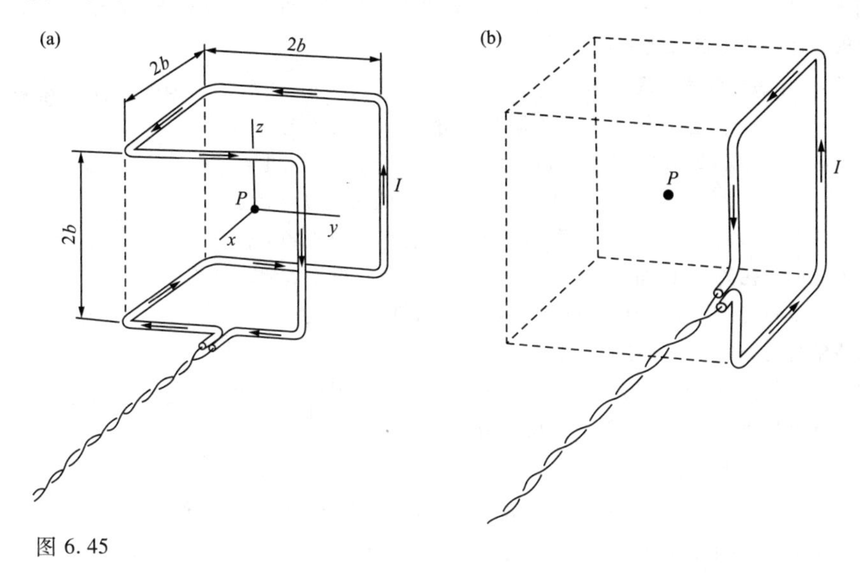


图6.45

### 6.47 轨道中心处的场*

某电子以速度$0.01c$绕半径为$10^{-10}$m的圆周运动。圆周中心处的磁感应强度为多少？（所给出数值的大小是原子中电子运动的典型值。）

### 6.48 两个环产生的场*

半径为$r$的环上线电荷密度为$\lambda$，环以频率$\omega$旋转。另一个环半径为$2r$，其线电荷密度及旋转频率与前一个环相同。每个环都在各自中心处产生一个磁场，请对这两个磁场做比较。

### 6.49 圆盘中心处的场*

半径为$R$的圆盘上面电荷密度为$\sigma$，圆盘以频率$\omega$旋转。圆盘中心处的磁场是怎样的？

### 6.50 发卡的场*

一长导线被弯成如图6.46所示的发卡形状。求出其半圆的圆心$P$处磁感应强度的精确表达式。

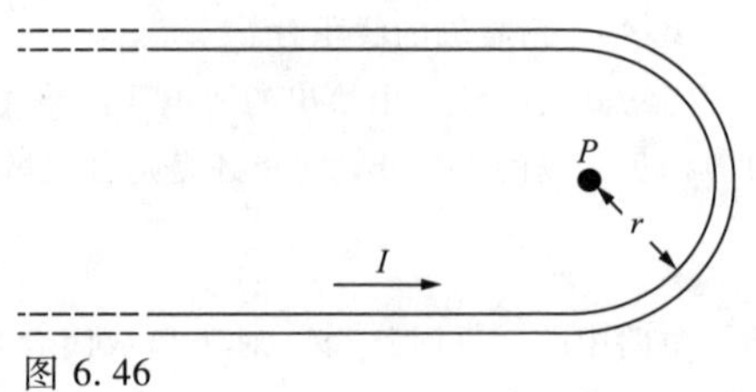

图 6.46

### 6.51　地下电流*

地球的金属壳层自地心向外延伸至 3000km 处，约为地球半径的一半。假设我们在地表处观察到的场，即北磁极处强度约为 0.5 高斯的磁场，是由金属壳层“赤道”的环形电流引起的，那么此电流应为多大？

### 6.52　直角形导线**

某导线中通有电流 $I$，导线沿 $y$ 轴向下延伸至原点，然后拐向 $x$ 轴正方向并无限延伸。证明 $xy$ 平面上的点（除了坐标轴上的点）的磁场为

$$B_z=\frac{\mu_0 I}{4\pi}\left(\frac{1}{x}+\frac{1}{y}+\frac{x}{y\sqrt{x^2+y^2}}+\frac{y}{x\sqrt{x^2+y^2}}\right)\tag{6.98}$$

### 6.53　直角的叠加**

利用练习题 6.52 的结果以及叠加的方法导出无限长直导线产生的磁场。（当然，求此磁场用这样的方法是比较没有效率的。）

### 6.54　导线与环路之间的作用力**

如图 6.47 所示，某水平放置的无限长直导线中通过的电流为 $I_1$，电流方向为指向纸面内，令有一边长为 $l$ 的方形回路中通过电流 $I_2$，长直导线在方形回路上方 $z$ 的高度处。方形回路的两条边与直导线平行。就像圆形回路那样，此方形环路在其轴上产生的磁场方向为指向上方的，在离开轴的位置磁场呈扇形向外发散。根据右手法则，我们可以确定作用于长直导线的力指向右。根据牛顿第三定律，方形回路所受的磁场力一定指向左边。

你的任务是：通过画出场和力的分布来定性地解释为何作用于方形回路的力是指向左边的；然后证明合力为 $\mu_0 I_1 I_2 l^2/2\pi R^2$，此处 $R=\sqrt{z^2+(l/2)^2}$ 为长直导线距离环路左边和右边的距离。（在计算作用于导线的力时会涉及一些其他问题，我们将在练习题 11.20 中继续讨论，在第 11 章中我们将学习磁偶极子的相关知识。）

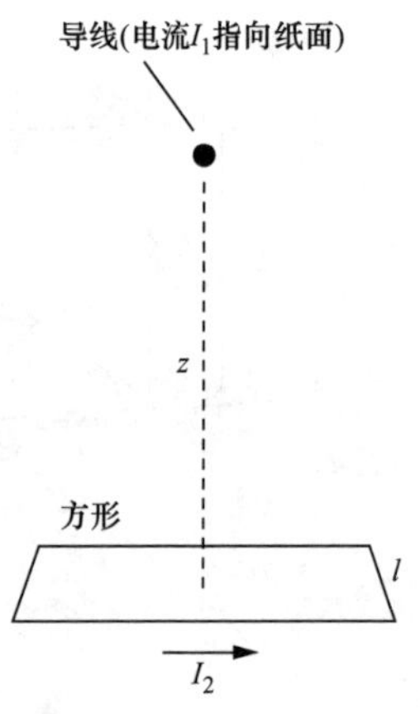

图 6.47

### 6.55　亥姆霍兹线圈**

有一种产生非常均匀磁场的方式是利用一个非常长的螺线管，然后取其内部的中心区域，此区域内有匀强磁场。但这经常很不方便，既浪费空间又浪费能量。你能设计出一种用两个短线圈或者电流环通过某种方式放置的方式以在某区域内产生匀强磁场吗？提示：考虑这样两个通电环，环直径都为 $a$，轴向距离为 $b$。求出两线圈中间位置附近的磁场，看其是否均匀。对于给定的 $b$，为了让此区域内磁场尽可能的均匀，请求出对应的 $a$。

### 6.56　圆锥尖端的场**

某中空圆锥（形状像晚会帽）顶角为 $2\theta$，高度为 $L$，其面电荷密度为 $\sigma$。该圆锥绕其对称轴以频率 $\omega$ 转动。圆锥尖端处的磁场是怎样的？

### 6.57　一个旋转圆柱*

某无限大圆柱的底面半径为 $R$，其面电荷密度为 $\sigma$，该圆柱绕其对称轴以频率 $\omega$ 转动。求圆

柱内部的磁场。

**6.58 旋转中的两个圆柱****

两个同轴的铝质长圆柱被充电至电势差为15kV。内部圆柱（假设为带正电的圆柱）的外径为6cm，外部圆柱的内径为8cm。现在外部圆柱静止，内部圆柱以30转/秒的速度转动。请对圆柱产生的磁场形式进行描述并求出其强度为多少高斯。若两圆柱按相同的方向以30转/秒的速度转动，产生的磁场又是怎样的？

**6.59 按比例缩小的螺线管****

考虑有这样两个螺线管，其中一个的大小为另一个的1/10。较大的螺线管长度为2m，直径为1m，该螺线管由1cm直径的铜导线缠成。当此螺线管与120V的直流发电机相连时，其内部磁场为1000G。较小的螺线管所有的线性尺寸都为上一螺线管的1/10，包括导线直径也是这样。两螺线管的导线匝数是相同的，它们将产生等强的内部磁场。

（a） 证明两螺线管所需的电压是相等的，都是120V。

（b） 比较两螺线管所消耗的能量以及冷却这种消耗所产生热量的困难程度。

**6.60 螺线管外部的零场强*****

在习题6.19的答案中，我们证明了对于截面为任意（均匀）形状的无限长螺线管，其外部磁场为零。我们可以用另一种方法来对此进行证明，即习题1.17中提到的方法。

假设有一薄圆锥体的顶点$P$位于螺线管外部，考虑圆锥与螺线管相交的两块区域。假设在$P$的另一边有另一个与上述圆锥对称的圆锥体（见图6.48），同样与螺线管有两块相交区域。证明二者相交的这四个区域对$P$处磁场的贡献之和为零。

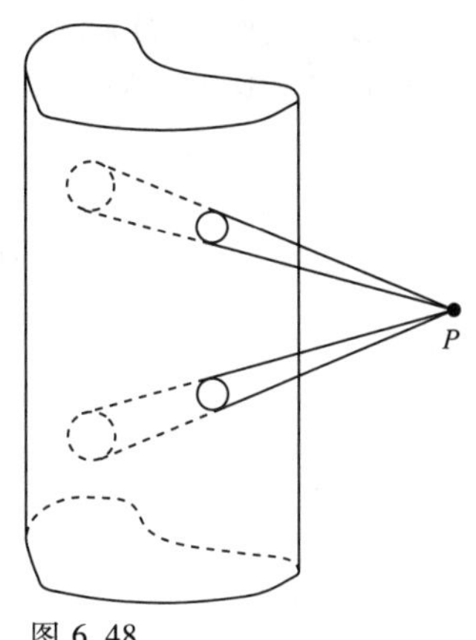

图 6.48

**6.61 矩形环*****

在截面为矩形的环面上均匀缠绕上导线，导线一共有$N$匝，图6.49仅画出了导线的一部分。由于导线匝数很多，所以我们可以认为线圈的环形端面上电流方向是沿着径向流动的，而在内圆柱面和外柱面上电流方向是沿着纵向流动的。首先你需要证明，由对称性可知每一处的磁场都是沿着“圆周”方向的，也就是说，所有的场线都是沿着环形线圈的轴向的圆环形状。其次，证明线圈外部所有点处的场都为零，即使是线圈中心孔处的场也为零。最后，求出线圈内部场强关于半径的函数。

**6.62 制作一个匀强场*****

一位物理学家需要进行一个与磁有关的精密实验，他需要在一个大约为30cm×30cm×30cm的区域内抵消地磁场的影响，要求该区域内任何位置剩余磁场不能超过10mG（毫高斯）。该区域内地磁感应强度为0.55G，与竖直方向成30°角。在此题所述的空间内，可以假设其变化量不超过一毫高斯。（对于地磁场来说，一英尺范围内磁感应强度通常不会变化这么多，但在实验室中经常存在局部干扰。）

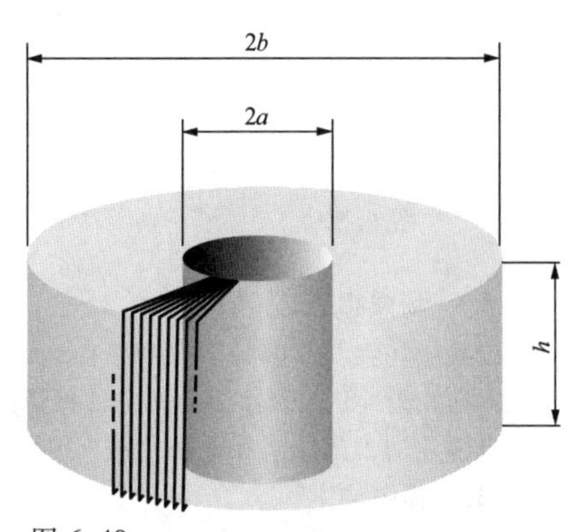

图 6.49

请估算出完成此要求所需的螺线管需要多大，并估算出你设计的补偿系统所需的安培匝数（即电流 $I$ 乘以匝数 $N$）。

### 6.63　螺线管与叠加***

通过叠加的方法我们可以解决许多与螺线管有关的问题。在该方法中，两半径相等、长度都为 $L$ 的螺线管的端面结合在一起，形成了一个长度为 $2L$ 的螺线管。或者，两个半无限的螺线管对接在一起，形成一个无限长螺线管，等等。（半无限的螺线管是指螺线管的一端在近处，另一端位于无限远处。）读者可以考虑下述一些问题：

（a）　在如图6.50（a）所示的有限长螺线管中，端面上位于轴上的点 $P_2$ 处的磁场约为内部点 $P_1$ 处磁场的一半。（是多于一半还是少于一半？）

（b）　在如图6.50（b）所示的半无限长的螺线管中，经过端面的磁场线 $FGH$ 为由 $G$ 指向无限远处的直线。

（c）　流过半无限螺线管端面的 $\boldsymbol{B}$ 的通量等于在很远处流入螺线管内部的磁通量的一半。

（d）　任何与轴距离为 $r_0$、在很远处流回螺线管内的场线都会在螺线管端面距离轴为 $r_1=\sqrt{2}r_0$ 处流出螺线管，此处假设 $r_0$<螺线管半径$/\sqrt{2}$。

证明上面的这些陈述是正确的。你还能想到什么类似结论？

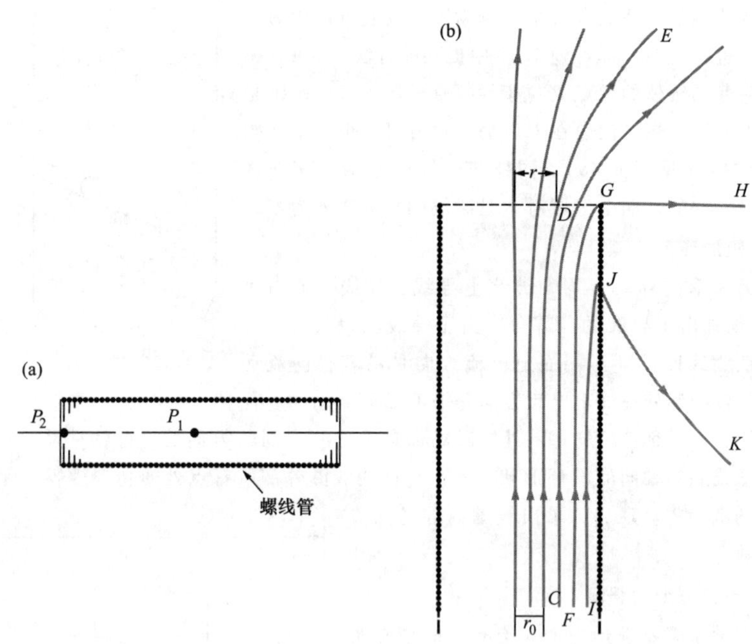


图6.50

### 6.64　场强相等**

假设某磁场在与一薄片平行的平面内的分量在薄片两面是大小相等的，但其方向沿着进入薄片的方向相差90°。为什么会发生这种情况？薄片会受到某种力的作用吗？我们之前得到的作用于通电薄片的力的公式在此适用吗？

### 6.65　质子束**

高能量加速器可以射出动能为2GeV的质子束（即每个质子的动能为 $2\times10^9$ eV）。可以假定

一个质子的静止能量为 1GeV。电流为 1mA，质子束直径为 2mm。在实验室参考系中进行观测。

（a）质子束在距其轴线 1cm 处产生的电场强度为多大？

（b）同一距离上磁感应强度为多大？

（c）现在考虑一个相对于质子静止的参考系 $F'$，在 $F'$中测得的场为怎样的？

**6.66 在新参考系中的场****

坐标系 $x$、$y$、$z$ 的原点附近有一强度为 100V/m 的电场 $\boldsymbol{E}$，方向与 $x$ 轴成 30°角，与 $y$ 轴成 60°角。参考系 $F'$的坐标轴与上述坐标系的轴平行，但相对于第一个参考系，$F'$沿 $y$ 轴正方向以 $0.6c$ 的速度运动。求：对于参考系 $F'$中的观察者来说电场与磁场各自的方向与大小如何。

**6.67 两离子产生的场****

对参考系 $F$ 中的观察者来说，以下事件发生于 $xy$ 平面。一个正离子沿 $y$ 轴正方向以匀速 $v=0.6c$ 运动，在 $t=0$ 时刻经过原点。同时另一相似的离子沿 $y$ 轴负方向以同样的速度通过 $x$ 轴上的点（2，0，0），距离以 m 为单位。

（a）$t=0$ 时，点（3，0，0）处的电场大小与方向如何？

（b）同一时刻同一地点的磁场方向与大小如何？

**6.68 一起运动的电子所受的力****

设想在阴极射线管中有两电子平行运动，速度都为 $v$。两电子的距离在与其运动方向成直角的方向上测得为 $r$。在实验参考系中，它们中的一个对另一个的作用力为多少？若速度 $v$ 远小于 $c$，则答案为$\dfrac{e^2}{4\pi\varepsilon_0 r^2}$，这是正确的。但是 $v$ 并非十分小，因此需要注意。

（a）要解此问题最简单的方法为：在一个与电子运动状态相同的参考系中，两电子为静止的，其距离仍为 $r$（为什么？），作用力为$\dfrac{e^2}{4\pi\varepsilon_0 r^2}$。现在将此力转换至实验系中，利用第 5 章中式（5.17）的力的转换规则。（要注意哪个是带撇号的参考系；实验室参考系中的力比相对电子静止的参考系中的力大还是小？）

（b）要解此问题也可以单独在实验系中进行。在实验室参考系中电子 1 所处的瞬时位置处有电子 2 引起的电场和磁场（见图 6.30）。计算作用于电子 1 上的合力，此时电子以速度 $v$ 穿过这些场。证明你得到的结果与（a）中结果相同。画图来表示场与力的方向。

（c）根据上述结果，当 $v$ 趋近于 $c$ 时，你认为这两个并行运动的电子之间的力如何变化？

**6.69 力之间的关系****

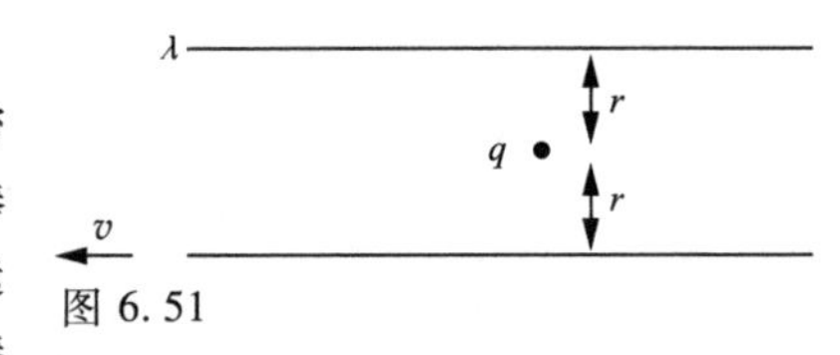

图 6.51

两条长棒上都带有线密度为 $\lambda$ 的电荷（该电荷密度为在相对于其自身静止的参考系中测得）。一条棒相对于实验室参考系静止，另一条棒以速度 $v$ 向左运动，如图 6.51 所示。两条棒之间的距离为 $2r$，在两棒中间位置有一静止电荷 $q$。分别求出在实验室参考系中和相对于下面那根棒静止的参考系中作用于 $q$ 的电场力和磁场力。（注意分清方向。）之后证明在两种参考系下得到的力的关系是正确的。

**6.70 漂移运动****

如图 6.52 所示，正离子在 $xy$ 平面内运动。沿 $z$ 轴正向有一大小为 6000G 的均匀磁场。离子每次圆周运动的周期为 1ms。电场的大小与方向如何？提示：设想一个电场强度为零的参考系。

**6.71 罗兰的实验**

计算罗兰实验中旋转板面上方的磁场。这里需要用到图 6.31 中罗兰论文第一页里给出的相关数据。你还需要知道的是，旋转板相对于其上下与地相连的平台来说，电势为10kV。这一信息是在其论文后面的部分中给出的，是对于其在左方垂直的管中展示的“不稳定的”磁力计这一重要装置的描述。在此装置中，两磁针被反向连接置于悬浮架上，因此地磁场引起的磁力力矩会相互抵消。旋转板产生的场主要作用于较近的磁针上，因此在较强的地磁场的影响下，仍可以测得。这并非罗兰采用的唯一的补偿系统。解此题时，你可以假设圆盘上的电子都以平均速度运动，这样可以使题目得到简化。

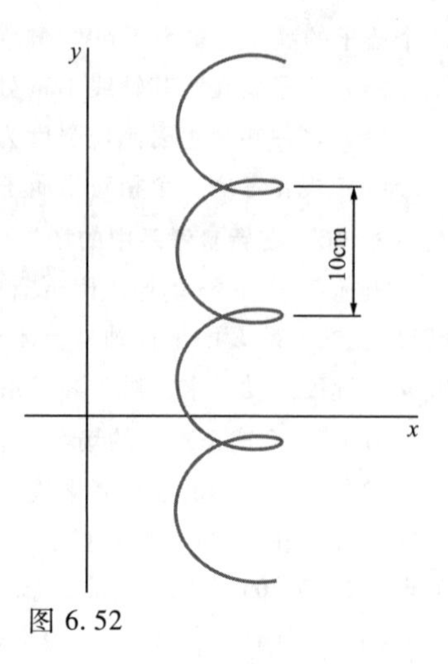

图 6.52

**6.72　横向霍尔效应**

证明式（6.84）在高斯单位制下的形式为 $\boldsymbol{E}_t=-\boldsymbol{J}\times\boldsymbol{B}/nqc$，此处 $E_t$ 单位为 statvolt/cm，$B$ 单位为 G，$n$ 单位为 $cm^{-3}$，$q$ 单位为 esu。

**6.73　霍尔电压**

用来测量磁场的霍尔探针使用掺砷的硅制成，此材料每 $m^3$ 中有 $2\times10^{21}$ 个导电粒子，电阻率为 $1.6\times10^{-2}\Omega/m$。霍尔电压由此 n 型硅棒测得，此探针棒宽度为 0.2cm，厚度为 0.005cm，连接 1V 电池的两端点之间相距 0.5cm。当探针放置于 1 千高斯的磁场中时，通过此 0.2cm 的硅棒测得的电压为多少？

# 电磁感应

## 概述

在本章中我们将讨论磁场随时间变化的性质，主要讨论内容为变化的磁场产生的电场。首先，我们利用洛伦兹力表达式来计算穿过磁场的环路中的电动势。然后我们将发现，此电动势与穿过环路的磁通量变化速率有关。感应电动势的方向可以由楞次定律确定。在相对于环路静止的参考系中，产生磁场的源是处于运动状态的，如果我们用磁通量变化速率来表示感应电动势，那么结果与前一参考系中得出的结果相同。法拉第电磁感应定律表明，无论磁通量发生变化的原因为何，感应电动势与磁通量变化速率之间的关系是不变的。例如，若我们调整钟盘来使磁场减弱，而所有其他物体都保持静止状态，上述关系仍是成立的。法拉第定律的微分形式是麦克斯韦方程组的一个方程。一条回路中电流的变化可以通过互感效应来使另一回路中产生相应的电动势。该效应对于两回路来说是对称的，对此我们将加以证明。自感现象是指回路中变化的电流会在其自身回路中引发一个电动势。我们最常用的与自感有关的元件为螺线管，我们将其称为电感，符号为 $L$。$RL$ 电路中的电流将以特定的方式改变，我们将对此进行讨论。电感中储存的能量为 $LI^2/2$，这与电容中储存的能量 $CV^2/2$ 相对应。类似地，磁场中的能量密度为 $B^2/2\mu_0$，这与电场中的能量密度 $\varepsilon_0 E^2/2$ 相对应。

## 7.1 法拉第的发现

迈克尔·法拉第在阐述其关于电磁感应的发现时，开头是这样描述的：

1. 电压的改变会使其附近区域产生一个阻止其变化的状态，这通常用术语“感应”来表示；感应一词已被接受为科学用词。感应也可以描述为：感应是电流使其附近的处于平常状态导体，变为特定状态的一种能力。本文中我使用的感应就是这个意思。

2. 人们已经发现了一些由电流引发的感应现象，如磁化现象；安培将铜盘靠近平面螺旋线圈的实验现象；他还用电磁铁重复了阿拉戈的实验。然而这些并非电流产生的所有的感应现象，尤其是，如果不用铁，上面现象就消失不见了。然而，很多物体在电压变化时表现出感应现象，运动的电流也对它们起到感应的作用。

3. 更进一步地，无论是安培的漂亮理论还是其他理论是否起作用，或者做出其他什么理论假设，下述现象是很独特的。由于对于每一条电流，都会在与电流成直角的方向上有一个相应的磁力，因此，将良导体放在具有磁作用的球里面，却没有感应电流，或者说没有等价的针对电流产生的力等价的有意义的效果。这种磁场仅会对处于其中的电流产生作用力，对单纯的导体则不会有力的作用。

4. 基于上述考虑，以及从普通的磁场中获得电的渴望，时时刺激我进行电流感应的实验研究。之后我取得了一些成果，这不仅证实了我之前的猜想，也使我找到了完美解释阿拉戈磁现象实验的关键，并且发现了一些新的状态，对电流的某些重要效应具有重要的影响。

5. 我并没有按照获得这些实验现象的过程来进行描述，而是采用一种能够简洁概括实验现象的方式来进行阐述。

此段文字为法拉第在1831年发表的论文中的一部分。这在其1839年发表的《关于电的实验探究》（“Experimental Researches in Electricity”）中被引用。该论文中描述了一些实验，通过这些实验法拉第解释了电所表现出的与磁相关的基本特性。

法拉第所说的“电压”指的是静电荷引起的，他在第一句中所描述的感应现象即我们在第3章中提到的现象：导体中某电荷的出现会使其附近的电荷重新分布。令法拉第感到疑惑的是，为什么一个电流不会在其附近引发另一个电流呢？

自从奥斯特1820年发现了电磁效应后，电流能产生磁场这一现象被彻底研究了。实验室中“加尔法尼”电流的来源为伏打电池。对此类电流最灵敏的探测器即加尔法尼电流计，电流计中有一个磁针，像罗盘指针一样安装在两导线圈之间的枢轴上，或者是用细丝悬挂于两线圈之间的。有时我们会将另一个与该磁针相连的磁针置于线圈外，以抵消地磁场的影响（见图7.1（a））。图7.1展示了一些法拉第关于感应现象的实验。法拉第对此的论述堪称实验科学的典范，读者应该阅读一下。在阅读其描述的过程中，读者能体会到他在实验探究中所表现出的智慧、敏锐以及解释实验现象时的开阔思路。

在早期的实验中，法拉第对于稳恒电流不会对其附近的电路产生影响这一现象感到困惑。他做了许多如图7.1（a）所示的导线圈，将两导线弯成圈使其足够接近，相互之间用布或纸将其绝缘开来。其中一个线圈连有电流计形成一个回路。在另一线圈中通过电池加上了较强的电流。然而令人失望的是，电流计指针并没有偏转。但实验中他注意到一个现象：在闭合与切断电路的过程中发现指针会有轻微摆动。根据这一现象，他很快确定：能在另一导体中产生影响的，并非持续不变的电

流，而是变化的电流。法拉第在实验中有一个非常高明的做法，他认为电流计对于测量这种电流脉冲并不合适，因此他换用一个简单的线圈，线圈中间放有一个未经磁化的金属针（见图 7.1（b））。他发现指针会被电流闭合时引发的电流脉冲磁化，且在回路断开时被反向磁化。

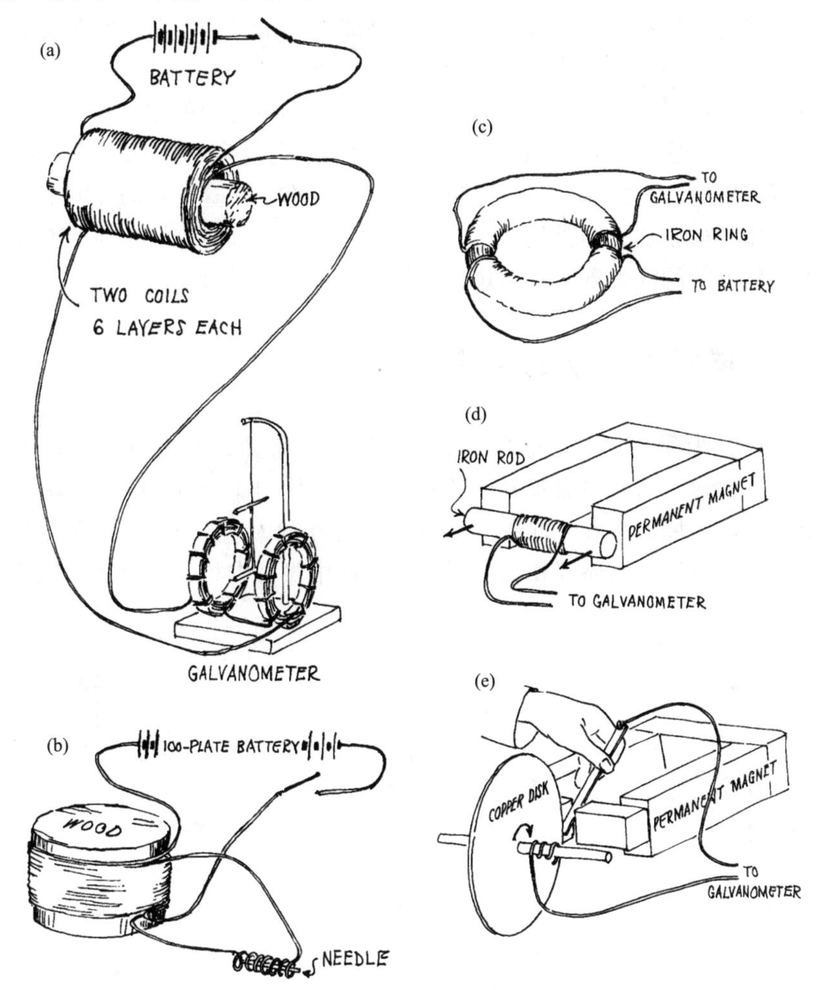


图 7.1

法拉第在其著作《关于电的实验探究》（“Experimental Researches in Electricity,” London，1839）中描述了其实验结构，图为作者据此画出的示意图。

这里有他关于另一实验的描述：

在先前的实验中，导线线圈放置的距离很近，当需要观察感应现象时，我会将一个导线线圈与电池相连；但由于感应现象仅在回路闭合与断开的过程中存在，因此我采用另一种方式来产生感应现象。将几英尺长的铜导线弯成 W 字形，置于桌面，第二条导线被弯成完全相同的形状，放在另一桌面上。这样，当一条导线靠近另一条导线时，除了其间做隔离用的纸的厚度，两条导线能够完全接触。两导线中一条与加尔法尼电流计相连，另一条与伏打电池相连。在第一条导线向第二条靠近的过程中，指针会发生偏转。而在移开的过程中，指针反向偏转。在两导线先靠近再远离，指针会随之振荡；但当导线停止相对运动时，电流计指针恢复初始状态。

在导线靠近的过程中，感应电流与施感电流方向相反。当导线分开时，感应电流与施感电流方向相同。当导线相对静止时，没有感应电流。

在本章，我们将学习法拉第在这些实验中发现的电与磁的相互作用。就我们现在的知识来看，感应现象可以看作是磁场中运动电荷受力的结果。在某种程度上说，我们可以根据已有的知识来推导出感应定律。在学习这一章时，我们不按照历史发展的顺序进行叙述，而是采用“对整体做出最简要的论述”的叙述方法（此处借用了之前提及的法拉第文章末尾处的原句）。

## 7.2　均匀磁场中运动的导体棒

图7.2（a）所示为一根直单线，或是一段金属细棒，该棒沿与其长度垂直的方向以匀速 $\boldsymbol{v}$ 运动。空间中遍布着不随时间变化的均匀磁场 $\boldsymbol{B}$，磁场来源可以认为是一个包围着此区域的巨大螺线管。参考系 $F$ 坐标轴为（$x$，$y$，$z$），在此参考系中螺线管静止。在没有金属棒存在的情况下，空间中没有电场，只有均匀磁场 $\boldsymbol{B}$。

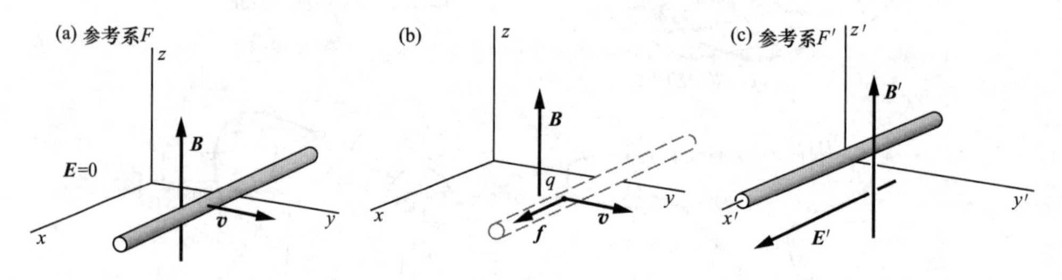


图7.2

（a）导体棒穿过磁场运动；（b）所有随棒运动的电荷 $q$ 都受到向上的力 $q\boldsymbol{v}\times\boldsymbol{B}$；（c）参考系 $F'$ 随着棒运动，在此参考系下存在一个电场 $\boldsymbol{E}'$。

作为导体，金属棒的内部有带电粒子。当有力作用于这些粒子时，粒子会发生运动。金属棒在磁场中运动的过程中，带电粒子也会随之运动，如图7.2（b）所示，带电量为 $q$ 的粒子会受到这样一个力：

$$\boldsymbol{f}=q\boldsymbol{v}\times\boldsymbol{B} \tag{7.1}$$

$\boldsymbol{B}$ 与 $\boldsymbol{v}$ 的方向已在图7.2中指出，若 $q$ 为正电荷，则力的方向为沿 $x$ 轴正方向，若 $q$ 为负电荷，则力的方向相反。事实上，多数导体中的导电离子都为负离子。无论移动的电荷为正为负，或是有正亦有负，结果都是一样的。

当导体棒匀速运动，达到一个稳定状态时，由式（7.1）给出的力 $\boldsymbol{f}$ 在棒内每

一点一定有一个与之等大反向的力使其受力平衡。此力只能由金属棒内的电场引起，电场是这样产生的：力将负电荷推向棒的一端，另一端则留下正电荷，这一过程持续发生，直至分离开的电荷在棒内产生这样一个电场 $\boldsymbol{E}$：

$$q\boldsymbol{E}=-\boldsymbol{f} \tag{7.2}$$

然后棒内电子停止运动。这种电荷的分布不仅在内部引起电场，在棒外部也同样引起一个电场。外部电场与分离的正负电荷所形成的电场相似，不同之处在于电荷并非全部集中于棒的两端，而是沿整个棒分布。外部电场如图 7.3（a）所示。图 7.3（b）为放大了的带正电的一端，可以更清楚地看出导体表面电荷的分布以及内外部的电场线。这是任意时刻参考系 $F$ 中的情形。

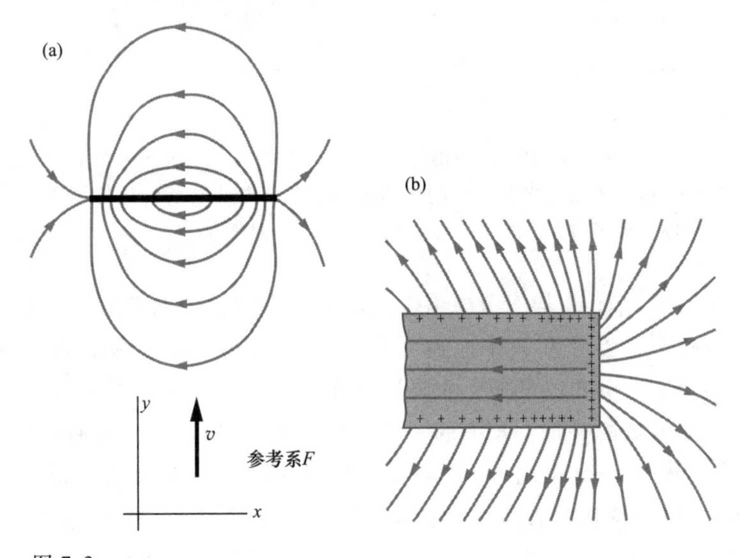


图 7.3

（a） 在某一时刻参考系 $F$ 中的电场。在导体棒附近及内部都存在电场。电场的来源为导体棒表面的电荷，如图（b）所示，（b）为导体棒右侧末端放大后的图像。

让我们来看看在相对于棒静止的参考系 $F'$ 中的情况。如图 7.2（c）所示，首先不考虑金属棒的存在，则 $F'$ 中只存在磁场 $\boldsymbol{B}'$（由式（6.76）可知，在 $v$ 较小的情况下 $\boldsymbol{B}'$ 与 $\boldsymbol{B}$ 相近）与均匀电场，电场形式由式（6.82）给出：

$$\boldsymbol{E}'=\boldsymbol{v}\times\boldsymbol{B}' \tag{7.3}$$

这对任意值的 $v$ 都成立。当我们将导体棒放入此系统中，我们所做的只是将一静止的通电棒置入均匀电场中。在棒表面的电荷会重新分布，使棒内电场为零。正如图 3.8 所示的金属盒，或者任意处于电场中的导体上所发生的一样。磁场 $\boldsymbol{B}'$ 的存在对静电荷的分布没有影响。图 7.4（a）为参考系 $F'$ 中的一些电场线，该场为孤立的正负电荷的场与式（7.3）所示匀强场的叠加。由放大端面的图 7.4（b），我们可以看到棒内电场为零。

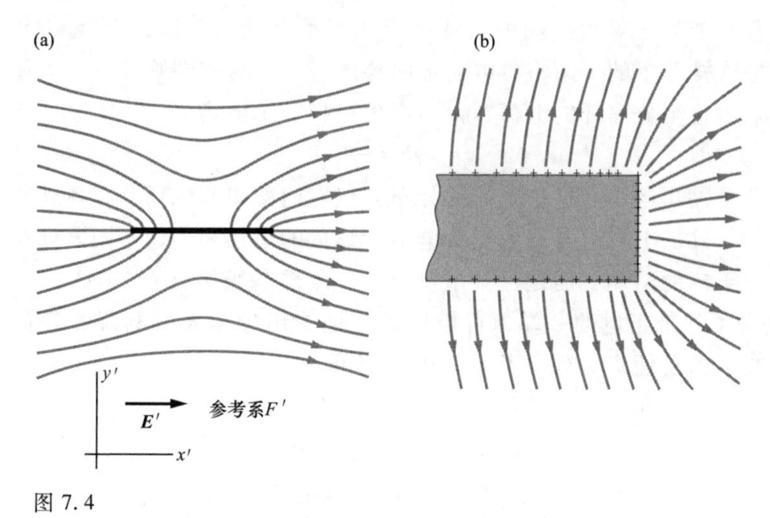


图 7.4

（a）在参考系 $F'$中导体棒静止，图为 $F'$中的电场。该场为匀强电场 $E'$和分布在表面的电荷产生的场的叠加。在棒内部电场叠加的结果为零电场，如图（b）所示。请将此图与图 7.3 对比。

如图 7.3（b）所示，若不考虑洛伦兹收缩的影响，即不考虑 $v/c$ 展开式中的第二项，在某个时刻，参考系 $F$ 中电荷分布与 $F'$中相同，而电场不同。图 7.3 中所示的场仅受表面电荷分布的影响，而图 7.4 中所示的场为表面电荷的电场和此参考系中均匀分布的电场的叠加。$F$ 中的一位观察者说："导体棒内部有一电场 $\boldsymbol{E}=-\boldsymbol{v}\times\boldsymbol{B}$，此场对电荷产生一个作用力 $q\boldsymbol{E}=-q\boldsymbol{v}\times\boldsymbol{B}$，此力与 $q\boldsymbol{v}\times\boldsymbol{B}$ 抵消，否则棒内电荷 $q$ 将沿棒运动。" $F'$一位观察者说："导体棒内没有电场。因为棒中的电荷重新分布，会使得内部场强为 0，正如导体静电平衡一样。尽管存在一个均匀磁场，但是没有电荷在移动，所以不会有力作用于电荷。" 两种表述都是正确的。

## 7.3　非均匀磁场中运动的导线回路

若一个如图 7.5 中所示的矩形导线圈在均匀场 $\boldsymbol{B}$ 中匀速移动，会发生什么现象呢？为此，我们只需在参考系 $F'$中考虑如下问题：将导线圈放置于均匀电场中会发生什么现象？显然，矩形上不相邻的两个对边将有电荷聚集，仅此而已。然而，假设 $F$ 中的不随时间变化的场 $\boldsymbol{B}$ 并非均匀分布的，情况就会有所不同。为使该问题更形象一些，我们在图 7.6 中展示了一个短螺线管产生的磁场 $\boldsymbol{B}$。此螺线管用一个电池来提供稳恒电流，二者一起被固定于参考系 $F$ 的原点附近。（之前我们说过 $F$ 中并无电场，如果我们用这样一个电阻有限的螺线管提供磁场，就会有一个与电池和电路相关的电场，但是这与我们所要讨论的问题并不相关，可以忽略。我们可以将螺线管与电池都放在一个金属盒子中，以确保总电荷为零。）

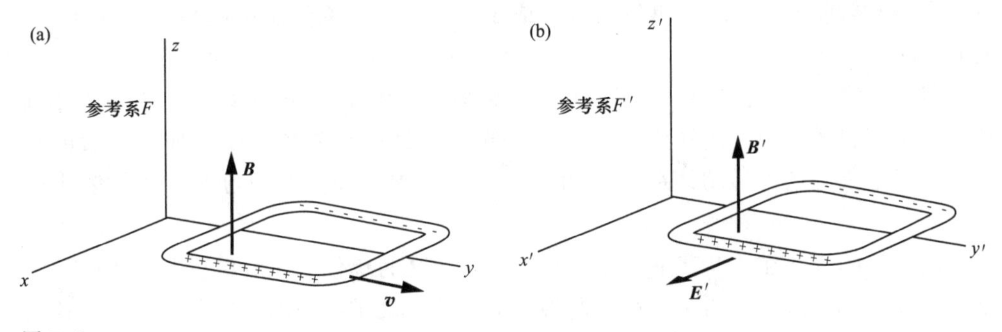


图 7.5
(a) 此处导线回路在匀强场 $\boldsymbol{B}$ 中运动；(b) 在相对于回路静止参考系 $F'$中，场 $\boldsymbol{B}'$和 $\boldsymbol{E}'$如图所示。

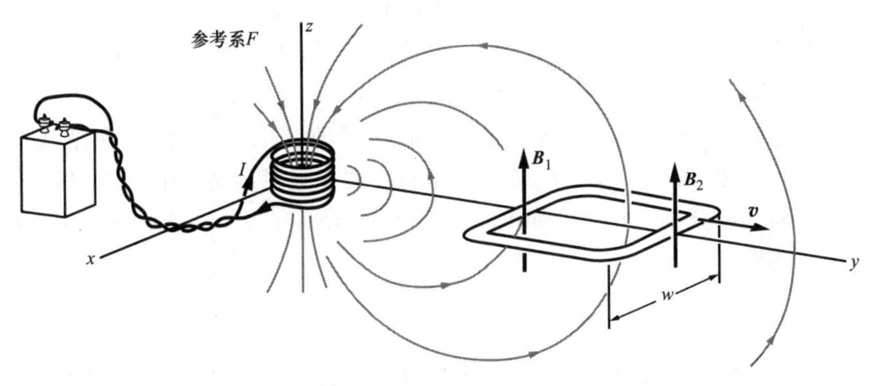


图 7.6
此时，在参考系 $F$ 中，$\boldsymbol{B}$ 非匀强场，在不同的位置，$\boldsymbol{B}$ 的大小和方向都会发生变化。

现在，此导线回路在 $F$ 中以速度 $v$ 沿 $y$ 方向运动，在某时刻 $t$，线圈左边处磁感应强度为 $B_1$，右边的磁感应强度为 $B_2$（见图 7.6）。有一电荷 $q$ 沿线圈运动，以 $\boldsymbol{f}$ 表示作用于 $q$ 的力。我们来计算 $\boldsymbol{f}$ 沿整个线圈回路（从顶上看逆时针）的线积分。在与环运动方向平行的两边上，$\boldsymbol{f}$ 与线元 $\mathrm{d}\boldsymbol{s}$ 垂直，因此对积分贡献为零。考虑另外两条边对积分的贡献，每条边长度为 $w$，则

$$\int \boldsymbol{f} \cdot \mathrm{d}\boldsymbol{s} = qv(B_1 - B_2)w \tag{7.4}$$

若我们假设有一电荷 $q$ 沿整个回路移动，在很短的时间内完成，且此段时间内线圈位置没有明显变化，则式（7.4）为 $\boldsymbol{f}$ 对 $q$ 做的功。对单位电荷做的功为 $(1/q)\int \boldsymbol{f} \cdot \mathrm{d}\boldsymbol{s}$。我们称此量为“电动势”，以符号$\mathscr{E}$表示，简称为 emf，因此有

$$\boxed{\mathscr{E} \equiv \frac{1}{q}\int \boldsymbol{f} \cdot \mathrm{d}\boldsymbol{s}} \tag{7.5}$$

$\mathscr{E}$与电势单位相同，SI单位为V，或J/C，在高斯单位制中的单位为statvolt，或erg/esu。

我们注意到力$\boldsymbol{f}$会做功。但是$\boldsymbol{f}$是磁场力，而我们知道磁场力始终与速度垂直，它是不会做功的。这样就出现了一个问题，是否是磁场力以某种方式做的功呢？如果不是磁场力做功，那么做功的是哪种力呢？该问题为习题7.2要解决的问题。

电动势的概念在4.9节中已经有介绍。其定义为单位电荷沿包含电池在内的整个回路移动一周所需的功。现在我们将电动势的定义扩展一下，把所有的使电荷沿闭合回路运动的任何影响都包括在内。若此回路电阻为$R$，则电动势$\mathscr{E}$产生的电流符合欧姆定律：$I=\mathscr{E}/R$。我们注意到，对于静电场来说$\mathrm{curl}\boldsymbol{E}=0$，这样的静电场无法驱动电荷绕闭合回路一圈。在我们上面对电动势的定义中，初始的电动势必须是非静电势。见Varny和Fisher（1980）中对电动势的讨论。

在我们所讨论的例子中，$\boldsymbol{f}$为磁场中运动电荷所受的力，$\mathscr{E}$大小为

$$\mathscr{E}=vw(B_1-B_2) \tag{7.6}$$

由式（7.6）可以看出，电动势与穿过环路磁通量的变化率有关。（在定理7.1中我们将对此定量地讨论。）我们所说的“穿过环路磁通量的变化率”是$B$以环路为边界的某个面上积分的变化率。如图7.7（a）所示，穿过闭环$C$的磁通量$\boldsymbol{\Phi}$可由$B$在$S_1$上的面积分给出：

$$\boldsymbol{\Phi}_{S_1}=\int_{S_1}\boldsymbol{B}\cdot \mathrm{d}\boldsymbol{a}_1 \tag{7.7}$$

以$C$为边界我们可以画出无限多个表面，图7.7（b）中的$S_1$即是其中一个。为什么我们不规定在计算磁通量时需要用哪个面呢？因为对于所有的面，上述积分的值都是相等的，在这里我们需要仔细说明这一点。

穿过$S_2$的磁通量为$\int_{S_2}\boldsymbol{B}\cdot \mathrm{d}\boldsymbol{a}_2$。注意我们设定矢量$\mathrm{d}\boldsymbol{a}_2$是从$S_2$的上表面穿出的，与$S_1$中是一致的，所以如果穿过$C$净通量是向上的，则积分为正值：

$$\boldsymbol{\Phi}_{S_2}=\int_{S_2}\boldsymbol{B}\cdot \mathrm{d}\boldsymbol{a}_2 \tag{7.8}$$

在6.2节中，我们知道了磁场散度为零：$\mathrm{div}\boldsymbol{B}=0$。根据高斯定律，如果$S$为闭合面（“气球”），$V$为其所包围的体积，则有

$$\int_S \boldsymbol{B}\cdot \mathrm{d}\boldsymbol{a}=\int_V \mathrm{div}\boldsymbol{B}\mathrm{d}v=0 \tag{7.9}$$

将上式用于有$S_1$和$S_2$表面组合而成的一个闭合的类似定音鼓的闭合曲面，如图7.7（c）所示。在$S_2$上外法向与我们计算通过$C$的通量时使用的矢量$\mathrm{d}\boldsymbol{a}_2$的方向相反，因此有

$$0=\int_S \boldsymbol{B}\cdot \mathrm{d}\boldsymbol{a}=\int_{S_1}\boldsymbol{B}\cdot \mathrm{d}\boldsymbol{a}_1+\int_{S_2}\boldsymbol{B}\cdot(-\mathrm{d}\boldsymbol{a}_2) \tag{7.10}$$

或

$$\int_{S_1} \boldsymbol{B} \cdot \mathrm{d}\boldsymbol{a}_1 = \int_{S_2} \boldsymbol{B} \cdot \mathrm{d}\boldsymbol{a}_2 \tag{7.11}$$

这表明我们所选取的面对于计算流过 $C$ 的通量是没有关系的。

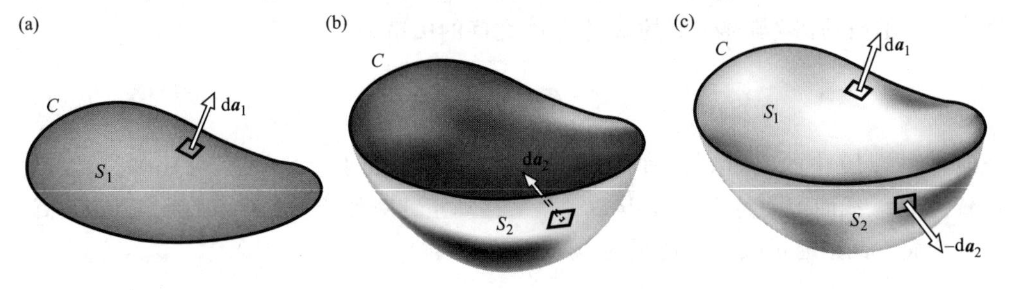


图 7.7

(a) 穿过 $C$ 的通量为 $\Phi = \int_{S_1} \boldsymbol{B} \cdot \mathrm{d}\boldsymbol{a}_1$。(b) $S_2$是另一个以 $C$ 为边界的面。该面对于计算 $\Phi$ 同样适用。(c) 将 $S_1$ 和 $S_2$ 结合为一个闭合曲面，对于该面 $\int \boldsymbol{B} \cdot \mathrm{d}\boldsymbol{a}$ 一定为零，这就证明了 $\int_{S_1} \boldsymbol{B} \cdot \mathrm{d}\boldsymbol{a}_1 = \int_{S_2} \boldsymbol{B} \cdot \mathrm{d}\boldsymbol{a}_2$。

显然，$\mathrm{div}\boldsymbol{B} = 0$ 意味着某种空间中流量的守恒，即一定体积内流入和流出的通量是相等的(我们考虑的是某时刻整个空间中的状况)。我们可以将通量看作“管状”，流量管（见图 7.8）表面上每一点处的磁场线都在表面的切面上，因此没有通量穿过此管。我们可以认为其内部包含有一定的通量，就如光缆中包含着一些光纤一样。对于任一紧绕流量管的闭合曲线，通过其中的流量都是相等的。在没有电荷存在的区域内，电场 $\boldsymbol{E}$ 满足 $\mathrm{div}\boldsymbol{E} = \rho/\varepsilon_0 = 0$，这与上述情况有某种程度上的相似。磁场的散度在各处都为零。

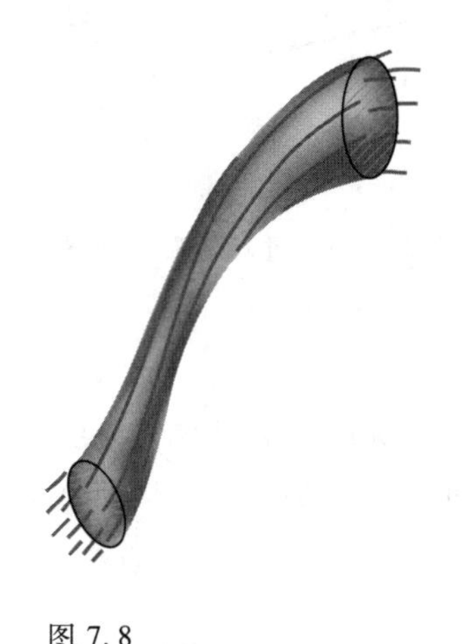

图 7.8

流量管。磁场线在管表面内部。管涵括着固定的通量 $\Phi$。无论从哪里截断该管，沿截面做积分 $\int \boldsymbol{B} \cdot \mathrm{d}\boldsymbol{a}$ 的结果都为 $\Phi$。流量管截面不一定为圆形的，它可以从任何位置以任意形状开始，而管的截面大小及形状如何随着位置改变则取决于相应位置的场线如何变化。

现在回到移动中的矩形环线问题，我们来求出穿过该线圈的流量变化率。在时间 $\mathrm{d}t$ 内线圈移动的距离为 $v\mathrm{d}t$。因为通量为 $\boldsymbol{B}$ 沿表面的积分，所以流过线圈的通量有两种变化形式。如图 7.9 所示，流量由右侧流入，大小为 $B_2 wv\mathrm{d}t$，由左侧流出的流量为 $B_1 wv\mathrm{d}t$。因此在时间 $\mathrm{d}t$ 内通过环的流量变化 $\mathrm{d}\Phi$ 为

$$d\Phi=-(B_1-B_2)wv\mathrm{d}t \tag{7.12}$$

通过比较式（7.12）和式（7.6），我们可以发现，至少在该示例中，电势可以表达为$\mathscr{E}=-\mathrm{d}\Phi/\mathrm{d}t$。事实上这是一个普适的结论，如下面的定理所述。

**定理7.1　若在给定的参考系中磁场不随时间变化，那么无论环路以何种方式移动，环上的电动势$\mathscr{E}$与穿过环的磁通量 $\Phi$ 之间的关系为**

$$\boxed{\mathscr{E}=-\frac{\mathrm{d}\Phi}{\mathrm{d}t}} \tag{7.13}$$

**证明**　图7.10中的线圈 $C$ 在时刻 $t$ 位置为 $C_1$，线圈处于运动状态，$t+\mathrm{d}t$ 时刻线圈位置为 $C_2$。线圈上一特定小段 $\mathrm{d}\boldsymbol{s}$ 以速度 $\boldsymbol{v}$ 移动至其新位置。$S$ 为 $t$ 时刻笼罩着线圈的一个面。此刻通过线圈的通量为

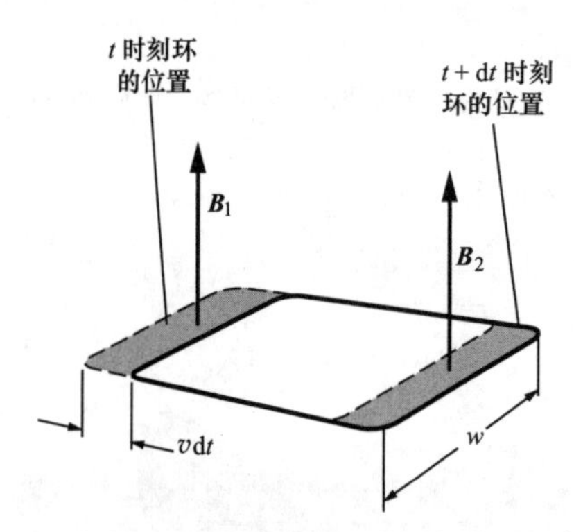


图7.9
在时间 $\mathrm{d}t$ 内，过环的磁通量增加量为 $B_2wv\mathrm{d}t$，同时有减小量 $B_2wv\mathrm{d}t$。

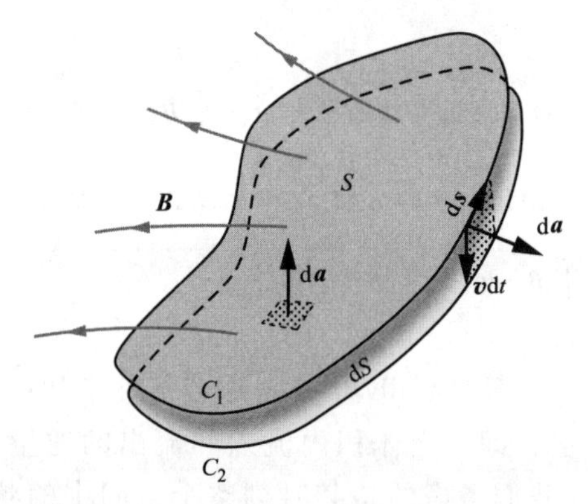


图7.10
在时间 $\mathrm{d}t$ 内，环由位置 $C_1$ 移动至 $C_2$。

$$\Phi(t)=\int_S \boldsymbol{B}\cdot\mathrm{d}\boldsymbol{a} \tag{7.14}$$

磁场 $\boldsymbol{B}$ 的来源在参考系中是静止且是不变的。在时刻 $t+\mathrm{d}t$，原本跨越线圈的表面 $S$ 的“边缘”扩张了 $\mathrm{d}S$（注意，我们可以用任意涵盖此线圈的表面来计算通量），且有

$$\Phi(t+\mathrm{d}t)=\int_{S+\mathrm{d}S}\boldsymbol{B}\cdot\mathrm{d}\boldsymbol{a}=\Phi(t)+\int_{\mathrm{d}S}\boldsymbol{B}\cdot\mathrm{d}\boldsymbol{a} \tag{7.15}$$

因此，在时间 $\mathrm{d}t$ 内流量的变化为通过边缘 $\mathrm{d}S$ 的流量，即 $\int_{\mathrm{d}S}\boldsymbol{B}\cdot\mathrm{d}\boldsymbol{a}$。在边缘处，面积元可以写作 $(\boldsymbol{v}\mathrm{d}t)\times\mathrm{d}\boldsymbol{s}$，该交叉积的大小为$|\boldsymbol{v}\mathrm{d}t||\mathrm{d}\boldsymbol{s}|\sin\theta$，其中的 $\sin\theta$ 表示图7.10中小平行四边形的面积，交叉积的方向为与 $v\mathrm{d}t$ 和 $\mathrm{d}s$ 都垂直的方向。因此在 $\mathrm{d}S$ 上的积分可以写作如下的沿着 $C$ 的积分：

$$\mathrm{d}\Phi=\int_{\mathrm{d}S}\boldsymbol{B}\cdot\mathrm{d}\boldsymbol{a}=\int_C \boldsymbol{B}\cdot[(\boldsymbol{v}\mathrm{d}t)\times\mathrm{d}\boldsymbol{s}] \tag{7.16}$$

在此积分中 d$t$ 为常量，我们可以将其单独提出，即

$$\frac{\mathrm{d}\Phi}{\mathrm{d}t} = \int_C \boldsymbol{B} \cdot (\boldsymbol{v} \times \mathrm{d}\boldsymbol{s}) \tag{7.17}$$

任意矢量的乘积 $\boldsymbol{a}\cdot(\boldsymbol{b}\times\boldsymbol{c})$ 满足关系 $\boldsymbol{a}\cdot(\boldsymbol{b}\times\boldsymbol{c}) = -(\boldsymbol{b}\times\boldsymbol{a})\cdot\boldsymbol{c}$。利用此关系来重新排列式（7.17）中的形式，有

$$\frac{\mathrm{d}\Phi}{\mathrm{d}t} = -\int_C (\boldsymbol{v} \times \boldsymbol{B}) \cdot \mathrm{d}\boldsymbol{s} \tag{7.18}$$

电荷 $q$ 沿回路移动，作用于 $q$ 上的力为 $q\boldsymbol{v}\times\boldsymbol{B}$，因此电动势，即力沿线路的线积分为

$$\mathscr{E} = \int_C (\boldsymbol{v} \times \boldsymbol{B}) \cdot \mathrm{d}\boldsymbol{s} \tag{7.19}$$

比较式（7.18）与式（7.19），我们可以得到一个简单的关系。式（7.13）中已经给出此关系，现在对于任意形状和运动状态的线路都适用了（我们甚至没有规定整个线路各个部分的速度 $\boldsymbol{v}$ 必须相同）。总的来说，单位电荷所受的力 $\boldsymbol{f}/q$ 沿闭环所做的线积分正是穿过此线圈通量的变化率。

此线积分的意义及通量的正方向符合右手螺旋法则。例如，在图 7.6 中，流量为“向上”的且正在“减小”。将式（7.13）中的负号考虑在内，我们可以根据右手螺旋法则确定一个电动势，此电动势将推动正电荷定向运动，即由线圈上从上往下看是逆时针方向（见图 7.11）。

对待这种符号及方向的问题有一个更好的办法——如图 7.11 所示，导线中的电流变化所引起的电动势总是趋向于阻止电通量变化的。［在式（6.49）中，毕奥-萨伐尔定律告诉我们，在图 7.11 的环路中所有电流片段对 $\boldsymbol{B}$ 的贡献都是指向上方的。］这是一种固有的物理现象，而非某种关于正负号和方向的规定决定的。可以说，这是系统自身对变化的抵抗的表现，这被称为楞次定律。

**楞次定律　感应电动势驱动的电流所引发的磁场总是趋向于阻碍磁通量的变化。**

图 7.12 为楞次定律的另一个示例。导电环在螺线管形成的磁场中落下。通过环的流量为向下的，正在增大。为了阻止这一变化，需要有一些向上的通量增加，即环中会产生一个沿箭头方向的电流。按照楞次定律，环中所产生的电动势会致使该方向产生电流。

若环中电流是按照图 7.6 和图 7.11 中这种流向，则在导线电阻有限的情况下，会有一些能量消耗掉。这些能量从何而来？为了回答这一问题，我们来考虑作用于环内电流的力，此电流的方向如图 7.11 中所示。右侧的导体处于磁场 $B_2$ 中，将会受到一个向右的力，同时导体的另一侧处在场 $B_1$ 中，将会受向左的力。因为 $B_1$ 比 $B_2$ 大，所以作用于环的合力为向左的，与运动方向相反。为了保持环的匀速运动，必须要有外力作用，这些额外的能量最终会在导线中以热量形式表现出来。（见练

习7.30）试想，如果无视楞次定律，假设力的作用是推动环的运动，将会是怎样的情形？

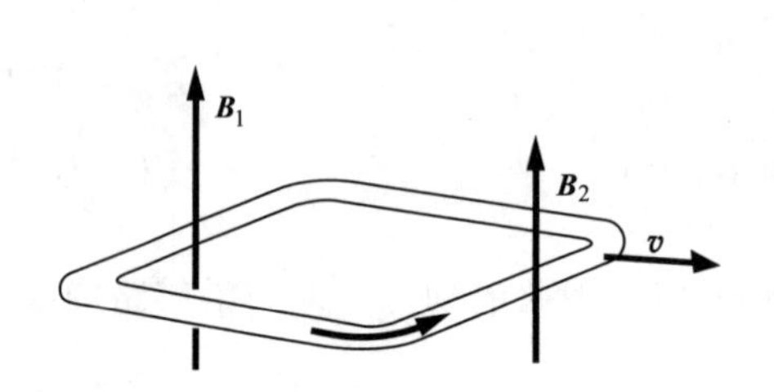


图 7.11

穿过环路的磁通量方向向上，随着时间变化而不断减小。箭头所示为电动势的方向，即正电荷趋向于按此方向运动。

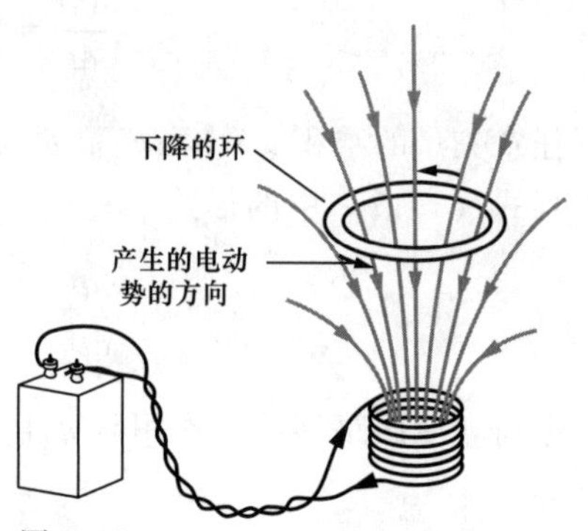


图 7.12

当环落下时，向下的磁通量会增加。由楞次定律我们可知环中产生的感应电动势方向如图中箭头所示，沿此方向的电动势将会产生一个向上的磁通量。系统这样做以抵抗正在发生的变化。

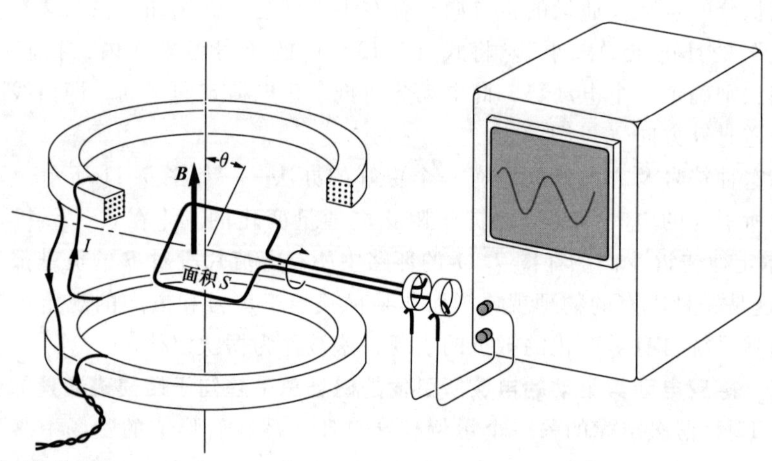


图 7.13

两线圈在环附近产生一个近似于匀强的场 $\boldsymbol{B}$。环以恒定的角速度 $\omega$ 转动，环中的感应电动势按正弦形式变化。

**例题（正弦形式的$\mathscr{E}$）**　在磁场中旋转的线圈是电力机械和电子仪器中一种常见的元件。我们可以运用所学的知识来分析图7.13所示的系统。此系统中的环在磁场中匀速转动。图中并没有将所有元件都画出来，一些重要的元件如轴承、驱动器等因为与我们的讨论无关而没有画出。磁场 $\boldsymbol{B}$ 由两固定线圈提供。假设环转动的角速度为 $\omega$，单位为rad/s。环在时刻 $t$ 的位置由角 $\theta$ 确定，$\theta=\omega t+\alpha$，此处常量 $\alpha$ 为 $t$

=0 时刻环所在的位置。$\boldsymbol{B}$ 在垂直于环所在平面的分量为 $B\sin\theta$。因此 $t$ 时刻通过此环的通量为

$$\Phi(t)=SB\sin(\omega t+\alpha) \tag{7.20}$$

此处 $S$ 为环的面积。电动势为

$$\mathscr{E}=-\frac{\mathrm{d}\Phi}{\mathrm{d}t}=-SB\omega\cos(\omega t+\alpha) \tag{7.21}$$

若此环不是闭合的，而是如图 7.13 那样与外部通过导线相连，我们就可以测量其电势，是一条正弦曲线。

我们将通过代入一些数值来解释该问题中的单位制问题。假设图 7.13 中环的面积为 $80\mathrm{cm}^2$，场强 $B$ 为 50gauss，环转速为每秒 30 转，则 $\omega=2\pi\cdot 30$，或 188 rad/s。即环中形成的振荡电动势的最大值，即最大振幅为

$$\mathscr{E}_0=SB\omega=(0.008\mathrm{m}^2)(0.005\mathrm{T})(188\mathrm{s}^{-1})=7.52\times10^{-3}\mathrm{V} \tag{7.22}$$

读者可以证明 $1\mathrm{m}^2\cdot\mathrm{T/s}$ 等价于 1V。

## 7.4 场源移动情况下的静止回路

图 7.6 展示了在相对于环静止的参考系中发生的一些变化。选取不同的参考系不会改变物理过程，只会影响我们描述这些过程的方式。$F'$的三个坐标轴为 $x'$、$y'$、$z'$，现在我们假设该参考系为静止参考系（见图 7.14）。在 $F$ 中静止的线圈与电池在 $F'$中沿$-y'$方向以速度 $\boldsymbol{v}'=-\boldsymbol{v}$ 运动。在某时刻 $t'$位于 $F'$参考系中的观察者测得环两边的磁场为 $B_1'$和 $B_2'$。在 $F'$中这些位置会存在电场，由式（6.82）可知

$$\begin{aligned}\boldsymbol{E}_1'&=\boldsymbol{v}\times\boldsymbol{B}_1'\\ \boldsymbol{E}_2'&=\boldsymbol{v}\times\boldsymbol{B}_2'\end{aligned} \tag{7.23}$$

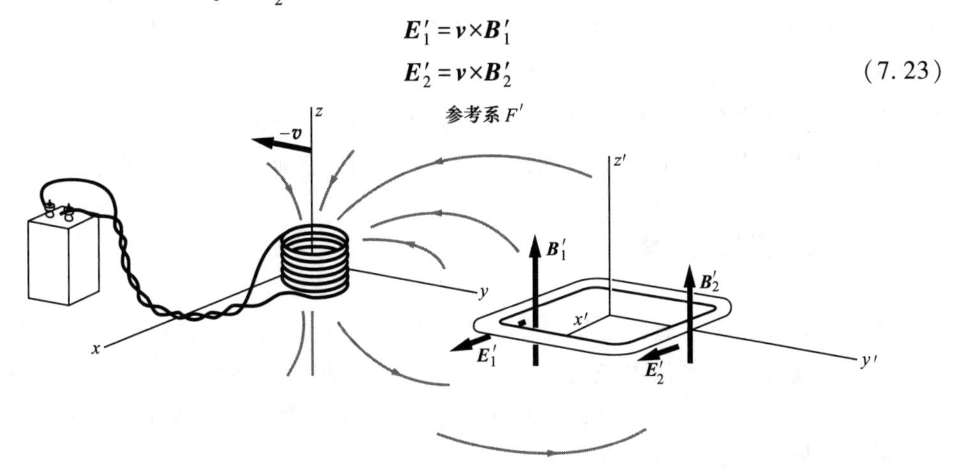


图 7.14

在参考系 $F'$中，环路处于静止状态，场源运动。场 $\boldsymbol{B}'$和 $\boldsymbol{E}'$如图所示，它们都随时间和位置变化。

对于 $F'$中的观察者，此电场不是静电场。$\boldsymbol{E}'$沿任意闭合曲线的积分并不总是零，事实上，$\boldsymbol{E}'$沿上述矩形线圈的线积分为

$$\int \boldsymbol{E}' \cdot \mathrm{d}\boldsymbol{s}' = wv(B'_1 - B'_2) \tag{7.24}$$

我们可以将式（7.24）中的线积分视为该路线上的电动势$\mathscr{E}'$。如果一个带电粒子沿该线路绕行一周，则$\mathscr{E}'$为对单位电量所做的功。$\mathscr{E}'$与通过环线通量的变化率有关。讨论这一问题的过程中，可以认为环处于静止状态，而产生磁场的源则以速度$-\boldsymbol{v}$ 运动。在计算时间 $\mathrm{d}t'$内，环的任一端流入或流出的通量时，我们得到一个与式（7.12）类似的结果

$$\mathscr{E}' = -\frac{\mathrm{d}\Phi'}{\mathrm{d}t'} \tag{7.25}$$

磁场源 $\boldsymbol{B}$ 相对于 $F$ 为静止，环相对于 $F'$静止，两参考系中的现象可以总结如下：

- $F$ 中的观察者说："空间中存在非均匀分布的时不变磁场，没有电场存在。导线环以速度 $\boldsymbol{v}$ 穿过磁场，其中单位电荷受力为 $\boldsymbol{v}\times\boldsymbol{B}$。单位电荷绕整个环所做的线积分即电动势$\mathscr{E}$，它等于$-(\mathrm{d}\Phi/\mathrm{d}t)$。通过表面 $S$ 的通量为 $\int \boldsymbol{B}\cdot\mathrm{d}\boldsymbol{a}$，其中 $S$ 是在某时刻 $t$ 以环为边界的表面。"
- 另一个在 $F'$中的观察者说："环处于静止状态，只有电场才能引起电荷在电场内移动。存在一个电场 $\boldsymbol{E}'$，似乎是由一个正以$-\boldsymbol{v}$ 速度经过附近的磁体引起的，同时产生了一个强磁场 $\boldsymbol{B}'$。此电场绕环的线积分 $\int \boldsymbol{E}'\cdot\mathrm{d}\boldsymbol{s}$ 并不为零，而是等于通过环的通量的变化率的负数，$-(\mathrm{d}\Phi'/\mathrm{d}t')$。穿过环的通量 $\Phi'$为 $\int \boldsymbol{B}'\cdot\mathrm{d}\boldsymbol{a}'$，其中 $\boldsymbol{B}'$为在我所在参考系中的 $t'$时刻在表面上各处同时测得的量。"

到现在为止，我们得出的结论都符合相对论，它们对任何 $v<c$ 的情况都是成立的，只要我们注意到一些物理量的差别，如 $\boldsymbol{B}$ 和 $\boldsymbol{B}'$，$t$ 和 $t'$等。若 $v\ll c$，则 $v^2/c^2$ 可被忽略，$\boldsymbol{B}'$与 $\boldsymbol{B}$ 可看作相等，同样地，我们也可以忽略 $t$ 与 $t'$的差别。

## 7.5 电磁感应定律

本节将讲述三个实验，实验装置如图 7.15 所示。桌面下装有轮子，可以移动。矩形环线上连有一个灵敏电流计，为使感应电动势较大，我们增加了导线环的圈数。图中的小螺线圈会产生微弱的磁场，磁场虽然微弱但足以探测到。或许读者对此实验可以做一些更好的改进。

实验Ⅰ：桌 1 静止，1 上线圈内电流保持恒定，桌 2 以速度 $v$ 向右运动（远离桌 1），电流计指针发生了偏转。对此我们不会感到奇怪，因为在 7.3 节中我们已经对此做过了分析。

实验Ⅱ：桌 2 静止，2 上线圈内电流保持恒定，桌 1 以速度 $v$ 向左运动（远离桌 2），电流计指针发生了偏转。对此我们也认为是正常的。我们刚刚在 7.4 节中讨论了实验Ⅰ及实验Ⅱ是等价的，这种等价性体现了洛伦兹不变性，或者说，在两张桌子低速运动的情况下，实验Ⅰ和实验Ⅱ体现了伽利略不变性。我们知道，在两个实验中电流计指针的偏转都与穿过线环的 $\boldsymbol{B}$ 的通量变化有关。

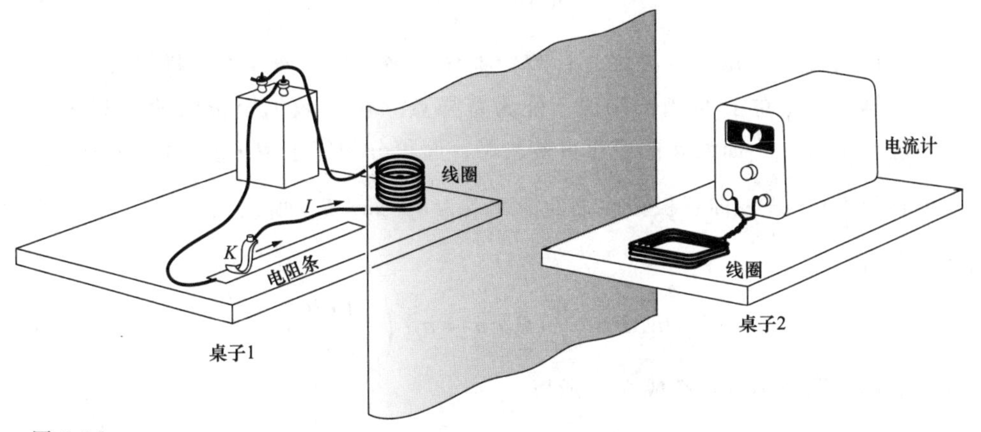


图 7.15

可以假设每个桌子都可以移动，也可以认为两个桌子固定，线圈中的电流可以渐变。

实验Ⅲ：两张桌都保持静止，只通过滑动电阻条上的 $K$ 来改变线圈中的电流 $I$，这样就可以使环中的 $\boldsymbol{B}$ 通量的速率减小与实验Ⅰ和Ⅱ中的相同。电流计指针会偏转吗？

若观察者相对于桌 2 上的环线圈静止，则对他来说，测得的磁场是一个关于时间与空间的函数，他无法分辨自己是处于实验Ⅰ或是Ⅱ、Ⅲ中。假设在两桌之间有一黑色布帘，虽然实验Ⅱ和实验Ⅲ的场会有细小差别，不知道布帘后面有些什么东西的观测者仅根据在附近测得的 $\boldsymbol{B}$ 是无法分辨实验Ⅱ与Ⅲ中存在的差别的。因此，如果实验Ⅱ与Ⅲ中电流计偏转情况不同，就意味着某区域内电场与磁场的关系取决于远处场源的性质。两实验中的磁场特性是相似的，其电场也是互相关联的，不过电场的积分值 $\int \boldsymbol{E} \cdot \mathrm{d}\boldsymbol{s}$ 不同 。

通过实验我们发现实验Ⅲ与实验Ⅰ、Ⅱ是等价的，电流计指针的偏转程度与之前实验中相同。法拉第的实验首次证明了下述基本事实：我们观察到的电动势仅仅依赖于磁场 $\boldsymbol{B}$ 的通量的变化率，而与其他因素无关。我们称之为普适的**法拉第电磁感应定律**。其描述为

> 如果 $C$ 为一闭环，静止于坐标系 $x$、$y$、$z$ 中，$S$ 为跨 $C$ 的表面，$\boldsymbol{B}(x, y, z, t)$ 为相应坐标下测得的磁场，则
>
> $$\mathscr{E} = \int_C \boldsymbol{E} \cdot \mathrm{d}\boldsymbol{s} = -\frac{\mathrm{d}}{\mathrm{d}t}\int_S \boldsymbol{B} \cdot \mathrm{d}\boldsymbol{a} = -\frac{\mathrm{d}\Phi}{\mathrm{d}t} \tag{7.26}$$

利用矢量微分，可以将该定律写成微分形式。如果关系式

$$\int_C \boldsymbol{E}\cdot \mathrm{d}\boldsymbol{s} = -\frac{\mathrm{d}}{\mathrm{d}t}\int_S \boldsymbol{B}\cdot \mathrm{d}\boldsymbol{a} \tag{7.27}$$

对任意曲线 $C$ 及跨过该曲线的表面 $S$ 都适用，则在任意一点都有

$$\mathrm{curl}\boldsymbol{E} = -\frac{\mathrm{d}\boldsymbol{B}}{\mathrm{d}t} \tag{7.28}$$

为了证明式（7.28）可由式（7.27）推导出来，我们像往常一样将 $C$ 以一点为中心收缩，此点对于 $\boldsymbol{B}$ 函数来说不能为奇异点。在 $C$ 收缩至极限的情况下，$\boldsymbol{B}$ 沿此跨过 $C$ 曲线的小面元 $\boldsymbol{a}$ 的变化可被忽略，面积分约等于 $\boldsymbol{B}\cdot\boldsymbol{a}$。式（2.80）定义中的积分 $\int_C \boldsymbol{E}\cdot \mathrm{d}\boldsymbol{s}$ 在曲线极限收缩的情况下为 $\boldsymbol{a}\cdot \mathrm{curl}\,\boldsymbol{E}$，所以式（7.27）在极限情况下变为

$$\boldsymbol{a}\cdot \mathrm{curl}\,\boldsymbol{E} = -\frac{\mathrm{d}}{\mathrm{d}t}(\boldsymbol{B}\cdot\boldsymbol{a}) = \boldsymbol{a}\cdot\left(-\frac{1}{c}\frac{\mathrm{d}\boldsymbol{B}}{\mathrm{d}t}\right) \tag{7.29}$$

因为这对任意无穷小量 $\boldsymbol{a}$ 都成立，[1] 所以

$$\mathrm{curl}\,\boldsymbol{E} = -\frac{\mathrm{d}\boldsymbol{B}}{\mathrm{d}t} \tag{7.30}$$

因为 $\boldsymbol{B}$ 不仅与位置有关，也与时间有关，所以我们将 $\mathrm{d}\boldsymbol{B}/\mathrm{d}t$ 写作 $\partial\boldsymbol{B}/\partial t$。这样就得到了关于感应定律的两个等价的式：

$$\boxed{\begin{aligned}&\int_C \boldsymbol{E}\cdot \mathrm{d}\boldsymbol{s} = -\frac{\mathrm{d}}{\mathrm{d}t}\int_S \boldsymbol{B}\cdot \mathrm{d}\boldsymbol{a}\\ &\mathrm{curl}\,\boldsymbol{E} = -\frac{\partial\boldsymbol{B}}{\partial t}\end{aligned}} \tag{7.31}$$

在导出法拉第感应定律之后，我们距离麦克斯韦方程组就更近了一步。我们将在第 9 章中完成此方程组。

式（7.31）中的电场 $\boldsymbol{E}$ 是在 SI 单位制下的量，单位为 V/m，$\boldsymbol{B}$ 单位为 T，$\mathrm{d}\boldsymbol{s}$ 单位为 m，$\mathrm{d}\boldsymbol{a}$ 单位为 $\mathrm{m}^2$。电动势 $\mathscr{E} = \int_C \boldsymbol{E}\cdot \mathrm{d}\boldsymbol{s}$ 的单位为 V。在高斯单位制下式（7.31）给出的关系变成了如下形式：

$$\begin{aligned}&\int_C \boldsymbol{E}\cdot \mathrm{d}\boldsymbol{s} = -\frac{1}{c}\frac{\mathrm{d}}{\mathrm{d}t}\int_S \boldsymbol{B}\cdot \mathrm{d}\boldsymbol{a}\\ &\mathrm{curl}\,\boldsymbol{E} = -\frac{1}{c}\frac{\partial\boldsymbol{B}}{\partial t}\end{aligned} \tag{7.32}$$

此时 $\boldsymbol{E}$ 的单位为 statvolt/cm，$\boldsymbol{B}$ 的单位为 G，$\mathrm{d}\boldsymbol{s}$ 和 $\mathrm{d}\boldsymbol{a}$ 的单位分别为 cm 和 $\mathrm{cm}^2$，$c$

1　如果这不够明显，可以在 $x$ 轴上选取 $\boldsymbol{a}$，这样就可以有 $(\mathrm{curl}\,\boldsymbol{E})_x = -\frac{\mathrm{d}B_x}{\mathrm{d}t}$，以此类推。

单位为 cm/s。电动势$\mathscr{E}=\int_C \boldsymbol{E}\cdot d\boldsymbol{s}$的单位为 statvolt。

磁通量$\Phi$为$\int_S \boldsymbol{B}\cdot d\boldsymbol{a}$，在 SI 单位制中为$T\cdot m^2$，在高斯单位制中单位为$G\cdot m^2$，后者的单位比前者小$10^8$倍（因为$1m^2=10^4cm^2$，$1T=10^4G$）。在 SI 单位制中，磁通量的单位有另一名称，即韦伯（Wb）。

如果不同单位制的问题令你感到困扰，可以看如下叙述：

- 单位为 statvolt 的电动势等价于以$G\cdot cm^2/s$的通量变化速率乘以$1/c$。
- 以 V 为单位的电动势等价于以$T\cdot m^2/s$为单位的通量变化速率。
- 以 V 为单位的电动势等价于以$G\cdot cm^2/s$为单位的通量变化速率乘以$10^{-8}$

如果觉得这些很繁琐，就不必强记了，需要用到时在此页查询即可。

$\text{curl}\,\boldsymbol{E}=-\partial\boldsymbol{B}/\partial t$这一微分表达式向我们展示了之前一直在讨论的电场与磁场之间的自然关系——某区域内$\boldsymbol{B}$随时间的变化完全决定了 curl $\boldsymbol{E}$，而与其他因素无关。当然，我们无法由此完全确定$\boldsymbol{E}$。任何满足 curl $\boldsymbol{E}=0$的静电场在叠加后仍然满足上式，即满足该式的电场不是唯一的。

**例题（正弦磁场$B$）** 作为法拉第电磁感应定律的一个例子，假设有如图 7.13 的线圈，其中通有 60Hz 的交流电，电场与磁场按照$\sin(2\pi\cdot 60s^{-1}\cdot t)$或者$\sin(377s^{-1}\cdot t)$的规律变化。磁场$\boldsymbol{B}$在中心区域达到最大振幅 50G 或 0.005T。我们要求的是在半径为 10cm 的圆形路径上（见图 7.16）的感应电场及电动势。我们可以假定磁场$\boldsymbol{B}$在此圆形区域内均匀分布，且为时不变的。根据题意，有

$$B=(0.005T)\sin(377s^{-1}\cdot t) \tag{7.33}$$

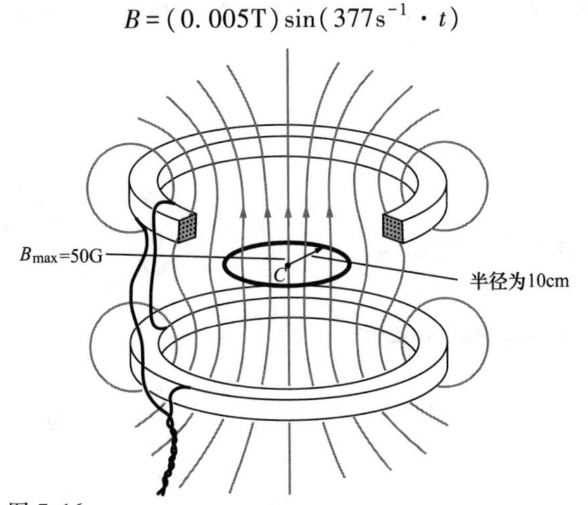


图 7.16
线圈中的交变电流在线圈中心位置产生一个磁场，磁场在向上的 50G 和向下的 50G 之间振荡。在任意时刻，环 C 内的场近似于匀强场。

穿过环 $C$ 的磁通量为

$$\begin{aligned}\Phi &= \pi r^2 = \pi\times(0.1\mathrm{m})^2\times(0.005\mathrm{T})\sin(377\mathrm{s}^{-1}\cdot t)\\ &= 1.57\times10^{-4}\sin(377\mathrm{s}^{-1}\cdot t)\mathrm{T}\cdot\mathrm{m}^2\end{aligned}\tag{7.34}$$

用式（7.26）来计算电动势，单位为 V

$$\begin{aligned}\mathscr{E} &= -\frac{\mathrm{d}\Phi}{\mathrm{d}t} = -(377\mathrm{s}^{-1})(1.57\times10^{-4})\cos(377\mathrm{s}^{-1}\cdot t)\mathrm{T}\cdot\mathrm{m}^2\\ &= -0.059\cos(377\mathrm{s}^{-1}\cdot t)\mathrm{V}\end{aligned}\tag{7.35}$$

电动势$\mathscr{E}$最大值为 59mV。如果我们规定了正方向，式中的负号就会保证满足楞次定律。$\Phi$ 与$\mathscr{E}$随时间的变化如图 7.17 所示。

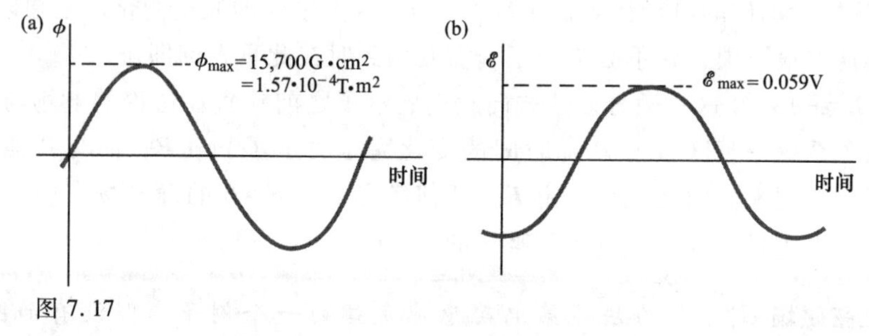


图 7.17

（a） 穿过 $C$ 的通量。（b） 路径 $C$ 上的电动势。

电场又是怎样的呢？通常情况我们仅由 curl $\boldsymbol{E}$ 是无法推断出 $\boldsymbol{E}$ 的。然而，此处的 $C$ 为圆，是一条对称的路线。如果周围没有其他电场存在，则 $\boldsymbol{E}$ 在 $C$ 所处平面内保持恒定。那么，电场的强度并非一个难以解决的问题，正如我们已经计算过的，$\int_C \boldsymbol{E}\cdot\mathrm{d}\boldsymbol{s} = 2\pi rE = \mathscr{E}$ 。在此例中，某时刻圆的电场如图 7.18（a）所示。但是如

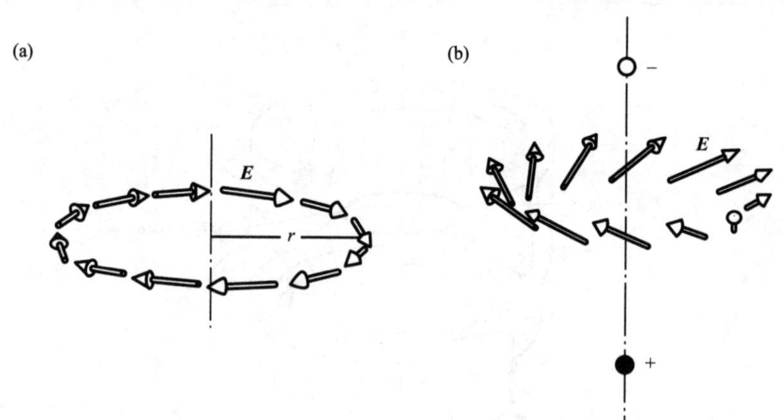


图 7.18

环路 $C$ 上的电场。（a） 只存在对称的振荡电流作为电场源。（b） 还包括轴上两个电荷所产生的静电场。

果有其他场源存在，情况就完全不同了。如图 7.18（b），如果在沿轴方向有正电荷与负电荷存在，则圆环附近的电场为两种电荷产生的静电场与感生电场的叠加。

由法拉第感应定律可以得知，基尔霍夫环路定律（该定律说明绕闭合回路有 $\int \boldsymbol{E} \cdot \mathrm{d}\boldsymbol{s} = 0$）对于包含变化磁场的情况不再适用。法拉第将我们从保守电场的观念中提升出来。现在，两点之间的电势差与它们之间的路径有关了。习题 7.4 就是关于这一现象的。

我们需要注意一个术语："电势差"这个词通常用于静电场，因为只有对静电场我们才可以对空间中所有的点唯一地定义出一个势函数 $\phi$ 来满足 $\boldsymbol{E} = -\nabla\phi$。对于静电场，两点 $a$ 与 $b$ 之间的电势差为 $\phi_b - \phi_a = -\int_a^b \boldsymbol{E} \cdot \mathrm{d}\boldsymbol{s}$。"电压差"一词则应用于任意电场，不仅限于静电场，对它的定义与前者相似，为 $V_b - V_a = -\int_a^b \boldsymbol{E} \cdot \mathrm{d}\boldsymbol{s}$。如果涉及变化的磁场，那么上述线积分则与 $a$ 到 $b$ 的路径有关。电压表测量的正是电压差，所以无论电路中包含什么样的场，我们都可以用电压表来测量两点之间的电压差。但如果涉及变化的磁场，从习题 7.4 中我们会看到我们将电压表与电路相连的方式会影响测量结果。Romer（1982）对此有更多的讨论。

## 7.6 互感

两线圈 $C_1$ 和 $C_2$ 固定在相互靠近的位置（见图 7.19）。在电阻或电池电压可变的情况下，$C_1$ 中通过可控电流 $I_1$。$\boldsymbol{B}_1$（$x$，$y$，$z$）表示电流 $I_1$ 不变时空间中的磁场，$\boldsymbol{\Phi}_{21}$ 表示 $B_1$ 穿过 $C_2$ 的磁通量：

$$\boldsymbol{\Phi}_{21} = \int_{S_2} \boldsymbol{B}_1 \cdot \mathrm{d}\boldsymbol{a}_2 \tag{7.36}$$

此处 $S_2$ 为跨过环 $C_2$ 的表面。在两线圈的形状及位置确定的情况下，$\boldsymbol{\Phi}_{21}$ 与 $I_1$ 成比例

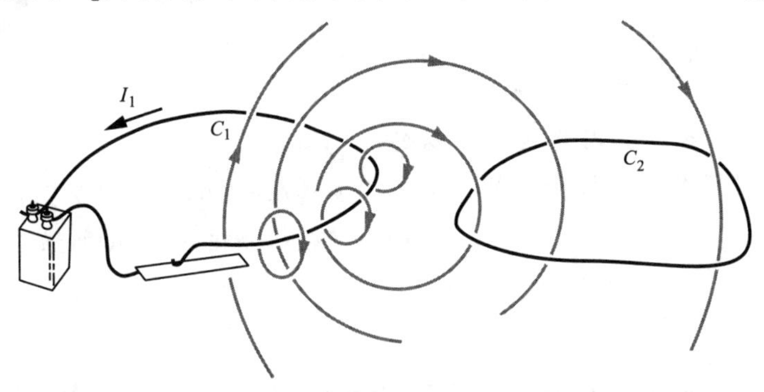


图 7.19
线圈 $C_1$ 中的电流在线圈 $C_2$ 中引发某磁通量 $\boldsymbol{\Phi}_{21}$。

$$\frac{\Phi_{21}}{I_1}=\text{常数}\equiv M_{21} \tag{7.37}$$

现假设$I_1$随时间变化，但是这种变化很慢，因此$C_2$附近任意点的$\boldsymbol{B}_1$与$C_1$中电流$I_1$的关系可以看作磁场与稳恒电流间的关系。（如果想要知道为何我们要加上这样的限定条件，可以假设将$C_1$和$C_2$相隔10m，然后在10ns内将$C_1$内的电流加倍，想象一下会发生什么。）通量$\Phi_{21}$的变化与$I_1$变化成正比。$C_2$中将产生一个感应电动势，大小为

$$\mathscr{E}_{21}=-\frac{\mathrm{d}\Phi_{21}}{\mathrm{d}t}\Longrightarrow \mathscr{E}_{21}=-M_{21}\frac{\mathrm{d}I_1}{\mathrm{d}t} \tag{7.38}$$

在高斯单位制下上式分母中还应有一个$c$，但我们可以定义一个新的常量$M'_{21}=M_{21}/c$，这样上述关系式的形式就不会改变了。

我们将常量$M_{21}$称为互感［系数］，其大小由线圈的几何形状决定，而单位则由电动势$\mathscr{E}$、电流$I$、时间$t$的单位决定。在SI单位制下，电动势单位为V，电流单位为A，则$M_{21}$单位为V/A或Ω·s，此单位也称为享［利］（Henry，H）。[2]

$$1\mathrm{H}=1\,\frac{\mathrm{V}\cdot\mathrm{s}}{\mathrm{A}}=1\Omega\cdot\mathrm{s} \tag{7.39}$$

也就是说，如果电流$I_1$以1A/s的速度变化，在$C_2$中引起1V的电动势，则互感为1H。在高斯单位制下，由于$\mathscr{E}$单位为statvolt，$I$单位为esu/s，所以$M_{21}$单位为statvolt·$(\mathrm{esu/s})^{-1}$·s，又由于1statvolt等于1esu/cm，所以该单位还可以写为$\mathrm{s^2/cm}$。

**例题（同心环）** 图7.20给出了两个同心共面的环$C_1$和$C_2$，其中$C_1$比$C_2$大得多。试求出$M_{21}$为多少？

**解** 在$C_1$中心有$I_1$通过，则由式(6.54)可知$C_1$中心处磁感应强度$B_1$为

$$B_1=\frac{\mu_0 I_1}{2R_1} \tag{7.40}$$

由题意：$R_2\ll R_1$，因此我们可以忽略小环内$B_1$的变化。穿过小环的磁通量变化为

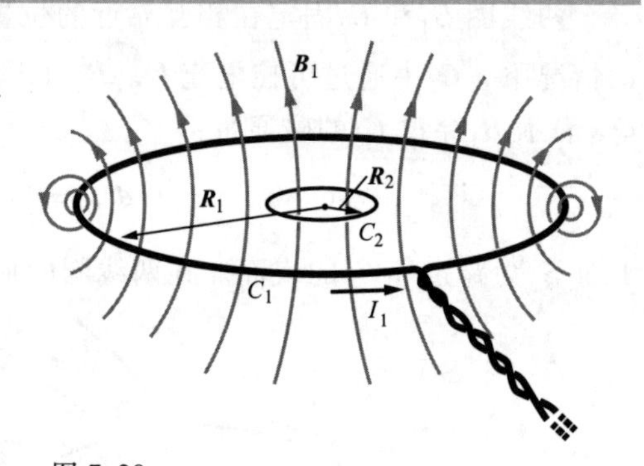


图7.20
环路$C_1$中的电流$I_1$引发了磁场$\boldsymbol{B}_1$，$\boldsymbol{B}_1$在环路$C_2$所在的小区域内近似匀强场。

2　此单位以Joseph Henry（1797—1878）命名，Henry是当时美国一位首屈一指的物理学家，他曾独立发现了电磁感应现象，几乎与Faraday的实验同时完成。Henry是第一个发现自感现象的科学家，他发明了电磁铁、电动马达的原型以及电子继电器，并发明了电报。

$$\Phi_{21}=(\pi R_2^2)\frac{\mu_0 I_1}{2R_1}=\frac{\mu_0\pi I_1 R_2^2}{2R_1} \tag{7.41}$$

利用式（7.37），求出互感 $M_{21}$ 为

$$M_{21}=\frac{\Phi_{21}}{I_1}=\frac{\mu_0\pi R_2^2}{2R_1} \tag{7.42}$$

$C_2$ 中的感应电动势为

$$\mathscr{E}_{21}=-M_{21}\frac{\mathrm{d}I_1}{\mathrm{d}t}=-\frac{\mu_0\pi R_2^2}{2R_1}\cdot\frac{\mathrm{d}I_1}{\mathrm{d}t} \tag{7.43}$$

由于 $\mu_0=4\pi\cdot 10^{-7}\ \mathrm{kg\cdot m/C^2}$，所以我们还可以将 $M_{21}$ 写为

$$M_{21}=\frac{(2\pi^2\cdot 10^{-7}\mathrm{kg\cdot m/C^2})R_2^2}{R_1} \tag{7.44}$$

上式给出的 $M_{21}$ 的单位为 H。在高斯单位制下，读者可以证明与式（7.43）对应的关系式为

$$\mathscr{E}_{21}=-\frac{1}{c}\frac{2\pi^2 R_2^2}{cR_1}\cdot\frac{\mathrm{d}I_1}{\mathrm{d}t} \tag{7.45}$$

此处 $\mathscr{E}_{21}$ 单位为 statvolt，$R$ 单位为 cm，$I_1$ 单位为 esu/s。$M_{21}$ 为 $\mathrm{d}I_1/\mathrm{d}t$ 项的系数，即 $2\pi^2R_2^2/c^2R_1$（单位为 $\mathrm{s^2/cm}$）。在附录 C 中介绍了如何从 H 单位推导至 $\mathrm{s^2/cm}$ 单位。

上式中的负号在此处并没有太重要的意义。若需要确定电动势所驱动的 $C_2$ 中电流的方向，可以通过楞次定律分析。

---

如果线圈 $C_1$ 有 $N_1$ 匝而不是一匝，则对于一个给定的电流 $I_1$，中心处的 $B_1$ 为原来的 $N_1$ 倍。如果 $C_2$ 为 $N_2$ 匝，线圈半径为 $R_2$，则电动势会叠加，即为单匝的情况下的 $N_2$ 倍。所以对于多匝的线圈，互感为

$$M_{21}=\frac{\mu_0\pi N_1 N_2 R_2^2}{2R_1} \tag{7.46}$$

这里假设线圈的每一匝都紧密靠紧，导线的截面积与线圈半径相比很小。互感 $M_{21}$ 可用于分析任意形状、任意分布的两线圈问题。正如我们在式（7.38）中所说，$M_{21}$ 意义为变化的电流 $I_1$ 在线圈 2 中引发的电动势与电流 $I_1$ 变化速率的比值（的负数），即

$$M_{21}=-\frac{\mathscr{E}_{21}}{\left(\frac{\mathrm{d}I_1}{\mathrm{d}t}\right)} \tag{7.47}$$

## 7.7 互易定理

在考虑环路 $C_1$ 与 $C_2$ 问题时，我们讨论了 $C_2$ 中电流变化在 $C_1$ 中感应出的电动

势，涉及一个互感 $M_{12}$（忽略正负号）：

$$M_{12}=\frac{\mathscr{E}_{12}}{\left(\frac{\mathrm{d}I_2}{\mathrm{d}t}\right)} \tag{7.48}$$

关于 $M_{12}$ 与 $M_{21}$ 的关系有如下定理。

**定理 7.2　对于任意两线圈，有**

$$\boxed{M_{12}=M_{21}} \tag{7.49}$$

这并不是几何上对称的结果。即使是在图 7.20 中这般简单的例子中，两线圈也非对称的。注意，$M_{21}$ 表达式中 $R_1$ 和 $R_2$ 出现的位置并不相同，在式（7.49）中，对于两个并不相同的线圈，若有

$$M_{21}=\frac{\pi\mu_0 N_1 N_2 R_2^2}{2R_1}$$

则有

$$M_{12}=\frac{\pi\mu_0 N_1 N_2 R_2^2}{2R_1} \tag{7.50}$$

二者没有任何差别。

**证明**　鉴于我们在式（7.37）中对互感的定义，在这里我们只需证明 $\Phi_{12}/I_2=\Phi_{21}/I_1$，这里 $\Phi_{12}$ 是 $C_2$ 中电流 $I_2$ 在线圈 $C_1$ 中引起的通量，$\Phi_{21}$ 是 $C_1$ 中电流 $I_1$ 在 $C_2$ 中引起的通量。为了证明这一点，我们需要用到矢势的概念。

根据 Stokes 定理：

$$\int_C \boldsymbol{A}\cdot \mathrm{d}\boldsymbol{s}=\int_S(\mathrm{curl}\,\boldsymbol{A})\cdot \mathrm{d}\boldsymbol{a} \tag{7.51}$$

尤其是，如果 $\boldsymbol{A}$ 为磁场 $\boldsymbol{B}$ 对应的矢势，即，$\boldsymbol{B}=\mathrm{curl}\,\boldsymbol{A}$，则有

$$\boxed{\int_C \boldsymbol{A}\cdot \mathrm{d}\boldsymbol{s}=\int_S \boldsymbol{B}\cdot \mathrm{d}\boldsymbol{a}=\Phi_S} \tag{7.52}$$

也就是说，此矢势绕环的线积分与 $\boldsymbol{B}$ 穿过此环的磁通量相等。

根据式（6.46），矢势与其电流源间的关系为

$$\boldsymbol{A}_{21}=\frac{\mu_0 I_1}{4\pi}\int_{C_1}\frac{\mathrm{d}\boldsymbol{s}_1}{r_{21}} \tag{7.53}$$

$\boldsymbol{A}_{21}$ 为点（$x_2$，$y_2$，$z_2$）处由 $C_1$ 中电流 $I_1$ 引发的磁场对应的矢势；$\mathrm{d}\boldsymbol{s}_1$ 为 $C_1$ 的线元；$r_{21}$ 为到点（$x_2$，$y_2$，$z_2$）的距离。

图 7.21 所示为环 $C_1$ 与环 $C_2$，$C_1$ 中通过电流 $I_1$，（$x_2$，$y_2$，$z_2$）为环 $C_2$ 上一点。则由式（7.52）和式（7.53）可知 $C_1$ 上电流 $I_1$ 引起的穿过回路 $C_2$ 的通量为

$$\Phi_{21}=\int_{C_2}\boldsymbol{A}_{21}\cdot \mathrm{d}\boldsymbol{s}_2=\int_{C_2}\mathrm{d}\boldsymbol{s}_2\cdot \boldsymbol{A}_{21}$$

$$= \int_{C_2} d\boldsymbol{s}_2 \cdot \frac{\mu_0 I_1}{4\pi} \int_{C_1} \frac{d\boldsymbol{s}_1}{r_{21}}$$

$$= \frac{\mu_0 I_1}{4\pi} \int_{C_2} \int_{C_1} \frac{d\boldsymbol{s}_2 \cdot d\boldsymbol{s}_1}{r_{21}} \qquad (7.54)$$

类似地，$C_2$中的电流$I_2$引起的穿过$C_1$的通量为

$$\Phi_{12} = \frac{\mu_0 I_2}{4\pi} \int_{C_1} \int_{C_2} \frac{d\boldsymbol{s}_1 \cdot d\boldsymbol{s}_2}{r_{12}} \qquad (7.55)$$

现在我们有$r_{12}=r_{21}$，这只是两个距离标量，而非矢量。上述两个积分的意义为：分别由两条环路上各取一个线元，其标量积除以其间距离，最后对整个环路积分。式(7.54)与式（7.55）之间唯一的区别为上述操作的顺序，这并不会影响最后结果，因此$\Phi_{12}=\Phi_{21}$，也因此$M_{12}=M_{21}$。这样，我们无需区分$M_{12}$和$M_{21}$。所以我们可以说两线圈间互感为$M$。

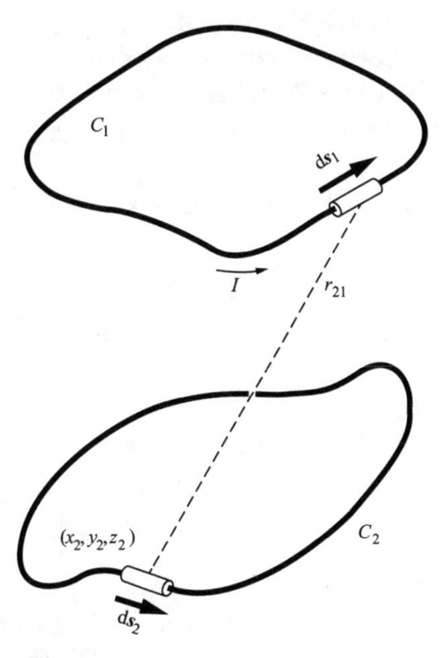


图 7.21
计算穿过 $C_2$ 的磁通量 $\Phi_{21}$，该磁通量是由 $C_1$ 中的电流 $I_1$ 引发的。

此理论通常被称为互易定理。除此之外在电路中还有一些与此定理无关的互易定理，比如你会想起 3.6 节中及练习题 3.64 中的 $C_{jk}=C_{kj}$。（与该练习题类似，习题 7.10 中要求给出对 $M_{21}=M_{12}$的第二种证法。）有些系统虽然表面看起来并不对称，但却满足互易定理。

## 7.8 自感

当$C_1$中的电流$I_1$变化时，穿过$C_1$的通量也在变化，因此也会感应出一个电动势。将此电动势记作$\mathscr{E}_{11}$。尽管通量变化源于其自身，感应定律还是成立的：

$$\mathscr{E}_{11} = -\frac{d\Phi_{11}}{dt} \qquad (7.56)$$

此处的$\Phi_{11}$为线路 1 中电流$I_1$引起的场$B_1$穿过$C_1$的通量。负号的意义是表明感应电动势总是阻碍原变化趋势的——即楞次定律。由于$\Phi_{11}$与$I_1$成正比，所以有

$$\frac{\Phi_{11}}{I_1} = 常数 = L_1 \qquad (7.57)$$

因此式（7.56）可以写为

$$\mathscr{E}_{11} = -L_1 \frac{dI_1}{dt} \qquad (7.58)$$

常量 $L_1$ 为此线路的自感［系数］，通常我们不写下标“1”。

**例题（矩形截面线圈）**　条件与练习题 6.61 相似，我们计算此情况下线圈的 $L$，如图 7.22 所示。你会发现（如果你完成了该练习题）$N$ 匝线圈中流过的 $I$ 产生的磁场在距离线圈轴线 $r$ 处的强度为 $B=\dfrac{\mu_0 NI}{2\pi r}$。穿过一匝导线的通量为场沿线圈截面的积分

$$\Phi(\text{一匝})=h\int_a^b \frac{\mu_0 NI}{2\pi r}\mathrm{d}r=\frac{\mu_0 NIh}{2\pi}\ln\left(\frac{b}{a}\right) \tag{7.59}$$

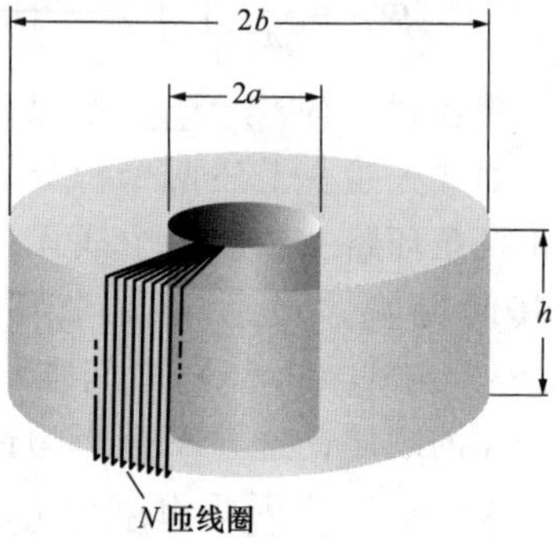

穿过 $N$ 匝导线的通量为上式乘以 $N$：

$$\Phi=\frac{\mu_0 N^2 Ih}{2\pi}\ln\left(\frac{b}{a}\right) \tag{7.60}$$

因此感应电动势 $\mathscr{E}$ 为

$$\mathscr{E}=-\frac{\mathrm{d}\Phi}{\mathrm{d}t}=-\frac{\mu_0 N^2 h}{2\pi}\ln\left(\frac{b}{a}\right)\frac{\mathrm{d}I}{\mathrm{d}t} \tag{7.61}$$

自感为

$$L=\frac{\mu_0 N^2 h}{2\pi}\ln\left(\frac{b}{a}\right) \tag{7.62}$$

图 7.22
环形线圈，其截面为矩形。图中只显示了一部分导线。

由于 $\mu_0=4\pi\cdot 10^{-7}\ \mathrm{kg\cdot m/C^2}$，所以我们可以将上式写成与式（7.44）类似的形式：

$$L=(2\times 10^{-7}\mathrm{kg\cdot m/C^2})N^2 h\ln\left(\frac{b}{a}\right) \tag{7.63}$$

该式给出的 $L$ 单位为亨［利］。在高斯单位制下，读者可以证明

$$L=\frac{2N^2 h}{c^2}\ln\left(\frac{b}{a}\right) \tag{7.64}$$

你可能感觉在上节我们所考虑的环路中更容易推导出自感。然而，如果我们要计算一个简单导线环的自感，会遇到一个令人困扰的问题：我们可以将导线直径假设为零，但我们很快就会发现，在这样一条直径为零的导线中通过有限的电流 $I$，会使得穿过这样一个线圈的磁通量为无限大！原因是线圈中的电流在附近产生的场 $B$ 随 $1/r$ 变化，此处 $r$ 为到线圈的距离，但 $B\times$面积的积分会因为 $\int(\mathrm{d}r/r)$ 中的 $r=0$ 而发散。为了避免这一状况，我们可以令导线直径为有限大值而非零，这样也更真实。在直径确定的情况下，这样的计算可能会比较复杂，但这并非难点所在。真正的难点在于不同处的导线中流过的电流不同，从而引发的磁通量也不同。因此，电路的自感在某种程度上取决于电流 $I$ 的瞬时变化，而不再是式（7.58）中的恒量的形式。

为了避免这一问题，我们选择忽略线圈每一匝附近区域的瞬时场。这样导线产生的通量就不会经过其自身，如此我们刚刚所担心的问题也就变得不重要了。

## 7.9 电路中的自感现象

如图 7.23（a）中的电路，电池提供的电动势为$\mathscr{E}_0$，用线圈连接或称之为**电感**，其自感为 $L$。线圈、导线以及电池都有电阻，我们不关心这些电阻是怎样分布的，将整个电路的电阻记为 $R$，如图 7.23（b）中所示。此外，电路中的其他元件（特别是连接线）都会对电路的自感产生影响，我们设整个电路的自感为 $L$。图 7.23（b）表示的是实际电路的理想情况：用-ꝏ-符号表示的电感 $L$ 无电阻，电阻 $R$ 无电感。这就是我们将要分析的理想电路。

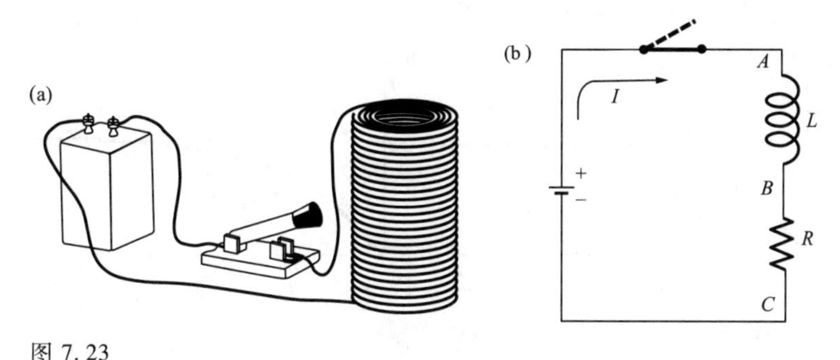


图 7.23

一个包含电感（a）和电阻（b）的简单电路。

若电路中电流 $I$ 的变化速度为 $\mathrm{d}I/\mathrm{d}t$，则有感生电动势 $L\mathrm{d}I/\mathrm{d}t$，方向与电流变化方向相反。电池提供的恒定电动势为$\mathscr{E}_0$。若定义电流正方向为电池在电路中驱动的电流方向，则任一时刻的净电动势为$\mathscr{E}_0-L\mathrm{d}I/\mathrm{d}t$，它驱动电流通过 $R$，因此有

$$\mathscr{E}_0-L\frac{\mathrm{d}I}{\mathrm{d}t}=RI \tag{7.65}$$

我们也可以用如下方式来描述这一现象：图 7.23（b）中的 $A$ 与 $B$ 之间存在着电压差，我们称之为电感两端电压，为 $L\mathrm{d}I/\mathrm{d}t$。如果电流由上向下，则电感上方为正。$B$ 与 $C$ 之间的电压差为 $RI$，电阻上端为正。因此电感及电阻两端电压和为 $L\mathrm{d}I/\mathrm{d}t+RI$。这与电池两端的电势差相等，为$\mathscr{E}_0$（理想化的电池无内阻）。因此有

$$\mathscr{E}_0=L\frac{\mathrm{d}I}{\mathrm{d}t}+RI \tag{7.66}$$

这与式（7.65）是相同的。

在我们求出式（7.65）的数学解之前，先来预测一下，如果 $t=0$ 时刻电路闭合，将会有什么现象？在电路闭合前，$I=0$。电路闭合一段时间后会达到一个稳定状态，电流恒定为 $I_0$，不再随时间变化。此后，$\mathrm{d}I/\mathrm{d}t$ 约为零，式（7.65）化简为

$$\mathscr{E}_0 = RI_0 \tag{7.67}$$

因为 $\mathrm{d}I/\mathrm{d}t$ 为一有限值，所以由零电流到电流为 $I_0$ 的稳定状态的转变过程不可能在 $t=0$ 时刻瞬间完成。事实上，在时刻 $t=0$ 之后较短时间内，$I$ 很小以致式（7.65）中第二项 $RI$ 可以被忽略：

$$\frac{\mathrm{d}I}{\mathrm{d}t} = \frac{\mathscr{E}_0}{L} \tag{7.68}$$

电感 $L$ 抑制了电流增加的速度。

上述问题可以总结为图 7.24（a），现在我们需要讨论的是这些变化是如何发生的。微分式（7.65）与第 4 章中式（4.39）非常相似。我们可以很容易得出式（7.65）的解，此解需要符合初始条件，即 $t=0$ 时 $I=0$，因此

$$I(t) = \frac{\mathscr{E}_0}{R}(1-\mathrm{e}^{-(R/L)t}) \tag{7.69}$$

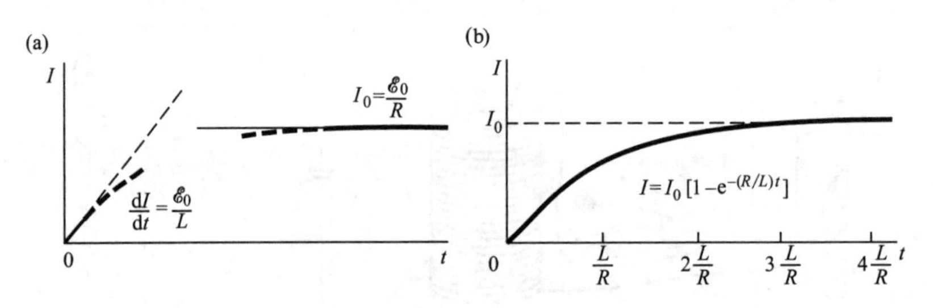


图 7.24

（a）　电流的初始状态及很长时间之后的状态；（b）　图 7.23 所示电路中电流随时间变化的完整图像。

图 7.24（b）表明电流以指数增长的形式接近 $I_0$。此电路的“时间常数”为 $L/R$。若 $L$ 单位用 H，$R$ 单位用 Ω，则时间常数单位为 s，这是因为 $\mathrm{H=V\cdot A^{-1}\cdot s}$，$\Omega=\mathrm{V\cdot A^{-1}}$。

若在电流稳定于 $I_0$ 后突然断开电路会怎样呢？电流是否会突然下降为零？不会，因为那样会使 $L\mathrm{d}I/\mathrm{d}t$ 为负无穷。这不仅对数学上来说不成立，实际中断开电路的人也会受到很高的诱导电压的电击。现实中，在断开开关时经常产生电火花或电弧，这是因为有很高的感生电压产生。如图 7.25（a）所示，我们将一段导线连在 $LR$ 两端，使电池被短路。现在此电路可描述为

$$0 = L\frac{\mathrm{d}I}{\mathrm{d}t} + RI \tag{7.70}$$

初始条件为 $t=t_1$ 时刻 $I=I_0$，此处 $t_1$ 时刻为短路发生的时刻。其解为指数衰减的函数

$$I(t) = I_0\mathrm{e}^{-(R/L)(t-t_1)} \tag{7.71}$$

此函数与之前提及的 $L/R$ 有相同的特征值。

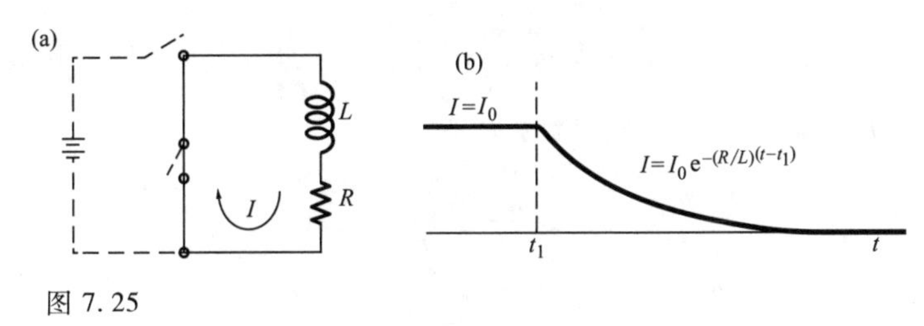


图 7.25

(a) *LR* 电路；(b) *LR* 电路中电流按指数形式衰减。

## 7.10 磁场中的储能

在式 (7.71) 与图 7.25 (b) 中所示的电流衰减的过程中，能量消耗在电阻 $R$ 上。在很短时间间隔 d$t$ 内消耗的能量 d$U$ 为 $RI^2\mathrm{d}t$，则 $t_1$时刻后消耗的所有能量为

$$\begin{aligned}U &= \int_{t_1}^{\infty} RI^2\mathrm{d}t = \int_{t_1}^{\infty} RI_0^2\mathrm{e}^{-(2R/L)(t-t_1)}\,\mathrm{d}t \\ &= -RI_0^2\left(\frac{L}{2R}\right)\mathrm{e}^{-(2R/L)(t-t_1)}\Bigg|_{t_1}^{\infty} = \frac{1}{2}LI_0^2\end{aligned} \tag{7.72}$$

此能量的来源为电感附近的电磁场，更进一步地说，是电池在使电感中通过电流的过程中所做的功——多余的能量已在 $t=0$ 到 $t=t_1$之间消耗在电阻上。为了证明这是一个普适的关系，我们使电感中通过的电流 $I$ 增大，这样为了抵消感生电动势 $L\mathrm{d}I/\mathrm{d}t$ 的影响就需要做更多的功。所以在时间 d$t$ 内所做的功为

$$\mathrm{d}W = L\frac{\mathrm{d}I}{\mathrm{d}t}(I\mathrm{d}t) = LI\mathrm{d}I = \frac{1}{2}L\mathrm{d}(I^2) \tag{7.73}$$

因此，我们得出通过电流为 $I$ 的电感内的总能量为

$$\boxed{U = \frac{1}{2}LI^2} \tag{7.74}$$

在电流最终衰减的过程中，这些能量将会逐渐被消耗。

很自然地，我们会认为此能量是储存于磁场中的，正如我们认为电容器的能量储存于电场中。电势差为 $V$ 的电容器所含的能量为 $(1/2)CV^2$，其计算方法为：设体积元 d$v$ 内电场强度为 $E$，能量为 $(\varepsilon_0/2)E^2\mathrm{d}v$，进行积分后得到。对于电感，我们可以采用类似的办法来处理，即我们可以认为磁场中能量密度 $(1/2\mu_0)B^2$，所以对整个空间积分即可得总能量为 $(1/2)LI^2$。

**例题（矩形截面线圈）** 为了验证能量密度确实为 $B^2/2\mu_0$，我们来看 7.8 节中计算过的感应为 $L$ 的线圈，由式 (7.62)

$$L=\frac{\mu_0 N^2 h}{2\pi}\ln\left(\frac{b}{a}\right) \tag{7.75}$$

在通过电流为 $I$ 的情况下，磁感应强度 $B$ 为

$$B=\frac{\mu_0 NI}{2\pi r} \tag{7.76}$$

为了计算 $B^2/2\mu_0$ 的体积分，我们取如图7.26所示的圆柱壳状体积元，其体积为 $2\pi rh\mathrm{d}r$。若此球壳半径由 $r=a$ 扩大至 $r=b$，它会扫过所有含有磁场的空间（注意，线圈外部空间的任一点 $B$ 为零）：

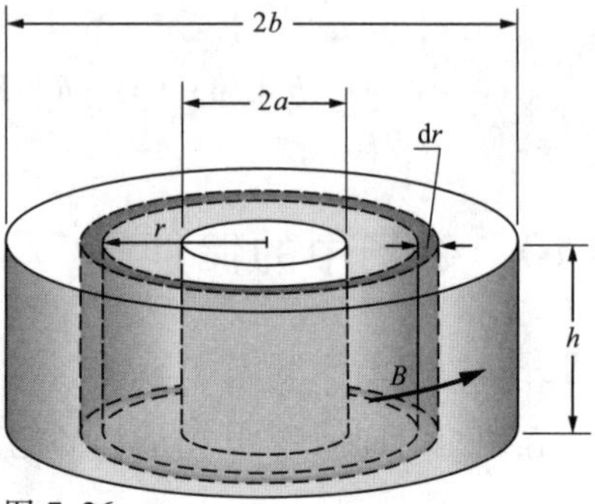

$$\frac{1}{2\mu_0}\int B^2\mathrm{d}v=\frac{1}{2\mu_0}\int_a^b\left(\frac{\mu_0 NI}{2\pi r}\right)^2 2\pi rh\mathrm{d}r$$
$$=\frac{\mu_0 N^2 hI^2}{4\pi}\ln\left(\frac{b}{a}\right) \tag{7.77}$$

图 7.26
计算图7.22所示的环形的线圈所产生的磁场中储存的能量。

将此结果与式（7.75）相比，可以发现

$$\frac{1}{2\mu_0}\int B^2\mathrm{d}v=\frac{1}{2}LI^2 \tag{7.78}$$

在习题7.18中我们将证明该结果对任意电感为 $L$ 的电路都适用。

与我们在式（1.53）中对电场的描述类似，更为普遍的陈述是：任意磁场 $B(x, y, z)$ 内包含的能量 $U$ 为

$$U=\frac{1}{2\mu_0}\int_{\text{内}} B^2\mathrm{d}v \tag{7.79}$$

其中 $B$ 单位为T，$v$ 单位为 $\mathrm{m}^3$，能量 $U$ 单位为J，读者可对此进行证明。在式（7.74）中，$L$ 单位为H，$I$ 单位为A，$U$ 的单位同样为J。式（7.79）在高斯单位制下的形式为（$U$ 单位为erg，$B$ 单位为G，$v$ 单位为 $\mathrm{cm}^3$）

$$U=\frac{1}{8\pi}\int_{\text{内}} B^2\mathrm{d}v \tag{7.80}$$

式（7.74）在高斯单位制下的形式仍为 $U=LI^2/2$，这是因为推导此式所需的条件全都没有发生改变。

## 7.11 应用

空间**电动绳**是一根长（约20km）直导线，其一端连在卫星上，另一端向下垂向（或向上远离）地球。当卫星和电动绳绕地球转动时会扫过地磁场，这样在导

线上会产生一个电动势，正如7.2节中运动的棒。至此，绳上的电荷聚集在两端。由于卫星在电离层中运动，电离层中有足够多的离子，这样就为绳两端的电荷提供了回路。这样，完整的电路使得电动势可以为卫星提供能量。然而，导线中的电流会受到洛伦兹力的作用，洛伦兹力的方向与卫星运动的方向是相反的，读者可对此进行证明。反过来说，如果卫星上的能量源能够提供与电动绳上方向相反的电流，那么洛伦兹力的方向与卫星运动的方向就相同。这样，电动绳就起到了（柔和的）推进器的作用。

某区域内存在水平方向的磁场，如果在此区域内有一导线环落下，则环内磁通量的变化会在导线中引发电流。由楞次定律及右手螺旋法则可知，无论导线环是进入还是离开磁场区域，环所受的洛伦兹力都是向上的，即与环的速度方向相反。若在此区域内有一固体金属薄片落下，薄片中会产生环状电流（或称为涡流），并出现与上述类似的制动效应（称为涡流制动效应）。这种制动效应有许多应用，如自动售货机及游乐园坐骑等。损失的动能会转化为电阻发热。涡流效应还被应用于金属探测器中，这其中既包括机场安检型探测器也包括寻宝游戏中用到的探测器。金属探测器中会产生变化的磁场，从而在金属物体中引发涡流，此涡流会产生另一个变化的磁场，这样就会被探测器探知。

电吉他发出声音有赖于磁感应效应。吉他的弦是由易于磁化的材料做成的，弦在拾音器上方前后振动。拾音器是缠绕在永磁体周围的一段导线圈。磁体使吉他弦磁化，然后弦就产生一个穿过导线圈的磁通量。由于弦是不断振动的，所以磁通量持续变化，线圈中会产生一个电动势。线圈中的振荡电流（振荡频率与弦振动的频率相同）会流向一个放大器，从而对声音进行放大。在没有放大器的情况下，声音几乎是听不到的。由尼龙（或其他非磁性物质）做弦制成的电吉他是发不出声音的！

“摇一摇手电筒”很好地应用了法拉第定律。当你摇动手电筒时，一块永磁体会前后穿过一段导线圈，由此在线圈中产生的电动势会引发电流对手电筒中的电容器充电。桥式整流器（由四个按照特定结构连接的二极管构成）能够将摇动产生的交变电流变为直流，从而无论磁体是从哪个方向穿过线圈，正电荷总是流向电容器的正极板。当你打开手电筒开关时，电流就会由电容器流向灯泡从而发光。

发电机是以图7.13中的电路为基础的。外力扭矩使得导线圈转动，穿过导线圈的磁通量的变化会在线圈中引发（交变）振荡的电动势。而在实际的发电机中，转动的部分（通常为涡轮）中含有一块放置在边界处的永磁体，用于在线圈中产生变化的磁通量。无论如何，原理都是基于法拉第定律。用于使涡轮转动的动力源是多种多样的，如水坝产生的水压、风车产生的风压、化石燃料产生的蒸汽动力以及核反应堆等等。

汽车引擎中的交流发电机是一个小型的发电机。除了使车轮转动外，引擎还会使交流发电机中的一块小磁体转动从而产生交变电流。然而，汽车的电池需要直流电，所以还需要一个整流器将交流电变为直流。在自行车灯的发电机中，磁体转动的动力来源于轮胎的摩擦力，由此产生的能量通常只有几瓦，这只占骑车人所消耗能量的一小部分。不要试图通过骑自行车发电机来赚钱，对于一个专业的自行车运动员，如果他全力蹬自行车一小时，所产生的电能仅值5美分。

混合动力汽车是由汽油和电池共同驱动的，当汽车制动时可以利用再生制动效应来获取车的动能。汽车发动机的作用类似于发电机，更准确地说，轮胎与地面的摩擦力提供了一个作用于马达内部齿轮的扭矩，此扭矩使发电机内部的磁体转动。

麦克风的原理与扬声器（见6.10节）相反，它将声波信号转换为电信号。在普通类型的麦克风，即动圈式麦克风中，主要利用的是电磁感应现象。在麦克风中，线圈缠绕在永磁体一个磁极周围，并与隔膜相连接，这与扬声器中相同。当声音信号使隔膜振动时，线圈也发生振动。线圈穿过磁场的运动使得穿过其的磁通量发生变化，并由此在线圈上产生了一个电动势并继而产生了电流。电流信号被传送至扬声器中，经过与上述相反的过程，将电流信号转变为声音信号。或者，信号也可能被传送至能储存这些信息的装置中，见11.12节关于录音带及硬盘的讨论。

漏电断路器（ground-fault circuit interrupter，GFCI）能够防止（至少是缓解）触电。通常情况下，壁式插座（短槽）中“火”线槽中流出的电流等于流入零线槽（高槽）中的电流。现在假设你触电了，在通常的触电情况下，电流中的一部分会经过另外的路线流向地面——经过你的身体而不经过零线。GFCI会监控着火线和零线之间电流的差别，如果二者相差5或10mA以上，它就会将电路断开（该过程很快，约30ms）。监控是通过在两线周围放置的环形线圈来实现的，两根线中电流的方向相反，如果电流大小相等，则净电流为零。但如果两（振荡）电流大小不等，那么非零的净电流就会在环形线圈附近产生一个变化的磁场，从而使环形线圈中产生一个可被侦测的电流，之后就会有一个信号产生并使得电路断开。从触电中脱险后，你可以通过外部的重置按钮来重置GFCI。如果用的是断路器（见6.10节），那么在电路断开后无需更换任何器件，与之对比的是，熔丝（见第4.12节）需要在烧坏后换一根新的。然而，应用GFCI的本意不在于此。GFCI是用来保护人体防止微小的电流对人体造成伤害（即使是50mA的电流都会使心脏功能受到损害），而熔丝和断路器是用来防止大电流（20A及以上）对建筑物引发火灾。

变压器可以改变电路中的电压。假设绕着同一个圆柱体缠有两个螺线管$A$和$B$。假设$B$（第二层线圈）的匝数为$A$（第一层线圈）的十倍。如果在$A$两端接上一个正弦电压，那么在$A$中将产生变化的磁通量，也因此在$B$中将产生十倍于$A$中大小的磁通量。$B$中的感应电动势将是$A$中电动势的十倍。通过调整二者线圈匝数的比例，可以将原有的电压按照任意比例变大或变小。在实际的变压器中，螺线圈并非按照一个在另一个之上构建的，二者是缠绕在金属核心的不同部位上，金属核会将一个螺线圈产生的磁场线传导至另一个螺线圈处。正是因为将交流电压调高

和调低相对比较容易，所以输电网中多使用交流电。进行长距离输电时，需要将电压调高（这样对于给定的功率 $P=IV$，可以使电流降低），否则在导线中会有过多的电阻产热 $I^2R$。

汽车中的线圈点火系统能够将12V的电池电压转化为火花塞发生电弧反应所需的30000V左右的电压。与变压器相似的是，点火线圈同样包含一次和二次绕组，但二者的机制有一些细微的区别。点火线圈不会产生振荡的电压，而是只产生一个很高的电压，其能量来源为12V直流电池，这一过程中包含两步。首先，电池在含有第一绕组的电路中产生一个恒定电流，电路中的一个开关被打开，电流迅速降为零（通过在开关两端并联一个电容器可以控制电流变化的速度）。此变化电流在第一绕组中引发一个很大的反向电动势，约300V。第二步，如果第二绕组的匝数为第一绕组的100倍，那么按照之前所述的步骤变压器就会在第二绕组中产生30000V的电压，这足以在火花塞中产生电弧。由这两步，我们就无须令第二绕组匝数是第一绕组的30000/12≈3000倍。

升压斩波器（或者叫升压转换器）能够使直流电路中的电压升高。举个例子，它可以用1.5V电池来驱动一个3V的LED灯。转换器的主要原理是电感会阻碍电流的突然变化。考虑这样一个电路，由电池中流出的电流会经过电感，如果电感下游的开关突然断开，且此时电容器支路是连通的，那么在很短的一段时间内，电流仍会经电感流向电容，电容上的电荷量将会增加。此过程的重复频率非常高，约50kHz。即使电容产生的反向电动势比电池产生的正向电动势更大，在每次开关断开时仍是会有流向电容的正向电流。（反向电流可用二极管滤除。）此时电容器可以作为一个更高电压的电池来驱动LED。

地磁场不可能是由永磁体产生的，这是因为地心处温度太高，在这种高温下金属无法保持永久磁化状态。事实上，地磁场是由发电机效应（见习题7.19及练习7.47）引发的，所谓的发电机需要有一个能量源，否则磁场会在20000年左右的时间跨度中衰减。我们对此能量源的了解还不够透彻，它可能是潮汐力、重力环境、放射性物质或者是比重较轻物质的浮力。这种发电机制需要地球内部有一个流动的环境（此区域为外层地核），还需要某种电荷分离的方式（可能是地层之间的摩擦），这样才能解释电流的存在。此外还需要地球的转动，流动物质才会受到地球自转偏向力的作用。计算模拟显示出流动物质的运动非常复杂，同样，地磁场的反转（平均每200000年发生一次）也是一个很复杂的过程。地磁场两极反转并非简单的两极旋转至彼此的位置，在此过程中地表会出现许多副磁极，该过程持续数千年。如果在过去的数千年中正在发生磁极反转，那么我们将无从知晓那些著名探险家的指南针是指向哪里的。近年来，磁北极正以约50km每年的速度移动，但这种速度并非特别异常，因此这不意味着磁极反转会在近期内发生。

## 本章总结

• 法拉第发现电路中变化的电流会在另一电路中感应出电流。

• 若某环路穿过一磁场，则感应电动势为$\mathscr{E}=vw(B_1-B_2)$，此处$w$为横边的长度，两个$B$分别代表横边（切割磁场线的边）处场强。此电动势可以看作洛伦兹力作用于横边中电荷的结果。

• 更普遍地说，上述电动势可以写为如下用磁通量表示的形式：

$$\mathscr{E}=-\frac{\mathrm{d}\Phi}{\mathrm{d}t} \tag{7.81}$$

这就是法拉第电磁感应定律，它对于任意情况都是成立的：环路可以是移动的，磁场的来源可以是移动的，磁通量可以以任意方式发生改变。感应电动势的方向是由楞次定律确定的：感应电流所引发的磁场会阻碍磁通量的变化。法拉第电磁感应定律的微分形式为

$$\nabla\times\boldsymbol{E}=-\frac{\partial\boldsymbol{B}}{\partial t} \tag{7.82}$$

这是麦克斯韦方程组中的一部分。

• 如果我们现在有两条回路$C_1$和$C_2$，其中一条回路中的电流$I_1$会在另一回路中引发磁通量$\Phi_{21}$，由此定义互感$M_{21}=\Phi_{21}/I_1$。此外，变化的$I_1$会在$C_2$中引发一个电动势$\mathscr{E}_{21}=-M_{21}\mathrm{d}I_1/\mathrm{d}t$。这两个互感是对称的：$M_{21}=M_{12}$。

• 与上述类似的还有自感的定义。电路中的电流$I$引发了穿过环路的通量$\Phi$，由此定义自感$L=\Phi/I$，电动势为$\mathscr{E}=-L\mathrm{d}I/\mathrm{d}t$。

• 若电路中含有电感，开关保持断开（或闭合），那么电流不会间断性地变化，因为不连续变化的电流意味着$\mathscr{E}=-L\mathrm{d}I/\mathrm{d}t$为无限大。因此，电流是连续变化的。若在一个$RL$电路中开关是闭合的，那么电流的表达式为

$$I=\frac{\mathscr{E}_0}{R}(1-\mathrm{e}^{-(R/L)t}) \tag{7.83}$$

$L/R$为此电路的时间常数。

• 储存在电感中的能量为$U=LI^2/2$，可以证明这与磁场中储存的能量$B^2/2\mu_0$（或电场中储存的能量为$\varepsilon_0E^2/2$）这一论述是一致的。

## 习　题

### 7.1　瓶中海水由于运动产生的电流**

海水流速为2节（约为1m/s）的区域内，地磁场的垂直分量为0.35G。这片区域内海水的电导率为4(Ω·m)$^{-1}$。假设此处仅有由运动项$\boldsymbol{v}\times\boldsymbol{B}$产生的电场$\boldsymbol{E}$的水平分量，则可以求出水平

电流密度 $J$。如果你拿着装满海水的瓶子以这个速度穿过地磁场，海水中会产生多大的电流？

**7.2 什么是做功？*****

图 7.27 中，一个导体棒在与两端轨道保持接触的情况下以速度 $v$ 向右运动，磁场指向纸面内。根据 7.3 节中的推理，我们知道感应电动势将在环路中产生逆时针方向的电流。由于磁力 $q\boldsymbol{u}\times\boldsymbol{B}$ 与运动电荷的速度 $\boldsymbol{u}$ 方向垂直，所以磁力对电荷不做功。然而式（7.5）中的磁力 $\boldsymbol{f}$ 看起来做功了。这中间发生了什么？磁力到底做没做功？如果没有，那是怎么回事？这中间一定有某些力做功，因为导线变热了。

**7.3 拉动方形框****

边长为 $l$ 的方形导线框的总阻值为 $R$，现在以速度 $v$ 把它拉出图 7.28 中所示的阴影区域，这片区域内的匀强磁场指向纸外，大小为 $\boldsymbol{B}$。考虑方形框左顶点距阴影区域边界为 $x$ 的时刻。

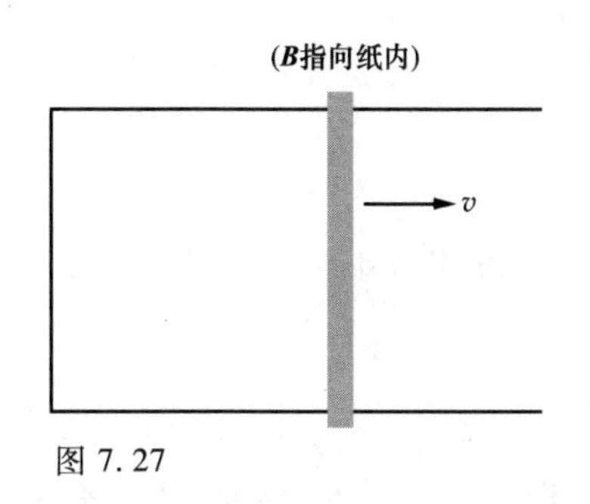


图 7.27

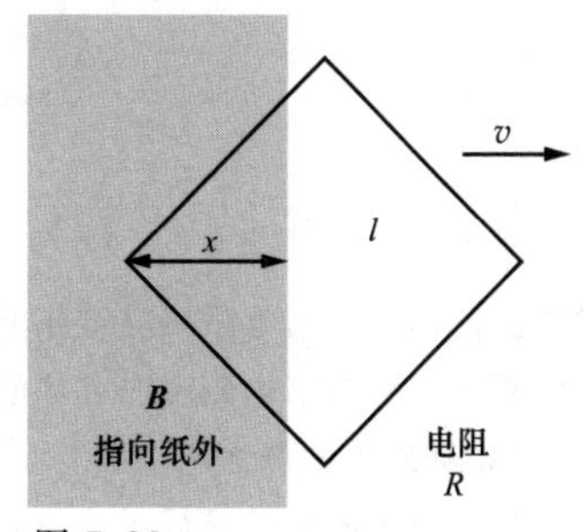


图 7.28

（a）你需要施加多大的力才能保持方框以常速 $v$ 运动？

（b）证明从 $x=x_0$（你可以假设其小于 $l/\sqrt{2}$）到 $x=0$ 期间你做的功等于耗散在电阻上的能量。

**7.4 螺线管附近的环路****

我们可以把电压表看作这样一种仪器，它记录从其正端经过其自身到它负端这一路径 $C$ 上的线积分 $\int \boldsymbol{E}\cdot d\boldsymbol{s}$，注意路径 $C$ 的一部分在电压表里。路径 $C$ 也可能是某一从负端到正端由外部路径构成的环路的一部分。在此基础上我们考虑图 7.29 中的装置图。假设螺线管足够长，其外部磁场可以忽略。螺线管的横截面积为 $20\text{cm}^2$，内部磁场指向右，且以 100G/s 的速度增加。两个相同的电压表被接到具有螺线管和两个 50Ω 电阻组成的环路中，具体接法如图所示。电压表可以测量到微伏量级且内阻很大。每个电压表的读数是多少？注意尽管从不同的切入点，但要保证你的答案和式（7.26）给出的一致。

**7.5 总电荷****

一卷半径为 $a$，匝数为 $N$ 的线圈被放置在电磁铁产生的磁场中。磁场方向与线圈垂直（就是说磁场平行于线圈轴所在的方向），磁场大小恒定为 $B_0$。线圈通过一对扭曲的端子与外电阻相连。这个闭合电路的总电阻（包含线圈本身电阻）为 $R$。假设电磁体突然关闭，它的磁场几乎瞬间变为零。感应电动势引起环路内的电流流动。推导出通过电阻的总电荷为 $Q = \int I dt$，并解释为什么它与磁场变为零这一过程的速度无关。

**7.6 增大螺线管内的电流****

一个半径为 $R$ 的无限长的螺线管，单位长度上有 $n$ 匝线圈。电流按照公式 $I(t) = Ct$ 的形式

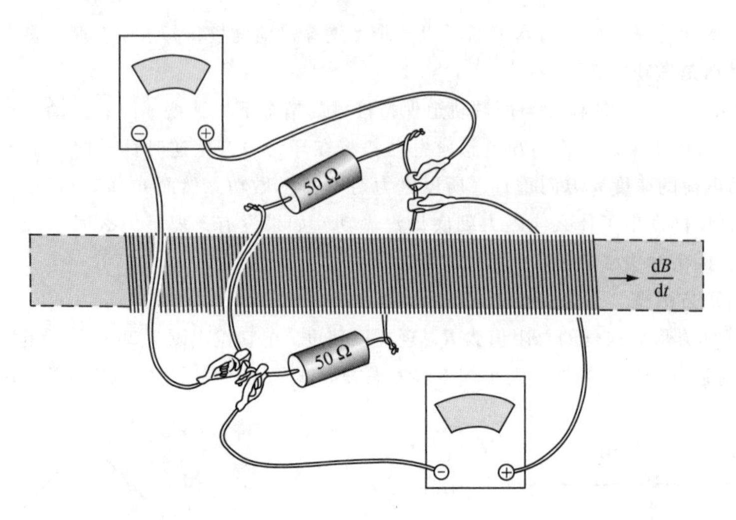


图 7.29

线性增加。使用法拉第电磁感应定律的积分形式求出在半径 $r$ 处螺线管内外的电场强度。之后证明你的结果满足法拉第电磁感应定律的微分形式。

**7.7 细环路上的最大电动势*****

一根长直导线固定在平行于 $y$ 轴的方向上，并经过 $z$ 轴上 $z=h$ 的点。电流 $I$ 流过这根导线，通过远处的导体再流回导线，远处导体的场可以忽略。在 $xy$ 平面上，有一矩形环路，其中平行于长导线的两边长度为 $l$，另外两边长度很小，大小为 $b$。环路在 $\boldsymbol{x}$ 方向上以常速度 $v$ 滑动。求出当环路中心的 $x$ 为正值时环路的感应电动势大小。$x$ 取何值时，这个电动势有局部极大值或极小值？(可以取 $b \ll x$ 的近似情况进行计算，这样你可以通过导数近似得出场 $B$ 的相对差值。)

**7.8 斜薄片运动时的法拉第定律******

回顾在 5.5 节中提到的“倾斜薄片”的例子，一个带电薄片与实验室参考系成 45°放置。我们已经计算了在参考系 $F'$ 中所产生的电场，$F'$ 参考系以速度 $v$（例题中是 $0.6c$）向右移动。本题的目的是证明这个装置符合法拉第定律。

(a) 对于常用速度 $v$，计算在参考系 $F'$ 中，平行于薄片的方向上的电场分量（其中薄片以速度 $v$ 向左运动)。如果你成功算出了习题 5.12，你就已经做完大部分工作了。

(b) 使用洛伦兹变换求出参考系 $F'$ 下的磁场。

(c) 在参考系 $F'$ 下，证明在图 7.30 所示的矩形框中 $\int \boldsymbol{E} \cdot \mathrm{d}\boldsymbol{s} = -\mathrm{d}\Phi/\mathrm{d}t$ 仍成立（这个矩形框固定在参考系 $F'$ 中)。

**7.9 两个螺线管的互感****

如图 7.31 所示，一个半径为 $a_1$、长为 $b_1$ 的螺线管放置在半径为 $a_2$、长度为 $b_2$ 的螺线管内部。内部螺线管的总匝数为 $N_1$，而外部螺线管的总匝数为 $N_2$。求出互感 $M$ 的近似解析式。

**7.10 互感的对称性****

在 7.7 节中我们使用矢势证明了 $M_{12}=M_{21}$。我们这次使用练习题 3.64 的做法再次证明这个结论。假设两个电路中的电流逐渐从零增加到终值 $I_{1f}$ 和 $I_{2f}$（“$f$” 对应“最终状态”）。由于感应电动势的存在，外部必须提供能量来增大（或维持）电流值。最后的电流值可以通过不同途

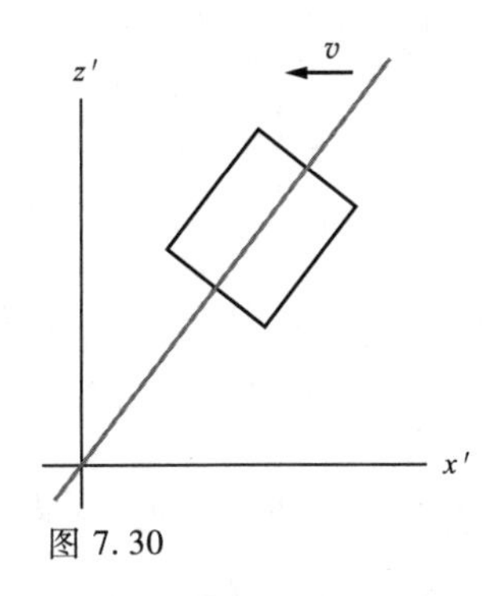

图 7.30

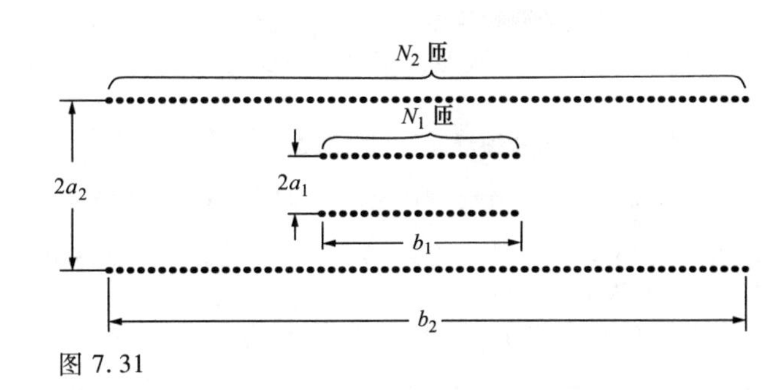

图 7.31

径来获得。我们感兴趣的是以下两种途径。

(a) 首先保持 $I_2$为零，逐渐把 $I_1$从零升到 $I_{1f}$。之后保持 $I_1$为 $I_{1f}$不变，同时增大 $I_2$直到终值 $I_{2f}$。

(b) 与 (a) 的过程相同，不过将 1 和 2 的步骤互换，就是先把 $I_2$从零升到 $I_{2f}$。

对于以上两个步骤，计算外因所做的总功，之后完成证明过程。进一步的论证可以详见克劳福德（1992）的文献。

**7.11 螺线管的电感 $L^*$**

求出半径为 $r$、长度为 $l$、匝数为 $N$ 的长螺线管的自感。

**7.12 螺线管的自感 ***

(a) 两个相同的螺线管首尾相连构成一个两倍长度的螺线管。它的自感会增加多少倍？答案可通过螺线管电感 $L$ 的公式快速得到，但你要解释为什么这个因素会影响自感。

(b) 现在让两个螺线管中的一个放在另一个的外面，它们是连通的所以电流流向相同。所问的问题与上面的相同。(假设一个螺线管稍大并且完全包围住另一个。)

**7.13 电感相加 ***

(a) 两个电感 $L_1$和 $L_2$按图 7.32 (a) 中所示的那样进行串联。证明这个系统的有效电感为

$$L=L_1+L_2 \tag{7.84}$$

并讨论 $L_1\to 0$ 和 $L_1\to\infty$ 时的极限情况。

(b) 如果电感以并联形式连接，如图 7.32 (b) 所示，证明等效电感为

$$\frac{1}{L}=\frac{1}{L_1}+\frac{1}{L_2} \tag{7.85}$$

同样讨论 $L_1\to 0$ 和 $L_1\to\infty$ 时的极限情况。

**7.14 *RL* 环路中的电流 ****

由式 (7.65) 推导 $RL$ 环路中电流的表达式 (7.69)。

**7.15 *RL* 环路中的能量 ***

考虑在 7.9 节中讨论过的 $RL$ 环路。证明在任意时间 $t$ 内电池提供的能量等于储存在磁场中的能量加上电阻消耗的能量。你可以用 $I$ 乘以式 (7.65) 得到 $I^2R = I(\mathscr{E}_0 - L\mathrm{d}I/\mathrm{d}t)$，之后再对两侧求积分证明这个问题。

**7.16 超导螺线管内的能量 ***

一个由核磁共振法设计的超导螺线管长 2.2m、直径 0.9m。其中心处磁场的磁感应强度为 3T，估计这个线圈中磁场

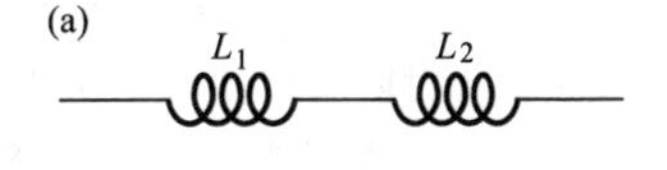


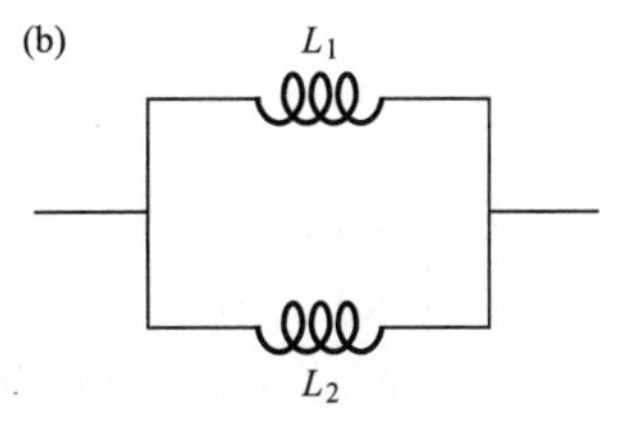

图 7.32

所储存的能量。

**7.17　能量的两种表述***

储存在长螺线管内能量的两种不同表达式为 $LI^2/2$ 和 $(B^2/2\mu_0)$。证明这两个表达式是等效的。

**7.18　能量的两种表述（一般情况）*****

习题 2.24 的任务是证明两个静电势能的表达式 $\int(\varepsilon_0 E^2/2)\,dv$ 和 $\int(\rho\phi/2)\,dv$ 是等效的（如果两式都成立，则它们一定等效）。后一表达式在电容器中导体带相反电荷时很容易计算得到 $C\phi^2/2$（详见练习 3.65）。

本习题的主要任务是解释磁场能量的类似关系，就是证明如果一个自感为 $L$ 的电路（有限情况下）内电流为 $I$，则 $\int(B^2/2\mu_0)\,dv$ 等于 $LI^2/2$。这比电场的情况要复杂一些，所以有以下几点提示：（1）矢量式 $\nabla\cdot(\boldsymbol{A}\times\boldsymbol{B})=\boldsymbol{B}\cdot(\nabla\times\boldsymbol{A})-\boldsymbol{A}\cdot(\nabla\times\boldsymbol{B})$，（2）矢势和磁场满足 $\nabla\times\boldsymbol{A}=\boldsymbol{B}$，（3）$\nabla\times\boldsymbol{B}=\mu_0\boldsymbol{J}$，（4）根据式（7.52），$\Phi=\int\boldsymbol{A}\cdot d\boldsymbol{l}$，（5）$L$ 由式 $\Phi=LI$ 决定。

**7.19　发电机的临界频率*****

发电机与练习 7.47 中描述的情况一样，具有临界角速度 $\omega_0$。如果磁盘旋转的角速度小于 $\omega_0$，什么都不会发生。当速度足够大时，因电流产生的磁场大到足以产生临界感应电动势。这个临界速度仅取决于导体的大小、形状、电导率 $\sigma$ 和常量 $\mu_0$。用 $d$ 表示发电机的某一尺寸，在我们的例子中 $d$ 代表圆盘的半径。

（a）通过量纲分析证明由尺寸 $d$ 所确定的 $\omega_0$ 由下式决定：$\omega_0=K/\mu_0\sigma d^2$，其中 $K$ 是无量纲的系数，是由发电机各部分的排列和相对尺寸所决定。

（b）利用与该问题中的变量（$R$、$\mathcal{E}$、$E$、$I$、$B$ 等）相关的物理推论再次证明这个结果。你可以在计算过程中忽略数学参数，并把它们归入 $K$ 中。

附加说明：对于完全铜制的中等尺寸的发电机，临界速度 $\omega_0$ 实际上是达不到的。那是因为只有铁磁体才能使直流发电机成为可能，因为铁磁体产生的磁场比线圈内电流产生的磁场强而且稳定。对于跟地球大小差不多的发电机，半径达到几十万米之多，其临界速度是很小的。地磁场几乎是非铁磁性发电机在液态金属核处运动产生的。这液体虽然是铁水，但它却不是铁磁体，因为温度太高了。（这将在 11 章中进行解释。）我们不知道导电液体怎么流动，也不知道它运动时在核处产生的电流和磁场的情况。我们在地球表面观察到的磁场是在核处发电机的外磁场。百万年前的地磁场方向在凝固为岩石那一刻被保留下来。地磁场记录显示在最近的 100 万年内，地磁场方向已经反转了 200 多次。尽管反转过程不可能是瞬间过程（详见练习 7.46），但对于地质学时间尺度来说是突然的。古地磁学作为我们研究星球历史具有巨大的价值，这在 Press 和 Siever 所撰写著作（1978 年）的第 18 章中有很好的解释。

## 练　　习

**7.20　由潮汐运动所产生的感应电压***

法拉第记录了一段不成功的实验尝试（法拉第，1839）。实验是这样的：一部分电路含有水，水穿过地磁场时，试图检测到其中的感应电流。原话是这样的：

我出于个人的爱好在滑铁卢桥做实验，我把 960 英尺长的铜线挂在桥的栏杆上，从某处扔下，导线另外一端连接金属板以确保和水面完全接触。这样，此导线和水形成了一个完整的导电电路。当水随着潮汐涨落时，我希望获得类似于黄铜球实验中的电流。我不断地观测到电流表的变化，但它们毫无规律，甚至被其他因素的影响效果大于自身的测量结果。河两岸水的不同条件比如纯度，温度，板和焊料的轻微差别，由于扭曲或其他方式造成的连接不够完美等因素，或多或少都会对结果造成影响。我仅对流过拱桥的水做了实验，还使用铂代替铜，三天内做了很多尝试，但我仍然得不到满意的结果。

假设磁场的垂直分量为 0.5G，对泰晤士河的潮汐速率取一个合理的估值，并估算法拉第想要检测的感生电动势的大小。

**7.21 最大的电动势***

在地磁场磁感应强度为 0.5G 处，放置一个匝数为 4000、平均半径 12cm 的线圈，现在以 30 转/秒的速度转动，求线圈中最大的感应电动势值。

**7.22 振荡中的电场和磁场***

在连接射频功率源的螺线管的中心区域，磁场以 $2.5\times10^6$Hz 的频率振荡，振幅为 4G。在距轴 3cm 处的振荡电场的振幅有多大？（这一点位于磁场分布基本均匀的区域内。）

**7.23 振动的线***

一紧绷线穿过一小磁铁的缺口处（见图 7.33），此处磁感应强度为 5000G，缺口内线长 1.8cm。当线以 2000Hz 的频率，0.03cm 的振幅横穿过磁场摆动时，计算感应交变电压的振幅。

**7.24 拉动一矩形导线框****

图 7.34 中的阴影区域表示电磁体的磁极，代表此处有强磁场，方向垂直纸面。矩形框是由直径 5mm 的铝棒折弯并把首尾焊接得到的。假设使用 1 牛顿的力拉铝框，则可以在 1s 内把它从图中所示的位置，拉出磁铁区域。如果力加到 2N，试问铝框将在______ s 内被拉出。如果这个矩形框由直径 5mm 的黄铜棒构成，黄铜的电阻率大约是铝的两倍。那么在 1s 内把它拉出需要______ N 的力。如果矩形框由 1mm 的铝棒构成，1s 内把它拉出，需要______ N 的力。以上所有情况都忽略惯性。

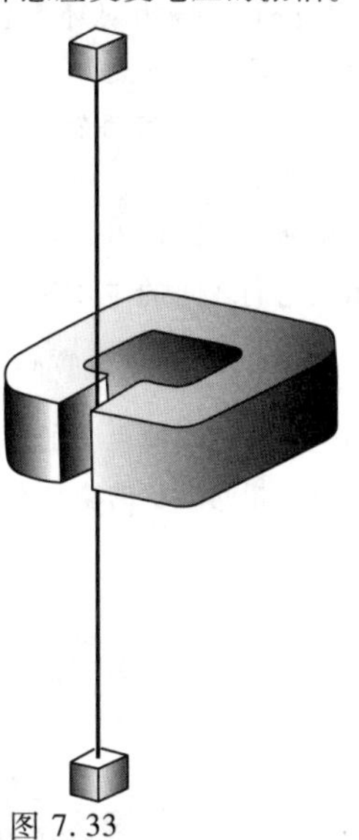
图 7.33

**7.25 滑动的环路****

一个长直导线静止在平行于 $y$ 轴的方向上，并经过 $z$ 轴上 $z=h$ 的点。电流 $I$ 流过这条导线，经过远处导体回流回来，远处导体的磁场可以忽略。在 $xy$ 平面上有一矩形环，平行于长直导线方向的边长为 $b$。这个矩形环以速度 $v$ 在 $\boldsymbol{x}$ 方向滑动。当环路中心穿过 $y$ 轴的时刻，求出环路中感应电动势的大小。

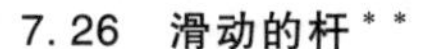

**7.26 滑动的杆****

一个质量为 $m$ 的金属杆放在间距为 $b$ 的平行导轨上，如图 7.35 所示，导轨光滑无摩擦力。电阻 $R$ 接在导轨的一端，与 $R$ 相比较，金属杆和平行导轨的阻值可以忽略不计。一均匀磁场 $\boldsymbol{B}$ 垂直于图的平面。在 $t=0$ 时，给金属杆一个向右的速度 $v_0$，以后会发生什么？

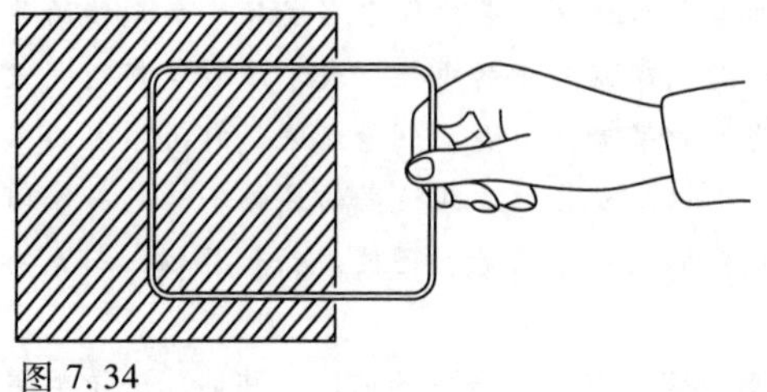
图 7.34

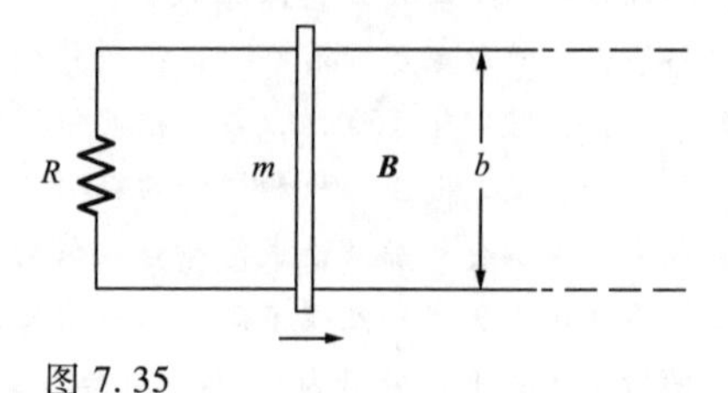

图 7.35

（a）金属杆会停吗？如果是这样，何时停呢？

（b）它将走多远？

（c）能量守恒吗？

**7.27 螺线管内的环****

一个无限长的螺线管半径为 $b$，单位长度上的线圈匝数为 $n$。电流按照公式 $I(t) = I_0\cos\omega t$ 的形式变化（正方向如图 7.36 中定义的那样）。一个半径 $r<b$、电阻为 $R$ 的环放置在螺线管轴上中心处，其平面垂直于螺线管的轴线。

（a）环内的感应电流多大？

（b）给定的一小段环将受到磁场力。$t$ 为何值时，这个力达到最大？

（c）磁场力对环有什么作用效果？就是说，这个力会使环平移，旋转，反转，伸展/压缩？

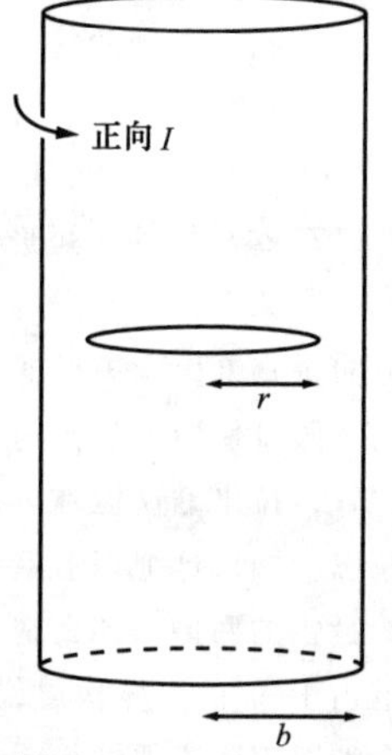

图 7.36

**7.28 具有两个曲面的环路****

考虑图 7.37 中所示的导线环情况，我们现在来计算 $\boldsymbol{B}$ 通过这个环的磁通量。以环为边界的两个曲面分别如图中（a）和（b）两部分所示。它们之间的本质区别是什么？可以对哪一个表面（如果有的话）用面积分 $\int \boldsymbol{B}\cdot d\boldsymbol{a}$ 计算磁通量？如果环上有三匝线圈，则情况如何？证明这与我们之前声明的一样，即对于 $N$ 匝紧凑线圈，电动势就是相同大小、相同形状的单环路的电动势的 $N$ 倍。

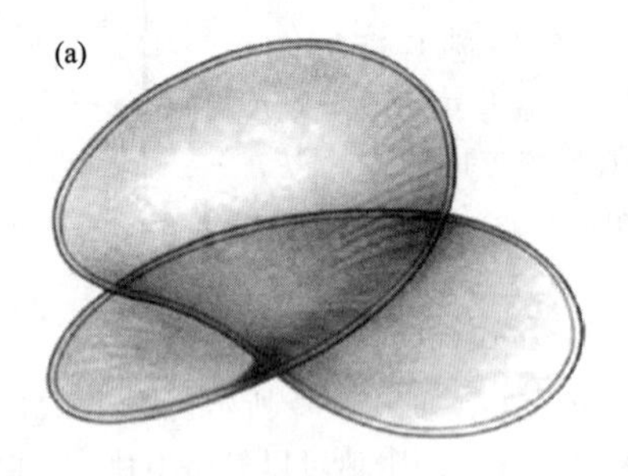


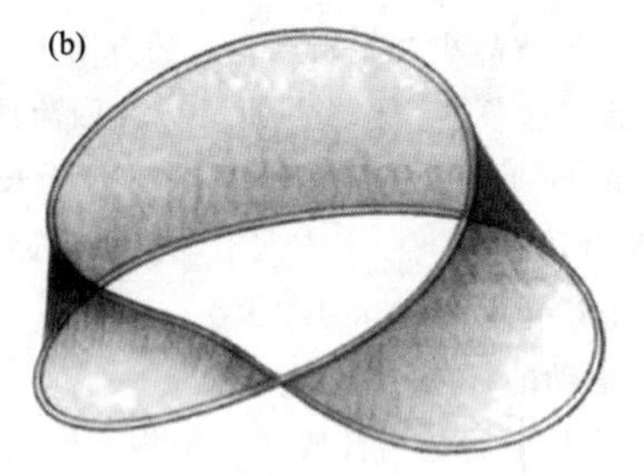


图 7.37

**7.29 环中的感应电动势*****

计算图 7.38 中运动中的环在所示位置时的感应电动势。假设环的电阻很大，则环内电流可以忽略。在这种情况下，粗略估计一下多大的电阻是安全的。并指出，在所示瞬间环内电流的

流向。

**7.30　功和耗散的能量**＊＊

假设图 7.6 中所示环的电阻为 $R$，证明在 $\mathrm{d}t$ 时间内，拉着环做匀速运动时所做的功，恰好与消耗在电阻上的能量相同，这一过程中假设环的自感可以忽略不计。使图 7.14 中所示环静止的能量来源是什么？

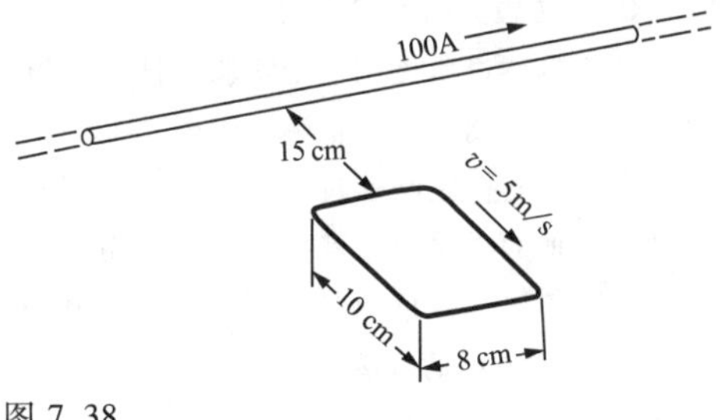


图 7.38

**7.31　正弦电动势**＊＊

图 7.13 中所示的平面环上的正弦电动势取决于环是否为矩形，或磁场的均匀性，或者两者兼有？对这进行解释。对于旋转环和静止线圈，请你设计一下，使得产生的电动势为非正弦形式的。画出用你的装置所得到的示波器上显示的电压随时间变化的曲线草图。

**7.32　电动势和电压表**＊＊

图 7.39（a）所示为一圆形导线内有螺线管，螺线管内磁通量变化率 $\mathrm{d}\Phi/\mathrm{d}t$ 以常数$\mathscr{E}_0$的速度增加，方向指向纸外。所以沿着环路的电动势大小为$\mathscr{E}_0$，方向为顺时针方向。

在图 7.39（b）中，螺线管已经被移走，一个电容器被加入线路中，电容器上极板为正的。板间的电压为$\mathscr{E}_0$，通过某种物理方法把正电荷从负极板牵引到正极板上来维持这个电压（或者说，把电子从正极板拉到负极板上），而做这个工作的就是电动势本身。

在图 7.39（c）中，上述的电容器换成了 $N$ 个小电容器，每个的电势差为$\mathscr{E}_0/N$。图中画出的 $N=12$，但我们假定 $N$ 是很大的，为无限大。如上所述，电动势是通过把每一个电容器上一个极板上的电荷移到另一个上来形成的。这个装置与图 7.39（a）中的相似，所以电动势均匀分布在整个电路上。

根据定义可知，两点的电势差 $V_b - V_a \equiv -\int_a^b \boldsymbol{E}\cdot\mathrm{d}\boldsymbol{s}$，这就是电压表测量到的值。对于以上三个装置中的每一种，都是求出路径 1（图中（a）部分所示）上的电势差 $V_b-V_a$，和路径 2 上的电势差 $V_a-V_b$。讨论你算出的结果中的相似处与不同处，以及完整环路中的每一个电压降。

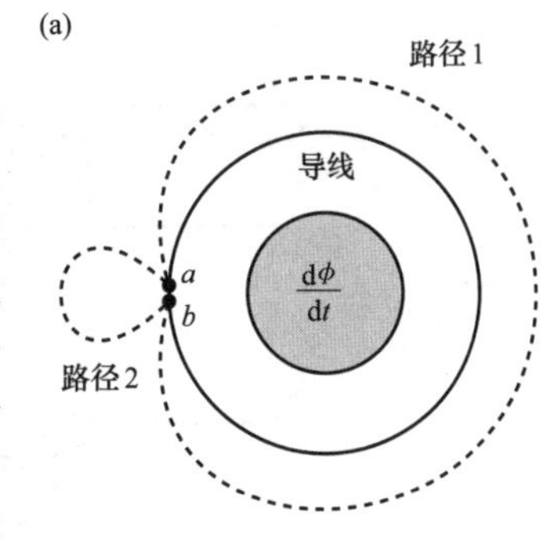


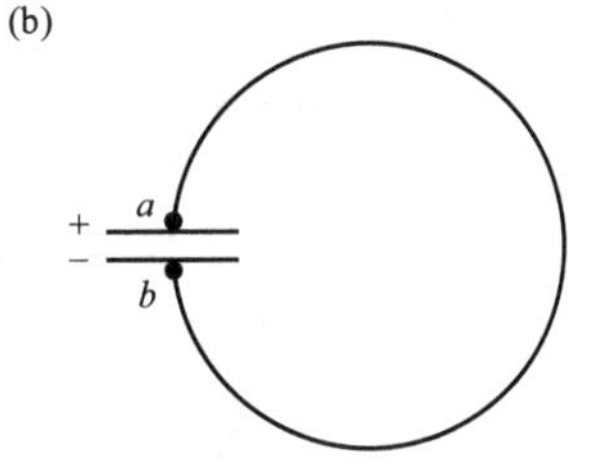


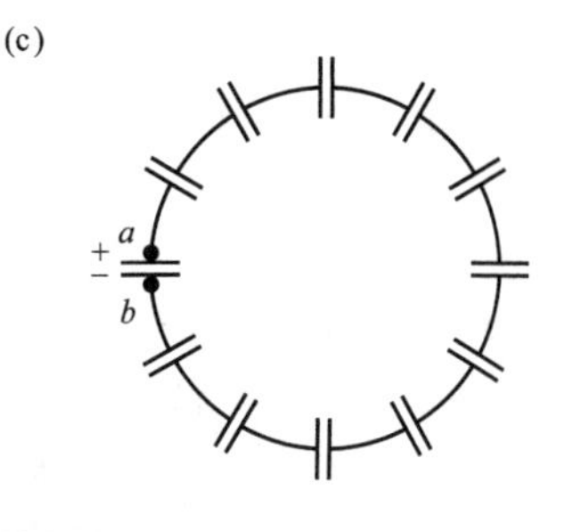


图 7.39

**7.33　使一个环旋转**＊＊

半径为 $a$ 的不导电薄环带静电，电量为 $q$。把这个环放在强度为 $B_0$的磁场中，磁场方向平行于环的轴线，这个环被支撑着以便可以绕轴进行旋转。如果磁场突然消失，环上将被施加多大的角动量？假设环的质量为 $m$，环开始时是静止的，证明环获得的角速度为 $\omega = qB_0/2m$。注意到，正如习题 7.5 中那样，结果仅与场强的初值和终值有关，与变化快慢无关。

**7.34　法拉第的实验*****

法拉第描述过所做的一个实验，把长度为 203ft 的铜线缠绕在木柱上构成一个线圈，能够产生微小电流并可用电流计检测，如图 7.1（a）所示。第二个螺旋线圈（单层）被缠绕在第一个螺旋线圈中，它们之间通过麻线分开。铜线自身直径为 1/20in。他并未提及木块的尺寸和线圈的匝数。在他的实验中，其中的一个线圈与“100 片电池”连接。（假设一片电池大约 1V。）你能否大致算出电流持续的时间（将很小）和通过电流计的电流大小。

**7.35　两个环的互感 $M$****

两个半径同为 $a$ 的环，像车轮一样共轴放置，彼此中心相距 $b$，推导这两个环的互感。可以近似认为 $b \gg a$。

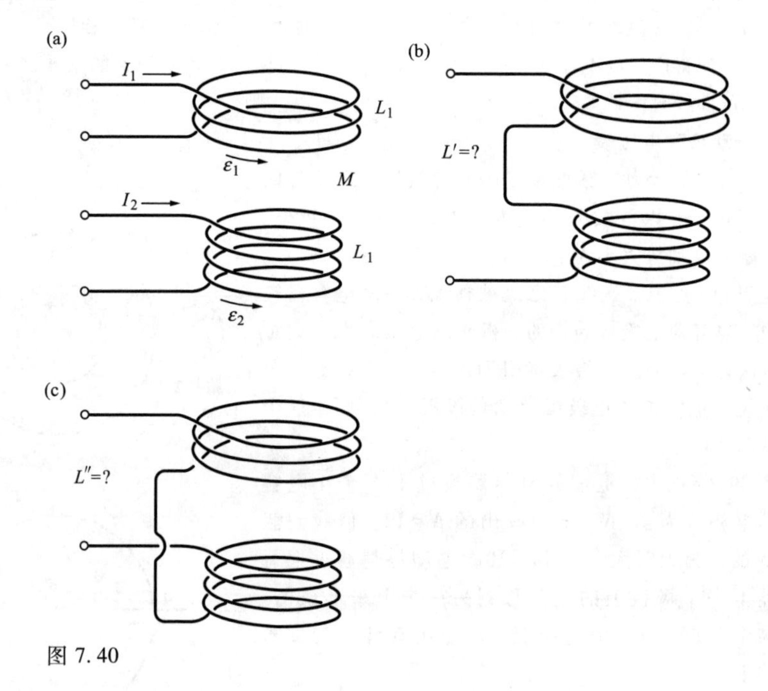


图 7.40

**7.36　连接两个环路****

图 7.40（a）所示为两个自感为 $L_1$ 和 $L_2$ 的线圈。在图示的相应位置中它们之间的互感为 $M$。电流正方向和电动势正方向如图中箭头所示。电流和电动势之间的关系为

$$\mathscr{E}_1 = -L_1 \frac{\mathrm{d}I_1}{\mathrm{d}t} \pm M \frac{\mathrm{d}I_2}{\mathrm{d}t} \quad 和 \quad \mathscr{E}_2 = -L_2 \frac{\mathrm{d}I_2}{\mathrm{d}t} \pm M \frac{\mathrm{d}I_1}{\mathrm{d}t} \tag{7.86}$$

（a）考虑 $M$ 总是取正常数，这些式的符号该怎样选择？如果按照我们原定的符号，下面那个线圈中的电流和电动势的正方向是什么？

（b）现在像图 7.40（b）所示那样把两个线圈连起来，形成一个单独的环路。用 $L_1$、$L_2$ 和 $M$ 的形式来表示这个环路的自感 $L'$。如图 7.40（c）所示那样连接方式下的自感 $L''$ 呢？图 7.40（b）和图 7.40（c）中所示环路中，哪个的自感较大？

（c）考虑到任何环路中的自感必须为正值（为什么它不能为负?），看看你是否能使用 $L_1$、$L_2$ 和 $M$ 的相对大小得到任意组合线圈的自感。

**7.37 通过两个环的磁通量****

讨论图 7.20 中所示一大一小的两个同心环情况下，定理 $\Phi_{21}/I_1=\Phi_{12}/I_2$ 的隐含条件。外部环中的电流固定为 $I_1$，如果增大 $R_1$，通过内部环的磁通量 $\Phi_{21}$ 明显变小，这是因为中心处的场变小。但是当内部环的电流为固定值时，$R_2$ 为常数时，为什么随着 $R_1$ 增加，通过外部环的磁通量 $\Phi_{12}$ 减小？但只有这样才能满足上述定理。

**7.38 使用两个环的互感*****

你能利用定理 $\Phi_{21}/I_1=\Phi_{12}/I_2$ 求出环流上某点处产生的磁场吗？该点在环的平面上，距环的距离远大于环的半径。（提示：考虑图 7.20 中外环半径上的微小变化 $\Delta R_1$ 的影响；它在 $\Phi_{21}/I_1$ 和 $\Phi_{12}/I_2$ 上的影响是同样的。）

**7.39 微弱的电感 $L$***

我们怎样缠绕电阻线圈才能使它的自感很小？

**7.40 圆柱形螺线管的电感 $L$****

计算一个直径为 10cm、长为 2m 的圆柱形螺线管的自感。这个螺线管是单层缠绕的，共 1200 匝，假设螺线管内的磁场均匀地指向右方。估算一下结果的误差大小。$L$ 比你估计的值大还是小。

**7.41 打开开关瞬间的电路状态****

在图 7.41 所示的电路内有一个 10V 电池，其内阻可以忽略不计。开关 $S$ 闭合数秒后打开。以 ms 为横坐标单位作图，求出在开关 $S$ 打开 5ms 前后，$A$ 点相对于地的电势。同样，求出 $B$ 点在相同时间段内的变化。

**7.42 $RL$ 回路****

一个电阻为 0.01Ω 和自感为 0.50mH 的线圈被接在 12V 的电池上，电池的内阻可以忽略不计。开关闭合多长时间后，线圈内的电流将达到终值的 90%？此刻有多少焦耳的能量被储存在磁场中？到那一刻时，电池输出了多少能量？

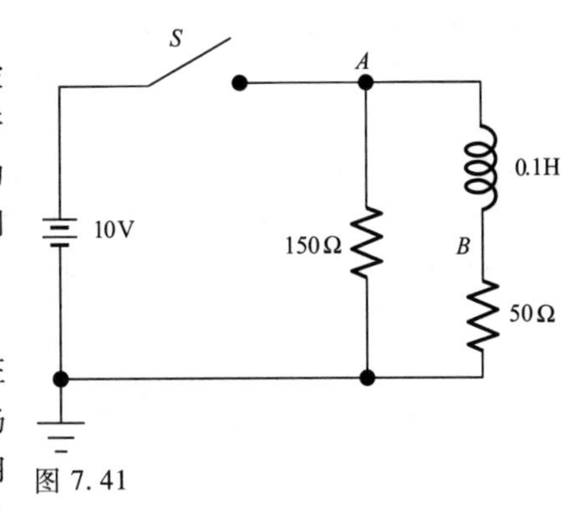

图 7.41

**7.43 $RL$ 回路中的能量****

考虑在 7.9 节中讨论过的 $RL$ 回路的情况。证明在任意时间 $t$ 内电池输出的能量等于储存在磁场中的能量加上消耗在电阻上的能量。这个可以使用式（7.69）中 $I(t)$ 的表达式，并计算相关积分。计算过程繁琐复杂，可以使用计算机来计算积分。参考习题 7.15 后可以得到一个更快捷的方法。

**7.44 银河系中的磁能***

我们所处的银河系中大部分太空内都存在着磁场。证据就是大部分区域内磁感应强度在 $10^{-6}\sim10^{-5}$G 之间。使用 $3\times10^{-6}$G 为基准值，求出银河系内储存的磁场的能量的数量级。为了求出这个问题，你可以假设银河系是一个直径为 $10^{21}$m，厚度为 $10^{19}$m 的圆盘。看看磁场能量在数量上是否有那么多，你可以认为银河系内所有的星星每秒辐射出总计为 $10^{37}$J 的能量。磁场的能量能辐射多少年的星光？

**7.45 靠近中子星附近的磁场能量***

据估计，在中子星或者脉冲星表面的磁感应强度高达 $10^{10}$T。这样一个磁场中的能量密度是多少？使用质能等效来表示，单位使用 $kg/m^3$。

### 7.46　地球内部电流的衰减时间**

良导体的磁场不能迅速变化。我们知道在简单电感回路中的电流以特征时间 $L/R$ 的指数形式衰减，详见式（7.71）。在大的导电体内，例如地球的金属核，“电路”难以确认。然而，我们可以通过一些合理的估算，求出衰减时间的数量级，并找出衰减时间取决于什么。

图 7.42 中所示具有方形截面的环形，它由电导率为 $\sigma$ 的材料制成，其中流动的电流大小为 $I$。当然，$I$ 是以某种形式分布在其截面内，其电阻假设与横截面为 $a_2$、长度为 $\pi a$ 的导线情况一致，即 $R\approx\pi/a\sigma$。对于磁场 $B$，我们使用半径为 $a/2$、电流为 $I$ 的环的中心处磁场。估计其中储存的能量 $U$ 的大小，它应该是这个环状物体积的 $B^2/2\mu_0$ 倍。由于 $dU/dt=-I^2R$，能量 $U$ 的衰减时间为 $\tau\approx U/I^2R$。证明 $\tau\approx\mu_0a^2\sigma$，在证明中可以采用一些近似。已知地核的半径为 3000km，电导率一般认为是 $10^6$ $(\Omega\cdot m)^{-1}$，约为常温下铁电导率的十分之一，$\tau$ 用百年为单位，解答上述问题。

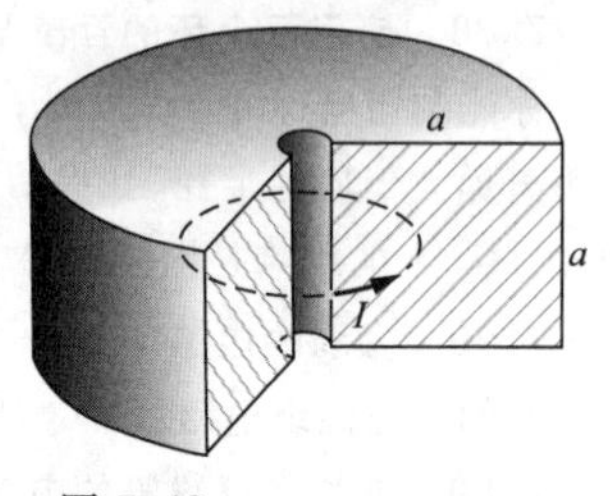

图 7.42

### 7.47　发电机**

在这个问题中“发电机”一词特指以下情况中使用的发电机。通过一些外力可以使导体（例如，汽轮机的轴）穿过磁场，这将在导体所处回路中产生感应电动势。磁场的源头是电流，而电流是由环路中的感应电动势产生的。电气工程师称它为自激式直流发电机。一个最简单可实现的发电机模型如图 7.43 所示。它仅有两个核心部分，一个部分是固态金属盘和可以旋转的轴。另一个部分是两匝固定的“线圈”，通过滑动触点或称为“刷子”的器件与轴和旋转圆盘的边缘连接。图中所示的两幅图中有一个是发电机，另一个不是。请问哪个是？

注意这个问题的答案不能取决于右手或左手法则。只有根据图中所示的箭头，外星人才能由图给出答案。你对这样发电机中的电流方向有什么看法？你能确定电流的大小吗？

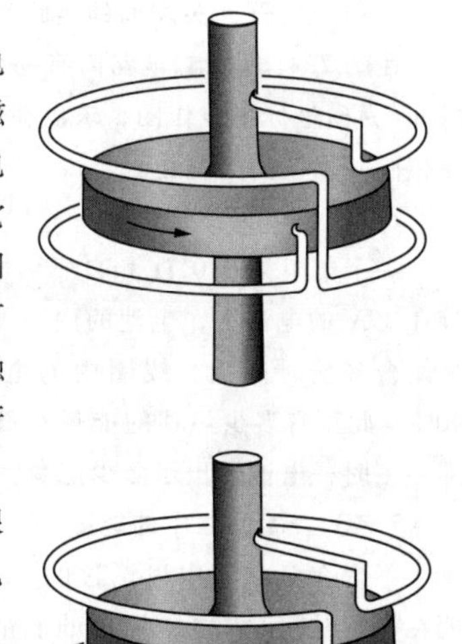
图 7.43

# 交变电路

## 概述

在之前的章节中我们已遇到过电阻、电容以及电感，本章我们将讨论包含这三种器件的电路。如果这样的电路中不含有电动势源，那么电流将衰减振荡（在阻尼较小的情况下），衰减的速率由 $Q$ 因子来表征。如果我们在电路中加入一个按正弦变化的电动势源，则电流将按照相同的频率振荡达到稳定的状态。此情况下电流和电势之间通常有一个相位差。电流的振幅和相位可以通过三种方法来确定。第一种方法是列出基尔霍夫环路微分方程的正弦形式解。第二种方法是求出复指数形式的解，通过其实数部分来求出实际电流。第三种方法则是通过复数形式的电压、电流以及阻抗来求解。复数形式的阻抗所遵循的串联和并联的规则与之前电阻叠加规则相同。我们将会发现，第三种方法在本质上是与第二种方法相同的，但更简便，因此也更适用于复杂电路的情况。最后，我们将求出电路所消耗能量的表达式，该表达式在电路中只含有电阻的情况下就简化为我们所熟悉的 $V^2/R$。

## 8.1 谐振电路

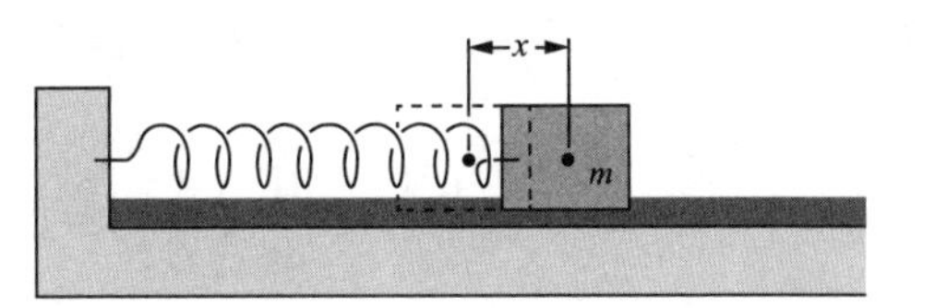


图 8.1

一个机械阻尼谐振子。

将一定质量的物体连接到弹簧上，就得到了一个我们所熟悉的振荡模型。若振幅不太大，振子的运动轨迹将是一个随时间变化的正弦函数，我们称此情形为谐振。任何机械谐振模型都可以用一个回复力 $F$ 与小物块 $m$ 位移的关系来描述，即 $F=-kx$（见图 8.1）。在没有其他外力作用的情况下，若滑块初始有一个位移，则振荡将以角频率 $\omega=\sqrt{k/m}$ 进行，振幅保持不变。但通常会有各种类型的摩擦，使它最终停止振荡。有这样一个简单的例子：物体在黏性液体中运动，其加速度正比于速度 $dx/dt$。若一个系统中回复力正比于位移 $x$，使物体减速的力正比于

关于时间的导数 $dx/dt$，则称该振荡为阻尼谐波振荡，该系统称为阻尼谐振子。

包含电容和电感的电路是一个典型的谐波振荡电路，欧姆电阻即典型的阻尼谐振子。在实际情况中，因为电路元件有较好的线性，电阻尼谐波振荡器相比于大多数机械振荡器更接近理想情况。我们首先要研究的这个系统是“*RLC* 系列”电路，如图 8.2 所示。注意，在此电路中没有电动势。我们将在 8.2 节中再引入$\mathscr{E}$（振荡的电动势）。

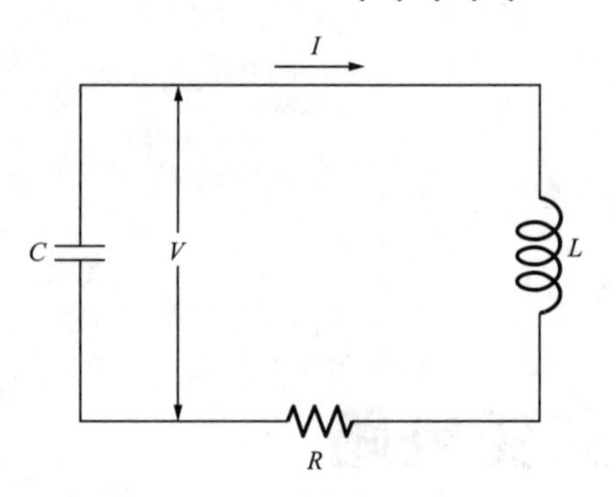

图 8.2
“串联 *RLC*”电路。

在时刻 $t$，电荷 $Q$ 分布在电路中的电容器上。电容器两端的电势差为 $V$。显然，$V$ 等于电感 $L$ 两端电压和电阻 $R$ 两端的电势之和。我们设定，当电容器上极板带正电荷时，$V$ 为正值，并定义电流正方向为图 8.2 所示的箭头方向。确定了符号正负之后，电荷 $Q$、电流 $I$ 和电容器电压 $V$ 的关系为

$$I=-\frac{dQ}{dt},\ Q=CV,\ V=L\frac{dI}{dt}+RI \tag{8.1}$$

我们希望消去 $Q$、$I$、$V$ 这三个变量中的两个，下面用 $V$ 来表示 $Q$ 和 $I$。由前两个方程我们得到 $I=-C(dV/dt)$，第三个方程可变为 $V=-LC(d^2V/dt^2)-RC(dV/dt)$。因此

$$\frac{d^2V}{dt^2}+\left(\frac{R}{L}\right)\frac{dV}{dt}+\left(\frac{1}{LC}\right)V=0 \tag{8.2}$$

该式与之前的 $F=ma$ 式的形式完全相同，后者表示的系统是弹簧末端连接着一块物体然后进入液体中，阻尼力为 $-bv$，$b$ 为阻尼系数，$v$ 为速度。这样一个系统的 $F=ma$ 式具体应该为 $-kx-b\dot{x}=m\ddot{x}$。我们可以将此式与式（8.2）做对比（乘以 $L$ 之后）：

$$L\frac{d^2V}{dt^2}+R\frac{dV}{dt}+\left(\frac{1}{C}\right)V=0 \Longleftrightarrow m\frac{d^2x}{dt^2}+b\frac{dx}{dt}+kx=0 \tag{8.3}$$

可以发现，物体质量 $m$ 可以类比为电感 $L$，此元件提供了阻碍变化的一种惯性。阻尼系数 $b$ 可以类比为电阻 $R$，这一项引起了能量的消耗。弹性系数 $k$ 可以类比为电容的倒数，即 $1/C$，它提供的是回复力。（此处关于为何类比为 $1/C$ 这种倒数形式并没有太难理解的地方；我们可以定义一个量 $C'\equiv 1/C$，且 $V=C'Q$。）

式（8.2）为带有常系数的二阶微分方程，其解为如下形式：

$$V=Ae^{-\alpha t}\cos\omega t \tag{8.4}$$

在上式中，$A$、$\alpha$ 和 $\beta$ 都是常数。（习题 8.3 中有这种形式的来源。）式中的前两阶微分分别为

$$\frac{\mathrm{d}V}{\mathrm{d}t}=A\mathrm{e}^{-\alpha t}[-\alpha\cos\omega t-\omega\sin\omega t]$$

$$\frac{\mathrm{d}^2V}{\mathrm{d}t^2}=A\mathrm{e}^{-\alpha t}[(\alpha^2-\omega^2)\cos\omega t+2\alpha\omega\sin\omega t] \tag{8.5}$$

将其代入式（8.2），我们可以消掉通项 $A\mathrm{e}^{-\alpha t}$，则

$$(\alpha^2-\omega^2)\cos\omega t+2\alpha\omega\sin\omega t-\frac{R}{L}(\alpha\cos\omega t+\omega\sin\omega t)+\frac{1}{LC}\cos\omega t=0 \tag{8.6}$$

当且仅当 $\sin\omega t$ 和 $\cos\omega t$ 的系数都为零时，此式才对所有 $t$ 成立。也就是说需要满足

$$2\alpha\omega-\frac{R\omega}{L}=0 \quad 且 \quad \alpha^2-\omega^2-\alpha\frac{R}{L}+\frac{1}{LC}=0 \tag{8.7}$$

第一个式要求 $\alpha$ 满足条件

$$\boxed{\alpha=\frac{R}{2L}} \tag{8.8}$$

第二个式则要求满足

$$\omega^2=\frac{1}{LC}-\alpha\frac{R}{L}+\alpha^2\Longrightarrow\boxed{\omega^2=\frac{1}{LC}-\frac{R^2}{4L^2}} \tag{8.9}$$

因为我们认为式（8.4）中的 $\omega$ 是一个实数，所以 $\omega^2$ 不能被忽略，因此在假设 $R^2/4L^2\leqslant 1/LC$ 的前提下，我们得到了式（8.4）的解。事实上，这是在“轻阻尼”的情况下，即低电阻情况下我们要求的量，因此我们假设电路中的 $R$、$L$ 和 $C$ 值满足不等式 $R<2\sqrt{L/C}$。在本节的末尾有关于 $R=2\sqrt{L/C}$ 和 $R>2\sqrt{L/C}$ 情况的简单讨论。

$A\mathrm{e}^{-\alpha t}\cos\omega t$ 并非唯一解，在式（8.8）与式（8.9）对 $\alpha$、$\omega$ 的限定下，$B\mathrm{e}^{-\alpha t}\sin\omega t$ 同样满足该式，因此通解为上述解的叠加：

$$\boxed{V(t)=\mathrm{e}^{-\alpha t}(A\cos\omega t+B\sin\omega t)} \tag{8.10}$$

我们可以通过调整 $A$ 与 $B$ 的值来使结果满足初始条件。无论解中包含正弦函数还是余弦函数，抑或是其二者的叠加都无所谓，因为重要的都不是描述时间的部分，而是描述阻尼正弦振荡的部分。

电压随时间变化的情况如图 8.3（a）所示，其中时间轴并不包括所有过去的时间。在过去的某段时间里，电路需要有能量供给，因此才能保持运转，比如将一个电容器充电，然后在电路断开后将电容器接入电路中。

在图 8.3（b）中，时间轴被放大了，虚线则表示了电流 $I$ 随时间的变化。我们将 $V$ 代入阻尼余弦振动式，即式（8.4），就得到了电流关于时间的函数

$$I(t)=-C\frac{\mathrm{d}V}{\mathrm{d}t}=AC\omega\left(\sin\omega t+\frac{\alpha}{\omega}\cos\omega t\right)\mathrm{e}^{-\alpha t} \tag{8.11}$$

$\alpha/\omega$ 为测得的阻尼。若 $\alpha/\omega$ 很小，振荡次数会较多，且振幅不会减小太大。图 8.3

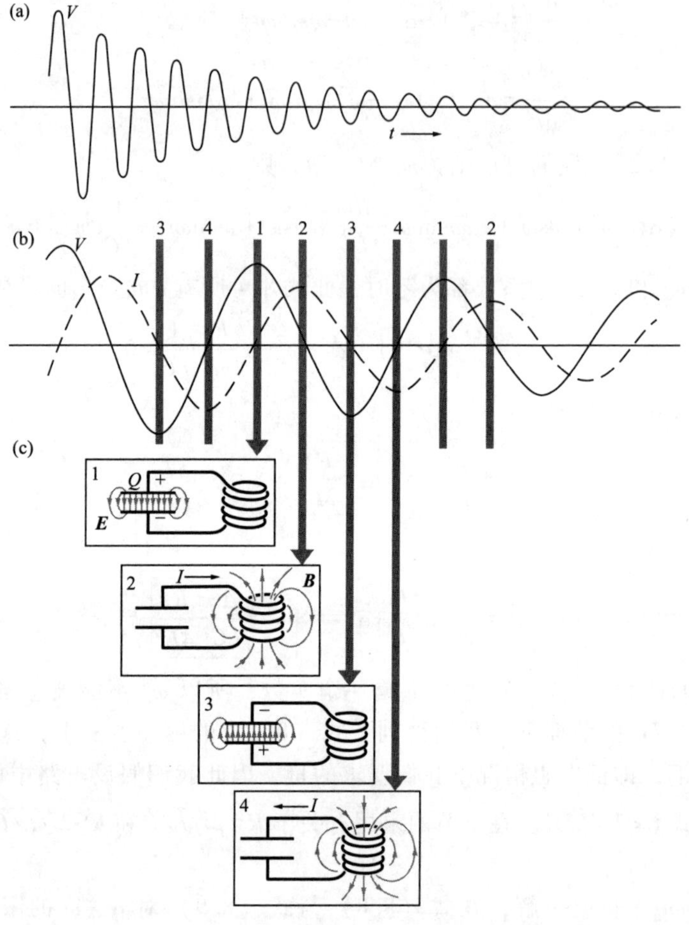


图 8.3

(a) *RLC* 电路中电压的正弦阻尼振荡；(b) 将 (a) 中的时间轴延长，并引入电流 *I*；(c) 电场与磁场之间周期性的能量交换，图片对应着 (b) 中的标记表现了相应的情况。

中 $\alpha/\omega \approx 0.04$。式 (8.11) 中的余弦项数值并不大，它带来的影响是使相位改变了 $\arctan(\alpha/\omega)$。因此电流振荡的相位落后于电压振荡的相位约 1/4 个周期。

振荡包括在电容器和感应器之间存在着来回的能量传递振荡，也可以理解为电场与磁场间的能量传递振荡。在图 8.3 (b) 中标注的某个时刻的点 1 处，所有的能量都储存于电场中。1/4 周期后，在点 2 处，电容放电，然后能量全部储存在线圈引发的磁场中。同时，电路中的电阻 *R* 也会造成一些能量消耗，这样，随着振荡继续，场中的能量逐渐减少。

振荡电路的相对阻尼通常以 *Q* 来代表。*Q*（不要与电容器上的电荷 *Q* 混淆）代表的是品质或品质因子，但在实际中，大家并不这么叫，只是用 *Q* 来代表。阻尼越小，*Q*

越大。对于一个频率为 $\omega$ 的振荡电路，$Q$ 是一个无量纲的比例数，如下：

$$\boxed{Q=\omega\frac{\text{储存的能量}}{\text{平均能量消耗}}} \tag{8.12}$$

也可以按如下方式来理解 $Q$：

- $Q$ 为能量衰减为原值的 1/e 所需要的时间 $\omega t$（即周期乘以 $2\pi$）。

电路中储存的能量正比于 $V^2$ 或 $I^2$，即正比于 $e^{-2\alpha t}$。能量衰退为原值的 1/e 所需时间 $t=1/2\alpha$。因此，对于 $RLC$ 电路，由式（8.8）可得

$$Q=\frac{\omega}{2\alpha}=\frac{\omega L}{R} \tag{8.13}$$

式（8.12）会给出同样的结果，读者可以自行证明。

图 8.3 中的振荡电路的 $Q$ 为多少？当 $V$ 变为初始值的 $1/\sqrt{e}\approx 0.6$ 时，能量变为初始值的 1/e，粗略估计，这种衰减发生在两次振荡内，即 13rad，所以 $Q\approx 13$。

上述情况中的一个特例为 $R=0$ 的情况，此情况为完全无阻尼的振荡，由式（8.9）可知它的频率 $\omega_0$ 为

$$\boxed{\omega_0=\frac{1}{\sqrt{LC}}} \tag{8.14}$$

在我们所处理的系统中，多数情况下阻尼都很小，以至于在计算频率时可以忽略其影响。由式（8.9）我们可知，低阻尼对 $Q$ 的影响仅体现在二阶上，这在习题 8.5 和练习 8.18 中也会得到证明。注意，根据式（8.3），此处无阻尼振荡电路的频率 $1/\sqrt{LC}$ 可以类比于我们熟悉的无阻尼机械振子的频率 $\sqrt{k/m}$。

为了对各种情况都有所了解，接下来我们简单讨论一下过阻尼电路中的情况，即 $R>2\sqrt{L/C}$ 的情况。式（8.2）的解的形式为 $V=Ae^{-\beta t}$，其中 $\beta$ 有两个值，因此式的通解为

$$V(t)=Ae^{-\beta_1 t}+Be^{-\beta_2 t} \tag{8.15}$$

上式中没有体现振荡的项，$V$ 是单调衰减的（可能发生在一个局部极值后，这取决于初始条件）。在习题 8.4 中我们需要求出 $\beta_1$ 和 $\beta_2$。

在“临界”阻尼的特殊情况下，$R=2\sqrt{L/C}$，$\beta_1=\beta_2$，微分式（8.2）的解的形式为

$$V(t)=(A+Bt)e^{-\theta t} \tag{8.16}$$

对于给定的 $L$ 和 $C$，在上式的条件下，电路的总能量以最快的速度被消耗掉，见练习 8.23。

图 8.4 中为两个欠阻尼电路、一个临界阻尼电路和一个过阻尼电路的 $V(t)$ 变化趋势。几种情况下的电容和电感保持不变，仅电阻不同。对于此电路，固有角频

率 $\omega_0=1/\sqrt{LC}$ 为 $10^6 s^{-1}$，对应的周期频率为$10^6/2\pi$，或 159kHz/s。

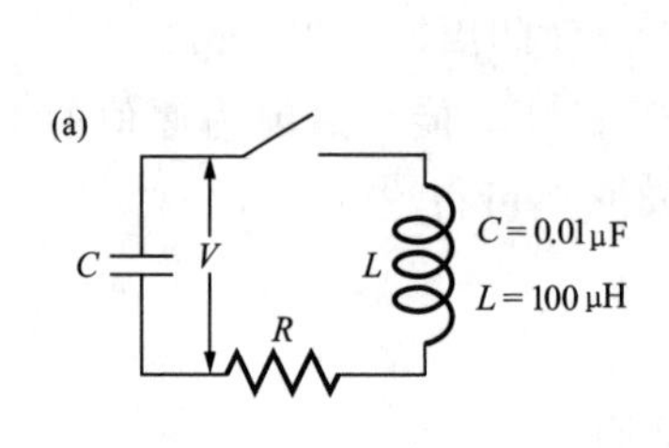


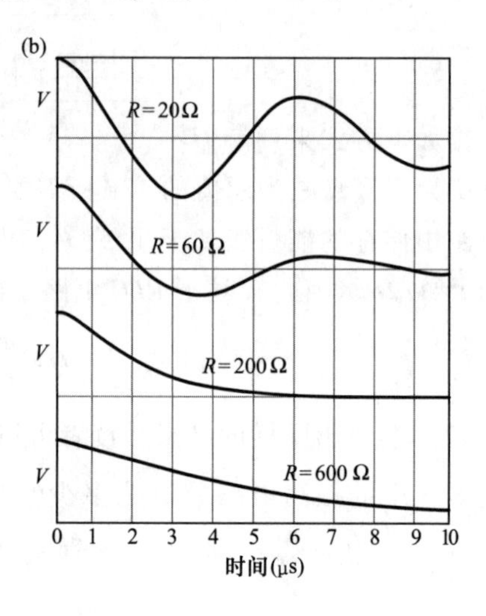


图 8.4

(a) 在电容器充电的情况下，$t=0$ 时刻开关闭合；(b) 图展示了四种情况，在其中一种情况下 $R=200\Omega$，这是临界阻尼情况。

电路中的电容器被充电至 1V 之后，在 $t=0$ 时刻，电路闭合，即，“$V=1$，$t=0$”为一个初始条件。因为电流连续性，有 $t=0$，$I=0$。另一个关于 $V$ 的初始条件为 $t=0$，$dV/dt=0$。注意直到四条衰减曲线的初始状态变得相同。在重阻尼情况（$R=600\Omega$）中，衰减曲线中的大部分看起来与 $RC$ 电路的指数衰减曲线很像，仅在初始位置处曲线是平的，即该曲线以零斜率开始，这体现了电路中存在自感 $L$ 的影响。

## 8.2 交流电

我们刚刚讨论的谐振电路中没有任何能量来源，因此这种振荡是一个短暂的现象，振荡迟早会停止（除非 $R=0$）。对于交流电路，我们所关心的是其稳定状态时的情况，在稳态下电流与电压做振幅不变的正弦振荡，整个电流由振荡的电动势驱动。

交流电的频率 $f$ 通常以每秒内周期数（或 Hertz(Hz)，电磁波的发现者[1]）来表示。式中常出现角频率 $\omega=2\pi f$，其单位为 rad/s。此单位没有特殊的命名，我们将其简单地记为 $s^{-1}$。例如，我们所熟悉（在北美洲地区）的 60Hz 电流的 $\omega$ 为

1 1887 年，Heinrich Hertz 通过振荡电流证明了电磁波的存在，其频率为每秒 $10^9$ 个周期，相应的波长为 30cm。尽管早在 15 年前 Maxwell 就对此做了理论工作，他仍留下了一些问题，即光的存在应该是一种电磁现象，Hertz 的实验证明了这一点，也因此成为电磁学历史上一个重要的转折点。

$377s^{-1}$。通常我们可以令 $\omega$ 为任意值，这与前一节式（8.9）中的频率 $\omega$ 没有关系。

本节中我们的目标是探究含有交变电压源的串联 *RLC* 电路中的电流是如何变化的。首先，我们会考虑几个较简单的电路作为热身。在 8.3 节中我们将介绍另一种解决 *RLC* 电路的方法，这种方法巧妙地利用了复指数。在 8.4 节和 8.5 节中，我们将使这种复指数法更简便，这可以让我们像处理只包含电阻的直流电路一样来解决交变电路（包含电阻、电感以及电容）。

## 8.2.1　*RL* 电路

我们将一个电动势 $\mathscr{E}=\mathscr{E}_0\cos\omega t$ 添加到含有电感和电阻的电路中。如图 7.13 的装置可以产生这样的 $\mathscr{E}$，它以角速度 $\omega$ 驱动转轴上的引擎或马达。图 8.5 中左侧的符号表示电路中的交流电动势，它代表的是一个发电机与其他部分相串联。电动势不一定位于图示的位置，我们需要关心的只是整个电路中的总的电动势。图 8.5 所示的交变电路中电动势的来源是整个回路内部磁场的变化。

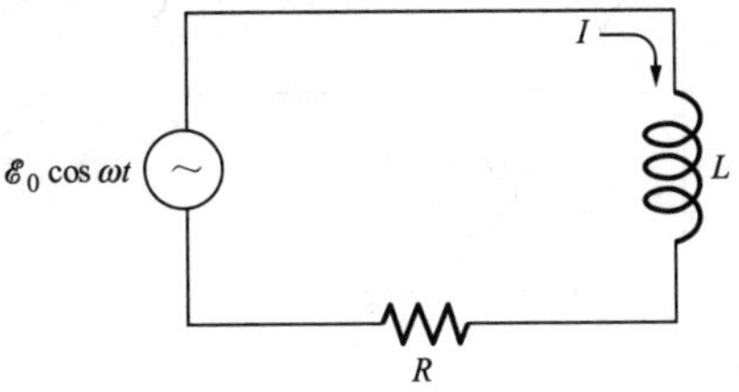

图 8.5
含有电感的电路，由交变电动势驱动。

我们认为电路中各部分电势差之和等于电动势 $\mathscr{E}$，在推导式（7.66）的过程中也是这样做的，如此就有

$$L\frac{\mathrm{d}I}{\mathrm{d}t}+RI=\mathscr{E}_0\cos\omega t \tag{8.17}$$

现在出现了一些瞬态现象，这些现象取决于初始条件，即此电路何时以及如何被驱动。但我们所关心的只是稳态，此状态下电流频率与电源频率相等，振幅与相位都满足式（8.17）。设电流的解为

$$\boxed{I(t)=I_0\cos(\omega t+\phi)} \tag{8.18}$$

为了确定常数 $I_0$ 和 $\phi$，我们将此式代入式（8.17），有

$$-LI_0\omega\sin(\omega t+\phi)+RI_0\cos(\omega t+\phi)=\mathscr{E}_0\cos\omega t \tag{8.19}$$

其中正弦和余弦项可分解出 $\cos\omega t$ 和 $\sin\omega t$，上式变为

$$-LI_0(\sin\omega t\cos\phi+\cos\omega t\sin\phi)+RI_0(\cos\omega t\cos\phi-\sin\omega t\sin\phi)=\mathscr{E}_0\cos\omega t \tag{8.20}$$

若 $\cos\omega t$ 和 $\sin\omega t$ 的系数分别为零，则

$$-LI_0\omega\cos\phi-RI_0\sin\phi=0\Longrightarrow\boxed{\tan\phi=-\frac{\omega L}{R}} \tag{8.21}$$

且

$$-LI_0\omega\sin\phi+RI_0\cos\phi-\mathscr{E}_0=0 \tag{8.22}$$

由此可得

$$I_0=\frac{\mathscr{E}_0}{R\cos\phi-\omega L\sin\phi}=\frac{\mathscr{E}_0}{R(\cos\phi+\tan\phi\sin\phi)}=\frac{\mathscr{E}_0\cos\phi}{R} \tag{8.23}$$

由式（8.21）可知[2]

$$\cos\phi=\frac{R}{\sqrt{R^2+\omega^2L^2}} \tag{8.24}$$

我们可以将 $I_0$ 写为

$$\boxed{I_0=\frac{\mathscr{E}_0}{\sqrt{R^2+\omega^2L^2}}} \tag{8.25}$$

$\mathscr{E}$和 $I$ 的振荡形式如图 8.6 所示。若 $\phi$ 是一个负角，电流达到最大值就会比电动势稍晚，即“电路中的电流滞后于电压。”物理量 $\omega L$ 被称作**感抗**，单位与电阻相同，都为欧姆。

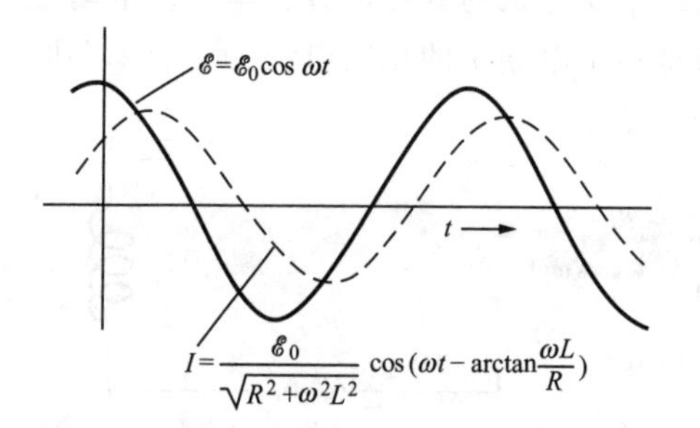


图 8.6

图 8.5 所示电路的电流 $I_1$ 及与之对应的电动势$\mathscr{E}$的变化，图中二者的时间刻度相同。注意二者之间的相位差。

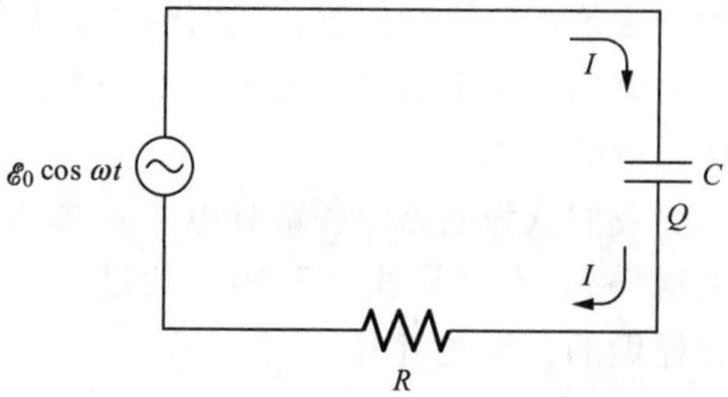

图 8.7

含有电阻与电容器的交变电路中的电动势。

## 8.2.2　*RC* 电路

如图 8.7 所示，若我们用电容 $C$ 代替电感 $L$，就得到满足下式的电路：

$$-\frac{Q}{C}+RI=\mathscr{E}_0\cos\omega t \tag{8.26}$$

此处的 $Q$ 为电容器下极板上的电荷量，如图 8.7 所示。考虑到稳态条件

$$I(t)=I_0\cos(\omega t+\phi) \tag{8.27}$$

因为 $I=-\mathrm{d}Q/\mathrm{d}t$，所以有

$$Q=-\int I\mathrm{d}t=-\frac{I_0}{\omega}\sin(\omega t+\phi) \tag{8.28}$$

2　方程（8.21）中的 $\omega$ 是自由衰减的阻尼电路振荡频率，其与中度或轻微阻尼情况中的 $\omega_0$ 是相等的。

注意，在由 $I$ 到 $Q$ 的推导（积分）过程中，添加一个常量不会产生影响，因为我们知道，在稳态情况下，$Q$ 关于零点对称振荡。将 $Q$ 代回式（8.26）可得

$$\frac{I_0}{\omega C}\sin(\omega t+\phi)+RI_0\cos(\omega t+\phi)=\mathscr{E}_0\cos\omega t \tag{8.29}$$

如之前所做的那样，通过令 $\cos\omega t$ 和 $\sin\omega t$ 的系数分别为零，我们可以得到关于 $\phi$ 和 $I_0$的初始条件。在由式（8.19）到式（8.29）的推导过程中，我们用$-\omega L$ 来代替 $1/\omega C$，对比该过程我们也可以对此处的问题做类似的处理。此例中类似于式（8.21）和式（8.25）的结果为

$$\boxed{\tan\phi=\frac{1}{R\omega C}} \quad 和 \quad \boxed{I_0=\frac{\mathscr{E}_0}{\sqrt{R^2+(1/\omega C)^2}}} \tag{8.30}$$

注意，此处相位角为正值，即位于第一象限内。[式（8.23）中的结果没有变，因此 $\cos\phi$ 仍为正数，但此处 $\tan\phi$ 也为正数。] 类似于前文所说，在一个含有电容器的电路中，电流“领先于电压”，如图 8.8 所示。

## 8.2.3 瞬态现象

从数学上来讲，$RL$ 电路的解为

$$I(t)=\frac{\mathscr{E}_0}{\sqrt{R^2+\omega^2L^2}}\cos\left(\omega t-\arctan\frac{\omega L}{R}\right) \tag{8.31}$$

这是式（8.17）的一个特解。在此解的基础上再加一个余函数即可得如下齐次微分方程的完全解

$$L\frac{\mathrm{d}I}{\mathrm{d}t}+RI=0 \tag{8.32}$$

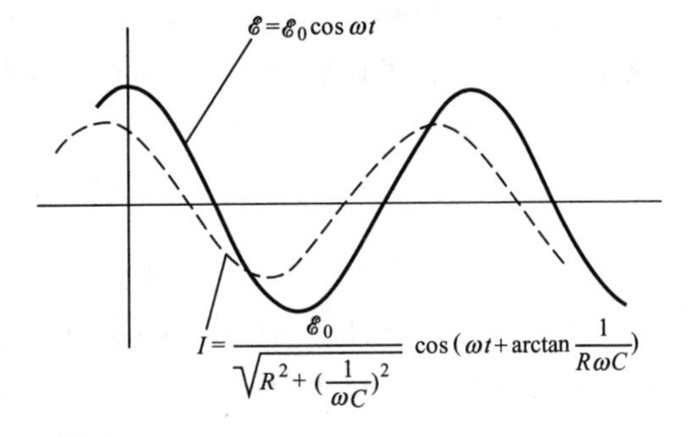


图 8.8
$RC$ 电路中的电流。将此处的相移与图 8.6 所示电感电路的相移相比较。此处 $I$ 的最大值比 $\mathscr{E}$ 的最大值出现得更早。

由于式（8.17）相对于 $I$ 来说是线性的，所以式的特解和齐次解的叠加仍为该式的解；齐次解使式（8.17）等号右侧的增加量为零，所以等式仍成立。这样，式（8.32）就是第 7 章中的式（7.70）的解，我们在 7.9 节已经得到其解为一个按指数衰减的函数：

$$I\sim \mathrm{e}^{-(R/L)t} \tag{8.33}$$

其物理意义如下：电路的瞬态是由初始条件决定的，可由式（8.33）的 $I(t)$ 的衰减来表征。经过时间 $t\gg L/R$，瞬态影响消失，只留下稳定的与驱动频率相同的正弦振荡，如式（8.31）。此时的振荡与初始条件完全无关，所有初始状态造成的影响都不复存在。

## 8.2.4 *RLC* 电路

要研究串联 $RLC$ 电路的相关问题，我们先来进行如下讨论。我们在研究 $RL$ 电路和 $RC$ 电路时所得出的结果具有一些相似之处，因此我们可以用一种整体的眼光来看待电容和电感。假设有交流电流 $I=I_0\cos(\omega t+\phi)$ 流过电路（见图 8.9）中。电感上电压 $V_L$ 为

$$V_L=L\frac{\mathrm{d}I}{\mathrm{d}t}=-I_0\omega L\sin(\omega t+\phi) \tag{8.34}$$

电容器上电压 $V_C$ 和 $V_L$ 符号一致，大小为

$$V_C=-\frac{Q}{C}=\frac{1}{C}\int I\mathrm{d}t=\frac{I_0}{\omega C}\sin(\omega t+\phi) \tag{8.35}$$

二者电压之和为

$$V=V_L+V_C=-\left(\omega L-\frac{1}{\omega C}\right)I_0\sin(\omega t+\phi) \tag{8.36}$$

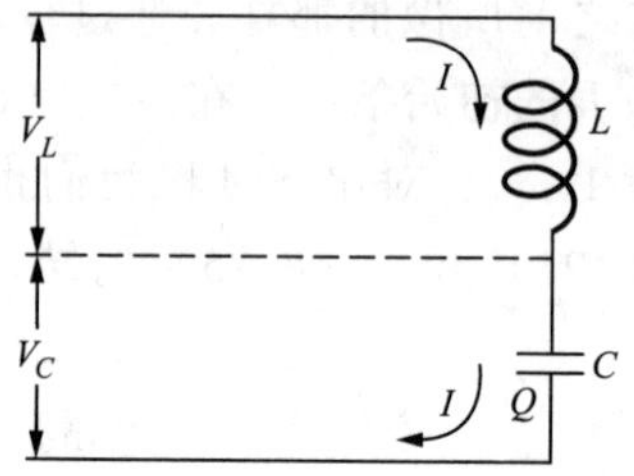


图 8.9

串联起来的电感和电容器相当于一个电抗元件，即一个电感或电容，这取决于 $\omega^2LC$ 大于还是小于 1。

对于给定的 $\omega$，电感与电容组合的效果是等效于单独的电容或电感，这取决于 $\omega L-1/\omega C$ 的大小是正还是负。例如，可以假设 $\omega L>1/\omega C$，则此组合等价于这样一个电感 $L'$：

$$\omega L'=\omega L-\frac{1}{\omega C} \tag{8.37}$$

“等价”仅仅意味着在特定频率 $\omega$ 振荡下，它们的电流和电压的关系是相同的。这样，我们就可以在这种频率的电路中以 $L'$ 来代替 $L$ 和 $C$ 的组合。这里主要想要表达的意思是电感和电容两端的电压都正比于 $\sin(\omega t+\phi)$，所以它们总是同相的（或者正好不同相）。

这也可以应用于图 8.10 所示的简单 $RLC$ 电路中。回想式（8.21）和式（8.25），对于由电动势 $\mathscr{E}_0\cos\omega t$ 驱动的 $RL$ 电路的解，用 $\omega L-1/\omega C$ 来代替 $\omega L$：

$$\boxed{I(t)=\frac{\mathscr{E}_0}{\sqrt{R^2+(\omega L-1/\omega C)^2}}\cos(\omega t+\phi)} \tag{8.38}$$

其中

$$\boxed{\tan\phi=\frac{1}{R\omega C}-\frac{\omega L}{R}} \tag{8.39}$$

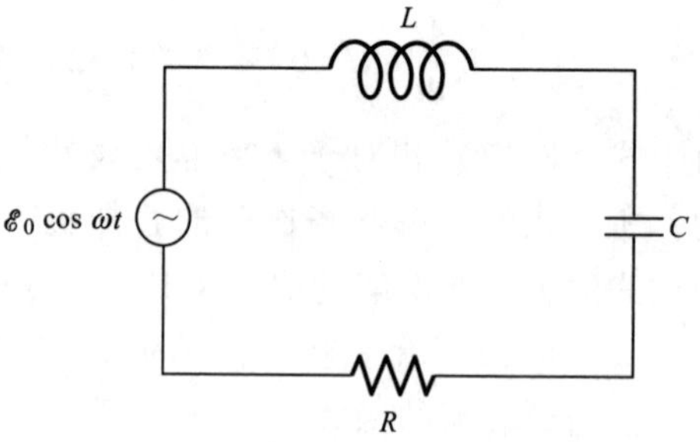

图 8.10

由正弦电动势驱动的电路。

同样，在 $1/\omega C>\omega L$ 的情况下，等效的电容 $C'$ 为 $C'=1/\omega C-\omega L$，上述各式成立。

当然，仅凭手算我们也可以解 $RLC$ 电路的相关问题。回路方程为

$$L\frac{\mathrm{d}I}{\mathrm{d}t}-\frac{Q}{C}+RI=\mathscr{E}_0\cos\omega t \tag{8.40}$$

与式（8.19）和式（8.29）不同，此时在等号左边有三个变量（即 $L$、$C$ 和 $R$）。$\sin(\omega t+\phi)$ 项的系数为 $-I_0(\omega L-1/\omega C)$，所以，按照我们之前的讨论，只要我们将 $\omega L$ 项换为 $\omega L-1/\omega C$，我们就可以简单地利用 $RL$ 电路的结果来解决此处的问题了。

## 8.2.5 谐振

对于振幅确定的电动势 $\mathscr{E}_0$，若 $L$、$C$ 和 $R$ 值已经给定，由式（8.38）我们可以得到使电流最大的驱动频率 $\omega$ 满足

$$\omega L-\frac{1}{\omega C}=0 \tag{8.41}$$

这与无阻尼 $LC$ 电路谐振频率相同，即 $\omega=1/\sqrt{LC}=\omega_0$。这样式（8.38）可以化简为

$$I(t)=\frac{\mathscr{E}_0\cos\omega t}{R} \tag{8.42}$$

这恰好是只有电阻的电路中流动的电流。这是因为当 $\omega=1/\sqrt{LC}$ 时，电感和电容器两端的电压总是等值反向的。由于这两者的电压互相抵消，所以它们相当于不存在，这样电路就等效为只含有电阻和电动势 $\mathscr{E}_0\cos\omega t$。

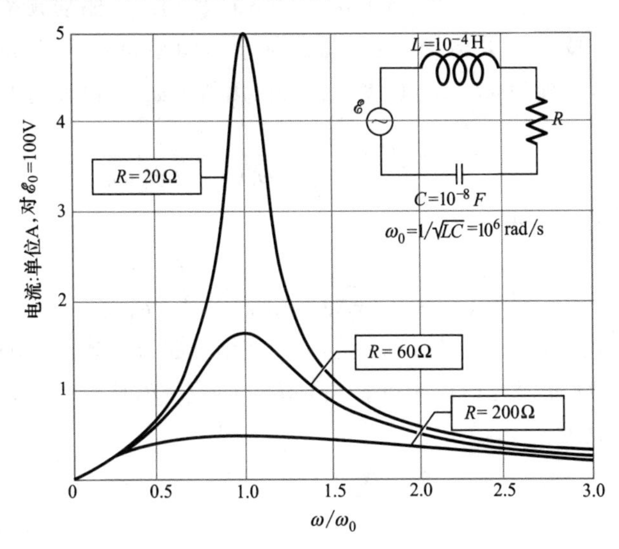


图 8.11

在串联 $RLC$ 电路中有一个振幅为 100V 的电动势。电路元件与图 8.4 中的阻尼电路相同。对应三个不同电阻值，由式（8.38）计算出的电流振幅随着 $\omega/\omega_0$ 的变化图。

**例题**　考虑到图 8.4（a）中的电路，现将该电路连接到交变电动势上，$\mathscr{E}=\mathscr{E}_0\cos\omega t$。对于给定的电容（0.01μF）和电感（100μH），谐振频率 $10^6$ rad/s（或 $10^6/2\pi$ 转每秒）可能与驱动频率 $\omega$ 不相等。图 8.11 展示了对于三个不同的 $R$ 值，电流作为驱动频率 $\omega$ 的一个函数，其振幅如何。假设在每种情况下，电动势振幅 $\mathscr{E}_0$ 为 100V。注意，在共振峰 $\omega=\omega_0$，对应最尖的峰的阻值是最低的，即 20Ω。如图 8.4（b）上方图表所示，上述阻值与无驱动电势的阻尼振荡电路中所表现出来的值相等。

注意，至此我们已经遇到了三种频率（通常来说三者不同）：

- 所施加的电动势的频率，通常来说这可以是我们设定的任意值；
- 谐振频率 $\omega_0=1/\sqrt{LC}$，对应该频率时电流的振幅最大；
- 由式（8.9）给出的（欠阻尼情况下）瞬态现象的频率。在阻尼较小的情况下，该频率约等于谐振频率，即 $\omega_0=1/\sqrt{LC}$。

### 8.2.6　$I_0(\omega)$ 曲线的宽度

电路的 $Q$ 值由式（8.13）[3] 定义为 $\omega_0L/R$，前面的例题中，$R=20\Omega$，$Q$ 值为 $(10^6\times10^{-4})/20$，或者说是 5。大体上说，电路的 $Q$ 越高，驱动频率 $\omega$ 的反应峰峰值就越高且脉宽越窄。更精确地说，$\omega_0$ 附近的频率可以写作 $\omega=\omega_0+\Delta\omega$，式（8.38）的分母中出现的 $\omega L-1/\omega C$ 表达式可以用 $\Delta\omega/\omega_0$ 近似表达为

$$\omega L-\frac{1}{\omega C}=\omega_0L\left(1+\frac{\Delta\omega}{\omega_0}\right)-\frac{1}{\omega_0C(1+\Delta\omega/\omega_0)} \tag{8.43}$$

当 $\omega_0$ 为 $1/\sqrt{LC}$ 时，上式变成

$$\omega_0L\left(1+\frac{\Delta\omega}{\omega_0}-\frac{1}{1+\Delta\omega/\omega_0}\right)\approx\omega_0L\left(2\frac{\Delta\omega}{\omega_0}\right) \tag{8.44}$$

此处，我们可以用到近似式 $1/(1+\varepsilon)\approx1-\varepsilon$。在谐振状态，式（8.38）平方根符号下的量为 $R^2$。随着 $\omega$ 偏离谐振频率，当 $|\omega L-1/\omega C|=R$ 时，式（8.38）平方根符号下的值翻倍，此时

$$\frac{2|\Delta\omega|}{\omega_0}=\frac{R}{\omega_0L}=\frac{1}{Q} \tag{8.45}$$

这意味着电流振幅将下降为 $|\Delta\omega|/\omega_0=1/2Q$ 时电流振幅的最大值的 $1/\sqrt{2}$。这就是“半功率”点，因为能量或功率正比于振幅的平方，在 8.6 节中我们将对此进行解

3　式（8.13）中的 $\omega$ 是自由衰减的阻尼电路振荡频率，其与中度或轻微阻尼情况中的 $\omega_0$ 是相等的。此处，我们在 $Q$ 的表达式中采用了 $\omega_0$。在此处的讨论中，我们可以将任意的 $\omega$ 施加于该电路中。

释。通常我们以两个半功率点之间的宽度来表示峰的宽度，显然这正是共振频率本身的 $1/Q$。有许多电路的 $Q$ 值比上例中的大得多。一个收音机中有一段谐振电路，其 $Q$ 值为数百，这样就可以选择出特定台频率并对其他的进行排斥。要做出一个 $Q$ 值为 $10^4 \sim 10^5$ 的微波谐振电路并不困难。

角度 $\phi$ 表示的是电流与振荡电动势的相对相位，其随频率变化的方式如图 8.12 所示。在频率较低的情况下，电容是电流流动的主要障碍，$\phi$ 为正值。谐振状态下，$\phi=0$。频率越过 $\omega_0$ 时 $\phi$ 会由正变负，$Q$ 值越大，$\phi$ 的变化也就越突兀。

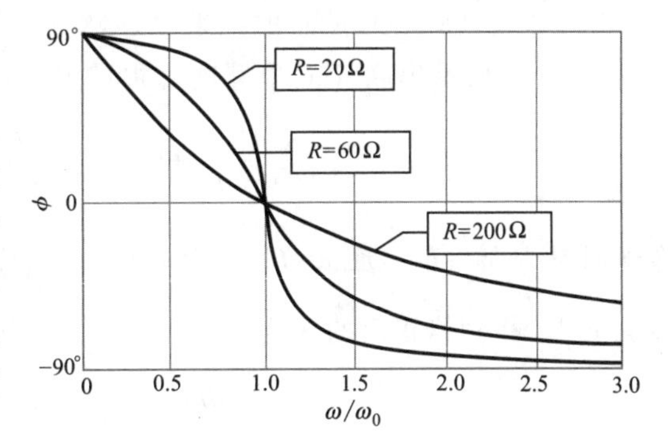


图 8.12

在图 8.11 所示电路中相位角随频率的变化。

现在总结一下我们遇到的 $Q$ 的两种含义：

- 在包含振荡电动势的 $RLC$ 电路中，$1/Q$ 表示的是电流和功率随 $\omega$ 变化曲线的宽度。$Q$ 值越大，曲线越窄。更准确地说，功率（在最大值一半处）的宽度为 $\omega_0/Q$。
- 若我们移除电动势，则电流和能量会衰减；$Q$ 表征的是这一衰减过程的快慢。$Q$ 值越大，振幅衰减至某一给定程度所需要的振荡次数就越多。更准确地说，在 $Q$ 弧度（或 $Q/2\pi$ 周期）之后，能量衰减至初始值的 $1/e$。在习题 8.17 中，电流经过 $Q$ 个周期之后变为原来的 $e^{-\pi}$。（我们在这里必须提到 $e^{-\pi}$ 这一重要结果！）

## 8.3 复指数解

在第 8.2 节中我们求解图 8.10 所示串联 $RLC$ 电路（包含一个电压源 $\mathscr{E}_0\cos\omega t$）的电流 $I(t)$ 时猜出了其正弦形式的解。本节中我们将利用复数来求解该电流。该方法非常简便有效，它也是学习本章剩余内容的基础。

我们的讨论将按照如下步骤进行。首先，我们将像以前一样列出基尔霍夫环路方程，但我们不会直接求解，而是对该式进行一些修正，即将电压源 $\mathscr{E}_0\cos\omega t$ 变为 $\mathscr{E}_0 e^{i\omega t}$。对 $\widetilde{I}$，我们先猜想一个形如 $\widetilde{I}(t)=\widetilde{I}e^{i\omega t}$ 的解，它将是一个复数。[4] 当然，我

4 $I$ 式上方的符号表示它是一个复数。注意，$\widetilde{I}(t)$ 与时间相关，而 $\widetilde{I}$ 与时间无关。更准确地说，$\widetilde{I}=\widetilde{I}(0)$。写 $\widetilde{I}(t)$ 时注意不要将 $t$ 落下，因为那将使含义变成 $\widetilde{I}$（尽管从字面上来看更清晰了）。在本方法中我们一共将遇到四种 $I$，在图 8.13 中有对它们的总结。

们求出的 $\widetilde{I}(t)$ 的解不会是我们要求的电流，因为实际的电流一定为实数。但是，如果我们取 $\widetilde{I}(t)$ 的实部，那么就能得到我们所要求的电流 $I(t)$ 了（原因将在后面解释）。让我们来看看这是怎样的一个过程。我们的目标是用这种方法得到式（8.38）和式（8.39）所示的结果。

图 8.10 所示串联 $RLC$ 电路的基尔霍夫环路方程为[5]

$$L\frac{\mathrm{d}I(t)}{\mathrm{d}t}+RI(t)+\frac{Q(t)}{C}=\mathscr{E}_0\cos\omega t \tag{8.46}$$

令顺时针方向为正，那么 $Q(t)$ 为 $I(t)$ 的积分，即 $Q(t)=\int I(t)\,\mathrm{d}t$。现在将 $\cos\omega t$ 变为 $\mathrm{e}^{\mathrm{i}\omega t}$，得到修正后的式为

$$L\frac{\mathrm{d}\widetilde{I}(t)}{\mathrm{d}t}+R\widetilde{I}(t)+\frac{\widetilde{Q}(t)}{C}=\mathscr{E}_0\mathrm{e}^{\mathrm{i}\omega t} \tag{8.47}$$

若 $\widetilde{I}(t)$ 为此式的（复数）解，那么取式各部分的实部后，将得到（关于 $t$ 的微分和积分同样取实部）

$$L\frac{\mathrm{d}}{\mathrm{d}t}\mathrm{Re}[\widetilde{I}(t)]+R\mathrm{Re}[\widetilde{I}(t)]+\frac{1}{C}\int\mathrm{Re}[\widetilde{I}(t)]\mathrm{d}t=\mathscr{E}_0\cos\omega t \tag{8.48}$$

由数学上的恒等式 $\mathrm{e}^{\mathrm{i}\theta}=\cos\theta+\mathrm{i}\sin\theta$ 可知 $\mathrm{e}^{\mathrm{i}\omega t}$ 的实部为 $\cos\omega t$。（附录 K 中有关于复数的内容。）

式（8.48）简单地说明了 $I(t)\equiv\mathrm{Re}[\widetilde{I}(t)]$ 是最初的微分式（8.46）的解。现在我们要做的是求出满足式（8.47）的复函数 $\widetilde{I}(t)$，然后取其实部。注意线性在此处起到了重要的作用。如果我们修正后的式相对于 $I(t)$ 来说不是线性的，例如 $RI(t)^2$，那么本方法就不适用了，因为 $\mathrm{Re}[\widetilde{I}(t)^2]$ 不等于 $(\mathrm{Re}[\widetilde{I}(t)])^2$。这样修正后的式（8.48）就不再表明 $I(t)\equiv\mathrm{Re}[\widetilde{I}(t)]$ 满足修正后的式（8.46）。

式（8.47）一定有一个解为形如 $\widetilde{I}(t)=\widetilde{I}\mathrm{e}^{\mathrm{i}\omega t}$ 的函数，这是因为 $\mathrm{e}^{\mathrm{i}\omega t}$ 因式在整个式中最终会抵消，这样式中就不含时间变量了。现在，如果 $\widetilde{I}(t)=\widetilde{I}\mathrm{e}^{\mathrm{i}\omega t}$，那么 $\widetilde{I}(t)$ 的积分 $\widetilde{Q}(t)$ 就等于 $\widetilde{I}\mathrm{e}^{\mathrm{i}\omega t}/\mathrm{i}\omega$。（此处不需要积分常数，因为我们知道 $Q$ 在零附近振荡。）这样式（8.47）就变为

$$L\mathrm{i}\omega\widetilde{I}\mathrm{e}^{\mathrm{i}\omega t}+R\widetilde{I}\mathrm{e}^{\mathrm{i}\omega t}+\frac{\widetilde{I}\mathrm{e}^{\mathrm{i}\omega t}}{\mathrm{i}\omega C}=\mathscr{E}_0\mathrm{e}^{\mathrm{i}\omega t} \tag{8.49}$$

消去 $\mathrm{e}^{\mathrm{i}\omega t}$，解出 $\widetilde{I}$，再通过乘以 i（除以其自身的复共轭）来消去分母中的 i，这样就得到了

5 现在我们认为 $Q$ 是电容器上极板的电量（没有更深层的原因）。读者可以证明，如果我们令 Q 表示下极板的电量，那么两个负号将相互抵消，仍能得到式（8.48）。无论如何，求解 $\widetilde{I}(t)$ 的方程与我们对 $Q$ 的规定无关。

$$\tilde{I}=\frac{\mathscr{E}_0}{\mathrm{i}\omega L+R+1/\mathrm{i}\omega C}=\frac{\mathscr{E}_0[R-\mathrm{i}(\omega L-1/\omega C)]}{R^2+(\omega L-1/\omega C)^2} \tag{8.50}$$

方括号内的项为 $a+b\mathrm{i}$ 形式的复数，如果将其写成“极性”形式更合适，即将其写为大小乘以相位的 $A\mathrm{e}^{\mathrm{i}\phi}$形式。大小应该为 $A=\sqrt{a^2+b^2}$，相位为 $\phi=\arctan(b/a)$，见习题 8.7。这样就得到了

$$\begin{aligned}\tilde{I}&=\frac{\mathscr{E}_0}{R^2+(\omega L-1/\omega C)^2}\cdot\sqrt{R^2+(\omega L-1/\omega C)^2}\,\mathrm{e}^{\mathrm{i}\phi}\\&=\frac{\mathscr{E}_0}{\sqrt{R^2+(\omega L-1/\omega C)^2}}\mathrm{e}^{\mathrm{i}\phi}\equiv I_0\mathrm{e}^{\mathrm{i}\phi}\end{aligned} \tag{8.51}$$

其中

$$I_0=\frac{\mathscr{E}_0}{\sqrt{R^2+(\omega L-1/\omega C)^2}}\quad 且\quad \tan\phi=\frac{1}{R\omega C}-\frac{\omega L}{R} \tag{8.52}$$

取 $\tilde{I}(t)=\tilde{I}\mathrm{e}^{\mathrm{i}\omega t}$解的实数部分就得到了实际的电流 $I(t)$

$$\begin{aligned}I(t)&=\mathrm{Re}[\tilde{I}\mathrm{e}^{\mathrm{i}\omega t}]=\mathrm{Re}[I_0\mathrm{e}^{\mathrm{i}\phi}\mathrm{e}^{\mathrm{i}\omega t}]=I_0\cos(\omega t+\phi)\\&=\frac{\mathscr{E}_0}{\sqrt{R^2+(\omega L-1/\omega C)^2}}\cos(\omega t+\phi)\end{aligned} \tag{8.53}$$

这与式（8.38）和式（8.39）相符。$I_0$ 为电流的振幅，$\phi$ 为与所施加电压相关的相位。

如前文所说，上述过程中涉及了四种 $I$：$\tilde{I}(t)$、$\tilde{I}$、$I(t)$ 和 $I_0$。它们之间有如下的关系（在图 8.13 中有关于此的总结）：

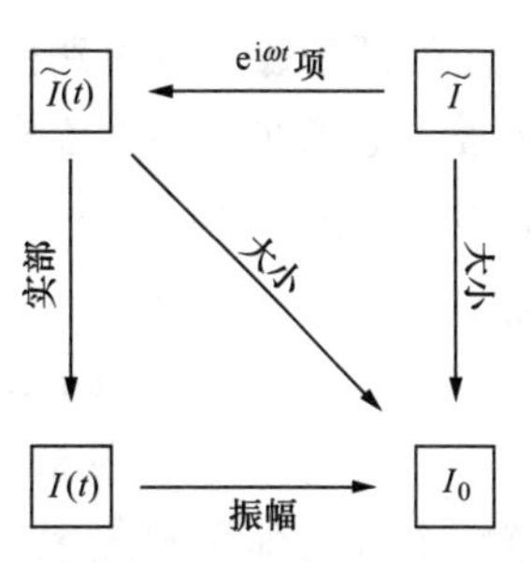


图 8.13
字母“$I$”不同用法之间的关系。

- 两个复数量 $\tilde{I}(t)$ 和 $\tilde{I}$ 之间的关系通过一个简单的因数 $\mathrm{e}^{\mathrm{i}\omega t}$相关联：$\tilde{I}(t)=\tilde{I}\mathrm{e}^{\mathrm{i}\omega t}$；$\tilde{I}$ 等于 $\tilde{I}(0)$。
- $I(t)$为实际电流，它等于 $\tilde{I}(t)$ 的实部：$I(t)=\mathrm{Re}[\tilde{I}(t)]$。
- $I_0$为 $\tilde{I}(t)$和 $\tilde{I}$ 的大小：$I_0=|\tilde{I}(t)|$且 $I_0=|\tilde{I}|$。
- $I_0$为 $I(t)$的振幅：$I(t)=I_0\cos(\omega t+\phi)$。

尽管上述利用复指数的方法需要一些练习来适应，但它比我们在 8.2 节中用过的含有三角函数的方法要简便快捷得多。回想一下我们在推导式（8.21）至式（8.25）的过程时要解的方程组。我们当时需要分别令 $\sin\omega t$ 和 $\cos\omega t$ 的系数为零，这需要做许多的代数运算。在这种复指数方法中，式（8.49）中的 $\mathrm{e}^{\mathrm{i}\omega t}$项相互抵消了，只剩下一个式，这样就很容易求解了。这种方法中很重要的一点是指数项的微

分式仍为指数项，而正弦和余弦函数在做微分时则类似于双稳态的过程。当然，根据关系式 $e^{i\theta}=\cos\theta+i\ \sin\theta$ 我们知道指数式可以写成正弦和余弦的形式，反过来也一样，正弦和余弦式可以写成指数形式，即 $\cos\theta=(e^{i\theta}+e^{-i\theta})/2$和 $\sin\theta=(e^{i\theta}-e^{-i\theta})/2i$。因此所有用指数函数可以解决的问题用三角函数也可以解决，只是指数函数可以让计算变得更容易。

在所施加的电压不是完美的正弦函数的情况下，我们这种猜指数解（或三角函数解）的方法仍然适用，主要原因有两点：（1）傅里叶变换和（2）式（8.46）中微分方程的线性特征。在之后的物理和数学课程中，我们将学习重要的傅里叶变换，但在这里我们只需要知道，由傅里叶变换我们可以将任意合理设定的电压源函数分解为一些（也可能是无限多个）指数函数或三角函数的叠加。然后，由于微分方程是线性的，所以我们可以将上面指数函数电压源对应的解叠加起来，这样就得到了最初电压源对应的解。实际上我们在对 $\widetilde{I}(t)$ 取实部以得到实际电流 $I(t)$时就是这么做的。如果我们将电压源$\mathscr{E}_0\cos\omega t$ 写为$\mathscr{E}_0(e^{i\omega t}+e^{-i\omega t})/2$，然后对这两个电压源分别求解之后再相加，得到的结果与前者是相同的。因此，本节中所说的取实部的方法只是傅里叶分析中叠加求解的一种特例。

## 8.4　交流电路

8.3 节中的电流只包含一个环路，本节中我们将对此加以推广。复数方法令我们在处理任意交流电路问题时更有效率。交流电路是指任意个电阻、电容和电感的组合，电流在其中按固定频率 $\omega$ 稳定振荡。一个或更多同样频率的电动势驱动着此振荡，图 8.14 即交变电路的示例。交变电动势的符号为—⊝—。在包含 $L_2$的支路中，电流作为时间的函数是

$$I_2(t)=I_{02}\cos(\omega t+\phi_2) \tag{8.54}$$

对于整个电路，频率是一个常数。因此只需要知道两个常数即可确定特定支路中的电流，即振幅 $I_{02}$和相位常数 $\Phi_2$。同样，对于确定的振幅和相位，某支路上的电压为

$$V_2(t)=V_{02}\cos(\omega t+\theta_2) \tag{8.55}$$

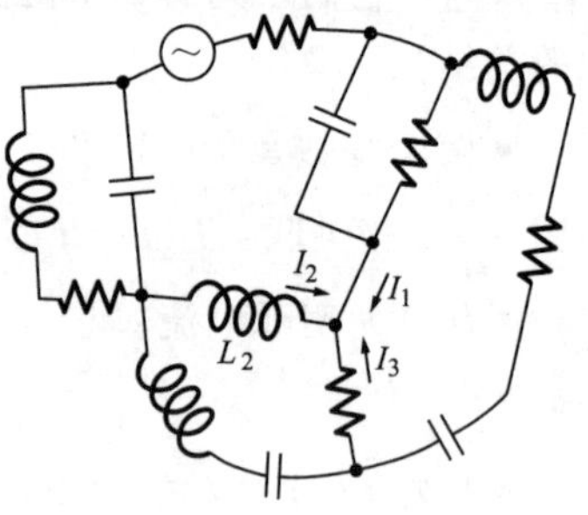

图 8.14
一个交流电路。

如果我们已经确定了一个电路中所有支路的电流和电压，就可以说将其分析透彻了。要做到这一点，可以建立适当的微分方程并求解。若考虑到网络的瞬态情况，就需要进行上述步骤。对于处在特定频率 $\omega$ 的稳态，可以使用更简单有效的处理方式。有两个基本条件分别为：

（1）交变电路中的电流和电压可以通过复数来表示。

（2）在某个给定频率下，交变电路中的任何一个支路或元件都可以通过其中电压与电流的关系来表征。

第一条利用了数学关系 $e^{i\theta}=\cos\theta+i\ \sin\theta$。我们在计算过程中需要用到如下规则：

> 一个交变电流 $I(t)=I_0\cos(\omega t+\phi)$ 可以由复数 $I_0e^{i\phi}$ 表示，其实数部分是 $I_0\cos\phi$，虚数部分是 $I_0\sin\phi$。
>
> 用另一种方法，如果复数 $x+iy$ 表示一个电流 $I(t)$，则电流作为时间的函数是 $(x+iy)e^{i\omega t}$ 的实数部分。同样的，如果 $I_0e^{i\phi}$ 表示电流 $I(t)$，那么 $I(t)$ 为 $I_0e^{i\phi}e^{i\omega t}$ 的实数部分，即 $I_0\cos(\omega t+\phi)$。

图 8.15 为上述关系的一个表述。因为复数 $z=x+iy$ 可以以图形的形式表现在二维平面上，所以可以通过 $\arctan(y/x)$ 这一角度来衡量相位，而 $\sqrt{x^2+y^2}$ 即为振幅 $I_0$。

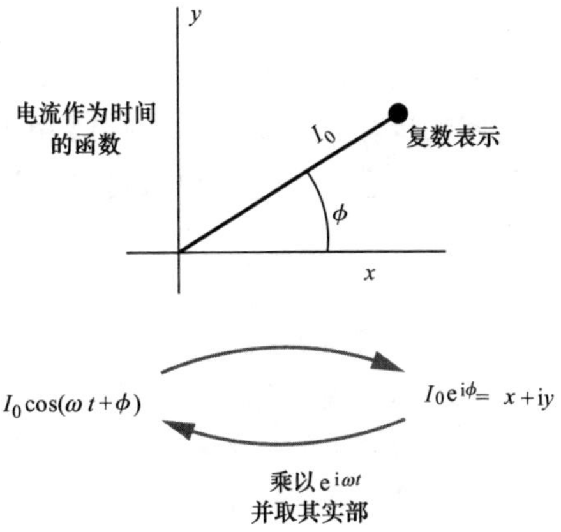

上述叙述之所以成立，基于下述事实：两个电流的和的表达式，正是它们的表达式的求和。如图 8.14 所示，对于任意时刻 $t$，两条相遇于某一节点的电流 $I_1(t)$ 与 $I_2(t)$ 的和为

$$\begin{aligned}I_1(t)+I_2(t)&=I_{01}\cos(\omega t+\phi_1)+I_{02}\cos(\omega t+\phi_2)\\&=(I_{01}\cos\phi_1+I_{02}\cos\phi_2)\cos\omega t\\&\quad-(I_{01}\sin\phi_1+I_{02}\sin\phi_2)\sin\omega t\end{aligned}\tag{8.56}$$



图 8.15

用复数表示交流电的规则。

在另一方面，根据我们的原则，表示 $I_1(t)$ 和 $I_2(t)$ 的复数和为

$$I_{01}e^{i\phi_1}+I_{02}e^{i\phi_2}=(I_{01}\cos\phi_1+I_{02}\cos\phi_2)+i(I_{01}\sin\phi_1+I_{02}\sin\phi_2)\tag{8.57}$$

如果将式（8.57）的右边乘以 $\cos\omega t+i\ \sin\omega t$，并且取其结果的实数部分，就会得到式（8.56）右侧部分。这并不奇怪，因为我们刚才证明的是

$$\mathrm{Re}[I_{01}e^{i(\omega t+\phi_1)}+I_{02}e^{i(\omega t+\phi_2)}]=\mathrm{Re}[(I_{01}e^{i\phi_1}+I_{02}e^{i\phi_2})(e^{i\omega t})]\tag{8.58}$$

式左边的内容出现在式（8.56）中，右边的内容为式（8.57）乘以 $e^{i\omega t}=\cos\omega t+i\ \sin\omega t$ 后取实部。

图 8.16 通过几何图形解释了上述过程。在复平面上，一个复数的实部为其在 $x$ 轴上的投影。因此电流 $I_1(t)=I_{01}\cos(\omega t+\phi_1)$ 为复数 $I_{01}e^{i(\omega t+\phi_1)}$ 在水平方向的投影，后者可以直观地看成是矢量 $I_{01}e^{i\phi_1}$ 在复平面上以角速度 $\omega$ 转动（因为角度按 $\omega t$ 变化）。对电流 $I_2(t)=I_{02}\cos(\omega t+\phi_2)$ 可以做同样处理。这样，两个矢量在水平

方向的投影之和就等于两矢量之和在水平方向上的投影。这样我们就可以先求出在平面中以角速度 $\omega$ 转动的和矢量 $I_{01}e^{i\phi_1}+I_{02}e^{i\phi_2}$，进而通过水平方向投影来得出总电流 $I_1(t)+I_2(t)$。可以发现，"两个矢量在水平方向的投影之和就等于两矢量之和在水平方向上的投影"这一特性可以用图 8.16 中的平行四边形在平面内转动时形状保持不变这一事实来解释。

这意味着，我们无需对周期性时间函数本身进行加减，而只要加减代表时间的复数。或者，在加和计算过程中，交流电流的算术和与其复数的算术和是一样的。但这种一致性对于乘法运算并不适用。复数 $I_{01}I_{02}e^{i(\phi_1+\phi_2)}$ 并不能代表式（8.56）中两个电流的式子的乘积（后者省略了虚部乘积对最终结果的贡献）。

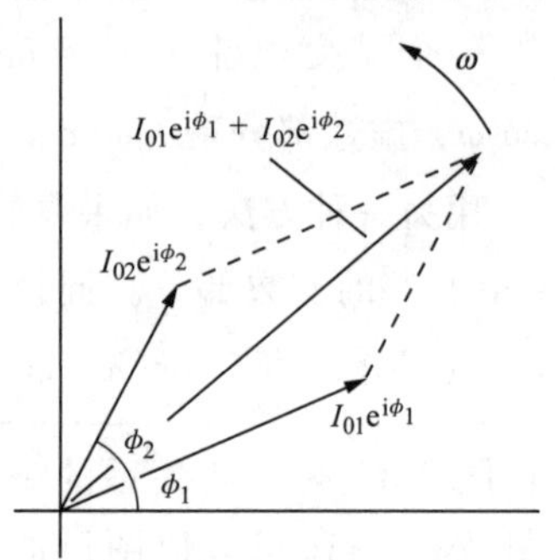


图 8.16

当这三个矢量在平面内以相同的速度 $\omega$ 转动时，长矢量（和矢量）在水平方向的投影总等于另外两个矢量水平方向投影之和。

然而，在分析电路的过程中，我们只需要进行加法与减法运算。例如，在图 8.14 中 $I_1$ 和 $I_2$ 相遇的节点处，对任意时刻都需要满足：该节点处总电流和为零。即

$$I_1(t)+I_2(t)+I_3(t)=0 \tag{8.59}$$

该条件对于任意时刻的 $I_1(t)$、$I_2(t)$ 和 $I_3(t)$ 都成立。因为上述原则，我们可以将三个复数形式的电流之和表达为简单的代数和。电压也可以用相同方式来处理。在某一时刻，电路中某一环路上电势差和一定等于该环路上的电动势。这种在条件限定下的电压方程可以以一些复数和来表示，如振动函数 $V_1(t)$ 和 $V_2(t)$ 等。

## 8.5　导纳和阻抗

电路元件中流过的电流与其两端的电压之间的关系可以用代表电压与电流的复数之间的关系来表示。图 8.5 为包含电感和电阻的电路，电压振荡由 $\widetilde{V}=\mathscr{E}_0$ 表示[6]，电流由 $\widetilde{I}=I_0e^{i\phi}$ 表示，其中 $I_0=\mathscr{E}_0/\sqrt{R^2+\omega^2L^2}$，$\tan\phi=-\omega L/R$。相位差 $\phi$ 和电流振幅与电压振幅的比值为此频率下电流所表现出来的一些特性。我们定义一个复数 $Y$ 为

$$Y=\frac{e^{i\phi}}{\sqrt{R^2+\omega^2L^2}}\qquad \phi=\arctan\left(-\frac{\omega L}{R}\right) \tag{8.60}$$

则下式：

---

6　正如在 8.3 节中所做的那样，我们在复数电压（及电流）上方标记一个符号，以避免与实际电压 $V(t)$（及电流）发生混淆，后者为 $\widetilde{V}e^{i\omega t}$ 的实部。

$$\boxed{\widetilde{I}=Y\widetilde{V}} \tag{8.61}$$

成立。此处 $\widetilde{V}$ 代表串联的 $RL$ 两端电压的复数（现在的这个例子中，其事实上是一个实数），$\widetilde{I}$ 代表其中电流的复数，$Y$ 被称为导纳。$Y$ 的倒数以 $Z$ 表示[7]，$Z$ 称为阻抗。上式可以表示为

$$\widetilde{V}=\left(\frac{1}{Y}\right)\widetilde{I}\Longrightarrow\boxed{\widetilde{V}=Z\widetilde{I}} \tag{8.62}$$

在式（8.61）和式（8.62）中我们列出了两个复数的乘积，但其中只有一个表示了交变电流或电压，另一个则为阻抗或导纳。因此，代数计算中包括了两类复数，例如，一类代表阻抗，另一类代表电流。两个“阻抗值”的乘积与两个“电流值”的乘积一样没有任何意义。

阻抗单位是欧姆。如果一个电路中只含有电阻，阻抗将是实数，且与 $R$ 相等，因此对于一个直流电路，式（8.62）简化为欧姆定律：$V=RI$。

一个无电阻的电感导纳是纯虚数 $Y=-\mathrm{i}/\omega L$，可以将式（8.60）中电阻 $R$ 取为零来理解这一点，其中式（8.60）中 $\phi=-\pi/2\Rightarrow e^{\mathrm{i}\phi}=-\mathrm{i}$。$-\mathrm{i}$ 因子表明电流振荡落后于电压振荡 $\pi/2$ 相位。在虚数坐标系中，如果电压由 $V$ 表示（见图 8.17（b）），电流可以由 $\widetilde{I}$ 表示，表达形式如图所示。对于电容，$Y=\mathrm{i}\omega C$，此式可由式（8.30）中电流的表述中得出。此例中 $V$ 和 $I$ 的关系如图 8.17（c）所示，电流领先于电压 $\pi/2$ 相位。内嵌图中的符号表示 $V$ 与 $I$ 之间的关系。在不连续的情况下，谈论“超前”和“滞后”是没有意义的。注意，我们通常会定义出正电流方向，这样作用于电阻上引起正电流的即为正电压［见图 8.17（a）］。这三种基础电路元件的特性总结于表 8.1 中。

**表 8.1　复数阻抗**

| 符　　号 | 导纳 $Y$ | 阻抗，$Z=1/Y$ |
|---|---|---|
| $R$ (电阻符号) | $\frac{1}{R}$ | $R$ |
| $L$ (电感符号) | $\frac{1}{\mathrm{i}\omega L}$ | $\mathrm{i}\omega L$ |
| $C$ (电容符号) | $\mathrm{i}\omega C$ | $\frac{1}{\mathrm{i}\omega C}$ |
|  | $I=YV$ | $V=ZI$ |

利用这三种元件，我们可以构建出任意电路。当元件或元件组合被并联时，使用导纳这一概念将很方便。在图 8.18 中，有两个黑盒子，其导纳分别为 $Y_1$ 和 $Y_2$，二者并联。由于两盒子上的电压相等，电流相加，所以

7　即使 $Y$ 和 $Z$ 为复数我们也无需在它们上方标记代表复数的符号，因为我们将很少取它们的实部（除了求相位 $\phi$ 时）。所以我们不必担心会将两种阻抗混淆。

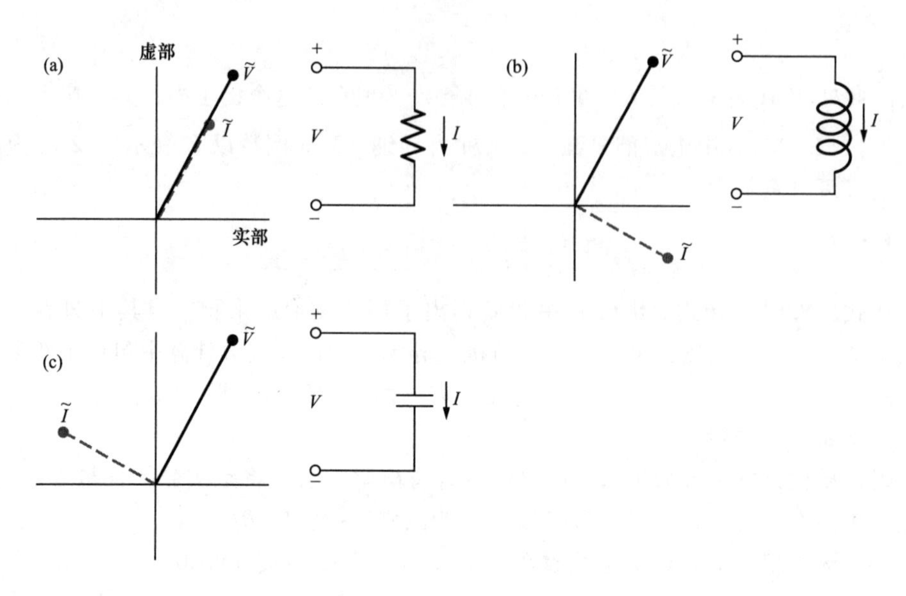


图 8.17

$\tilde{V}$ 和 $\tilde{I}$ 以复数形式表示电路元件两端的电压及流过电流元件的电流。电流与电压振荡之间的相位关系通过“矢量”之间的角度来表示。(a) 电阻中，电流和电压同相；(b) 电感中，电流相位落后于电压；(c) 电容中，电流相位领先于电压。

$$\tilde{I}=\tilde{I}_1+\tilde{I}_2=Y_1\tilde{V}+Y_2\tilde{V}=(Y_1+Y_2)\tilde{V} \qquad (8.63)$$

这与一个导纳为 $Y=Y_1+Y_2$ 的黑盒子是等价的。从图 8.19 中可明显看出，相互串联的各元件阻抗是叠加的，因为电流是相等的，而电压可以相加：

$$\tilde{V}=\tilde{V}_1+\tilde{V}_2=Z_1\tilde{I}+Z_2\tilde{I}=(Z_1+Z_2)\tilde{I} \qquad (8.64)$$

这意味着该系统等价于一个阻抗为 $Z=Z_1+Z_2$ 的黑盒子。这与我们讨论的直流电路时是很相似的。事实上，我们正是将交变电路问题简化为直流电路问题，二者之间不同为：我们处理此处问题使用的是复数。

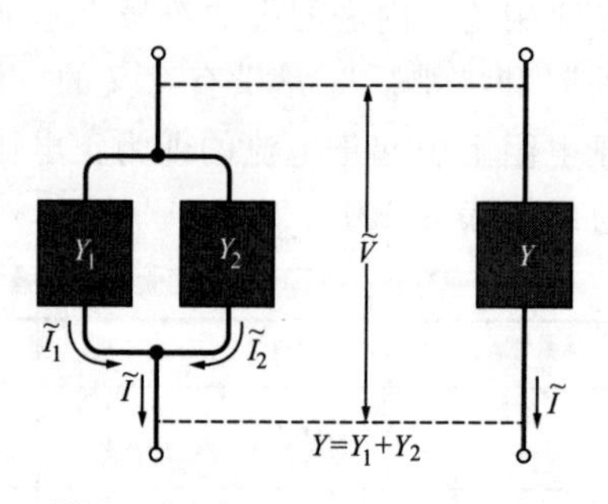


图 8.18
导纳并联。

**例题（并联 *RLC* 电路）**　如图 8.20 中的“并联 *RLC*”电路，三个并联支路的总导纳是

$$Y=\frac{1}{R}+\mathrm{i}\omega C-\frac{i}{\omega L} \qquad (8.65)$$

电压是 $\mathscr{E}_0$，因此复数形式的电流是

$$\widetilde{I}=Y\widetilde{V}=\mathscr{E}_0\left[\frac{1}{R}+\mathrm{i}\left(\omega C-\frac{1}{\omega L}\right)\right] \tag{8.66}$$

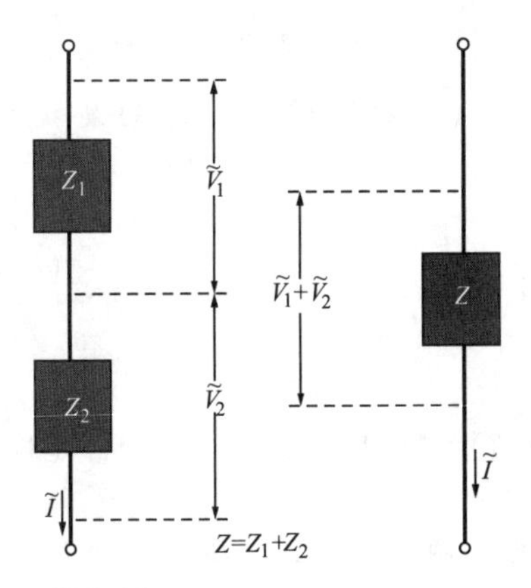


图 8.19
阻抗串联。

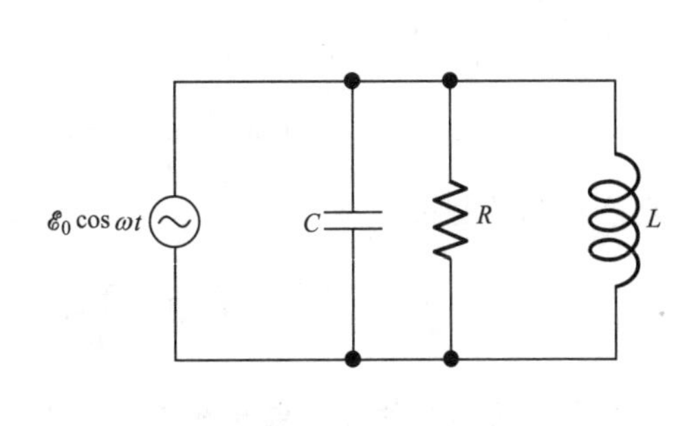


图 8.20
并联谐振电路。按照式（8.65）将这三个元件的复数导纳叠加起来。

电流振荡 $I(t)$ 的振幅 $I_0$ 是复数 $\widetilde{I}$ 的模，相对于电压的相位角是 arctan$(I_m(Y)/\mathrm{Re}(Y)$。假设施加的电压仍为$\mathscr{E}_0\cos\omega t$（即没有额外的相位项），则有

$$I(t)=\mathscr{E}_0[(1/R)^2+(\omega C-1/\omega L)^2]^{1/2}\cos(\omega t+\phi)$$

$$\tan\phi=R\omega C-\frac{R}{\omega L} \tag{8.67}$$

请读者将此结果与式（8.38）和式（8.39）给出的串联 $RLC$ 电路的解进行比较。读者还可以考虑这两种电路在 $R$、$L$ 和 $C$ 为极限值下的情况。

我们接下来分析一个更复杂的电路。我们将详细地讨论各种复数电压和电流在复平面上的情况及其之间的关系。

**例题** 考虑如图 8.21 所示的电路。我们想求出对应其中三个元件的复数电压及电流。然后我们将在复平面上画出相应的矢量，并证明它们之间的关系是正确的。为了让计算简单，我们令所有阻抗大小都为 $R$。若 $R$ 和 $\omega$ 为已知，那么可以令 $L=R/\omega$、$C=1/\omega R$。如此，三个阻抗分别为

$$Z_R=R,Z_L=\mathrm{i}\omega L=\mathrm{i}R,Z_C=1/\mathrm{i}\omega C=-\mathrm{i}R \tag{8.68}$$

这样，整个电路的阻抗就为

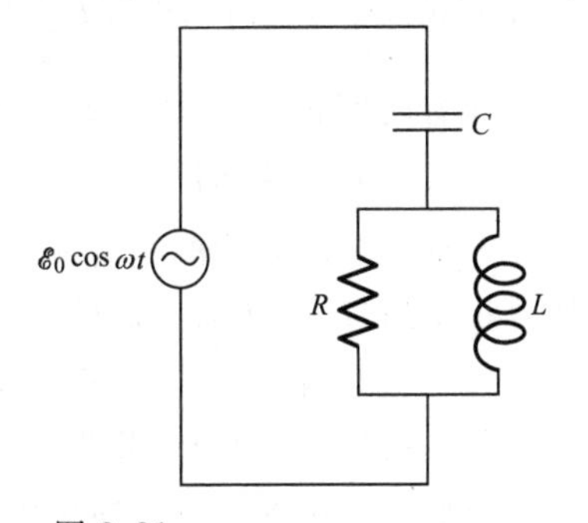


图 8.21
此电路中对应三个元件的复数电压和电流分别为多少？

$$Z=Z_C+\frac{Z_RZ_L}{Z_R+Z_L}=R\left(-\mathrm{i}+\frac{1\cdot\mathrm{i}}{1+\mathrm{i}}\right)=R\,\frac{1-\mathrm{i}}{2} \tag{8.69}$$

假设施加的电压为普通的$\mathscr{E}_0\cos\omega t$（没有额外的相位项），那么施加的复数电压$V_{\mathscr{E}}$就为简单的实数$\mathscr{E}_0$。因此，总的复数电流$\widetilde{I}$（这也是流过电容的复数电流$\widetilde{I}_C$）为

$$\widetilde{V}_{\mathscr{E}}=\widetilde{I}Z\Longrightarrow\widetilde{I}=\frac{\mathscr{E}_0}{Z}=\frac{\mathscr{E}_0}{R}\frac{2}{1-\mathrm{i}}=\frac{\mathscr{E}_0}{R}(1+\mathrm{i}) \tag{8.70}$$

电容两端的复数电压为

$$\widetilde{V}_C=\widetilde{I}_CZ_C=\frac{\mathscr{E}_0}{R}(1+\mathrm{i})\cdot(-\mathrm{i}R)=\mathscr{E}_0(1-\mathrm{i}) \tag{8.71}$$

电压和电感两端的复数电压相等，都为$\mathscr{E}_0$减去电容两端的复数电压

$$\widetilde{V}_R=\widetilde{V}_L=\mathscr{E}_0-\widetilde{V}_C=\mathscr{E}_0-\mathscr{E}_0(1-\mathrm{i})=\mathrm{i}\,\mathscr{E}_0 \tag{8.72}$$

因此通过电阻的复数电流为

$$\widetilde{I}_R=\frac{\widetilde{V}_R}{Z_R}=\frac{\mathrm{i}\,\mathscr{E}_0}{R} \tag{8.73}$$

穿过电感的复数电流为

$$\widetilde{I}_L=\frac{\widetilde{V}_R}{Z_L}=\frac{\mathrm{i}\,\mathscr{E}_0}{\mathrm{i}R}=\frac{\mathscr{E}_0}{R} \tag{8.74}$$

结果中的三个复数电压（此外还有$\mathscr{E}_0$）及三个复数电流显示在图8.22所示的复平面中。（$\widetilde{V}$和$\widetilde{I}$的单位不同，所以图中二者的相对大小没有意义。）关于这些矢量我们可以做许多分析，例如：①$\mathscr{E}_0$等于$\widetilde{V}_C$加上$\widetilde{V}_L$或$\widetilde{V}_R$中的一个；②$\widetilde{I}_C$等于$\widetilde{I}_R$加上$\widetilde{I}_L$；③各矢量在复平面内逆时针旋转的过程中$\widetilde{I}_L$落后于$\widetilde{V}_L$的相位为90°；④$\widetilde{I}_R$与$\widetilde{V}_R$同相；⑤$\widetilde{I}_C$相对于$\widetilde{V}_C$相位领先90°。

随着时间推移，图8.22中的各个矢量都在复平面内以相同的角速度$\omega$转动。各矢量之间的位置保持相对不变。水平方向上的投影（实部）对应着真实世界中的各个量。与此等价的，各实际量也可以由$I_R(t)=\mathrm{Re}[\widetilde{I}_R\mathrm{e}^{\mathrm{i}\omega t}]$得出。相位因子$\mathrm{e}^{\mathrm{i}\omega t}$使得相位随着$\omega t$增加，这就是矢量会在复平面内转动的原因。图8.22给出了$t=0$时刻各矢量的情况（假设施加的电压为$\mathscr{E}_0\cos\omega t$，没有额外的相位项），也可以看成$\omega$等于任意$2\pi$倍数时的情况。

正如我们在8.4节中所说的，上述矢量在复平面转动过程中最值得注意的是下面这句话：由于矢量$\widetilde{I}_C$总等于$\widetilde{I}_R$和$\widetilde{I}_L$的和（这是因为各矢量的相对位置不变，系统像一个刚体在旋转），所以水平方向的分量也满足此关系，即$I_C(t)=I_R(t)+$

$I_L(t)$。换句话说，基尔霍夫节点电流方程适用于电容下面的节点。同样地，由于施加的电压 $\widetilde{V}_{\mathscr{E}}$ 总等于 $\widetilde{V}_C$ 加上 $\widetilde{V}_R$（或 $\widetilde{V}_L$），所以 $V_{\mathscr{E}}(t)=V_C(t)+V_R(t)$。因此基尔霍夫环路电压方程也适用。简单来说，如果在某个特定时间点复数电压和电流满足基尔霍夫定律，那么在任意时间实际电压和电流都满足基尔霍夫定律。

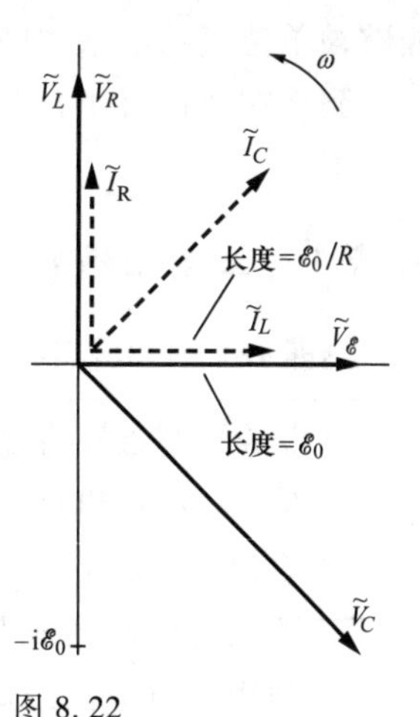

图 8.22
图 8.21 所示电路中各个复数电压及电流。

如本节之前提及的那样，表 8.1 内 $Z_L$和 $Z_C$中的虚数符号 i 与电压和电流之间的±π/2 相对应。我们尝试在图 8.22 中证明这一点。对于电感有

$$\widetilde{V}_L=\widetilde{I}_L Z_L \Longrightarrow \widetilde{V}_L=\widetilde{I}_L(\mathrm{i}\omega L) \Longrightarrow \widetilde{V}_L=\widetilde{I}_L(\mathrm{e}^{\mathrm{i}\pi/2}\omega L) \tag{8.75}$$

这意味着 $\widetilde{V}_L$ 比 $\widetilde{I}_L$ 的相位领先 π/2。对电容来说则相反。更普遍地说，对于整个电路或者其中的部分元件，我们有 $\widetilde{V}=\widetilde{I}Z$，这与只包含电阻的电路是一样的。若复数电压 $\widetilde{V}$、复数电流 $\widetilde{I}$ 和阻抗 $Z$ 分别写为如下形式[8]：

$$\widetilde{V}=V_0\mathrm{e}^{\mathrm{i}\phi_V},\ \widetilde{I}=I_0\mathrm{e}^{\mathrm{i}\phi_I},\ Z=|Z|\mathrm{e}^{\mathrm{i}\phi_z} \tag{8.76}$$

那么，通过观察 $\widetilde{V}=\widetilde{I}Z$ 两边的模和相位，可得到

$$\boxed{V_0=I_0|Z|}\quad 且 \quad \boxed{\phi_V=\phi_I+\phi_Z} \tag{8.77}$$

前者看起来像是欧姆定律 $V=IR$。后者表明电压 $\phi_Z$ 领先于电流。建议读者现在去做一下习题 8.9，该题的任务是将图 8.10 和图 8.20 所示的串联和并联 *RLC* 电路中的各个复数电压和电流画出来。

我们要强调一下，上述方法仅仅对于线性电路元件是有效的。所谓线性电路元件，就是其电流正比于电压。也就是说，我们的电路必须由一个线性微分方程描述。对于一个非线性电路元件，我们甚至无法定义一个阻抗。非线性电路元件是很重要的也很有意思，如果你已经学了一些相关知识，你就会了解它们为何不适用于这种类型的分析。

对于以固定频率的持续振荡，上述结论都是可以确定的。电路的瞬态现象则是另一个问题，它与上述问题不同。我们在研究线性电路时使用了一些模型与方法，对研究瞬态问题时也是有用的。理由是，正如 8.3 节的末尾所描述的，我们可以将许多稳定频率的振荡叠加，这样就可以表达一个不稳定的状态。而如果每个频率都

8 我们将 $Z$ 的模写为 $|Z|$ 而不是 $Z_0$，以示 $Z$ 是与 $\widetilde{V}$ 和 $\widetilde{I}$ 不同类型的量。$V_0$ 和 $I_0$ 这两个量表示的是实际的电压和电流振荡的振幅，而 $Z$ 不是一个表示振荡的函数，因此这种写法我们是为了避免给大家这样的印象。

能够被单独表示出来，则其各自的响应也可以计算出来。

到现在我们对于含有正弦电压源的稳态电路有三种不同的解法，现在我们来总结一下。

## 方法 1（三角函数）

这是我们在 8.2 节中用的方法，步骤如下。

- 根据绕整条环路的压降为零这一点来写出微分方程。各元件对应的压降分别为 $IR$，$L\mathrm{d}I/\mathrm{d}t$ 和 $Q/C$。使微分方程中只包含一个未知量，比如电流 $I(t)$。
- 给出一个形式如三角函数 $I(t)=I_0\cos(\omega t+\phi)$ 的假设解。如果有多条环路，那么对应着同样多的电流。
- 利用三角函数公式来展开 $\cos(\omega t+\phi)$ 和 $\sin(\omega t+\phi)$，然后令 $\cos\omega t$ 和 $\sin\omega t$ 的系数分别为零。这样就得出了 $I_0$ 和 $\phi$ 的解。

## 方法 2（指数函数）

这是我们在 8.3 节中用的方法，步骤如下。

- 类似方法 1，对每个环路根据压降写出微分方程，使得式中只包含一个未知数，如 $I(t)$。
- 将电压源 $\mathscr{E}_0\cos\omega t$ 写为 $\mathscr{E}_0\mathrm{e}^{\mathrm{i}\omega t}$，然后给定一个指数形式 $\widetilde{I}(t)\equiv\widetilde{I}\mathrm{e}^{\mathrm{i}\omega t}$ 的假设解。实际电路中的电流为解的实部，即 $I(t)\equiv\mathrm{Re}[\widetilde{I}(t)]$。如果有多条环路，则有同样多的电流函数。
- $\widetilde{I}$ 的解可以写为 $\widetilde{I}=I_0\mathrm{e}^{\mathrm{i}\phi}$ 形式，实际的电流则为

$$I(t)=\mathrm{Re}[\widetilde{I}(t)]=\mathrm{Re}[\widetilde{I}\mathrm{e}^{\mathrm{i}\omega t}]=\mathrm{Re}[I_0\mathrm{e}^{\mathrm{i}\phi}\mathrm{e}^{\mathrm{i}\omega t}]=I_0\cos(\omega t+\phi) \tag{8.78}$$

$I_0$ 为电流振幅，$\phi$ 为与电压源相关的相位。

## 方法 3（复数阻抗）

这是我们在 8.4 节和 8.5 节中用的方法，步骤如下。

- 假设电路中的电阻、电感和电容的阻抗分别为 $R$、$\mathrm{i}\omega L$ 和 $1/\mathrm{i}\omega C$，之后按照电阻的串联和并联法则将阻抗叠加（规则与简单的电阻相同）。
- 按照只含有电阻的电路处理的方式，对整个电路或任意支路部分列出 $\widetilde{V}=\widetilde{I}Z$。将复数量写为极坐标形式，由 $\widetilde{V}=\widetilde{I}Z$ 可以很快得出 $V_0=I_0|Z|$ 和 $\phi_V=\phi_I+\phi_Z$。前者看起来像是欧姆定律 $V=IR$。后者表明电压 $\phi_Z$ 领先于电流。
- $\widetilde{V}$ 和 $\widetilde{I}$ 在复平面上以相同的角速度 $\omega$ 转动。水平方向的分量（实部）为真

实世界中的各个量。由于各矢量之间的相对位置不变，所以如果在某个特定时间点复数电压和电流满足基尔霍夫定律，那么在任意时间实际电压和电流都满足基尔霍夫定律。

- 第三种方法实际上只是第二种方法更系统化后的表现。如果电路中含有不只一条回路，那么第三种方法比第二种方法容易得多，而第二种方法又比第一种方法简单得多。

## 8.6 交流电路的功率和能量

如果电阻 $R$ 上的电压为 $V_0\cos\omega t$，则电流为 $I=(V_0/R)\cos\omega t$。此时的瞬时功率，即电阻上该时刻的能量耗散率为

$$P_R=RI^2=\frac{{V_0}^2}{R}\cos^2\omega t \tag{8.79}$$

因为在许多周期内的$\cos^2\omega t$ 的平均值为 1/2（因为它与$\sin^2\omega t$ 平均值相等，且 $\cos^2\omega t+\sin^2\omega t=1$），所以电路中消耗的平均功率为

$$\overline{P}_R=\frac{1}{2}\frac{{V_0}^2}{R} \tag{8.80}$$

习惯上，表达交变电路中的电压和电流时并不用其振幅，而是用其振幅的 $1/\sqrt{2}$。这通常被叫作**均方根值**（rms）：$V_{\text{rms}}=V_0/\sqrt{2}$。注意式（8.80）中的因子 1/2，因此有

$$\boxed{\overline{P}_R=\frac{{V_{\text{rms}}}^2}{R}} \tag{8.81}$$

例如，在北美国家正常的线电压是 120V，对应振幅 $120\sqrt{2}\text{ V}=170\text{V}$，室内电源插座间的电势差（如果电压是正常）是

$$V(t)=170\cos(377\text{s}^{-1}\cdot t) \tag{8.82}$$

此处我们已知频率为 60Hz。当电流振幅为 1.414A 时，直流电流计指数为 1A。

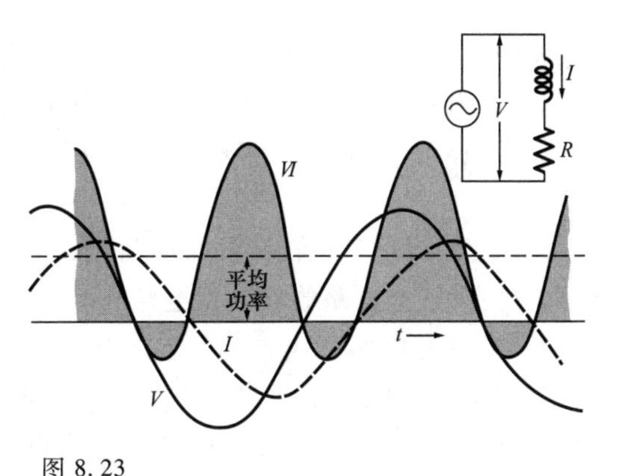


图 8.23

由电路左侧的电动势能量源传至右侧电路元件的瞬态功率为 $VI$。水平虚线表示的是平均需要的时间。

式（8.81）对于只有电阻的情况也成立。一个电路元件（或者多个电路元件的组合）上瞬间消耗的能量为 $VI$，即电路元件（组合）上总的瞬态

电压和电流的乘积，注意一下符号。考虑这一问题时可以参照图 8.5 中简单的 $LR$ 电路。在图 8.23 中，我们重新画出电流和电压曲线，并且添加了 $VI$ 的曲线。$VI$ 为正值，意味着能量正被从电动势源或发电机传输到 $LR$ 组合。注意，$VI$ 在某些特定周期部分是负的，在这些阶段，一些能量被送回发电机。电感的磁场中储存的能量会振荡，这可以解释上述现象。储存的能量 $LI^2/2$，在每个周期内会出现两个峰值。

$LR$ 电路的平均功率 $\bar{P}$ 对应于图中的水平虚线，为了计算它的值，我们先来计算 $VI$ 的积，其中，$V=\mathscr{E}_0\cos\omega t$ 和 $I=I_0\cos(\omega t+\phi)$：

$$VI=\mathscr{E}_0 I_0\cos\omega t\cos(\omega t+\phi)=\mathscr{E}_0 I_0(\cos^2\omega t\cos\phi-\cos\omega t\sin\omega t\sin\phi) \tag{8.83}$$

与 $\cos\omega t\sin\omega t$ 成比例的项若写作 $\frac{1}{2}\sin 2\omega t$，则平均值为零，$\cos^2\omega t$ 的平均值是 1/2。因此整体的平均值为

$$\bar{P}=\overline{VI}=\frac{1}{2}\mathscr{E}_0 I_0\cos\phi \tag{8.84}$$

如果电流和电压都用均方根值表示，单位分别为 V 和 A，则

$$\boxed{\bar{P}=V_{\mathrm{rms}}I_{\mathrm{rms}}\cos\phi} \tag{8.85}$$

在这个电路所有耗散的能量都作用在电阻 $R$ 上。实际上，任何电感都有一定的电阻。为了分析电路方便，我们把电感的电阻归结到电阻 $R$ 中。当然，对于实际的电阻，热会逐渐累积产生。

功率 $P$ 等于实际电压 $V(t)$ 和实际电流 $I(t)$ 的乘积。这两个量是复数 $\widetilde{V}(t)$ 和 $\widetilde{I}(t)$ 的实部。这是否意味着功率等于乘积 $\widetilde{V}(t)\widetilde{I}(t)$ 的实部呢？当然不是，因为复数乘积的实部不等于实部的乘积。复数乘积的实部还包含一部分 $\widetilde{V}(t)$ 和 $\widetilde{I}(t)$ 虚部的乘积。正如我们在 8.4 节中说过的那样，两个复数的乘积没有意义（除非乘积中包含阻抗和导纳，那将是另一种类型的数，并不是我们所要求的关于时间的函数）。有一点很重要，由于我们最初的微分方程关于电压和电流是线性的，所以我们必须一直保持这种线性。两个这样的复数做乘积与微分方程的解没有任何关系。

$LR$ 电路与我们以前讲述的没有什么不同，所以如果 $V_{\mathrm{rms}}$ 为整个电路的均方根电压、$I_{\mathrm{rms}}$ 为整个电路的均方根电流、$\phi$ 为瞬态电流和电压之间的相位差，那么式 (8.85) 对任意电路都成立。当电路中只含有一个电阻时，式（8.85）会简化为式 (8.81)。此时，电阻中通过的电流与电压同相，所以 $\phi=0$，再加上 $I_{\mathrm{rms}}=V_{\mathrm{rms}}/R$，所以式（8.85）可简化为式（8.81）。当电阻仅仅是一个大型电路中的一部分时，注意式（8.85）中的 $V_{\mathrm{rms}}$ 为整个电路（或其他我们关注的部分）两端的电压，而式（8.81）中的 $V_{\mathrm{rms}}$ 仅为电阻两端的电压；见习题 8.14。

---

**例题**　为了练习在 8.5 节中所使用的方法，我们将分析图 8.24（a）中的电路。一

个电阻为 10000Ω、功率为 1W 的电阻（这个数量级的电阻，能够安全吸收最大的功率）与两个分别为 0.2μF 和 0.5μF 的电容相连。我们将其连到 120V、60Hz 的电源上。问题为：功率为 1W 的电阻也将过热吗？为了算出 $R$ 上的平均功率是否超过 1W，我们需要算出电路中的一些电流和电压。

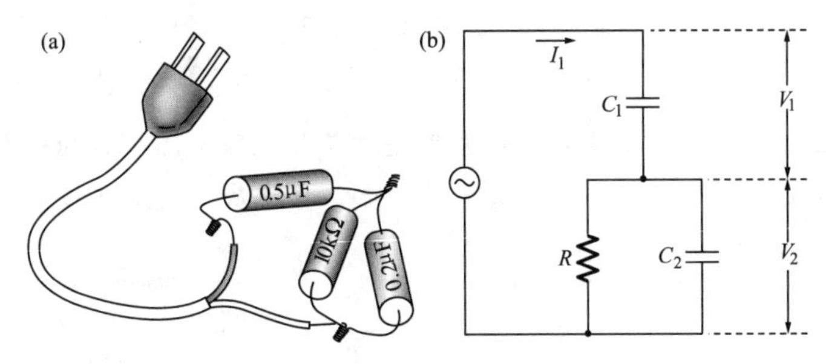


图 8.24
一条实际电路。（a）电路中可以加上一个电动势源；（b）电路图。

分析该电路的一种方法如下。

$C_2$ 的导纳 $= i\omega C_2 = (377)(2\times10^{-7})i = 0.754\times10^{-4} i\Omega^{-1}$

电阻的导纳 $= \dfrac{1}{R} = 10^{-4}\Omega^{-1}$

的导纳为 $10^{-4}(1+0.754i)\Omega^{-1}$

的阻抗为 $\dfrac{1}{10^{-4}(1+0.754i)} = \dfrac{10^4(1-0.754i)}{1^2+0.754^2} = (6380-4810i)\Omega$

$C_1$ 的阻抗 $= -\dfrac{i}{\omega C} = -\dfrac{i}{(377)(5\cdot10^{-7})} = -5300i\Omega$

整个电路的阻抗 $= (6380-10110i)\Omega$

$$I_1 = \frac{120}{6380-10110i} = \frac{120(6380+10110i)}{(6380)^2+(10110)^2} = (5.36+8.49i)\cdot10^{-3}\ \mathrm{A}$$

因为我们使用的是均方根为 120V 的电压，我们可以获得均方根电流，即复数 $I_1$ 的模。$I_1$ 为 $[(5.36)^2+(8.49)^2]^{1/2}\cdot10^{-3}$A，即 10.0mA，这是均方根电流。串联在此电路中的交流电流计读数为 10mA。相对于线电压，此电流相位角为 $\phi=\arctan(0.849/0.539)$，或 1.01rad。由式（8.85）可知，整个电路的平均功率为

$$\bar{P} = (120\mathrm{V})(0.010\mathrm{A})\cos1.01 = 0.64\mathrm{W} \tag{8.86}$$

在此电路中，只有电阻为耗能元件，因此这就是电阻的平均功率。为了验证这一点，我们计算电阻上的电压 $V_2$。如果 $V_1$ 是 $C_1$ 上的电压，则有

$$V_1=I_1\left(\frac{-\mathrm{i}}{\omega C}\right)=(5.36+8.49\mathrm{i})(-5300\mathrm{i})10^{-3}=(45.0-28.4\mathrm{i})\mathrm{V}$$

$$V_2=120-V_1=(75.0+28.4\mathrm{i})\mathrm{V} \tag{8.87}$$

$R$ 中的电流 $I_2$将与 $V_2$相位相同，$R$ 的平均功率将是

$$\overline{P}=\frac{V_2^2}{R}=\frac{(75.0)^2+(28.4)^2}{10^4}=0.64\mathrm{W} \tag{8.88}$$

这就验证了上述观点。为了使电阻功率不超过其额定值，可以添加一个保险。事实上，电阻是否变得过热不仅取决于其平均功率，还取决于其散热性能。电阻的额定功率只是一个粗略的值。

## 8.7　应用

电路的谐振在现代世界中有着非常多的应用，如果没有它，我们的生活将大为不同。任何无线通信都是基于谐振现象的，这其中包括收音机、手机、计算机以及 GPS 系统。如果你的桌上正放着一个收音机，那么它现在正在接收着各种各样频率的电磁波（将在第 9 章中讨论）。如果你想要接收来自广播电台的某特定频率，那么你可以调节收音机的谐振频率使其达到电台对应的频率。通常改变收音机的谐振频率需要调节内部电路的电容，而这需要用到变容二极管——这是一种通过改变两端电压来改变其电容的二极管。假设电路的电阻很小，那么当谐振频率与电台频率匹配时会发生如下两件事：电路中会发生与电台频率相同频率的强振荡，同时会按照收音机接收到的其他所有频率发生可忽略的弱振荡。电路的 $Q$ 值较大会导致上述两种反应，这是因为如图 8.11 中的峰值高度与 $Q$ 值成正比（读者可对此进行证明），而宽度与 $1/Q$ 成正比。之后，电路的振荡信号经过解调（见 9.8 节中关于 AM/FM 的描述）和放大后被传输至扬声器中，发出你所听到的声音。

微波炉中的微波是由一个磁控管产生的。该器件包含一个环形膛，在其边界处有数个（通常为八个）腔（见图 8.25）。这些腔中含有一个电容和一个电感（同时还有一个小电阻），因此它们像是 $LC$ 共振电路。其尺寸经过设计，以使得其共振频率约为 2.5GHz。沿着环的边沿，这些 $LC$ 腔顶端处电荷的正负号会交替改变。由环中心发射出的电子，会使此系统中的电子（能量也是如此）增加，这些电子会被吸引向正电端。到此为止，这种效应仅仅是减少了系统中的电荷量，但我们可以用一种简单的方法来使这种反应反向发生：通过附加一个合适的磁场，我们可以使电子的运

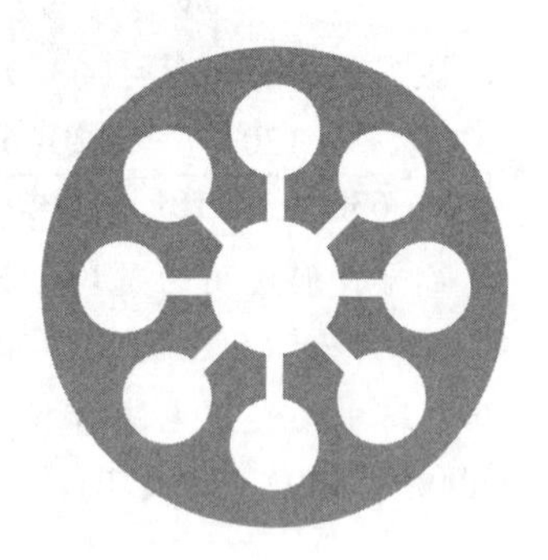

图 8.25
磁控管。腔中含有一个电容和一个电感。

动轨迹适量偏转并使电子撞向负电端。这样系统中的电子就会增加而非减少。在 *LC* 腔内加入一小段导线圈，线圈会在微波辐射的影响下产生电流，借此可以将微波提取出来。

我们家中墙壁插座中输出的电流是交流电（AC）而非直流电（DC）。在北美地区，有效电压为 120V，交变频率为 60Hz。（在欧洲则为 230V 和 50Hz。）我们使用交流电而非直流电有一个最主要的原因，是使用交流电可以通过变压器来很容易地升高或降低电压。这在远距离传输电时是很重要的，因为对于发电站提供的额定功率 $P=IV$，$V$ 越大意味着 $I$ 越小，从而传输线上的能量损耗 $I^2R$ 就越小。当使用直流电时，想要改变电压就难得多了。这在 1880 年的"电流战争"中成为决定性因素，当时直流电和交流电正争夺统治地位。因为直流电在传输过程中的传输电压需要保持为与用电电压相同大小，所以直流电站只能设置在与用电负荷距离几公里以内。这是一个非常明显的缺点：城市中必须设有非常多的电站，相反在远离城市处的水坝则没用。现在科技的发展使得改变直流电电压变得容易了，因此在某些情况下也会采用高电压、直流电（*high-voltage*，*direct current*，HVDC）的输电方式。无论是对于直流电还是交流电，当进行远距离传输时，电压都为数百千伏。在电流战争期间，托马斯·爱迪生（同时还有许多其他人）是站在直流电一方的，与之相对的，尼古拉·特斯拉则支持使用交流电。

多数情况下发电厂产生的电是三相电，即，有三根独立的导线，彼此之间所带电压相位相差 120°。这是可以实现的，例如，使用三个如图 7.13 所示的导线圈而非只用图中所示的一个。三相电有许多优点，其中一个就是相比于单相电，三相电可以提供更为稳定的电能，因为单相电每个周期内都会有两个时刻电压为零。当然，这一优势是相对于大型机器而言的，多数家用电只连接了电网其中一相（或是连接在两相之间）。

传输到我们家中的交流电对于许多用电器来说都是很适用的。例如，烤面包机和白炽灯灯泡只需要 $I^2R$ 热能，无论直流电还是交流电都可以满足这一要求。但有些电器则需要直流电，因为在这些电器中电流的方向是很重要的。电源适配器能够将交流电转变为直流电，通常还能降低电压。电压的降低是通过变压器来完成的，桥式整流器则负责将交流电变为直流，桥式整流器中包含四个组合起来的二极管，它只允许电流沿着一个方向流动。此外，为了使电压变得更平滑，可以加入一个电容，这样充电后的电容在电压降低时可以放电，可以使电压缓慢变化。

正如我们在 3.9 节中提及的，在交流电电网中实行功率因数补偿是很有用的。例如，某电机阻抗的虚部越大，相位角 $\phi$ 越大，式（8.85）中的 $\cos\phi$ 就越小，该因式被称为功率因数。乍看来这并没有什么问题，因为这些没有被利用的能量只是在电站和电机之间来回传动而已。然而，对于确定的净能量消耗，功率因数越小意味着需要 $I$ 越大，从而使得输电线（通常很长）中的能量消耗 $I^2R$ 越大。为此，工业用电中的功率因数通常不低于 0.95。在电感电路（例如一个含有许多线圈的马

达）中，通过在电路中加入电容可以提高功率因数，因为这样可以减小阻抗的虚部。

## 本章总结

• 串联 $RLC$ 电路（无电动势）的环路方程为一个线性微分方程，它包含三个量，分别对应着三个元件。在欠阻尼情况下，电容两端电压的解为

$$V(t)=\mathrm{e}^{-\alpha t}(A\cos\omega t+B\sin\omega t) \tag{8.89}$$

其中

$$\alpha=\frac{R}{2L},\ \omega^2=\frac{1}{LC}-\frac{R^2}{4L^2} \tag{8.90}$$

在过阻尼及临界阻尼条件下，解的形式与上述不同。电路的**质量因子**如下：

$$Q=\omega\cdot\frac{\text{储存的能量}}{\text{能量消耗的平均功率}} \tag{8.91}$$

• 如果我们在 $RLC$ 串联电路中加入一个正弦电动势 $\mathscr{E}_t=\mathscr{E}_0\cos\omega t$，则电流的解为 $I(t)=I_0\cos(\omega t+\phi)$，其中

$$I_0=\frac{\mathscr{E}_0}{\sqrt{R^2+(\omega L-1/\omega C)^2}},\ \tan\phi=\frac{1}{R\omega C}-\frac{\omega L}{R} \tag{8.92}$$

这是8.1节所给出的瞬态解耗散之后的**稳态解**。当 $\omega$ 等于谐振频率 $\omega_0=1/\sqrt{LC}$ 时，$I_0$ 取得最大值。$I_0(\omega)$ 曲线在谐振峰附近的宽度约为 $\omega_0/Q$。

• 要求解串联 $RLC$ 电路，还可以将基尔霍夫微分方程中的 $\mathscr{E}_0\cos\omega t$ 换为 $\mathscr{E}_0\mathrm{e}^{\mathrm{i}\omega t}$，然后再设出一个形如 $\widetilde{I}(t)=\widetilde{I}\,\mathrm{e}^{\mathrm{i}\omega t}$ 的**指数形式解**。通过取 $\widetilde{I}(t)$ 的实部即可得到有效电流 $I(t)$。

• 在交流电路中，电流和电压可以用**复数**表示。复数的实部为有效电流和有效电压。复数电流和复数电压之间的联系可通过**复数导纳**或**复数阻抗**来表示：$\widetilde{I}=Y\widetilde{V}$ 或 $\widetilde{V}=Z\widetilde{I}$。三个电路元件 $R$、$L$、$C$ 的导纳和阻抗见表8.1。导纳之间通过并联形式叠加，阻抗之间通过串联形式叠加。

• 我们给出了三种解交变电流网络的方法。见8.5节末的总结。

• 传输至一条电路的平均**功率**为

$$\bar{P}=\frac{1}{2}\mathscr{E}_0I_0\cos\phi=V_{\mathrm{rms}}I_{\mathrm{rms}}\cos\phi \tag{8.93}$$

此处的有效值（rms）为峰值的 $1/\sqrt{2}$。对于单个电阻，上述功率变为 $\bar{P}_R=V_{\mathrm{rms}}^2/R$。

## 习　题

### 8.1 解的线性组合*

齐次线性微分方程具有以下性质，两个解的和或者任意线性组合仍是原方程的解。（“齐次”说的是方程一边为零。）考虑其他的情况，例如二阶方程（尽管这个性质对任意阶均成立）

$$A\ddot{x}+B\dot{x}+Cx=0 \tag{8.94}$$

证明如果 $x_1(t)$ 和 $x_2(t)$ 是方程的解，则 $x_1(t)+x_2(t)$ 也是方程的解。并证明这个性质不适用于非线性的微分方程 $A\ddot{x}+B\dot{x}^2+Cx=0$。

**8.2 求解线性微分方程****

考虑 $n$ 阶齐次线性微分方程

$$a_n\frac{\mathrm{d}^n x}{\mathrm{d}t^n}+a_{n-1}\frac{\mathrm{d}^{n-1}x}{\mathrm{d}t^{n-1}}+\cdots+a_1\frac{\mathrm{d}x}{\mathrm{d}t}+a_0x=0 \tag{8.95}$$

证明解为 $x(t)=A_i\mathrm{e}^{r_it}$，$r_i$取决于 $a_j$的系数。提示：如果导数表达式（d/d$t$）用字母 $z$ 代替，则我们可以得到 $z$ 的 $n$ 阶多项式，可以使用数学方法进行因式分解。（你可以假设这个多项式的根很容易得到。如果解是二重根则会有些麻烦，这需要在求解的过程中进行讨论。）

**8.3 欠阻尼运动*****

一个二阶齐次线性微分方程可以写成如下的一般形式：

$$\ddot{x}+2\alpha\dot{x}+\omega_0{}^2x=0 \tag{8.96}$$

其中 $\alpha$ 和 $\omega_0$是常数。（对于 8.1 节中的串联 $RLC$ 电路，式（8.2）给出了 $\alpha=R/2L$，$\omega_0{}^2=1/LC$。）根据习题 8.2，我们知道这个方程有两个独立的指数解。求出这两个解，并证明在 $\alpha<\omega_0$ 的欠阻尼情况下，通解可以写成式（8.10）的形式。

**8.4 过阻尼的 *RLC* 电路***

把指数形式的试探解代入式（8.2），来求出式（8.15）中的常数 $\beta_1$和 $\beta_2$。如果 $R$ 非常大，对较大的 $t$ 值，解看起来像什么？

**8.5 频率的变化****

对于练习 8.19 中出现的衰减信号，估算其与电路自然频率 $1/\sqrt{LC}$相差的百分比。

**8.6 *RLC* 电路的限制*****

（a）在 $R\to0$ 的条件下，证明式（8.4）中的解趋近于 $LC$ 电路的解。也就是证明电压的表达式是 $\cos\omega_0t$ 的形式。

（b）在 $L\to0$ 的条件下，证明式（8.15）中的解趋近于 $RC$ 电路的解。就是证明电压的表达式是 $\mathrm{e}^{-t/RC}$的形式。你需要使用到习题 8.4 中的结果。

（c）在 $C\to\infty$的情况下，证明式（8.15）中的解趋近于 $RL$ 电路的解。就是证明电压的表达式是 $\mathrm{e}^{-(R/L)t}$的形式，最后变成一个常数。这个常数的物理意义是什么呢？

**8.7 大小和相位***

证明 $a+b\mathrm{i}$ 可以写成 $I_0\mathrm{e}^{\mathrm{i}\phi}$，其中 $I_0=\sqrt{a^2+b^2}$，$\phi=\arctan(b/a)$。

**8.8 矢量表示的 *RLC* 电路*****

（a）在图 8.26 中的串联 $RLC$ 电路的环路方程为

$$L\frac{\mathrm{d}I}{\mathrm{d}t}+RI+\frac{Q}{C}=\mathscr{E}_0\cos\omega t \tag{8.97}$$

其中我们规定电流 $I$ 取顺时针方向为正，$Q$ 是电容右侧板上的电量。如果 $I$ 为 $I(t)=I_0\cos(\omega t+\phi)$，证明式（8.97）可以写成

$$\omega LI_0\cos(\omega t+\phi+\pi/2)+RI_0\cos(\omega t+\phi)+\frac{I_0}{\omega C}\cos(\omega t+\phi-\pi/2)=\mathscr{E}_0\cos\omega t \tag{8.98}$$

（b）在任何给定的时间内，式（8.98）中的四项可以认为是复平面上四个矢量的实部。画

出合适的四边形，用来表示方程左边三项之和等于右边那项。

（c）使用四边形来确定电流的振幅 $I_0$ 和相位 $\phi$，并核实它们与式（8.38）和式（8.39）中的值一致。

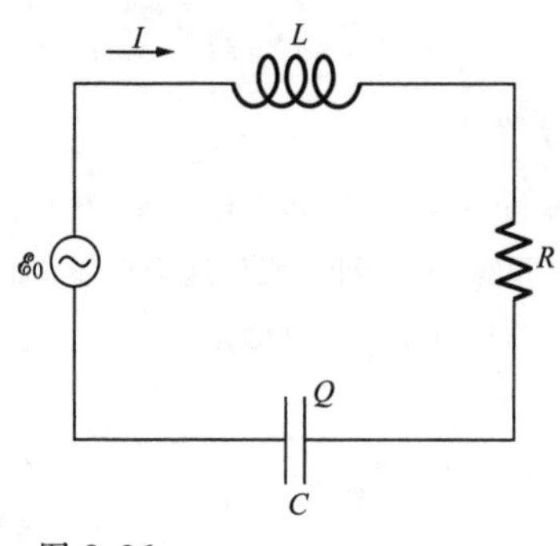


图 8.26

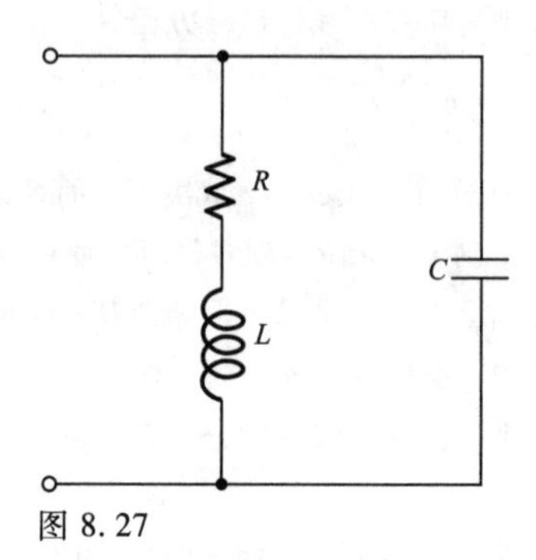


图 8.27

**8.9 绘制复矢量****

对于图 8.10 和图 8.20 中所示的串联和并联的 *RLC* 电路，画出所有代表复电压和复电流的矢量。为了方便制作形象的图片，假设 $R=|Z_L|=2|Z_C|$。矢量一直在复平面上旋转，所以你可以在最方便的时候画出那一刻的矢量。

**8.10 实阻抗***

有可能在某一频率下，图 8.27 中所示电路端点间的阻抗将为纯实数？

**8.11 电灯泡***

一条 120V（有效值），60Hz 的电线给一 40W 的电灯泡提供能量。如果把一个 10μF 的电容串联接入电路，会有什么因素造成灯泡亮度降低？（假设亮度仅与消耗在灯泡电阻上的功率有关。）

**8.12 固定的电压值****

在图 8.28 所示的电路中，$V_{AB}\equiv V_B-V_A$。证明对于任意的频率 $\omega$，$|V_{AB}|^2=V_0^2$ 成立，并求出特定频率 $\omega$，使得 $V_{AB}$ 与 $V_0$ 间的相位差为 90°。

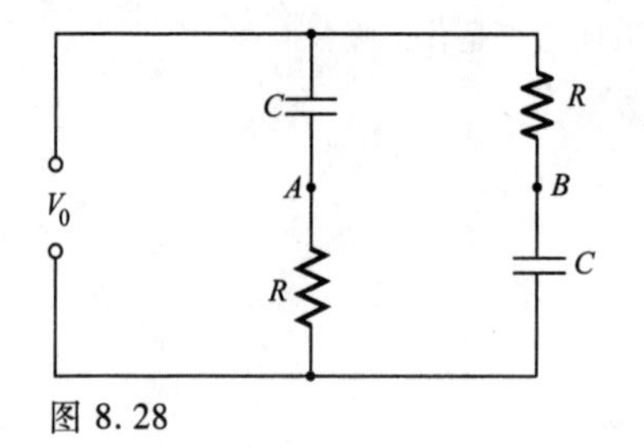


图 8.28

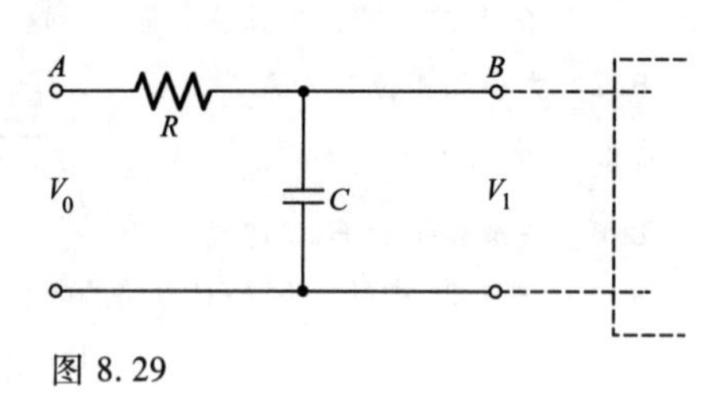


图 8.29

**8.13 低通滤波器****

图 8.29 中，端点 *A* 接在交流电压 $V_0\cos\omega t$ 上，端点 *B* 接在高输入阻抗的音频放大器上。（也就是说，放大器的电流可以忽略不计。）计算 $|\widetilde{V}_1|^2/V_0^2$ 的值。$|\widetilde{V}_1|$是端点 *B* 处复电压振幅的绝对值。当输入 5000Hz 的信号时，$|\widetilde{V}_1|^2/V_0^2=0.1$，求出相应的 *R* 和 *C* 值。这个电路就是最原始的“低通”滤波器，随着频率增大，电压衰减就会增加。证明当频率足够大时，频率加倍

后信号功率缩为原来的 1/4。你能设计一个具有更好关断能力的滤波器吗——例如倍频后功率变为原来的 1/16。

### 8.14　串联 *RLC* 电路的功率 * *

考虑图 8.10 中所示的串联的 *RLC* 电路。证明传给电路的平均功率［由式（8.84）给出的］，等于消耗在电阻上的平均功率［式（8.80）给出］。［这些方程比等效的均方根式（8.85）和式（8.81）更容易处理。］

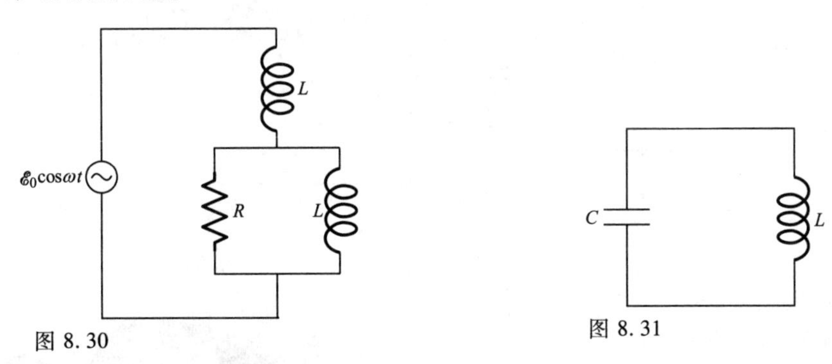


图 8.30

图 8.31

### 8.15　两个电感和一个电阻 * *

图 8.30 中所示的电路具有两个相等的电感 $L$ 和一个电阻 $R$。电动势 $\mathscr{E}_0\cos\omega t$ 的频率被定为 $\omega=R/L$。

（a）这个电路的总复电感为多少？仅用 $R$ 表示。

（b）如果电路内的总电流写成 $I_0\cos(\omega t+\phi)$ 的形式，那么 $I_0$ 和 $\phi$ 是何值？

（c）消耗在电路中的平均功率为多少？

## 练　　习

### 8.16　电压和能量 *

考虑图 8.31 中所示的 *LC* 电路。初始条件：电容两端的电压变化为 $V_0\cos\omega t$（环路以顺时针方向为正），其中 $\omega=1/\sqrt{LC}$。在 $t=0$ 时，电容和电感两端的电压如何变化（以顺时针方向为正）？能量储存在哪里？在 $t=\pi/2\omega$ 时，再回答上述问题。

### 8.17　经过 *Q* 次周期的振幅 *

对于 8.1 节中的 *RLC* 回路，证明电流（或电压）幅值在经过 $Q$ 个周期后衰减为原来的 $e^{-\pi}$（约为 0.043）倍。

### 8.18　阻尼对频率的影响 * *

使用式（8.9）和式（8.13）来说明串联 *RLC* 电路中的阻尼对频率的影响，可以通过用 $Q$ 和 $\omega_0=1/\sqrt{LC}$ 来表示 $\omega$。假设加入足够大的电阻，使 $Q$ 值从∞变为 1000。则从 $\omega_0$ 移动到 $\omega$，变化的百分比是多少？如果 $Q$ 从∞减小到 5 又会是多少？

### 8.19　衰减信号 * *

图 8.32 所示电路中线圈的电感为 0.01H。当开关闭合时示波器开始工作。105Ω 的电阻对于这个实验来说足够大（之后你会发现这一点），所以在本题（a）和（b）两问中可以把它看成

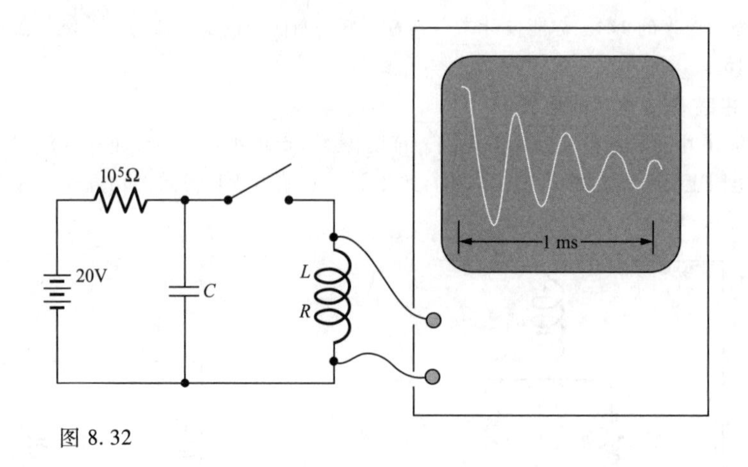


图 8.32

无穷大。

（a）确定电容 $C$ 的值。

（b）估算线圈的电阻 $R$ 值。

（c）在开关闭合后一段时间后，例如 1s，示波器两端电压如何变化？

**8.20　共振腔** * *

图 8.33 中所示的共振腔是很多微波振荡器的基本组成部分，可以简单地把它看成一个 $LC$ 电路。电感是一匝矩形线圈，详见式（7.62），这个电感直接与平行板电容器相连。求出这个电路共振频率的表达式，并画出简单的电场和磁场分布图来验证这个表达式。

**8.21　求解 *RLC* 电路** * * *

图 8.34 中所示的共振电路相比于 $LC$ 串联的共振电路多并联了一个耗能元件电阻 $R'$，像推导式（8.2）的过程一样推导这个电路的方程。并像 $RLC$ 串联电路那样求出解的限制条件。如果串联的 $RLC$ 电路和并联的 $R'LC$ 电路具有相同的 $L$、$C$ 和 $Q$（代表品质因子而非电荷），求出 $R'$ 与 $R$ 之间的关系？

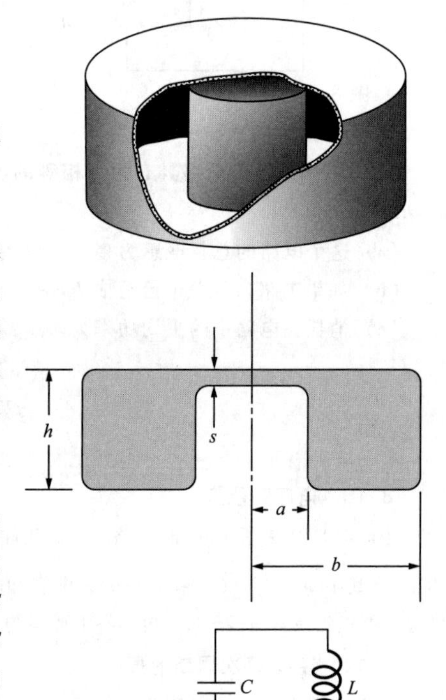


图 8.33

**8.22　过阻尼振荡器** * *

图 8.4（a）的电路中 $R$ 为 600Ω，确定在过阻尼情况下的 $\beta_1$ 和 $\beta_2$ 值。同时求出式（8.15）中常数 $B$ 与 $A$ 的比值。你可以使用习题 8.4 中的结果。

**8.23　*RLC* 电路中的能量** * * *

对于欠阻尼状态、临界阻尼状态和过阻尼状态情况，分别算出图 8.2 中所示的 $RLC$ 电路在任意时间 $t$ 储存的能量（电容储存的能量加上电感储存的能量）的表达式，你不必简化答案。当保持 $L$ 和 $C$ 不变，改变 $R$，证明满足临界阻尼条件 $R=2\sqrt{L/C}$ 时，总能量最快被消耗掉。（指数此刻起主导作用。）可以用到习题 8.4 的结论。

### 8.24 外接电压源的 *RC* 电路**

在电阻 $R$ 与电容 $C$ 串联的电路中加入电压源 $\mathscr{E}_0\cos\omega t$，写出表示基尔霍夫定律的微分方程。之后猜一个指数形式的电流，使用你的解的实部来求出实际电流。当 $\omega$ 非常大和非常小时，确定电流的相位和振幅怎么变化，并解释形成这些结果的物理过程。

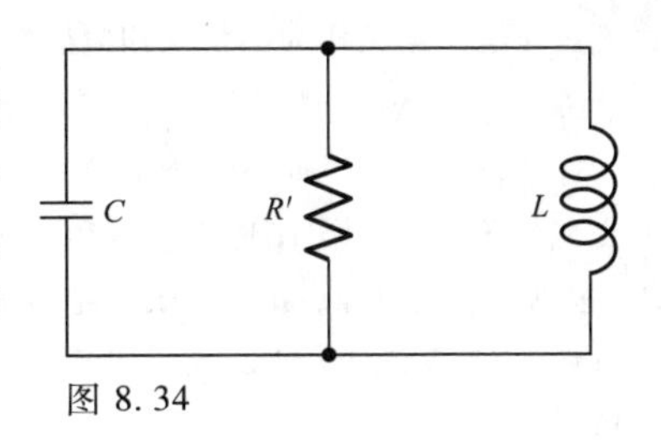

图 8.34

### 8.25 电灯泡**

把一个电感与一个 120V（平均值）、60W 的电灯泡串联，要使这个组合在 240V、60Hz 的电源下正常工作，这个电感应该取多大？（首先确定所需的感应电阻。你可以忽略电感的电阻和电灯泡的电感。）

### 8.26 标记曲线**

图 8.35 中所示的四条曲线分别是外加电压、串联的 *RLC* 电路中电阻、电感和电容两端的电压。请分辨出哪个代表哪个电压？电感和电容的阻抗哪个大？

### 8.27 *RLC* 并联电路**

把一个 1000Ω 的电阻，一个 500pF 的电容和一个 2mH 的电感并联在一起。这个组合电路在 10kHz 频率下的阻抗是多少？在 10MHz 的情况下，又为多少呢？在什么频率下阻抗的绝对值最大？

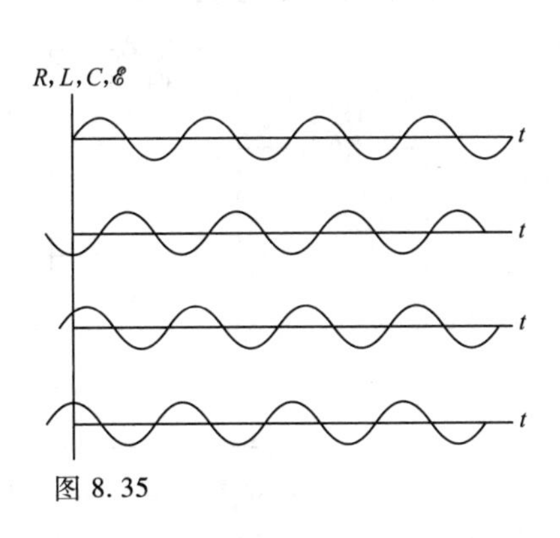

图 8.35

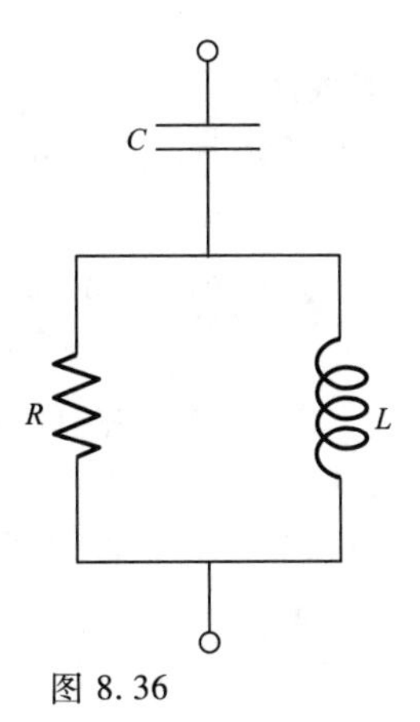

图 8.36

### 8.28 小阻抗*

考虑图 8.36 所示的电路，频率选为 $\omega = 1/\sqrt{LC}$。对于给定的 $L$ 和 $C$，你将如何选择 $R$，才能使电路的阻抗最小？

### 8.29 阻抗为实数*

有无可能找到一个频率，使得图 8.37 中所示电路两端的阻抗在该频率处为纯实数？

### 8.30 相等的阻抗?*

是否存在某些 $R$、$L$ 和 $C$ 值，使图 8.38 中所示的两个电路具有相同的阻抗？（两个电路中的电阻 $R$ 值相同。）你能给出相应的物理解释吗？

### 8.31 零电压差**

如果图 8.39 中所示电路满足条件 $R_1R_2 = L/C$，证明 $A$ 和 $B$ 点的电压差在任意频率下都为零。

讨论一下这个电路作为测量未知电感的交流电桥的可能性。

**8.32 求解 L****

在实验室你可以通过实验求出未知电感 $L$ 和未知内阻 $R$。使用一个直流欧姆表，一个高阻抗的交流电压表，一个 $1\mu F$ 的电感和一个 1000Hz 的信号发生器，就可以按照以下步骤确定 $L$ 和 $R$。根据欧姆表可知，$R$ 为 $35\Omega$。把电容、电感和信号发生器串联，电感和电容的两端电压为 10.1V，电容两端 15.5V，你可以证实一下电感两端为 25.4V。$L$ 为多大？电感两端的电压是这个值吗？

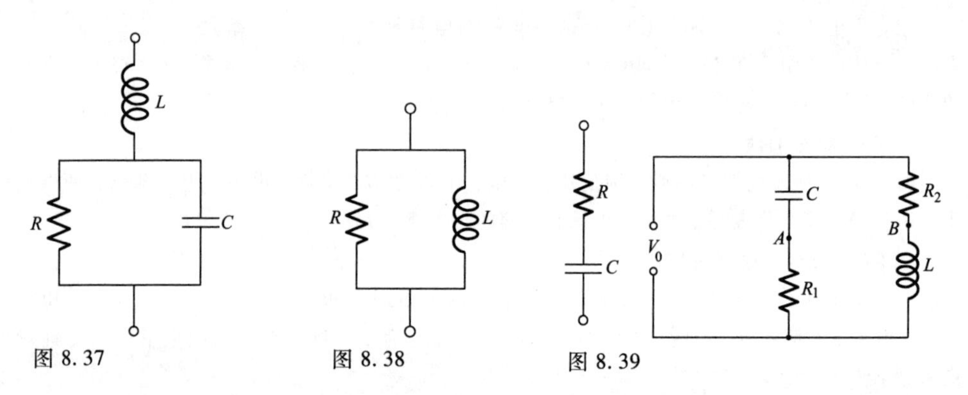


图 8.37　　图 8.38　　图 8.39

**8.33 等效盒*****

证明在图 8.40 所示两个电路中的两端阻抗 $Z$ 均为（忽略单位）

$$Z=\frac{5000+16\times10^{-3}\omega^2-16\mathrm{i}\omega}{1+16\times10^{-6}\omega^2} \tag{8.99}$$

在任意频率下，这两个黑盒子具有相同的阻抗，从外观看完全一致无法区分。给定上面箱子的电阻和电容，你可以给出一般性法则，以求出下面盒子中电阻和电容吗？

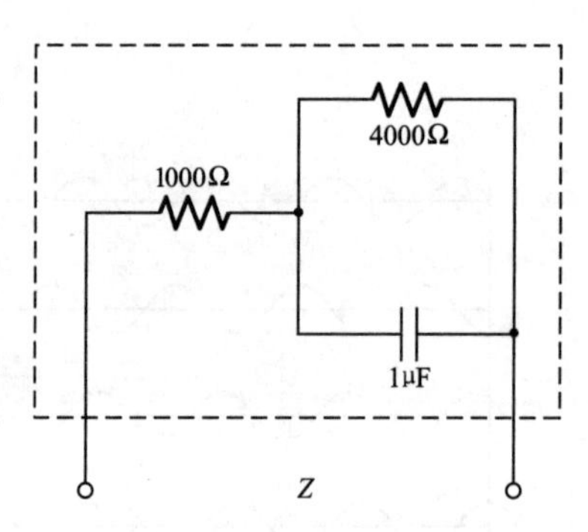


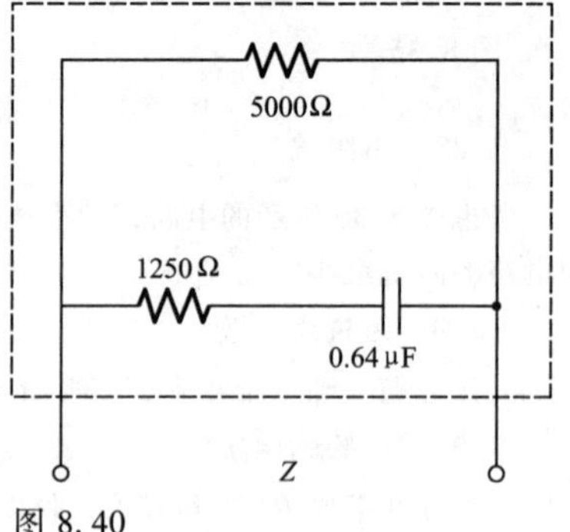


图 8.40

**8.34 LC 链****

图 8.41（a）中所示的具有四个端点的盒子包含一个电容 $C$ 和两个等值电感 $L$，按照如图方式连接。阻抗 $Z_0$ 连接在右侧的端点上。对于给定频率 $\omega$，找出一个 $Z_0$，可以使左侧两端点间的阻抗（“输入”阻抗）等效值也为 $Z_0$。

（当 $\omega^2<2/LC$ 时 $Z_0$ 的待定值为纯电阻 $R_0$。一连串这样的盒子连在一起形成像练习题 4.36 中电阻梯那样的梯状网络。如果链状网络以值为 $R_0$ 的电阻结束，那么无论多少盒子组成这个链，它在频率为 $\omega$ 时的输入阻抗都为 $R_0$。）

在特殊情况 $\omega=\sqrt{2/LC}$ 下，$Z_0$ 为何值？它有助于理解（a）盒子可以用（b）盒子代替。

### 8.35 电路[**]

一个 2000Ω 的电阻和一个 1mF 的电容串联，接在 120V（有效值）、60Hz 的电源上。

（a）总阻抗是多大？

（b）电流的有效值是多大？

（c）消耗在电路内的平均功率是多大？

（d）连在电阻两端的交流电压表读数为多少？电容两端的呢？

（e）阴极射线管的左右两板连接在电阻两端，上下两板连接在电容两端。电子管屏幕的水平和垂直轴分别代表电阻和电容两端的电压。画出你希望在屏幕上显示的图案。根据已给的信息，有可能确定图案在哪个方向上展开？

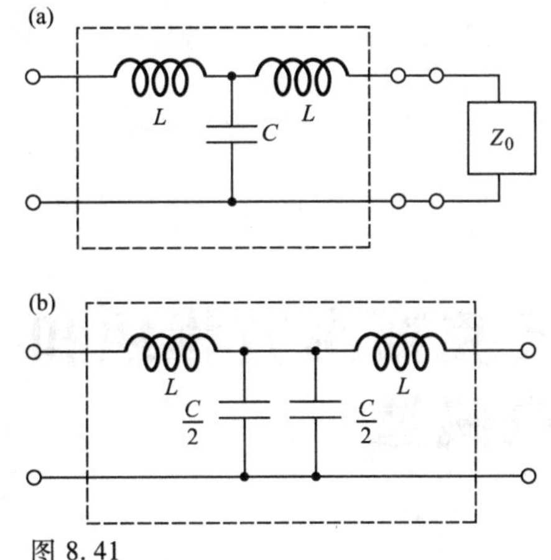


图 8.41

### 8.36 高通滤波器[*]

考虑习题 8.13 中的装置，但用电感代替电容，计算 $|\widetilde{V}_1|^2/V_0^2$。选择 $R$ 和 $L$ 的值使得在 100Hz 的信号时，$|\widetilde{V}_1|^2/V_0^2=0.1$。这个电路是最原始的“高通”滤波器，随着频率减小，衰变增加。证明对于足够低的频率，所有的倍频后的信号功率都变为原来的 1/4。

### 8.37 并联的 *RLC* 电路的功率[**]

针对图 8.20 中所示的并联的 *RLC* 电路，重复习题 8.14 中的任务。

### 8.38 两个电阻和一个电容[**]

图 8.42 中所示的电路有两个等值的电阻 $R$ 和一个电容 $C$。电动势 $\varepsilon_0\cos\omega t$ 的频率为 $\omega=1/RC$。

（a）电路总的复电感为多少？仅用 $R$ 表示。

（b）如果电路内的总电流写为 $I_0\cos(\omega t+\phi)$，$I_0$ 和 $\phi$ 为多少？

（c）消耗在电路中的平均功率为多少？

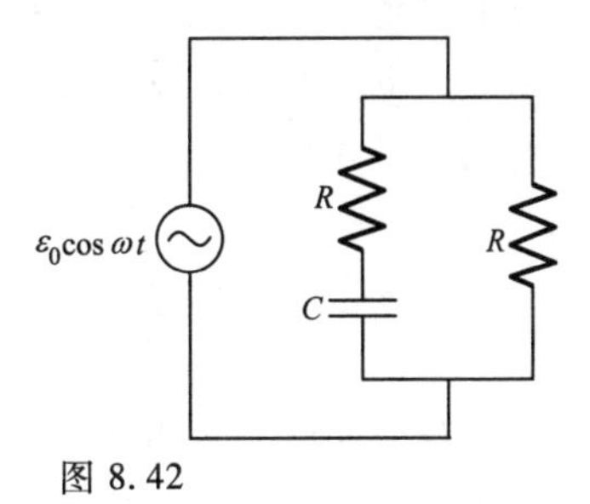


图 8.42

# 9

# 麦克斯韦方程组和电磁波

## 综述

在电磁学研究的课程中，我们已经逐步知道了麦克斯韦方程组的难点。在这一章中我们将介绍最后一个难点，就是大家所知的位移电流。我们首先发现现有理论中的矛盾，然后去解决这些矛盾。一旦写下完整的麦克斯韦方程组，我们就可以求解出在真空中具有特殊性质的波的解。这些波是光波，不像你熟悉的其他波，光波在传播过程不需要介质。运动的电磁波携带能量，更普遍的是坡印廷矢量可以描述任意电磁场中的能流。电磁驻波，即行波的叠加，净能量为零。通过检测在不同参考系之间电场和磁场的变换，我们可以发现某个参考系中的光波与任何其他参考系中的光波是相似的。

## 9.1 缺少了什么

让我们回顾一下电场与电荷之间的关系。正如我们第 2 章学到的那样，与库仑定律等价的描述是高斯定理的微分形式表达

$$\boxed{\mathrm{div}\boldsymbol{E}=\frac{\rho}{\varepsilon_0}} \tag{9.1}$$

该公式把电荷密度 $\rho$ 和电场强度 $E$ 联系起来。该式对于运动电荷和静止电荷都成立。也就是说，$\rho$ 可以是一个关于时间和位置的函数。正如我们在第 5 章强调的那样，式（9.1）对运动电荷成立与电荷的不变性是一致的：无论孤立的带电粒子怎样运动，通过对包围着电荷的表面求电场 $\boldsymbol{E}$ 的积分，来得到粒子的电荷的做法，在每一个参考系都是相同的。

运动的电荷是电流。因为电荷既不会创造出来也不会消灭，电荷密度 $\rho$ 和电流密度 $\boldsymbol{J}$ 总是满足以下条件：

$$\boxed{\mathrm{div}\boldsymbol{J}=-\frac{\partial\rho}{\partial t}} \tag{9.2}$$

该“连续性方程”第一次是出现在式（4.10）中。

如果电流密度 $\boldsymbol{J}$ 在任何时刻都是恒定的，则称为稳恒电流分布。稳恒电流分布的磁场满足方程

$$\mathrm{curl}\boldsymbol{B}=\mu_0\boldsymbol{J}(\text{稳恒电流分布}) \tag{9.3}$$

我们曾在第 6 章中使用过这个关系式。

现在我们关心的是随时间变化的电荷分布和相应的场。假设我们有一个电荷分布 $\rho(x, y, z, t)$，满足 $\partial\rho/\partial t\neq 0$。例如，有一个通过电阻放电的电容器。根据式（9.2）可知，$\partial\rho/\partial t\neq 0$ 意味着

$$\mathrm{div}\boldsymbol{J}\neq 0 \tag{9.4}$$

但任何矢函数的旋度的散度都等于零（见练习 2.78）。根据式（9.3），可以得到

$$\mathrm{div}\boldsymbol{J}=\frac{1}{\mu_0}\mathrm{div}(\mathrm{curl}\boldsymbol{B})=0 \tag{9.5}$$

上述两式显然是矛盾的，它表明对于电荷密度随时间变化的系统，式（9.3）是不成立的。当然，没有人说过这是对的，而在符合式（9.3）的稳恒电流分布中，不用说电荷密度 $\rho$，即使是电流密度 $\boldsymbol{J}$，也不随时间变化。

这个问题可以用一个稍不同的方式表述，即通过考虑磁场在图 9.1 中导线上的线积分，这个导线把电荷带离电容板。根据斯托克斯定理，有

$$\int_C \boldsymbol{B}\cdot\mathrm{d}\boldsymbol{l}=\int_s \mathrm{curl}\boldsymbol{B}\cdot\mathrm{d}\boldsymbol{a} \tag{9.6}$$

流有电流 $I$ 的导线垂直于曲面 $S$。在导线内，$\boldsymbol{B}$ 的旋度是有限值，即 $\mu_0\boldsymbol{J}$，并且等号右边的积分也为 $\mu_0 I$。也就是说，如果曲线 $C$ 离导线很近而又远离电容器的两板间隙，则该处的磁场与环绕相同电流的导线的磁场没有什么不同。现在再看图 9.2 中的横跨 $C$ 上的面 $S'$，同样适合使用斯托克斯定理，即式（9.6）。然而根本没有电流流过这个表面！虽然如此，在面 $S'$ 上在不违反斯托克斯定理的前提下，curl $\boldsymbol{B}$ 不能是零。因此，在 $S'$ 面上，curl $\boldsymbol{B}$ 必须取决于不是电流密度 $\boldsymbol{J}$ 的其他东西。

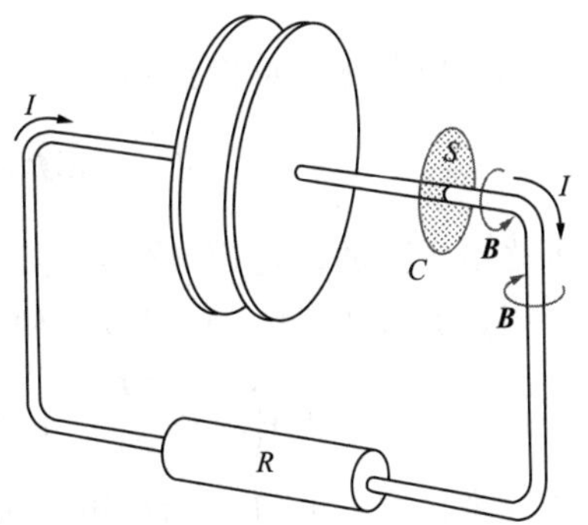


图 9.1
右侧电容板带正电的电容通过电阻 $R$ 在放电，导线周围的磁场为 $B$，穿过导线上面积为 $S$ 的区域上的值为 $\mu_0 I$。

对于更普遍的变化电荷分布的情况下，我们只能推断出式（9.3）必须通过一些其他关系来替代。可以写成下式：

$$\mathrm{curl}\boldsymbol{B}=\mu_0\boldsymbol{J}+(?) \tag{9.7}$$

再来看看我们是否能发现（?）代表什么。

在另一种思路中暗含答案。请记住在电磁场的洛伦兹变换法则——式（6.73）中，$\boldsymbol{E}$ 和 $c\boldsymbol{B}$ 是对称的。在法拉利电磁感应现象中，变化的磁场伴随着一个电场，如同式（7.31）描述的那样：

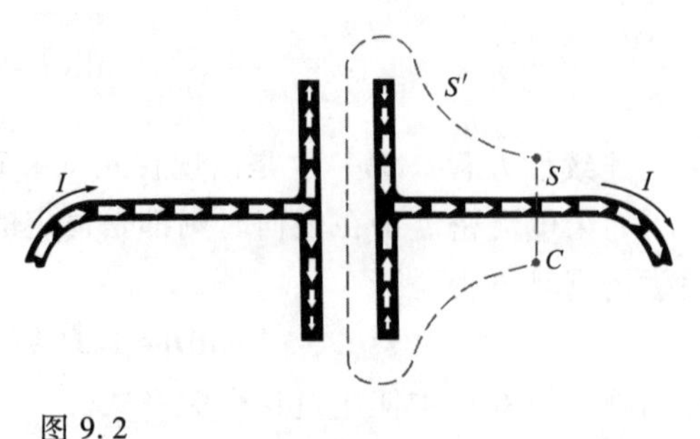



图 9.2

白色箭头代表导体内电流流动方向，具有与 $S$ 相似的边界 $C$ 的区域内无电流通过。

$$\boxed{\operatorname{curl}\boldsymbol{E}=-\frac{\partial \boldsymbol{B}}{\partial t}} \tag{9.8}$$

这是一个在不涉及电荷的真空区域内，联系电场和磁场联系起来的一个局部关系式。如果电场 $\boldsymbol{E}$ 和磁场 $c\boldsymbol{B}$ 间存在对称性，我们就认为变化的电场也能产生磁场。应该有一个像式（9.8）那样的方程来描述感应现象，但是 $\boldsymbol{E}$ 和 $c\boldsymbol{B}$ 的角色要互换一下。把式（9.8）改写成 $\operatorname{curl}\boldsymbol{E}=-(1/c)\partial(c\boldsymbol{B})/\partial t$，之后反转 $\boldsymbol{E}$ 和 $c\boldsymbol{B}$ 的角色，我们得到 $\operatorname{curl}(c\boldsymbol{B})=-(1/c)\partial\boldsymbol{E}/\partial t \Rightarrow \operatorname{curl}\boldsymbol{B}=-(1/c^2)\partial\boldsymbol{E}/\partial t$。可以证明，我们需要改变一下符号，以能够正确推导出后面的式（9.13），也就是说

$$\operatorname{curl}\boldsymbol{B}=\frac{1}{c^2}\frac{\partial \boldsymbol{E}}{\partial t}\Longrightarrow \operatorname{curl}\boldsymbol{B}=\mu_0\varepsilon_0\frac{\partial \boldsymbol{E}}{\partial t} \tag{9.9}$$

其中我们使用了从式（6.8）中得到的关系 $c^2=1/\mu_0\varepsilon_0$。式（9.9）中的表达式的第二项是 SI 单位制下的标准写法。

这给出了式（9.7）中缺少的项。为了验证一下对错，写出下式：

$$\boxed{\operatorname{curl}\boldsymbol{B}=\mu_0\boldsymbol{J}+\mu_0\varepsilon_0\frac{\partial \boldsymbol{E}}{\partial t}} \tag{9.10}$$

并对两边取散度，可以得到

$$\operatorname{div}(\operatorname{curl}\boldsymbol{B})=\operatorname{div}(\mu_0\boldsymbol{J})+\operatorname{div}\left(\mu_0\varepsilon_0\frac{\partial \boldsymbol{E}}{\partial t}\right) \tag{9.11}$$

正如之前提到的，左边必然是零。右边第二项我们可以交换空间和时间微分的顺序。因此通过式（9.1）可以得到

$$\operatorname{div}\left(\mu_0\varepsilon_0\frac{\partial \boldsymbol{E}}{\partial t}\right)=\mu_0\varepsilon_0\frac{\partial}{\partial t}(\operatorname{div}\boldsymbol{E})=\mu_0\varepsilon_0\frac{\partial}{\partial t}\left(\frac{\rho}{\varepsilon_0}\right)=\mu_0\frac{\partial \rho}{\partial t} \tag{9.12}$$

这样一来，式（9.11）的右边现在变为

$$\mu_0\operatorname{div}\boldsymbol{J}+\mu_0\frac{\partial \rho}{\partial t} \tag{9.13}$$

根据连续性条件——式（9.2），这个式子为零。

引入的新项解决了图 9.2 中产生的困难。随着电荷从电容器内流出，电场强度降低，该电场在任何时刻都是图 9.3 中的形态。在这种情况下，$\partial\boldsymbol{E}/\partial t$ 指向 $\boldsymbol{E}$ 的

反方向。在图 9.4 中的黑色的箭头代表矢量函数 $\mu_0\varepsilon_0\dfrac{\partial \boldsymbol{E}}{\partial t}$。由于 $\mathrm{curl}\boldsymbol{B}=\mu_0\boldsymbol{J}+\mu_0\varepsilon_0\dfrac{\partial \boldsymbol{E}}{\partial t}$，则 curl$\boldsymbol{B}$ 在 $S'$上的积分和在 $S$ 上的积分相等。对 $S'$上积分有贡献的只有第二项；对于 $S$ 上积分，实际上需要计算的只是含有 $\boldsymbol{J}$ 的那一项。

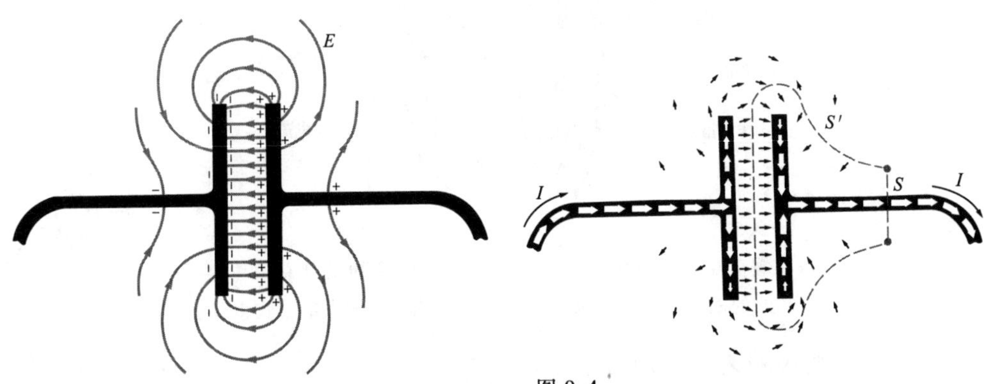


图 9.3
某一瞬间的电场示意图，$\boldsymbol{E}$ 的大小随时间流逝而变小。

图 9.4
传导电流（白色箭头）和位移电流（黑色箭头）。

## 9.2 位移电流

矢量场 $\mu_0\varepsilon_0(\partial \boldsymbol{E}/\partial t)$ 似乎可以将传导电流分布延续下去。麦克斯韦称之为位移电流，这个名字虽然看起来不是很恰当，但是一直沿用下来了。确切地讲，我们可以把式（9.10）写成如下形式，以定义位移电流密度 $\boldsymbol{J}_\mathrm{d}$来区别传导电流密度 $\boldsymbol{J}$:

$$\mathrm{curl}\boldsymbol{B}=\mu_0(\boldsymbol{J}+\boldsymbol{J}_\mathrm{d}) \tag{9.14}$$

并定义

$$\boldsymbol{J}_\mathrm{d}\equiv\varepsilon_0\frac{\partial \boldsymbol{E}}{\partial t} \tag{9.15}$$

在传导电流随时间变化的情况下，我们需要新的项来确保电流与磁场间的关系与连续性方程一致。如果把它纳入上式，这意味着存在一个新的感应效应：即变化的电场伴随着磁场。如果这个效应是真实存在的，为什么法拉第没有发现它？首先，他没有去探索这个课题，但还有一个更基本的原因，就是为什么法拉第做的那些实验都看不到由式（9.10）中最后一项所引起的新效应。在任何仪器中都存在变化的电场，都同时存在传导电流，即运动的电荷。仪器周围的磁场 $\boldsymbol{B}$，正是像你期望的那样是由传导电流产生的。事实上，如果忽略电路可能不是连续的情况，使用毕奥-萨伐尔公式［见式（6.49）］去求每个传导电流对空间某点场的贡献，得到的就是你想计算的磁场。

例如，考虑图 9.5 中所示的电容器板间的点 $P$。根据毕奥-萨伐尔公式，计算

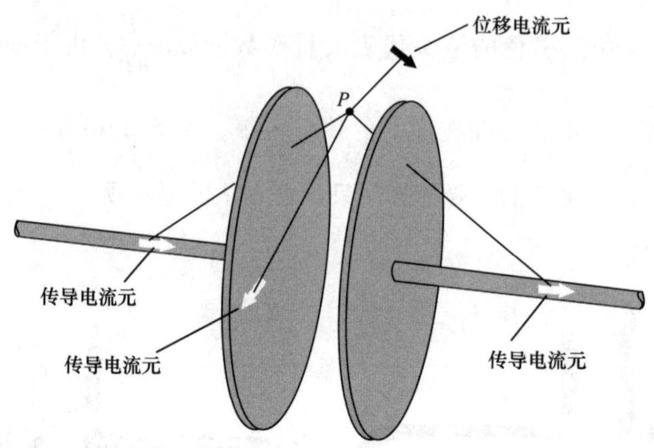


图 9.5
在缓变场的情况中，位移电流对各处磁场的贡献总值为零。$P$ 处的磁场可以通过传导电流元上的毕奥-萨伐尔公式得到。

导线上和电容器极板表面上的每个传导电流元在 $P$ 点处对场的贡献。我们必须考虑位移电流密度 $\boldsymbol{J}_{\mathrm{d}}$ 的所有电流元吗？答案是令人吃惊的。我们可以包含 $\boldsymbol{J}_{\mathrm{d}}$ 在内，但如果我们仔细地计算所有的位移电流分布，对于缓变场来说，它的净效应将是零。

为了弄清为什么是这样的，注意图 9.4 中黑箭头表示的矢函数 $\boldsymbol{J}_{\mathrm{d}}$ 和图 9.3 中的电场 $\boldsymbol{E}$ 具有相同的形式。这个电场非常慢慢地消失外，几乎可以看成就是个静电场。因此，我们可以料到它的旋度几乎是零，这意味着 curl $\boldsymbol{J}_{\mathrm{d}}$ 实际上为零。更准确地说，$\mathrm{curl}\boldsymbol{E} = -\frac{\partial \boldsymbol{B}}{\partial t}$ 和位移电流 $\boldsymbol{J}_{\mathrm{d}} = \varepsilon_0 \frac{\partial \boldsymbol{E}}{\partial t}$，通过互换微分的顺序，我们可以得到

$$\mathrm{curl}\boldsymbol{J}_{\mathrm{d}} = \varepsilon_0 \mathrm{curl}\left(\frac{\partial \boldsymbol{E}}{\partial t}\right) = \varepsilon_0 \frac{\partial}{\partial t}(\mathrm{curl}\boldsymbol{E}) = -\varepsilon_0 \frac{\partial^2 \boldsymbol{B}}{\partial t^2} \tag{9.16}$$

这对于缓变场来讲是可以忽略的。我们可以把缓变场称为**准静态场**。现在如果 $\boldsymbol{J}_{\mathrm{d}}$ 是无旋度的矢量场，则可由远离点源或趋近点源（尾闾）的径向电流叠加而成（见图 9.6），这与点电荷的径向场构成静电场的方式一样。

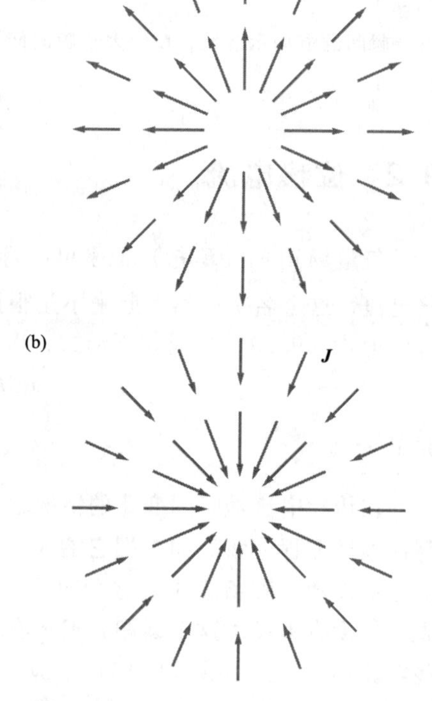


图 9.6
径向电流分布示意图。其中（a）中点源或者（b）中“陷落点”的电荷密度 $\boldsymbol{J}$ 与点电荷电场相似。Curl$\boldsymbol{J}=0$ 的电流分布可由这样的源组成，并且无磁场

但具有对称电流分布的任何径向磁场，通过毕奥-萨伐尔定律计算后，结果必须是零。为了理解为什么，需要考虑给定位置的辐射线。在这个位置上，相对于该辐射线对称的两个点，对毕奥-萨伐尔定律的贡献大小相等，方向相反。因此贡献彼此以成对的方式抵消，在给定位置总的场为零。

在准静态场近似下，对磁场而言，只有传导电流是唯一需要考虑的来源。换句话说，如果法拉第使用了与图 9.5 中类似的装置，并且能够用指南针的指针测量在 $P$ 处的磁场，他对此不会感到意外。因为他不需要发明位移电流的概念来解释它。

为了看到这个新的感应效果，我们需要快速变化的场。事实上，我们需要在光穿过实验装置的短暂的瞬间内发生这种变化。这就是为什么这类现象的直接演示必须等到麦克斯韦写出方程组之后 25 年的赫兹来完成。

## 9.3 麦克斯韦方程组

詹姆斯·克拉克·麦克斯韦（James Clerk Maxwell）（1831—1879），多年来一直沉迷于法拉第的电学研究，此后决定着手研究有关电磁学的数学理论。当时麦克斯韦无法利用相对论——那出现在他研究时的 50 年后。那时物质的电结构还是一个谜，光和电磁之间的关系还未被发觉。在前面章节中为了使叙述更加清晰明了，我们使用了许多参数，而在当时这些都是不敢想象的。然而，随着麦克斯韦的理论发展，我们讨论过的 $\partial \boldsymbol{E}/\partial t$ 项却很自然地出现在他的公式里。麦克斯韦称之为位移电流。麦克斯韦就像研究真空中电场那样，也研究了固体物质的电场，当他谈到位移电流时，也经常包括运动电荷。当我们讲到第 10 章，研究物质中电场时，就会弄清楚这一点。事实上，麦克斯韦认为空间本身是一个媒介——“以太”，所以即使没有固体物质存在时，位移电流也会出现在某种物质中。但是，这些想法都没有影响——他的数学方程是清楚明确的，他所引入的位移电流是一流的理论发现。

麦克斯韦对电磁场的描述是基本完整的。我们已经通过不同的途径获得了它的每一个方程，现在我们将这些方程都写出来，习惯上称为麦克斯韦方程组：

$$\boxed{\begin{aligned} &\mathrm{curl}\boldsymbol{E}=-\frac{\partial \boldsymbol{B}}{\partial t}\\ &\mathrm{curl}\boldsymbol{B}=\mu_0\varepsilon_0\frac{\partial \boldsymbol{E}}{\partial t}+\mu_0\boldsymbol{J}\\ &\mathrm{div}\boldsymbol{E}=\frac{\rho}{\varepsilon_0}\\ &\mathrm{div}\boldsymbol{B}=0 \end{aligned}} \tag{9.17}$$

这对应着电荷密度 $\rho$ 和电流密度 $\boldsymbol{J}$（即运动电荷）存在时所产生的场。

第一个方程是法拉第电磁感应定律。第二个方程表示磁场与位移电流密度（或电场随时间的变化率），或传导电流密度（或电荷运动的速度）的相互关系

（如果 $\partial \boldsymbol{E}/\partial t=0$，这个方程简化为安培法则）。第三个方程相当于库仑定律，即库仑定律的微分形式。第四个方程表明，除了电流外，磁场没有其他的来源，也说明没有磁单极子。对于这个性质，我们将在第 11 章有更多的讨论与解释。

注意这些方程中的 $\boldsymbol{B}$ 和 $\boldsymbol{E}$［更准确地说，是 $c\boldsymbol{B}$ 和 $\boldsymbol{E}$，详见式（9.19）］缺乏对称性，这完全是由于存在电荷和传导电流造成的。真空中，有 $\rho$ 和 $\boldsymbol{J}$ 的项都是零，则麦克斯韦方程组变成

$$\boxed{\begin{aligned}&\text{curl}\boldsymbol{E}=-\frac{\partial \boldsymbol{B}}{\partial t}\\&\text{div}\boldsymbol{E}=0\\&\text{curl}\boldsymbol{B}=\mu_0\varepsilon_0\frac{\partial \boldsymbol{E}}{\partial t}\\&\text{div}\boldsymbol{B}=0\end{aligned}} \tag{9.18}$$

记住 $\mu_0\varepsilon_0=1/c^2$，我们可以把两个"感应"方程写为

$$\text{curl}\boldsymbol{E}=-\frac{1}{c}\frac{\partial(c\boldsymbol{B})}{\partial t}\quad \text{和}\quad \text{curl}(c\boldsymbol{B})=\frac{1}{c}\frac{\partial \boldsymbol{E}}{\partial t} \tag{9.19}$$

$c\boldsymbol{B}$ 和 $\boldsymbol{E}$ 二者之间的对称性就很清晰了。这个对称性毕竟是最开始引导我们得到位移电流的，详见之前段落中的式（9.9）。

在式（9.18）中位移电流的项是极其重要的。它以及在第一个方程中与之对应的项的存在，暗示着电磁波的存在，这将在 9.4 节中阐述。请记住，麦克斯韦在光的电磁理论中的巨大成功仍然延续着。

在高斯单位制下，麦克斯韦方程组变为

$$\boxed{\begin{aligned}&\text{curl}\boldsymbol{E}=-\frac{1}{c}\frac{\partial \boldsymbol{B}}{\partial t}\\&\text{curl}\boldsymbol{B}=\frac{1}{c}\frac{\partial \boldsymbol{E}}{\partial t}+\frac{4\pi}{c}\boldsymbol{J}\\&\text{div}\boldsymbol{E}=4\pi\rho\\&\text{div}\boldsymbol{B}=0\end{aligned}} \tag{9.20}$$

在真空情况下，$\rho$ 和 $\boldsymbol{J}$ 都为零，上式又变为

$$\boxed{\begin{aligned}&\text{curl}\boldsymbol{E}=-\frac{1}{c}\frac{\partial \boldsymbol{B}}{\partial t}\\&\text{div}\boldsymbol{E}=0\\&\text{curl}\boldsymbol{B}=\frac{1}{c}\frac{\partial \boldsymbol{E}}{\partial t}\\&\text{div}\boldsymbol{B}=0\end{aligned}} \tag{9.21}$$

## 9.4 电磁波

我们构建一个非常简单的电磁场，它满足式（9.18），即真空中的麦克斯韦方程组。假设有一个与 $z$ 轴平行的电场 $\boldsymbol{E}$，其强度仅与空间坐标 $y$ 和时间 $t$ 有关。它们间的关系如下式所示[1]：

$$\boldsymbol{E}=\hat{\boldsymbol{z}}E_0\sin(y-vt) \tag{9.22}$$

其中，$E_0$和 $v$ 是简单的常量。这个场填充了所有空间——至少是目前我们所关注的空间。我们也需要一个与之相对应的磁场。我们假设它只有 $x$ 分量，与 $E_z$相似，它仅与 $y$ 和 $t$ 有关：

$$\boldsymbol{B}=\hat{\boldsymbol{x}}B_0\sin(y-vt) \tag{9.23}$$

其中 $B_0$是另一个常数。

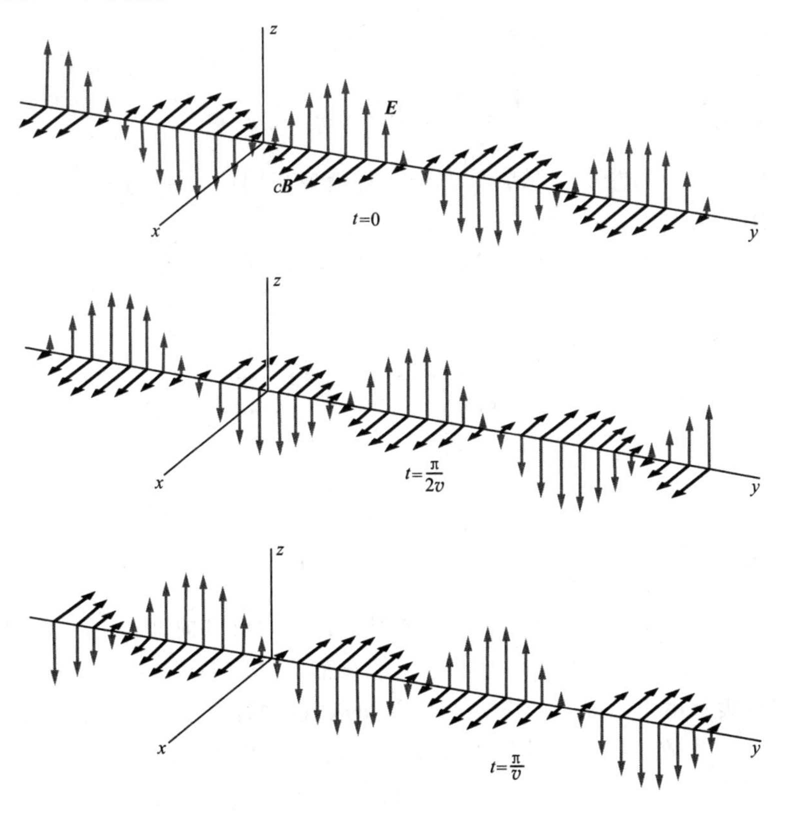


图 9.7

用三种不同方式表示式（9.22）和式（9.23）中的波。它向右行进，在正 $y$ 方向上。

1 这有一个专门关于单位的话题，因为三角函数是无量纲的。我们应该把它写为 $\sin(ky-\omega t)$ 或者相似的函数，详见9.5节中的例子。然而，现在的形式在没有影响最后结果的情况下，可以减少一些计算麻烦。

图9.7可以帮助你形象地表示这些场。很难用图形生动地表示充满在空间内的两个场。记住，任何变量都不随 $x$ 和 $z$ 变化，无论 $y$ 轴上某点发生什么，这也同时发生在过该点的垂直面上。根据式（9.22）和式（9.23）的正弦函数参数的特定形式可知，随着时间推移，整个场图将稳步向右移动。对于参数 $y-vt$，它在 $y+\Delta y$ 和 $t+\Delta t$ 时与它在 $y$ 和 $t$ 时有相同的值，即 $\Delta y=v\Delta t$。换句话说，我们有一平面波以恒速 $v$ 在 $\hat{\boldsymbol{y}}$ 方向上运动。

如果特定条件符合，我们将证明电磁场满足麦克斯韦方程组。容易看出这个场的 div$\boldsymbol{E}$ 和 div$\boldsymbol{B}$ 都是零。涉及的其他求导是

$$\begin{aligned}
\text{curl}\boldsymbol{E} &= \hat{\boldsymbol{x}}\frac{\partial E_z}{\partial y} = \hat{\boldsymbol{x}}E_0\cos(y-vt)\\
\frac{\partial \boldsymbol{E}}{\partial t} &= -v\hat{\boldsymbol{z}}E_0\cos(y-vt)\\
\text{curl}\boldsymbol{B} &= -\hat{\boldsymbol{z}}\frac{\partial B_x}{\partial y} = -\hat{\boldsymbol{z}}B_0\cos(y-vt)\\
\frac{\partial \boldsymbol{B}}{\partial t} &= -v\hat{\boldsymbol{x}}B_0\cos(y-vt)
\end{aligned} \tag{9.24}$$

代入式（9.18）中的两个“感应”方程并且消掉相同项，$\cos(y-vt)$，我们发现必须满足的条件是

$$E_0 = vB_0 \quad \text{和} \quad B_0 = \mu_0\varepsilon_0 vE_0 \tag{9.25}$$

这要求

$$\boxed{v=\pm\frac{1}{\sqrt{\mu_0\varepsilon_0}}} \quad \text{和} \quad \boxed{E_0=\pm\frac{B_0}{\sqrt{\mu_0\varepsilon_0}}} \tag{9.26}$$

使用 $\mu_0\varepsilon_0=1/c^2$ 后，这些关系式变为

$$\boxed{v=\pm c} \quad \text{和} \quad \boxed{E_0=\pm cB_0} \tag{9.27}$$

我们现在已经认识到电磁波必须有以下属性：

（1）场传播速度为 $c$。在 $v=-c$ 的情况下，在相反方向即 $-\hat{\boldsymbol{y}}$ 方向传播。麦克斯韦于1862年第一个得到（通过一个更模糊的方式）这个结果，他的方程中的常数 $c$ 仅仅表示由实验确定的电容、线圈和电阻之间的电学参量的关系。可以肯定的是，这个常数的量纲是速度的量纲，但是它与实际光速间的关系未被发现。光速是直到1857年才被菲佐测定。麦克斯韦写道，“在我们假设的介质中，从MM. 科尔劳施和韦伯的电磁实验记过计算出的横向波动速度，与通过M. 菲佐的光学实验所计算出的光速完全一致，我们几乎不可避免地要做出这样的推理，光线是由在相同介质中的横向波动组成，介质是引起电磁现象的原因。”

（2）在任何时刻波上每一点，电场强度是磁感应强度的 $c$ 倍。在国际单位制

中，磁场 $B$ 的单位是 T，电场的单位是 V/m。如果电场强度是 1V/m，相关联的磁感应强度是 $1/(3\times10^8)=3.33\times10^{-9}$T。(在高斯单位制中，电场和磁感应强度是相同的。不需要额外的参数 $c$。)

(3) 电场和磁场相互垂直，并且都垂直于波行进或传播方向。可以肯定的是，我们举例时已经假设上面那句话成立，但考虑到场与垂直于传播方向的坐标系无关，不难证明这是一个必要条件。注意，如果 $v=-c$，则传播方向为 $-\hat{\boldsymbol{y}}$，必须有 $E_0=-cB_0$。这符合三个方向的右手螺旋法则，三个方向分别是 $\boldsymbol{E}$ 的方向、$\boldsymbol{B}$ 的方向和传播方向。无论在哪个坐标系都有：波总是运动在矢量 $\boldsymbol{E}\times\boldsymbol{B}$ 的方向。

真空中任何平面电磁波都具有以上三个属性。

## 9.5 其他波动形式；波的叠加性

在我们已经学习的例子中，选择函数 $\sin(y-vt)$ 的原因仅仅是因为它简单。正弦函数的“波纹”与波动的本质特征无关，这表明波的形态或图案(无论是什么样的波形或图案)在传播时不变。这不是函数的性质，但参数中 $y$ 和 $t$ 的结合，导致按照这种图案传播。如果我们用任何其他形式的函数 $f(y-vt)$ 来代替正弦函数，我们将得到一个以速度 $v$ 在 $\hat{\boldsymbol{y}}$ 方向传播的图案。此外，式(9.25)像前面的那样适用(如在式(9.24)中计算的步骤那样，你可以检查一下)，我们的波将会有上节末尾所列出的三个通用属性。

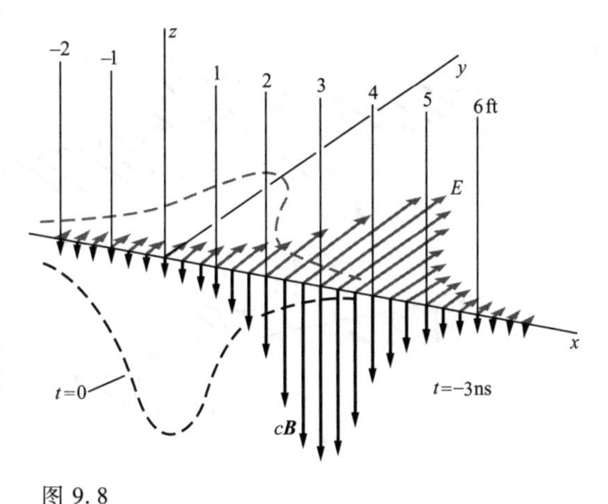


图 9.8

由式(9.28)描述的在负 $x$ 方向上传播的波，这个是在其峰经过原点 3ns 时的图像。

这是另一个例子，图 9.8 中所示的平面电磁波图的数学描述方式如下：

$$\boldsymbol{E}=\frac{E_0\hat{\boldsymbol{y}}}{1+\dfrac{(x+ct)^2}{\ell^2}},\quad \boldsymbol{B}=\frac{-(E_0/c)\hat{\boldsymbol{z}}}{1+\dfrac{(x+ct)^2}{\ell^2}} \tag{9.28}$$

其中 $\ell$ 是固定长度，在图 9.8 中我们选择 $\ell=1$ft(光速非常接近 1ft/ns)。这种电磁场满足麦克斯韦方程组，即式(9.18)。这是一个平面波，因为它与 $y$ 或 $z$ 无关。它在 $-\boldsymbol{x}$ 方向上传播，这个我们可以从参数 $x+ct$ 中的+符号认出来。这确实是 $\boldsymbol{E}\times\boldsymbol{B}$ 的方向。在这个波内没有振荡或交替，它只是个有长尾的电磁脉冲。在 $t=0$ 时刻场强最大，由处在原点的观测者观测，或在 $yz$ 平面的任何其他点可以观测到，$E=E_0$（单位为 V/m），$B=E_0/c$（正确的单位为 T）。图 9.8 中展示了在 $t=-3\text{ns}$ 时标记点的场，距离用英尺（ft）为单位。

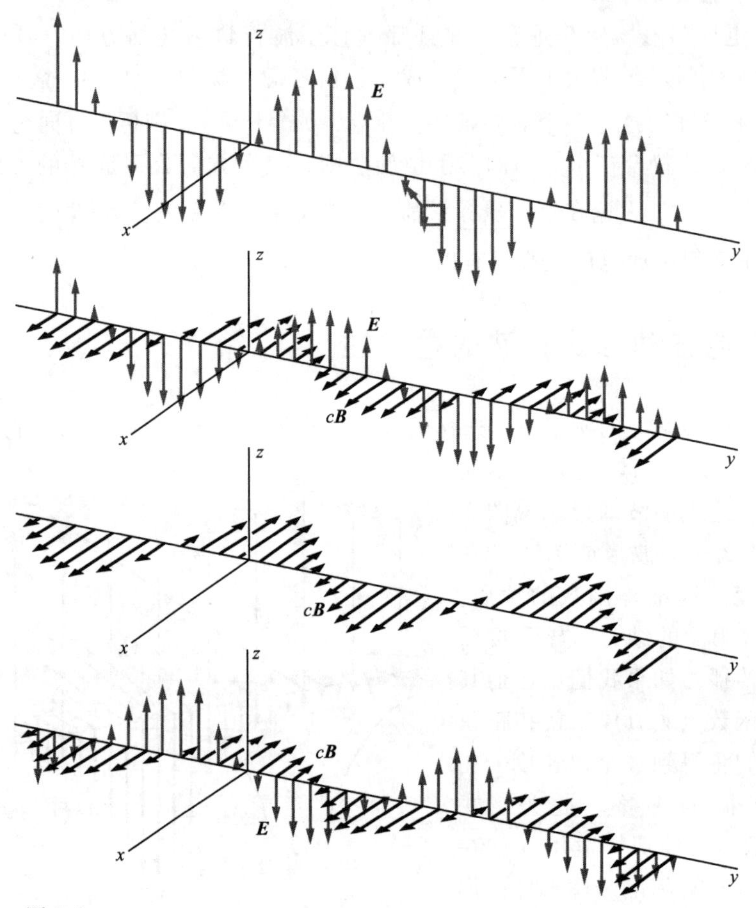


图 9.9

驻波，由式（9.29）描述的在正 $y$ 方向上传播的行波和式（9.30）描述的在负 $y$ 方向上传播的行波的叠加合成。从最上面的图开始，给出了四个不同的时间的场，相差整周期的 1/8。

麦克斯韦方程组中，$\boldsymbol{E}$ 和 $\boldsymbol{B}$ 在真空中是线性的。两个解的叠加也是方程的解。任何数目的电磁波可以在相同区域内传播而不影响其他波。在时空中某点上的场 $\boldsymbol{E}$ 是若干个独立波的电场的矢量和，$\boldsymbol{B}$ 的情况也是一样的。

**例题（驻波）** 两个相反方向传播的相似平面波的叠加，是一个重要的驻波的例子。考虑在 $\hat{\boldsymbol{y}}$ 方向上传播的波，用以下公式描述：

$$\boldsymbol{E}_1=\hat{z}E_0\sin\frac{2\pi}{\lambda}(y-ct),\quad \boldsymbol{B}_1=\hat{\boldsymbol{x}}\frac{E_0}{c}\sin\frac{2\pi}{\lambda}(y-ct) \tag{9.29}$$

这个波与式（9.22）和式（9.23）中波的形式只有很小的不同。我们引入的周期函数的波长为 $\lambda$，且我们使用了 $B_0=E_0/c$。

现在考虑另外一个波

$$\boldsymbol{E}_2=\hat{\boldsymbol{z}}E_0\sin\frac{2\pi}{\lambda}(y+ct),\ \boldsymbol{B}_2=-\hat{\boldsymbol{x}}\frac{E_0}{c}\sin\frac{2\pi}{\lambda}(y+ct) \tag{9.30}$$

这是个振幅和波长与上述波都相同的波，只是在 $-\hat{\boldsymbol{y}}$ 方向上传播。当两波都存在时，麦克斯韦方程组仍满足，电场和磁场现在变成

$$\boldsymbol{E}=\boldsymbol{E}_1+\boldsymbol{E}_2=\hat{\boldsymbol{z}}E_0\left[\begin{array}{l}\sin\left(\dfrac{2\pi y}{\lambda}-\dfrac{2\pi ct}{\lambda}\right)+\\ \sin\left(\dfrac{2\pi y}{\lambda}+\dfrac{2\pi ct}{\lambda}\right)\end{array}\right]$$

$$\boldsymbol{B}=\boldsymbol{B}_1+\boldsymbol{B}_2=\hat{\boldsymbol{x}}\frac{E_0}{c}\left[\begin{array}{l}\sin\left(\dfrac{2\pi y}{\lambda}-\dfrac{2\pi ct}{\lambda}\right)-\\ \sin\left(\dfrac{2\pi y}{\lambda}+\dfrac{2\pi ct}{\lambda}\right)\end{array}\right] \tag{9.31}$$

使用两个角度和的正弦公式，你就可以很容易地把式（9.31）简化为

$$\boldsymbol{E}=2\hat{\boldsymbol{z}}E_0\sin\frac{2\pi y}{\lambda}\cos\frac{2\pi ct}{\lambda}$$

$$\boldsymbol{B}=-2\hat{\boldsymbol{x}}\frac{E_0}{c}\cos\frac{2\pi y}{\lambda}\sin\frac{2\pi ct}{\lambda} \tag{9.32}$$

由式（9.32）描述的场被称为驻波。图9.9显示它在不同的时刻看起来都是一样的。$c/\lambda$ 项是场在 $x$ 处的振荡频率，$2\pi c/\lambda$ 是相应的角频率。根据式（9.32），每当 $2ct/\lambda$ 等于整数，即每半周期发生一次，$\sin 2\pi ct/\lambda=0$，各处的磁场 $\boldsymbol{B}$ 消失了。另一方面，每当 $2ct/\lambda$ 等于半个整数时，$\cos 2\pi ct/\lambda=0$，则电场消失了。$\boldsymbol{B}$ 和 $\boldsymbol{E}$ 的最大值发生在不同地方和不同时刻。相比之下对于行波，驻波在空间和时间上有电场和磁场“不合拍”的现象。

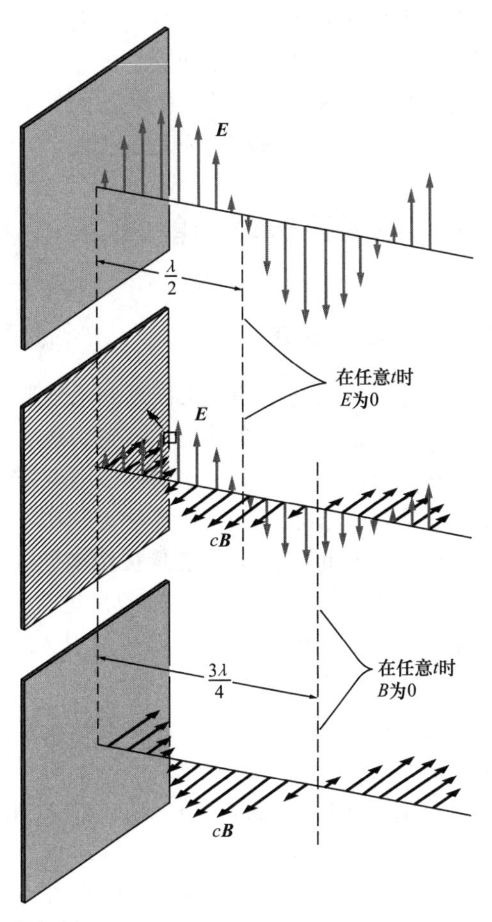


图 9.10 在完美导电板上反射形成的驻波。

在以上所述的驻波中，在 $y=0$ 的平面上和那些 $y$ 等于半波长的整数倍的平面上，任何时刻都有 $\boldsymbol{E}=0$。想象一下，我们可以用完美导电金属薄片覆盖在 $y=0$ 的 $xz$ 平面上。在完美导体表面，平行于表面的电场分量必须为零，否则将有无限电

流流动。这相当于是强加于周围空间电磁场的一个边界条件。但是由式（9.32）描述的驻波，已经满足边界条件，且在 $y>0$ 的整个空间中满足麦克斯韦方程组。因此，它提供了从导体平面镜正反射的平面电磁波问题的解。（见图 9.10）。这个入射波如式（9.30）描述的那样，对于 $y>0$，反射波由式（9.29）决定。在镜子后面根本没有场，如果有的话，它与前面的场是毫无关系的。在镜子前面有一个平行于表面的磁场，由式（9.32）给出：$\boldsymbol{B}=-2\hat{\boldsymbol{x}}(E_0/c)\sin(2\pi ct/\lambda)$。$\boldsymbol{B}$ 从前面的导电薄板上的值跃迁到零，显示在该薄片上必然有交变电流流动（见 6.6 节）。

你可以在其他平面安装导电薄板，这些面上的 $\boldsymbol{E}$ 由式（9.32）给出且永远是零，因此可以在两个镜子间放一电磁驻波。这种装置有包括激光在内的许多应用。事实上，随着理解简单平面电磁波的性质，可以分析各种各样的电磁设备，包括干涉仪、矩形空心波导和电介质条状线。

## 9.6 电磁波传输的能量

### 9.6.1 功率密度

地球是以真空中的电磁波形式从太阳接受能量，电磁波满足式（9.18）。当它传播时这个能量存放在哪里？当它到达时它又如何储存在物质中？

在静电场的情况下，比如在带电电容器的两板间，我们发现系统的总能量是可以通过把每个体积元 $dv$ 中能量 $(\varepsilon_0E^2/2)dv$ 叠加起来进行计算，参见前面的式(1.53)。相似地，同样的能量被用来创建磁场时也可以通过假设场中每个体积元 $dv$ 包含 $(B^2/2\mu_0)dv$ 单位的能量来进行计算，详见式（7.79）。当我们观察光时，把能量储存于场中的想法变得更加引人注目，因为阳光穿过没有电荷或电流的真空，还能使东西变热。

我们可以用这个想法来计算电磁波传递能量时的速度。考虑一个以任何形式传播的平面波（不是驻波）在某个特定时刻的情况。分配给每个无穷小体积元 $dv$ 以定量的能量 $(1/2)(\varepsilon_0E^2+B^2/\mu_0)dv$，$\boldsymbol{E}$ 和 $\boldsymbol{B}$ 是体积元内那一特定时刻的电场和磁场。由于 $1/\mu_0\varepsilon_0=c^2$，能量还可以写成 $(\varepsilon_0/2)(E^2+c^2B^2)dv$。现在，假设这个能量以速度 $c$ 在传播方向传播。这样我们可以求出单位时间内在垂直于传播方向上单位面积内所通过的能量。

让我们把这些应用到式（9.22）和式（9.23）所描述的正弦波中。在 $t=0$ 时，我们有 $E^2=E_0{}^2\sin^2y$。还有，$B^2=(E_0/c)^2\sin^2y$，正如我们随后发现，$B_0$ 必须等于 $\pm E_0/c$。因此这个场的能量密度是

$$\frac{\varepsilon_0}{2}\left(E_0^2\sin^2y+c^2\left(\frac{E_0}{c}\right)^2\sin^2y\right)=\varepsilon_0E_0^2\sin^2y \tag{9.33}$$

$\sin^2y$ 在整个距离上的平均值就是 1/2。场中平均能量密度是 $\varepsilon_0E_0^2/2$，并且

$\varepsilon_0 E_0^2 c/2$ 是通过垂直 $y$ 方向上单位面积“窗口”的能量流动的平均速度。（这由以下过程推导，在时间 $t$ 内，长为 $ct$、横截面积为 $A$ 的管是穿过面积 $A$ 的窗口的体积。因此每单位时间单位面积上的体积为 $(ct)A/At=c$。）我们可以更普遍地说，对于任何连续重复波，无论是否正弦形式，流过单位面积的能量，我们应当叫功率密度 $S$，由下式给出：

$$\boxed{S=\varepsilon_0\overline{E^2}c} \tag{9.34}$$

这里的$\overline{E^2}$是电场强度均方值，对于振幅是 $E_0$的正弦波则是 ${E_0}^2/2$。如果 $E$ 单位是 V/m，$c$ 单位是 m/s，则 $S$ 单位是 $\mathrm{J/s\cdot m^2}$，等效于 $\mathrm{W/m^2}$。

在高斯单位制下，功率密度的方程是

$$S=\frac{\overline{E^2}c}{4\pi} \tag{9.35}$$

其中如果 $E$ 的单位是 statvolt/cm，$c$ 的单位是 cm/s，则 $S$ 的单位是 $\mathrm{erg/(s\cdot cm^2)}$。

如果把式（9.34）中的 $c$ 用 $c=1/\sqrt{\mu_0\varepsilon_0}$ 来代替，则有

$$\boxed{S=\frac{\overline{E^2}}{\sqrt{\mu_0/\varepsilon_0}}} \tag{9.36}$$

这个 $S$ 的表达式仅仅基于麦克斯韦在 1861 年写下他的一系列方程时的物理学。换句话说，当时它与光的本性毫无关系。在没有引入光速 $c$ 的前提下，你可以使用式（9.26）中 $v$ 的表达式来重复上述推导过程。麦克斯韦在 1862 年推测 $1/\sqrt{\mu_0\varepsilon_0}$ 可以由 $c$ 来代替，赫兹在 1888 年通过实验演示了这个推测，爱因斯坦在 1905 年通过相对论在理论上进行了解释。这些也就是我们在第 5 章和第 6 章所讲述的，这些章节里我们采用了 $\mu_0=1/\varepsilon_0 c^2$。

式（9.36）中的常数$\sqrt{\mu_0/\varepsilon_0}$具有电阻的量纲，它的值是 376.73Ω。把它四舍五入为 377Ω，我们有一个简便并容易记住的公式：

$$\boxed{S(\mathrm{W/m^2})=\frac{\overline{E^2}(\mathrm{V/m})^2}{377\Omega}} \tag{9.37}$$

这里的单位可以写为：$\mathrm{W=V^2/\Omega}$，这与普通电阻的功率表达式中的标准表达式 $P=V^2/R$ 是一样的。你需要记住数字 377，它恰好是在 60Hz 下的每秒弧度数，也是第 14 个斐波纳契数。

当电磁波遇到电导体，电场导致导体内产生流动的电流。这通常导致导体内以波的形式造成的能源损耗。在图 9.10 中入射波的全反射是一个特例，该例中反射表面的电导率是无限的。如果反射物的电阻率不为零，则反射波的振幅将小于入射波的振幅。例如铝，反射可见光，在正入射时约有 92% 的效率。也就是说 92% 的

入射能量被反射，反射波的振幅是入射波振幅的$\sqrt{0.92}$或 0.96 倍。失去的 8%的入射能量最终以热的形式留在铝中，因为电场波遇到欧姆电阻时会产生电流。要考虑在光波频率下（大约为 $5\times10^{14}$ Hz）铝的电阻率为多少下，可能不同于金属在直流或低频情况下的电阻率。不过，大多数金属对可见光反射率本质上是由于同样高速移动的传导电子，这些电子使得金属能够成为稳恒电流的良导体。一般良导体是闪亮的，这并不是偶然的。但是为什么干净的铜看起来是红的而铝看起来是"银色"，则必须在掌握了每种金属的电子结构的详细理论时才能够解释。

当电磁波遇到非导电物质时能量也可以被吸收。光线遇到黑色橡胶时少量的光会被反射，虽然橡胶对于低频电场是一种优秀的绝缘体。这里的电磁能量耗散涉及高频电场作用在物质分子中的电子上。在最宽泛的意义上，这适用于我们周围所有的光的吸收，包括眼睛的视网膜。

电磁波会穿透一些绝缘体，只有电非常小的吸收。比如我们非常熟悉的，玻璃对于可见光透明，是一个非常显著的特性。在用于光学传输音频和视频信号的最纯净的玻璃光纤中，在大部分能量损耗前，一个波能传播多达一百公里，或 $10^{11}$个波长以上。然而不论材料介质是多么的透明，电磁波在介质中传播，在本质上还是不同于在真空中的传播。物质与电磁波场具有相互作用。为了把这种相互作用考虑进去，式（9.18）必须以某种方式进行修改，这将在第 10 章中阐述。

### 9.6.2　坡印亭矢量

在麦克斯韦方程组的帮助下，我们可以写出功率密度的更通用的公式(9.34)。该结果仅适用于行波。现在要讨论的结果将适用于任何电磁场。此外，它可以是一个对任何时间（或空间）都有效的方程，而不仅仅是在时间平均上。如上述所说，我们的出发点将是电磁场的能量密度，我们将之标记为 $u$，表达式为 $\varepsilon_0E^2/2+B^2/2\mu_0$。如果我们把 $E^2$和 $B^2$写成 $\boldsymbol{E}\cdot\boldsymbol{E}$ 和 $\boldsymbol{B}\cdot\boldsymbol{B}$，则 $u$ 的变化速度为

$$\frac{\partial u}{\partial t}=\varepsilon_0\frac{\partial \boldsymbol{E}}{\partial t}\cdot\boldsymbol{E}+\frac{1}{\mu_0}\frac{\partial \boldsymbol{B}}{\partial t}\cdot\boldsymbol{B} \tag{9.38}$$

矢量的乘积法则就如同在常规函数中使用的那样，你可以明确地写出笛卡儿分量。我们可以在自由空间内的两个"感应的"麦克斯韦方程的帮助下写出时间的微分，$\nabla\times\boldsymbol{B}=\mu_0\varepsilon_0\partial\boldsymbol{E}/\partial t$ 和$\nabla\times\boldsymbol{E}=-\partial\boldsymbol{B}/\partial t$，上式就变为

$$\frac{\partial u}{\partial t}=\frac{1}{\mu_0}(\nabla\times\boldsymbol{B})\cdot\boldsymbol{E}-\frac{1}{\mu_0}(\nabla\times\boldsymbol{E})\cdot\boldsymbol{B} \tag{9.39}$$

这个表达式的右侧与下面的矢量等式的右侧具有相同的形式：

$$\nabla\cdot(\boldsymbol{C}\times\boldsymbol{D})=(\nabla\times\boldsymbol{C})\cdot\boldsymbol{D}-(\nabla\times\boldsymbol{D})\cdot\boldsymbol{C} \tag{9.40}$$

因此 $\partial u/\partial t=(1/\mu_0)\nabla\cdot(\boldsymbol{B}\times\boldsymbol{E})$。为了让它变得更清晰，我们交换 $\boldsymbol{B}$ 和 $\boldsymbol{E}$ 的顺序，这就引入了一个负号。于是就得到了

$$\frac{\partial u}{\partial t}=-\frac{1}{\mu_0}\nabla\cdot(\boldsymbol{E}\times\boldsymbol{B}) \tag{9.41}$$

如果我们现在定义坡印亭矢量 $\boldsymbol{S}$:

$$\boxed{\boldsymbol{S}\equiv\frac{\boldsymbol{E}\times\boldsymbol{B}}{\mu_0}}\text{(坡印亭矢量)} \tag{9.42}$$

之后我们可以把结果写为

$$-\frac{\partial u}{\partial t}=\nabla\cdot\boldsymbol{S} \tag{9.43}$$

这个方程会让你想起了我们之前遇到的另一个方程。它与连续性方程几乎具有相同的形式,

$$-\frac{\partial\rho}{\partial t}=\nabla\cdot\boldsymbol{J} \tag{9.44}$$

因此,正如 $\boldsymbol{J}$ 给出了电流密度(单位时间单位面积内流动的电量),我们可以类似地说出 $\boldsymbol{S}$ 给出了功率密度(单位时间单位面积内的能流)。就是说,式(9.43)和式(9.44)分别是能量和电荷守恒的表达式。能量(或电荷)不能消失,如果给定区域内的能量减少,必然是能量流出那个区域,并流进其他区域。

如果你不相信与 $\boldsymbol{J}$ 的类比,你可以使用式(9.43)的积分形式。在给定空间 $V$ 上的能量密度 $u$ 的积分就是在那个体积内的总能量 $U$。所以我们有

$$\frac{\mathrm{d}U}{\mathrm{d}t}=\frac{\mathrm{d}}{\mathrm{d}t}\int_V u\,\mathrm{d}v=\int_V\frac{\partial u}{\partial t}\mathrm{d}v=-\int_V\nabla\cdot\boldsymbol{S}\mathrm{d}v=-\int_S\boldsymbol{S}\cdot\mathrm{d}\boldsymbol{a} \tag{9.45}$$

其中我们使用了散度定理。这个公式表明在给定空间 $V$ 内的能量变化率等于通过 $V$ 的边界围成的封闭面积 $S$ 的矢量 $\boldsymbol{S}$ 的流量值的负值(记住 $\mathrm{d}\boldsymbol{a}$ 的定义方向是向外的法线方向)。所以式(9.45)中的负号有意义,$\boldsymbol{S}$ 的正的向外的流量意味着 $U$ 是减小的。由于式(9.45)适用于任何闭合空间,$\boldsymbol{S}$ 的自然解释是它给出了通过任何闭合或不闭合表面的单位面积上的能流变化率。

坡印亭矢量 $\boldsymbol{S}$ 给出了任何电磁场的功率密度,不仅仅只应用于行波的特殊情况。对于任何电磁场,在任何时刻的任意给定点,$\boldsymbol{S}$ 的方向给出了能流的方向,并且 $\boldsymbol{S}$ 的大小给出了通过某个面积的单位时间单位面积内的能量。$\boldsymbol{S}$ 的单位是 $\mathrm{J/(s\cdot m^2)}$ 或者 $\mathrm{W/m^2}$。

在行波(正弦或非正弦)的特殊情况下,我们从 9.4 节中所列的第三条性质中了解到速度的方向为 $\boldsymbol{E}\times\boldsymbol{B}$ 的方向。这与 $\boldsymbol{S}$ 的方向相同,事实正是如此。我们也知道行波的磁场 $\boldsymbol{B}$ 垂直于电场 $\boldsymbol{E}$,且 $B=E/c$。因此 $\boldsymbol{S}$ 的大小为 $S=E(E/c)/\mu_0$。使用 $\mu_0=1/\varepsilon_0c^2$,我们获得 $S=\varepsilon_0E^2c$。这是瞬时功率密度。它的平均值为 $\overline{S}=\varepsilon_0\overline{E^2}c$,这与式(9.34)一致。[在式(9.34)中,我们使用 $S$ 来表示平均功率密度,$S$ 字母的上面没有短线。]

有趣的是，在静电磁场内也有能流。考虑一个电荷均匀分布的长棍，其线性电荷密度为 $\lambda$，长棍在轴向上以速度 $v$ 运动，例如向右运动。靠近棍并不十分接近棍的两端，这个棍产生的电场 $\boldsymbol{E}$ 和磁场 $\boldsymbol{B}$ 是稳态的，$\boldsymbol{E}$ 是放射状的方向，而 $\boldsymbol{B}$ 是切线方向的指向。因此它们的矢量积不为零，所以坡印亭矢量非零。因而此处含有能流，其方向与棒的运动方向一致（无论 $\lambda$ 是什么符号），你可以通过右手螺旋法则来证明。给定点的能量密度（不太靠近端点处）不变，因为能流从左侧流进给定体积的速度与它从右侧流出的速度一样。然而，靠近末端处场是变化的，所以有净能流流进或流出给定体积。（考虑汽车均匀排列的车队经过公路。车密度仅在车队的两个末端处改变）能流向右与整个系统向右运动是一致的。

坡印亭矢量（以 John Henry Poynting 命名）这个名称的本意和理论/结果的意义相同。其他类似的例子有处理低能光子的低能理论（以 F. E. Low 命名），以及黑洞的施瓦茨席尔德半径（以 Karl Schwarzschild 命名，他的姓在德语中是“黑盾”的意思）。

---

**例题（进入电容的能流）** 电容的圆形板半径为 $R$，对电容以稳恒电流 $I$ 进行充电。板间的电场 $E$ 一直在增加，所以能量密度也一直在增加。这暗示着这里面一定有能流流进电容内。计算在电容内半径 $r$ 处的坡印亭矢量（以 $r$ 和 $E$ 来表示），并证明它的流量等于以半径 $r$ 围成的区域内储存能量的变化率。

**解** 如果坡印亭矢量非零，电容内的磁场必须非零。这是一定的，因为电场一直在变化，根据麦克斯韦方程 $\nabla\times\boldsymbol{B}=\varepsilon_0\mu_0\partial\boldsymbol{E}/\partial t$，必然在此处感生一个磁场。如果我们在电容（见图 9.11）内半径为 $r$ 的圆盘区域上对这个方程求积分并在方程左侧使用斯托克顿理论，我们得到下式：

$$\int\boldsymbol{B}\cdot\mathrm{d}\boldsymbol{s}=\varepsilon_0\mu_0\frac{\partial E}{\partial t}(\text{面积})\Longrightarrow B(2\pi r)=\varepsilon_0\mu_0\frac{\partial E}{\partial t}(\pi r^2)\Longrightarrow B=\frac{\varepsilon_0\mu_0 r}{2}\frac{\partial E}{\partial t}\quad(9.46)$$

这个磁场指向以 $r$ 为半径的圆的切线方向。由于 $E$ 在向上方向上是增加的，当从上面向下看时 $\boldsymbol{B}$ 是逆时针方向的，可以通过右手螺旋法则来确定。坡印亭矢量 $\boldsymbol{S}=(\boldsymbol{E}\times\boldsymbol{B})/\mu_0$ 在半径为 $r$ 的圆上的每一处都是放射状向内的指向。所以方向是对的，能量流进以半径为 $r$ 的圆为边界的区域。

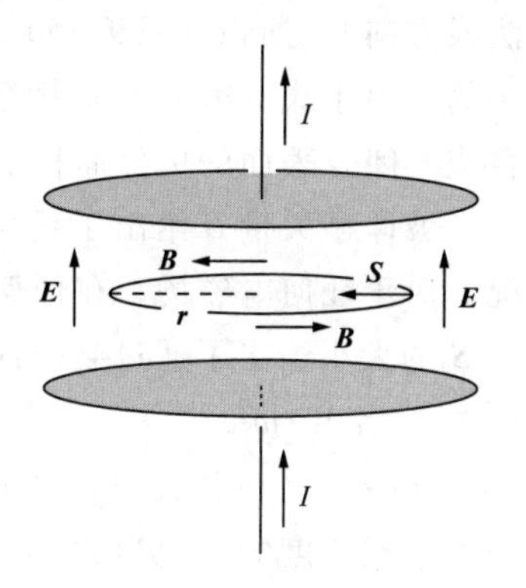

图 9.11
电容内垂直变化的电场感生出正切线的磁场。$\boldsymbol{E}$ 和 $\boldsymbol{B}$ 的叉积是指向内部的坡印廷矢量，与增大的能量密度相关。

我们现在求出 $\boldsymbol{S}$ 的大小。由于 $\boldsymbol{E}$ 与 $\boldsymbol{B}$ 垂直，则 $\boldsymbol{S}$ 的大小为

$$S=\frac{EB}{\mu_0}=\frac{E}{\mu_0}\left(\frac{\varepsilon_0\mu_0 r}{2}\frac{\partial E}{\partial t}\right)=\frac{\varepsilon_0 r}{2}E\frac{\partial E}{\partial t}\qquad(9.47)$$

为了求出流过半径 $r$ 内的单位时间内的总能量（就是功率），我们必须用半径为 $r$ 的圆柱的侧面积乘以面积 $S$，也就是，我们必须求出通过面积 $S$ 的流量。如

果电容两板间隔距离为 $h$，侧面积就是 $2\pi rh$。流进半径为 $r$ 的圆柱内的总功率是

$$P=\left(\frac{\varepsilon_0 r}{2}E\frac{\partial E}{\partial t}\right)2\pi rh=(\pi r^2 h)\varepsilon_0 E\frac{\partial E}{\partial t}=\frac{\mathrm{d}}{\mathrm{d}t}\left((\text{体积})\times\frac{\varepsilon_0 E^2}{2}\right)=\frac{\mathrm{d}U}{\mathrm{d}t} \qquad (9.48)$$

所以坡印亭矢量不必一定等于储存的能量的变化率。在特殊的情况下，取 $r$ 等于电容板的半径 $R$，则我们就获得流进电容的总能流。注意 $S$ 和 $P$ 在 $r=R$ 的情况下最大，在 $r=0$ 的情况下为零。

**注意** 你可能担心尽管我们发现在电容内有非零磁场，但我们没有考虑这个磁场的能量密度 $B^2/2\mu_0$。我们仅使用了电的密度 $\varepsilon_0 E^2/2$。然而，稳恒电流 $I$ 意味着 $\mathrm{d}\sigma/\mathrm{d}t$ 为常数（$\pm\sigma$ 是板上的电荷密度），那反过来说明 $\partial E/\partial t$ 为常数，又可以证明式（9.48）中的 $B$ 为常数。磁场能量密度因此是常数并且不影响式（9.48）中的 $\mathrm{d}U/\mathrm{d}t$。所以我们可以直接忽略它。另一方面，如果 $I$ 不是常数，这就变得很复杂了。然而，对于“一般”$I$ 的变化率，说电容内磁场能量密度远小于电场能量密度是很好的近似，详见练习题 9.30。

在 4.3 节的最后我们提及了由坡印亭矢量引起的环路中的能流问题。我们现在就这个问题可以讨论更多。对于能流来说，这有两个重要的部分。第一就是电流产生电阻热。导线内的电流是由导线内的纵向的场 $\boldsymbol{E}$ 产生的，回想一下 $\boldsymbol{J}=\sigma\boldsymbol{E}$。由于 $\boldsymbol{E}$ 的旋度为零，导线表面外部的右侧也必然存在同样的 $\boldsymbol{E}$ 的纵向分量。如你将在练习题 9.28 中所证明的那样，通过导线外圆柱右侧的坡印亭矢量流量精确地等于 $IV$ 电阻热。

第二部分就是导线内的能流。正如在 4.3 节末尾处讨论的那样，导线上有表面电荷。这些电荷产生了平行于导线的电场，那反过来又产生了平行于导线的坡印亭矢量。这就给出了一个沿着导线的能流，详见 Galili 和 Goihbarg(2005）的论述。更普遍的是，如果导线环路在太空中，能流不必被束缚在靠近导线的位置。能量也可以穿过开放空间，从电路的一部分到另一部分，详见 Jackson(1996）的论文。

如果在系统中存在其他电场，这可能存在能流的第三部分，远离导线的那部分。详见习题 9.10。

## 9.7 不同参考系下波的表现形式

平面电磁波在真空中传播。$\boldsymbol{E}$ 和 $\boldsymbol{B}$ 分别是参考系 $F$ 中的观察者测量得到的某处和某时的值。在不同的参考系中，在相同点和相同时刻，观察者可以测量到什么样的场？假设参考系 $F'$ 在 $\boldsymbol{x}$ 方向上相对于参考系 $F$ 以速度 $v$ 移动，它们间的轴相互平行。我们现在可以回到关于场分量的转换过程的式（6.74）。让我们再次把它们写出来：

$$
\begin{aligned}
&E'_x=E_x,\ E'_y=\gamma(E_y-vB_z),\ E'_z=\gamma(E_z+vB_y)\\
&B'_x=B_x,\ B'_y=\gamma(B_y+(v/c^2)E_z),\ B'_z=\gamma(B_z-(v/c^2)E_y)
\end{aligned}
\tag{9.49}
$$

这个问题的关键是两个特别的标量变换方法，即 $\boldsymbol{E}\cdot\boldsymbol{B}$ 和 $E^2-B^2$。让我们用式（9.49）计算 $\boldsymbol{E}'\cdot\boldsymbol{B}'$，并看看它与 $\boldsymbol{E}\cdot\boldsymbol{B}$ 有何关系：

$$
\begin{aligned}
\boldsymbol{E}'\cdot\boldsymbol{B}' &= E'_xB'_x+E'_yB'_y+E'_zB'_z\\
&= E_xB_x+\gamma^2[E_yB_y+(v/c^2)E_yE_z-vB_yB_z-(v/c)^2E_zB_z]\\
&\quad+\gamma^2[E_zB_z-(v/c^2)E_yE_z+vB_yB_z-(v/c)^2E_yB_y]\\
&= E_xB_x+\gamma^2(1-\beta^2)(E_yB_y+E_zB_z)=\boldsymbol{E}\cdot\boldsymbol{B}
\end{aligned}
\tag{9.50}
$$

标量积 $\boldsymbol{E}\cdot\boldsymbol{B}$ 在场的洛伦兹变换中并不变化，它是一个不变量。相似的计算留给读者，如练习题 9.32，证明通过洛伦兹变换后，$E_x^2+E_y^2+E_z^2-c^2(B_x^2+B_y^2+B_z^2)$ 也是一个不变量。我们因此有

$$
\boxed{\boldsymbol{E}'\cdot\boldsymbol{B}'=\boldsymbol{E}\cdot\boldsymbol{B}}\quad \text{和}\quad \boxed{E'^2-c^2B'^2=E^2-c^2B^2}
\tag{9.51}
$$

这两个数的不变性，不仅仅适用于我们现在所讨论的这个电磁波中，也是适用于任何电磁场的重要性质。对于波场来说，它的影响尤为简单和直接。我们知道，平面波 $\boldsymbol{B}$ 垂直于 $\boldsymbol{E}$ 并且 $cB=E$。两个不变量中 $\boldsymbol{E}\cdot\boldsymbol{B}$ 和 $E^2-c^2B^2$ 中的任意一个，因此都是零。如果在一个参考系中，一个不变量是零，则它在所有参考系中都必须是零。我们可以看到任何波在洛伦兹变换后，$\boldsymbol{E}$ 和 $c\boldsymbol{B}$ 都保持垂直并且大小相等。光波看起来与任意惯性参考系中的光波都相似。我们不应对此感到惊讶。它可以表明我们仅仅是又回到了起点，回到了相对论的假设，即爱因斯坦的起点。事实上，根据爱因斯坦自传的目录，他从 10 年前（在 16 岁！）就开始想知道，如果人能追上光波的话，会观察到什么。使用式（9.49）中的变换——爱因斯坦在 1905 年就把这个结果写在纸上了——就可以回答这个问题了。考虑一个幅度分别为 $E_y=E_0$、$E_x=E_z=0$，$B_z=E_0/c$，$B_x=B_y=0$ 的行波，由 $\boldsymbol{E}\times\boldsymbol{B}$ 指出的方向，可以知道这是一个在 $\boldsymbol{x}$ 方向上传播的波。使用式（9.49）和关系式 $\gamma^2(1-\beta^2)=1$，我们发现，

$$
E'_y=E_0\sqrt{\frac{1-\beta}{1+\beta}},\quad B'_z=\frac{E_0}{c}\sqrt{\frac{1-\beta}{1+\beta}}
\tag{9.52}
$$

在参考系 $F'$ 中观察，波的振幅变小。波速度，在参考系 $F'$ 中当然也是 $c$，就像在参考系 $F$ 中的一样。电磁波没有静止参考系。在 $\beta=1$ 的极限情况下，参考系 $F'$ 中观测到的振幅 $E'_y$ 和 $B'_z$ 减少到零。波已经消失了！

## 9.8　应用

阳光到达地球的（准确地说，是大气顶层）功率密度的平均值为 1360W/m²。你可以证明这意味着太阳的总功率输出约为 $4\times10^{26}$W。如果每平方公里面积的阳光

功率以 15%的效率转化成电能，大约会产生 200MW 的功率。假设阳光每天平均照射地球 6 小时，得到的功率平均值为 50MW。大气吸收和纬度不同会进一步减小这个值，但是把太阳光转化为电力仍足够 25000 人所居住的城市使用。

1965 年 Penzias 和 Wilson 发现了宇宙微波背景（CMB）辐射（见练习题 9.25）。这个辐射是从大爆炸后遗留下来的并填充在所有空间内。大约在大爆炸后的 300000 年后，在电子和离子的热等离子体冷却下来能够形成稳态的原子之后，宇宙才变得对光子来说是透明的。CMB 光子后来就一直做自由运动。波长之后变得更短，但它一直随着宇宙膨胀而变大。辐射包括各种波长分布，峰值在 2mm 左右。辐射看起来在所有方向上都是相同的，但它轻微的各向异性保留了早期宇宙外貌的信息。

彗星通常有两种类型的尾部。尘埃彗尾由尘埃组成，尘埃被阳光产生的压力推离彗星。（阳光携带能量，所以它携带动量，详见习题 9.11。）尘埃漂离彗星的速度相对较慢，造成彗星尾部弯曲并且在彗星后部漂移。离子彗尾由离子组成，这些离子是被太阳风（由带电粒子构成）从彗星上吹走的。这些离子远离彗星的速度很快，所以离子彗尾经常以放射状远离太阳，而无论彗星围绕太阳的位置是怎样的。

射频识别（RFID）标签有许多用途：防盗标签，库存跟踪，收费站转发器，公路比赛的晶片计时，图书馆藏书等等。尽管某些 RFID 标签自身带有功率源，但大部分（称为“被动 RFID”）都不含有功率源。它们通过谐振电感耦合供能：标签内的小线圈和电容构成一个具有特殊共振频率的 $LC$ 电路，一个“读卡器”发射出该共振频率的射频波，该射频波中（变化）的磁场在 RFID 标签的电路中感应出电流。这给一个小单片机提供了能源，之后再把个体识别信息传回给读卡机。

手机，收音机和许多其他通信设备使用电磁波谱中的射频波段，频率通常在 1MHz 到几个 GHz。某个给定频率的纯正弦波包含最少的信息，所以如果要传输有用的信息，我们必须以某些方式对波进行调制。调制波的两种最简单方式是振幅调制（AM）和频率调制（FM）。在 AM 的情况下，载波（频率在 1MHz 范围）被所传输的声波（小得多的频率，在 1kHZ 范围）进行振幅调制。在给定瞬间，声波数值越大时传输波的振幅就越大。声波在某种情况下是传输波的包络线。接收器可以从中提取振幅信息并能重建原始的声波。传输波振幅随时间变化的图，与原始声波随时间变化的图，是等效的。

在 FM 的情况下，载波的频率（你从调频广播中知道，频率在 100MHz 范围）被要发送的声波进行频率调制。在给定的时刻，声波的数值越大时，载波频率相对于某个特殊值偏移的幅度也越大。接收器能够提取频率信息，并重建原始的声波，频率随时间变化的图与原始声波随时间变化的图是等效的。注意这个频率要选择好，因为即使在声波时标上的时间间隔很小，大量的载波振荡仍适合它。一种提取频率信息的方法被称为斜率鉴频。在这种方法中，接收器的共振频率选择稍微偏离载波的频率，则载波频率的跨度在谐振峰值的陡沿处。如果跨度在峰的左侧，接收器电路的响应随着载波频率增加而增加（几乎是线性的）。所以我们只需简单地测试电路中电流的振幅，我们之后可以获得载波的频率（取决于某些因素）。使这个成为可能的是共振，共振可以使接收器只响应窄范围的频率而忽略其他频率。

## 本章总结

• 因为矢量的旋度的散度恒为零，由安培定理的微分形式，$\mathrm{curl}\boldsymbol{B}=\mu_0\boldsymbol{J}$，意味着 $\mathrm{div}\boldsymbol{J}$ 也恒为零。这违背了 $\rho$ 随时变化情况下的连续性方程，$\mathrm{div}\boldsymbol{J}=-\partial\rho/\partial t$（遵循电荷守恒）。因此 $\mathrm{curl}\boldsymbol{B}=\mu_0\boldsymbol{J}$ 不正确。正确的表达式在等式右边有一个额外的项，$\mu_0\varepsilon_0\partial\boldsymbol{E}/\partial t$。有这个项后，$\mathrm{div}\boldsymbol{J}$ 应该等于为 $-\partial\rho/\partial t$。

• 物理量 $\varepsilon_0\partial\boldsymbol{E}/\partial t$ 被称为位移电流。这是研究中最后一个被解决的困惑。现在我们完整地写下麦克斯韦方程组：

$$
\begin{aligned}
\mathrm{curl}\boldsymbol{E}&=-\frac{\partial\boldsymbol{B}}{\partial t}\\
\mathrm{curl}\boldsymbol{B}&=\mu_0\varepsilon_0\frac{\partial\boldsymbol{E}}{\partial t}+\mu_0\boldsymbol{J}\\
\mathrm{div}\boldsymbol{E}&=\frac{\rho}{\varepsilon_0}\\
\mathrm{div}\boldsymbol{B}&=0
\end{aligned}
\tag{9.53}
$$

上述各式分别为：①法拉第定律；②带有位移电流的安培定理；③高斯定理；④不存在磁单极子的表达式。

• 电磁波行波的可能形式为

$$\boldsymbol{E}=\hat{\boldsymbol{z}}E_0\sin(y-vt)\quad 和\quad \boldsymbol{B}=\hat{\boldsymbol{x}}B_0\sin(y-vt)\tag{9.54}$$

其中

$$v=\pm\frac{1}{\sqrt{\mu_0\varepsilon_0}}=\pm c\quad 和\quad E_0=\pm\frac{B_0}{\sqrt{\mu_0\varepsilon_0}}=\pm cB_0\tag{9.55}$$

大体上，我们可以用任何的 $f(y-vt)$ 方程来代替 $\sin(y-vt)$ 方程产生行波，只要已知（1）$v=\pm c$，（2）$E_0=\pm cB_0$ 和（3）$\boldsymbol{E}$ 和 $\boldsymbol{B}$ 彼此垂直并垂直于传播的方向。

• 两个相反方向运动的波叠加，可以得到驻波。在驻波中有些地方的电场 $\boldsymbol{E}$ 在任何时刻都永远为零（不像行波那样），有些时刻的电场 $\boldsymbol{E}$ 在任何地方都为零。磁场 $\boldsymbol{B}$ 的情况也类似。

• 正弦电磁波的功率密度（单位面积单位时间上的能量）可以写成以下的形式：

$$S=\varepsilon_0\overline{E^2}c=\frac{\overline{E^2}}{\sqrt{\mu_0\varepsilon_0}}=\frac{\overline{E^2}(\mathrm{V/m})^2}{377\Omega}\tag{9.56}$$

更一般的情况下，坡印亭矢量

$$\boldsymbol{S}=\frac{\boldsymbol{E}\times\boldsymbol{B}}{\mu_0}\tag{9.57}$$

给出了每一点上的任意电磁场的功率密度。

• 根据洛伦兹变换，对 $\boldsymbol{E}$ 和 $\boldsymbol{B}$ 进行变换，我们可以推导出两个不变量：

$$\boldsymbol{E}'\cdot\boldsymbol{B}'=\boldsymbol{E}\cdot\boldsymbol{B} \quad 和 \quad E'^2-c^2B'^2=E^2=c^2B^2 \tag{9.58}$$

这些表明在参考系中 $\boldsymbol{E}$ 和 $\boldsymbol{B}$ 是互相垂直的，并且 $E=cB$，这在其他参考系中也是成立的。就是说，光在一个惯性参考系中和在其他惯性参考系中看起来是一样的。

## 习　　题

### 9.1　消失的项**

由式（9.2）和式（9.5）之间的矛盾，我们知道在 $\nabla\times\boldsymbol{B}$ 的关系中必然有其他项，如同我们在式（9.10）中发现的那样，我们把这个项称为 $\boldsymbol{W}$。在本题中，我们使用洛伦兹变换来进一步估计 $\boldsymbol{W}$ 的值。通过对 $\nabla\times\boldsymbol{B}=\mu_0\boldsymbol{J}+\boldsymbol{W}$ 两边求散度来求解 $W$。假设在稳恒电流的情况下，你可以使用以下公式：（1）$\nabla\cdot\boldsymbol{E}=\rho/\varepsilon_0$，（2）$\nabla\cdot\boldsymbol{B}=0$，（3）$\nabla\cdot\boldsymbol{J}=-\partial\rho/\partial t$，（4）$\nabla\times\boldsymbol{B}=\mu_0\boldsymbol{J}$。

### 9.2　球面对称的电流*

一个球面对称（且为常数值）的电流密度在球心到球壳的方向上以辐射状分布，造成壳上的电荷以 $\mathrm{d}Q/\mathrm{d}t$ 的比例增加。证实麦克斯韦方程 $\nabla\times\boldsymbol{B}=\mu_0\boldsymbol{J}+\mu_0\varepsilon_0\partial\boldsymbol{E}/\partial t$ 在指向球壳的所有点上都成立。

### 9.3　点电荷和半无限长的导线**

从负无穷远处到原点的导线内通有电流 $I$，原点处通过不断地积累点电荷来增大总电荷量 $q$（所以 $\mathrm{d}q/\mathrm{d}t=I$）。考虑图 9.12 中所示的环，半径为 $b$，相对电荷的夹角为 $2\theta$。计算沿着该环路的积分 $\int\boldsymbol{B}\cdot\mathrm{d}\boldsymbol{s}$，从以下三方面求此积分。

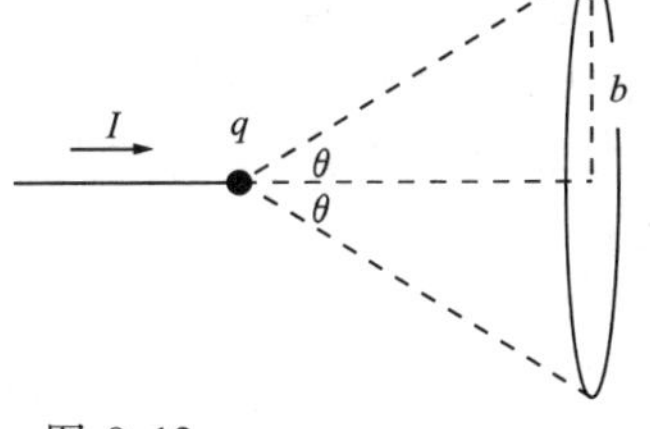


图 9.12

（a）通过使用毕奥-萨伐尔定律，对导线不同部分的贡献进行叠加，以此得到环上给定点的磁场 $\boldsymbol{B}$。

（b）使用麦克斯韦方程的积分形式（就是包含位移电流的安培定理的普遍形式），

$$\int_C\boldsymbol{B}\cdot\mathrm{d}\boldsymbol{s}=\mu_0I+\mu_0\varepsilon_0\int_S\frac{\partial\boldsymbol{E}}{\partial t}\cdot\mathrm{d}\boldsymbol{a} \tag{9.59}$$

其中 $S$ 是由圆围成且未与导线相交部分的表面。（你可以采用习题 1.15 的结果。）

（c）采用与（b）中相同的方法，但这次让 $S$ 与导线相交。

### 9.4　由传导电流放电的电容的磁场 $B$**

如在后面的练习 9.15 中要提到的那样，放电电容内的磁场可以通过对传导电流的贡献进行叠加来得到。这个计算过程极其复杂，然而我们可以用相对简单的方式处理板上传导电流的贡献，可以不涉及复杂的积分。如果我们像以往那样假设，板间的距离 $s$ 与板的半径 $b$ 相比较是小的，则电容内的任意点 $P$ 距离电容板足够近，以至于它们看起来像无限大的平面，此处的表面电流密度等于最近点的电流密度。

（a）确定电容极板内半径为 $r$ 的圆内的电流值，并用这个值求出表面电流密度。提示：每块平板上的电荷在任何时刻都是均匀分布的。

（b）把导线和极板对磁场的贡献结合起来证明在电容内，距对称轴距离为 $r$ 的点 $P$ 处的场为 $B=\mu_0Ir/2\pi b^2$。（假设 $s\ll r$，你可以近似认为两个导线是完全无限长的导线。）

**9.5　运动电荷的麦克斯韦方程** * * *

在习题6.24中的（b）部分，我们在限定 $v \ll c$ 的条件下，推导出由缓慢运动电荷产生的电场和磁场的近似表达式。在这道题中，我们将给出精确的式子。对于任意 $v$ 值，式（5.13）和式（5.15）给出了精确的电场 $\boldsymbol{E}$ 的表达式，而洛伦兹变换给出[2]了精确的磁场 $\boldsymbol{B}$ 的表达式 $\boldsymbol{B}=(1/c^2)\boldsymbol{v}\times\boldsymbol{E}$，可以详见习题6.24（a）。证明这些 $\boldsymbol{E}$ 和 $\boldsymbol{B}$ 的表达式满足真空中的麦克斯韦方程。即是：

（a）证明 $\nabla\cdot\boldsymbol{B}=0$。（我们早已在问题5.4中证明了 $\nabla\cdot\boldsymbol{E}=0$。）附录K中式 $\nabla\cdot(\boldsymbol{A}\times\boldsymbol{B})$ 的矢量等式也会用到。

（b）证明 $\nabla\times\boldsymbol{E}=-\partial\boldsymbol{B}/\partial t$。（$\nabla\times\boldsymbol{B}=\partial\boldsymbol{E}/\partial t$ 的计算过程与此类似，因此你可以跳过这个过程。）注意：当你使用式（5.15）中电场 $\boldsymbol{E}$ 在球坐标下的表达式时这个计算是可以实现的（不要忘记 $r$ 和 $\theta$ 都随时间变化），但使用式（5.13）中电场 $\boldsymbol{E}$ 在笛卡儿坐标系下的表达式也许更简单。

**9.6　螺线管内的振荡场** * * *

半径为 $R$ 的螺线管单位长度上有 $N$ 匝线圈。电流按照函数 $I(t)=I_0\cos\omega t$ 随时间变化。则螺线管内磁场为 $B(t)=\mu_0 nI(t)$。在本题中你需要正确使用法拉第/安培环路。

（a）变化的磁场产生电场。假设磁场为 $B_0(t)\equiv\mu_0 nI_0\cos\omega t$，求出螺线管内半径 $r$ 处的电场。

（b）变化的电场产生磁场。求出由你刚求出的变化的电场所产生的磁场（螺线管内半径 $r$ 处）。更精确地来说，求出轴上与半径 $r$ 处磁场 $B$ 的差值，把这个差值记为 $\Delta B(r, t)$。

（c）由于你刚求出的差值 $\Delta B(r, t)$ 使得贯穿螺线管的总磁场不等于 $\mu_0 nI_0\cos\omega t$。[3] $\Delta B(r, t)/B_0(t)$ 的值为多少？解释原因，“磁场本质上的基本值为 $\mu_0 nI_0\cos\omega t$，但前提是电流变化发生的时间相比光穿越螺线管的时间大得多。”（这个时间很短，所以对 $\omega$ 的“每个”值，磁场本质上为 $\mu_0 nI_0\cos\omega t$。）

**9.7　行波和驻波** * *

考虑两个运动方向相反的电场行波

$$\boldsymbol{E}_1=\hat{\boldsymbol{x}}E_0\cos(kz-\omega t)\quad \text{和} \quad \boldsymbol{E}_2=\hat{\boldsymbol{x}}E_0\cos(kz+\omega t) \tag{9.60}$$

这两个波的和为驻波，$2\hat{\boldsymbol{x}}E_0\cos kz\cos\omega t$。

（a）求出与上述电场行波相关的磁场，之后对表达式求和，得到与这个电场驻波相关的磁场。

（b）通过使用麦克斯韦方程组来求解与驻波电场 $2\hat{\boldsymbol{x}}E_0\cos kz\cos\omega t$ 相关的磁场 $\boldsymbol{B}$。

**9.8　阳光** *

地球表面所接收到的太阳光的功率密度大约为1kW/m²。试求磁感应强度的有效值为多大？

**9.9　驻波的能流** * *

（a）考虑式（9.32）中赤道上的驻波。画出 $\omega t$ 分别为0、$\pi/4$、$\pi/2$、$3\pi/4$ 和 $\pi$ 值时的能量密度 $u(x, y)$ 分布图。

（b）画出 $\omega t$ 分别为 $\pi/4$、$\pi/2$ 和 $3\pi/4$ 值时能流密度矢量的 $y$ 向分量 $S_y(y, t)$ 的分布图。

2　如果你想通过毕奥-萨伐尔定律来推导快速运动电荷的磁场，你则需要借助由光的有限速度引起的“迟滞时间”。我们不应该深陷于此，但作为一个特例，可以参考习题6.28。

3　当然这个 $\Delta B(r, t)$ 差异造成另个场 $E$。如果我们继续下去将会得到一个无穷级数的修正。但是只要电流变化不是很快，高阶项就可以忽略。

解释为什么这些点与不同能量点间的能量值晃动规律一致。

**9.10 导线的能流** $^{**}$

一非常细的直导线内通有稳恒电流 $I$，从无穷远处流向半径为 $R$ 的导体球壳。壳上电荷的增加导致周围空间内电场增加，这意味着能量密度增加。这就说明某处必须有能流出现。这里的“某处”就是导线。证明薄壁管内的能流密度矢量的总通量等于储存在电场内的能量变化率。(你可以假设线的半径远远比管的半径小，因而远远小于壳的半径。)

**9.11 电磁场中的动量** $^{**}$

我们从 9.6 节中得知运动的电磁波具有能量。但相对论告诉我们携带能量的任何物质都可以传输动量。由于光可以认为是由无质量的粒子（光子）组成的，必须满足关系式 $p=E/c$，详见式（G.19）。根据电场和磁场的关系，求出运动电磁波的动量密度。即求出在给定空间内波的动量总量。

尽管在此处我们不对此做证明，但你刚刚求到的那个关于行波的结果就是一个特例。在通常情况下动量密度等于单位面积单位时间的能量的 $1/c^2$。这适用于任何情况下的能流（物质或场），尤其适用于任何电磁场，甚至是动量的大小为 $\boldsymbol{E}\times\boldsymbol{B}/\mu_0$ 的非零能流密度矢量的稳态场。这个问题的最好例子就是习题 9.12。

**9.12 角动量悖论** $^{***}$

一个装置内包含三个非常长的同轴柱状体：一个半径为 $R$，总电荷为 $Q$（均匀的）的不导电的柱壳，另一个不导电柱壳的半径为 $b>a$ 且总电荷（均匀的）为 $-Q$，剩下那个为螺线管，其半径 $R>b$，详见图 9.13。[这个是根据博斯（1984）装置改良后的装置。] 螺线管内的电流在其内部产生一个均匀的磁场。螺线管固定不动，但两个柱壳可以沿着轴自由旋转（互不影响）。最开始时它们是静止的。设想螺线管内的电流突然衰减到零。（如果你对这个系统非常严格，让它远离外转矩，你可以设想电流刚开始是流进超导体内，这个超导体突然加热变成正常的导体。）螺线管内变化的磁场将在两个柱壳的位置感应出电场。

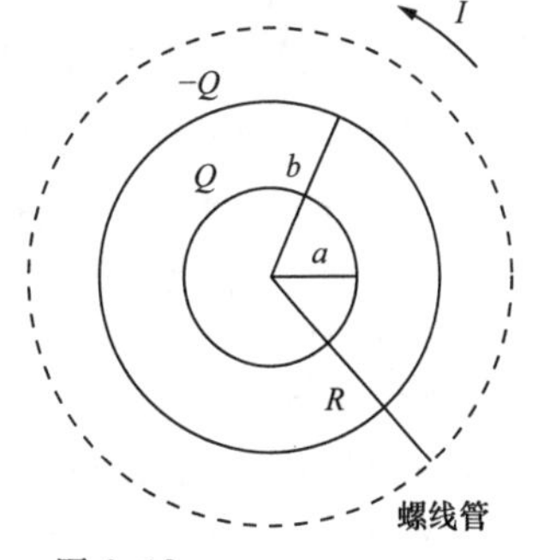

图 9.13

(a) 求出当磁场衰减为零时每个柱壳获得的角动量。

(b) 你会发现柱壳的总角动量变化并不为零。这意味着角动量不守恒？如果角动量守恒，求出其值。你假设柱壳足够大以至于它们不能很快地结束旋转，这意味着我们可以忽略它们产生的磁场 $B$。注意：参考习题 9.11。

## 练　习

**9.13 位移电流通量** $^{*}$

图 9.4 中表面 $S$ 上的实际电流通量为 $I$。证明位移电流 $\boldsymbol{J_D}\equiv\varepsilon_0(\partial\boldsymbol{E}/\partial t)$ 通过表面 $S'$ 的通量也为 $I$。通量的正负符号是什么呢？像通常情况一样，假设工作的电容板间空间很小。

**9.14 有洞的球** $^{**}$

导线内电流 $I$ 向点电荷方向流动，导致电量随时间增加。考虑中心在电荷处的球表面 $S$，在导线处有一个小洞，如图 9.14 所示。这个洞的圆周 $C$ 是表面 $S$ 的边界线。证明麦克斯韦方程的

积分形式

$$\int_C \boldsymbol{B}\cdot \mathrm{d}\boldsymbol{s}=\int_S\left(\mu_0\varepsilon_0\frac{\partial \boldsymbol{E}}{\partial t}+\mu_0\boldsymbol{J}\right)\cdot \mathrm{d}\boldsymbol{a} \tag{9.61}$$

成立。

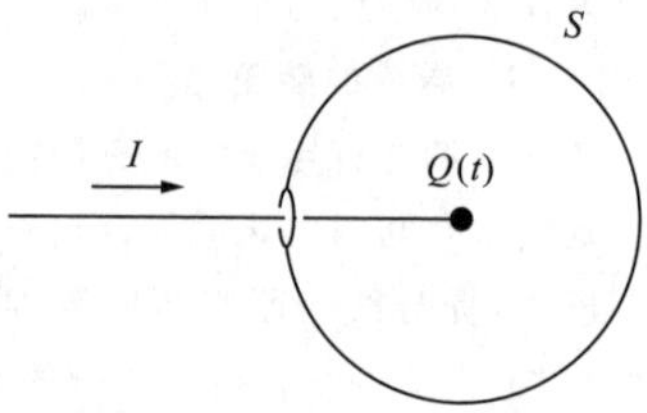

S　I　Q(t)

图 9.14

**9.15　放电电容内的场****

图 9.1 中的放电电容内的磁场可以通过叠加所有传导电流对磁场的贡献得到，正如图 9.5 所示那样，这可能需要很长时间来处理。如果我们假设这个磁场关于轴对称，通过在点周围的环路上使用积分就可以很容易算出磁场：

$$\int_C \boldsymbol{B}\cdot \mathrm{d}\boldsymbol{s}=\int_S\left(\mu_0\varepsilon_0\frac{\partial \boldsymbol{E}}{\partial t}+\mu_0\boldsymbol{J}\right)\cdot \mathrm{d}\boldsymbol{a} \tag{9.62}$$

据此来证明 $P$ 点（就是图 9.15 中在电容板中距对称轴为 $r$ 处）的场等于 $B=\mu_0 Ir/2\pi b^2$。你可以假设电容板的间距 $s$ 与其半径 $b$ 相比是很小的。（与图 7.16 中的例子中的感应电场 $E$ 的计算值相比较。）

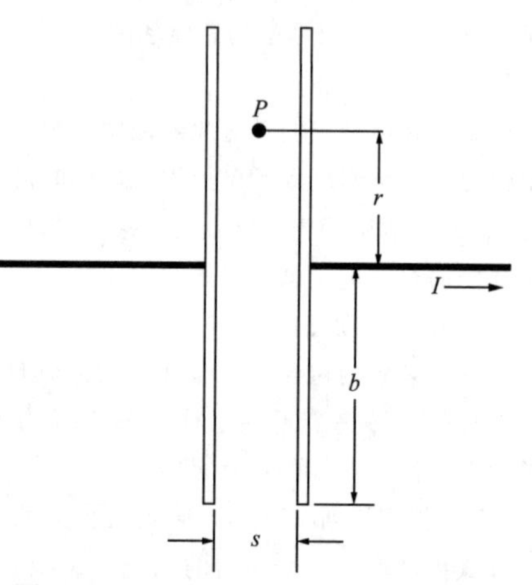


图 9.15

**9.16　运动电荷的通量变化****

点电荷以常速 $v$ 运动产生电场 $\boldsymbol{E}$，通过洛伦兹变换可以得出磁场 $\boldsymbol{B}=(\boldsymbol{v}/c^2)\times\boldsymbol{E}$。证明麦克斯韦方程的积分形式 $\int \boldsymbol{B}\cdot \mathrm{d}\boldsymbol{s}=(1/c^2)(\mathrm{d}\Phi_E/\mathrm{d}t)$，对图 9.16 中的任何环都有效。（我们因此可以认为磁场是由运动电荷的变化电场所产生的。）提示：电荷向右移动一小段距离后，用几何方式可以给出通过环的电通量。

**9.17　高斯条件***

在无源处或“空旷的空间”，适用式（9.21）所描述的麦克斯韦方程组。现在使用高斯单位制。考虑式（9.22）和式（9.23）所描述的波，$E_0$ 的单位为 V/cm，$B_0$ 单位为 G。当 $E_0$、$B_0$ 和 $v$ 满足什么条件时，可以满足麦克斯韦方程组?

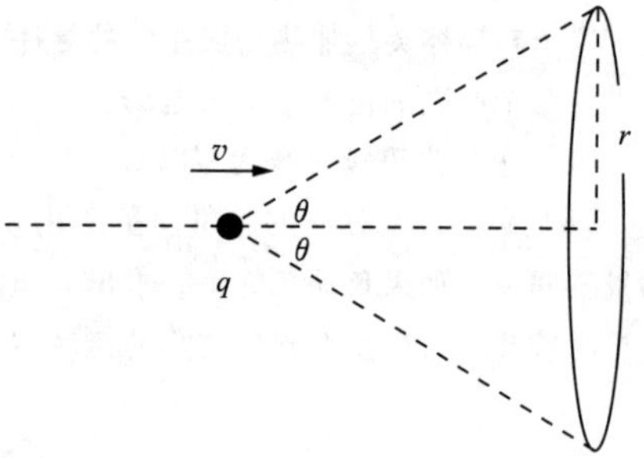

v　θ　θ　q　r

图 9.16

**9.18　关联的磁场 $B$***

如果自由空间内的电场为 $\boldsymbol{E}=E_0(\hat{\boldsymbol{x}}+\hat{\boldsymbol{y}})\sin[(2\pi/\lambda)(z+ct)]$，其中 $E_0=20\mathrm{V/m}$，则不包括任何静态稳定场的磁场必须为何值?

**9.19　求解波方程***

写出具有如下特性的由 $E$ 和 $B$ 组成的平面电磁波的方程。波在 $-\hat{\boldsymbol{x}}$ 方向上运动，频率为 100MHz，或 $10^8$ 周每秒，电场方向垂直于 $\hat{\boldsymbol{z}}$ 方向。

**9.20　波的驱逐作用****

在式（9.28）所描述的波到来之前，一个自由质子在原点处静止。我们设波的振幅 $E_0$ 为 100kV/m。你认为在时间 $t=1\mu\mathrm{s}$ 时质子会在哪里？质子的质量为 $1.67\times10^{-27}$ kg。提示：由于脉冲时间是几纳秒，你可以忽略在脉冲时间内质子的位移。另外，如果质子的速度不是太大，你可以忽略其自身磁场的影响。首先需要计算的就是质子在这段脉冲内所获得的动量。

**9.21　磁场的影响****

假设练习 9.20 中磁场的影响不可以忽略。质子最后的速度方向该如何改变？（那足以给出变化参数的影响，你可以忽略任何数学因子。）

**9.22　平面波脉冲****

考虑图 9.17 中所示的磁场 $\boldsymbol{B}$ 和电场 $\boldsymbol{E}$ 的平面波脉冲，电场 $E$ 方向指向纸外，磁场 $B$ 方向指向下方。场在“板”间区域内是均匀的，在板外是零。板在 $x$ 方向上长为 $d$，在 $y$ 和 $z$ 方向上很大（基本上无限）。它以速度 $v$（待测值）在 $x$ 方向上移动。这个板可以认为是附录 H 中的过渡壳的一部分。然而你不必考虑这些场是怎么产生的。这些电磁场通过两个“感应”麦克斯韦方程来自我维持。

（a）如图中虚线矩形（当板移动的时候，这个是固定的）所示，使用麦克斯韦方程的积分形式来获得 $E$ 和 $B$ 间的关系。

（b）做一个相似的推导，这次环垂直于纸平面方向，求出 $E$ 和 $B$ 之间的关系。（小心符号问题。）之后再对 $v$ 求解。

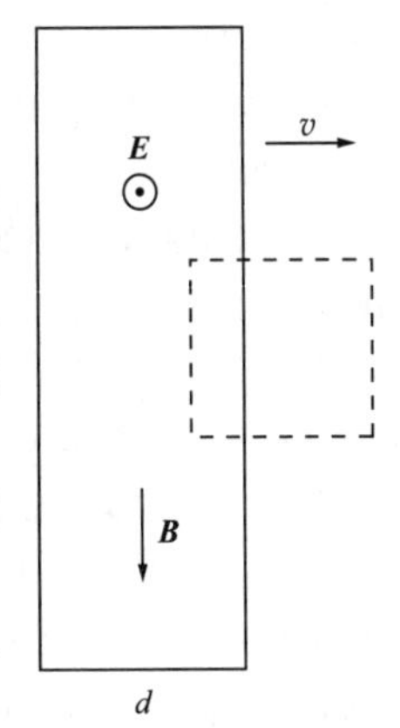


图 9.17

**9.23　盒子内的场*****

证明由以下式子

$$\boldsymbol{E}=E_0\hat{\boldsymbol{z}}\cos kx\cos ky\cos\omega t \qquad (9.63)$$
$$\boldsymbol{B}=B_0(\hat{\boldsymbol{x}}\cos kx\sin ky-\hat{\boldsymbol{y}}\sin kx\cos ky)\sin\omega t$$

描述的电磁场在 $E_0=\sqrt{2}cB_0$ 和 $\omega=\sqrt{2}ck$ 的条件下满足式（9.18）中自由空间内的麦克斯韦方程。这个场可以存在于方形的物质盒中，这个盒的范围为 $-\pi/2k<x<\pi/2k$ 和 $-\pi/2k<y<\pi/2k$，在 $z$ 方向上高度是任意的。粗略地电场和磁场看起来像什么？

**9.24　卫星信号***

从静止轨道上的卫星向地球发出的信号功率为 10kW，光束可覆盖直径为 1000km 的圆形区域。接收器收到的电场强度为多大？（单位用 mV/m 表示）

**9.25　微波背景辐射****

到目前为止，宇宙中所有的电磁能大部分都以微波的形式储存。这就是宇宙微波背景辐射，这是由彭其亚斯和威尔逊在 1965 年发现的。它基本上充满着所有的空间，包括星系间的每个角落，其能量密度为 $4\times10^{-14}\mathrm{J/m^3}$。计算辐射的有效电场强度，单位用 V/m 表示。大概估算一下你距 1kW 的无线电发射器多远时，收到的电磁波强度和这个相等吗？

**9.26　电磁波****

在自由空间内有一种特殊的电磁场

$$E_x=0,\ E_y=E_0\sin(kx+\omega t),\ E_z=0 \qquad (9.64)$$
$$B_x=0,\ B_y=0,\qquad B_z=-(E_0/c)\sin(kx+\omega t)$$

（a）证明如果 $\omega$ 和 $k$ 以某种方式关联，则这个场可以满足麦克斯韦方程。

（b）设定 $\omega=10^{10}\mathrm{s^{-1}}$，$E_0=1\mathrm{kV/m}$。则波长为多少？在一大片区域上的平均能量密度为多少（单位用 $\mathrm{J/m^3}$ 表示）？根据这个结果计算出功率密度和能流（单位用 $\mathrm{J/m^2s}$ 表示）。

**9.27　反射波****

一个正弦波在介质的表面处反弹，介质吸收一半的入射能量。入射波和反射波叠加后会产生一个场。观察者在场中某处位置观察某一特定振幅 $E$ 振荡的电场。观察者观察到的最大振幅和最小振幅比是多少？（这称为电压驻波比，或者用实验室术语称为 VSWR。）

**9.28　波印廷密度矢量和电阻热 ****

导线内的纵向电场可以产生电流，它们之间的关系为 $\boldsymbol{J}=\sigma\boldsymbol{E}$。由于电场 $\boldsymbol{E}$ 旋度为零，这个相同的纵向电场 $\boldsymbol{E}$ 分量必须存在于导线外的右侧。证明通过导线外的柱面的坡印廷密度矢量等于 $IV$ 电阻热。

**9.29　电容内的能流 ****

通过两个圆形板间的细导线内的电流来给电容充电。（这与从无穷远处的导线不同，与 9.6.2 小节中的例子相似。）电容内的电场增加，所以能量密度也增加。这说明某处必然有能流。如同习题 9.10 中一样这里的“某处”就是导线。证明远离导线的能流密度矢量等于储存在场内的能量变化率。（当然，我们需要在导线中放置一个电池来产生电流，这个电池就是电流的源头。详见 Galili 和 Goihbarg（2005）。）

**9.30　比较能量密度的大小 ****

考虑 9.6.2 小节中电容的例子，但现在我们改变电流变化规律以使电容内的电场按照 $E(t)=E_0\cos\omega t$ 的形式变化。感应磁场由式（9.46）给出。证明如果 $\omega$ 的时间标度（就是 $2\pi/\omega$）远大于光穿越电容板直径的时间，则磁场的能量密度远远小于电场的能量密度。（如习题 9.6 中那样考虑，我们忽略高阶效应。）

**9.31　运动电荷的场动量 *****

考虑一个带电粒子在半径为 $a$，电荷为 $q$ 的球壳内的情况，它现在以非相对论速度 $v$ 运动。由球壳产生的电场本质上是由库仑场给出，而磁场由式（6.81）给出。使用习题 9.11 中的结论，对整个空间内的动量密度进行积分。证明电磁场的总动量可以写成 $mv$，其中 $m\equiv(4/3)(q^2/8\pi\varepsilon_0 a)/c^2$。一个有趣的旁白：对于非相对论速度，电磁场的总能量由电场能量控制。所以根据习题 1.32 可知，场内的总能量等于 $U=(q^2/8\pi\varepsilon_0 a)$。使用上述 $m$ 值，我们可以发现 $U=(3/4)mc^2$。对于非相对论例子，$\gamma\approx1$，上述结果与爱因斯坦的 $U=\gamma mc^2$ 不一致。对这个问题的定性分析是：尽管我们正确计算了电磁能，但它并不是全部的能量。因此还必须有其他力的作用，否则库仑排斥力会使粒子相互飞散。

**9.32　洛伦兹不变量 *****

我们从由式（6.76）的场变换开始考虑，证明标量 $E^2-c^2B^2$ 在变换下是不变的。换句话说，证明 $E'^2-c^2B'^2=E^2-c^2B^2$。你可以仅用一个矢量代数，而不需要任何的 $x$、$y$、$z$ 的分量就可以证明上式。（对这个问题来说，平行和垂直的矢量很方便，即 $E_\perp\cdot E_\parallel=0$，$B_\parallel\cdot E_\parallel=0$，等等。）

# 物质内部的电场

## 综述

在这一章中，我们学习电场如何作用于物质和被物质反作用的。我们将重点关注绝缘体或电介质，其以介电常数为特征参数。物质中的电场研究主要是研究偶极子。我们早在第 2 章就学过了偶极子，现在我们将得出更一般的情况下的性质，详细展示多极展开式是如何得到的。物质中电场感应出的净偶极矩可以由两种方式得到。在某些情况下，电场使分子极化，采用原子的极化率这个物理量来定量描述这个效应。在另外一些情况下，分子具有固有的偶极矩，外电场使这些偶极矩重新排布。在任何情况下，材料可以通过极化密度 $P$ 来描述。电极化率给出了 $P$ 与电场的比值（取决于因子 $\varepsilon_0$）。极化密度的效果是在电介质材料上形成表面电荷密度。这解释了为什么当电容内填充进电介质时，电容的电容值就增大。电介质上的表面电荷抵消了电容极板上的部分自由电荷。

我们将研究均匀极化球体的特殊情况，这个球内部有一均匀电场。随后我们将结果延伸到置于均匀电场中的电介质球的情况中。通过分别考虑自由电荷和束缚电荷，我们将导出电位移矢量 $\boldsymbol{D}$，它的散度仅与自由电荷相关（不像电场，通过高斯定律知道电场的散度与各种电荷都相关）。我们还将关注温度对极化密度的影响、快速变化的场中极化又是如何响应的以及束缚电荷的电流如何影响“curl $\boldsymbol{B}$”的麦克斯韦方程的。最后，我们将考虑电介质中的电磁波，我们发现它与真空中的情况仅有微小的改变。

## 10.1 电介质

我们在第 3 章中研究的电容器是由两个彼此相互隔绝的导体组成的，它们中间没有其他物体。由两个导体组成的系统用特定的电容 $C$ 来表示，这个常数与电容器上电荷 $Q$ 的大小（正电荷 $Q$ 在一个板，等量的负电荷在另一个板上）和两导体

间的电势差 $\phi_1-\phi_2$ 有关。用 $\phi_{12}$ 表示其电势差，则

$$C=\frac{Q}{\phi_{12}} \tag{10.1}$$

对于平行板电容器，两板间距离为 $s$，板面积为 $A$，可以用以下公式表示电容大小：

$$C=\frac{\varepsilon_0 A}{s} \tag{10.2}$$

像这样的电容器可以在某些电气设备中找到。它们叫作**真空电容器**，是由封闭在高真空瓶中的金属板组成的。它们主要应用在具有极高和快速变化的电势的条件中。然而，更常见的电容器两板间填充一些不导电固体或液体。实验室工作中所使用的电容器大部分都是这种类型，任何电视屏幕内都有几十个这种电容器。对于中间嵌入材料的电容器，式（10.2）就不适用了。假设对如图 10.1（a）所示的电容器，如图 10.1（b）那样用塑料片填充在极板中间。用这个新电容器做实验，我们仍然能找到电荷和电势差间的比例。所以，我们仍可以由式（10.1）来定义电容。但是我们发现所得的 $C$ 的实验值明显要大于式（10.2）计算得到的。也就是说，对于相同的电势差、板面积和板间距离，我们发现每个极板上有更多的电荷。这必然是由塑料板造成的。

(a)

$A$

$s$

$C=\frac{\varepsilon_0 A}{s}$

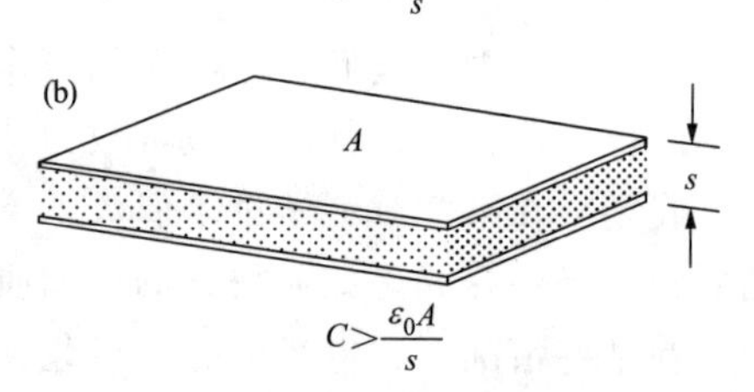


图 10.1

（a）平行导电板构成的电容器；（b）结构相同的电容器，只是板间真空部分加入了塑料片。

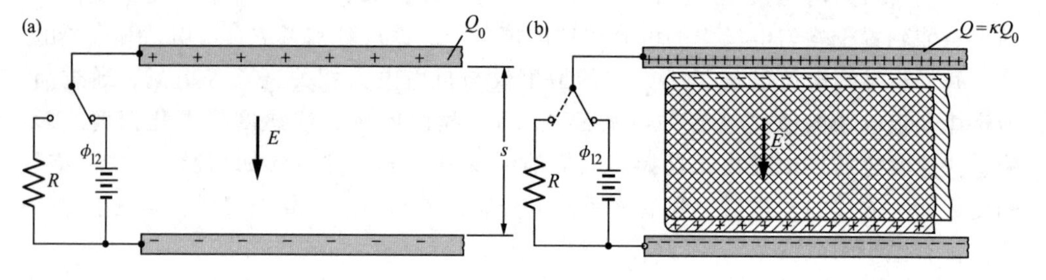


图 10.2

电介质增大电容板上电荷的方式。（a）板间区域真空，$Q_0=C_0\phi_{12}$。（b）板间区域用非导电物质即电介质填充。电场把负电荷拉向上方，排斥正电荷到下方，在电介质上表面形成无补偿的负电荷层，在下表面上形成无补偿的正电荷层。顶部的包含感应电荷 $Q$ 在内的电荷与（a）中情况一样。$Q$ 比 $Q_0$ 略大，$Q=\kappa Q_0$。如果电容通过开关放电的话，$Q$ 是通过电阻 $R$ 的电量。

不难理解产生这种情况的原因。塑料片由分子组成，分子由原子组成，原子又是由带电粒子——电子和原子核组成。电容器极板间的电场作用在这些电荷上，如图 10.2 所示那样，若上面的极板带正电，则使得负电荷向上运动，而正电荷向下运动。但正负电荷都没有移动很远。(这周围没有自由电子，自由电子早已远离原子，就像金属导体中那样)。然而原子并不是一个完美的刚体结构，电荷将会有轻微位移。从整体上来说，在塑料片内，将导致负电荷产生某种分布，而正电荷分布(原子核）与负电荷分布将有一定的小位移，如图 10.2（b）所示。这个塑料片仍然是中性的，但有一个负电荷薄层出现在顶部，而在底部又出现一个相应的正电荷层，这两层电荷都没有补偿它们的电荷。

上极板下部的负电荷感应层的出现，导致板上的电荷 $Q$ 增加。事实上，$Q$ 必须增加直到顶部总电荷，即 $Q$ 和感应电荷层的代数和，等于 $Q_0$（在塑料片插入之前上极板的电荷量）为止。当我们解决掉物质中电场的一些问题后，在 10.8 节中再讨论这个问题时，我们就能够证明上述论述了。现在我们的重点是图 10.2（b）中的电荷 $Q$ 要大于 $Q_0$，并且这个 $Q$ 是关系式 $Q=C\phi_{12}$ 中电容上的那个电荷值。那是从电池中流出的电荷，是通过电阻 $R$ 给电容放电的总电荷量，放电过程是通过图中开关控制的。如果我们那样做，感应电荷层就不属于 $Q$ 的一部分，将消失于板中。

根据这个解释，添加特殊材料以加大电容的能力，应该取决于这种材料结构中电荷的数量和电子逃离原子核的难易程度。当空的电容器充满特定材料时，电容增加的倍数，在我们举的例子中 $Q/Q_0$，被称为这种材料的**介电常数**。同用符号 $\kappa$ 来表示它：

$$\boxed{Q=\kappa Q_0}\Longleftrightarrow\boxed{C=\kappa C_0} \tag{10.3}$$

当我们讨论电场中这种材料的现象时，通常称之为**电介质**。但任何均匀的不导电物质都具有这种特征。表 10.1 列出了各式各样物质的介电常数的测量值。

**表 10.1 不同物质的介电常数**

| 物质 | 条件 | 介电常数($\kappa$) |
|---|---|---|
| 空气 | 气体,0℃,1atm | 1.00059 |
| 甲烷 $CH_4$ | 气体,0℃,1atm | 1.00088 |
| 氯化氢,HCl | 气体,0℃,1atm | 1.0046 |
| 水,$H_2O$ | 气体,110℃,1atm | 1.0126 |
| | 液体,20℃ | 80.4 |
| 苯,$C_6H_6$ | 液体,20℃ | 2.28 |
| 甲醇,$CH_3OH$ | 液体,20℃ | 33.6 |
| 氨,$NH_3$ | 液体,-34℃ | 22.6 |
| 石油 | 液体,20℃ | 2.24 |
| 氯化钠,NaCl | 固体,20℃ | 6.12 |
| 硫,S | 固体,20℃ | 4.0 |

（续）

| 物质 | 条件 | 介电常数($\kappa$) |
| --- | --- | --- |
| 硅,Si | 固体,20℃ | 11.7 |
| 聚乙烯 | 固体,20℃ | 2.25~2.3 |
| 陶瓷 | 固体,20℃ | 6.0~8.0 |
| 石蜡 | 固体,20℃ | 2.1~2.5 |
| 派莱克斯玻璃7070 | 固体,20℃ | 4.00 |

表10.1中物质的介电常数都大于1。解释是这样的：外加电场后，引起电子移动，仅当电子移动方向与力的方向相反时，电容器中的电介质的存在才可以减少电容值。如果外加了振荡电场，这样的现象可能是合理的。但对于外加稳恒场时，我们认为它不能出现这样的现象。

我们定义纯真空的电介质常数是1.0。通常情况下的气体，$\kappa$只略大于1.0，因为气体几乎为自由空间。普通的固体和液体的介电常数范围通常为2~6。但是注意，液氨是一个例外，水也是一个特别的例外。其实液态水轻微导电，但是如之后我们将要解释的那样，这不妨碍我们对介电常数的定义和测量其介电常数。水具有很大的介电常数，不是因为液体的离子电导率。记住，正是$\kappa$和1的差值揭示了材料受电场的影响，这样你就能理解水在蒸汽态时介电常数的特殊属性了，试比较表中所给的水蒸气和空气的$\kappa$值。

一旦确定了某种特定材料的介电常数——可以通过测量一充满这种特定材料的电容器的电容来确定，那么我们可以预测平行板电容器，乃至任何由导体和任意形状电介质片组成的静电系统的电学现象了。也就是说，给定系统中导体上的电荷和电势，我们可以预测系统中电介质外的真空中存在的所有电场。

可以让我们做这方面研究的理论是在19世纪由相关的物理学家整理完成的。由于缺乏对物质原子结构的完整描述，他们或多或少地被迫采用了宏观描述。从这个角度来看，电介质的内部是无定形的完美光滑的“数学果冻（胶状物）”，它与真空在电学性质上的唯一区别是它的介电常数不等于1。

如果我们只研究电场中物质的宏观描述，我们将很难回答一些显而易见的问题，或者说，很难以适当的方式提出这些问题，并让答案变得有意义。例如，当图10.1（b）中极板上有已知数量的电荷时，塑料片中的电场强度有多大？电场强度是由作用在测试电荷上的力确定的。我们怎么才能把一个测试电荷放进完全致密的固体里而不干扰到其他任何东西，并且测量其受的力呢？如果我们测出这个力，这个力意味着什么？你可能想象钻一个洞，把测试电荷放进洞中。电荷在洞中移动，这样你就可以像测量自由粒子那样测量作用在测试电荷上受到的力了。但是你测量的不是电介质中的电场而是电介质中一个洞内的电场，这完全是不同的两回事。

幸运的是我们可以采用另一条研究路线，它是从微观上或原子水平上引导出

来的。我们知道物质是由原子和分子组成的，这些原子分子又是由带电粒子组成。我们知道这些原子的大小和结构的情况，并知道一些它们在晶体、液体和气体中的排列情况。我们不必把介质板描写成无定形的且非空的果冻，而是把它描述为处在真空中的分子集体。如果我们知道当一个分子完全处在电场中时，这个分子内的电荷做什么，我们就能够知道真空中相隔一定距离的两个这样的分子在真空中的行为。只需计算一个分子产生的电场对另一个分子的影响。这是一个真空中的问题。现在我们要做的是扩展这种模式，考虑 $1\mathrm{m}^3$ 的空间内含有 $10^{26}$ 个分子的情景，这正是真正电介质的情况。我们希望做到这一点而不是把它分成 $10^{26}$ 个独立的问题。

如果采用这个方案，我们将从两方面得到结果。最终我们能够得出电介质中的电磁场方面的有意义的结论，回答上面提到的一些问题。更有价值的是，我们将了解宏观上电和磁现象出现的原因，因而揭示原子结构的本质。我们将分别研究电场和磁场效应。首先由电介质开始，先研究小电荷系统外部的静电场，将有利于实现我们的首要目标，即描述由一个原子或分子产生的电场。

## 10.2 电荷分布的矩

原子或分子是由一些体积小的电荷组成，也许一个电荷就占据几立方埃（$10^{-30}\mathrm{m}^3$）的空间。我们感兴趣的是那个空间外的电场，它是由相对复杂的电荷分布造成的。我们将特别注意远离场源的场，我们所说的远是相比于场源本身大小而言的。是电荷结构的什么特点决定远点的场呢？想要回答这个问题，先让我们看看当电荷任意分布时怎样计算场外某点的电场。我们在 2.7 节中对偶极子进行了讨论，本节和下节将对之予以推广。

如图 10.3 所示，某电荷位于坐标原点附近，它可能是由几个带正电的核和大量电子组成的一个分子。在任何情况下，我们假设它可用电荷密度函数 $\rho(x, y, z)$ 来描述。对于电子来说 $\rho$ 是负数，而对于原子核来说则是正数。为了求出远点的电场，我们先来计算该电荷分布的电势。作为一个例子，我们在 $z$ 轴上任意标记一点 $A$。（由于我们在电荷分布中不假设任何对称形式，所以没有特别的 $z$ 轴）。$r$ 是

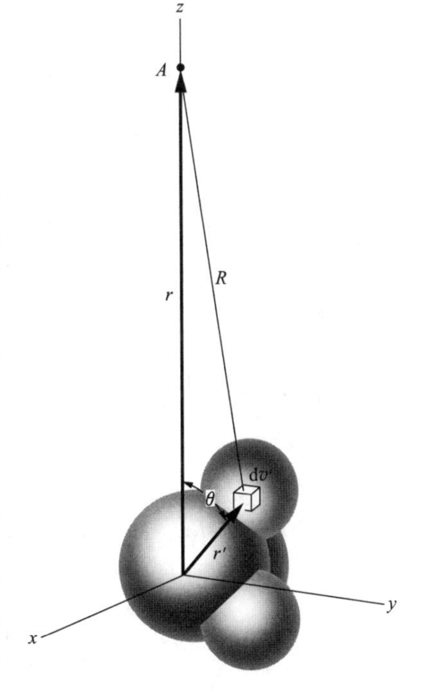


图 10.3
计算分子电荷分布条件下，$A$ 点的电势。

从 $A$ 到原点的距离。$A$ 的电势 $\phi_A$ 可以跟以前所做的那样，通过叠加每部分电荷分布产生的贡献而得到

$$\phi_A=\frac{1}{4\pi\varepsilon_0}\int\frac{\rho(x',\ y',\ z')\,\mathrm{d}v'}{R} \tag{10.4}$$

在被积函数中，$\mathrm{d}v'$ 是电荷分布内部的微小元体积，$\rho(x,\ y,\ z)$ 是电荷密度，分母中的 $R$ 是 $A$ 到指定电荷元的距离。积分针对坐标 $x'$、$y'$、$z'$ 进行，当然遍及电荷所在区域。我们可以用 $r$ 和原点到电荷元的距离 $r'$ 来表达 $R$。使用 $r'$ 与 $A$ 所在的坐标轴的夹角 $\theta$，由余弦定理：

$$R=(r^2+r'^2-2rr'\cos\theta)^{1/2} \tag{10.5}$$

用该式代替式（10.4）中的 $R$，可以得到

$$\phi_A=\frac{1}{4\pi\varepsilon_0}\int\rho\,\mathrm{d}v'(r^2+r'^2-2rr'\cos\theta)^{-1/2} \tag{10.6}$$

现在我们要利用这个事实，即像 $A$ 这样的远点，对于所有的电荷分布来说 $r'$ 远小于 $r$。这提示我们应该把式（10.5）中平方根展开成 $r'/r$ 的指数形式：

$$(r^2+r'^2-2rr'\cos\theta)^{-1/2}=\frac{1}{r}\left[1+\left(\frac{r'^2}{r^2}-\frac{2r'}{r}\cos\theta\right)\right]^{-1/2} \tag{10.7}$$

并且使用展开式 $(1+\delta)^{-1/2}=1-\frac{1}{2}\delta+\frac{3}{8}\delta^2-\cdots$，将含有 $r'/r$ 相同幂次的项整合起来后，我们得到

$$(r^2+r'^2-2rr'\cos\theta)^{-1/2}=\frac{1}{r}\left\{1+\frac{r'}{r}\cos\theta+\left(\frac{r'}{r}\right)^2\frac{(3\cos^2\theta-1)}{2}+O\left[\left(\frac{r'}{r}\right)^3\right]\right\} \tag{10.8}$$

最后一项表明最小的幂次项至少为 $(r'/r)^3$。如果 $r'\ll r$，该值就变得很小。现在，$r$ 在积分中是常数，可以把它移到积分号外面，方程的形式则变成

$$\phi_A=\frac{1}{4\pi\varepsilon_0}\left[\frac{1}{r}\underbrace{\int\rho\,\mathrm{d}v'}_{K_0}+\frac{1}{r^2}\underbrace{\int r'\cos\theta\rho\,\mathrm{d}v'}_{K_1}+\frac{1}{r^3}\underbrace{\int r'^2\,\frac{(3\cos^2\theta-1)}{2}\rho\,\mathrm{d}v'}_{K_2}+\cdots\right] \tag{10.9}$$

上面的每个积分，$K_0$、$K_1$、$K_2$ 等等的值仅仅取决于电荷分布的结构，并不是到 $A$ 点的距离。因此 $z$ 轴上的所有点的电势可以写成 $1/r$ 的幂级数，其系数为常数：

$$\phi_A=\frac{1}{4\pi\varepsilon_0}\left[\frac{K_0}{r}+\frac{K_1}{r^2}+\frac{K_2}{r^3}+\cdots\right] \tag{10.10}$$

这个幂级数称为电势的多极展开式。我们只计算了 $z$ 轴上点的情况。我们还必须得到其他点上的电势 $\phi$，以便使用 $-\mathrm{grad}\phi$ 计算电场。然而，通过上面的详细

论述，可以得到一个基本特征：离场源非常远的地方的电势是由上述级数中第一个非零系数决定的。

让我们更细致地考察这些系数。系数 $K_0$ 是 $\int\rho dv'$，是电荷分布的总电量。如果有等量的正负电荷，就像是在中性分子中那样，则 $K_0$ 为零。对于一个电离分子，$K_0$ 值为 $e$。如果 $K_0$ 不是零，则不管 $K_1$、$K_2$ 等等多么大，在距原点足够远的位置，$K_0/r$ 项将远大于其他项。除此之外，这个电荷分布的电势将趋近于在原点处点电荷的电势，电场也是如此。这很容易理解。

假设我们有一个中性分子，即 $K_0$ 是零。现在我们就要转到第二项，它的系数是 $K_1 = \int r'\cos\theta\rho dv'$。因为 $r'\cos\theta$ 就是 $z'$，这项就表示正负电荷向着 $A$ 点的方向上的相对位移。在图 10.4 中画出了非零分布的电荷，正负电荷密度被分别画出。事实上，所画的各个分布，$K_1$ 值大约相同。此外——这是个关键点——如果任何电荷分布是中性的，$K_1$ 值和原点的位置无关。也就是说，如果我们用 $z'+z_0'$ 来代替 $z'$，实际上就是移动原点，则积分不变：$\int(z'+z_0')\rho d v' = \int z'\rho dv' + z_0'\int\rho dv'$，最后一项积分对于中性分布来说总是零。

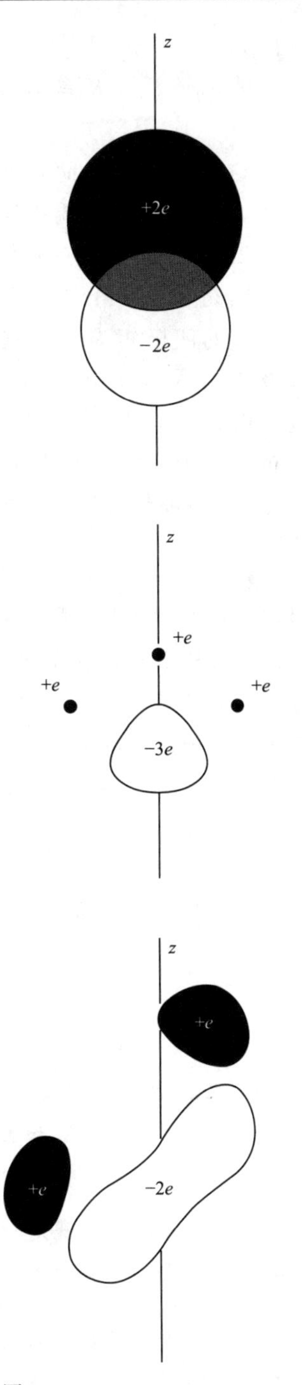


图 10.4

$K_0 = 0$ 和 $K_1 \neq 0$ 时的电荷分布。即每一个的静电量为零，不是非零的偶极矩。

显然如果 $K_0=0$ 和 $K_1\neq 0$，则沿 $z$ 轴的电势将渐近地按照 $1/r^2$ 函数变化（就是当距离变得更大时它们间的数值就越接近）。我们从 2.7 节中偶极子的讨论中已经了解了这种变化。我们预计电场强度将渐近地随着 $1/r^3$ 函数变化，这与点电荷产生的按照 $1/r^2$ 变化的电场是完全不同的。当然我们目前只讨论了 $z$ 轴上的电势。在了解到更为一般的情况后，我们将回过头来研究场的精确形式。

如果 $K_0$ 和 $K_1$ 都是零，而 $K_2$ 不是，在远处电势将按照 $1/r^3$ 变化，而电场强度将按照距离的四次幂减弱。图 10.5 显示了 $K_0$ 和 $K_1$ 都是零而 $K_2$ 不是零的一个电荷分布（不管我们选定 $z$ 轴为什么方向）。

量 $K_0$、$K_1$、$K_2$ 等与所谓的电荷分布的矩有关。应用“矩”这个术语，我们把 $K_0$（这仅仅是净电荷）叫作**单极矩**或**单极强度**。$K_1$ 是分布的**偶极矩**的一个分量。偶极矩表示电荷×位移的大小；这是一个矢量，$K_1$ 是它的 $z$ 分量。第三个常数 $K_2$ 与电荷分布的**四极矩**有关，接着的常数就是跟**八极矩**有关，等等。四极矩不是一个矢量，而是一个张量。图 10.5 描述的电荷分布有一个非零的四极矩。你可以很快证明出 $K_2=3ea^2$，其中 $a$ 是每个电荷到原点的距离。

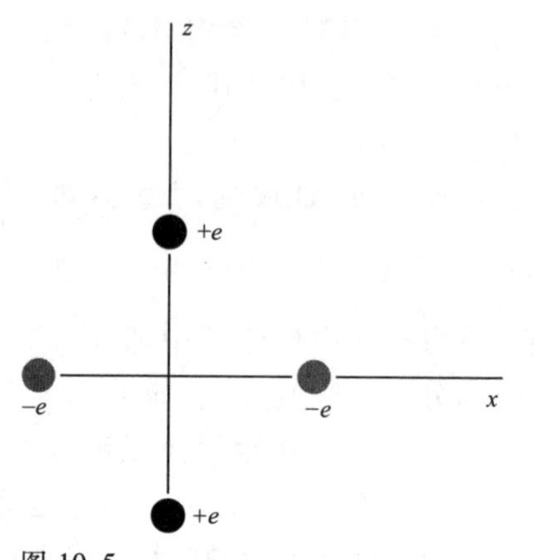


图 10.5
对于此图中的电荷分布，$K_0=K_1=0$，但 $K_2\neq0$。这是个非零的四极矩的电荷分布。

**例题（球单极子）** 表面电荷密度为 $Q/4\pi\varepsilon_0 r$ 的均匀球壳在球壳外产生电势。因此，它的非零矩就是单极矩。就是说，在式（10.10）中除了 $K_0$ 外所有的 $K_i$ 项都为零。使用式（10.9）中的积分形式，证明 $K_1$ 和 $K_2$ 都为零。

**证明** 对于表面电荷密度，在 $K_i$ 积分中的 $\rho dv'$ 变成 $\sigma da'=\sigma(2\pi R\sin\theta)(Rd\theta)$。由于我们要证明积分为零，在 $\sigma da'$ 中变化的常量不影响这个过程。仅与角度 $\sin\theta d\theta$ 相关。所以我们有

$$
\begin{aligned}
K_1 &\propto \int_0^{\pi}\cos\theta\sin\theta d\theta=-\frac{1}{2}\cos^2\theta\Big|_0^{\pi}=0\\
K_2 &\propto \int_0^{\pi}(3\cos^2\theta-1)\sin\theta d\theta=(-\cos^3\theta+\cos\theta)\Big|_0^{\pi}=0
\end{aligned}
\tag{10.11}
$$

从对称性可以很清晰地看出 $K_1$ 是零；对于每一个高度 $z'$ 的电荷都有对应的电荷在 $-z'$ 上。但是 $K_2$ 为零不是很明显能够看出来。

如以上提到的，$K_1$ 和 $K_2$ 仅是完整的偶极子矢量或四极张量的一部分。但其他部分也可以同样地被证明为零，如我们猜想的那样必须为零。如果你想计算四极张量的通用形式，一种方法就是把式（10.5）中的 $R$ 写成 $R=\sqrt{(x-x')^2+(y-y')^2+(z-z')^2}$，之后按照以上的方法进行泰勒展开。详见习题 10.6。

用不同级次的矩来描述电荷分布，优势是可以指出确定远处电场的电荷分布的特点。如果我们只关注电荷附近的场，用矩是不行的。对于要了解介质内发生什么这样一个主要任务来说，只有单极强度（净电荷）和分子组合体的偶极子强度是重要的。我们可以忽略所有其他矩。如果分子组合体是中性的，则我们只用考虑它们的偶极矩。

## 10.3　偶极子的电场和电势

偶极子对于 $A$ 点电势的贡献，由 $(1/4\pi\varepsilon_0 r^2)\int r'\cos\theta\rho\mathrm{d}v'$ 给出，其中 $r$ 为 $A$ 到原点的距离。我们把 $r'\cos\theta$（是 $\boldsymbol{r}'$ 沿 $A$ 方向上的投影）写成 $\hat{\boldsymbol{r}}\cdot\boldsymbol{r}'$。因此我们可以不考虑任何坐标轴而把电势写成

$$\phi_A=\frac{1}{4\pi\varepsilon_0 r^2}\int\hat{\boldsymbol{r}}\cdot\boldsymbol{r}'\rho\mathrm{d}v'=\frac{\hat{\boldsymbol{r}}}{4\pi\varepsilon_0 r^2}\int\boldsymbol{r}'\rho\mathrm{d}v' \tag{10.12}$$

上式可以给出 $r\hat{\boldsymbol{r}}$ 处任意点的电势。式（10.12）右边的积分是电荷分布的偶极矩。显然，这是大小为电荷×位移的矢量。我们用 $\boldsymbol{p}$ 表示偶极矩矢量：

$$\boxed{\boldsymbol{p}=\int\boldsymbol{r}'\rho\mathrm{d}v'} \tag{10.13}$$

2.7 节中的偶极矩 $p=q\ell$ 是这个结果的特例。如果有两个点电荷 $\pm q$ 放在 $z=\pm\ell/2$ 处，则 $\rho$ 仅在这两个位置上不为零。所以式（10.13）中的积分变成一个离散的和：$\boldsymbol{p}=q(\hat{\boldsymbol{z}}\ell/2)+(-q)(-\hat{\boldsymbol{z}}\ell/2)=(q\ell)\hat{\boldsymbol{z}}$，这与式（2.35）中的 $p=q\ell$ 结果一致。偶极子矢量由负电荷指向正电荷。

使用偶极矩 $\boldsymbol{p}$，我们可以把式（10.12）写成

$$\phi(\boldsymbol{r})=\frac{\hat{\boldsymbol{r}}\cdot\boldsymbol{p}}{4\pi\varepsilon_0 r^2} \tag{10.14}$$

电场是电势梯度的负值。为了知道偶极子电场是什么样子，在原点放一个偶极子 $\boldsymbol{p}$，指向 $z$ 轴方向（见图 10.6）。对这种分布，得到的电势与式（2.35）中的结果一致[1]：

$$\boxed{\phi=\frac{p\cos\theta}{4\pi\varepsilon_0 r^2}} \tag{10.15}$$

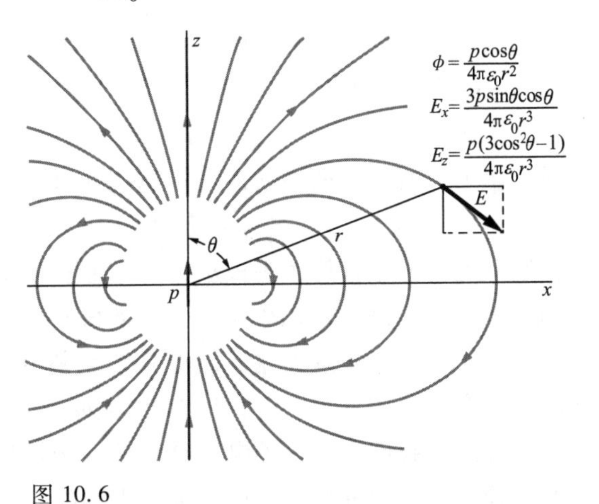


图 10.6
用电场线描述的偶极子的电场。

当然，电场和电势关于 $z$ 轴对称。在笛卡儿坐标系下的 $xz$ 平面上进行计算，就是 $\cos\theta=z/(x^2+z^2)^{1/2}$，则

1　注意此处的角度 $\theta$ 与图 10.3 和式（10.5）~（10.9）中的 $\theta$ 的意义不同。现在的 $\theta$ 代表给定点相对于偶极子方向的位置（我们需要计算 $\phi$ 和 $\boldsymbol{E}$），而原先的代表电荷分布上某点的位置。

$$\phi=\frac{pz}{4\pi\varepsilon_0\ (x^2+z^2)^{3/2}} \tag{10.16}$$

电场分量很容易被推导出：

$$E_x=-\frac{\partial\phi}{\partial x}=\frac{3pxz}{4\pi\varepsilon_0(x^2+z^2)^{5/2}}=\frac{3p\sin\theta\cos\theta}{4\pi\varepsilon_0 r^3}$$
$$E_z=-\frac{\partial\phi}{\partial z}=\frac{p}{4\pi\varepsilon_0}\left[\frac{3z^2}{(x^2+z^2)^{5/2}}-\frac{1}{(x^2+z^2)^{3/2}}\right]=\frac{p(3\cos^2\theta-1)}{4\pi\varepsilon_0 r^3} \tag{10.17}$$

偶极子的电场可以用简单的极坐标 $r$ 和 $\theta$ 描述。$E_r$ 表示 $\boldsymbol{E}$ 在 $\hat{\boldsymbol{r}}$ 方向的分量，$E_\theta$ 表示在 $\theta$ 的增大方向上垂直于 $\hat{\boldsymbol{r}}$ 的分量。你可以在习题 10.4 证明，式（10.17）意味着

$$E_r=\frac{p}{2\pi\varepsilon_0 r^3}\cos\theta,\ E_\theta=\frac{p}{4\pi\varepsilon_0 r^3}\sin\theta \tag{10.18}$$

这与式（2.36）中的结果一致。或者，你可以在极坐标下计算并取式（10.15）中给定电势梯度的负数来直接推导式（10.18）。这是我们在 2.7 节中采用的路线。

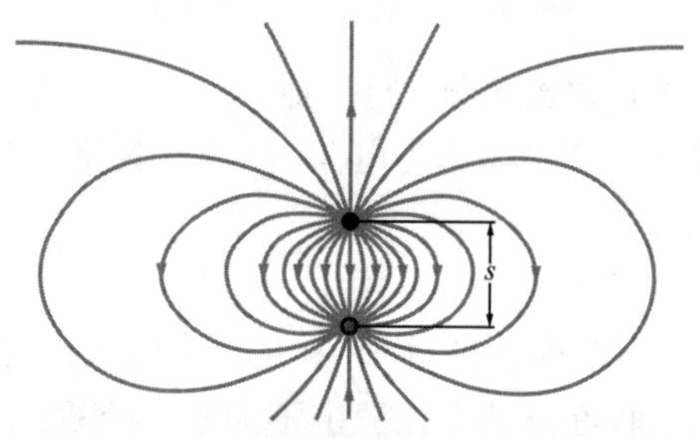

图 10.7
一对大小相等，方向相反的电荷形成的电场近似于偶极子的远场（相对于偶极子间隔 $s$）。

算出偶极子各个方向上的电场后，我们发现场强强度减少为原来的 $1/r^3$，如我们所预期的那样。沿着 $z$ 轴的电场平行于偶极矩 $\boldsymbol{p}$，大小为 $p/2\pi\varepsilon_0 r^3$；就是说，它的值为 $\boldsymbol{p}/2\pi\varepsilon_0 r^3$。而在赤道平面处场反平行于 $\boldsymbol{p}$，值为 $-\boldsymbol{p}/4\pi\varepsilon_0 r^3$。这个场可能会让你想起 3.4 节中导电平面上的一个点电荷与其像电荷所形成的场。那就是我们在 2.7 节中讨论的两个电荷构成的偶极子。在图 10.7 中我们画出了这对电荷的场，主要是为了强调电荷附近的场不是偶极子场。这个电荷分布有许多多极矩，实际上有无穷多个，所以只有当 $r\gg s$（点电荷之间的距离）时，远场可以表示为一个偶极子的场。

为了产生一个一直到原点还准确的完整的偶极子场，我们必须让 $s$ 缩小到零，同时使 $q$ 增加到无限大，使其仍满足 $p=qs$ 为有限值的限制条件。这种高度抽象不是很有意义。我们知道分子电荷分布在近场处将会变得复杂，所以我们不能在任何情况下轻易地表示近场区域的情况。幸运的是我们不需要这样做。

## 10.4　外电场作用于偶极子的力矩和力

假设两个电荷 $q$ 和 $-q$，通过机械方式固定，它们之间的距离固定为 $s$。你可以

认为把电荷放在一个长为 $s$ 的不导电的杆的两端，并把这个看成是一个偶极子。它的偶极矩 $p$ 就是简单的 $qs$。让我们把这个偶极子放在其他场源产生的外电场中。我们现在不关心偶极子的场。考虑一个像图 10.8（a）中的均匀电场。在该电场中，这个偶极子受到大小为 $qE$ 的力，把正端拉到右边，而负端被拉向左边。在这个位置上偶极子受到的净力为零，力矩也是零。

在图 10.8（b）中，偶极子与场方向的角度为 $\theta$，则偶极子明显受到一个力矩。一般来说，绕轴的转矩 $\boldsymbol{N}$ 为 $\boldsymbol{r}\times\boldsymbol{F}$，其中 $\boldsymbol{F}$ 是施加的力，$\boldsymbol{r}$ 是从原点到受力处的距离。以偶极子中心为原点，则 $r=s/2$，我们有

$$\boldsymbol{N}=\boldsymbol{r}\times\boldsymbol{F}_{+}+(-\boldsymbol{r})\times\boldsymbol{F}_{-} \quad (10.19)$$

$\boldsymbol{N}$ 是一个垂直于图的矢量，它的大小为

$$N=\frac{s}{2}qE\sin\theta+\frac{s}{2}qE\sin\theta=sqE\sin\theta=pE\sin\theta \quad (10.20)$$

可以简化为

$$\boxed{\boldsymbol{N}=\boldsymbol{p}\times\boldsymbol{E}} \quad (10.21)$$

这种情况下，作用在偶极子上的合力为零，而力矩与原点的选择无关（读者可以自行证明），因此无需特别说明。

图 10.8（a）中所示方向上的偶极子，具有最低能量。把它旋转到其他位置上需要做功。让我们现在计算一下，把偶极子从平行的位置旋转角度 $\theta_0$［如图 10.8（c）所示］后所需做的功。旋转角度 $\mathrm{d}\theta$，需要一定量的功 $N\mathrm{d}\theta$。因此总功

$$\int_0^{\theta_0} N\mathrm{d}\theta=\int_0^{\theta_0} pE\sin\theta\mathrm{d}\theta=pE(1-\cos\theta_0) \quad (10.22)$$

这是说得通的，因为电荷逆着场方向移动了 $(s/2)(1-\cos\theta_0)$。力为 $qE$，所以在每个偶极子上做的功为 $(qE)(s/2)(1-\cos\theta_0)$。把这个加倍就得到了式（10.22）

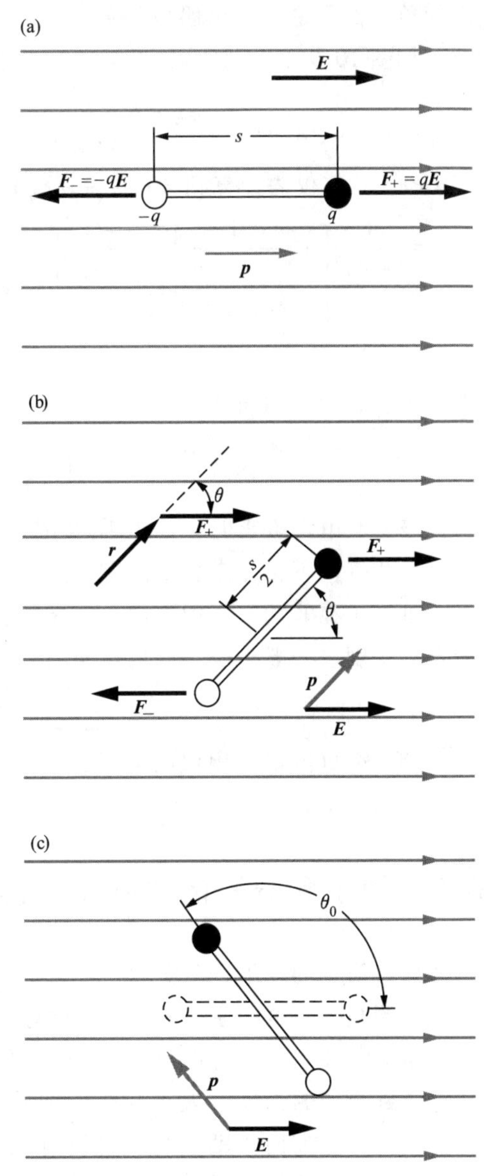


图 10.8

（a）均匀场中的偶极子。（b）偶极子上的转矩是 $\boldsymbol{N}=\boldsymbol{p}\times\boldsymbol{E}$，矢量 $\boldsymbol{N}$ 指向纸面。（c）把偶极子从平行于场的方向转到现在所示方向上的功为 $pE(1-\cos\theta_0)$。

中的结果。旋转偶极子，直到左右端互换，即对应 $\theta_0=\pi$，所需的功大小为 $2pE$。

显然，无论偶极子什么取向，在任何均匀场中的净力都是零。在一个不均匀场中，两端偶极子受到的力通常不完全相等并且方向相反，偶极子会受到一个净力。一个简单的例子是把一个偶极子放在电荷 $Q$ 产生的电场中。如果偶极子沿着径向放置，如图 10.9（a）所示，正端靠近正电荷 $Q$，其合力将向外，大小为

$$F=(q)\frac{Q}{4\pi\varepsilon_0 r^2}+(-q)\frac{Q}{4\pi\varepsilon_0(r+s)^2} \tag{10.23}$$

对于 $s\ll r$，我们仅需计算到 $s/r$ 的一阶情况，如下：

$$F=\frac{qQ}{4\pi\varepsilon_0 r^2}\left[1-\frac{1}{\left(1+\frac{s}{r}\right)^2}\right]\approx\frac{qQ}{4\pi\varepsilon_0 r^2}\left[1-\frac{1}{1+\frac{2s}{r}}\right]\approx\frac{qQ}{4\pi\varepsilon_0 r^2}\left[1-\left(1-\frac{2s}{r}\right)\right]=\frac{sqQ}{2\pi\varepsilon_0 r^3} \tag{10.24}$$

用偶极矩 $p$ 表示，则简化为

$$F=\frac{pQ}{2\pi\varepsilon_0 r^3} \tag{10.25}$$

偶极子和电场垂直时，如图 10.9（b）所示，将受到一个合力。作用在两端的力，尽管相等但不在完全相反的方向上。在这种情况下，有一个向上的净力。

不难算出在非均匀场中作用在偶极子上的力的通式。力本质上取决于电场的变化分量的梯度。一般来说，偶极矩 $\boldsymbol{p}$ 的力在 $x$ 方向的分量为

$$\boxed{F_x=\boldsymbol{p}\cdot\mathrm{grad}E_x} \tag{10.26}$$

对于 $F_y$ 和 $F_z$ 也可得出相似的公式，详见习题 10.7。所有这三个分量可以整合成一个简单的式子，$\boldsymbol{F}=(\boldsymbol{p}\cdot\nabla)\boldsymbol{E}$。

## 10.5　原子和分子的偶极子；感应偶极矩

考虑最简单的原子——氢原子，它由原子核和一个电子构成。想象一下，带负电的电子围绕带正电的原子核旋转，就像一颗行星围绕太阳运转那样——这是最原始的尼尔斯·玻尔模型，你会认为原子在任何时刻都有电偶极矩。偶极矩矢量 $\boldsymbol{p}$ 平行于电子到质子的矢径，大小为电子到质子的距离的 $e$ 倍。当电子绕着轨道转动时，偶极矩矢量方向不断变化。可以肯定的是，对于圆轨道，$\boldsymbol{p}$ 的时间平均值是零，但我们应该预料到周期性变化的偶极矩可以形成快速振荡的电场和电磁辐射。

在正常氢原子中没有这种辐射，这在早期量子物理学中是一个令人困惑的问题。现代量子力学告诉我们，更好的想法是认为氢原子处在最低的能态（宇宙中的氢原子主要处在这个状态），因为电子电荷分布的球对称结构，按时间平均来说，就像围绕原子核周围的电子云。而跟圆形轨道或振荡毫无关系。如果我们能拍一个

快照，曝光时间小于$10^{-16}$s，我们可能辨别出离原子核一定距离的电子。但对于时间比这长得多的过程中，在效果上，围绕原子核的有均匀的负电荷分布，且分布密度在各方向上稳步下降。在这种分布中的总电荷就是$-e$，正好是一个电子的电荷量。大约有一半的电荷量是位于半径为0.5Å($0.5\times10^{-10}$m)的球体中。电荷密度向外呈指数形式减小；半径为2.2Å的球就包含其中99%的电荷。原子的电场正是一个带正电的原子核的静态电荷分布产生的。

对于其他原子和分子来说，也可以采用上述所描述的相似的图样。我们可以把分子中的原子核看为点电荷。对于我们现在的研究目的，相对于物质来说它们的尺寸太小，可以忽略。分子的整个电子结构可以描绘成密度平滑变化的负电荷云。这个云的形状和内部电荷密度的变化，对于不同的分子当然会有所不同。但在云的边缘位置，密度总是呈指数下降，因此讨论分子电荷分布的大小和形状是有意义的。

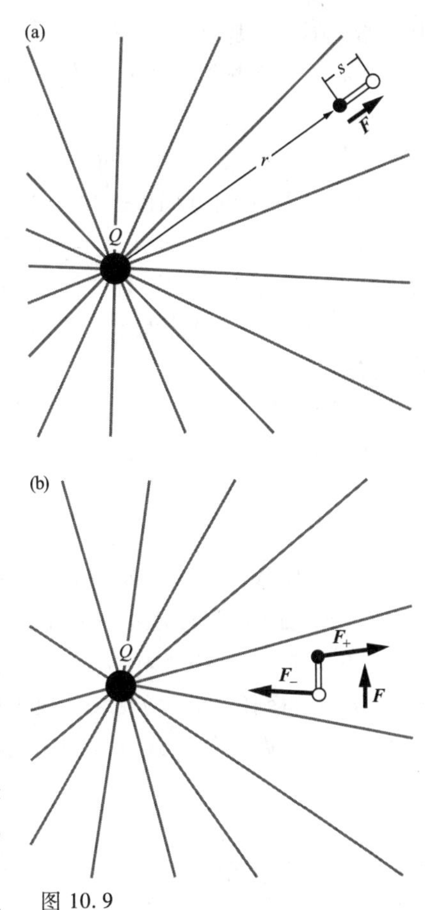


图 10.9
非均匀场中偶极子上受的力。(a) 在这个位置上偶极子上的净力呈发散状。(b) 在这个位置上的偶极子上的净力是向上的。

量子力学在描述原子的定态和时变态时有着关键的区别。最低能态是一个与时间无关的结构，即一个静止状态。它必须服从量子力学的法则。原子或分子的最低能态是我们所关心的。当然，原子可以辐射电磁能量，其发生在原子处于非稳态，由于存在电荷振荡的情况。

图10.10给出了标准氢原子的电荷分布。这是通过球对称的电荷云的一个横截面，分布密度用浓淡程度表示。显然，这种分布的偶极矩是零。无论包含多少电子，任何原子在最低能态时都是这样的，因为在这种能态时的电子分布具有球对称性。这也适用于任何电离原子，虽然离子具有单极矩（即净电荷）。

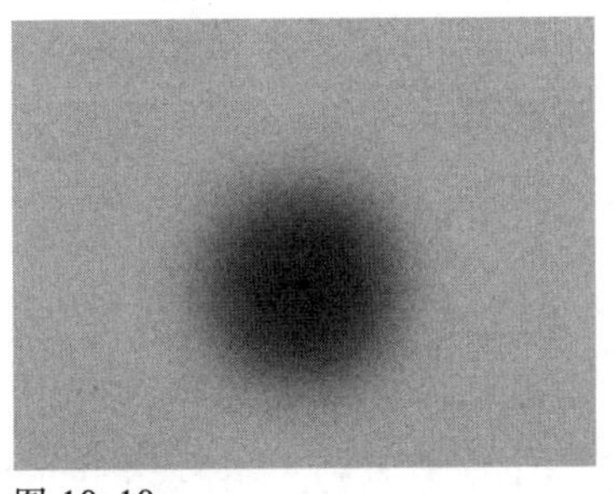

图 10.10
标准氢原子的时间平均分布。阴影部分代表电子（负电荷）的密度。

到目前为止，还没有讲到很有意义的部分。现在让我们把氢原子放在一些外源产生的电场

中，如图 10.11 那样。电场使原子发生畸变，把负电荷向下拉而把带正电的核向上推。变形的原子会有一个电偶极矩，因为负电荷的“重心”和正电荷的“重心”将不再重合，偏离核一小段距离 $\Delta z$。原子的电偶极矩现在是 $e\Delta z$。

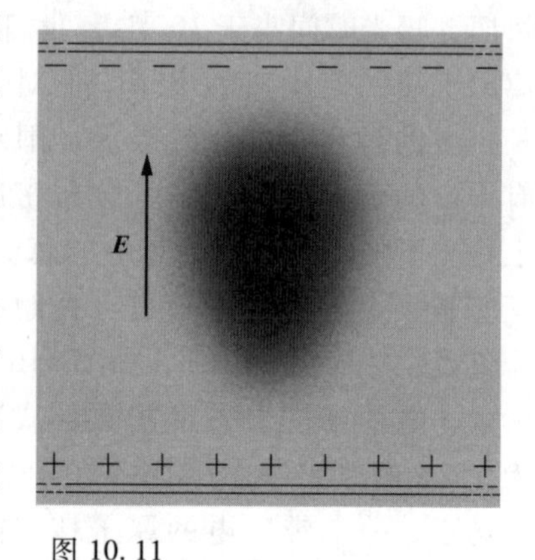


图 10.11
在电场中，正电荷和负电荷被拉向相反的方向。失真在这幅图中很夸张。为了让原子失真情况比较大，需要电场强度为 $10^{10}$V/m 以上。

场强为 $E$ 的电场会引起多大的畸变？记住，电场已经存在于未受到干扰的原子中，大小为 $e/4\pi\varepsilon_0 a^2$，其中 $a$ 是原子大小。我们应该预料到原子结构的相对形变，由比值 $\Delta z/a$ 来表征，与微扰场强 $E$ 和把原子聚在一起的内部场之间的比值，具有相同的量级。换句话说，就是

$$\frac{\Delta z}{a} \approx \frac{E}{e/4\pi\varepsilon_0 a^2} \qquad (10.27)$$

如果你不相信这个原因，练习题 10.30 将给出求出 $\Delta z$ 与 $E$ 之间关系的另外一个方法。

现在 $a$ 是一个 $10^{-10}$m 数量级的长度，$e/4\pi\varepsilon_0 a^2$ 约为 $3\times10^{11}$ V/m，这个强度比任何实验室得到的稳定场要大上数千倍。在任何特定情况下，可以明显看出原子的变形将非常轻微。如果式（10.27）是正确的，于是畸变原子的偶极矩 $p$ 为（偶极矩是 $e\Delta z$）

$$p = e\Delta z \approx 4\pi\varepsilon_0 a^3 E \qquad (10.28)$$

因为原子在外加场强 $E$ 前是球对称的，偶极矩矢量 $\boldsymbol{p}$ 将在 $\boldsymbol{E}$ 的方向上。将 $\boldsymbol{p}$ 和 $\boldsymbol{E}$ 联系起来的因子叫做原子极化率，通常用 $\alpha$ 表示：

$$\boxed{\boldsymbol{p} = \alpha \boldsymbol{E}} \qquad (10.29)$$

$\alpha$ 又通常用 $\alpha/4\pi\varepsilon_0$ 来代替，这是一个体积量纲的量。造成这种情况的原因是 $\boldsymbol{p}$ 和 $\boldsymbol{E}$ 的直接比较是相当不对等的，因为电场包含着有点任意的 $1/4\pi\varepsilon_0$ 因子乘以库仑法则中电荷和距离的因子。一个更合理的比较将涉及 $\boldsymbol{p}$ 和 $4\pi\varepsilon_0\boldsymbol{E}$。这些量具有（电荷）×(距离)和(电荷)/(距离)$^2$的大小。式（10.29）则变为 $\boldsymbol{p}/(4\pi\varepsilon_0\boldsymbol{E}) = \alpha/4\pi\varepsilon_0$。这个量通常也被称为原子极化率，所以这个项有点不明确。最好明确说明你使用的是 $\alpha$ 还是 $\alpha/4\pi\varepsilon_0$。

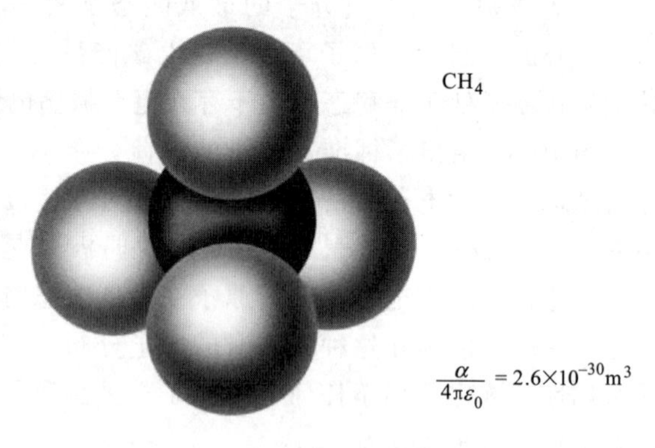


图 10.12
由四个氢原子和一个碳原子构成的甲烷。

据我们在式（10.28）中的估

计，$\alpha \approx 4\pi\varepsilon_0 a^3$，所以 $\alpha/4\pi\varepsilon_0$ 的值在原子体积数量级，$a^3 \approx 10^{-30}\mathrm{m}^3$。特定原子的这个值将取决于原子的电子结构。一个氢原子极化率的精确量子力学计算值为 $\alpha/4\pi\varepsilon_0 = (9/2)a_0^3$，其中 $\alpha_0$是玻尔半径 $0.52\times10^{-10}\mathrm{m}$，就是氢原子在其常态结构下的特征距离。表 10.2 给出了几类原子在实验中测得的 $\alpha/4\pi\varepsilon_0$ 值。给出的例子是按照电子数增加的次序进行排列的。注意 $\alpha$ 的巨大差别。如果你熟悉元素周期表，你可以在其中发现一些规律。氢与碱金属锂、钠和钾，这些位于周期表中第一列的元素，$\alpha/4\pi\varepsilon_0$具有大值，并且从氢到钾随着原子序数增加而逐渐变大。惰性气体有更小的原子极化率，但在这族中从氦到氖再到氩原子极化率也会增加。显然，碱金属原子作为一个种类，很容易在电场下产生形变，而惰性气体原子的电子结构则更刚硬。碱性原子结构的电子松弛结合，或者说是“价”电子，是造成极化率较小的原因。

**表 10.2　原子的极化率（$\alpha/4\pi\varepsilon_0$），单位是 $10^{-30}\mathrm{m}^3$**

| 元素 | H | He | Li | Be | C | Ne | Na | Ar | K |
|---|---|---|---|---|---|---|---|---|---|
| $\alpha/4\pi\varepsilon_0$ | 0.66 | 0.21 | 12 | 9.3 | 1.5 | 0.4 | 27 | 1.6 | 34 |

当电场作用在一个分子上时也可出现一个感应偶极矩。如图 10.12 所示，甲烷分子中四个氢原子围绕着一个碳原子，四个氢原子坐落在四面体的四个角上。由实验确定的甲烷的电极化率为

$$\frac{\alpha}{4\pi\varepsilon_0} = 2.6\times10^{-30}\mathrm{m}^3 \tag{10.30}$$

把这个与一个碳原子和四个孤立氢原子极化率之和进行比较是有意义的。从表 10.2 中的数据得知，$\alpha_{\mathrm{C}}/4\pi\varepsilon_0 + 4\alpha_{\mathrm{H}}/4\pi\varepsilon_0 = 4.1\times10^{-30}\mathrm{m}^3$。显然原子结合成分子后在某种程度上改变了电子结构。化学家早就应用原子和分子极化率的测量来作为研究分子结构的线索。

## 10.6　永久偶极矩

有些分子的结构，即使没有电场存在，也有电偶极矩。它们在常态下就是不对称的。图 10.13 中所示的分子就是一个例子。更简单的例子是不同原子构成的双原子分子，例如氯化氢 HCl。在这种分子的轴上没有任何一点是该分子首尾的对称点；分子两端的物理性质是不同的。如果正电荷的重心和负电荷的重心碰巧落在轴上的同一点，那是纯粹偶然的巧合。当 HCl 分子由原来球状的 H 和 Cl 原子形成时，H 原子上的部分电子转移到 Cl 的原子结构上，露出氢核的一部分。所以在氢原子端会有额外的正电荷，并且相应的额外的负电荷会出现在氯原子端。由此产生的电偶极矩的大小为 $3.4\times10^{-30}\mathrm{C}\cdot\mathrm{m}$，等效于转

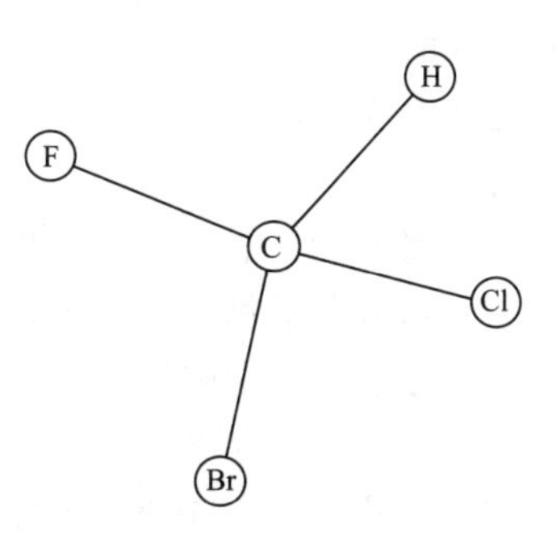


图 10.13
无对称性的分子。甲烷分子中用三个卤族元素代替氢原子。键长和四面体都不同。

移一个电子大约 0.2Å 位移所产生的偶极矩的值。

与此相对比，氢原子在 1MV/m 的电场下，使用表 10.2 中的极化率，发现原子上将获得一个小于 $3.3\times10^{-34}$C · m 的感应力矩。永久偶极矩，一般都比任何普通实验室采用电场感生出的偶极矩要大得多。[2] 正由于这个原因，具有“内在”偶极矩的极性分子与非极性分子之间的区别非常明显。

我们从 10.5 节开始讨论的氢原子，在任何时刻都有偶极矩。但由于电子的快速运动，这一偶极矩的时间平均值为零。现在，我们在讨论分子偶极子时，好像认为分子是一个像棒球棒那样静止的物体，可以从容地检查它的两端中哪端更大！分子比电子移动慢，但按常规标准来看，它们的运动还是可以看成是很快速的。那么为什么我们认为它们有“永久”的电偶极矩？如果你察觉到这种矛盾，则值得被表扬。要想知道答案，需要量子力学知识。这种矛盾本质上涉及运动的时标。一个分子与它周围环境相互作用所需的时间通常短于分子固有运动使偶极矩达到平衡所需时间。因此分子就像我们所说的偶极矩似的。在一个分子及其邻近范围这么大的区域内，一个极短的时间也可看成永久的。

在图 10.14 中给出了一些常见的极性分子，其中分别给出了每个永久偶极矩的方向和大小。因为水分子由于中间弯曲，导致两个O—H轴形成约 105°的角，因而水分子有电偶极矩。这个结构的奇异性具有最深远的影响。水分子的偶极矩是水可以作为溶剂的原因，并且对发生在水相环境中的化学反应扮演着决定性角色。如果 $H_2O$ 分子像 $CO_2$ 分子一样，分子排列成行的

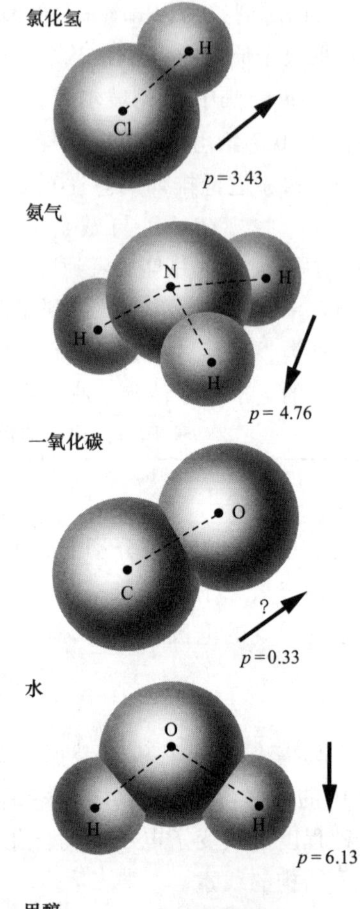


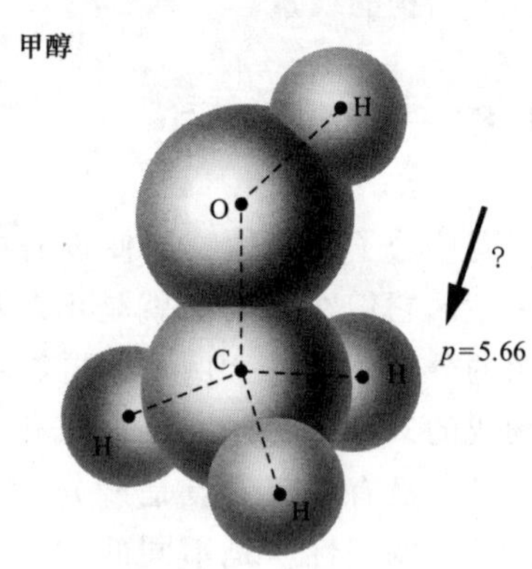


图 10.14
一些有名的极性分子。永久偶极矩 $p$ 的测量值的单位是 $10^{-30}$C · m。

2 对于这个现象这里有个好理由。原子和分子的内电场，如在 10.5 节中标明的那样，数量级在 $e/4\pi\varepsilon_0(10^{-10}\text{m})^2$，大约为 $10^{11}$V/m。我们在实验室中不能把这么大的场加在物质上，因为在如此近的距离内物质会被打成碎片。

话，很难想象出世界会是怎样，可能我们就不会在这里去观察它。我们补充说明一下，水分子的形状并不是大自然的心血来潮。量子力学已经清晰地揭示出由一个八电子原子和两个单电子原子组成的分子必须弯曲的原因。

由电介质构成的极性物质的性质和无极性分子所组成的材料的性质是显著不同的。水的介电常数约为80，甲醇约为33，而一个典型的无极性液体的介电常数约为2。在无极性物质中，电场使每个分子都有一个微弱的偶极矩。在极性物质中，偶极子已经大量存在，但在没有外加电场情况下，它们的指向是随机的，因此在宏观上显现不出任何效应。外加上一个电场，仅仅在某种程度上将它们排列起来。然而，无论哪种过程，宏观效果都取决于单位体积的净极化数量。

## 10.7 极化物质引起的电场

### 10.7.1 物质外的场

假设我们在没有任何物质的空间内将大量分子集合在一起组装成一块物质。假设这些分子的极化方向都相同。现在我们不需要关注分子的性质或者是采用什么方法来保持它们极化。我们只关心在这种情况下它们引起的电场；以后我们可以引入附近其他源的电场。如果愿意的话，我们可以想象这些分子都带有排列整齐的永久偶极矩，并且这些永久偶极矩都固定在各自位置上，指向相同的方向。我们需要规定的是每立方米内偶极子数量 $N$ 和每个偶极矩 $\boldsymbol{p}$。我们假设 $N$ 很大以至于任何宏观上小体积元 $\mathrm{d}v$ 内包含有大量的偶极子。这样一个体积元内总偶极子的强度是 $\boldsymbol{p}N\mathrm{d}v$。相比于其大小，距这个体积元的距离很远处的任何点上，这些特殊的偶极子产生的电场实际上与强度为 $\boldsymbol{p}N\mathrm{d}v$ 单偶极子矩产生的电场强度相同。我们称 $\boldsymbol{p}N$ 为极化密度，并用 $\boldsymbol{P}$ 来表示它，是一个单位为 $\mathrm{C\cdot m/m^3}$（或 $\mathrm{C/m^2}$）的矢量：

$$\boldsymbol{P}\equiv\boldsymbol{p}N=\frac{\text{偶极矩}}{\text{体积}} \tag{10.31}$$

$\boldsymbol{P}\mathrm{d}v$ 是任一小体积元 $\mathrm{d}v$ 的偶极矩，可用它来计算远处的电场。顺便说一下，我们讨论的问题只是由中性分子组成的，在系统或任何分子中没有净电荷，所以我们只需考虑偶极矩作为远场的源。

图 10.15 所示的是某种极化材料制成的一个细长柱，或圆柱体。其截面为 $\mathrm{d}a$，垂直高度从 $z_1$ 延伸到 $z_2$。柱中的极化密度 $\boldsymbol{P}$ 是均匀分布的，并指向正 $z$ 方向。现在我们要计算在这个极化柱外部某点上的电势。高度为 $\mathrm{d}z$ 的体积元具有偶极矩 $\boldsymbol{P}\mathrm{d}v=\boldsymbol{P}\mathrm{d}a\mathrm{d}z$。参考以前求偶极子电势的式（10.15），则 $A$ 点的电势可以写成

$$\mathrm{d}\phi_A=\frac{P\mathrm{d}a\mathrm{d}z\cos\theta}{4\pi\varepsilon_0 r^2} \tag{10.32}$$

整个柱的电势为

$$\phi_A = \frac{P\mathrm{d}a}{4\pi\varepsilon_0}\int_{z_1}^{z_2}\frac{\mathrm{d}z\cos\theta}{r^2} \qquad (10.33)$$

实际上这比看起来更简单：$\mathrm{d}z\cos\theta$ 就是 $-\mathrm{d}r$，这样被积函数就是一个全微分，$\mathrm{d}(1/r)$。积分后的结果是

$$\boxed{\phi_A = \frac{P\mathrm{d}a}{4\pi\varepsilon_0}\left(\frac{1}{r_2}-\frac{1}{r_1}\right)} \qquad (10.34)$$

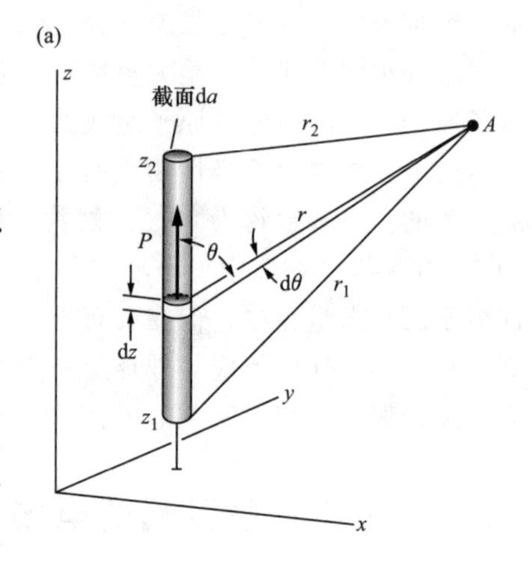


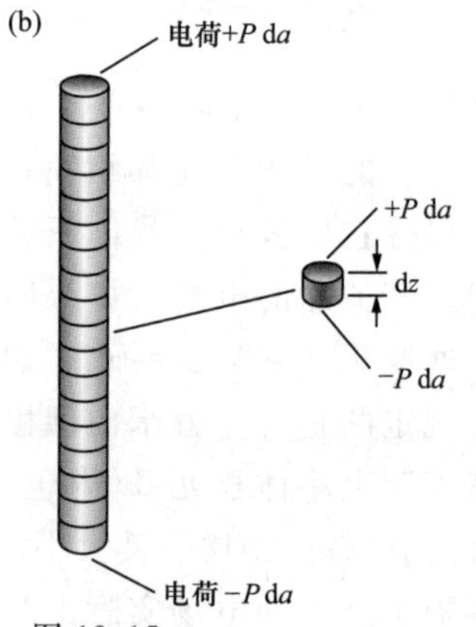


图 10.15
极化物质柱（a）处与在柱面上的两个点电荷。（b）在外点 A 处产生的电场相同。

式（10.34）正好与两个点电荷在 $A$ 点产生的电势的表达式相同；这两个点电荷一个是电量大小为 $P\mathrm{d}a$ 的正电荷，在柱的上面，距 $A$ 距离为 $r_2$，另一个是具有相同电量的负电荷，在柱的底部。由柱形均匀极化物质所形成的场源，至少对柱体外部各点的场来说，和两个固定的电荷所形成的场是等效的。注意为了式（10.32）成立，我们没有假设让 $A$ 远离圆柱，就是说，没有假设 $r_1$ 和 $r_2$ 远比圆柱的高度 $z_2-z_1$ 大。这个假设条件就是意味着从 $A$ 到圆柱上任何点的距离要远大于偶极子的大小（假设很小），并且也远大于圆柱的宽度（也假设很小）。

然后我们可以不使用任何数学知识而用另一种方式来证明式（10.34）。考虑圆柱体中高为 $\mathrm{d}z$ 的一小段，它所包含的偶极子数量为 $P\mathrm{d}a\mathrm{d}z$。我们现在做一个模仿，使用一个相同大小和形状的未被极化的绝缘体来代替这段柱体，绝缘体顶部附有 $P\mathrm{d}a$ 的电荷，底部附有 $-P\mathrm{d}a$ 的电荷。现在这个小绝缘块的偶极矩与我们原来柱体上的一样大，所以它对远处任何点 $A$ 的电场具有相同的贡献（在我们替代品中的内部，或者很接近替代品的地方的电场可能与原先圆柱体的电场不同——我们不关心这个。）现在我们做一整套这样的小块，并把它们堆积起来以模仿原来那个极化柱，详见图 10.15（b）。它们在 $A$ 点给出的电场一定和整个柱所给出的电场一样，因为每一块的贡献与初始圆柱中的对应部分的贡献一样。现在看看我们得到了什么结果！在两块彼此重合的位置，每个小块顶部的正电荷与上一块底部的负电荷重合，使净电荷为零。剩下未补偿的电荷是最下面那块的底部负电荷 $-P\mathrm{d}a$ 在和最上面那块的顶部正电荷 $P\mathrm{d}a$。从远点来看，例如 $A$ 点，

（“遥远”是相对于块的尺寸，而非整个体积）这些看起来都像点电荷。像以前一样，我们断定这两个点电荷在 $A$ 处产生的电场和极化材料构成的整个圆柱产生的电场一样。

不用进一步计算，我们就可以把这个方法扩展到平板或直柱体中，沿着和平行表面相垂直的方向均匀极化的任意大小的平板或直柱体（见图 10.16（a））。我们可以把平板细分成小圆柱，外部的电势就是每个圆柱产生的电势叠加效果，每一部分的电势又可以由圆柱两端的电荷来表示。在每个圆柱顶端面积 d$a$ 上的电荷 $P$d$a$，在顶端构成一层均匀的表面电荷，其面密度（单位为 $C/m^2$）为

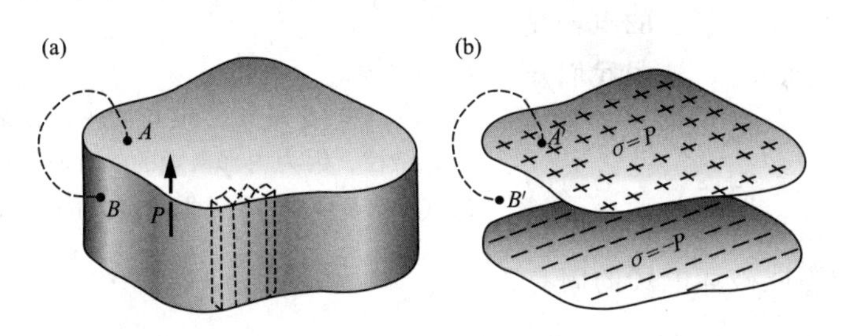


图 10.16
极化物质块（a）等效于场外足够远处相连的两个电荷片（b）。

$$\boxed{\sigma = P} \tag{10.35}$$

我们由此断定，在一个均匀极化的平板或圆柱外部（不必很远处）各处的电势完全和在其顶部和底部放有面电荷密度为 $s=P$ 和 $s=-P$ 的两层面电荷时所产生的电势相同［见图 10.16（b）］。

我们还没准备好谈论关于平板内部场的相关问题。然而，我们知道板表面、顶部、底部和两侧所有点的电势。任何两个像 $A$ 和 $B$ 这样的点可以用通过外部场的路径完全连接起来，所以线积分 $\int \boldsymbol{E} \cdot d\boldsymbol{s}$ 完全由外部场决定。它必然和图 10.16（b）中在 $A'B'$路径上的积分相同。电介质表面上的一点可能在很强的分子场的范围内，即我们还未考虑的分子近场。我们把电介质的边界作为表面，它距最外层原子核足够远——10Å 或 20Å 就足够了——以至在这个边界以外的任何点，各个原子的近场对从 $A$ 到 $B$ 的整个线积分都是微不足道的。

记着上述分析，让我们研究一个相当薄、宽的极化材料板，截面厚度为 $t$，其横截面积如图 10.17（a）所示。图 10.17（b）所描述的是：在相同的截面上具有相等电荷。对于两个电荷层所构成的系统，我们知道在电荷层外面和在两电荷层间的空间的电场。在两层中间，远离边缘的位置的场强必然是 $\sigma/\varepsilon_0$，方向向下，所以 $A'$点和 $B'$点之间的电势差为 $\sigma t/\varepsilon_0$。极化平板上对应的点 $A$ 和 $B$ 间也必然存在相同的电势差，因为两个系统的外场是完全相同的。

## 10.7.2　物质内的场

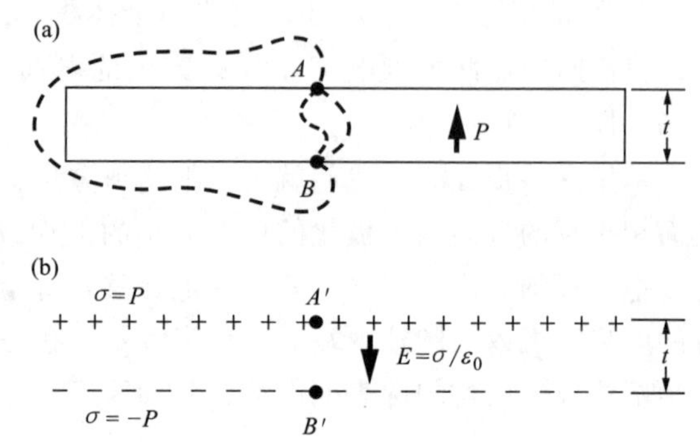


图 10.17

（a）从 $A$ 到 $B$ 路径上的 $\boldsymbol{E}$ 的线积分必须包含内外所有路径，因为内部微观的或者原子电场也是保守的（curl $\boldsymbol{E}=0$）。等效电荷板（b）有相同的外场。

我们现在开始研究极化物质内部的电场。图 10.17 中的两个系统内部的场相同吗？当然不是，因为平板中充满了带正电的原子核和电子，场强在 $10^{11}$ V/m 的数量级上，指向不同。但有一点是相同的：任何从 $A$ 到 $B$ 的内部路径上的电场线积分，必须是 $\phi_B-\phi_A$，这跟我们知道的一样，与 $\phi'_B-\phi'_A$ 相等，又等于 $\sigma_t/\varepsilon_0$，或 $Pt/\varepsilon_0$。因为原子电荷的存在必然造成这种情况，无论电荷如何分布，都不能破坏电场的固有性质，这个性质可以用 $\int \boldsymbol{E}\cdot d\boldsymbol{s}$ 或 curl$\boldsymbol{E}$ = 0 来表述，与积分路径无关。

我们知道图 10.17（b）中顶部和底部的电势差除了靠近边缘的位置外几乎都是常数，因为内部的电场实际上是均匀的。因此在极化板中心区域，在顶部和底部间的电势差必须也是常数。在这个区域中，从板顶部的任一点 $A$ 到板底部的任一点 $B$ 之间的任何路径上的线积分 $\int_A^B \boldsymbol{E}\cdot d\boldsymbol{s}$，必须始终为相同的值 $Pt/\varepsilon_0$。图 10.18 是板中央区域的“放大图”，其中极化分子结构类似于水分子的，都指向相同的方向。我们还没有尝试过描述分子内和分子间的强电场。[从图 10.14 和式（10.18）中可以发现，在距水分子 10Å 的距离，场大小为几百千伏每米]。你能够想象得到在每个分子附近有相当复杂的场结构。$\int \boldsymbol{E}\cdot d\boldsymbol{s}$ 中 $\boldsymbol{E}$ 代表在空间中的某点的总电场，无论这点是在分子内还是在分子外；它包含刚才提到的复杂的强电场。我们已经得到了重要结论：对于通过这些起伏的电荷和电场的任何路径，不论是避开分子或穿过分子，其线积分的值必然相同，即图 10.17（b）中均匀场所在系统得到的值，场是均匀的，并且强度大小为 $P/\varepsilon_0$。

这告诉我们，在极化板中，电场强度的空间平均值为 $-\boldsymbol{P}/\varepsilon_0$。我们用 $\langle \boldsymbol{E}\rangle_V$ 表示体积 $V$ 中的场强 $\boldsymbol{E}$ 的空间平均值，也就是

$$\langle \boldsymbol{E}\rangle_V=\frac{1}{V}\int_V \boldsymbol{E}\,dv \tag{10.36}$$

当 $V$ 被分割成多个相等的小体积 d$v$，在该小体积元内，简单正确选取电场的方法是沿一束紧密排列的平行线中的每条线上测量电场。我们刚刚看到，沿任何或者是所有这样的路线，$\boldsymbol{E}$ 的线积分就像在电场强度为 $-P/\varepsilon_0$ 的固定电场的线积分一

样。这证明图 10.17 和图 10.18 中的极化介质板的介质内所有电荷是产生空间平均电场强度的原因

$$\boxed{\langle \boldsymbol{E} \rangle = -\frac{\boldsymbol{P}}{\varepsilon_0}} \qquad (10.37)$$

这个平均场是宏观量。我们用来取平均值的体积应该足够大，里面包含有很多分子，否则平均值在相邻体积内会发生波动。由式（10.36）定义的平均场 $\langle \boldsymbol{E} \rangle$ 才真正是我们讨论的电介质内部的唯一宏观电场。在物质宏观描述上，它提供了“介电材料内的电场是什么”这个问题的唯一令人满意的答案。

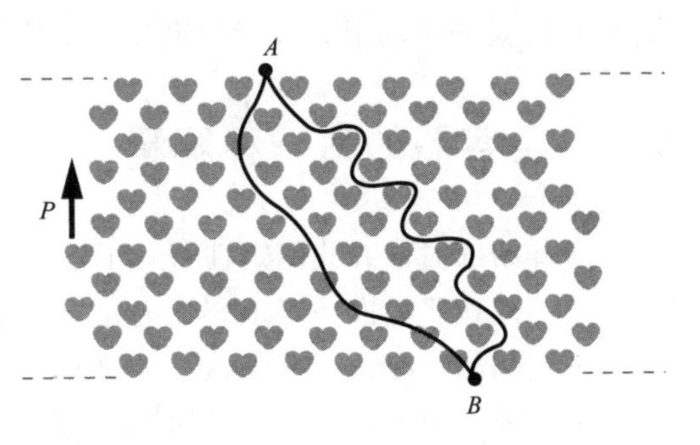


图 10.18
在 $A$ 到 $B$ 的任意路径上，自然微观电场的线积分是相同的。

我们可以把式（10.36）中右边的被积函数中的 $\boldsymbol{E}$ 称为微观场。如果我们要测量路径积分所需要的电场值，那么我们将测量有电荷存在情况下的真空中的电场。我们需要非常微小的仪器，因为我们要测量某个分子一端内部某点的电场。我们能够以下面这种方式，讨论绕过原子西南角并穿过其相邻分子的路线上 $\boldsymbol{E}$ 的线积分吗？是的，我们可以这样。电磁定律在比原子小得多的距离尺度内也是有效的，这个定律就是上面说法的有力证据。我们甚至可以安排一个实验，测量沿着完全限定在原子尺度范围内的一条路线上微观电场的平均值。我们要做的就是发射一个高能带电粒子穿过材料，比如 α 粒子。从它的动量改变量，就可以推断出在它所经过的全路线中作用在它上面的平均电场。

让我们回顾式（10.36）确定的一般特性，或宏观场 $\langle \boldsymbol{E} \rangle$。它在任意距离相当远的 $AB$ 两点间的线积分 $\int_A^B \langle \boldsymbol{E} \rangle \cdot \mathrm{d}\boldsymbol{s}$ 与积分路径无关。由此可见，它遵循 $\mathrm{curl}\langle \boldsymbol{E} \rangle = 0$，其中 $\langle \boldsymbol{E} \rangle$ 是 $\langle \phi \rangle$ 的负梯度。这个电势函数 $\langle \phi \rangle$ 本身就是一个在式（10.36）中的微观电势 $\phi$ 上的平均值（后者在每一个原子核内部可达到几百万伏）。$\langle \boldsymbol{E} \rangle$ 在足够大体积上的任何表面上的曲面积分 $\int \langle \boldsymbol{E} \rangle \mathrm{d}\boldsymbol{a}$，等于这个体积内电荷量的 $1/\varepsilon_0$ 倍。[3] 这就是说，$\langle \boldsymbol{E} \rangle$ 服从高斯定律，我们也可以用微分形式表示：$\mathrm{div}\langle \boldsymbol{E} \rangle = \langle \rho \rangle / \varepsilon_0$，$\langle \rho \rangle$ 是在适当的宏观体积内的局部平均值。总之，空间平均量 $\langle \boldsymbol{E} \rangle$、$\langle \phi \rangle$、$\langle \rho \rangle$ 彼此关联，就如同电场、电势和在真空电荷密度间的关系一样。

从现在起，当我们说在任何远大于分子的物质内的电场 $\boldsymbol{E}$，意味着是由式

3 我们未经过证明来规定这一点，把平均场上的面积分与微观场上面积分的平均值间的关系推迟到 11 章中考虑。

(10.36) 定义的平均值，或宏观电场，即使括号被忽略时也是说的这个意思。

## 10.8　电容器的另一种解释

本章开始的时候，我们定性解释了电容器介电板间的电介质是如何增加电容器的电容的。现在我们准备对填充了电介质的电容器进行定量分析。我们刚刚了解到的物质中电场的情况，正好是这个问题的关键。我们认定宏观电场 $\boldsymbol{E}$ 为微观电场的空间平均值。宏观场 $\boldsymbol{E}$ 在任意 $AB$ 两点间的线积分与路径无关并且大小恒等于电势差。回看一下图 10.2（a），我们发现空电容器的电场 $E$ 的值为 $\phi_{12}/s$。两板间的电势差 $\phi_{12}$ 是由电池提供的，与填充了电介质的电容器是完全一样的（见图 10.2（b））。因此电介质中的电场 $E$，现在作为宏观电场来解释，必须具有同样的值，由于在相同的距离 $s$ 上都有电场且是均匀的。（图中极板的实际厚度与 $s$ 相比是可以忽略不计的。）

电场 $E$ 相同这个事实表明在电介质填充的电容器上板上及其附近的总电荷量与空电容器的同位置处的总电荷量必须是相同的，即 $Q_0$。为了证明这一点，我们只需要对图 10.19（a）中的含有封闭电荷层的虚方框运用高斯定理即可。电荷由两部分组成，板上电荷 $Q$（当电容器放电时会超出这个范围）和电介质的电荷 $Q'$。板上的电荷由 $Q=\kappa Q_0$ 给出，这是我们对 $\kappa$ 的定义式。因此，如果像我们刚总结的那样，$Q+Q'=Q_0$，则必须有

$$Q'=Q_0-Q=Q_0(1-\kappa) \tag{10.38}$$

我们可以把这个系统看为一个真空电容器和一个极化介质板的叠加，如图 10.19（b）和图 10.19（c）所示。在具有电荷 $\kappa Q_0$ 的真空电容器中，电场 $E''$ 将是电场 $E$ 的 $\kappa$ 倍。在孤立的极化介质中的电场 $E'$ 是 $-P/\varepsilon_0$，如式（10.37）所述。这两个对象的叠加得到实际场 $E$，即

$$E=E''+E'=\kappa E-\frac{P}{\varepsilon_0} \tag{10.39}$$

可以写成

$$\boxed{\frac{P}{\varepsilon_0 E}=\kappa-1} \tag{10.40}$$

比例 $P/\varepsilon_0 E$（无量纲的）称为电介质材料的电极化率，用 $\chi_e$（希腊字母 chi）表示：

$$\chi_e\equiv\frac{P}{\varepsilon_0 E}\Longrightarrow\boxed{P=\chi_e\varepsilon_0 E} \tag{10.41}$$

根据式（10.40），我们有

$$\chi_e=\kappa-1\Longrightarrow\boxed{\kappa=1+\chi_e} \tag{10.42}$$

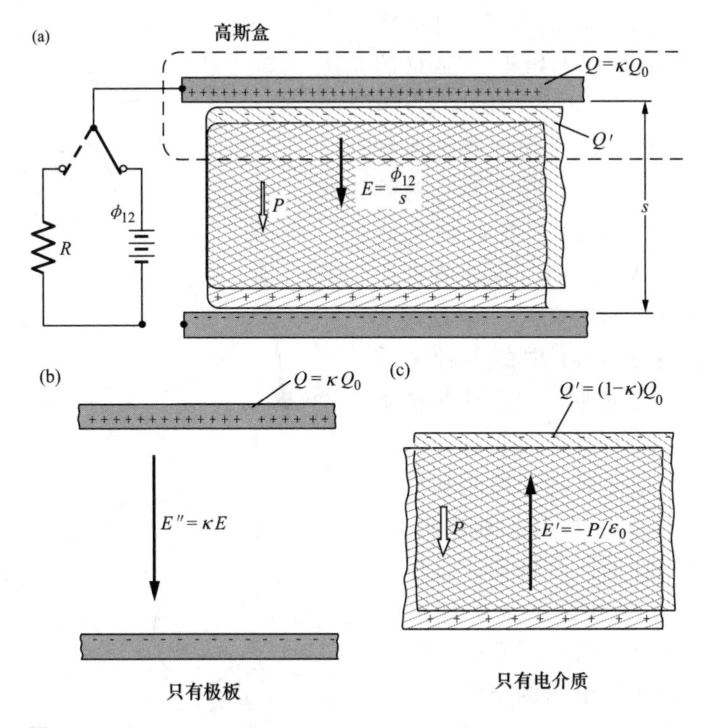


图 10.19

图 10.2（b）中所示的电介质填充的电容器。电介质中平均或宏观电场 $E$ 等于 $\phi_{12}/s$，是图 10.2（a）中空电容器内的电场。高斯盒中的变化必须等于空电容器板上的电荷 $Q_0$。系统可以被认为是一个真空电容器（b）和极化电介质（c）的叠加。

在通常情况下，大多数材料电介质中电场 $\boldsymbol{E}$ 会产生 $\boldsymbol{P}$。它们间具是线性关系。这就是说，电极化率 $\chi_e$ 是材料的固有特性，与电场强度或电极的形状或尺寸无关。我们把这种材料，即 $\boldsymbol{P}$ 正比于 $\boldsymbol{E}$ 的材料称为线性电介质材料。众所周知的是，通常涉及的材料是由极性分子组成的，在这些材料中极化可以随便被冻结。通过外加电场冻结的极化，然后在液态氮冷却后，当外部电场移除后，极化将可以无限期保留，图 10.18 提供了一个假想的极化片的例子。

除了极化冻结外，还有两种情况让 $\boldsymbol{P}\propto\boldsymbol{E}$ 关系不成立。

第一，存在各向异性的晶体，就是说，对于不同方向的电场来说极化响应不同。$\boldsymbol{P}$ 的每一个分量就是一个（通常是线性的）关于 $\boldsymbol{E}$ 的三个分量的函数。换句话说，$\boldsymbol{P}$ 和 $\boldsymbol{E}$ 是用完整的矩阵相关联的，不再是用简单的比例常数。所以它们的指向不同，详见第 4 章中涉及 $\boldsymbol{J}$ 和 $\boldsymbol{E}$ 的类似讨论中的脚注 3。然而，我们假设这一章讨论中的电介质都是各向同性的，除非另有说明。

第二，如上面提到的，比例因子 $\chi_e\varepsilon_0$ 与电场强度 $\boldsymbol{E}$ 有关，则 $\boldsymbol{P}\propto\boldsymbol{E}$ 不成立。

在这种情况下$\chi_e\varepsilon_0$是$\boldsymbol{E}$的方程，那表明$\boldsymbol{P}$是$\boldsymbol{E}$的非线性方程。如果你愿意的话，你可以考虑把线性电介质中的$P=\chi_e\varepsilon_0 E$关系看成$\boldsymbol{P}$和$\boldsymbol{E}$之间方程的泰勒展开的第一项。但是，好在大部分物质中保留第一项就可以了。在各向同性下，假设电介质是线性的，除非另有说明。注意在使用$\boldsymbol{\kappa}$的定义式（就是与$\boldsymbol{E}$无联系）来描述表10.1中的各种物质时，我们已经（正确地）假定这些物质是线性电介质。此外，我们假设（也是正确的假设）物质是各向同性的和均匀的（在宏观上），即在所有点和方向上，物质具有相同的性质。严格来说，用电介质材料填充真空电容器来增加电容时，只有当填充两板间的所有空间或者至少是极板间存在着电场的空间时，电容才精确地增加$\boldsymbol{\kappa}$倍。在这个例子中，我们讨论的都是板长度相比于与板间距足够大的情况，以至于包含板外边缘附近的少量电荷在内的“边缘效应”（见图3.14（b）），是可以忽略的。我们可以对完全沉浸在均匀各向同性电介质——例如在一大桶油——中的一组任意形状或任意排列的导体，作一个普遍的陈述。不管各导体上带有多少电荷$Q_1$、$Q_2$等等，介质中任何位置宏观电场$\boldsymbol{E}_{\mathrm{med}}$是带有相同电荷的相同导体在相同位置的真空中电场$\boldsymbol{E}_{\mathrm{vac}}$的$1/\boldsymbol{\kappa}$（见图10.20）。这在半导体上有重要的影响。例如，当硅掺磷形成一个N型半导体时，硅晶体的高介电常数（见表10.1）大大减少了在磷原子最外层的电子和其余的原子间的电子引力。这使得电子很容易离开并进入到导带，留下$\mathrm{P}^-$离子，如图4.11（a）所示。

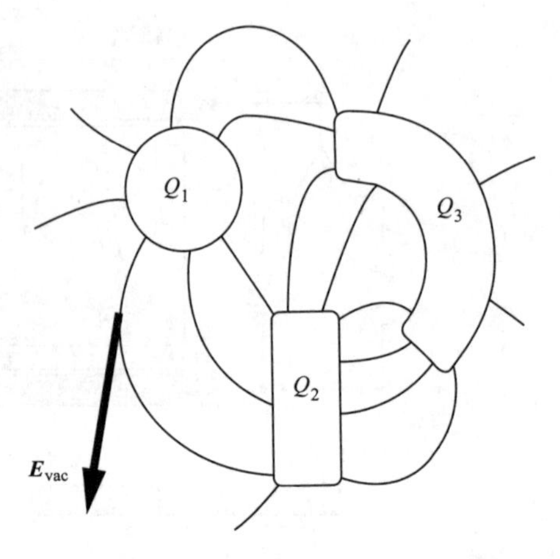


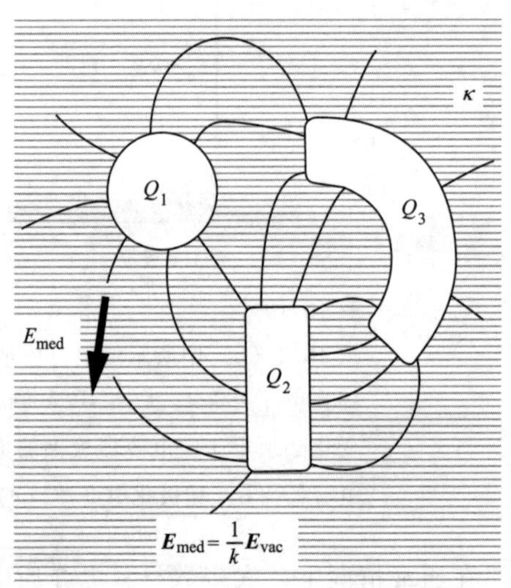


图10.20

对于导体上的相同电荷，电介质的存在减小了所有电场密度为原来的$1/\boldsymbol{\kappa}$（因此减小了电势差）。如果我们把系统放电，则电荷$Q_1$，$Q_2$和$Q_3$是流过导体的电荷。

这给我们带来了一个更普遍的问题。如果我们的系统空间是部分充满介质和部分是空的，在这两部分的电场如何分布？我们下面先看一个假想的但有借鉴意义的例子，如在空荡荡的空间放一个极化实心球体。

## 10.9 极化球体的电场

在图 10.21（a）中所示的固体球是均匀极化的，就像是从图 10.16（a）中所示的薄片雕刻出来的。球内外的电场像什么？**P** 像往常一样表示极化密度，在球内各处大小和方向都是恒定的。如图 10.16（a）中所示的薄板，这个极化材料可以被分割成平行于 **P** 的成列细圆柱，每一个柱体可由在顶部和底部的大小为 $P$×(柱截面）的电荷所替代。所以我们寻求的电场是在球面上分布密度为 $\sigma=P\cos\theta$ 的电荷产生的电场。这里出现的因子 $\cos\theta$，在图中是明显可以得出的，因为横截面积为 $\mathrm{d}a$ 的圆柱体被球面所截的表面积为 $\mathrm{d}a/\cos\theta$。图 10.21（b）所示为通过这个等效表面电荷壳的截面，电荷密度已经由上边的黑半环（正电荷密度）和由下面的白半环（负电荷密度）的变化的厚度来表示。如果你还没有想出来，这个图提示我们可以把极化密度 **P** 看成由一个均匀分布的真空电荷密度为 $\rho$ 的正电荷球相对于电荷密度为 $-\rho$ 的负电荷球做轻微向上的位移产生的。这将使未补偿的正电荷留在顶部，负电荷留在底部，在整个边界上的电量变化和 $\cos\theta$ 成正比。[4] 在内部，正负电荷密度仍然重叠，它们仍能完全相互抵消。以这种观点，我们得到一个很简单的方法来计算表面电荷壳外的电场。据我们所知，任何球面电荷分布在球外所产生的电场和全部电荷都集中在球心产生的电场是一样的。所以中心相距为 $s$ 的两个总电荷 $q$ 和 $-q$ 的圆球叠加后产生的球外电场和相距 $s$ 的两个点电荷 $Q$ 和 $-Q$ 产生的外电场一样。后者恰好是一个偶极矩为 $p_0=Qs$ 的偶极子。

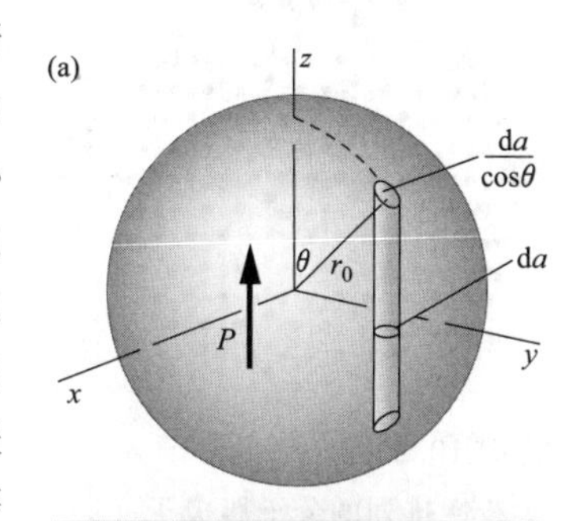


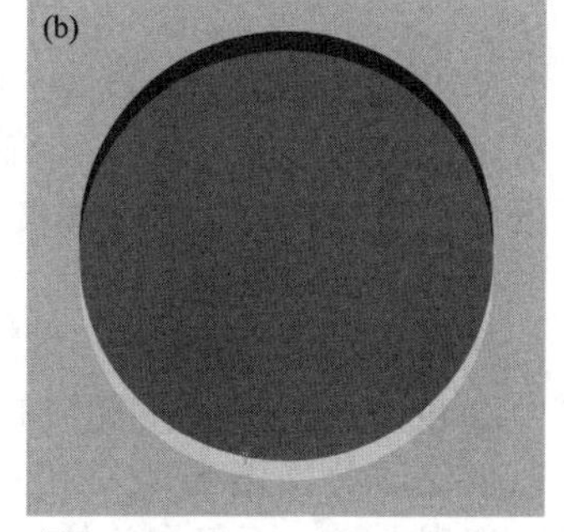


图 10.21
（a）把极化球分割成细的极化圆柱，每一个圆柱可以用球表面上的一块电荷来代替。（b）正体电荷密度的球与负体电荷密度的球，稍微有一点点位移，与球表面上电荷分布的情况是等效的。

极化物质的微观描述可以导出相同的结论。在图 10.22（a）中，真正提供极化密度 **P** 的分子偶极子都可以粗略地表示为一对相距 $s$ 的电荷 $q$ 和 $-q$，其偶极矩为 $p=qs$。如果每立方米有 $N$ 个这样的偶极子，则 $P=Np=Nqs$，球里的偶极子总数为 $(4\pi/3)\ r_0^3N$。分开来考虑这个，总电量为 $Q=(4\pi/3)r_0^3Nq$ 的正电荷分布在一个圆

4 这由后面所述情况推断出来，给定点处的“半圆形”的厚度是代表顶部球相对于底部球位移 $s$ 的垂直矢量的径向分量。你可以很快得出径向分量是 $s\cos\theta$。

球中（见图 10.22（b）），负电荷占据一个相似的球，但中心稍有不同［见图 10.22（c）］。如果我们仅关心电荷分布远处的电场，显然这些电荷分布中的每一个可由其中心上的点电荷所取代。“远处”意味着离表面足够远，以至于对实际形状的电荷分布没有影响，当然这是我们讨论宏观场时经常忽略的问题。

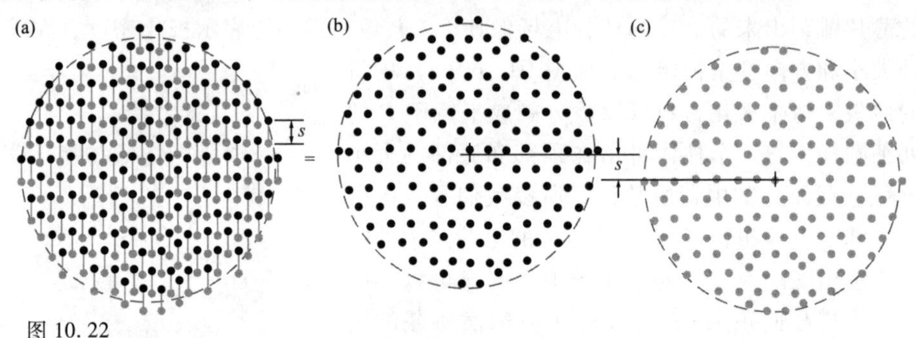


图 10.22
线性排列的分子偶极子（a）等效于具有轻微位移的正（b）负（c）电荷球的叠加。

所以，为了现在的目的，电荷密度均匀分布的圆球所构成的图样和真空中真实偶极子的情况是等效的[5]，并证明了电荷分布外的电场和位于中心位置的单个偶极子的电场是一样的。这个偶极子的矩 $p_0$ 在球内的总极化强度为

$$p_0 = Qs = \frac{4\pi}{3}r_0^3 Nqs = \frac{4\pi}{3}r_0^3 P \tag{10.43}$$

其中 $Q$ 和 $s$ 两个量单独讨论时是没有意义的，因而现在在讨论中可以不再使用它们。

极化球的外电场就是中央偶极子 $p_0$ 产生的电场，宏观上说，不仅在球外远处直到球表面也成立。为了画出表示外部电场线的图 10.23，我们只需从图 10.6 中画出一个圆形面积即可。

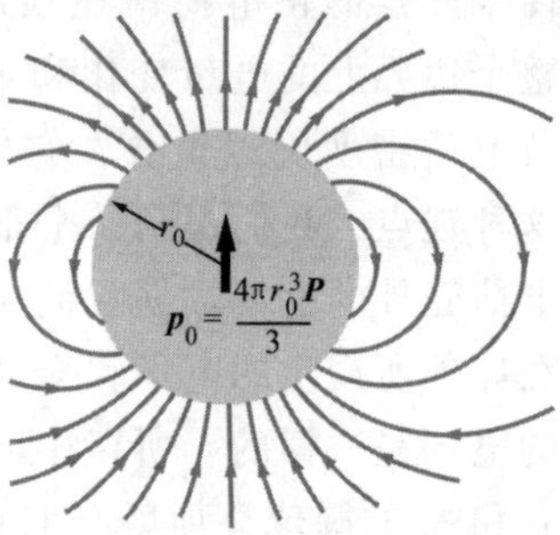

图 10.23
均匀极化球外的场。

内部的电场就是另外一回事了。让我们讨论一下电势 $\phi(x, y, z)$。因为我们知道球外部的电场分布，我们就可以知道球边界上各点的电势。它恰好是偶极子的电势 $p_0\cos\theta/4\pi\varepsilon_0 r^2$，在半径为 $r_0$ 的球边界上的电势变为

$$\phi = p_0\frac{\cos\theta}{4\pi\varepsilon_0 r_0^2} = \frac{Pr_0\cos\theta}{3\varepsilon_0} \tag{10.44}$$

其中我们使用了式（10.43）。因为 $r_0\cos\theta = z$，我们可以看出球面上一点的电势和它的 $z$ 坐标有关：

$$\phi = \frac{P_z}{3\varepsilon_0} \tag{10.45}$$

5　这么说其实就足够可以了。不过，我们可以多说点，来进一步减轻疑惑。光滑带电球那张图，与我们所知晓的真实物体内部是完全不同的，不要让它把我们带入歧途。

计算内部场的问题可以总结如下：式（10.45）给出了区域边界上每个点上的电势，此区域内 $\phi$ 必须满足拉普拉斯方程。根据我们在第3章中证明的唯一性定理，这足够确定内部各处的电势 $\phi$。如果我们能求出一个解，那么它一定是所求的解。现在函数 $Cz$ 满足拉普拉斯方程，其中 $C$ 是任何常数，所以实际上式（10.45）已经给出了球内电势的解，即 $\phi_{\text{in}}=Pz/3\varepsilon_0$。与这个电势相关的电场是均匀的并且指向 $-z$ 方向

$$E_z=-\frac{\partial\phi_{\text{in}}}{\partial z}=-\frac{\partial}{\partial z}\left(\frac{Pz}{3\varepsilon_0}\right)=-\frac{P}{3\varepsilon_0} \tag{10.46}$$

因为 $\boldsymbol{P}$ 的方向是与 $z$ 轴区分开的唯一情况，我们可将所得的结果写成更为普遍的形式：

$$\boxed{\boldsymbol{E}_{\text{in}}=-\frac{\boldsymbol{P}}{3\varepsilon_0}} \tag{10.47}$$

这是极化材料内部的宏观电场 $\boldsymbol{E}$。

图10.24所示为球内的电场和球外的电场。在球的顶点处，方向向上的球外电场的电势，根据偶极子的电场公式（10.17）和式（10.18）得到

$$E_z=\frac{2p_0}{4\pi\varepsilon_0 r^3}=\frac{2(4\pi r_0^3P/3)}{4\pi\varepsilon_0 r_0^3}=\frac{2P}{3\varepsilon_0}\quad\text{（外部，顶部）} \tag{10.48}$$

这刚好是方向向下的内部电场强度的两倍。

这个例子说明了在极化介质表面电场分量的性质的一般性规则。在极化介质的边界上 $\boldsymbol{E}$ 是不连续的，这和真空中面电荷密度为 $\sigma=P_\perp$ 的表面上的情形完全一样。符号 $P_\perp$ 代表 $\boldsymbol{P}$ 在曲面的外法线分量（现在的情况中，$P_\perp=P\cos\theta$）。由此可知，$E_\perp$ 是 $\boldsymbol{E}$ 的法向分量，随着 $P_\perp/\varepsilon_0$ 改变而改变，而 $E_\parallel$ 是 $\boldsymbol{E}$ 在边界处的平行分量，在边界处是连续的，即在两边边界具有相同值（见图10.25）。事实上，在球的北极 $E_z$ 的净变化是 $2P/3\varepsilon_0-(-P/3\varepsilon_0)$ 或 $P/\varepsilon_0$。

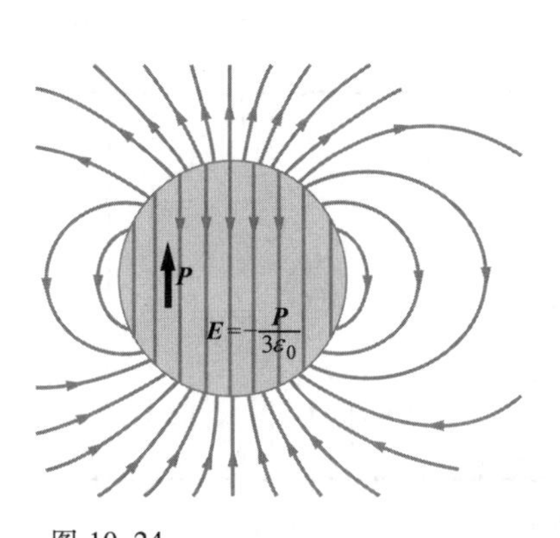


图 10.24
均匀极化球内外部的电场。

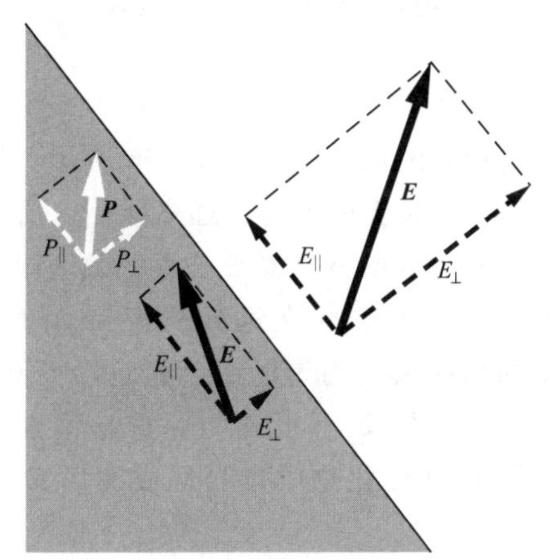


图 10.25
在极化的电介质边界处 $E$ 的变化：$E_\parallel$ 在边界两边都是相同的，$E_\perp$ 在电介质到真空方向上随着 $P_\perp/\varepsilon_0$ 变化（注意 $E$ 和 $P/\varepsilon$ 并不是使用同一标度绘制的）。

**例题（$E_{\parallel}$ 的连续性）**　对于我们的极化球，让我们证明平行于表面的 $\boldsymbol{E}$ 的分量在球的任何位置上由内到外都是连续的。从式（10.47）可知，内电场大小为 $P/3\varepsilon_0$，方向向下，所以 $E_{\parallel}^{\text{in}}$ 通过添加一个因子 $\sin\theta$ 可以得到。就是说，$E_{\parallel}^{\text{in}}=P\sin\theta/3\varepsilon_0$。外部偶极子场的切向分量。

由式（10.18）中的 $E_\theta$ 给出

$$E_{\parallel}^{\text{out}}=\frac{p_0\sin\theta}{4\pi\varepsilon_0 r^3}=\frac{(4\pi r_0^3P/3)\sin\theta}{4\pi\varepsilon_0 r_0^3}=\frac{P\sin\theta}{3\varepsilon_0} \tag{10.49}$$

这个跟预期的 $E_{\parallel}^{\text{in}}$ 一样。

注意，对于 $0<\theta<\pi$，$\sin\theta$ 是正的，所以 $E_{\parallel}^{\text{in}}$ 和 $E_{\parallel}^{\text{out}}$ 方向为正 $\hat{\boldsymbol{\theta}}$ 方向，就是说，远离北极方向。类似的，对于 $\pi<\theta<2\pi$，$E_{\parallel}^{\text{in}}$ 和 $E_{\parallel}^{\text{out}}$ 方向为负 $\hat{\boldsymbol{\theta}}$ 方向，再一次远离北极（因为正 $\hat{\boldsymbol{\theta}}$ 方向是沿着环路的顺时针方向）。看一下图 10.24，可见电场线分布表明了上述分析事实。

练习题 10.36 的任务就是使用内部和外部电场的直接表达式来证明 $E_{\perp}$ 在球面任何位置上都是不连续的 $P_{\perp}/\varepsilon_0$。

所有这些结论都和圆球的极化形成过程无关。假设球体任何位置都均匀极化，图 10.24 就能表示这个场。在该电场上可以叠加任何来自其他源的电场，这样一来就可以代表许多可能的系统。这不会影响 $\boldsymbol{E}$ 在极化介质的边界上的不连续性。上述法则因此适用于任何系统，而 $\boldsymbol{E}$ 的不连续性仅由现有的极化情况决定。

## 10.10　均匀场中的电介质球

作为一个例子，我们把介电常数为 $\varepsilon$ 的电介质球放在像真空电容器的平行板间电场那样的均匀电场中，如图 10.26 所示。让这个场的源，即板上的电荷，远离球体，所以当球体被放入时电场不会改变。然后无论球附近的电场是什么样，它在远处将保持为 $\boldsymbol{E}_0$。我们所说的把球放到均匀场中就是这个意思。在圆球附近，总场 $\boldsymbol{E}$ 不再均匀。它是远处场源的均匀场 $\boldsymbol{E}_0$ 和极化物质自身形成的场 $\boldsymbol{E}'$ 的总和

$$\boldsymbol{E}=\boldsymbol{E}_0+\boldsymbol{E}' \tag{10.50}$$

这个关系式对于球内和球外都成立。电场 $\boldsymbol{E}'$ 由电介质的极化密度 $\boldsymbol{P}$ 决定，而极化密度取决于球内球内的电场 $\boldsymbol{E}$ 值。

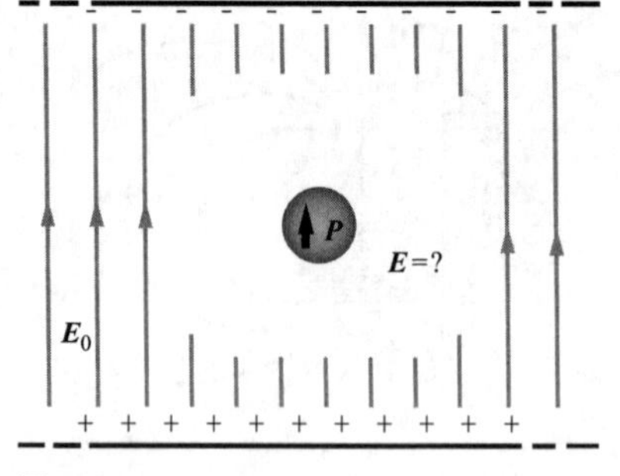

图 10.26
场 $\boldsymbol{E}_0$ 的源保持恒定。电介质球产生极化 $\boldsymbol{P}$。总场 $E$ 是 $E_0$ 和这个极化球叠加产生的。

$$\boldsymbol{P}=\chi_{e}\varepsilon_{0}\boldsymbol{E}_{in}=(\kappa-1)\varepsilon_{0}\boldsymbol{E}_{in} \tag{10.51}$$

记住这个涉及$\chi_e$的表达式中的$\boldsymbol{E}$是总电场。

我们不知道总电场$\boldsymbol{E}$是多少；只知道式（10.51）在球内任何点都必须成立。如果球是均匀极化的，这个假设需要通过我们的下述结果得到证实：在球内各点，圆球体的极化密度$\boldsymbol{P}$和它自身的场$\boldsymbol{E}'_{in}$间的关系式由式（10.47）给出[6]：

$$\boldsymbol{E}'_{in}=-\frac{\boldsymbol{P}}{3\varepsilon_0} \tag{10.52}$$

把式（10.51）中的$\boldsymbol{P}$代入到式（10.52）中，立刻得到用$\boldsymbol{E}_{in}$表示的$\boldsymbol{E}'_{in}$；我们得到$\boldsymbol{E}'_{in}=-(\kappa-1)\boldsymbol{E}_{in}/3$。把这个代入式（10.50）中给出了球内的总电场为

$$\boldsymbol{E}_{in}=\boldsymbol{E}_0-\frac{\kappa-1}{3}\boldsymbol{E}_{in}\Longrightarrow\boxed{\boldsymbol{E}_{in}=\left(\frac{3}{2+\kappa}\right)\boldsymbol{E}_0} \tag{10.53}$$

因为$\kappa>1$，因子$3/(2+\kappa)$必小于1，电介质中的电场就小于$\boldsymbol{E}_0$。极化密度

$$\boldsymbol{P}=(\kappa-1)\varepsilon_0\boldsymbol{E}_{in}\Longrightarrow\boxed{\boldsymbol{P}=3\left(\frac{\kappa-1}{\kappa+2}\right)\varepsilon_0\boldsymbol{E}_0} \tag{10.54}$$

现在看来均匀极化的假设是其前后一致的。[7] 为了计算球外总场$\boldsymbol{E}_{out}$，我们必须加上矢量场$\boldsymbol{E}_0$，使中央偶极子和偶极矩的场等于球体体积的$\boldsymbol{P}$倍。在电介质球的内部和外部$\boldsymbol{E}$的电场线，如图10.27所示。

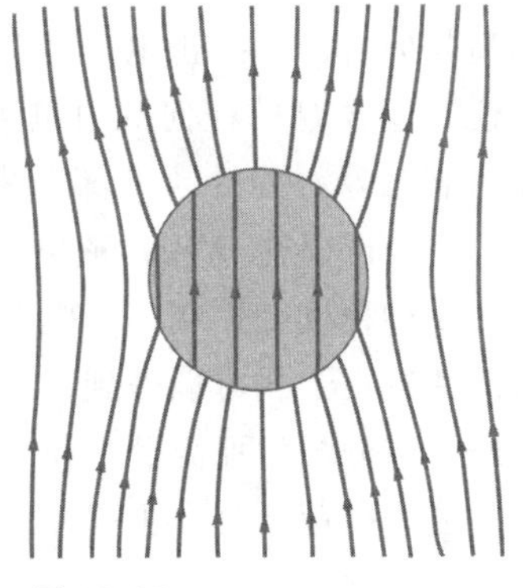

图 10.27
电介质球内外部的总电场$\boldsymbol{E}$。

简而言之，我们由极化物质产生的场$\boldsymbol{E}'_{in}$的两个不同的表达式相等，可以计算出$\boldsymbol{E}_{in}$。其中一个表达式就是简单的叠加，$\boldsymbol{E}'_{in}=\boldsymbol{E}_{in}-\boldsymbol{E}_0$。另一个表达式是$\boldsymbol{E}'_{in}=-(\kappa-1)\boldsymbol{E}_{in}/3$，这来自于$\boldsymbol{P}$正比于$\boldsymbol{E}'_{in}$(球的情况）和$\boldsymbol{P}$正比于$\boldsymbol{E}_{in}$（在线性介质中)。

## 10.11 电介质中电荷的电场，高斯定律

假设大体积的均匀线性电介质中某处有一聚集电荷$Q$，它不是电介质的常规分子结构中的一部分。比如，想象把一个小的带电金属球扔进一桶油中。正如前面10.8节末尾所述，$Q$在油中产生的电场是其在真空中产生场的$1/\kappa$：

---

6 在式（10.47）中我们使用了符号$\boldsymbol{E}_{in}$，没有撇号。在当时叙述的那种情况下，它是唯一存在的场。

7 这就是使系统变得简单处理的原因。对于均匀电场中有限长度的电介质圆柱来说，假设并不成立。均匀极化圆柱的场$\boldsymbol{E}'$——例如它的长度与直径相同——在圆柱内并不均匀。（它看起来像什么?）因此$\boldsymbol{E}_{in}=\boldsymbol{E}_0+\boldsymbol{E}'$不均匀——但在$\boldsymbol{P}=\chi_e\boldsymbol{E}_{in}$的情况下可以不均匀。事实上，仅有特殊情况的球体即椭圆体的电介质在均匀场中可以获得均匀的极化。

$$E = \frac{Q}{4\pi\varepsilon_0\kappa r^2} \tag{10.55}$$

乘积 $\varepsilon_0\kappa$ 通常用 $\varepsilon$ 表示，所以我们写成

$$\boxed{E = \frac{Q}{4\pi\varepsilon r^2}} \quad \text{其中} \boxed{\varepsilon \equiv \kappa\varepsilon_0} \Longrightarrow \kappa = \frac{\varepsilon}{\varepsilon_0} \tag{10.56}$$

$\varepsilon$ 为电介质的介电常数。而 $\varepsilon_0$ 为真空介电常数，也称作自由空间介电常数。

看高斯定理是怎么算出结果的是很有意义的。如果我们相信式（10.55），在环绕 $Q$ 的球面上，$\boldsymbol{E}$ 的曲面积分（这是宏观的，或电场的空间平均值）是 $Q/\kappa\varepsilon_0$ 或 $Q/\varepsilon$，而不是 $Q/\varepsilon_0$。为什么不是后者呢？答案就是 $Q$ 不是球内唯一的电荷。因为这里还有电介质中原子和分子的全部电荷。通常情况下，任何体积的油都显电中性。但现在油分子被径向极化，这意味着如果 $Q$ 是正电荷，则它将油分子中的负电荷拉向自己并把正电荷推开。尽管每个分子中的位移可能只是轻微的，然而平均来说，包含 $Q$ 的任何球中包含的油分子负电荷比油分子正电荷多。因此球面净电荷（包括球心处的“外部”电荷 $Q$ 在内）比 $Q$ 少。事实上它是 $Q/\kappa$。

将外部电荷 $Q$ 和构成电介质本身的电荷区别开来是有用的。对于前者我们可以在某种程度上控制——电荷可以加给一个物体或从某个物体上移除，例如在电容器的两极板上就可以做到这些。这样的电荷通常被称为自由电荷。作为组成电介质的原子或分子的那部分电荷，通常被称为束缚电荷。结构电荷可能是一个更好的名称。这些电荷不会自由移动，但或多或少会受到弹性约束，由于它们轻微的位移，会产生极化。

我们可以设计一个矢量，让它与自由电荷间有某种类似高斯定理的关系。我们刚刚讨论的系统（点电荷 $Q$ 浸在电介质中），矢量 $\kappa\boldsymbol{E}$ 就有这种性质，即在某个封闭曲面上取面积分，如果面 $S$ 包含 $Q$，则 $\int \kappa\boldsymbol{E}\cdot \mathrm{d}\boldsymbol{a}$ 就等于 $Q/\varepsilon_0$，如果面 $S$ 不包含 $Q$，积分则为零。通过叠加原理，对于无限大的均匀线性电介质，用自由电荷密度 $\rho_{\text{free}}(x, y, z)$ 表示的任意自由电荷集合体，这一关系也一定成立：

$$\int_S \kappa\boldsymbol{E}\cdot \mathrm{d}\boldsymbol{a} = \frac{1}{\varepsilon_0}\int_V \rho_{\text{free}}\mathrm{d}v \tag{10.57}$$

其中 $V$ 是曲面 $S$ 所包围的体积。像这样的一个积分关系就可以表明矢量场 $\kappa\boldsymbol{E}$ 的散度和自由电荷密度间的“局部”关系：

$$\mathrm{div}(\kappa\boldsymbol{E}) = \frac{\rho_{\text{free}}}{\varepsilon_0} \tag{10.58}$$

因为我们假定在整个介质中 $\kappa$ 为常数，式（10.58）并没告诉我们任何新的东西。然而，它可以帮助我们把束缚电荷的作用单独分离出来。不管在任何系统中，电场 $\boldsymbol{E}$ 和总电荷密度 $\rho_{\text{free}}+\rho_{\text{bound}}$ 间的基本关系依然有效：

$$\mathrm{div}\boldsymbol{E}=\frac{1}{\varepsilon_0}(\rho_{\mathrm{free}}+\rho_{\mathrm{bound}}) \tag{10.59}$$

式（10.58）减去式（10.59）可以得到

$$\mathrm{div}(\kappa-1)\boldsymbol{E}=-\frac{\rho_{\mathrm{bound}}}{\varepsilon_0} \tag{10.60}$$

根据式（10.40），对于线性介质有（$\kappa-1)\boldsymbol{E}=\boldsymbol{P}/\varepsilon_0$，所以式（10.60）可写成

$$\boxed{\mathrm{div}\boldsymbol{P}=-\rho_{\mathrm{bound}}} \tag{10.61}$$

式（10.61）表明了局部关系。它与系统内别处的各种条件无关，也与束缚电荷是维持它们特殊排列状况的过程无关。单位体积内由原子核的质子数多于原子中的电子数而产生的束缚电荷的排列必须表现出具有一定散度的极化。所以我们使用线性介质中关系式推导的式（10.61）必然具有普遍性，而不仅仅在无限的线性介质中。它不影响极化产生的过程（详见习题 10.11 中的一般性证明）。你可以想象出一些具有正散度的极化排列的极性分子（见图 10.28），便可对式（10.61）有些感性认识。偶极子方向都向外，这就必须在中间残留些负电荷。当然，式（10.61）指的是在许多体积元上取的平均值，所以体积元要足够大以至于 $\boldsymbol{P}$ 和 $\rho_{\mathrm{bound}}$ 可视为平滑变化量。根据在任何系统都成立的式（10.59）和式（10.61），可知

$$\mathrm{div}(\varepsilon_0\boldsymbol{E}+\boldsymbol{P})=\rho_{\mathrm{free}} \tag{10.62}$$

这与 $\boldsymbol{E}$ 和 $\boldsymbol{P}$ 间的关系完全无关。它不局限于线性电介质（在材料中 $\boldsymbol{P}$ 与 $\boldsymbol{E}$ 成正比）。

通常给 $\varepsilon_0\boldsymbol{E}+\boldsymbol{P}$ 一个特殊的名称：电位移矢量，并以符号 $\boldsymbol{D}$ 表示。即 $\boldsymbol{D}$ 的表达式为

$$\boxed{\boldsymbol{D}\equiv\varepsilon_0\boldsymbol{E}+\boldsymbol{P}} \tag{10.63}$$

则式（10.62）变为

$$\boxed{\mathrm{div}\boldsymbol{D}=\rho_{\mathrm{free}}} \tag{10.64}$$

这个关系式或者等价式（10.62），适用于任何情况的宏观量 $\boldsymbol{P}$、$\boldsymbol{E}$，并且 $\rho$ 在任何情况下都成立。

此外如果我们处理的是线性介质，通过比较式（10.58）和式（10.64），可以发现 $\boldsymbol{D}$ 就是 $\kappa\varepsilon_0\boldsymbol{E}$，或

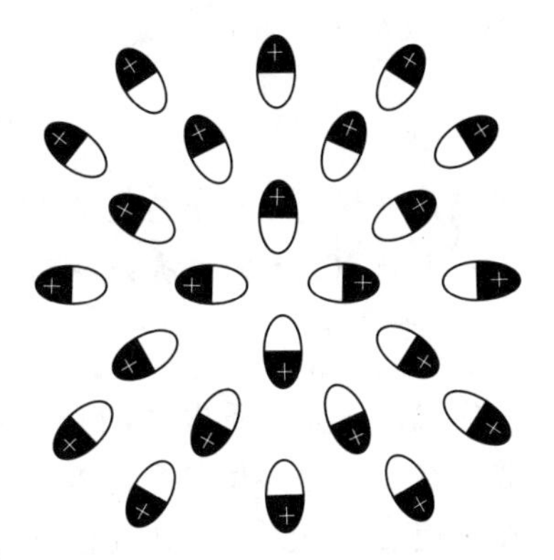

图 10.28
分子偶极子整齐排列，所以 $\mathrm{div}\boldsymbol{P}>0$。注意中心位置负电荷浓度与式（10.61）一致。

$$\boxed{\boldsymbol{D}=\varepsilon\boldsymbol{E}}\text{（线性介质下）} \tag{10.65}$$

通过把式（10.41）中的 $\boldsymbol{P}$ 写成 $\chi_e\varepsilon_0\boldsymbol{E}$，式（10.42）中的 $1+\chi_e$ 写成 $\kappa$，之后代入式（10.63）中就得到上式了。

式（10.64）提示我们应当把 $\boldsymbol{D}$ 看成一个矢量场，它的源是自由电荷分布 $\rho_{\mathrm{free}}$

（取决于因子 $\varepsilon_0$），在同样的意义上总电荷分布 $\rho$ 是 $\boldsymbol{E}$ 的源。但这是错误的。静电场 $\boldsymbol{E}$ 是通过电荷分布 $\rho$ 单独确定的——除了外加恒定场，符合法则 $\mathrm{div}\boldsymbol{E}=\rho/\varepsilon_0$，还有另外一个普遍性的关系式，$\mathrm{curl}\,\boldsymbol{E}=0$。一般来说，$\mathrm{curl}\,\boldsymbol{D}=0$ 是不对的。因此自由电荷的分布不适用式（10.64）确定的 $\boldsymbol{D}$。这个过程还需要其他参数，比如各介质表面的边界条件。$\boldsymbol{D}$ 的边界条件只不过是 $\boldsymbol{E}$、$\boldsymbol{P}$ 的边界条件的另一种表达方式，这在 10.9 节末和图 10.25 中已经阐述过。

---

**例题（$D_\perp$ 的连续性）**　对于 10.9 节中的极化球，我们发现在边界位置 $E_\parallel$ 是连续的，而 $E_\perp$ 是不连续的。这些边界条件在任何形状的极化物质上都是成立的。这表明相反的情况对于 $\boldsymbol{D}$ 是正确的。就是，$D_\perp$ 在边界上是连续的而 $D_\parallel$ 是不连续的。你可以在习题 10.12 中推导这些边界条件。目前，让我们证实在极化球的边界上 $D_\perp$ 是连续的。

在球的内部，我们有 $\boldsymbol{E}=-\boldsymbol{P}/3\varepsilon_0$，所以位移矢量是 $\boldsymbol{D}=\varepsilon_0(-\boldsymbol{P}/3\varepsilon_0)+\boldsymbol{P}=2\boldsymbol{P}/3$。它的径向分量为

$$D_\perp^{\text{in}}\equiv D_r^{\text{in}}=\frac{2P\cos\theta}{3} \tag{10.66}$$

在球外，$\boldsymbol{E}$ 是偶极子产生的电场，$\boldsymbol{p}_0=(4\pi R^3/3)\boldsymbol{P}$。偶极子场的径向分量是 $E_r=p_0\cos\theta/2\pi\varepsilon_0R^3$。根据 $P$ 的表达式，这变成 $E_r=2P\cos\theta/3\varepsilon_0$。由于球外 $\boldsymbol{P}=0$，外部的 $\boldsymbol{D}$ 可以使用外电场 $\boldsymbol{E}$ 乘以 $\varepsilon_0$ 得到。因此

$$D_\perp^{\text{out}}\equiv D_r^{\text{out}}=\frac{2P\cos\theta}{3} \tag{10.67}$$

这跟预期一样，等于上述的 $D_\perp^{\text{in}}$。

练习题 10.41 的任务是使用内电场和外电场的表达式来求出球表面任何位置上 $D_\parallel$ 的不连续性。

---

在我们研究物质电场的过程中，引入矢量 $\boldsymbol{D}$ 是一个巧妙的办法。总的来说，是非常有帮助的。我们提到 $\boldsymbol{D}$，是因为它从麦克斯韦开始[8]就是神圣的，读者肯定会在其他书中遇到它，在其他书中对待它会比本书更加重视。

我们对物质中的电场进行总结，结论如下：

（1）物质可以被极化，就宏观电场而言，极化情况可由极化密度 $\boldsymbol{P}$，即单位体积内的偶极矩描述。极化物质对电场 $\boldsymbol{E}$ 的贡献与在真空中电荷密度为 $\rho_{\text{bound}}=-\mathrm{div}\boldsymbol{P}$ 的电荷分布 $\rho_{\text{bound}}$ 的电场影响一样。特别是，极化物质的表面上 $\boldsymbol{P}$ 不连续，这简化为面密度为 $\sigma=-Px$ 的表面电荷。再加上可能出现的自由电荷分布，电场

8　电磁理论中的麦克斯韦方程组中 $\boldsymbol{D}$ 的突出作用及其命名“位移”，也许都能表明麦克斯韦倾向于他的一种叫作“以太”的力学模型。惠特克在他的经典著作（惠特克，1960）中指出就是这种倾向性导致麦克斯韦在光从电介质表面上反射的问题中错误地使用了他的理论。

是总电荷分布在真空中所产生的场。这就是物质内部和外部的宏观场 $\boldsymbol{E}$，物质内宏观电场应理解为真实微观场的空间平均值。

（2）如果在某种材料中 $\boldsymbol{P}$ 正比于 $\boldsymbol{E}$，我们称这材料为线性电介质。我们定义物质的电极化率 $\chi_e$ 和介电常数 $\kappa$ 为：$\chi_e=\boldsymbol{P}/\varepsilon_0\boldsymbol{E}$ 和 $\kappa=1+\chi_e$。线性电介质中的自由电荷产生的电场强度是等量电荷在真空中产生的电场强度的 $1/\kappa$。

## 10.12 电介质的微观表征

电介质中的极化密度 $\boldsymbol{P}$ 是组成材料的原子或分子间电偶极矩的外在表现。$\boldsymbol{P}$ 是平均偶极矩密度，即单位体积内总矢量偶极矩的平均值，当然这个区域足够大以致其中包含大量原子。如果材料中没有外加电场使得分子形成定向排布，则 $\boldsymbol{P}$ 将是零。如果我们忽略 10.8 节中提到的"冻结"极化的可能性，对通常的液体、气体和固体确实是这样的情况，那么，当物质中存在电场时，极化会以两种方式出现：①每个原子或分子将获得与原子或分子上的电场 $\boldsymbol{E}$ 成正比的感应偶极矩，并且方向与作用在原子或分子上的电场 $\boldsymbol{E}$ 相同；②如果具有永久偶极矩的分子存在物质中，它们的方向将不再是完全随机的；场方向上它们的偶极矩队列会略多于相反的方向上的偶极矩队列。①和②两种作用导致电场 $\boldsymbol{E}$ 方向上的极化，即电极化率 $\chi_e\equiv\boldsymbol{P}/\varepsilon_0\boldsymbol{E}$ 为正值。

让我们首先考虑原子或分子相距很远的介质中的感应原子矩。一个例子就是密度等于大气密度的气体，每立方米空间内存在 $3\times10^{25}$ 个分子。我们假定作用在单独一个分子上的场强 $\boldsymbol{E}$ 与所有场强的平均值或物质中宏观电场相同。在做这个假设的过程中，我们忽视了分子附近的分子感应偶极矩在其自身产生的电场。$\alpha$ 是每个分子的极化率，$N$ 是每立方米里内分子数的平均值。每个分子的感应偶极矩是 $\boldsymbol{p}=\alpha\boldsymbol{E}$，介质由此产生的极化密度 $\boldsymbol{P}$，可以简单写为

$$\boldsymbol{P}=N\boldsymbol{p}=N\alpha\boldsymbol{E} \tag{10.68}$$

这立刻给出了电极化率 $\chi_e$：

$$\chi_e=\frac{\boldsymbol{P}}{\varepsilon_0\boldsymbol{E}}=\frac{N\alpha}{\varepsilon_0} \tag{10.69}$$

电介质常数 $\kappa$ 为

$$\kappa=1+\chi_e=1+\frac{N\alpha}{\varepsilon_0} \tag{10.70}$$

在图 10.12 中的甲烷分子的极化率为（或采用 $\alpha/4\pi\varepsilon_0$）$2.6\times10^{-30}\mathrm{m}^3$。在 0°C 的标准条件和 1 个大气压下，每立方米气体体积内大约有 $2.8\times10^{25}$ 个分子。根据式（10.70）在这个密度时的甲烷介电常数应该是

$$\kappa=1+\frac{N\alpha}{\varepsilon_0}=1+\frac{1}{\varepsilon_0}(2.8\times10^{25}\mathrm{m}^{-3})(4\pi\varepsilon_0\times2.6\times10^{-30}\mathrm{m}^3)=1.00091 \tag{10.71}$$

四舍五入后，这与在表10.1列出的甲烷的 $\kappa$ 值相同。这种巧合是不奇怪的，因为图10.12中给定的 $\alpha/4\pi\varepsilon_0$ 值是我们使用简单理论推导出来的，而理论是由实验测定介电常数得到的。

我们在10.5节已经注意到原子极化率 $\alpha/4\pi\varepsilon_0$ 具有体积的量纲，在数量级上约等于原子的体积大小。所以根据式（10.69）可知，乘积 $N\alpha/4\pi\varepsilon_0$，就是 $\chi_e/4\pi$，这大约为原子组成的介质的一部分体积。在标准条件下，气体的密度大约是这一物质凝结成液体或固体时的密度的千分之一。当气体为甲烷时，这一比例接近1/1000；对于空气而言，是1/700。气体大约有99.9%的空余空间。而在固体或液体中，分子几乎彼此接触。它们所占据的空间相比于单一原子的情况下没有多出许多。这告诉我们，一般在凝聚态，感应极化将导致数量级统一为 $\chi_e/4\pi$。事实上，正如表10.1中所列的简表，并且即使对于一个更大数据更多的表格，大多数非极性液体和固体的磁化率，即 $\chi_e/4\pi=(\kappa-1)/4\pi$ 的值范围是从0.1变化到1的。现在我们来看看这是为什么。

我们也可以看看为什么固体和液体的精准磁化率理论不容易得到。原子被挤压直到它们间几乎互相“接触”，其附近的原子对其的影响不容忽视。相邻原子间最小距离 $b$ 大约是 $N^{-1/3}$。电场 $E$ 在每个原子上感应出的偶极矩 $p=E\alpha$。一个原子的偶极子 $p$ 将在下一个原子的位置上形成强度为 $E'\sim p/4\pi\varepsilon_0 b^3$ 的电场。由于 $1/b^3\approx N$，因此 $E'\sim E\alpha N/4\pi\varepsilon_0$。正如我们刚解释的，在凝聚态中 $\alpha N/4\pi\varepsilon_0$ 必然是一样的数量级。因此 $E'$ 不小，当然与 $\boldsymbol{E}$ 比较不能忽略不计。在这种情况下有效场如何极化原子是一个没有明显的答案的。[9]

具有永久电偶极矩的分子，即极性分子，通过试图使分子排列成平行于电场的方式来响应外加电场。只要偶极矩 $\boldsymbol{p}$ 与 $\boldsymbol{E}$ 不同向，就会产生转矩 $\boldsymbol{p}\times\boldsymbol{E}$，这个转矩把 $\boldsymbol{p}$ 转向 $\boldsymbol{E}$ 的方向。回顾式（10.21）和图10.8（b），当 $\boldsymbol{p}$ 恰好与 $\boldsymbol{E}$ 的方向截然相反时这个转矩为零，但这种条件是不稳定的。电偶极子上的转矩就是分子自身上的转矩。如果所有的极性分子旋转使它们的偶极矩与 $\boldsymbol{E}$ 同向，则分子就达到最低能态。当达到最佳排列状态时它们通过与周围分子间的摩擦，会损失部分能量。由此而产生的极化是巨大的。每立方米水中大约有 $3.3\times10^{28}$ 个分子；每个分子（见图10.14）的偶极矩是 $6.1\times10^{-30}$ C·m。在偶极子的完全排列下，$\boldsymbol{P}$ 是 $0.2\text{C/m}^2$。如果图10.24是一幅水滴极化图，水滴外的电场强度，根据式（10.48）中的 $P/\varepsilon_0$，将超过 $10^{10}$V/m！

这种情况并不会发生。在任何合理的外加场 $\boldsymbol{E}$ 下，分子排列并不会接近完整的对齐。为什么不能达到呢？这基本上和空间内空气分子不都待在地面上的原因一样——排列必须服从最低势能原理。我们必须考虑温度和每个分子在绝对温度 $T$

9　这个问题经过基本近似处理后，可以引出所谓的克劳修斯莫索提方程，这在此书的第1版的9.13节中有介绍。

时表现的热动能，其能量大小为 $kT$，$k$ 是被称为玻尔兹曼常数的普适常数。在室温下，$kT$ 为 $4\times10^{-21}$J。在温度为 $T$ 的系统中，所有分子的平均动能——无论分子的大小——是 $(3/2)kT$。另外指出，分子的平均转动能量是 $kT$。空气分子不聚集在地面附近是因为在一个质量为 $5\times10^{-26}$kg 的分子的上升过程中的重力势能变化量（你可以轻易地算出）大约为 $10^{-24}$J，这小于 $kT$ 的千分之一。另一方面，地面附近的空气密度比顶部附近的空气密度稍大，这其中甚至没有温度梯度。这就是有名的气压随高度而变化的规律。根据 $mgh/kT$，靠近地面的空气是稍微密集的（当然差别是很小的），$mgh$ 是这两层空间的重力势能差。

相似地，在电介质中我们应当在势能降低的方向发现略多的分子偶极子，即 $\boldsymbol{E}$ 的方向，或那个方向的分量。在分量大的那个方向上，超出的部分是 $pE/kT$。上式中的分子部分代表电势差。实际上把偶极子从 $\boldsymbol{E}$ 的方向旋转到 $\boldsymbol{E}$ 的相反方向上所需的功是 $2pE$（见式（10.22）），但是在角度上的平均会给我们带来其他没有考虑的数值因子。每单位体积内 $N$ 个偶极子的极化率为 $P$，如果偶极子完全对齐将是 $Np$，有点像 $pE/kT$，实际上它们将会更小些。因此预期的极化率的大小为

$$P\approx Np\left(\frac{pE}{kT}\right)=\frac{Np^2}{kT}E \tag{10.72}$$

磁化率是

$$\chi_{\mathrm{e}}=\frac{P}{\varepsilon_0 E}\approx\frac{Np^2}{\varepsilon_0 kT} \tag{10.73}$$

对于室温下的水，式（10.73）的右边大约为 35，而 $\kappa=80$，$\chi_{\mathrm{e}}$ 的实际值为 79。在这种情况下，显然在式（10.73）的右边必须有一个约为 2.3 的因子，这样才能让估算值正确。从理论上推导这个因子是相当困难的，邻近的分子相互作用使问题变得复杂，甚至比在非极性介质的情况下更糟糕。

如果水介质上加个场强为 $10^4$V/m 的电场，产成的极化为 $P=\chi_{\mathrm{e}}\varepsilon_0E=7\times10^{-6}\mathrm{C/m^2}$，这等效于每立方米内有 $1.1\times10^{24}$ 个水偶极子的排列。即便如此，这比同样场在非极性介质中造成的极化率要大一个数量级。

## 10.13 变化场中的极化

到目前为止，我们只讨论了物质中的静电场。我们需要研究一下随时间变化的电场的效应，例如在交流电路中所用的电容器。重要的问题是，极化的变化能跟得上场的变化吗？在任一瞬间 $\boldsymbol{P}$ 对 $\boldsymbol{E}$ 的比值与静态场中的相同吗？我们预料对于缓慢的变化是不会有什么差别的，但是和通常一样，缓慢的标准是决定于特定的物理过程的。可以证明，感应极化和永久偶极子的方向是两个具有非常不同的响应时间的过程。

原子和分子的感应极化是由于电子结构的变形而产生的。只涉及少量质量，而

且结构很固定；它的自然振动频率是非常高的。换句话说，原子和分子中电子的运动周期是在 $10^{-16}$s 的数量级——和可见光的周期相近。对于原子来说，$10^{-14}$s 是一段很长的时间。像在那样的一段时间内，重新调整它的电子结构很简单。因此，从直流（零频率）到非常接近可见光的频率范围内，严格的无极性物质表现的性质几乎相同。极化与电场保持同步，磁化率 $\chi_e = P/\varepsilon_0 E$，与频率无关。

极性分子的取向过程和电子云的失真是完全不同的。它的整个分子框架必须旋转。在微观层面上，像一袋花生中的一个花生对调首末位置。摩擦阻力有使旋转落后于转矩的趋势，并且使产生的极化振幅有减少的趋势。在时间尺度上对于不同的极性物质有很大的差异。在水里，偶极子重新取向所需的“反应时间”是 $10^{-11}$s。频率在 $10^{10}$ Hz 的数量级时，介电常数保持在 80 左右。在 $10^{11}$Hz 以上，$\kappa$ 下降为一个无极性液体所具有的典型值。偶极子跟不上如此快速变化的电场。其他物质，特别是固体，特征响应时间常数更长。在刚好低于凝固点的冰中，电极化的响应时间大约是 $10^{-5}$s 左右。图 10.29 所示为一些水和冰的介电常数随电场频率变化的实验曲线。

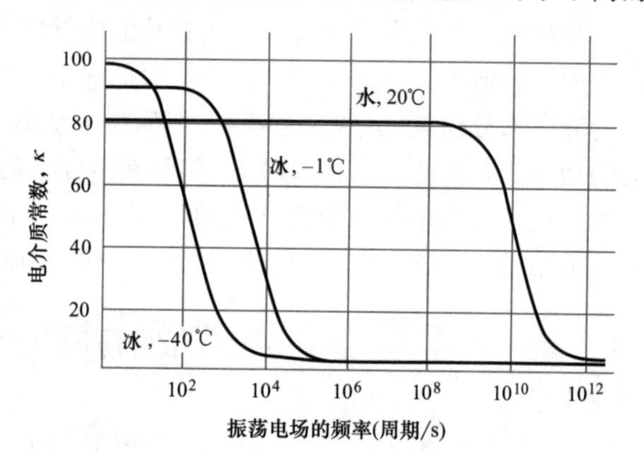


图 10.29

水和冰的电介质常数随频率的变化图。基于史密斯（1955）测量的水的数据及奥迪和科尔（1952）测量的冰的数据。

## 10.14　束缚电荷的电流

物质中的极化随时间变化的任何地方都会有电流，即真正的电荷运动。设每立方厘米的电介质中有 $N$ 个偶极子，并且在时间间隔 $\mathrm{d}t$ 内每个偶极矩从 $\boldsymbol{p}$ 变为 $\boldsymbol{p}+\mathrm{d}\boldsymbol{p}$，则宏观的极化密度 $\boldsymbol{P}$ 从 $\boldsymbol{P}=N\boldsymbol{p}$ 变为 $\boldsymbol{P}+\mathrm{d}\boldsymbol{P}=N(\boldsymbol{P}+\mathrm{d}\boldsymbol{P})$。假设该变量 $\mathrm{d}\boldsymbol{p}$ 是电荷 $q$ 移动距离 $\mathrm{d}\boldsymbol{s}$ 产生的，在每个原子内：$q\mathrm{d}\boldsymbol{s}=\mathrm{d}\boldsymbol{p}$。那么在时间 $\mathrm{d}t$ 内，确实有一个密度为 $\rho=Nq$ 的电荷云以速度 $\boldsymbol{v}=\mathrm{d}\boldsymbol{s}/\mathrm{d}t$ 移动。这就是电流密度为 $\boldsymbol{J}(\mathrm{C/s\cdot m^2})$ 的传导电流：

$$\boldsymbol{J}=\rho\boldsymbol{v}=Nq\frac{\mathrm{d}\boldsymbol{s}}{\mathrm{d}t}=N\frac{\mathrm{d}\boldsymbol{p}}{\mathrm{d}t}\Longrightarrow\boxed{\boldsymbol{J}=\frac{\mathrm{d}\boldsymbol{P}}{\mathrm{d}t}} \tag{10.74}$$

极化密度的变化率和电流密度之间的关系为 $\boldsymbol{J}=\mathrm{d}\boldsymbol{P}/\mathrm{d}t$，这个关系与模型的细节无关。变化的极化密度就是传导电流，二者没有本质上的区别。注意如果我们对式（10.74）的两边取散度并使用式（10.61），我们得到 $\mathrm{div}\boldsymbol{J}=\mathrm{d}(\mathrm{div}\boldsymbol{P})/\mathrm{d}t=-\mathrm{d}\rho_{\mathrm{bound}}/\mathrm{d}t$，这满足式（4.10）中的连续性方程。

自然地，这样的电流是磁场的源。如果附近没有其他电流，我们将把麦克斯韦方程 $\mathrm{curl}\boldsymbol{B}=\varepsilon_0\mu_0(\partial\boldsymbol{E}/\partial t)+\mu_0\boldsymbol{J}$ 写为

$$\mathrm{curl}\boldsymbol{B}=\mu_0\varepsilon_0\frac{\partial\boldsymbol{E}}{\partial t}+\mu_0\frac{\partial\boldsymbol{P}}{\partial t} \tag{10.75}$$

"通常"的传导电流密度和电流密度 $\partial\boldsymbol{P}/\partial t$ 间唯一的区别是其中一个涉及自由电荷的运动，另一个则涉及束缚电荷的运动。这有一个相当明显的区别——你不可能得到恒稳的束缚电流，即永远保持不变的束缚电流。通常我们更愿意分别考虑束缚电荷电流和自由电荷电流，而保留使用 $\boldsymbol{J}$ 作为自由电荷电流密度的符号。为了将所有的电流都包括到麦克斯韦方程中，必须写成如下的形式：

$$\mathrm{curl}\boldsymbol{B}=\mu_0\varepsilon_0\frac{\partial\boldsymbol{E}}{\partial t}+\mu_0\underset{\substack{\uparrow\\ \text{束缚电荷密度}}}{\frac{\partial\boldsymbol{P}}{\partial t}}+\mu_0\underset{\substack{\uparrow\\ \text{自由电荷密度}}}{\boldsymbol{J}} \tag{10.76}$$

在线性电介质中，我们可以写成 $\varepsilon_0\boldsymbol{E}+\boldsymbol{P}=\varepsilon\boldsymbol{E}$，这样式（10.76）就有一个更简单的形式：

$$\mathrm{curl}\boldsymbol{B}=\mu_0\varepsilon\frac{\partial\boldsymbol{E}}{\partial t}+\mu_0\boldsymbol{J} \tag{10.77}$$

更一般地，对式（10.76）可以引入向量 $\boldsymbol{D}$（在任何介质中这都定义为 $\varepsilon_0\boldsymbol{E}+\boldsymbol{P}$，在线性介质中，这变为 $\varepsilon\boldsymbol{E}$），从而得到

$$\boxed{\mathrm{curl}\boldsymbol{B}=\mu_0\frac{\partial\boldsymbol{D}}{\partial t}+\mu_0\boldsymbol{J}} \tag{10.78}$$

通常 $\partial\boldsymbol{D}/\partial t$ 称为位移电流。实际上，如我们所知的，涉及 $\partial\boldsymbol{P}/\partial t$ 的那部分代表真正的传导电流，即实际的运动电荷。在总电流密度中，唯一不是电荷运动的那部分是 $\partial\boldsymbol{E}/\partial t$，是我们在第 9 章中讨论的真空位移电流。顺便说一下，如果想把总电流密度的所有成分都用和 $\boldsymbol{J}$ 的单位相同的单位表示，我们可以提出因子 $\mu_0$ 并以如下形式写出：

$$\mathrm{curl}\boldsymbol{B}=\mu_0\left(\underset{\substack{\uparrow\\ \text{真空位移电流密度}}}{\varepsilon_0\frac{\partial\boldsymbol{E}}{\partial t}}+\underset{\substack{\uparrow\\ \text{束缚位移电流密度}}}{\frac{\partial\boldsymbol{P}}{\partial t}}+\underset{\substack{\uparrow\\ \text{自由位移电流密度}}}{\boldsymbol{J}}\right) \tag{10.79}$$

关于束缚电荷和自由电荷间的区别，我们还有一个没有直接面对的问题：人们可否明确地识别出物质中的"分子偶极矩"，特别是在固体物质的情况中？答案是否定的。让我们从微观的角度来观察氯化钠晶体薄膜。图 1.7 中画出了正的钠离子

和负的氯离子间的排列。图10.30所示为这个晶体的截面，向左右两边延伸。如果愿意的话，我们可以把相邻的离子看成具有偶极矩的中性分子。把它们像图10.30（a）中那样组合，于是就可以认为介质具有均匀的宏观极化密度矢量 $\boldsymbol{P}$，其方向向下。同时，我们看到在晶体顶部有一层正电荷，底部有一层负电荷，它们并没有包括在我们所考虑的分子中，必须把它们看作自由电荷。

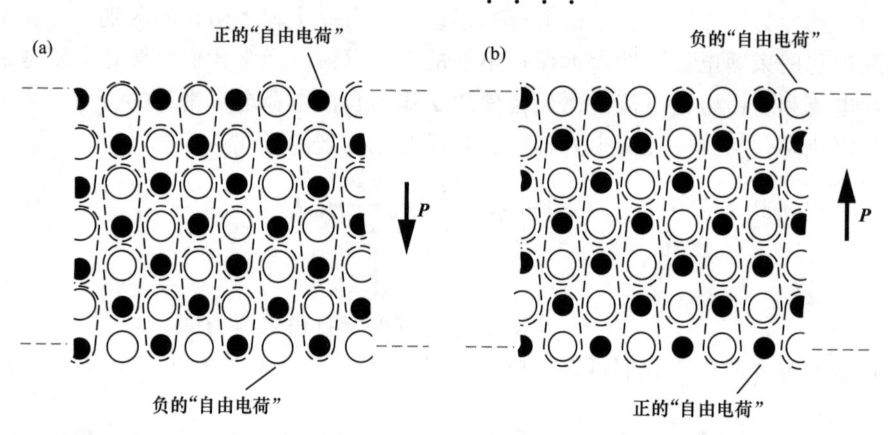


图10.30

一种离子晶格，以两种方式电荷成对形成"分子"：极化矢量指向下（a）或上（b）。系统本质相同，差异是在描述上。

现在同样也可以像图10.30（b）那样来组合离子。在这种情况下，介质可以描述成它的 $\boldsymbol{P}$ 是一个向上的矢量，此时在晶体顶部有负自由电荷层，在底部有正自由电荷层。这两种组合方式都是对的。你将不难发现另一个描述也是正确的，其中 $\boldsymbol{P}$ 是零，没有自由电荷。每个描述方法都预示着 $\boldsymbol{E}=0$。宏观电场是一个可观测的物理量。它只由电荷分布决定而不是由我们选择描述电荷分布的过程决定。

这个例子告诉我们，在实际的原子世界里，束缚电荷和自由电荷间的区别或多或少带有任意性，所以极化密度 $\boldsymbol{P}$ 的概念也是如此。只有在分子能被辨认出来的地方，即只有在有某种物理上的理由能说明"这个原子属于这个分子而不属于那个分子"的地方，分子偶极子才是一个意义明确的概念。在许多晶体中，这样的指定组合是无意义的。一个原子或离子可能会与它所有相邻原子有相同强度的互作用；人们只能把整个晶体当作单个分子来讨论。

## 10.15　电介质中的电磁波

在式（9.17）中，我们写出了包括场源条件、电荷密度 $\rho$ 和电流密度 $\boldsymbol{J}$ 的真空中的电场和磁场的麦克斯韦方程组。现在我们要讨论在无边界电介质中的电磁

场。假设电介质是完美的绝缘体，则电介质中没有自由电流。即式（10.76）~式（10.79）中的右边最后一项，自由电荷电流密度 $\boldsymbol{J}$ 那项为零。如果 div $\boldsymbol{E}$ 不是零，则没有自由电荷存在，但可能存在非零的束缚电荷密度。让我们只考虑 div $\boldsymbol{E}=0$ 时电场的情况。则包括束缚和自由电荷在内的 $\rho$ 在整个电介质中将是零。在第一感应方程 $\mathrm{curl}\boldsymbol{E}=-\partial\boldsymbol{B}/\partial t$ 中没有需要改变的量。在第二个方程中，我们现在使用不带自由电流项的式（10.77）：$\mathrm{curl}\boldsymbol{B}=\mu_0\varepsilon(\partial\boldsymbol{E}/\partial t)$。介电常数 $\varepsilon$ 既要考虑束缚电荷电流又要考虑真空位移电流。完整的方程则变为

$$\mathrm{curl}\boldsymbol{E}=-\frac{\partial\boldsymbol{B}}{\partial t},\qquad \mathrm{div}\boldsymbol{E}=0$$
$$\mathrm{curl}\boldsymbol{B}=\mu_0\varepsilon\frac{\partial\boldsymbol{E}}{\partial t},\quad \mathrm{div}\boldsymbol{B}=0 \tag{10.80}$$

该式与式（9.18）中不同的地方在于仅在第二感应方程中用 $\varepsilon$ 代替了 $\varepsilon_0$。

就像我们在9.4节所做的，让我们构建一个波状的电磁场，满足麦克斯韦方程组。我们将以更一般形式来给出初步的波函数：

$$\boldsymbol{E}=\hat{\boldsymbol{z}}E_0\sin(ky-\omega t)$$
$$\boldsymbol{B}=\hat{\boldsymbol{x}}B_0\sin(ky-\omega t) \tag{10.81}$$

角度（$ky-\omega t$）称为波的相位。对于一个在正 $y$ 方向上以速度 $\omega/k$ 移动的点，其相位 $ky-\omega t$ 保持不变。换句话说，$\omega/k$ 就是这个波的相速度。这一项被用来区分两个速度，即相速度和群速度。在我们考虑的情况中二者没有差别，所以我们称 $\omega/k$ 为波速度，与我们在9.4节中讨论的 $v$ 一样。在任何固定的地方，比如 $y=y_0$ 处，场随着角频率 $\omega$ 振荡。在任何瞬间，比如 $t=t_0$ 时，间隔为一个波长 $\lambda$ 的两点之间的相位差是 $2\pi$，即 $\lambda=2\pi/k$。

式（10.81）中的波满足式（10.80）中的散度方程。对于旋度方程，我们需要的空间和时间导数可以对式（9.24）稍做改动：

$$\mathrm{curl}\boldsymbol{E}=\boldsymbol{x}E_0k\cos(ky-\omega t),\quad \frac{\partial\boldsymbol{E}}{\partial t}=-\boldsymbol{z}E_0\omega\cos(ky-\omega t)$$
$$\mathrm{curl}\boldsymbol{B}=-\boldsymbol{z}B_0k\cos(ky-\omega t),\quad \frac{\partial\boldsymbol{B}}{\partial t}=-\boldsymbol{x}B_0\omega\cos(ky-\omega t) \tag{10.82}$$

把这些代入式（10.80），我们发现如果下式成立则旋度方程成立：

$$\boxed{\frac{\omega}{k}=\pm\frac{1}{\sqrt{\mu_0\varepsilon}}}\quad 和\quad \boxed{E_0=\pm\frac{B_0}{\sqrt{\mu_0\varepsilon}}} \tag{10.83}$$

波速 $v=\omega/k$ 不同于真空中光速（即 $c=1/\sqrt{\mu_0\varepsilon_0}$），相差一个因子 $\sqrt{\varepsilon_0/\varepsilon}=1/\sqrt{\kappa}$。由于 $\kappa>1$，我们有 $v<c$。电场和磁场的振幅分别为 $E_0$ 和 $B_0$，在真空的波中满足 $E_0=cB_0$，而现在二者之间的关系则是 $E_0=vB_0$，其中 $v=1/\sqrt{\mu_0\varepsilon}$。对于给定的磁场振幅 $B_0$，在电介质中的 $E_0$ 小于在真空中的。在其他方面，电介质中的波像真

空中的平面波：$\boldsymbol{B}$ 垂直于 $\boldsymbol{E}$，波在 $\boldsymbol{E}\times\boldsymbol{B}$ 的方向上传播。当然，如果我们把电介质中的波与真空中同频率的波相比较，电介质中波长 λ 将比真空波长小 $1/\sqrt{\kappa}$，这是因为频率×波长=速度。

光线穿过玻璃就是上述描述情况的一个例子。在光学中通常定义 $n$ 为介质的折射率，就是真空光速与介质中光速的比值。我们发现 $n$ 就是$\sqrt{\kappa}$。事实上我们已经奠定了经典光学的大部分理论基础。当然我们必须小心使用 $\kappa$ 值。拿水作为例子，如果我们使用表 10.1 中的 $\kappa=80$，我们得到 $n\approx9$。但水的实际折射率为 1.33。究竟发生了什么事情？提示：答案被包含在此章的一幅图中。

## 10.16　应用

蜜蜂授粉过程就是通过极化效应的帮助完成的。当蜜蜂在空气中飞时，由于与空气的摩擦起电现象而带正电，这是由于当蜜蜂的翅膀与空气分子接触时，空气分子带走了电子。当蜜蜂接近另一朵花的花粉时，蜜蜂所带的电就会极化这些花粉，之后花粉就像偶极子一样被蜜蜂所吸引。之后花粉就粘在蜜蜂的体毛上（此刻蜜蜂所带静电荷为零，这因为体毛不导电）。当蜜蜂靠近花的柱头时，它在柱头上感应出负电荷。柱头周围形成的电场强于蜜蜂周围形成的电场，所以花粉跳转到柱头上。由于柱头间缺少对称性，可能其中某个对花粉有吸引力，其他的则反之。正是由于缺乏这种对称性使其中的某些柱头比其他柱头具有更大的导电通路，所以当蜜蜂经过时，它可以获得负的静电荷。柱头对花粉的吸引是单极子-偶极子形式，而花粉囊对花粉的吸引是偶极子-偶极子形式。

壁虎之所以能在窗户上静止或者在顶棚上面行走是由于范德瓦尔斯力。这个力是由壁虎脚上的偶极子与墙壁表面上的偶极子间的相互作用产生的。这个力与 $1/r^7$ 成正比，随着距离变大迅速变小。同样地，势能也正比于 $1/r^6$。（总之，量子波动在给定的分子中产生随机的偶极矩。生成 $E\propto1/r^3$ 在相邻的分子内感生的偶极矩为 $p\propto E\propto1/r^3$。在这个分子上的生成力（$\boldsymbol{P}\cdot\nabla$）$E$ 正比于 $1/r^7$。）因此对于壁虎来说，关键点是让 $r$ 尽可能的小。它们通过脚上成百上千的小体毛（刚毛）做到这一点，每一个体毛上还有更小的细毛。这些小细毛可以渗透到墙体表面凹处或者缝隙中，来使变量 $r$ 足够小。如果壁虎所有的细毛全部使用，它可以载着几百磅的物体在顶棚上行走！

肥皂和洗涤剂的主要成分是表面活性剂。它是具有极性端和非极性端的长链形式的分子。极性端被极化的水分子吸引（称为亲水性），而非极性端不被吸引（称为疏水性）。非极性端因而被其他疏水性分子所吸引，例如你或你衣服上的尘垢及油。更准确地说，疏水端/分子实际上不是互相吸引的。不如说是所有极化分子的吸引现象使他们可以把所有的疏水端/分子压迫成一小块，称为胶团。这看起来像一种吸引力。（相同的推导引出实际情况——水和油不相容。）压缩的小块（内部

包含油的表面活性剂的非极化端，而表面活性剂的极化端在表面）在水中漂浮并且可以随水排出，即清水漂洗过程。所以洗衣剂不可能在没水的情况下工作。

水分子的大偶极矩是微波炉可以加热食物的原因。微波辐射（磁控管产生，详见8.7节）的交替电场让水偶极子反复旋转。水分子的振动让它们彼此相互碰撞，这就导致了你观察到的热能。特定的微波频率（通常是2.5GHz，对应的波长为12cm）对于气态的水分子的共振频率没有影响，因为其共振频率约为20GHz。12cm的波长并没有什么特殊的，尽管它不能像更短的波渗透食物那样好。冰中的水分子不是那么容易旋转的，所以解冻需要一段时间。你不能仅仅调大功率，因为如果一部分食物先溶解了，它会比仍然冷冻的那部分吸收更多的热量。例如，你会得到半块完全的熟肉和半块冻肉。微波炉的解冻功能是停止工作一段时间，让热量传播出去。

当某些物质，例如石英，出于压力和弯曲的情况下，在不同部分会产生电压差。这被称为压电效应。（相反地，如果电压加在不同位置上，物质会弯曲。）发生的情况是分子被拉伸或压扁，并且对于特定的情况下导致分子获得一个偶极子。物质因此表现得像极化的电介质，表面存在静电荷，所以结果像一个板间存在电压差的电容。石英的压电特性使你的手表准时。一个小的石英晶体被切割成以固定的谐振周期振动，通常是$2^{15}=32768$Hz，就类似于钟摆。（2的整数幂使它可以容易地得到需求的1Hz。）通过压电效应，频率为32768的电信号被送入电路中。之后电路将信号放大并回传给晶体，以提供必要的驱动力保持谐振。石英具有很高的$Q$值，所以只需输入微小量的能量。这也是电池可以使用很久的原因。振动最初由电路中自由产生的交流噪声形成。交流噪声至少包含一部分谐振频率，那正是石英响应的。

# 本章总结

• 如果电容内填充了电介质（绝缘体），则电容增大$\kappa$倍，$\kappa$称为介电常数。原因如下：电介质内的分子极化造成靠近电容板的地方形成电荷层，部分地抵消了自由电荷。

• 电荷分布产生的电势可以写成$1/r$的升幂项的和的形式。这些项的系数被称为矩。静电荷有一个单极矩。两个相反的单极子形成一个偶极子。两个相反的偶极子形成一个四极子，依此类推。偶极子的场和电势由以下式子给出：

$$\phi(r,\theta)=\frac{p\cos\theta}{4\pi\varepsilon_0 r^2},\quad \boldsymbol{E}(r,\theta)=\frac{p}{4\pi\varepsilon_0 r^3}(2\cos\theta\hat{\boldsymbol{r}}+\sin\theta\hat{\boldsymbol{\theta}}) \tag{10.84}$$

• 电偶极子的转矩是$\boldsymbol{N}=\boldsymbol{p}\times\boldsymbol{E}$。力是$F_x=\boldsymbol{p}\cdot\nabla E_x$，$y$、$z$分量与此类似。

• 外场可以让原子极化。原子极化率$\alpha$的定义为$\boldsymbol{p}=\alpha\boldsymbol{E}$。而具有体积量纲的量$\alpha/4\pi\varepsilon_0$，通常也称为原子的极化率。在数量级上，$\alpha/4\pi\varepsilon_0$等于原子的体积。

• 一些分子有永久偶极矩，在没有外场情况下这个矩也存在。这种分子称为极性分子。外场可以让偶极子排列成直线（至少一部分会），这将导致物质完全极化。

• 每单位体积内的极化由 $\boldsymbol{P}=\boldsymbol{p}N$ 给出。均匀极化的物质的表面电荷密度 $\sigma=P$，或者 $\sigma=P\cos\theta$（表面与 $\boldsymbol{P}$ 的方向成 $\theta$ 度角）。

• 当我们提到物质内的电场时，其意思是指空间平均值：$\langle\boldsymbol{E}\rangle=(1/V)\int\boldsymbol{E}\mathrm{d}v$。在均匀极化薄板内，这个平均值是 $-\boldsymbol{P}/\varepsilon_0$。

• 电极化率由下式定义：

$$\chi_e\equiv\frac{P}{\varepsilon_0 E}\Longrightarrow\chi_e=\kappa-1 \tag{10.85}$$

• 均匀极化球内的场是 $-\boldsymbol{P}/3\varepsilon_0$。如果电介质球被放置在一个均匀电场 $\boldsymbol{E}_0$ 内，球内产生的极化是均匀的，且为 $\boldsymbol{P}=3\varepsilon_0(\kappa-1)\boldsymbol{E}_0/(\kappa+2)$

• 对于任何物质，$\mathrm{div}\,\boldsymbol{P}=-\rho_{\mathrm{bound}}$。把这个与高斯定理结合后，可以得到 $\mathrm{div}\boldsymbol{E}=\rho_{\mathrm{total}}/\varepsilon_0$，进而给出

$$\mathrm{div}\boldsymbol{D}=\rho_{\mathrm{free}}\qquad 其中\ \boldsymbol{D}\equiv\varepsilon_0\boldsymbol{E}+\boldsymbol{P} \tag{10.86}$$

$\boldsymbol{D}$ 是电位移矢量。此外，对于线性电介质，则有

$$\boldsymbol{D}\equiv\varepsilon\boldsymbol{E}\qquad 其中\ \varepsilon\equiv\kappa\varepsilon_0 \tag{10.87}$$

• 如果外场加在一个含有极性分子的电介质上，极化趋向于与场平行，但是热能会阻止排列变得更整齐。极化率的大概值为 $\chi_e\approx Np^2/\varepsilon_0 kT$。

• 在快速变化的电场中，原子和分子的感应极化在高频下可以与场保持一致。然而由极性分子产生的极化则不能，因为旋转作为整体的分子比简单地让分子张开要困难多了。

• 束缚电荷电流密度满足 $\boldsymbol{J}_{\mathrm{bound}}=\mathrm{d}\boldsymbol{P}/\mathrm{d}t$。这代表一个真的电流，但当写"$\mathrm{curl}\boldsymbol{B}$"的麦克斯韦方程时，把束缚电流与自由电流拆分来说是便利的。

$$\mathrm{curl}\boldsymbol{B}=\mu_0\left(\varepsilon_0\frac{\partial\boldsymbol{E}}{\partial t}+\frac{\partial\boldsymbol{P}}{\partial t}+\boldsymbol{J}_{\mathrm{free}}\right)\equiv\mu_0\left(\frac{\partial\boldsymbol{D}}{\partial t}+\boldsymbol{J}_{\mathrm{free}}\right) \tag{10.88}$$

• 电介质内的电磁波以速度 $v=1/\sqrt{\mu_0\varepsilon}$ 运动。这是空间内的光速 $c=1/\sqrt{\mu_0\varepsilon_0}$ 的 $1/\sqrt{\kappa}$ 倍。折射率等于这个值的倒数：$n=\sqrt{\kappa}$。电场 $\boldsymbol{E}$ 和磁场 $\boldsymbol{B}$ 仍旧彼此垂直并且垂直于传播的方向。振幅之间的联系为 $E_0=vB_0$。

## 习　题

**10.1　破损的细胞膜****

在 4.11 节中，我们讨论了电容的弛豫时间，电容中充满着电阻率为 $\rho$ 的物质。回顾一下先前的讨论，你会注意到我们忽略了物质的介电常数。现在你可以通过在时间常数的表达式中引入 $\kappa$ 弥补这个遗漏。由活细胞的细胞壁所组成的漏电电容对我们来说是重要的，活细胞可以看成是一个分隔导电液体的绝缘体（这是众多功能中的一个!）。它的电性质对神经细胞有极大的意义，神经冲动的传播伴随着细胞内外电势差的快速改变。

(a) 细胞膜在每平方厘米上的典型的电容值为 1μF。细胞膜是由电介质常数为 3 的物质组成的。这意味着细胞膜有多厚?

(b) 一些电气学量，从导电液体的一边到另一边的测量，已经表明 $1\mathrm{cm}^2$ 的细胞膜的电阻值

为 1000Ω。证明这样的漏电电容的时间常数与电容的面积无关。在这种情况下时间常数为多大？这种膜的电阻率 $\rho$ 会出现在图 4.8 所示表格中的哪部分？

**10.2 电介质上受的力****

边长分别为 $a$ 和 $b$ 的矩形电容器的两板间距为 $s$，$s$ 与 $a$ 和 $b$ 相比是很小的。两极板之间的部分区域充满着介电常数为 $\kappa$ 的电介质。重叠的面积为 $x$，如图 10.31 所示。电容是孤立的，并且带电荷量为 $Q$。

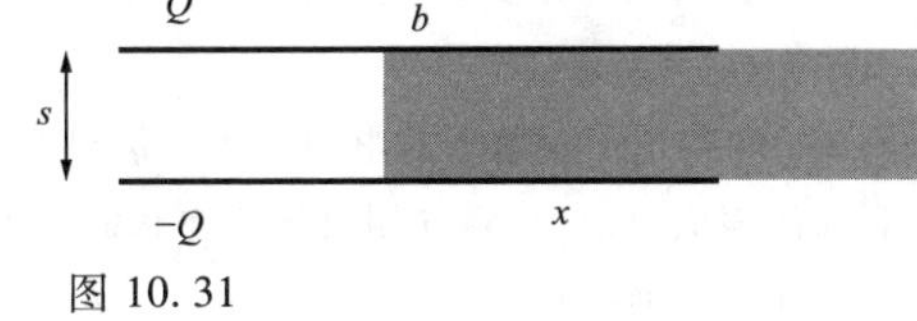

图 10.31

(a) 这个系统中储存的能量为多少？（认为两个电容器是并联的。）

(b) 电介质受的力多大？这个力可以把电介质拉进电容或拉出电容？

**10.3 偶极子的能量****

求出练习 10.29 中的第一个和第三个偶极子的势能（第二个和第四个通过少量修正就可以得到），可以通过偶极子中相关点电荷对的势能对此进行一个估算。设每个偶极子内的电荷 $q$ 和 $-q$ 间距均为 $l$，两个偶极子的中心相距 $d(l \ll d)$。

**10.4 偶极子的成分****

证明式（10.18）是由式（10.17）推导出来的。注意：你可以用极坐标下的单位矢量表示笛卡儿坐标下的单位矢量，或者把矢量（$E_x$，$E_z$）映射到径向和切向的方向。

**10.5 平均场****

(a)（这个问题是基于习题 1.28 的结果。）在半径为 $R$ 的球内有任意值的电荷，证明球空间内的平均场为 $\boldsymbol{E}_{\text{avg}} = -\boldsymbol{p}/4\pi\varepsilon_0 R^3$，其中 $\boldsymbol{p}$ 是相对于中心位置的总偶极矩的测量值。

(b) 对于图 10.32（a）中所示偶极子的特殊情况，求出在半径为 $R$ 的球表面和球内部的平均电场值。

(c) 对于图 10.32（b）中所示的情况下，重复上述过程。

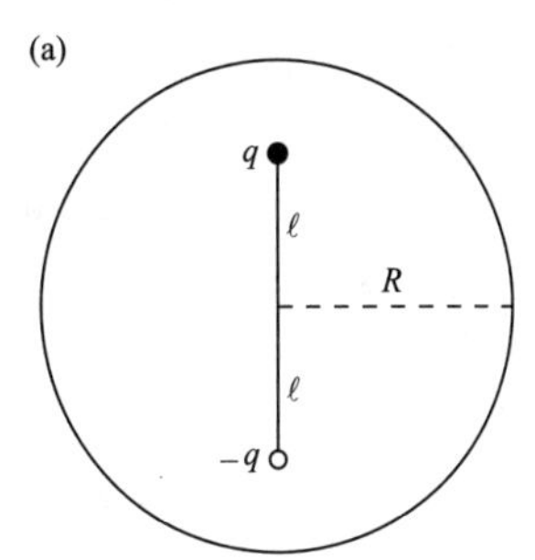


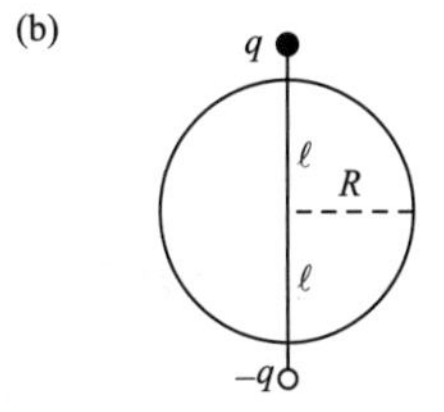

图 10.32

**10.6 四极张量*****

你应该在生活中至少看到过一次四极张量，本题就是关于四极张量的题目。通过把式（10.5）中的 $R$ 写成笛卡儿形式来计算四极张量的一般形式，即

$$R = \sqrt{(x_1 - x_1')^2 + (x_2 - x_2')^2 + (x_3 - x_3')^2} \qquad (10.89)$$

之后用我们在 10.2 节中使用过的泰勒公式对此式展开。（用 $x_1$、$x_2$、$x_3$代替 $x$、$y$、$z$ 即可）。你的目标就是把电势表达式中的 $1/r^3$ 部分以矩阵的形式表示出来，这个矩阵包括所对应的各种坐标系下的值。[同样地，式（10.12）中电势的 $1/r^2$ 部分具有式（10.13）中给定的矢量 $\boldsymbol{p}$ 在 $x'y'z'$坐标系下的值。]

**10.7 偶极子受的力****

推导式（10.26）。通常情况下，可以认为偶极子长度 $s$ 很小。注意：可以令两个电荷分别在 $\boldsymbol{r}$ 和 $\boldsymbol{r}+\boldsymbol{s}$ 处。

**10.8　源于感应偶极子的力**＊＊

在任何离子和中性原子间都会出现以下方式引起的力。离子的电场使得原子被极化，感应偶极子的场又作用在离子上。证明这个力永远是引力，并且与粒子间距离 $r$ 的五次幂成反比。推导相关势能的公式，设距离无穷远处对应着零势能。如果离子是单电荷的，原子为钠原子，在室温情况下，当距离为多少时这个势能与 $kT$（大小为 $4\times10^{-21}$）具有相同的大小？（见表 10.2）

**10.9　极化的水**＊＊

图 10.14 给出了水原子的电偶极矩。假设水杯中所有水分子的偶极子都指向下方。计算水的上表面的表面电荷大小。（用每平方厘米的电子数表示。）

**10.10　切向电场线**＊＊＊

假设图 10.27 中的均匀电场 $E_0$ 是由远处的大电容板产生的。考虑与球表面相切的电场线，这些电场线与远处电容板相交在一个半径为 $r$ 的圆里。试求出 $r$，用球的半径 $R$ 和介电常数 $\kappa$ 来表示？注意：选取恰当的高斯表面，即球的大圆恰好是高斯表面边界的一部分。

**10.11　束缚电荷和 $P$ 的散度**＊＊＊

通过对方程两边的体积积分来推导式（10.61）。假设偶极矩由相距 $s$ 的带电量为 $q$ 和 $-q$ 的电荷组成。提示：考虑给定区域内一小块表面积的情况，当偶极子靠近这块区域时，是什么原因造成这片区域内必须有净束缚电荷？

**10.12　$D$ 的边界条件**＊＊

使用公式 $\mathbf{D}\equiv\varepsilon_0\mathbf{E}+\mathbf{P}$ 和 $\mathrm{div}\mathbf{D}=\rho_{\text{free}}$ 来推导任意形状的极化物质（没有自由电荷）表面上的 $D_{\parallel}$ 和 $D_{\perp}$ 的不连续性。

**10.13　漏电电容的电量 $Q$**＊＊＊

考虑振荡电场 $E_0\cos\omega t$ 加在非完美绝缘体的电介质中的情况。电介质的介电常数为 $\kappa$，电导率为 $\sigma$。这可以是共振电路中漏电电容的电场，或者为电磁波某个特定位置的电场。证明对这个系统来说，由式（8.12）确定的 $Q$ 因子等于 $\omega\varepsilon/\sigma$，并计算在海水的频率为 1000MHz 时它的大小。你需要使用练习题 10.42 中的结果。（电导率在表 4.1 中给出，并且介电常数可以认为与相同频率下的纯水相同，详见图 10.29。）从你的结果可以看出，通过海水的分米波是如何传播的？

**10.14　$E$ 和 $B$ 的边界条件**＊＊

求出线性电介质截面处 $E_{\parallel}$、$E_{\perp}$、$B_{\parallel}$ 和 $B_{\perp}$ 的边界条件。假设此处无自由电荷和自由电流。

## 练　　习

**10.15　电容上电荷密度**＊＊

考虑习题 10.2 中的装置，按照所给出的不同参数，求出电容器左右两部分上的电荷密度。你应该能发现随着 $x$ 增加，电容器极板左右两部分的电荷密度都在减小。乍看起来比较荒诞，请你直观地解释一下这是怎么回事。

**10.16　莱顿瓶**＊＊

1746 年莱顿市的 Musschenbroek 教授通过导线与水接触来给瓶中的水充电，这个导线从瓶颈伸出连接到静电机械上。当握住瓶子的助手试图把导线移到另一个瓶子里时，他感应到巨大的

振动。因此这个简单的电容力引起了科学家的注意。“莱顿瓶”的发现彻底改革了电气实验。在1747年本杰明·富兰克林已经写出名为“Musschenbroek先生的美妙瓶子”的实验记录。这个瓶子除了玻璃和它两端的导体没有其他物体。来查找一下是什么原因造成这种振动，估算下壁厚2mm的容量为1L的瓶子的电容，玻璃的介电常数为4。空气中直径为多少的球具有相同大小的电容？

### 10.17　最大的蓄能**

被用来当作电容器中的绝缘体和电介质的物质与介电强度有关，介电强度就是物质在没有电击穿的情况下能支持的最大内部电场值。通常情况下，用千伏每密尔来表示介电强度。（一mil是0.001in，或者0.00254cm。）例如，用麦拉（一种杜邦公司生产的聚酯薄膜）做成一个薄片时（正如它在典型电容器中的应用时）的介电强度为14kV/mil。麦拉的介电常数$\kappa$为3.25，密度为1.40g/$cm^3$。计算由麦拉填充的电容器能储存的最大能量，并用J/kg为单位来表示。假设电极占了电容总重量的25%，电容内储存的能量能将电容器举起多高？比较电容器与练习题4.41中的电池的储能能力。

### 10.18　部分填充的电容器**

图10.33中有三个相同大小和板分布的电容器。把真空电容器的电容记为$C_0$。另外两个电容器，一半的空间内填充介电常数为$\kappa$的电介质，但分布不同，具体详见图中所示。求出这两个电容器的电容。（忽略边缘效应。）

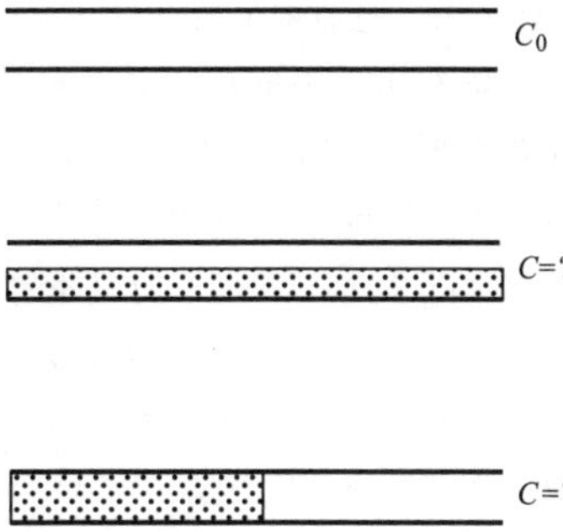

$C_0$

$C=?$

$C=?$

图 10.33

### 10.19　柱状电容器**

有一些介电常数为2.3、宽2.25in、厚0.001in的聚乙烯和2in宽、0.0005in厚的铝板。你可以使用这些材料做一个柱状的电容器，电容值为0.05μF。考虑一下如何做到。估计每种材料所需的数量和完成后电容器的最大外径。（回去查看习题3.21和练习3.57可能会有所帮助。）

### 10.20　偶极子场内的功*

在图10.34中所示的偶极子$p$的场中，把单位正电荷从$A$处移动到$B$处需要做多少功？

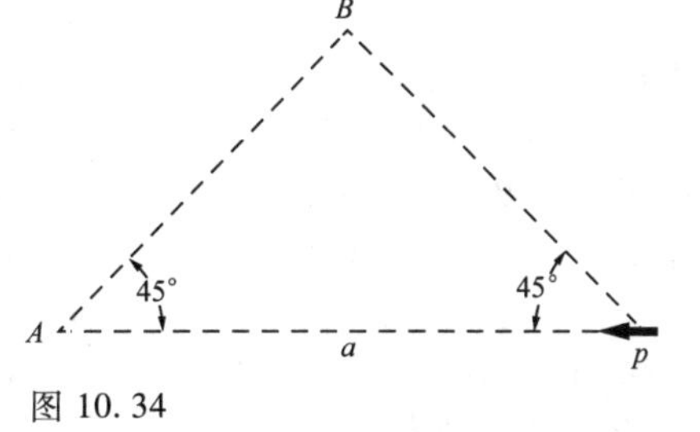


图 10.34

### 10.21　几个偶极矩*

在图10.35中的（a）、（b）和（c）部分中的每个电荷分布的偶极矩向量$p$的大小和方向是什么？

### 10.22　电容的边缘场*

一个电容量$C=250$pF（$250\times10^{-12}$F）的平行板电容器，被充电直到电压为2000V。两板间距为1.5cm。这次我们感兴趣的是我们经常忽略的“边缘”场，特别是当场距电容的距离远大于电容本身的情况。可以通过把电容上的电荷分布看成一个偶极子来求出边缘场。估计下列情况的电场强度。

（a）在电容板所处平面上距离电容器3m远的地方；

（b）在垂直于板的方向上距电容器3m远的地方。

### 10.23　偶极子场叠加均匀场**

原点处的偶极子强度 $p=6\times10^{-10}\text{C}\cdot\text{m}$，指向 $z$ 方向。在这个场上加上 $\hat{y}$ 方向上的均匀场，场强为 150kV/m。在空间中哪处总场强为零？

### 10.24　电场线**

偶极子的电场线在极坐标下可以由非常简单的方程 $r=r_0\sin^2\theta$ 表示，其中 $r_0$ 是电场线所穿过偶极子的赤道平面的半径。通过证明切线上任意点的方向与偶极子场方向一致来说明这是正确的。

### 10.25　球面上的平均偶极子场**

通过直接积分，证明以偶极子为中心的球表面上的偶极子平均值为零。你要使用 $\boldsymbol{E}$ 的笛卡儿分量，只要像式（10.17）那样写出这些分量在球坐标系下的形式就可以。

### 10.26　正方形的四极**

计算图 10.5 中电荷分布的四极矩阵 $Q$（详见习题 10.6 的结果）。之后证明在 $z\equiv x_3$ 轴上半径 $r$ 上的点的电势值为 $3ea^2/4\pi\varepsilon_0r^3$，其中 $a$ 是电荷到原点的距离。计算在点 $(r/\sqrt{2})(1,\ 0,\ 1)$ 处的电势为多少？

### 10.27　帕斯卡三角与多级展开式**

（a）如果两个异号的单极子彼此靠近放置，它们形成一个偶极子。同样地，如果两个异号的偶极子彼此靠近放置，它们构成四极子，等等。解释如何使用上述事实来获得图 10.36 中所示的一个极子在另外一个极子上方的构型的。注意帕斯卡三角形中电荷的大小。这个三角形可以提供多极子展开式中的连续高阶项。

（b）如果图 10.36 的底部是一个八极子，则在图 10.37 中点 $P$ 处电势的主要阶次是 $1/r^4$。（这比偶极子电势的 $1/r^2$ 要高两阶）证明这个结果。证明时使用泰勒展开式，会发现电势中的 1、$1/r$、$1/r^2$ 和 $1/r^3$ 会变成零。$r$ 为到最右边电荷的距离，并假设 $r\gg a$。如果你使用 mathematica 软件中的串行操作，这个问题是很容易解决的，但现在你只能使用纸笔来计算。看到每一项消失是一件很有意思的事。正如你将发现的那样，这个结果与求和定理 $\sum_{k=0}^{N}\binom{N}{k}k^m(-1)^k$ 有关，定理中的 $m$ 取值范围为 0 到 $N-1$。你可以考虑下这个问题，尽管现在没必要证明。提示：使用二项式定理展开 $(1-x)^N$，并对其求导。之后乘以 $x$ 再求导。按需求重复这一过程，之后让 $x=1$。

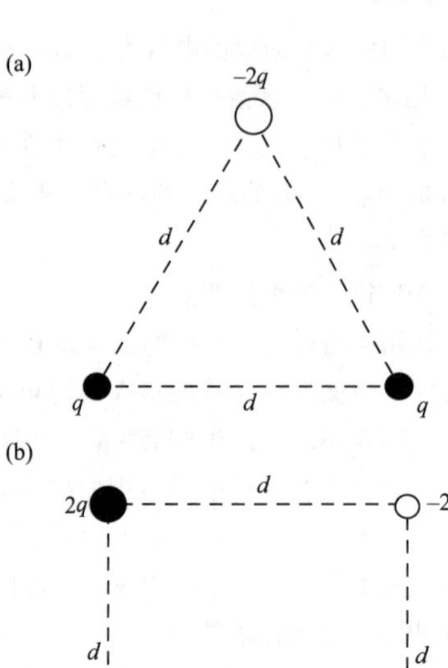

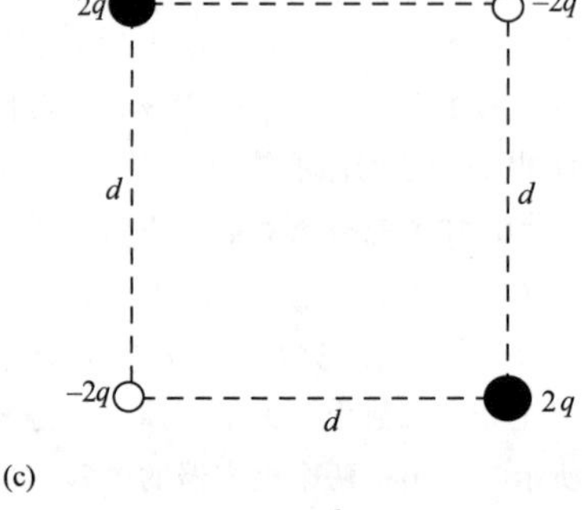

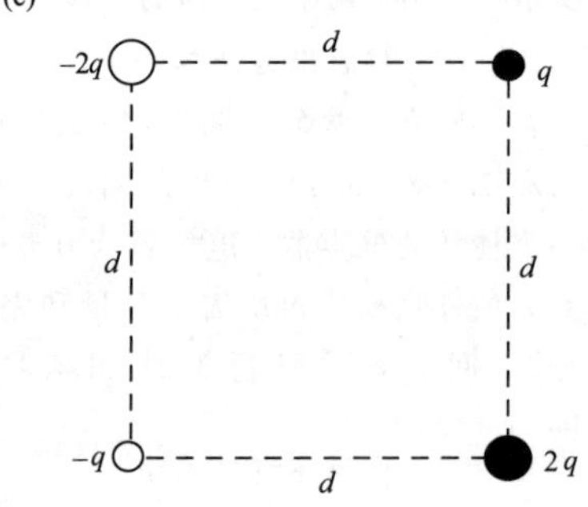


图 10.35

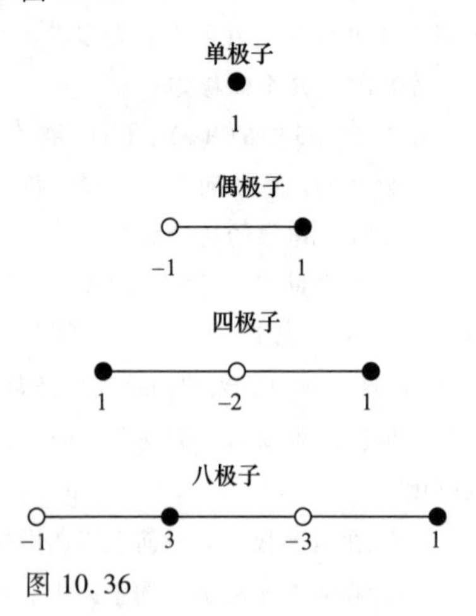


图 10.36

### 10.28 偶极子上受的力**

图 10.38 中所示的中心偶极子受另两个偶极子场作用，那么它所受的力的大小和方向为多少？

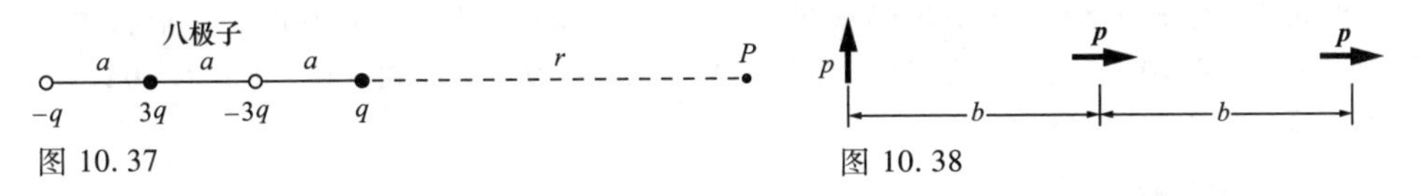


图 10.37　　图 10.38

### 10.29 偶极子对的能量**

图 10.39 中所示的是两个相邻的极性分子的电偶极矩的四种不同排列方式，求出每种排列下的势能。（在保持它们的方向不变的前提下，把它们从无穷远处聚到一起所做的功即是势能。）这不一定是计算势能的最简单的方法。你可以把它们单向聚在一起之后再旋转它们。

### 10.30 极化的氢原子**

把一个氢原子放在一个电场 $\boldsymbol{E}$ 中，则质子和电子云被拉到相反的方向上。简单认为（此处我们只要大概的结论）电子云是均匀分布在半径为 $a$ 的球内，质子与球心的距离为 $\Delta z$，如图 10.40 所示。求出 $\Delta z$，并证明你的结果与式（10.27）一致。

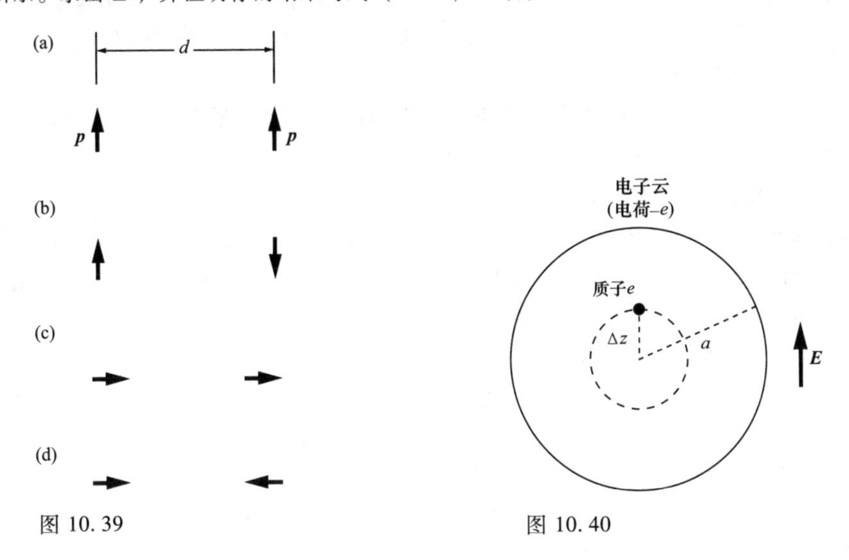


图 10.39　　图 10.40

### 10.31 互感的偶极子**

两个极化的原子 $A$ 和 $B$ 分开一固定的距离。每个原子的极化率为 $\alpha$。考虑下面这个猜测的可能性。原子 $A$ 被电场极化，而这个电场的源是原子 $B$ 的电偶极矩 $\boldsymbol{p}_B$。原子 $B$ 内的偶极矩通过电场被感应出来，而这个电场又是原子 $A$ 的偶极矩 $\boldsymbol{p}_A$ 产生的。这个可以发生吗？如果可以，是在什么情况下发生？如果不能，请说明理由。

### 10.32 水合作用*

水合作用的现象在水溶液中十分重要。这表明溶液中的离子周围团簇着水分子，它们之间紧紧相连。偶极子和点电荷之间的引力是造成这种现象的根源。估算把带电量为 $e$ 的离子与水分子分开所需要的能量，假设起始时离子距水分子的有效位置为 1.5Å。（这个距离实际上是不明确的，这是由于从近处观察可知这是一个电荷分布，而不是无穷小的偶极子。）水分子的哪部分将距离阴离子最近？详见图 10.14 中所示的水分子的偶极矩。

**10.33 氯化氢产生的场***

一个氯化氢分子坐落在原点，H-Cl 线在 $z$ 轴上，Cl 原子在最上面。电场的方向如何，在 $z$ 轴上半部分距原点 10Å 处的场强为多少，单位用 V/m 表示。如果这点在 $y$ 轴上距原点 10Å，场强又为多少？（$p$ 在图 10.14 中给出。）

**10.34 氯化氢的偶极矩****

在氯化氢原子中，氯原子核和质子间的距离是 1.28Å。假设氢原子的电子都转移到氯原子上，与其他电子一起形成以氯原子核为中心的球面对称的负电荷。这个电子偶极矩与图 10.14 中给出的真实的 HCl 偶极矩有何区别？在真实原子中的负电荷分布的“质心”在哪里？（氯原子核的电量为 $17e$，氢原子核的电量为 $e$。）

**10.35 电极化率****

由表 10.1 给出的水、氨和甲醇的 $\kappa$ 值，我们通过给定的公式 $\chi_e=\kappa-1$ 得到每种液体的电极化率 $\chi_e$。我们通过式（10.73）的理论推测可以得到 $\chi_e=CNp^2/\varepsilon_0 kT$，其中 $C$ 至今仍未知，但可以看出数量级一致。液体的密度分别是 1.00、0.82 和 1.33g/cm$^3$，分子量分别为 18、17 和 32。根据图 10.14 中得到的偶极矩值，求出在每种情况下对应观察到的 $\chi_e$ 值时的 $C$ 值。

**10.36 $E_\perp$ 的不连续性****

考虑 10.9 节中的极化球的情况。使用电场的内部和外部表达形式，证明 $E_\perp$ 在球表面上的不连续性。（$P_\perp/\varepsilon_0=P\cos\theta/\varepsilon_0$）

**10.37 极化球中心的电场 $E$****

如果你不相信我们在 10.9 节中求解均匀极化球内的电场时所获得的结果 $E=-P/3\varepsilon_0$，那么考虑一个特殊的情况，你将发现这个结果更可信。通过对表面电荷密度 $\sigma=P\cos\theta$ 的贡献直接积分，证明中心处的场强下降为 $P/3\varepsilon_0$（假设 $P$ 指向向上）。

**10.38 通过叠加得到的均匀场****

在 10.9 节中，极化球内电场的均匀性由边界上电势的形式推出的。你也可以通过叠加两个不同心的球状电荷的电场来证明。

（a）证明在均匀球状电荷分布内部，$\boldsymbol{E}$ 与 $\boldsymbol{r}$ 是平行的。

（b）现在找两个球面电荷密度为 $\rho$ 和 $-\rho$，中心在 $C_1$ 和 $C_2$ 的球，证明复合场是常数且平行于 $C_1$ 到 $C_2$ 的直线。证实场可以写成 $-P/3\varepsilon_0$。

（c）用相同的方式分析极化方向与轴平行的柱状棒的场。

**10.39 导电球的限定条件****

10.10 节中的关于电介质球的公式可以用来描述金属球在均匀场中的情况。为了演示这个情况，可以考虑在极限条件 $\kappa\to\infty$ 的情形，并证明外场呈现出满足完美导体边界条件的形式。内场又如何呢？简单画出这个限定条件的场线。极化率与表 10.2 中给出的氢原子相同的极化球的半径为多大？

**10.40 $D$ 的连续性***

使用 $\boldsymbol{D}$ 的定义，即 $\boldsymbol{D}\equiv\varepsilon_0\boldsymbol{E}+\boldsymbol{P}$，来证明 $\boldsymbol{D}$ 在穿过均匀极化板表面时是连续的。假设极化方向与表面平行，板的厚度与其他二维尺寸比较是很小的。

**10.41　$D_{\parallel}$ 的不连续性** * *

思考 10.9 节中极化球的情况，使用内电场和外电场的表达形式，找出 $\boldsymbol{D}_{\parallel}$ 在球表面处的不连续性，可以通过 $\theta$ 的表达式证明。

**10.42　电介质内的能量密度** * *

通过思考如何加电介质来改变存储在电容内的能量，来证明电介质内的能量密度的表达式必为 $\varepsilon E^2/2$。之后再与我们在 10.15 节中讲到的电磁波中储存在电场和磁场中的能量相比较。

**10.43　反射波** * *

把一块反射率 $n=\sqrt{\kappa}$ 的玻璃放在 $y>0$ 的区域内，其表面在 $xz$ 平面上。一个正 $y$ 方向运动的平面波通过 $y<0$ 的区域在这个表面入射。这个波的电场表达式为 $\hat{z}E_i\sin(ky-\omega t)$。在玻璃内有一透射波，电场表达式为 $\hat{z}E_t\sin(k'y-\omega t)$。在 $y<0$ 的区域内也有一个反射波，远离玻璃在负 $y$ 方向上传播，其电场为 $\hat{z}E_r\sin(ky+\omega t)$。当然，每个波有其自身的磁场，振幅分别为 $B_i$、$B_t$ 和 $B_r$。

总磁场在 $y=0$ 处必须连续，总电场必须与表面平行且连续（详见习题 10.14）。证明这些条件和在式（10.83）中给出的 $B_t$ 到 $E_t$ 的关系（就是把下标由“0”换成“$t$”）足以确定 $E_r$ 和 $E_i$ 的比例。当一部分波在空气-玻璃表面正常入射，系数 $n$ 为 1.6 时多少能量被反射掉了？

# 物质中的磁场

## 概述

物质中的磁场比电场涉及的因素多一些。本章的主要目的是理解三种不同类型的磁性材料：会被螺线管轻微排斥的抗磁性材料；会被螺线管稍微吸引的顺磁性材料；以及会被螺线管强烈地吸引的铁磁性材料。和第 10 章中类似，我们也需要了解偶极子。磁偶极子的远场与电偶极子的远场具有相同的形式，用磁偶极矩代替电偶极矩即可。然而，由于不存在磁荷，近场处却与电场有着本质的区别。我们将发现抗磁性是由以下情况造成的：外加电场可以让原子内电子的轨道运动所产生的磁偶极矩产生与电场相反的效果。相比之下，顺磁性的情况中相关联的是自旋偶极子，它与外加电场产生相同的效果。铁磁体的情况类似于顺磁体，只是因为某些量子现象，使得整体的顺磁效应大得多；一个铁磁体偶极矩可以在无外部磁场的情况下存在。磁化物质可以通过磁化强度 $M$ 描述，它的旋度就是束缚电流（它是由轨道运动和自旋形成的）。通过分别考虑自由电流和束缚电流，我们可以得到磁场强度 $H$（也称为“磁场”），它的旋度仅涉及自由电流（不像磁感应强度 $B$ 那样由安培定律知其旋度涉及所有的电流）。

## 11.1　各种物质对磁场的响应

可以做一个强磁场的实验。假设我们搭建一个如图 11.1 中那样的内径为 10cm、长 40cm 的螺线管。它的外径为 40cm，大部分空间内充满铜绕线。如果这个线圈通有 400kW 的电力，这个电力产生的热量需要用每分钟 30 加仑的水才能带走，则这个螺线管的中心位置会产生 3. 0T，或者说是 30000G 的稳定磁场。我们提到这些具体的细节和参数是为了说明我们的装置没有什么特别之处，是实验室中常用的磁铁也能够产生的。其中心位置的磁感应强度约是地球磁感应强度的 $10^5$ 倍，并且也许是实验中所遇到的任何条形或马蹄形磁铁附近磁感应强度的 5 或 10 倍，

尽管某些稀土磁铁的磁场大约有 1T。

螺线管中心附近的磁场是均匀的，轴两端处的磁场较弱，其值约为中心处的一半。本例中螺线管的磁场没有图 6.18 中的螺线管中的场均匀，因为我们现在的线圈相当于是把长径比为 4∶1 和 1∶1 的两个螺线管“嵌套”叠加起来的。事实上，如果我们从这一角度分析我们的线圈，并使用单层绕组的螺线管轴上的磁感应强度分布公式［详见式（6.56）］，则不难计算轴向场。取中心磁感应强度为 3T = 30000G，将轴上各处磁感应强度分布画在图 11.1 中。线圈两端的磁感应强度仅是 1.8T，其附近的磁感应强度大约以 17T/m 或 1700G/cm 的梯度变化。

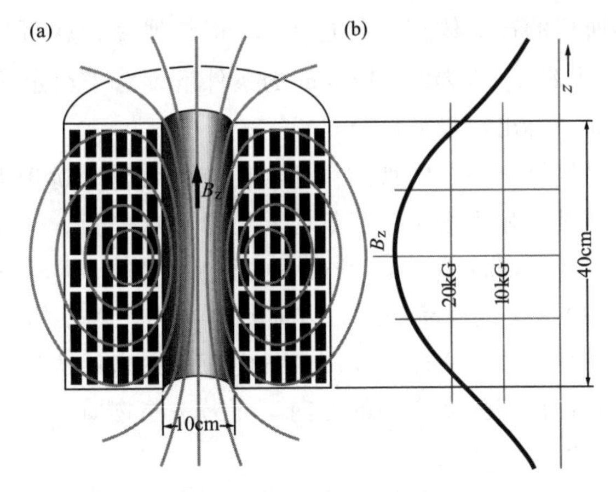


图 11.1

(a) 设计的可以产生强磁场的线圈。水冷的线圈显示在截面图中 (b) 线圈轴上的磁感应强度 $B_z$ 的图表。

让我们把不同的物质放入此磁场中，并观察是否受到力的作用。一般来说，我们确实能测出这个力。在切断线圈中电流时，这个力消失了。我们不久就会发现当我们把样品物质放在线圈中心时力不是最大的，尽管那里磁场 $B_z$ 最强，而把样品放在线圈两端附近时样品受力最强，那里的磁场梯度 $dB_z/dz$ 很大。从现在起，我们把每个样品都放在线圈内的上端。图 11.2 给出了一个例子，样品装在试管中，并悬挂在一个弹簧上，弹簧附有刻度，可以显示磁场产生的额外的力。当然我们必须先做个未放样品时的“空白”实验，这个实验中只有试管和悬挂部分，以便测出作用在样品外其他物质上的力。

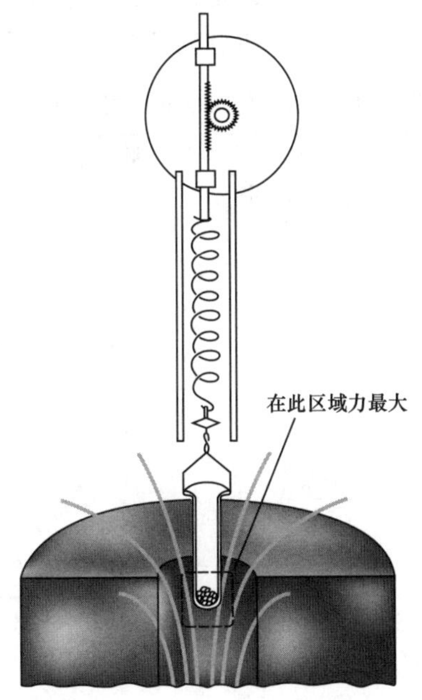


图 11.2

测量磁场中物质所受力的装置。

我们发现在这样的实验中，只要样品不太大，作用在特定物质——例如金属铝——上的力正比于其质量，而与其形状无关。（用小样品做实验证明，在线圈两端几厘米范围的区域中的作用力几乎保持恒定不变；如果我

们所用的样品体积不超过 $1\sim2\text{cm}^3$，那么，就可以正好把它放在这个区域内。）在 $B_z=1.8\text{T}$，$\text{d}B_z/\text{d}z=17\text{T/m}$ 的条件下，对于给定的样品，可以按每千克样品受的牛顿力来得出定量的结果。

但是第一个定性结果让我们有些费解。对于大量很普通的纯物质来说，在我们能提供的强磁场中，尽管容易测量到这个力，但也小得可怜。典型的情况下，这个力为 0.1N/kg 或 0.2N/kg，这通常不到样本重量的百分之几（每千克物质的重量约 9.8N）。某些样品的受力方向是向上的，其余的样品是向下的。这与磁场的方向无关，我们可以通过使线圈中的电流反向来证明这一点。相反，某些物质似乎总是被拉向磁感应强度增加的方向，而另一些物质则是拉向磁感应强度减少的方向，而和磁场的方向无关。

我们发现某些物质被相当大的力往线圈内部拉。例如每千克的氯化铜晶体就受到 2.8N 的向下拉力。在这个实验中液氧的性质表现得更为突出；它受到一个将近自身重量八倍的力，拉向线圈内部。事实上，如果我们将盛有液态氧的无盖烧瓶放在线圈底部，则液体将立刻从烧瓶中喷出（你觉得它会喷出多高?）。另一方面，已证明液氮很不易被激发；每千克液氮只受 0.1N 的微小力就可以被推出线圈。在表 11.1 中我们列出了一些从上述实验中获得的数据。我们选择这些物质，包括那些已经提到的，是为了只挑选最少的样品来尽可能反映出我们在普通材料中发现的广泛的磁性。注意我们对力的符号的规定是：指向线圈的力为正。

**表 11.1　在我们的实验中，线圈上端处，$B_z=1.8\text{T}$ 和 $\text{d}B_z/\text{d}z=17\text{T/m}$，每千克物质在此处受的力。**

| 材料 | 形式 | 力/N | 材料 | 形式 | 力/N |
|---|---|---|---|---|---|
| 抗磁质 | | | 钠 | Na | 0.20 |
| 水 | $H_2O$ | -0.22 | 铝 | Al | 0.17 |
| 铜 | Cu | -0.026 | 氯化铜 | $CuCl_2$ | 2.8 |
| 氯化钠 | NaCl | -0.15 | 硫酸镍 | $NiSO_4$ | 8.3 |
| 硫黄 | S | -0.16 | 液态氧 | $O_2$ | 75(90K) |
| 金刚石 | C | -0.16 | 铁磁质 | | |
| 石墨 | C | -1.10 | 铁 | Fe | 4000 |
| 液氮 | $N_2$ | -0.10(78K) | 磁铁矿 | $Fe_3O_4$ | 1200 |
| 顺磁质 | | | | | |

力的方向：向下（指向线圈内）为+，向上为-除了特别说明，所有测量数据是在 20℃ 的数据。教材中给出了三种磁性材料的定义。

众所周知，某些物质会表现出比其他物质强得多的“磁性”，其中最常见的是铁。在表 11.1 中，给出了把每千克铁放在磁场中，其位置和其他样品相同时所受的力。1N 的力大约是 0.22 磅，每千克铁所受的作用力将近 900 磅，大约是每克样品受力 1 磅！（我们不能简单地把试管中的一克铁悬挂在精细弹簧上去靠近磁

铁——必须采用其他的悬挂方式以减小误差)。注意,作用在一千克铁上的力和一千克铜上的力相差 $10^5$倍以上,铁和铜都是金属元素,似乎并没有根本差别。顺便说一句,这个数据提醒我们,对于像铜这样的物质是难以作为磁性材料的。不过掺入百万分之几的铁粒子,则将完全改变磁性结果。

在表中的铁和磁铁矿以及其他物质间,在性质上还有个根本性的差别。设想我们通过改变磁感应强度来做一个实验,以查明作用在样品上的力是否和磁感应强度成正比。例如,我们可以将螺线管内的电流减小到原来的一半,从而既使磁感应强度 $B_z$ 减半又使梯度 $dB_z/dz$ 减半。我们将发现,在表中铁之前的每种物质,所受的力将减少到原来的四分之一,而作用在铁样品和磁铁矿上的力只会减少一半,或许比一半还要少一点。显然,至少在这种条件下,对于表中所列其他物质所受的力是正比于磁感应强度的平方,而对 Fe 和 $Fe_3O_4$,则近似地正比于磁感应强度本身大小。

这些实验表明我们此处讨论的是几种不同的现象,而且都是复杂的现象。为了弄清这些现象,我们首先给出磁性材料的一种分类法。

**(1) 抗磁性** 首先,水、氯化钠、石英等这些轻微地被磁体排斥的物质,被称为抗磁性物质。大部分的无机物和几乎所有的有机物都是抗磁性物质。事实上抗磁性是每个原子和分子的属性。如果观察到的物质的性质和抗磁性相反,那是因为有另一种更强的效应超过了抗磁性,这种更强的效应表现出吸引的作用。

**(2) 顺磁性** 能被吸向较强磁场区域的物质叫作顺磁性物质。在某些情况下,特别是像铝、钠和许多其他金属,其顺磁性并不比一般的抗磁性强多少。在表中的其他材料,如 $NiSO_4$ 和 $CuCl_2$,它们的顺磁性效果更强。当温度降低时,这些物质的顺磁性增大,当温度接近绝对零度时,会表现出十分强的顺磁性效应。降温时顺磁性增加是造成液氧中的大磁力的原因。试验中观察到铜是抗磁性的而氯化铜是顺磁性的,钠是顺磁性的但氯化钠是抗磁性的,你觉得这些现象好解释吗?

**(3) 铁磁性** 最后,像铁和磁铁矿这样的物质叫作铁磁体。除了这类普通金属铁、钴、镍之外,还有很多铁磁合金和晶体化合物也是熟知的铁磁体。事实上,目前的研究还在继续发现越来越多的铁磁性物质。

在本章中我们有两个任务。一是推导出一种对磁性材料宏观现象进行分析的方法,这种方法是用几个参数表示物质本身特性,并用实验来确定出这些参数间的关系。这与在处理电介质的问题时,通过观察电场和体极化间的关系,是相似的。我们有时称这样的理论为唯象学理论,因为它与其说是一种解释不如说是一种描述。我们的第二个任务是在原子尺度上基本弄明白各种磁效应的根源。在弄明白了磁效应后,会揭示原子结构中的某些基本特性,这些特征会比电介质现象揭示的还要多。

表 11.1 中表现出了一个普遍现象。抗磁性和顺磁性在分子能量的尺度上只涉

及很小的能量。液氧是一个特别例子。将1kg液氧（尽管可以选择更小质量的样品）从我们的磁铁附近移开所需要的功约为75N乘以约0.1m的距离（因为场强度在几厘米距离内显著下降），大小约为10J。在1kg的液体中有$2\times10^{25}$个分子，所以每个分子的能量不到$10^{-24}$J。蒸发1kg的液态氧需要50000卡（cal），或相当于蒸发一个氧分子需要$10^{-20}$J。1cal = 4.18J。（大部分的能量用于使分子彼此分开）由于磁场的存在，液氧在分子级别上会出现什么情况，从能量观点来看显然是不大可能的。

即使是很强的磁场，对化学过程也几乎没有任何影响，对生化过程也如此。你可以把你的手和前臂放在3T的螺线管里而不会有任何明显的感觉或者后果。很难预测你的手臂是顺磁性的还是抗磁性的，但不论哪种情况，作用在它上面的力将不超过零点几盎司。相反，一个人手接近如图11.2中所示的样品时会扰乱磁场，但磁场对样本上的力的改变量不超过百万分之几。在核磁共振全身成像时，全身周围充满了磁场，当磁感应强度达到几特斯拉时都没有任何生理反应。只有把金属物体放在大的、强的、稳定的磁场的附近才会有危险。例如，身体内的植入物包含金属的话可能会被加热，随着身体移动或会造成故障。或者一个松动的铁制器物被磁场边缘吸引并吸入磁场，也会出现危险。所以进入核磁共振成像（MRI）房间时要注意你带进去的物体！

在与物质的相互作用中磁场扮演着完全不同于电场的角色。原因很简单也很基础。原子和分子由带电粒子组成，那些粒子移动的速度与光速相比很小。磁场没有任何力施加在固定的电荷上；在移动的带电粒子上受的力正比于$v^2/c^2$。[1]更广泛地说，在国际单位制中，电场的库仑法则中的因子$1/4\pi\varepsilon_0$是大的，而磁场的毕奥-萨伐尔法则中的因子$\mu_0/4\pi$是小的。在原子层面上电场力占压倒性优势。正如我们之前说的，在我们的世界里磁的出现是相对论效应。如果物质是由带磁粒子组成的，那么情况将会截然不同。我们现在必须解释磁荷是什么意思，以及它的不存在又意味着什么。

## 11.2　不存在磁“荷”

磁棒，例如指南针，其周围的磁场看起来非常像电极化棒周围的电场。电极化棒一端有过剩的正电荷而另一端有过剩的负电荷（见图11.3）。可以设想磁场也有源，其源和磁场的关系与电荷和电场间的关系类似。那么磁针的北极将是一种磁荷过剩的地方，而南极则是另一种相反磁荷过剩的地方。我们可以称“北磁荷”为

1　因子$v^2/c^2$由式（5.28）推导出来。式中的电流$I$涉及电荷的速度，我们假设此处的速度都处在同一数量级。当然，如果在电场为零而磁场非零的区域内有一个带电粒子运动，磁场就占主导作用。但对于通常情况下电荷的自由运动（包括电荷产生的场和场影响下的电荷），由于因子$v^2/c^2$的存在，磁场力是较小的。

正，“南磁荷”为负，磁场的方向从正指到负，和电场与电荷中采用的规则相似。从历史上看，磁场的正方向就是这样定的[2]。我们上面所说的磁荷通常被称为磁极强度。

就此而论，这个观点是讲得通的。我们回忆一下电磁场的基本方程，在 $\boldsymbol{E}$ 和 $c\boldsymbol{B}$ 上是对称的，这个观点就更有道理了。那么我们是否有理由期望场源具有对称性呢？磁荷作为静磁场 $\boldsymbol{B}$ 的可能的源，我们有 $\mathrm{div}\boldsymbol{B}\propto\eta$，其中 $\eta$ 代表磁荷密度，完全类似于电荷密度 $\rho$。也具有两个正磁荷（或北磁极）相互排斥等性质。

问题就在于事实并非如此。由于某种原因，大自然并没有采用这个方案。就我们没有找到任何磁荷这一点来看，我们周围的世界似乎是完全不对称的。目前还没有人观察到孤立的过剩磁荷——例如孤立的北极。如果这样的磁单极子存在，是可能通过某些方法识别出来的。不同于磁偶极子，如果把磁单极子放置在均匀磁场中，它会受到一个力。因此带着磁荷的基本粒子将在静磁场中逐渐加速，如同像质子和电子在电场中持续加速一样。达到高能后，通过它与物质的相互作用就可以检测到它了。运动的磁单极子是磁电流；它必然会被电场环绕，就像电流被磁场环绕那样。基于这些独特的性质，物理学家们在很多实验中试图寻找磁单极子。随着基本粒子理论的发展，对这方面的搜索又重新被提出，猜测至少在宇宙“大爆炸”开始到结束时应该包含磁单极子。但是至今仍未探测到磁单极子。很明显即使它们存在的话也是极其罕见的。当然，就算能够通过理论证明磁荷的存在也会具有深远的意义，但它也

(a)
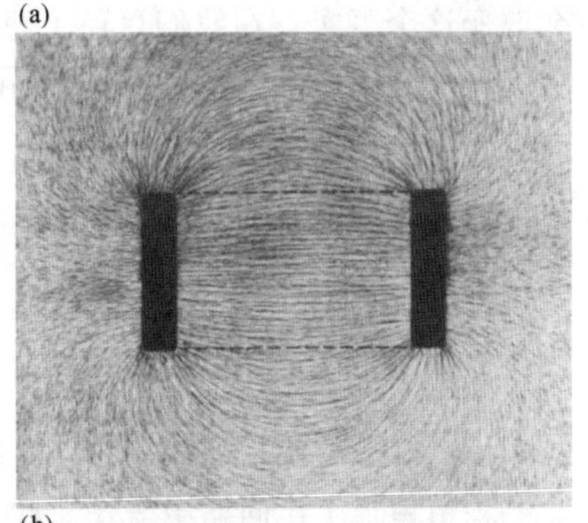
(b)
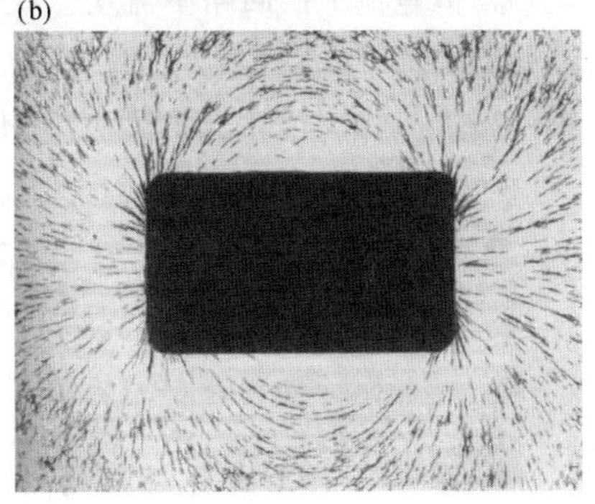
图 11.3

(a) 两个反向电荷盘（截面的电极就是实心黑棒）与极化棒具有相同的电场。如果你想象这个棒占据着虚线内的区域，它的外场就如图所示。此处的电场通过悬浮在油中的大量小黑棒排列变得可见，小黑棒指出了其位置处的场。这种优雅地演示电场形态的方法是 Harold M. Waage 在普林斯顿大学的帕默物理实验室中提出的，他最早制作了这个装置并拍摄了照片（Waage，1964）。（b）磁化柱周围的磁场，由浸泡在丙三醇中的小镍线方向指示。（这个尝试改进了传统铁屑的演示，这是通过对不太成功的 Waage 技术进行改进后得到的。镍线趋向于形成长线状之后被拉向磁铁）。两种系统中的场理论构造将在图 11.22 中展示。

2 在第 6 章中，我们通过参考电流的方向（正电荷的运动方向）和右手定则规定了 $\boldsymbol{B}$ 的正方向。现在北极意味着磁针“指向北的极”。我们不知道地球的磁极为什么是这样而不是另一样。所以右手法则比左手法则更合适纯粹是个意外。

不会改变这个事实：在我们目前了解的物质中电流是磁场的唯一来源。我们知道，

$$\boxed{\operatorname{div}\boldsymbol{B}=0 \qquad (\text{任何位置})} \tag{11.1}$$

这把我们带回到安培假说，其观点是物质中的磁性是由分布在物质中的微小电流环形成的。我们下面将开始研究远离环路处的单个电流环的磁场。

## 11.3　电流回路的场

图 11.4（a）所示的位于 $xy$ 平面并包含原点的闭合导电回路，不一定是圆形的。一稳恒电流 $I$ 在回路中流动。我们要关注的是这个环路电流在距回路一段距离处，如图中的 $P_1$ 点，所产生的磁场。假设到 $P_1$ 的距离 $r_1$ 远大于环路任一方向的长度。为了简化图形，我们把 $P_1$ 放在 $yz$ 平面，可以看出，这并不是个约束条件，

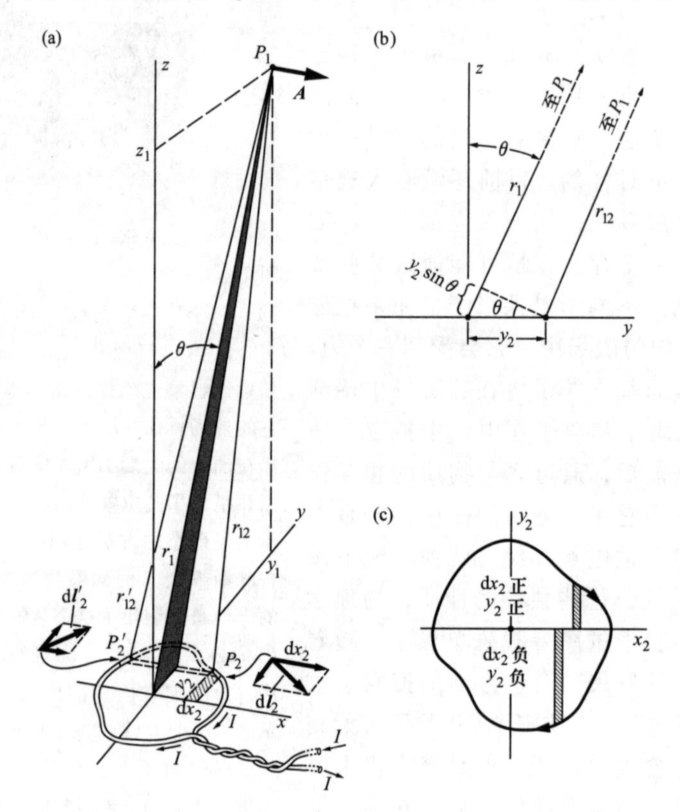


图 11.4

（a）远离电流环路一点上矢势 $\boldsymbol{A}$ 的计算过程。（b）沿 $x$ 轴上的侧视图，证明如果 $r_1 \gg y_2$ 则有 $r_{12} \approx r_1 - y_2\sin\theta$。（c）从顶部看 $\int_{\text{loop}} y_2\,\mathrm{d}x_2$ 表示环的面积。

这是应用矢势的好位置。我们首先来计算 $P_1$ 处的矢势 $\boldsymbol{A}$，即 $\boldsymbol{A}(0,\ y_1,\ z_1)$。在这里可以看出远离环路任何点（$x$，$y$，$z$）的矢势。然后取 $\boldsymbol{A}$ 的旋度就可得到磁场 $\boldsymbol{B}$。

对于导线中的电流，根据式（6.46），$\boldsymbol{A}$ 为

$$\boldsymbol{A}(0,y_1,z_1)=\frac{\mu_0 I}{4\pi}\int_{\text{loop}}\frac{\mathrm{d}\boldsymbol{l}_2}{r_{12}} \tag{11.2}$$

我们在 6.4 节中使用这个方程时，我们只涉及一小段环路的贡献；现在我们必须对整个回路进行积分。我们要考虑绕回路一周时分母 $r_{12}$的变化。如果 $P_1$ 很远，$r_{12}$的一阶变化仅和线元 $\mathrm{d}\boldsymbol{l}_2$ 的坐标 $y_2$ 有关，而与 $x_2$ 无关。这很正确，因为根据毕达哥拉斯原理（勾股定理），$x_2$ 对 $r_{12}$的贡献是二阶的，然而在图 11.4（b）的侧视图中可以看出一阶贡献来自于 $y_1$。这样，忽视的量正比于（$x_2/r_{12}$）$^2$，我们可以同样对待侧视图中另外一个顶部的 $r_{12}$和 $r'_{12}$。一般地，对于（环流大小/到 $P_1$ 距离）这个比值的一阶近似，我们有

$$r_{12}\approx r_1-y_2\sin\theta \tag{11.3}$$

现在来看图 11.4（a）中两个线元 $\mathrm{d}\boldsymbol{l}_2$ 和 $\mathrm{d}\boldsymbol{l}'_2$。它们的 $\mathrm{d}y_2$ 是相等相反的，而且我们已经指出两个 $r_{12}$的一阶近似是相等的。在一阶近似下，$\mathrm{d}y_2$ 对线积分的贡献将抵消，并且在整个环路上这都是正确的。因此在 $P_1$ 点处 $\boldsymbol{A}$ 没有 $y$ 分量。显然它也没有 $z$ 分量，因为电流流过路径在任何地方都没有 $z$ 分量。

然而，$P_1$ 点处 $\boldsymbol{A}$ 将有 $x$ 分量。矢势的 $x$ 分量来自路径积分 $\mathrm{d}x$ 部分：

$$\boldsymbol{A}(0,y_1,z_1)=\hat{\boldsymbol{x}}\frac{\mu_0 I}{4\pi}\int\frac{\mathrm{d}x_2}{r_{12}} \tag{11.4}$$

在没有破坏一阶近似值的情况下，我们可以把式（11.3）写成

$$\frac{1}{r_{12}}=\frac{1}{r_1(1-(y_2/r_1)\sin\theta)}\approx\frac{1}{r_1}\left(1+\frac{y_2\sin\theta}{r_1}\right) \tag{11.5}$$

并把它用于积分，我们有

$$\boldsymbol{A}(0,y_1,z_1)=\hat{\boldsymbol{x}}\frac{\mu_0 I}{4\pi r_1}\int\left(1+\frac{y_2\sin\theta}{r_1}\right)\mathrm{d}x_2 \tag{11.6}$$

在这个积分中，$r_1$ 和 $\theta$ 是常量。显然沿整个环路上的积分 $\int\mathrm{d}x_2$ 为零。不管环路的形状如何［见图 11.4（c）］，沿整个环路的积分 $\int y_2\mathrm{d}x_2$ 正好是环路的面积。所以我们最后得到

$$\boldsymbol{A}(0,y_1,z_1)=\hat{\boldsymbol{x}}\frac{\mu_0 I\sin\theta}{4\pi r_1^2}\times(\text{环路面积}) \tag{11.7}$$

这个结果不为零的直接原因是越靠近 $P_1$ 的部分环路对积分的贡献就越多，因为它具有更小的 $r_{12}$。这仅仅是片面的，并不是全部的原因，具有相同的 $x_2$ 值和相反的 $\mathrm{d}x_2$ 值的环路上对应的部分相互抵消了。

非常简单但具有决定性的一点是：由于环路的形状无关紧要，我们可以把$P_1$限制在$yz$平面上，这没有任何本质区别。因此我们如果只作一般表述，必然会得出式（11.7）那样的一般结果：任何形状的电流环路在距离环路$r$处（$r$远超过环路的大小）的矢势，是垂直于包含$\boldsymbol{r}$和回路平面的法线的平面的矢量，其值为

$$A=\frac{\mu_0 Ia\sin\theta}{4\pi r^2} \tag{11.8}$$

其中$a$代表环路的面积。

这个矢势关于环路的轴是对称的，这意味着场$\boldsymbol{B}$也必定是对称的。其解释是，我们所考虑的区域离环路如此之远以至于环路形状的细致结构对它的影响可以忽略不计。凡具有相同的电流与面积的乘积的环路在远处产生相同的磁场。我们称乘积$Ia$为电流环路的磁偶极矩，并用$\boldsymbol{m}$表示。它的单位是$\mathrm{A\cdot m^2}$。磁偶极矩显然是个矢量，它的方向就是环路的法线方向，或者说是矢量$\boldsymbol{a}$的方向，其中$\boldsymbol{a}$是环路所包围的那块有方向的面积：

$$\boxed{\boldsymbol{m}=I\boldsymbol{a}} \tag{11.9}$$

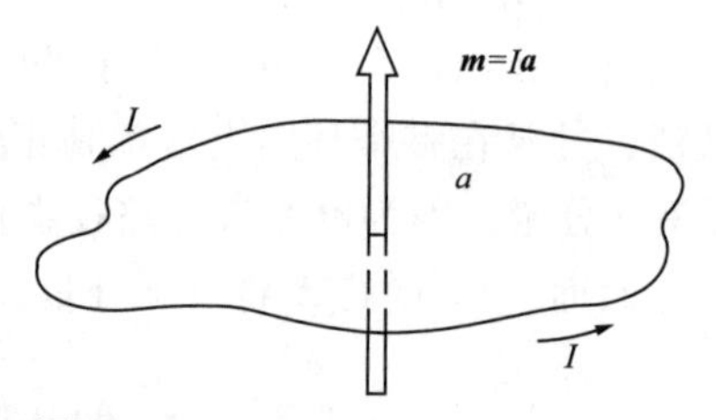


图 11.5

按照定义，磁矩矢量与电流间通过右手螺旋法则相联系。

至于符号问题，我们认为$\boldsymbol{m}$的方向和流经环路的正电流的方向之间符合右手螺旋法则关系，如图11.5所示。（按照这个法则，图11.4（a）中环路的偶极矩应指向下方）。磁偶极矩$\boldsymbol{m}$的场的矢势可以简洁地用矢量写出：

$$\boldsymbol{A}=\frac{\mu_0}{4\pi}\frac{\boldsymbol{m}\times\hat{\boldsymbol{r}}}{r^2} \tag{11.10}$$

这里的$\hat{\boldsymbol{r}}$是从环路到我们要计算的矢势$\boldsymbol{A}$的所在点的方向上的单位矢量。你可以检验一下，这一规定与我们先前对符号的规定是一致的。注意$\boldsymbol{A}$的方向必须总是最近那部分环路内的电流方向。

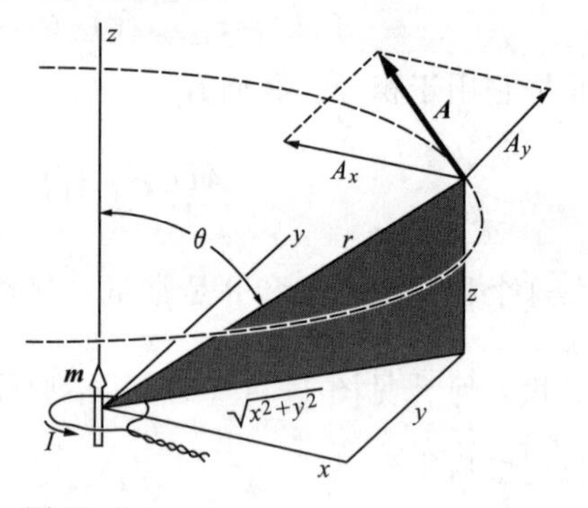


图 11.6

原点处的磁偶极子。在远离环路的每一点上，$\boldsymbol{A}$是平行于$xy$平面的向量，相切于环绕$z$轴的圆。

图11.6表示一个位于原点的磁偶极子，其偶极矩矢量$\boldsymbol{m}$指向正$z$方向。为了表示任何点（$x$，$y$，$z$）处的矢势，我们可以按照$r^2=x^2+y^2+z^2$，以及$\sin\theta=\sqrt{x^2+y^2}/r$进行转换。在此点的矢势$\boldsymbol{A}$的值是

$$A=\frac{\mu_0}{4\pi}\frac{m\sin\theta}{r^2}=\frac{\mu_0 m}{4\pi}\frac{\sqrt{x^2+y^2}}{r^3} \tag{11.11}$$

因为$\boldsymbol{A}$是在$z$轴水平圆上切线的切点，其分量是

$$A_x = A\left(\frac{-y}{\sqrt{x^2+y^2}}\right) = -\frac{\mu_0 my}{4\pi r^3}$$

$$A_y = A\left(\frac{x}{\sqrt{x^2+y^2}}\right) = \frac{\mu_0 mx}{4\pi r^3} \tag{11.12}$$

$$A_z = 0$$

让我们通过计算 curl $\boldsymbol{A}$ 的分量来计算在 $xz$ 平面上一点的 $\boldsymbol{B}$，然后（不是在这之前!）令 $y=0$：

$$B_x = (\nabla\times\boldsymbol{A})_x = \frac{\partial A_z}{\partial y} - \frac{\partial A_y}{\partial z} = -\frac{\mu_0}{4\pi}\frac{\partial}{\partial z}\frac{mx}{(x^2+y^2+z^2)^{3/2}} = \frac{\mu_0}{4\pi}\frac{3mxz}{r^5}$$

$$B_y = (\nabla\times\boldsymbol{A})_y = \frac{\partial A_x}{\partial z} - \frac{\partial A_z}{\partial x} = -\frac{\mu_0}{4\pi}\frac{\partial}{\partial z}\frac{-my}{(x^2+y^2+z^2)^{3/2}} = \frac{\mu_0}{4\pi}\frac{3myz}{r^5}$$

$$B_z = (\nabla\times\boldsymbol{A})_z = \frac{\partial A_y}{\partial x} - \frac{\partial A_x}{\partial y}$$

$$= \frac{\mu_0}{4\pi}m\left[\frac{-2x^2+y^2+z^2}{(x^2+y^2+z^2)^{5/2}} + \frac{x^2-2y^2+z^2}{(x^2+y^2+z^2)^{5/2}}\right] = \frac{\mu_0}{4\pi}\frac{m(3z^2-r^2)}{r^5} \tag{11.13}$$

在 $xz$ 平面，$y=0$，$\sin\theta=x/r$，$\cos\theta=z/r$。于是在这个平面上任何点的磁场分量为

$$B_x = \frac{\mu_0}{4\pi}\frac{3m\sin\theta\cos\theta}{r^3}$$

$$B_y = 0 \tag{11.14}$$

$$B_z = \frac{\mu_0}{4\pi}\frac{m(3\cos\theta^2-1)}{r^3}$$

现在回到 10.3 节，在式（10.17）中我们曾指出电偶极子 $\boldsymbol{p}$ 在 $xz$ 平面上的电场 $\boldsymbol{E}$ 的分量，其中 $\boldsymbol{p}$ 完全和我们的磁偶极子 $\boldsymbol{m}$ 的情况一样。表达式也是相同的，唯一的变化是 $p\to m$ 和 $1/\varepsilon_0\to\mu_0$。因此我们发现，小电流环路在远点的磁场和两个分离电荷的电场具有同样的形式。我们已经知道电偶极子电场的样子。图 11.7 试图表明偶极矩 $\boldsymbol{m}$ 的电流回路引起的磁场 $\boldsymbol{B}$ 的三维形式。对于电偶极子的情况，可以在球面极坐标中用更简单的公式来描述磁场

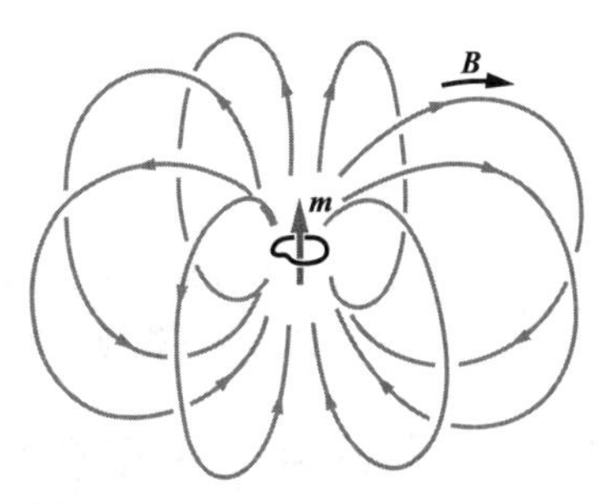


图 11.7
一个磁偶极子（小的电流环路）场中的磁场线。

$$B_r = \frac{\mu_0 m}{2\pi r^3}\cos\theta,\quad B_\theta = \frac{\mu_0 m}{2\pi r^3}\sin\theta,\quad B_\phi = 0 \tag{11.15}$$

电流环路附近的磁场和一对分离的正负电荷附近的电场全然不同，图 11.8 就表现了这种不同。注意在这些电荷间电场是指向下方的，而电流环里的磁场指向上

方，虽然在远处它们的场是相似的。这反映了各处磁场都满足$\nabla \cdot \boldsymbol{B}=0$，甚至在源内部也是如此。磁场线是没有终端的。所谓近和远，我们的意思自然是指相对于电流环路的尺寸及电荷的间距而言的。如果我们设法缩小电流回路的尺寸同时增大其中的电流，保持偶极矩$m=Ia$不变，这就接近于无穷小的磁偶极子，与其相应的无穷小的电偶极子在第10章中就被讨论过了。

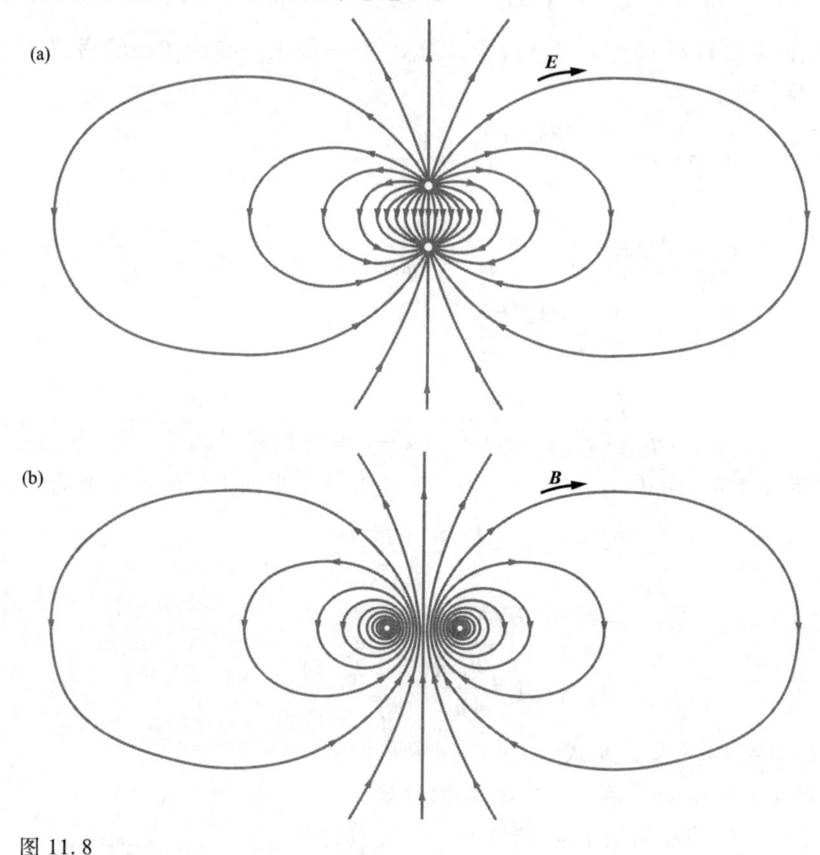


图11.8

（a）一对大小相等、方向相反的电荷形成的电场。在远处它变成一个偶极子的场。（b）电流环的磁场。在远处它变成磁偶极子的场。

## 11.4　外场中偶极子受的力

考虑把半径为$r$的小圆形电流环路放在其他电流系统产生的磁场中，比如放在螺线管中。图11.9中所画的磁场$\boldsymbol{B}$，一般情况下是沿$z$方向的。它不是均匀场。相反地，磁场沿$z$轴方向逐渐减弱；这从磁场线的扇形展开趋势中可以明显地看出来。为简单起见，让我们假设场是关于$z$轴对称的。这样就很像图11.1中螺线管上端附近的磁场。图11.9中所表示的磁场不包括电流环自身的磁场。我们希望求出其他场作用于电流环上的力，这个其他场，我们最好称之为外场。电流环自己的

场作用在自身上的合力肯定是零，所以我们在讨论中可以忽略它自身的场。

如果研究图 11.9 中的情形，你可以立即得出结论：有合力作用在电流环上。这是由于在电流环的各处，外场 $\boldsymbol{B}$ 有一向外的分量 $B_r$（垂直分量 $B_z$ 将在水平面上产生一个简单拉伸或压紧这个环的力——假设环是刚性的，这个力可以忽略）。因此如果电流是沿所指方向流动，环路上的每个路径元 d$l$ 必然受到方向向下、大小为 $IdlB_r$ 的力［详见式（6.14）］。如果 $B_r$ 在环上所有点都具有相同的大小，正如它在假设的传播场中是对称的，则向下的合力大小为

$$F=2\pi rIB_r \tag{11.16}$$

现在 $B_r$ 可以直接和 $B_z$ 的梯度联系起来。因为在所有点上都有 div $\boldsymbol{B}=0$，任何体积外的磁场净通量为零。考虑半径为 $r$，高度为 $\Delta z$ 的小圆柱（见图 11.10）。侧面向外的通量为 $2\pi r(\Delta z)B_r$，端面向外的净通量是

$$\pi r^2[-B_z(z)+B_z(z+\Delta z)] \tag{11.17}$$

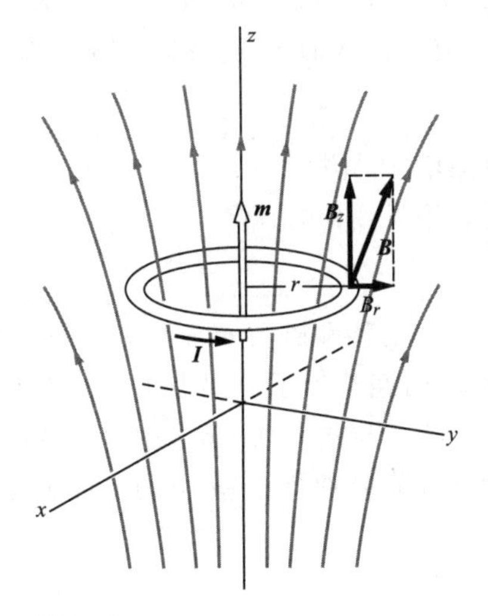


图 11.9
不均匀磁场中的电流环（环本身的场没有显示）。由于场的径向分量 $B_r$ 存在，总的来说在环上存在力。

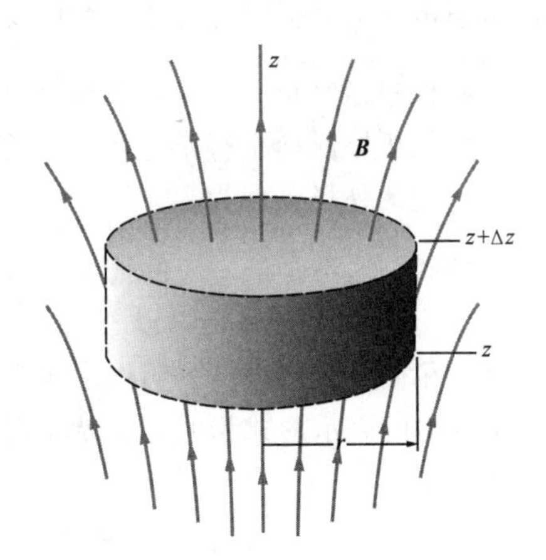


图 11.10
高斯定理可以用来连接 $B_r$ 和 $\partial B_z/\partial z$，推导出式（11.18）。

对小距离 $\Delta z$ 取一阶近似，上式变为 $\pi r^2(\partial B_z/\partial z)\Delta z$。令总通量等于零 $0=\pi r^2(\partial B_z/\partial z)\Delta z+2\pi rB_r\Delta z$，或

$$B_r=-\frac{r}{2}\frac{\partial B_z}{\partial z} \tag{11.18}$$

现在核对一下符号，根据式（11.18）可知，$B_z$ 在向上方向减少时，$B_r$ 是正的；看一眼图中所画的情形就知道这是正确的。

现在可用外场分量 $B_z$ 的梯度来表示作用在偶极子上的力（取向上方向为正）：

$$F=-2\pi rI\left(-\frac{r}{2}\frac{\partial B_z}{\partial z}\right)=\pi r^2 I\frac{\partial B_z}{\partial_z} \tag{11.19}$$

在这种情况下，$\partial B_z/\partial z$ 是负的，所以力是朝下的。我们可以看出式中的因子 $\pi r^2 I$ 就是电流环的偶极矩的值 $m$。所以作用在环上的力可以用偶极矩非常简单地表示出来：

$$\boxed{F=m\frac{\partial B_z}{\partial z}} \tag{11.20}$$

我们尚未证明它，但当听到任何形状的小环路所受的力仅与电流和面积的乘积有关，即只与偶极矩有关时，你完全不必感到惊讶，因为形状无关紧要。当然，我们正在讨论的仅是足够小的环路，因而在小环的跨度范围内只有外场的一阶变量才是有意义的。

图 11.9 所示的电流环具有一个向上方向的磁偶极矩 $\boldsymbol{m}$，而作用于环上的力则是向下的。显然，如果我们让环中的电流反向流动，从而 $\boldsymbol{m}$ 的方向也就反转了，力的方向也必然反转。这种情况可以概括如下：

- 偶极矩平行于外场：作用力是沿着场强增加的方向。
- 偶极矩反向平行于外场：作用力是沿着场强减少的方向。
- 均匀外场：力为零。

很显然，这不是最一般的情况。磁矩 $\boldsymbol{m}$ 的指向可能和磁场 $\boldsymbol{B}$ 成某些特殊的角，且 $\boldsymbol{B}$ 的各分量可以在空间中以不同的方式变化。已经给出了电偶极子和磁偶极子间所有的相似点，这可以表明作用在磁偶极子上的力与式（10.26）中给出的电偶极子上受力的表示形式相似。也就是说，作用在任意磁偶极子 $\boldsymbol{m}$ 上的力的 $x$ 分量由下式给出：

$$F_x=\boldsymbol{m}\cdot\nabla B_x \quad （不正确） \tag{11.21}$$

$F_y$ 和 $F_z$ 的公式跟这个公式是相似的。这三个分量可以结合成一个更紧凑的关系式：

$$\boldsymbol{F}=(\boldsymbol{m}\cdot\nabla)\boldsymbol{B} \quad （不正确） \tag{11.22}$$

你可以在习题 11.4 中核实上述带环的装置中的关系式，这个力会变为式（11.20）中的力。

然而，通过类比推理进行证明是有风险的，因为尽管电偶极子和磁偶极子产生的场在远距离看起来是相似的，但这两种偶极子靠近时看起来完全不同。一个是由两个点电荷组成的，另一个是由电流环形成的。当处理作用在偶极子上的力时，远场是不相关的。这表明，尽管式（11.22）给出了许多情况下作用在磁偶极子上力的正确形式，但一般情况下它并不正确。力的正确表达式应该是

$$\boxed{\boldsymbol{F}=\nabla(\boldsymbol{m}\cdot\boldsymbol{B})} \tag{11.23}$$

你可以在习题 11.4 中核实上述带环的装置中的关系式，这个力也会变为式(11.20) 中的力。乍看之下它有点像是从式 (11.23) 突然得到的，但实际上是通过很好的推导才得到的。我们将在 11.6 节中知道磁场中磁偶极子的能量是$-\boldsymbol{m}\cdot\boldsymbol{B}$ [详见费曼等 (1977) 的 15 章，关于对这个能量的细致讨论]。所以式 (11.23) 是力等于能量的负梯度的相似表述。

在什么条件下，在式 (11.22) 和式 (11.23) 中力的表述是等效的呢？使用附录 K 中的矢量等式"$\nabla(\boldsymbol{A}\cdot\boldsymbol{B})$"，以及 $\boldsymbol{m}$ 的空间无关性，我们得到

$$\nabla(\boldsymbol{m}\cdot\boldsymbol{B})=(\boldsymbol{m}\cdot\nabla)\boldsymbol{B}+\boldsymbol{m}\times(\nabla\times\boldsymbol{B}) \tag{11.24}$$

如果$\nabla\times\boldsymbol{B}=0$，那么力的两个表达式是相等的[3]。如果我们只考虑$\partial\boldsymbol{E}/\partial t=0$ 处的静态装置，相关的麦克斯韦方程缩减为安培定理，$\nabla\times\boldsymbol{B}=\mu_0\boldsymbol{J}$。所以当装置在偶极子位置处无电流时（不同于偶极子环路本身的电流）我们发现力的两个表达式是一致的。上面的例子就是这样的情况。然而，习题 11.4 给出了一个装置，让式(11.22) 和式 (11.23) 得到了不同的力。这个习题的任务就是精确计算力并证明它与式 (11.23) 是一致的。

在式 (11.20) 和式 (11.23) 中，力的单位是 N，磁场梯度的单位是 T/m，磁偶极矩 $m$ 由式 (11.9) 给出：$m=Ia$，其中 $I$ 的单位是 A，$a$ 的单位是 $\mathrm{m}^2$。$m$ 的单位有几个等效的表示方式。从式 (11.9) 知，单位为

$$[m]=\mathrm{A}\cdot\mathrm{m}^2 \tag{11.25}$$

但正如从式 (11.20) 中看出的那样，我们也有

$$[m]=\frac{\mathrm{N}}{\mathrm{T/m}}=\frac{\mathrm{N{-}m}}{\mathrm{T}}=\frac{\mathrm{J}}{\mathrm{T}} \tag{11.26}$$

回头看一下上一页的三种情况总结，我们可以推测出这章开头处提到的实验会出现什么现象。一种物质放在图 11.2 中的样品位置上，如果它含有平行于线圈磁场 $\boldsymbol{B}$ 的磁偶极子，它将被吸入螺线管。如果它包含的偶极子指向相反的方向，并且反平行于场，它将被推出螺线管。这个力取决于轴向磁感应强度的梯度，并且在螺线管的中点受力将为零。同时，如果样品中的偶极矩总强度和磁感应强度 $\boldsymbol{B}$ 成比例，则在给定位置上的力将是$\partial B/\partial z$ 的 $B$ 倍，因而和螺线管中的电流平方成正比。这是在抗磁性和顺磁性物质的情况下所观察到的性质。这看起来好像说明铁磁性样品的磁矩几乎与磁感应强度无关，但我们必须把铁磁性物质暂时放到一边，并把它作为特殊问题来讨论。

对于某些物质，外加的磁场是使物质内部产生偶极矩而使总强度正比于外加磁场的呢？又为什么在某些物质中这个偶极矩是平行于磁场的，而在其他物质中又是相反指向的呢？如果我们弄懂了这些问题，我们就可以理解抗磁性和顺磁性的物理性质了。

3 这是一个充分不必要条件。严格上我们需要$\nabla\times\boldsymbol{B}$ 平行于 $\boldsymbol{m}$。但如果我们想在 $\boldsymbol{m}$ 任意取向的情况下让两个表达式相等，我们需要$\nabla\times\boldsymbol{B}=0$。

## 11.5　原子中的电流

我们知道原子由一个带正电的原子核和围绕它的负电子组成。要想充分描述它，我们需要使用量子物理的概念。幸运的是，一个简单容易并且可视化的原子模型就可以很好地解释抗磁性。这就是电子在轨道上绕原子核运动的行星模型，就像玻尔关于氢原子的第一个量子理论中的模型。

我们从电子以恒定的速率在圆形路径上运动这个假设开始。因为在这里我们并不需要去解释原子的结构，所以我们不去探讨为什么电子在特定的轨道上运动。我们要问，如果它在这样一个轨道上运动，将产生什么样的磁效应？在图 11.11 中我们看到电子就像一个带电量为$-e$ 的粒子以速率 $v$ 在半径为 $r$ 的圆形路径上做圆周运动。中央带正电的是核电荷，使整个系统为电中性，但因为核具有相对较大的质量，它的移动缓慢，以至于它的磁效应可以忽略不计。

在任何时刻电子和正电荷看上去就像一个电偶极子，但在长时间的平均作用而言，电偶极矩为零，在远处产生非稳电场。我们在 10.5 节已讨论过这一点。在远处，这个系统磁场在长时间的平均作用下并不是零。相反它恰好是电流环的磁场。这是因为当涉及时间平均问题时，是把所有的负电荷聚集在一起并沿着轨道运动，还是像图 11.11（b）中所示的那样把负电荷分成由小点构成的均匀没有终点的序列，对结果都没有影响。电流是每秒通过环上给定的点的电荷数量。因为电子每秒转速为 $v/2\pi r$，如果 $e$ 的单位是库仑，则

$$I=\frac{ev}{2\pi r} \tag{11.27}$$

沿轨道运动的电子和方向与 $v$ 相反、大小相等的环形电流等效，如图 11.11（c）所示。在远处，其场等于一个磁偶极矩的大小

$$m=\pi r^2 I=\frac{evr}{2} \tag{11.28}$$

让我们注意下，与电子轨道相关的磁矩 $\boldsymbol{m}$ 和轨道角动量 $\boldsymbol{L}$ 间的简单关系，角动量是一个大小为 $L=m_e vr$的向量，其中 $m_e$ 表示电子质量[4]，并且如果

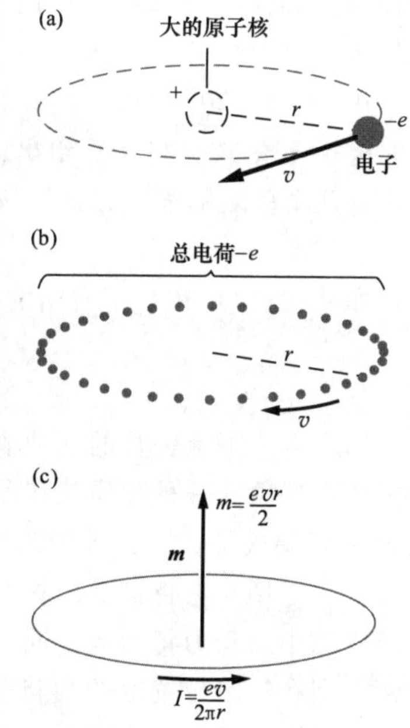


图 11.11

（a）一种原子模型，电子以速度 $v$ 在圆形轨道上运动。（b）电荷的等价队列，平均电流与电荷$-e$ 被分成小块形成电流环的值一样。（c）磁矩是电流和面积的乘积。

4　在这一章中，我们选择用符号 $\boldsymbol{m}$ 来代表磁矩，因而我们有必要使用不同的符号来代表电子质量。角动量我们选择了符号 $\boldsymbol{L}$，因为 $\boldsymbol{L}$ 在原子物理学中经常用于轨道角动量，我们此处也采用了。

电子按图 11.11 (a) 中所画的方向运动，则此角动量方向朝下。注意 $m$ 和 $l$ 中都出现 $vr$ 的乘积。考虑方向后，我们可以写出

$$\boxed{\boldsymbol{m}=\frac{-e}{2m_{\mathrm{e}}}\boldsymbol{L}} \tag{11.29}$$

这个式子中只有一些基本常数，这会使你怀疑到它的普适性。尽管我们此处不给出证明，但事实上这种情况确实是普遍适用的。它也适用于椭圆轨道，甚至在非平方反比的中心场中出现的玫瑰形轨道也适用。回忆一下在中心场中任何轨道的重要性质：角动量是一个运动常量。它遵循式 (11.29) 所表示的一般关系式（是我们针对特别情况导出的)，无论角动量是否守恒，磁矩在大小和方向上也保持不变。下面这个因子：

$$\frac{-e}{2m_{\mathrm{e}}} \quad 或 \quad \frac{磁矩}{角动量} \tag{11.30}$$

被称为电子的**轨道磁机比**[5]。磁矩和角动量间的本质联系是解释原子磁力的中心问题。

为什么我们没注意每种物质的所有原子中所有电子轨道运动所引起的磁场呢？答案就是它们之间的作用相互抵消了。在一块普通的物质中，沿一个方向运动的电子数目一定和沿另一方向运动的电子数目相同。这是可以预料到的，没有任何理由使得在一个方向上旋转比另一个方向容易些，否则就会出现特殊的方向性。物质结构中也就必须有某种方法表现出这个方向而且能指出**绕这个方向的轴的转动方向来**！

我们可以在没有外磁场情形下，把一块材料描绘为具有不同轨道角动量的旋转电子，与其相关的轨道磁矩在空间各个方向上均匀分布。考虑那些轨道平面接近平行于 $xy$ 平面的轨道，大约有相同数量的向上的 $\boldsymbol{m}$ 和向下的 $\boldsymbol{m}$。让我们来考察，当在 $z$ 方向上加外磁场时，这样的轨道会出现什么现象。

我们从分析一个机电系统开始，尽管它看起来不怎么像原子。图 11.12 中有一质量为 $M$，电荷为 $q$ 的物体，用一根固定长度 $r$ 的绳

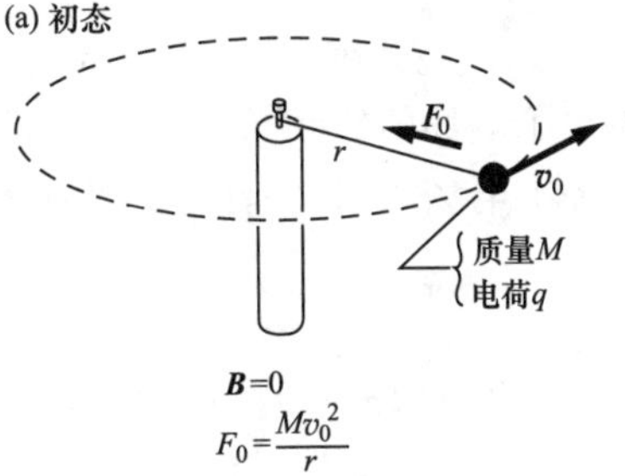


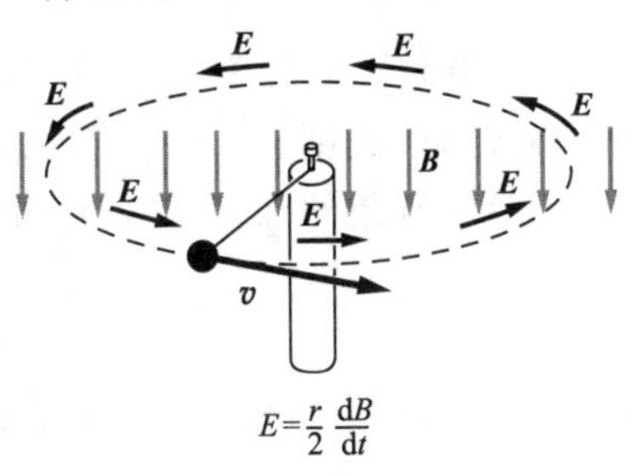


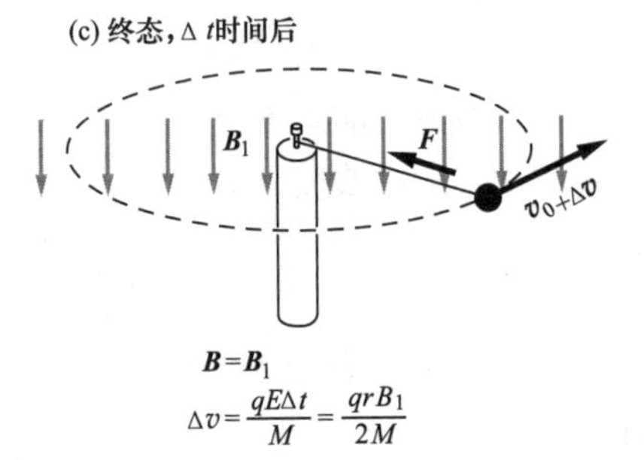


图 11.12

磁场 $\boldsymbol{B}$ 增大感生出电场 $\boldsymbol{E}$，之后加速了旋转带电体。

5 许多人称这个量为旋磁比。又有人称它为磁旋比。无论叫什么名字，式 (11.30) 中的磁矩都是比式的分子。

子拴在一固定点上。这绳子提供向心力来保持物体在它的圆轨道上运动。我们知道，这个力 $F_0$ 的大小由下式给出：

$$F_0=\frac{Mv_0^2}{r} \tag{11.31}$$

开始时，像图 11.12（a）中那样没有外磁场。现在，我们用一个比较大的螺线管，开始在负 $z$ 方向建立磁场 $\boldsymbol{B}$，这个磁场在内部的全部空间中一直都是均匀分布的。当这个磁场按 $\mathrm{d}B/\mathrm{d}t$ 的速率增长时，就会沿着路径产生一感应电场 $\boldsymbol{E}$，就像图 11.12（b）中显示的那样。为了求出这个场 $\boldsymbol{E}$ 的大小，我们注意到穿过环路径的磁通量的变化率是

$$\frac{\mathrm{d}\Phi}{\mathrm{d}t}=\pi r^2\frac{\mathrm{d}B}{\mathrm{d}t} \tag{11.32}$$

这决定了电场的线积分，这是最重要的一点（我们只为了对称和简单起见，假设全路径上电场相同）。法拉第法则 $\mathscr{E}=-\mathrm{d}\Phi/\mathrm{d}t$ 给出了（忽略符号）

$$\int\boldsymbol{E}\cdot\mathrm{d}\boldsymbol{l}=\pi r^2\frac{\mathrm{d}B}{\mathrm{d}t} \tag{11.33}$$

方程左侧等于 $2\pi rE$，因此我们可求出

$$E=\frac{r}{2}\frac{\mathrm{d}B}{\mathrm{d}t} \tag{11.34}$$

到目前为止我们一直没有关注符号，但如果你在图 11.12 中使用你最喜欢的确定感应电动势方向的法则，你会发现如果 $q$ 是一个正电荷，$\boldsymbol{E}$ 的方向必然是使物体加速的方向。沿着路径的加速度为 $\mathrm{d}v/\mathrm{d}t$，这个加速度由力 $qE$ 来确定：

$$M\frac{\mathrm{d}v}{\mathrm{d}t}=qE=\frac{qr}{2}\frac{\mathrm{d}B}{\mathrm{d}t} \tag{11.35}$$

所以 $v$ 的变量和 $B$ 的变量间的关系是

$$\mathrm{d}v=\frac{qr}{2M}\mathrm{d}B \tag{11.36}$$

半径 $r$ 由绳的长度来确定，因子 $qr/2M$ 是一个常数。$\Delta v$ 表示场达到最终值 $B_1$ 的整个过程中 $v$ 的净改变量。则

$$\Delta v=\int_{v_0}^{v_0+\Delta v}\mathrm{d}v=\frac{qr}{2M}\int_0^{B_1}\mathrm{d}B=\frac{qrB_1}{2M} \tag{11.37}$$

注意，时间变量已经被消掉了——不论速度变化是快还是慢，最终速度都是一样的。

最终状态下电荷的速率增大意味着向上的磁矩 $\boldsymbol{m}$ 增大。带负电的物体在类似的环境下会减速，这将减小其向下的磁矩。在任何情况下，加上磁场 $\boldsymbol{B}_1$ 后，将引起与磁场对立的磁矩变化。根据式（11.28），磁矩改变量 $\Delta m$ 的大小是

$$\Delta m=\frac{qr}{2}\Delta v=\frac{q^2r^2}{4M}B_1 \tag{11.38}$$

无论电荷是正的还是负的，沿另一个方向的转动也是如此，磁矩的感应变化总是和外加磁场变化反向。图 11.13 展示了正电荷时的现象。因此下面的关系式适用于任何符号的电荷和任何旋转方向：

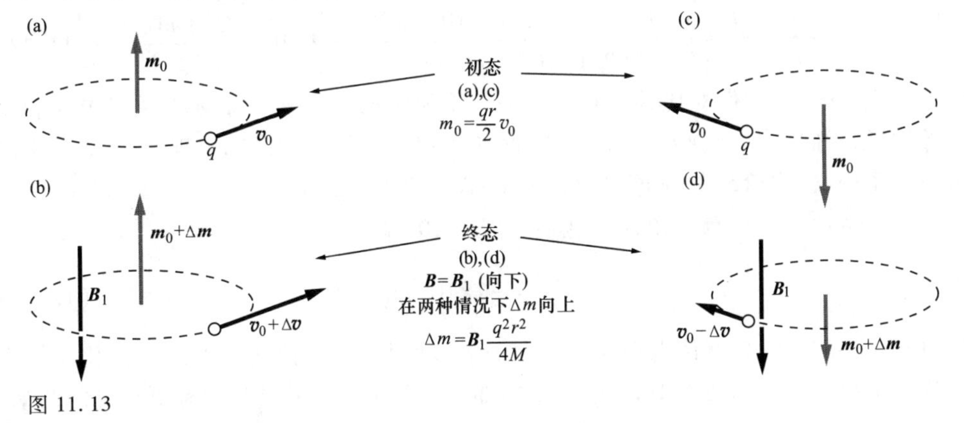


图 11.13

磁矩矢量的变化与 $\boldsymbol{B}$ 的方向相反，运动的方向一致。

$$\boxed{\Delta \boldsymbol{m}=-\frac{q^2r^2}{4M}\boldsymbol{B}_1} \tag{11.39}$$

在这个例子中，我们使用长度固定的绳子以使 $r$ 为常数。让我们看看绳子的张力如何变化。我们应假定 $B_1$ 足够小，以便满足 $\Delta v \ll v_0$。在最终状态我们需要的向心力大小为

$$F_1=\frac{M(v_0+\Delta v)^2}{r}\approx\frac{Mv_0^2}{r}+\frac{2Mv_0\Delta v}{r} \tag{11.40}$$

式中忽略了正比于 $(\Delta v)^2$ 的项。但磁场自身对运动电荷提供向内的力，大小为 $q(v_0+\Delta v)B_1$。利用式（11.37）将 $qB_1$ 用 $\Delta v$ 表示出来，我们发现这个额外的向内的力大小为 $(v_0+\Delta v)(2M\Delta v/r)$，计算到 $\Delta v/v_0$ 的一阶，则是 $2Mv_0\Delta v/r$。根据式（11.40），这正是我们所需要的力，避免了对绳子的额外要求！因此绳子上张力保持 $F_0$ 不变。

由此得出一个意外的结论：我们的结果式（11.39），对任何形式随半径变化的约束力一定都适用。我们的绳子也可以换成弹簧，这不影响结果——在最终状态时半径仍保持不变。或者马上回到我们感兴趣的系统，这个绳子可以用原子核对电子的库仑引力来代替。或它可能就是作用于多电子原子中的一个电子上的力，随半径变化而不同。

让我们把这个结论应用到原子中的电子上，用电子质量 $m_e$ 取代 $M$，$e^2$ 取代 $q^2$。现在 $\Delta m$ 是外加场 $B_1$ 作用在原子上产生的感应磁矩。换句话说，$\Delta m/B_1$ 是磁极化率，这和我们在 10.5 节讨论的电极化率 $\alpha$ 的定义方式相同。记住 $\alpha$ 有体积的量纲，并且大小是 $10^{-30}\text{m}^3$，大致是原子的体积。通过式（11.39），半径为 $r$ 的轨道上的电子产生的磁极化率为

$$\frac{\Delta m}{B_1}=-\frac{e^2r^2}{4m_e} \tag{11.41}$$

让轨道半径 $r$ 为玻尔半径，$0.53\times10^{-10}$m，我们发现

$$\frac{\Delta m}{B_1}=-\frac{(1.6\times10^{-19}\text{C})^2(0.53\times10^{-10}\text{m})^2}{4(9.1\times10^{-31}\text{kg})}=-2\times10^{-29}\frac{\text{C}^2\cdot\text{m}^2}{\text{kg}} \tag{11.42}$$

然而，把 $\Delta m$ 和 $B_1$ 做对比并不是太公平，因为磁场包含 $\mu_0/4\pi$ 乘以关于电流和距离的因子，详见式（6.49）中的毕奥-萨伐尔定律（类似的问题出现在10.5节中的电极化率中）。更合理的应该是 $(\mu_0/4\pi)\Delta m$ 和 $B_1$ 之间的对比。由于 $\mu_0/4\pi=1\times10^{-7}\text{kg}\cdot\text{m/C}^2$，数值就可以简单地通过因子 $10^{-7}$ 修正，则我们有

$$\frac{\mu_0}{4\pi}\frac{\Delta m}{B_1}=-2\times10^{-36}\text{m}^3 \tag{11.43}$$

这也有体积的量纲，就像电极化率 $\alpha/4\pi\varepsilon_0$。然而，这个值比典型的电极化率要小五或六个数量级，如在表10.2中列出的那样。关于这个差异我们有更精确的结果。使用式（11.41），我们有（重新使用 $\mu_0=1/\varepsilon_0c^2$）

$$\frac{\mu_0}{4\pi}\frac{\Delta m}{B_1}=-\frac{r^2}{4}\frac{\mu_0e^2}{4\pi m_e}=-\frac{r^2}{4}\left(\frac{1}{4\pi\varepsilon_0}\frac{e^2}{m_ec^2}\right)\equiv-\frac{r^2}{4}r_0 \tag{11.44}$$

括弧中的量具有长度量纲，被称为**经典电子半径**[6]，$r_0=2.8\times10^{-15}$m。由于电极化率由 $\alpha/4\pi\varepsilon_0\approx r^3$ 给出，其中 $r$ 是原子半径，通过经典电子半径 $r_0$ 和原子半径 $r$ 的比值（粗略地讲，这个值取决于因子4和我们模型中忽略的1阶因子），我们发现磁极化率要比电极化率小。

**例题**　让我们看看能否用式（11.41）来计算作用在表11.1中列出的抗磁性样品上的力。对于大部分物质，一克物质中，电子的总数大约是相同的。一个电子对应着两个核子（对于大部分元素原子重量是原子序数的2倍），或每千克物质中 $N=3\times10^{26}$。这与原子质量为 $1.67\times10^{-27}$kg 的事实是吻合的，所以每千克物质中有 $6\times10^{26}$ 个电子。氢的原子量为1，所以一克氢内的核子数为阿伏伽德罗常数，即 $6.02\times10^{23}$。

当然，式（11.41）中的 $r^2$ 现在必须被替换为轨道半径的均方 $\langle r^2\rangle$，这是所有原子内电子的平均值，其中有些轨道比其他的要大。其实在整个元素周期表中，从一个原子到另一个原子，$\langle r^2\rangle$ 的变化非常小，并且 $a_0^2$（我们刚提到的玻尔半径的平方），其估计值是相当可信的。采用这些数据，我们使用式（11.42）可以估算在1.8T的场中1kg物质上的感应磁矩的大小为

$$\begin{aligned}\Delta m&=N\frac{e^2r^2}{4m_e}B_1=(3\times10^{26})(2\times10^{-29}\text{C}^2\cdot\text{m}^2/\text{kg})(1.8\text{T})\\&=1.1\times10^{-2}\frac{\text{J}}{\text{T}}(\text{或 A}\cdot\text{m}^2)\end{aligned} \tag{11.45}$$

6　通过设定电子的剩余能量 $m_ec^2$ 等于（数量级大小）电荷量为 $e$ 半径为 $r_0$ 的球的电势能。详见练习题1.62。

这个物质在梯度为17T/m的场中，力会增大为

$$F=\Delta m\frac{\partial B_z}{\partial z}=\left(1.1\times10^{-2}\frac{\mathrm{J}}{\mathrm{T}}\right)\left(17\frac{\mathrm{T}}{\mathrm{m}}\right)=0.18\mathrm{N} \qquad (11.46)$$

这与实际情况符合得很好。事实上，这比我们在表11.1所列的几个纯抗磁性物质的期待值要好。至于力的符号，我们从式（11.39）中得知磁矩与外磁场反平行。在11.4节中的讨论告诉我们力与磁场减弱的方向一致，即沿螺线管向外。这符合抗磁性样品的表现，因为表11.1中的规定就是"—"表示向外。

我们现在可以明白为什么抗磁性是普遍现象，不过这个现象并不是很显眼。它在分子上和在原子上是相同的。事实上，分子比原子具有更大的结构——它可能是由成百上千个原子构成——而且更加明显地增加了轨道半径的均方。因为在分子中所有的固有电子更好地固定在原子上。不过有一些有意思的例外，我们也总结在表11.1中——石墨。石墨的抗磁性是由于不同寻常的结构，它允许电子相对自由地在原子平面群中的晶格中运动。对于这些电子，$\langle r^2\rangle$ 是非常大的。

正如在这一章开始时提到的，抗磁性（铁磁性和顺磁性）只能用量子力学解释。对于抗磁性，并不存在纯粹的经典理论，详见O'Dell和Zia(1986)。然而，上述讨论有利于抗磁性临界特性的理解，即磁矩的变化与外加磁场是相对的。

## 11.6 电子自旋和磁矩

电子除了它自身的轨道角动量外，还具有与它的轨道运动毫无关系的角动量。在许多方面它都像是绕着自身的轴在不停地转动。这个属性被称为自旋。抗磁性是电子的轨道角动量造成的，而顺磁性也是轨道角动量造成的（正如铁磁性那样，这将在11.11节中进行讨论）。这些根源形成的结果是抗磁矩反平行于外磁场的方向，而顺磁矩平行于外场方向（在一般意义上，与我们看到的一样）。

测量自旋角动量的大小时，总可以得到同样的结果：$h/4\pi$，其中 $h$ 是普朗克常数，其值为 $6.626\times10^{-34}\mathrm{kg\cdot m^2/s}$。电子自旋是一种量子现象。现在它对我们的重要性是，角动量的磁矩与它的本征的或"固有的"的角动量间存在联系，而且这个磁矩的大小是不变的。如果你把电子看成是一个绕其轴自旋的带负电的球，你就可以猜出磁矩的指向。即磁矩矢量的指向反平行于自旋角动量矢量，正如图11.14所示。然而，相对于角动量来说，自旋磁矩的大小是轨道运动磁矩大小的两倍。

给这个对象设计一个经典模型是毫无意义的；它的性质实质上属于量子力学范畴。我们甚至没必要说它是一个电流环路。它具有以下几个特征：① 它会产生一个磁场，这个磁场在远处是一个磁偶极矩的磁场；② 在外场 $\boldsymbol{B}$ 中，它受到一个力矩，与具有等效偶极矩的电流环所受的力矩相等；③ 在充满电子的空间内，各处 $\mathrm{div}\boldsymbol{B}=0$，这与我们熟悉的普通的磁场源中的情况一样。

由于自旋磁矩的大小永远相同，故外场只能影响其方向（拿这个与 11.5 节中的轨道磁矩的变化的大小值进行对比）。外场中的磁偶极子将受到力矩。如果你做过习题 6.34，你就能证明在磁场 $\mathbf{B}$ 中，偶极矩为 $\mathbf{m}$ 的任何形状的电流环路所受的力矩 $\mathbf{N}$ 为

$$\boxed{\mathbf{N}=\mathbf{m}\times\mathbf{B}} \tag{11.47}$$

让我们先停下来，为还没有做过这个习题的人计算一下在简单的特殊情况下的力矩。在图 11.15 中，我们看到一个电流为 $I$ 的矩形导线环。环路的磁矩 $\mathbf{m}$ 的大小为 $m=Iab$。水平线上的作用力 $\mathbf{F}_1$ 和 $\mathbf{F}_2$ 在环路上会产生力矩。每个力的大小为 $F=IbB$，力矩为 $(a/2)\sin\theta$。我们得到作用在环路上的力矩为

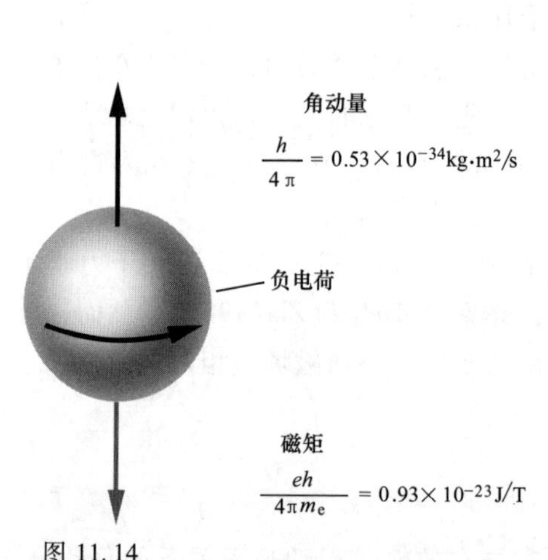


图 11.14
电子固有的角动量或者旋转动量和相关的磁矩。磁矩和角动量的比值是 $e/m_e$，而不是 $e/2m_e$，因为它是轨道运动，详见式（11.29）。这没有经典解释。

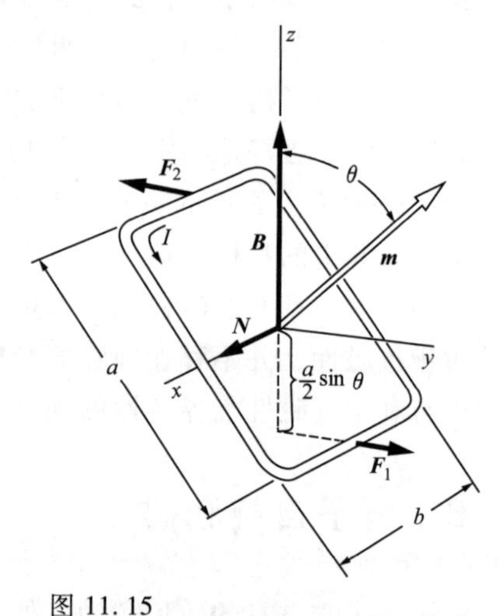


图 11.15
磁场 $\mathbf{B}$ 中电流环上转矩的计算。电流环的磁矩为 $\mathbf{m}$。

$$N=2(IbB)\frac{a}{2}\sin\theta=(Iab)B\sin\theta=mB\sin\theta \tag{11.48}$$

力矩作用在使 $\mathbf{m}$ 平行于 $\mathbf{B}$ 的方向上；在已知情况下，力矩用指向正 $x$ 方向的矢量 $\mathbf{N}$ 表示。所有这些都与通式（11.47）一致。注意实际上式（11.47）对应着 10.4 节中我们推导的在外电场 $\mathbf{E}$ 中作用于电偶极子 $\mathbf{p}$ 上力的公式，即 $\mathbf{N}=\mathbf{p}\times\mathbf{E}$。$\mathbf{m}$ 和 $\mathbf{B}$ 的方向相同时，就像电偶极子平行于 $\mathbf{E}$ 一样，都是能量处在最低的位置。同样，让磁偶极子 $\mathbf{m}$ 从平行于 $\mathbf{B}$ 的方向上转过角度 $\theta_0$，所需的功是 $mB(1-\cos\theta_0)$，见式（10.22）。当从平行的方向转到反平行的方向上，这个值变为 $2mB$。

如果物质中的电子自旋矩可以随意取向，我们可以预料到它们会倾向于任何外加磁场 $\mathbf{B}$ 的方向，即能量最低的方向。假设每克物质中的每个电子都取这个方向。无论在什么材料中，我们已经计算出每千克物质中大约有 $3\times10^{26}$ 个电子。电子的自旋磁矩 $m_s$ 已在图 11.14 中给出，为

$$m_s = 9.3\times10^{-24}\frac{\mathrm{J}}{\mathrm{T}}(\text{或 A}\cdot\mathrm{m}^2) \tag{11.49}$$

每千克物质中排列起来的总自旋磁矩将是 $(3\times10^{26})\times(9.3\times10^{-24})$，即 2800J/T。线圈中磁场的梯度是 17T/m，作用在每千克样品上的力将是 $4.7\times10^4$ N。这比 10000 磅还多一点，可以等效看成在 1g 的样品上受力为 10 磅。

显然这比作用在所有的顺磁性样品上的力都要大。我们的假设存在两个方面的错误。首先，电子自旋矩并不是随意指向的。其次，任何自旋矩的完美排列会被热运动破坏。让我们分别来看一下这两种原因。

在大多数原子和分子中，电子是成对组合的，不论外加磁场如何，每个电子对中自旋被强制指向相反的方向上。结果导致每个电子对中的磁矩恰好相互抵消。剩下的那部分就是我们已经研究过的轨道运动的抗磁性。绝大多数的分子是纯抗磁性的。少数分子（确实很少）包含奇数个电子，在这样的分子中，全部自旋矩成对消失显然是不可能的。例如，一氧化氮分子中有 15 个电子，且它是顺磁性的。氧气分子中含有 16 个电子，但它的电子结构倾向于两个电子自旋而不互相抵消。在单原子内电子通常成对。如果有一个外部不成对的电子，当原子组成复合物或晶体时，则这个电子的自旋与相邻原子中同样的电子自旋通常是成对的。然而，某些原子确实含有不成对的电子自旋，甚至当原子被其他原子环绕时，它们在磁场中也具有比较自由的取向。重要的例子包括元素周期表中从铬到铜的元素，包括铁、钴、镍的那个序列。另一组具有这个属性的元素就是钆周围的稀土元素。这些元素的化合物或合金一般是顺磁性，在某些情况下又是铁磁性。顺磁性涉及的自由电荷的自旋数量通常为每个原子中有一个或两个。我们可以认为每个顺磁性原子具有自由转动的磁矩 $\boldsymbol{m}$，这在场 $\boldsymbol{B}$ 中会像小罗盘针一样指向场的方向——如果不是因为热运动存在。

热运动往往造成自旋轴方向的随机分布。排列的有序程度最终表现为能量最低的方向和热运动造成的影响间的折中结果。我们之前遇到过这个问题。在 10.12 节中我们曾考虑电场 $\boldsymbol{E}$ 造成的有极分子的电偶极矩的排列情况。它最终取决于两能量的比率：$pE$，即平行于场 $\boldsymbol{E}$ 的偶极子矩 $\boldsymbol{p}$ 的能量与完全随机取向的平均值的比值，$kT$ 是在热力学温度 $T$ 时任何形式分子运动的热能。仅当 $pE$ 远远大于 $kT$ 时，偶极矩几乎完全排列整齐。如果 $pE$ 远小于 $kT$，平衡时极化等效于一小部分的完美排列，大约为总偶极子数量的 $pE/kT$。我们可以直接把这个结果定为顺磁性。我们只需要用 $mB$ 代替 $pE$，能量存在于磁场 $\boldsymbol{B}$ 中磁偶极矩 $\boldsymbol{m}$ 的方向。如果 $mB/kT$ 是小的，在单位空间内 $N$ 个偶极子的区域加上磁场 $\boldsymbol{B}$，则单位空间内的总磁矩大约为

$$M \approx Nm\left(\frac{mB}{kT}\right) = \frac{Nm^2}{kT}B \tag{11.50}$$

这个感应力矩正比于 $B$ 并与温度成反比。

在 1.8T 的磁场中电子自旋矩 $m = 9.3\times10^{-24}$ J/T，则 $mB = 1.7\times10^{-23}$ J。在室温下，$kT$ 为 $4\times10^{-21}$ J；在这种情况下，$mB/kT$ 的确很小。但在相同的磁场下，如果我们能

把温度降低到1K，$mB/kT$ 约为1。进一步降低温度我们可以预料到分子将会接近完美排列，总力矩接近 $Nm$。在低温实验中这些条件经常是可以实现的。事实上，在极低的温度下顺磁性更明显且更有趣，这与电介质的极化形成对比。分子电偶极子将被完全被冻结在固定位置上，不能重新定位。电子的自旋矩仍非常自由。

## 11.7　磁化率

我们发现在抗磁性和顺磁性物质中，都会产生一个正比于外加磁场的磁矩。至少，这在大多数情况下是对的。在极低的温度下，外加相当强的磁场后，我们可以看到如我们指出的那样，感应的顺磁性磁矩可以随着场强的增强而趋近于极限值。撇开这个“饱和”效应不讨论，磁矩和外加磁场间的关系是线性的，所以我们可以用感应磁矩和外加磁场的比值来描述物质的磁特性。这个比例称为磁化率。取决于我们物质选择的是1kg，或1m³，或1mol，我们把它们分别定义为比磁化率，体积磁化率或摩尔磁化率。我们在11.5节的讨论提出，对于抗磁性物质来说，基于每克物质的感应磁矩的比磁化率应当对各种物质都基本相同。然而，基于每立方厘米的感应磁矩而建立的体积磁化率的概念更适用于我们目前的问题。

我们称单位体积内的磁矩为磁极化强度或磁化强度，用符号 $\boldsymbol{M}$ 表示：

$$\boldsymbol{M}=\frac{\text{磁矩}}{\text{体积}} \tag{11.51}$$

由于磁矩 $\boldsymbol{m}$ 的单位为 $\mathrm{A\cdot m^2}$，磁矩 $\boldsymbol{M}$ 的单位则为 A/m。现在磁化强度 $\boldsymbol{M}$ 和磁场 $\boldsymbol{B}$ 具有相同的量纲。为了验证这一点，回忆一下在式（11.14）中给出的磁偶极子的场 $\boldsymbol{B}$ 的量纲，为 $\mu_0$(磁偶极矩)/(距离)³，而 $\boldsymbol{M}$ 的量纲，正如我们刚刚定义的那样，为（磁偶极矩)/(体积)。如果我们现在用下式定义体积磁化率 $\chi_{\mathrm{m}}$：

$$\boldsymbol{M}=\chi_{\mathrm{m}}\frac{\boldsymbol{B}}{\mu_0}\quad\text{（提醒：详见以下注释）} \tag{11.52}$$

则磁化率将是一个无量纲的数，抗磁性物质为负值，顺磁性物质为正值。这恰好和式（10.41）中表示的方法类似，在那里我们定义电极化率 $\chi_{\mathrm{e}}$ 为电极化率 $P$ 和电场 $\varepsilon_0 E$ 的比值。如果顺磁性对磁化率有贡献（让我们用 $\chi_{\mathrm{pm}}$ 表示它），我们可以使用式（11.50）写出一个类似于式（10.73）的公式：

$$\chi_{\mathrm{pm}}=\frac{M}{B/\mu_0}\approx\frac{\mu_0 N m^2}{kT} \tag{11.53}$$

其中 $N$ 指的是单位体积内的自旋偶极子。当然，完整的磁化率 $\chi_{\mathrm{m}}$ 包含始终存在的抗磁性的影响，从式（11.41）可推导出抗磁性的值为负。

不幸的是式（11.52）不是体积磁化率的常用定义。在常用定义中，有另一个磁场的定义 $\boldsymbol{H}$ 将代替 $\boldsymbol{B}$，我们将在11.10节看到它。虽然这不合逻辑，但通过 $\boldsymbol{H}$ 来定义磁化率具有某些实用的意义，而且由于我们太习惯于传统的用法，所以必须

接受它。但在这一章中，我们想要自然地描述它，并且按照物质中的电场的讨论方法进行平行讨论。这里的平行的意义是：物质内宏观磁场 $\boldsymbol{B}$ 是微观磁场 $\boldsymbol{B}$ 的平均表现，正如宏观电场 $\boldsymbol{E}$ 是微观电场 $\boldsymbol{E}$ 的平均表现一样。

只要 $\chi_m$ 与 1 非常接近，定义上的差别并无实际意义。$\chi_m$ 值对于纯抗磁的固体或液体来说，通常在 $-0.5\times10^{-5}$ 和 $-1.0\times10^{-5}$ 之间。即使在表 11.1 给出的条件下，氧气的顺磁化率比 $10^{-2}$ 小。这意味着物质中偶极矩产生的磁场，至少从宏观上看，比外加磁场 $\boldsymbol{B}$ 弱得多。这就使得我们有理由在这种系统中假设一个使原子偶极子定向的场，这个场和样品不存在时原有的场是一样的。然而，我们感兴趣的是磁矩场不是很小的其他系统。所以，正如我们研究的电极化情况那样，我们需要研究磁化物质本身在物质内部和外部所产生的磁场。

## 11.8 磁化物质引起的磁场

假如均匀分布在整块物质中的原子的磁偶极子都指向同一方向，那么这块物质就被均匀磁化了。磁化矢量 $M$ 是单位体积内定向偶极子的数量和偶极子的磁矩 $\boldsymbol{m}$ 的乘积。我们不关心这些偶极子的排列的一致性是如何维持的，也可能是因为来自于其他源的外场，但我们对此并不感兴趣，我们想研究的只是偶极子自身产生的磁场。

首先考虑在垂直于磁化方向上的厚度为 $\mathrm{d}z$ 的材料，如图 11.16（a）所示。这个平板微元可以再分为更小的块状。一个小块的端面面积为 $\mathrm{d}a$，由于单位体积内的偶极矩为 $M$，所以每小块包含的总偶极矩为 $M\mathrm{d}a\mathrm{d}z$。这小块在所有远点处——所谓“远”是相比于小块的大小而言——产生的磁场恰好与同样大小磁矩的偶极子的磁场相等。我们可以构建一个偶极子，它可以把 $\mathrm{d}z$ 宽的导电带弯成小块的形状，并在这个环路上加上电流 $I=M\mathrm{d}z$，如图 11.16（c）所示。这将在环路上产生一个偶极矩

$$m=I\times\text{面积}=(M\mathrm{d}z)\mathrm{d}a \qquad (11.54)$$

这和小块的偶极矩是一样的。

让我们把这片材料中的每小块都用这种电流环路来代替，如图 11.16（d）所示。所有这些环路中的电流都相同，因此在内部边界上我们看到大小相等而方向相反的电流，也就是说总电流为零。分成许多小环状的“鸡蛋箱”就等效于一个外围缠绕了一圈的带子，流动的电流为 $M\mathrm{d}z$，如图 11.16（e）所示。现在把这些小块细分到非常小，只要不细分到分子大小就可以。因为这些被细分的小块又必须足够大，以便各小块间磁化强度变化很小。在这

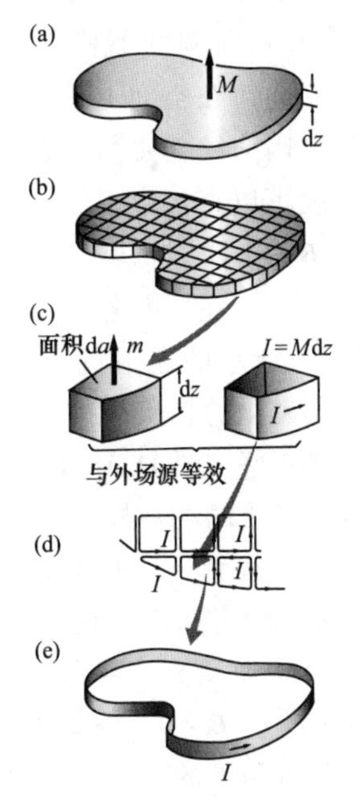


图 11.16
薄板磁化方向垂直于板表面，就其外场而言与电流带等效。

样的限制范围内，我们可以指出外部任何一点处的场，包括在靠近小块的位置处，都与电流带的场相同。

剩下的问题就是由这样的薄片，或薄板构建成的整体，如图11.17（a）所示。整块材料等效于图11.17（b）中的宽带，上面的电流为$M\mathrm{d}z$，单位为C/s，或更简单地说，在每个宽度为d$z$的带中的表面电流密度$\mathcal{J}$，以C/s·m为单位，其表达式为

$$\boxed{\mathcal{J}=M} \tag{11.55}$$

在图11.17（a）中的磁化物质块外的任一点处的磁场$\boldsymbol{B}$，甚至在靠近物质块的地方（只要不是靠近到分子距离内）和图11.17（b）中宽电流带的邻近对应点的场$\boldsymbol{B}'$相同。

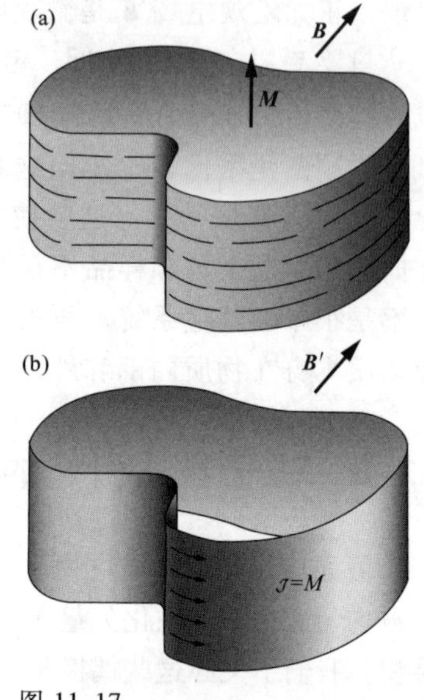


图11.17
均匀磁化块等效于表面电流带。

但是磁化物质块内部的磁场如何呢？此处我们将面临在第10章中所遇到的问题。如果我们使用微观的原子尺度来观察，在物质内部，磁场是不均匀的。在相距几埃的两点间，它的大小和方向都是快速变化的。这种微观场$\boldsymbol{B}$是真空磁场，如我们在第10章强调的那样，从微观角度来看，物质是粒子和电荷在空间上的集合。物质中可被唯一确定的宏观场是微观场的空间平均值。

因为缺乏磁荷引起的效应，我们相信微观场自身满足div$\boldsymbol{B}=0$。如果这点属实，那就可以直接引出结论，在物质块内部的微观场的空间平均和等效的电流带里面的场$\boldsymbol{B}'$相同。

为了证明这一点，使用图11.18所示的在平行于长度方向上均匀磁化的长棒。我们刚刚指出外磁场正好和图11.18（b）中的长圆柱形电流的场一样（实际上等效于单层螺线管）。图11.18（a）中的$S$表示闭合曲面，它包括穿过棒内部的$S_1$那部分。因为对于内部的微观场，div$\boldsymbol{B}=0$，外部磁场也一样，所以$S$包围的整个体积中，div$\boldsymbol{B}$处处为零。根据高斯定理，在整个$S$面上磁场$\boldsymbol{B}$的面积分必为零。图11.8（b）中的整个闭合曲面$S'$上，$\boldsymbol{B}'$的面积分也是零。在$S$的某部分

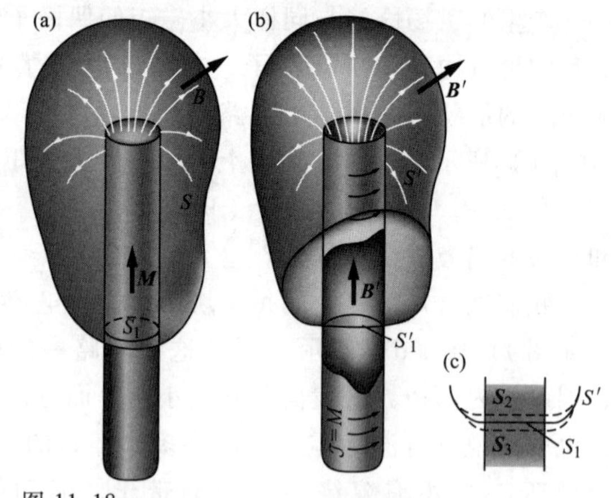


图11.18
（a）均匀磁化的柱状棒。（b）电流的等效空心圆柱体或护套。它的场为$\boldsymbol{B}'$。（c）我们可以从棒内部取样，通过相连的平行面$S_1$，$S_2$，…等得到微观场的空间平均值。

和与圆柱无关的 $S'$上，$\boldsymbol{B}$ 和 $\boldsymbol{B}'$相等。因此在内部圆形面 $S_1$ 上 $\boldsymbol{B}$ 的面积分必定等于在内部的圆形面 $S'_1$ 上的 $\boldsymbol{B}'$的面积分。这对于任何相邻间隔的平行圆面 $S_2$、$S_3$ 等必定成立，如图 11.18（c）所示，因为在圆柱外的这些圆面的邻近场是极小的，因此外面部分不起任何作用。对一系列这样等间隔的平面取面积分，这是一个计算邻近区域的场 $\boldsymbol{B}$ 的体平均值的好方法，因为在这种方法中对所有体积元都同等取样。由此可以得出磁化棒内部的微观场 $\boldsymbol{B}$ 的空间平均值等于图 11.18（b）的电流筒内部的场 $\boldsymbol{B}'$。

把我们刚才所做的讨论与我们在第 10 章中对相应问题的分析做一个比较，会很有启发的。图 11.19 把这些情况并排表示出来了。你会发现它们有次序地平行排

(a) 考虑对外部的电场$E$的影响时

da

$P$

dz

等价于

$q=P\,da$

$q=-P\,da$

电荷 $P\,da$

dz

电荷 $-P\,da$

因为体积为 da·dz 的一小块极化物质的极矩等于

均匀极化的物块可以分成很多这样的小棒，以此物块的外场和两个$\sigma=P_n$的面电荷形成的场是一样的。

$P$

$\sigma=P$

$\sigma=-P$

(更一般的，对于非均匀的极化，极化物质等价于密度为$\rho=\mathrm{div}\,\boldsymbol{P}$的电荷分布。)

(b) 考虑对外部的磁场$B$的影响时

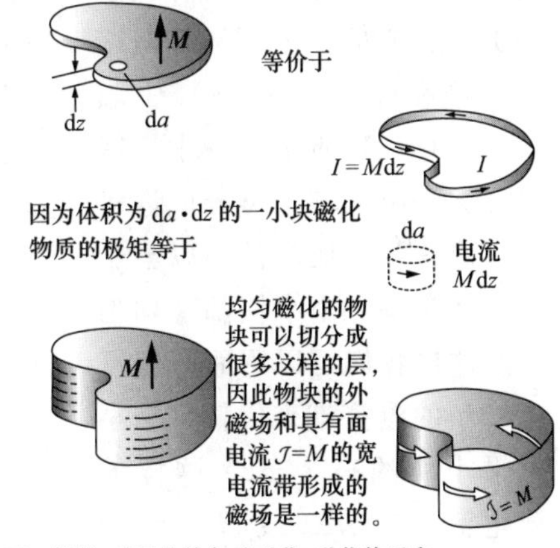


(更一般的，对于非均匀的磁化，磁化物质和密度为$\boldsymbol{J}=\mathrm{curl}\boldsymbol{M}$的电流分布是一样的。)

## 证明这种等价关系可以扩展到整个场的空间上的平均值的过程

考虑一个均匀极化的宽的、薄的、带状物体和一个与之等效的电荷层。

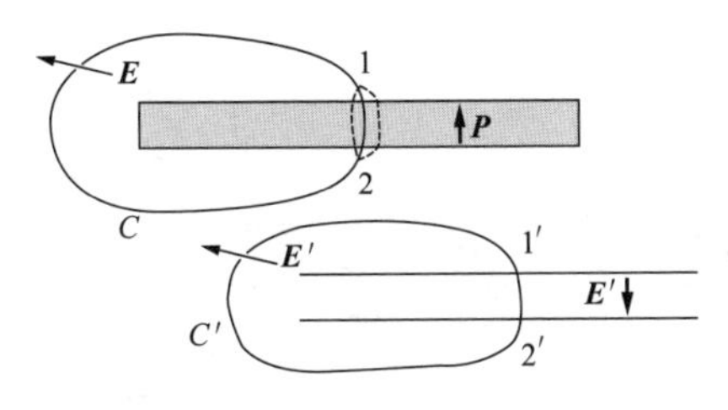


在中间位置附近 外场是微弱的并且$\boldsymbol{E}'$是均匀的。如果内部的电场符合 $\nabla\times\boldsymbol{E}=0$，那么$\oint_C \boldsymbol{E}\cdot \mathrm{d}\boldsymbol{l}=0$，但是外面的路径上有$\boldsymbol{E}=\boldsymbol{E}'$，所以对于整个内部的路径都有 $\int_1^2 \boldsymbol{E}\cdot\mathrm{d}\boldsymbol{l}=\int_{2'}^{2'}\boldsymbol{E}'\cdot\mathrm{d}\boldsymbol{l}'$。

结论：$\langle \boldsymbol{E}\rangle=\boldsymbol{E}'$；整个电场的空间平均值等于上述的等效电荷分(和其他的场源)布在一个真空空间那个点上的电场$\boldsymbol{E}'$的值。

考虑一个长的均匀磁化的圆柱体和一个与之等效的面电流筒。

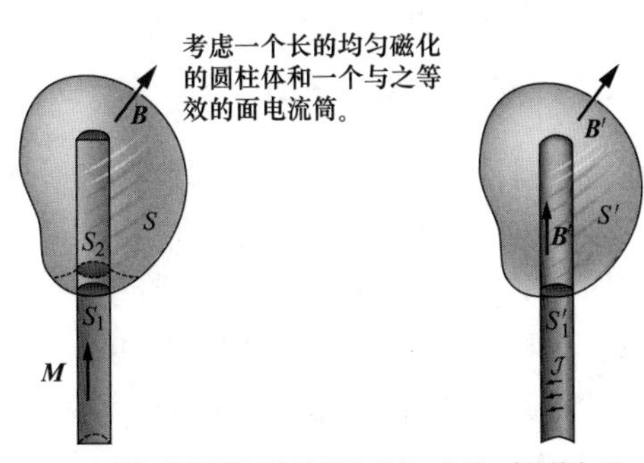


在中间位置附近外场是微弱的 并且$\boldsymbol{B}'$是均匀的。如果内部的磁场符合 $\nabla\cdot\boldsymbol{B}=0$，那么$\int_S \boldsymbol{B}\cdot\mathrm{d}\boldsymbol{a}=0$，但是在圆柱体外面的面上有$\boldsymbol{B}=\boldsymbol{B}'$，因此在$S_1$、$S_2$等这样的面的所有内部空间中都有$\int_{S_1}\boldsymbol{B}\cdot\mathrm{d}\boldsymbol{a}=\int_{S_1'}\boldsymbol{B}'\cdot\mathrm{d}\boldsymbol{a}'$。

结论：$\langle \boldsymbol{B}\rangle=\boldsymbol{B}'$；整个磁场的空间平均值等于上述的等效电荷分布(和其他的场源)在一个真空空间那个点上的磁场$\boldsymbol{B}'$的值。

图 11.19

电（a）和磁（b）情况的对比。

列着，但是在每一段上它们都存在差别，这种差别反映出了本质上的不对称性，即电荷是电场的源，而运动电荷是磁场的源。例如，对于微观场平均的论证，在电的情况下，问题的关键是假设微观电场的 $\mathrm{curl}\boldsymbol{E}=0$，在磁的情况下，问题的关键是假设微观磁场的 $\mathrm{div}\boldsymbol{B}=0$。

如果物质中磁化强度 $\boldsymbol{M}$ 是不均匀的，则可以用 $\boldsymbol{M}(x、y、z)$ 来表示随位置变化的磁化强度，那么等效电流分布可简单地写为

$$\boxed{\boldsymbol{J}=\mathrm{curl}\boldsymbol{M}} \tag{11.56}$$

让我们来看看在下述情况下上面的关系式会变成什么样。假设有一沿 $z$ 方向的磁化强度，它沿 $y$ 方向逐渐增强。这在图 11.20（a）中表示出来了，它是物质中的一小块区域，并且这一小区域又再分成许多小块。假设这些小块非常小以至于我们可以认为每一个小块都是均匀磁化的。这样我们可以用面电流密度为 $\mathcal{J}=M_z$ 的电流带来代替每个小块。如果小块的高为 $\Delta z$，这样的带所载电流 $I$ 为 $\mathcal{J}\Delta z$ 或 $M_z\Delta z$。现在每个带比它左边的带的电流密度稍大。每个环路中的电流都比它左边的环路中的电流大：

$$\Delta I=\Delta z\Delta M_z=\Delta z\frac{\partial M_z}{\partial y}\Delta y \tag{11.57}$$

在这一排小块中，每个界面处都有沿 $x$ 方向、大小为 $\Delta I$ 的净电流，如图 11.20（c）所示。为了计算单位面积上沿 $x$ 方向上的电流，我们可以乘以单位面积上的小块数 $1/(\Delta y\Delta z)$。因此

$$J_x=\Delta I\left(\frac{1}{\Delta y\Delta z}\right)=\frac{\partial M_z}{\partial y} \tag{11.58}$$

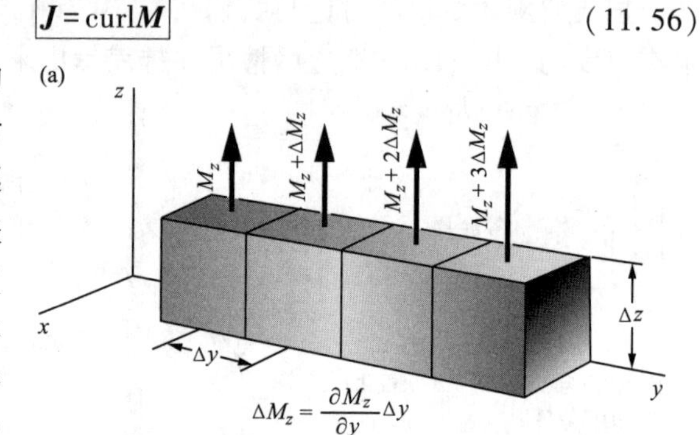


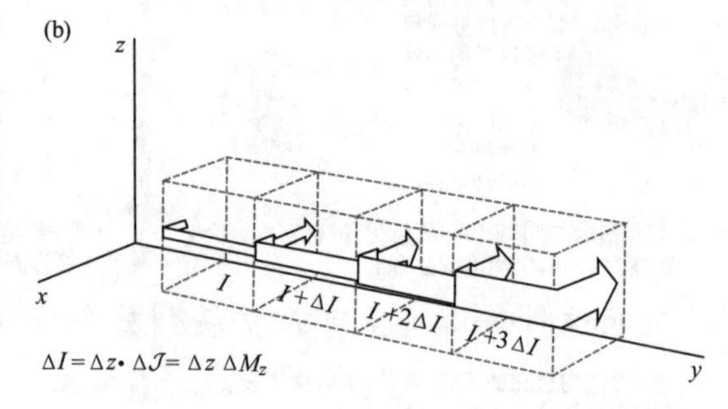


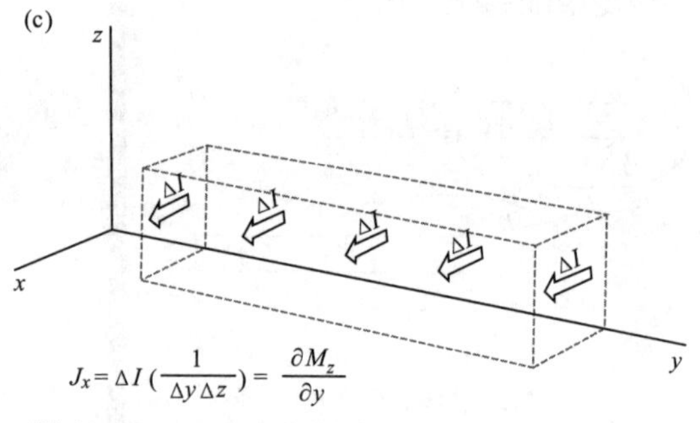


图 11.20

非均匀的磁化强度等效于一个空间电流密度。

得到 $x$ 方向上电流的另一种途径是求出在 $z$ 方向上变化的磁化强度的 $y$ 分量。如果用一列垂直的小块来探讨这种情况，你就会发现 $x$ 方向的净电流密度为

$$J_x=-\frac{\partial M_y}{\partial z} \tag{11.59}$$

一般来说，叠加这两种情况

$$J_x=\frac{\partial M_z}{\partial y}-\frac{\partial M_y}{\partial z}=(\mathrm{curl}\boldsymbol{M})_x \tag{11.60}$$

这足以建立式（11.56）。在11.10节中，我们在式（11.56）中重新把$\boldsymbol{J}$标记为$\boldsymbol{J}_{\text{bound}}$，因为它由原子内的轨道角动量和自旋角动量产生。现在对于磁化材料来说的$\boldsymbol{J}_{\text{bound}}=\mathrm{curl}\boldsymbol{M}$，很显然与我们在式（10.61）中推导的极化材料的$-\rho_{\text{bound}}=\mathrm{div}\boldsymbol{P}$是类似的。

**例题** 要证明图11.17所示的极化板中的$\mathcal{J}=M$可由$\boldsymbol{J}=\mathrm{curl}\boldsymbol{M}$推导出来，只需要将$\boldsymbol{J}=\mathrm{curl}\boldsymbol{M}$在适当的面积上进行积分即可。那么对于更一般的情况，即$\boldsymbol{M}$如果不平行于板的边界，会有什么结果呢？

**证明** 考虑一个细矩形，其中一个长边在材料内，另一个长边在材料外，如图11.21（a）中所示。如果在这个矩形的表面$S$上对$\boldsymbol{J}=\mathrm{curl}\boldsymbol{M}$进行积分，我们可以使用斯托克斯定理，把积分写成

$$\int_S \boldsymbol{J}\cdot \mathrm{d}\boldsymbol{a}=\int_S \mathrm{curl}\boldsymbol{M}\cdot \mathrm{d}\boldsymbol{a}\Longrightarrow I_S=\int_C \boldsymbol{M}\cdot \mathrm{d}\boldsymbol{s} \tag{11.61}$$

其中$I_S$是通过$S$的电流。这个电流可以写成$\mathcal{J}l$，其中$l$是矩形的高度。我们可以把矩形调节的任意细，经过它的电流必然是由于表面电流密度$\mathcal{J}$产生。积分$\int_C \boldsymbol{M}\cdot \mathrm{d}\boldsymbol{s}$等于$Ml$（在环路积分沿顺时针方向），因为$\boldsymbol{M}$在沿着矩形的左侧是非零的。方程式（11.61）给出了$\mathcal{J}l=Ml\Rightarrow\mathcal{J}=M$。如果$\boldsymbol{M}$方向朝上，则表面电流密度流向纸面内部。

如果我们有图11.21（b）中的更一般的情况，表面与$\boldsymbol{M}$的方向成一个角度，则在细矩形区域上的积分仍然给出$I_S=\int_C \boldsymbol{M}\cdot \mathrm{d}\boldsymbol{s}$。但现在点积中只剩下平行于矩形长边的$\boldsymbol{M}$分量。把这个分量称为$M_{\parallel}$。以上的推论很快变成$\mathcal{J}=M_{\parallel}$。（把这个与电极化物质中的表面电荷密度$\sigma=P_{\perp}$比较）你也能通过考虑所有小电流环路得到这个结果，正如我们在图11.16中做的那样。简而言之，如果使用相同数目的电流环填充进给定的高度，并且如果表面是倾斜的，相对的表面积会大一些。所以表面电流变小。

(a)

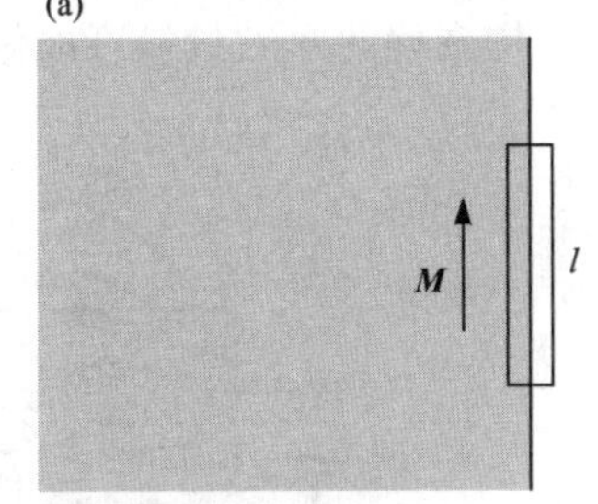


(b)

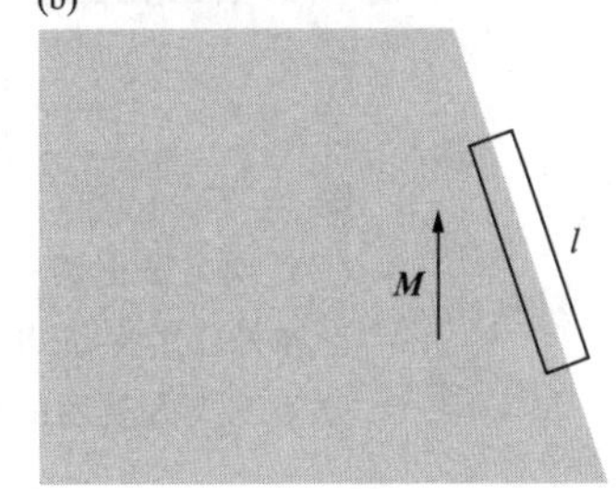


图 11.21
在薄矩形边界上的面积分，结合斯托克斯定理，由$\boldsymbol{J}=\mathrm{curl}\,\boldsymbol{M}$证明了$\mathcal{J}=M$。

## 11.9 永磁体的磁场

在第10章中提到的均匀极化的球和棒，即便在实验室中也很少见。冻结的电

极化现象倒是可以在某些物质中出现，尽管这种电极化通常被堆积的自由电荷所掩盖。为了制作能表现极化的棒的场分布图 11.3（a），需要用两个带电的磁盘。另一方面，永久磁化的物质，就是具有永久的磁化强度，这很常见并非常有用。永磁体可以由多数合金和磁性物质的化合物制成。为什么可以实现永磁体，这是我们留给 11.11 节解决的一个问题，在那一节我们将简短地讨论铁磁性的物理性质。而在本节中，我们可以认为永磁体的存在是天经地义的，我们想要研究均匀磁化的圆柱棒的磁场 $\boldsymbol{B}$，并把结果与具有相同形状的均匀极化棒的电场 $\boldsymbol{E}$ 进行仔细比较。

图 11.22 显示了每个实心棒的横截面。在各种情况下的极化都平行于轴，并且均匀分布。这表明在圆柱内部，极化强度 $\boldsymbol{P}$ 和磁化强度 $\boldsymbol{M}$ 处处大小相等，方向相同。在磁的情况下，这意味着每立方毫米的永磁体具有等量同向整齐排列的电子自旋。（用现代的永磁材料可以做到非常接近这种情况。）

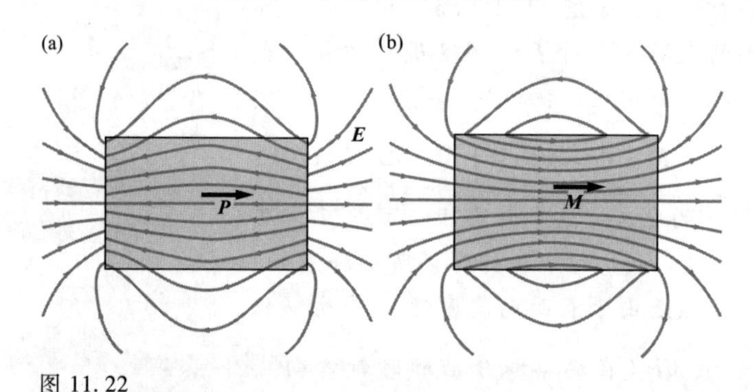


图 11.22

（a）均匀极化圆柱内部和外部的电场 $\boldsymbol{E}$。（b）均匀磁化圆柱内部和外部的磁场 $\boldsymbol{B}$。在每种情况下，显示的内部场是宏观场，即原子场或微观场的局部平均值。

所谓的圆柱体内的场，我们指的是微观场的空间平均上的宏观场。根据这种解释，我们在图 11.21 中表示出了棒内和棒外的场线。顺便说一下，我们并未假定这两个棒是彼此靠近的；我们仅是在图中把它们放在一起，这样做只是为了便于比较。每个棒都是孤立于其他物体的无场空间。（如果把它们紧密相连，你认为哪个棒的场对另一个的干扰作用更厉害些呢？）

在棒外的场 $\boldsymbol{E}$ 和 $\boldsymbol{B}$ 看起来很相似。事实上，场线是完全相同的路线。如果你想到电偶极子和磁偶极子具有相似的远场，你就不会对此感到惊讶。每一小块磁体是一个偶极子，每一个小电极化棒（有时叫作驻极体）是一个电偶极子，棒外的场是这些小块所有远场的叠加。

注意无论在棒内还是棒外，磁场 $\boldsymbol{B}$ 和圆柱筒状的电流场是一样的。事实上如果我们在硬纸柱上均匀地缠上一层细线，做成螺线管，我们把它与电池相连就可以复制出永久磁体的外部和内部的磁场 $\boldsymbol{B}$。（线圈会变热，电池电量会耗尽，但电子自旋所提供的电流是自由的和无摩擦的！）在电极化棒内部和外部的电场 $\boldsymbol{E}$ 就是在

圆柱两端带电圆盘产生的电场。

在棒内部的电场 $\boldsymbol{E}$ 和磁场 $\boldsymbol{B}$ 在形式上有着本质差别：磁场 $\boldsymbol{B}$ 指向右方，在圆柱两端上是连续的，而在圆柱的侧表面，场的方向存在急剧变化（这三个特性与桶装电流产生的磁场 $\boldsymbol{B}$ 一致）。而另一方面，电场 $\boldsymbol{E}$ 指向左方，在穿过圆柱表面时就如同那里不存在表面，但在两个端面处是不连续的（这三个特性与两个带电盘形成的电场是一致的）。产生这种差别是由于物理电偶极子的“内部”和物理磁偶极子的“内部”在本质上的区别，如图 11.8 所示。所谓物理上的，我们指的是大自然实际提供给我们的那些偶极子。

如果仅对外场感兴趣，我们可以用二者中的任何一张图片来描述磁体的场。我们可以说永磁体的磁场是由磁体右端的正磁荷层——磁体右端的北磁极面密度，和另一端的由南极所产生的负磁荷层所产生的。我们可以采用一个标量势函数 $\phi_{\text{mag}}$，使得 $\boldsymbol{B}=-\text{grad}\phi_{\text{mag}}$。电势函数 $\phi_{\text{mag}}$ 和假想磁极密度的关系与电势和电荷密度的关系一样。相比于矢势，标量势的简单性颇令人感兴趣。此外，磁的标量势可以使用非常简单的方式与磁场 $\boldsymbol{B}$ 的真正的源电流联系起来，因而人们可以在没有假想极的确定用途的情况下采用标量势。如果你必须设计磁体或者计算磁场，你可以使用这种装置。

但是，如果我们想了解磁性材料的内部场，我们就必须放弃磁极这个假说。从真正的意义上说，永磁体内的宏观磁场就像在图 11.22（b）中的场而不是像图 11.22（a）中的场，这已经被实验证明了，包括高能带电粒子在磁铁中偏转的实验，或者磁场对慢中子效应的实验，后者实验中慢中子甚至更容易通过物质内部。

**例题（圆盘的磁场）** 图 11.23（a）所示为一个小圆盘状的永磁体，其磁化强度平行于对称轴。尽管很多永磁体是铁质的棒状或者马蹄状，然而，用某些稀土元素做成的扁平盘状的磁体也有很大强度。磁化强度 $M$ 已知，为 $1.5\times10^5\text{J}/(\text{T}\cdot\text{m}^3)$ 或者单位用 A/m 表示。电子的磁矩是 $9.3\times10^{-24}$ J/T，所以 $M$ 的值相当于每立方米的体积中含有 $1.6\times10^{28}$ 个排列起来的电子自旋。这个圆盘和绕它边缘的面电流密度为 $\mathcal{J}=M$ 的电流带等效。边长 $l=0.3$cm，电流为

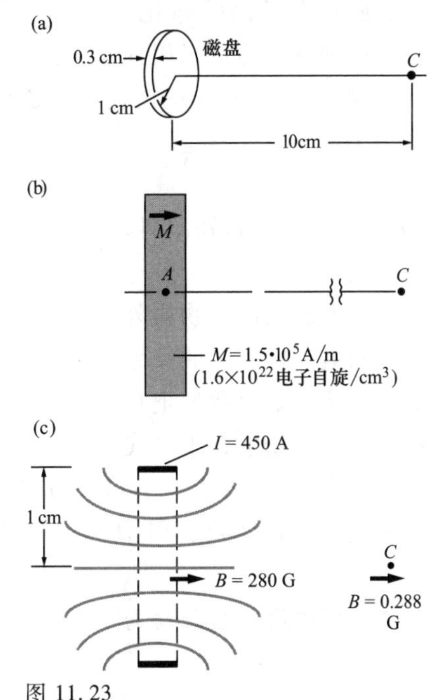


图 11.23

（a）平行于轴的均匀磁化盘。（b）盘的横截面。（c）等效电流大约是绕盘边缘流动的 450A 的电流。磁场 $B$ 与很短的螺线管的相同，或者半径为 1cm 的电流环。

$$I=\mathcal{J}l=Ml=(1.5\times10^{5}\mathrm{A/m})(3\times10^{-3}\mathrm{m})=450\mathrm{A} \tag{11.62}$$

这比汽车电池短路时的电流还大！空间中任意点上的磁场 $\boldsymbol{B}$，包括圆盘内的点，就是这个电流带的磁场。例如，靠近圆盘中心的 $B$ 大约是［使用式（6.54）］

$$B=\frac{\mu_0 I}{2r}=\frac{(4\pi\cdot10^{-7}\mathrm{kg\cdot m/C^2})(450\mathrm{C/s})}{2(0.01\mathrm{m})}=2.8\times10^{-2}\mathrm{T} \tag{11.63}$$

或者 280G。这个近似法就是把 0.3cm 宽的电流带当作简单的电流环来对待（电学的装置中相应的近似是认为等效电荷层的大小比它们的间距大得多）。而远点的场，对于电流环的情况，比较容易计算，但我们也可以像电场中的例子那样，做一近似计算。即我们可以求出这个对象的总磁矩，并求出此强度下的单个偶极子的远场。

## 11.10　自由电流和磁场强度 $H$

把束缚电流和自由电流区分出来通常是有用的。束缚电流与分子或原子的磁矩有很大关联，磁矩包括自旋粒子的本征磁矩。这些就是安培设想的分子电流回路，也是我们刚刚讨论的磁化的源头。自由电流一般是在宏观路径上流动的传导电流——这种电流是可以用开关来控制启动和停止，并可用电流表来测量的。

在式（11.56）中的电流密度 $\boldsymbol{J}$ 是束缚电流的宏观平均值，所以以后我们把它标明为 $\boldsymbol{J}_{\text{bound}}$：

$$\boldsymbol{J}_{\text{bound}}=\mathrm{curl}\boldsymbol{M} \tag{11.64}$$

在 $\boldsymbol{M}$ 不连续的表面处，例如图 11.17 中的磁化物块的侧面，表面电流密度 $\mathcal{J}$ 代表着束缚电流。

我们发现无论在物质外部还是内部，在空间平均上，$\boldsymbol{B}$ 与 $\boldsymbol{J}_{\text{bound}}$ 间的关系，恰好像它和电流密度间的关系。这就是说，$\mathrm{curl}\,\boldsymbol{B}=\mu_0\boldsymbol{J}_{\text{bound}}$。但这是在不存在自由电流的情形下。如果我们把自由电流考虑进去，就需要把自由电流产生的场叠加在磁化物质产生的场上，于是我们有

$$\mathrm{curl}\boldsymbol{B}=\mu_0(\boldsymbol{J}_{\text{bound}}+\boldsymbol{J}_{\text{free}})=\mu_0\boldsymbol{J}_{\text{total}} \tag{11.65}$$

通过式（11.64），用 $\boldsymbol{M}$ 来表达 $\boldsymbol{J}_{\text{bound}}$。则式（11.65）变成

$$\mathrm{curl}\boldsymbol{B}=\mu_0(\mathrm{curl}\boldsymbol{M})+\mu_0\boldsymbol{J}_{\text{free}} \tag{11.66}$$

这个式子可以进一步改写为

$$\mathrm{curl}\left(\frac{\boldsymbol{B}}{\mu_0}-\boldsymbol{M}\right)=\boldsymbol{J}_{\text{free}} \tag{11.67}$$

如果我们通过下式来定义空间内每一点上矢量函数 $\boldsymbol{H}(x,\ y,\ z)$：

$$\boxed{\boldsymbol{H}\equiv\frac{\boldsymbol{B}}{\mu_0}-\boldsymbol{M}} \tag{11.68}$$

则式（11.67）就可以写成

$$\boxed{\mathrm{curl}\boldsymbol{H}=\boldsymbol{J}_{\mathrm{free}}} \tag{11.69}$$

换句话说，由式（11.68）定义的矢量 $\boldsymbol{H}$ 与自由电流间的关系（取决因子 $\mu_0$）与 $\boldsymbol{B}$ 和总电流即束缚电流和自由电流之和之间的关系一样。然而这种类比是不完整的，因为总有 $\mathrm{div}\boldsymbol{B}=0$，而矢量函数 $\boldsymbol{H}$ 的散度却不一定为零。

这确实会使我们想到第 10 章中有点牵强地引入的矢量 $\boldsymbol{D}$。$\boldsymbol{D}$ 和自由电荷间的关系（取决于因子 $\varepsilon_0$）与 $\boldsymbol{E}$ 和总电荷间的关系一样。尽管我们不太重视 $\boldsymbol{D}$，但矢量 $\boldsymbol{H}$ 确实是有用的，出于实际原因这个是可以理解的，原因就是在方程 $\mathrm{div}\boldsymbol{D}=\rho_{\mathrm{free}}$ 和 $\mathrm{curl}\boldsymbol{H}=\boldsymbol{J}_{\mathrm{free}}$ 中的电荷密度 $\rho_{\mathrm{free}}$ 很难测量，而电流密度 $\boldsymbol{J}_{\mathrm{free}}$ 很容易测量。让我们看看其他的情况。

在电系统中，我们可以很容易控制和测量的是研究对象上的电势差，而不是它的自由电荷数量。因此，我们可以直接控制电场 $\boldsymbol{E}$。而 $\boldsymbol{D}$ 在我们直接控制的范围外，因为它在任何意义上都不是一个基本量，它发生什么都没有什么重大意义。然而在磁系统中，我们最容易控制的正是这个自由电流。我们让它流过导线，用电流表测量它，通过绝缘方法把它限定在固定路径上等等。通常我们几乎不能直接控制磁化强度。因此也几乎不能控制 $\boldsymbol{B}$。所以辅助矢量 $\boldsymbol{H}$ 是有用的，虽然 $\boldsymbol{D}$ 不是很有用。

与式（11.69）等效的积分的关系式是

$$\boxed{\int_C \boldsymbol{H}\cdot \mathrm{d}\boldsymbol{l}=\int_S \boldsymbol{J}_{\mathrm{free}}\cdot \mathrm{d}\boldsymbol{a}=I_{\mathrm{free}}} \tag{11.70}$$

其中 $I_{\mathrm{free}}$ 是由路径 $C$ 所包围的总自由电流。假设我们在一块铁块上缠一个线圈，并且让线圈内的电流为 $I$，这电流可以用与线圈串联的电流表测量。这是自由电流，而且是该系统中唯一的自由电流。因此，不管路径是否通过铁块，我们可以确定的是沿任何闭合路径 $\boldsymbol{H}$ 的线积分。积分仅依赖于路径绕线圈的匝数，而与铁的磁化强度无关。在这系统中确定 $\boldsymbol{M}$ 和 $\boldsymbol{B}$ 可能是相当复杂的。从中选出我们能直接确定的量会对我们很有用。图 11.24 用一个实例表明了 $\boldsymbol{H}$ 的这种特性，并且提醒我们在实用情形下所用的单位。$\boldsymbol{H}$ 与 $\boldsymbol{B}/\mu_0$ 有相同的单位，

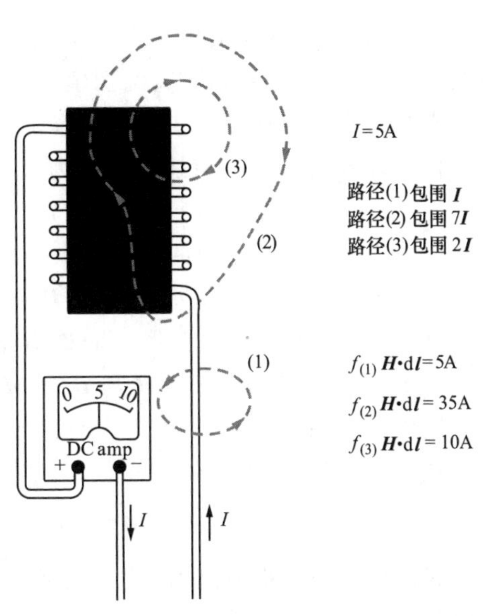


图 11.24

电流和 $\boldsymbol{H}$ 的线积分间关系的图解。

或者与 $\boldsymbol{M}$ 具有相同的单位，为 A/m。这与 curl $\boldsymbol{H}$ 等于 $\boldsymbol{J}_{\text{free}}$ 的事实一致，其单位为 $\text{A/m}^2$。这也与 $\int \boldsymbol{H}\cdot d\boldsymbol{l}$ 等于 $I_{\text{free}}$ 的事实一致，其单位为 A。

我们认为 $\boldsymbol{B}$ 是基本的磁场矢量是因为不存在磁荷，这在 11.2 节中已经讨论过了，这就表明了任何地方上 $\text{div}\boldsymbol{B}=0$，甚至在原子和分子里。就像我们在 11.8 节中指出的，从 $\text{div}\boldsymbol{B}=0$ 可以得出，在物质中的平均宏观场是 $\boldsymbol{B}$ 而不是 $\boldsymbol{H}$。这其中的含义在过去并不总是被理解或受到注意。然而，我们已经解释过，$\boldsymbol{H}$ 具有实际的优势。在一些早期书籍中你可以看到 $\boldsymbol{H}$ 是作为原始磁场引入的。然后 $\boldsymbol{B}$ 被定义为 $\mu_0(\boldsymbol{H}+\boldsymbol{M})$，并被命名为**磁感应强度**。就是现在也有一些作者，虽然他们把 $\boldsymbol{B}$ 作为原始磁场，也不得不把它称为磁感应强度，因为**磁场强度**一词在历史上已被 $\boldsymbol{H}$ 抢先使用了。这似乎是笨拙和迂腐的。如果你走进实验室问一个物理学家，是什么东西导致他的气泡室里的 π 介子轨迹弯曲，他可能会回答“磁场”而不是“磁感应”。你很少听到地球物理学家提到地球的磁感应强度，或者天体物理学家谈论星系中的磁感应强度。

这仅仅是名称造成的麻烦，而不是符号问题。每个人都同意在高斯 CGS 制中 $\boldsymbol{B}$、$\boldsymbol{M}$ 和 $\boldsymbol{H}$ 的关系式是式（11.68）表述的那样。在真空中我们有 $\boldsymbol{H}=\boldsymbol{B}/\mu_0$，在没有物质的地方 $\boldsymbol{M}$ 必定是零。

在电磁波的描述中，对于电场和磁场，相比于 $\boldsymbol{B}$ 和 $\boldsymbol{E}$，更习惯使用 $\boldsymbol{H}$ 和 $\boldsymbol{E}$。对于我们在 9.4 节中研究的自由空间内的平面波，在单位为 A/m 的磁振幅 $H_0$ 和单位为 V/m 的电振幅 $E_0$ 间的关系式中包含常数 $\sqrt{\mu_0/\varepsilon_0}$，这个常数具有电阻的量纲并且其值约为 377Ω。要知道其确切值，请参阅附录 E。我们之前在 9.6 节中遇到过这个常数，它出现在平面波中的功率密度表达式中，即式（9.36）。符合 $E_0$ 和 $B_0$ 的条件，即式（9.26）所述的，则为

$$E_0(\text{V/m})=H_0(\text{A/m})\times 377\Omega \tag{11.71}$$

这样就可以采用一个方便的单位制来处理在真空中源是宏观交流电流和电压的电磁场。但请记住物质中的基本磁场是 $\boldsymbol{B}$ 而不是 $\boldsymbol{H}$，正如我们在 11.9 节中发现的那样。这不是个纯粹的定义问题，而是不存在磁荷的必然结果。

在 SI 和高斯单位制下，$\boldsymbol{H}$ 与 $\boldsymbol{B}$ 和 $\boldsymbol{M}$ 之间的关系被总结在图 11.25 中。这些关系可以检测 $\boldsymbol{M}$ 是否正比于 $\boldsymbol{B}$。然而，如果 $\boldsymbol{M}$ 正比于 $\boldsymbol{B}$，则 $\boldsymbol{M}$ 也正比于 $\boldsymbol{H}$。事实上，式（11.52）所给的体积磁化率 $\chi_{\text{m}}$ 的传统定义在逻辑上并不好，应该定义为

$$\boxed{\boldsymbol{M}=\chi_{\text{m}}\boldsymbol{H}}\quad(\text{如果 }\boldsymbol{M}\propto\boldsymbol{B}) \tag{11.72}$$

此后我们将勉为其难地使用上述这个公式。如果在一般情况下，有 $\chi_{\text{m}}\ll 1$，则在上述两种定义间的差别就可忽略了，详见练习 11.38。

图 11.22（b）中所示的永磁体是一个很好的例子，它表明了 $\boldsymbol{H}$ 与 $\boldsymbol{B}$ 和 $\boldsymbol{M}$ 间的关系。为获得磁化物质内部某点的 $\boldsymbol{H}$，我们必须在该点的磁场 $B/\mu_0$ 上用矢量加法添加一个矢量 $-\boldsymbol{M}$。图 11.26 对特定点 $P$ 进行了描述。结果表明，磁体内部的 $\boldsymbol{H}$ 线看起来正好像图 11.22（a）中极化圆柱体内部的电场线 $\boldsymbol{E}$。理由如下，在永磁

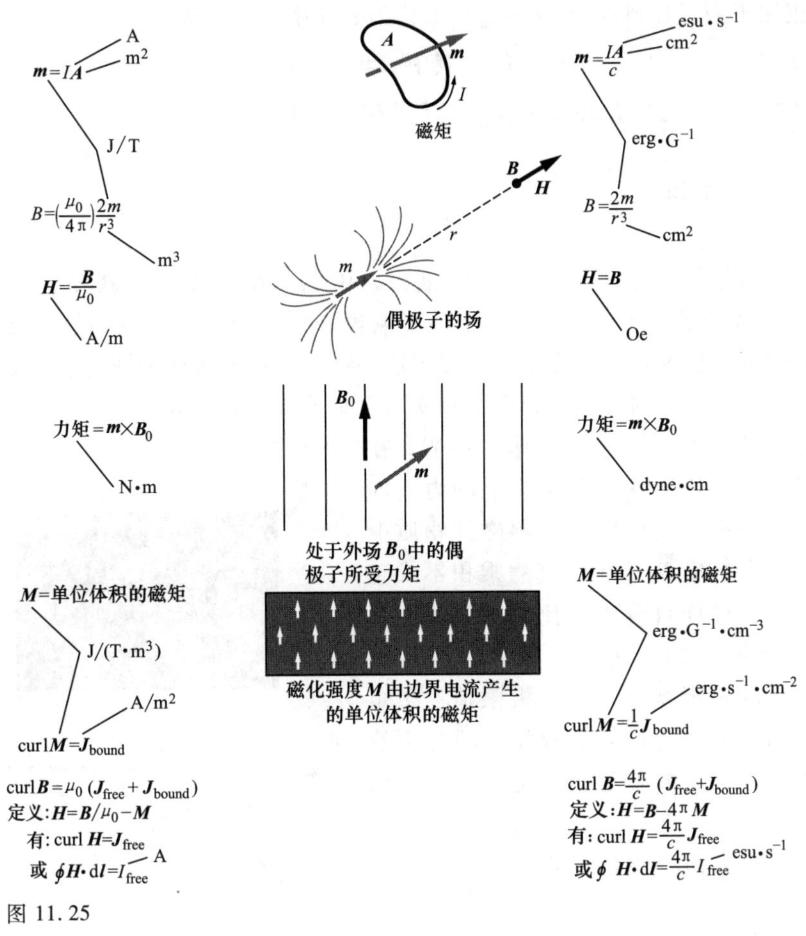


图 11.25

涉及 $\boldsymbol{B}$、$\boldsymbol{H}$、$\boldsymbol{M}$、$\boldsymbol{m}$、$\boldsymbol{J}_{\text{free}}$ 和 $\boldsymbol{J}_{\text{bound}}$ 间关系的总结。

体中根本没有自由电流。因此，根据式（11.70），$\boldsymbol{H}$ 的线积分在任何闭合路径上必须是零。如果 $\boldsymbol{H}$ 线看来像图 11.22（a）中的 $\boldsymbol{E}$ 线，你会发现这个情况属实，因为我们知道沿任何闭合路径的静电场的线积分为零。

用另一种方式表述，如果是磁极而不是电流为磁化的来源，那么物质内宏观磁场看起来像极化物质中的宏观电场（因为场是由电极子产生的）。磁极化和电极化的相似度将变得完整。具有磁极的装置（假想的）中的场 $\boldsymbol{B}$ 看起来像具有电流环路的装置（真实的）中的场 $\boldsymbol{H}$。

在永磁体的例子中，式（11.72）并不适用。磁化强度矢量 $\boldsymbol{M}$ 与 $\boldsymbol{H}$ 并不成正比，其关系由材料的预处理决定。在下一节中将解释这个问题。

对于任何 $\boldsymbol{M}$ 和 $\boldsymbol{H}$ 成正比的材料，式（11.72）也适用于基本关系，即式（11.68），我们有

$$\boldsymbol{B}=\mu_0(\boldsymbol{H}+\boldsymbol{M})=\mu_0(1+\chi_{\text{m}})\boldsymbol{H} \tag{11.73}$$

因此 $\boldsymbol{B}$ 正比于 $\boldsymbol{H}$。比例因子 $(1+\chi_m)$ 被称为磁导率，用 $\mu$ 表示：

$$\boxed{\boldsymbol{B}=\mu\boldsymbol{H}} \quad 其中\ \mu\equiv\mu_0(1+\chi_m) \tag{11.74}$$

习惯用来描述铁磁性的是磁导率 $\mu$，而不是磁化率 $\chi$。

## 11.11 铁磁性

铁磁性长期以来服务于人类，但也让人困惑。在古代人们就知道天然磁石（磁铁矿），做成指南针的铁在历史上的影响也许仅次于制成刀剑的铁。近一个世纪，我们的电气技术在很大程度上依赖于这种特性，具备这种特性的金属恰好很丰富。然而，量子力学的发展才让我们对铁磁性有了基本的了解。

我们已经讨论了一些铁磁体的性质。在很强的磁场中，作用在铁磁物质上的力指向场强变大的方向，就像作用在顺磁性物质上一样，但这力与场 $\boldsymbol{B}$ 及其梯度的乘积不成正比，而只是和梯度自身成正比。正如我们在11.4节末尾所讲的，这表明如果磁场足够强，铁磁体的磁矩将达到某一极限值。磁矩矢量的方向必然仍为磁场所控制。因为不然的话，力的作用方向就不会总是指向强度增加的方向了。

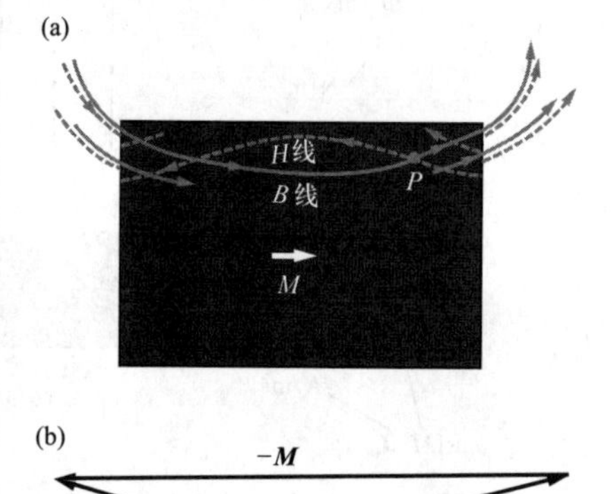


图 11.26

(a) 在图 11.22 (b) 中的极化圆柱内一点的 $\boldsymbol{B}$、$\boldsymbol{H}$ 和 $\boldsymbol{M}$ 的关系。(b) 点 $P$ 处的矢量的关系。

虽然没有任何外加场，我们在永磁体中仍能观察到磁矩，甚至当加上外场时，只要外场不太强，磁矩仍能维持其大小和方向不变。永磁体自身的场当然是一直存在的，但你可能会怀疑它本身的场是否能保持其自身场源整齐排列。然而，如果你再看看图11.22 (b) 和图11.26，你会注意到一般情况下 $\boldsymbol{M}$ 既不平行于 $\boldsymbol{B}$ 也不平行于 $\boldsymbol{H}$。这表明磁偶极子必定是被纯磁力外的力固定在某一方向上。

---

**例题** 我们可以根据表11.1中的数据推断出铁的饱和磁化。在梯度为17T/m的磁场中，作用在1kg铁上的力是4000N。根据偶极子上的力与磁场梯度间的关系式(11.20)，我们求出

$$m=\frac{F}{\mathrm{d}B/\mathrm{d}z}=\frac{4000\mathrm{N}}{17\mathrm{T/m}}=235\mathrm{J/T} \quad (对于\ 1\mathrm{kg}) \tag{11.75}$$

为了得到每平方米上的磁矩，我们用铁的密度 $7800\mathrm{kg/m^3}$ 乘以 $m$。因此磁化强度 $M$ 为

$$M=(235\mathrm{J/T\cdot kg})(7800\mathrm{kg/m^3})=1.83\times10^6\mathrm{J/(T\cdot m^3)} \tag{11.76}$$

我们应该用 $\mu_0 M$ 而不是 $M$ 来和以高斯为单位的磁感应强度来比较。在现在的情况

下，$\mu_0 M$ 的值为 2.3T。

计算这个磁化强度相当于多少个电子自旋磁矩是有趣的。用图 11.14 中给出的电子磁矩 $9.3\times10^{-24}$ J/T 除以 $M$，我们得到每立方米约有 $2\times10^{29}$ 个自旋磁矩。现在 $1m^3$ 的铁中大约包含 $10^{29}$ 个原子。达到极限磁化强度时，相当于每个原子约有两个排列起来的电子自旋。因为原子中的大部分电子成对地抵消掉而无磁效应，这表明我们所涉及的是原子结构中那些少数电子自旋完全排列起来的情况，这些电子自旋能够自由地指向同一个方向。

---

铁磁体暗示的事实是：对于给定的铁磁性物质，例如纯铁，当加热到一定的温度时会瞬间失去铁磁性质。纯铁在 770℃ 以上就像顺磁性物质一样。当冷却至低于 770℃ 时，它立即恢复了其铁磁性质。这个转变温度称为居里点，皮埃尔·居里是这一现象的最早研究者之一，不同物质的居里点是不同的。纯镍的居里点是 358℃。

这种铁磁性质究竟是什么，它使 770℃ 以下的铁和 770℃ 以上的铁表现得如此不同，而且在任何温度下都和铜不一样呢？这是由于原子的磁矩自发地排列成一个方向，意味着每个铁原子中某些电子的自旋轴排列成行。所谓自发的，是指不涉及外部磁场。在铁中大到足以包含百万计原子的区域内，几乎所有原子的自旋和磁矩都指向同一个方向。远低于居里点时——例如在室温，在铁中的情形——排列几乎是完美的。如果你可以用魔法看到金属晶格内部，而且能看到单个磁矩都带有矢量箭头的话，你会看到类似图 11.27 中所示的情况。

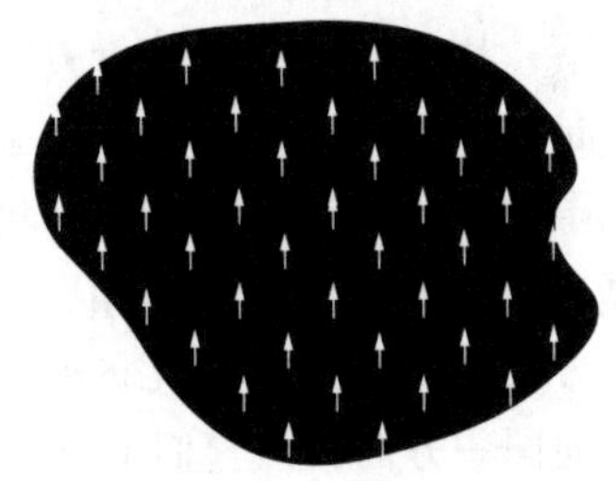

图 11.27
铁晶体中一块小区域内自旋方向的秩序。每个箭头代表一个铁原子的磁矩。

高温将破坏这种整齐排列是一件很正常的事。可以这样说，热能是秩序的敌人。晶体，有序排列的原子，加热至熔点后会变成液体，这是一种非常无序的排列。熔点和居里点一样，因物质不同而不同。让我们把注意力集中在有序状态本身上。有三个问题是显而易见的：

**问题 1**　是什么使自旋排列整齐，并使它们保持住整齐的？

**问题 2**　如果没有外场存在，自旋如何选择某一方向而不选择另一个方向呢？为什么图 11.27 中的所有磁矩都指向上方，而不是指向下方，或右方，或左方呢？

**问题 3**　如果所有原子磁矩都是排列整齐的，为什么在室温下每块铁不都是强磁铁呢？

回答这三个问题将有助于我们理解，至少大体上理解当加上既不太强也不太弱的外磁场时铁磁材料的性质，包括我们还未曾讨论过的许多现象。

**答案 1**　由于某些关于铁原子结构的量子力学方面的原因，邻近的铁原子的自旋方向利于取平行的方向。这不是由于它们间的磁相互作用。这是个比磁相互作用更强的效应，它促使平行自旋不是像↑↑这样就是像→→这样排列（偶极子相互作用不是这种情况——见练习10.29）。现在如果原子$A$（见图11.28）想要使它的自旋和它的邻近原子$B$、$C$、$D$和$E$的自旋同向，而它们中的每个更倾向于与它邻近的原子的自旋方向同向，包括原子$A$，你可以很容易地想到，如果局部的同向性一旦形成，就会有很强的趋势“使它一致”，而且这种趋势就将很快蔓延开。

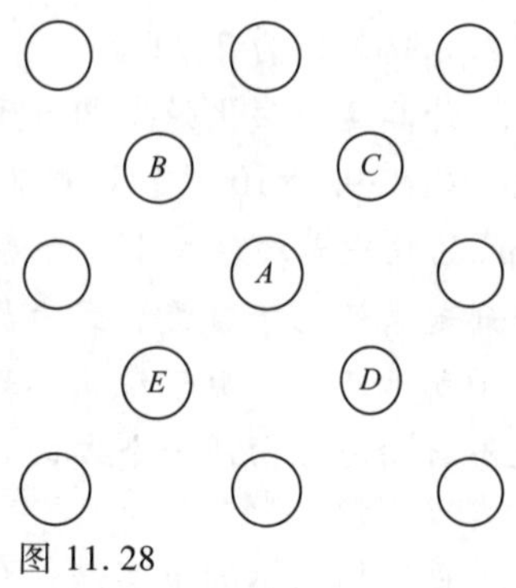


图11.28

原子$A$核晶格内的相邻区域。（当然，晶格是三维的。）

**答案2**　如果我们从无序状态开始——例如在没有任何外部场的情况下，把铁冷却到居里点以下，从晶体的各个等价方向中选出哪个方向完全是偶然的。纯铁是由体心立方体组成的。每个原子都有8个近邻。周围环境的对称性对原子的每一个物理性质都起作用，包括自旋耦合。铁的立方轴恰巧是最易磁化的轴。就是说，自旋喜欢指向同一方向，但它们最喜欢的是$\pm x$、$\pm y$、$\pm z$六个方向之一（见图11.29）。这很重要，因为它意味着自旋不能容易地从一个易磁化方向整体地旋转到另一个等效的垂直方向上去。为此，在这过程中它们一定得经过不那么有利的方向。正是有这种障碍，才可能有永磁体。

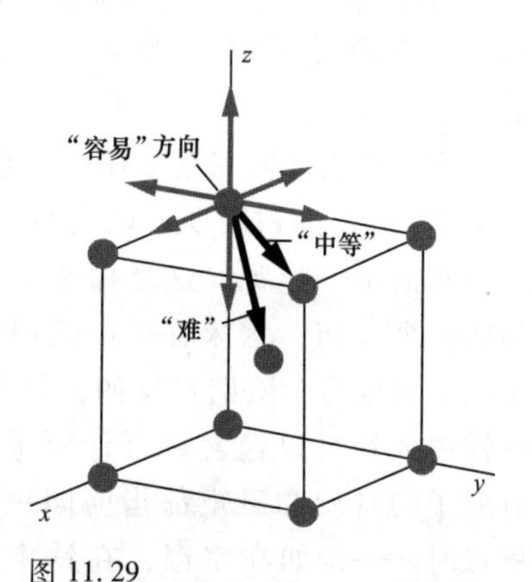


图11.29

在铁中，磁化的最优方向是沿着晶体的立方轴。

**答案3**　一个显然未磁化的铁片实际上是由许多磁畴组成，每个磁畴中的自旋都按同一方式排列，但其方向和邻近磁畴中的自旋不同。在整个“未磁化”的铁片取平均的情况下，所有方向都是均等地出现的，所以没有宏观的磁场。甚至在单晶中也有磁畴存在。按一般的字面解释，磁畴通常是微观的。但事实上，在低倍显微镜下就可以看到它们。当然，在原子尺度上，这仍然是巨大的，所以一个典型的磁畴包括数十亿个磁矩。图11.30描绘了划分的磁畴。所以能够划分成磁畴是因为这样排列的能量要比所有自旋都排列成同一指向时要低。按后者方式排

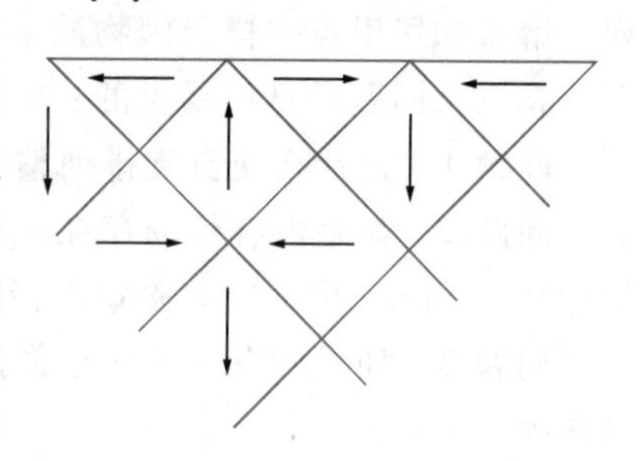

图11.30

在铁的单一均匀晶体内磁畴的可能排列。

列的将是永磁体，它在其周围扩展着很强的场。其外部的场中贮存的能量比转动晶体中某一小部分自旋所需的能量来得大，这一部分自旋就是在磁畴边界上的那些和它们的近邻方向不一致的那部分自旋。磁畴结构因此是能量最小化的结果。

如果我们在铁棒上缠绕上一层线圈，给线圈通上电流，就可以给材料施加一个磁场。在这个场中，指向平行于场的磁矩比反平行或指向其他方向的磁矩能量低。这对某些磁畴有利，而对另一些磁畴不利；如果可能的话，那些正好具有有利方向[7]的磁畴将以牺牲其他磁畴为代价进行扩展。磁畴的生长就像俱乐部，也就是说，通过扩大成员数目来发展的。这都发生在边界处。那些属于非有利磁畴，其位置紧挨着有利磁畴边界的自旋，只要通过转换方向，就可以转到有利磁畴中去。这只不过移动了磁畴边界，磁畴边界不过就是两类自旋的分界面。在单晶体中很容易发生边界移动。就是说，用一个很弱的外加磁场就可以通过边界的移动，使一个很大的磁畴增长，并因此引起磁化强度较大的总变化。然而，根据材料中的颗粒结构，磁畴边界的移动是困难的。

如果所加外场恰好不是沿着一个“易磁化”的方向（例如在立方晶体情况），不利磁畴的损耗仍然不能使磁矩指向完全平行于外场的方向。它现在可以用更强的场把它们拉到平行于外场的方向上，最后建立最大可能的磁化强度。

让我们看一下一片铁在不同的外加磁场的作用下所出现的宏观结果。一个容易实现的实验装置是在铁环上绕两组线圈（见图 11.31）。铁环中会有一个几乎均匀的磁场，而没有使问题复杂化的边缘效应。通过测量两个线圈中的任意一个线圈的感应电压，我们就可以确定通量 $\boldsymbol{\Phi}$ 的变化，因而也就确定了铁中 $\boldsymbol{B}$ 的变化。如果我们留意 $\boldsymbol{B}$ 的变化，从 $B=0$ 开始，我们总能知道 $\boldsymbol{B}$ 有多大。通过另一线圈的电流来确定 $\boldsymbol{H}$，我们把它当作独立变量。如果我们知道 $\boldsymbol{B}$ 和 $\boldsymbol{H}$，我们就可以算出 $\boldsymbol{M}$。相对于 $\boldsymbol{M}$ 作为 $\boldsymbol{H}$ 的函数画出的曲线，把 $\boldsymbol{B}$ 作为 $\boldsymbol{H}$ 的函数画出的曲线要更常见一些。铁的典型 $B$-$H$ 曲线画在图 11.32 中。注意横坐标和纵坐标的标度是截然不同的，$B$ 的单位是 T，而 $H$ 的单位是 A/m。如果线圈里没有铁，$\boldsymbol{B}$ 将等于 $\mu_0\boldsymbol{H}$，所以 $H=1\text{A/m}$ 恰好相当于 $B\approx4\pi\times10^{-7}\text{T}$。

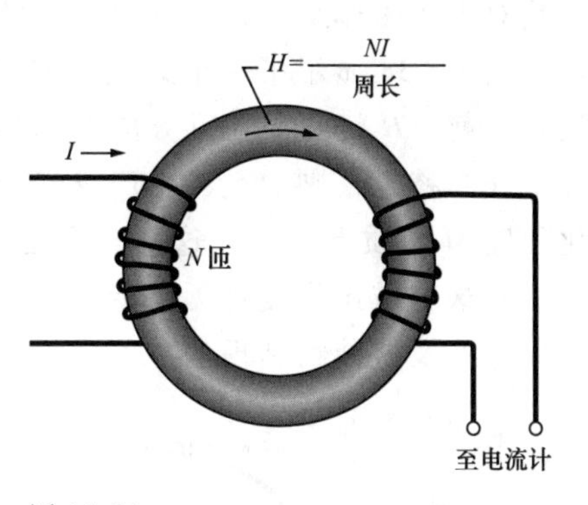


图 11.31
铁磁性材料中，求证 $\boldsymbol{B}$ 和 $\boldsymbol{H}$ 或者 $\boldsymbol{B}$ 和 $\boldsymbol{M}$ 间关系的装置。

7 在这种讨论中我们趋向交换使用旋转和矩。矩是旋转的一种本质体现，并且如果一个是整齐的，则另一个也整齐。谨慎起见，我们应该提醒读者在电的情况下，磁矩和角动量矢量指向相反的方向（见图 11.14）。

或者等价地，$H=300\mathrm{A/m}$ 将对应着 $B\approx4\times10^{-4}\mathrm{T}$。但是当铁存在时，对应的场 $B$ 将会更大。我们可以从图中看出当 $H=300\mathrm{A/m}$，$B$ 已经比 1T 大了。当然这里的 $B$ 和 $H$ 是指在整个铁圈里的平均值；在本实验中精细的磁畴结构没有能被表现出来。

从未磁化的铁开始，$B=0$ 和 $H=0$，增大 $H$，则 $B$ 以明显的非线性的方式上升，刚开始慢，然后很快，以后又很慢，最后变平。最后真正变成常数的不是 $B$ 而是 $M$。然而在这个图里，由于 $\boldsymbol{M}=\boldsymbol{B}/\mu_0-\boldsymbol{H}$，并且 $H\ll B/\mu_0$，在 $B$ 和 $\mu_0 M$ 之间的差别不很明显。

*B-H* 曲线的下部是由磁畴边界的运动决定的，也就是说是由消耗“错误指向”的磁畴为代价来增长“正确指向”的磁畴来决定的。在曲线变平的那部分，原子磁矩被“蛮力”拉成和磁场方向一致。在这里铁是普通的多晶金属，所以只有一小部分微晶能够足够幸运，有和场的方向一致的易磁化方向。

如果我们现在慢慢减少线圈里的电流，从而降低 $H$，曲线并不按原路折回。相反，是按图 11.32 中所示的虚线折回。这种不可逆性称为磁滞。这主要是由于磁畴边界的运动是局部不可逆的。从我们讲过的内容来看，其原因不是很明显的，但是研究铁磁性的物理学家都了解得很清楚。不可逆性是令人讨厌的东西，在许多铁磁材料的技术应用中它就是能量损失的原因——例如在交流变压器中。但是对永久磁体来说，它又是必需的。而且为了这种应用，人们希望加强不可逆性。图 11.33 显示了一个好的永磁合金的 *B-H* 曲线的相应部分。注意在 $B$ 减少到零之前，$H$ 就必须在反方向上达到 50000A/m。如果干脆把线圈中的电流断掉并把线圈移走，则 $B$ 为 1.3T，称为剩磁。因为 $H$ 是零，除了因子 $\mu_0$ 外，它和磁化强度 $M$ 本质上一样。这个合金已经获得了永久磁化，即如果它只暴露在弱磁场中，这个磁化强度将无限持续下去。存储在磁带和磁盘中的所有信息能永久保存，都涉及这种物理现象。

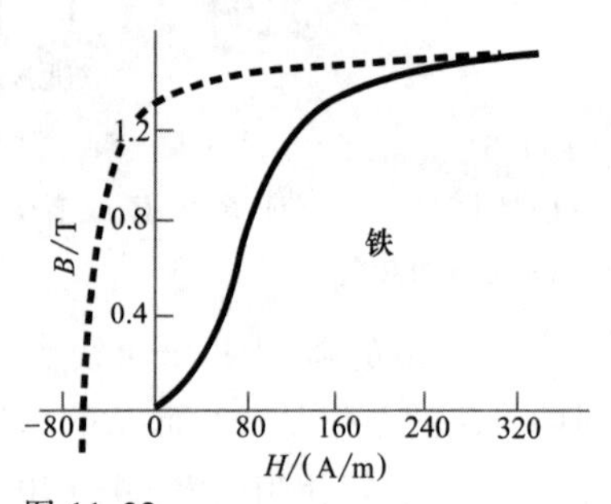


图 11.32

纯铁的磁化曲线。虚线代表 $\boldsymbol{H}$ 从一个较大正值变小的过程。

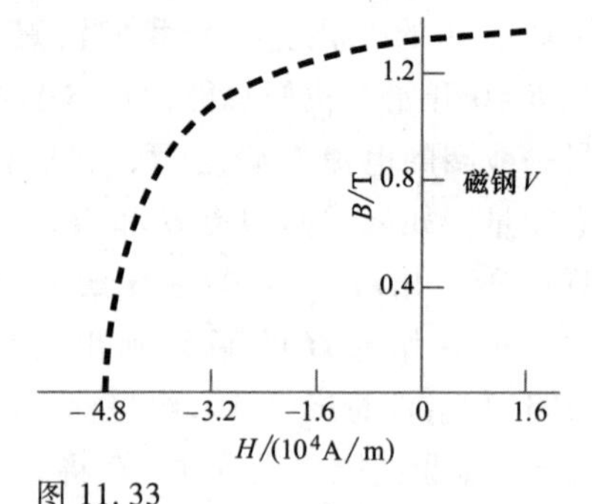


图 11.33

磁钢 V 是一种铝、镍和钴的合金，通常用于制作永磁铁。它一部分的磁化曲线与相应的“软”磁性物质的曲线的对比图显示在图 11.32 中。

## 11.12　应用

磁石是已磁化的磁铁矿（一种铁氧化物）。大部分磁铁矿不是磁石，其电磁场太弱了以至于无法观测到磁化现象。（除此之外，磁铁矿中的特殊结构是必不可少的。）要观察到这个现象，必须有更强的场，且这个场可以简单地由大的雷击电流产生。所以没有闪电，就不会有磁罗盘，那么整个历史上的探险者将会有一段很长的困难期！

油漆中的红颜料通常含有铁氧化物颗粒。对于湿油漆，颗粒的磁偶极矩可以自由旋转并按照地磁场进行排列。但当油漆变干后，它们就被固定住了。油画中偶极子的方向就是油画绘制时地磁场所处的方向。通过研究那些固定在某处的油画，例如壁画，假设知道绘制日期，我们就可以搜集到地磁场变化的信息。（这不适用于那些已经被移动过的油画或者是那些经过修复的油画！）相反地，知道给定油画中偶极子的方向可以帮助我们知道作画的时间，这对于考古学是很有价值的。

铁磁体的通常应用是放大导线线圈的磁场。如果线圈是缠绕在铁磁芯上（通常成分是铁），磁场会令芯材料旋转直到与场分布排列一致，这就产生比线圈自身产生的场大得多的磁场。放大系数（就是相对磁导率，$\mu/\mu_0$）取决于不同的因素，但对铁磁性材料来说这可以是 100 或 1000，或者更大。这个放大效应被用在继电器、断路器、垃圾场磁铁和其他设备中的电磁铁中（详见 6.10 节）。

许多数据存储设备，从盒式磁带到计算机硬盘到信用卡都依赖于铁磁性材料的存在。（当然还存在其他类型的存储设备。例如，CD 和 DVD 是处理涂铝塑料盘上凹坑处的反射激光来实现数据存储。闪存使用了一种特殊的晶体管。）盒式磁带（RIP）在 19 世纪 80 年代是音乐的主要储存方式。盒式磁带由涂有铁氧化物的长塑料带缠绕在两个小卷线器上构成的。读/写头是一个小磁铁。在写（记录）模式下，电流通过电磁体中的线圈中，产生一个磁场让经过的磁带上的偶极子按序排列。磁带因此编译出原始信号中电流的信息[8]。相反地，在读（播放）模式下，当磁带中磁畴经过时，在磁带中偶极子的场在铁磁体中感应出一个电流。电流信号可以被放大并发送到扬声器中。

计算机的硬盘也是使用与磁带一样的原理，尽管它们间有些区别。硬盘顾名思义，就是用盘的形式代替了长磁带，这个盘在非常窄的环形轨道上用磁测数据进行编码。磁畴很小，并且相对于读/写头的平均线速度是很大的。在盘内给定区域内的信息存取速度相对于线性磁带快很多，因为这不需要浏览磁带来获取给定的点。另一个重要的区别是盒式磁带是一个模拟设备，而硬盘是数字设备。换言之，当磁带写入头中的电磁体所流过的电流迅速变化时，磁带中的感应磁化也迅速变化，并

8　这个过程由于滞后原因显得很复杂，磁化强度趋向于保持原始值并且对外加磁场的响应不是线性的。可以通过在原始信号上加基带信号的方法来弥补这个缺陷。基带信号（频率高——通常在 100kHz）的主要目的是将滞后现象的积极和消极的影响予以平均。

且这个迅速变化功能中包含有所需求的信息。但在硬盘中，磁化是“全部或没有”，写入头的电磁体要么无动作要么使磁畴饱和。磁化中的突变（或者没有任何变化）就是被读出头探测到的。所以出现的信息就是一系列的“是”或者“不是”，也可以说成是1或0。在现代计算机中读入是用分散的磁阻头，它的磁场大小取决于盘的磁场。这种类型的头更有利于读出盘上的磁特征。虽然磁数据储存非常有价值，但注意它并不是永久性的。硬盘数据10年就会退化一级。如果你想一直拥有你的数据，你可以使用那些含有金层的CD，它至少可以使用300年，尽管在其寿命到达之前必定会有新的硬件来替代老的设备。

正如在练习题11.25中讨论的那样，磁性细菌中含有铁晶体（通常以磁铁矿的形式），这个晶体可以保持细菌与地磁场方向一致。排列是被动的，即使细菌死了这仍然有效。排列点不能指出哪个方向为北，不过可以指出哪个方向朝下。除了靠近磁赤道区域外，地磁场倾向于垂直方向。在最简单的情形中，细菌沿着向下的场线到泥中缺氧的区域（它们厌氧）。（然而，一些其他机制也让它们可以在高水位的缺氧层出现。）在南北半球的细菌中晶体的磁化方向是相反的，所以它们都要向下运动。靠近磁赤道区域，每种细菌的数目差不多，想必是另一种运动机制在起着作用。

许多其他生物，例如信鸽、海龟和虹鳟也使用地磁场导航。准确机制还不知道，但是例如鸽子，它的嘴很有可能包含微小的磁铁晶体来传输信号到大脑。与细菌中的机制不同在于这个是主动的（即信号需要被传送）而不是被动的，在细菌中磁性晶体上的矩只是简单地转动细菌。对鸽子来说，磁铁的目的是指示哪个方向为北（或南），并不是像细菌那样指示向下。一个细菌想要沿着场线以直线方式进入泥内，而鸽子不会有直线进入地面内的想法。

体磁流体由微小的（纳米量级）铁磁颗粒悬浮在液体中组成。表面活性剂（在10.16节中讨论过）保持液体中的颗粒均匀分布，所以它们在磁场面前不会聚集成块。当加一个磁场时，铁磁流体可以被塑造成奇异的形状，通过磁力、重力和表面张力间复杂的平衡引起尖峰和低谷。除了制作炫酷的形状，铁磁流体也有其他许多应用——在磁共振成像中，作为旋转部件的封入部分和作为热传输的手段。有效传热的能力是由于磁极化率的温度依赖性。例如在扬声器中，在声音线圈附近会产生热，热的铁磁流体（比冷的体磁流体的磁化要小一点）会受到一个较小的磁力，因此向热沉的方向移动。

磁流变液体类似于铁磁流体，除了它的磁颗粒大一些。当外加一个磁场时，颗粒趋向场线进行排列，这增加了正交方向的黏性。它的一个应用就是在减振器上，电磁体会不断地根据路面的瞬时情况实时调节流体的刚度。

如果有两个永磁体，你拿其中一个悬在另一个上方，那么下面的那个永磁体就会被吸上来。这种情况下，上面的永磁体的磁力就对下面的那个磁体做了功。但是我们不是说过因为洛伦兹力 $q\boldsymbol{v}\times\boldsymbol{B}$ 总是垂直于速度 $\boldsymbol{v}$ 的方向所以磁场力不会做功吗？其实不是这样的。在某些情况下磁场力也是可以做功的。更准确地说，这种磁场力不做

功的结论只是当点电荷在空间中移动过程中，磁场通过洛伦兹力 $q\boldsymbol{v}\times\boldsymbol{B}$ 对其产生作用力的情况下适用。这种作用力的原理和对由于量子旋转而形成的磁偶极子的作用力是完全不同的，这种量子旋转不能被视为微小电流环。磁场对磁偶极子的作用力应该写作$\nabla(\boldsymbol{m}\cdot\boldsymbol{B})$。然而在 11.4 节中我们刻意地通过假设电流环路来解释这个力，这和电荷的移动或者洛伦兹力没有什么可比性，这个电流环路的模型实际是可以从基本的物理学原理（相对论、量子力学，等等）推导出来的。在力$\nabla(\boldsymbol{m}\cdot\boldsymbol{B})$中蕴含着一种势能，这种势能的改变量和磁场对磁偶极子做的功是相等的。如果有两个电流环，你拿着其中一个悬浮在另一个上方，这时下面的那个电流环会向上运动，你可以证明电流环中的电流在这个过程中会减小（而电子的旋转并不会衰减）。要维持这个电流就需要一个电池（或者其他的电源），而这个电池才是对外做功的本体，因为这种情况下磁场力不做功的结论是适用的。你可以通过习题 7.2 中的一个相关的装置和详细的讨论来了解为什么磁场产生的洛伦兹力对运动的电荷做的总功为零。

许多永磁铁是由铁和其他元素，例如镍、钴和氧等共同构成的。但在近些年内，由稀土元素例如钕和钐（与其他常见元素做成合金）制成的永磁体已经有了广泛的使用。稀土磁体的磁性通常比铁基质磁体的磁性要强一点。前者的磁场通常在 1~1.5T 范围，而铁磁体的磁感应强度通常小于 0.5T（尽管对于某些类型的可以达到 1T）。除此之外，稀土磁体的晶体结构是各向异性的。如同在 11.11 节中习题 2 的讨论中提到的，这意味着很难改变个别磁偶极矩的方向，因此很难让稀土磁体退磁。稀土磁体已经在很多设备上代替了标准的铁磁体。

## 本 章 总 结

• 有三种类型的磁性。(1) 由电子轨道角动量产生的抗磁性，抗磁性矩与外磁场方向反向平行。(2) 由电子的自旋角动量产生的顺磁性，顺磁性矩与外磁场（在平均意义上）的方向平行。(3) 也是由电子自旋角动量产生的铁磁性，但涉及的相互作用只能用量子力学解释，铁磁性矩可以在无外磁场的情况下存在。

• 抗磁性物质所受的力指向磁场强度变小的方向，而顺磁性物质所受的力指向磁场强度增加的方向。铁磁性物质所受的力可以指向上述两种方向中的一种，但在场强足够把可能存在的初始磁化去掉时，力指向场强增加的方向。

• 跟电场不同，磁场由电流产生，没有极点。无磁极的现象可以用公式 $\mathrm{div}\,\boldsymbol{B}=0$ 来表示。

• 电流环路的磁矩是 $\boldsymbol{m}=I\boldsymbol{a}$。由环路产生的矢势可以写为 $\boldsymbol{A}=(\mu_0/4\pi)\,\boldsymbol{m}\times\hat{\boldsymbol{r}}/r^2$，在球坐标系下的磁偶极子场为

$$B_r=\frac{\mu_0 m}{2\pi r^3}\cos\theta,\quad B_\theta=\frac{\mu_0 m}{4\pi r^3}\sin\theta \tag{11.77}$$

• 作用在磁偶极子上的力是 $\boldsymbol{F}=\nabla(\boldsymbol{m}\cdot\boldsymbol{B})$。与作用在电偶极子上的力相比较，具有不同的格式。

• 电子轨道运动产生的磁矩是 $\boldsymbol{m}=-(e/2m_e)\boldsymbol{L}$，其中 $\boldsymbol{L}$ 是轨道角动量。在外场 $\boldsymbol{B}$ 内感应的

抗磁矩是 $\boldsymbol{m}=-(e^2r^2/4m_e)\boldsymbol{B}$。

• 电子包含自旋角动量和自旋偶极矩。顺磁性是由自旋的排列产生的。偶极矩的转矩是 $\boldsymbol{N}=\boldsymbol{m}\times\boldsymbol{B}$。

• 在许多情况下，抗磁性和顺磁性偶极子的磁化强度 $\boldsymbol{M}$ 与外加场 $\boldsymbol{B}$ 成正比。磁化率可以定义为 $\boldsymbol{M}=\chi_m\boldsymbol{B}/\mu_0$，尽管按照 $\boldsymbol{H}$ 的定义才是常见的（详见下面）。顺磁磁化率约为 $\chi_{pm}=\mu_0Nm^2/kT$

• 由均匀磁化板产生的磁场与由"边"表面上密度为 $\mathcal{J}=M$ 的电流产生的磁场无论在内部还是外部都是等效的。如果磁化强度是不变的，我们就得到更一般的 $\boldsymbol{J}=\text{curl}\,\boldsymbol{M}$。

• 磁场强度 $\boldsymbol{H}$ 的定义是

$$\boldsymbol{H}\equiv\frac{\boldsymbol{B}}{\mu_0}-\boldsymbol{M} \tag{11.78}$$

这个场满足下式：

$$\text{curl}\boldsymbol{H}=\boldsymbol{J}_{\text{free}}\Longleftrightarrow\int_C\boldsymbol{H}\cdot\text{d}\boldsymbol{l}=I_{\text{free}} \tag{11.79}$$

如果 $\boldsymbol{M}$ 正比于 $\boldsymbol{B}$，磁化率由 $\boldsymbol{M}=\chi_m\boldsymbol{H}$ 定义。磁导率由

$$\boldsymbol{B}=\mu\boldsymbol{H},\quad 其中\ \mu\equiv\mu_0(1+\chi_m) \tag{11.80}$$

定义。

• 像顺磁性一样，铁磁性也是由电子的自旋角动量产生的，不过更内在的量子力学原理使得磁化在无外磁场的情况下也存在。铁磁材料可以被分成不同的磁畴（内部自旋对齐）。增加外部磁场可以使这些畴间的边界偏移。然而，这个过程是不可逆的——这一现象称为磁滞现象。

## 习　题

### 11.1　磁电荷的麦克斯韦方程组 * * *

当磁荷和磁流如电荷和电流一样出现时，写出此时的麦克斯韦方程组。发明一些你需要的符号并明确表明它们代表什么。小心处理+和-号。

### 11.2　磁偶极子 * *

在第6章中，我们计算了半径为 $b$ 的电流环的轴上一点的场，详见式（6.53）。证明当 $z\gg b$ 时，这个场接近一个磁偶极子的场。假设该点处有一个偶极矩相同的无穷小偶极子，则轴外多远处的场强变为原来的百分之一？

### 11.3　球坐标系中的偶极子 * *

在球坐标系下，对式（11.10）中 $A$ 的表达式取旋度，来推导式（11.15）。你将会用到附录K中的矢量等式。

### 11.4　偶极子上受的力 * *

（a）在11.4节中，我们知道图11.9装置中磁场对磁偶极子的力是 $F_z=m_z(\partial B_z/\partial z)$。证明这个力就是式（11.22）$\boldsymbol{F}=(\boldsymbol{m}\cdot\nabla)\boldsymbol{B}$ 这个通式演变成环状结构后的结果。这里的 $\boldsymbol{F}$ 有这种形式是因为它平行于电偶极子上受到的力。

（b）证明表达式 $F_z=m_z(\partial B_z/\partial z)$ 也可以从等效表达式 $\boldsymbol{F}=\nabla(\boldsymbol{m}\cdot\boldsymbol{B})$ 到环形装置的演变而推导出来。$\boldsymbol{F}$ 为这种形式的原因是因为 $-\boldsymbol{m}\cdot\boldsymbol{B}$ 是偶极子在磁场中的能量。

（c）$\boldsymbol{F}$ 的以上形式中的一种可能是所有装置的通式。通过求出图11.34中所示的环流上所

受的力来确定哪一个是正确的通式。磁场指向 $z$ 方向（平行于纸面）并且正比于 $x$，即 $\boldsymbol{B}=\hat{z}B_0x$。

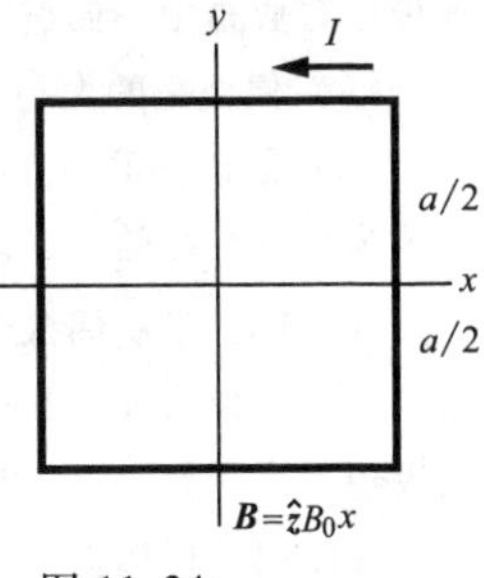

图 11.34

**11.5 $\chi_m$的转化 ****

在国际单位制中，磁矩的表达式是 $m=Ia$，磁化率是 $\chi_m=\mu_0M/B$。（式（11.52）中未被接受的 $\chi_m$ 定义满足现在的目的。）在高斯单位制中，对应的定义是 $m=Ia/c$ 和 $\chi_m=M/B$。在两种单位制中 $\chi_m$ 都是无量纲的。证明对于给定的装置，国际单位制中的 $\chi_m$ 是高斯单位制中的 $4\pi$ 倍。

**11.6 液氧的磁化率 ****

根据表 11.1 中的数据，1g 液氧在 1.8T 的场下的磁矩有多大？液氧在 90K 时的密度是 $850\text{kg/m}^3$，它的磁化率 $\chi_m$ 是多少？

**11.7 旋转的球壳 ****

一个半径为 $R$ 的球有均匀的磁化强度 $M$。证明其表面电流密度与半径为 $R$、表面电荷密度为 $\sigma$ 的均匀球以匀速 $\omega$ 旋转所产生的电流密度相同。电流密度与哪几种参量有关？（注意习题 8.11 的结果，并求出旋转带电球壳内部和外部的场各是多少。）

**11.8 磁化球内的磁场 $B$*****

在 10.9 节中，我们通过求球表面电势得到了均匀极化球内的电场，之后又通过唯一性定理求出内部的电势。我们可以使用相似的方法求出均匀磁化球内的磁场。下面为详细步骤。

（a）式（11.15）表示了由磁偶极子产生的磁场，表达式与由电偶极子产生的电场表达式（10.18）形式一致。解释为什么由半径为 $R$ 的均匀磁化球产生的外磁场与由位于中心处的偶极子 $\boldsymbol{m}_0$ 产生的磁场相同，其中 $m_0=(4\pi R^3/3)M$。

（b）如果 $\boldsymbol{m}_0$ 指向 $z$ 方向，则式（11.12）给出了球表面的矢势 $\boldsymbol{A}$ 的笛卡儿分量。回顾 6.3 节，解释唯一性定理是如何应用在求解球内的势 $\boldsymbol{A}$ 的过程中。之后对 $\boldsymbol{A}$ 取旋度来求 $\boldsymbol{B}$。$\boldsymbol{B}$ 的这些特性与极化球内的 $\boldsymbol{E}$ 相比有什么区别？

**11.9 固态旋转球的北极处的磁场 ****

现有一个半径为 $R$，具有均匀体电荷密度 $\rho$ 的固态球以角速度 $\omega$ 旋转。使用习题 11.7 和习题 11.8 的结果证明在球"北极"的磁场等于 $2\mu_0\rho\omega R^2/15$。

**11.10 立方体的表面电流 ****

一个边长为 5cm 的立方体磁石在一边的方向被磁化到饱和。求出由立方体其他四个面组成的电路内的束缚电荷电流带的大小。磁石的饱和磁化率是 $4.8\times10^5\text{J/T}\cdot\text{m}^3$。这个立方磁石对两米外的指南针干扰严重吗?

**11.11 铁环 ***

一个内径 10cm、外径 12cm 的铁环外部缠有 20 匝的线圈。使用图 11.32 中的 $B$-$H$ 曲线估算在铁中产生 1.2T 强度的磁场所需要的电流。

## 练　　习

**11.12 地球偶极子 ****

地磁场的北磁极的磁场是垂直于地面的，磁感应强度为 0.62G。地球表面和远处的地磁场大

致可以看成是中心偶极子的场。

（a）偶极矩的大小为多少？单位用J/T表示。

（b）假设场的源是位于地球金属核的“赤道”上的一个电流环，这个环的半径是3000km，大约为地球半径的一半。这个电流应该是多大？

**11.13　盘状偶极子****

一个半径为$R$、表面电荷密度为$\sigma$的圆盘以角速度$\omega$旋转。从远处看这像一个偶极子。磁偶极矩多大呢？

**11.14　球偶极子****

电量为$Q$的电荷均匀分布在半径为$R$的球表面上，电荷密度为$\sigma=Q/4\pi R^2$。带电球壳绕着球轴以角速度$\omega$旋转。求出它的磁矩。（把球分成窄带的旋转电荷，求出对每个窄带都等价的电流，并求出它的偶极矩，之后再对所有窄带上进行积分。）

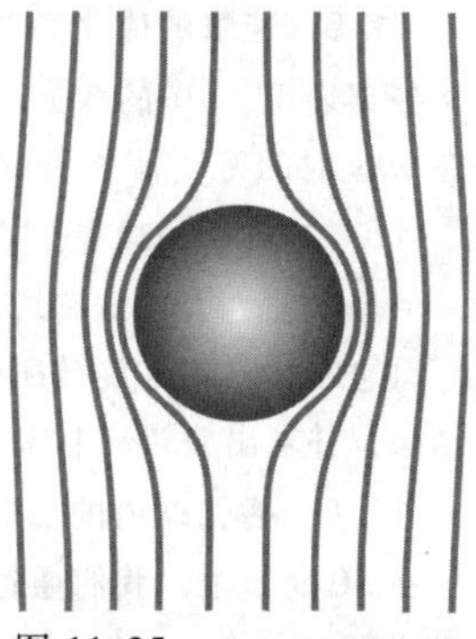

图11.35

**11.15　作为偶极子的螺线管****

将11.1节中描述的螺线管放置在一个物理实验室的地下室中。在距此60ft高80ft远的六楼上的物理学家抱怨说这个螺线管的场影响了他们的测量。假设螺线管按照所描述的条件工作，并把它当作一个简单的偶极子，求出在抱怨的物理学家处的大概磁感应强度（数量级就可以）。根据你的依据，评论下他们的抱怨是否可信。

**11.16　均匀场中的偶极子****

一个强度为$m$的磁偶极子放置在强度为$B_0$的均匀磁场中，偶极矩方向与场方向相反。证明在合成场中，确实存在一个以偶极子为中心的球面没有磁感应线通过。可以说外场被从这个球面上“挤出”了。球外磁感应线按照图11.35的那样分布。简单描述球内的磁感应线的分布情况。在球外赤道处的磁感应强度为多大？

磁偶极子对外场的影响已经被注意到了，如果我们能提供正确的电流分布，偶极子可以用球表面的电流来代替。（详见习题11.7和习题11.8，尽管对于这个问题来说没有必要知道确切的分布。）在这种情况下球内的场是多少呢？为什么你可以确定呢？（这是研究超导的一种特殊构型。事实上超导球会把场线从它的内部全部推出。）

**11.17　梯形偶极子****

图11.36中的环路内的电流为$I$。左边和右边是近平行的，它们指向一个远点$P$。使用毕奥-萨伐尔定律求出$P$点处的磁场，并检查它是否与式（11.15）一致。近似地算出在何处$a$和$b$是远小于$r$的。（如果你认为我们选择了梯形是比较愚蠢的，那么可以选择更简单点的正方形，可以参看习题6.14。）

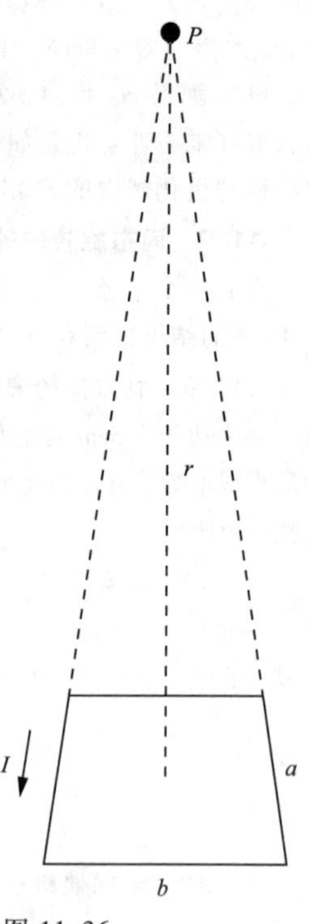


图11.36

**11.18　靠近螺线管的场****

一个螺线管长为$l$、半径为$R(l\gg R)$。考虑图11.37中的情况，

点 $P$ 距离螺线管距离为 $l$。证明在定量分析时，$P$ 点处的磁场正比于 $B_0R^2/l^2$，其中 $B_0$ 是螺线管内的场。

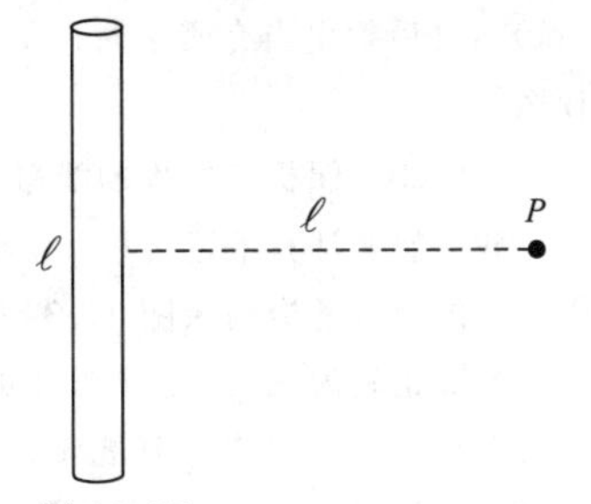


图 11.37

**11.19 相互作用的运用****

图 11.38 中的磁偶极子 $\boldsymbol{m}$ 以频率 $\omega$ 振荡，振幅为 $\boldsymbol{m}_0$。它的一些磁通量通过附近的环路 $C_1$，在 $C_1$ 中产生感应电动势 $\mathscr{E}_1\sin\omega t$。如果我们知道偶极子产生的通量有多少通过环路 $C_1$，就很容易计算出电动势 $\mathscr{E}_1$，不过通量是很难计算的。假设我们知道关于 $C_1$ 的所有事实就是：如果 $C_1$ 内的电流是 $I_1$，它会在 $\boldsymbol{m}$ 的位置产生一个磁场 $\boldsymbol{B}_1$。我们会得到 $B_1/I_1$ 的值，但没有关于 $C_1$ 的任何东西，甚至连它的形状或位置都不知道。证明这些信息足以通过公式 $\mathscr{E}_1=(\omega/I_1)\boldsymbol{B}_1\cdot\boldsymbol{m}_0$ 求出 $\mathscr{E}_1$ 和 $\boldsymbol{m}_0$ 的关系。提示：$\boldsymbol{m}$ 代表带电 $I_2$ 的面积 $A$ 内的一小段环路。把这个环路叫作 $C_2$。考虑 $C_1$ 内变化的电流在 $C_2$ 中感应的电压，之后调用互感的相互作用，这在 7.7 节中提到过。

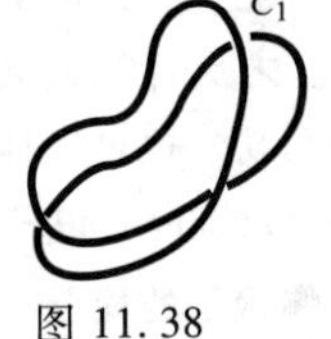


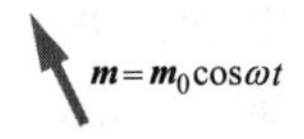


图 11.38

**11.20 电线和环路间的力*****

在练习 6.54 中我们计算了图 6.47 中所示方形环路由于无限长导线的磁场作用所产生的力。通过计算方形环路的磁场作用在导线的力，来证实牛顿第三定律。你可以假设这些对象都距离足够远，这样你就可以使用环路引起磁场的偶极子模型了。

**11.21 棋盘上的偶极子*****

假设强度为 $m$ 的磁偶极子在一个棋盘的每个方格的中央，白方格内的偶极子指向向上，黑方格的偶极子指向向下。方格的边长为 $s$。你必须写一个小程序来解出以下问题。

(a) 任意选择这些偶极子中的一个，把它移动到无穷远处，保持剩下的 63 个的位置和方向都不变，计算这一过程中所需要的功。从而确定哪一个偶极子在这种分布下是最稳固的。

(b) 把这 64 个偶极子彼此分散到无穷远处需要做多少功？

**11.22 动量势****

了解原子的量子理论的人看到我们在 11.5 节中讨论的磁场在原子的电子轨道速度上的影响后，会感到困惑。当改变速度，保持 $r$ 为常数，则角动量 $mvr$ 改变。但电子轨道的角动量被认为是常数 $h/2\pi$ 的整数倍，其中 $h$ 是通用的量子常数——普朗克常数。$mvr$ 怎么变化才能不违背这个基本的量子法则？

这个悖论的分析对带电粒子的量子力学是重要的，但这并不是量子理论特有的。当我们考虑带电量为 $q$ 的粒子在外电场 $\boldsymbol{E}$ 中运动的能量守恒问题时，我们经常把动能 $mv^2/2$ 和势能 $q\phi$ 包含在内，其中 $\phi$ 是粒子所处位置的电势标量。我们对此不必感到惊讶，当我们考虑动量守恒时，我们不应该仅考虑普通的动量 $M\boldsymbol{v}$，也应该考虑涉及磁场矢势 $\boldsymbol{A}$ 的量。

这表明动量必须取 $M\boldsymbol{v}+q\boldsymbol{A}$，其中 $\boldsymbol{A}$ 是粒子所处位置的外场矢势。我们可以把 $M\boldsymbol{v}$ 称为运动的动量，$q\boldsymbol{A}$ 称为势动量。(在相对论中，包含 $q\boldsymbol{A}$ 项是必需的，因为正如能量和动量（乘以 $c$）组成一个“四元矢量”一样，场的标势 $\phi$ 和矢势 $c\boldsymbol{A}$，也是如此。）我们在这里关注的角动量必须不仅是

$$\boldsymbol{r}\times(M\boldsymbol{v})\text{ 而且是 }\boldsymbol{r}\times(M\boldsymbol{v}+q\boldsymbol{A})\tag{11.81}$$

现在考虑图 11.12 中的绳端电荷旋转的情况。首先确认在负 $z$ 方向的场 $B$ 的矢势是 $\boldsymbol{A}=(B/2)(\boldsymbol{x}y$

$-yx$)。之后找出当有磁场时，角动量 $\boldsymbol{r}\times(M\boldsymbol{v}+q\boldsymbol{A})$ 发生什么了。

**11.23　偶极子结构的能量** * * *

我们想要计算下述过程所需要的能量：把两个距离无穷远的偶极子聚到像图 11.39（a）中所示那样结构，它们相隔距离为 $r$，角度分别为 $\theta_1$ 和 $\theta_2$。所有的偶极子坐落在纸面上。也许计算能量的最简单方法是这样的：把偶极子从无穷远处拉回并保持它们在图 11.39（b）中所示的方向上，这一过程没有做功，因为在每个偶极子上的力是零。现在计算把 $m_1$ 旋转到最终位置所需的功，同时保持 $m_2$ 固定。之后计算旋转 $m_2$ 到最终位置所需的功。再证明做的总功，也可以称作这个系统的总势能等于 $(\mu_0 m_1 m_2/4\pi r^3)(\sin\theta_1\sin\theta_2-2\cos\theta_1\cos\theta_2)$。

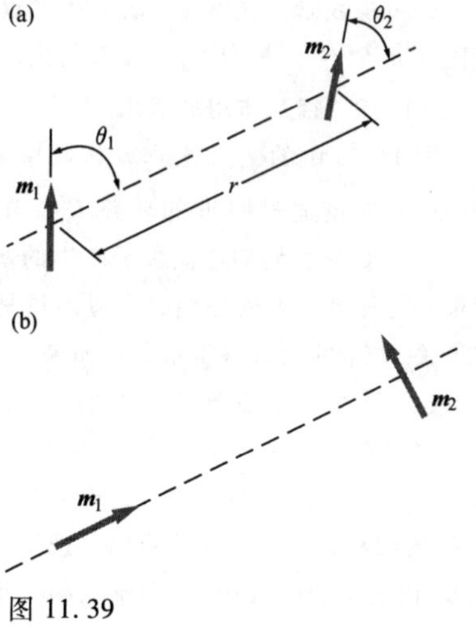


图 11.39

**11.24　八面体上偶极子的能量** * *

一个边长为 $b$ 的正八面体的两个相反顶点坐落在 $z$ 轴上。在这两个顶点和其他四个顶点上都有一个强度为 $m$ 的偶极子，指向 $z$ 方向。使用练习 11.23 中的结果，计算这个系统的势能。

**11.25　旋转杆菌** *

在磁铁矿 $Fe_3O_4$ 中饱和磁化量 $M_0$ 是 $4.8\times10^5$J/(T·m$^3$)。1975 年 R. P. Blakemore 发现磁性杆菌体内含有磁性晶体，体积大约是边长为 $5\times10^{-8}$m 的立方体。一个磁性杆菌的长度大约是 $10^{-6}$m，可以以链状形式包含大约 10~20 个这样的晶体。这个磁块使整个细胞与地磁场的方向一致，并且可以控制杆菌运动的方向，详见 Blakemore 和 Frankel（1981）。计算在地磁场中将具有这样磁块的细胞旋转 90°（假设初始时磁块与地磁场方向一致）所做的功，并与热扰动 $kT$ 相比较。

**11.26　电偶极矩与磁偶极矩** * *

一个极性分子的电偶极矩的大小一般为 $10^{-30}$C·m 或 $10^{-29}$C·m（详见图 10.14）。具有一个未成对自旋电子的原子或分子的磁偶极矩是 $10^{-23}$A·m$^2$（详见图 11.14）。在给定距离内以速度 $v=c/100$ 移动电荷 $q$，电偶极矩和磁偶极矩产生的作用在电荷上的力的比值为多少？你得到的结果应该标明，在原子尺度上时磁力的影响相当微弱。

**11.27　水的抗磁化率** * *

根据表 11.1 中的数据，计算水的抗磁化率。

**11.28　水的顺磁化率** * *

水分子 $H_2O$ 包含十个成对旋转的电子，因此磁矩为零。它的电子结构是纯粹抗磁的。然而，氢核，即质子，是有固有自旋和磁矩的粒子。质子磁矩约为电子磁矩的 1/700。在水分子内两个质子自旋并不完全是反平行的，实际上每个的指向是自由的，仅跟热扰动有关。

（a）使用式（11.53）计算水在 20°C 下的顺磁化率。

（b）在 1.5T 的场下 1L 水能产生多大的磁矩？

（c）如果你用一匝导线缠绕在 1L 的烧瓶上，多大的电流（单位为 μA）能产生一个等效的磁矩？

**11.29　顺磁性材料上的功** * *

证明把每千克顺磁性物质从磁感应强度为 $B$ 的区域拉到磁感应强度足够小的区域所做的功

为$\chi B^2/2\mu_0$，其中$\chi$是比磁化系数。证明在给定的样品上做的功可以写成$FB/(2\partial B/\partial z)$，其中$F$是初始位置所用的力。之后再精确计算1g液氧从11.1节中提到的位置移开所需要做的功。（当然，在所提及的场强范围内$\chi$是常数时才适用。）

**11.30 螺线管内最大的力*****

一个柱状螺线管有一层半径为$r_0$的绕组。它足够长以至于一端处的场可以看成半无限长螺线管的场。证明在螺线管轴上顺磁性样品将受到最大的力的那一点，距螺线管端点的距离为$r_0/\sqrt{15}$。

**11.31 磁场 $B$ 的边界条件****

使用习题11.8中的结果证明$B$的径向分量在均匀磁化球的边界上是连续的，而切向分量是不连续的，相差一个$\mu_0\mathcal{J}_\theta$，其中$\mathcal{J}_\theta$是在球的$\theta$位置处的电流密度。

**11.32 固态旋转球中心处的磁场 $B$****

半径为$R$的固态球的体电荷密度为$\rho$，以角速度$\omega$旋转。使用习题11.7和习题11.8中的结果证明球中心处的磁场为$\mu_0\rho\omega R^2/3$。

**11.33 冷冻磁化的球****

一种钴钐合金制成的永磁体的磁饱和强度为$7.5\times10^5\text{J/T}\cdot\text{m}^3$，在外场强度达到1.5T时仍没有衰减。这种情况十分接近严格的冷冻磁化。考虑半径为1cm的钴钐合金制成的均匀磁化球。

（a）在球的一个极点处的磁场$B$的强度为多少？你可以利用习题11.8中的结果。

（b）在它的磁赤道上的磁场$B$的强度为多少？

（c）假设两个这样的磁性球异极相接。需要多大的力才可以分开它们？

**11.34 μ 介子偏转****

一个0.2m厚的铁盘在平行于盘面的方向上被磁化到饱和。一个10GeV的μ介子垂直盘表面方向进入盘内，并以较小的能量损耗穿过铁盘。计算μ介子轨道的大致的偏转角度，已知μ介子的静止质量的能量为200MeV，铁中的饱和磁化率等效于每立方米内$1.5\times10^{29}$个电子矩。

**11.35 近场的体积积分***

在由相距为$s$的$Q$和$-Q$的两个电荷组成的偶极子中，近场（这个场与理想的偶极子场完全不同）的体积正比于$s^3$。这个区域的场强随$s$变化，正比于$Q/s^2$。偶极矩$p=Qs$，如果我们让$p$为常数且减小$s$，体积和磁感应强度的乘积会怎样？解题中记住电流环路的磁场的相应知识。本题的寓意是：如果我们关注包含有偶极子的任何空间内的平均场，电偶极子和磁偶极子之间的差异不能被忽略，即使我们把偶极子当成无穷小。

**11.36 平衡后的方向****

三个磁罗盘被放置在等边三角形的顶点处。如同我们通常用的罗盘那样，每个罗盘的指针在水平方向可以看成可旋转的磁偶极子。在这种情况下地磁场就被完美地抵消了。每个偶极子所在的场就是另外两个偶极子产生的。最后平衡后它们的方向指向哪里？（使用对称性变量！）你能回答一般情况下$N$等边形的$N$个指针的情况吗？

**11.37 磁化球内部的磁场 $B$****

在习题11.8中，我们求出均匀磁化强度为$\boldsymbol{M}$的球内的磁场$\boldsymbol{B}$。这个练习题的目的是通过使用10.9节中均匀极化球中的结果（$\boldsymbol{E}=-\boldsymbol{P}/3\varepsilon_0$）重新确认习题11.8得到的结果。为了达到上面的目的，可以使用下面应用于稳态场的方程：

$$\nabla\cdot(\varepsilon_0\boldsymbol{E}+\boldsymbol{P})=\rho_{\text{free}},\qquad \nabla\cdot\boldsymbol{B}=0$$
$$\nabla\times\boldsymbol{E}=0,\qquad \nabla\times(\boldsymbol{B}/\mu_0-\boldsymbol{M})=\boldsymbol{J}_{\text{free}}\tag{11.82}$$

[上面的第一个和最后一个式子是式（10.62）和式（11.67）。] 另外如果 $\rho_{\text{free}}=0$，$\boldsymbol{J}_{\text{free}}=0$，哪种情况下，对于我们极化的和磁化的球，所有方程的右侧都为零。重新用 $H$ 写出两个磁方程，之后利用相似性写出电方程。

**11.38　两个极化率** *

让我们用 $\chi'_{\text{m}}$ 表示式（11.52）定义的磁极化率，以区分由式（11.72）表示的传统定义的极化率 $\chi_{\text{m}}$。证明

$$\chi_{\text{m}}=\chi'_{\text{m}}/(1-\chi'_{\text{m}})\tag{11.83}$$

**11.39　岩石的磁矩** * *

之前地质年代的地磁场的方向可以通过测量岩石内的剩余磁化强度来推断。在线圈内旋转岩石样本，之后通过测量产生的交流电压来确定岩石样本的磁矩。图 11.40 中两个线圈以串联方式连接，每个线圈有 1500 匝，平均半径为 6cm。岩石样本通过垂直于图表面的杆旋转，每分钟 1740 转。假设磁偶极矩坐落在纸面上。

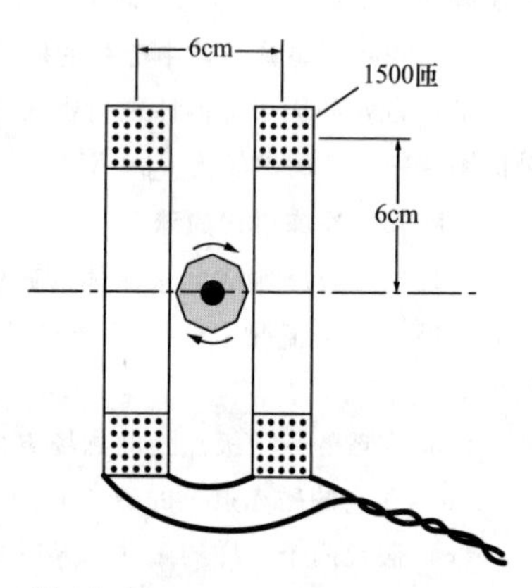


图 11.40

（a）如果感应电动势是 1mV，岩石的磁矩是多大？可使用练习题 11.19 中推导的公式。

（b）在数值上，产生那么大效应最少需要多少铁磁物质？

**11.40　偏转的高能粒子** * * *

为了探测某个特定实验中的高能粒子束，需要 1.6T 强度的磁场覆盖在光束传播方向 3m 长、60cm 宽、20cm 高的矩形区域内。一个合适的磁场可能需要沿着图 11.41 中的（a）和（b）中的线进行设计，（b）图是两个水平线圈的截面图。可以取已给出的尺寸（对于其他尺寸，你大概可以估计出），并参考以下条件：

（a）在缺口处产生 1.6T 的场，两个线圈所需要的总安培匝数。

（b）必须提供的功率（单位用 kW 表示）。

（c）为了得到所需求的场，将线圈串联接进 400V 的电源中，求每个线圈包含的匝数和导线对应的横截面积。

对于（a）中的应用，图 11.41（b）画出了阿姆可磁铁的 $B$-$H$ 曲线。你所需要的就是确定 $H$ 在某一路径上（例如 $abcdea$）的线积分。在缺口处，$H=B/\mu_0$。在铁中，可以假设磁场 $B$ 与缺口处有相同的磁感应强度。磁感应线看起来像与图 11.41（c）中的相似。你可以大致估计铁中路径的长度。这不是很重要的，因为你会发现 $bcdea$ 那段长路径对线积分的贡献与空气中的路径 $ab$ 对线积分的贡献相比是很小的。事实上，在磁感应强度低的情况下，忽略铁中的 $H$ 是一个可以接受的近似。

对于（b）图，让每个线圈包含 $N$ 匝，并假设铜的电阻率是 $\rho=2.0\times10^{-8}\Omega\cdot\text{m}$。你将发现对于给定安培匝数所要求的功率与 $N$ 无关，就是说，多匝数的细线和少匝数的厚线效果是相同的，因为它们按照要求所提供的铜的横截面是固定的（我们的装置中为 $1500\text{cm}^2$）。设计师因此选择了 $N$ 匝和相应的横截面来让磁铁和所用功率源的电压匹配。

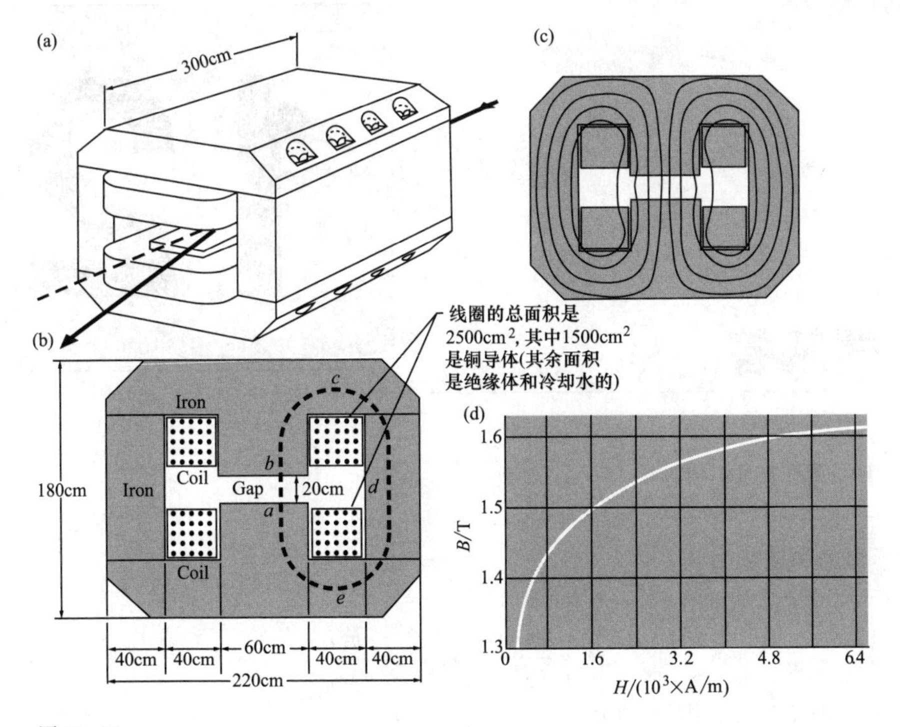
(a)
300cm
(c)
(b)
线圈的总面积是
2500cm², 其中1500cm²
是铜导体(其余面积
是绝缘体和冷却水的)
Iron
Coil
Gap
20cm
Iron
Coil
180cm
a
b
c
d
e
40cm
40cm
60cm
40cm
40cm
220cm
(d)
1.6
1.5
1.4
1.3
B/T
0
1.6
3.2
4.8
6.4
H/(10³×A/m)

图 11.41

# 习题解答

## 12.1 第1章

### 1.1 重力和电场力

(a) 计算重力和电场力的一般表达式如下：

$$F_g=\frac{Gm_1m_2}{r^2} \quad 和 \quad F_e=\frac{q_1q_2}{4\pi\varepsilon_0 r^2} \tag{12.1}$$

对于两个质子，这两个力的比值为

$$\begin{aligned}\frac{F_g}{F_e}&=\frac{4\pi\varepsilon_0 Gm^2}{q^2}\\&=\frac{4\pi\left(8.85\times10^{-12}\frac{s^2\cdot C^2}{kg\cdot m^3}\right)\left(6.67\times10^{-11}\frac{m^3}{kg\cdot s^2}\right)(1.67\times10^{-27}kg)^2}{(1.6\times10^{-19}C)^2}\\&=8.1\times10^{-37}\approx10^{-36}\end{aligned} \tag{12.2}$$

这是一个相当小的值。要注意这个比值是和 $r$ 无关的。$10^{36}$这个数到底有多大，你可以想象如果在地球和太阳之间拉出由中子组成的一条线，你把这条线复制一百亿份，那么你就得到了 $10^{36}$ 个中子。

(b) 如果 $r=10^{-15}$m，电场力大小为

$$F_e=\frac{1}{4\pi\varepsilon_0}\frac{q^2}{r^2}=\left(9\times10^9\ \frac{kgm^3}{s^2C^2}\right)\frac{(1.6\times10^{-19}C)^2}{(10^{-15}m)^2}=230N \tag{12.3}$$

因为 1N 大概折合 0.22 英镑，这个力大约为 50 英镑！这个力会被使原子核聚合的同样大的“强”力平衡掉。

### 1.2 三角形中的零受力点

首先注意到我们期望的那个点不可能位于三角形的内部，因为电场在沿对称轴方向的分量都是朝着同一个方向的（指向阴离子）。假定三角形的边长为 2 个单位的长度。如图 12.1 所示，考虑在两个阳离子外侧方向的某点 $P$，该点距两个阳离子连线的距离为 $y$（$y$ 也由此被定义为一个正值）。$P$ 跟阴离子之间的距离是 $y+\sqrt{3}$，同时跟每一个阳离子之间的距离是 $\sqrt{1+y^2}$。如果 $P$ 点的电场为零，那么阴离子产生向上的电场肯定抵消了两个阳离子产生的向下的电场。这就有

（忽略 $e/4\pi\varepsilon_0$ 因子）

$$\frac{1}{(y+\sqrt{3})^2}=2\times\frac{1}{1^2+y^2}\left(\frac{y}{\sqrt{1^2+y^2}}\right)\Longrightarrow y=\frac{(1+y^2)^{3/2}}{2(y+\sqrt{3})^2} \quad (12.4)$$

其中第一个等式中的因子 $y/\sqrt{1+y^2}$ 是在计算题目中由阳离子产生的电场线的垂直分量的过程中出现的。可以定量求解出方程(12.4)，其结果为 $y\approx0.1463$。用迭代的方法同样也可以解出这个方程：首先给右边赋予一个预估的起始值 $y$，然后用计算得到的值来替换 $y$。用这种方法，该方程的值可以迅速地收敛到$y\approx0.1463$。

还有一个 $E=0$ 的点位于阴离子外侧的某个地方。为了找到它，现在我们仿照前面的方法，定义 $y$ 为到某个原点（连接两个阳离子线段的中点）的距离（所以 $y$ 还是一个正值)。于是我们得到了一个和刚才一样的方程，唯一的不同之处就是用$-\sqrt{3}$替换了$+\sqrt{3}$。

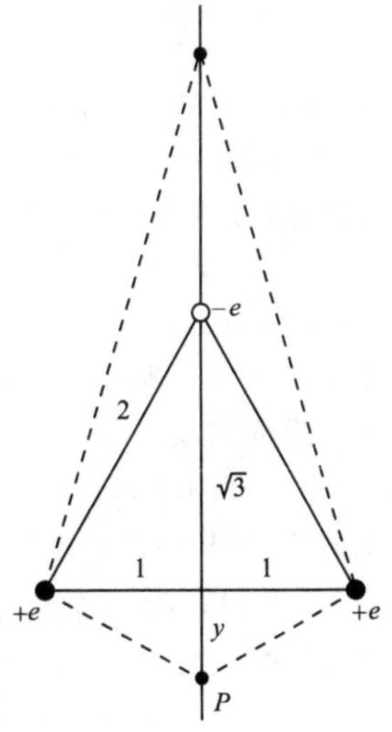

图 12.1

现在这个方程的解为 $y\approx6.2045$。这就对应着阴离子外侧的距离 $6.2045-\sqrt{3}\approx4.4724$ 的位置。

这些零点场的点中，每一个点的存在都符合连续性原理。对于上方的那个点：阴离子上方附近的电场是指向下方的。但是在指定的那个点的上方很大距离上，电场都是指向上方的，因为从很远的地方看过去这个三角形其实就像是一个有$+e$ 的静电荷量的点电荷。因此，根据连续性原理，肯定在某个点的位置处电场从指向下方过渡到指向上方。所以在那个点处一定有$E=0$。同样地，用连续性原理可以解释下方的那个点。

## 1.3 圆锥体的力

(a) 如图 12.2 所示，考虑圆锥体壁上的一个距离锥顶倾斜距离为 $x$，宽度为 $dx$ 的细圆环。我们通过观察这个圆环上的所有电荷微元就会发现，它们的力在水平方向的分量都被它们所在直径另一端的电荷抵消了。所以最后只剩下了垂直方向的分量，这就引入了因子 $\cos\theta$。(也就是说，从对称的角度而言，电场可以被描述成一个垂直的场。) 在这个环中的一个电荷元 $dQ$ 产生的力的垂直分量为 $q(dQ)\cos\theta/4\pi\varepsilon_0x^2$。沿着圆环对圆环里的所有电荷元 $dQ$ 做积分。于是得到这个圆环产生的合力（垂直）大小为 $q(Q_{\text{ring}})\cos\theta/4\pi\varepsilon_0x^2$。

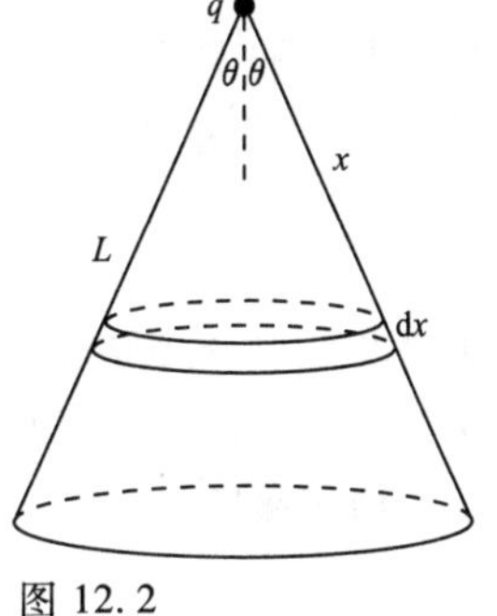

图 12.2

这个圆环的半径是 $x\sin\theta$，因此，它的面积是 $2\pi(x\sin\theta)dx$。于是圆环上的电荷量为 $Q_{\text{ring}}=\sigma2\pi x\sin\theta dx$，从 $x=0$ 到 $x=L$ 对所有的圆环进行积分就得到了最终的合力

$$F=\int_0^L\frac{q(\sigma2\pi x\sin\theta dx)\cos\theta}{4\pi\varepsilon_0x^2}=\frac{q\sigma\sin\theta\cos\theta}{2\varepsilon_0}\int_0^L\frac{dx}{x} \quad (12.5)$$

但是这个积分是发散的，所以合力是无穷大。简而言之，对于很小的 $x$ 值，库仑定律里的 $1/x^2$ 因子会比计算圆环面积的 $x$ 因子大。(但这只是勉强而言吧，上面的积分发散得就像对数函数一样缓慢)。

(b) 现在唯一的不同就是积分不是从零开始而是从 $L/2$ 开始。所以我们有

$$F=\frac{q\sigma\sin\theta\cos\theta}{2\varepsilon_0}\int_{L/2}^{L}\frac{\mathrm{d}x}{x}=\frac{q\sigma\sin\theta\cos\theta}{2\varepsilon_0}(\ln 2) \tag{12.6}$$

因为 $\sin\theta\cos\theta=(1/2)\sin2\theta$，所以这个力在 $2\theta=90°=\theta=45°$ 时存在最大值，在这种情况下，其值等于 $q\sigma(\ln2)/4\varepsilon_0$。当 $\theta=90°$（$q$ 位于圆盘空洞的中心）时和 $\theta=0°$（锥体细到极致以至于其上包含的电荷量为零）时，这个力严格等于零。

要注意力 $F$ 的大小是和 $L$ 无关的。假使我们把它的尺寸缩放一定的比例，比如说放大成5倍，那么与原来的锥体相应的那一片上包含的电荷量就会扩大为 $5^2$ 倍（因为面积和距离的平方成正比），这样一来正好就把因为库仑定律中的 $1/r^2$ 而引入的 $1/5^2$ 因子抵消掉了。

## 1.4　矩形的功

图12.3所示为两种基本的分布方式。在每一种情况下都有六组电荷对。其中两组电荷对的距离为 $a$，两组为 $b$，另外两组为 $\sqrt{a^2+b^2}$。在第一种分布方式中，系统的能量（相当于要把电荷聚集到一起需要的功）由下式给出：

$$U=\frac{e^2}{4\pi\varepsilon_0}\left(-2\cdot\frac{1}{a}-2\cdot\frac{1}{b}+2\cdot\frac{1}{\sqrt{a^2+b^2}}\right) \tag{12.7}$$

前面两个分式都要比第三个分式大一个数量级，所以无论 $a,b$ 取什么值，$U$ 都是一个负值。在第二种分布方式中，能量由下式给出：

$$U=\frac{e^2}{4\pi\varepsilon_0}\left(2\cdot\frac{1}{a}-2\cdot\frac{1}{b}-2\cdot\frac{1}{\sqrt{a^2+b^2}}\right) \tag{12.8}$$

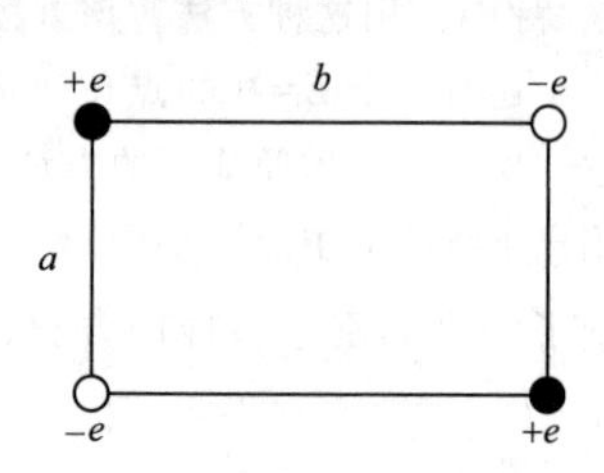


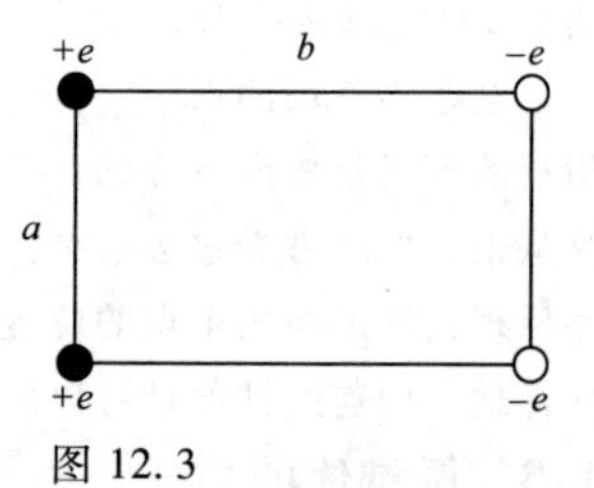


图12.3

我们可以很容易看出，如果 $b=a$，则能量就是一个负值，如果 $b\gg a$，能量就是一个正值。所以当 $b$ 相比于 $a$ 足够大时能量才是正值。为了方便，使 $a=1$。那么当 $U=0$ 时则有

$$1-\frac{1}{b}=\frac{1}{\sqrt{1+b^2}}\Rightarrow\frac{(b-1)^2}{b^2}=\frac{1}{1+b^2}\Rightarrow b^4-2b^3+b^2-2b+1=0 \tag{12.9}$$

我们可以得到它的数值解，并且我们需要的那个根为 $b\approx1.883$，或者更一般地说 $b=(1.883)a$。如果 $b$ 比这个值大的话，那么 $U$ 就是一个正数。

## 1.5　稳不稳定?

让四个角的位置定位在点（$\pm a$，$\pm a$）。那么这四个点到点（$x,y$）的距离分别是 $\sqrt{(\pm a-x)^2+(\pm a-y)^2}$。忽略掉共同的因式 $-Qq/4\pi\varepsilon_0$，电荷 $-Q$ 的能量 $U(x,y)$ 的数学级数表达式（$x$ 和 $y$ 的二阶项）的代码为

```
Series[
1/Sqrt[(a-x)^2+(a-y)^2]+
1/Sqrt[(a-x)^2+(-a-y)^2]+
1/Sqrt[(-a-x)^2+(a-y)^2]+
1/Sqrt[(-a-x)^2+(-a-y)^2],
{x,0,2},{y,0,2}]
```

可以计算出能量（二阶项）为

$$U(x,y)=\frac{-Qq}{4\pi\varepsilon_0 a}\left(2\sqrt{2}+\frac{x^2+y^2}{2\sqrt{2}a^2}\right) \tag{12.10}$$

我们看到能量随着 $x$ 和 $y$ 的值而衰减，所以电荷 $-Q$ 在 $xy$ 平面内无论朝着哪个方向运动都不能稳定地平衡。这种不稳定性和我们将要在 2.12 节中要证明的定律有关。

要注意到当 $x=y=0$ 的时候 $U(x,y)$ 衰减到最小值，此时电荷 $-Q$ 距离四个电荷 $q$ 的距离都是 $\sqrt{2}a$。同样也要注意到 $x$ 和 $y$ 的一阶项的缺失是和电荷 $-Q$ 在矩形中心时受到的力为零相关的(力和能量的导数相关联)。要考虑在 $xy$ 平面上原点附近的运动状态，你可以把电荷大致想象成一个位于倒扣的碗顶部的一个球。

## 1.6 平衡的零电势能

(a) 由对称性可知 $Q$ 受到的力为零，所以我们只需要考虑电荷 $q$ 上受到的力。再次利用对称性，我们只需要考虑这些电荷中的一个就可以。右边的 $q$ 受到的力（忽略了 $1/4\pi\varepsilon_0$，因为稍后这个因子会被抵消）等于 $qQ/d^2+q^2/(2d)^2$。令此式的值为零则有 $Q=-q/4$。

(b) 像在 (a) 中那样，我们只需要考虑那些电荷 $q$ 中的一个即可。上面的 $q$ 受到的力（忽略因子 $1/4\pi\varepsilon_0$）等于 $qQ/d^2+2[(q^2/(\sqrt{3}d)^2](\sqrt{3}/2)$，其中最后一个因式是在取力的竖直分量时引入的 cos30°。我们利用了等边三角形的边长为$\sqrt{3}d$ 这个结论，令受到的力为零，于是得到$Q=-q/\sqrt{3}$。

(c) 在 (a) 中，我们一共有三组电荷对，所以势能为

$$\frac{1}{4\pi\varepsilon_0}\left(\frac{q^2}{2d}+2\cdot\frac{qQ}{d}\right)=\frac{1}{4\pi\varepsilon_0}\left[\frac{q^2}{2d}+2\cdot\frac{q(-q/4)}{d}\right]=0 \tag{12.11}$$

在 (b) 中我们一共有六组电荷对，所以其势能为

$$\frac{1}{4\pi\varepsilon_0}\left(3\cdot\frac{q^2}{\sqrt{3}d}+3\cdot\frac{qQ}{d}\right)=\frac{1}{4\pi\varepsilon_0}\left[3\cdot\frac{q^2}{\sqrt{3}d}+3\cdot\frac{q(-q/\sqrt{3})}{d}\right]=0 \tag{12.12}$$

这两个式子的值都等于零，和我们预期的结果一致。

(d) 考虑任意的一组处于平衡态的电荷，想象通过均匀地扩大它们之间的尺寸的方式把它们移动到无穷远，移动过程中它们之间的相对距离保持不变。例如，在 (b) 中，我们只是简单地把那个等边三角形扩大，以致使其无穷大。然后设所有的距离增大的因子为 $f$。因为电场力的大小和 $1/r^2$ 成正比，所以每一对电荷之间的力都衰减为原来的 $1/f^2$。因此每一个电荷所受到的合力的大小都为开始时的 $1/f^2$。但是因为在开始时力的大小为零，所以在以后的任意时刻，力的大小依然为零。进而，因为电荷上受到的力始终为零，所以把它们移动到无穷时需要的功也就为零。由此就像我们预想的那样，开始时的那个系统的势能也为零。(你可以很快举一个反例来证明与我们相反的结论是错误的。)

从以上推理，我们看到静电力的这种特殊的平方反比关系是不相关的。任何指数关系的力都能得出相同的结果。但是像 $e^{-\alpha}r$ 这种关系的力就不会有这种结论。对于这个问题的更深入的讨论，请见 Crosignai 和 DiPorto（1977）。

## 1.7 二维晶体上的电势能

考虑一个处于完全无限大的平面上的离子的势能。把它定义为 $U_0$。如果我们把所有的离子（或者一个相当大的数 $N$）求和以得到所有离子的总 $U$，我们就得到了 $NU_0$。然而，这个过程中我们对每一对离子都统计了两次，所以我们要把结果除以 2 才能得到准确的总能量。再除以 $N$

就得到了每个离子的能量$(NU_0/2)/N=U_0/2$。

同样，我们可以计算出离子上方的半平面的势能以及离子右面的半条直线的势能；如图 12.4 所示。像这样只关心离子的一半和上面的除以 2 是等价的。实际上，这种方法是和你创建晶格的方式相关的。想象一下离子的上半个平面和右半条直线已经处在相应的位置。那么问题就是，如果再放入一个新的离子需要做多少功呢？这就是因已经存在的离子而引起的势能。我们可以继续朝着这条线的左方添加新的离子（如练习题 1.42），这样最终我们会向下移到一条新的直线。

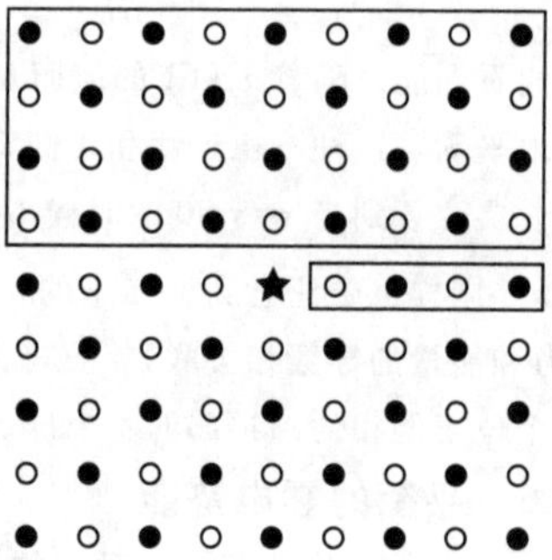

图 12.4

如果我们用坐标 $(m,n)$ 来标记这些离子，那么对于位于 $(0,0)$ 位置处的离子，其因右半条线和上半平面而产生的势能是

$$U=\frac{e^2}{4\pi\varepsilon_0 a}\left[\sum_{m=1}^{\infty}\frac{(-1)^m}{m}+\sum_{m=1}^{\infty}\sum_{n=-\infty}^{\infty}\frac{(-1)^{m+n}}{\sqrt{m^2+n^2}}\right] \tag{12.13}$$

在 Mathematica 程序中把它的极限∞换成足够大的数 1000。我们得到

$$U=\frac{e^2}{4\pi\varepsilon_0 a}(-0.693-0.115)=-\frac{(0.808)e^2}{4\pi\varepsilon_0 a} \tag{12.14}$$

这个结果是一个负值，也就意味着要把这些离子都分离开是需要外界提供能量的。这是有道理的，因为每四个相邻的离子都具有相反的符号。

## 1.8　环的振动

考虑环上长度为 $Rd\theta$ 的一小段。在图 12.5 中，根据余弦定理，点 $(r,0)$ 到这一小段的距离是 $\sqrt{R^2+r^2-2Rr\cos\theta}$。那么电荷 $q$ 关于 $r$ 的势能表达式就可以写成

$$\begin{aligned}U(r) &= 2\int_0^{\pi}\frac{1}{4\pi\varepsilon_0}\frac{q(\lambda R\mathrm{d}\theta)}{\sqrt{R^2+r^2-2Rr\cos\theta}}\\ &=\frac{q\lambda}{2\pi\varepsilon_0}\int_0^{\pi}\frac{\mathrm{d}\theta}{\sqrt{1+r^2/R^2-2(r/R)\cos\theta}}\end{aligned} \tag{12.15}$$

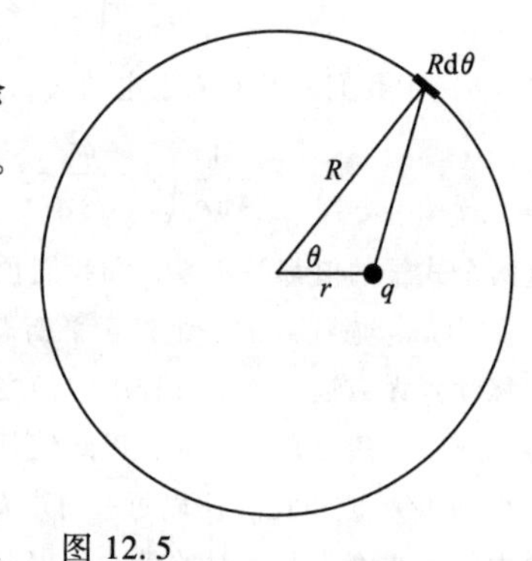


图 12.5

利用已知的泰勒级数 $\varepsilon\equiv r^2/R^2-2(r/R)\cos\theta$，只保留到 $r^2$ 项得到

$$\begin{aligned}U(r) &= \frac{q\lambda}{2\pi\varepsilon_0}\int_0^{\pi}\left\{1-\frac{1}{2}\left(\frac{r^2}{R^2}-\frac{2r}{R}\cos\theta\right)+\frac{3}{8}\left[\left(-\frac{2r}{R}\cos\theta\right)^2+\cdots\right]\right\}\mathrm{d}\theta\\ &=\frac{q\lambda}{2\pi\varepsilon_0}\int_0^{\pi}\left[1+\frac{r^2}{2R^2}(3\cos^2\theta-1)\right]\mathrm{d}\theta\end{aligned} \tag{12.16}$$

这里我们利用了对 $\cos\theta$ 一阶项的积分为零这个结论。对于 $\cos^2\theta$，我们可以直接用 1/2 来代替，因为 1/2 是它的平均值。由此我们得到

$$U(r)=\frac{q\lambda}{2\varepsilon_0}+\frac{q\lambda r^2}{8\varepsilon_0 R^2} \tag{12.17}$$

于是电荷 $q$ 上受到的力为

$$F(r)=\frac{\mathrm{d}U}{\mathrm{d}r}=-\frac{q\lambda r}{4\varepsilon_0 R^2} \tag{12.18}$$

这是一个典型的符合胡克定律的力，其大小和位移成正比。对于这个电荷的$F=ma$方程为

$$F=ma\Longrightarrow-\frac{q\lambda r}{4\varepsilon_0 R^2}=m\ddot{r}\Longrightarrow\ddot{r}=-\left(\frac{q\lambda}{4\varepsilon_0 mR^2}\right)r \tag{12.19}$$

其小振荡的角频率是 $r$ 的系数的平方根（取负值），即 $\omega=\sqrt{q\lambda/4\varepsilon_0 mR^2}$。因为电荷 $Q$ 是在环上的，我们有 $\lambda=Q/2\pi R$，所以 $\omega=\sqrt{qQ/8\pi\varepsilon_0 mR^3}$。如果 $r=0.1\text{m}$，$m=0.01\text{kg}$，并且 $q$ 和 $Q$ 都为 1mC，那么你可以证明 $\omega=21\text{s}^{-1}$，也就是 3Hz 多一点。

## 1.9 两个电荷的场

（a）在两个带有相反符号的电荷中间的任何位置，或者在任何离大电荷近而离小电荷远的位置，电场不可能为零。所以我们要找到的那一个点一定位于电荷$-q$ 的右侧；也就是说，它的 $x$ 值一定满足 $x>a$。在进行代数计算之前弄清楚这些是很重要的。在满足下式时（忽略 $4\pi\varepsilon_0$）

$$\frac{2q}{x^2}-\frac{q}{(x-a)^2}=0\Longrightarrow x^2-4xa+2a^2=0 \tag{12.20}$$

$$\Longrightarrow x=(2\pm\sqrt{2})a$$

电场将会消失。这个正根位于电场消失的 $x=2.414a$ 的那个点。另一个根的位置在两个电荷之间，它给出了另一个电场的大小相等的位置，但是在这个位置上两个电场并没有相互抵消而是指向了相同的方向。

注意要找到任何一个电场为零的点，那个点一定在 $x$ 轴上。这是由以下条件决定的，如果那个点不在 $x$ 轴上，那么电荷 $2q$ 和$-q$ 在那一点的电场会指向不同的方向，所以让它们相互抵消是不可能的。所以点 $x=2.414a$ 是唯一一个电场为零的点。

（b）在图 12.6 中的（$a,y$）点，其中 $y$ 是一个正值，电场分量 $E_y$ 的值是（忽略 $4\pi\varepsilon_0$）：

$$E_y=\frac{2q}{a^2+y^2}\left(\frac{y}{\sqrt{a^2+y^2}}\right)-\frac{q}{y^2} \tag{12.21}$$

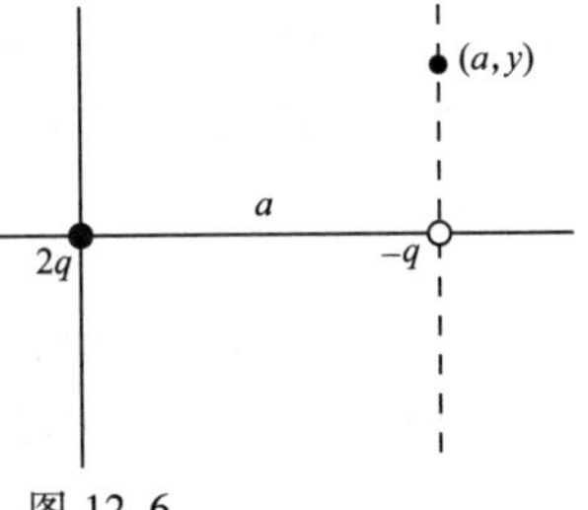

图 12.6

其中括号内的因式是由题目中电荷 $2q$ 的电场的竖直分量产生的。当 $2y^3=(a^2+y^2)^{3/2}$，也就是$2^{2/3}y^2=a^2+y^2$ 时 $E_y$ 消失，此时 $y=a/\sqrt{2^{2/3}-1}=1.305a$。由对称性可知 $y=-1.305a$ 同样符合条件。[此外，如果 $y$ 是一个负值，那么方程（12.21）中第二个式子的符号应该是个正号。]

$E_y=0$ 这个点的存在服从连续性原理：在直线 $x=a$ 上，电荷$-q$ 上方附近的点处，电荷$-q$ 起主导作用，所以其电场是指向下方的。但是当 $y$ 是一个很大的正值时，电荷 $2q$ 起主导作用，所以电场是指向上方的。由于其连续性，肯定在某个中间值 $y$ 时，电场会在这两个方向之间发生转变而指向水平方向。如果我们转而考虑竖直穿过电荷 $2q$ 的直线上的点的话，这个推理过程就不能直接应用了。实际上，在那条电场线上，任何位置的电场都是指向上方的（对于正的$y$ 值）。

## 1.10　45°电场线

让我们对图12.7中的直线用角 $\theta$ 参量化。在直线上对应角度 $\mathrm{d}\theta$ 的一小段，其距离定点 $P$ 的距离为 $l/\cos\theta$，线段的长度为 $\mathrm{d}x=\mathrm{d}(l\tan\theta)=l\mathrm{d}\theta/\cos^2\theta$。于是它在 $P$ 点产生的电场是

$$\mathrm{d}E=\frac{1}{4\pi\varepsilon_0}\frac{(l\mathrm{d}\theta/\cos^2\theta)\lambda}{(l/\cos\theta)^2}=\frac{1}{4\pi\varepsilon_0}\frac{\lambda\mathrm{d}\theta}{l} \qquad (12.22)$$

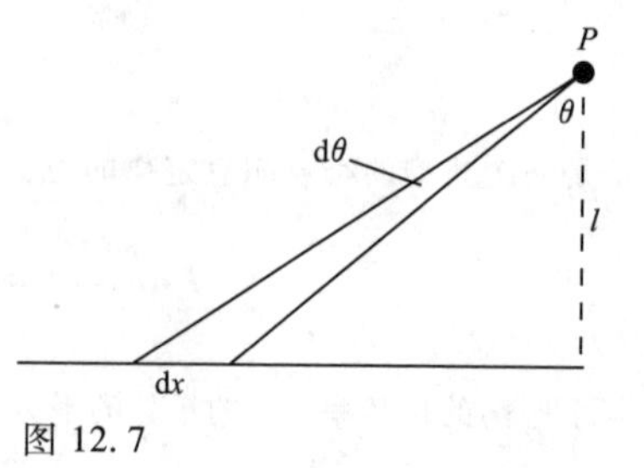

图12.7

对这个量乘以 $\sin\theta$ 就得到了它的水平分量。所以 $P$ 点的总的电场的水平分量就是

$$E_x=\int_0^{\pi/2}\frac{1}{4\pi\varepsilon_0}\frac{\lambda\mathrm{d}\theta}{l}\sin\theta=\frac{1}{4\pi\varepsilon_0 l}\int_0^{\pi/2}\sin\theta\mathrm{d}\theta=\frac{\lambda}{4\pi\varepsilon_0 l} \qquad (12.23)$$

类似地，对式（12.22）乘以 $\cos\theta$ 就得到了电场的竖直分量。并且因为 $\int_0^{\pi/2}\cos\theta\mathrm{d}\theta$ 的积分正好像对 $\sin\theta$ 的积分一样也等于1，我们看到在 $P$ 点处 $E_x$ 和 $E_y$ 都等于 $\lambda/4\pi\varepsilon_0 l$。因而，正如我们预料的那样，电场指向了45°角的方向。

利用直接积分或者高斯定理可以得出全无限长的直线的电场为 $\lambda/2\pi\varepsilon_0 l$，$E_y=\lambda/4\pi\varepsilon_0 l$。这个结果和此结论是一致的。由叠加原理，两个半无限长直线首尾相接就组成了一个全无限长直线，所以后者的 $E_y$ 肯定是前者 $E_y$ 的两倍。

注意因为在题中 $l$ 只有长度标度，两个分量肯定正比于 $\lambda/\varepsilon_0 l$（假定它们是有限的）。因此它们的比值，也就是决定它们的角度，是和 $l$ 无关的。不过这里通过计算证明了这个角度是45°。

## 1.11　柱面体末端的电场

（a）我们将通过把圆柱体筒壳切成一系列相互堆叠的环的方式来解决这个问题。（作为一个练习，你也可以试着通过把圆柱体壳切成半无限长的平行直线的方式来计算这个电场。）在图12.8中，圆环的每一个小片产生的电场是 $\mathrm{d}q/4\pi\varepsilon_0 r^2$。由于其对称性，最终只会保留下竖直方向的分量，并由此引入了因子 $\sin\theta$。对 $\mathrm{d}q$ 的积分正好等于圆环上的总电荷 $q$，所以我们得到由于圆环而产生的电场的竖直分量为

$$E_{\text{ring}}=\frac{q}{4\pi\varepsilon_0 r^2}\sin\theta \qquad (12.24)$$

但是 $q$ 是通过 $\sigma(\text{area})=\sigma(2\pi R\mathrm{d}y)$ 给出的，这里 $\mathrm{d}y=r\mathrm{d}\theta/\cos\theta=r\mathrm{d}\theta/(R/r)=r^2\mathrm{d}\theta/R$（参见放大后的图12.9）。于是在角度 $\mathrm{d}\theta$ 内的圆环上产生的电场为

$$E_{\text{ring}}=\frac{\sigma(2\pi R)(r^2\mathrm{d}\theta/R)}{4\pi\varepsilon_0 r^2}\sin\theta=\frac{\sigma\sin\theta\mathrm{d}\theta}{2\varepsilon_0} \qquad (12.25)$$

对这个式子从 $\theta=0$ 到 $\theta=\pi/2$ 进行积分，很容易就得到总的电场为 $E=\sigma/2\varepsilon_0$。要注意这个结果是和 $R$ 无关的；在习题1.3中可以看到结论的最终图解。

$E=\sigma/2\varepsilon_0$ 这个结论的一个有趣的推论就是，如果我们在这个圆柱体的端口上盖上一个半径为 $R$、带有同样电荷密度 $\sigma$ 的圆盘的话，在这个圆柱体的内部，圆盘中心附近的位置处的电场正好为零。其实这种情况下从上面看过去，圆盘就像是一个无限大的平面，而无限大平面在两侧产生的电场是 $\sigma/2\varepsilon_0$。上面的零点场的出现就和这个现象有关。

（b）如果我们把这个实心圆柱体切成厚度为 $\mathrm{d}R$ 的一系列的同心圆筒壳的话，那么每一个壳

上的有效面电荷密度是$\rho \mathrm{d}R$。上面的结果告诉我们，每一个壳层产生的电场是$(\rho \mathrm{d}R)/2\varepsilon_0$。通过对$R$积分就直接把$\mathrm{d}R$变成了$R$，所以总的电场就是$\rho R/2\varepsilon_0$。

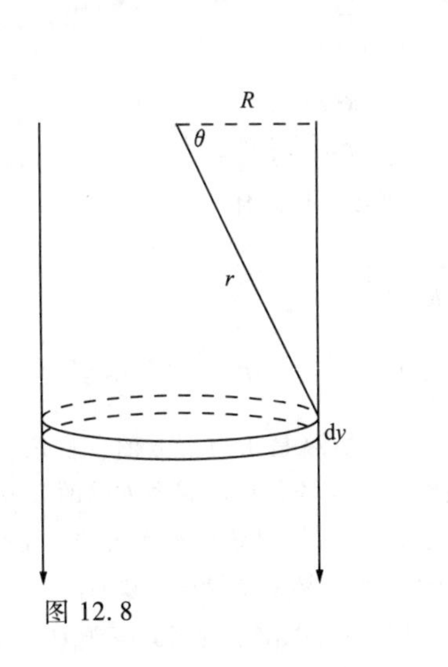

图 12.8

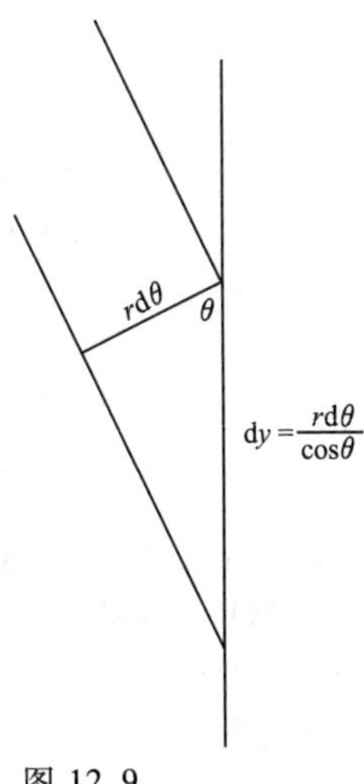

图 12.9

## 1.12 半球面的电场

考虑半球形顶部下方距离顶部为角度$\theta$的一个圆环，其张角为$\mathrm{d}\theta$。它的面积是$2\pi(R\sin\theta)(R\mathrm{d}\theta)$，所以它上面带的电荷量为$\sigma(2\pi R^2\sin\theta\mathrm{d}\theta)$。由余弦定理可知，图 12.10 中$r$的长度是$r=\sqrt{R^2+z^2-2Rz\cos\theta}$。各个部分产生的电场的$x$和$y$分量分别被跟它相对应的那一部分抵消掉。所以我们只需要关心各个小块产生的电场的$z$分量。在图 12.11 中，每一小块产生的电场都指向水平方向以下角度$\phi$的方向。所以在$z$分量中引入了因子$-\sin\phi$，其中$\phi=(R\cos\theta-z)/r$。把圆环中的所有部分的$z$分量累加就得到了圆环产生的电场，其值为

$$\mathrm{d}E_z=\frac{\sigma(2\pi R^2\sin\theta\mathrm{d}\theta)}{4\pi\varepsilon_0 r^2}\frac{(R\cos\theta-z)}{r} \tag{12.26}$$

角度$\theta$的范围从 0 到$\pi/2$，所以，使用$r=\sqrt{R^2+z^2-2Rz\cos\theta}$对所有的圆环进行积分就得到了总的电场为

$$E_z(z)=-\frac{\sigma R^2}{2\varepsilon_0}\int_0^{\pi/2}\frac{\sin\theta(R\cos\theta-z)\mathrm{d}\theta}{(R^2+z^2-2Rz\cos\theta)^{3/2}} \tag{12.27}$$

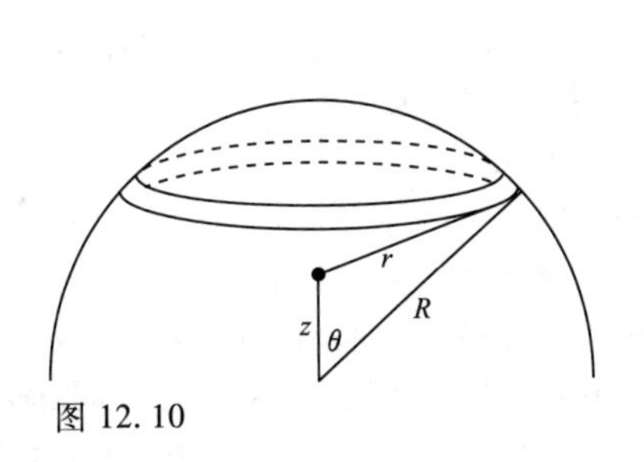

图 12.10

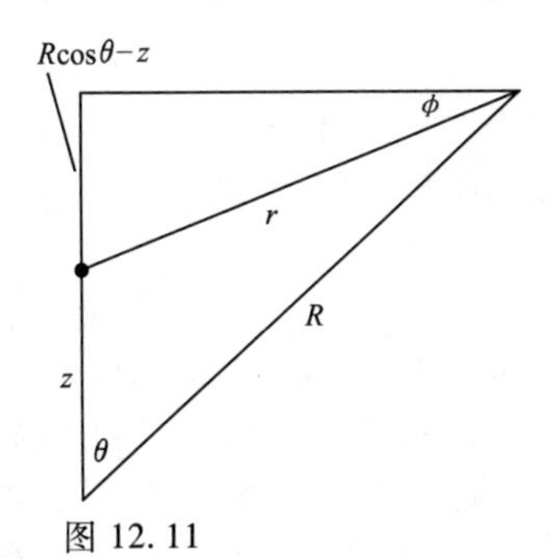

图 12.11

这个积分正好是封闭情况下的两倍。利用 Mathematica 程序或者附录 K 我们可以得到

$$E_z(z)=\frac{\sigma R^2}{2\varepsilon_0}\cdot\frac{R-z\cos\theta}{z^2\sqrt{R^2+z^2-2Rz\cos\theta}}\Bigg|_0^{\pi/2}$$
$$=\frac{\sigma R^2}{2\varepsilon_0 z^2}\left(\frac{R}{\sqrt{R^2+z^2}}-\frac{R-z}{\sqrt{(R-z)^2}}\right) \tag{12.28}$$

在第二个式子中，由于 $R-z$ 的符号的不同，其值有两种可能，我们有

$$E_z(z)=\frac{\sigma R^2}{2\varepsilon_0 z^2}\left(\frac{1}{\sqrt{1+z^2/R^2}}-1\right)\qquad(z<R)$$
$$E_z(z)=\frac{\sigma R^2}{2\varepsilon_0 z^2}\left(\frac{1}{\sqrt{1+z^2/R^2}}+1\right)\qquad(z>R) \tag{12.29}$$

其中第一个结果的值始终是个负值，所以如果 $z<R$，电场始终是指向下方的（假定 $\sigma$ 是个正值）。当 $z$ 只是稍微比 $R$ 小的时候，我们是无法直观地看出电场是指向哪个方向的。另一方面，如果 $z>R$ 我们可以明显看出电场是指向上方的。$E_z$ 在 $z=R$ 的位置处是不连续的，而是有一个 $\sigma/\varepsilon_0$ 的跳变。这和在横穿一个盒子表面时使用高斯定理得到的结果是保持一致的。

因为在半球面上总的电荷量为 $Q=2\pi R^2\sigma$，则式（12.29）中出现的因式等于 $Q/4\pi\varepsilon_0 z^2$。所以在 $z\to\pm\infty$ 时，上面的电场将会严格趋近于 $\pm Q/4\pi\varepsilon_0 z^2$（从远处看过去这个半球形就像是一个点电荷）。

对于 $z\to 0$ 时，可使用 $1/\sqrt{1+\varepsilon}\approx 1-\varepsilon/2$ 对式（12.29）中的 $1/\sqrt{1+z^2/R^2}$ 进行泰勒展开。这样将会在半球形的中心得到一个 $-\sigma/4\varepsilon_0=-Q/8\pi\varepsilon_0 R^2$ 的电场，如果你已经算出了练习 1.50 的结果，这个结论和那个结果是相符合的，$\sigma/4\varepsilon_0$ 的电场是一个无限大的平面产生的 $\sigma/2\varepsilon_0$ 电场的一半。你应该能够自己证明它为什么这么小（考虑在给定的立体角内的包含的电荷的量），尽管因子 1/2 不是很明显。

要注意当 $-R<z<R$ 时电场是 $z$ 的偶函数。有一个验证此结论的快捷方法。（提示：假设在给定的半球形的顶部有一个带电密度为 $-\sigma$ 的完整的球壳，再利用完整的球壳的内部电场为零的结论。）

## 1.13　均匀场

（a）在距离下面那个环的上方 $z$ 高度处，下面那个环上的电荷 $dQ$ 产生的电场大小为 $dQ/4\pi\varepsilon_0(r^2+z^2)$。但是由于对称性，最终只保留下了 $z$ 分量，并由此引入了因子 $z/\sqrt{r^2+z^2}$。对整个环进行积分就直接把 $dQ$ 转变成了 $Q$，所以底部的环产生的指向上方的电场矢量是 $E_z=Qz/4\pi\varepsilon_0(r^2+z^2)^{3/2}$。

这个推理过程同样可以适用于上面（负值）那个圆环，其中要把 $z$ 换成 $h-z$。并且这个电场同样是指向上方的（在它的位置的下方）。因此在高度 $z$ 位置处，总的电场是

$$E_z=\frac{Q}{4\pi\varepsilon_0}\left\{\frac{z}{(r^2+z^2)^{3/2}}+\frac{h-z}{[(r^2+(h-z)^2]^{3/2}}\right\} \tag{12.30}$$

（b）如果把 $z$ 换成 $h-z$ 的话，则 $E_z$ 的值不会变化。同样地，如果我们定义一个相对于中点的坐标系 $z'\equiv z-h/2$，那么当我们用 $(h-z)-h/2=h/2-z=-z'$ 替换 $z'$ 后电场的值仍然不会改变。这就是说电场是 $z'$ 的偶函数。因此它是相对于 $z=h/2$ 对称的，这和我们预期的一样。所以 $z=h/2$ 是一个局部的极值。作为一个练习，你也可以通过想象将整个装置倒置并使每个环上的电荷变

成相反符号的方法（这样你就得到了和开始时一样的装置）来证明这个结论。

通过 Mathematica 程序，$E_z$ 的二阶导数为

$$\frac{\mathrm{d}^2E_z}{\mathrm{d}z^2}=\frac{15z^3}{(r^2+z^2)^{7/2}}-\frac{9z}{(r^2+z^2)^{5/2}}+\frac{15(h-z)^3}{(r^2+(h-z)^2)^{7/2}}-\frac{9(h-z)}{(r^2+(h-z)^2)^{5/2}}\tag{12.31}$$

就像题中说到的那样，我们希望这个值在 $z=h/2$ 的位置等于零。如果设定 $z=h/2$ 的位置处的值为零的话，那么事情就会瞬间变得很简单。你可以证明其结果是 $r=h/\sqrt{6}\approx0.41h$。所以直径大小应该定为圆环间距的 0.82 倍。图 12.12 中展示了对于 $r$ 取值分别为远小于、小于、等于和大于 $h/\sqrt{6}$ 的情况下 $E_z$ 的图，其单位为 $Q/4\pi\varepsilon_0h^2$。（要注意纵坐标上刻度的不同。）其 $r=h/\sqrt{6}$ 的值正好为 $z=h/2$ 时为最大值还是最小值的转换点。在 $r$ 取非常小的值时，圆环附近的电场非常大，因为在距离大于 $r$ 的几倍的位置上看过去圆环就像是一个点电荷。

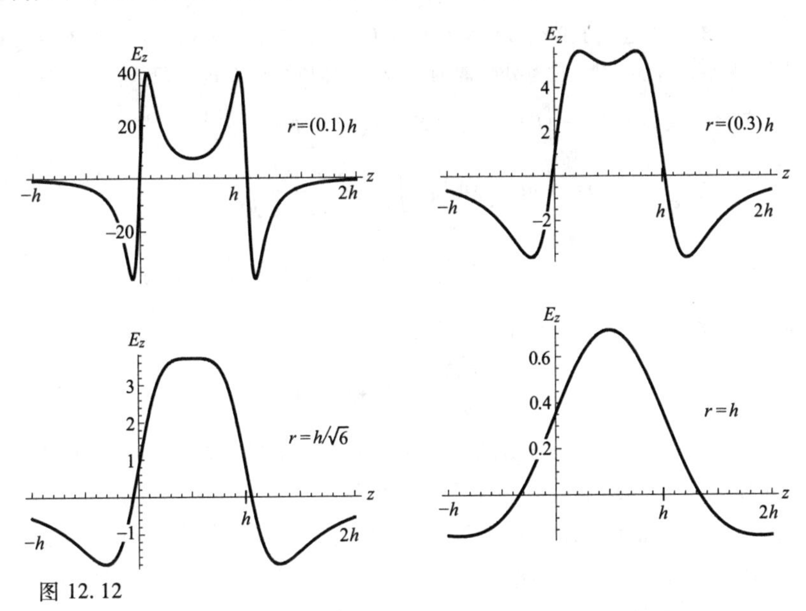


图 12.12

## 1.14 平板上的孔

（a）由于其对称性，最终只会留下与平板垂直方向的电场分量。在平面上距离半径为 $r$ 的一个小平面上的电荷 $\mathrm{d}q$ 在给定的点处产生的电场大小为 $\mathrm{d}q/4\pi\varepsilon_0(r^2+z^2)$。为了得到垂直于平面方向的电场分量，我们必须再把这个结果乘以 $z/\sqrt{r^2+z^2}$。把平面切分成一个个带电荷量 $\mathrm{d}q=(2\pi r\mathrm{d}r)\sigma$ 的圆环，我们得到平面（除去孔）上产生的总电场为

$$E(z)=\int_R^\infty\frac{2\pi\sigma zr\mathrm{d}r}{4\pi\varepsilon_0(r^2+z^2)^{3/2}}=-\left.\frac{2\pi\sigma z}{4\pi\varepsilon_0\sqrt{r^2+z^2}}\right|_{r=R}^{r=\infty}=\frac{\sigma z}{2\varepsilon_0\sqrt{R^2+z^2}}\tag{12.32}$$

要注意如果 $R=0$（这样我们就得到了一个没有孔的均匀平面），那么 $E=\sigma/2\varepsilon_0$，这也像是一个无限大的平面产生的电场。

（b）如果 $z\ll R$，那么根据式（12.32）就得到了 $E(z)\approx\sigma z/2\varepsilon_0 R$，由此，对于电荷 $-q$ 应用 $F=ma$ 得到

$$(-q)E=m\ddot{z}\Longrightarrow\ddot{z}+\left(\frac{q\sigma}{2\varepsilon_0 mR}\right)z=0 \tag{12.33}$$

这个方程表征着一个简单的简谐运动。其小振荡频率是 $z$ 那一项系数的平方根，即

$$\omega=\sqrt{\frac{q\sigma}{2\varepsilon_0 mR}} \tag{12.34}$$

对于本题中给定的参数，这个频率等于

$$\omega=\sqrt{\frac{(10^{-8}\mathrm{C})\times(10^{-6}\mathrm{C/m^2})}{2\times\left(8.85\times10^{-12}\frac{\mathrm{s^2\cdot C^2}}{\mathrm{kg\cdot m^3}}\right)\times(10^{-3}\mathrm{kg})\times(0.1\mathrm{m})}}=2.4\mathrm{s^{-1}} \tag{12.35}$$

这个值大约为0.4Hz。带电粒子必须被束缚在直线 $L$ 上，因为它在横向上是一个不稳定平衡。

（c）为了得到孔中心处和 $z$ 位置处势能的差异，我们对力 $qE$ 进行积分，（严格讲，如果你比较关心符号问题，实际上 $U=-\int F\mathrm{d}z$，同时 $F=(-q)E$）得到

$$\begin{aligned}U(z)&=\int_0^z qE(z')\,\mathrm{d}z'=\int_0^z\frac{q\sigma z'\,\mathrm{d}z'}{2\varepsilon_0\sqrt{R^2+z'^2}}\\&=\frac{q\sigma}{2\varepsilon_0}\sqrt{R^2+z'^2}\,\Bigg|_0^z=\frac{q\sigma}{2\varepsilon_0}\left(\sqrt{R^2+z^2}-R\right)\end{aligned} \tag{12.36}$$

由能量守恒定律，在孔中心处的速度由式 $mv^2/2=U(z)$ 决定，因此

$$v=\sqrt{\frac{q\sigma}{m\varepsilon_0}\left(\sqrt{R^2+z^2}-R\right)} \tag{12.37}$$

对于比较大的 $z$，这个值转化为 $v=\sqrt{q\sigma z/m\varepsilon_0}$。我们同样可以通过其他的方法来得到这个最后的结果，注意到对于比较大的 $z$ 值，式（12.32）中电场产生的向上的力的大小变为 $F=q\sigma/2\varepsilon_0$。这是一个常量，所以其加速度有一个定值 $a=q\sigma/2m\varepsilon_0$，对 $v=\sqrt{2az}$ 的标准一维运动给出 $v=\sqrt{q\sigma z/m\varepsilon_0}$，这和上面的结果是一致的。

## 1.15 通过圆环的电通量

（a）本题中的命题（对于位于原点右侧的以圆环为边界的任何曲面，通过曲面的通量是相同的）是正确的。因为如果不相同的话，对于两个这样的面所结合成的一个封闭曲面，流入或者流出这个闭合曲面的通量就不再为零。这将违背高斯定理，因为闭合曲面内部不包含任何电荷。

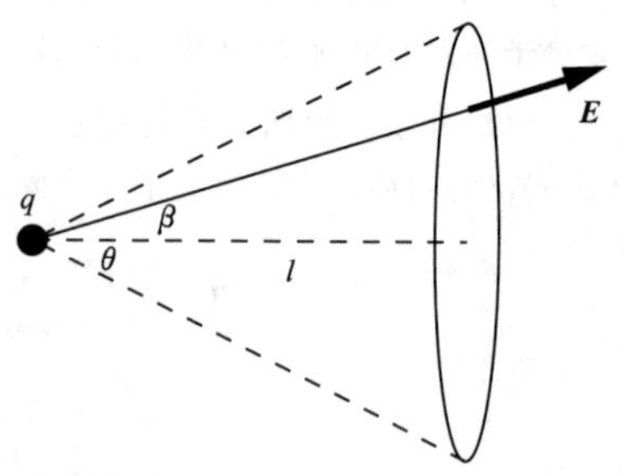

图 12.13

对于平面圆盘的情况，如图12.13中所示的角度 $\beta$ 的电场为 $q/4\pi\varepsilon_0 r^2=q/4\pi\varepsilon_0(l/\cos\beta)^2$。而只有它的水平分量是和通量有关的，所以就引入了因子 $\cos\beta$。对于常量 $\beta$ 对应的圆环的半径是 $l\tan\beta$。所以在弧度 $\mathrm{d}\beta$ 角度范围内的圆环的面积是 $\mathrm{d}a=2\pi(l\tan\beta)\mathrm{d}(l\tan\beta)=2\pi l\tan\beta(l\mathrm{d}\beta/$

$\cos^2\beta$)。因此通过圆环的总的电通量是

$$\begin{aligned}\int E_x \mathrm{d}a &= \int E\cos\beta \mathrm{d}a = \int_0^\theta \frac{q\cos^2\beta}{4\pi\varepsilon_0 l^2}\cos\beta \cdot \frac{2\pi l^2 \tan\beta \mathrm{d}\beta}{\cos^2\beta} \\ &= \frac{q}{2\varepsilon_0}\int_0^\theta \sin\beta \mathrm{d}\beta = \frac{q}{2\varepsilon_0}(1-\cos\theta)\end{aligned} \tag{12.38}$$

当 $\theta\to 0$ 时，这个结果趋近于零，当 $\theta\to\pi/2$ 时，它等于 $q/2\varepsilon_0$，这正好是 $q$ 产生的总电场 $q/\varepsilon_0$ 的一半。要注意这个电通量是和 $l$ 无关的；这和库仑定律的 $1/r^2$ 的特性是相似的，仅仅和角度 $\theta$ 是相关的。

（b）球形表面的任何位置处的电场都是 $q/4\pi\varepsilon_0 R^2$，其中 $R=l/\cos\theta$，是球的半径。电场和球面是正交的，所以我们不必为取分量而烦心。球面上角度恒为 $\beta$ 的圆环其半径为 $R\sin\beta$，所以圆环的面积是 $2\pi(R\sin\beta)(R\mathrm{d}\beta)$。因此通过球面的总的电通量就是

$$\begin{aligned}\int E \mathrm{d}a &= \int_0^\theta \frac{q}{4\pi\varepsilon_0 R^2} 2\pi R^2 \sin\beta \mathrm{d}\beta \\ &= \frac{q}{2\varepsilon_0}\int_0^\theta \sin\beta \mathrm{d}\beta = \frac{q}{2\varepsilon_0}(1-\cos\theta)\end{aligned} \tag{12.39}$$

和（a）中的结论一样。我们来计算另一个限定条件，现在考虑 $\theta\to\pi$ 的情况（曲面没有穿过电荷，就像平面圆盘的情况一样）。这种情况下，我们得到了位于原点左侧的一个很小的圆环。除了这个圆环所在的位置有一个小孔外，我们的球面就是一个完整的球面。式（12.39）给出了 $\theta\to\pi$ 的条件下的通量表达式 $q/\varepsilon_0$，这就是由电荷 $q$ 产生的总电通量的准确表达式。

## 1.16　高斯定理和两个点电荷

（a）在 $x$ 轴上位于 $x$ 点处的电场是（展开到 $x^2$ 阶分式）

$$\begin{aligned}E_x(x) &= \frac{q}{4\pi\varepsilon_0(l+x)^2} - \frac{q}{4\pi\varepsilon_0(l-x)^2} \\ &\approx \frac{q}{4\pi\varepsilon_0 l^2}\left(\frac{1}{1+2x/l} - \frac{1}{1-2x/l}\right) \\ &\approx \frac{q}{4\pi\varepsilon_0 l^2}[(1-2x/l)-(1+2x/l)] \\ &= -\frac{qx}{\pi\varepsilon_0 l^3}\end{aligned} \tag{12.40}$$

为了得到在 $y$ 轴上 $y$ 位置处电场，我们必须得到两个电荷产生的电场的竖直分量，这样就引入了因子 $y/\sqrt{l^2+y^2}$，因此电场就是（展开到 $y^2$ 阶项）

$$E_y(y) = 2\cdot\frac{q}{4\pi\varepsilon_0(l^2+y^2)}\cdot\frac{y}{\sqrt{l^2+y^2}} \approx \frac{qy}{2\pi\varepsilon_0 l^3} \tag{12.41}$$

$y$ 轴可以选定为任何与两个点电荷连线垂直的方向，所以这个结果可以适用于两个电荷中垂面上的任何点。

（b）尽管我们看到（a）中的电场只适用于 $x$ 轴或者中垂面上的点，实际上，这个结果对于原点附近的空间内的所有点都适用。也就是说，$E_x(x,y)\approx -qx/\pi\varepsilon_0 l^3$，而和 $y$ 的值无关。同时有 $E_y(x,y)\approx qy/2\pi\varepsilon_0 l^3$，和 $x$ 值无关。你可以通过写出准确的电场的表达式来证明这个结论。例

如，在式（12.41）中，相对于两个电荷而言，$l$ 的值变成了 $l\pm x$，对于首项来说，这并不影响结果。另外，要注意，由于其对称性，$E_x(x,y)$ 是关于 $y$ 的偶函数。这意味着 $E_x(x,y)$ 和 $y$ 不存在线性关系。因此它和 $y$ 的关系仅是在 $y^2$ 项以后，这在 $y$ 比较小的时候是可以忽略的。所以在 $x$ 轴附近 $E_x$ 实际上是和 $y$ 无关的。同理可得 $E_y$ 是关于 $x$ 的函数。

为方便起见，我们定义 $C\equiv q/2\pi\varepsilon_0 l^3$。这意味着纵向和横向的场分量分别为 $2Cx$ 和 $Cy$。这个小圆桶的两个圆面的总面积是 $a_{\text{circ}}=2\pi r_0^2$。同时圆桶的侧面积是 $a_{\text{cyl}}=(2\pi r_0)(2x_0)=4\pi r_0 x_0$。在两个圆环处存在向内的电通量；这个电通量只来自于 $E_x$，大小为 $2Cx_0$。同时在圆桶的侧面有向外的电通量，而这个电通量只来自于 $E_y$，其大小为 $Cr_0$。于是向外的净电通量就是

$$-(2\pi r_0^2)(2Cx_0)+(4\pi r_0 x_0)(Cr_0)=0 \tag{12.42}$$

这和我们预料的结果一致。

## 1.17　球壳内的零电场

假定 $a$ 是从小块 $A$ 到点 $P$ 的距离，同时假定 $b$ 是小块 $B$ 到点 $P$ 的距离；如图 12.14 所示。（因为我们假定那个孔是非常小的，所以它对距离我们定义的这两个小块这么远的点是没有任何影响的。）画出这个孔的“垂面”，定义为 $A'$ 和 $B'$。因为面积是距离的平方，所以这两个面的面积比为 $a^2/b^2$。其关键在于 $A$ 和 $A'$ 平面的夹角是和 $B$ 和 $B'$ 的夹角一样的。这个观点的正确性是由于 $A$ 和 $B$ 之间的弦（也就是垂直于 $A'$ 和 $B'$ 的线）对应着同样的圆心角。于是 $A$ 和 $B$ 的面积比等于 $a^2/b^2$。所以 $A$ 块上的电荷是 $B$ 块上电荷的 $a^2/b^2$ 倍。

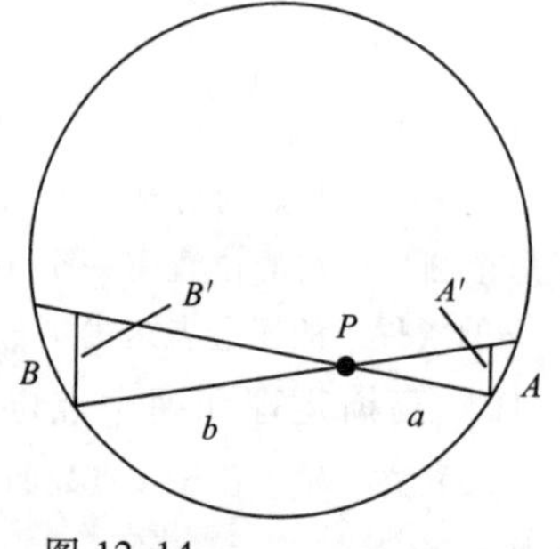


图 12.14

两个小块产生的电场服从一般的表达形式 $q/4\pi\varepsilon_0 r^2$。我们刚好发现 $q$ 对 $A$ 的电场是 $B$ 的电场的 $a^2/b^2$ 倍。而同时我们也知道 $r^2$ 对于 $A$ 是 $r^2$ 对于 $B$ 的 $a^2/b^2$ 倍。所以对于两个小块来说 $q/4\pi\varepsilon_0 r^2$ 的值是一样的。因此由 $A$ 和 $B$ 在 $P$ 点产生的电场（因为我们假定那个空腔很小，所以它们可以看成是准点电荷）大小是相同的（当然，其方向是相反的）。如果我们画出很多的空腔以至于使其覆盖整个壳，那么壳上对称位置处的小块产生的电场就会相互抵消，由此在点 $P$ 处的电场就只能为零。这对壳体内部的任何点都适用。

## 1.18　表面的电场

（a）利用高斯定理，如果把球上的电荷都集中到球的中心，那么这个球表面处的电场将保持不变，此时球中心的点电荷为 $q=(4\pi R^3/3)\rho$。因此

$$E=\frac{q}{4\pi\varepsilon_0 R^2}=\frac{(4\pi R^3/3)\rho}{4\pi\varepsilon_0 R^2}=\frac{R\rho}{3\varepsilon_0} \tag{12.43}$$

（b）同样根据高斯定理，如果圆柱体上的电荷都集中到圆柱体的中心线上，那么其表面上的电场将保持不变，由此，中心线上的线电荷密度为 $\lambda=\pi R^2\rho$。这里的 $\lambda$ 是指在长度为 $L$ 的圆柱体上的电荷量，即可以写成 $\lambda L$（自定义），也可以写成 $\pi R^2 L\rho$（因为对应的体积是 $\pi R^2 L$）。因此

$$E=\frac{\lambda}{2\pi\varepsilon_0 R}=\frac{\pi R^2\rho}{2\pi\varepsilon_0 R}=\frac{R\rho}{2\varepsilon_0} \tag{12.44}$$

（c）再次使用高斯定理，这个平板产生的电场和平板上的电荷都集中到板的表面是一样的，由此其面电荷密度是 $\sigma=2R\rho$。和上面类似，面电荷密度为 $\sigma$ 的面积为 $A$ 的板上的电荷量可以写成 $\sigma A$（自定义）也可以写成 $2RA\rho$（因为对应的体积是 $2RA$）。因此

$$E=\frac{\sigma}{2\varepsilon_0}=\frac{2R\rho}{2\varepsilon_0}=\frac{R\rho}{\varepsilon_0} \tag{12.45}$$

由此看出，球形、圆柱体、平板所产生的电场之比为(1/3)：(1/2)：1。(这些值分别和球的体积、圆柱体的截面积、平板的厚度有关。) 其大小顺序是有意义的，因为如图 12.15 所示，平板内部是包含一个完整的圆柱体的，而这个圆柱体内部又是完全包含球体的。所以在 $P$ 点，平板产生的电场肯定比圆柱体产生的电场大，而圆柱体产生的电场同样肯定比球体产生的电场大（因为在每一种情况下，多余的电荷都产生了一个指向右侧的非零电场）。

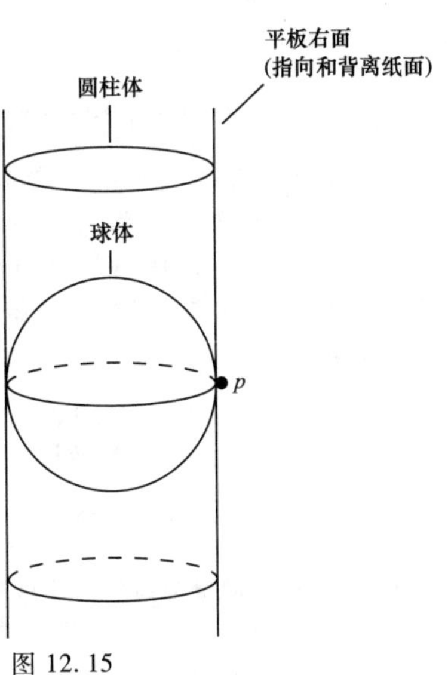

图 12.15

## 1.19　球体上的一块板

由于电荷层产生的电场是 $\sigma/2\varepsilon_0$，其中 $\sigma=\rho x$ 是单位面积上的有效电荷。这和在薄板上应用高斯定理的讨论是保持一致的。薄板上方 $B$ 点处的电场是 $\sigma/2\varepsilon_0$ 和球体在半径 $R+x$ 处产生的库仑电场之和。在平板下面的 $A$ 点处的电场是 $\sigma/2\varepsilon_0$ 和球体在半径 $R$ 处产生的电场之差(因为现在薄板产生的电场是向下的)。球体上的电荷量是 $(4/3)\pi R^3\rho_0$，所以如果有

$$\begin{aligned}&\frac{(4/3)\pi R^3\rho_0}{4\pi\varepsilon_0(R+x)^2}+\frac{\rho x}{2\varepsilon_0}>\frac{(4/3)\pi R^3\rho_0}{4\pi\varepsilon_0 R^2}-\frac{\rho x}{2\varepsilon_0}\\ &\Longleftrightarrow \rho x>\frac{R\rho_0}{3}\left(1-\frac{1}{(1+x/R)^2}\right)\\ &\Longleftrightarrow \rho x>\frac{R\rho_0}{3}\left(\frac{2x}{R}\right)\\ &\Longleftrightarrow \rho>\frac{2}{3}\rho_0\end{aligned} \tag{12.46}$$

则平板上方的电场要大些。上式中我们从第二行到第三行的过程中使用了 $1/(1+\varepsilon)^2\approx 1/(1+2\varepsilon)\approx 1-2\varepsilon$。

这个问题基本上是和“矿井”问题是相同的：如果你在一个矿井中下降，你感受到的重力场是增加还是减弱？答案是如果 $\rho_{crust}>(2/3)\rho_{avg}$，那么重力场会逐渐减小，其中 $\rho_{crust}$ 是地壳的质量密度（可以粗略地认为其是一个常数值），$\rho_{avg}$ 是整个地球的平均质量密度（其中地壳的部分是可忽略的）。由于重力场和电场都是以 $1/r^2$ 的形式衰减的，并且在地壳附近，地壳看起来其实就是一个很大的平面，所以这两个问题是等价的。

我们知道，肯定存在一个临界值 $\rho_{crust}$ 使得重力场和深度无关，理由如下。如果 $\rho_{crust}$ 非常小(想象地壳基本上没有质量的极限条件；同样地，假定地球的边界在几千米以上的空气中)，那么在矿井里的这种下降就会直接使得重力 $F=GmM/r^2$ 中的 r 减小，而 M 却基本保持不变（这里的 M 是包含在半径 r 内部的质量）；所以 F 是增大的。另一方面，如果 $\rho_{crust}$ 非常大（想象一个薄球壳的极限情形），那么这种下降基本不影响 $GmM/r^2$ 中的 r，但却会明显减小 M；所以 F 是减小的。由连续性原理，肯定存在一个 $\rho_{crust}$ 值使得在下降的过程中 F 保持不变。当然，并不能明显看出 2/3 这个因子。

## 1.20 雷雨云

（a）假定云是很大的，以至于它可以看成是一个无限大的平面，地面上会带有相反符号的电荷，所以电场大小是 $E=\sigma/\varepsilon_0$，这里的 $\sigma$ 是每单位面积的云里所携带的电荷量。因此

$$\sigma=\varepsilon_0 E=\left(8.85\times10^{-12}\frac{s^2\cdot C^2}{kg\cdot m^3}\right)\left(3000\frac{V}{m}\right)\approx2.7\times10^{-8}C\cdot m^{-2} \tag{12.47}$$

你可以利用 $1V/m=1N/C$ 的关系来验证它的单位。

（b）设降雨量为 h，这里 $h=2.5\times10^{-3}m$。如果雨滴半径为 r，那么降落到地面上面积为 A 的一个小块上的雨滴数为 $N=Ah/(4\pi r^3/3)$。在这个小块 A 上方的云中最初携带的总电荷量是 $\sigma A$，电荷量 q 为 $q=(\sigma A)/N=\sigma A/(3Ah/4\pi r^3)=4\pi r^3\sigma/3h$。在雨滴表面处，这些电荷产生的辐射场强度为 $q/4\pi\varepsilon_0 r^2$，这等于

$$\begin{aligned}\frac{q}{4\pi\varepsilon_0 r^2}&=\frac{4\pi r^3\sigma/3h}{4\pi\varepsilon_0 r^2}=\frac{\sigma}{\varepsilon_0}\frac{r}{3h}=E\frac{r}{3h}\\&=\left(3000\frac{V}{m}\right)\frac{5\times10^{-4}m}{3\times(2.5\times10^{-3}m)}=200\frac{V}{m}\end{aligned} \tag{12.48}$$

这是由于雨滴上的净电荷而产生的仅有的电场。在电场 E 中，即便是本来不携带电荷的雨滴，在其表面也会带有上下异号的电荷。与之相关的电场会在第 10 章中介绍，参见图 10.27。

要注意从式（12.48）中看到雨滴表面的电场是和 $r^3/r^2=r$ 成正比的；对于一个具有标准的体密度的球体来说，这是标准的结果。所以说，雨滴越大，电场越大。理论上讲，如果雨滴附近的电场足够大，空气分子上的电子将会逸出。这将导致空气电离，并且在雨滴接近地面的时候会迸发出火花。要想出现这种“电弧”得需要多大的雨滴呢？空气的击穿电压大概为 $3\times10^6 V/m$。这是上面的 $200V/m$ 那个电场的 $1.5\times10^4$ 倍。所以我们需要把上面的雨滴半径 $5\times10^{-4}m$ 扩大 $1.5\times10^4$ 倍，也就是 $7.5m$。不用说，如果雨滴真的这么大的话，那么我们要关心的将不仅仅是它们迸发出来的电火花问题了。

## 1.21 底面的电场

利用高斯定理和圆筒的对称性，我们知道在一个完全无限长（两个方向上）的圆筒壳内部，电场处处为零。一个完全无限长的圆筒可视为两个半无限长的圆筒头尾相接而成。假定（用反证法）一个半无限长的圆筒端面上有一个非零的径向电场分量。当我们把两个半无限长的圆筒拼接在一起而形成一个完全无限长的圆筒时，两个半无限长圆筒的径向电场分量就会叠加，从而在完全无限长的圆桶内部出现一个非零的电场。这就和完全无限长的圆筒内部电场为零的事实相违背。因此我们就可以得到如题中那样的半无限长的圆筒底面上电场的径向分量一定为零。

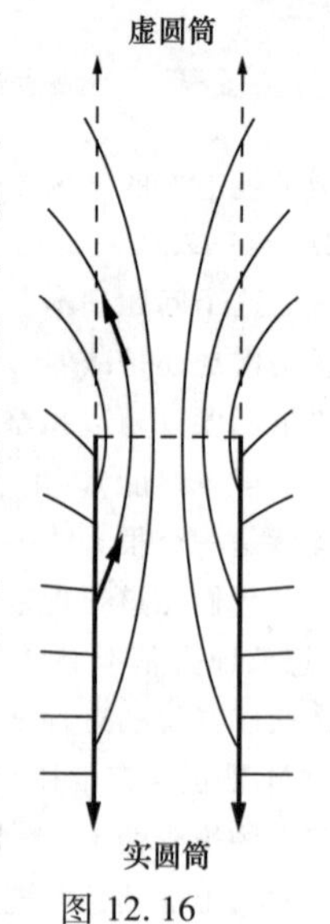

图 12.16

图 12.16 粗略地画出了半无限长圆筒的几条电场线示意图。在全无限长圆筒的内部（包含假想的那半段）电场肯定是相对端面对称的，否则当两个半无限长的圆筒端对端相接时，将无法相互抵消彼此的电场。

## 1.22 球壳的电场，对或错？

（a）如图 12.17 所示，用从球的顶端向下的角度 θ 来写出圆环的参数。圆环的宽度是 $Rd\theta$，周长是 $2\pi R\sin\theta$。所以它的面积是 $2\pi R^2\sin\theta d\theta$。圆环上的所有点到给定点 P 的距离都是 $2R\sin(\theta/2)$，也就是说和球壳的顶部不是

很接近。最后只会留下电场纵向分量，所以这就引入了 $sin(\theta/2)$ 因子，你可以自己证明这一点。因此球壳顶处的总电场非常近似等于［把 $sin\theta$ 写成 $2sin(\theta/2)cos(\theta/2)$］

$$\frac{1}{4\pi\varepsilon_0}\int_0^{\pi}\frac{\sigma 2\pi R^2\sin\theta d\theta}{(2R\sin(\theta/2))^2}\sin(\theta/2) = \frac{\sigma}{4\varepsilon_0}\int_0^{\pi}\cos(\theta/2)d\theta$$

$$= \frac{\sigma}{2\varepsilon_0}\sin(\theta/2)\Big|_0^{\pi} = \frac{\sigma}{2\varepsilon_0} \qquad (12.49)$$

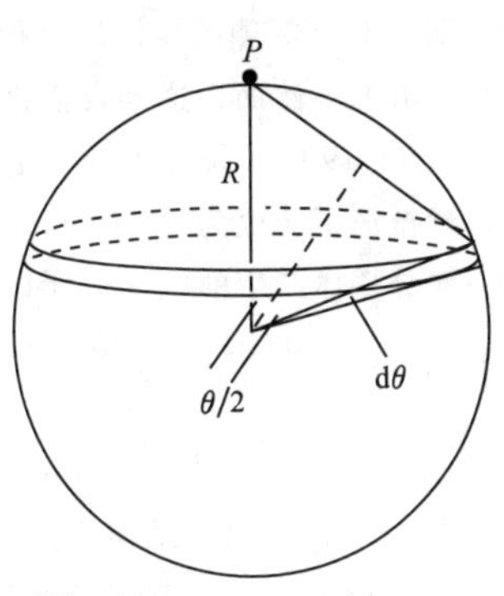


图 12.17

(b) 如题中所说的，很明显这个结果是不对的，因为对于球壳内部接近球壳附近的空间也可以使用这样的计算，在内部计算结果是零而不是 $\sigma/\varepsilon_0$，然而，这个计算得到了另一个标志性的值，也就是这两个值的平均值。我们马上就能看到这是为什么。

这个计算之所以不合理是因为它并不能表述非常接近 P 点的球壳处，也就是那个 $\theta\approx0$ 的环，对 P 点电场的影响。这个不合理的结果有两个原因。在图 12.18 中的微观视图中，可以看到从圆环到定点 P 的距离并不等于 $2Rsin(\theta/2)$。而且，可以看到并没有指向从圆环上的点到球壳顶部的方向。它以更加垂直的方向指向 P 点，所以式（12.49）中的附加因子 $sin(\theta/2)$ 是不正确的。不管 P 点和球壳多么接近，我们总可以去尽量接近以至于其图形看上去像是图 12.18 的样子。唯一的不同就是我们靠得越近，圆的弧线就越直。在 P 点接近球壳的距离达到极限时，弧线就完全变成了一条直线（为了保证例证的正确性，我们把它画成了曲线）

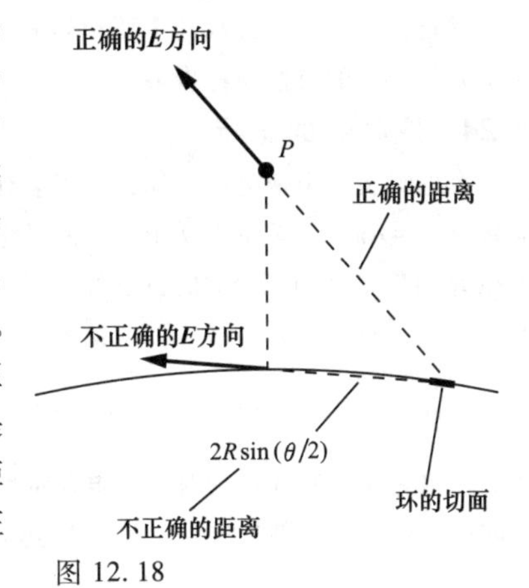


图 12.18

有一个事实就是，如果在这个球壳的顶部去除掉一个小圆块（小块的半径比 P 点到球壳顶的距离大很多，但是远小于球壳的半径），那么（*a*）中的积分对于球壳剩余部分的计算是正确的。从式（12.49）中的积分形式，我们看到这个小块对积分的贡献是不可忽略的。所以可以说，球壳上剩余的那一部分产生的电场等于上面计算得到的结果 $\sigma/2\varepsilon_0$。由叠加原理，整个球壳产生的电场等于这个 $\sigma/2\varepsilon_0$ 电场加上这个小圆片产生的电场。但是如果题中的这个点是无限接近于球壳的，这个小圆片看上去就像是一个无限大的平面，我们知道它的电场应该是 $\sigma/2\varepsilon_0$。因此，我们期望的总的电场就是

$$E_{外} = E_{球壳\text{-}圆片} - E_{圆片} = \frac{\sigma}{2\varepsilon_0} + \frac{\sigma}{2\varepsilon_0} = \frac{\sigma}{\varepsilon_0} \qquad (12.50)$$

通过叠加原理，我们同样也得到了位于内部的球壳附近位置处的正确的电场

$$E_{内部} = E_{球壳\text{-}圆片} - E_{圆片} = \frac{\sigma}{2\varepsilon_0} - \frac{\sigma}{2\varepsilon_0} = 0 \qquad (12.51)$$

其中负号的出现是因为减掉小圆片的球壳产生的电场在空洞的位置处是连续的，但是小圆片产生的电场则不同；它的电场在每一侧都指向相反的方向。

## 1.23 细棒附近的电场

在棒体上距给定的点 P 的距离为 r、长度为 $dr$ 的一小段对 $E_{\parallel}$ 产生的贡献等于 $\lambda dr/4\pi\varepsilon_0 r^2$。

当分别对 P 点两侧的棒体进行积分时，积分结果都是发散的。然而，这种发散是可以抵消的，因为如图 12.19 中，长度为（1-η）l 的短棒对电场的贡献抵消了长度为（1+η）l 的长棒上（1-η）l 那一部分棒体产生的电场。所以最后只需要对长棒上从 r=(1-η)l 到 r=(1+η)l 的那一部分积分即可。[1] 其结果是

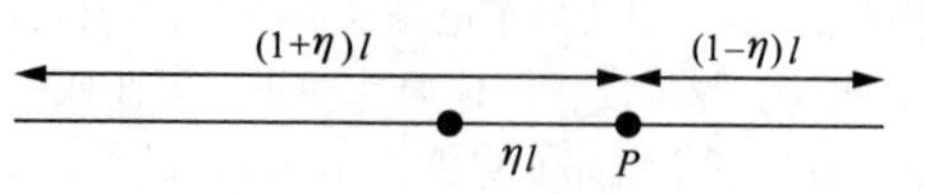


图 12.19

$$E_{\parallel} = \int_{(1-\eta)l}^{(1+\eta)l} \frac{\lambda \mathrm{d}r}{4\pi\varepsilon_0 r^2} = \frac{\lambda}{4\pi\varepsilon_0 l}\left(\frac{1}{1-\eta} - \frac{1}{1+\eta}\right) = \frac{\lambda}{4\pi\varepsilon_0 l} \cdot \frac{2\eta}{1-\eta^2} \tag{12.52}$$

当 $\eta=0$ 时，这个结果应该等于零。在棒体的端点，$\eta \to 1$，这个结果就发散了。如果我们令 $\eta \equiv 1-\varepsilon$（因此 $\varepsilon l$ 就是到端点的距离），然后略去 $\varepsilon$ 的高阶项，就有 $1-\eta^2 = 1-(1-\varepsilon)^2 \approx 2\varepsilon$。所以 $E_{\parallel} \approx \lambda/4\pi\varepsilon_0(\varepsilon l)$。这意味着当我们接近端点时，这个结果按照 $1/\varepsilon l$ 的规律发散，因为图 12.19 中的较短的那一段仅仅抵消了较长段中的一小部分。所以我们需要在那一长段上对 $1/r^2$ 规律的电场进行积分，积分过程几乎要积到 $r=0$ 的情况（准确地说，要积到 $\varepsilon l$）。而对 $1/r^2$ 的积分就像 $1/r$ 在 $r=0$ 的时候一样发散。

## 1.24　圆柱体的势能

考虑组装一个带电圆柱体，当组装到半径为 $r$ 的中间态的时候，圆柱体上每单位长度上的电荷量是 $\lambda_r = \rho\pi r^2$，圆柱体以外半径为 $r'$ 的地方电场为 $E = \lambda_r / 2\pi\varepsilon_0 r'$。所以要把一个 $\mathrm{d}q$ 的电荷从半径 $R$ 的位置拿到半径 $r'$ 的位置处，需要外界做的功为（这里的负号是因为外部的受力和电场的方向相反）

$$\mathrm{d}W = -\int_R^r (\mathrm{d}q) E \mathrm{d}r' = -\int_R^r \mathrm{d}q \frac{\lambda_r}{2\pi\varepsilon_0 r'} \mathrm{d}r' = \frac{\lambda_r \mathrm{d}q}{2\pi\varepsilon_0} \ln\left(\frac{R}{r}\right) \tag{12.53}$$

我们在组装这个圆柱体的时候，电荷量增量 $\mathrm{d}q$（圆柱面）等于 $(2\pi r \mathrm{d}r) l\rho$，其中 $l$ 是我们这个圆柱体的长度。要把圆柱体从 $r=0$ 一次建立到 $r=a$，需要做的总功为（利用附录 K 中的积分表）

$$\begin{aligned} W &= \int \mathrm{d}W = \int_0^a \frac{\lambda_r \mathrm{d}q}{2\pi\varepsilon_0} \ln\left(\frac{R}{r}\right) = \int_0^a \frac{(\rho\pi r^2)(2\pi r l \rho \mathrm{d}r)}{2\pi\varepsilon_0} \ln\left(\frac{R}{r}\right) \\ &= \frac{\pi\rho^2 l}{\varepsilon_0} \int_0^a r^3 \ln\left(\frac{R}{r}\right) \mathrm{d}r = \frac{\pi\rho^2 l}{\varepsilon_0} \left[\frac{r^4}{16} + \frac{r^4}{4} \ln\left(\frac{R}{r}\right)\right] \Bigg|_0^a \\ &= \frac{\pi\rho^2 l}{\varepsilon_0} \left[\frac{a^4}{16} + \frac{a^4}{4} \ln\left(\frac{R}{a}\right)\right] \end{aligned} \tag{12.54}$$

计算每单位长度的势能就意味着简单地除以 $l$。如果我们定义最后的圆柱体每单位长度上的电荷量为 $\lambda \equiv \lambda_a$，就有 $\rho = \lambda / \pi a^2$。代入式（12.54）就得到了每单位长度上的能量（在相对于圆柱体半径为 $R$ 处）为

$$\frac{\lambda^2}{4\pi\varepsilon_0}\left[\frac{1}{4} + \ln\left(\frac{R}{a}\right)\right] \tag{12.55}$$

如题目中所述，当 $R \to \infty$ 时，这个结果是发散的。如果 $R=a$，也就是开始时所有的电荷都集中

1　如果这个点没有在棒上面，就不会发散。但是讨论这个发散作用的相互抵消作用仍是有意义的，因为即使这个点在棒上 $E_{\parallel}$ 仍然是有定义的（然而对于一个非常细的棒来讲 $E_{\perp}$ 是没有意义的）。

在圆柱体的表面上的话，我们看到每单位长度上的能量就等于把初始的面电荷密度转变成均匀的体电荷密度 $\lambda^2/16\pi\varepsilon_0$ 需要的能量。在更一般的 $R>a$ 的情况下，结果中的 ln 项就代表把电荷从半径 $R$ 的柱面上移到半径为 $a$ 的柱面上的时候需要的能量。作为一个练习，你可以通过引入一个很薄的柱面电荷来证明这个结论。

## 1.25　两个相等的电场

设从球壳的顶部到圆环的直线是 $L$。在图 12.20 中的短线段分别代表圆环上和平面上的一个截面。需要注意的比较重要的一点是这两个面都和 $L$ 有一样的角度，即 $\alpha=90°-\theta$（简而言之，因为垂线是垂直于水平的方向，而切线是垂直于径向方向的）。如果这个角度是 90°，那么每一个环的宽度应该是简单的 $l\mathrm{d}\theta$（在图中我们没有表示出 $\mathrm{d}\theta$，以防图显得太混乱），这里的 $l$ 是球壳顶部到给定的圆环的距离（球面上的和平面上的都一样）。但是因子 $\alpha$ 使得这个宽度扩大到 $l\mathrm{d}\theta/\sin\alpha=l\mathrm{d}\theta/\cos\theta$。圆环的半径是 $l\sin\theta$，所以圆环的面积是 $(l\mathrm{d}\theta/\cos\theta)(2\pi l\sin\theta)$。对于圆环上的各个小片产生的电场，我们只关心其竖直分量，由此引入了因子 $\cos\theta$。所以给定的圆环在球面顶部产生的电场的竖直分量为

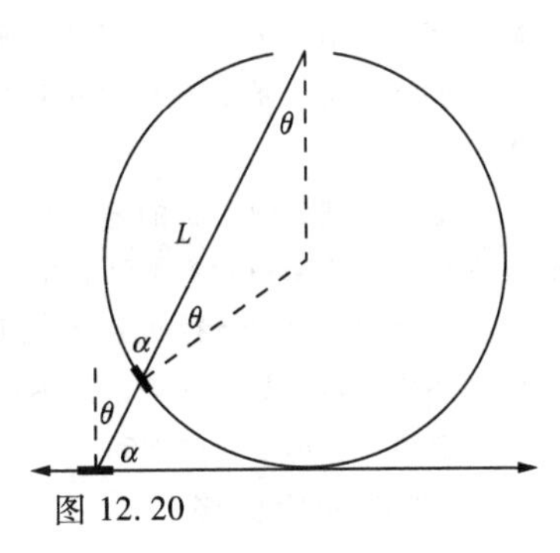

图 12.20

$$\mathrm{d}E=\frac{(l\mathrm{d}\theta/\cos\theta)(2\pi l\sin\theta)\sigma}{4\pi\varepsilon_0 l^2}\cos\theta=\frac{\sigma\sin\theta\mathrm{d}\theta}{2\varepsilon_0} \tag{12.56}$$

这个结果是和 $l$ 无关的，所以球面上的圆环和平面上的圆环产生的电场是一样的。对 $\theta$ 从 0 到 $\pi/2$ 的积分，就分别得到了球面和平面上产生的总电场，其结果都为 $\sigma/2\varepsilon_0$。

小结一下：分别位于球面上的和平面上的相同位置 $\theta$ 处，相同宽度 $\mathrm{d}\theta$ 的圆环产生的电场相同，是基于以下两个原因：（1）电场和 $l$ 无关，因为面积是和长度的平方成比例的，所以面积中的 $l^2$ 抵消了库仑定律中的 $l^2$；（2）两个电场和 $\theta$ 的关系是一样的，因为两个圆环切指向 $L$ 的角度是一样的。

## 1.26　电子果冻的稳定平衡

对于质子的平衡位置，我们只需要知道：①它们在沿着直径方向上分布，否则由另一个质子产生的力将不能平衡掉电子果冻产生的指向中心的力；②它们在中心的两侧（并且它们是等半径的，这一点你可以很容易给出证明），否则更靠近中心的那个质子将受到径向指向内部的力；③它们在电子果冻内部，否则位于球心的 $-2e$ 的电子的有效电荷量对质子的负向力将会比更远的 $+e$ 质子的电荷的力要大。所以它的分布看起来会像是我们在图 12.21 中画的那样。

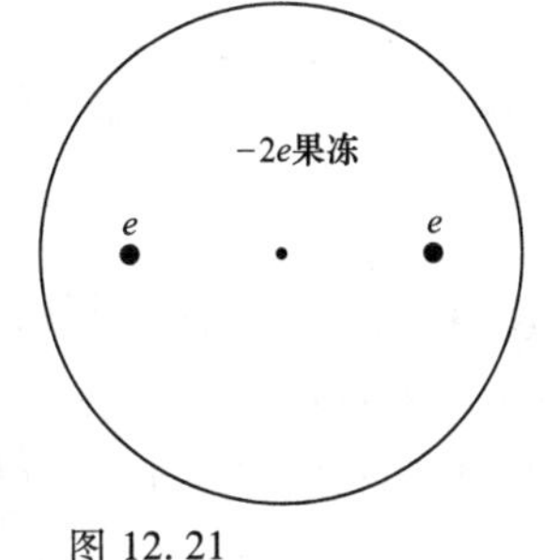

图 12.21

为了证明这个平衡是稳定的，我们必须同时考虑径向的和横向的分布。如果把其中一个质子沿着径向朝外移动一点，那么另一个质子的排斥力会减小，而电子果冻产生的吸引力会增加（因为它会按照和 $r$ 成比例的关系增加，这是由于半径 $r$ 以内的电荷量和 $r^3$ 成比例，而库仑定律公式里有一个 $1/r^2$）。因此这个质子就会被拉回到平衡位置。如果质子沿着径向朝内运动，同样会发生这样的事情。因此，这种平衡在径向方向上是稳定的。

如果让这个质子在横向上移动一点，如图 12.22 所示，两个力（电子果冻和另一个质子产生的）的大小在小距离上移动时的一阶变化都不会变（涉及毕达哥拉斯定理的小距离的平方）。因此力的大小仍然与它们在平衡位置时是相等的（由定义可知）。但是电子果冻的力的斜率要大两倍，所以它产生的 $y$ 分量的负向力是质子产生的正的 $y$ 分量的力的两倍大小。因此合力是负的，所以质子又被拉回到平衡点。因此它在横向上的平衡也是稳定的。

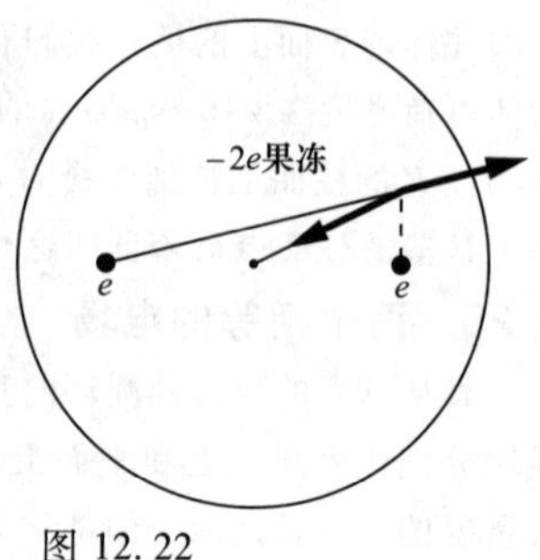

图 12.22

注意如果把球面形状的电子果冻替换成位于中心的负点电荷（如果这个平衡点存在的话，电荷量应该是 $-e/4$），这样你可以证明，这个平衡在横向位移上仍然是稳定的，但是在径向上就不再稳定了。这就是我们将要在 2.12 节中证明的“不存在稳定的静电平衡”定理。这个理论并不适用于电子果冻的结构，因为这种结构有非零的体电荷密度，而这个定理只适用于真空空间。

## 1.27　腔内的均匀场

在电荷密度为 $\rho$ 的球体中半径为 $r$ 的地方，电场的大小只和半径 $r$ 内部的电荷量有关。所以电场是

$$E=\frac{(4\pi r^3/3)\rho}{4\pi\varepsilon_0 r^2}=\frac{\rho r}{3\varepsilon_0} \tag{12.57}$$

电场沿着径向指向外侧（对于正的 $\rho$），所以我们可以把 $\boldsymbol{E}$ 矢量简单地写成 $\boldsymbol{E}=\rho\boldsymbol{r}_1/3\varepsilon_0$，其中 $r_1$ 是相对于球心的位置。

题中的空腔体可以看成是由一个半径 $R_2$、体电荷密度 $\rho$ 的球位于一个半径 $R_1$、体电荷密度 $\rho$ 的大球内部而结合成的。如果我们单独看这个带负电的球的话，对于球体内部的电场（这个球自身产生的）依然可以应用上面的推论，其大小为 $\boldsymbol{E}=-\rho\boldsymbol{r}_2/3\varepsilon_0$，其中 $r_2$ 是相对于这个球心来测量的。

如图 12.23 所示，现在考虑这个空腔内的任意一点。利用叠加原理，这个点上的电场是

$$E=\frac{\rho\boldsymbol{r}_1}{3\varepsilon_0}-\frac{\rho\boldsymbol{r}_2}{3\varepsilon_0}=\frac{\rho(\boldsymbol{r}_1-\boldsymbol{r}_2)}{3\varepsilon_0}=\frac{\rho\boldsymbol{a}}{3\varepsilon_0} \tag{12.58}$$

其中 $\boldsymbol{a}\equiv\boldsymbol{r}_1-\boldsymbol{r}_2$，是从大球球心指向空腔球心的矢量。正如我们所料，这个结果是和空腔内的位置无关的。练习 1.75 是和这个问题相关的。

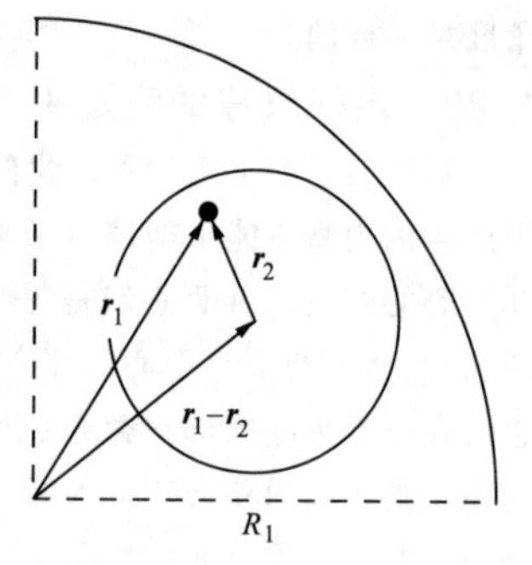

图 12.23

这个推论同样也适用于低维的拓扑计算中。例如，我们可以在无限长的带电圆柱体上挖出一个无限长的圆柱体空腔（使它们的轴保持平行）。对长度为 $l$ 的圆柱体使用高斯定理，在均匀带电的圆柱体内部半径为 $r$ 的地方，电场的大小为

$$E=\frac{\pi r^2 l\rho}{2\pi r l\varepsilon_0}=\frac{\rho r}{2\varepsilon_0} \tag{12.59}$$

电场的方向沿径向朝外，所以我们可以再把电场 $\boldsymbol{E}$ 写成矢量 $\boldsymbol{E}=\rho\boldsymbol{r}/2\varepsilon_0$ 的形式。这种形式和上面对球形情况之间的唯一区别就是这里用 2 取代了 3，这并不会影响均匀电场的结果，所以我们会再次看到空腔内部的电场是均匀的。这个电场的重要的特征是它与矢量 $\boldsymbol{r}$ 是成比例的。

再降低一个维度，可以从一个大平板上挖出一个小平板，两个平板在横向的两个方向上都是无限大的。(所以最后只剩下两个间隔一定距离的平板。）考虑距离两个均匀带电平板的中垂面一定距离的 $r$ 的一个定点。对一个在中垂面两侧分别延伸距离 $r$ 的横截面面积为 $A$ 的均匀带电的平板使用高斯定理，则给定的点的电场大小为

$$E=\frac{(2r)A\rho}{2A\varepsilon_0}=\frac{\rho r}{\varepsilon_0} \tag{12.60}$$

电场的方向指向中垂面的外侧，所以我们又可以把 $\boldsymbol{E}$ 简单地写成矢量 $\boldsymbol{E}=\rho\boldsymbol{r}/\varepsilon_0$ 的形式。和上面相同，法向电场和矢量 $\boldsymbol{r}$ 成正比，所以平板空腔内部得到的结果还是相同的。当然，回顾一下平板空腔的结果，很容易会发现这个结果，因为无限大的平面（或者平板）产生的电场是和距离平面的远近无关的。因此平板空腔内的电场应该是均匀的，因为它和到两个剩下的平板的距离无关。

## 1.28 球面和球内的平均电场

(a) 让我们把总电荷量为 $Q$ 的电荷均匀地分布在这个半径为 $R$ 的球面上。我们知道这个球面上的电荷对内部的点电荷 $q$ 的力为零，因为球面电荷内部的电场为零。利用牛顿第三定律，这个点电荷对球面上的电荷的力也为零。但是，根据定义，这个力的大小应该等于 $Q$ 乘以球面上的平均电场。因此这个平均电场就是零。

定量而言，球面上的平均电场由公式 $(1/4\pi R^2)\int \boldsymbol{E}\mathrm{d}a$ 给出。这里的面元 $\mathrm{d}a$ 是一个标量，而积分的结果是一个矢量，这个矢量我们已经证明了是零。这个积分应该和电通量的积分 $\int \boldsymbol{E}\cdot \mathrm{d}\boldsymbol{a}$ 相比较。这里的 $\mathrm{d}\boldsymbol{a}$ 是一个矢量，而这个积分结果是一个标量，我们知道利用高斯定理，这个标量等于 $q/\varepsilon_0$。你应该仔细想想这些积分的物理意义是什么。

(b) 我们再次让总量为 $Q$ 的电荷均匀分布到这个半径为 $R$ 的球面上。我们知道这个球面对外面的电荷 $q$ 产生的力等于 $qQ/4\pi\varepsilon_0 r^2$，因为球面电荷从外面看过去就像是一个点电荷。由牛顿第三定律，点电荷仍然对球面产生 $qQ/4\pi\varepsilon_0 r^2$ 的力。但是根据定义，这个力还等于 $Q$ 乘以球面上的平均电场。因此球面上的平均电场等于 $q/4\pi\varepsilon_0 r^2$。它的方向从电荷 $q$ 指向远方（如果 $q$ 是正的）。像 (a) 中一样，你要对比一下 $\int \boldsymbol{E}\mathrm{d}a$ 和 $\int \boldsymbol{E}\cdot \mathrm{d}\boldsymbol{a}$ 这两个积分的差别。

(c) 在 (a) 中，位于半径 $r$ 外侧的任何球面的平均电场都是零，所以你可以忽略掉那一部分。在 (b) 中，半径 $r$ 以内的球面上的平均电场的大小是 $q/4\pi\varepsilon_0 r^2$，因为所有的球面都有这种形式的平均值。我们关心的是半径为 $R$ 的球体中全部体积内的平均电场。因为这个体积是半径为 $r$ 的小球的体积的 $R^3/r^3$ 倍，较大的球内的平均电场是小球内平均电场乘上因子 $r^3/R^3$。因此，正如我们所料，半径为 $R$ 的球体内整个空间的平均电场的大小是 $qr/4\pi\varepsilon_0 R^3$。利用对称性，这个电场的方向沿着径向的方向，并且很容看出它是指向内侧的，因为球体内部指向那个方向的电场的位置比较多。这个平均电场可以用矢量的形式写成 $-q\boldsymbol{r}/4\pi\varepsilon_0 R^3$。

要注意这个 $qr/4\pi\varepsilon_0 R^3$ 的电场和一个半径为 $R$、电量 $q$ 的电荷均匀分布在球体中的实心球在其半径为 $r$ 的位置上产生的电场一样大；参见 1.11 节中的例子。

## 1.29 将两个带电平板拉开

(a) 我们假定 $A$ 是大值，$l$ 是一个小量，这样可以把平面看成是无限大，这就是说我们可以忽略平面边缘的复杂电场。因此平面两个外侧的电场就完全是零了，而它们内侧的电场是 $\sigma/\varepsilon_0$（从带正电的平面指向带负电的平面）。这是由两个平面各自产生的 $\sigma/2\varepsilon_0$ 电场（符号正好对

称）叠加而成的。

从式（1.49）可知每一个平面单位面积上受到的力的大小是$(1/2)(\sigma/\varepsilon_0+0)\sigma=\sigma^2/2\varepsilon_0$（也可以简单地通过一个面上的电荷密度$\sigma$乘以另一个面产生的电场$\sigma/2\varepsilon_0$而得到这个结果。）因此要拉动其中一个平面远离另一个平面，需要施加的力的大小是$F=\sigma^2A/2\varepsilon_0$，所以，在$x$的距离上需要做的功是$W=\sigma^2Ax/2\varepsilon_0$。

（b）两个平面之间的电场值是$\sigma/\varepsilon_0$，和它们之间的距离（假定和两个面的线性尺寸相比很小）无关。同时外面的电场为零。在移动其中一个平面$x$距离的过程中，使得一个$Ax$的体积内的电场从零变成了$\sigma/\varepsilon_0$。因为能量密度是$\varepsilon_0E^2/2$，电场内储存的能量增加了

$$\Delta U=\frac{\varepsilon_0E^2}{2}(Ax) \tag{12.61}$$

能量的这个增量是由做功引起的，这个结果肯定和（a）中计算的功是一样的。实际上，因为$E=\sigma/\varepsilon_0$，有

$$\Delta U=\frac{\varepsilon_0(\sigma/\varepsilon_0)^2}{2}(Ax)=\frac{\sigma^2Ax}{2\varepsilon_0} \tag{12.62}$$

这和预期是相同的。

## 1.30 小块上的力

这个小块上的合力是由系统中其余的电荷产生的电场$\boldsymbol{E}^{\text{other}}$而引起的，因为一个物体不可能对自身产生合力的作用。这个电场$\boldsymbol{E}^{\text{other}}$并不一定要垂直于这个小块；它可以指向任意的方向。但是我们知道电场的垂直分量在通过表面时是不连续的。我们假设这个小块足够小，以保证这个小块位置处（两侧）的电场是均匀的。

小块上受到的力等于$\boldsymbol{E}^{\text{other}}$乘以小块上的电荷（也就是$\sigma A$)，其中$A$是它的面积。所以总的力是$\boldsymbol{F}=\boldsymbol{E}^{\text{other}}(\sigma A)$。于是单位面积上的力就是$\boldsymbol{F}/A=\sigma\boldsymbol{E}^{\text{other}}$。回顾一下题目中的说明，我们的目标是要证明$\boldsymbol{E}^{\text{other}}=(\boldsymbol{E}_1+\boldsymbol{E}_2)/2$。即我们想要证明其余的电荷产生的电场等于所有电荷（包括小块本身上的电荷），在这个小块的两侧产生的电场的平均值。证明过程如下。

在这个小块的附近，小块看上去实质上就是一个无限大的平面，所以它在两侧都产生大小为$\sigma/2\varepsilon_0$的电场，方向从这个小块指向远方（如果$\sigma$是正的）。使小块所在的平面垂直于$x$轴。由叠加原理，小块一侧的总电场$E_1$（由包括其余的和小块上的所有电荷产生的）为$\boldsymbol{E}_1=\boldsymbol{E}^{\text{other}}+(\sigma/2\varepsilon_0)\hat{\boldsymbol{x}}$。小块另一侧的总电场为$\boldsymbol{E}_2=\boldsymbol{E}^{\text{other}}-(\sigma/2\varepsilon_0)\hat{\boldsymbol{x}}$。把这两个关系式相加，则有

$$\boldsymbol{E}_1+\boldsymbol{E}_2=2\boldsymbol{E}^{\text{other}}\Longrightarrow\boldsymbol{E}^{\text{other}}=\frac{\boldsymbol{E}_1+\boldsymbol{E}_2}{2} \tag{12.63}$$

这正是我们想要的。实质上，取电场平均值的方法是解决小块带来的电场不连续问题的一个简单方法。

值得注意的是：如果认为上面的推理看起来有点太简单了，那是因为它就是这样简单。当然我们忽略了一个问题，尽管这个问题并没有影响我们的结果。这个问题中包含平行于表面的力的分量（导出平行分量的过程是很巧妙的）。即便这个小块很小，$\boldsymbol{E}^{\text{other}}$中平行于表面的分量（我们可以称它为$\boldsymbol{E}_{\parallel}^{\text{other}}$）在这个小块的面积上也不是一个定值。实际上$\boldsymbol{E}_{\parallel}^{\text{other}}$在小块的边缘是分散的（参见练习题1.66，这里的基本思想是相同的）。所以当提到单位面积上的力的平行分量是$\sigma\boldsymbol{E}_{\parallel}^{\text{other}}$时，$\boldsymbol{E}_{\parallel}^{\text{other}}$代表什么呢？我们要关心的是整个小块上的$\boldsymbol{E}_{\parallel}^{\text{other}}$的平均值，所以必须找到这个平均值。作为一个练习，你可以证明这个值就直接等于整个电场的平行分量$\boldsymbol{E}_{\parallel}^{\text{other}}$，假设这个小

块非常小，这个值在整个小块上确实是一个定值。（提示：这个小块不可能产生一个作用于自身的平行方向的力。）但是 $\boldsymbol{E}_{\parallel}$ 在穿过小块时是连续的，所以它和 $\boldsymbol{E}_{1,\parallel}$、$\boldsymbol{E}_{2,\parallel}$ 都相等，因此也就等于$(\boldsymbol{E}_{1,\parallel}+\boldsymbol{E}_{2,\parallel})/2$。所以结果中对力和电场的平均值的计算依然是合理的。

## 1.31 能量减少？

不，这没有什么意义。点电荷的分布形式会包含更多的能量，因为两个点电荷的电量会在自身的作用下分散开来并均匀分布到球面上（假定它们不会脱离球面）。实际上，如果这些电荷是真正的点电荷的话，它不仅拥有更多的能量，而且它的能量是无限大的。这个推理中的一个误点就是我们只考虑了两个点电荷之间的能量，而忽略了它们自身内部的能量，如果电荷聚集在一个非常小的体积内，这个能量是很大的。[根据 1.15 节中的例子，半径为 $a$ 的实心球的能量是$(3/5)Q^2/4\pi\varepsilon_0 a$。]要把分布的电荷压缩到一个更小的空间内部，需要外界做的功是非常大的。

## 1.32 球壳的能量

（a）在球的内部不存在电场，所以能量全部储存在外面的电场中。电场的大小是$Q/4\pi\varepsilon_0 r^2$，所以能量的大小是

$$U=\frac{\varepsilon_0}{2}\int_R^{\infty}\left(\frac{Q}{4\pi\varepsilon_0 r^2}\right)^2 4\pi r^2\,\mathrm{d}r=\frac{Q^2}{8\pi\varepsilon_0}\int_R^{\infty}\frac{1}{r^2}\mathrm{d}r=\frac{Q^2}{8\pi\varepsilon_0 R} \tag{12.64}$$

注意这个值要比 1.15 节中那个实心球情况下的结果$(3/5)Q^2/4\pi\varepsilon_0 R$ 要小。这是肯定的，因为这两种结构的情况下，其外部的电场是一样的，但是实心球在球内部有额外的电场。这和以下的事实有关，即如果这个实心球在某个时刻突然变成一个导体，所有的电荷会马上逸出到球面上，因为这种状态下系统的能量更小。

（b）在这个过程中，当球壳上已经有电量 $q$ 的时候，其外部的电场和位于球心处的一个点电荷 $q$ 产生的电场是相同的。所以要从无穷远处把额外的电荷 $\mathrm{d}q$（以一个无限薄的面的形式）添加到上面需要的功是 $q\mathrm{d}q/4\pi\varepsilon_0 R$。把这个值从 $q=0$ 到 $q=Q$ 积分得到总的能量是

$$U=\int_0^Q\frac{q\mathrm{d}q}{4\pi\varepsilon_0 R}=\frac{Q^2}{8\pi\varepsilon_0 R} \tag{12.65}$$

推导过程中我们已经设定这些无限薄的面都在半径为 $R$ 的位置处。

## 1.33 能量密度的推导

在图 12.24 中，左边的质子位于原点，角度 $\theta$ 是相对于水平线的夹角。图中显示的那一点的电场大小是

$$E_1=\frac{e}{4\pi\varepsilon_0 r^2}\quad 和 \quad E_2=\frac{e}{4\pi\varepsilon_0 R^2} \tag{12.66}$$

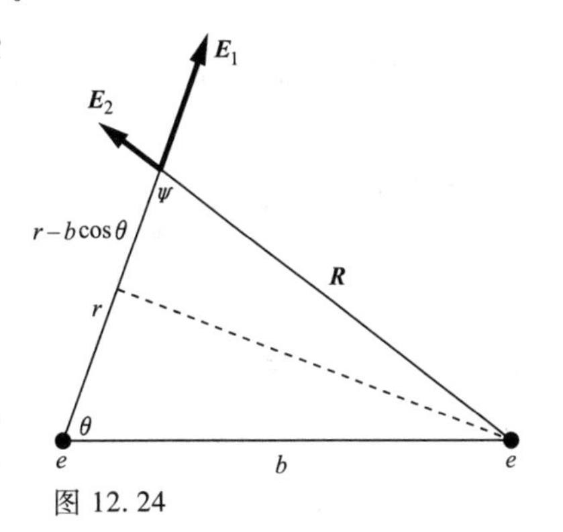

图 12.24

其中 $R$ 由余弦定理 $R=(r^2+b^2-2rb\cos\theta)^{1/2}$ 导出。点乘 $\boldsymbol{E}_1\cdot\boldsymbol{E}_2$ 等于 $E_1E_2\cos\psi$，其中我们可以从图 12.24 中得到 $\cos\psi=(r-b\cos\theta)/R$。因此要计算的那个积分就是

$$\begin{aligned}
&\varepsilon_0\int\boldsymbol{E}_1\cdot\boldsymbol{E}_2\mathrm{d}v\\
&=\varepsilon_0\int E_1E_2\cos\psi\mathrm{d}v\\
&=\varepsilon_0\int_0^{2\pi}\int_0^{\pi}\int_0^{\infty}\frac{e}{4\pi\varepsilon_0 r^2}\frac{e}{4\pi\varepsilon_0 R^2}\frac{r-b\cos\theta}{R}r^2\sin\theta\mathrm{d}r\mathrm{d}\theta\mathrm{d}\phi
\end{aligned}$$

$$= \frac{(2\pi)e^2}{16\pi^2\varepsilon_0}\int_0^{\pi}\int_0^{\infty}\frac{r-b\cos\theta}{(r^2+b^2-2rb\cos\theta)^{3/2}}\mathrm{d}r\sin\theta\mathrm{d}\theta$$

$$= \frac{e^2}{8\pi\varepsilon_0}\int_0^{\pi}\left[-\frac{1}{(r^2+b^2-2rb\cos\theta)^{1/2}}\Bigg|_{r=0}^{\infty}\right]\sin\theta\mathrm{d}\theta$$

$$= \frac{e^2}{8\pi\varepsilon_0}\int_0^{\pi}\left[\frac{1}{b}\right]\sin\theta\mathrm{d}\theta$$

$$= \frac{e^2}{8\pi\varepsilon_0 b}\int_0^{\pi}\sin\theta\mathrm{d}\theta$$

$$= \frac{e^2}{4\pi\varepsilon_0 b} \tag{12.67}$$

这和我们预期的结果是一致的。我们好像很幸运，上面的对 $r$ 的积分式是一个完美的微分式。然而，这也是一个能看到这个计算过程的很快的方法。在上面的公式第四行，我们把它们写成关于 $R$ 和 $\psi$ 的分式，并且把关于 $r$ 的积分写成 $(\cos\psi/R^2)\mathrm{d}r$。但是从图 12.25 中我们看到如果保证 $\theta$ 不变的同时增大 $r$ 的话，$R$ 就会有一个 $\mathrm{d}R=\mathrm{d}r\cos\psi$ 的增量。因此对 $r$ 的积分就可以写成 $\mathrm{d}R/R^2$。这个积分就变成了上面公式第五行中我们看到的简单的 $-1/R$。

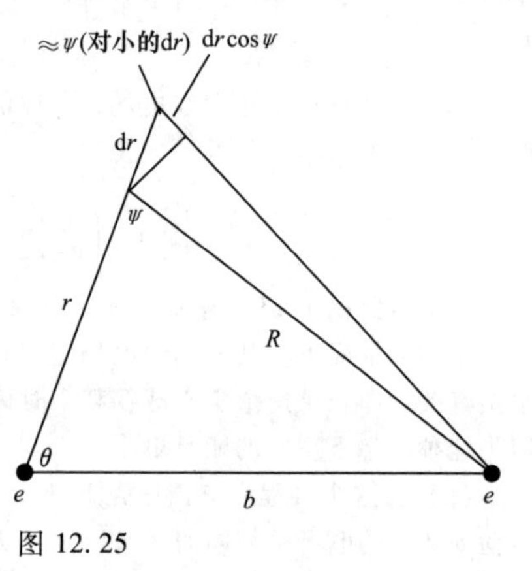


图 12.25

如果我们把两个电荷换成是 $n$ 个电荷，那么积分中包含的能量就是 $\boldsymbol{E}^2=(\boldsymbol{E}_1+\boldsymbol{E}_2+\cdots+\boldsymbol{E}_n)^2$。和上面一样，我们忽略 $\boldsymbol{E}_i^2$ 项，因为这些给出的是粒子自身的能量。每个交叉项 $\boldsymbol{E}_i\cdot\boldsymbol{E}_j$ 都可以严格地按照上面的方式来推导，因此都是 $e^2/4\pi\varepsilon_0 r$，其中 $r$ 是粒子 $i$ 和粒子 $j$ 之间的距离。

## 12.2　第 2 章

### 2.1　等价命题

在图 12.26 中，我们给定以点 $A$ 开始并结束的任何闭合路径上的积分为 $\oint\boldsymbol{E}\cdot\mathrm{d}\boldsymbol{s}=0$。这个闭合的路径被点 $B$ 分割成路径 1 和路径 2。所以

$$\int_{A,路径1}^{B}\boldsymbol{E}\cdot\mathrm{d}\boldsymbol{s}+\int_{B,路径2}^{A}\boldsymbol{E}\cdot\mathrm{d}\boldsymbol{s}=0 \tag{12.68}$$

这就有

$$\int_{A,路径1}^{B}\boldsymbol{E}\cdot\mathrm{d}\boldsymbol{s}=-\int_{B,路径2}^{A}\boldsymbol{E}\cdot\mathrm{d}\boldsymbol{s}=\int_{A,路径2}^{B}\boldsymbol{E}\cdot\mathrm{d}\boldsymbol{s} \tag{12.69}$$

因为沿着路径逆向计算就把 $\mathrm{d}\boldsymbol{s}$ 的符号反向了。因此从 $A$ 到 $B$ 的积分是和路径无关的。

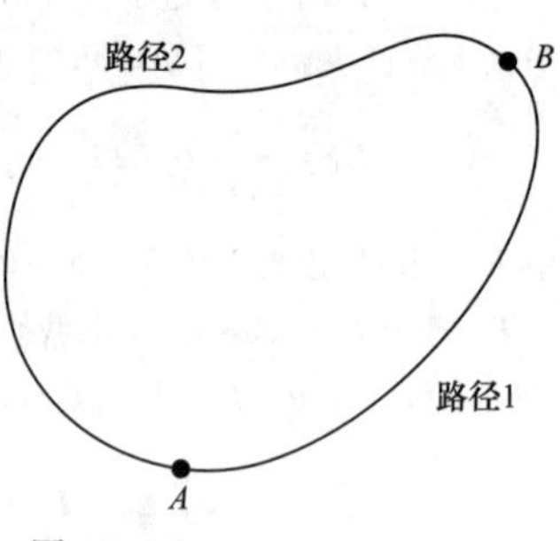


图 12.26

实际上，上面的方程说的就是这个简单的道理：如果两个式子（沿着路径 1 从 $A$ 到 $B$ 的积分和沿着路径 2 从 $B$ 到 $A$ 的积分）加起来为零的话，那么它们一定是异号的。使其中一个反号，

它就和另一个相等了。

## 2.2 两个球面的结合体

$Q^2/2\pi\varepsilon_0 R$ 这个答案是正确的。$Q^2/4\pi\varepsilon_0 R$ 这个答案漏掉的是由于两个面之间的相互作用而产生的势能。忽略两个球面的自身能量，当第一个球已经存在时，要引入第二球需要的能量是 $Q\phi$，其中 $\phi=Q/4\pi\varepsilon_0 R$ 是由第一个球面的电荷而产生的势能。这里得到了一个答案 $Q^2/4\pi\varepsilon_0 R$，把这个结果和题中那个只包含自身能量的错误结果 $Q^2/4\pi\varepsilon_0 R$ 相加就得到了正确的结果 $Q^2/2\pi\varepsilon_0 R$。或者，也可以通过考虑两个球面都由于另一个面的存在而引入的势能，而后由于重复计算再对结果除以 2 的方式得到题目中漏掉的 $Q^2/4\pi\varepsilon_0 R$ 这部分能量；式（2.32）中的“2”就是这样出现的。

我们也可以把问题中的球面改成电荷 $Q$ 和 $-Q$。每个球面的自身能量依然是 $Q^2/8\pi\varepsilon_0 R$，所以那个错误的推论会再次得出 $Q^2/4\pi\varepsilon_0 R$ 的结果。但是这个总能量一定是零，因为最后我们得到的是一个总电荷为零的球面，这是必然的。实际上，如果带电 $Q$ 的球面已经存在，那么要再加入 $-Q$ 的球面所需要的能量是 $(-Q)\phi=-Q^2/4\pi\varepsilon_0 R$。把这个结果和只包含自身能量的 $Q^2/4\pi\varepsilon_0 R$ 结果相加，我们就得到正好为零的正确结果。

## 2.3 四个电荷的等势面

电势 $\phi(x,y)$ 的一般表达式为

$$4\pi\varepsilon_0\phi(x,y)=\frac{2q}{\sqrt{x^2+(y-2l)^2}}+\frac{2q}{\sqrt{x^2+(y+2l)^2}}-\frac{q}{\sqrt{(x-l)^2+y^2}}-\frac{q}{\sqrt{(x+l)^2+y^2}} \tag{12.70}$$

等势线 $A$ 穿过点 $(0,l)$。这一点的电势是（忽略因子 $q/4\pi\varepsilon_0 l$）

$$\phi_A=\frac{2}{1}+\frac{2}{3}-\frac{1}{\sqrt{2}}-\frac{1}{\sqrt{2}}=1.252 \tag{12.71}$$

曲线 $B$ 穿过点 $(3.44l,0)$，此处的电势是

$$\phi_B=2\times\frac{2}{\sqrt{3.44^2+2^2}}-\frac{1}{2.44}-\frac{1}{4.44}=0.370 \tag{12.72}$$

曲线 $C$ 穿过原点。这里的电势是

$$\phi_C=2\times\frac{2}{2}-2\times\frac{1}{1}=0 \tag{12.73}$$

在等势线的交叉点上，$\phi$ 在两个相互独立的方向上的斜率为零，所以 $\phi$ 一定位于一个平面上；其截面是一个鞍点。并且因为 $E$ 是 $\phi$ 梯度的相反数，所以在曲线的交叉点上有 $E=0$。（利用对称性可以很明显地看出，在原点处的鞍点上有 $E=0$。）图 12.27 给出了更多一些的等势线。在距离电荷比较远的地方，这些曲线近似是圆的。

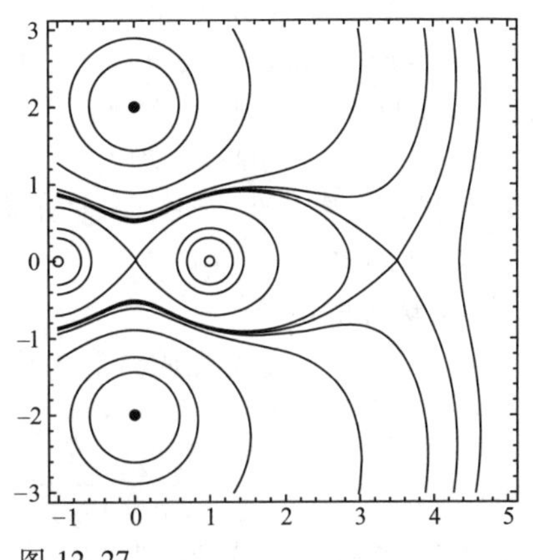

图 12.27

你可以找到四个电荷在 $x$ 轴的点上形成的电场的 $E_x$ 分量，然后令 $E_x=0$，以此解得方程的数值解，这样你就可以证明在点（$3.44l,0$）处的电场是 $E=0$。

或者也可以在方程（12.70）中令 $y=0$，然后使 $\partial\phi/\partial x=0$。当然，最后得到的方程会使 $E_x=0$，你可以明确地证明这一点。

## 2.4　立方体的中心和顶点

量纲分析告诉我们，对于给定的电荷密度 $\rho$，边长为 $s$ 的立方体的中心处的势能 $\phi_0$ 肯定和 $Q/s$ 成正比，其中 $Q$ 是总电荷量，其值为 $\rho s^3$。（是这样的，因为势能的量纲是 $q/4\pi\varepsilon_0 r$，而这个结构中的电荷只有 $Q$，并且 $s$ 只有长度的单位。）因此 $\phi_0$ 和 $\rho s^3/s=\rho s^2$ 成正比。所以对于定值 $\rho$，我们有 $\phi_0\propto s^2$。

等价而言，如果把立方体在各个方向上都增大一个比例 $f$，那么积分 $\phi\propto\int(\rho\mathrm{d}v)/r$ 中的 $\mathrm{d}v$ 中就会引入一个 $f^3$ 因子，同时 $r$ 会引入一个 $f$ 因子，最后的计算结果就会剩下一个 $f^2$ 因子。

边长为 $2b$ 的立方体可以看成是由八个边长为 $b$ 的立方体拼成的。大立方体的中心就是八个小立方体的顶点。所以大立方体中心的势能是 $8\phi_1$。但是根据上面的结果 $\phi\propto s^2$，这个中心的势能也应该是边长为 $b$ 的立方体中心的势能 $\phi_0$ 的 $2^2=4$ 倍。因此 $8\phi_1=4\phi_0$，即 $\phi_0=2\phi_1$。所以要把一个电荷从无限远处移到立方体的中心需要的功是移到立方体表面的两倍。根据2.2节中的第二个例子，对于一个实心球，把一个电荷从无限远的地方移到它的中心做的功是把电荷移到它表面的3/2倍。但是那个问题无法适用上面的分割/合成方法。

上面在立方体中得到的结果实际上一般可以适用于任何均匀带电的平行六面体。上面所有的逻辑讨论步骤都能适用，所以其中心的势能是顶角上的势能的两倍。

## 2.5　逃脱立方体

直观看来，最简单的逃脱路径是通过一个面的中点，因为这条路径上距离任何顶角的距离都最远。假设立方体的边长为 $2l$。那么其中心的势能（忽略因子 $e/4\pi\varepsilon_0 l$）为 $8/\sqrt{3}=4.6188$，同时一个表面的中点处的势能为 $4/\sqrt{2}+4/\sqrt{6}=4.4614$。这比中心处的势能小，所以从这里往外的话确实是势能的降落方向，因为八个电荷的电场产生一个把这个质子往外推的力。但是从中心的位置到面的中点这条路径上是否一直是势能的下降方向呢？从中心位置处到面心的方向上距离中心为 $x$ 的位置上，势能大小为（忽略 $e/4\pi\varepsilon_0 l$）

$$\phi(x)=\frac{4}{\sqrt{1^2+1^2+(1+x)^2}}+\frac{4}{\sqrt{1^2+1^2+(1-x)^2}} \tag{12.74}$$

如果把它按照关于 $x$ 的方程画出来的话，可以看到尽管它在 $x=0$ 的位置处非常平坦，但它真的是一个递减函数。所以这个质子实际上是可以逃脱的。（参见习题2.25中对一般定理的讨论）如果你愿意，可以计算一下 $\phi(x)$ 的微分，并且画出其图像；你会发现它恒为负值（对于 $x>0$）。

如果这个质子从中心直接朝着立方体的顶角方向移动，它当然不会逃脱出去，因为顶角的位置处势能是无限大的。但是如果它直接朝着边棱的中点移动会有什么结果呢？这正是要在练习题2.36中计算的。

## 2.6　篮球上的电子

假设篮球的直径大概是1ft（0.3m），所以 $r\approx0.15\text{m}$（实际的值应该是0.12m）。由 $V_0=1000\text{V}$，我们知道

$$\frac{Q}{4\pi\varepsilon_0 r}=-V_0\Longrightarrow Q=-4\pi\varepsilon_0 rV_0 \tag{12.75}$$

于是每平方米面积上的电荷量是 $Q/4\pi r^2=-\varepsilon_0 V_0/r$。因此每平方米的面积上的多余电子的数量是

$$\frac{\varepsilon_0 V_0}{er}=\frac{\left(8.85\times10^{-12}\frac{\mathrm{s}^2\cdot\mathrm{C}^2}{\mathrm{kg}\cdot\mathrm{m}^3}\right)(1000\mathrm{V})}{(1.6\times10^{-19}\mathrm{C})(0.15\mathrm{m})}\approx3.7\times10^{11}\mathrm{m}^{-2} \tag{12.76}$$

所以每平方厘米的多余的电子数量为 $3.7\times10^7\mathrm{cm}^{-2}$。

## 2.7 通过直接积分得到球面电场

设距离球面中心的距离为 $r$ 的位置处有一点 $P$，考虑如图 12.28 所示的角度 $\theta$ 的一个圆环。$P$ 点到圆环上的任意一点的距离可以通过余弦定理给出 $l=\sqrt{R^2+r^2-2rR\cos\theta}$。这个圆环的面积等于它的宽度（也就是 $R\mathrm{d}\theta$）乘以它的周长（即 $2\pi R\sin\theta$）。因此圆环上的电荷量是 $(R\mathrm{d}\theta)(2\pi R\sin\theta)\sigma$，所以由圆环在 $P$ 点产生的势能为（使用 $\sigma=Q/4\pi R^2$）

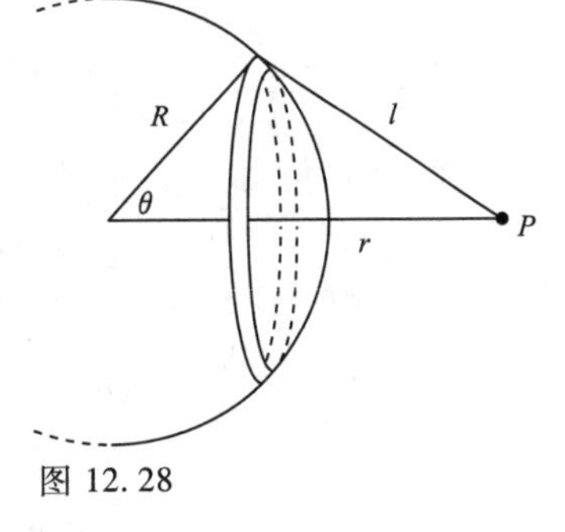

图 12.28

$$\phi_{\mathrm{ring}}=\frac{(R\mathrm{d}\theta)(2\pi R\sin\theta)\sigma}{4\pi\varepsilon_0 l}=\frac{Q\sin\theta\mathrm{d}\theta}{8\pi\varepsilon_0\sqrt{R^2+r^2-2rR\cos\theta}} \tag{12.77}$$

因此 $P$ 点的总势能是

$$\begin{aligned}\phi(r)&=\frac{Q}{8\pi\varepsilon_0}\int_0^{\pi}\frac{\sin\theta\mathrm{d}\theta}{\sqrt{R^2+r^2-2rR\cos\theta}}\\&=\frac{Q}{8\pi\varepsilon_0 rR}\sqrt{R^2+r^2-2rR\cos\theta}\,\Big|_0^{\pi}\end{aligned} \tag{12.78}$$

计算过程中的 $\sin\theta$ 是为了使积分简化到可积的程度而做的。我们现在必须考虑两种情况。如果 $r<R$（即 $P$ 在球面的里面），我们有

$$\phi(r)=\frac{Q}{8\pi\varepsilon_0 rR}[(r+R)-(R-r)]=\frac{Q}{4\pi\varepsilon_0 R} \tag{12.79}$$

如果 $r>R$（即 $P$ 点在球面的外侧），我们有

$$\phi(r)=\frac{Q}{8\pi\varepsilon_0 rR}[(r+R)-(r-R)]=\frac{Q}{4\pi\varepsilon_0 r} \tag{12.80}$$

我们看到如果 $P$ 在球面的内侧，那么势能是一个常量，所以电场为零。如果 $P$ 在球面以外，那么

$$E(r)=-\frac{\mathrm{d}\phi}{\mathrm{d}r}=\frac{Q}{4\pi\varepsilon_0 r^2} \tag{12.81}$$

因为实心球可以由很多层球面构成，上面的结果表示，带电量为 $Q$ 的实心球外面的电场等于 $Q/4\pi\varepsilon_0 r^2$，同时球内部的电场等于 $Q_r/4\pi\varepsilon_0 r^2$，其中 $Q_r$ 是指在半径 $r$ 以内的电荷。即使电荷的分布是随着 $r$ 的变化而变化的，根据球体的对称性，这个结果也是正确的。参见习题 2.28 中对上面这个方法的扩展。

## 2.8 平方反比定律的证明

（a）仿照习题 2.7，为了计算球面在点 $P$ 处形成的电势，我们像图 12.29 中那样把球面切割成很多圆环。根据余弦定理，$P$ 到圆环上任意一点的距离是 $l=\sqrt{R^2+r^2-2Rr\cos\theta}$。圆环的面积是 $(R\mathrm{d}\theta)(2\pi R\sin\theta)$，所以它上面的电荷量是 $\mathrm{d}q=\sigma(R\mathrm{d}\theta)(2\pi R\sin\theta)$。

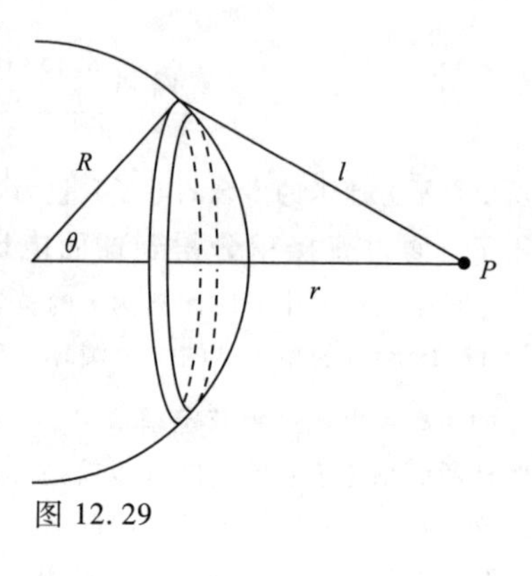

图 12.29

如果库仑定律的形式是 $F(r)=kq_1q_2/r^{2+\delta}$，那么点电荷 $\mathrm{d}q$ 在距离为 $l$ 的位置产生的电势是 $k\mathrm{d}q/[(1+\delta)l^{1+\delta}]$，你可以通过计算它的负导数来证明这一点。使用上面的 $\mathrm{d}q$，以及 $\sigma=Q/4\pi R^2$，我们可以看到角度 $\theta$ 处的圆环在 $P$ 点产生的电势为

$$\phi_{\text{ring}}=\frac{k\sigma(R\mathrm{d}\theta)(2\pi R\sin\theta)}{(1+\delta)l^{1+\delta}}=\frac{kQ\sin\theta\mathrm{d}\theta}{2(1+\delta)l^{1+\delta}} \tag{12.82}$$

代入上面的 $l$ 的表达式，就得到 $P$ 点处的总电势

$$\begin{aligned}\phi(r)&=\int_0^{\pi}\frac{kQ\sin\theta\mathrm{d}\theta}{2(1+\delta)(R^2+r^2-2rR\cos\theta)^{(1+\delta)/2}}\\&=\frac{kQ}{2(1-\delta^2)rR}(R^2+r^2-2rR\cos\theta)^{(1-\delta)/2}\bigg|_0^{\pi}\end{aligned} \tag{12.83}$$

尽管上面出现的是一个复杂的指数运算，其中出现的 $\sin\theta$ 可以让这个积分变得简单可行。我们现在必须考虑两种情况。如果 $r<R$，我们有（保证 $f(x)=x^{1-\delta}$）

$$\phi(r)=\frac{kQ}{2(1-\delta^2)rR}[f(R+r)-f(R-r)] \tag{12.84}$$

而如果 $r>R$，我们有

$$\phi(r)=\frac{kQ}{2(1-\delta^2)rR}[f(r+R)-f(r-R)] \tag{12.85}$$

如果 $\delta=0$，那么有 $f(x)=x$，这两个结果就会自然地分别变成 $kQ/R$ 和 $kQ/r$（参见习题 2.7）。

（b）半径为 $a$ 的球面在半径 $a$ 的位置处产生的电势根据式（12.84）和式（12.85）得到的结果都是 $(kQ_a/2a^2)f(2a)$，其中我们忽略了（$1-\delta^2$）因子。根据式（12.85）知道由更小的半径 $b$ 的球面产生的在半径 $a$ 的位置处的电势为 $(kQ_b/2ab)[f(a+b)-f(a-b)]$。所以有

$$\phi_a=\frac{KQ_a}{2a^2}f(2a)+\frac{kQ_b}{2ab}[f(a+b)-f(a-b)] \tag{12.86}$$

相似地，根据式（12.84）和式（12.85）得到的半径为 $b$ 的球面在半径 $b$ 的位置处产生的电势为 $(kQ_b/2b^2)f(2b)$。根据式（12.84），比较大的半径为 $a$ 的球面在半径 $b$ 的位置处产生的电势是 $(kQ_a/2ab)[f(a+b)-f(a-b)]$。所以有

$$\phi_b=\frac{KQ_b}{2b^2}f(2b)+\frac{kQ_a}{2ab}[f(a+b)-f(a-b)] \tag{12.87}$$

如果 $\delta=0$，那么 $f(x)=x$，这两个结果就变成

$$\phi_a=\frac{kQ_a}{a}+\frac{kQ_b}{a}\quad 和\quad \phi_b=\frac{kQ_b}{b}+\frac{kQ_a}{a} \tag{12.88}$$

你可以自己验证这个结果是正确的（注意式子中分母是不对称的）。

（c）如果把式（12.86）和式（12.87）中的左边部分换成一个一般值 $\phi$，就得到关于两个未知量 $Q_a$ 和 $Q_b$ 的两个方程。可以通过给式（12.86）乘上因子 $a[f(a+b)-f(a-b)]$ 并给式（12.87）乘上 $bf(2a)$ 的方式来消去 $Q_a$，然后把后者代入前者。其结果为

$$\begin{aligned}&\phi\,(bf(2a)-a[f(a+b)-f(a-b)])\\&=\frac{kQ_b}{2b}\{f(2a)f(2b)-[f(a+b)-f(a-b)]^2\}\end{aligned} \tag{12.89}$$

因此（再次利用 $f(x)=x^{1-\delta}$），

$$Q_b=\frac{2b\phi}{k}\cdot\frac{bf(2a)-a[f(a+b)-f(a-b)]}{f(2a)f(2b)-[f(a+b)-f(a-b)]^2} \tag{12.90}$$

如果保持因子（$1-\delta^2$）不变，它会出现在分子中。就像题目中提到的那样，如果 $\delta=0$ 以使 $f(x)=x$，那么 $Q_b$ 就应该等于零。如果分别给定 $a$ 和 $b$ 一个特定的数值，例如 $a=1.0$，$b=0.5$，使用 Mathematica 我们看到对于 $\delta$ 的一阶项，式（12.90）的长分式的结果是 $\approx(0.26)\delta$。对于比较小的 $\delta$ 值，外面球壳上的电荷可以完全由标准的库仑值给出 $Q_a=a\phi/k$。所以对于 $a=1.0$ 和 $b=0.5$，到内表面的电荷之比为 $Q_b/Q_a=[(2b\phi/k)\cdot(0.26)\delta]/(a\phi/k)=(0.26)\delta$。

## 2.9 积分得到的 $\phi$

（a）半径为 $r$ 的球面上的所有的点到球心的距离都是 $r$，所以对整个球面积分有

$$\phi_{\text{center}}=\int\frac{\mathrm{d}q}{4\pi\varepsilon_0 r}=\int_0^R\frac{(4\pi r^2\mathrm{d}r)\rho}{4\pi\varepsilon_0 r}=\frac{R^2\rho}{2\varepsilon_0} \tag{12.91}$$

（b）让我们来计算球面“北极点”的 $\phi$。考虑其所有的点都在极点以下角度 $\theta$ 处的圆环。圆环上的所有的点到极点的距离都是 $2R\sin(\theta/2)$；如图 12.30 所示。圆环的面积是 $(2\pi R\sin\theta)(R\mathrm{d}\theta)$，所以对整个圆环进行积分得到［利用 $\sin\theta=2\sin(\theta/2)\cos(\theta/2)$］

$$\begin{aligned}\phi_{\text{surface}}&=\int_0^{\pi}\frac{\sigma(2\pi R\sin\theta)(R\mathrm{d}\theta)}{4\pi\varepsilon_0 2R\sin(\theta/2)}=\frac{\sigma R}{2\varepsilon_0}\int_0^{\pi}\cos(\theta/2)\\&=\frac{\sigma R}{\varepsilon_0}\sin(\theta/2)\Big|_0^{\pi}=\frac{\sigma R}{\varepsilon_0}\end{aligned} \tag{12.92}$$

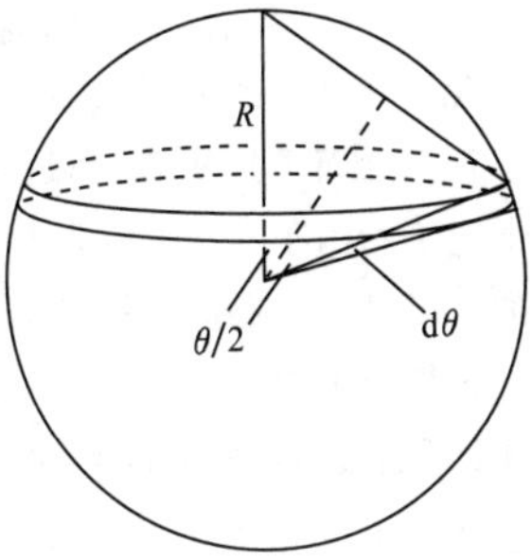

图 12.30

（c）因为在（a）中的实心球中 $Q=(4\pi R^3/3)\rho$，而在（b）中的球面上 $Q=(4\pi R^2)\sigma$，这两个结果可分别写成 $\phi_{\text{center}}=(3/2)(Q/4\pi\varepsilon_0 R)$ 和 $\phi_{\text{surface}}=Q/4\pi\varepsilon_0 R$。因此前者是后者的 3/2 倍。这和 2.2 节中第二个例子的结论是一致的，因为我们知道在球面处的 $\phi_{\text{surface}}$ 和一个带有同等电量 $Q$ 的半径为 $R$ 的实心球在表面处的电势相等。

## 2.10 厚球壳

（a）

• 当 $0\leqslant r\leqslant R_1$，电场 $E(r)=0$，因为球面内部的电场为零。

• 当 $R_1\leqslant r\leqslant R_2$ 时，电场为 $E(r)=Q_r/4\pi\varepsilon_0 r^2$，其中 $Q_r$ 是半径 $r$ 以内的电荷量。电荷量和体积成正比，而体积是和半径的立方成正比的，所以

$$Q_r=Q(r^3-R_1^3)/(R_2^3-R_1^3)$$

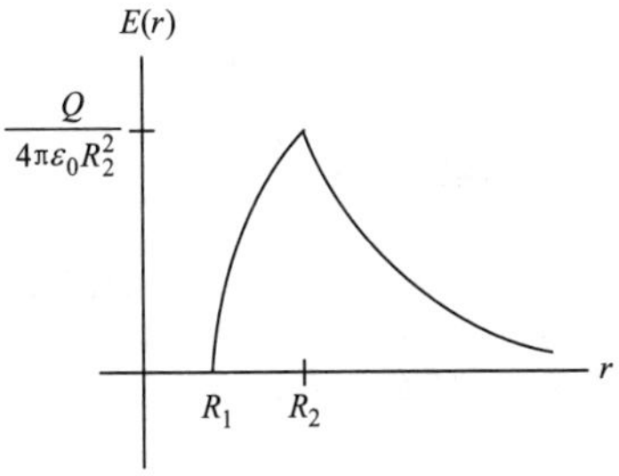

图 12.31

因此

$$E(r)=\frac{Qr}{4\pi\varepsilon_0 r^2}=\frac{Q}{4\pi\varepsilon_0(R_2^3-R_1^3)}\left(r-\frac{R_1^3}{r^2}\right) \tag{12.93}$$

如果 $R_1=0$，也就是说我们的球是一个完整的球体，电场和 $r$ 成正比。这个结论和 1.11 节中的结果一致。

• 当 $R_2\leqslant r\leqslant\infty$，电场表达式很简单，$E(r)=Q/4\pi\varepsilon_0 r^2$，因为从外面看这个球面就像是一个点电荷。

$E(r)$ 的这个形式在 $R_1$ 和 $R_2$ 这两个转换点的位置处吻合得很好，这正是我们想要的，图12.31给出了 $E(r)$ 的完整曲线（大致形状）。你可以通过计算第二个微分式来证明 $E(r)$ 在 $R_1 \leqslant r \leqslant R_2$ 范围内确实是向下凹的。

(b) 当 $R_2 = 2R_1 = 2R$ 时，$r=0$ 处的势能为

$$\begin{aligned}\phi(0) &= -\int_{\infty}^{0} E\mathrm{d}r \\ &= -\int_{\infty}^{R_2} \frac{Q}{4\pi\varepsilon_0 r^2}\mathrm{d}r - \int_{R_2}^{R_1} \frac{Q}{4\pi\varepsilon_0(R_2^3 - R_1^3)}\left(r - \frac{R_1^3}{r^2}\right)\mathrm{d}r - \int_{R_1}^{0}(0)\mathrm{d}r \\ &= \frac{Q}{4\pi\varepsilon_0(2R)} - \frac{Q}{4\pi\varepsilon_0[(2R)^3 - R^3]}\left(\frac{r^2}{2} + \frac{R^3}{r}\right)\Bigg|_{2R}^{R} \\ &= \frac{Q}{4\pi\varepsilon_0 R}\left[\frac{1}{2} - \frac{1}{7}\left(\frac{3}{2} - \frac{5}{2}\right)\right] = \frac{9}{14}\cdot\frac{Q}{4\pi\varepsilon_0 R}\end{aligned} \tag{12.94}$$

如果我们把这个结果写成 $(9/7)(Q/4\pi\varepsilon_0(2R))$，我们会看到，在这种具有一定厚度的球面的情况下得到的因子是9/7，而这个值正好介于半径为 $2R$ 的薄球面情况下的因子1和半径 $2R$ 的实心球情况下的因子3/2（参见2.2节中的第二个例子）之间。所有这些情况下，外面的电场都是一样的，但是在实心球的情况下，从球外面一直到原点的过程中是一直存在非零的电场的。因此在这种情况下要把电荷从外面一直移动到 $r=0$ 的位置需要做更多的功。

## 2.11 计算直导线产生的 *E*

在一小段的 $\mathrm{d}x$ 长度的线上的电荷量为 $\lambda\mathrm{d}x$，在距离这条有限长度的线的中心为 $r$ 的点上的电势（相对于无限远处）等于

$$\phi(r) = \frac{1}{4\pi\varepsilon_0}\int_{-L}^{L}\frac{\lambda\mathrm{d}x}{\sqrt{x^2 + r^2}} \tag{12.95}$$

利用附录K或者Mathematic程序，或者使用 $x = r\sin z$ 进行替换（尽管这样会带来一些误差），这个积分就变成

$$\phi(r) = \frac{\lambda}{4\pi\varepsilon_0}\ln(\sqrt{x^2+r^2}+x)\Bigg|_{-L}^{L} = \frac{\lambda}{4\pi\varepsilon_0}\ln\left(\frac{\sqrt{L^2+r^2}+L}{\sqrt{L^2+r^2}-L}\right) \tag{12.96}$$

在 $L \gg r$ 的限制条件下，有

$$\sqrt{L^2+r^2} = L\sqrt{1+\frac{r^2}{L^2}} \approx L\left(1+\frac{r^2}{2L^2}\right) = L+\frac{r^2}{2L} \tag{12.97}$$

为了找到 $r/R$ 的关系，可以把 $\phi(r)$ 写成

$$\phi(r) = \frac{\lambda}{4\pi\varepsilon_0}\ln\left(\frac{2L}{r^2/2L}\right) = \frac{2\lambda}{4\pi\varepsilon_0}\ln\left(\frac{2L}{r}\right) \tag{12.98}$$

直线的总长度，即 $2L$，出现在ln计算式内。然而这个结果是不精确的，因为它只是简单地把一个个常量的 $\phi(r)$ 相加所得，这会使得我们用微分的办法来计算 $E(r)$ 时其结果为零。所以 $\phi(r)$ 应该等于 $-(\lambda/2\pi\varepsilon_0)\ln(r)$，尽管ln项里出现有量纲的量是没有意义的。因此（径向）电场等于

$$E(r) = -\frac{\mathrm{d}\phi}{\mathrm{d}r} = \frac{\lambda}{2\pi\varepsilon_0 r} \tag{12.99}$$

这与我们的预期一致。在练习题2.49中可以看到一个关于面电荷的相似的计算过程。

这种对直线情况的求解过程之所以合理有以下原因。因为点电荷发出的电场以 $1/r^2$ 的形式

衰减，我们知道从一个很长的直线上发出的电场实质上就等于一个无限长的直线发出的电场；在有限长度的直线的两端以外的无限长直线上产生的贡献是可以忽略的。（进一步取径向分量的做法会加速结果的收敛，但是没有必要那样做。）因此，上面求得的有限长度的直线的电场实质上和无限长的直线得到的电场是一样的［假如 $L$ 足够大以使得式（12.97）是合理的］。定量而言，式（12.99）中的电场是和 $L$ 无关的，所以我们最后设定 $L\to\infty$ 的限定条件时，结果是保持不变的。

同样，尽管式（12.98）中的电势是和 $L$ 成对数关系的，我们还是在式（12.99）中证明了电场和 $L$ 无关。一旦电场收敛，直线的长度再发生改变而导致每一个点的电势发生变化时不会影响结果，因为所有的电势都同时改变了一个相同的量。其值根据 $r$ 的变化规律保持不变，所以 $E=-\mathrm{d}\phi/\mathrm{d}r$ 的值不会发生变化。作为一个类比，我们可以测量相对于地板的重力势能 $mgy$。如果把原点移到顶棚内部，那么每一个点的势能都会发生变化。但是每一个地方都会变化一个相同的量，所以重力依然是 $mg$。

## 2.12 圆环产生的 $E$ 和 $\phi$

（a）如图 12.32 所示的结构。圆环上的一个小量电荷 $\mathrm{d}Q$ 产生的电场的大小是 $\mathrm{d}Q/4\pi\varepsilon_0 r^2$。在圆环径向上相对应的两个电荷 $\mathrm{d}Q$ 形成的电场在垂直于 $x$ 轴的分量相互抵消。因此我们只关心沿着 $x$ 轴方向的分量。这个分量为

$$E_{\mathrm{d}Q}=\frac{\mathrm{d}Q}{4\pi\varepsilon_0 r^2}\cos\theta=\frac{\mathrm{d}Q}{4\pi\varepsilon_0 r^2}\cdot\frac{x}{r} \qquad (12.100)$$

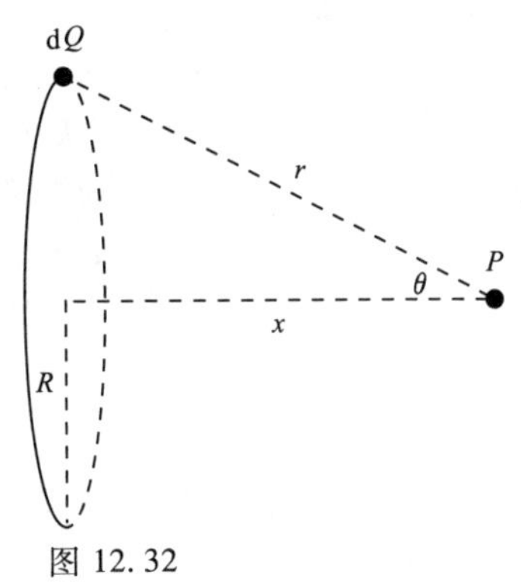

图 12.32

把所有的电荷 $\mathrm{d}Q$ 相加，就得到了总电荷量 $Q$，所以总电场为

$$E(x)=\frac{Qx}{4\pi\varepsilon_0 r^3}=\frac{Qx}{4\pi\varepsilon_0(x^2+R^2)^{3/2}} \qquad (12.101)$$

如果 $x\to\infty$，则有 $E(x)\to Q/4\pi\varepsilon_0 x^2$，这是正确的，从远处看过去圆环就像是一个点电荷。而如果 $x=0$，则有 $E(x)=0$，这也是正确的，因为通过对称性可知电场都相互抵消掉了。

（b）这里不需要考虑分量，因为电势是标量。一个小电荷 $\mathrm{d}Q$ 产生的电势是 $\mathrm{d}Q/4\pi\varepsilon_0 r$，把所有的电荷 $\mathrm{d}Q$ 相加又一次得到了 $Q$，所以总电势是

$$\phi(x)=\frac{Q}{4\pi\varepsilon_0 r}=\frac{Q}{4\pi\varepsilon_0\sqrt{x^2+R^2}} \qquad (12.102)$$

如果 $x\to\infty$，则有 $\phi(x)\to\mathrm{d}Q/4\pi\varepsilon_0 x$，这是正确的，因为从远方看过去圆环又像是一个点电荷。而如果 $x=0$ 则有 $\phi(x)\to\mathrm{d}Q/4\pi\varepsilon_0 R$，这是正确的，因为圆环上的所有的点到原点的距离的都是 $R$。

（c）$\phi(x)$ 的导数的负数值是

$$\begin{aligned}-\frac{\mathrm{d}\phi}{\mathrm{d}x}&=-\frac{\mathrm{d}}{\mathrm{d}x}\left(\frac{Q}{4\pi\varepsilon_0\sqrt{x^2+R^2}}\right)\\&=-\frac{Q}{4\pi\varepsilon_0}\left(-\frac{1}{2}\right)(x^2+R^2)^{-3/2}(2x)\\&=\frac{Qx}{4\pi\varepsilon_0(x^2+R^2)^{3/2}}\end{aligned} \qquad (12.103)$$

这恰好就是式（12.101）中的电场。

（d）开始时，动能和电势能都是零，所以通过下式可以得到由于能量的转化而得到的速度：

$$0+0=\frac{1}{2}mv^2+(-q)\phi(0)\Longrightarrow 0=\frac{1}{2}mv^2-\frac{qQ}{4\pi\varepsilon_0 R}$$

$$\Longrightarrow v=\sqrt{\frac{qQ}{2\pi\varepsilon_0 mR}} \tag{12.104}$$

如果 $R\to 0$，则 $v\to\infty$。（圆环实质上就是一个点电荷，这种情况下速度会变得无穷大，因为在接近电荷的时候电势趋向于无限大。）而如果 $R\to\infty$，则 $v\to 0$。尽管这不是很明显，但这是一个可信的结果。如果圆环有一个固定的线电荷密度（就有 $Q\propto R$），那么 v 就和 R 无关了。

## 2.13　正 $N$ 边形中心的 $\phi$

在图 12.33 中所示的小楔形的面积是 $r\,dr\,d\theta$。这个小楔形在中心产生的电势是 $\sigma(r\,dr\,d\theta)/4\pi\varepsilon_0 r=\sigma\,dr\,d\theta/4\pi\varepsilon_0$ 把这个值从 $r=0$ 到楔形的长度 R 积分就得到了它产生的电势，等于 $\sigma R\,d\theta/4\pi\varepsilon_0$。但是 R 等于 $a/\cos\theta$，所以这个楔形在中心处产生的电势等于 $\sigma a\,d\theta/(4\pi\varepsilon_0\cos\theta)$。这个正 N 边形包含 2N 个三角形，在每一个三角形中，$\theta$ 从 0 变化到 $2\pi/2N=\pi/N$。所以整个 N 边形在中心产生的电场等于（在积分中使用附录 $K$）

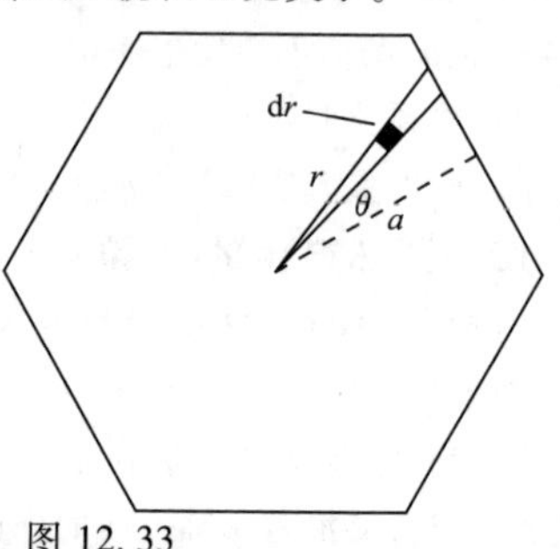

图 12.33

$$\phi = 2N\cdot\frac{\sigma a}{4\pi\varepsilon_0}\int_0^{\pi/N}\frac{d\theta}{\cos\theta} = \frac{N\sigma a}{2\pi\varepsilon_0}\ln\left(\frac{1+\sin\theta}{\cos\theta}\right)\Bigg|_0^{\pi/N} = \frac{N\sigma a}{2\pi\varepsilon_0}\ln\left(\frac{1+\sin(\pi/N)}{\cos(\pi/N)}\right) \tag{12.105}$$

在 $N\to\infty$ 的条件下，我们可以让余弦项等于 1 同时让正弦项等于 $\pi/N$，利用泰勒级数 $\ln(1+\varepsilon)\approx\varepsilon$，由此得到

$$\phi\approx\frac{N\sigma a}{2\pi\varepsilon_0}\cdot\frac{\pi}{N}=\frac{\sigma a}{2\varepsilon_0} \tag{12.106}$$

和式（2.27）是一致的。

## 2.14　球体的能量

非零的 $\rho$ 只出现在球的内部，所以只需要求解球内部的电势。2.2 节中的第二个例子给出这个势能是 $\phi=\rho R^2/2\varepsilon_0-\rho r^2/6\varepsilon_0$。因此，式（2.32）给出了

$$\begin{aligned} U &= \frac{1}{2}\int\rho\phi\,dv = \frac{1}{2}\int_0^R\rho\left(\frac{\rho R^2}{2\varepsilon_0}-\frac{\rho r^2}{6\varepsilon_0}\right)4\pi r^2\,dr \\ &= \frac{\pi\rho^2}{\varepsilon_0}\int_0^R\left(R^2r^2-\frac{r^4}{3}\right)dr \\ &= \frac{\pi\rho^2}{\varepsilon_0}\left(\frac{R^5}{3}-\frac{R^5}{15}\right) = \frac{4\pi\rho^2R^5}{15\varepsilon_0} \end{aligned} \tag{12.107}$$

利用电荷 $Q=(4\pi R^3/3)\rho$，可以证明这个值可以写成 $(3/5)Q^2/4\pi\varepsilon_0 R$，这和问题中提到的另外两种方法的结果是一致的。

## 2.15　交叉的偶极子

**方法一**　可以考虑如图 12.34 中实线所代表的两个偶极子的结构。如果开始时的偶极子长

度是 $l$，那么每一个新的偶极子长度是 $l/\sqrt{2}$，因此偶极矩为 $q(l/\sqrt{2})$。总的偶极矩是这个值的两倍，或者写成$\sqrt{2}ql=\sqrt{2}p$。这个结果也可以通过把开始的两个偶极子看成是两个大小为 $p$，方向从负电荷指向正电荷的矢量，然后简单地把矢量通过加和的方法得到。我们在第 10 章中会对于这个矢量的性质进行更多的讨论。

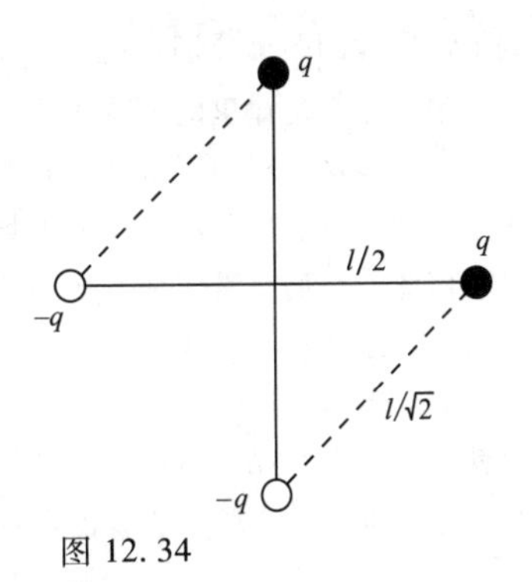

图 12.34

要注意把两个电荷稍微往外边放一点的话并不会影响远处的电场。任何 $r$ 和 $\theta$ 位置处的任何变化都是 $1/r$ 的高阶项，因此对于最终电场的改变仅仅是$(1/r)(1/r^3)$的更小阶项。

注：一个给定的偶极子相对于另一个偶极子旋转的越多，最终的偶极矩就越小。如果给定的偶极子之间的角度是 $\beta$，那么可以证明最终的偶极矩是 $2p\cos(\beta/2)$。这种衰减在 $\beta=90°$时最为明显。如果 $\beta=180°$，得到的偶极矩是零，因为这种情况下电荷之间相互抵消了。（所有的更高阶项明显也等于零。）然而，如果有 $\beta=180°$，但是把其中一个偶极子移开一点，如图 12.35（a）所示，那么总偶极矩仍然是零，但是会得到一个非零的四偶极矩。注意如果 $\beta$ 非常接近但不等于 180°，如图 12.35（b）所示，那么即使这种结构看上去比较像四偶极子，但它仍然是偶极子，因为它的偶极矩不为零。在非常远的距离上，偶极场要比四偶极场更明显。

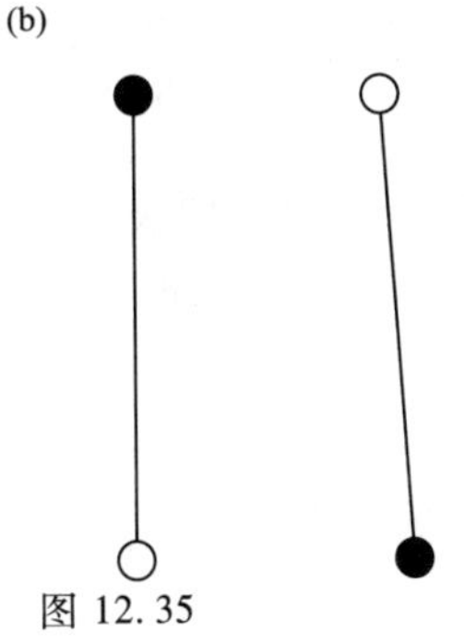

图 12.35

**方法二** 备选方案，可以通过找到两个给定的偶极子形成的总势能来计算净偶极矩。如果一个点位于相对于竖直方向的偶极子角度为 $\theta$ 的位置（在纸面内），那么它和水平的偶极子的夹角是 $\theta-90°$。所以式（2.35）给出了这个点所在位置处的总电势（利用余弦的三角和公式）

$$\phi=\frac{p\cos\theta}{4\pi\varepsilon_0 r^2}+\frac{p\cos\theta(\theta-90°)}{4\pi\varepsilon_0 r^2}=\frac{p(\cos\theta+\sin\theta)}{4\pi\varepsilon_0 r^2}$$
$$=\frac{\sqrt{2}p\cos\theta(\theta-45°)}{4\pi\varepsilon_0 r^2}\equiv\frac{\sqrt{2}p\cos\theta'}{4\pi\varepsilon_0 r^2} \tag{12.108}$$

其中 $\theta'\equiv\theta-45°$。这说明了在沿着 $\theta'=0$ 的方向上，即对应 $\theta'=45°$的方向上，有一个强度为$\sqrt{2}p$ 的偶极子。当然，这个 $\phi$ 只对平面以内的点适用。所以从技术上说我们所做的一切都是在证明，如果这个结构从远处看上去像是偶极子的话，那么它的偶极矩一定是$\sqrt{2}p$。

## 2.16 圆盘对和偶极子

（a）在上面圆盘上的一个小电荷 $\mathrm{d}q$ 和下面那个圆盘上对应的一个$-\mathrm{d}q$ 电荷组成了一个偶极子。根据式（2.36），这个偶极子在距中心轴上一定距离（$r\gg l$）的位置处形成的电场是$(\mathrm{d}q)l/2\pi\varepsilon_0 r^3$。组成圆盘的所有的偶极子在这个距离的位置处产生的电场是一样的；在距离上轻微的偏移对高阶项是无关紧要的。因此把 $\mathrm{d}q$ 换成圆盘上的总电荷就得到了总电场为

$$E=\frac{(\sigma\pi R^2)l}{2\pi\varepsilon_0 r^3}=\frac{\sigma R^2 l}{2\varepsilon_0 r^3} \tag{12.109}$$

（b）考虑如图 12.36 中的位于一个圆锥体内的两个圆盘上的对应部分。如果到上面圆盘和

到下面圆盘的距离分别是 $r_t$ 和 $r_b$，那么下面圆盘的面积和电荷都是上面的 $r_b^2/r_t^2$ 倍，这个因子正好抵消了库仑定律里的 $r^2$ 的作用，所以这两部分产生的电场相互抵消。给定的那个圆锥体可以分割成许多这种细的圆锥体，它们产生的总电场都为零。因此我们关心的位于这个圆锥体内部的两个圆盘上的部分所产生的电场为零。

因此，我们只需要关心上面圆盘上剩下的那个圆环。设 $r$ 是距离两个圆盘中心轴上圆盘之间的中点的距离（尽管实际的原点在这里并不重要）。根据图 12.37 中的相似三角形，圆环的厚度 $b$ 由式 $b/l=(R-b)/(r-l/2)$ 给出。因为 $b\ll R$ 而且 $l\ll r$，在右边的式子中可以忽略 $b$ 和 $l$，这样右边就剩下了 $b/l\approx R/r\Rightarrow b\approx Rl/r$。圆环上的电荷量实际就是 $\sigma(2\pi R)(Rl/r)$，如果 $r$ 很大，圆环看起来像是点电荷，所以想要的电场就是

$$E=\frac{\sigma(2\pi R)(Rl/r)}{4\pi\varepsilon_0 r^2}=\frac{\sigma R^2 l}{2\varepsilon_0 r^3} \tag{12.110}$$

这和（a）中的结论是一致的。

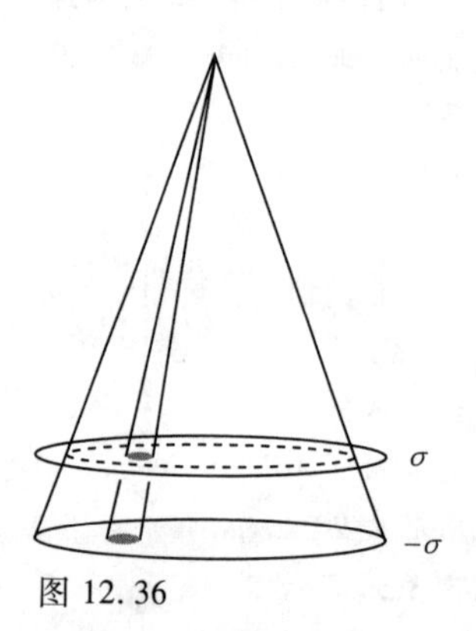

图 12.36

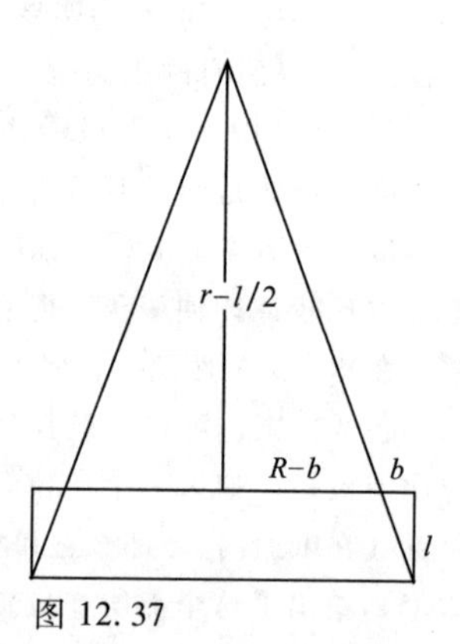

图 12.37

## 2.17　线性四极子

（a）设 $l$ 为电荷之间的距离，所以整个四极子的长度为 $2l$。在轴向上的电场是径向辐射的，并且在距离中心为 $r$ 的地方电场值等于（$\varepsilon\equiv l/r$ 并且 $k\equiv 1/4\pi\varepsilon_0$）

$$\begin{aligned}E_r&=\frac{kq}{(r-l)^2}-\frac{2kq}{r^2}+\frac{kq}{(r+l)^2}\\&=\frac{kq}{r^2}\left(\frac{1}{1-2\varepsilon+\varepsilon^2}-2+\frac{1}{1-2\varepsilon+\varepsilon^2}\right)\\&=\frac{kq}{r^2}[(1+2\varepsilon+3\varepsilon^2)-2+(1-2\varepsilon+3\varepsilon^2)]\\&=\frac{kq}{r^2}(6\varepsilon^2)=\frac{6kql^2}{r^4}\end{aligned} \tag{12.111}$$

我们实际上已经转换了上面的分数部分（至少对于 $\varepsilon^2$），因为 $(1-2\varepsilon+\varepsilon^2)(1+2\varepsilon+3\varepsilon^2)=1+O(\varepsilon^3)$，对别的式子也进行了同样的操作。这个电场是正的，它的意义在于如果我们考虑原来的偶极子的话，更近处的偶极子将会更多地抵消掉原来的偶极子的作用。$l^2/r^4$ 因子比偶极子中 $l/r^3$ 因子还小 $l/r$。这和 2.7 节中的多极展开式是有关的。

（b）利用沿着中垂线的对称性，可以再次告诉我们电场是沿着径向的。因为两个端点处的

电荷产生同样的径向电场，如图 12.38 所示在距离中心 $r$ 的位置处的总电场是($\varepsilon\equiv l/r$ 和 $k\equiv 1/4\pi\varepsilon_0$)

$$E_r=\frac{2kq}{r_1^2}\cos\theta-\frac{2kq}{r^2}=\frac{2kq}{r^2+l^2}\frac{r}{\sqrt{r^2+l^2}}-\frac{2kq}{r^2}$$

$$=\frac{2kq}{r^2}\left[\frac{1}{(1+\varepsilon^2)^{3/2}}-1\right]\approx\frac{2kq}{r^2}\left[\left(1-\frac{3}{2}\varepsilon^2\right)-1\right]$$

$$=\frac{2kq}{r^2}\left[-\frac{3}{2}\varepsilon^2\right]=-\frac{3kql^2}{r^4} \tag{12.112}$$

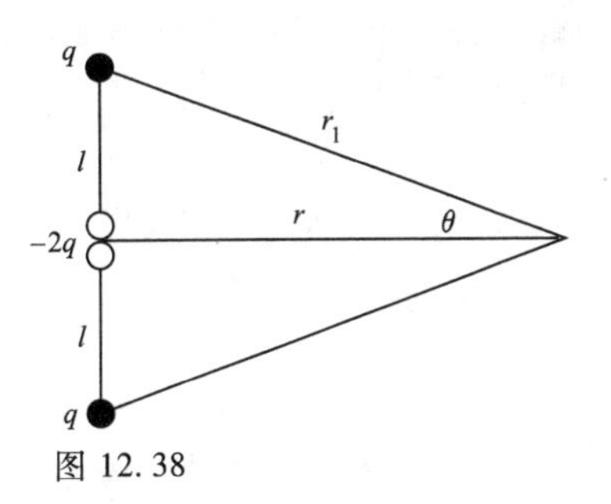

图 12.38

这是一个负值，它也是有意义的，因为相对于两个 $q$ 电荷，题目中的点更接近于$-2q$ 电荷，并且$-2q$ 电荷产生的电场同样也是指向径向方向的。

复习一下偶极子的电场，其电场沿切线方向指向中垂面上的位置。上面的四极场和那个电场（相比于其他的方面）有根本的不同，它是沿径向方向指向中垂面上的点的。四极场和角度的关系会比偶极子的电场和角度的关系更复杂，我们将在 10.2 节中看到这一点。

## 2.18 原点附近的电场线

（a）设 $a=1$，同时忽略因子 $q/4\pi\varepsilon_0$，在 $xy$ 平面内，由两个正电荷产生的电势是

$$\phi(x,y)=\frac{1}{\sqrt{(x+1)^2+y^2}}+\frac{1}{\sqrt{(x-1)^2+y^2}} \tag{12.113}$$

使用泰勒展开式 $1/\sqrt{1+\varepsilon}\approx 1-\varepsilon/2+3\varepsilon^2/8$，并保留 $x$ 和 $y$ 的二阶项，我们有

$$\phi(x,y)=\frac{1}{\sqrt{1+(2x+x^2+y^2)}}+\frac{1}{\sqrt{1+(-2x+x^2+y^2)}}$$

$$\approx\left[1-\frac{1}{2}(2x+x^2+y^2)+\frac{3}{8}(2x+\cdots)^2\right]+ \tag{12.114}$$

$$\left[1-\frac{1}{2}(-2x+x^2+y^2)+\frac{3}{8}(-2x+\cdots)^2\right]$$

$$=2+2x^2-y^2$$

（或者，可以在 Mathematic 里使用级数符号来得到这个结果。）如果引入了和 $z$ 的关系，那么结果中将引入一个$-z^2$。利用给定的全部参量，可以得到

$$\phi(x,y)\approx\frac{q}{4\pi\varepsilon_0 a}\left(2+\frac{2x^2-y^2}{a^2}\right) \tag{12.115}$$

图 12.39 画出了一个函数 $2x^2-y^2$ 的等值面。原点是一个鞍点；它在沿着 $x$ 的方向上是一个最小值点，而在沿着 $y$ 的方向上是一个最大值点。穿过平衡点的定值 $\phi$ 的线的方程是 $y=\pm\sqrt{2}$（在原点附近）。如果在原点位置进行放大，曲线斜率会保持不变；图像还会是原来的样子，唯一的变化就是每条曲线的 $\phi$ 值不同。

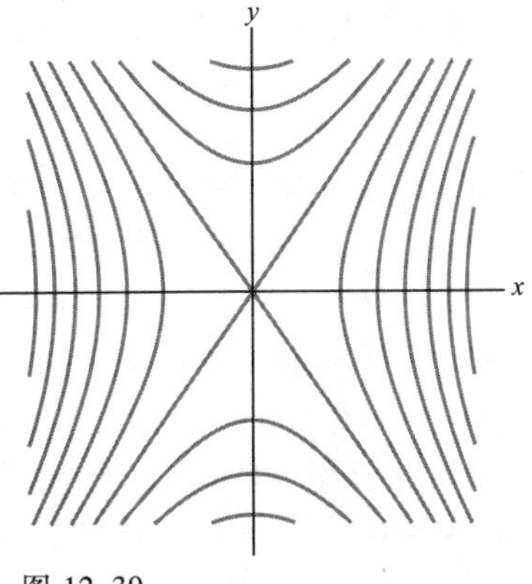

图 12.39

（b）电场是电势的负导数，所以有

$$\boldsymbol{E}=-\nabla\phi=\frac{q}{4\pi\varepsilon_0 a^3}(-4x,2y) \tag{12.116}$$

由定义可知，电场线的切线方向是电场 $E$ 的方向。使曲线的斜率等于 $\boldsymbol{E}$ 矢量切线的斜率，分离变量，然后再积分，得到

$$\frac{\mathrm{d}y}{\mathrm{d}x}=\frac{E_y}{E_x}\Longrightarrow\frac{\mathrm{d}y}{\mathrm{d}x}=-\frac{y}{2x}\Longrightarrow\int\frac{\mathrm{d}y}{y}=-\frac{1}{2}\int\frac{\mathrm{d}x}{x}$$
$$\Longrightarrow\ln y=-\frac{1}{2}\ln x+A\Longrightarrow y=\frac{B}{\sqrt{x}} \tag{12.117}$$

这里的 $A$ 是一个积分常量，并且 $B\equiv e^A$。不同的 $B$ 值对应着不同的电场线。实际上，这个 $y=B\sqrt{x}$ 的结果只在第一象限内成立。但是因为这个结构相对于 $yz$ 平面是对称的，并且同时相对于 $x$ 轴也是轴向对称的，$xy$ 平面以内的电场的一般表达形式在图 12.40 中表示了出来。如果在原点附近进行放大，电场线的形状会保持不变。

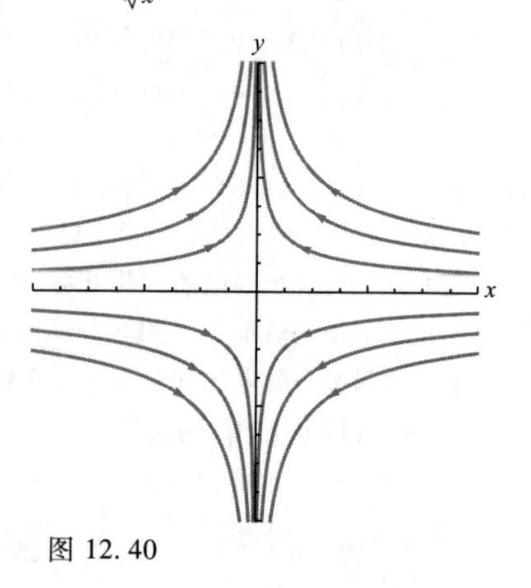

图 12.40

如果把和 $z$ 的相关关系也考虑进来，式（12.116）中的表示原点附近电场的准确的表达式中要把矢量 $(-4x,2y)$ 换成 $(-4x,\ 2y,\ 2z)$。可以用这个矢量的散度为零来验证一下这个结论，可以看到这是正确的。因为 $\nabla\cdot\boldsymbol{E}=\rho/\varepsilon_0$，而且在原点附近是没有电荷的。尽管利用式（12.116）中的那个简短的矢量足可以画出电场线的大致图形，但是它的散度不是零，所以它仅在目前的条件下是适用的。参见练习题 2.65 中对这个问题的进一步讨论。

## 2.19 圆环的等势面

（a）在 $z$ 轴的一个给定点上，如图 12.41 所示，由圆环上的一个小电荷量 $\mathrm{d}Q$ 产生的电场的大小是 $\mathrm{d}Q/4\pi\varepsilon_0 r^2$。其水平分量将会被直径方向上相对应的另一个电荷 $\mathrm{d}Q$ 产生的电场的水平分量抵消。因此，我们只需要关心它的竖直分量，这就引入了因子 $\cos\theta$，所以有

$$E_{\mathrm{d}Q}=\frac{\mathrm{d}Q}{4\pi\varepsilon_0 r^2}\cos\theta=\frac{\mathrm{d}Q}{4\pi\varepsilon_0 r^2}\cdot\frac{z}{r} \tag{12.118}$$

把所有的电荷 $\mathrm{d}Q$ 相加就得到了总电荷量 $Q$。所以总电场是

$$E(z)=\frac{Qz}{4\pi\varepsilon_0 r^3}=\frac{Qz}{4\pi\varepsilon_0(z^2+R^2)^{3/2}} \tag{12.119}$$

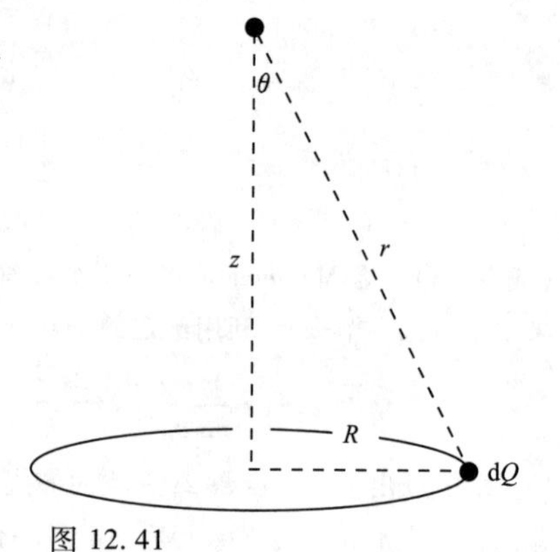

图 12.41

如果 $z\to\infty$，那么就有 $E(z)\to Q/4\pi\varepsilon_0 z^2$，这是正确的，因为从远处看过去这个圆环就像是一个质点。而如果 $z=0$，那么有 $E(z)=0$，这也是正确的，因为电场由于系统的对称性而相互抵消了。取 $E(z)$ 的散度，你可以很快地证明它的最大值在 $z=R/\sqrt{2}$ 位置处。

（b）一些等势线画在了图 12.42 中。圆环用两个点来代替；我们已经把 $R$ 定为了 1。可以通过把曲线绕着 $z$ 轴旋转的方法得到整个等势面。在圆环附近，曲线是绕着点的圆圈，这意味着这里的等势面在 3D 空间上是圆枕形状的。在远处，曲线变成了包围整个结构的圆圈（或者是 3D 空间中的球面）。从圆枕形状到球面的转变发生在等势线穿过原点的时候，如图所示。

（c）考虑在 $z$ 轴上其等势面是凹线的一点。在这一点的左侧，作为 $\phi$ 负导数的电场 $\boldsymbol{E}$ 指向上方稍微偏右的方向；参见图 12.43。所以它沿 $x$ 正方向有一个分量。相似地，在右侧，电场有一个 $x$ 负方向的分量。所以在 $x$ 穿过 $x=0$ 的位置向右增加时，$E_x$ 是递减的。换句话说，在 $x=0$ 的位置处 $\partial E_x/\partial x$ 的值是负的。同理，在等势线向下凸的地方，$\partial E_x/\partial x$ 的值是正的。在曲线向上凹和向下凸的转变点上，$\partial E_x/\partial x$ 的值从负值转变成正值。也就是说这个值一定是零。因为等势面是相对于 $z$ 轴对称的，在这个转变点上 $\partial E_y/\partial y$ 的值一定也是零。

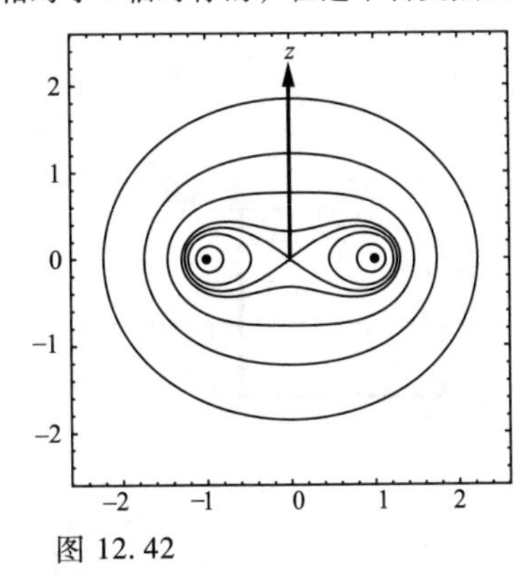


图 12.42

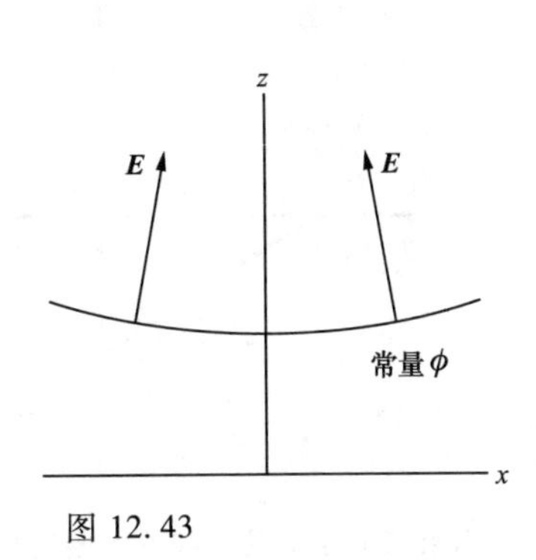


图 12.43

在这个转变点的自由空间中不存在电荷，所以通过 $\nabla\cdot\boldsymbol{E}=\rho/\varepsilon_0$ 可知 $\partial E_x/\partial x+\partial E_y/\partial_y+\partial E_z/\partial z=0$。因为我们刚刚得到了对 $x$ 和 $y$ 的微分都是零，所以 $\partial E_z/\partial z$ 的值一定也是零。换句话说，这个转变点是 $E_z$ 的一个极值，所以它同样适用于我们在（a）中找出的那个点。参见练习题 2.66，练习题 2.66 是对这个问题的一种变形。

## 2.20　一维电荷分布

通过公式 $\boldsymbol{E}=-\nabla\phi$ 可以求得电场的值，所以很快会得到在 $0<x<l$ 的区域内 $E_x(x)=-\rho_0 x/\varepsilon_0$（同时有 $E_y=E_z=0$），而在其余的两个区域内有 $E=0$。注意在 $E_x$ 在 $x=0$ 的位置是连续的，但是在 $x=l$ 的位置是不连续的。这表明在 $x=l$ 的平面上一定有一个面电荷的分布。

为了得到电荷的分布状态，可以使用 $\rho=-\varepsilon_0\nabla^2\phi$ 或者跟它等价的公式 $\rho=\varepsilon_0\nabla\cdot\boldsymbol{E}$。两者在$0<x<l$ 的区域内都可以很快得到 $\rho(x)=-\rho_0$，而在其他两个区域内有 $\rho=0$。但是根据上面所提，在 $x=l$ 的平面上也存在一个面电荷密度 $\sigma$。这和我们得出的体电荷密度并不冲突，因为这些 $\rho$ 的值不能说明在这个区域的边界上也有这样的 $\rho$ 值。如果试着用$-\varepsilon_0\nabla^2\phi$ 或者 $\varepsilon_0\nabla\cdot\boldsymbol{E}$ 来计算 $x=0$ 和 $x=l$ 位置处的值，你会分别得到一个不明确的值和一个无限大的值。后者的产生是由于面电荷所占据的体积为零。

为了确定在 $x=l$ 平面上的面电荷密度 $\sigma$，我们要关注一下电场在穿过这个平面时的不连续性。平面左侧的电场是$-\rho_0 l/\varepsilon_0$，而右侧的电场是零。利用高斯定理可以知道在平面处电场的变化量 $\rho_0 l/\varepsilon_0$ 一定等于 $\sigma/\varepsilon_0$。因此 $\sigma=\rho_0 l$。注意这个面密度具有厚度 $l$ 和密度$-\rho_0$，这和带电体的面密度等大反向。因此外侧（$x<0$ 和 $x>l$ 的区域）的电场和另一个带有异种电荷的平面形成的电场是一样的，也就是电场的大小为零，这和上面得到的电场是一致的。实际上，从外侧的这个电场反推回去的过程就是另一种计算 $\sigma=-\rho_0 l$ 的方法。

图 12.44（a）绘出了一个厚板和平面的图像；$\phi(x)$、$E_x(x)$ 和 $\rho(x)$ 的图像分别在图 12.44（b）~（d）中画出。如上面所提，$\phi$ 的第一个导出量（和电场相关的量）在 $r=l$ 处是没有

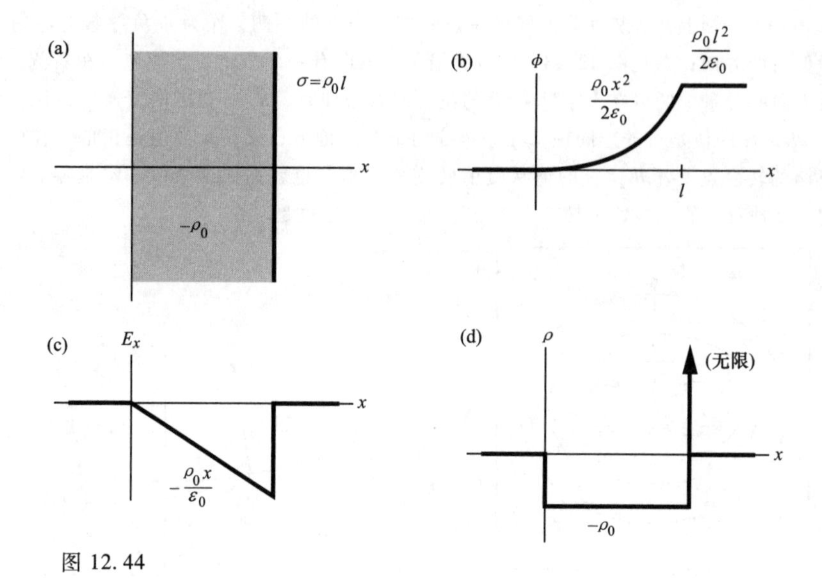


图 12.44

定义的。而第二个导出量（和电荷密度相关的量）在 $x=0$ 的位置是没有定义的，并且在 $x=l$ 的位置处是无限大的，这个结果和把有限的电荷量分布在零体积的空间（面）内是相关的。

## 2.21 圆柱的电荷分布

（a）图 12.45（a）画出了题中的 $\phi(r)$ 的示意图。电场是 $\phi$ 的负导数。对于一个只关于 $r$ 的函数，用柱坐标系表示的梯度是 $\nabla\phi=\hat{\boldsymbol{r}}(\partial\phi/\partial r)$。在 $R\leqslant r\leqslant 2R$ 外侧的区域，$\phi$ 是一个常量，所以 $\boldsymbol{E}$ 的值是零。$R\leqslant r\leqslant 2R$ 的内部区域，我们有

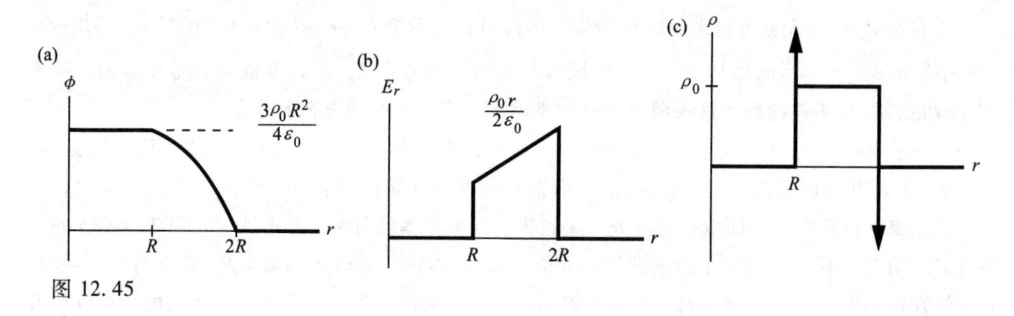


图 12.45

$$\boldsymbol{E}=-\nabla\phi=-\hat{\boldsymbol{r}}\frac{\partial}{\partial r}\left(\frac{\rho_0}{4\varepsilon_0}(4R^2-r^2)\right)=\frac{\rho_0 r}{2\varepsilon_0}\hat{\boldsymbol{r}} \tag{12.120}$$

$E_r$ 的图像在 12.45（b）中画了出来。注意其在 $r=R$ 和 $r=2R$ 位置处的不连续性。

电荷密度通过公式 $\nabla\cdot\boldsymbol{E}=\rho/\varepsilon_0$ 或者跟它等价的 $\nabla^2\phi=-\rho/\varepsilon_0$ 给出。对于只关于 $r$ 的函数，在柱坐标系中的散度是 $(1/r)\partial(rE_r/\partial r)$。在 $R\leqslant r\leqslant 2R$ 的外侧区域，$E$ 是一个常量（实际为零），所以 $\rho$ 的值为零。在 $R\leqslant r\leqslant 2R$ 内部，我们有

$$\rho=\varepsilon_0\ \nabla\cdot\boldsymbol{E}=\varepsilon_0\frac{1}{r}\frac{\partial}{\partial r}\left(r\cdot\frac{\rho_0 r}{2\varepsilon_0}\right)=\rho_0 \tag{12.121}$$

但是我们还没有完成本题。$E_r$ 在 $r=R$ 和 $r=2R$ 处的不连续性表明在这些位置处有一个面电荷密

度。根据高斯定理，穿过这个面时电场的改变量是 $\sigma/\varepsilon_0$。在 $r=R$ 处，电场有一个 $\rho_0R/2\varepsilon_0$ 的向上跳变，所以面密度一定为 $\sigma_R=\rho_0R/2$。同时在 $r=2R$ 的位置处电场有一个 $r_0(2R)/2\varepsilon_0$ 的向下跳变，所以面密度一定是 $\sigma_{2R}=-\rho_0R$。因为面占的体积为零，这个面上的体电荷密度为无限大，在图 12.45（c）中以一个尖峰来表示。

（b）$R<r<2R$ 区域的界面的面积是 $\pi(2R)^2-\pi R^2=3\pi R^2$。所以在这个长度为 $l$ 的圆筒区域内的体电荷密度 $\rho_0$ 等于

$$\rho_0 l(3\pi R^2)=3\pi R^2\rho_0 l \tag{12.122}$$

在长度为 $l$ 的 $r=R$ 的面上，电荷量等于

$$\sigma_R(2\pi R)l=(\rho_0R/2)(2\pi R)l=\pi R^2\rho_0 l \tag{12.123}$$

同时在长度为 $l$ 的 $r=2R$ 的面上，电荷量等于

$$\sigma_{2R}(2\pi\cdot 2R)l=(-\rho_0R)(4\pi R)l=-4\pi R^2\rho_0 l \tag{12.124}$$

把上面的三个电荷量相加再除以 $l$，可以看到每单位长度上的总电荷量为零。这是有意义的，如果不是这样的话，在圆筒的外面就会产生一个非零的电场，而我们知道在 $r>2R$ 的区域内的电场为零。注意在内表面处的面电荷密度 $\sigma_R$ 和在 $r=R$ 的区域内存在有体电荷密度 $\rho_0$ 的情况包含的电荷量是相等的。这就是为什么 $E_r$ 的值在图 12.45（b）中 $R<r<2R$ 的区域上是和 $r$ 成正比的（即其斜率是过原点的）。

## 2.22　不连续的 $E$ 和 $\phi$

（a）我们知道如果不存在别的电场，一个面电荷密度为 $\sigma$ 的平面在两侧分别产生一个大小为 $\sigma/2\varepsilon_0$ 的指向远离平面方向的电场。一般而言，如果没有其他的电场叠加在这个平面的电场上，面两侧的电场在法线方向的分量之差是 $\sigma/\varepsilon_0$。

这个不连续性和 $\rho=\varepsilon_0\nabla\cdot\boldsymbol{E}$ 有关，如果这个电场只在 $x$ 方向上发生变化，那么这个关系就变成 $\rho=\varepsilon_0(\mathrm{d}E/\mathrm{d}x)$。如果 $E(x)$ 看上去像是图 12.46 中所示的曲线一样，那么在跳变点处有 $\mathrm{d}E/\mathrm{d}x=\Delta E/b$。所以由 $\rho=\varepsilon_0(\mathrm{d}E/\mathrm{d}x)$ 得到 $\rho=\varepsilon_0(\Delta E/b)\Rightarrow\Delta E=\rho b/\varepsilon_0$。如果让 $b\to0$，$r\to\infty$ 同时保持乘积 $\rho b$ 是一个有限值，那么可得到一个面电荷密度 $\sigma=\rho b$ 并且 $\Delta E=\sigma/\varepsilon_0$ 的面。结论得证。

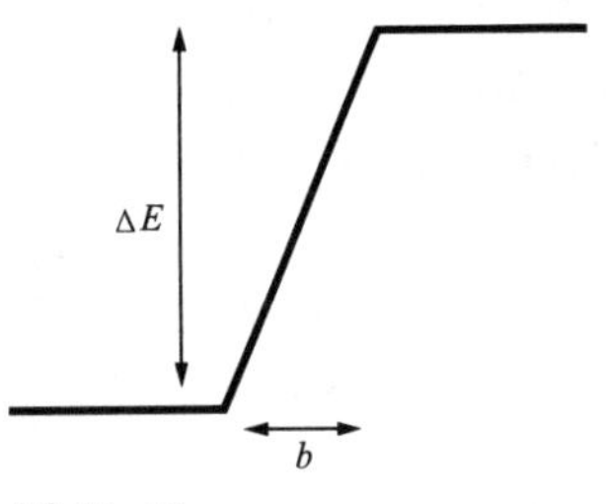


图 12.46

（b）考虑两个距离 $s$ 的带有面电荷密度 $-\sigma$ 和 $\sigma$ 的平面。在它们中间，电场等于 $\sigma/\varepsilon_0$，所以电势差等于 $\phi=Es=\sigma s/\varepsilon_0$，其中带正电的平面的电势比较高。如果使 $s\to0$ 和 $\sigma\to\infty$，同时保持乘积 $\sigma s$ 为有限值，那么 $\phi$ 在一个零距离上就有了一个变化量，即它是不连续的。

然而，这个限制条件要比（a）中的物理限制少。在（a）中，在导体表面存在 $\sigma=\rho b$ 的面电荷密度和无限的 $\rho$。为了得到一个很好的近似，电荷层的厚度设定为零。我们可以让无限大的 $\rho$ 产生一个有限的电荷量。然而在（b）中，这种有限的 $\sigma s$ 和“无限的”$\sigma$ 的情形实际上需要在任何有限的面积上包含有无限多的电荷。[2]

至少在数学上讲，$\phi$ 的这种不连续性和 $\rho=-\varepsilon_0\nabla^2\phi$ 这个关系有关。在一维的空间中这种关系写成 $\rho=-\varepsilon_0\mathrm{d}^2\phi/\mathrm{d}x^2$，如果 $\phi$ 看上去和图 12.47（a）中的曲线一样，那么第一个微分 $\mathrm{d}\phi/\mathrm{d}x$

2　从理论上讲，线电荷密度 $\sigma$ 可以是无穷大（正如面电荷密度 $\rho$ 可以是无穷大一样）。事实上，两个带有异号电荷的非常靠近的载流导线，在很短距离内的电势会有突变。（两个点电荷的情形也同样如此。）不过这并不那么有趣，因为所有的重要特性都是在这个很小的区域内。

（也就是 $-E$）看上去就会像图 12.47（b）中的曲线一样。它开始时是零，然后增长到一个比较大的值 $\Delta\phi/s$（如果 $w \ll s$，实际上 $\phi$ 的所有变化都发生在 $s$ 的间隔点上），然后再回降到零。因此第二个微分 $d^2\phi/dx^2$ 看起来就像是图 12.47（c）中所示的曲线。它开始时是零，然后跳到一个比较大的值 $\Delta\phi/ws$，再陡降到零，再降到 $-\Delta\phi/ws$，最后再回到零。所以关系式 $\rho = -\varepsilon_0 d^2\phi/dx^2$ 告诉我们，密度的较大值为 $\rho = \varepsilon_0(\Delta\phi/sw)$，也可以写成 $\Delta\phi = [(\rho w)/\varepsilon_0]s$。对于这个方程的解释，可以是厚度为 $w$、有效面电荷密度为 $\pm\sigma = \pm\rho w$ 的两个非常薄的平面（带负电的平面在左侧），两个平面在中间产生大小为 $E = (\rho w)/\varepsilon_0$ 的电场。用这个值乘以两个面之间的距离 $s$，就得到了电势差 $\Delta\phi$。

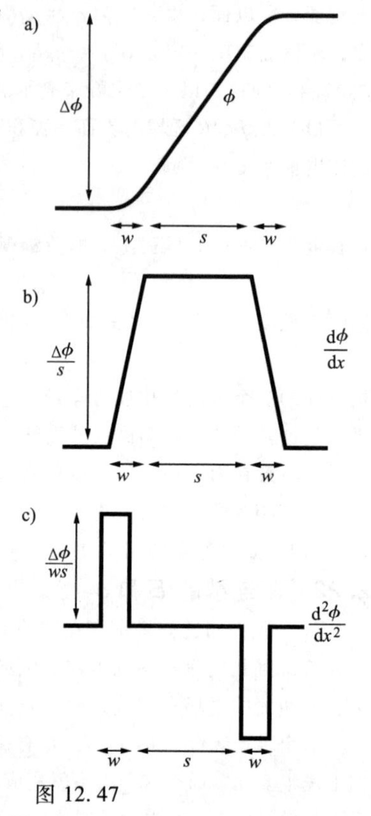


图 12.47

## 2.23　不同电荷分布产生的电场

（a）利用对称性可知，电场一定指向 $x$ 方向，而且只和 $x$ 值相关。所以 $\nabla \cdot \boldsymbol{E} = \rho/\varepsilon_0$ 变成了 $dE_x/dx = \rho/\varepsilon_0$。计算得到在这个板内部的电场是 $E_x = \rho x/\varepsilon_0 + A$，其中 $A$ 是积分常量。它的物理意义在于，$A$ 这一项是由这个无限大的、在其外表面平行分布着面电荷密度 $\sigma$ 的平面（或者厚板）形成的电场叠加而成。这个平面产生一个大小为 $\sigma/2\varepsilon_0 \equiv A$ 的恒定电场，这个电场直接叠加在厚板形成的电场上。上面的推理过程中，我们做的唯一假定是平面的对称性。额外的平面满足这个对称性，所以毫无疑问它的影响要叠加到最后的结果中。然而，因为题目中说不存在其他的电荷，所以一定有 $A=0$。

（b）利用其对称性，电场只和 $r$ 有关并且指向径向方向。在柱坐标系中，对于只含有变量 $r$ 的函数 $\nabla \cdot \boldsymbol{E}$ 等于 $(1/r)d(rE_r)/dr$。所以利用 $\nabla \cdot \boldsymbol{E} = \rho/\varepsilon_0$，可得到圆柱体内部的电场等于

$$\frac{1}{r}\frac{d(rE_r)}{dr} = \frac{\rho}{\varepsilon_0} \Longrightarrow \frac{d(rE_r)}{dr} = \frac{\rho r}{\varepsilon_0}$$

$$\Longrightarrow rE_r = \frac{\rho r^2}{2\varepsilon_0} + B \Longrightarrow E_r = \frac{\rho r}{2\varepsilon_0} + \frac{B}{r} \tag{12.125}$$

究其物理意义，$B$ 项是由具有线电荷密度 $l$ 的沿着圆柱体的中心轴的电荷线上的电荷产生的电场叠加而成的。这个电荷线产生 $\lambda/2\pi\varepsilon_0 r \equiv B/r$ 的电场而叠加在圆柱体的电场上。在上面的推理假设中只涉及圆柱体的对称性。沿着圆柱体中心轴的线电荷满足这个对称性，所以毫无疑问最终结果也包含了它的影响。像在（a）中一样，因为题中给出不存在其他的电荷，所以肯定有 $B=0$。

（c）利用对称性，它的电场只和 $r$ 有关，并且指向径向方向。在球坐标系中，对于只含有变量 $r$ 的函数 $\nabla \cdot \boldsymbol{E}$ 等于 $(1/r^2)d(r^2E_r)/dr$。所以利用公式 $\nabla \cdot \boldsymbol{E} = \rho/\varepsilon_0$ 可得球体内部的电场为

$$\frac{1}{r^2}\frac{d(r^2E_r)}{dr} = \frac{\rho}{\varepsilon_0} \Longrightarrow \frac{d(r^2E_r)}{dr} = \frac{\rho r^2}{\varepsilon_0}$$

$$\Longrightarrow r^2E_r = \frac{\rho r^3}{3\varepsilon_0} + C \Longrightarrow E_r = \frac{\rho r}{3\varepsilon_0} + \frac{C}{r^2} \tag{12.126}$$

对于其物理意义，$C$ 是由位于球心的点电荷 $q$ 产生的电场叠加到结果中产生的。这个电荷产生的叠加到球体本身产生的电场的电场大小是 $q/4\pi\varepsilon_0 r^2 \equiv C/r^2$。在上面的推理过程中，唯一的假设就是球体的对称性。位于球心处的点电荷同样满足这样的对称性，所以无疑结果中也包含了它的影响。另外因为题中已经说明不存在其他的电荷，所以有 $C=0$。

在（b）和（c）中，实际上不需要考虑不存在其他电荷的声明，因为那个线电荷和点电荷会产生一个非零的 $\rho$ 值（实际上是无限大的值，因为它们把有限的电荷量分布在零体积的空间内），这和题中提到的物体内部的均匀体电荷密度相违背。在（a）中，那个额外的电荷面位于厚板的外面，所以它并不影响板内的 $\rho$ 值。当然，也可以在圆柱体或球体外面再添加一个额外的柱面或者球面，但是那样它们在内部产生的电场为零。你可以想象一下在一维状态下的一个“球”会有什么不同。

在（b）和（c）中，我们为什么会把一个均匀密度 $\rho$ 的问题最终解成一个密度不均匀（包含进额外的线电荷或者点电荷）的问题呢？这种情况的发生在于，在式（12.125）和式（12.126）中的计算在 $r=0$ 的时候是不适用的。习题 2.26 将解决在球体中 $r=0$ 的情况下的复杂情况。

（d）方程 $\nabla\cdot\boldsymbol{E}=\rho/\varepsilon_0$ 有无数多个形式的解，但是只有几个能和给定结构的对称性相匹配。例如，考虑（c）中的球体，假如在球面以外的任意一个位置处，额外添加一些电荷。那么球体以内的电场为 $E_r=\rho r/3\varepsilon_0$ 加上所有的外面的电荷产生的库仑场。球体内的这个电场是 $\nabla\cdot\boldsymbol{E}=\rho/\varepsilon_0$的一个合适的解。但它并不是和开始时的电场那样保持球对称的。如果继续在外面添加电荷直到刚好使其变成一个均匀带电的无限长的圆柱体，那么球体内的电场就变成了（b）中圆柱体中的电场解形式。

重点在于，以上三种情况中，在解 $\nabla\cdot\boldsymbol{E}=\rho/\varepsilon_0$ 时，我们不光使物体内部的电荷密度为 $\rho$，而且也使外面的密度为零。能够兼顾这些条件（或者至少是这里面的重要的方面）的简捷方法就是直接使解具有一定的对称性。如果物体不是对称的，就不能使用这样的简捷方法。任何情况下，不管整个空间中的密度是如何分布的，当计算某个给定点的 $\boldsymbol{E}$ 时，即使使用 $\nabla\cdot\boldsymbol{E}$ 这个公式，计算得到的结果也只是关于这个点的问题。简而言之，能在给定的区域内产生同样的散度值的电场矢量有很多种。在一维情况下，这些电场会叠加一个常量而出现不同，而在二维和三维情况下，这个变化会非常大。

## 2.24 能量的两种表达方式

（a）在笛卡儿坐标系中，有

$$
\begin{aligned}
\nabla\cdot(\phi\boldsymbol{E}) &= \frac{\partial(\phi E_x)}{\partial x}+\frac{\partial(\phi E_y)}{\partial y}+\frac{\partial(\phi E_z)}{\partial z}\\
&=\left(\frac{\partial\phi}{\partial x}E_x+\frac{\partial\phi}{\partial y}E_y+\frac{\partial\phi}{\partial z}E_z\right)+\left(\phi\frac{\partial E_x}{\partial x}+\phi\frac{\partial E_y}{\partial y}+\phi\frac{\partial E_z}{\partial z}\right)\\
&=\left(\frac{\partial\phi}{\partial x},\frac{\partial\phi}{\partial y},\frac{\partial\phi}{\partial z}\right)\cdot(E_x,E_y,E_z)+\phi\left(\frac{\partial E_x}{\partial x}+\frac{\partial E_y}{\partial y}+\frac{\partial E_z}{\partial z}\right)\\
&=(\nabla\phi)\cdot\boldsymbol{E}+\phi\,\nabla\cdot\boldsymbol{E}
\end{aligned}
\tag{12.127}
$$

这就是我们想要的结果。

（b）如果分别用 $\phi$ 和 $\boldsymbol{E}$ 表示电势和电场，那么有 $\nabla\phi=-\boldsymbol{E}$ 和 $\nabla\cdot\boldsymbol{E}=\rho/\varepsilon_0$，所以上面的强度变成

$$\nabla\cdot(\phi \boldsymbol{E}) = -\boldsymbol{E}\cdot\boldsymbol{E}+\phi\frac{\rho}{\varepsilon_0} \tag{12.128}$$

我们现在在半径为 $R$ 的一个非常大的球体中对上面的方程两边进行积分。对于左边，可以利用散度定理把体积分 $\int_V \nabla\cdot(\phi \boldsymbol{E})$ 写成面积分 $\int_S \phi \boldsymbol{E}\cdot \mathrm{d}\boldsymbol{a}$。得到（利用 $\boldsymbol{E}\cdot\boldsymbol{E}=E^2$）

$$\int_S \phi \boldsymbol{E}\cdot \mathrm{d}\boldsymbol{a} = -\int_V E^2 \mathrm{d}v + \int_V \frac{\rho\phi}{\varepsilon_0}\mathrm{d}v \tag{12.129}$$

如果这个面积分为零，那么最后的方程可以写成

$$\frac{\varepsilon_0}{2}\int_V E^2 \mathrm{d}v = \frac{1}{2}\int_V \rho\phi \mathrm{d}v \tag{12.130}$$

这就是我们得到的结果。而实际上，正是由于以下原因才使得这个面积分是零。因为所有的源电荷都位于一个有限的区域内，可以用某个半径 $r$ 的球面把它包围起来。如果让积分面 $S$ 的半径 $R$ 为无限大，那么球面里面的半径 $r$ 的点电荷从远处看过去实际上就是一个点电荷。在 $S$ 上，电场 $E$ 因此至少会按照 $1/R^2$（如果电荷分布为零的话会衰减得更快）的速率衰减，同时 $\phi$ 至少会按照 $1/R$ 的速率进行衰减。因为球面面积 $S$ 会按照 $R^2$ 比例增加，在面 $S$ 上的积分至少按照 $R^2/R^3=1/R$ 的速率衰减。因此当 $R\to\infty$ 时，它基本已经消失。（如果这些源电荷没有局限在一个有限的区域内，那么将不能确定这些积分扩展到无限大空间时还能否保持收敛。）

要注意，我们证明的这个结果仅适用于对整个空间以内的积分。它确实不适用于微分的形式，比如对某个局部空间以内的 $\varepsilon_0 E^2=\rho\phi$。这毫无疑问，因为我们可以在空间中很容易地得到一个 $\rho=0$ 但是 $E\neq 0$ 的点，这样在这个点上我们的两个被积函数就不相等。

## 2.25　永远不受束缚

根据 2.12 节中的厄恩肖定理，我们知道肯定存在一个使得势能开始下降的方向。也就是说一定有一个方向的电场是指向外侧的。但是如果电荷朝着这个方向运动，我们怎么知道稍后它不会进入到一个周围都是电势增长方向的点呢？基于以下理由，我们就知道肯定存在一个势能一直保持衰减的路径。

考虑一条电场线（由所有的固定电荷产生的），电荷 $q$ 开始时处于这条电场线上，沿着这条电场线，电势一直降低。如果沿着这条电场线运动，最终会到什么地方呢？不可能回到起点，因为那样的话，就有一条环状非零的电场线。同时，也不可能到达一个固定的正电荷，因为在它们附近电场都是指向外侧的。那么我们唯一能到达的可能就是无穷远处。于是就找到了一个逃逸路径，由此此题得证。

注意到如果在给定的固定电荷中存在负电荷，那么这个推理过程就不再成立了。因为电场线可以终止在负电荷上。实际上，如果有一个足够大的负电荷，正电荷肯定会被俘获。

在习题 2.5 中，我们明确地证明了在立方体中通过表面中心的一条路径是一个逃逸路径。你可能会想，如果用足够多的正电荷固定在一个球面上来包围住这个电荷 $q$，那么就不会再找到这样的一个“面”了。然而，如果有大量的等量的固定电荷，那么就可以让这些电荷构成一个均匀的球面。而我们知道，球内的电场等于零。所以电荷可以不费吹灰之力地从球心到达一个面的中间点。

## 2.26　∇函数

拉普拉斯算符 $\nabla^2$ 是计算梯度的散度的快捷方法。根据附录 F，只含有变量 $r$ 的函数的梯度等于 $(\partial f/\partial r)\hat{\boldsymbol{r}}$。所以有 $\nabla(1/r)=-\hat{\boldsymbol{r}}/r^2$。因此体积分 $\nabla^2(1/r)$ 为（利用散度定理）

$$\int_V \nabla^2\left(\frac{1}{r}\right) \mathrm{d}v = \int_V \nabla \cdot \nabla\left(\frac{1}{r}\right) \mathrm{d}v = \int_V \nabla \cdot \frac{-\hat{\boldsymbol{r}}}{r^2}\mathrm{d}v = -\int_S \frac{\hat{\boldsymbol{r}}}{r^2} \cdot \mathrm{d}\boldsymbol{a} \tag{12.131}$$

因为原点以外的所有地方都满足 $\nabla^2(1/r)=0$，任何包含原点在内的体积都可以适用这个积分。选定一个半径为 $R$ 的球，有

$$\int \nabla^2\left(\frac{1}{r}\right) \mathrm{d}v = -\int \frac{\hat{\boldsymbol{r}}}{r^2} \cdot \mathrm{d}\boldsymbol{a} = -\int \frac{1}{R^2}\mathrm{d}a = -\frac{4\pi R^2}{R^2} = -4\pi \tag{12.132}$$

这就得到了我们的结果。方程只要满足：①除了一个点之外任何位置都是零；同时②在那个点处无限大从而使积分的值不为零，那么这个函数就叫作 Δ 函数。

注意到对于任何函数 $F(\boldsymbol{r})$，积分 $\int \nabla^2(1/r)F(\boldsymbol{r})\mathrm{d}v$ 等于$-4\pi F(0)$。这是正确的。因为除了原点之外 $\nabla^2(1/r)$ 的值在任何位置都是零，所以 $F(\boldsymbol{r})$ 中能起到作用的只有 $F(0)$。所以可以把这个常量拿到积分式的外面。函数 $F(\boldsymbol{r})$ 和 $\nabla^2(1/r)$ 的乘积的积分只保留了那个函数在原点的值。

## 2.27 $\phi$ 和 $\rho$ 之间的关系

我们在 $\nabla^2$算符中使用的散度是基于不带撇号的坐标系的，因为给定关系式的左边是和 $r$ 相关的。为了让它更明显，把 $\nabla^2$写成 $\nabla_r^2$，有

$$\nabla_r^2\phi(\boldsymbol{r}) = \frac{1}{4\pi\varepsilon_0}\nabla_r^2\int\frac{\rho(\boldsymbol{r}')\mathrm{d}v'}{|\boldsymbol{r}'-\boldsymbol{r}|} = \frac{1}{4\pi\varepsilon_0}\int \nabla_r^2\left(\frac{1}{|\boldsymbol{r}'-\boldsymbol{r}|}\right)\rho(\boldsymbol{r}')\mathrm{d}v' \tag{12.133}$$

我们要说明 $\nabla_r^2(1/|\boldsymbol{r}'-\boldsymbol{r}|) = \nabla_{r'}^2(1/|\boldsymbol{r}'-\boldsymbol{r}|)$。即 $1/|\boldsymbol{r}'-\boldsymbol{r}|$ 在不带撇号的坐标系中的拉普拉斯 $\nabla_r^2$计算等于 $1/|\boldsymbol{r}'-\boldsymbol{r}|$ 在带撇号的坐标系中的拉普拉斯 $\nabla_{r'}^2$的计算。可以把 $|\boldsymbol{r}'-\boldsymbol{r}|$ 写成 $\sqrt{(x'-x)^2+(y'-y)^2+(z'-z)^2}$并在笛卡儿坐标系中计算它的散度来验证这个说法。现在我们有

$$\nabla_r^2\phi(\boldsymbol{r}) = \frac{1}{4\pi\varepsilon_0}\int\nabla_{r'}^2\left(\frac{1}{|\boldsymbol{r}'-\boldsymbol{r}|}\right)\rho(\boldsymbol{r}')\mathrm{d}v' \tag{12.134}$$

如习题 2.26 中提到的，积分 $\int \nabla^2(1/r)F(\boldsymbol{r})\mathrm{d}v$ 等于$-4\pi F(0)$。如果式（12.134）的右边没有 $r$，就得到了同样的积分，这样右边就等于 $(1/4\pi\varepsilon_0)(-4\pi\rho(0))$。$r$ 的出现只是简单地使原点发生了移位（或者说，你可以以 $r$ 的值为原点定义一个新的坐标系），所以结果就会变成

$$\nabla_r^2\phi(\boldsymbol{r}) = \frac{1}{4\pi\varepsilon_0}(-4\pi\rho(\boldsymbol{r})) = -\frac{\rho(\boldsymbol{r})}{\varepsilon_0} \tag{12.135}$$

就其物理意义而言，我们已经知道为什么 $\phi=(1/4\pi\varepsilon_0)\int(\rho/r)\,\mathrm{d}v'$和 $\nabla^2\phi=-\rho/\varepsilon_0$ 这两个关系是等价的：它们都是由库仑定律的平方反比关系得到的。前者是由积分和叠加原理得到的（参见 2.5 节），而后者是由高斯定理得到的（参见 2.11 节），而这和平方反比的关系是等价的（参见 1.10 节）。这里利用严格的数学推导来证明了这种等价性。

## 2.28 零旋量

$\boldsymbol{E}$ 的旋量通过下式给出：

$$\mathrm{curl}\boldsymbol{E} = \begin{vmatrix} \hat{\boldsymbol{x}} & \hat{\boldsymbol{y}} & \hat{\boldsymbol{z}} \\ \partial/\partial x & \partial/\partial y & \partial/\partial z \\ 2xy+z^3 & 2x^2 & 3xz^2 \end{vmatrix}$$

$$= \hat{\boldsymbol{x}}(0-0)+\hat{\boldsymbol{y}}(3z^2-3z^2)+\hat{\boldsymbol{z}}(4xy-4xy)=0 \tag{12.136}$$

为了找到相对势能 $\phi$，我们可以计算从一个参考点到一个一般点（$x$，$y$，$z$）的 $\boldsymbol{E}$ 的（负）线积分。但是要得到符合 $\boldsymbol{E}=-\nabla\phi$ 的函数 $\phi$ 有一个更简单的方法。看关系式中的 $x$ 分量，我们需要 $2xy^2+z^3=-\partial\phi/\partial x$。因此 $\phi$ 的形式一定是

$$\phi=-x^2y^2-xz^3+f(y,z) \tag{12.137}$$

这个一般函数 $f(y,z)$ 不会破坏 $2xy^2+z^3=-\partial\phi/\partial x$ 的相等关系，因为 $\partial f(y,z)/\partial x=0$。与此相似，$\boldsymbol{E}=-\nabla\phi$ 的 $y$ 分量满足 $2x^2y=-\partial\phi/\partial y$，所以 $\phi$ 的形式一定是

$$\phi=-x^2y^2+f(x,z) \tag{12.138}$$

同时 $z$ 分量满足 $3xz^2=-\partial\phi/\partial z$，所以 $\phi$ 的形式一定是

$$\phi=-xz^3+f(x,y) \tag{12.139}$$

你可以很快得到同时满足这三个形式的函数只有 $\phi=-x^2y^2-xz^3+C$，其中 $C$ 是一个任意的常量。如果 $\boldsymbol{E}$ 的旋量不为零，那么就不存在任何函数能够满足这三个形式。

## 2.29　线的终点

如果电场线形成了一个闭合的回路，那么电荷在这个回路上运动就会产生一个非零的功。但是我们知道这是不可能的，因为电场力是保守力。或者说，如果电场线形成了一个闭合回路，那么沿这条环路的线积分 $\oint\boldsymbol{E}\cdot\mathrm{d}\boldsymbol{s}$ 是非零的。所以根据斯托克斯定理，积分 $\int(\nabla\times\boldsymbol{E})\cdot\mathrm{d}\boldsymbol{a}$ 也是非零的。但是这和静电场中 $\boldsymbol{E}$ 的旋量为零这个事实相违背。

电场线之所以只能终止在电荷或者无穷远处（即它永远不会终止）是由于以下原因。如果电荷在空间中某个没有电荷的点上终止，那么在那个位置 $\boldsymbol{E}$ 的散度将不再是零，因为电场线进入到一个很小的空间内却没有再出来。但是我们已经假定在那个点上的电荷密度为零，所以这就违背了高斯定理 $\nabla\cdot\boldsymbol{E}=\rho/\varepsilon_0$。

然而，我们会很容易注意到这个推理过程是有点牵强的。单根电场线不会产生通量，所以从理论上讲如果单根（或者有限数量的电场线）在自由空间终止并不违背高斯定理。我们可以把电场线换成一些窄的通量束（或者是“通量管”，但是这个名词是专门留给磁通量使用的）。如果一束通量在自由空间终止，那么就会违背高斯定理。所以解决这个情况的最好方式就是一个非常细的通量束必须终止在电荷或者是无穷远处。但，这只是如果留下一个细束……

一般认为，这里有一点吹毛求疵，习题 2.18 中提到的结构（尽管这两个结构并不是严格相同）是用于考虑解决两个等量电荷产生的电场的。在两个电荷的中点处电场为零，所以如果我们考虑从一个电荷出发而径直指向一个电荷的那条电场线，它是在什么地方终止的呢？在某种意义上说，它是在 $E=0$ 的点上终止的。但是这主要是一个说法的问题。我们不妨把电场线继续从 $E=0$ 的位置向外沿着任何处于中垂面的线引出。

即使电场线在这个点上终止了，我们不用管它。正如上面提到的，单根电场线是没有意义的；它没有强度；它不会产生通量（所以它可以不适用于上面的高斯定理的推理过程）；它有一个“零测量值”，所以不可能有一个理想的点粒子可以占据在上面。如果考虑（更确切地）一个细的通量束，它从其中一个电荷的外面出发，它的轴线在两个电荷的连线上。我们来看看这束通量会发生什么！根据习题 2.18 的解题过程中的图 12.40，我们看到在 $E=0$ 的点附近，这束通量像烤饼一样扩散开，然后整个分散在两个电荷之间的中垂面上。把其中一个电场线围绕着 $x$ 轴旋转一周就得到了一个漏斗形的面。不管这束通量开始时是多么细，它最终都会变得像烤饼一样（假定它依然包含着 $x$ 轴）。在这个通量束内来考虑电场线更具有物理意义，我们的问题中的电场线没有明确的定义。作为一个练习，你可以使用习题 2.18 中的结果来证明从这个细通量

束流进去的通量确实等于从“通量束”的烤饼端流出去的通量。

简而言之，我们在解决静电场 $\boldsymbol{E}$ 的过程中仅有的关系是 $\nabla\times\boldsymbol{E}=0$ 和 $\nabla\cdot\boldsymbol{E}=\rho/\varepsilon_0$（还有它们的积分形式）。所以在陈述没有旋量或者通量的时候应该小心些。

### 2.30 梯度的旋度

（a）利用行列式来表示叉乘，有

$$\nabla\times\boldsymbol{E}=-\nabla\times\nabla\phi=-\begin{vmatrix}\hat{\boldsymbol{x}} & \hat{\boldsymbol{y}} & \hat{\boldsymbol{z}}\\ \partial/\partial x & \partial/\partial y & \partial/\partial z\\ \partial\phi/\partial x & \partial\phi/\partial y & \partial\phi/\partial z\end{vmatrix}\tag{12.140}$$

这里的 $x$ 分量是 $-\partial^2\phi/\partial y\partial z+\partial^2\phi/\partial z\partial y$。但是偏微分是可交换的（即和顺序无关），所以这个分量等于零。同理可适用于 $y$ 和 $z$ 分量。

（b）利用斯托克斯定理和给定的关系 $\boldsymbol{E}=-\nabla\phi$，有

$$\int_S(\nabla\times\boldsymbol{E})\cdot\mathrm{d}\boldsymbol{a}=-\int_S(\nabla\times\nabla\phi)\cdot\mathrm{d}\boldsymbol{a}=-\int_C\nabla\phi\cdot\mathrm{d}\boldsymbol{s}\tag{12.141}$$

其中 $C$ 是面 $S$ 边界上的闭合曲线。但是 $\nabla\phi\cdot\mathrm{d}\boldsymbol{s}$ 是在 $\mathrm{d}\boldsymbol{s}$ 的距离上电势的变化量。对它积分时，就得到了积分极限之间的 $\phi$ 的总变化量。但是这些极限是相同的点，因为曲线是闭合的。所以积分结果是零。因此 $\int_S(\nabla\times\boldsymbol{E})\cdot\mathrm{d}\boldsymbol{a}=0$。进一步地，因为这对于任何面 $S$ 都适用，所以在任何点上肯定都有 $\nabla\times\boldsymbol{E}=0$。

这里的逻辑主要是基于边界的边界是零这个情况。曲线 $C$ 是面 $S$ 的边界。而 $C$ 本身是没有边界的（它是一个没有端点的闭合曲线），这就是为什么 $\int_C\nabla\phi\cdot\mathrm{d}\boldsymbol{s}$ 等于零的原因。（与此相似，一个封闭着体积 $V$ 的面 $S$ 也没有边界。利用这个事实，有助于我们求解练习题 2.78。）

## 12.3 第3章

### 3.1 内表面的电荷密度

在整个内表面上电荷密度都是负值。这个结论是正确的。因为如果在某个位置处有一个正的电荷密度，电场线就会从这个位置出发，指向球体的内腔。但是这些电场线会在什么位置结束呢？它不能结束在无限远的位置，因为那得到球外面去。同时它也不能终止在球内的某个真空点上，因为那样会违背高斯定理，会导致在一个没有电荷的区域内产生一个非零的通量（参见习题 2.29 中对这个问题的更详细的讨论）。它们同样不能终止在正电荷 $q$ 上，因为电场是从 $q$ 指向外侧的。最后它也不可能终止在球面上，因为那样会导致球面上两点之间的 $\boldsymbol{E}$ 的线积分不为零（因此也产生了一个非零的电势差）。但是我们知道导体球面上的所有的点都有相同的电势。因此这样的电场线（在内表面指向内侧）是不存在的。所以所有的内表面上的电荷都是负的。空腔内所有的电场线都是从点电荷 $q$ 出发而终止在球面上的。

### 3.2 把电荷束缚起来

考虑这样一条路径，从导体 $B$ 跨越间隙到达导体 $D$，然后通过导线把 $D$ 连接到 $C$，再跨越间隙到 $A$，最后通过另一条导线回到 $B$。如果 $\boldsymbol{E}$ 是静电场，那么沿着任何闭合路径对 $\boldsymbol{E}$ 的线积分都是零。但是如果电场是如图 3.23（c）所示的那样的，沿着刚才那条路径的积分就不是零了。在每一个间隙上都会产生一个正的积分值；但是在导体内部，包括导线上，$\boldsymbol{E}$ 为零。所以这种状

态不能出现在静电荷的分布状态中。

尽管上面的推理过程非常完美，你可能希望找到一个更“有理并有效”的原因来说明为什么电荷自己会重新分布。事情是这样的：$C$ 在 $A$ 上诱导出的电荷（和 $D$ 在 $B$ 上诱导出的电荷一样）不足以使 $C$ 上所有的电荷都分布到导线连接的那个地方。在习题 3.13 中有关于其中的一些细节（大部分）的讨论。重点在于 $A$ 上感应出的电荷要比 $C$ 上的电荷少，而 $A$ 上的电荷能够维持的 $C$ 上的电荷更少。所以就会有电荷沿着导线脱离 $C$。当然，一旦这个过程发生，$A$ 上的电荷就会减少，整个系统最终会衰退到到处都没有电荷的状态。

## 3.3　特征曲率半径

（a）对于一个半径为 $R$ 的球体，我们有 $1/R_1+1/R_2=2/R$。球体以外的电场是 $E=q/4\pi\varepsilon_0 r^2$ 所以 $\mathrm{d}E/\mathrm{d}r=-2q/4\pi\varepsilon_0 r^3=-(2/r)E$，在球面上它等于$-(2/R)E$。对于半径为 $R$ 的圆柱体，我们有 $1/R_1+1/R_2=1/R+1/\infty=1/R$。圆柱体外面的电场是 $E=\lambda/2\pi\varepsilon_0 r$，所以 $\mathrm{d}E/\mathrm{d}r=-\lambda/2\pi\varepsilon_0 r^2=-(1/r)E$。在圆柱体表面这个值等于$-(1/R)E$。对于平面我们有 $1/R_1+1/R_2=2/\infty=0$。平面形成的电场是一个常量 $E=\sigma/2\varepsilon_0$，所以 $\mathrm{d}E/\mathrm{d}x=0$。

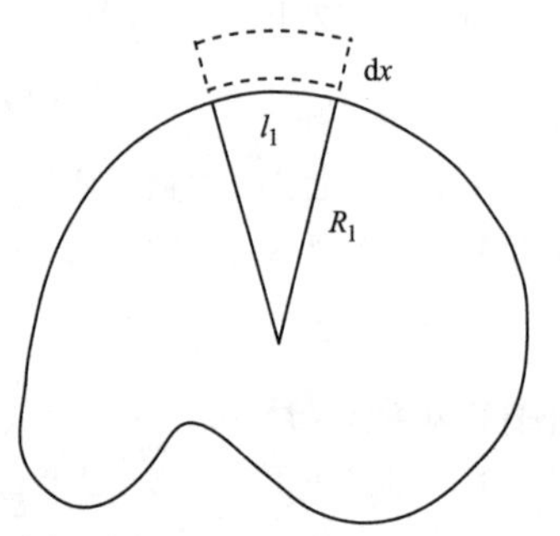

图 12.48

（b）考虑一个刚好位于导体表面的底面为矩形的小体积。设矩形底面的边（长度分别为 $l_1$ 和 $l_2$）位于平行于曲率的方向上。让这个小体积的边（高度为 dx）和面保持垂直，以使其和电场线的方向一致。图 12.48 给出了其中的一个截面。

注意这个小体积的上表面要比下表面大（假设特征半径是正的）。根据图 12.48 中的小三角形，上面的边长分别为下面的边长的 $(R_1+\mathrm{d}x)/R_1$ 倍和 $(R_2+\mathrm{d}x)/R_2$ 倍。所以上表面的面积是

$$A_{\text{top}}=\left(1+\frac{\mathrm{d}x}{R_1}\right)l_1\cdot\left(1+\frac{\mathrm{d}x}{R_2}\right)l_2\approx l_1 l_2\left[1+\mathrm{d}x\left(\frac{1}{R_1}+\frac{1}{R_2}\right)\right] \tag{12.142}$$

这里我们舍弃了 $(\mathrm{d}x)^2$ 项。现在，通过这个小体积的净通量为零，因为它的内部没有电荷。没有通量流过侧面，因为它们是和电场线平行的，所以使下表面流入的通量和上表面流出的通量相等，得到

$$\begin{aligned}E_{\text{底面}}A_{\text{底面}}=E_{\text{顶面}}A_{\text{顶面}}&\Longrightarrow E_{\text{底面}}l_1 l_2=E_{\text{顶面}}l_1 l_2\left[1+\mathrm{d}x\left(\frac{1}{R_1}+\frac{1}{R_2}\right)\right]\\&\Longrightarrow E_{\text{顶面}}=E_{\text{底面}}\left[1+\mathrm{d}x\left(\frac{1}{R_1}+\frac{1}{R_2}\right)\right]^{-1}\\&\Longrightarrow E_{\text{顶面}}\approx E_{\text{底面}}\left[1-\mathrm{d}x\left(\frac{1}{R_1}+\frac{1}{R_2}\right)\right]\end{aligned} \tag{12.143}$$

底面的电场和顶面的电场的差别是 $\mathrm{d}E=E_{\text{顶面}}-E_{\text{底面}}$，所以我们有

$$\mathrm{d}E=-E_{\text{底面}}\left(\frac{1}{R_1}+\frac{1}{R_2}\right)\mathrm{d}x\Longrightarrow\frac{\mathrm{d}E}{\mathrm{d}x}=-\left(\frac{1}{R_1}+\frac{1}{R_2}\right)E \tag{12.144}$$

这里我们把 $E_{\text{底面}}$ 写成了 $E$。这个结果对于负的曲率半径值仍然适用（即曲面是凹陷的）。顶面就比底面要小了，但是微分是一样的。我们仍然会得到一个正的半径和一个负的半径。这个结果对于一个内空的导体壳也同样适用，尽管在内部不包含电荷会导致这个关系没有什么意义，因为 $\mathrm{d}E$ 和 $E$ 都是零。在导体材料的内部，这个关系也是没有意义的，因为 $\mathrm{d}E$ 和 $E$ 处处为零。

## 3.4 导体圆盘上的电荷分布

回顾一下习题 1.17 中的讨论，当时证明了为什么在一个球面内部的电场为零。在图 12.49 中所定义球面上的两个 $q_1$ 和 $q_2$ 的两个锥体是相似的，所以底面的面积之比是 $r_1^2/r_2^2$。这个因子抵消了库仑定律中的 $1/r^2$ 这个因子，所以这两部分在 $P$ 点产生的电场是等大反向的。因此整个面上产生的电场就这样成对地抵消了。

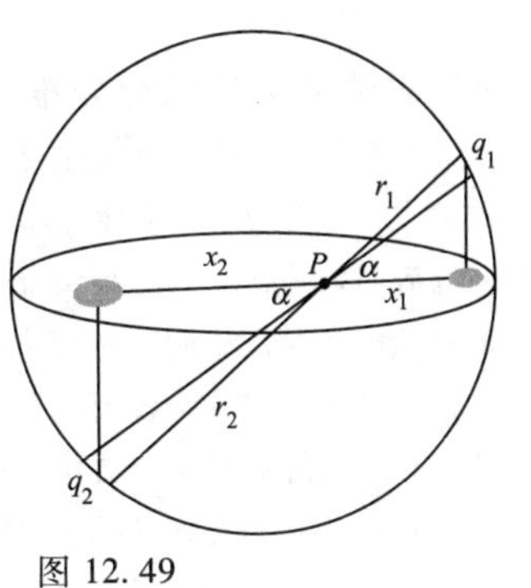


图 12.49

现在让我们把上半个平面和下半个平面的电荷投影到包含 $P$ 的赤道面上。上面提到的小块上的电荷 $q_1$ 和 $q_2$ 就到了图 12.49 所示的两个影子上。这两个影子块在 $P$ 点产生的电场（水平方向）大小分别为 $q_1/4\pi\varepsilon_0 x_1^2$ 和 $q_2/4\pi\varepsilon_0 x_2^2$。但是因为图中的两个相似三角形，$x_1$ 对 $x_2$ 的比例和 $r_1$ 对 $r_2$ 的比例相同。因此两个电场的大小相等，就像在球面上的情况一样。因此圆盘上的其他部分的电荷产生的力也都成对抵消了，所以在 $P$ 点的电场的水平分量为零。因为 $P$ 是任意的，所以我们会看到，圆盘上任意位置的由开始时的面的投影电荷产生的水平电场都是零。因此我们就找到了一种可以使得圆盘上任意位置处的水平电场分量都是零的电荷分布形式。

因为球面在边缘附近有一个比较大的斜率，在赤道面边缘附近的点会比中心的点上有更多的电荷。因此导体圆盘上的电荷密度会随着 $r$ 的增长而增加。我们可以计算一下这个值。在图 12.50 中，设从球顶往下的角度为 $\theta$，同时给定的点在圆盘上的半径为 $r$。于是面上的这个小块就和角度 $\theta$ 紧密相关了，所以它的面积是 $A/\cos\theta$。因此圆盘上的电荷密度就和 $1/\cos\theta$ 成正比。但是 $\cos\theta=\sqrt{R^2-r^2}/R$，所以电荷密度的形式应该是 $\sigma R/\sqrt{R^2-r^2}$，其中 $\sigma$ 由需要的总电荷量 $Q$ 来确定：

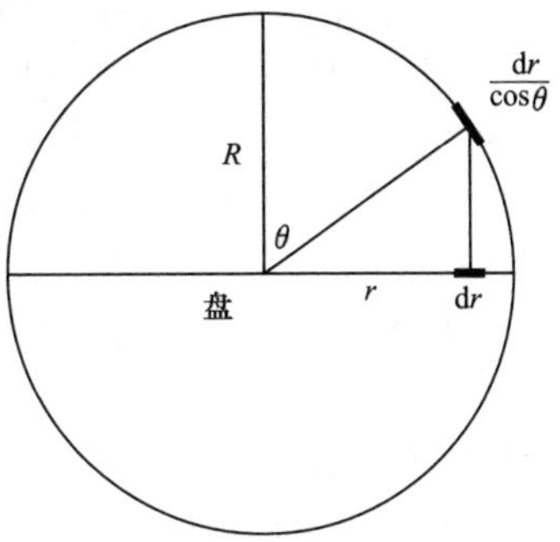

$$Q=\int_0^R \frac{\sigma R}{\sqrt{R^2-r^2}}2\pi r\mathrm{d}r=-2\pi\sigma R\sqrt{R^2-r^2}\Big|_0^R=2\pi\sigma R^2 \tag{12.145}$$

图 12.50

因此 $\sigma=Q/2\pi R^2$，而要求的导体盘上的面电荷密度是

$$\sigma_{盘}=\frac{Q}{2\pi r\sqrt{R^2-r^2}} \tag{12.146}$$

注意圆盘中心处的电荷密度是 $Q/2\pi R^2$，正好是均匀分布有总电荷量 $Q$ 的半径为 $R$ 的绝缘体电荷密度的一半。对于这个问题的进一步讨论参见《Friedberg（1993）》和《Good（1997）》。

不使用方程（12.145）中的积分，而得到上面的 $\sigma=Q/2\pi R^2$ 这个结果的另一个方法是注意 $\sigma R/\sqrt{R^2-r^2}$ 的形式表示的密度在圆盘中心处为 $\sigma$。而等于半球顶部的电荷密度，因为在这个位置处球面是不倾斜的。并且球面上的电荷是均匀分布的，因为半球面的面积是 $2\pi R^2$，所以有 $(2\pi R^2)\sigma=Q$，因此 $\sigma=Q/2\pi R^2$。（只要给定了圆盘上的总电荷密度 $Q$，把下半球面也考虑进来的话，不会影响最终的在圆盘上的密度分布。）

密度在导电圆盘的边缘是发散的，但是总电荷量是一个有限的值 $Q$。直觉而言，电荷密度

会随着 $r$ 的增长而增大，因为电荷会向着圆盘边缘的位置相互排斥。然而，我们需要对这种推理过程保持警惕。在低维的物体（例如一维）的棒上的电荷，其密度分布在整个棒上是完全均匀的；参见习题 3.5。

## 3.5 导体棒上的电荷分布

有三种基本情况，虽然在我们的推理过程中可以把它们放在一起讨论。如图 12.51 所示，给定的点 $P$ 可以在中点附近，也可以偏离中点比较远，也可以位于端点位置。如果这条线上的 $N$ 个电荷都相等，那么三种情况下，$P$ 点两侧相同长度的线段上产生的电场相互抵消，所以没有平衡掉的电场是图中阴影部分表示的剩余部分的线段产生的。

让我们来解决这个没有平衡掉的电场。设从左边数起，$P$ 点处的点电荷是第 $n$ 个电荷。那么没有平衡掉的电场是由 $P$ 点右侧距离至少为 $n(L/N)$ 的电荷（都等于 $Q/N$）产生的。因此没有平衡的电场是（忽略 $4\pi\varepsilon_0$，因为它在整个解题过程中会被抵消掉）

$$E=\frac{Q/N}{(L/N)^2}\left(\frac{1}{n^2}+\frac{1}{(n+1)^2}+\frac{1}{(n+2)^2}+\cdots\right) \quad (12.147)$$

这个求和式可以用积分来近似（甚至在 $n$ 较小的时候也可以这样用，因为我们只需要得到一个粗略的值）。在 $n \ll N$ 的情况下（即 $P$ 非常靠近左端点），这个和会变得无限大，所以积分等于 $1/n$。另一方面，如果 $n$ 是 $N$ 的量级，那么积分就不会扩展到无限大。然而我们关心的是这个没有平衡的电场的上界，而这个和的上界就是 $1/n$。所以，任何情况下，这个没有平衡的电场会小于或者（粗略地）等于 $QN/nL^2$。（对于棒上的大多数部分，我们可以说 $n$ 在 $N$ 的量级，这就意味着没有平衡的电场会局限在 $Q/L^2$ 的量级。这是有意义的，因为没有平衡的那一段上的电荷在 $Q$ 的量级，并且距离 $P$ 的距离在 $L$ 的量级。）

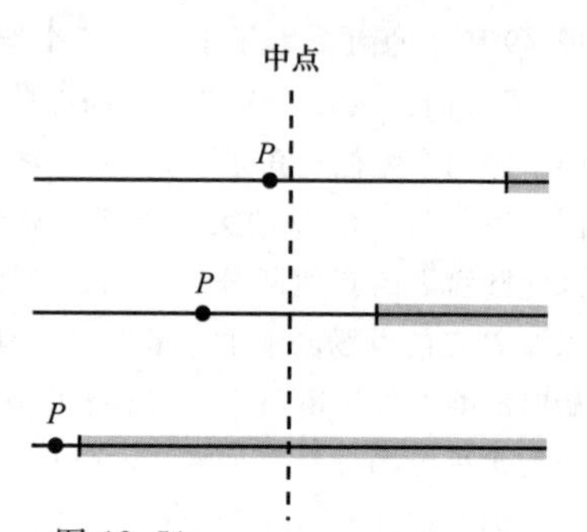


图 12.51
在棒上，$P$ 两边等长度的两个区域产生的电场相互抵消，阴影部分为除掉相互抵消的部分后剩下的部分。

所以问题是：为了使 $P$ 点处向右的电场增加 $QN/nL^2$ 的数量级以把图 12.51 中剩余的阴影部分产生的电场平衡掉，需要在 $P$ 点左侧添加多少个 $dq$ 的点电荷呢？答案是：不多，因为这些电荷距离 $P$ 点很近。这些毗邻的点电荷形成的电场会按照 $dq/(L/N)^2$ 的比例增大，所以如果想让这个值等于 $QN/nL^2$，我们需要 $dq=Q/nN$。这个增量是原来的电荷分布 $Q/N$ 的 $1/n$ 倍。

这个改造过程一定会影响到其他位置的电场，所以需要不断地修正。但是对第 $n$ 个电荷的修正规模是（小于或者等于）$Q/nN$ 的量级。因为整个相互作用的和是按照对数的关系增长的，我们看到在所有的 $N$ 个电荷处的变化量的和将是 $Q(\ln N)/N$ 的量级。当 $N\to\infty$ 时，这个值趋近于零，这意味着相对于开始时导体棒上的电荷量 $Q$，实际需要添加的电荷量是零。换句话说，最后棒上的电荷是完全均匀分布的。

在非常接近导体棒端点的位置，$n$ 的量级为 1，修正量 $dq=Q/nN$ 的大小和开始时的点电荷 $Q/N$ 的大小差不多。但是这段区域的长度在整个长度上是可忽略的。为了看看原因，设 $N$ 等于十亿，同时考虑端点上的这段的总电荷和 $Q/N$ 相差最多，比如说是百分之 0.1 的电荷。因为 $dq=Q/nN$，这一段延伸到（大约）点电荷以外 $n=1000$ 的位置。因此这一段的长度（大约）是总长度的百万分之一。在 $N\to\infty$（在物理限制条件下，这是可能的）时，$dq$ 到端点的距离可以是任意的有限值，这意味着棒上的密度实际上是完全均匀的。重点在于修正量 $dq$ 的相对大小取决于给定电荷的系数 $n$，它代表了到端点的距离。和趋向于无穷大的 $N$ 相比，任何给定的 $n$ 都是无限小的。

要证明这个问题的结果还有一种可能的方法。假使点电荷的大小都是固定的，想象一下通过稍微移动它们来平衡电场。结果是，对于非常大的 $N$，要使电场平衡，电荷基本上不需要移动。

这个问题的道理在于，点电荷形成的电场是服从 $1/r^2$ 关系的（尽管你可以证明分母上的任何一个比 1 大的指数都能很好地满足这个关系），同时由于电荷之间的距离非常小，只需要很小量的电荷就可以在附近电荷的位置处产生一个很大的电场从而抵消掉那些没有平衡掉的由宏观距离上的宏观量的电荷产生的电场。希望你能证明上面的这个推理过程在二维情况下（由线电荷组成的电荷面，线电荷的电场按照 $1/r$ 的规律衰减）和三维情况下（由面电荷组成的体积，面电荷的电场不随距离衰减）会如何变化。对于这个问题的进一步的讨论参见《Andrews（1997）》和《Griffiths 和 Li（1996）》。

注：如题目中所提到的，圆盘上的均匀电荷密度也可以（更快的方法）用习题 3.4 的方法和《Good（1997）》的方法得到。如果有一个均匀带电的球面，并且如果把图 12.52 中的两个圆环放到它的水平轴（那个棒）上，那么你可以证明出现的这两个线段分别在 $P$ 点产生了相互抵消的电场。你也可以证明这种结合方式在棒体上产生了一个均匀的电荷分布。（简而言之，对于一个给定水平宽度 $dx$ 的圆环，圆环的半径越小，它的圆周就越小，但是它的表面的倾角就越大，这导致了在计算圆环的面积时就出现了相互抵消的现象。）因为可以把这些棒看成是完全由这些线段对组成的（$P$ 点右侧的比较小，左侧的比较大），因此 $P$ 点处的电场为零。这种把棒体分割成相互抵消的小线段对的方法要比引入和 $P$ 点等距离的线段来考虑它们的性质的方法要好得多，而后面这种方法就是我们在图 12.51 中所使用的方法。

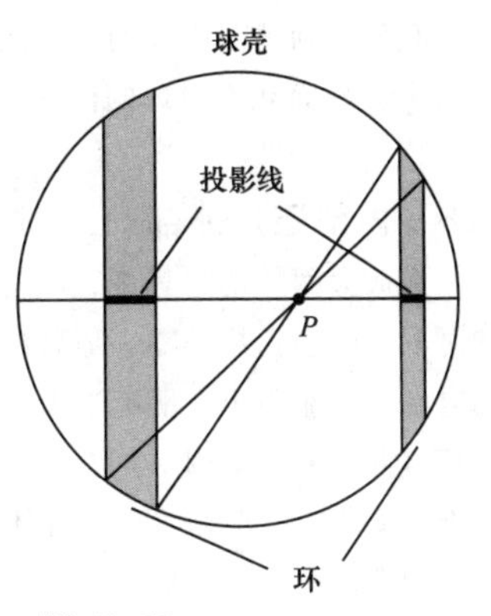

图 12.52

实际上没有必要使用上面的球面（实际上利用的是电场的 $1/r^2$ 的性质）来证明均匀分布电荷的棒体在定点 $P$ 产生的净电场为零。给定了均匀带电的棒，同时给定满足 $1/r^d$ 关系的力，其中 $d>1$，就可以把棒体分割成很多在 $P$ 点产生的电场相互抵消的线段对。可以从棒的一端开始，然后逐渐向着 $P$ 点向里计算。对于给定的一对相互抵消的线段，距离 $P$ 点比较远的线段的长度比较长（假定 $d>0$，这样会随着距离的增加而减小）。更重要的是，如果 $d>1$，它将会变得足够长，以使（你可以证明）在接近 $P$ 点的位置处这些线段对到 $P$ 点的距离实际是相等的；因此 $P$ 点就位于除了那些已经相互抵消的线段对以外的棒体上的中点。于是 $P$ 点的净电场为零。作为对比，如果 $d=1$，那么，在朝着 $P$ 向内进行计算时，你可以证明对应的线段产生的贡献和它们到 $P$ 点的距离保持同样的比例。因为这些距离是不相等的（假设 $P$ 点没有在开始时的棒体的中点上），在忽略掉那些已经相互抵消掉的线段对后，$P$ 点就偏离了中心点的位置。$P$ 点处的电场就不是零了。因此在电场按照 $1/r$ 的规律变化时，导体棒上的电荷就不会均匀分布了。你能确定它到底会怎样分布吗？

## 3.6 球面内的电荷

这个推理是不正确的。这个电荷会受到一个力的作用。其错误之处在于，这个推理的过程中把一个边值问题的解应用在了另一个边值问题上。唯一性原理的一个推论是说，如果表面的电势相同并且内部不存在电荷的话，那么它的解一定是一个等电势的解。这个（正确的）论断对于内部有一个点电荷的结构是没有用的。所以无论上面的结论多么的正确，对于这个给出的结构都不能从上面得到什么可利用的结果。（实际上，它将会受到一个非零的力，因为它在距离比较近的球面上吸引出来的电荷会对这个点电荷产生一个反向吸引的力。）

## 3.7　内外不对称的电场

静电场的电场线只能起始于电荷或者无限远的位置。同样地，因为旋量 $\boldsymbol{E}=0$，电场线也不存在闭合的环路。参见习题2.29。

如果点电荷位于球面以外，电场线可以在点电荷、球面或者无限远的位置终止。在球面以内不可能存在电场，因为这样的话它必须从球面上的一个点开始到另一个点结束。这样就会在两个点之间产生一个非零的电势差，这和球面上的点都有相同的电势这个事实相违背。

如果这个点电荷在球面以内，从这个点电荷出发的电场线一定终止在球面上。同时在球面以外也可以存在电场，因为它们可以在球面上有一个终点，也可以在无限远的位置处有终点。

我们看到球面内外的唯一区别在于，球的内部区域只有一个边界（球面），而球的外部区域有两个（球面和无限远的位置）。因此在前一种情况下，要想电场线存在，就需要存在额外的终点（电荷）。

## 3.8　内部还是外部

在放大面 $A$ 的过程中，$P$ 点处的电场一直是零。在两种情况之间，正好变成无限大的平面的时候，电场仍然是零。随着我们把它变成一个包围着 $B$ 的一个非常大的球面的时候，$P$ 点处的电场变得非常小。解释这个现象的说法就是，在跟电荷 $q$ 比较近的球面上感应出了大量的负电荷（几乎和平面时一样多），而这些电荷几乎完全屏蔽了电荷 $q$ 在 $P$ 点形成的电场。或者说，根据3.2节中的例题，位于导体球面内部的点电荷从球外的电场看来就像是处在球心处的一个等量的点电荷一样。而一个非常大的球面 $B$ 的球心在左侧的一个非常远的位置。所以在这么远的球心处的一个等效的点电荷在 $P$ 点处产生的电场是非常小的。

在缩小 $B$ 的尺寸的过程中，$P$ 点的电场逐渐增大，因为不再有那么多的电荷堆积在那个地方（缘于相互的排斥力和曲率的增加），或者在我们的等价的那个原因中说是 $B$ 的球心变得近了。因此 $P$ 点的电场增长到一个有限的值。简而言之，电场以一种完全合理的连续方式从零转变到一个非零的值。

尽管上面的推理是正确的，你可能依然对内部和外部的这种非对称性感到疑惑。如果电荷在导体的外面，那么在另一边（里边）就没有电场。但是如果电荷在导体的内部，在另一边（外边）就会存在电场。为什么外边和里边会有这种不同呢？当然，外边是比较大的，但是真的是这个原因吗？实际上，就是这样。

考虑一个周围没有其他电荷的中性导体，我们想在它的外面或者里面放入一个电荷。为了得到一个正电荷，可以把一个中性的物体分成带正电和负电的两块，然后丢弃掉带负电的那一块。如果这个过程是在导体外部完成的，那么（1）开始时在导体的内部电场是零（外面也是零），然后（2）产生了两个带有异号的电荷并且把它们分开；现在内部的电场依然是零（但是现在外部不是零了），进而（3）通过把负电荷移到无限远的位置来丢掉它；内部的电场仍然是零。

然而，如果我们试着让这个过程在导体内部来完成，那么（1）开始时外面的电场是零（里

面也是零)，然后（2）在内部产生了两个异号的电荷并使它们分开；外面的电场依然是零（但现在里面不是零了)，进而（3）丢弃掉带负电的电荷……哦，不，它是被卡在导体内部的，所以我们不能把它移动到无限远的位置。如果非要这样做，那么这个电荷必须穿过导体而到一个不同的区域去。这就打破了对称性，所以无疑我们会得到一个不同的结果。更精确地讲，导体内部的电荷量会发生突变。在第一种情况下，把负电荷拿到无限远位置的时候导体外面的电荷量是不变的。关于这个问题的更深的讨论，可以参见《Nan-Xian（1981)》。习题 3.7 中提供了另一个方法以阐明内外是完全不同的。

## 3.9 接地的球壳

在外侧的球面以外，电场是零，所以外球面的电势和无限远位置处的电势是相等的。因此外面的球面接地时电荷是不会移动的。如果确实有一些负电荷脱离开了，那么在这两个球面上就有了一个正的净电荷，于是在 $r>R_2$ 的空间上就有了一个指向外侧的电场。这就会把那些负电荷拉回到外面的球面上。同样地，如果有正电荷脱离开，那么在 $r>R_2$ 的空间中就有指向内侧的电场，这就会把这些正电荷拉回到球面上。

如果内部的球面接地，最后它上面剩余的电荷量一定会使得它的电势和无限远位置的电势相等。设最后的电荷量是 $Q_f$。那么两个球面之间的电场等于 $Q_f/r^2$（我们在这个问题中忽略了因子 $1/4\pi\varepsilon_0$，因为在计算中可以抵消掉)。所以相对于里面的球面，外面球面的电势是 $-Q_f(1/R_1-1/R_2)$。相似地，在外侧的球面以外，电场等于 $(-Q+Q_f)/r^2$，所以相对于无限远位置处的电势，外侧球面的电势是 $(-Q+Q_f)(1/R_2)$。如果内侧的球面和无限远的位置具有相等的电势，那么前面的两个电势差一定相等，于是得到

$$Q_f\left(\frac{1}{R_1}-\frac{1}{R_2}\right)=(Q-Q_f)\frac{1}{R_2}\Longrightarrow Q_f=\frac{R_1}{R_2}Q \tag{12.148}$$

直观看来，如果没有电荷离开的话（也就是 $Q_f=Q$)，那么内侧球面的电势比外侧球面的电势高，而外侧球面和无限远位置处的电势相等。另一方面，如果所有的电荷都离开了（也就是 $Q_f=0$)，那么里面的球面和外面的球面的电势相等，因此这种情况下它的电势比无限远位置处的电势要低。所以，利用连续性原理，一定存在一个 $Q_f$ 的值会使得内侧球面的电势和无限远位置处的相等。

## 3.10 为什么会逃逸?

电荷确实是会脱离内侧的电荷到无限远的位置去，直到（很快）球面上的电荷量等于习题 3.9 中计算得出的那个值。反方逻辑中的错误如下。如果考虑一个小的点电荷，这个电荷倒是乐意逃到导线上正好位于外侧球面上的那个洞的位置去。然而如果试着让其他的小点电荷也这样的话，那么不可能让它们同时位于那个位置，因为它们之间会相互排斥的。所以明显不能把电荷都堆积在外侧球面上的那个洞的位置。如果把电荷拉出来并沿着导线形成一个线电荷密度的话会怎样呢？电荷会在两个球面之间和球面外的导线上以线电荷分布的状态达到稳定吗?

答案是：我们必须考虑到一个事实，就是非常细的导线的电容值实际上是零（参见 3.59 节；这种装置中的外径可以假定成任意的固定值)。所以电荷不能堆积在导线上。如果给导线定一个很小的半径，那么在稳定状态下只会有很少的电荷堆积在上面。相邻电荷之间的强电场（利用库仑定律可知，其大小服从 $1/d^2$ 的关系）会使得它们的线电荷密度 $\lambda$ 几乎是均匀的（参见习题 3.5)。所以某种意义上讲，我们实际上得到了一个从里面的球面引出来一直到非常大的半径处的电荷棒（电量比较小)。问题是：这个棒上受到的合力是朝哪个方向的？它会被拽到里

面还是被拉到外面？这是有争议的，因为两个球面之间的电场 $E_1(r)$ 是指向外面的，而在外球面以外的电场是指向里面的（至少有一些电荷会留在里面的球面，剩下的两个球面的净电荷是负的）。这里忽略了棒体上电荷之间的相互作用力，因为它们是内部作用力。

假定电荷密度是个定值 $\lambda$，那么棒上受到的向外的力等于 $\int_{R_1}^{R_2} E_1\lambda \mathrm{d}r$，同时受到的向里的力等于 $\int_{R_2}^{\infty} E_2\lambda \mathrm{d}r$（这个力是负值，因为 $E_2$ 负的）。要想棒不动，就得让这两个力的和为：

$$
\begin{aligned}
&\int_{R_1}^{R_2} E_1\lambda \mathrm{d}r + \int_{R_2}^{\infty} E_2\lambda \mathrm{d}r = 0 \\
\Longrightarrow &\int_{R_1}^{R_2} E_1 \mathrm{d}r = \int_{\infty}^{R_2} E_2 \mathrm{d}r \\
\Longrightarrow &\phi(R_1)-\phi(R_2)=\phi(\infty)-\phi(R_2) \\
\Longrightarrow &\phi(R_1)=\phi(\infty)
\end{aligned}
\tag{12.149}
$$

我们可以看到如果内侧球面的电势等于无限远处电势的话，这个棒就不会动。所以电荷就会向外流动直到满足了上面的条件，即球面上剩下的电荷量等于习题 3.9 中计算得到的值。

如果这个导线的电容确实不为零，那么情况就不同了。比如说，如果导线在外面的某个位置有一个球形的凸起，那么电荷就会在该处堆积，直到整条导线上每个位置的电势都相等。

作为一个练习，考虑一个类似的装置，像一个相隔一定距离的两个大的电容面，它们带有电荷量 $\pm Q$，一根导线通过一个平面上的一个很小的孔把另一个平面连接到无限远而接地。

注意积分 $\int E\mathrm{d}r$ 有两个解释，而上面的推理就利用了这一点。当然，这个积分等于电势差 $\phi$。但是如果给它乘以一个常量 $\lambda$，它就等于均匀分布电荷的棒上受到的力。基本上，用 $q$ 乘以 $\int E\mathrm{d}r$，你就可以得到带电粒子在两个给定点之间运动所需要做的总功。给它乘以 $\lambda$，你就得到两个点之间的电荷棒所受到的合力。

## 3.11　需要多少功？

当电荷 $Q$ 位于平面以上距离为 $x$ 的位置时，要平衡掉这个静电场而使这个电荷向上移动（保持匀速）需要的力的大小为 $Q^2/4\pi\varepsilon_0(2x)^2$，因为如果把这个平面换成一个距离为 $2x$ 的镜像电荷，这个力是一样的。因此第二个学生计算得到的功为

$$
W = \int F\mathrm{d}x = \int_h^{\infty} \frac{Q^2\mathrm{d}x}{4\pi\varepsilon_0(2x)^2} = \frac{Q^2}{4\pi\varepsilon_0(4h)} \tag{12.150}
$$

这是正确的答案。考虑第一个学生的推理过程，如果把两个电荷 $Q$ 和 $-Q$ 对称地拉开，需要做的总功为 $Q^2/4\pi\varepsilon_0(2h)$，但是移动 $Q$ 只提供了一半的功。移动 $-Q$ 提供了另一半的功。

注意，如果想要模拟这个导体平面行为，必须真正保持对称地把这两个实际的电荷拉开，那么需要电场是一直垂直于给定的这个平面的。如果保持 $-Q$ 固定而只移动 $Q$，那么移动 $Q$ 实际做了所有的功［即 $Q^2/4\pi\varepsilon_0(2h)$］。但是这种结果不是我们想要的，因为它的电场和给定的平面是不垂直的。

要证明为什么实际需要的功是第一个学生的［$Q^2/4\pi\varepsilon_0(2h)$］答案，另一个方法是研究一下电场中储存的能量。如果真的有两个点电荷而没有平面，那么电场会存在于整个空间中。但是在导体平面的情况下，电场只存在于平面一侧的半个空间内。所以它储存的能量是另一个实际的点电荷情况下的一半。

## 3.12 两个平面中的镜像电荷

在 3.4 节那个只有一个导体平面的结构中，一个镜像的点电荷足以产生垂直于平面的总电场。让我们来看看在两个平面的情况下是什么样子。在图 12.53 中，两个给定的平面用粗线来表示，同时给定的实际电荷用 $R$ 表示。结果是我们需要如图所示的无限多的镜像电荷。实心点是正电荷，空心点是负电荷(假设给定的实际电荷是正的)。这些镜像电荷的原因如下。

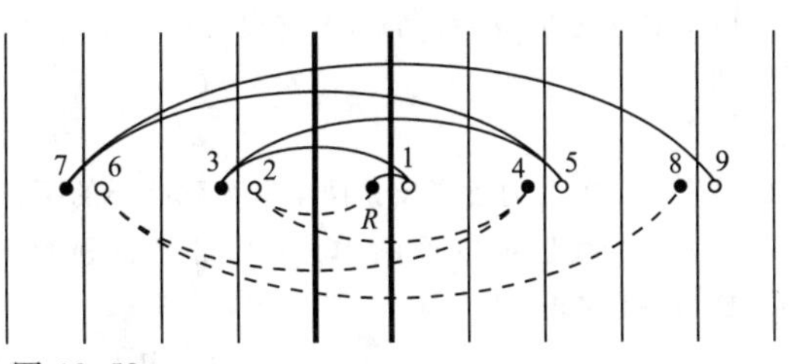


图 12.53

为了得到垂直于右面平面的电场 $E$，我们需要 1 号镜像电荷。同理为了得到垂直于左侧平面的电场，我们需要 2 号镜像电荷。到此为止，我们刚好得到单平面情况下的两个复制体。

然而，镜像电荷 1 打破了和左平面正交的电场，所以我们需要通过镜像电荷 3 来进行修复。同理，镜像电荷 2 打破了和右边平面正交的电场，所以我们需要通过镜像电荷 4 来修复。

由此一来我们需要通过镜像电荷 5 和 6 分别修复 3 和 4 的影响，等等。远处电荷的影响是很小的，所以这个过程是收敛的。就是说，如果有 1000 个这样的电荷，电场就会基本垂直于两个给定平面上的任何位置。

如果你愿意，你可以把这些电荷集中到两个集合中——一个奇数、一个偶数，如图 12.53 中表示的那样。每一个奇数电荷修正前一个奇数电荷对两个平面的轮流影响。偶数的电荷也是同样的道理。

在给定的电荷位于两个平面的中点的这种特殊情况下，所有的镜像电荷都位于图 12.53 中的（镜像）平面之间的中点。所以给定的电荷受到的合力为零，它也应该是这样的。

## 3.13 接地球壳的镜像电荷

（a）$xy$ 平面上的任意一点的电势是（忽略因子 $1/4\pi\varepsilon_0$）

$$\phi=\frac{Q}{\sqrt{(x-A)^2+y^2}}-\frac{q}{\sqrt{(x-a)^2+y^2}} \tag{12.151}$$

令它等于零，把其中一个分式移到方程的另一侧并平方得到

$$Q^2(x^2-2ax+a^2+y^2)=q^2(x^2-2Ax+A^2+y^2) \tag{12.152}$$

因为 $x^2$ 和 $y^2$ 的系数是相等的，这个方程代表一个圆。更精确地讲，这个方程可以写成 $x^2+y^2-2Bx=C$ 的形式，进一步通过配方又可以写成 $(x-B)^2+y^2=C+B^2$。这个方程代表球心点为 $(B,0)$、半径为 $\sqrt{C+B^2}$ 的一个圆。

（b）展开方程（12.152）得到

$$(Q^2-q^2)x^2+(Q^2-q^2)y^2-2(Q^2a-q^2A)x=q^2A^2-Q^2a^2 \tag{12.153}$$

如果 $x$ 的系数为零，也就是说如果 $Q^2a=q^2A$，那么这个圆的圆心位于 $x=0$ 的位置。

或者说，可以按照图 12.54 中展示的那样引进角度 $\theta$。通过余弦定理来得到圆上的一个点 $P$ 到两个电荷之间（假设其中心在 $x=0$ 的位置）的距离，我们看到，要使 $P$ 点的电势为零，就要

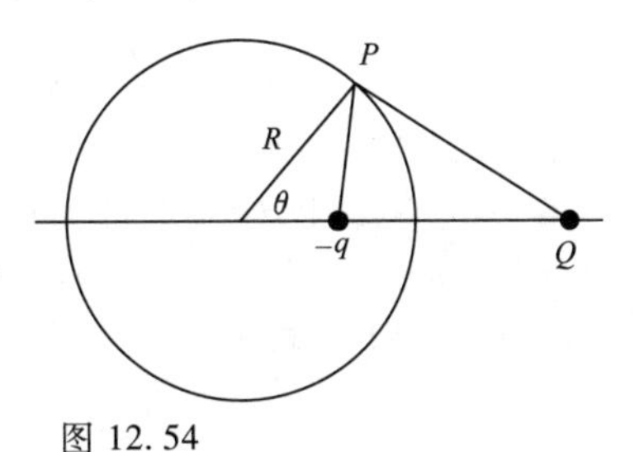


图 12.54

$$\frac{Q}{\sqrt{R^2+A^2-2RA\cos\theta}}=\frac{q}{\sqrt{R^2+a^2-2Ra\cos\theta}}$$

$$\Longrightarrow Q^2(R^2+a^2-2Ra\cos\theta)=q^2(R^2+A^2-2RA\cos\theta) \tag{12.154}$$

如果要让这个方程对所有的 $\theta$ 值都是正确的，那么两边的 $\cos\theta$ 的系数一定是相等的。这就有 $Q^2a=q^2A$，和上面一样。

（c）如果 $Q^2a=q^2A$，那么将方程（12.153）除以 $Q^2-q^2$ 得到圆的半径

$$R^2=\frac{q^2A^2-Q^2a^2}{Q^2-q^2}=\frac{(Q^2a/A)A^2-Q^2a^2}{Q^2-(Q^2a/A)}=aA \tag{12.155}$$

因此这个半径的几何意义就是两个电荷到圆心的距离。

或者说，我们可以像图12.54中那样，利用角度 $\theta$ 来计算。如果 $Q^2a=q^2A$，那么方程（12.154）就给出

$$\begin{aligned}
&Q^2(R^2+a^2)=q^2(R^2+A^2)\\
\Longrightarrow\ &Q^2(R^2+a^2)=(Q^2a/A)(R^2+A^2)\\
\Longrightarrow\ &A(R^2+a^2)=a(R^2+A^2)\\
\Longrightarrow\ &R^2(A-a)=aA(A-a)\\
\Longrightarrow\ &R^2=aA
\end{aligned} \tag{12.156}$$

（d）利用 $R^2=aA$，我们可以把关系式 $Q^2a=q^2A$ 中的 $a$ 消掉，而得到 $Q^2$（$R^2/A$）$=q^2A\Longrightarrow q=QR/A$。把所有的结果放到一起，我们看到如果在 $x=A$ 处有一个电荷 $Q$，并且在 $x=a=R^2/A$ 处有一个点电荷 $-q=-QR/A$，那么这个球心位于原点的、半径为 $R$ 的整个球面上的电势就是零。这就是对于这个接地的导体球的所有的边界条件。因此唯一性定理告诉我们，这两个结构（接地导体球外面的电荷和镜像电荷附近的点电荷）就可以形成和球面以外的电场相同的电场。（这个推理过程不能用来表示球内的电场，因为这种结构和球内的不一样，一个在其内部包含有电荷，而在另一个结构中没有，唯一性定理要求两种结构在涉及的区域内有相同的电荷分布。）如果我们设 $A=nR$，其中 $n$ 是数字因子，那么这个问题的结果看起来会更加清楚一点。

（e）再次利用 $R^2=aA$，我们可以把关系式 $Q^2a=q^2A$ 中的 $A$ 除去，从而得到 $Q^2a=q^2(R^2/a)\Longrightarrow Q=qR/a$。把所有的结果拿到一起，我们看到如果在 $x=a$ 的位置有一个电荷 $-q$，并且在 $x=A=R^2/a$ 的位置有一个电荷 $Q=qR/a$，那么对于球心在原点、半径为 $R$ 的整个球面上的电势都为零。和上面一样，我们得到，这两个结构（在接地导体球面内的电荷和在镜像电荷附近的点电荷）在球面以内形成的电场是一样的。所以我们令 $a=R/n$，那么镜像电荷的大小为 $Q=nq$，位于半径 $nR$ 的位置处。

## 3.14　导体球壳所产生的力

由习题3.13可知，在与壳中心距离 $a=R^2/r$ 处有一个像电荷 $-QR/r$，其在电荷 $Q$ 处的场与原情况中的相同。此处的像电荷与给定的电荷 $Q$ 距离为 $r-R^2/r$，根据库仑定律可知，作用于 $Q$ 上的力为

$$F=\frac{1}{4\pi\varepsilon_0}\frac{Q(-QR/r)}{(r-R^2/r)^2}=-\frac{1}{4\pi\varepsilon_0}\frac{Q^2Rr}{(r^2-R^2)^2} \tag{12.157}$$

负号表示此力为吸引力。

若 $r\approx R$，则由上方看时此壳可以看作一个平面，因此我们由上述像电荷得到的作用力与3.4节中无限平面情况下的作用力相同。如果令 $r\equiv R+h$，此处 $h\ll R$，则 $(r^2-R^2)^2$ 可以写为 $(r+R)^2\cdot(r-R)^2$，式（12.157）表示的力变为

$$F=-\frac{1}{4\pi\varepsilon_0}\frac{Q^2R(R+h)}{(2R+h)^2(h)^2}\approx-\frac{1}{4\pi\varepsilon_0}\frac{Q^2}{4h^2} \tag{12.158}$$

正如预期的那样，此力即相距 $2h$ 的实电荷 $Q$ 与像电荷 $-Q$ 之间的力（两电荷分别处于平面两侧距离平面 $h$ 处）。

在 $r\to\infty$ 的极限情况下，式（12.157）表示的力变为

$$F\approx-\frac{1}{4\pi\varepsilon_0}\frac{Q^2Rr}{(r^2)^2}\approx-\frac{1}{4\pi\varepsilon_0}\frac{Q^2R}{r^3} \tag{12.159}$$

这一表达式可采用如下解释：在距离壳很远处，可将壳看作一个点电荷，其电量为上述像电荷电量，即 $-QR/r$。式（12.159）也可写作 $F\approx-Q(QR/r)/4\pi\varepsilon_0r^2$。

## 3.15 处于匀强电场中的球壳产生的偶极子

（a）由习题 3.13 可知，壳外部的场等同于如下两个镜像电荷所产生的场：一个为处于 $x=-R^2/A$ 位置处的电量为 $-QR/A$ 的电荷，另一个为处于 $x=R^2/A$ 位置处的电量为 $QR/A$ 的电荷。在 $A\to\infty$ 的情况下，两电荷间距 $2R^2/A$ 变为 0，这样就产生了理想的偶极子，其偶极矩为 $p=(QR/A)\cdot(2R^2/A)=(2Q/A^2)R^3$，极化方向为 $x$ 轴正方向。

远处的点电荷 $\pm Q$ 在球壳处所产生的场为 $2Q/4\pi\varepsilon_0A^2$。由于此场等于 $E$，因此 $2Q/A^2=4\pi\varepsilon_0E$，由此我们可以将偶极矩写为 $p=4\pi\varepsilon_0ER^3$。综上所述，壳外部的场与偶极矩为 $p=4\pi\varepsilon_0ER^3$ 的理想偶极子所产生的场是相同的。注意，$Q/A^2\propto E$，因此随着距离 $A$ 逐渐增加至无限大，电量 $Q$ 也需随着 $A^2$ 而增加至无限大。

（b）由 $p=4\pi\varepsilon_0ER^3$ 与式（2.36）我们可知，壳在其外表面（即半径 $R$ 处）产生的场等于 $E$（$2\cos\theta\hat{\boldsymbol{r}}+\sin\theta\hat{\boldsymbol{\theta}}$），此处的 $\theta$ 为场与 $x$ 轴正方向夹角。（尽管偶极子场处处有效，但我们所做像电荷应用仅对球壳外侧有效。）注意，此结果与 $R$ 无关。

壳外侧的总电场等于整个壳的场加上初始的匀强场 $\boldsymbol{E}_u=E\hat{\boldsymbol{x}}$。容易证明 $\boldsymbol{x}$ 与极坐标下的单位矢量之间的关系为 $\boldsymbol{x}=\cos\theta\hat{\boldsymbol{r}}-\sin\theta\hat{\boldsymbol{\theta}}$。因此，匀强场为 $\boldsymbol{E}_u=E(\cos\theta\hat{\boldsymbol{r}}-\sin\theta\hat{\boldsymbol{\theta}})$，总电场为 $\boldsymbol{E}_{\text{tot}}=3E\cos\theta\hat{\boldsymbol{r}}$。上式中没有 $\hat{\boldsymbol{\theta}}$ 方向的分量，这是正确的，因为导体表面的场一定与其表面垂直。

（c）表面电荷密度 $\sigma$ 正比于表面处的场。更准确地说，由高斯定理可知，壳外表面处的场为 $E_r=\sigma/\varepsilon_0$。因此 $\sigma=\varepsilon_0E_r=3\varepsilon_0E\cos\theta$。

## 3.16 不接地的球壳的镜像电荷

由习题 3.13 可知，处于半径为 $R^2/r$ 球面上的像电荷 $-QR/r$ 会使球壳处于零电势。因为像电荷与球壳产生的外场相同，由高斯定理可知，真实球壳上的电量为 $-QR/r$，这与我们之前所知的电量 $q_s$ 不相符。我们可以在球壳中心处设置另一像电荷 $q_s+QR/r$，这样真实球壳上的电量便为 $q_s$。并且，由于第二个像电荷位于中心位置，根据对称性可以确定壳上等电势边界条件仍然满足。根据唯一性定理，可以确定我们设置的两个像电荷产生的外场正是球壳所产生的场。

习题 3.13 中的像电荷与原电荷 $Q$ 共同作用，产生了一个垂直于球壳的场。因此，如果在球壳上附加一些电荷（如此例中的 $q_s+QR/r$），它也将自发地均匀分布，这是因为在球壳表面没有切向方向的场，因此不会产生使电荷分布不均匀的力。这些均匀分布的电荷产生的外场与球心处的点电荷产生的场是相同的。

## 3.17 雨滴的电容量

$N$ 滴雨滴中每一滴的电容量为 $4\pi\varepsilon_0a$，则 $N$ 滴的电容量为 $N(4\pi\varepsilon_0a)$。同样地，如果 $N$ 滴雨滴携带的总电荷为 $Q$，则每一滴的电量为 $Q/N$。如果每滴雨水的电势为 $\phi$，则

$$\phi=\frac{Q/N}{4\pi\varepsilon_0a}\Longrightarrow Q=(4\pi\varepsilon_0Na)\phi\Longrightarrow C=4\pi\varepsilon_0Na \tag{12.160}$$

如果 $N$ 滴雨滴组合为一大滴，那么根据总体积不变可以算出新水滴的半径：

$$(4/3)\pi r^3 = N(4/3)\pi a^3 \Longrightarrow r = N^{1/3}a$$

这样一滴水的电容量为 $4\pi\varepsilon_0(N^{1/3}a)$。这与 $N$ 滴雨水的电容量相比变少了，二者之间相差一个系数 $N^{2/3}$。

读者应该从物理角度来考虑，为什么大雨滴的电容量相比之下变小了。提示：考虑小雨滴表面上有一点 $P$，将其他小雨滴逐一放进第一滴大雨滴中，在此过程中 $P$ 一直处于水滴表面，$P$ 点的电势如何变化？

## 3.18　电容器的叠加

（a）当数个电容器串联起来时，它们的电容量是一定的，底层电容器的上极板与顶层电容器的下极板上携带大小相等符号相反的电量（这是由于这两块极板独立于其他彼此相连的极板，因此这两块极板上的净电荷一定为零）。以 $\pm Q$ 表示两块极板上的电荷量，这也是整个有效电容器的电容量。

整个有效电容器上的电压（即电势差）$\phi$ 为两个电容器各自电压之和，即 $\phi=\phi_1+\phi_2$。我们知道，$\phi=Q/C$，$\phi_1=Q/C_1$，$\phi_2=Q/C_2$，在这三个式中都有 $Q$ 出现。将上述表达式代入 $\phi=\phi_1+\phi_2$，有

$$\frac{Q}{C}=\frac{Q}{C_1}+\frac{Q}{C_2}\Longrightarrow\frac{1}{C}=\frac{1}{C_1}+\frac{1}{C_2} \tag{12.161}$$

若 $C_1\to 0$，则 $C\to 0$。这种表述之所以正确是因为对于一个给定的 $Q$（对于所有的电容器来说都一样）$C_1$ 两端的电压 $Q/C_1$ 是一个很大的值，又由于总电压 $Q/C$ 至少与 $C_1$ 两端电压一样大，所以这也意味着总电压同样非常巨大。

若 $C_1\to\infty$，则 $C\to C_2$。这之所以正确是因为对于一个给定的 $Q$（对于所有的电容器来说都一样），$C_1$ 两端的电压 $Q/C_1$ 很小，这就意味着总电压 $Q/C$ 约等于 $C_2$ 两端电压 $Q/C_2$，即 $C\approx C_2$。

（b）当电容器并联时，由于整体电路由顶端到底部的压降不取决于所选取的路径，所以所有电容器两端电压是相等的。以 $\phi$ 表示上述电压，这也正是整体有效电容两端的压降。

等效电容上的电荷量 $Q$ 为两电容上极板上的电量之和，即 $Q=Q_1+Q_2$。我们已知 $Q=C\phi$，$Q_1=C_1\phi$，$Q_2=C_2\phi$，此处所有 $\phi$ 皆相等。将上述各式代入 $Q=Q_1+Q_2$，可得

$$C\phi=C_1\phi+C_2\phi\Longrightarrow C=C_1+C_2 \tag{12.162}$$

简单地说，串联情况下两电容器带电量相等，电压相加；而并联情况下电压相等，电荷量相加。

若 $C_1\to 0$，则 $C\to C_2$。这是因为对于给定的 $\phi$（对于所有的电容器来说都一样），$C_1$ 上的电量 $C_1\phi$ 是很小的，由于整体的电量 $C\phi$ 必须与 $C_2$ 上的电量 $C_2\phi$ 相等，因此 $C\approx C_2$。

若 $C_1\to\infty$，则 $C\to\infty$。这是因为对于给定的 $\phi$，$C_1$ 上的电量 $C_1\phi$ 非常大，这意味着整体电量 $C\phi$ 同样非常大（至少与前者同样大），因此 $C$ 也非常大。

在上述问题中，关于电容器串联/并联的规则与电阻或电感的串联/并联是相反的。这并不是多么难以理解。如果将现在以 $C'$定义的电容换成以 $\phi=C'Q$ 定义，那么关于其并联/串联的规则就与电阻或电感的相同了。

## 3.19　电容器上的均匀电荷

每个金属面都是一个等势面，因此一个面上任意一点与另一个面上任意一点之间的电势差都是相同的。假定该电势差为 $\phi$，$\phi=Es$，此处 $E$ 为场强（与两平面垂直的场），$s$ 为两平面间的

距离，$E$ 在两平面之间处处相同。以$\pm\sigma$ 表示两平面上对应部位的电荷密度，由于 $E=\sigma/\varepsilon_0$，可知对于每一个平面 $\sigma$ 都处处相同（忽略边界效应）。

上述推论证明了为何电荷密度是均匀的。下面考虑带相反电荷的两个导电圆盘，圆盘上电荷如式（12.146）所述不均匀分布，二者初始距离很远。如果将它们制成电容器，电荷是如何重新分布直至均匀的呢？观察图 3.13，可见电场线由圆盘出射时在垂直于圆盘的时候呈扇状分散射出。因此如果将两圆盘上的电荷以某种方式固定之后再将二者靠近，每个圆盘处的电场线都会有一个侧向的分量，这一分量是另一圆盘引起的。若此时电荷不再被固定住，上述的侧向电场分量会使电荷移动直至电荷均匀分布。

## 3.20　电容器上的电荷分布

**解法一：**

若 $\boldsymbol{E}$ 为平行板间的电场强度，内表面电荷密度为$\pm\sigma$，则 $E=\sigma/\varepsilon_0\Longrightarrow\sigma=\varepsilon_0E$。对其中一块板取高斯面，高斯面一端在场强为 0 的导电平行板内部，由此可知内表面之间携带大小相等符号相反的电荷。或者取如图 12.55 所示的高斯面，由于在顶层和底层都没有电通量，高斯面内部净电荷一定为 0，由此也可知内表面之间携带大小相等符号相反的电荷。

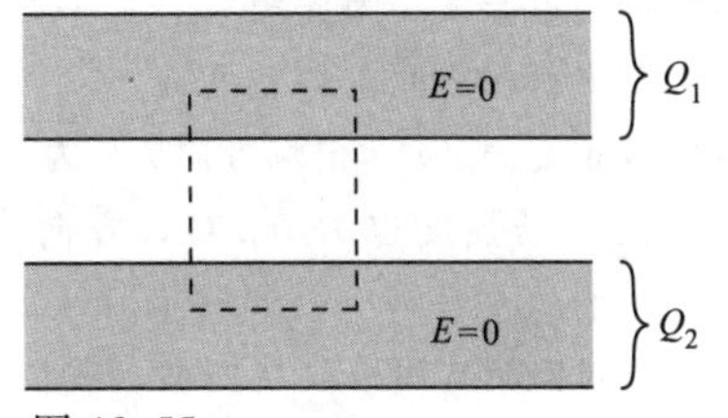

图 12.55

接下来证明两外表面上携带的电量一定相等（正负号也相同）。考虑平行板内部一点 $P$，该点场强为 0。携带相反电荷的两个内表面在 $P$ 点产生的场强为 0，这是因为它们对于 $P$ 来说处于同一侧，如此两个外表面在 $P$ 点产生的电场也为 0。又由于两个外表面处于 $P$ 的两侧，所以它们一定携带等大的电荷密度。图 12.56 表示的是如上四个表面带电情况（以及各处电场情况）。综上可知：

$$Q_1=Q_{外}+Q_{内}$$
$$Q_1=Q_{外}-Q_{内}\tag{12.163}$$

上式可化为

$$Q_{外}=\frac{Q_1+Q_2}{2}\quad Q_{内}=\frac{Q_1-Q_2}{2}\tag{12.164}$$

在 $Q_1=Q_2\equiv Q$ 的特殊情况下，$Q_{外}=Q$，$Q_{内}=0$，即所有电荷都分布于外表面。在 $Q_1=-Q_2\equiv Q$ 的特殊情况下（这是实际中电容器的情况），$Q_{外}=0$，$Q_{内}=Q$，所有电荷都分布于内表面。在任意情况下，由于 $E=\sigma/\varepsilon_0=Q_{内}/A\varepsilon_0$，所以板间电场是由 $Q_{内}$ 单独决定的。

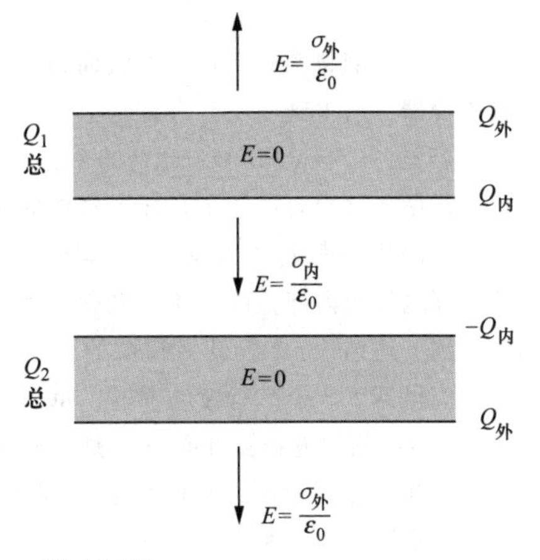

图 12.56

**解法二：**

我们还可以设四个表面上电荷密度分别为 $\sigma_a$、$\sigma_b$、$\sigma_c$、$\sigma_d$，然后分别求出各区域的电场。一个无限延展的带电薄片会产生大小为 $\sigma/2\varepsilon_0$ 的电场，方向由薄片向外（假设 $\sigma$ 为正）。在 5 个不同区域内电场的情况如图 12.57 所示，图中取向上的方向为正。

在导体内部的区域 $E=0$，因此$-\sigma_a+\sigma_b+\sigma_c+\sigma_d=0$，$-\sigma_a-\sigma_b-\sigma_c+\sigma_d=0$，两式相加可得 $\sigma_a=$

$\sigma_d$，两式相减可得 $\sigma_c=-\sigma_b$。综上可知平行板四个表面上的电荷分别为 $Q_{外}$、$Q_{内}$、$-Q_{内}$ 和 $Q_{外}$。

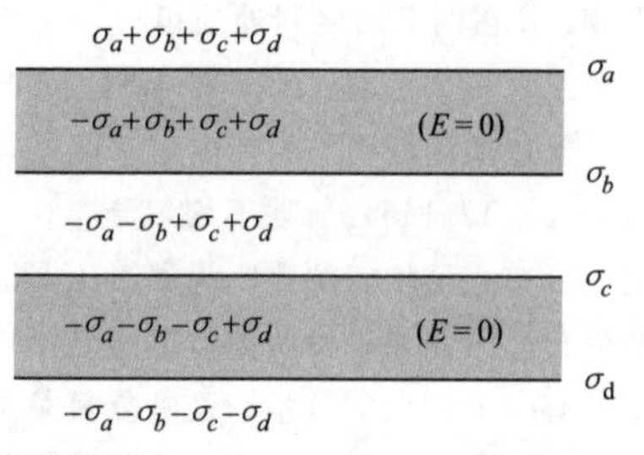

图 12.57

## 3.21　四板电容器

假设第一板与第三板上的电荷为正，第二板与第四板所带电荷大小相等符号相反。若以 $\sigma_1$ 和 $-\sigma_2$ 分别表示前两块平行板上的电荷密度，则根据对称性可知第三、四块平行板上的电荷密度为 $\sigma_2$ 和 $-\sigma_1$。（如果将左右方向对换，则需要将所有电荷的正负同时改变，最后得到的结果是一样的。）

由于各平行板上总电荷为0，因此平行板之外没有电场。由高斯定理可知，在第一块平行板与第二块平行板之间电场强度为 $\sigma_1/\varepsilon_0$，两极板间电势差为 $\phi=\sigma_1 s/\varepsilon_0$。由于第一块板与第三块板之间连有导线，因此第一、三平行板之间电势差为0，第二、三平行板之间电势差为 $\sigma_1 s/\varepsilon_0$，第二、三平行板之间电场强度也为 $\sigma_1/\varepsilon_0$，电场方向为向左。类似地，第三、四平行板之间电场强度也为 $\sigma_1/\varepsilon_0$，方向为向右。各处电场如图12.58所示。

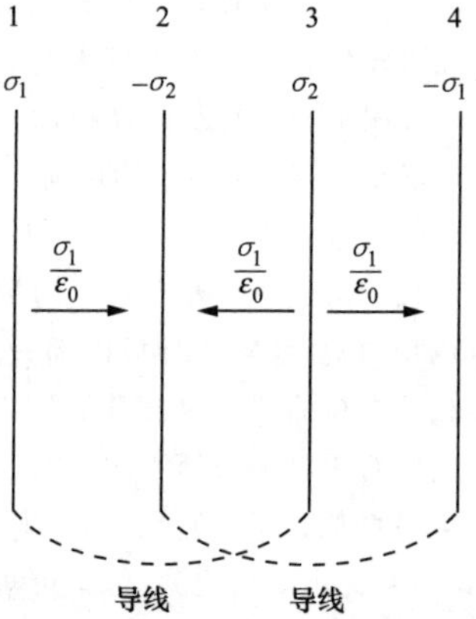

图 12.58

通过跨第二块板取高斯面，我们可知该板上电荷密度为 $-\sigma_2=-2\sigma_1$，同理可知第三块板上电荷密度为 $\sigma_2=2\sigma_1$。因此两块正极板上的总电荷为 $Q=(\sigma_1+2\sigma_1)A$，$\sigma_1=Q/3A$。电容器正负极板间的电势差 $\phi=\sigma_1 s/\varepsilon_0$，可以写成：

$$\phi=\frac{(Q/3A)s}{\varepsilon_0}\Longrightarrow Q=\left(\frac{3A\varepsilon_0}{s}\right)\phi\Longrightarrow C=\frac{3A\varepsilon_0}{s} \tag{12.165}$$

注意，如果我们将两对平行板并联而得到两个面积为 $2A$ 的平行板电容器，所得到的电容量将比上述的要小。若两平行板间距离仍为 $s$，则成为一个标准的平行板电容器，$C=\varepsilon_0(2A)/s$。此处的系数2与式（12.165）中的3不同，原因如下。

在该题条件中有四块平行板，靠内的两块平行板上电荷密度分别为 $\pm 2\sigma_1$，电荷均匀地分布于平行板的两个面上（构建一个高斯面，该高斯面的一个边界位于导电板的内部，同时考虑两个表面处的电场大小相等，即可得到上述结论）。假设平行板的厚度很小，如图12.59所示，我们得到了3个平行板电容器，每个电容器的有效面积都为 $A$，其中中间的电容器方向与两侧的相反。如果将四块平行板按照并联的方式摆放，我们只能得到两个有效面积为 $A$ 的平行板电容器（方向相同）。

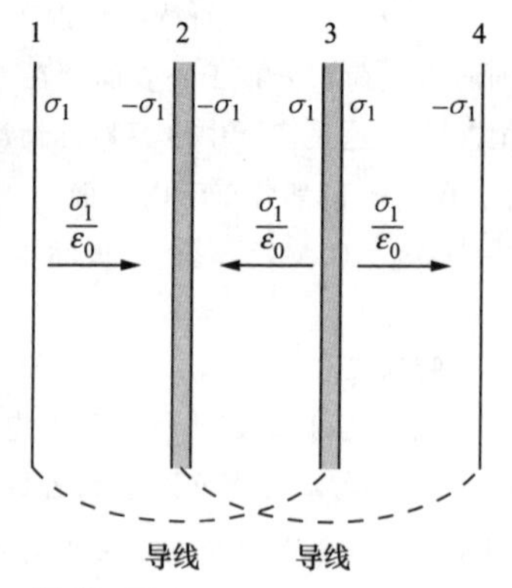

图 12.59

## 3.22　三层柱面电容器

（a）设内层柱面与外层柱面上的线电荷密度分别为 $\lambda_1$ 和 $\lambda_2$。内层柱面上的电荷会产生由内层柱面指向中层柱面的电场，其大小为 $\lambda_1/r$（此处忽略 $1/2\pi\varepsilon_0$，因为该因子将在后面被抵消）。对其做积分可得内层与中层柱面之间的电势差为

$\lambda_1\ln(2R/R)=\lambda_1\ln2$，其中内层柱面为电势较高的一方。

若内层面与外层面电势相同，则外层面与中层面之间电势差也为 $\lambda_1\ln2$，外层面电势较高，中层面与外层面之间的电场方向是指向内层面的，该电场是由靠内的两层上的电荷引发的。因为这两层柱面上的电荷线密度分别为 $\lambda_1$ 和 $-\lambda$，因此该电场大小为 $(\lambda-\lambda_1)/r$。同样地，靠外的两层面之间电势差为 $(\lambda-\lambda_1)\ln(3R/2R)=(\lambda-\lambda_1)\ln(3/2)$，外层处于高电势。

内-中层间电势差与外-中层间电势差相等，可得

$$\begin{aligned}&\lambda_1\ln2=(\lambda-\lambda_1)\ln(3/2)\\ \Longrightarrow\ &\lambda_1[\ln2+\ln(3/2)]=\lambda\ln(3/2)\\ \Longrightarrow\ &\lambda_1=\lambda\frac{\ln(3/2)}{\ln3}\approx0.37\lambda\end{aligned}\tag{12.166}$$

另，$\lambda_3=\lambda-\lambda_1\approx0.63\lambda$，此处内层与外层面上线电荷密度为 $\lambda$。

（b）内/外层面与中层面之间的电势差为 $\phi=\lambda_1(\ln2)/2\pi\varepsilon_0$（将 $1/2\pi\varepsilon_0$ 代回）。由于 $\lambda_1=\lambda\ln(3/2)/\ln3$，我们可用 $\phi$ 表示 $\lambda$，即 $\lambda=\phi\cdot2\pi\varepsilon_0(\ln3/\ln2)/\ln(3/2)$。因为 $\lambda$ 为线电荷密度，所以单位长度电容为 $2\pi\varepsilon_0(\ln3/\ln2)/\ln(3/2)\approx2\pi\varepsilon_0(3.91)$。

（c）注意，在（a）中没有出现过 $\lambda_3$，因此无论它取何值，电势差都相同，证明了 $\lambda_1\approx0.37\lambda$。因此，如果我们在外层面上添加一些电荷，使线电荷密度增加 $\lambda_{new}$，电荷将均匀分布于外层面的外表面。这也将使内部电势同样升高（取决于零电势点的选取）。但由于在靠内的面上电荷均匀分布，电势差仍保持相同，因此取掉电池不会产生影响。

## 3.23 电容系数与 C

对于一个标准的平行板电容器，我们并没有让盒面紧密包围平行板。平行板间距 $s$ 远远小于其与盒面之间的距离 $r$ 和 $t$。因此，在 $r\to\infty$ 和 $t\to\infty$ 的极限情况下，可以按照 3.6 节例题中的四个电容系数来描述 $C$ 值。在该极限情况下，$C_{11}$ 与 $C_{22}$ 中的 $1/r$、$1/t$ 因此可忽略，式（3.24）变为

$$\begin{aligned}Q_1&=\frac{\varepsilon_0A}{s}\phi_1-\frac{\varepsilon_0A}{s}\phi_2\\ Q_2&=-\frac{\varepsilon_0A}{s}\phi_1+\frac{\varepsilon_0A}{s}\phi_2\end{aligned}\tag{12.167}$$

现在我们知道，若描述一个电容器为 $Q=C\phi$，实际上是指 $Q=C\Delta\phi$，此处 $\Delta\phi$ 为两极板（或其他物体）之间的电势差，$\pm Q$ 为极板上的电量。设式（12.167）中的 $\phi_1=\Delta\phi/2$，$\phi_2=-\Delta\phi/2$，可得

$$\begin{aligned}Q&=\frac{\varepsilon_0A}{s}\left(\frac{\Delta\phi}{2}\right)-\frac{\varepsilon_0A}{s}\left(-\frac{\Delta\phi}{2}\right)=\frac{\varepsilon_0A}{s}\Delta\phi\\ -Q&=-\frac{\varepsilon_0A}{s}\left(\frac{\Delta\phi}{2}\right)+\frac{\varepsilon_0A}{s}\left(-\frac{\Delta\phi}{2}\right)=-\frac{\varepsilon_0A}{s}\Delta\phi\end{aligned}\tag{12.168}$$

上述两个方程对于 $Q=(\varepsilon_0A/s)\Delta\phi$ 的平行板电容器都成立。

## 3.24 人体电容量

粗略地将该电容器的电容大小估计为一个半径 0.5m 的导体球的电容，即

$$\begin{aligned}C&=4\pi\varepsilon_0r=4\pi\left(8.85\times10^{-12}\frac{\mathrm{s^2\cdot C^2}}{\mathrm{kg\cdot m^3}}\right)(0.5\mathrm{m})\\ &\approx5.6\times10^{-11}\mathrm{F}=56\mathrm{pF}\end{aligned}\tag{12.169}$$

假如说人被接上 2kV 的电压，那么可以储存的能量为

$$U=\frac{1}{2}CV^2=\frac{1}{2}(5.6\times10^{-11}\mathrm{F})(2000\mathrm{V})^2=1.1\times10^{-4}\mathrm{J} \tag{12.170}$$

该能量很小，能使1mL（1g）水的温度升高$2.6\times10^{-5}$℃。（要使1g水升高1℃需要1cal或者4.2J。）

## 3.25 圆盘的能量

储存于导电圆盘周围电场中的能量大小为

$$U=\frac{Q^2}{2C}=\frac{Q^2}{2(8\varepsilon_0 a)}=\frac{Q^2}{16\varepsilon_0 a} \tag{12.171}$$

对于一个均匀带电的非导体圆盘，我们由练习2.56得知$U=(2/3\pi^2\varepsilon_0)(Q^2/a)$。该值与导体圆盘$U$的比值为$(2/3\pi^2\varepsilon_0)/(1/16\varepsilon_0)=32/3\pi^2=1.081$。因此，相比之下均匀分布的电荷产生的场储存的能量比导体圆盘多出8%。这是因为在导电圆盘上电荷会趋向于使能量更小的方式分布。若一个均匀带电的圆盘变为导电的，那么其携带的电荷将会自发地重新分布。但反过来，若一个导电圆盘变为非导体，那么这种重新分布则不会发生。

## 3.26 电容器极板所受的力

（a）电容器所携带的能量有多种表示方式：$C\phi^2/2$，$Q\phi/2$或者$Q^2/2C$。接下来我们以$Q$和$C$来表示力。我们假设$Q$为定值，则能量的变化为$\mathrm{d}U=(Q^2/2)\mathrm{d}(1/C)$。电容器两极板上的电荷会集中于两极板重叠区域（忽略边界效应），该区域为有效区域，宽度为$x$。假如在非重叠区域的极板上存在电荷，则这些电荷会与另一极板上对应区域的相反电荷互相吸引。因此，最终所有电荷都集中于电中性的重叠区域。

随着$x$的增加，电容量也会增加（因为有效区域面积在增加），$\mathrm{d}U$为负。减小的能量肯定转移到其他地方去了。事实上，如果没有外力阻止极板运动，则这些能量会转化为极板的动能。若此可移动的极板与另一物体相连，则极板会对该物体做功（增加其势能和/或动能等）。根据能量变化（$-\mathrm{d}U$）等于极板对其他物体做的功，可以发现该力的大小为

$$-\mathrm{d}U=F\mathrm{d}x\Longrightarrow\frac{-Q^2}{2}\mathrm{d}\left(\frac{1}{C}\right)=F\mathrm{d}x\Longrightarrow F=-\frac{Q^2}{2}\frac{\mathrm{d}}{\mathrm{d}x}\left(\frac{1}{C}\right) \tag{12.172}$$

若极板完全没有移动，则能量没有发生变化，但极板所受的力不变——我们可以假设极板移动了一个无限小的距离。

（b）当电压保持为一个定值时，情况与上述的不再相同，因为电池现在是系统的一部分。在这种情况下，随着$x$增加，电容器的能量也会增加。这是因为能量$C\phi^2/2$中的$\phi$为定值，能量的增加量为$(\mathrm{d}C)\phi^2/2$。此处$C$随着面积的增加而增加。

如果讨论到此为止，那么显然违背了能量守恒，因为增加的能量没有出处。关于这一点的解释是，电池在做功，且所做的功大于$C\phi^2/2$，多出的部分为极板对外界物体所做的功。电池将电荷由一个极板转移至另一极板，此过程中所做的功为$(\mathrm{d}Q)\phi$。因为$Q=C\phi$且$\phi$为定值，所以$\mathrm{d}Q=(\mathrm{d}C)\phi$。因此电池所做的功为$(\mathrm{d}C)\phi^2$。

由上述讨论可知，电容器能量的增加量为$(\mathrm{d}C)\phi^2/2$，因此电池做功$(\mathrm{d}C)\phi^2$的一半储存在电容器中了。另外一半则用于对外界物体做功，即

$$\frac{\mathrm{d}C}{2}\phi^2=F\mathrm{d}x\Longrightarrow F=\frac{\phi^2}{2}\frac{\mathrm{d}C}{\mathrm{d}x} \tag{12.173}$$

（c）在（a）与（b）中的结果相同，这是因为

$$-\frac{Q^2}{2}\frac{d}{dx}\left(\frac{1}{C}\right)=\frac{Q^2}{2}\left(\frac{1}{C^2}\frac{dC}{dx}\right)=\frac{1}{2}\left(\frac{Q^2}{C^2}\right)\frac{dC}{dx}=\frac{\phi^2}{2}\frac{dC}{dx} \tag{12.174}$$

注意：末端效应不会影响上述结果的准确性，这是因为上极板的侧移不会改变末端的场，只会使均匀分布的场得到延长。因此，在计算 $dC/dx$ 时，即使末端电场会影响到 $C$，也可以将其忽略掉。然而，尽管在计算力的过程中可以将末端电场忽略掉，却需要注意到力的来源正是末端的电场，因为只有在末端才有侧向的电场分量（见图 12.60）。

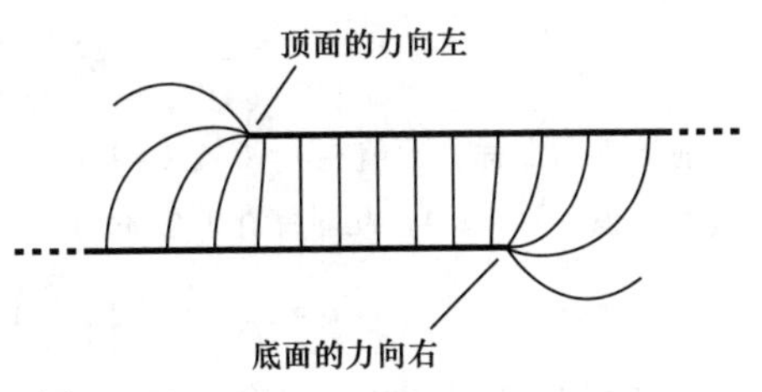


图 12.60

## 3.27 电容器极板所受的力

（a）电容器有效面积为 $lx$，如果 $Q$ 为固定于重叠区域的电荷（这正是电荷所应处的位置，见习题 3.26 的解答过程），则电荷密度为 $\sigma=Q/lx$。注意，$\sigma$ 为关于 $x$ 的函数。电容器内部电场为 $E=\sigma/\varepsilon_0$，体积为 $V=lxs$，所储存的能量为一个关于 $x$ 的函数

$$U=\frac{\varepsilon_0}{2}E^2V=\frac{\varepsilon_0}{2}\left(\frac{Q/lx}{\varepsilon_0}\right)^2(lxs)=\frac{Q^2s}{2\varepsilon_0 lx} \tag{12.175}$$

在解习题 3.26 的过程中已经证明，$U$ 随 $x$ 的减小而减小，由此有

$$-dU=Fdx\Longrightarrow F=-\frac{dU}{dx}\Longrightarrow F=\frac{Q^2s}{2\varepsilon_0 lx^2} \tag{12.176}$$

将 $C=\varepsilon_0(lx)/s$ 代入即可发现这与习题 3.26 答案中的（a）部分是吻合的。

（b）电势差 $\phi$ 与 $Es=(\sigma/\varepsilon_0)s$ 相等。若 $\phi$ 保持不变，则重叠区域的电荷密度 $\sigma$ 和场 $\sigma/\varepsilon_0$ 保持不变。那么，储存的能量为

$$U=\frac{\varepsilon_0}{2}\left(\frac{\sigma}{\varepsilon_0}\right)^2(lxs)=\frac{\sigma^2lxs}{2\varepsilon_0} \tag{12.177}$$

此 $U$ 随 $x$ 增加而增加，这种增加是基于电池做功的。由于电荷密度不变，有效面积 $lx$ 增加，所以电池需要使极板上的电量 $Q$ 增加。电池将电量 $dq$ 由负极板拖至正极板过程所做的功为

$$dW=(dq)\phi=(\sigma\cdot l dx)\frac{\sigma s}{\varepsilon_0}=\frac{\sigma^2ls}{\varepsilon_0}dx \tag{12.178}$$

由上述 $U$ 的表达式可以看出，$dU$ 为 $dW$ 的一半，有一半的电池做功没有出现在电容器储存的能量中。另一半能量一定用于极板通过力 $F$ 对外界物体做功，即

$$dW-dU=Fdx\Longrightarrow\frac{\sigma^2ls}{2\varepsilon_0}dx=Fdx\Longrightarrow F=\frac{\sigma^2ls}{2\varepsilon_0} \tag{12.179}$$

$F$ 与 $x$ 无关。将 $C=\varepsilon_0(lx)/s$ 与 $\phi=\sigma s/\varepsilon_0$ 代入，可证明这与习题 3.26 答案中的（b）部分相符。

（c）在（a）与（b）部分中的结果是等价的，因为对于给定的 $x$，有 $Q=\sigma lx$。

## 3.28 球壳间所能储存的最大能量

首先需要说明的是，储存的能量最大时，$b$ 一定是处于 0 和 $a$ 之间的一个量，原因如下。当 $b=a$ 时，由于此时包含非零场的区域体积为 0，所以能量为 0。当 $b\approx0$ 时，由于内层面上的电量非常小（否则表面处与 $1/b^2$ 成正比的电场将会超过 $E_0$），能量也为 0。综上，当 $b=a$ 和 $b\approx0$ 时能量为 0，要使能量最大，$b$ 的取值一定处于 0 与 $a$ 之间。

为了方便，令 $b\equiv ka$。若 $E_0$ 为半径为 $ka$ 处的电场，那么，由于 $E\propto1/r^2$，此场等于 $r$ 为更大

处（$r$ 小于 $a$）的场 $E_0(ka)^2/r^2$。场中储存的能量为

$$U=\frac{\varepsilon_0}{2}\int E^2\mathrm{d}v=\frac{\varepsilon_0}{2}\int_{ka}^{a}\left(E_0\frac{k^2a^2}{r^2}\right)^2 4\pi r^2\mathrm{d}r$$
$$=2\pi\varepsilon_0 k^4a^4E_0^2\int_{ka}^{a}\frac{\mathrm{d}r}{r^2}=2\pi\varepsilon_0 a^3E_0^2(k^3-k^4)\tag{12.180}$$

如之前提到的那样，此值在 $k=0$ 或 $k=1$ 时为 0。通过求导可得：当 $3k^2-4k^3=0$ 即 $k=3/4$ 时，能量有最大值，$b=3a/4$，此时储存的能量为

$$U=2\pi\varepsilon_0 a^3E_0^2\left[\left(\frac{3}{4}\right)^3-\left(\frac{3}{4}\right)^4\right]=\frac{27}{128}\pi\varepsilon_0 a^3E_0^2\tag{12.181}$$

也可以通过讨论电容来解决该问题。由 3.5 节中的例题可知，此系统的电容量为

$$C=4\pi\varepsilon_0 ab/(a-b)=4\pi\varepsilon_0 ak/(1-k)$$

若 $Q$ 为内球面上的电量，则 $E_0=Q/4\pi\varepsilon_0(ka)^2\Longrightarrow Q=4\pi\varepsilon_0(ka)^2E_0$。因此，储存的能量为

$$U=\frac{Q^2}{2C}=\frac{[4\pi\varepsilon_0(ka)^2E_0]^2}{2\cdot 4\pi\varepsilon_0 ak/(1-k)}=2\pi\varepsilon_0 a^3E_0^2(k^3-k^4)\tag{12.182}$$

这与式（12.180）相符。

## 3.29 压缩球壳

一个电容器的能量为 $C\phi^2/2$。一个球面的电容量为 $4\pi\varepsilon_0 r$，因此该系统中初始和最后储存的能量为（分别对于 $r=R$ 和 $r=0$ 而言）

$$U_{\mathrm{i}}=\frac{1}{2}(4\pi\varepsilon_0 R)\phi^2=2\pi\varepsilon_0 R\phi^2\quad 和\quad U_{\mathrm{f}}=\frac{1}{2}(4\pi\varepsilon_0\cdot 0)\phi^2=0\tag{12.183}$$

要求电池所做的功（或者是作用于电池的功），需要注意到球壳上的最终电量为 0，这是因为 $Q=C\phi$，在 $r=0$ 时 $C=0$。初始电量 $Q_{\mathrm{i}}$ 会经过一个电势差 $-\phi$ 回到电池中，因此电池做的功为

$$W_{\mathrm{batt}}=Q_{\mathrm{i}}(-\phi)=-Q_{\mathrm{i}}\phi=-(C_{\mathrm{i}}\phi)\phi=-4\pi\varepsilon_0 R\phi^2\tag{12.184}$$

电池所做的功为一个负值，这意味着实际上是对电池做功，电池的能量在增加。从本质上来说，随着每一点电量 $\mathrm{d}q$ 离开球壳（到达电池或者其他任何存在电势差的地方），都会带走大小为 $(\mathrm{d}q)\phi$ 的能量。

现在来看所需做的功。我们需要对球壳施加一个力压缩其尺寸，受力点还会受到球壳其他部分对其施加的电场力，施加的外力需要与此电场力平衡。在 1.14 节中我们证明了作用于单位面积上的力等于 $\sigma$ 乘以两边电场的均值，即，$F/A=\sigma(E_1+E_2)/2$。内部电场为 0，外部电场为 $\sigma/\varepsilon_0$。因此，需要施加于单位面积上的力的大小为 $(\sigma)(\sigma/\varepsilon_0)/2$。若我们呈放射状地将力作用于整个球壳的面积 $A$ 上，则在半径为 $r$ 处，力的大小为

$$F_{\mathrm{we}}=\frac{\sigma^2A}{2\varepsilon_0}=\frac{(Q/A)^2A}{2\varepsilon_0}=\frac{Q^2}{2\varepsilon_0 A}=\frac{(C\phi)^2}{2\varepsilon_0 A}=\frac{(4\pi\varepsilon_0 r\phi)^2}{2\varepsilon_0(4\pi r^2)}=2\pi\varepsilon_0\phi^2\tag{12.185}$$

由于 $\phi$ 为常量，所以力也为一常量，由 $r=R$ 到 $r=0$ 的过程中我们需要做的功为

$$W_{\mathrm{we}}=F_{\mathrm{we}}R=2\pi\varepsilon_0 R\phi^2\tag{12.186}$$

由能量守恒，得

$$U_i+W_{\mathrm{we}}+W_{\mathrm{batt}}=U_f\tag{12.187}$$

最终状态的能量等于初始能量加上（或减去）添加到系统中（或由系统中减去）的能量：

$$2\pi\varepsilon_0 R\phi^2+2\pi\varepsilon_0 R\phi^2-4\pi\varepsilon_0 R\phi^2=0\tag{12.188}$$

换句话说，球壳中初始储存的能量加上我们对系统做功使其增加的能量之和最终都进入了电池中。

## 3.30 两种计算能量的方法

(a) 设两球壳半径分别为 $r_1$ 和 $r_2$ ($r_1<r_2$)，球壳间电场为 $E=Q/4\pi\varepsilon_0 r^2$，其余处电场为 0。第一种计算系统中能量的方法为

$$\begin{aligned} U &= \frac{\varepsilon_0}{2}\int E^2 \mathrm{d}v = \frac{\varepsilon_0}{2}\int_{r_1}^{r_2}\left(\frac{Q}{4\pi\varepsilon_0 r^2}\right)^2 4\pi r^2 \mathrm{d}r \\ &= \frac{Q}{8\pi\varepsilon_0}\int_{r_1}^{r_2}\frac{\mathrm{d}r}{r^2} = \frac{Q^2}{8\pi\varepsilon_0}\left(\frac{1}{r_1}-\frac{1}{r_2}\right) \end{aligned} \tag{12.189}$$

球壳间电势差为

$$\phi = \int E\mathrm{d}r = \int_{r_1}^{r_2}\frac{Q}{4\pi\varepsilon_0 r^2}\mathrm{d}r = \frac{Q}{4\pi\varepsilon_0}\left(\frac{1}{r_1}-\frac{1}{r_2}\right) \tag{12.190}$$

这是我们所熟悉的结果。通过 $Q\phi/2$ 也可以很容易地计算出能量，结果与式 (12.189) 相同，这就是第二种方法。

(b) 在内部导体内侧和外部导体外侧电场都为 0（见单值定理及 3.2 节的例题），所以能量被限制在导体之间的区域内。将所给式对该区域积分可得

$$\int_V \nabla\cdot(\phi\nabla\phi)\mathrm{d}v = \int_V(\nabla\phi)^2\mathrm{d}v + \int_V \phi\nabla^2\phi\mathrm{d}v \tag{12.191}$$

对第一个因式，可以利用散度定理将积分写为面积分形式。对第二个因式，电场为 $E=-\nabla\phi$。由泊松方程 $\nabla^2\phi=-\rho/\varepsilon_0$ 可知第三个因式为 0，原因是导体之间没有电量。这样就有

$$-\int_S \phi\boldsymbol{E}\cdot\mathrm{d}\boldsymbol{a} = \int_V E^2\mathrm{d}v \tag{12.192}$$

表面 $S$ 为导体间的体积 $V$ 的边界，$S$ 包含两个部分：内部导体的外表面 $S_1$ 和外导体的内表面 $S_2$。在这些边界上电势 $\phi$ 与导体电势相同，所以其电势为两个定值，令其分别为 $\phi_1$ 和 $\phi_2$，则式 (12.192) 左边变为

$$-\int_S \phi\boldsymbol{E}\cdot\mathrm{d}\boldsymbol{a} = -\phi_1\int_{S_1}\boldsymbol{E}\cdot\mathrm{d}\boldsymbol{a} - \phi_2\int_{S_2}\boldsymbol{E}\cdot\mathrm{d}\boldsymbol{a} \tag{12.193}$$

面 $S_1$ 包围了内部导体上的电量 $Q$，由高斯定理可知，$E$ 沿 $S_1$ 的面积分 $\int_{S_1}\boldsymbol{E}\cdot\mathrm{d}\boldsymbol{a}=-Q/\varepsilon_0$。（取负号的原因是 $S_1$ 的面积元方向为由体积 $V$ 指向外，或向内指向内部导体。若认为 $S_1$ 为包围内部导体的面，则上述两个方向对于取面积元来说是相反的两个方向。）类似地，面 $S_2$ 也包围了内部导体上的电量 $Q$（此次取标准方向），由高斯定理可知，$E$ 沿 $S_2$ 的面积分 $\int_{S_2}\boldsymbol{E}\cdot\mathrm{d}\boldsymbol{a}=Q/\varepsilon_0$。由式 (12.193) 可知

$$-\int_S \phi\boldsymbol{E}\cdot\mathrm{d}\boldsymbol{a} = \frac{Q}{\varepsilon_0}(\phi_1-\phi_2) \equiv \frac{Q\phi}{\varepsilon_0} \tag{12.194}$$

此处 $\phi$ 为两导体间的电势差。将上述结果代入式 (12.192) 得

$$\frac{Q\phi}{\varepsilon_0} = \int_V E^2\mathrm{d}v \Longrightarrow \frac{1}{2}Q\phi = \frac{\varepsilon_0}{2}\int_V E^2\mathrm{d}v \tag{12.195}$$

若将两导体（所带电量分别为 $Q_1$、$Q_2$，电势分别为 $\phi_1$、$\phi_2$）置于第三导体（电量为 $-Q_1-Q_2$，电势为 $\phi_3$）内部，则按照上述步骤可得

$$\frac{1}{2}Q_1(\phi_1 - \phi_3) + \frac{1}{2}Q_2(\phi_2 - \phi_3) = \frac{\varepsilon_0}{2}\int_V E^2 \mathrm{d}v \tag{12.196}$$

等式左边表示将电荷由外部导体按比例转移至两内部导体所需要的能量。若 $Q_1 = -Q_2$，则可获得一个标准的二导体电容器，左边为 $(1/2)Q\Delta\phi$。

# 12.4 第4章

## 4.1 范德格拉夫电流

皮带两侧的电场为 $E=\sigma/2\varepsilon_0$，因此

$$\sigma = 2\varepsilon_0 E = 2\left(8.85\cdot10^{-12}\frac{\mathrm{C}}{\mathrm{V\cdot m}}\right)\left(10^6\ \frac{\mathrm{V}}{\mathrm{m}}\right) = 1.77\cdot10^{-5}\frac{\mathrm{C}}{\mathrm{m}^2} \tag{12.197}$$

电流等于 $\sigma$ 乘以皮带每次扫过的面积。在时间 d$t$ 内被扫过的面积为 $l(v\mathrm{d}t)$，此处 $l$ 为皮带的宽度，即每次扫过的面积为 $lv$。电流为

$$\begin{aligned} I = \sigma lv &= \left(1.77\cdot10^{-5}\frac{\mathrm{C}}{\mathrm{m}^2}\right)(0.3\mathrm{m})\left(20\ \frac{\mathrm{m}}{\mathrm{s}}\right) \\ &= 1.06\times10^{-4}\frac{\mathrm{C}}{\mathrm{s}} = 0.106\mathrm{mA} \end{aligned} \tag{12.198}$$

## 4.2 节点电荷

假设结点面积为 $A$，所带电量为 $Q$。由高斯定理可知 $A(E_2-E_1)=Q/\varepsilon_0$。在稳定状态下，两个区域内的电流密度 $J$ 是相等的（否则电荷将继续堆积于结点处），因此 $E_1=J/\sigma_1$，$E_2=J/\sigma_2$，因此有

$$A\left(\frac{J}{\sigma_2}-\frac{J}{\sigma_1}\right) = \frac{Q}{\varepsilon_0} \Longrightarrow Q = \varepsilon_0(AJ)\left(\frac{1}{\sigma_2}-\frac{1}{\sigma_1}\right) = \varepsilon_0 I\left(\frac{1}{\sigma_2}-\frac{1}{\sigma_1}\right) \tag{12.199}$$

若 $\sigma_1=\sigma_2$，则 $Q$ 等于0。若 $\sigma_1\to\infty$，则 $Q=\varepsilon_0 I/\sigma_2$。这是因为在左边区域没有电场（外电场加上节点电荷电场），否则将会出现无限大的电流。节点处的电量 $Q$ 在右侧区域产生了所需要的电场，关于这点读者可以自行证明。若 $\sigma_1\to0$，则 $Q\to-\infty$，这是因为在左侧区域内需要有一个很大的电场才能使 $J$ 不等于零。若初始状态节点处没有电荷，外界巨大的电场会使节点处的电荷离开节点，形成一个负电荷密度界面，这又会使右侧区域电场减小。这一过程会持续至右侧区域电场变为 $J/\sigma_2$。

## 4.3 电阻相加

（a）当电阻互相串联时，通过不同电阻的电流是相等的，因为电流不会在电阻之间堆积，将此电流表示为 $I$。整个有效电阻两端的总电压为两电阻各自端电压之和，即 $V=V_1+V_2$。我们知道，$V=IR$，$V_1=IR_1$，$V_2=IR_2$，各处 $I$ 都相同，将其代入上式，得

$$IR = IR_1 + IR_2 \Longrightarrow R = R_1 + R_2 \tag{12.200}$$

若 $R_1\to0$，则 $R\to R_2$，这是因为对于给定的 $I$，$R_1$ 两端的电压 $IR_1$ 很小，那么整体电压 $IR$ 约等于 $R_2$ 两端电压 $IR_2$，所以 $R\approx R_2$。

若 $R_1\to\infty$，则 $R\to\infty$，这是因为对于给定的 $I$，$R_1$ 两端的电压 $IR_1$ 很大，那么整体电压 $IR$ 同样很大，因此 $R$ 也一定很大。

（b）当电阻互相并联时，各电阻两端电压相等，这是因为电压由整个电路的左端到右端逐

渐减小而与路径无关。令电阻两端电压为 $V$，这也是整个有效电阻两端的压降。

通过有效电阻的总电流 $I$ 为通过各电阻的电流之和，即 $I=I_1+I_2$。我们知道，$I=V/R$，$I_1=V/R_1$，$I_2=V/R_2$，各个 $V$ 相同，将各式代入 $I=I_1+I_2$ 可得

$$\frac{V}{R}=\frac{V}{R_1}+\frac{V}{R_2}\Longrightarrow\frac{1}{R}=\frac{1}{R_1}+\frac{1}{R_2} \tag{12.201}$$

简单地说，串联情况下通过各个电阻的电流是相等的，而电压则是各电阻的端电压相加；在并联情况下各个电阻的端电压相等，总电流为各个电阻电流相加。

若 $R_1\to0$ 则 $R\to0$，这是因为对于给定的 $V$，通过 $R_1$ 的电流 $V/R_1$ 很大，这意味着整体电流 $V/R$ 同样很大，所以 $R$ 一定很小。

若 $R_1\to\infty$ 则 $R\to R_2$，这是因为对于给定的 $V$，通过 $R_1$ 的电流 $V/R_1$ 很小，总电流 $V/R$ 约等于通过 $R_2$ 的电流 $V/R_2$，因此 $R\approx R_2$。

## 4.4 球形电阻

(a) 根据式 (4.17)，半径为 $r$、厚度为 $\mathrm{d}r$ 的薄球壳的电阻为 $\mathrm{d}R=\rho\mathrm{d}r/4\pi r^2$。可以看作这是一系列串联的球壳，则由 $r_1$ 至 $r_2$ 的积分可得总电阻为

$$R=\int_{r_1}^{r_2}\frac{\rho\mathrm{d}r}{4\pi r^2}=\frac{\rho}{4\pi}\left(\frac{1}{r_1}-\frac{1}{r_2}\right)\to\frac{\rho}{4\pi r_1} \tag{12.202}$$

此处 $r_2\gg r_1$。

(b) 即使在没有经过计算的情况下，根据其量纲分析也可以想象到电阻应该是与 $\rho/r_1$ 成正比的。但这并不十分精确，因为这里面还涉及另一个因素，即 $r_2$，而式 (12.202) 的解正是取决于 $r_2$ 的。在 $r_2\to\infty$ 的极限情况下，任何包含 $r_2$ 的因式一定等于 0 或 $\infty$。所以通过量纲分析可以得出的结论是：电阻为 0、$\infty$ 或是与 $\rho/r_1$ 成正比的有限量。对于有限的 $r_2$，因为 $R$ 是随着 $r_2$ 增大而增大的，所以 $R$ 不可能为 0，因此只可能是后两种情况。

在另一种极限情况下，令 $r_2$ 为一个不变值，令 $r_1\to0$，上述的分析仍然成立，可知电阻应该为 $\infty$ 或者是一个与 $\rho/r_2$ 成正比的有限量。在该情况下，$\infty$ 的情况是正确的，这可以由式 (12.202) 推出。

## 4.5 叠片导体

我们只关心电导率为 7.2/1 与层厚度之比为 1/2 这两个量。暂且规定 $\sigma_s=1$，$\sigma_t=1/7.2$（先不考虑单位）。一个长度为 $L$、截面积为 $A$ 的物体的电阻可以写作 $\rho L/A$ 或者 $L/\sigma A$，这两种形式是等价的。因为需要考虑不同 $\sigma$ 值之间的关系，在此采用第二种表达形式。

对于任意的电流，由于叠片之间是互相串联的，其电阻为

$$\begin{aligned}R_\perp=R_\mathrm{S}+R_\mathrm{t}&\Longrightarrow\frac{L}{\sigma_\perp A}=\frac{L_\mathrm{S}}{\sigma_\mathrm{S}A}+\frac{L_\mathrm{t}}{\sigma_\mathrm{t}A}\\&\Longrightarrow\frac{1}{\sigma_\perp}=\frac{1}{\sigma_\mathrm{S}}\frac{L_\mathrm{S}}{L}+\frac{1}{\sigma_\mathrm{t}}\frac{L_\mathrm{t}}{L}\end{aligned} \tag{12.203}$$

对于确定的层厚度，$L_\mathrm{S}$ 和 $L_\mathrm{t}$ 在同一分式中，代入数值得

$$\frac{1}{\sigma_\perp}=1\times\frac{1}{3}+7.2\times\frac{2}{3}=5.13\Longrightarrow\sigma_\perp=0.195 \tag{12.204}$$

对于并联的情况，可以将各部分电阻的倒数相加

$$\frac{1}{R_\parallel}=\frac{1}{R_\mathrm{S}}+\frac{1}{R_\mathrm{t}}\Longrightarrow\frac{\sigma_\parallel A}{L}=\frac{\sigma_\mathrm{S}A_\mathrm{S}}{L}+\frac{\sigma_\mathrm{t}A_\mathrm{t}}{L}$$

$$\Longrightarrow \sigma_{\parallel}=\sigma_{\mathrm{S}}\frac{A_{\mathrm{S}}}{A}+\sigma_{\mathrm{t}}\frac{A_{\mathrm{t}}}{A} \tag{12.205}$$

现在，$A_{\mathrm{S}}$ 和 $A_{\mathrm{t}}$ 出现在同一分式中，代入数据得

$$\sigma_{\parallel}=1\times\frac{1}{3}+\frac{1}{7.2}\times\frac{2}{3}=0.426 \tag{12.206}$$

因此

$$\frac{\sigma_{\perp}}{\sigma_{\parallel}}=\frac{0.195}{0.426}=0.457 \tag{12.207}$$

在并联的情况下电导率更大，下面对此进行讨论。考虑这样一种情况，在层厚相等的情况下，某层的电导率比其他的大，可以认为 $\sigma_1=1$，$\sigma_2=100$。那么 $\sigma_{\perp}$ 大约是2，由于"材料2"区域基本上无电阻，所以总电阻应该为全部为"1材料"情况下电阻的一半（电导率则应该为两倍）。$\sigma_{\parallel}$ 约为50，因为"1"区域基本上没有电流，所以总电阻应该为全部为"2材料"情况下的电阻的二倍（电导率则为一半）。可以发现，$\sigma_{\parallel}$ 比 $\sigma_{\perp}$ 大（且大得多）。作为练习，读者可以证明在任意情况下 $\sigma_{\parallel}$ 都大于或等于 $\sigma_{\perp}$。更多的细节将在练习4.33中进一步讨论。

## 4.6 锥形杆近似的有效性

（a）该解释错误的原因是电流在锥体中并非以均匀的形式流出的。如果要将锥体分割为一个个的薄截面，并将各面的电阻加起来以作为最终的电阻，有一个前提条件是薄截面上各部分需要处于等电势。类似地，若通过分析每薄片的电阻来求解练习4.32，有一个前提假设是电流方向与每片薄片都垂直。这对于如图12.61所示的情形显然不成立。

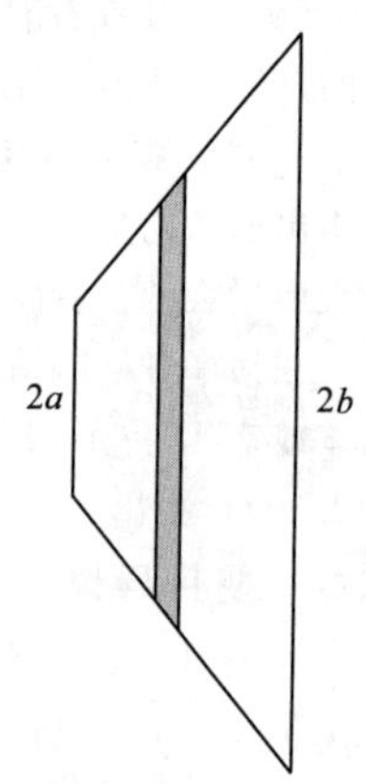

图 12.61

（b）对于一个顶端为球冠状的物体，电流是均匀发散出的。若按照给定的半径将物体分为若干片，则片上各点距离左侧顶端距离都相等。令两顶端分别处于距离二者共同中心 $r_1$ 和 $r_2$ 处，并假设处于半径 $r$ 处的球面薄片面积为 $A$。由于球面薄片的面积正比于半径，可知 $A/r^2=A_1/r_1^2$，即 $A=A_1(r^2/r_1^2)$。结合式（4.17），两端面之间的电阻为

$$\begin{aligned} R &= \int_{r_1}^{r_2}\frac{\rho \mathrm{d}r}{A}=\int_{r_1}^{r_2}\frac{\rho \mathrm{d}r}{A_1(r^2/r_1^2)}=\frac{\rho r_1^2}{A_1}\int_{r_1}^{r_2}\frac{\mathrm{d}r}{r^2}=\frac{\rho r_1^2}{A_1}\left(\frac{1}{r_1}-\frac{1}{r_2}\right) \\ &=\frac{\rho(r_2-r_1)}{A_1}\frac{r_1}{r_2}=\frac{\rho l\sqrt{A_1}}{A_1\sqrt{A_2}}=\frac{\rho l}{\sqrt{A_1A_2}} \end{aligned} \tag{12.208}$$

此处我们认为 $A\propto r^2$。

或者也可以将这一物体看作许多小物体的并联组合，如图12.62所示。所有小物体长度相同（这与（a）部分中锥体情况不同）。这些小物体的渐变速度较小，因此可以对每一个小物体应用练习4.32中的结果。在做练习4.32时，应该注意到电阻可写为 $R=\rho l/\sqrt{\alpha_1\alpha_2}$，此处 $\alpha_1$ 和 $\alpha_2$ 为端面面积。考虑到并联的小物体数量 $N$，则电阻需要除以 $N$，即

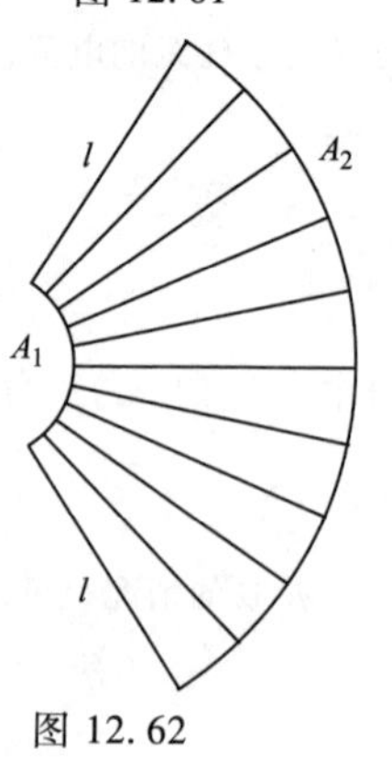

图 12.62

$$R=\frac{\rho l}{N\sqrt{\alpha_1\alpha_2}}=\frac{\rho l}{\sqrt{(N\alpha_1)(N\alpha_2)}}=\frac{\rho l}{\sqrt{A_1A_2}} \tag{12.209}$$

如上。

## 4.7 电阻的三角关系

(a) 如图 12.63 所示，电阻 $a$ 和电阻 $b$ 是串联的，二者等效于电阻 $2R$。串联后的电阻与 $c$ 相并联，因此 $c$ 等效于电阻 $(2/3)R$。之后与 $d$ 相串联，电阻为 $(5/3)R$。再然后与 $e$ 并联，$e$ 等效于电阻 $(5/8)R$。以这种方式类推，$g$ 等效于 $(13/21)R$，再向下依次为 $(34/55)R$、$(89/144)R$，最终可得 $AB$ 间等效电阻为 $(233/377)R$。此处的这些分数类似于斐波那契数列，递推关系为 $f_{n+1}=f_n+f_{n-1}$；233 和 377 分别为斐波那契数列的第 13 和第 14 个数。

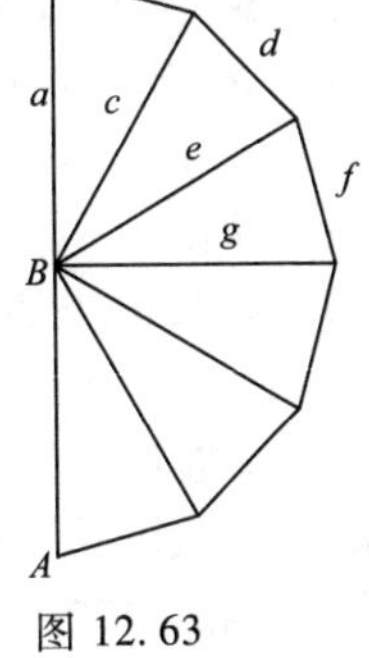

图 12.63

我们可以很容易地归纳出第 $n$ 部分的等效电阻为 $(f_n/f_{n+1})R$，下一部分的等效电阻为 $(f_{n+2}/f_{n+3})R$。图 12.64 中跨过电阻底部的电阻为（暂时忽略 $R$）

$$\frac{1}{\frac{1}{1}+\frac{1}{1+\frac{f_n}{f_n+1}}}=\frac{1}{1+\frac{f_{n+1}}{f_n+f_{n+1}}}=\frac{1}{1+\frac{f_{n+1}}{f_{n+2}}}=\frac{f_{n+2}}{f_{n+1}+f_{n+2}}=\frac{f_{n+2}}{f_{n+3}} \tag{12.210}$$

若有 $N$ 个角（此处 $N$ 为 6），则穿过最后一部分（或第一部分）的等效电阻为 $(f_{2N+1}/f_{2N+2})R$。

(b) 为书写方便，我们以 $r$ 表示 $R_{\text{eff}}$。若电阻值为 $r$，则增加一个角后等效电阻还为 $r$。图 12.65 中左边的等效电阻为 $r$，可得

$$r=\frac{1}{\frac{1}{1}+\frac{1}{r+1}}\Longrightarrow r=\frac{r+1}{r+2}\Longrightarrow r^2+r-1=0$$

$$\Longrightarrow r=\frac{-1+\sqrt{5}}{2}\approx 0.618 \tag{12.211}$$

这就是连续斐波那契数列的极限值，也是黄金比例的倒数。越小的斐波那契数越是接近 0.618。在上述六个角的情况下，233/377 与 $(-1+\sqrt{5})/2$ 一直到小数点后五位都相同。

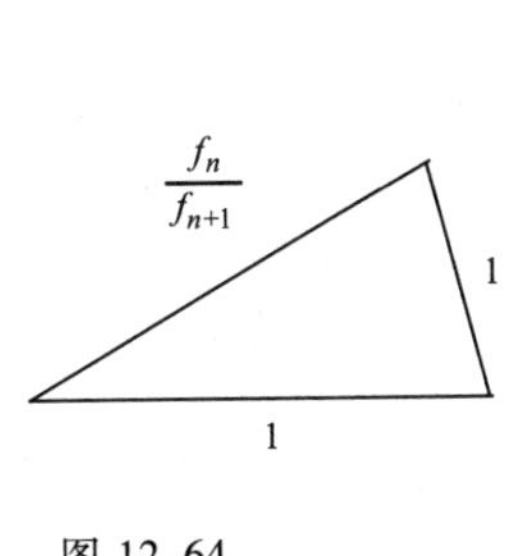

图 12.64

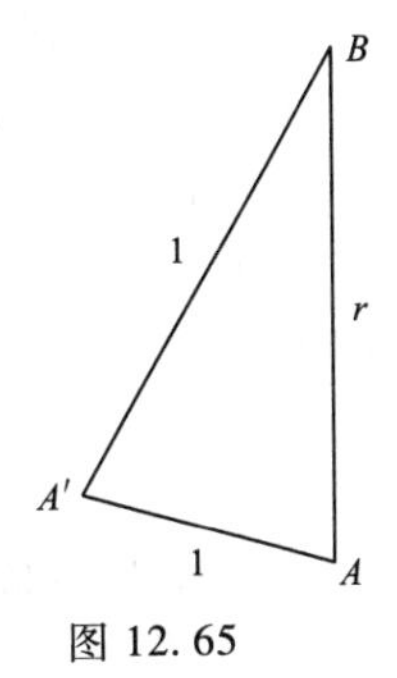

图 12.65

## 4.8 无限方形点阵

将相邻的两节点分别标记为 $N_1$ 和 $N_2$。假设有 1A 的电流由 $N_1$ 进入方阵流向无限大二维平面。若有需要可以假设在很远处电流经过一个圆形回路返回。由对称性可知，与 $N_1$ 相连的四个电阻中流过的电流都为 (1/4) A（都是由 $N_1$ 流出的）。值得一提的是，由 $N_1$ 流向 $N_2$ 的电流为 (1/4) A。

设想第二种情况，大小为1A的电流由无限远处流入二维方阵中并由$N_2$流出方阵。与上一种情况类似，我们可以假设在无限远处有一个圆形回路。由对称性可知，与$N_2$相连的四个电阻中的电流都为（1/4）A（流向$N_2$），其中由$N_1$流向$N_2$的电流即（1/4）A。

若将上述两种情况叠加，则变为有1A电流流入$N_1$，有1A电流流出$N_2$，无限远处无电流，这正是我们需要的条件。由$N_1$流入$N_2$的电流为$1/4+1/4=(1/2)\,\text{A}$，该电流经过的电阻为1Ω，因此由$N_1$到$N_2$的压降为（1/2）V。有效电阻的定义为$V=IR_{\text{eff}}$，$I$为流入并流出电路的电流（此处为1A），因此$(1/2)\,\text{V}=(1\,\text{A})R_{\text{eff}}$，得$R_{\text{eff}}=(1/2)\,\Omega$。可惜的是这种简洁的办法只对相邻节点的情况有效。

## 4.9 有效电阻的叠加

（a）如题中所述，第一个网格中四个电阻的等效电阻之和为2。在第二个网格中有三个电阻的等效电阻为2/3（单位为$R$），另有两个为1，因此总和为4。在第三个网格中，四个等效电阻都为3/4，总和为3。第四个网格中，跨对角线的等效电阻为1/2，另外四个等效电阻为5/8，总和为3。在第五个网格中，跨$n$个电阻的等效电阻为$1/n$，总和为1。在每种情况下，跨$N$个节点的等效电阻为$N-1$（乘以$R$）。下面来证明这一猜想。

（b）提示：若已经解过习题4.8，则我们已经知道如何求解两节点$A$和$B$之间的等效电阻，就是可以假设电流$I$流入$A$的装置和电流$I$流出$B$的装置相互叠加。在单独任何一种情况下，我们都不能将电流置入（或拿出）电路而不引起其他部分电流变化。（在习题4.8中我们可以这么做的原因是，因为电流可以流向无穷远处。）因此我们需要以某种对称的方式改变电流，如下：

情况1. 在节点$A$处接入$(N-1)I/N$电流，在其余$N-1$个节点处导出$I/N$电流。

情况2. 在节点$B$处导出$(N-1)I/N$电流，在其余$N-1$个节点处导入$I/N$电流。

将上述两种情况叠加即可使流入$A$的电流为$I$，流出$B$的电流也为$I$，其余$N-2$个节点上则没有电流变化。请读者尝试在没有看过后文的情况下根据上述提示来证明猜想。

设想有这样两个节点$A$和$B$，它们之间接有一个或多个电阻$R$。若在$A$点导入电流$I$，在$B$点导出电流$I$，则$A$与$B$之间等效电阻为$V/I$，此处$V$为两节点间电势差。这种流入$A$和流出$B$的电流都为$I$的情况可以看作情况1和2的叠加。

假设情况1中电流由$A$流向$B$，途径某一个特定的电阻$R$（假设$AB$之间有不止一个电阻），记为$I^A_{A\to B}$。设情况2中电流同样由$A$流向$B$，途径同一个电阻，记为$I^B_{A\to B}$，上标表示的是电流$(N-1)I/N$由哪个节点流入或流出。需要注意的是上述两种情况是各自分别定义的，彼此无关。

在二者叠加的情况下，电流$I^A_{A\to B}+I^B_{A\to B}$经过特定电阻由$A$流向$B$。该电流流过电阻$R$，因此$A$与$B$间压降为$V=(I^A_{A\to B}+I^B_{A\to B})R$，$AB$间等效电阻为

$$R_{AB}=\frac{V}{I}=\frac{(I^A_{A\to B}+I^B_{A\to B})R}{I} \tag{12.212}$$

现在我们需要将每个电阻对$R_{\text{AB}}$的贡献进行叠加，设叠加之和为$S$，则

$$S=\frac{R}{I}\sum(I^A_{A\to B}+I^B_{A\to B}) \tag{12.213}$$

式中的和超过了所有的电阻（不过，不只是超过了通过一个电阻连接的$AB$对的电阻，因为有些电阻对可以通过一个以上的电阻连接）。我们可以将该结果写为一种对称形式，只需将$AB$互换即可（电流由何处流入何处流出并不影响结果），即

$$S=\frac{R}{I}\sum(I^B_{B\to A}+I^A_{B\to A}) \tag{12.214}$$

将两式相加可得

$$2S = \frac{R}{I}\sum\left(I_{A\to B}^{A} + I_{B\to A}^{B}\right) + \frac{R}{I}\sum\left(I_{B\to A}^{A} + I_{A\to B}^{B}\right) \tag{12.215}$$

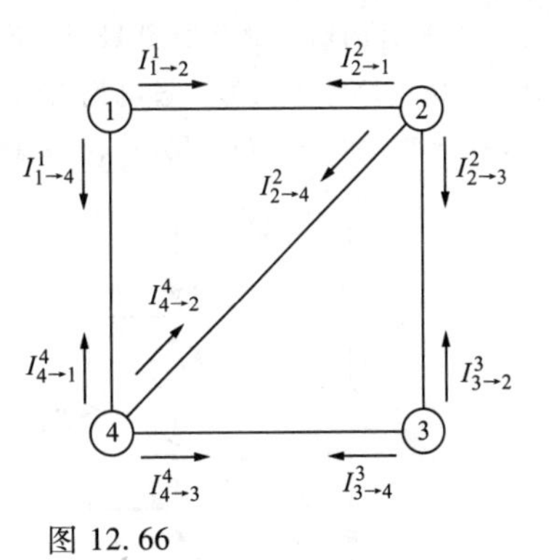


图 12.66

现在考虑第一个和式。先回头看（a）部分中第四种网格的情况。该求和是对五个电阻进行的，对每个电阻来说 $I_{A\to B}^{A}$ 和 $I_{B\to A}^{B}$ 为电流进入电阻端面的流量，如图 12.66 所示。注意，每个形如 $I_{C\to D}^{C}$ 的项都等于电流（$N-1$）$I/N$ 流入 $C$，且其余 $N-1$ 个节点都有 $I/N$ 电流流出时 $CD$ 之间的电流。图 12.66 表示以各节点间电阻叠加的方式代替电阻直接相加。那么，在下面方程中左边的项可按照与五个电阻相关的方式分类［如式（12.215）中第一个和项］，右边的项则为与四个节点相关的项。

$$\begin{aligned}&(I_{1\to2}^{1}+I_{2\to1}^{2})+(I_{2\to3}^{2}+I_{3\to2}^{3})+(I_{3\to4}^{3}+I_{4\to3}^{4})+(I_{4\to1}^{4}+I_{1\to4}^{1})+(I_{2\to4}^{2}+I_{4\to2}^{4})\\&=(I_{1\to2}^{1}+I_{1\to4}^{1})+(I_{2\to1}^{2}+I_{2\to4}^{2}+I_{2\to3}^{2})+(I_{3\to2}^{3}+I_{3\to4}^{3})+(I_{4\to1}^{4}+I_{4\to2}^{4}+I_{4\to3}^{4})\end{aligned} \tag{12.216}$$

右边第一项 $I_{1\to2}^{1}+I_{1\to4}^{1}$ 是（按定义是）当将电流（$N-1$）$I/N$ 导入节点 1 并由其余 $N-1$ 个节点（此处 $N$ 为 4）流出的电流为 $I/N$ 时由节点 1 流出的电流，因此该项等于（$N-1$）$I/N$。类似地，右边其他与节点有关的项都等于（$N-1$）$I/N$。这些等于（$N-1$）$I/N$ 的 $N$ 项之和即（$N-1$）$I$。

与上述方法类似，式（12.215）中第二个和项也等于（$N-1$）$I$，原因也是相同的——我们可以将“导入”和“导出”互换。式（12.215）变为

$$2S=2\cdot\frac{R}{I}(N-1)I \Longrightarrow S=(N-1)R \tag{12.217}$$

注意：习题 4.11 中正四面体的 $R/2$ 与此题结果是相符的，因为 $N=4$ 时有六个电阻。同样，在练习 4.35（c）立方体的情况中 $7R/12$ 也是与本题相符的，因为 $N=8$ 时有 12 个电阻。在习题 4.8 无限方格中的 $R/2$ 与本题也有联系，原因如下。若网格中节点数 $N$ 很大，则在忽略边界的条件下电阻数为 $2N$。（这是因为每个节点与四个电阻相连，每个电阻在计数的过程中会被数两次。）因此所有电阻的等效电阻为 $(2N)(R/2)=NR$，在 $N\to\infty$ 的情况下 $NR$ 约等于（$N-1$）$R$。换句话说，若有效电阻不为 $R/2$，则 $N\to\infty$ 的情况下电阻之和不会为（$N-1$）$R$。

对上述结果进行一个如下所述的简单修正即可得到更普适的结果。若每个电阻大小不完全相等，我们仍可以说 $\sum(r_k/R_k)=N-1$，该求和是对整个网络中所有的电阻而言的，此处 $r_k$ 为第 $k$ 个电阻的等效电阻，$R_k$ 为第 $k$ 个电阻的实际电阻。在本题中所有的 $R_k$ 皆为 $R$，所以我们可以在求和的过程中将 $R$ 提出，即得到 $\sum r_k=(N-1)R$，这与式（12.217）相一致。

## 4.10 电压计与电流计

**电流计** 要测量流过 $A$ 点的电流，需要在 $A$ 点将导线剪断再接入一个电流计（此时 $A$ 为图 12.67 中的两点）。如果这么做的话不可避免地会影响原有的电路，因为在原有电路中加入了额外的电阻（除非是 $R_g$ 与电路其他部分电阻相比要小得多，但不能保证这种情况总是成立）。而且流过电流表的电流可能非常大，甚至有可能超过其上限。要解决这两个问题，可以在电流表旁并联一个已知大小的小电阻，如图 12.67 所示。这样电流基本都会从小电阻中流过，该电阻称作“分流”电阻 $R_{sh}$。这就解决了影响原有电路的问题（因为并联之后的电阻很小），同时也

解决了电流计电路过载的问题（因为绝大部分电流都从分流电阻中流过了）。[3]

电流计的组成部分如图 12.68 所示。若 $R_{sh}$ 为 $R_g$ 的 $1/N$（$N$ 是一个很大的数，如 1000），则流过分流电路的电流为流过电流表的 $N$ 倍。因此若电流表测得的电流为 $I_g$，则流过 $A$ 的总电流为 $I=I_g+NI_g=(N+I)Ig$。我们只需要将电流表上的示数逐个乘以 $N+1$ 即可得到一个电流计了。

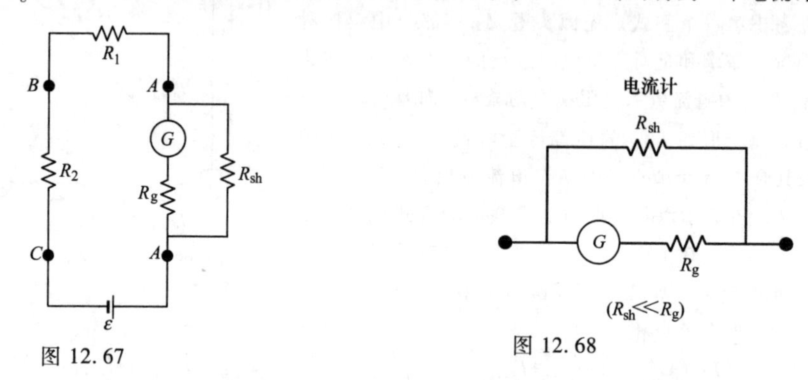


图 12.67

图 12.68

**电压计**　要测量 $BC$ 两点之间的电势差，需要在两点之间的电阻 $R_2$ 旁并联一个电流计。但是这样会因为在原有电路上添加了一条支路而对其产生影响（除非 $R_g$ 比 $R_2$ 大得多）。而且流过电流表的电流可能会超过其能承受的上限。我们可以将一个已知大小的大电阻 $R_{ser}$ 与电流表串联，如图 12.69 所示；这样就可以解决上述的两个问题。这样就不会影响原有电路（因为现在 $BC$ 之间的并联电路的电阻与原来基本相同），同时也不会使电流表过载（因为流过电流表的电流很小）。[4]

电压计的组成部分如图 12.70 所示。若选用的 $R_{ser}$ 为 $R_g$ 的 $N$ 倍（$N$ 是一个很大的数，例如 1000），那么 $R_{ser}$ 两端的电压为 $R_g$ 两端的 $N$ 倍。因此若电流表所测得的电流为 $I_g$，那么 $BC$ 间压降为 $V=I_gR_g+I_g(NR_g)=(N+1)I_gR_g$。因此只需要在电流表原有示数基础上乘以 $(N+1)R_g$（此时单位发生了变化），就得到了一个电压计。

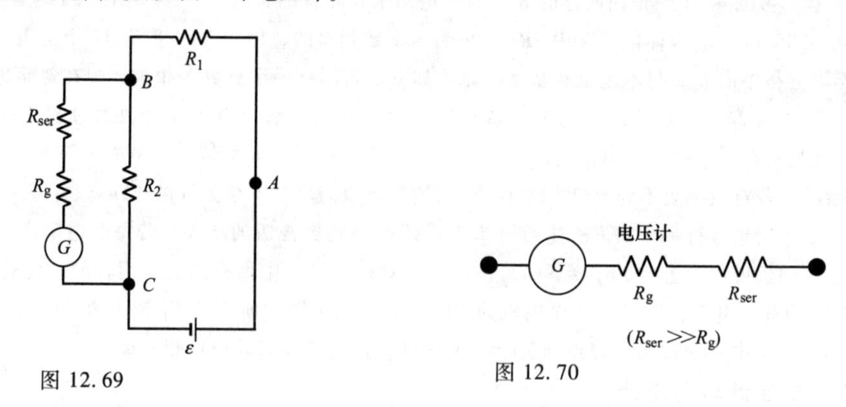


图 12.69

图 12.70

3　关于这一点可以对 $R_{sh}$ 做如下讨论：(1) $R_{sh}$ 应远小于 $R_g$，因此只有一小部分电流经过检流计；(2) $R_{sh}$ 应远小于初始电路中的阻值 $R_1+R_2$。如果后者不满足，那么当我们在电路中加入电流计时，尽管它能准确测出经过 $A$ 的电流，但这个结果不等于没有电流计加入时的电路中的电流。

4　关于 $R_{ser}$，应满足如下条件：$R_{ser}+R_g$ 远大于电路中的电阻 $R_2$。(不考虑 $R_g$ 的情况下，上述条件就意味着 $R_{ser}$ 远大于 $R_2$。) 如果该条件得不到满足，那么当电压计并联于 $BC$ 之间时，虽然它能精确测出 $BC$ 间电势差，但这一电压值与电路中没有加入电压计时的电压值不同。

总结：电流计是在电流表旁并联一个小电阻所得，它是要串联进原有电路的。电压计是将电流表与一个大电阻串联而得，它需要并联在原有电路旁。在这两种情况下，对原有电路的影响都很小，且流过电流表的电流都很小。

## 4.11 正四面体电阻

(a) 设两顶点 $A$ 和 $B$。由对称性可知，另外两个顶点电势相同，因此可以将其看作一点(因为这两定点之间没有电流通过)。如此可以将原电路等效为图 12.71 所示电路，等效电阻为 $R/2$。注意，六个电阻的等效电阻之和为 $6(R/2)=3R$，这与习题 4.9 中的普适结果相符。

(b) 如图 12.72 所示，四个环路方程为

$$\begin{aligned}&\mathscr{E}/R-(I_4-I_1)=0\\&-(I_1-I_4)-(I_1-I_2)-(I_1-I_3)=0\\&-I_2-(I_2-I_3)-(I_2-I_1)=0\\&-I_3-(I_3-I_2)-(I_3-I_1)=0\end{aligned}\tag{12.218}$$

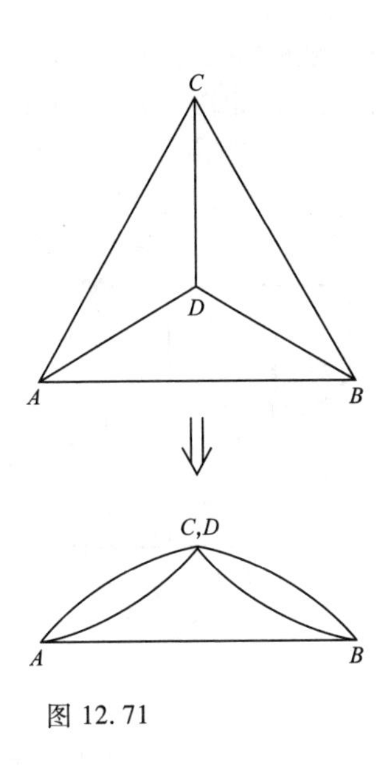


图 12.71

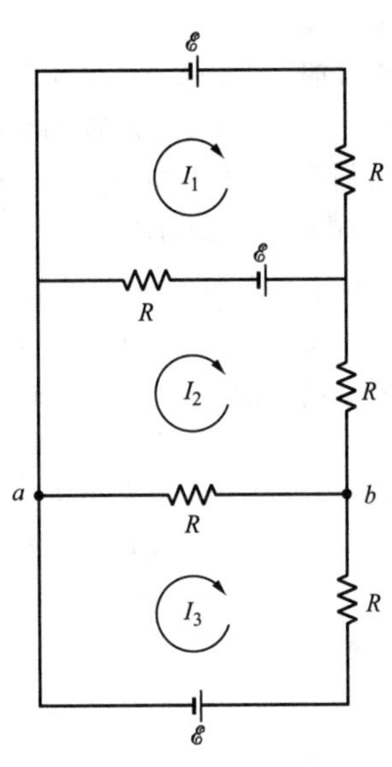


图 12.72

最后两个方程是关于“2”和“3”对称的，从中可知 $I_2=I_3$（由对称性也可知）。再由第三个方程可知 $I_1=2I_2$，由第二个方程可知 $I_4=4I_2$，或是与其等价的$I_4=2I_1$。最终，由第一个方程可知$\mathscr{E}/R-(I_4-I_4/2)=0$，即$\mathscr{E}=I_4(R/2)$。由于 $I_4$ 为流过电池的电流，所以 $A$ 与 $B$ 之间的有效电阻为 $R/2$，这与（a）部分相符。

## 4.12 求电势差

在如图 12.73 所示的环路电流中，三个顺时针环路方程为

$$\begin{aligned}&0=\mathscr{E}-I_1R-\mathscr{E}-(I_1-I_2)R\\&0=\mathscr{E}-I_2R-(I_2-I_3)R-(I_2-I_1)R\\&0=-\mathscr{E}-(I_3-I_2)R-I_3R\end{aligned}\tag{12.219}$$

将其化简可得

$$0=-2I_1+I_2$$
$$0=\mathscr{E}/R-3I_2+I_3+I_1 \qquad (12.220)$$
$$0=-\mathscr{E}/R-2I_3+I_2$$

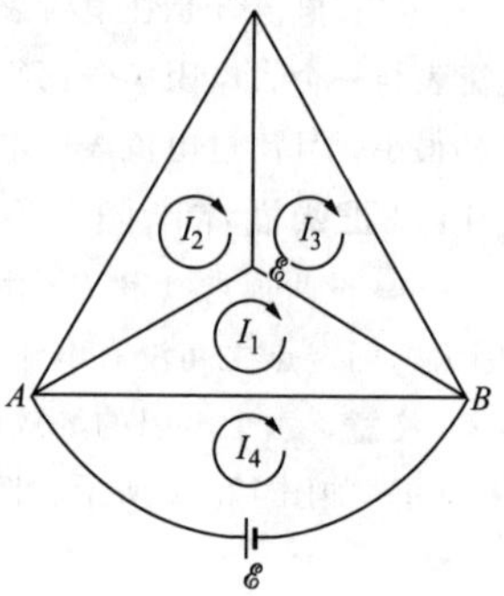

第三个方程加上第二个方程的两倍即可消除 $I_3$ 项，有：$0=\mathscr{E}/R-5I_2+2I_1$。将其与第一个方程相加可得 $0=\mathscr{E}/R-4I_2$。因此 $I_2=\mathscr{E}/4R$，由此可得 $I_1=\mathscr{E}/8R$、$I_3=-3\,\mathscr{E}/8R$。$a$ 与 $b$ 两点间电势差为

$$V_b-V_a=(I_2-I_3)R=[\mathscr{E}/4R-(-3\,\mathscr{E}/8R)]R=5\,\mathscr{E}/8 \qquad (12.221)$$

结果为正，因此 $b$ 处于高电势，这从电池的方向看时成立。

图 12.73

## 4.13　戴维南定理

下面我们进行两项证明。第一项证明是直接进行“实用性”的证明，第二项证明则较为复杂。第二项适用于任意电路 $B$，但在第一项证明中我们为了将问题简化会限定 $B$ 中只包含一个简单电动势。两项证明中的关键部分都是电路的线性特性。

**第一项证明**　我们假设电路 $B$ 中只有一个简单电动势 $\mathscr{E}$，接下来的过程可以由此简单情况扩展至任意的电路 $B$。对于给定的电路 $A$ 和外部电动势 $\mathscr{E}$，由基尔霍夫定理可以写出所有环路的环路方程。我们将流过外加电动势 $\mathscr{E}$ 的电流记为 $I$。如图 12.74，环路方程为

$$0=\mathscr{E}+\mathscr{E}_2-(I-I_2)R_4$$
$$0=-\mathscr{E}_2+\mathscr{E}_1-I_1R_1-(I_1-I_2)R_2 \qquad (12.222)$$
$$0=\mathscr{E}_3-(I_2-I_1)R_4-(I_2-I_1)R_2-I_2R_3$$

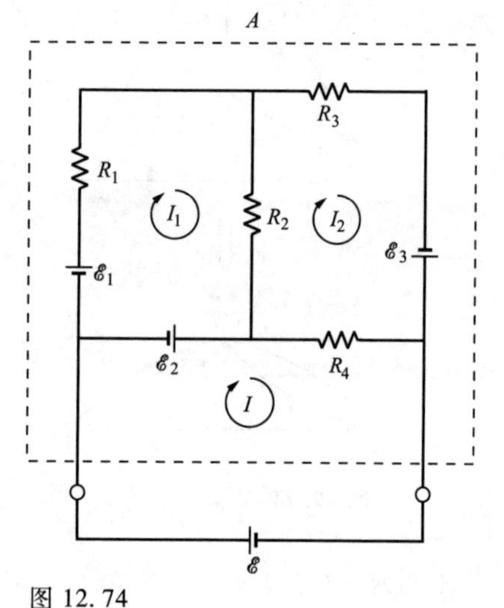


图 12.74

所有的方程形式都相同，都包含 $I$ 和 $R$ 的乘积项以及电动势的线性项。这些方程可以按照 $MI=\mathscr{E}$ 的形式写入一个矩阵中，此处 $M$ 为 $R$ 值方程组成的（对称）矩阵，$I$ 为环路电流矢量（$I$，$I_1$，$I_2$，…，$I_n$），$\mathscr{E}$ 的矢量元为关于电动势的线性方程（这一线性很重要）。对于该题中的情况

有

$$\begin{pmatrix} R_4 & 0 & -R_4 \\ 0 & R_1+R_2 & -R_2 \\ -R_4 & -R_2 & R_2+R_3+R_4 \end{pmatrix}\begin{pmatrix} I \\ I_1 \\ I_2 \end{pmatrix}=\begin{pmatrix} \mathscr{E}+\mathscr{E}_1 \\ \mathscr{E}_1-\mathscr{E}_2 \\ \mathscr{E}_3 \end{pmatrix} \qquad (12.223)$$

所有电流的解可由 $I=M^{-1}\mathscr{E}$ 得出。此处我们不想涉及逆矩阵 $M^{-1}$，我们需要注意的是 $M^{-1}$ 只取决于 $R$ 值，且电动势中每一环路电流都是线性的（因为电动势中 $\mathscr{E}$ 是线性的）。特别需要注意的是，流过外部电动势 $\mathscr{E}$ 的电流形式如下（$m$ 为内部电动势个数，这与环路电流数 $n$ 不一定相同）：

$$I=a\,\mathscr{E}+a_1\,\mathscr{E}_1+a_2\,\mathscr{E}_2+\cdots+a_m\,\mathscr{E}_m \qquad (12.224)$$

$a$ 为只关于 $R$ 值的函数。这可写为

$$\mathscr{E}+\mathscr{E}_{\mathrm{eq}}=IR_{\mathrm{eq}} \qquad (12.225)$$

此处

$$R_{eq}=\frac{1}{a} \quad 和 \quad \mathscr{E}_{eq}=\frac{a_1\mathscr{E}_1+a_2\mathscr{E}_2+\cdots+a_m\mathscr{E}_m}{a} \tag{12.226}$$

若电路 $A$ 只包含一个电动势$\mathscr{E}_{eq}$和一个与电动势串联的电阻 $R_{eq}$，那么我们所得的方程是与式（12.225）相同的。对于任意外部电动势$\mathscr{E}$，在原始电路中流过的电流 $I$ 与仅由$\mathscr{E}_{eq}$和 $R_{eq}$组成的简单电路中流过的电流是相同的，因此这两个电路等效。

那么如何来确定$\mathscr{E}_{eq}$和 $R_{eq}$的值呢？因为 $R_{eq}$仅与 $R$ 值有关，而与其他任意电动势无关，所以可以假设内部电动势为一个很方便算出 $R_{eq}$的值。若假设内部电动势全为 0，那么可以计算电路中的电阻即可得到 $R_{eq}$。我们在 4.10.2[5] 中并没有对此进行证明而暂时认为它是正确的。得到 $R_{eq}$之后，可以令$\mathscr{E}=0$ 并计算电流 $I$（即短路电流 $I_{sc}$）进而得到$\mathscr{E}_{eq}$。由方程（12.225）可得$\mathscr{E}_{eq}=I_{sc}R_{eq}$。或者也可以利用$\mathscr{E}_{eq}$等于开路电压。

作为练习，读者可以将上述讨论扩展至 $B$ 是任意电路而非一个简单电动势的情况。提示：$A$ 中的环路电流可以由仅在 $A$ 中的电阻和电动势再加上“连接”环路中的环路电流 $I$ 解出。对于 $B$ 也是类似的。这样就可以写出关于 $I$ 的连接环路方程，该方程可以分解为分别只与 $A$ 相关和只与 $B$ 相关的两个方程。

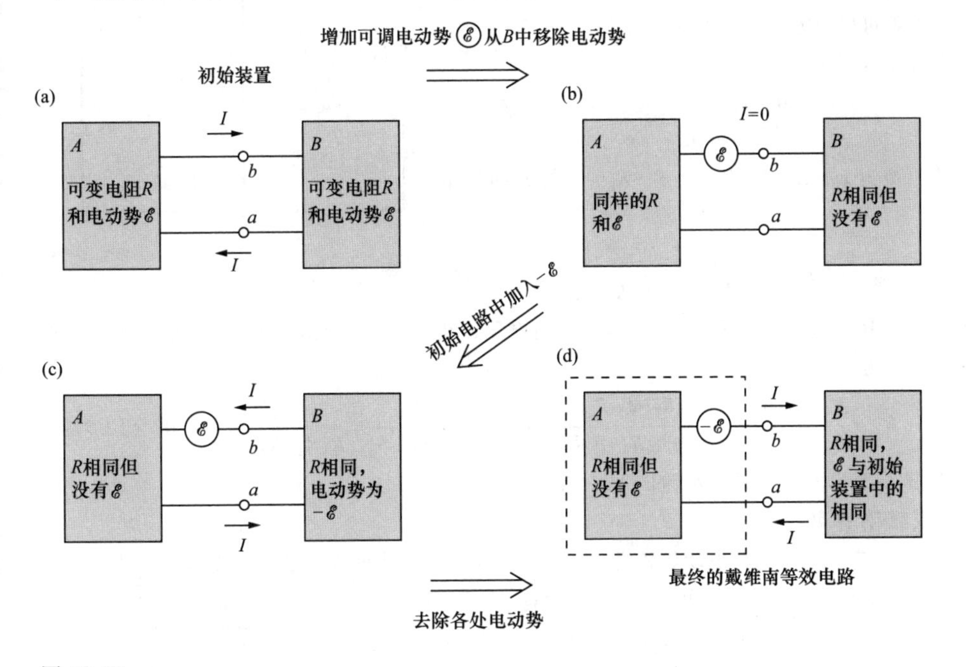


图 12.75

**第二项证明** 在如图 12.75（a）所示的闭合电路中，令横向导线中流过的电流为 $I$。如图中标注的那样，本证明分为三步，接下来将对此进行详细说明。尽管通常情况下我们只关心电路 $B$ 中只包含一个电动势源（可能还串联有一个电阻）的情况，但下面的证明是对任意电路 $B$ 而言都成立的。

第一步要将 $B$ 中所有内部电动势移除（也可以在这些电动势旁边增加一些与之相反的电动

5 似乎看起来 $R_{eq}$显然应该是这样子的，但是首先要证明 $R_{eq}$与电动势无关。否则，当所有内部电动势都设为零时的 $R_{eq}$，和电动势设为其他值时的 $R_{eq}$是不相等的。

势），然后如图 12.75（b）所示插入一个电动势$\mathscr{E}$，调整$\mathscr{E}$直至横向导线中电流为0。由于现在电流为0，$B$中没有内部电动势，跨$A$中$a$、$b$两点间的电压是（按定义是）开路电压$V_A^{开}$。又由于此时电流为0，因此，加入的电动势$\mathscr{E}$一定等于$-V_A^{开}$。

第二步，如图 12.75（c），移除$A$中所有的内部电动势（或是加入与其大小相等符号相反的电动势）。此外，在$B$中加入负的初始电动势。现在，$A$中的内部电动势为0，$B$中的内部电动势为其初值的相反数。第二步可以看作是在电路中按照初始电动势加入其相反数。由于其线性特性，这将会在电路中初始电流$I$的基础上加入与其相反的电流影响。在第二步之前，电路中电流为0，现在电流将为$-I$（负号表示电流方向为逆时针），如图所示。

第三步为去除各处（即$B$中以及插入的电动势中；$A$中电动势全为0）电动势。这样，电路就变为了如图 12.75（d）所示，电路$B$和电流$I$与其初始状态相同。这样从$B$点看$A$，$A$的等效电动势$\mathscr{E}_{eq}$就等于$-\mathscr{E}=V_A^{开}$，等效电阻$R_{eq}$与其串联，$R_{eq}$可通过将$A$中电压源视为0来获得。证明至此完成。

## 4.14　戴维南等效电阻 $R_{eq}$ 与短路电流 $I_{sc}$

若我们将图 4.24 中$A$、$B$两点以一条零电阻的导线连接，那么就可以忽略$R_3$，电路变为了如图 12.76 所示。

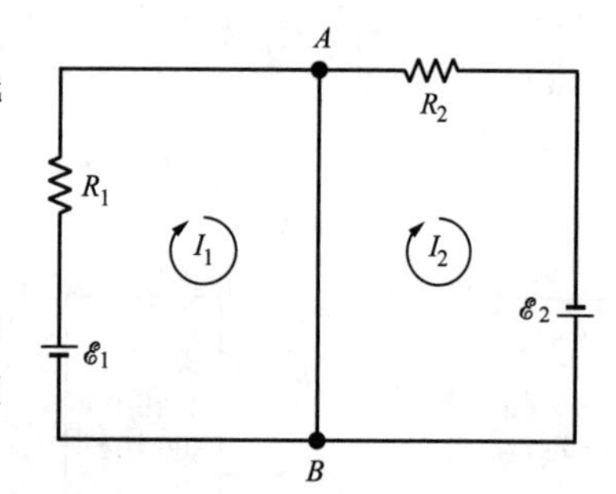


图 12.76

两条环路电流为

$$0=\mathscr{E}_1-I_1R_1$$
$$0=\mathscr{E}_2-I_2R_2 \tag{12.227}$$

所以环路电流为$I_1=\mathscr{E}_1/R_1$和$I_2=\mathscr{E}_2/R_2$，$A$与$B$间的短路电流为

$$I_{SC}=I_1-I_2=\frac{\mathscr{E}_1}{R_1}-\frac{\mathscr{E}_2}{R_2}=\frac{\mathscr{E}_1R_2-\mathscr{E}_2R_1}{R_1R_2} \tag{12.228}$$

如同在 4.10.2 小节中提及的，$\mathscr{E}_{eq}$等于开路电压，在此处即为$I_3R_3$，$I_3$可由式（4.33）得到。等效电阻为

$$R_{eq}=\frac{\mathscr{E}_{eq}}{I_{SC}}=\frac{I_3R_3}{I_{SC}}=\frac{\mathscr{E}_1R_2-\mathscr{E}_2R_1}{R_1R_2+R_2R_3+R_1R_3}\cdot R_3\cdot\frac{R_1R_2}{\mathscr{E}_1R_2-\mathscr{E}_2R_1}=\frac{R_1R_2R_3}{R_1R_2+R_2R_3+R_1R_3} \tag{12.229}$$

这与 4.10.2 小节中另一种求解$R_{eq}$的方式所得结果相符。

## 4.15　戴维南等效

求解$R_{eq}$很容易。首先将电动势忽略（即将其视为0并将其短路），然后电路就变为两个6Ω电阻并联之后再与一个7Ω电阻串联，得$R_{eq}=3\Omega+7\Omega=10\Omega$。

要求$\mathscr{E}_{eq}$需要注意到在开路中没有电流流过7Ω的电阻，因此开路电压等于图 12.77 中所示的$a$、$b$两点间电压。对闭合回路中唯一的电流应用基尔霍夫定律（顺时针方向定为正向）可得

$$80\text{V}-(6\Omega)I-20\text{V}-(6\Omega)I=0\Longrightarrow I=5\text{A} \tag{12.230}$$

由$b$到$a$的压降为$V_b-V_a=20\text{V}+(6\Omega)(5\text{A})=50\text{V}$，或者也可以说上支路（该支路由$b$至$a$与电流方向相反）压降为$-(6\Omega)(5\text{A})+80\text{V}=50\text{V}$。因此 50V 即为要求的$\mathscr{E}_{eq}$。由此可得如图 12.78 所示的等效电路。

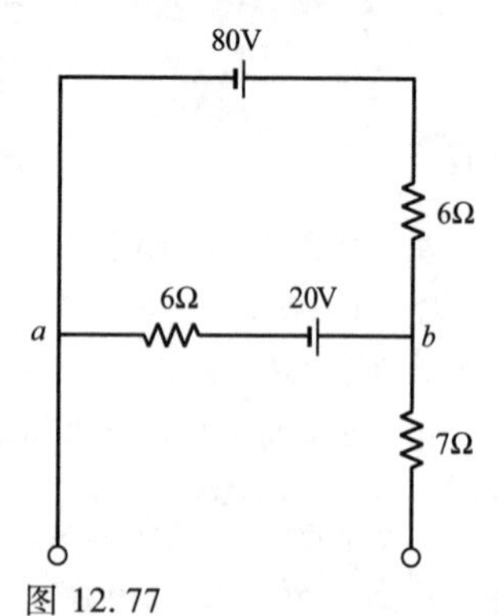


图 12.77

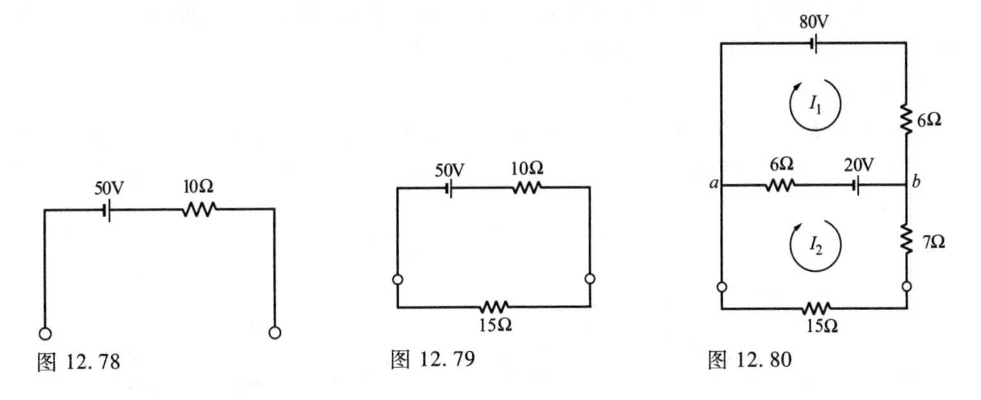

图 12.78　图 12.79　图 12.80

若在这两个节点间加入一个 15Ω 的电阻，则由图 12.79 所示的戴维南等效电路可知流过 15Ω 电阻的电流为 (50V)/(10Ω+15Ω) = 2A。

若你觉得戴维南等效电路中流过外部电阻的电流与初始电路中的电流不同，那么可以在原始电路中利用基尔霍夫定律直接求解电流。如图 12.80 所示，两条环路电流分别为

$$80\text{V}-(6\Omega)I_1-20\text{V}-(6\Omega)(I_1-I_2)=0$$
$$20\text{V}-(7\Omega)I_2-(15\Omega)I_2-(6\Omega)(I_2-I_1)=0 \tag{12.231}$$

解上述方程可得 $I_2=2\text{A}$。另外我们可知 $I_1=6\text{A}$；该电流存在于初始电路中，但对于戴维南等效电路不适用。注意，在闭合回路中两端点间电压为 (15Ω)(2A) = 30V。此外，此时由 $b$ 至 $a$ 的压降为 44V（由三条支路都可以算出此压降，读者可证明）。无论是上述的 30V 或是 44V（取决于所选用的外部电阻）都与开路电压 50V（相当于外部电阻无限大）是等价的。

## 4.16　电容器放电

首先需要注意的是，尽管电容外的电场强度很小（但边界处的电场则较强），沿着由一个极板到另一极板任一路线对电场做线积分所得的结果一定等于极板间的电势差。这是因为此电场为保守场，或者说其旋度为 0（对静止情况而言）。对于某些路径来说距离很短但电场较强，而对于某些路径来说则路径较长电场很小。

如图 4.41（a）所示，与极板平行的导线对线积分的贡献为 0。但沿左方的小片段的电场则与电容内部的电场 $E$ 相等。因此线积分结果为 $E_s$，这与沿着电容内部某路径所做的线积分结果相等。

如图 4.41（b）所示，对线积分有贡献的是与导线垂直的电场部分，可以从两个方面理解这一点。首先，对于距离电容很远的一点，电容就像一个偶极子，因为两极板可以看成是很多偶极子相邻放置。由式（2.36）可知由偶极子产生的场（在径向和切向上）衰减的速率为 $1/r^3$。因此很大的半圆形导线（长度与 $r$ 成正比）在 $r\to\infty$ 情况下贡献为 0，所有贡献都来自于直导线部分，进一步来说，一定来自于与电容器邻近的部分，原因与上述相同。

第二种解释方法如下。我们可以沿轴计算出电容外部电场（如 2.6 节所讲，只需知道圆盘产生的电场），然后就可以沿着两条支路进行积分。两个积分的结果都为 $\sigma s/2\varepsilon_0$，此处 $\sigma$ 为每个极板上的面电荷密度。（你将发现积分结果取决于导线初始段几倍于电容直径长度的部分。）对于两条支路，关于垂直于导线电场的线积分的结果为 $\sigma s/\varepsilon_0$。这等于电容器内部电场 $\sigma/\varepsilon_0$ 乘以极板间距离 $s$。

其实，在做线积分时无需求出电容外部电场的大小，有一种更简单的办法。提示：对于每

条支路，线积分都是对两极板产生电场的线积分的叠加，这两个积分（符号相反）相等，只是其中一个是由0开始，另一个由$s$开始。

## 4.17　电容器充电

以$I(t)$表示顺时针方向电流，以$Q(t)$表示电容左极板电量。沿整条环路电压压降应为0，因此$\mathscr{E}-Q/C-RI=0$。又$I=\mathrm{d}Q/\mathrm{d}t$，所以

$$\mathscr{E}-\frac{Q}{C}-R\frac{\mathrm{d}Q}{\mathrm{d}t}=0\Longrightarrow\frac{\mathrm{d}Q}{\mathrm{d}t}=-\frac{1}{RC}(Q-C\mathscr{E})\tag{12.232}$$

可以通过分离变量和积分来解此微分方程：

$$\int_0^Q\frac{\mathrm{d}Q'}{Q'-C\mathscr{E}}=-\int_0^t\frac{\mathrm{d}t'}{RC}\Longrightarrow\ln(Q'-C\mathscr{E})\Big|_0^Q=-\frac{t}{RC}$$

$$\Longrightarrow\ln\left(\frac{Q-C\mathscr{E}}{-C\mathscr{E}}\right)=-\frac{t}{RC}\Longrightarrow Q(t)=C\mathscr{E}(1-\mathrm{e}^{-t/RC})\tag{12.233}$$

经检验，$Q(0)=0$，这是正确的。同时，$Q(\infty)=C\mathscr{E}$，这也是正确的，因为最终跨电容的电压为$\mathscr{E}$。

若不用分离变量并积分的方法，也可以将式（12.232）写为$\mathrm{d}\widetilde{Q}/\mathrm{d}t=-(1/RC)\widetilde{Q}$，此处$\widetilde{Q}\equiv Q-C\mathscr{E}$，这样就得到简单的解$\widetilde{Q}=A\mathrm{e}^{-t/RC}$，再由初始条件可得$A=-C\mathscr{E}$。利用定义$\widetilde{Q}\equiv Q-C\mathscr{E}$，因此有$Q-C\mathscr{E}=-C\mathscr{E}\,\mathrm{e}^{-t/RC}$，即$Q=C\mathscr{E}\,(1-\mathrm{e}^{-t/RC})$，与上式相同。

电流为

$$I(t)=\frac{\mathrm{d}Q}{\mathrm{d}t}=\frac{\mathscr{E}}{R}\mathrm{e}^{-t/RC}\tag{12.234}$$

$t=0$时该式为$\mathscr{E}/R$（电容在初始时刻不提供电动势反馈），$t=\infty$时，该式为0，与事实相符。

## 4.18　两电容器放电

（a）令$Q_1$、$Q_2$分别表示左侧和右侧电容（左极板）上的电量，$I_1$和$I_2$分别表示左侧与右侧环路电流，令逆时针方向为正，如图12.81所示。环路方程为

$$\frac{Q_1}{C}-I_1R=0\quad 和\quad \frac{Q_2}{C}-I_2R=0\tag{12.235}$$

由于$I_1=-\mathrm{d}Q_1/\mathrm{d}t$，$I_2=-\mathrm{d}Q_2/\mathrm{d}t$，所以

$$\frac{Q_1}{C}+R\frac{\mathrm{d}Q_1}{\mathrm{d}t}=0\quad 和\quad \frac{Q_2}{C}+R\frac{\mathrm{d}Q_2}{\mathrm{d}t}=0\tag{12.236}$$

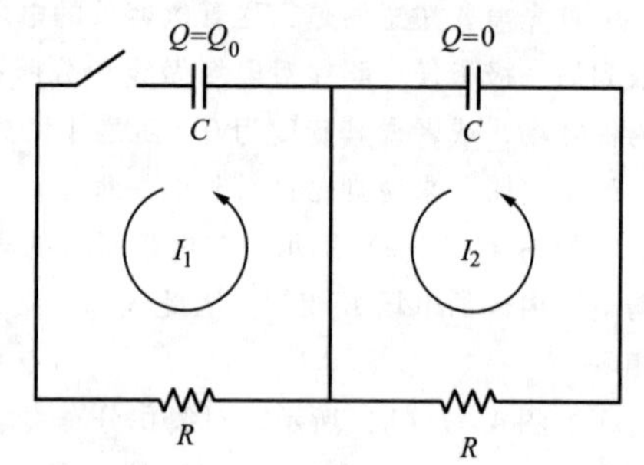

图12.81

两方程不相关（分别只含有$Q_1$和只含有$Q_2$），因此可以分别解出$Q_1$和$Q_2$。将两个方程分别分离变量并积分（或者直接写出其指数形式解），可以发现$Q_1$和$Q_2$都与$\mathrm{e}^{-t/RC}$成正比。给定初始电量$Q_0$和0，可知电量关于时间的方程为$Q_1(t)=Q_0\mathrm{e}^{-t/RC}$，$Q_2(t)=0$。

左侧电容放电只会使左侧环路产生电流，对右侧环路无影响。当电流在流向左侧电容时，若可以只经过一个电阻，则不会自发地去经过第二个电阻。当电流流经底部节点时，由于右侧环路有电阻为$R$，所以电流会直接流向中间电路，因为这样不会经过其他电阻。

（b）现在，两环路方程为

$$\frac{Q_1}{C}-I_1R-(I_1-I_2)R=0 \quad 和 \quad \frac{Q_2}{C}-I_2R-(I_2-I_1)R=0 \tag{12.237}$$

这两个方程是相关的，因为它们都既包含 $Q_1$ 又包含 $Q_2$，将二者相加可得

$$\frac{(Q_1+Q_2)}{C}-(I_1+I_2)R=0 \Longrightarrow \frac{(Q_1+Q_2)}{C}+R\frac{\mathrm{d}(Q_1+Q_2)}{\mathrm{d}t}=0 \tag{12.238}$$

这样方程中只含有一个对电量的描述，即 $Q_1+Q_2$，其解为 $Q_1+Q_2=A\mathrm{e}^{-t/RC}$，此处 $A$ 为常量，由初始条件决定。类似地，如果将两式相减，得

$$\frac{(Q_1-Q_2)}{C}-3(I_1-I_2)R=0 \Longrightarrow \frac{(Q_1-Q_2)}{C}+3R\frac{\mathrm{d}(Q_1-Q_2)}{\mathrm{d}t}=0 \tag{12.239}$$

其解为 $Q_1-Q_2=B\mathrm{e}^{-t/3RC}$，此处 $B$ 为另一常量。有了 $Q_1+Q_2$ 和 $Q_1-Q_2$ 的解，就可以分别将其相加和相减，即可得

$$Q_1(t)=a\mathrm{e}^{-t/RC}+b\mathrm{e}^{-t/3RC} \quad 和 \quad Q_2(t)=a\mathrm{e}^{t/RC}-b\mathrm{e}^{-t/3RC} \tag{12.240}$$

此处 $a\equiv A/2$，$b\equiv B/2$。由初始条件 $Q_2(0)=0$ 可得 $a=b$，再由 $Q_1(0)=Q_0$ 可得 $a=b=Q_0/2$。因此电量关于时间的函数为

$$Q_1(t)=\frac{Q_0}{2}(\mathrm{e}^{-t/RC}+\mathrm{e}^{-t/3RC})$$

$$Q_2(t)=\frac{Q_0}{2}(\mathrm{e}^{-t/RC}-\mathrm{e}^{-t/3RC}) \tag{12.241}$$

注意，$Q_1(t)$ 随时间单调递减，但 $Q_2(t)$ 在某一时刻会达到一最大值（在 $t=0$ 及 $t=\infty$ 时刻都为 0）。令 $Q_2(t)$ 的微分等于 0 可得到 $t_{\max}=RC(3/2)\ln3\approx(1.65)RC$，将其代入 $Q_2(t)$ 中，得到最大值为 $-Q_0/3\sqrt{3}\approx-(0.19)Q_0$。$Q_1(t)$ 和 $Q_2(t)$ 如图 12.82（a）所示。

若加入第三个电阻，则电流在流向另一侧的电容时一定需要流过两个电阻。（此时右侧电容在其容纳电荷的过程中会对电路产生影响。）因此会有部分电流流向右侧电路，这会使右侧电容的右极板带正电荷，左侧极板（按照惯例，该极板为决定 $Q_2$ 正负号的极板）带负电荷。负电荷在 $t_{\max}\approx(1.65)RC$ 时刻达到最大值，此时右侧环路中电流 $I_2(t)$ 变号。读者可以证明，在 $2t_{\max}\approx(3.3)RC$ 时刻顺时针方向电流达到最大值。开关闭合后，流过中部电阻和右侧电阻的电流相等，由于初始状态时右侧电容两端无电压，因此这两个电阻相当于并联。但当右侧电容充电后，则等效性不再存在了。$I_1(t)$ 和 $I_2(t)$ 的变化（$Q_1$ 和 $Q_2$ 的微分取负）如图 12.82（b）所示。

a)

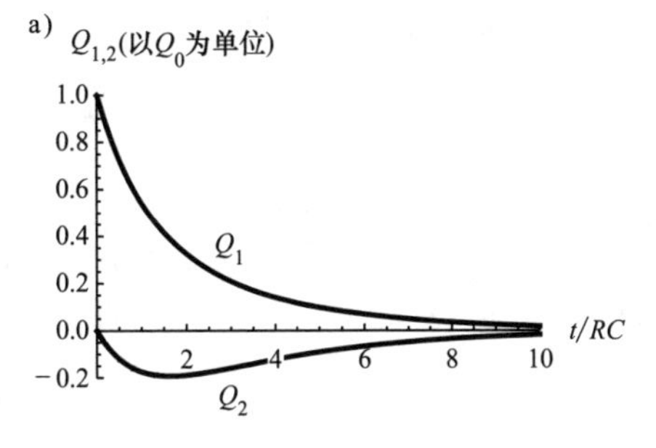


b)

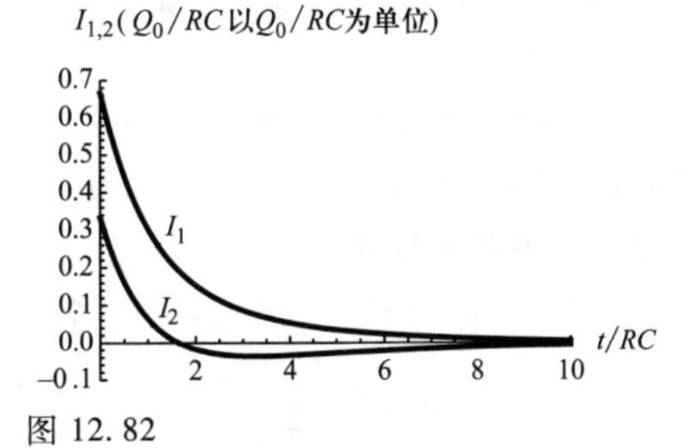


图 12.82

# 12.5　第5章

## 5.1　细导线产生的电场

（a）额外的电荷量为

$$Q=Ne=(5\times10^{8})\times(1.6\times10^{-19}\mathrm{C})=8\times10^{-11}\mathrm{C} \tag{12.242}$$

线电荷密度为

$$\lambda=\frac{Q}{l}=\frac{8\times10^{-11}C}{0.04\mathrm{m}}=2\times10^{-9}\mathrm{C/m} \tag{12.243}$$

因此电场为

$$E=\frac{\lambda}{2\pi\varepsilon_0 r}=\frac{2\times10^{-9}\mathrm{C/m}}{2\pi\left(8.85\times10^{-12}\frac{\mathrm{s}^2\cdot\mathrm{C}^2}{\mathrm{kg}\cdot\mathrm{m}^3}\right)(5\times10^{-5}\mathrm{m})} \tag{12.244}$$

$$=7.2\times10^{5}\mathrm{V/m}$$

电场沿径向指向导线。

（b）在此情况下电荷密度是（同时电场也是）原来的 $\gamma=1/\sqrt{1-(0.9)^2}=2.29$ 倍。因此电场大小为 $E'=\gamma E=1.65\times10^{6}\mathrm{V/m}$，方向仍为沿径向指向导线。

## 5.2　最大横向力

电场大小由式（5.15）给出，其中 $r'=b/\sin\theta$。我们所关心的是横向分量，因此引入一个 $\cos\theta$ 因子，取下式最大值：

$$E_x\propto\frac{\sin^2\theta\cos\theta}{(1-\beta^2\sin^2\theta)^{3/2}} \tag{12.245}$$

令其微分等于零并进行化简，得

$$(1-\beta^2\sin^2\theta)(2\cos^2\theta-\sin^2\theta)+3\beta^2\sin^2\theta\cos^2\theta=0 \tag{12.246}$$

又由于 $\cos^2\theta=1-\sin^2\theta$，对 $\sin^2\theta$ 求解得

$$\sin\theta=\sqrt{\frac{2}{3-\beta^2}} \tag{12.247}$$

若 $\beta\approx1$，则 $\theta\approx90°$，考虑横向分量的情况，$\cos\theta$ 对该项的影响很小。因此，对于 $\theta=90°$ 情况，横向力为0。

若 $\beta\approx0$，则 $\sin\theta\approx\sqrt{2/3}$，得到 $\theta\approx54.7°$（或 $125.3°$）。可以证明，在非相对论情况下，即力在横向上的分量正比于 $\sin^2\theta\cos\theta$ 的情况下，上述结果仍是正确的。

## 5.3　牛顿第三定律

静止质子在介子处产生的电场为一个简单的库仑式 $E=e/4\pi\varepsilon_0 r^2$，因此作用于介子的力为

$$F=eE=\frac{1}{4\pi\varepsilon_0}\frac{e^2}{r^2}=\left(9\times10^{9}\frac{\mathrm{kg}\cdot\mathrm{m}^3}{\mathrm{s}^2\cdot\mathrm{C}^2}\right)\frac{(1.6\times10^{-19}\mathrm{C})^2}{(10^{-4}\mathrm{m})^2}=2.3\times10^{-20}\mathrm{N} \tag{12.248}$$

对于式（5.15），若 $\theta'=0$，则移动中的介子在质子处产生的电场为 $E=(1-\beta^2)e/4\pi\varepsilon_0 r^2$。因此作用于质子的力为作用于介子的力的 $1-\beta^2$ 倍，即作用于质子上的力的大小为（0.64）（2.3×

$10^{-20}$N) = $1.47\times10^{-20}$N。

我们发现，当对象变为电荷时，牛顿第三定律不再适用。同样地（由于 $F=\mathrm{d}p/\mathrm{d}t$），质子与介子的动量之和也不再守恒。但是，事实上对于整体系统来说，动量仍是守恒的，这里说的动量包括两个电荷以及电磁场。我们将在第 9 章中学习到，场同样是有动量的，此题中的动量是处于变化状态的，因此整个系统（包括质子介子以及场）的动量是守恒的。这并不是一个二体问题！

## 5.4 电场的散度

（a）式（5.15）中的电场是径向的，因此由附录 F 中式（F.3）的散度为$(1/r^2)\partial(r^2E_r)/\partial r$，此处省略了坐标的上标。$E_r$ 依赖于 $1/r^2$ 的关系暗示着$\partial(r^2E_r)/\partial r=0$。

注意，此处 $E_r$ 与 $\theta$ 项是不相关的。若 $E_r$ 是唯一的非零分量，则其可以是关于 $\theta$（及 $\phi$）的任意函数，这样 $E$ 的散度仍为 0。我们可以设想这样一个空间体，其边界沿坐标轴方向，其端点处于固定 $r$ 处。若 $E_r\propto 1/r^2$，则任何流入内端点的流量都会从外端点流出，无论角度如何变化都不会对此产生影响，而这对每一个角都是成立的。

（b）式（5.13）所示分量对于 $xz$ 平面中的点成立（再次说明，我们省略了坐标轴的撇号）。但需要记住的是 $y$ 坐标通常非零。由于散度包含周围点的影响，我们需要考虑非零 $y$ 值情况。$E_y$ 分量与 $E_z$ 分量类似（横截面中包括两个方向），因此分子包含一个 $\gamma Q_y$ 因子，而三个方向上的分量在分母上都有一项 $[(\gamma x)^2+y^2+z^2]^{3/2}$。[当 $y=0$ 时，电场变为式（5.13）所示形式，其与 $y$ 和 $z$ 相关。] 为了方便，我们将分母标记为 $D^{3/2}$，可得

$$\begin{aligned}\frac{4\pi\varepsilon_0}{\gamma Q}\nabla\cdot\boldsymbol{E}&=\frac{\partial}{\partial x}\left(\frac{x}{D^{3/2}}\right)+\frac{\partial}{\partial y}\left(\frac{y}{D^{3/2}}\right)+\frac{\partial}{\partial_z}\left(\frac{z}{D^{3/2}}\right)\\&=\left(\frac{1}{D^{3/2}}-\frac{3\gamma^2x^2}{D^{5/2}}\right)+\left(\frac{1}{D^{3/2}}-\frac{3y^2}{D^{5/2}}\right)+\left(\frac{1}{D^{3/2}}-\frac{3z^2}{D^{5/2}}\right)\\&=\frac{3}{D^{3/2}}-\frac{3((\gamma x)^2+y^2+z^2)}{D^{5/2}}\\&=\frac{3}{D^{3/2}}-\frac{3D}{D^{5/2}}=0\end{aligned}\tag{12.249}$$

注意，若分母指数不为 3/2 或在分数中电源的长度不等于−2，则上式无法解出，这与（a）部分中 $E_r\propto 1/r^2$ 的解释相符。

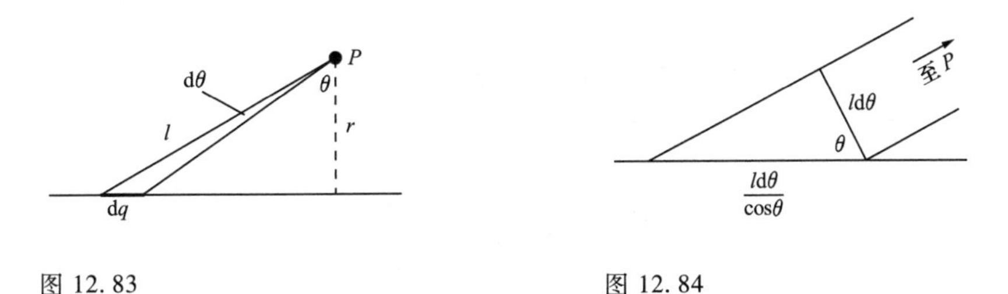


图 12.83　　图 12.84

## 5.5 运动电子束产生的电场

为求图 12.83 中 $P$ 点处的电场，可以考虑与其相隔一个小间距且成 $\theta$ 角的部分电荷，$P$ 与

两端所成角度之差为 $d\theta$。此角为式（5.15）中角的补角，因此该小段电荷 $dq$ 在 $P$ 处产生的场为

$$dE=\frac{dq}{4\pi\varepsilon_0 l^2}\frac{1-\beta^2}{(1-\beta^2\cos^2\theta)^{3/2}} \tag{12.250}$$

此处 $l=r/\cos\theta$。此小段长度为 $d(r\tan\theta)=rd\theta/\cos^2\theta$（这可由放大后的图 12.84 中求出，长度为 $(ld\theta)/\cos\theta$，而 $l=r/\cos\theta$），因此电量为 $dq=\lambda(rd\theta/\cos^2\theta)$。由对称性可知，电场方向为垂直于线状电荷方向，因此结果中会有一个 $\cos\theta$。综上，$P$ 处电场方向为径向，其大小为

$$\begin{aligned} E &= \int_{-\pi/2}^{\pi/2}\frac{dq}{4\pi\varepsilon_0 l^2}\frac{1-\beta^2}{(1-\beta^2\cos^2\theta)^{3/2}}\cos\theta \\ &= \frac{1}{4\pi\varepsilon_0}\int_{-\pi/2}^{\pi/2}\frac{\lambda(rd\theta/\cos^2\theta)}{(r/\cos^2\theta)^2}\frac{1-\beta^2}{(1-\beta^2\cos^2\theta)^{3/2}}\cos\theta \\ &= \frac{\lambda(1-\beta^2)}{4\pi\varepsilon_0 r}\int_{-\pi/2}^{\pi/2}\frac{\cos\theta d\theta}{(1-\beta^2\cos^2\theta)^{3/2}} \end{aligned} \tag{12.251}$$

利用附录 K 中的积分表可得

$$\frac{\lambda(1-\beta^2)}{4\pi\varepsilon_0 r}\cdot\frac{\sin\theta}{(1-\beta^2)\sqrt{1-\beta^2\cos\theta}}\Bigg|_{-\pi/2}^{\pi/2}=\frac{\lambda(1-\beta^2)}{4\pi\varepsilon_0 r}\cdot\frac{2}{(1-\beta^2)}=\frac{\lambda}{2\pi\varepsilon_0 r} \tag{12.252}$$

## 5.6　经过的电荷所产生的最大场

在质子所处的静止系统中，反质子的速度 $\beta$ 可由速度相加公式得出：$\beta=2\beta_{lab}/(1+\beta_{lab}{}^2)$。其中 $\gamma=(1+\beta_{lab}{}^2)/(1-\beta_{lab}{}^2)$，读者可自行证明。当 $\beta_{lab}\approx 1$ 时，上式变为 $\gamma\approx 2/(1-\beta_{lab}{}^2)=2\gamma_{lab}{}^2=2\times10^4$。

式（5.15）中的场在 $\theta=90°$时取最大值为 $(Q/4\pi\varepsilon_0 r^2)/\sqrt{1-\beta^2}=\gamma Q/4\pi\varepsilon_0 r^2$。（此处省略了坐标系上标的撇号。）因此电场最大值应为

$$\begin{aligned} E_{max} &= \frac{1}{4\pi\varepsilon_0}\frac{\gamma e}{r^2}=\left(9\times10^9\ \frac{kg\cdot m^3}{s^2\cdot C^2}\right)\frac{(2\times10^4)(1.6\times10^{-19}C)}{(10^{-10}m)^2} \\ &= 2.88\times10^{15}V/m \end{aligned} \tag{12.253}$$

由式（5.15）可知，当分母中的 $(1-\beta^2\sin^2\theta)^{3/2}$取值为其最小值的二倍即 $(1-\beta^2)^{3/2}$时，电场强度变为其最大值的一半。（我们可以发现 $\theta$ 非常接近 $\pi/2$，因此式（5.15）中 $r$ 的变化可忽略。）定义一个很小的角 $\alpha\equiv\pi/2-\theta$ 以方便计算，这样就有 $\sin^2\theta=\cos^2\alpha=1-\sin^2\alpha\approx1-\alpha^2$。$(1-\beta^2\sin^2\theta)^{3/2}$可写为

$$(1-\beta^2(1-\alpha^2))^{3/2}=(1-\beta^2+\beta^2\alpha^2)^{3/2}\approx\left(\frac{1}{\gamma^2}+\alpha^2\right)^{3/2} \tag{12.254}$$

此处我们认为 $1-\beta^2\equiv1/\gamma^2$，且 $\beta^2\approx1$。因此令电场取最大值一半的 $\alpha$ 为

$$\begin{aligned} \left(\frac{1}{\gamma^2}+\alpha^2\right)^{3/2}=2\left(\frac{1}{\gamma^2}\right)^{3/2} &\Longrightarrow\frac{1}{\gamma^2}+\alpha^2=2^{2/3}\frac{1}{\gamma^2} \\ &\Longrightarrow\alpha^2=\frac{2^{2/3}-1}{\gamma^2} \end{aligned} \tag{12.255}$$

因此

$$\alpha \approx \frac{0.766}{\gamma} = \frac{0.766}{2\times10^4} = 3.83\times10^{-5} \tag{12.256}$$

在 $r=10^{-10}$m 处，$\pm\alpha$ 扫过的距离为 $r(2\alpha)=7.7\times10^{-15}$m，经过该距离所需时间为 $2r\alpha/c=2.6\times10^{-23}$s。由式（12.256）可知，该饼形电场线的角宽约为 $1/\gamma$。

## 5.7 示波器中的电子

**实验室参考系** 假设电子初速度方向为沿 $x$ 轴方向。在实验室参考系 $F$ 中，由式（G.11）可知其动量为 $p_x=\gamma m v_0$，此处 $\gamma=1/\sqrt{1-v_0^2/c^2}$。此动量在电子运动过程中保持不变，因为在 $x$ 方向上没有电场，因此也就没有作用于电子的力。电子在两极板间运动的时间为 $t=l/v_0$（忽略练习题 5.25 中所讨论的效应，因为横向上的运动是非相对论性的）。横向力为一个定值 $eE$（我们马上会计算其大小），它等于横向动量的变化速率。因此，最终横向动量为

$$p_y=(eE)t=\frac{eEl}{v_0} \tag{12.257}$$

因为 $p_y=\gamma m v_y$，所以横向速率为 $v_y=p_y/\gamma m=eEl/\gamma m v_0$。（$\gamma$ 因子包含了约等于 $v_0$ 的全速度，而非横向速度 $v_y$。）由于横向力是恒定的，并且由于我们假设横向运动是非相对论性的，所以横向的加速度也是恒定的，横向速度的平均值为 $v_y$ 的一半，即 $eEl/2\gamma m v_0$。因此，横向移动距离为

$$y=\bar{v}_y t=\frac{eEl}{2\gamma m v_0}\frac{l}{v_0}=\frac{eEl^2}{2\gamma m v_0^2} \tag{12.258}$$

从直观上可以感觉到该结果随 $e$、$E$ 和 $l$ 的增大而增大，随 $m$ 和 $v_0$ 增大而减小。注意，偏向角 $p_y/p_x$（也可以说是 $v_y/v_x$）等于 $eEl/\gamma m v_0^2$，该值为 $y/x$ 的两倍，正如所有横向加速度恒定的情况中一样，读者可自行验证。

**电子参考系** 现在考虑这样一个参考系 $F'$，在此参考系中电子初始处于静止状态。（此参考系称为电子参考系，尽管电子会因横向加速而逐渐脱离。）极板以速率 $v_0$ 移向左方，极板长度缩减为 $l/\gamma$。因此它们在电子上方和下方的时间为 $t'=(l/\gamma)/v_0$。$F'$ 中场的大小为 $F$ 中的 $\gamma$ 倍，即[6] $E'=\gamma E$。横向动量为

$$p'_y=eE't'=e(\gamma E)\frac{t}{\gamma}=eEt=\frac{eEl}{v_0} \tag{12.259}$$

但由式（G.12）可知，横向动量不受洛伦兹收缩的影响，因此 $p_y$ 也等于 $eEl/v_0$，这与式（12.257）中的结果相符。简单地说，横向动量相等是由于 $E'$ 是 $E$ 的 $\gamma$ 倍，而时间 $t'$ 为 $t$ 的 $1/\gamma$，两种影响互相抵消了。

在 $F'$ 中电子的运动是非相对论性的，因此最终 $v'_y=p'_y/m=eEl/mv_0$（注意其为实验室参考系中 $v_y$ 的 $\gamma$ 倍）。横向速度的平均值为 $\bar{v}'_y=v'_y/2=eEl/2mv_0$。因此总的横向运动距离为

$$y'=\bar{v}_y{}'t'=\frac{eEl}{2mv_0}\frac{l}{\gamma v_0}=\frac{eEl^2}{2\gamma m v_0^2} \tag{12.260}$$

由式（G.2）可知横向移动距离同样不受洛伦兹收缩的影响，因此实验室参考系中的 $y$ 也等于 $eEl^2/2\gamma m v_0^2$。（因此此处表明的“在实验室参考系中测得”是没有必要的。）这与式（12.258）中的结果相符。简单来说，横向移动距离相等，因为 $v'_y$ 是 $v_y$ 的 $\gamma$ 倍，而 $t'$ 是 $t$ 的 $1/\gamma$，二者的影响互相抵消了。

---

6 注意，在场源参考系中，其产生的场最强，见式（5.7）。在电子参考系中，电子所受的力相对于电子处于其他参考系情况下所受的力更大，这一论述也与 $E'=\gamma E$ 相符，见式（5.17）。

若用表达式 $y=a_y t^2/2$ 来解该问题，同样可得 $y'=y$，这是因为在电子参考系 $F'$ 中，时间 $t'$ 为 $t$ 的 $1/\gamma$，但加速度 $a'_y$ 为 $a_y$ 的 $\gamma^2$ 倍（因为要达到原速度 $\gamma$ 倍的速度只需要原时间的 $1/\gamma$）。

读者可思考如下问题之间的联系：与实验室参考系内的对应的量相比，$t'$ 为 $t$ 的 $1/\gamma$，$p'_y$、$y'$ 则不变，$E'$ 和 $v'_y$ 增大 $\gamma$ 倍，$a'_y$ 则增大 $\gamma^2$ 倍。

### 5.8　求磁场

在 5.8 节末尾的例题中，我们发现总的合力为 $qE_2/\gamma$，电场力为 $\gamma qE_2$。假设 $q$ 和 $\sigma$ 为正，则上述两力互斥。若电场力与磁场力之和为总的合力，则与磁场力应该是互相吸引的且其大小应为

$$\gamma qE_2-\frac{qE_2}{\gamma}=\gamma qE_2\left(1-\frac{1}{\gamma^2}\right)=\gamma qE_2\left(\frac{v^2}{c^2}\right)=qv\left(\frac{\gamma vE_2}{c^2}\right) \tag{12.261}$$

由于磁场力为 $q\boldsymbol{v}\times\boldsymbol{B}$，所以吸引力 $qv(\gamma vE_2/c^2)$ 是由大小为 $\gamma vE_2/c^2$、方向为指向纸外的磁场引发的。

### 5.9　速度“加倍”

（a）若测试电荷观察到电子以速率 $v_0$ 向后移动，那么电子则观察到测试电荷以速率 $v_0$ 向前移动。因此测试电荷相对于电子以速率 $v_0$ 移动，反过来说就是以速率 $v_0$ 相对于实验室移动。速度相加公式正适用于这种情况。按照相对论，测试电荷相对于实验室的 $\beta$ 变为 $\beta=2\beta_0/(1+\beta_0^2)$。读者可以验证，$2\beta_0/(1+\beta_0{}^2)$ 按照相对论减去 $\beta_0$ 就得到 $\beta_0$。这为解决此类题目提供了另一种思路。

（b）首先，$\gamma$ 与上述值 $\beta$ 的关系为

$$\gamma=\frac{1}{\sqrt{1-\beta^2}}=\frac{1}{\sqrt{1-\left(\dfrac{2\beta_0}{1+\beta_0^2}\right)^2}}=\frac{1+\beta_0^2}{1-\beta_0^2} \tag{12.262}$$

在测试电荷坐标系中，测试电荷观察到正离子以速率 $\beta$ 向后移动（因为它们在实验室参考系中是静止的）。它们之间的距离为实验室参考系中的距离的 $1/\gamma$ 倍，因此它们的密度变为 $(1+\beta_0{}^2)\lambda_0/(1-\beta_0{}^2)$ 的 $\gamma$ 倍。测试电荷观察到的电子速率与其在实验室参考系中的速率 $\beta_0$ 相等（方向相反，但这在此没有影响）。因此电子电荷密度仍为 $-\lambda_0$。测试电荷观察到的净电荷密度为

$$\lambda'=\lambda_0\frac{1+\beta_0^2}{1-\beta_0^2}-\lambda_0=\frac{2\beta_0^2\lambda_0}{1-\beta_0^2} \tag{12.263}$$

这与式（5.24）相符，因为正如所期望的，在式（5.24）中有

$$\lambda'=\lambda\beta\beta_0\lambda_0=\left(\frac{1+\beta_0^2}{1-\beta_0^2}\right)\left(\frac{2\beta_0}{1+\beta_0^2}\right)\beta_0\lambda_0=\frac{2\beta_0^2\lambda_0}{1-\beta_0^2} \tag{12.264}$$

## 12.6　第 6 章

### 6.1　星际尘埃颗粒

练习题 2.38 中的颗粒半径为 $3\cdot10^{-7}$m，电势为 $-0.15$V。由于 $\phi=q/4\pi\varepsilon_0 r$，所以 $q=4\pi\varepsilon_0 r\phi$，得

$$q=4\pi\left(8.85\times10^{-12}\frac{\mathrm{s^2\cdot C^2}}{\mathrm{kg\cdot m^3}}\right)(3\times10^{-7}\mathrm{m})(-0.15\mathrm{V})=-5\times10^{-18}\mathrm{C} \tag{12.265}$$

当该微粒经过磁场 $B$ 时会受到一个横向力 $qvB$。若其运动轨迹为一个半径为 $R$ 的圆（事实上也确实是圆，见习题 6.26 或习题 6.29），则 $F=ma$，可得 $qvB=mv^2/R \Longrightarrow v/R=qB/m$。因此回旋加速器的频率 $\omega=v/R$ 为

$$\omega=\frac{qB}{m}=\frac{(5\times10^{-18}\mathrm{C})(3\times10^{-10}\mathrm{T})}{10^{-16}\mathrm{kg}}=1.5\times10^{-11}\mathrm{s^{-1}} \tag{12.266}$$

周期为 $T=2\pi/\omega=4.2\times10^{11}\mathrm{s}\approx13000$ 年。注意该结果与速度 $v$ 及半径 $R$ 无关（对于给定的 $q$、$B$、$m$，它们二者是正相关的）。

## 6.2 电线的场

功率 $P=IV$，因此电流为

$$I=\frac{P}{V}=\frac{10^7\mathrm{J/s}}{5\times10^4\mathrm{J/C}}=200\mathrm{A} \tag{12.267}$$

由一根导线产生的场为

$$B=\frac{\mu_0 I}{2\pi r}=\frac{(4\pi\times10^{-7}\mathrm{kg\cdot m/C^2})(200\mathrm{A})}{2\pi(1\mathrm{m})}=4\times10^{-5}\mathrm{T} \tag{12.268}$$

另一根导线产生的场与此大小相同（方向也相同），因此在中间位置处总场为 $8\times10^{-5}$T，或者说是 0.8G。

## 6.3 导线互斥

首先需要找到 $BCDE$ 的质心。找质心的方法有很多。由于侧面长度是地面的两倍，所以该物体等同于一个处于距离顶部 15cm 处质量为（$2m+2m$）的物体再加上一个距离顶部 30cm 处质量为 $m$ 的物体。质心位于两有效质量块之间距离的 $1/(4+1)$ 处，即 $4m$ 下方 3cm 处，或者说是顶部下方 18cm 处。

总重量为 $(0.75\mathrm{m})(0.08\mathrm{N/m})=0.06\mathrm{N}$。若 $F$ 为 $CD$ 和 $GH$ 之间的互斥磁场力，则由 $BE$ 受力平衡，有 $F(0.30\mathrm{m})=(0.06\mathrm{N})(0.18\mathrm{m})\sin\theta$，此处 $\theta$ 为 $BC$ 与垂直方向的夹角。因此[7]

$$F=(0.06\mathrm{N})\times\frac{18}{30}\times\frac{0.5}{30}=6\times10^{-4}\mathrm{N} \tag{12.269}$$

由式（6.15）可知，一条无限长通电导线作用于另一条通过同样电流的导线上长度为 $l$ 的一段上的磁场力为 $F=\mu_0 I^2 l/2\pi r$，令其等于 $6\times10^{-4}$N，得

$$\frac{(4\pi\times10^{-7}\mathrm{kg\cdot m/C^2})I^2(0.15\mathrm{m})}{2\pi(0.005\mathrm{m})}=6\times10^{-4}\mathrm{N}\Longrightarrow I=10\mathrm{A} \tag{12.270}$$

这种平衡是很稳定的，因为当角度变大时，磁力矩变小，重力矩变大，这会促使角度减小。同样，如果角度变小，那么磁力矩会变大，重力矩变小，从而使得角度变大。

若要求 $I$，则可以证明 $I=(2\pi g\lambda_m r^2(h+l)/\mu_0 hl)^{1/2}$，此处 $\lambda_m$ 为单位长度导线的重量密度（因此 $g\lambda_m$ 为单位长度导线重量），$h$ 为 $BC$ 的高度，$l$ 为 $CD$ 的长度，$r$ 为偏转距离。我们发现 $I$ 与 $r$ 成正比，如果 $h$ 和 $l$ 等比例放大，则 $I$ 减小。

## 6.4 导线的矢势

由于单位矢量 $\boldsymbol{\theta}=-\sin\theta\hat{\boldsymbol{x}}+\cos\theta\hat{\boldsymbol{y}}$，且 $\sin\theta=y/r$，$\cos\theta=x/r$，我们可以在笛卡儿坐标系中将 $B$

7 虽然这里我们（很合理地）做了小角近似，你可以证明下述结论是正确的。

写为

$$B=\frac{\mu_0 I(-(y/r)\hat{\boldsymbol{x}}+(x/r)\hat{\boldsymbol{y}})}{2\pi r}=\frac{\mu_0 I}{2\pi}\left(\frac{-y\hat{\boldsymbol{x}}+x\hat{\boldsymbol{y}}}{x^2+y^2}\right) \tag{12.271}$$

矢势 $\boldsymbol{A}$（$x$，$y$，$z$）可以写为（此处用到 $\ln r^2=2\ln r$）

$$\boldsymbol{A}=-\hat{z}\frac{\mu_0 I}{4\pi}\ln r^2=-\hat{z}\frac{\mu_0 I}{4\pi}\ln(x^2+y^2) \tag{12.272}$$

$\nabla\times\boldsymbol{A}$ 的各个分量为

$$(\nabla\times\boldsymbol{A})_x=\frac{\partial A_z}{\partial y}-\frac{\partial A_y}{\partial z}=\frac{\mu_0 I}{2\pi}\frac{-y}{x^2+y^2}$$

$$(\nabla\times\boldsymbol{A})_y=\frac{\partial A_x}{\partial z}-\frac{\partial A_z}{\partial x}=\frac{\mu_0 I}{2\pi}\frac{x}{x^2+y^2}$$

$$(\nabla\times\boldsymbol{A})_z=\frac{\partial A_y}{\partial x}-\frac{\partial A_x}{\partial y}=0 \tag{12.273}$$

这与 $\boldsymbol{B}$ 的各个分量相等。

## 6.5　有限长导线的矢势

（a）在式（6.34）和式（12.272）中，我们对有量纲的长度和长度平方都分别取自然对数，但对有量纲的量取自然对数没有什么物理意义。任何可以做泰勒展开（有不止一项）的函数都只能是关于无量纲量的函数，否则就可以在泰勒展开中加入不同量纲的量了，如一米加一平方米，这是没有意义的。因此式（6.34）中的 $\ln r$ 应该为 $\ln(r/a)$，此处 $a$ 为某长度。当我们通过求 $\boldsymbol{A}$ 的旋度来求 $\boldsymbol{B}$ 时，我们会发现 $a$ 被消掉了，因此 $a$ 的取值不会有影响。所以，虽然我们忽略了这个问题，但是对求得结果是没有影响的。同样地，$\ln(r/a)$ 等于 $\ln r-\ln a$，加上一个常量也不会影响其导数。

但这引出了下面这个问题：某个特定值的 $a$ 与无限长的极细导线间互相会产生什么影响呢？这样的导线长度不易表示（非0或∞的表示），因此在考虑该导线影响的情况下要得出有限的 $a$ 的特定值是不可能的。若在开始计算时没有考虑这一参量，那么在结果中也不会出现该参量。在解决（b）部分后我们再来回答这一问题。

（b）考虑这样一个电流元，所处角度为 $\theta$，角度变化为 $d\theta$，如图12.85所示。令 $l$ 为题中 $P$ 点距电流元的距离，由图12.86可知，该电流元长度为 $l d\theta/\cos\theta$。则式（6.46）中的 $\boldsymbol{A}$ 的表达式可以写为

$$\boldsymbol{A}=\frac{\mu_0 I}{4\pi}\int\frac{d\boldsymbol{l}}{r_{12}}=2\cdot\frac{\mu_0 I}{4\pi}\int_0^{\theta_0}\frac{l d\theta/\cos\theta}{l}\hat{\boldsymbol{x}} \tag{12.274}$$

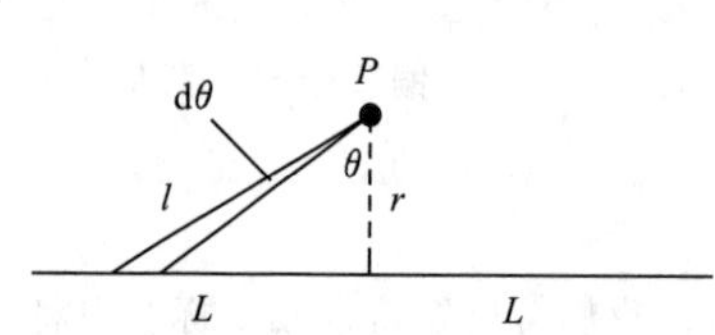

图 12.85

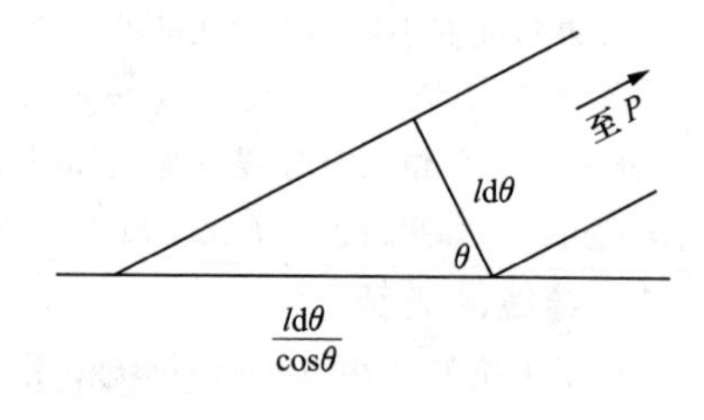

图 12.86

此处 $\theta_0=\arctan(L/r)$，$l$ 被消掉了，因此我们只需对 $\int \mathrm{d}\theta/\cos\theta$ 积分，由附录 K 中的积分表可得结果为 $\ln[(1+\sin\theta)/\cos\theta]$。由此可得（积分的下限对结果无影响）

$$
\begin{aligned}
A &= \frac{\mu_0 I}{2\pi}\ln\left(\frac{1+\sin\theta_0}{\cos\theta_0}\right)\hat{\boldsymbol{x}}=\frac{\mu_0 I}{2\pi}\ln\left(\frac{1+L/\sqrt{L^2+r^2}}{r/\sqrt{L^2+r^2}}\right)\hat{\boldsymbol{x}} \\
&= \frac{\mu_0 I}{2\pi}\ln\left(\frac{\sqrt{L^2+r^2}+L}{r}\right)\hat{\boldsymbol{x}}
\end{aligned}
\tag{12.275}
$$

在 $L\gg r$ 的极限情况下，分子中的 $r^2$ 项可被忽略，因此 $\boldsymbol{A}$ 简化为 $\boldsymbol{A}=(\mu_0 l/2\pi)\ln(2L/r)\hat{\boldsymbol{x}}$，如我们写成 $\boldsymbol{A}=-(\mu_0 \mathrm{I}/2\pi)\ln(r/2L)\hat{\boldsymbol{x}}$ 这样我们就发现（a）部分中的 $a$ 为导线总长度。因为这是对导线长度的唯一一个描述，因此 $a$ 只能是 $L$ 的若干倍。

当然，将 $2L$ 换为 $5L$ 或者其他常量仍然可以得到一个正确的 $\boldsymbol{A}$ 和 $\boldsymbol{B}$ 的表达式。因此如果说由“$2L$”得出了 $\boldsymbol{A}$ 的值是不准确的。（我们知道，在静电势 $\phi$ 的描述中也有类似的情况，我们也可以添加任一常量。）但对于有限长导线来说 $\ln(r/a)$ 中的 $a$ 仍是必要的。

由于最终结果 $\boldsymbol{B}$ 与 $L$ 无关［或者说，当我们采用式（12.275）中 $\boldsymbol{A}$ 的准确形式时，随着 $L$ 趋近于无穷大，$\boldsymbol{B}$ 会与 $L$ 无关］，我们可以令 $L\to\infty$，这对结果不会产生影响。注意，若直接由毕奥-萨伐尔定律求 $\boldsymbol{B}$（见练习题 6.45)，积分是收敛的，因此无需规定导线为有限长以缩短积分距离。

## 6.6　A 的散度为零

首先来证明 $\nabla_1(1/r_{12})=-\nabla_2(1/r_{12})$，为此需要在笛卡儿坐标系中计算其导数，对于

$$
r_{12}=[(x_1-x_2)^2+(y_1-y_2)^2+(z_1-z_2)^2]^{1/2} \tag{12.276}
$$

$x$ 方向分量 $\nabla_1(1/r_{12})$ 为

$$
\frac{\partial}{\partial x_1}[(x_1-x_2)^2+(y_1-y_2)^2+(z_1-z_2)^2]^{-1/2}=\frac{x_2-x_1}{r_{12}^3} \tag{12.277}
$$

类似地，$\nabla_2(1/r_{12})$ 的 $x$ 方向分量为 $(x_1-x_2)/r_{12}{}^3$。两者互为相反数。对于 $y$ 向和 $z$ 向做同样处理。

在求 $\nabla\cdot\boldsymbol{A}$ 时，需要注明此处 $\nabla$ 算子为 $\nabla_1$，原因是 $\boldsymbol{A}$ 为“1”坐标系中的函数。对式（6.44）取导数可得（步骤如下所述）

$$
\begin{aligned}
\nabla_1\cdot\boldsymbol{A}_1 &= \frac{\mu_0}{4\pi}\int\nabla_1\cdot\left(\frac{\boldsymbol{J}_2}{r_{12}}\right)\mathrm{d}v_2 \\
&= \frac{\mu_0}{4\pi}\int\left(\frac{1}{r_{12}}\nabla_1\cdot\boldsymbol{J}_2+\boldsymbol{J}_2\cdot\nabla_1\left(\frac{1}{r_{12}}\right)\right)\mathrm{d}v_2 \\
&= \frac{\mu_0}{4\pi}\int\left(-\frac{1}{r_{12}}\nabla_2\cdot\boldsymbol{J}_2+\boldsymbol{J}_2\cdot\nabla_2\left(\frac{1}{r_{12}}\right)\right)\mathrm{d}v_2 \\
&= -\frac{\mu_0}{4\pi}\int\nabla_2\cdot\left(\frac{\boldsymbol{J}_2}{r_{12}}\right)\mathrm{d}v_2 \\
&= -\frac{\mu_0}{4\pi}\int_S\left(\frac{\boldsymbol{J}_2}{r_{12}}\right)\cdot\mathrm{d}\boldsymbol{a}_2 \\
&= 0
\end{aligned}
\tag{12.278}
$$

这是我们第一次可以将 $\nabla_1$ 算子代到积分中，因为该积分是在“2”坐标系中进行的。在第二行中用到了给定的矢量。第二行与第三行中的第一项是相等的，因为它们都等于 0，所以负号不会有

影响（$\nabla_1 \cdot \boldsymbol{J}_2$ 为0是因为 $\boldsymbol{J}_2$ 不是在“1”坐标系中定义的量，$\nabla_2 \cdot \boldsymbol{J}_2$ 为0是因为电流稳定不变）；第二项也是相等的，这是由于 $1/r_{12}$ 的梯度也与上述情况相同。在第四行中利用了所给矢量的反向矢量。在第五行中利用了散度定理，其中 $S$ 为无限远处的面。在第六行中基于电荷守恒认为无穷远处的球面内无静电流流出。（通常认为在无穷远处电流为0，这样面积分一定为0。）注意，上述一连串推导式的目的都是为了将 $\nabla_1$ 算子与 $\nabla_2$ 算子互换，这样就可以对 $\mathrm{d}v_2$ 的积分应用散度定理了。

## 6.7　旋转球处的矢势

（a）如图12.87所示，考虑圆环对 $\boldsymbol{A}$ 在点（$R$，0，0）处的影响，所给定的 $\boldsymbol{A}$ 为 $(\mu_0/4\pi)\int \boldsymbol{J}\mathrm{d}V/r$。当圆环随着球面绕 $z$ 轴旋转时，环上的点都有一个正速度分量 $v_y$（指向纸内部）。对于 $y<0$ 的点来说则有一个正的 $v_x$ 分量，$y>0$ 的点有负的 $v_x$ 分量。这些 $v_x$ 分量在上述积分中会成对抵消掉，因此只需要考虑 $v_y$ 分量。

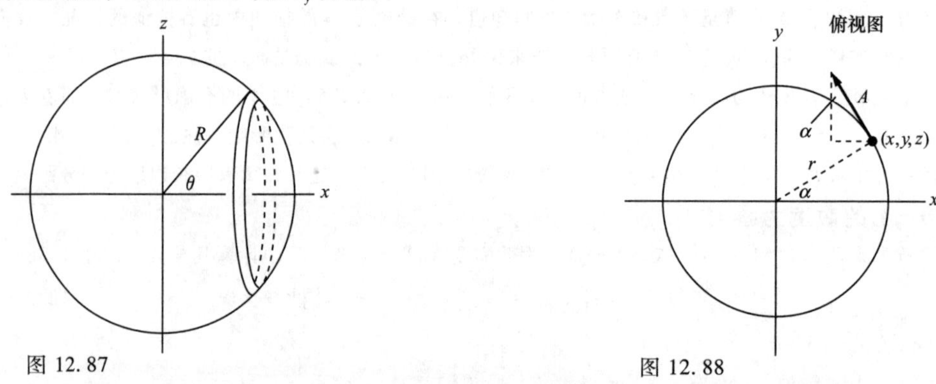


图12.87　　图12.88

环上所有的点都有相同的 $v_y$，由此可知总速度 $v$ 与距离 $z$ 轴的长度 $(x^2+y^2)^{1/2}$ 相关，即 $v=\omega(x^2+y^2)^{1/2}$。为了求速度的 $v_y$ 分量，需要对其乘以 $x/(x^2+y^2)^{1/2}$。环上所有的点的 $v_y$ 都等于 $\omega x$，此处 $x$ 为各点的 $x$ 坐标。因此，只需要将该圆环看成是沿着 $y$ 方向以速度 $v_y=\omega x=\omega R\cos\theta$ 滑动即可。这样（$R$，0，0）点处的 $\boldsymbol{A}$ 就只有一个 $y$ 分量。

环的面积为 $\mathrm{d}a=(2\pi R\sin\theta)(R\mathrm{d}\theta)$。若我们认为环的厚度为 $\mathrm{d}r$，体电荷密度为 $\rho$，那么 $\boldsymbol{A}$ 的 $J_y\mathrm{d}V$ 部分就可以写为 $(\rho v_y)(\mathrm{d}a\mathrm{d}r)=(\rho\mathrm{d}r)(v_y\mathrm{d}a)=\sigma v_y\mathrm{d}a$。（此处认为 $J$ 可以写为 $\rho v$，读者可证明。）点（$R$，0，0）距离环上点的距离为 $r=2R\sin(\theta/2)$，如此有

$$
\begin{aligned}
A_y &= \frac{\mu_0}{4\pi}\int\frac{J_y\mathrm{d}V}{r} = \frac{\mu_0}{4\pi}\int_0^{\pi}\frac{\sigma(\omega R\cos\theta)\cdot(2\pi R\sin\theta)(R\mathrm{d}\theta)}{2R\sin(\theta/2)} \\
&= \frac{\mu_0 R^2\sigma\omega}{4}\int_0^{\pi}\frac{\sin\theta\cos\theta\mathrm{d}\theta}{\sin(\theta/2)}
\end{aligned}
\tag{12.279}
$$

将 $\sin\theta$ 写为 $2\sin(\theta/2)\cos(\theta/2)$，将 $\cos\theta$ 写为 $1-2\sin^2(\theta/2)$，可得

$$
\begin{aligned}
A_y &= \frac{\mu_0 R^2\sigma\omega}{2}\int_0^{\pi}\cos(\theta/2)[(1-2\sin^2(\theta/2))]\mathrm{d}\theta \\
&= \frac{\mu_0 R^2\sigma\omega}{2}[2\sin(\theta/2)-(4/3)\sin^3(\theta/2)]\Big|_0^{\pi} \\
&= \frac{\mu_0 R^2\sigma\omega}{3}
\end{aligned}
\tag{12.280}
$$

(b) 在图 6.34 中，绕 $\boldsymbol{\omega}_1$ 矢量转动的部分对 $\boldsymbol{A}$ 无贡献，这是因为对于一个球面的每一个部分来说都有另一个与之做相反运动的部分，即处于距离为 $r$ 的 $(x, 0, z)$ 点。因此二者对积分表达式 $\boldsymbol{A}$ 的贡献成对抵消了。

因此只需要考虑 $\boldsymbol{\omega}_2$ 这一转动。这与 (a) 部分中的结构是相同的，只是 $\boldsymbol{\omega}$ 现在变为了 $|\boldsymbol{\omega}_2| = \omega\cos\beta$。$\boldsymbol{A}$ 仍然只有一个 $y$ 向分量（指向纸内部），因此由式 (12.280) 可得（此处 $R\cos\beta = x$）

$$A_y = \frac{\mu_0 R^2 \sigma(\omega\cos\beta)}{3} = \frac{\mu_0 x R\sigma\omega}{3} \tag{12.281}$$

(c) 由对称性可知，球壳上所有 $z$ 相同的点（即处于同一水平面上）的 $\boldsymbol{A}$ 大小都相等，只有方向不同，$\boldsymbol{A}$ 的方向为沿着圆的切线方向。若该圆的半径为 $r$ [在 (b) 部分中为 $x$]，那么由 (b) 部分可知 $\boldsymbol{A}$ 的大小为 $A = \mu_0 rR\sigma\omega/3$。图 12.88 为由 $z$ 轴看下去的俯视图，$\boldsymbol{A}$ 的各分量为 $(-A\sin\alpha, \cos\alpha, 0)$，因此在球面上任一点的 $\boldsymbol{A}$ 为

$$A = \frac{\mu_0 R\sigma\omega}{3}(-r\sin\alpha, r\cos\alpha, 0) = \frac{\mu_0 R\sigma\omega}{3}(-y, x, 0) \tag{12.282}$$

至此，我们已经可以利用题目 11.8 (b) 中的方法来求解这种旋转中的空球壳的磁场了。但我们将此问题留至第 11 章，因为我们需要用到第 10 章中的内容。

## 6.8 多圈导线的场

由毕奥-萨伐尔定律可知，导线上长为 $\mathrm{d}\boldsymbol{l}$ 的线元对场的贡献为 $\mathrm{d}\boldsymbol{B} = (\mu_0/4\pi) I\mathrm{d}\boldsymbol{l}\times\boldsymbol{r}/r^2$。对于距离导线很远的一点，$\boldsymbol{r}$ 矢量和距离 $r$ 对于导线上所有的点来说都大约是相等的。因此我们在对整根导线做积分时可以将其提出积分外。导线产生的场为

$$\boldsymbol{B} = \frac{\mu_0}{4\pi}\int\frac{I\mathrm{d}\boldsymbol{l}\times\hat{\boldsymbol{r}}}{r^2} = \frac{\mu_0 I}{4\pi r^2}\left(\int\mathrm{d}\boldsymbol{l}\right)\times\hat{\boldsymbol{r}} = \frac{\mu_0 I}{4\pi r^2}\boldsymbol{l}\times\hat{\boldsymbol{r}} \tag{12.283}$$

此处 $\boldsymbol{l}$ 为由一点指向另一点的矢量，该结果是针对这两点间直导线所产生的场而言的。

## 6.9 按比例增大的环

每个环的电阻都有如 $R=\rho L/A$ 的形式，$\rho$ 为电阻率，$L$ 为周长，$A$ 为截面积。由于 $L$ 为长度，而 $A$ 量纲为长度平方，所以大环的电阻为小环电阻的一半，又由于电压相等，所以大环中的电流为小环中的两倍。由式 (6.54) 可知环中心处的磁场为 $\mu_0 I/2r$。由于大环的电流和半径都为两倍，所以中心处的场是相等的。

## 6.10 电流方向不同的环

令轴上 $z=0$ 的点为两种环中间的位置。由式 (6.53) 可知对于轴上任一 $z$ 处场的大小为

$$B_z = \frac{\mu_0 I a^2}{2[a^2+(z-\varepsilon/2)^2]^{3/2}} - \frac{\mu_0 I a^2}{2[a^2+(z+\varepsilon/2)^2]^{3/2}} \tag{12.284}$$

我们可以按照 $\varepsilon$ 的最低阶进行泰勒展开来求此差。但还有一种更简单的办法，按照定义可知此差为 $\varepsilon$ 乘以（负的）函数 $\mu_0 I a^2/2(a^2+z^2)^{3/2}$ 的导数，即

$$B_z = -\varepsilon\frac{\mathrm{d}}{\mathrm{d}z}\left[\frac{\mu_0 I a^2}{2(a^2+z^2)^{3/2}}\right] = \frac{3\varepsilon\mu_0 I a^2}{2}\frac{z}{(a^2+z^2)^{5/2}} \tag{12.285}$$

求这个关于 $z$ 的函数的最大值，可令导数分子为 0，得

$$0 = (a^2+z^2)^{5/2}(1) - z(5/2)(a^2+z^2)^{3/2}(2z) \tag{12.286}$$

$$\Longrightarrow 0 = (a^2+z^2) - 5z^2 \Longrightarrow z = a/2$$

最大值为 $24\varepsilon\mu_0 I/(25\sqrt{5}a^2)$。

## 6.11 球心处的场

如图 12.89，令旋转轴方向为竖直，圆环与竖直方向所成角度为 $\theta$，宽度为 $\mathrm{d}\theta$，因此环的宽度为 $\mathrm{d}w=R\mathrm{d}\theta$，环上点的速度为 $v=\omega(R\sin\theta)$。对于某特定点，在时间 $\mathrm{d}t$ 内经过该点的电量为 $\mathrm{d}q=\sigma(\mathrm{d}w)(v\mathrm{d}t)=\sigma(R\mathrm{d}\theta)(\omega R\sin\theta)\mathrm{d}t$。由该环产生的电流为 $I=\mathrm{d}q/\mathrm{d}t=\sigma\omega R^2\sin\theta\mathrm{d}\theta$。

由毕奥-萨伐尔定律可知，位于图 12.89 的环上长度为 $\mathrm{d}l$ 的线元在原点所产生的场 $\mathrm{d}\boldsymbol{B}$ 如图中所示的那样指向左上方，大小为 $(\mu_0/4\pi)I\mathrm{d}l/R^2$。我们沿整个圆环做积分，水平方向的 $\mathrm{d}\boldsymbol{B}$ 分量互相抵消，只剩下竖直方向的分量。这里需要引入一个 $\sin\theta$ 因子。对于特定的圆环，毕奥-萨伐尔定律中的 $\mathrm{d}l$ 积分为环的长度，即 $l=2\pi(R\sin\theta)$。则所处角度为 $\theta$、宽度 $\mathrm{d}\theta$ 的圆环对场的贡献为

$$\hat{z}\frac{\mu_0}{4\pi}\frac{Il}{R^2}\sin\theta=\hat{z}\frac{\mu_0}{4\pi}\frac{(\sigma\omega R^2\sin\theta\mathrm{d}\theta)(2\pi R\sin\theta)}{R^2}\sin\theta$$
$$=\hat{z}\frac{1}{2}\mu_0\sigma\omega R\sin^3\theta\mathrm{d}\theta \tag{12.287}$$

将此式由 0 积分到 $\pi$ 可得原点处的总磁场。我们可以查积分表，也可以将 $\sin^3\theta$ 写为 $\sin\theta(1-\cos^2\theta)$，总之结果为

$$\boldsymbol{B}=\hat{z}\frac{1}{2}\mu_0\sigma\omega R\int_0^{\pi}\sin^3\theta\mathrm{d}\theta=\hat{z}\frac{1}{2}\mu_0\sigma\omega R\left(-\cos\theta+\frac{\cos^3\theta}{3}\right)\Bigg|_0^{\pi}$$
$$=\hat{z}\frac{2}{3}\mu_0\sigma\omega R \tag{12.288}$$

有趣的是，球内任意一点的磁场都相同，见习题 11.7 和习题 11.8。

式（12.288）中的场与 $R$、$\sigma$、$\omega$ 都与之相同的旋转圆盘在中心处产生的场相比，是后者的 4/3 倍，后者磁场大小为 $B_{\text{disk}}=\mu_0\sigma\omega R/2$，方向为 $z$ 轴方向，见练习 6.49。

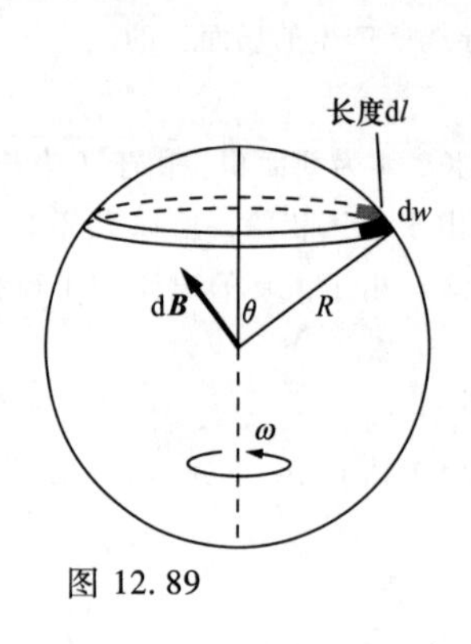

图 12.89

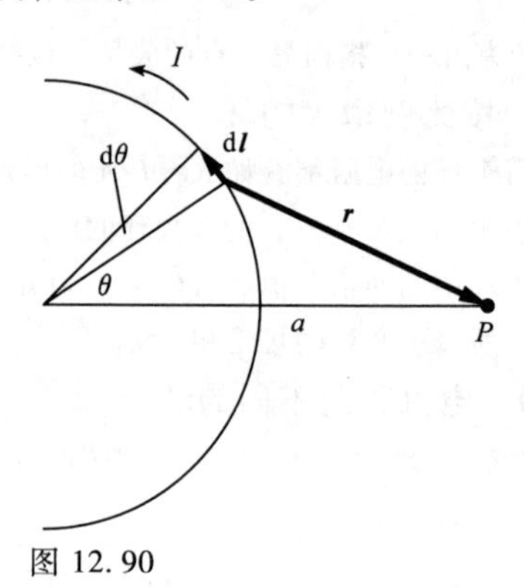

图 12.90

## 6.12 环所在平面内的场

如图 12.90，令环中电流方向为逆时针。在与题中 $P$ 点所在直线成 $\theta$ 角度处有一环上的小电流元，宽度 $\mathrm{d}\theta$。在笛卡儿坐标系（$x$ 轴水平，$y$ 轴竖直，$z$ 轴指向纸面外）中，有 $\mathrm{d}\boldsymbol{l}=(R\mathrm{d}\theta)(-\sin\theta,\ \cos\theta,\ 0)$，$\boldsymbol{r}=(a-R\cos\theta,\ -R\sin\theta,\ 0)$，这两个矢量的叉积为

$$\mathrm{d}\boldsymbol{l}\times\boldsymbol{r}=(R\mathrm{d}\theta)\begin{vmatrix}\hat{x} & \hat{y} & \hat{z}\\ -\sin\theta & \cos\theta & 0\\ a-R\cos\theta & -R\sin\theta & 0\end{vmatrix}=(R\mathrm{d}\theta)(R-a\cos\theta)\hat{z} \tag{12.289}$$

注意，若 $P$ 为环外一点（即 $a>R$），则 $\cos\theta=R/a$ 为场分量指向纸内或纸外的截止角。该角为 $\boldsymbol{r}$ 向量与环的切角。电流元与 $\boldsymbol{r}$ 是平行的，因此不会在 $P$ 点处产生磁场。若 $P$ 在环内部（即 $a<R$），则 $\mathrm{d}\boldsymbol{l}\times\boldsymbol{r}$ 对于任意 $\theta$ 都指向纸外。

由余弦定理可知 $r=(a^2+R^2-2aR\cos\theta)^{1/2}$，应用毕奥-萨伐尔定律，得

$$B=\frac{\mu_0 I}{4\pi}\int\frac{\mathrm{d}\boldsymbol{l}\times\boldsymbol{r}}{r^3}=2\cdot\frac{\mu_0 I}{4\pi}\int_0^{\pi}\frac{(R-a\cos\theta)R\mathrm{d}\theta\hat{z}}{(a^2+R^2-2aR\cos\theta)^{3/2}} \tag{12.290}$$

正号表示指向纸外。式中出现系数 2 是因为我们只对 0 到 π 做了积分。由结果可知，若 $P$ 在环外，则 $\boldsymbol{B}$ 指向纸内（或者是电流为逆时针方向，如图 12.90 所示）；靠近环的点对最终所形成的场的贡献更大，因此净磁场指向纸内。

对于 $a=0$ 的特殊情况，有

$$B=\frac{\mu_0 I}{2\pi}\int_0^{\pi}\frac{(R)R\mathrm{d}\theta}{(R^2)^{3/2}}=\frac{\mu_0 I}{2\pi}\cdot\frac{\pi}{R}=\frac{\mu_0 I}{2R} \tag{12.291}$$

## 6.13 磁偶极子

将式（6.94）中分子和分母中的 $a$ 提出可得

$$B=-\frac{\mu_0 IR}{2\pi a^2}\int_0^{\pi}\left(\cos\theta-\frac{R}{a}\right)\left(1+\frac{R^2}{a^2}-\frac{2R}{a}\cos\theta\right)^{-3/2}\mathrm{d}\theta \tag{12.292}$$

其中由于 $R^2/a^2$ 因式很小所以可以忽略，再利用 $(1+\varepsilon)^{-3/2}\approx 1-3\varepsilon/2$，得

$$B\approx-\frac{\mu_0 IR}{2\pi a^2}\int_0^{\pi}\left(\cos\theta-\frac{R}{a}\right)\left(1+\frac{3}{2}\times\frac{2R}{a}\cos\theta\right)\mathrm{d}\theta \tag{12.293}$$

由于 $\int_0^{\pi}\cos\theta\mathrm{d}\theta=0$ 所以包含 $R/a$ 的项为 0，因此

$$B\approx-\frac{\mu_0 IR}{2\pi a^2}\int_0^{\pi}\frac{R}{a}(3\cos^2\theta-1)\mathrm{d}\theta \tag{12.294}$$

我们可以计算该积分，也可以利用 $\cos^2\theta$ 由 0 到 π 积分为 1/2 这一点来得出结果。将 $\cos^2\theta$ 换为 1/2 可得

$$B\approx-\frac{\mu_0 IR}{2\pi a^2}\cdot\frac{R}{a}\cdot\frac{\pi}{2}=-\frac{\mu_0}{4\pi}\frac{\pi R^2 I}{a^3}\equiv-\frac{\mu_0}{4\pi}\frac{m}{a^3} \tag{12.295}$$

出现负号是因为习题 6.12 中的符号规则。通常情况下，场的方向是由靠近圆环的一边对场的贡献决定的。

## 6.14 正方形回路产生的远场

（a）横向边的所有部分基本上都是与指向 $P$ 的径向矢量垂直的，所以在应用毕奥-萨伐尔定律时我们令向量积中的 $\sin\theta$ 项为 1。两条横边的毕奥-萨伐尔贡献分别为 $\pm(\mu_0/4\pi)Ia(r\pm a/2)^2$，二者方向相反，所以在 $P$ 点处净磁场为

$$\begin{aligned}B&=\frac{\mu_0 Ia}{4\pi r^2}\left[\frac{1}{(1-a/2r)^2}-\frac{1}{(1+a/2r)^2}\right]\\&\approx\frac{\mu_0 Ia}{4\pi r^2}\left[\frac{1}{(1-a/r)}-\frac{1}{(1+a/r)}\right]\\&\approx\frac{\mu_0 Ia}{4\pi r^2}\left[\left(1+\frac{a}{r}\right)-\left(1-\frac{a}{r}\right)\right]=\frac{\mu_0 Ia^2}{2\pi r^3}\end{aligned} \tag{12.296}$$

正负号是由最靠近 $P$ 的边界决定的。若电流如图 6.36 所示为逆时针方向，则磁场指向纸的内部。

（b）在上述推导中使用了两个近似，其中一个不重要，另一个很重要。不重要的近似是将毕奥-萨代尔定律中的 $\sin\theta$ 看作 1，这不会对结果产生很大影响。横边上的各个部分并非都与指向 $P$ 的径矢量垂直。可以证明修正项为主导项 $a^2/r^3$ 的 $a^2/r^2$ 倍，因此修正项为 $a^4/r^5$，因为其很小所以可以忽略。(对于给定边界上的任意一点，使用此 $r$ 值都会带来同类型的错误。)

我们所采用的比较重要的一个近似是忽略了两条竖直边对场的贡献。这两条边确实与 $P$ 的径向矢量近乎平行，因此在毕奥-萨伐尔定律中这一矢量积很小，但其并没有小到可以忽略的地步。这两条竖直边所产生的场方向相同（在图 6.36 中二者都为指向纸外的方向），而对场贡献较大的两条横向边所产生的场则指向相反的方向。两条竖直边产生的场的差和与两条横向边产生的场的差的大小是相当的。因此计算结果应如下。

图 6.36 中所示的两条竖直边产生的场的大小都为 $(\mu_0/4\pi)(Ia/r^2)[(a/2)/r]$，最后一个因子来源于毕奥-萨伐尔定律中的矢量积，竖直边与 $P$ 的径向矢量夹角的正弦值约等于 $(a/2)/r$。此结果乘以 2 为 $\mu_0 Ia^2/4\pi r^3$，此场指向纸面外，因此它与（a）部分中指向纸内的场有一部分互相抵消。净磁场方向为指向纸内的，大小为 $\mu_0 Ia^2/4\pi r^3$，这正是我们要证明的。

## 6.15　磁标量势

（a）柱坐标系中的旋度计算方式已在附录 F 中给出。由于 $B$ 只有一个 $\hat{\boldsymbol{\theta}}$ 分量，又因为此分量只与 $r$ 有关，所以旋度中唯一可能不为 0 的因式为$(1/r)(\partial(rB_\theta)/\partial r)\hat{\boldsymbol{z}}$。但由于 $B_\theta \propto 1/r$，因此该项为 0。

或者我们也可以在笛卡儿坐标系中考虑这一问题。对称轴沿 $z$ 轴方向，切向的 $\boldsymbol{B}$ 位于 $xy$ 平面，大小正比于矢量 $(-y, x, 0)$。(这是因为与 $(x, y, 0)$ 做点积一定为 0。) 我们需要 $\boldsymbol{B}$ 的大小为 $\mu_0 I/2\pi r$，所以 $\boldsymbol{B}$ 一定等于 $[\mu_0 I/2\pi(x^2+y^2)](-y, x, 0)$。旋度中唯一可能不为 0 的分量为 $z$ 向分量$\partial B_y/\partial x-\partial B_x/\partial y$，易证明该项为 0。

（b）在柱坐标系中，函数 $\psi$ 的梯度的 $\hat{\boldsymbol{\theta}}$ 分量可由附录 F 得知为 $(1/r)(\partial\psi/\partial\theta)\hat{\boldsymbol{\theta}}$。因此

$$\frac{1}{r}\frac{\partial\psi}{\partial\theta}=\frac{\mu_0 I}{2\pi r}\Longrightarrow\frac{\partial\psi}{\partial\theta}=\frac{\mu_0 I}{2\pi}\Longrightarrow\psi=\frac{\mu_0 I}{2\pi}\theta \tag{12.297}$$

我们发现 $\boldsymbol{B}$ 可以写为$\nabla\psi$。但问题在于 $\psi$ 可能取多个值，例如，对于给定的 $r$ 和 $z$，$\theta$ 取 0、$2\pi$、$4\pi$ 等值时对应的是空间中同一点。因此不能用 $\psi$ 将空间中每一点表示出来，只可以在某种程度上使用它。

## 6.16　铜螺线圈

由于一共有两层，所以线圈的平均直径为 $(8+2\times0.163)\text{cm}\approx8.3\text{cm}$。导线总长度为

$$\left(\pi\times8.3\frac{\text{cm}}{\text{匝}}\right)\left(4\frac{\text{匝}}{\text{cm}}\right)\left(32\frac{\text{cm}}{\text{层}}\right)(2\text{ 层})\approx6700\text{cm}=67\text{m} \tag{12.298}$$

电阻为 $R=(67\text{m})(0.01\Omega/\text{m})=0.67\Omega$，因此电流为 $I=(50\text{V})/(0.67\Omega)=75\text{A}$，功率为 $P=IV=(75\text{A})(50\text{V})=3750\text{J/s}$。

由式（6.56）可知螺线圈中心处的场为 $B=\mu_0 nI\cos\theta$，此处 $n=8$ 匝/cm $=800$ 匝/m，$I=75\text{A}$，$\theta=\arctan(4/16)$。如此有

$$\begin{aligned}B=\mu_0 nI\cos\theta&=\left(4\pi\times10^{-7}\frac{\text{kg}\cdot\text{m}}{\text{C}^2}\right)(800\text{m}^{-1})(75\text{A})\cos14^\circ\\&=0.0732\text{T}\end{aligned} \tag{12.299}$$

或者说是 732G。无限长螺线管的场应为 $\mu_0 nI$，即 754G。

## 6.17 旋转的实心圆柱体

（a）可以将该圆柱体看成是由一系列厚度为 d$r$ 的薄壳组成的，片上有效面电荷密度为 $\sigma_r = \rho \mathrm{d}r$。每片薄壳半径为 $r$，面电荷密度为 $\sigma_r$，以角频率 $\omega$ 转动，则面电流密度为 $\mathcal{J}_r = \sigma_r v_r = \sigma_r \omega r$，这是因为在时间 d$t$ 内跨过长度 $l$ 的面积为 $l(v_r \mathrm{d}t)$，因此单位时间内流过的电荷为 $\sigma_r l v_r$。单位长度上的电流（即定义的 $\mathcal{J}$）即 $\sigma_r v_r$。

现在考虑 $\mathcal{J}_r$ 的影响，流过圆柱体的电流在内部产生的磁场为 $B_r = \mu_0 \mathcal{J}_r$，这是螺线管中的表达式 $B = \mu_0 nI$ 的连续极限情况。将上述各式整合可得一个薄片在内部产生的场为

$$B_r = \mu_0 \mathcal{J}_r = \mu_0(\sigma_r v_r) = \mu_0(\rho \mathrm{d}r)(\omega r) = \mu_0 \rho \omega r \mathrm{d}r \tag{12.300}$$

坐标轴位于薄片内部，因此从 $r=0$ 到 $r=R$ 进行积分，可计算出轴上磁场为 $B = \mu_0 \rho \omega R^2/2$。

也可以利用安培定理来求解该问题。考虑图 12.91 中由虚线部分标注的部分，为了求该部分电流，可以认为 $J = \rho v_r$（读者可以证明），因此 $J = \rho \omega r$，流过宽为 d$r$、处于高度 $l$、半径为 $r$ 的薄带的电流为 $\mathrm{d}I = Jl\mathrm{d}r = \rho \omega l r \mathrm{d}r$。对此从 $r=0$ 至 $r=R$ 积分可得所求电流为 $I = \rho \omega l R^2/2$。圆柱外部的场为 0（因为该圆柱可以看成是一些螺线管的叠加），因此唯一对安培定理中的积分有贡献的为沿轴放置的环的部分。因此 $Bl = \mu_0(\rho \omega l R^2/2)$，即 $B = \mu_0 \rho \omega R^2/2$。

（b）若所有电荷都位于表面，则表面电荷密度为 $\sigma 2\pi R = \rho \pi R^2$，这是由于圆柱上单位长度所带电量有两种表达方式。因此 $\sigma = PR/2$，轴上（或内部任意其他区域）磁场为

$$B = \mu_0 \mathcal{J} = \mu_0(\sigma \omega R) = \mu_0(\rho R/2)\omega R = \mu_0 \rho \omega R^2/2 \tag{12.301}$$

这与（a）中的 $B$ 是相等的，原因如下。

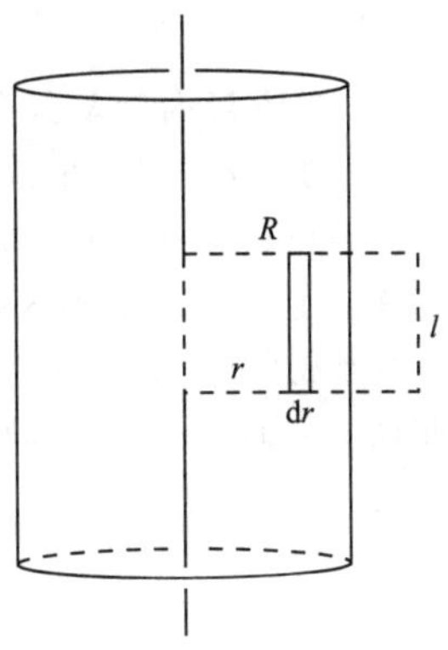

图 12.91

假设将上述薄片之一上的电荷移除并将该薄片拿出表面，这会对轴上的场产生什么影响呢？这是没有影响的，因为场只取决于 $\mathcal{J}$，而 $\mathcal{J}$ 不会因我们将电荷移除而改变，因为单位时间内经过的电量是没有变化的，这与薄片所处的位置及其半径无关（因为所有的薄片都以相同的 $\omega$ 转动）。因此可以将任意薄片上的电量移出表面而不影响轴上的场。

## 6.18 螺线管的矢势

首先，$\boldsymbol{A}$ 一定含有一个 $\hat{\boldsymbol{\theta}}$ 分量，其方向为绕螺线管轴线的各切线方向。每个 d$\boldsymbol{A}$ 的贡献都有相同的方向，因为这种贡献是由 $\boldsymbol{J}$ 电流产生的 [见式（6.44），该式还需要用到式（6.40）中 div$\boldsymbol{A}=0$ 的假设]，而该系统中每个电流元都指向 $\hat{\boldsymbol{\theta}}$ 方向。由对称性可知，$A_\theta$ 与 $\theta$ 和 $z$ 都无关，因此该非零分量 $A_\theta$ 一定是一个 $r$ 的函数。问题就变成了求解该函数 $A_\theta(r)$。

（a）由练习题 6.41 可知磁通量 $\Phi$ 为沿着 $C$ 对 $\boldsymbol{A}$ 做积分，若我们将螺线管内半径为 $r$ 的曲线看作 $C$，则该关系式变为

$$B(\pi r^2) = A_\theta(2\pi r) \Longrightarrow A_\theta = \frac{(\mu_0 nI)(\pi r^2)}{2\pi r} = \frac{\mu_0 nIr}{2}\text{（内部）} \tag{12.302}$$

若将螺线管外部曲线看作 $C$，则

$$B(\pi r^2) = A_\theta(2\pi r) \Longrightarrow A_\theta = \frac{(\mu_0 nI)(\pi R^2)}{2\pi r} = \frac{\mu_0 nIR^2}{2r}\text{（外部）} \tag{12.303}$$

（b）由于只有一个分量 $A_\theta(r)$，由附录 F 可知柱坐标下的旋度表达式中唯一不为 0 的因式为

$\hat{z}(1/r)\partial(rA_\theta)/\partial r$。因此在螺线管内部 $\boldsymbol{B}=\nabla\times\boldsymbol{A}$ 变为

$$\hat{z}\mu_0 nI=\hat{z}\frac{1}{r}\frac{\partial(rA_\theta)}{\partial r}\Longrightarrow\frac{\partial(rA_\theta)}{\partial r}=\mu_0 nIr$$

$$\Longrightarrow rA_\theta=\frac{\mu_0 nIr^2}{2}\Longrightarrow A_\theta=\frac{\mu_0 nIr}{2}(\text{内部}) \tag{12.304}$$

这与（a）部分中的结果相符。在螺线管外部，$\boldsymbol{B}=\nabla\times\boldsymbol{A}$ 变为

$$0=\hat{z}\frac{1}{r}\frac{\partial(rA_\theta)}{\partial r}\Longrightarrow\frac{\partial(rA_\theta)}{\partial r}=0$$

$$\Longrightarrow rA_\theta=C\Longrightarrow A_\theta=\frac{C}{r}(\text{外部}) \tag{12.305}$$

可以发现，在螺线管外部任何与 $1/r$ 成正比的场的旋度都为 0，式（12.303）为其中一种特殊情况。任何与 $1/r$ 成正比的场的旋度都为 0，但绕半径为 $r$ 的圆所做线积分则不同，这是由于 $1/r$ 的旋度在原点发散。关于这一点我们可以思考一下斯托克斯公式的应用条件。该问题与习题 2.26 中讨论过的问题相似。

在螺线管内部，若在式（12.304）中引入一个积分常数，将会得到一个形如 $C/r$ 的附加因式。虽然此项不会对原点以外的 $\boldsymbol{B}=\mu_0 nI\hat{z}$ 产生影响，但它会使原点处 $B$ 变为无限大，因此弃置该项。

## 6.19　螺线管内部与外部的场

（a）**第一种解法**　考虑与给定点 $P$ 距离相等的两个线圈对磁场的贡献，可以求得场的纵向特性。图 6.15 中有一个线圈产生的场，两个线圈产生的场如图 12.92 所示。在两线圈中间位置的平面上任意一点 $P$，磁场方向都为纵向，这是由于径向分量互相抵消了，这对于螺线管内部和外部都是成立的，尽管在（c）部分中将发现外部的场为 0。需要考虑的是为何外部的场因为互相抵消变为 0，而内部的场则没有变为 0。

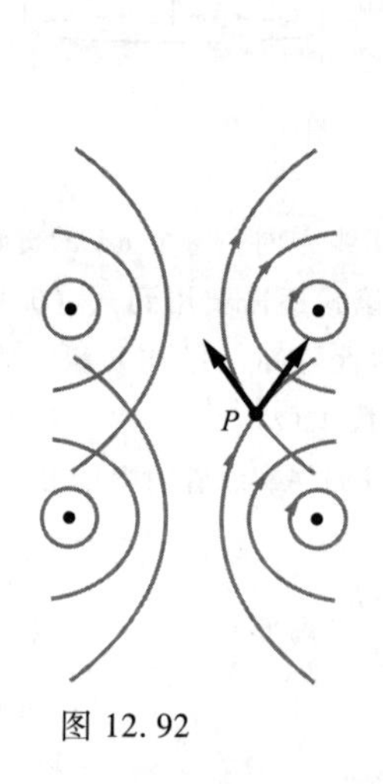


图 12.92

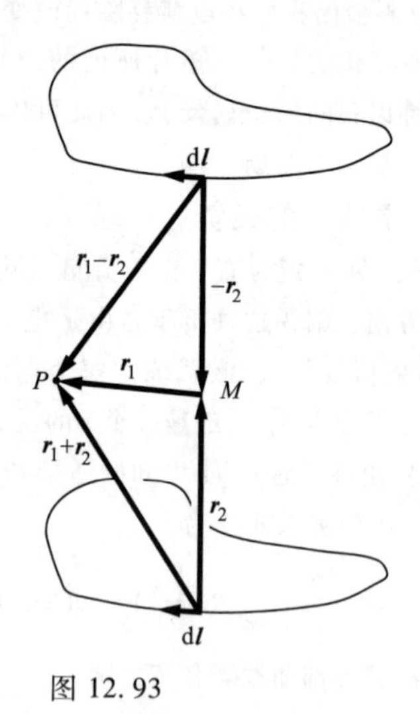


图 12.93

**第二种解法**　我们可以证明两个相距很近、对称放置的线圈在应用毕奥-萨伐尔定律时对场的贡献会叠加为一个纵向矢量，这对于横截面为任意形状的螺线管都成立（此题中其他讨论也是如

此)。为了证明这一点，可以考虑如图 12.93 所示情形中两个 d$\boldsymbol{l}$ 线电流元对场的影响时计算毕奥-萨伐尔叉积 d$\boldsymbol{l}\times\boldsymbol{r}$。$M$ 为两线元中间位置，各矢量均已在图中标注。两线元对 d$\boldsymbol{l}\times\boldsymbol{r}$ 的贡献为

$$d\boldsymbol{l}\times(\boldsymbol{r}_1+\boldsymbol{r}_2)+d\boldsymbol{l}\times(\boldsymbol{r}_1-\boldsymbol{r}_2)=2d\boldsymbol{l}\times\boldsymbol{r}_1 \tag{12.306}$$

现在，由于 $P$ 和 $M$ 都位于两线圈中间位置的平面上，所以 $\boldsymbol{r}_1$ 方向为横向（即垂直于轴），同样 d$\boldsymbol{l}$ 也一定是横向的。因为做叉积的两矢量是互相垂直的，所以 d$\boldsymbol{l}\times\boldsymbol{r}_1$ 指向纵向，这对于螺线管内部和外部都是成立的。

（b）既然已经证明了场的方向为纵向的，接下来我们证明螺线管内部（和外部）的场是均匀的。出于对称性，可知纵向的场一定是均匀的，因此只需要证明横向的场也是均匀的。设想有如图 12.94 所示的矩形安培环路，其两边方向为纵向，另两边为横向。该线圈内没有电流，因此求 $\boldsymbol{B}$ 的线积分一定为 0。仅在两条纵向边上该线积分不为 0（即使 $\boldsymbol{B}$ 有横向分量，这也是成立的，因为线圈两条横边所产生的影响会互相抵消）。因此纵向边上的场一定相等。由于该矩形线圈宽度是任意的，其在螺线管内部处于任意位置，所以螺线管内部的场一定是均匀的。在处理螺线管外部的场的问题时，上述推论仍成立，因此外部的场也是均匀的（内部和外部的场大小不等，接下来将加以证明）。

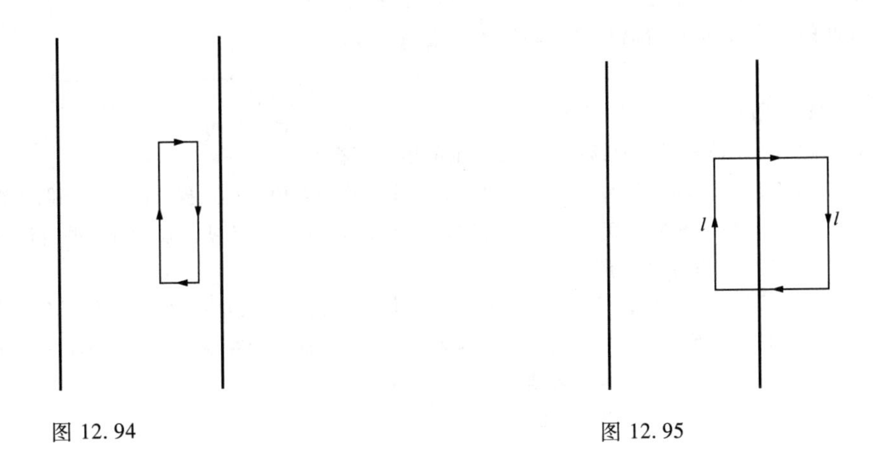


图 12.94　　　　图 12.95

现在需要找到内部和外部的均匀场的值之间存在什么关系。考虑这样一个矩形安培环路，其一条纵向边位于螺线管内部，另一条在外部（令这两条边长度为 $l$），如图 12.95 所示，这样该环路所包围的电流为 $nIl$。由安培定理可知（令指向纸内部的方向为电流正方向）

$$B_{\text{in}}l-B_{\text{out}}l=\mu_0 nIl \Longrightarrow B_{\text{in}}=B_{\text{out}}+\mu_0 nI \tag{12.307}$$

注意，由于矩形线圈的横向宽度是任意的，因此只用该式即可证明内部和外部的场都是均匀的，我们其实不需要上面那幅图。

（c）由 $B_{\text{in}}=B_{\text{out}}+\mu_0 nI$ 和上面关于均匀性的讨论，我们可知螺线管外部任意一点处的场都为 0，内部任意一点 $B=\mu_0 nI$。还可以证明在无限远处 $B=0$，如下。

考虑螺线管上某特定线圈在 $P$ 点产生的场。设 $P$ 距离线圈的距离很远（与线圈的大小相比）。线圈在该点产生的场小于一条与之等长即 $b=2\pi a$ 的直导线在该点产生的场（$a$ 为螺线管半径），该场与 $P$ 位置矢量是垂直的。（这是因为电流在绕线圈流动时相当于是沿着不同方向流动的，因此其毕奥-萨伐尔贡献大体上是互相抵消的。）因此，螺线管产生的场是小于一条条并排放置的长为 $b$ 的直导线所产生的场的。这些导线产生的场只有纵向分量。我们可以计算导线

上所有细小线元所产生的场并进行叠加，进而得出螺线管场的大小的上限值，这样得出的场的大小比净场更大。一条导线电流元在远处产生的场的大小为 $(\mu_0/4\pi)Ib(x^2+r^2)$，此处 $r$ 为 $P$ 距离螺线圈的竖直距离，$x$ 为如图 12.96 所示的距离。单位长度的导线上有 $n$ 段导线元，因此螺线管产生的场的上限值为

$$B_{\text{bound}}=\frac{\mu_0 nIb}{4\pi}\int_{-\infty}^{\infty}\frac{\mathrm{d}x}{x^2+r^2} \tag{12.308}$$

该积分等于 $(1/r)\arctan(x/r)\Big|_{-\infty}^{\infty}=\pi/r$，因此在 $r\to\infty$ 的极限情况下，$B$ 的上限值为 0，由此在 $r=\infty$ 处 $B$ 一定为 0，这正是我们要证明的。由于上述计算值大于实际值，所以实际的场比 $1/r$ 更快变为 0，因此这种粗略估计的方式是可以解决这一问题的。另一种方法是认为产生磁场的圆环等价于远距离 $d$ 处的 $1/d^3$，在式（6.53）中，我们已经证明了这对于轴上的点是成立的。读者可以考虑如何处理空间中任意一点处的情况，我们将在第 11 章中讨论这一问题。

也可以略过（c）部分来解该问题，而是将式（6.57）中求轴上场的部分换为（a）部分与（b）部分中的结果。需要注意的是需要计算出至少一点处的 $B$ ［因为（b）部分中只有各个 $B$ 值间的差值］，而最容易计算出的即为轴上一点或者无限远处一点。

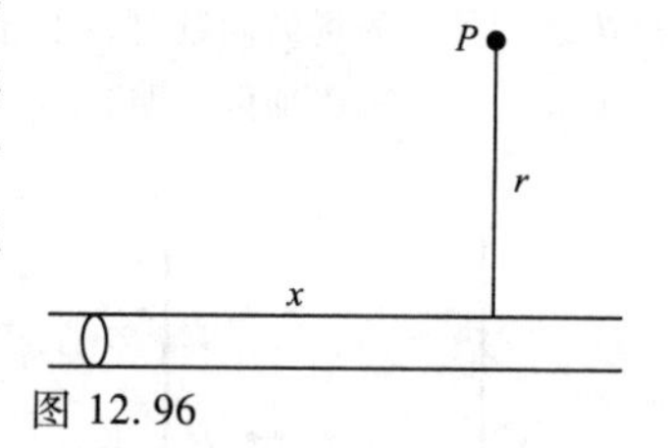

图 12.96

## 6.20　厚板与薄板

（a）总磁场等于薄板产生的场加上厚板产生的场。薄板产生的场等于 $\mu_0\mathcal{J}/2=\mu_0(2bJ)/2=\mu_0Jb$。（可以设定一个一边在板内一边在板外的安培环路来得出上式。）该场在上方指向左侧，在下方指向右侧，如图 12.97 所示。（可以假设有一些并联导线与此薄板串联，即可得出上述方向。）

为了求出厚板产生的磁场，可以假设有一个中心位于厚板内的安培环路，如图 12.98 所示。该厚板关于 $y$ 轴对称，因此磁场与 $y$ 无关。又因为厚板关于 $z$ 轴成 180°旋转对称，因此磁场的 $y$ 项分量一定是一个关于 $x$ 的奇函数，否则在旋转 180°后场会变得不同。（此外，可以认为厚板是由导线构成的，这样就消去了 $x$ 及 $z$ 分量。）

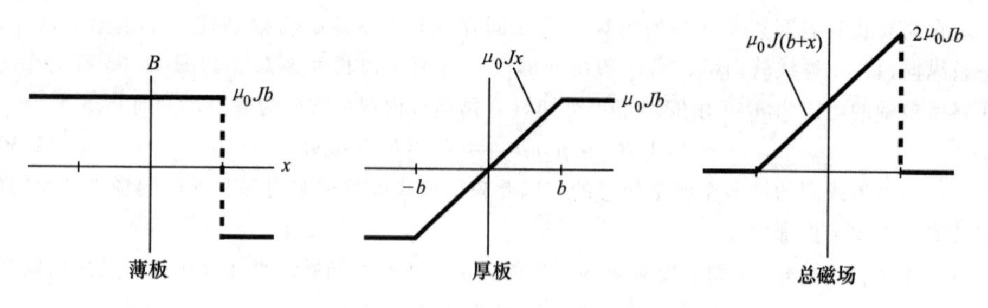

图 12.97

安培环路内包括的电流为 $I=h(2x)J$。因为仅左边与右边对线积分有贡献，所以

$$\int \boldsymbol{B}\cdot\mathrm{d}\boldsymbol{s}=\mu_0 I\Longrightarrow 2Bh=\mu_0(2xhJ)\Longrightarrow B=\mu_0Jx \tag{12.309}$$

在厚板外部，厚板相当于薄板（讨论过程与薄板中应用安培环路相同），因此在两边场都为定

值，即$\pm\mu_0 Jb$。厚板的场如图 12.97 所示，总场，即厚板的场与薄板的场之和，也在图中画出。在厚板外部场为 0，在内部场为$\mu_0 J(b+x)\hat{\boldsymbol{y}}$。

我们也可以通过假设在厚板下方给定位置处有两板来求出其内部场。在$x$位置处有一板厚度为$b+x$，位于左方，它等价于一个面电荷密度为$\mathcal{J}_{\text{left}}=J(b+x)$的薄板。同样，在右边有一厚度为$b-x$的板，等价于面电荷密度为$\mathcal{J}_{\text{right}}=J(b-x)$的薄板。左侧“薄板”产生向上的场$\mu_0\mathcal{J}/2=\mu_0 J(b+x)/2$，右侧“薄板”产生向下的场$\mu_0\mathcal{J}/2=\mu_0 J(b-x)/2$，因此内部净磁场为向上的$\mu_0 Jx$（若$x$为负值，则场指向下）。

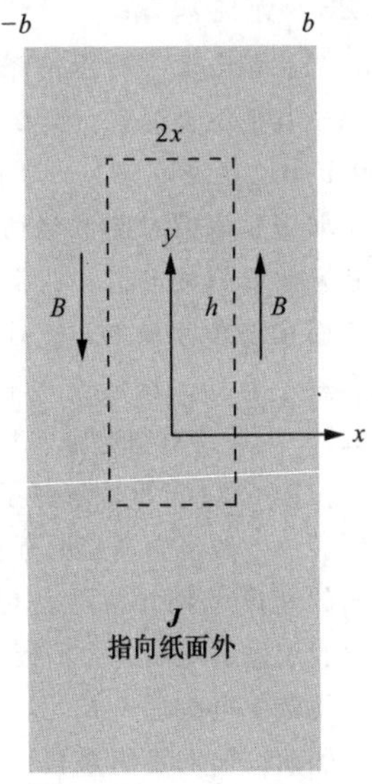


图 12.98

(b) 在厚板内部，$\boldsymbol{B}$的旋度为

$$\nabla\times\boldsymbol{B}=\begin{vmatrix}\hat{\boldsymbol{x}} & \hat{\boldsymbol{y}} & \hat{\boldsymbol{z}}\\ \partial/\partial x & \partial/\partial y & \partial/\partial z\\ 0 & \mu_0 J(b+x) & 0\end{vmatrix}=\mu_0 J\hat{\boldsymbol{z}}=\mu_0\boldsymbol{J}\tag{12.310}$$

在厚板外部$\boldsymbol{B}$和$\boldsymbol{J}$都为 0，因此$\nabla\times\boldsymbol{B}=\mu_0\boldsymbol{J}$。在边界$x=b$处，$B_y$分量是不连续的，因此$\partial B_y/\partial x$无限大。这与非零$\mathcal{J}$暗示着无限大的$J$这一事实是一致的。

## 6.21 回旋加速器中最强的场

我们需要在移动中的离子所处的参考系中来求解该电场。在实验室参考系中没有电场，只有一个磁场$\boldsymbol{B}_\perp$。（使离子加速的纵向电场相对来说非常小。）由式（6.76）中的洛伦兹转换可知移动离子参考系中$E_\perp=\gamma\boldsymbol{v}\times\boldsymbol{B}_\perp$。因为其余能量与动能相等，所以总能量为$2mc^2$，因此$\gamma=2$，$\beta=\sqrt{3}/2$。由条件$E_\perp<4.5\times10^8\,\text{V/m}$可得

$$\gamma vB<4.5\times10^8\,\text{V/m}\Longrightarrow B<\frac{4.5\times10^8\,\text{V/m}}{(2)(\sqrt{3}/2\cdot3\cdot10^8\,\text{m/s})}=0.866\text{T}\tag{12.311}$$

或 8600G。

也可以从力的角度来考虑这一问题。在实验室参考系中力的大小为$qvB$，方向为横向。由于离子参考系中横向力是该横向力的$\gamma$倍，所以在离子参考系中力为$\gamma qvB$，由于在此参考系中离子处于静止状态，所以此力一定为电场力，可得$qE=\gamma qvB$，即$E=\gamma vB$，如上。

## 6.22 任意参考系中的零作用力

令给定参考系为$F$，我们来考虑相对于$F$以速度$\boldsymbol{v}$运动的参考系$F'$。$F$中唯一非零场为$B_\perp$，由式（6.76）可知$F'$中的场为

$$\boldsymbol{E}'_\perp=\gamma\boldsymbol{v}\times\boldsymbol{B}_\perp\quad\text{和}\quad\boldsymbol{B}'_\perp=\gamma\boldsymbol{B}_\perp\tag{12.312}$$

此处$B_\perp=\mu_0 I/2\pi r$，此题中我们不需要用到此精确表达式。在式（6.76）中，$F'$相对于$F$运动的速度为$\boldsymbol{v}$，若$\boldsymbol{v}$指向右，则两参考系状态如图 12.99 所示，$F'$中电荷向左移动。（若$v$足够大，则$I'$可能为负，但这不重要。）在$F$中电荷处$\boldsymbol{B}_\perp$指向纸面内部。因此在$F'$中，$\boldsymbol{B}'_\perp=\gamma\boldsymbol{B}_\perp$同样指向纸面内，$\boldsymbol{E}'_\perp=\gamma\boldsymbol{v}\times\boldsymbol{B}_\perp$指向导线。

在$\boldsymbol{F}'$中，电荷以速度$-\boldsymbol{v}$运动，因此磁场力为$q(-\boldsymbol{v})\times\boldsymbol{B}'_\perp=\boldsymbol{q}(-\boldsymbol{v})\times(\gamma\boldsymbol{B}_\perp)$，电场力为$\boldsymbol{q}\boldsymbol{E}'_\perp=\boldsymbol{q}(\gamma\boldsymbol{v}\times\boldsymbol{B}_\perp)$。这两个力大小相等方向相反，因此合力为 0，这对于纸平面内任意$\boldsymbol{v}$都成立。读者可以尝试在$\boldsymbol{v}$与纸平面垂直的情况下检验上述推导。

## 6.23　无磁屏蔽

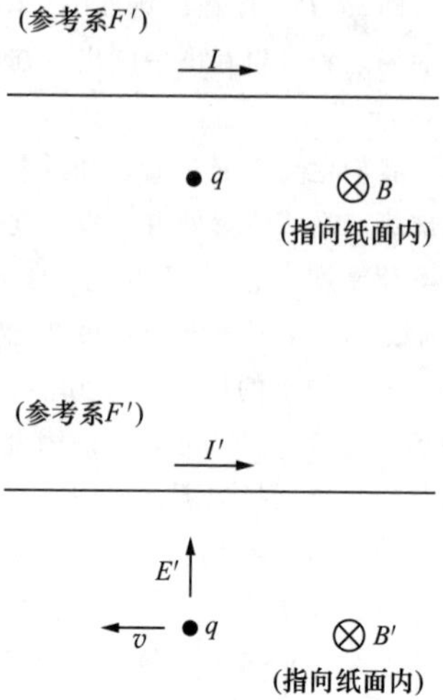

当测试电荷平行于一条带电导线运动时，由测试电荷参考系中其他位置观察，测试电荷会受到电场力的作用，这在5.9节中已经讨论过了。为了理解为什么要在导线之间引入一个金属板且该板对测试电荷无影响，我们现在由其他参考系位置来研究测试电荷。在实验室参考系中金属板处于静止状态，而在该参考系中，板处于运动状态。金属板穿过一个磁场和一个电场，这两个场使板上电荷所受力为0（见习题6.22），因此没有引起金属板上电荷的重新分布。

(参考系$F'$)　$I$　$q$　$\otimes B$（指向纸面内）

(参考系$F'$)　$I'$　$E'$　$v$　$q$　$\otimes B'$（指向纸面内）

图 12.99

习题6.22定量地解释了这一问题，这里我们可以定性地理解。令导线至金属板的延长线为$L$。假设测试电荷以与电流同向的速度运动。这样就可以证明，在测试电荷参考系中，由导线引发的电场力会将板上电荷吸引至$L$，而导线引发的磁场力将会使电荷远离$L$，这两种作用力会互相抵消。

然而，如果我们令板以与试探电荷相同的速度运动，则结果会发生变化。在试探电荷参考系中的观察者会认为我们将一块静止的金属板引入了静电场中（虽然也处于磁场中，但磁场对静止板无影响），这会使得板上电荷重新分布，进而引起电场的变化。在实验室参考系中导线周围没有电场，在此参考系中的观察者会认为运动状态的板上的电子受到$q\boldsymbol{v}\times\boldsymbol{B}$力的影响而重新分布，新的电荷分布会产生一个电场。可以证明这两种影响的作用方向是相同的，即二者都是将电荷吸引至$L$，或者二者都是将电荷排斥至远离$L$，这取决于电流的符号以及试探电荷速度。

## 6.24　点电荷的$E$和$B$

（a）在电荷参考系中，由库仑定律可（精确）得知电场方向，没有磁场存在。若电荷相对于实验室参考系以速度$\boldsymbol{v}$运动，那么实验室参考系相对于电荷参考系的速度为$-\boldsymbol{v}$，由式（6.81）推导过程可知

$$\boldsymbol{B}_{\text{lab}}=-\left(\frac{-\boldsymbol{v}}{c^2}\right)\times\boldsymbol{E}_{\text{lab}} \tag{12.313}$$

（括号内速度正负号规则取决于实验室参考系相对于$B$为0的参考系的速度。）去掉负号以及“lab”下标即为所要的结果。

（b）我们无法描述类点电荷的形状，因此将其看为一个细棒。若该棒长度$l$较短，则由毕奥-萨伐尔定律可知电荷产生的磁场为$\boldsymbol{B}=(\mu_0/4\pi)I\boldsymbol{l}\times\hat{\boldsymbol{r}}/r^2$。若棒上线电荷密度为$\lambda$，则电流为$I=\lambda v$。矢量$I\boldsymbol{l}$的长度为$\lambda vl$，方向与$\boldsymbol{v}$相同，因此该矢量为$\lambda\boldsymbol{v}l$，又因为$\lambda l$为电量$q$，所以矢量$I\boldsymbol{l}$等于$q\boldsymbol{v}$。由这些电荷产生的磁场为（用到了$\mu_0=1/\varepsilon_0c^2$）

$$\boldsymbol{B}=\frac{\mu_0}{4\pi}\frac{I\boldsymbol{l}\times\hat{\boldsymbol{r}}}{r^2}=\frac{1}{4\pi\varepsilon_0c^2}\frac{q\boldsymbol{v}\times\hat{\boldsymbol{r}}}{r^2}=\frac{\boldsymbol{v}}{c^2}\times\frac{q\hat{\boldsymbol{r}}}{4\pi\varepsilon_0r^2}=\frac{\boldsymbol{v}}{c^2}\times\boldsymbol{E} \tag{12.314}$$

## 6.25　三个参考系中的力

（a）我们将实验室参考系、电荷$q$参考系以及导线中的电荷参考系分别称为$L$、$Q$和$W$。在$L$中（见图12.100），电场排斥力为$F_{\mathrm{E}}=qE=q\lambda/2\pi\varepsilon_0r$。由于$I=\lambda u$，所以磁场为$B=\mu_0I/2\pi r=(\lambda u)/2\pi r(\varepsilon_0c^2)$，此处应用了$\mu_0=1/\varepsilon_0c^2$。场的方向为指向纸外的，因此根据右手定则可得磁

场力也为排斥力。在 $L$ 中作用于电荷 $q$ 的合力为

$$F=F_E+F_B=\frac{q\lambda}{2\pi\varepsilon_0 r}\left(1+\frac{uv}{c^2}\right)\equiv\frac{q\lambda}{2\pi\varepsilon_0 r}(1+\beta_u\beta_v) \tag{12.315}$$

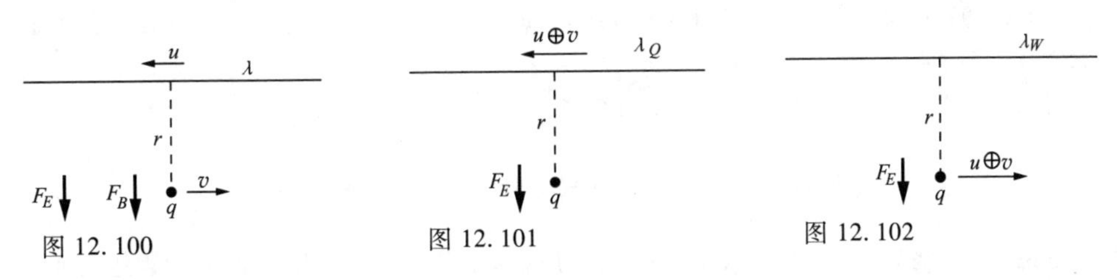


图 12.100　　图 12.101　　图 12.102

(b) 我们将通过求解 $Q$ 中电荷密度来解决这一问题。通过洛伦兹变换可以得到相同的结果。在 $Q$ 中（见图 12.101），电荷 $q$ 处于静止状态，导线中电荷以速度 $(u+v)/(1+uv/c^2)$ 向左移动，我们将此式标记为 $u\oplus v$。在此参考系中有一个磁场，但由于 $q$ 处于静止状态，所以磁场没有产生影响，我们只需要考虑电场力。

为求解导线上的电荷密度，可以通过参考系 $W$ 来比较 $L$ 和 $Q$ 中的密度。（注意，仅当其中一个参考系相对于物体是静止状态时才可以应用长度收缩规则。）由于长度收缩，$L$ 中的密度为 $W$ 中的 $\gamma_u$ 倍。类似地，在 $Q$ 中电荷密度为 $W$ 中的 $\gamma_{u\oplus v}=\gamma_u\gamma_v(1+\beta_u\beta_v)$ 倍。因此，$Q$ 中密度 $\lambda_Q$ 为 $L$ 中密度 $\lambda$ 的 $\gamma_v(1+\beta_u\beta_v)$ 倍，即 $\lambda_Q=\lambda\gamma_v(1+\beta_u\beta_v)$。因此在坐标系 $Q$ 中作用于 $q$ 的电场排斥力为

$$F=F_E=\frac{q\lambda_Q}{2\pi\varepsilon_0 r}=\frac{(q\lambda)}{2\pi\varepsilon_0 r}\gamma_v(1+\beta_u\beta_v) \tag{12.316}$$

(c) 在 $W$ 中（见图 12.102），导线中电荷处于静止状态，电荷 $q$ 以速度 $u\oplus v$ 向右运动。由于此参考系中没有磁场，所以 $q$ 的速度无关紧要，我们只需要考虑电场力。$W$ 中的电荷密度 $\lambda_W$ 为 $L$ 中的密度 $\lambda$ 的 $1/\gamma_u$，即 $\lambda_W=\lambda/\gamma_u$。在 $W$ 中作用于电荷 $q$ 的电场排斥力为

$$F=F_E=\frac{q\lambda_W}{2\pi\varepsilon_0 r}=\frac{q\lambda}{2\pi\varepsilon_0 r}\frac{1}{\gamma_u} \tag{12.317}$$

现在我们来看一下三个参考系内力之间的关系。作用于粒子的力在其自身参考系内是最大的，在其他两个参考系内此力为前者的 $\gamma$ 倍，因此，在 (b) 部分中 $Q$ 参考系内的力是三个力中最大的，它是 (a) 部分中 $L$ 参考系内力的 $\gamma_v$ 倍，该 $v$ 是 $L$ 相对于 $Q$ 的速度。参考系 $Q$ 内的力是 (c) 中参考系 $W$ 内力的 $\gamma_u\gamma_v(1+\beta_u\beta_v)=\gamma_{u\oplus v}$ 倍，此处 $u\oplus v$ 为 $W$ 相对于 $Q$ 的速度。

## 6.26 电场与磁场内的运动

在牛顿第三定律中，$\mathrm{d}\boldsymbol{p}/\mathrm{d}t=\boldsymbol{F_B}+\boldsymbol{F_E}$，因此（由于此速度为非相对论性的，所以 $p=mv$）

$$\frac{\mathrm{d}(m\boldsymbol{v})}{\mathrm{d}t}=q\boldsymbol{v}\times\boldsymbol{B}+q\boldsymbol{E}\Longrightarrow\frac{\mathrm{d}\boldsymbol{v}}{\mathrm{d}t}=\frac{q}{m}\boldsymbol{v}\times\boldsymbol{B}+\frac{q}{m}\boldsymbol{E} \tag{12.318}$$

由于 $\boldsymbol{v}=(v_x, v_y, 0)$，$\boldsymbol{B}=(0, 0, B)$，所以 $\boldsymbol{v}\times\boldsymbol{B}=B(v_y, -v_x, 0)$。在 $\boldsymbol{E}=(0, E, 0)$ 的情况下，式 (12.318) 的 $x$ 和 $y$ 分量可写成

$$\frac{\mathrm{d}v_x}{\mathrm{d}t}=\frac{qB}{m}v_y,\quad \frac{\mathrm{d}v_y}{\mathrm{d}t}=-\frac{qB}{m}v_x+\frac{qE}{m} \tag{12.319}$$

对第二个方程做微分（这将消去含 $E$ 的项），然后将第一个方程中的值换为 $\mathrm{d}v_x/\mathrm{d}t$，可得

$$\frac{\mathrm{d}^2v_y}{\mathrm{d}t^2}=-\left(\frac{qB}{m}\right)^2 v_y \tag{12.320}$$

这是一个简单谐振子形式的方程，其一般解为

$$v_y(t)=v_0\cos(\omega t+\phi),\quad \omega=\frac{qB}{m} \tag{12.321}$$

由式（12.319）中第二个方程，可得到 $v_x(t)=v_0\sin(\omega t+\phi)+E/B$。$v_0$ 和 $\phi$ 为由初始条件决定的任意常量。

对 $v_x(t)$ 和 $v_y(t)$ 合并后，有（可添加任意常量）

$$(x(t),y(t))=\frac{v_0}{\omega}(-\cos(\omega t+\phi),\sin(\omega t+\phi),0)+\left(\frac{Et}{B},0,0\right) \tag{12.322}$$

也就是说，粒子绕圆心（$Et/B$，0，0）做半径为 $v_0/\omega$ 的圆周运动。由 $v_x$ 和 $v_y$ 的表达式可以看出，$v_0$ 为随着点（$Et/B$，0，0）运动的参考系内做圆周运动的粒子的速度。在此参考系内动量为 $p=mv$（在此参考系内恒定与实验室参考系内不同），此圆半径可写为 $r=v_0/\omega=(p/m)/(qB/m)=p/qB$。再回到实验室参考系中，粒子运动路径如图 12.103 所示，为一个在 $x$ 方向上以速度 $E/B$ 前进的类圆周运动。

我们可以对该结果进行验证。已知该粒子在 $F'$ 中做圆周运动，$F'$ 相对于实验室参考系 $F$ 以速度 $(E/B)\hat{\boldsymbol{x}}$ 运动。在 $F'$ 中无电场。由式(6.76)中 $\boldsymbol{E}'_\perp$ 的变换可知

$$\begin{aligned}\boldsymbol{E}'_\perp&=\gamma(\boldsymbol{E}_\perp+\boldsymbol{v}\times\boldsymbol{B}_\perp)=\gamma(E\hat{\boldsymbol{y}}+(E/B)\hat{\boldsymbol{x}}\times B\hat{\boldsymbol{z}})\\&=\gamma(E\hat{\boldsymbol{y}}-E\hat{\boldsymbol{y}})=0\end{aligned} \tag{12.323}$$

注意，此漂移是在 $x$ 方向上的，虽然电场方向为 $y$ 方向。这与我们认为粒子应该逐渐偏向电场方向的直觉并不相符。事实上，如果粒子在电场方向（$y$ 方向）上加速，则磁场力 $qvB$ 会变大。在如图 12.103 的一点 $P$ 处，磁场力会有一个沿着 $y$ 轴负向的分量，此分量比电场力要大，因此会使粒子在 $y$ 方向上减速。最终在圆弧顶端 $v_y$ 变为 0，粒子在 $y$ 向上反向向下运动。

作为练习，读者可以求出粒子处于顶端和底端时所受的合力，并求出粒子经过 $x$ 轴时所受的 $y$ 向的力，结果应与 $F'$ 中圆周运动的情况相符。（注意该运动为非相对论性的。）我们还可以求出粒子在顶部和底部时运动的曲率半径。

由上述 $v_x$ 的表达式 $v_0\sin(\omega t+\phi)+E/B$ 可知，如果电场很弱（更准确地说，若 $E/B<v_0$），那么 $v_x$ 可能为负，运动轨迹如图 12.103 所示。反过来说，若电场很强（准确地说，若 $E/B>v_0$），则 $v_x$ 总为正值，运动轨迹如图 12.104 所示。

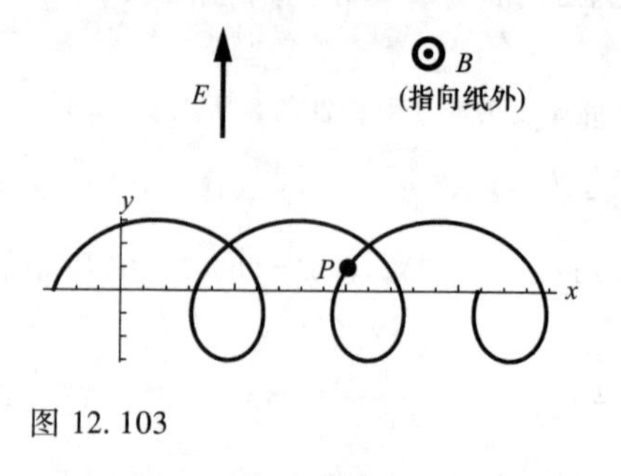

图 12.103

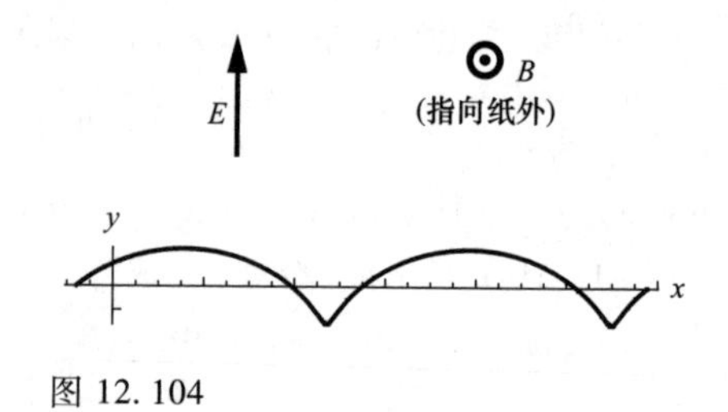

图 12.104

## 6.27 洛伦兹变换中的特例

在 $F'$ 中四种条件设定如图 12.105 所示。

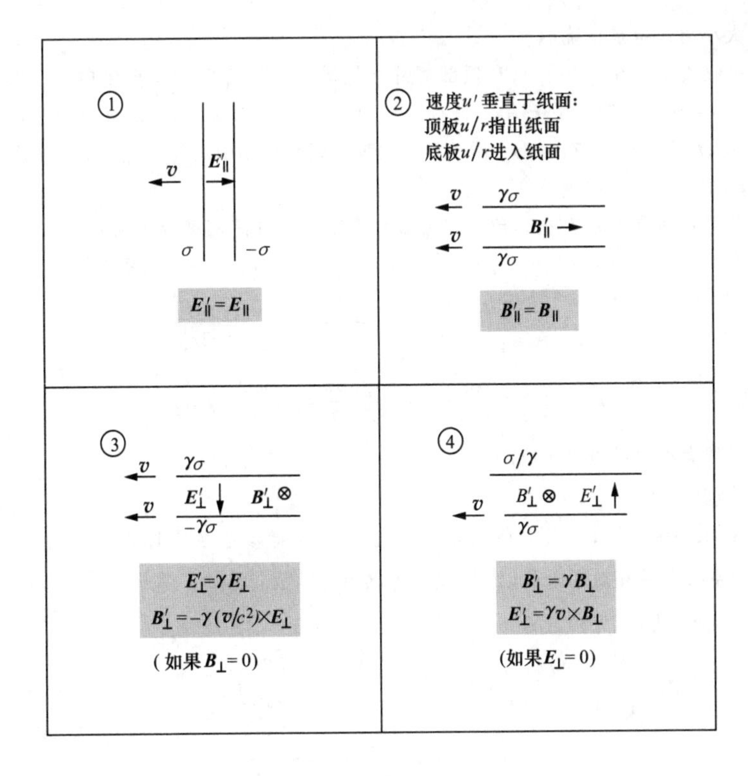


图 12.105

**情况 1** 在纵向上没有长度收缩，因此两坐标系下的电荷密度 $\sigma'$ 和 $\sigma$ 是相等的。由于 $E_{\parallel}=\sigma/\varepsilon_0$，$E'_{\parallel}=\sigma'/\varepsilon_0$，所以纵向场是相等的，$E'_{\parallel}=E'_{\parallel}$。

**情况 2** 在参考系 $F$ 中，磁场为 $B_{\parallel}=\mu_0\mathcal{J}$，其中 $\mathcal{J}=\sigma u$，$u$ 为 $F$ 中薄片进入和离开纸面的速度。(在 6.6 节中有对此的证明，即设一个各边分别位于薄片两侧的安培环路。) 在 $F'$ 中，纵向的 $B'_{\parallel}=\mu_0\mathcal{J}'$，此处 $\mathcal{J}'$ 为与纸面垂直的电流密度，大小等于 $\sigma'u'$，$u'$ 为垂直于纸面的速度。由于长度收缩使得电荷密度变大（$\sigma'=\gamma\sigma$），而横向速度叠加公式使得横向速度变小（$u'=u/\gamma$，见下面式（G.10）的讨论），所以 $\sigma'u'=\sigma u$，$\mathcal{J}'=\mathcal{J}$。因此 $B'_{\parallel}=B_{\parallel}$。

在 $u$ 很小的情况下，容易发现由于时间延长，横向速度在 $F'$ 中比较小（在 6.7 节关于螺线管的问题中讨论过）。注意，每片薄片都会因为其纵向速度 $v$ 而产生一个垂直于纸面的磁场。但此磁场在薄片之间会互相抵消，所以可以将其忽略。这些不会影响上述 $B'_{\parallel}=B_{\parallel}$ 这一结果。

**情况 3** 第一种关系：由于长度收缩，有 $\sigma'=\gamma\sigma$，因此 $E'_{\perp}=\sigma'/\varepsilon_0$ 为 $\gamma$ 乘以 $E_{\perp}=\sigma/\varepsilon_0$。

第二种关系：由于在 $F'$ 中两薄片都以速度 $v$ 向左移动，又因为二者携带相反的电荷，所以磁场大小为 $B'_{\perp}=\mu_0\mathcal{J}'$，此处 $\mathcal{J}'=\sigma'v$，方向为指向纸面外。$\boldsymbol{B}'_{\perp}=-\gamma(\boldsymbol{v}/c^2)\times\boldsymbol{E}_{\perp}$ 这一方向关系与上述相符（注意，$F'$ 相对于 $F$ 运动的速度 $\boldsymbol{v}$ 方向为向右）。由于长度收缩，有 $\sigma'=\gamma\sigma$，因此

$$
\begin{aligned}
B'_{\perp}&=\mu_0\mathcal{J}'=\mu_0(\sigma'v)=\mu_0(\gamma\sigma)v \\
&=\frac{1}{\varepsilon_0c^2}\gamma\sigma v=\gamma\frac{v}{c^2}\frac{\sigma}{\varepsilon_0}=\gamma\frac{v}{c^2}E_{\perp}
\end{aligned}
\tag{12.324}
$$

因此此式的大小关系也是正确的。

**情况4** 第一种关系：在 $F$ 中，只有顶部薄片在运动。磁场方向为指向纸内部，大小为 $B_{\perp}=\mu_0\mathcal{J}/2$，此处 $\mathcal{J}=\sigma v$。在参考系 $F'$ 中，只有底部薄片在运动（向左）。磁场也是指向纸内部的，大小为 $B'_{\perp}=\mu_0\mathcal{J}'/2$，此处 $\mathcal{J}'=\sigma' v$。由于长度收缩，底部移动中的薄片上的电荷密度为 $\sigma'=\gamma\sigma$。因此 $B'_{\perp}=\gamma B_{\perp}$。

第二种关系：在参考系 $F'$ 中，顶部和底部的薄片上的电荷密度分别为 $\sigma/\gamma$、$\gamma\sigma$。因此电场方向为指向上方的，大小为 $E'_{\perp}=\sigma(\gamma-1/\gamma)/2\varepsilon_0$。$\boldsymbol{E}'_{\perp}=\gamma\boldsymbol{v}\times\boldsymbol{B}_{\perp}$ 的方向关系也与此相符。因此有

$$
\begin{aligned}
E'_{\perp}&=\frac{\sigma(\gamma-1/\gamma)}{2\varepsilon_0}=\frac{\gamma\sigma(1-1/\gamma^2)}{2\varepsilon_0}=\frac{\gamma\sigma\beta^2}{2\varepsilon_0}\\
&=\frac{\gamma\sigma v^2}{2\varepsilon_0 c^2}=\gamma v\frac{1}{\varepsilon_0 c^2}\frac{\sigma v}{2}=\gamma v\frac{\mu_0\mathcal{J}}{2}=\gamma v B_{\perp}
\end{aligned}
\tag{12.325}
$$

因此该关系式的大小关系也是正确的。

## 6.28 推迟势

（a）如图 12.106 所示，当电荷跨过 $y$ 轴时，在电荷参考系中原点电场为 $\boldsymbol{E}_{\text{charge}}=-\hat{\boldsymbol{y}}q/4\pi\varepsilon_0 r^2$。实验室参考系相对于电荷以大小为 $v$ 方向沿 $x$ 轴负向移动，因此式（6.76）中经过洛伦兹变换为 $B_{\perp,\text{lab}}=-\gamma(v/c^2)\times E_{\perp,\text{charge}}$，可得

$$
\begin{aligned}
B_{\perp,\text{lab}}&=-\gamma\frac{(-v\hat{\boldsymbol{x}})}{c^2}\times\left(\frac{-\hat{\boldsymbol{y}}q}{4\pi\varepsilon_0 r^2}\right)\\
&=-\hat{z}\frac{\gamma qv}{4\pi\varepsilon_0 c^2 r^2}=-\hat{z}\frac{\mu_0}{4\pi}\frac{\gamma qv}{r^2}
\end{aligned}
\tag{12.326}
$$

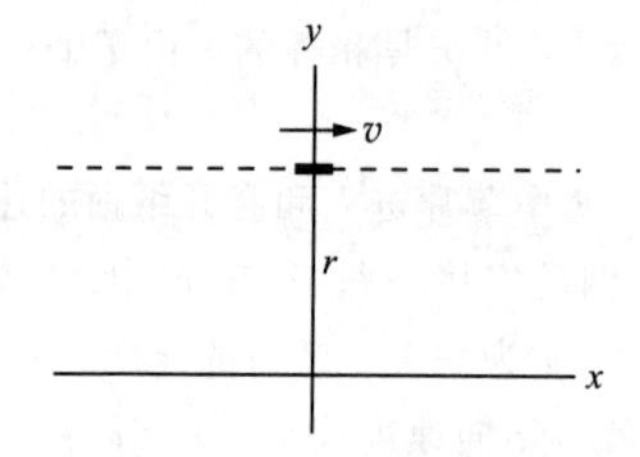


图 12.106

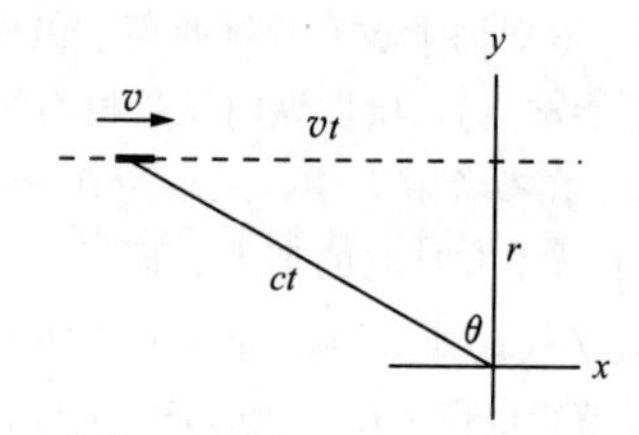


图 12.107

此处 $\mu_0=1/\varepsilon_0 c^2$。$z$ 轴负向为指向纸面内部。因为不存在纵向场，所以这就是全部的 $\boldsymbol{B}_{\text{lab}}$ 场。

（b）令此电流元长度为 $l$，假设 $l$ 很小，则式（6.49）的毕奥-萨伐尔定律中的 $\hat{\boldsymbol{r}}$ 矢量与 $r$ 标量是不变的，因此可以将它们提出积分外。对 $\mathrm{d}\boldsymbol{l}$ 的积分等于 $l\hat{x}$。因此有

$$
\begin{aligned}
\boldsymbol{B}_{\text{lab}}&=\frac{\mu_0 I}{4\pi}\frac{(l\hat{\boldsymbol{x}})\times\hat{\boldsymbol{r}}}{r^2}=\frac{\mu_0(\lambda v)}{4\pi}\frac{l\hat{\boldsymbol{x}}\times\hat{\boldsymbol{y}}}{r^2}\\
&=-\frac{\mu_0}{4\pi}\frac{(\lambda l)v\hat{z}}{r^2}=-\hat{z}\frac{\mu_0}{4\pi}\frac{qv}{r^2}
\end{aligned}
\tag{12.327}
$$

此处我们认为 $\lambda l$ 等于棒上电量 $q$。此结果比（a）中结果小，为（a）中结果乘以 $\gamma$。

（c）考虑如图 12.107 所示的电荷位置。若希望一个光子在时间 $t$ 内由电荷移动至原点，在同样的时间 $t$ 内电荷到达 $y$ 轴，这样右侧三角形的两个边长分别为 $ct$ 和 $vt$。由勾股定理可知

$(ct)^2 = (vt)^2+r^2 \Longrightarrow t=r/\sqrt{c^2-v^2}$，因此电荷距离 $y$ 轴 $vt=rv/\sqrt{c^2-v^2}$，若 $v$ 很小，则此距离很小，若 $v\to c$ 则此距离为无限。

若 $l$ 为带电细棒的静长度，则其在实验室参考系中的长度为 $l/\gamma$。然而，这不是我们描述此问题时所使用的照片中的长度，因为若棒上不同点同时释放光子，则光子到达原点的时间不同。由前端射出的光子将首先到达，因为它的初始位置距离原点最近。因此在照片中前端释放光子的时间一定稍晚一些（因为相机记录信息时只记录一瞬时打在上面的光子）。同样，后端释放光子的时间一定要提前一些，那么要提前多少呢？

在图 12.108 中，由 $B$ 和 $C$ 到达原点的距离基本相等（假设棒长很短）。若后端光子在这一时刻释放出，则我们希望前端光子延迟时间 $\tau$ 释放（前端为 $C$），这样 $AB$ 间的距离为 $c\tau$。当 $C$ 处光子由棒上释放出时后端光子将同时到达 $B$，这样两光子将同时到达原点。三角形 $ABC$ 与图中光路三角形相似，因此

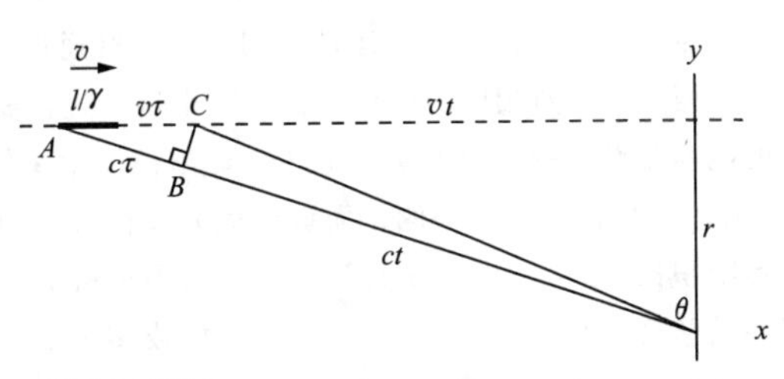


图 12.108

$$\frac{l/\gamma+v\tau}{c\tau}=\frac{ct}{vt}\Longrightarrow \tau=\frac{lv}{\gamma(c^2-v^2)}=\frac{\gamma lv}{c^2} \tag{12.328}$$

照片中的棒长即 $AC$，为

$$\frac{l}{\gamma}+v\tau=\frac{l}{\gamma}+v\frac{\gamma lv}{c^2}=\gamma l\left(\frac{1}{\gamma^2}+\frac{v^2}{c^2}\right)=\gamma l \tag{12.329}$$

因此照片中的棒的长度为实验室参考系中的实际棒长 $l/\gamma$ 乘以 $\gamma^2$。

该棒产生的电流为线电荷密度乘以速度。若在棒的参考系中电荷密度为 $\lambda$，则在实验室参考系中由于长度收缩，电荷密度变为 $\gamma\lambda$。因此电流为 $I=(\gamma\lambda)v$。在式（6.46）中矢势 $A$ 的表达式中，我们需要将此电流乘以其在照片中的长度，结果为 $\gamma l$。我们还需要将此结果除以式（6.46）中的距离 $r_{12}$，即此处的 $r/\cos\theta$。由于 $\sin\theta=v/c$，所以有 $\cos\theta=(1-v^2/c^2)^{1/2}=1/\gamma$。因而距离 $r_{12}$ 等于 $\gamma r$。因此，此时在原点处的矢势穿过 $y$ 轴的电荷为（用到了 $\lambda l=q$）

$$A=\frac{\mu_0 I}{4\pi}\int\frac{\mathrm{d}\boldsymbol{l}}{r_{12}}=\frac{\mu_0(\gamma\lambda v)}{4\pi}\frac{\gamma l\hat{\boldsymbol{x}}}{\gamma r}=\frac{\mu_0}{4\pi}\frac{\gamma qv}{r}\hat{\boldsymbol{x}} \tag{12.330}$$

现在我们可以对 $A$ 取旋度得到 $B$。附录 F 中的式（F.2）给出了柱坐标系下的旋度表达式（此处 $x$ 轴为轴向）。在冗长的表达式中唯一不为 0 的微分项为 $\partial A_x/\partial r$，因此有

$$\boldsymbol{B}=\nabla\times\boldsymbol{A}=-\frac{\partial A_x}{\partial r}\hat{\boldsymbol{\theta}}=-\frac{\partial}{\partial r}\left(\frac{\mu_0}{4\pi}\frac{\gamma qv}{r}\right)\hat{\boldsymbol{\theta}}=\frac{\mu_0}{4\pi}\frac{\gamma qv}{r^2}\hat{\boldsymbol{\theta}} \tag{12.331}$$

此处 $\hat{\boldsymbol{\theta}}$ 矢量指向纸内，这与式（12.326）相符。

注意，在棒的长度很小的情况下，上述结果与棒长 $l$ 无关。电荷可以是任意形式的，结果都适用。例如，球体可以看成是很多彼此靠近且长度不同的棒组成的，所有的棒的影响因子都为 $\gamma$。无论我们假设的电荷多么像点电荷，时间延迟的影响都会存在。式（12.330）中的矢势为任意移动电荷的一种特殊情况，叫作莱纳德-维谢尔矢势。与之相对应的还有一个莱纳德-维谢尔标势。

# 12.7　第7章

## 7.1　瓶中海水由于运动产生的电流

当 $\boldsymbol{v}\times\boldsymbol{B}$ 的大小为 $vB=(1\mathrm{m/s})(3.5\times10^{-5}\mathrm{T})=3.5\times10^{-5}\mathrm{V/m}$ 时，有效的电场强度为 $E=3.5\times10^{-5}\mathrm{V/m}$，并且电流密度为

$$J=\sigma E=(4(\Omega\cdot\mathrm{m})^{-1})(3.5\times10^{-5}\mathrm{V/m})=1.4\cdot10^{-4}\mathrm{A/m^2} \tag{12.332}$$

如果一瓶海水以此速度运动，则电流只有通过足够长的路径来分离正负电荷，来建立与 $\boldsymbol{v}\times\boldsymbol{B}$ 大小相等、方向相反的电场。在估算出这一过程需要多长时间时，认为时间 $t$ 内每平方米面积上的电荷是叠加的。根据 $J$ 的定义（即单位面积单位时间内的电荷量），电荷密度就是简单地为 $Jt$。其中正电荷分布在一侧，而负电荷分布在另一侧上。（但这个结果并不准确，由于随着电荷的不断积累，$J$ 会逐渐减小直到为零，而不是从某个固定值直接变为零。但在这里我们只是做个粗略的估算，所以可以忽略掉这个。）场或多或少会与瓶子的形状有关，但是大小等于 $Jt/\varepsilon_0=(\sigma E)t/\varepsilon_0$。（其中 $\sigma$ 是电导率，不是表面电荷密度。）当电场强度为 $E$ 时，电荷停止流动，这时有

$$\frac{\sigma t}{\varepsilon_0}=1\Longrightarrow t=\frac{\varepsilon_0}{\sigma}=\frac{8.85\times10^{-12}\dfrac{\mathrm{s^2\cdot C^2}}{\mathrm{kg\cdot m^3}}}{4(\Omega\cdot\mathrm{m})^{-1}}=2.2\times10^{-12}\mathrm{s} \tag{12.333}$$

因此，除了刚开始的那一小段完全可以忽略的时间，在瓶中完全没有电流流动。

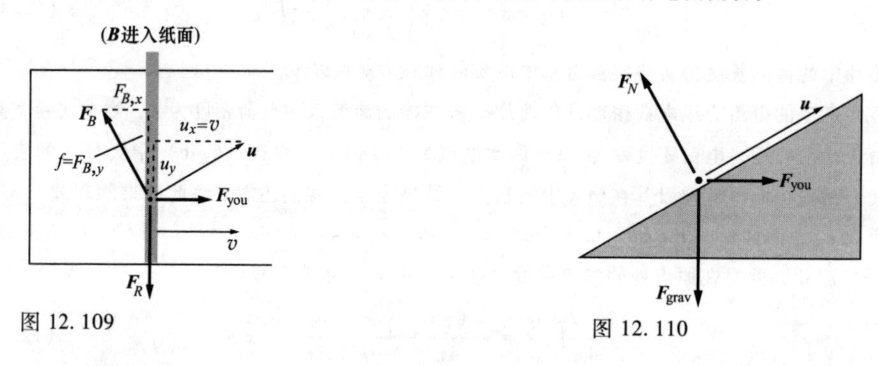


图 12.109　　图 12.110

## 7.2　什么是做功？

图 12.109 表明了受力情况。简单地说，我们假设运动电荷为负电荷，这不会影响最后的结论。重要的是意识到电荷的速度 $\boldsymbol{u}$ 具有两个分量，分别为沿棒方向上的水平分量 $u_x=v$ 和沿棒上电流方向的垂直分量 $u_y$。这意味着磁力 $\boldsymbol{F_B}$ 沿向上偏左的方向，与 $\boldsymbol{u}$ 方向垂直，即如图所示。它的大小为 $F_B=quB$，两个分量的大小分别为 $F_{B,x}=qu_yB$ 和 $F_{B,y}=qu_xB=qvB$。其中后者就是式 (7.5) 中称为 $\boldsymbol{f}$ 的量。假设电流是稳定的且电荷不加速运动，则作用在电荷上的力为零。因此如果你施加力作用在棒上，则力为 $F_{you}=F_{B,x}$，且电荷受的阻力为 $F_R=F_{B,y}$。（这些量指的都是大小，其方向与原来的相反。）

哪个力在做功？正如这个问题中提到的，由于 $\boldsymbol{F_B}$ 与 $\boldsymbol{u}$ 垂直则磁力不做功。但如果你愿意，你可以把这个零功分成大小相等且方向相反的两部分。$\boldsymbol{F_B}$ 的垂直分量做的功为 $F_{B,y}u_y=(qu_xB)u_y$，水平分量做的功为 $-F_{B,x}u_x=-(qu_yB)u_x$。这两部分大小相等，且方向相反。其中你也做功了，

因为在你拉的方向上 $\boldsymbol{u}$ 有一个分量。你做的那部分的功为 $F_{you}u_x$。由于所有力间的平衡，正向力做的功与负向 $F_{B,x}$ 做的功大小相等、方向相反。阻力也做功，其值为 $-F_R u_y$。负向力做的那部分功与正向 $F_{B,y}$ 做的功大小相等、方向相反。

当你做的正功被阻力做的负功抵消时，磁力做的净功为零。可以肯定的是 $\boldsymbol{F_B}$ 的一个分量做正功（垂直分量，在 7.3 节中我们写为 $\boldsymbol{f}$），$\boldsymbol{F_B}$ 的另一部分做大小相等、方向相反的负功。因次说磁力不做功的说法是不准确的。

这个过程从本质上来说，跟水平力推木块沿光滑斜面上升的过程是一样的，如图 12.110 所示。这个图与图 12.109 相比较，就是替换了力，用法向力代替了磁力，用重力代替了阻力。法向力的垂直分量做负功，而水平分量做一个大小相等、方向相反的负功。你把能量注入系统（表现为重力势能的增加），就如同你把能量注入上述电路中（表现为热）。尽管法向力的垂直分量是实际上造成木块上移的唯一的力，但整个法向力做的功为零。相反地，你不但没有使木块上移，而且你实际上还做了正功。

## 7.3 拉动方形框

（a）在方形框中的阴影部分边长为 $2x$。在 $dt$ 时间内，面积为 $(2x)(vdt)$ 的矩形区域内的磁通量将从方形框中消失。因此电动势的大小是

$$\mathscr{E}=\frac{\mathrm{d}\Phi}{\mathrm{d}t}=\frac{B(2xv\mathrm{d}t)}{\mathrm{d}t}=2Bxv \tag{12.334}$$

所以方形框的感应电流为 $I=2Bxv/R$。它是按逆时针方向流动的，以形成指向纸外的磁场 $B$ 来阻止磁通量的变化。

作用在载流线的力为 $F=IlB$。考虑到方形框长为 $l=\sqrt{2}x$ 的上半部分坐落在阴影区域内，则根据右手定则，电流所受磁力指向左侧。同样地，阴影区域下半段受的力指向左下方。因此垂直分量消失，我们只需要考虑左侧的分量，乘以 $\cos45°=1/\sqrt{2}$ 的系数即可。因此方形框上所受的向左的力为

$$F=2IlB\cos45°=2\cdot\frac{2Bxv}{R}\cdot\sqrt{2}x\cdot B\cdot\frac{1}{\sqrt{2}}=\frac{4B^2x^2v}{R} \tag{12.335}$$

如果方形框以常速运动，你施加的力必须大小相等，且方向向右。

（b）你做的功为

$$W=\int F\mathrm{d}x=\int_0^{x_0}\frac{4B^2x^2v}{R}\mathrm{d}x=\frac{4B^2x_0^3v}{3R} \tag{12.336}$$

（严格上说，积分是从 $x_0$ 积到 0，但位移是 $-\mathrm{d}x$，因此你做的功仍为正，与事实一样。）在电阻上的消耗的总能量为（$\mathrm{d}t=\mathrm{d}x/v$）

$$\int I^2R\mathrm{d}t=\int\left(\frac{2Bxv}{R}\right)^2R\mathrm{d}t=\int\frac{4B^2x^2v}{R}\mathrm{d}x \tag{12.337}$$

这与上面提到的 $W$ 的表达式中的积分相同。因此你做的功确实等于电阻上消耗的能量。

## 7.4 螺线管附近的环路

VM1 和 $R_1$ 分别是图 12.111 中上面的电压表和电阻，VM2 和 $R_2$ 分别是图中下面的电压表和电阻。沿着螺线管环路的感应电动势为

$$\mathscr{E}=\frac{\mathrm{d}\Phi}{\mathrm{d}t}=A\frac{\mathrm{d}B}{\mathrm{d}t}=(0.002\mathrm{m}^2)(0.01\mathrm{T/s})=2\times10^{-5}\mathrm{V} \tag{12.338}$$

即 20μV。环路包含围绕螺线管的电阻，因此其中电流为 $I=\mathscr{E}/R=(2\times10^{-5}\,\text{V})/(100\Omega)=2\times10^{-7}\,\text{A}$，即 0.2μA。由于通量是增加的，所以通过楞次定律，我们知道环路中的电流是顺时针方向流动的。

包含 VM1 和 $R_1$ 的环路没有磁通量的变化，因此环路中电势差与路径无关。通过 $R_1$ 的压降为 $IR=(2\times10^{-7}\,\text{A})(50\Omega)=10\mu\text{V}$，电压高的一端接在了电压表 VM1 的负端上，这是因为电流是从 $P_2$ 到 $P_1$ 的方向流过 $R_1$。因此 VM1 的读数应该是 $-10\mu\text{V}$。

经过 VM1 从 $P_1$ 到 $P_2$ 的环路上 $\boldsymbol{E}$ 的线积分，与从 $P_2$ 经过 $R_1$ 后返回 $P_1$ 的环路上 $\boldsymbol{E}$ 的线积分之和为零，因为环路间没有磁通量的改变。但是后者的线积分为 $+10\mu\text{V}$（因为电流和场都从 $P_2$ 指向 $P_1$）。因此前者必然是 $-10\mu\text{V}$，且这也是 VM1 上的读数。

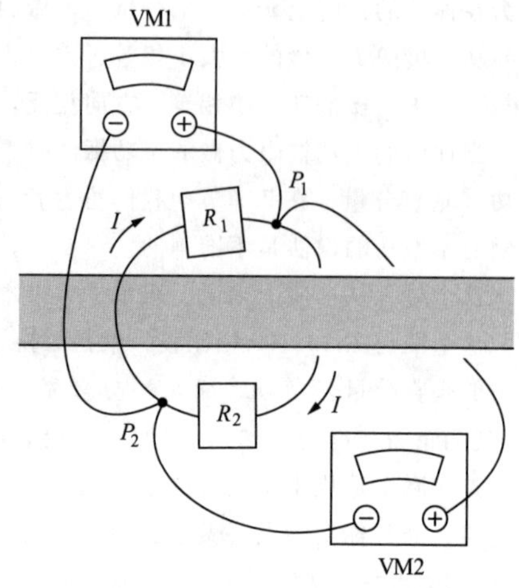


图 12.111

同样地，包含 VM2 和 $R_2$ 的环路内也没有变化的通量。$R_2$ 两端的压降为 10μV，但现在电压高的一侧接在 VM2 的+端上，因为电流从 $P_1$ 到 $P_2$ 的方向流过 $R_2$。因此 VM2 上的读数为 $+10\mu\text{V}$。

我们也可以通过其他方式来获得这些结论。例如，考虑含有 $R_1$ 和 VM2 的环路。这个环路包含变化的电流。根据式（12.338）可知，经过 VM2 从 $P_1$ 到 $P_2$ 的环路上 $\boldsymbol{E}$ 的线积分与经过 $R_1$ 从 $P_2$ 到 $P_1$ 上 $\boldsymbol{E}$ 的线积分之和等于 20μV。后者的线积分为 $+10\mu\text{V}$，因此前者也必须为 $+10\mu\text{V}$，这恰好是 VM2 上的读数。

这个问题的本质是，如果装置内含有变化的磁通量，讨论两点间的电势差（值为 $-\int\boldsymbol{E}\cdot\mathrm{d}\boldsymbol{s}$）是毫无意义的。有必要声明 $-\int\boldsymbol{E}\cdot\mathrm{d}\boldsymbol{s}$ 中路径上的积分已经计算过了。观测 VM1 数值的人会认为 $V_{p1}$ 和 $V_{p2}$ 间的电势差为 $-10\mu\text{V}$，而观察 VM2 的会认为是 $+10\mu\text{V}$。然而，如果 VM2 先连接 $P_1$ 而不是螺线管，VM2 的示数就会像 VM1 一样为 $-10\mu\text{V}$。在静磁场中（装置中的电流是稳恒电流），我们不必明确路径，就可以标明环路中某一特定点的电势。但如果其中有变化的通量，情况就不是这样的。

## 7.5 总电荷

当穿过线圈的磁通量为 $\Phi=N\pi a^2B$ 时，线圈两端的感应电动势为 $\mathscr{E}=\mathrm{d}\Phi/\mathrm{d}t=N\pi a^2(\mathrm{d}B/\mathrm{d}t)$。我们暂时忽略符号，电流 $I=\mathscr{E}/R=(N\pi a^2/R)(\mathrm{d}B/\mathrm{d}t)$，因此通过电阻的总电荷为

$$Q=\int I\mathrm{d}t=\int\frac{N\pi a^2}{R}\frac{\mathrm{d}B}{\mathrm{d}t}\mathrm{d}t=\frac{N\pi a^2}{R}\int_{B_0}^{0}\mathrm{d}B=-\frac{N\pi a^2B_0}{R}\tag{12.339}$$

由于我们还未考虑符号，这里的负号不能代表什么。正如楞次定律所表述的，总量为 $N\pi a^2B_0/R$ 的负电荷流向为初始磁通量增加的方向。这表明，电流与初始磁通量是用右手螺旋法则联系的。

注意 $Q$ 仅仅由 $B$ 的净变化所决定，与变化的速度无关。直观来说，如果 $B$ 变化减慢，则 $\mathscr{E}$（当然 $I$ 也是）变小，因此在给定的时间内通过的电荷变少。但这一过程持续的时间变长，通过的电荷变多。这两种相互矛盾的效应相互抵消。

如果有必要，所有的回路用线圈来代替，电阻 $R$ 与线圈匝数 $N$ 成正比。在式（12.339）中的总电荷 $Q$ 与 $N$ 无关。此外，你还能证明 $Q$ 正比于线圈中每环所占的体积。

## 7.6 增大螺线管内的电流

法拉第定律的积分形式为 $\int \boldsymbol{E}\cdot \mathrm{d}\boldsymbol{s} = -(\mathrm{d}/\mathrm{d}t)\int \boldsymbol{B}\cdot \mathrm{d}\boldsymbol{a}$。在螺线管内部，磁场为 $B=\mu_0 nI$，因此半径为 $r$ 的圆内的磁通量为 $\Phi=B(\pi r^2)=(\mu_0 nCt)(\pi r^2)$。法拉第定律给出了 $\boldsymbol{E}$ 切向分量的大小（忽略符号）

$$E_\theta(2\pi r)=\frac{\mathrm{d}}{\mathrm{d}t}[(\mu_0 nCt)(\pi r^2)] \Longrightarrow E_\theta=\frac{\mu_0 nCr}{2} \tag{12.340}$$

根据楞次定律，$E_\theta$ 指向切向方向，与螺线管中电流流向相反。

在螺线管外部，磁通量为 $\Phi=(\mu_0 nCt)(\pi R^2)$，因为只有在螺线管内部，磁场是非零的。由法拉第定律得出

$$E_\theta(2\pi r)=\frac{\mathrm{d}}{\mathrm{d}t}[(\mu_0 nCt)(\pi R^2)] \Longrightarrow E_\theta=\frac{\mu_0 nCR^2}{2r} \tag{12.341}$$

方向与电流流向相反。

为了检查法拉第定律的微分形式，即 $\nabla\times\boldsymbol{E}=-\partial\boldsymbol{B}/\partial t$ 是否满足条件，可以使用附录 F 中给出的柱坐标中的旋度表达式。由于 $\boldsymbol{E}$ 仅有一个 $\theta$ 分量，并且这个分量仅与 $r$ 有关，则旋度中仅剩下一项，即 $\nabla\times\boldsymbol{E}=\hat{\boldsymbol{z}}(1/r)\partial(rE_\theta)/\partial r$。当使用法拉第定律时，很容易得到楞次定律中的符号。但当使用不同形式时，应该关注变量的真实符号。在图 12.112 中，正 $\hat{\boldsymbol{z}}$ 方向指向纸外，正 $\hat{\boldsymbol{\theta}}$ 方向为逆时针方向。如果电流是逆时针的，则 $\boldsymbol{B}$ 指向正 $\hat{\boldsymbol{z}}$ 方向，感应电场 $\boldsymbol{E}$ 指向负 $\hat{\boldsymbol{\theta}}$ 方向。我们想要使用的 $E_\theta$ 是式（12.340）和式（12.341）中 $E_\theta$ 的负数。因此在螺线管内部，有

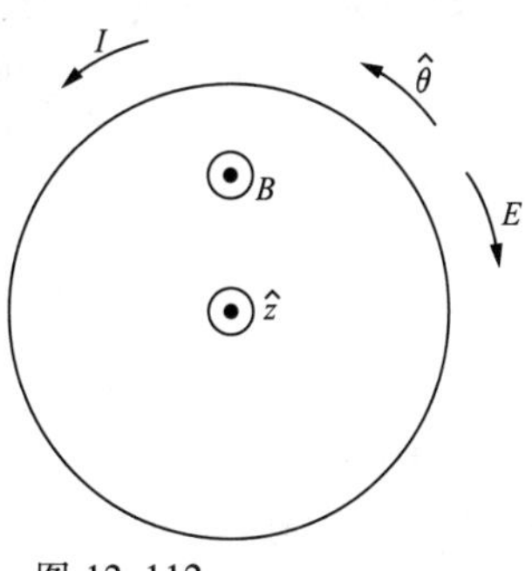

图 12.112

$$\nabla\times\boldsymbol{E}=\hat{\boldsymbol{z}}\,\frac{1}{r}\,\frac{\partial}{\partial r}\left(r\cdot\frac{-\mu_0 nCr}{2}\right)=-\mu_0 nC\hat{\boldsymbol{z}} \tag{12.342}$$

这确实等价于 $-\partial\boldsymbol{B}/\partial t=-\partial(\mu_0 nCr\hat{\boldsymbol{z}})/\partial t$。且在螺线管外部，有

$$\nabla\times\boldsymbol{E}=\hat{\boldsymbol{z}}\,\frac{1}{r}\,\frac{\partial}{\partial r}\left(r\cdot\frac{-\mu_0 nCR^2}{2r}\right)=0 \tag{12.343}$$

这又等于 $-\partial\boldsymbol{B}/\partial t$。因为在螺线管外部 $\boldsymbol{B}=0$。

以上的计算仅涉及变化的磁场造成电场增加的情况。这两种场可以很好地转变。我们可以向任何场上添加 $\nabla\times\boldsymbol{E}=0$，即任何静电场。例如，沿轴向的线电荷添加上大小为 $\lambda/2\pi\varepsilon_0 r$ 的辐射场。

## 7.7 细环路上的最大电动势

装置如图 12.113 所示。在 $xy$ 平面上的任意位置 $x$ 处，磁场 $\boldsymbol{B}$ 的大小是 $\mu_0 I/2\pi r$，其中 $r=\sqrt{h^2+x^2}$。仅 $z$ 分量在磁通量中起作用，其分量大小是 $B$ 乘以 $x/r$。则

$$B_z(x)=\frac{\mu_0 I}{2\pi r}\,\frac{x}{r}=\frac{\mu_0 I}{2\pi}\,\frac{x}{h^2+x^2} \tag{12.344}$$

$B_z(x)\propto x/(h^2+x^2)$ 的曲线如图 12.114 所示。注意到在 $x$ 较小时，$B_z$ 是随着 $x$ 的增加而增加的。这是因为 $\boldsymbol{B}$ 矢量倾斜度的增量大于 $r$ 变大而造成 $\boldsymbol{B}$ 的减量（因为在 $x=0$ 附近 $r$ 几乎不变）。相反地，在 $x$ 较大时 $B_z$ 是递减函数。这是因为随 $r$ 变大 $B$ 的减少速率大于 $B$ 矢量倾斜度的增量（因为对于大 $x$ 的情况，倾斜度几乎不变）。

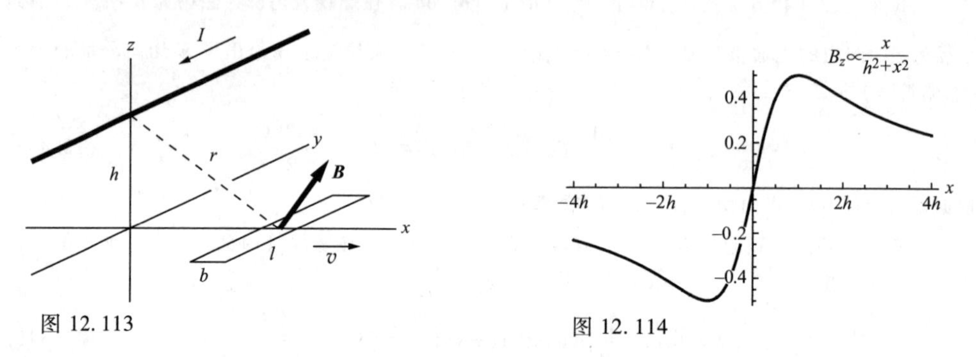


图 12.113　　图 12.114

如果用 $x$ 来表示细环路的中心位置，则上边沿和下边沿分别在 $x+b/2$ 和 $x-b/2$ 处。因此电动势涉及在上边沿获得的通量和在下边沿消失的通量，为

$$\begin{aligned}\mathscr{E}&=\frac{\mathrm{d}\Phi}{\mathrm{d}t}=[B_z(x+b/2)-B_z(x-b/2)]vl\\&=\frac{\mu_0 Ivl}{2\pi}\left[\frac{x+b/2}{h^2+(x+b/2)^2}-\frac{x-b/2}{h^2+(x-b/2)^2}\right]\\&\approx\frac{\mu_0 Ivl}{2\pi}\cdot b\frac{\mathrm{d}}{\mathrm{d}x}\left(\frac{x}{h^2+x^2}\right)=\frac{\mu_0 Ivlb}{2\pi}\cdot\frac{h^2-x^2}{(h^2+x^2)^2}\end{aligned}\tag{12.345}$$

其中我们使用了导数的定义来估算场 $B$ 中的电势差。如图 12.113 所示的变量符号，从上面观测时，正$\mathscr{E}$是逆时针的。对于 $x<h$，通量是增加的，因而感应出一个顺时针流动的电流，这个电流产生一个向下的磁通量来阻止磁通量的增加。相反，对于 $x>h$，磁通量减少，因而感应出一个逆时针流动的电流来产生向上的磁通量来阻止磁通量变小。

$\mathscr{E}(x)\propto \mathrm{d}B_z(x)/\mathrm{d}x\propto(h^2-x^2)/(h^2+x^2)^2$ 的曲线如图 12.115 所示。在 $x=h$ 时，它为零，与 $B_z$ 在此处为极值（最大值）的情况相吻合。这个极值意味着在环路的上边沿和下边沿的 $B_z$ 本质上相等，因此那里没有磁通量变化。

为了找出$\mathscr{E}$在何处实现局部极大和极小值，我们必须设置导数值为零。这给出

$$\begin{aligned}\frac{\mathrm{d}\mathscr{E}}{\mathrm{d}x}=0&\Longrightarrow(h^2+x^2)^2(-2x)-(h^2-x^2)2(h^2+x^2)(2x)=0\\&\Longrightarrow x=0\text{ 或 }x=\pm\sqrt{3}h\end{aligned}\tag{12.346}$$

图 12.115

$x=0$ 的根对应着最大的顺时针电动势，$x=\pm\sqrt{3}h$ 两个根对应着最大的逆时针电动势（哪一个更小?）。这三个点对应着图 12.114 中 $B_z$ 变化最快的（局部上）点，因为在上升沿和下降沿上的这些点的 $B_z$ 差值最大。用另一种方式表述，这三个点是 $B_z(x)$ 曲线上的拐点，即 $B_z$ 的二次导数为零。

式（12.346）表明 $\mathrm{d}\mathscr{E}/\mathrm{d}x=0$，这等效于 $\mathrm{d}^2B_z/\mathrm{d}x^2=0$，因为$\mathscr{E}$正比于 $\mathrm{d}B_z/\mathrm{d}x$。

## 7.8 斜薄片运动时的法拉第定律

（a）如5.5节中的例子，在新参考系 $F'$中的电场分量为 $E'_{\parallel}=E_{\parallel}=E/\sqrt{2}$和 $E'_{\perp}=\gamma E_{\perp}=\gamma E/\sqrt{2}$（其中 $E=\sigma/2\varepsilon_0$，但本题中我们并不需要知道这个）。因此在新参考系 $F'$中，电场 $E'=(E/\sqrt{2})\sqrt{1+\gamma^2}$。为了找到平行于薄片的分量 $E'_{\mathrm{p}}$，图 5.12 表明我们必须在原式上乘以系数 $\sin(2\theta-90°)$，其中 $\tan\theta=\gamma$。这个系数可以选择为$-\cos2\theta$，或者写为 $1-2\cos^2\theta$。因此我们有（使用 $\tan\theta=\gamma\Rightarrow\cos\theta=1/\sqrt{1+\gamma^2}$）

$$
\begin{aligned}
E'_{\mathrm{p}}=E'\sin(2\theta-90°)&=\frac{E}{\sqrt{2}}\sqrt{1+\gamma^2}\,(1-2\cos^2\theta)\\
&=\frac{E}{\sqrt{2}}\sqrt{1+\gamma^2}\left(1-\frac{2}{1+\gamma^2}\right)=\frac{E}{\sqrt{2}}\frac{\gamma^2-1}{\sqrt{1+\gamma^2}}\\
&=\frac{E}{\sqrt{2}}\frac{\gamma^2\beta^2}{\sqrt{1+\gamma^2}}
\end{aligned}
\tag{12.347}
$$

上式中我们使用了 $\gamma^2=1/(1-\beta^2)$。在薄片的左侧，$E'_{\mathrm{p}}$沿着薄片指向上方，在右侧则沿着薄片指向下方，如图 12.116 所示（假设薄片带正电）。

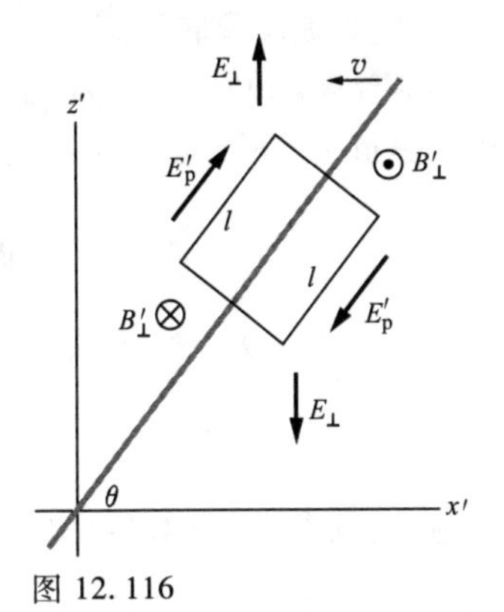

图 12.116

（b）式（6.76）中的洛伦兹变换给出横向的磁场 $\boldsymbol{B}'_{\perp}=-\gamma(\boldsymbol{v}/c^2)\times\boldsymbol{E}_{\perp}$，参考系 $F'$相对于实验室参考系 $F$ 以向左的速度 $v$ 运动。在薄片的左侧，$\boldsymbol{E}_{\perp}$指向上方，在右侧则指向下方。因此右手定则告诉我们，$\boldsymbol{B}'_{\perp}$在左侧时方向指向纸内，而在右侧时则指向纸外。在所有情况下，值都是相同的：

$$
B'_{\perp}=\frac{\gamma v}{c^2}E_{\perp}=\frac{\gamma v}{c^2}\frac{E}{\sqrt{2}}
\tag{12.348}
$$

（c）让我们检查用法拉第定律作用在给定方框上时算出的符号。随着薄片在参考系 $F'$内向左移动，进入纸面的磁通量面积减小，流出纸面的磁通量面积变大。（记住矩形固定在参考系 $F'$中）。因此，指向纸外的磁通量变大。感应电动势应该是顺时针的，以便能够抵消这种变化，并产生指向纸内的磁通量。这与我们在（a）中发现到的 $E'_{\mathrm{p}}$方向一致。

现在我们看看是如何计算。如果平行薄片的矩形边长为 $l$，则 $\int\boldsymbol{E}\cdot\mathrm{d}\boldsymbol{s}$ 即为简单的 $2E'_{\mathrm{p}}l$。（其中涉及 $E'_{\mathrm{n}}$和另两边的总净贡献为零。）为了发现磁通量的变化率，注意，随着薄片向左移动，仅垂直于薄片的速度分量造成两个区域内的磁通量变化。这个分量是 $v\sin\theta$。因此在一小段时间 $\mathrm{d}t$ 内，扫过区域面积为（$v\sin\theta\mathrm{d}t$）$l$。当磁场方向完全变反时，磁场的变化量为 $2B'_{\perp}$。在 $\mathrm{d}t$ 时间内磁通量的变化为 $\mathrm{d}\Phi=(lv\sin\theta\mathrm{d}t)(2B'_{\perp})$。忽略符号，（因为我们早已检查到这没影响），我们注意到 $\int\boldsymbol{E}\cdot\mathrm{d}\boldsymbol{s}=-\mathrm{d}\Phi/\mathrm{d}t$ 是成立的，条件是下式成立：

$$
\int\boldsymbol{E}\cdot\mathrm{d}\boldsymbol{s}=\frac{\mathrm{d}\Phi}{\mathrm{d}t}
$$

$$\Longleftrightarrow 2E'_{\mathrm{p}}l=\frac{2lv\sin\theta B'_{\perp}\,\mathrm{d}t}{\mathrm{d}t}$$

$$\Longleftrightarrow 2\left(\frac{E}{\sqrt{2}}\frac{\gamma^2\beta^2}{\sqrt{1+\gamma^2}}\right)l=2lv\left(\frac{\gamma}{\sqrt{1+\gamma^2}}\right)\left(\frac{\gamma v}{c^2}\frac{E}{\sqrt{2}}\right) \tag{12.349}$$

因为 $\beta\equiv v/c$，你可以快速核查所有的参数都满足这个方程两侧的条件。

注意如果薄片在实验室参考系中是水平的，则在 $F'$ 参考系中就不平行于场 $E'_{\mathrm{P}}$ 了。这与实际情况一致，尽管在 $F'$ 参考系中有非零的磁场 $B'_{\perp}$，但由于薄片在平行自身的方向上运动导致其扫过的区域面积为零，以至于磁通量不变化。另一种极限情况是，薄片垂直于实验室参考系，$E'_{\mathrm{P}}$ 和 $B'_{\perp}$ 为零，法拉第定律仍成立。

对于小速度 $v$ 的情况，你可以通过忽略变化的 $\gamma$ 参数来解决这个问题，即假设 $\gamma=1$。但困难马上就来了，因为式（12.348）中的磁场为 $B'_{\perp}=(v/c^2)E/\sqrt{2}$，但在式（12.347）中的第二行处的平行电场 $E'_{\mathrm{p}}$ 为零。因此你可以推断其中有变化的磁通量，但没有产生电动势，这显然违反了法拉第定律。错误产生的原因是，当对 $v$ 很小时，我们不能假设 $\gamma$ 为 1，因为这会忽视了式（12.347）第三行中 $v^2/c^2$ 项的影响。而 $v^2/c^2$ 恰好是式（12.349）中右侧的磁通量项的大小。

## 7.9 两个螺线管的互感

外部螺线管内的电流为 $I_2$。内部螺线管占据空间内的磁场大致是均匀的，且当螺线管无限长时，其值约为 $B_2=\mu_0 n_2 I_2=\mu_0(N_2/b_2)I_2$。则内部螺线管的磁通量为

$$\Phi_{12}=N_1\pi a_1^2 B_2=N_1\pi a_1^2\frac{\mu_0 N_2 I_2}{b_2} \tag{12.350}$$

通过除以 $I_2$ 来获得互感，即得到互感为

$$M=\frac{\mu_0\pi a_1^2 N_1 N_2}{b_2} \tag{12.351}$$

如果想获得一个更好的 $M$ 的近似值，可以使用式（6.56）来计算一个长度为 $b_2$、半径为 $a_2$ 的螺线管中心位置处的磁场。修正系数即为 $\cos(\arctan(a_2/(b_2/2)))=b_2/\sqrt{b_2^2+4a_2^2}$。这仍然得不到一个准确的结果，因为严格来说内部螺线管的磁场是非零的且处处不相等。但是对于图中所显示的比例，近似值已经相当不错了。磁通量和互感，将缩减为原来的 $b_2/\sqrt{b_2^2+4a_2^2}$，所以上式中的 $M$ 变成

$$M=\frac{\mu_0\pi a_1^2 N_1 N_2}{\sqrt{b_2^2+4a_2^2}} \tag{12.352}$$

在 $b_2\gg a_2$ 的限定条件下，这将近似为式（12.351）中的值。

如果你想通过相反的方式来确定 $M$ 值，即计算由内部螺线管的场而产生的外部螺线管的磁通量时，你必须小心对待。内部螺线管的场为 $B_1=\mu_0 N_1 I_1/b_1$。在内部螺线管内部，场分布在面积为 $\pi a_1^2$ 的截面上。因此通过外部螺线管中部环状区域内的磁通量为 $B_1(\pi a_1^2)$。如果所有磁通量完全存在于柱形区域内（那是不可能的，参考以下解释）。因此 $N_2$ 个环都有相同的通量，因此穿过外部螺线管的总磁通量是 $N_2\cdot B_1(\pi a_1^2)=\mu_0\pi a_1^2 N_1 N_2 I_1/b_1$。通过消除 $I_1$ 来获得互感系数，我们获得的结果与式（12.351）中的结果 $\mu_0\pi a_1^2 N_1 N_2/b_2$ 不一样，其中分母不相同。

错误的原因是场 $B_1$ 在外部螺线管中不存在，它从边缘位置泄漏出去。更精确的说法是磁场出了内部螺线管后立刻泄漏出去。（场线沿径向分散，我们假设螺线管的长度远远大于直径的大小）。在这种情况下，外部螺线管的匝数与螺线管的长度 $b_1$ 的关系为 $b_1 n_2 = b_1\ (N_2/b_2)$。如果我们在错误的结果中使用这个值来代替 $N_2$，则结果就变成式（12.351）中的正确结果。

上面的第一种解决方案相对简单，因为 $B_2$ 的场线在螺线管上分散相对小，然而 $B_1$ 的场线在外部螺线管上分散比较大。

## 7.10 互感的对称性

在环路 1 和 2 中的感应电动势分别为

$$\mathscr{E}_1 = -L_1\frac{\mathrm{d}I_1}{\mathrm{d}t} - M_{12}\frac{\mathrm{d}I_2}{\mathrm{d}t} \quad 和 \quad \mathscr{E}_2 = -L_2\frac{\mathrm{d}I_2}{\mathrm{d}t} - M_{21}\frac{\mathrm{d}I_1}{\mathrm{d}t} \tag{12.353}$$

（采用不同的电流符号规则可能在 $M$ 项前产生负号，但它们在任何情况下都有相同符号。）外力必须在两个环路中提供反向电动势来平衡这些电动势，因此外力输入两个环路的功率（电压电流之积）的和为

$$P = \left(L_1 I_1\frac{\mathrm{d}I_1}{\mathrm{d}t} + M_{12} I_1\frac{\mathrm{d}I_2}{\mathrm{d}t}\right) + \left(L_2 I_2\frac{\mathrm{d}I_2}{\mathrm{d}t} + M_{21} I_2\frac{\mathrm{d}I_1}{\mathrm{d}t}\right) \tag{12.354}$$

输入的总能量等于 $P$ 的时间积分。两个 $L$ 项是全微分，因此这些项得到的最终能量为 $L_1 I_{1f}^2/2$ 和 $L_2 I_{2f}^2/2$，这与电流变化的过程无关。但两个 $M$ 项不完全相同，所以它们取决于计算过程的精确性。

（a）如果保持 $I_2$ 为零的同时增大 $I_1$，则 $I_2$ 与 $\mathrm{d}I_2/\mathrm{d}t$ 都为零，所有的 $M$ 项都为零，不需要额外功。这个过程的第二步是，$I_1$ 保持常数 $I_{1f}$ 不变，此时 $M_{21}$ 项为零，但是 $M_{12}$ 项变为 $M_{12} I_{1f} I_{2f}$。这一过程做的总功为

$$W_1 = \frac{1}{2}L_1 l_{1f}^2 + \frac{1}{2}L_2 I_{2f}^2 + M_{12} I_{1f} I_{2f} \tag{12.355}$$

这与最终系统中具有的总能量相等，因为我们假设这个过程中没有损耗。（如果电流缓慢变化也没有辐射效应；参考附录 H。）

（b）相同的推理过程同样适用第二种方法；我们只需要简单地把下标 1 和 2 互换。系统的最终能量为

$$W_2 = \frac{1}{2}L_1 I_{1f}^2 + \frac{1}{2}L_2 I_{2f}^2 + M_{21} I_{2f} I_{1f} \tag{12.356}$$

可以看出最终能量与电流变成 $I_{1f}$ 和 $I_{2f}$ 的过程无关。（假设电流缓慢变化，则我们可以忽略辐射效应。）因此通过比较 $W_1$ 和 $W_2$，我们可以发现 $M_{12} = M_{21}$。

## 7.11 螺线管的电感 $L$

螺线管内部的场 $B = \mu_0 n I = \mu_0 (N/l) I$，因此通过 $N$ 匝线圈的磁通量是

$$\Phi = N(\pi r^2) B = \frac{\mu_0 \pi r^2 N^2}{l} I \tag{12.357}$$

自身电感通过式 $L \equiv \Phi / I$ 来求出，我们只需要简单地消掉结果中的 $I$，则得到电感 $L = \mu_0 \pi r^2 N^2 / l$。

## 7.12 螺线管的自感

（a）根据习题 7.11，螺线管的自感为 $L = \mu_0 \pi r^2 N^2 / l$。在现在的方案中，使 $N$ 和 $l$ 都加倍，因此 $L$ 变大为原来的 $2^2/2 = 2$ 倍。

就是说：自感等于磁通量 $\phi$ 除以电流 $I$。当我们让螺线管的长度加倍时，螺线管内部的磁场相同［它等于 $\mu_0 nl=\mu_0\ (N/l)I$］。但现在我们让匝数加倍，因此磁通量加倍。

（b）在这个方案中，$N$ 加倍，但 $l$ 仍保持不变。则自感 $L=\mu_0\pi r^2 N^2/l$ 变大的倍数是 $2^2=4$。就是说：当我们把一个螺线管放到另一个螺线管的上面，单位长度的匝数 $n$ 加倍。因此内部场强加倍。现在我们把匝数也加倍，因此有双倍的磁场穿过双倍匝数的线圈，磁通量因此变成4倍。

## 7.13　电感相加

（a）当电感串联时，流过它们的电流 $I$ 相等，这是由于电荷不在它们间进行叠加。$\mathrm{d}I/\mathrm{d}t$ 对这两个电感来说也是相等的。有效电感的总电压是这两个电感两端电压之和，所以 $V=V_1+V_2$。我们知道 $V=L\mathrm{d}I/\mathrm{d}t$，$V_1=L_1\mathrm{d}I/\mathrm{d}t$，$V_2=L_2\mathrm{d}I/\mathrm{d}t$，在此处 $I$ 值相同。把这些表达式代入到 $V=V_1+V_2$中，得到

$$L\frac{\mathrm{d}I}{\mathrm{d}t}=L_1\frac{\mathrm{d}I}{\mathrm{d}t}+L_2\frac{\mathrm{d}I}{\mathrm{d}t}\Longrightarrow L=L_1+L_2 \tag{12.358}$$

如果 $L_1\to 0$，则 $L\to L_2$。这讲得通，因为对于给定的 $\mathrm{d}I/\mathrm{d}t$，$L_1$ 两侧的电压 $L_1\mathrm{d}I/\mathrm{d}t$ 很小，即全部电压 $L\mathrm{d}I/\mathrm{d}t$ 几乎等于 $L_2$ 两侧的电压 $L_2\mathrm{d}I/\mathrm{d}t$。所以 $L\approx L_2$。

如果 $L_1\to\infty$，则 $L\to\infty$。这也讲得通，因为对于给定的 $\mathrm{d}I/\mathrm{d}t$，$L_1$两侧的电压 $L_1\mathrm{d}I/\mathrm{d}t$ 很大，即全部的电压 $L\mathrm{d}I/\mathrm{d}t$ 同样很大。所以 $L$ 一定很大。

（b）当电感并联时，它们两端的电压相同，因为从左侧经过整个环路到右侧的压降与路径无关。$V$ 是公共电压，这当然也是全部有效电感的压降。

有效电感的总电流是流过两个电感的电流之和，因此有 $I=I_1+I_2\Rightarrow\mathrm{d}I/\mathrm{d}t=\mathrm{d}I_1/\mathrm{d}t+\mathrm{d}I_2/\mathrm{d}t$。但我们知道 $\mathrm{d}I/\mathrm{d}t=V/L$，$\mathrm{d}I_1/\mathrm{d}t=V/L_1$ 和 $\mathrm{d}I_2/\mathrm{d}t=V/L_2$，其中 $V$ 处处相等。代入式 $\mathrm{d}I/\mathrm{d}t=\mathrm{d}I_1/\mathrm{d}t+\mathrm{d}I_2/\mathrm{d}t$ 中，得到

$$\frac{V}{L}=\frac{V}{L_1}+\frac{V}{L_2}\Longrightarrow\frac{1}{L}=\frac{1}{L_1}+\frac{1}{L_2} \tag{12.359}$$

简单来说，串联的情况下穿过两个电感的电流相等，电压叠加；而在并联的情况下电压相等，电流叠加。

如果 $L_1\to 0$ 则 $L\to 0$。这说得通，因为对于给定的 $V$，$V/L_1$ 的 $\mathrm{d}I/\mathrm{d}t$ 值很大，这表明 $V/L$ 的全部 $\mathrm{d}I/\mathrm{d}t$ 值同样也很大。所以 $L$ 一定非常大。

如果 $L_1\to\infty$ 则 $L\to L_2$。这也说得通，因为对于给定的 $V$，$V/L_1$的 $\mathrm{d}I/\mathrm{d}t$ 值很小，这表明 $V/L$ 的 $\mathrm{d}I/\mathrm{d}t$ 值等于 $V/L_2$ 的 $\mathrm{d}I_2/\mathrm{d}t$ 值。所以 $L\approx L_2$。

## 7.14　*RL* 环路中的电流

我们可以对式（7.65）进行分离变量并积分，得到

$$\begin{aligned}&\mathscr{E}_0-L\frac{\mathrm{d}I}{\mathrm{d}t}=RI\Longrightarrow\int_0^I\frac{L\mathrm{d}I'}{\mathscr{E}_0-RI'}=\int_0^t\mathrm{d}t'\\&\Longrightarrow-\frac{L}{R}\ln(\mathscr{E}_0-RI')\Big|_0^I=t\Longrightarrow\ln\left(\frac{\mathscr{E}_0-RI}{\mathscr{E}_0}\right)=-(R/L)t\\&\Longrightarrow 1-\frac{R}{\mathscr{E}_0}I=\mathrm{e}^{-(R/L)t}\Longrightarrow I(t)=\frac{\mathscr{E}_0}{R}(1-\mathrm{e}^{-(R/L)t})\end{aligned} \tag{12.360}$$

可以通过改变变量 $I$ 来快速地求解式（7.65）。式（7.65）可以写成 $\mathrm{d}I/\mathrm{d}t=-(R/L)(I-$

$\mathscr{E}_0/R$)，反过来就是

$$\frac{\mathrm{d}(I-\mathscr{E}_0/R)}{\mathrm{d}t}=-\frac{R}{L}(I-\mathscr{E}_0/R) \tag{12.361}$$

由于$\mathscr{E}_0$是常数，其中我们使用了 $\mathrm{d}\mathscr{E}_0/\mathrm{d}t=0$。这是一个关于变量 $I-\mathscr{E}_0/R$ 的微分方程，因此我们马上能得到结果

$$I-\mathscr{E}_0/R=D\mathrm{e}^{-(R/L)t} \tag{12.362}$$

其中 $D$ 由初始条件决定。因为在 $t=0$ 时，$I=0$，而此时必须满足 $D=-\mathscr{E}_0/R$。这样就得出了与式（12.360）中相同的 $I(t)$。

## 7.15 *RL* 环路中的能量

如果对 $I^2R=I(\mathscr{E}_0-L\mathrm{d}I/\mathrm{d}t)$ 在时间 $t$ 上积分，可以得到（把其中一个 $I$ 换成 $\mathrm{d}Q/\mathrm{d}t$）

$$\int_0^t I^2R\mathrm{d}t=\mathscr{E}_0\int_0^t\frac{\mathrm{d}Q}{\mathrm{d}t}\mathrm{d}t-L\int_0^t I\frac{\mathrm{d}I}{\mathrm{d}t}\mathrm{d}t$$

$$\Longrightarrow\int_0^t I^2R\mathrm{d}t=\mathscr{E}_0Q-\frac{1}{2}LI^2 \tag{12.363}$$

这表明在电阻上消耗的能量等于电池输出的能量减去存储在电感内的能量，这与预期一样。

当然，也可以通过另一种方式计算，即通过微分来代替积分。如果从能量交换状态开始进行，即$\mathscr{E}_0Q=LI^2/2+\int_0^t I^2R\mathrm{d}t$，之后再对时间微分，得到$\mathscr{E}_0I=LI\mathrm{d}I/\mathrm{d}t+I^2R$。消掉 $I$ 后得到$\mathscr{E}_0=L\mathrm{d}I/\mathrm{d}t+IR$，这是式（7.66）的环路方程。

## 7.16 超导螺线管内的能量

能量密度为

$$\frac{B^2}{2\mu_0}=\frac{(3\mathrm{T})^2}{2(4\pi\times10^{-7}\mathrm{kg}\cdot\mathrm{m/C^2})}=3.6\times10^6\mathrm{J/m^3} \tag{12.364}$$

我们近似地认为在螺线管内部场 $B$ 是均匀的，而螺线管外部为零。螺线管内部体积为 $\pi r^2l=\pi(0.45\mathrm{m})^2(2.2\mathrm{m})=1.4\mathrm{m}^3$，则磁场总能量为 $(3.6\times10^6\mathrm{J/m^3})(1.4\mathrm{m^3})=5\times10^6\mathrm{J}$。这个能量足以把2000kg 的车从地面抬到 250m 高的地方。如果按照每千瓦时 10 美分的价格，这个能量的花费只需要一美分。

如果必要，更精确地估算是：通过查询无限长的螺线管的电感表，计算要产生要求中心场所需的电流值，之后再计算 $LI^2/2$。在这种情况下算出的结果几乎相同，与原来比仅小百分之几。

## 7.17 能量的两种表述

螺线管的内部磁场为 $B=\mu_0nI=\mu_0(N/l)I$，体积为 $V=\pi r^2l$。根据习题 7.11，长螺线管的自感为 $L=\mu_0\pi r^2N^2/l$。所以如果下式成立：

$$\frac{1}{2}LI^2=\frac{1}{2\mu_0}B^2V$$

$$\Longleftrightarrow\frac{1}{2}\left(\frac{\mu_0\pi r^2N^2}{l}\right)I^2=\frac{1}{2\mu_0}\left(\frac{\mu_0NI}{l}\right)^2\pi r^2l \tag{12.365}$$

则两个表达式给出相同的结果。

## 7.18 能量的两种表述（一般情况）

矢量等式在这里是完全适用的，甚至不需要改变字母。通过$\nabla\times\boldsymbol{A}=\boldsymbol{B}$ 和$\nabla\times\boldsymbol{B}=\mu_0\boldsymbol{J}$，我们

得到

$$\nabla\cdot(\boldsymbol{A}\times\boldsymbol{B})=\boldsymbol{B}\cdot\boldsymbol{B}-\boldsymbol{A}\cdot\mu_0\boldsymbol{J} \tag{12.366}$$

对这个做体积分并使用散度定理，得到

$$\int_S(\boldsymbol{A}\times\boldsymbol{B})\cdot d\boldsymbol{a}=\int_V B^2 dv-\mu_0\int_V \boldsymbol{A}\cdot\boldsymbol{J}dv \tag{12.367}$$

如果电流存在于有限区域内，且把表面 $S$ 扩展到无限大，则左手边的面积分为零。这可以由毕奥-萨伐尔定律中分母中的 $r^2$ 和式（6.44）中类似 $\boldsymbol{A}$ 的表达式分母中的 $r$ 可以推断出来。这意味着 $\boldsymbol{A}\times\boldsymbol{B}$ 减小的速度与 $1/r^3$ 减小的速度相当。表面 $S$ 的面积增加速度与 $r^2$ 相当，因此面积分随着 $r\to\infty$ 而变为零。则式（12.367）变成

$$\int_V B^2 dv=\mu_0\int_V \boldsymbol{A}\cdot\boldsymbol{J}dv \tag{12.368}$$

除了有电流的地方，体积分 $\int_V \boldsymbol{A}\cdot\boldsymbol{J}$ 都为零，所以在这个系统中我们可以用导线上的线积分来代替这个积分。使用所给的第四个和第五个提示，得到（然而，注意以下情况）

$$\int_V \boldsymbol{A}\cdot\boldsymbol{J}dv=\int \boldsymbol{A}\cdot I dl=I\int \boldsymbol{A}\cdot d\boldsymbol{l}=I\Phi=I(LI) \tag{12.369}$$

式（12.368）则变成

$$\int_V B^2 dv=\mu_0 LI^2\Rightarrow\frac{1}{2\mu_0}\int_V B^2 dv=\frac{1}{2}LI^2 \tag{12.370}$$

体积分是遍及整个空间的，尽管很远处的贡献很小（假设电流都在有限区域内）。

注意：我们在推导式（12.369）时掩饰了某些问题。我们假设在导线上给定的位置上 $\boldsymbol{A}$ 取特定值。然而，$\boldsymbol{A}$ 在导线的截面上是变化的。例如，根据练习 6.43 可知，对直线来说，$\boldsymbol{A}$ 正比于 $r^2$。所以尽管 $\boldsymbol{A}\cdot\boldsymbol{J}$ 是固定的，但 $\boldsymbol{A}\cdot d\boldsymbol{l}$ 则不固定。不过，式（12.369）中的结果却不受影响，因为可以通过把导线细分成大量薄的电流层（就像光纤中包层）来避免这个问题。$\boldsymbol{A}$ 在每个包层上必须为常数。（$\boldsymbol{A}$ 确实会在沿着管长度上变化，但效果还好。）每一层上的电流记为 $I_n$，常数 $n$ 可标记所有层。每一层对式（12.369）的贡献是 $I_n(LI)$。第二个 $I$ 确实是全部导线中的总电流，因为它出现在 $L$ 的定义式 $\Phi=LI$ 中。逐层求和使 $I_n$ 叠加成 $I$，因此我们以同样的结果结束，即 $\int_V \boldsymbol{A}\cdot\boldsymbol{I}dv=LI^2$。

注意到在 $\Phi$ 上有些许模糊之处；所有层并不在相同位置，因此通过每个环路的流量不同。这是我们在 7.8 节末尾处讨论的问题；那时还不清楚何谓一个环路的自感。但现在我们不必受到它的困扰，因此不必再担心它。

## 7.19　发电机的临界频率

（a）三个相关项的单位为

$$\sigma:\frac{\mathrm{C}^2\cdot\mathrm{s}}{\mathrm{kg}\cdot\mathrm{m}^3},\ \mu_0:\frac{\mathrm{kg}\cdot\mathrm{m}}{\mathrm{C}^2},\ d:\mathrm{m} \tag{12.371}$$

其中我们使用的 $\sigma$ 单位为 $(\Omega\cdot\mathrm{m})^{-1}$。我们的目的是结合这些量来求出 $\omega_0$ 的单位，称为秒的倒数。在 $\mu_0\sigma$ 的结果中库仑和千克被消掉。如果我们乘上 $d^2$，单位中的米也可以被消掉。这让分子中只剩下秒，因此我们求其倒数，为 $1/\mu_0\sigma d^2$，直到变成一个数学系数。

（b）我们将在下面推导中忽略数学系数，不过任何“=”号都将被保留。在发电机中电流通路中的电阻按比例定为 $1/\sigma d$，这是通过尺寸分析得到的，因为 $R=l/\sigma A$，其中 $l\propto d$，$A\propto d^2$。

忽略数学系数，我们令 $R=1/\sigma d$。为了保持电流 $I$ 不变，我们需要的电动势为 $\mathscr{E}=IR$。因此 $\mathscr{E}=I/\sigma d$。由于电压等于电场的线积分，$\mathscr{E}$ 将由 $Ed$ 决定。因此我们有[8] $Ed=I/\sigma d \Longrightarrow E=I/\sigma d^2$。

现在有效电场使圆盘中的电荷运动，并且满足 $E=vB$（因为力是 $qvB$），其中 $v=\omega_0 d$。因此，$I/\sigma d^2=(w_0 d)B$。最后，电流 $I$ 产生的磁场大小为 $B=\mu_0 I/d$（因为对于导线磁场 $B=\mu_0 I/2\pi r$）。因而我们得到

$$\frac{1}{\sigma d^2}=(\omega_0 d)\frac{\mu_0 I}{d}\Longrightarrow\omega_0=\frac{K}{\mu_0\sigma d^2} \tag{12.372}$$

上式中我们引入系数 $K$ 来表示我们忽略掉的数学系数。

对于室温下的铜，我们知道 $\sigma\approx 6\times 10^7\ (\Omega\cdot\mathrm{m})^{-1}$，如果令 $d=1\mathrm{m}$，我们可以得到 $\omega_0=K(0.013)\mathrm{s}^{-1}$。这看起来很慢。然而，由于各方面的原因，系数 $K$ 表现得远大于 1。举例来说，以上对于导线磁场 $B$ 的形式告诉我们应该用 $\mu_0/2\pi$ 代替 $\mu_0$，这让 $K$ 变大为原来的 $2\pi$ 倍。但更重要的是，我们在练习 7.47 中提到的发电机，电阻 $R$ 通过某些像 $d^2/A$ 的项大于 $1/\sigma$，其中 $A$ 是铜导线的横截面积。且滑动触点可能具有远大于 $1/\sigma d$ 的阻值。

## 12.8 第 8 章

### 8.1 解的线性组合

如果 $x_1(t)$ 和 $x_2(t)$ 是给定的线性方程解，则

$$A\ddot{x}_1+B\dot{x}_1+Cx_1=0$$
$$A\ddot{x}_2+B\dot{x}_2+Cx_2=0 \tag{12.373}$$

如果我们把这两个方程相加，然后把使用点记法的符号用 d/d$t$ 来代替，就得到（使用导数 之和等于和的导数这一定理）

$$A\frac{\mathrm{d}^2(x_1+x_2)}{\mathrm{d}t^2}+B\frac{\mathrm{d}(x_1+x_2)}{\mathrm{d}t}+C(x_1+x_2)=0 \tag{12.374}$$

这表明 $x_1+x_2$ 也是我们微分方程的解，正如我们想证明的那样。这个方法适用于任何 $x_1$ 和 $x_2$ 的组合，不仅限于它们俩的和。注意到方程的右边需要为零，否则我们叠加这些方程时右侧不能得到相同的项。因此齐次是这个问题的限定条件。

现在我们考虑非线性方程

$$A\ddot{x}+B\dot{x}^2+Cx=0 \tag{12.375}$$

如果 $x_1$ 和 $x_2$ 是这个方程的解，我们添加每项的微分方程，可以得到

$$A\frac{\mathrm{d}^2(x_1+x_2)}{\mathrm{d}t^2}+B\left[\left(\frac{\mathrm{d}x_1}{\mathrm{d}t}\right)^2+\left(\frac{\mathrm{d}x_2}{\mathrm{d}t}\right)^2\right]+C(x_1+x_2)=0 \tag{12.376}$$

很明显 $x_1+x_2$ 不是这个方程的解，$x_1+x_2$ 代入后的式子为

$$A\frac{\mathrm{d}^2(x_1+x_2)}{\mathrm{d}t^2}+B\left(\frac{\mathrm{d}(x_1+x_2)}{\mathrm{d}t}\right)^2+C(x_1+x_2)=0 \tag{12.377}$$

上述两个式中相差的项即式（12.377）的中间项中的交叉相乘项，为 $2B(\mathrm{d}x_1/\mathrm{d}t)(\mathrm{d}x_2/\mathrm{d}t)$。一

8 对于给定厚度的标准导线，有 $I\propto E$。此处之所以 $I\propto Ed^2$ 是因为我们所说的“导线”是泛指各类导线，因此其截面积扩大为 $d^2$ 倍，这也使更多电流得以通过。

般情 况下这项不为零，因此式（12.377）并不成立，我们可以得知 $x_1+x_2$ 不是方程的解。无论微分方程的阶次如何，我们发现仅当这些方程是非线性的时候这些交叉项才会出现。

齐次线性微分方程的性质——两个解之和仍然是个解——非常有用。这表明我们可以通过其他解来求解。线性方程的求解过程要比非线性方程简单多了。在后者中，各种解并非用一 种明显的方式求出。在某种意义上，每种情况都相互独立。广义相对论就是一个例子，它就是由非线性方程组成的理论，并且解非常难导出。

## 8.2　求解线性微分方程

代数的基本定理表明任何 $n$ 阶多项式

$$a_n z^n+a_{n-1}z^{n-1}+\cdots+a_1 z+a_0 \tag{12.378}$$

可以通过因式分解为

$$a_n(z-r_1)(z-r_2)\cdots(z-r_n) \tag{12.379}$$

其中 $r_i$ 一般是复数。这过程是可信的但不明显。证明涉及很多知识，因此我们在这里只是直接使用它。

现在，将原式对 $t$ 的微分替换为一个常数系数，就可以像分解式（12.378）那样分解式（8.95）。代数基本定理告诉我们可以把式（8.95）写成

$$a_n\left(\frac{\mathrm{d}}{\mathrm{d}t}-r_1\right)\left(\frac{\mathrm{d}}{\mathrm{d}t}-r_2\right)\cdots\left(\frac{\mathrm{d}}{\mathrm{d}t}-r_n\right)x=0 \tag{12.380}$$

此外，因为这些参数可以相互交换，我们可以随机排列并且让其中任何一个参数放在最右面。因此方程的任意解

$$\left(\frac{\mathrm{d}}{\mathrm{d}t}-r_i\right)x=0 \Longleftrightarrow \frac{\mathrm{d}x}{\mathrm{d}t}=r_i x \tag{12.381}$$

是原始方程式（8.95）的解。但 $n$ 个一阶方程的解是简单的指数函数，$x(t)=A_i\mathrm{e}^{r_i t}$。（这些当然成立，如果你想从头证明，你可以通过分离变量和积分来解 $\mathrm{d}x/\mathrm{d}t=r_i x$。）因此我们可以得到 $n$ 个不同的解。并且根据习题 8.1，我们知道这些解的任何线性组合也是一个解。

在此我们忽略了两个问题。第一，在式（12.379）中的“特征方程”可能有两个（或三个）根。如果 $r$ 是一个双重根，那表明除了 $A\mathrm{e}^{rt}$ 外，另一个解为 $Bt\mathrm{e}^{rt}$。三重根会有解为 $Ct^2\mathrm{e}^{rt}$，等等。你可以通过直接微分来证明这一点，但是这里给出了更一般的证明过程。如果 $y(t)$ 是一个任意函数，则有 $(\mathrm{d}/\mathrm{d}t-r)(y\mathrm{e}^{rt})=(\mathrm{d}y/\mathrm{d}t)\mathrm{e}^{rt}$。因此我们可以归纳得到 $(\mathrm{d}/\mathrm{d}t-r)^n(y\mathrm{e}^{rt})=(\mathrm{d}^n y/\mathrm{d}t^n)\mathrm{e}^{rt}$。如果 $\mathrm{d}^n y/\mathrm{d}t^n=0$，则前式为零，这要求任何 $n-1$ 或者更少阶的多项式满足条件。因此如我们之前断言的那样，$(\mathrm{d}/\mathrm{d}t-r)^3[(A+Bt+Ct^2)\mathrm{e}^{rt}]=0$。

第二，我们已经求出了 $n$ 个解，但我们怎么知道已经求出全部的解呢？假设式（12.380）中没有参数使左侧为零，但它们的组合也许可以？当处理式（12.379）中的简单参数的乘法时，这不会发生，但对式子求导时会发生什么？它表明也不是这种情况，尽管很难证明。一 种方法是使用傅里叶分析，即任何方程可以写成指数函数的和或积分形式。对于一个指数函 数，很容易证明仅当式（12.380）中的参数为零时其为零。

## 8.3　欠阻尼运动

把一个指数函数的解 $x(t)=C\mathrm{e}^{\gamma t}$ 代入给定的微分方程中，得到

$$\gamma^2 C\mathrm{e}^{\gamma t}+2\alpha\gamma C\mathrm{e}^{\gamma t}+\omega_0^2 C\mathrm{e}^{\gamma t}=0 \Longrightarrow \gamma^2+2\alpha\gamma+\omega_0^2=0 \tag{12.382}$$

这个二次方程的根为

$$\gamma_{1,2}=-\alpha\pm\sqrt{\alpha^2-\omega_0^2} \tag{12.383}$$

下标中 1 和 2 分别对应+和-根。指数解因此为 $x_1(t)=C_1e^{\gamma_1 t}$ 和 $x_2(t)=C_2e^{\gamma_2 t}$。

有三种情况需要考虑，具体取决于 $\alpha^2-\omega_0^2$ 为正、零还是负。我们通常考虑欠阻尼情况即 $\alpha<\omega_0$，而习题 8.4 讨论的是过阻尼的情况。如果 $\alpha<\omega_0$，式（12.383）中的判别式为负，则 $\gamma$ 有虚部。我们通过下式定义 $\omega$：

$$\omega\equiv\sqrt{\omega_0^2-\alpha^2} \tag{12.384}$$

式（12.383）中的 $\gamma$ 变成 $\gamma_{1,2}=-\alpha\pm i\omega$，两个指数解现在变成

$$x_1(t)=C_1e^{(-\alpha+i\omega)t} \quad 和 \quad x_2(t)=C_2e^{(-\alpha-i\omega)t} \tag{12.385}$$

由于给定的微分方程是线性的，一般解即为这两个解的和

$$x(t)=e^{-\alpha t}(C_1e^{i\omega t}+C_2e^{-i\omega t}) \tag{12.386}$$

现在到了虚拟的部分（或存在的部分，取决于你怎么看待它）：如果 $x(t)$ 代表一个物理量，那它一定是存在的（电荷、电流、电压、位置、角度等等。）式（12.386）中的两项必须彼此复共轭，则它们的虚部可以消除。这意味着 $C_2=C_1^*$，其中星号表示复共轭。如果把 $C_1$ 写成 $Ce^{i\phi}$，则 $C_2=C_1^*=Ce^{-i\phi}$，$x(t)$ 变为

$$\begin{aligned}x(t)&=e^{-\alpha t}C(e^{i(\omega t+\phi)}+e^{-i(\omega t+\phi)})\\&=e^{-\alpha t}C\cdot 2\cos(\omega t+\phi)\\&\equiv Ae^{-\alpha t}\cos(\omega t+\phi)\end{aligned} \tag{12.387}$$

其中 $A\equiv 2C$。运用三角求和公式将 $\cos(\omega t+\phi)$ 转换为 $\cos\omega t$ 和 $\sin\omega t$ 项的线性和，这就是式（8.10）的最终形式。在 8.1 节中的 $RLC$ 电路的情况下，我们有 $\alpha=R/2L$ 和 $\omega_0^2=1/LC$。所以式（12.387）中 $\alpha$ 与式（8.8）中的 $\alpha$ 相符合。并且式（12.384）中的频率 $\omega$ 与式（8.9）中的频率一致。

注意到由于要求 $x$ 必须是实数（这导致在式（12.387）中添加两个复共轭），我们主要取式（12.386）中两个解中一个的实部。所以最后，你可以跳过上面大部分的推导并且轻松得到你想要的指数解的实部。这个“取实部”在第 8.3 节中详细讨论了。

## 8.4 过阻尼的 RLC 电路

把解 $V(t)=Ae^{-\beta t}$ 代入式（8.2）中得到（消掉因子 $Ae^{-\beta t}$ 后）

$$\beta^2-\frac{R}{L}\beta+\frac{1}{LC}=0 \tag{12.388}$$

这个二次方程的解为

$$\beta_{1,2}=\frac{1}{2}\left(\frac{R}{L}\pm\sqrt{\frac{R^2}{L^2}-\frac{4}{LC}}\right)=\frac{R}{2L}\left(1\pm\sqrt{1-\frac{4L}{R^2C}}\right) \tag{12.389}$$

下标 1 和 2 分别对应+和-根。所以我们发现两个指数解：$Ae^{-\beta_1 t}$ 和 $Be^{-\beta_2 t}$。因为式（8.2）中的微分方程是线性的，$V(t)$ 的通解是这两个解的线性组合，为

$$V(t)=Ae^{-\beta_1 t}+Be^{-\beta_2 t} \tag{12.390}$$

我们发现当 $R\geqslant 2\sqrt{L/C}$ 时，式（12.389）的根为实数。在式（8.10）中，当我们用指数衰减运动代替（衰减的）振荡运动时，则对应着欠阻尼情况。

如果 $R$ 很大（更确切地说，是 $R^2\gg L/C$）在式（12.389）中我们可以使用泰勒级数 $\sqrt{1-\varepsilon}\approx 1-\varepsilon/2$ 来确定 $\beta$，得到

$$\beta_{1,2}=\frac{R}{2L}\left[1\pm\left(1-\frac{2L}{R^2C}\right)\right]\Longrightarrow\beta_1\approx\frac{R}{L} \quad 和 \quad \beta_2\approx\frac{1}{RC} \tag{12.391}$$

由于 $R$ 很大，我们有 $\beta_1\gg\beta_2$。解中的 $Ae^{-\beta_1 t}$ 部分变零的速度比 $Be^{-\beta_2 t}$ 部分要快。对于 $t$ 值很大的

情况（更确切地说，$t \gg L/R$），解看起来像 $V(t) \approx Be^{-t/RC}$。这几乎与4.11节中的 $RC$ 现象一致。所以显然我们得到一个没有 $L$ 的 $RC$ 电路。从物理上讲，这是由于存在一个非常大的 $R$ 导致电流 $I$ 很小，因此 $dI/dt$ 很小。穿过电感的电压 $LdI/dt$ 是很小的，就意味着电感可以忽略。

## 8.5 频率的变化

通过观察振荡图，可以通过两次振荡后的图形粗略地估算出振幅衰减因子为 $1/e$。这意味着经过两个周期后指数因子 $e^{-\alpha t}$ 等于 $e^{-1}$。每次振荡的时间为 $2\pi/\omega$，因此 $\alpha$ 用 $\omega$ 表示为

$$\alpha t = 1 \Longrightarrow \alpha(2.2\pi/\omega) = 1 \Longrightarrow \alpha = \frac{\omega}{4\pi} \tag{12.392}$$

根据在式（8.8）和式（8.9）中对 $\alpha$ 和 $\omega$ 的表述，我们得到

$$\omega^2 = \frac{1}{LC} - \frac{R^2}{4L^2} = \frac{1}{LC} - \alpha^2 = \frac{1}{LC} - \left(\frac{\omega}{4\pi}\right)^2$$

$$\Longrightarrow \omega = \frac{1}{\sqrt{LC}} \cdot \frac{1}{\sqrt{1+1/(4\pi)^2}} \approx \frac{1}{\sqrt{LC}}\left(1 - \frac{1}{32\pi^2}\right) \tag{12.393}$$

其中我们已使用了泰勒级数，$1/\sqrt{1+\mathscr{E}} \approx 1-\mathscr{E}/2$，这与自然频率 $1/\sqrt{LC}$ 仅仅相差0.3%。此处的准则是除非是振动非常快逐渐减到零，否则频率必须等于自然频率。即使振幅减小速度是图中速度的四倍（那样经过半次振荡 $\alpha t = 1$），你可以快速证明频率的百分差仍旧仅为5%。在任何情况下，频率都小于自然频率。

## 8.6 *RLC* 电路的限制

（a）如果 $R=0$，在式（8.8）中的 $\alpha$ 为零，在式（8.9）中 $\omega$ 等于 $1/\sqrt{LC} \equiv \omega_0$。所以在式（8.4）中的解简化为 $V(t) = A\cos\omega_0 t$。电荷通过电感来回在电容的两个平板间晃动。回过头来看式（8.2），我们发现如果 $R \approx 0$，第二项与第一项相比是微不足道的，这两项对应着一个 $LC$ 电路。

（b）如果 $L \to 0$，$R > 2\sqrt{L/C}$，所以我们处在过阻尼的情况中。习题8.4的解中的式（12.389）给出的 $\beta$ 值将出现在式（8.15）中。对于小 $L$ 我们可以使用泰勒级数 $\sqrt{1-\mathscr{E}} \approx 1-\mathscr{E}/2$（如我们在式（12.391）中做的那样）来表示式（12.389）中的 $\beta$

$$\beta_{1,2} = \frac{R}{2L}\left[1 \pm \left(1 - \frac{2L}{R^2C}\right)\right] \Longrightarrow \beta_1 \approx \frac{R}{L} \quad \text{和} \quad \beta_2 \approx \frac{1}{RC} \tag{12.394}$$

由于 $L$ 很小，$\beta_1$ 很大。所以解的 $Ae^{-\beta_1 t}$ 比 $Be^{-\beta_2 t}$ 先变零。解很快变为 $V(t) \approx Be^{-t/RC}$，这是 $RC$ 电路的一个解。这说得过去，因为如果 $L \approx 0$，电感上的电压 $LdI/dt$ 为零，这说明电感可以被忽略。回过来看式（8.2），我们发现如果 $L \approx 0$，第一项与第二项和第三项比是微不足道的，后两项对应着 $RC$ 电路。

（c）如果 $C \to \infty$，则 $R > 2\sqrt{L/C}$，所以我们再次处于过阻尼的情况。对于大 $C$，我们同样可以对式（12.389）使用泰勒级数，就像（b）中做的那样，$\beta$ 再次为 $\beta_1 = R/L$ 和 $\beta_2 \approx 1/RC$。如果 $C \to \infty$，则 $\beta_2 \to 0$。所以解的 $Be^{-\beta_2 t}$ 本质上为零。因此 $V(t) \approx Ae^{-(R/L)t} + B$。忽略 $B$ 项，这就是 $RL$ 电路的解。这是说得通的，因为如果 $C \to \infty$，电容上电压 $Q/C$ 为零（对于任何有限 $Q$ 的情况），这意味着电容可以忽略。回过头来看式（8.2），我们发现如果 $C \to \infty$，第三项与第一项和第二项相比可以忽略，后两项对应着一个 $RL$ 电路。

$B$ 的物理意义如下所述。如果 $C \to \infty$，电容能接收无限的电荷，当有限的电荷被加到电容上或从电容上移除，电势 $V = Q/C$ 应该不变。设想在电感中有初始电流，这个电流将按照指数函数

$e^{-(R/L)t}$衰减，一段时间后将变为零。然而，电容会放电，且放电（由于电压存在造成的，但当$C$很大时电压很小）会很慢，按照指数函数$e^{-t/RC}$的形式，如果$C\to\infty$，在有限时间内这会是一个常数。在电容上的初始电荷接近于无穷，$Q/C$为有限常数（上面提到的$B$）的情况中，延迟状态将是流过电路的恒稳电流，将按照指数函数$e^{-t/RC}$衰减，但可以被忽略。综上所述，电路按$e^{-(R/L)t}$形式衰减。

## 8.7 大小和相位

如果$\phi=\arctan(b/a)$，则$\phi$是图 12.117 中三角形的一个角。所以有$\cos\phi=a/\sqrt{a^2+b^2}$，$\sin\phi=b/\sqrt{a^2+b^2}$。使用关系式$e^{i\phi}=\cos\phi+i\sin\phi$（具体参考附录 K 中的 K.5 节），我们可以把$I_0e^{i\phi}$写成

$$\begin{aligned}I_0e^{i\phi}&=I_0(\cos\phi+i\sin\phi)\\&=\sqrt{a^2+b^2}\left(\frac{a}{\sqrt{a^2+b^2}}+i\frac{b}{\sqrt{a^2+b^2}}\right)\\&=a+bi\end{aligned}\tag{12.395}$$

## 8.8 矢量表示的 *RLC* 电路

（a）为了方便，让我们再次写出式（8.98）：

$$\begin{aligned}&\omega LI_0\cos(\omega t+\phi+\pi/2)+RI_0\cos(\omega t+\phi)+\\&\frac{I_0}{\omega C}\cos(\omega t+\phi-\pi/2)=\varepsilon_0\cos\omega t\end{aligned}\tag{12.396}$$

因为$I(t)=I_0\cos(\omega t+\phi)$，我们有$L\mathrm{d}I/\mathrm{d}t=-\omega LI_0\sin(\omega t+\phi)$。三角求和公式给出$\cos(\omega t+\phi+\pi/2)=-\sin(\omega t+\phi)$，所以式（12.396）中的第一项是正确的。第二项由定义知也是正确的。第三项中我们有$Q=\int I\mathrm{d}t$。（根据我们对$I$和$Q$的符号规定，这里没有负号。）所以$Q/C=(I_0/\omega C)\sin(\omega t+\phi)$。（正如式（8.28）后文中提到的，积分常数为零。）三角函数的求和公式给出$\cos(\omega t+\phi-\pi/2)=\sin(\omega t+\phi)$，所以式（12.396）中的第三项也正确。

式（12.396）告诉我们，电感两端电压$V_L$相位比电阻两端电压$V_R$相位（与电流同相位）超前 90°，而电阻两端电压相位比电容两端电压$V_c$相位超前 90°。外加电压（一般情况下）没有相位差。落后于$V_R$相位$\phi$，尽管我们发现$\phi$可以为正也可以为负。如果$\phi$为负，外加电压相位在$V_R$相位之前，所以也在电流相位之前。

（b）由于$e^{i\theta}=\cos\theta+i\sin\theta$，所以复数$Ae^{i\theta}$的实部为$A\cos\theta$。等价效果就是，如果复数用复平面上的矢量表示（长度$A$和角度$\theta$是相对于水平轴而言的），它的实部等于它在水平轴上的投影，因为投影引入参数$\cos\theta$。由于式（12.396）中所有四项都涉及了角的余弦，可以认为它们是给定长度和角度（相位）的四个矢量的水平投影。

考虑当$V_C$的相位为零（或振幅为 2π）时的情况。在复平面中表示$V_C$的矢量指向右侧，大小为$I_0/\omega C$，如图 12.118 所示。$V_R$的相位比它大 90°，所以表示$V_R$的向量指向上方，大小为$RI_0$。$V_L$的相位也比$V_R$大 90°，所以表示$V_L$的向量指向左侧，大小为$\omega LI_0$。

把这些矢量首位相连，它们的和如图 12.119 所示。如果总矢量长$\mathscr{E}_0$，且相位落后$V_R$的相位$\phi$（当$\phi$为负时是超前的），水平投影恰好重合，此时方程（12.396）成立。由图 12.119，我们可以根据$I_0/\omega C$比$\omega LI_0$大（或者小）得出$\phi$是正的（或负）。在这些情况中，当$\omega=1/\sqrt{LC}$时$\phi$为零。

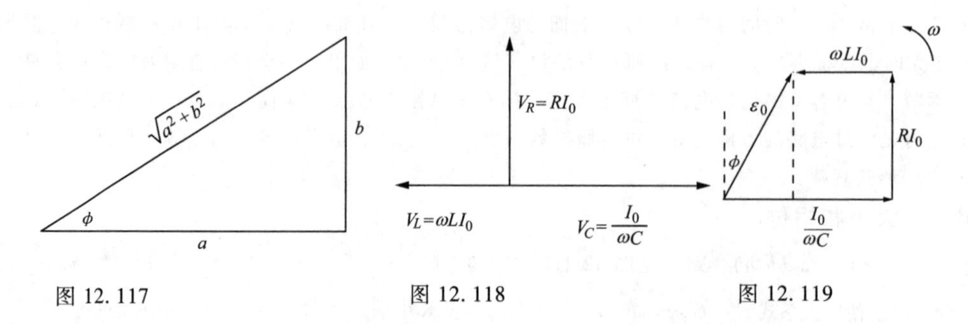


图 12.117　　　　图 12.118　　　　图 12.119

要说明的重要一点是，随着时间流逝，这个四边形会在复平面内旋转，这是由于式（12.396）中四段中的 $\omega t$ 项是变化的。但四边形的形状在它旋转时是不变的。四边形闭合意味着 $V_C$、$V_R$、$V_L$ 的水平投影始终等于 $\mathscr{E}_0$ 向量的水平投影。这表明式（12.396）如果初始成立之后一直成立。

（c）找出 $I_0$ 和 $\phi$ 的值（对于给定的 $\omega$）使式（12.396）成立，我们需要讨论以下四边形的几何问题。如果考虑图 12.119 中虚线表示的直角三角形，我们可以得到

$$(RI_0)^2+(I_0/\omega C-\omega LI_0)^2=\mathscr{E}_0^2 \Longrightarrow I_0=\frac{\mathscr{E}_0}{\sqrt{R^2+(1/\omega C-\omega L)^2}}$$

$$\tan\phi=\frac{I_0/\omega C-\omega LI_0}{RI_0} \Longrightarrow \tan\phi=\frac{1}{R\omega C}-\frac{\omega L}{R} \qquad (12.397)$$

这些结果与式（8.38）和式（8.39）一致。对于给定的 $\omega$ 值，如果 $I_0$ 和 $\phi$ 取这些值，式（12.396）将成立。

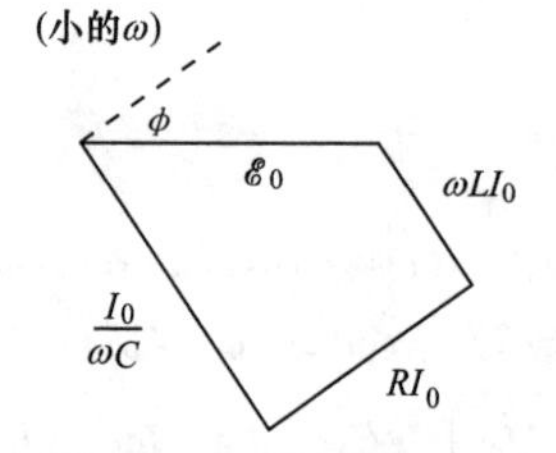


如果 $\omega<1/\sqrt{LC}$，相位 $\phi$ 是正的，这意味着电流 $I(t)$（或 $V_R$）的相位超前外加 $\mathscr{E}$ 的相位；电容的效果大于电感的效果。另一方面，如果 $\omega>1/\sqrt{LC}$ 则 $\phi$ 是负的，这意味着电流 $I(t)$（或 $V_R$）的相位滞后于外加 $\mathscr{E}$ 的相位；电感的效果大于电容的效果。（你可以直接在仅存在一个电容或电感的情况下核查这些情况。）在任何情况下，$\phi$ 的范围为 $-\pi/2\leqslant\phi\leqslant\pi/2$，当 $R=0$ 时这为零。

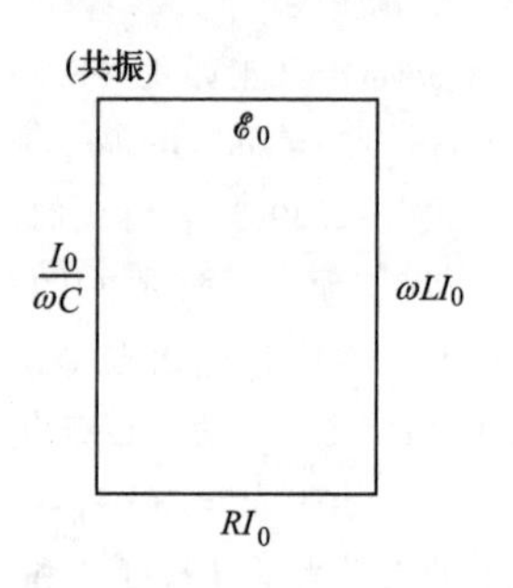


对于给定的 $L$、$R$、$C$ 和 $\mathscr{E}_0$ 值，有必要观察频率 $\omega$ 是如何影响四边形的形状的。出于这种目的，更方便去考虑当 $\mathscr{E}$ 向量水平时的情况，如图 12.120 所示那样。四边形可以像展示的那样有三种基础形状。当 $\omega<1/\sqrt{LC}$ 时，$V_C$ 的边更长一些；当 $\omega=1/\sqrt{LC}$ 时，$V_C$ 和 $V_L$ 的大小相等；对于 $\omega>1/\sqrt{LC}$ 时，$V_L$ 边更长一些。电流的振幅 $I_0$ 与 $V_R$ 边的长度成正比，所以我们可以从几何上得知为什么 $I_0$ 在共振时最大，此时有 $\omega=1/\sqrt{LC}$。

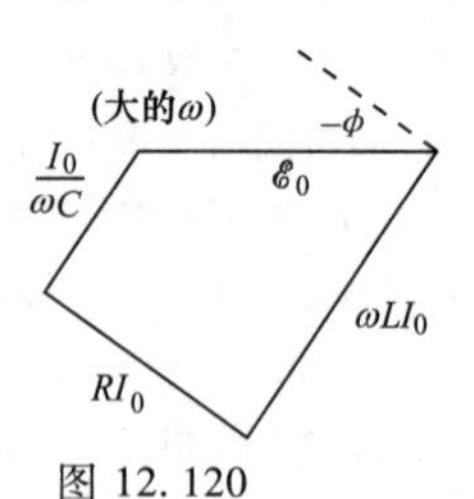


图 12.120

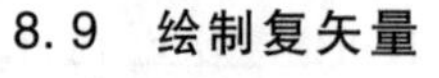

## 8.9　绘制复矢量

### 串联电路

对于图 8.10 中的串联电路，矢量已如图 12.121 所示。通过这三个元件的电流（和外加电源）是相同的，我们选择复电流指向实轴的时刻（这也是有效电流达到最大值的时刻）。$\widetilde{V}_R$ 电压矢量也指向实轴，因为它的相位与 $\widetilde{I}_R$ 相同，$\widetilde{V}_L$ 的相位超前 $\widetilde{I}_L$

的相位 90°，所以 $\widetilde{V}_L$ 指向于正虚轴。$\widetilde{V}_C$ 的相位滞后 $\widetilde{I}_C$ 的相位 90°，所以 $\widetilde{V}_C$ 指向负虚轴方向。根据给定阻抗的信息，$\widetilde{V}_R$ 与 $\widetilde{V}_L$ 有相同的长度，并且长度是 $\widetilde{V}_C$ 的两倍（因为一般情况下 $\widetilde{V}=\widetilde{I}Z$，而所有的 $\widetilde{I}$ 都相同）。

电压 $\widetilde{V}_E$ 是这三个元件上的电压和。使用我们所知道的电压相对长度，发现 $|\widetilde{V}_E|=(\sqrt{5}/2)|\widetilde{V}_R|$。由于电流落后于外加电压，则相位角 $\phi$ 是正的。这与式（8.39）中的情况一致，因为我们知道 $|Z_L|>|Z_C|\Longrightarrow\omega L>1/\omega C$。$\phi$ 角为 $\tan\phi=-1/2\Longrightarrow\phi=-26.6°$。

如果你愿意的话，你可以选择 $\widetilde{V}_E$ 指向实轴的时刻，这时所有矢量沿顺时针旋转角度 $|\phi|$。这矢量用我们的方法表示看起来更简单，因为大部分矢量都在轴上。在图中 $\widetilde{I}$ 和 $\widetilde{V}$ 矢量的相对大小不意味着实际大小，因为它们的单位不同。但是如果纸上 1V 的大小对应着 1A 的大小，我们画出的 $\widetilde{I}_R$ 比 $\widetilde{V}_R$ 短，据此，显然我们选择的 $R$ 比 1Ω 稍大。

**并联电路**

对于图 8.20 中所示的并联电路，矢量已如图 12.122 所示。在这个电路中，三个元件两端的电压（电压源）相同。我们已选择复电压指向实轴的时刻（这是有效电压达到最大值的时刻）。$\widetilde{I}_R$ 电流矢量也指向实轴。$\widetilde{V}_L$ 的相位超前于 $\widetilde{I}_L$ 的相位 90°，所以 $\widetilde{I}_L$ 指向负虚轴。$\widetilde{V}_C$ 的相位滞后于 $\widetilde{I}_C$ 的相位 90°，所以 $\widetilde{I}_C$ 指向正虚轴。根据已给的阻抗信息，$\widetilde{I}_R$ 和 $\widetilde{I}_L$ 具有相同的长度，且长度是 $\widetilde{I}_C$ 的一半（因为 $\widetilde{V}=\widetilde{I}Z$，且所有 $\widetilde{V}$ 相同）。

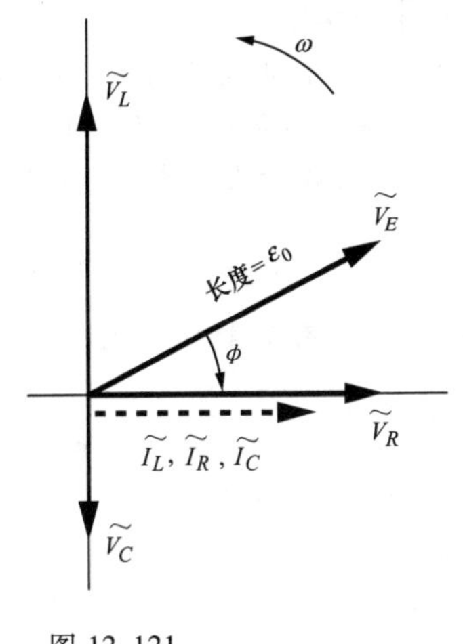


图 12.121

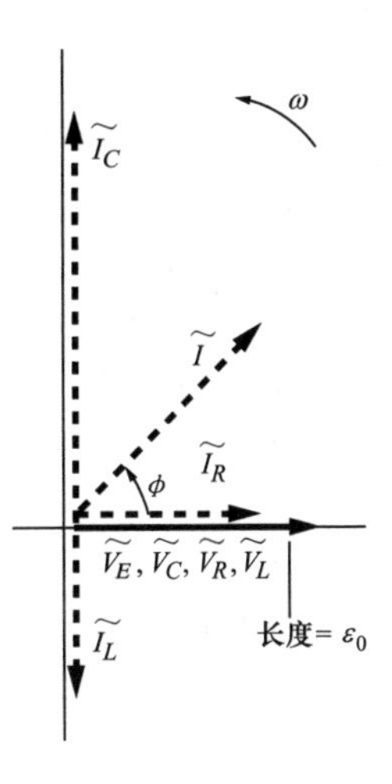


图 12.122

总电流 $\widetilde{I}$（可以用 $\widetilde{I}_E$ 表示，以便和以上串联的情况区分）是通过三个元件的电流和。使用我们知道的电流相对长度，我们发现 $|\widetilde{I}|=\sqrt{2}|\widetilde{I}_R|$。因为电流超前于电压，所以相位角 $\phi$ 是正的。这与式（8.67）中的情况一致，因为以上情况，我们知道 $\omega L>1/\omega C$。由 $\tan\phi=1$ 可求得 $\phi=45°$。

再一次声明，$\widetilde{I}$ 和 $\widetilde{V}$ 的相对大小不能表明什么。但是如果各种单位按自然的规律相互匹配，我们可以再次让 $R$ 略大于 1Ω。注意在现在的情况中，选择 $\widetilde{V}_E$ 指向实轴时可以让大部分矢量都在轴上。

## 8.10　实阻抗

阻抗分为 $R+\mathrm{i}\omega L$ 和 $1/\mathrm{i}\omega C$ 。并联之后的总阻抗为

$$Z=\frac{1}{\dfrac{1}{R+\mathrm{i}\omega L}+\mathrm{i}\omega C} \tag{12.398}$$

如果其倒数为实数，则上式为实数

$$\frac{1}{Z}=\frac{1}{R+\mathrm{i}\omega L}+\mathrm{i}\omega C=\frac{R-\mathrm{i}\omega L}{R^2+\omega^2L^2}+\mathrm{i}\omega C \tag{12.399}$$

设置虚部为零后，得到

$$\frac{\omega L}{R^2+\omega^2L^2}=\omega C\Longrightarrow\omega^2=\frac{1}{LC}-\frac{R^2}{L^2} \tag{12.400}$$

所以答案是“对”，这要求 $R^2<L/C$。注意到 $\omega=0$ 也是这个方程的一个解。在这种情况下，电容不通电（它的阻抗无限大），电感仅起导线的作用（它的阻抗为零）。所以起作用的仅仅是电阻。

## 8.11　电灯泡

电灯泡电阻为 $P=V_{\mathrm{rms}}^2/R\Longrightarrow R=(120\mathrm{V})^2/(40\mathrm{W})=360\Omega$。根据公式，可以知道 $\omega=2\pi\nu=2\pi(60\mathrm{s}^{-1})=377\mathrm{s}^{-1}$。另外，根据公式也可以求出电容的阻抗为 $Z_C=1/\mathrm{i}\,\omega C=-\mathrm{i}/(377\mathrm{s}^{-1})(10^{-5}\mathrm{F})=-265\mathrm{i}\Omega$。总阻抗的大小是

$$|Z|=\sqrt{Z_R^2+Z_C^2}=\sqrt{(360\Omega)^2+(265\Omega)^2}=447\Omega \tag{12.401}$$

通过灯泡的电流有效值的初始值为 $I_{\mathrm{rms}}=(120\mathrm{V})/(360\Omega)$，但现在是$(120\mathrm{V})/(447\Omega)$（作用在 $|Z|$ 上的欧姆定律；具体参考式（8.77）。所以它减少的倍数为 360/447 = 0.81。由于功率正比于电流的平方（可以写成 $I_{\mathrm{rms}}^2R$），亮度因此减少为原来的 $(0.81)^2=0.65$ 倍。

## 8.12　固定的电压值

所有的支路具有相同的压降 $V_0$ 和相同的阻抗 $R+1/\mathrm{i}\omega C$，所以所有支路中的复电流为

$$V_0=\widetilde{I}(R+1/\mathrm{i}\omega C)\Longrightarrow\widetilde{I}=\frac{V_0}{R+1/\mathrm{i}\omega C} \tag{12.402}$$

$A$ 处的复电压为 $\widetilde{V}_A=V_0-\widetilde{I}(1/\mathrm{i}\omega C)$，$B$ 处的复电压为 $\widetilde{V}_B=V_0-\widetilde{I}_R$。因此（使用上面的 $\widetilde{I}$ 值），

$$\begin{aligned}\widetilde{V}_{AB}&\equiv\widetilde{V}_B-\widetilde{V}_A=\widetilde{I}(-R+1/\mathrm{i}\omega C)\\&=V_0\frac{-R+1/\mathrm{i}\omega C}{R+1/\mathrm{i}\omega C}=V_0\frac{1-\mathrm{i}\omega RC}{1+\mathrm{i}\omega RC}\end{aligned} \tag{12.403}$$

由于分子和分母的大小相同，所以 $|V_{AB}|^2=V_0^2$。因为 $\mathrm{e}^{\pm\mathrm{i}\pi/2}=\pm\mathrm{i}$，对于 90°的相位差，我们需要 $(1-\mathrm{i}\omega RC)/(1+\mathrm{i}\omega RC)=\pm\mathrm{i}$ 很容易发现，如果 $\omega=1/RC$，即 $\omega RC=1$，则

$$\widetilde{V}_{AB}=V_0\left(\frac{1-\mathrm{i}}{1+\mathrm{i}}\right)=-\mathrm{i}V_0 \tag{12.404}$$

另一方向上的 90°相位差，即 $\widetilde{V}_{AB}=\mathrm{i}V_0$，将要求 $\omega RC=-1$，由于所有项都是正的，所以这也不可能为负。

## 8.13　低通滤波器

$I_0$ 为通过电阻的电流振幅，也是通过电容的电流的振幅。复电压 $\widetilde{V}=\widetilde{I}Z$ 代表端点间的电

压，在 $A$ 处的复电压是 $V_0=\widetilde{I}(R+1/\mathrm{i}\omega C)$。$B$ 处的复电压为 $\widetilde{V}=\widetilde{I}\ (1/\mathrm{i}\omega C)$，因此

$$\frac{\widetilde{V}_1}{V_0}=\frac{1}{1+\mathrm{i}\omega RC}\Longrightarrow\left|\frac{\widetilde{V}_1}{V_0}\right|^2=\frac{1}{1+\omega^2R^2C^2} \tag{12.405}$$

（不必专门求出 $V_0$ 的大小，因为通常是把 $V_0$ 取为实数。但用现在这种方式看起来好一点。）当 $\omega^2R^2C^2=9$ 时其值为 0.1。在 5000Hz 时有

$$RC=\frac{3}{\omega}=\frac{3}{2\pi\cdot 5000\mathrm{s}^{-1}}\approx 1\times 10^{-4}\mathrm{s} \tag{12.406}$$

在某些条件下这个条件可以满足，例如 $R=1000\Omega$，$C=0.1\mu\mathrm{F}$ 时。

功率正比于 $V^2$。如果 $\omega$ 很大（更确切地说，$\omega RC\gg 1$），我们可以忽略式（12.405）分母中的“1”。之后有 $|\widetilde{V}_1/\widetilde{V}_0|^2\propto 1/\omega^2$。$\omega$ 加倍后，这个值减小为原来的四分之一。

频率增加而 $V_1$ 减小的物理原因将在下面进行解释。对于很小的频率，电容的阻抗是很大的。电阻的恒定阻抗与之相比可以忽略，所以所有的压降都会落在电容两端，记为 $V_1$。另一方面，很高的频率时，电容的阻抗很小，几乎相当于短路。因此 $V_0$ 的压降都集中在电阻两端，很少一部分会在电容两端，其值记为 $V_1$。

对于大 $\omega$ 情况，图 12.123 中的电路中有 $|V_2/V_0|^2\propto 1/\omega^4$。（我们会在 $V$ 上画上波浪符号。）这是对的，因为 $\omega$ 很大时，我们有 $|V_1/V_0|^2\propto 1/\omega^2$；我们仍可以使用以上的结果，因为只有微量的电流通过右侧的新元件中（因为左侧的电容在大 $\omega$ 的情况下表现为零阻抗，而右侧的电阻则是固定值）。我们可以用相同的论据来证明 $|V_2/V_1|^2\propto 1/\omega^2$。$|V_2/V_0|^2=|V_2/V_1|^2|V_1/V_0|^2\propto(1/\omega^2)^2=1/\omega^4$。现在每个回路的输出电压减少为原来的 $1/\omega^2$。

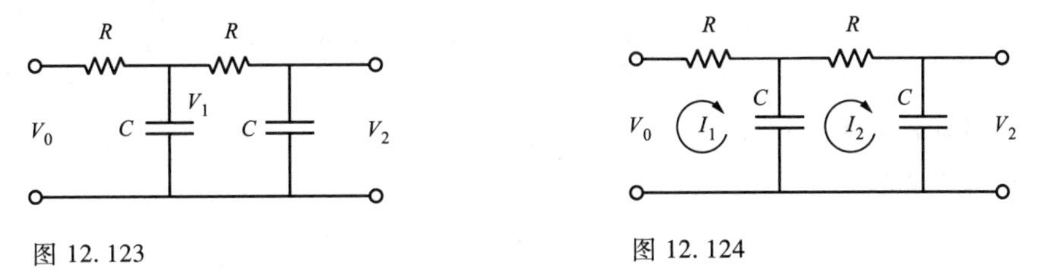


图 12.123　　图 12.124

为了从头证明 $1/\omega^4$ 这个结果，我们像图 12.124 那样布置电路。我们没在右侧环路中画出电流，因为通过右侧端点处的电流很小。三个环路方程为（去掉波浪线）

$$\begin{aligned}V_0-I_1R-(I_1-I_2)(1/\mathrm{i}\omega C)&=0\\ -I_2R-I_2(1/\mathrm{i}\omega C)-(I_2-I_1)(1/\mathrm{i}\omega C)&=0\\ -V_2+I_2(1/\mathrm{i}\omega C)&=0\end{aligned} \tag{12.407}$$

如果 $\omega$ 很大，第一个方程等价于 $V_0\propto I_1$。类似地，如果 $\omega$ 很大，第二个方程等价于 $I_1\propto\omega I_2$。第三项在任何情况下都等价于 $I_2\propto\omega V_2$。所以我们有 $V_0\propto I_1$，$I_1\propto\omega I_2$ 和 $I_2\propto\omega V_2$。这三个表达式等价于 $V_0\propto\omega^2V^2$。因此 $|V_2/V_0|^2\propto 1/\omega^4$。

## 8.14 串联 *RLC* 电路的功率

串联 $RLC$ 电路中的电流 $I(t)$ 和相位 $\phi$ 都由式（8.38）和式（8.39）给出。因为 $\tan\phi=(1/\omega C-\omega L)/R$，我们有

$$\cos\phi=\frac{R}{\sqrt{R^2+(\omega L-1/\omega C)^2}} \tag{12.408}$$

式（8.84）给出了电路需要的平均功率

$$\begin{aligned}\overline{P} &= \frac{1}{2}\mathscr{E}_0 I_0 \cos\phi \\ &= \frac{1}{2}\mathscr{E}_0 \cdot \frac{\mathscr{E}_0}{\sqrt{R^2+(\omega L-1/\omega C)^2}} \cdot \frac{R}{\sqrt{R^2+(\omega L-1/\omega C)^2}} \\ &= \frac{1}{2}\frac{\mathscr{E}_0^2 R}{R^2+(\omega L-1/\omega C)^2}\end{aligned} \tag{12.409}$$

电阻上消耗的平均功率由式（8.80）给出，其中 $V_0$ 仅是电阻两端的压降。因为电压 $V_0 = I_0 R$，我们有

$$\begin{aligned}\overline{P}_R &= \frac{1}{2}\frac{V_0^2}{R} = \frac{1}{2}\frac{(I_0 R)^2}{R} = \frac{1}{2}I_0^2 R = \frac{1}{2}\left(\frac{\mathscr{E}_0}{\sqrt{R^2+(\omega L-1/\omega C)^2}}\right)^2 R \\ &= \frac{1}{2}\frac{\mathscr{E}_0^2 R}{R^2+(\omega L-1/\omega C)^2}\end{aligned} \tag{12.410}$$

这与式（12.409）结果一致。

## 8.15　两个电感和一个电阻

（a）电感的阻抗是 $ZL = \mathrm{i}\omega L$。由于此处 $\omega = R/L$，我们有 $Z_L = \mathrm{i}R$。使用阻抗在串并联电路中叠加的基本法则，电路的总阻抗为

$$Z = Z_L + \frac{Z_R Z_L}{Z_R + Z_L} = \mathrm{i}R + \frac{R(\mathrm{i}R)}{R+\mathrm{i}R} = R\,\frac{-1+2\mathrm{i}}{1+\mathrm{i}} \tag{12.411}$$

这也可以写为 $Z = R(1+3\mathrm{i})/2$。

（b）复电流为

$$\widetilde{I} = \frac{\mathscr{E}_0}{Z} = \frac{\mathscr{E}_0}{R}\frac{1+\mathrm{i}}{-1+2\mathrm{i}} = \frac{\mathscr{E}_0}{R}\frac{1-3\mathrm{i}}{5} = \frac{\mathscr{E}_0}{R}\frac{\sqrt{10}}{5}\mathrm{e}^{\mathrm{i}\phi} \tag{12.412}$$

其中 $\tan\phi = -3$，因此

$$I_0 = \frac{\sqrt{10}}{5}\frac{\mathscr{E}_0}{R} \quad 和 \quad \phi = \arctan(-3) \approx -71.6° \tag{12.413}$$

随时间变化的电流为

$$I(t) = \mathrm{Re}[\widetilde{I}\mathrm{e}^{\mathrm{i}\omega t}] = \mathrm{Re}\left[\frac{\sqrt{10}}{5}\frac{\mathscr{E}_0}{R}\mathrm{e}^{\mathrm{i}\phi}\mathrm{e}^{\mathrm{i}\omega t}\right] = \frac{\sqrt{10}}{5}\frac{\mathscr{E}_0}{R}\cos(\omega t+\phi) \tag{12.414}$$

（c）$\tan\phi = -3$ 表明 $\cos\phi = 1/\sqrt{10}$，式（8.84）给出了消耗在电路中的平均功率为

$$\frac{1}{2}\mathscr{E}_0 I_0 \cos\phi = \frac{1}{2}\mathscr{E}_0\left(\frac{\sqrt{10}}{5}\frac{\mathscr{E}_0}{R}\right)\frac{1}{\sqrt{10}} = \frac{\mathscr{E}_0^2}{10R} \tag{12.415}$$

或者，我们可以利用电阻两侧的电压 $V_R$，使用公式 $P_R = (1/2)V_R^2/R$ 来计算功率。（电阻是唯一耗电的元件。）电阻两端的复电压等于 $\mathscr{E}_0$ 减去上面电感的复电压 $V_L$。后者的电压是

$$\widetilde{V}_L=\widetilde{I}Z_L=\widetilde{I}(\mathrm{i}R)=\left(\frac{\mathscr{E}_0}{R}\frac{1-3\mathrm{i}}{5}\right)\mathrm{i}R=\mathscr{E}_0\frac{3+\mathrm{i}}{5} \tag{12.416}$$

因此

$$\widetilde{V}_R=\mathscr{E}_0-\widetilde{V}_L=\mathscr{E}_0\left(1-\frac{3+\mathrm{i}}{5}\right)=\mathscr{E}_0\frac{2-\mathrm{i}}{5} \tag{12.417}$$

大小为 $V_R=|\widetilde{V}_R|=\mathscr{E}_0/\sqrt{5}$。因此得到

$$P_R=\frac{1}{2}\frac{V_R^2}{R}=\frac{1}{2}\frac{\mathscr{E}_0^2/5}{R}=\frac{\mathscr{E}_0^2}{10R} \tag{12.418}$$

与上面的结果一致。

## 12.9 第9章

### 9.1 消失的项

我们对$\nabla\times\boldsymbol{B}=\mu_0\boldsymbol{J}+\boldsymbol{W}$取散度，并且根据旋度的散度为零，得到$0=\mu_0\nabla\cdot\boldsymbol{J}+\nabla\cdot\boldsymbol{W}$。由连续性方程可以得到$\nabla\cdot\boldsymbol{W}=\mu_0(\partial\rho/\partial t)$。通过高斯定理，有

$$\nabla\cdot\boldsymbol{W}=\mu_0\varepsilon_0(\partial(\nabla\cdot\boldsymbol{E})/\partial t)\Longrightarrow\nabla\cdot\boldsymbol{W}=\nabla\cdot[\mu_0\varepsilon_0(\partial\boldsymbol{E}/\partial t)] \tag{12.419}$$

因此，$\boldsymbol{W}=\mu_0\varepsilon_0(\partial\boldsymbol{E}/\partial t)+\boldsymbol{Z}$，$\boldsymbol{Z}$是一个散度为零的矢量。如果仅在已给的条件下进行，我们知道散度为零的矢量$\boldsymbol{Z}$仅有$\boldsymbol{B}$。所以麦克斯韦方程的形式为

$$\nabla\times\boldsymbol{B}=\mu_0\boldsymbol{J}+\mu_0\varepsilon_0\frac{\partial\boldsymbol{E}}{\partial t}+k\boldsymbol{B} \tag{12.420}$$

$k$是某个常数。然而，在稳恒电流情况下，我们知道安培定律，$\nabla\times\boldsymbol{B}=\mu_0\boldsymbol{J}$。因此$k$必须为零，我们得到了想要的结果。

### 9.2 球面对称的电流

如9.2节末尾处讲述的，球面对称电流密度产生的磁场为零，所以得到的麦克斯韦方程的左边为零。我们的目标因此变为证明$\boldsymbol{J}=-\varepsilon_0\partial\boldsymbol{E}/\partial t$。电场$\boldsymbol{E}$指向球外（如果$Q$是正的），大小为$Q/4\pi\varepsilon_0r^2$，所以$\partial\boldsymbol{E}/\partial t=\hat{\boldsymbol{r}}(\mathrm{d}Q/\mathrm{d}t)/4\pi\varepsilon_0r^2$，电流密度$\boldsymbol{J}$指向球内。电荷穿过任何球边界的比率都是$\mathrm{d}Q/\mathrm{d}t$，所以在半径$r$处的电流密度为$\boldsymbol{J}=-\hat{\boldsymbol{r}}(\mathrm{d}Q/\mathrm{d}t)/4\pi r^2$。因此$\boldsymbol{J}=-\varepsilon_0\partial\boldsymbol{E}/\partial t$确实是正确的。

### 9.3 点电荷和半无限长的导线

(a) 考虑环上给定点$P$的情况。在求$P$点处的场强的过程中，有很多种方法确定毕奥-萨伐尔积分的参数。让我们使用图12.125中的角$\alpha$，$\alpha$可为$\alpha_0\equiv\pi/2-\theta$到$\pi/2$。给定圆心到一段导线距离是$l=b\tan\alpha$，导线长为$\mathrm{d}l=\mathrm{d}(b\tan\alpha)=b\mathrm{d}\alpha/\cos^2\alpha$。毕奥-萨伐尔定律中的叉积引入$\mathrm{d}\boldsymbol{l}$与$\hat{\boldsymbol{r}}$间指向$P$的角度的正弦值，与$\cos\alpha$相等。所以在$P$处的场$\boldsymbol{B}$大小为

$$\begin{aligned}B&=\frac{\mu_0I}{4\pi}\int\frac{\mathrm{d}l\cos\alpha}{r^2}=\frac{\mu_0I}{4\pi}\int_{\alpha_0}^{\pi/2}\frac{(b\mathrm{d}\alpha/\cos^2\alpha)\cos\alpha}{(b/\cos\alpha)^2}\\&=\frac{\mu_0I}{4\pi b}\int_{\alpha_0}^{\pi/2}\cos\alpha\mathrm{d}\alpha=\frac{\mu_0I}{4\pi b}(1-\sin\alpha_0)=\frac{\mu_0I}{4\pi b}(1-\cos\theta)\end{aligned} \tag{12.421}$$

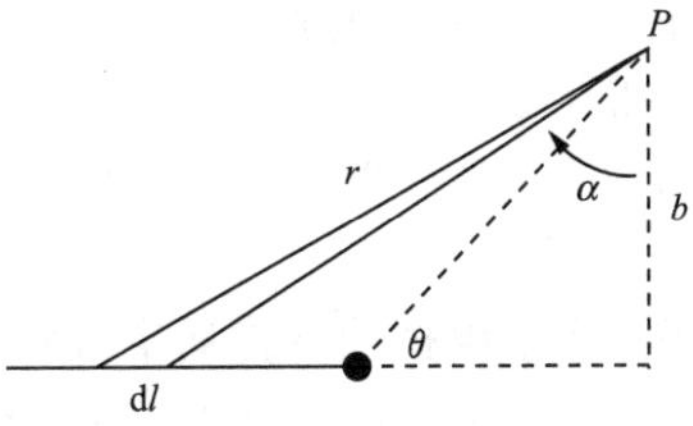

图 12.125

$\boldsymbol{B}$ 场正切于圆，所以线积分就等于 $2\pi b$。因此，$\int \boldsymbol{B}\cdot \mathrm{d}\boldsymbol{s}=(\mu_0 I/2)(1-\cos\theta)$。当 $\theta=0$ 时，这个值为零，$\theta=\pi$ 时为 $\mu_0 I$。

（b）在这种情况下式（9.59）中的 $\mu_0 I$ 项为零，因为电流不穿过表面。为了计算位移电流项，我们将引用习题 1.15 的结果，即通过圆的电场通量为 $\Phi_E=(q/2\varepsilon_0)(1-\cos\theta)$，因此

$$\begin{aligned}\mu_0\varepsilon_0\int_S \frac{\partial \boldsymbol{E}}{\partial t}\cdot \mathrm{d}\boldsymbol{a} &=\mu_0\varepsilon_0 \frac{\partial}{\partial t}\int_S \boldsymbol{E}\cdot \mathrm{d}\boldsymbol{a}=\mu_0\varepsilon_0 \frac{\partial \Phi E}{\partial t}\\ &=\mu_0\varepsilon_0 \frac{\mathrm{d}q/\mathrm{d}t}{2\varepsilon_0}(1-\cos\theta)=\frac{\mu_0 I}{2}(1-\cos\theta)\end{aligned} \tag{12.422}$$

由于式（9.59）告诉我们上式等于 $\int \boldsymbol{B}\cdot \mathrm{d}\boldsymbol{s}$，我们获得与（a）中的线积分相同的结果。符号也表明 $\mathrm{d}\boldsymbol{s}$ 和 $\mathrm{d}\boldsymbol{a}$ 满足右手螺旋法则。

（c）我们现在需要引入 $\mu_0 I$ 项，因为通量穿过表面。计算位移电流项的时候，注意到现在的表面和（b）中的表面合在一起就是包含电荷 $q$ 的完整曲面。通过两个面的电场通量之和等于 $q$ 处发射出去的总通量，即为 $q/\varepsilon_0$。通过现在表面的通量为 $q/\varepsilon_0-(q/2\varepsilon_0)(1-\cos\theta)=(q/2\varepsilon_0)(1+\cos\theta)$。（或者，使用习题 1.15 中的方法，通过用 $\theta$ 替代 $\pi-\theta$ 来求出这个结果。）但必须注意符号；这个通量穿过表面的方向与电线穿过表面的方向相反。因此麦克斯韦方程的右边变为

$$\begin{aligned}\mu_0 I+\mu_0\varepsilon_0\int_S \frac{\partial \boldsymbol{E}}{\partial t}\cdot \mathrm{d}\boldsymbol{a} &=\mu_0 I-\mu_0\varepsilon_0 \frac{\mathrm{d}q/\mathrm{d}t}{2\mathscr{E}_0}(1+\cos\theta)\\ &=\mu_0 I\left[1-\frac{1}{2}(1+\cos\theta)\right]\\ &=\frac{\mu_0 I}{2}(1-\cos\theta)\end{aligned} \tag{12.423}$$

## 9.4　由传导电流放电的电容的磁场 $B$

（a）在一小段时间 $\mathrm{d}t$ 内，电荷 $I\mathrm{d}t$ 流向正极板。半径 $r$ 和电容板边缘（半径为 $b$）间环形区域的电荷值为 $\pi(b^2-r^2)/\pi b^2=1-r^2/b^2$。这部分的电流就是穿过半径为 $r$ 的圆区域的电流。这个圆的周长为 2πr，所以表面电流密度（单位长度内的电流）为 $\mathcal{J}=I(1-r^2/b^2)/(2\pi r)$。如果 $P$ 点靠近板，这个板就表现得像具有该表面电流密度的无限大平面。

（b）由 6.6 节，一个孤立薄片电流在两侧产生大小为 $\mu_0\ \mathcal{J}/2$ 的场。由于我们有带相反电流的两块板，所以 $P$ 点处两个场的和为 $\mu_0\mathcal{J}$。（你能发现它们是叠加，而不是抵消。）所以在 $P$ 点由两板中传导电流产生的场为

$$B_{\text{disks}}=\mu_0\mathcal{J}=\frac{\mu_0 I(1-r^2/b^2)}{2\pi r}=\frac{\mu_0 I}{2\pi r}-\frac{\mu_0 I r}{2\pi b^2} \tag{12.424}$$

这个场垂直于表面电流，在板的正切方向上。

由导线产生的场（本质上连续）是 $B_{\text{wire}}=\mu_0 I/2\pi r$。$B_{\text{disk}}$ 和 $B_{\text{wire}}$ 都指向切线方向，但你通过右手定则可以快速地发现它们的方向相反。所以它们的净场是二者之差，为 $B=\mu_0 Ir/2\pi b^2$。

## 9.5　运动电荷的麦克斯韦方程

（a）我们可以使用 $\boldsymbol{B}$ 的表达式 $\boldsymbol{B}=(1/c^2)\boldsymbol{V}\times\boldsymbol{E}$ 和同一性定理，得到

$$\nabla\cdot(\boldsymbol{A}\times\boldsymbol{B})=\boldsymbol{B}\cdot(\nabla\times\boldsymbol{A})-\boldsymbol{A}\cdot(\nabla\times\boldsymbol{B}) \tag{12.425}$$

又有

$$\nabla\cdot\boldsymbol{B}=\frac{1}{c^2}\nabla\cdot(\boldsymbol{v}\times\boldsymbol{E})=\frac{1}{c^2}\boldsymbol{E}\cdot(\nabla\times\boldsymbol{v})-\frac{1}{c^2}\boldsymbol{v}\cdot(\nabla\times\boldsymbol{E}) \tag{12.426}$$

因为 $\boldsymbol{v}$ 是常数，所以第一项为零。因为$\nabla\times\boldsymbol{E}$ 指向 $\hat{\boldsymbol{\phi}}$ 方向（正切于运动的路径），第二项也为零，所以与 $\boldsymbol{v}$ 的点积为零。$\hat{\boldsymbol{\phi}}$ 方向遵循表达式（F.3）在球坐标系下的卷积（$\partial E_r/\partial\theta$ 是非零导数）。或者说，我们在（b）中证明的$\nabla\times\boldsymbol{E}$ 指向笛卡儿坐标系中的 $\hat{\boldsymbol{y}}$ 方向（坐落在 $xz$ 平面），与 $\boldsymbol{v}\propto\hat{\boldsymbol{x}}$ 正交。

（b）让我们先计算$\nabla\times\boldsymbol{E}$，之后再计算$\partial\boldsymbol{B}/\partial t$。为了不失一般性，我们可以计算在 $xz$ 平面内的任一点。式（5.13）适用于 $xz$ 平面内所有点。但我们要进行求导（通过定义可知，涉及附近的点），应该小心并引入 $E_y$ 分量和坐标系中与 $y$ 相关的项。（它表明我们可以忽略与 $y$ 有关的事，但最好还是小心使用它。）由于 $D\equiv(\gamma x)^2+y^2+z^2$，所以式（5.13）推广到空间中任 一点后，为（去掉坐标系基本部分）

$$(E_x,E_x,E_z)=\frac{\gamma Q}{4\pi\varepsilon_0 D^{3/2}}(x,y,z) \tag{12.427}$$

让我们计算$\nabla\times\boldsymbol{E}$ 的 $y$ 分量，为

$$\begin{aligned}(\nabla\times\boldsymbol{E})_y&=\frac{\gamma Q}{4\pi\varepsilon_0}\left[\frac{\partial}{\partial z}\left(\frac{x}{D^{3/2}}\right)-\frac{\partial}{\partial x}\left(\frac{z}{D^{3/2}}\right)\right]\\&=\frac{\gamma Q}{4\pi\varepsilon_0}\left(\frac{-3xz}{D^{5/2}}+\frac{3\gamma^2xz}{D^{5/2}}\right)\end{aligned} \tag{12.428}$$

使用 $\gamma^2-1=\gamma^2v^2/c^2$，我们得到

$$\nabla\times\boldsymbol{E}=\frac{\gamma Q}{4\pi\varepsilon_0}\frac{3\gamma^2v^2xz}{c^2D^{5/2}}\hat{\boldsymbol{y}} \tag{12.429}$$

$\nabla\times\boldsymbol{E}$ 的 $z$ 分量看起来相似，只是分子中多了 $xy$。但由于引入了 $y$ 因子，对于 $xz$ 平面上的点，$y$ 为零。所以我们可以忽略它。你可以快速地证明$\nabla\times\boldsymbol{E}$ 的 $x$ 分量为零。

现在让我们来计算$\partial\boldsymbol{B}/\partial t$。我们有

$$\frac{\partial\boldsymbol{B}}{\partial t}=\frac{1}{c^2}\frac{\partial}{\partial t}(\boldsymbol{v}\times\boldsymbol{E})=\frac{1}{c^2}\boldsymbol{v}\times\frac{\partial\boldsymbol{E}}{\partial t} \tag{12.430}$$

对于在 $xz$ 平面上的点，$\partial\boldsymbol{E}/\partial t$ 同时具有 $\hat{\boldsymbol{x}}$ 和 $\hat{\boldsymbol{z}}$ 分量，但由于我们用它与 $\boldsymbol{v}=v\hat{\boldsymbol{x}}$ 求叉积，仅注意 $\hat{\boldsymbol{z}}$ 分量就行了。相关时间微分是 $\mathrm{d}z/\mathrm{d}t=0$ 和 $\mathrm{d}x/\mathrm{d}t=-v$。后者是根据电荷在坐标轴中的相对位置（$x$，$y$，$z$）的情况推导出来的。所以电荷向右移动，$x$ 减小。对于某些 $x_0$，$x$ 可以取 $x=x_0-vt$，所以 $\mathrm{d}x/\mathrm{d}t=-v$。因此得到

$$\begin{aligned}\frac{\partial E_z}{\partial t}&=\frac{\gamma Q}{4\pi\varepsilon_0}\frac{\partial}{\partial t}\left(\frac{z}{D^{3/2}}\right)=\frac{\gamma Q}{4\pi\varepsilon_0}z(-3/2)D^{-5/2}2\gamma^2x(-v)\\&=\frac{\gamma Q}{4\pi\varepsilon_0}\frac{3\gamma^2xzv}{D^{5/2}}\end{aligned} \tag{12.431}$$

式（12.430）给出

$$\frac{\partial\boldsymbol{B}}{\partial t}=\frac{v\hat{\boldsymbol{x}}}{c^2}\times\frac{\gamma Q}{4\pi\varepsilon_0}\frac{3\gamma^2xzv}{D^{5/2}}\hat{\boldsymbol{z}}=-\frac{\gamma Q}{4\pi\varepsilon_0}\frac{3\gamma^2v^2xz}{c^2\boldsymbol{D}^{5/2}}\hat{\boldsymbol{y}} \tag{12.432}$$

与式（12.429）的结果比较，如预料中一样得出$\nabla\times\boldsymbol{E}=-\partial\boldsymbol{B}/\partial t$。

## 9.6　螺线管内的振荡场

（a）我们可以使用法拉第定律求出半径为 $r$ 的圆中心处的场 $\boldsymbol{E}$（应用麦克斯韦方程的积分形式，即 $\nabla\times\boldsymbol{E}=-\partial\boldsymbol{B}/\partial t$）。假设螺线管轴是垂直的。我们定义 $\boldsymbol{B}$ 正向为向上，从上面看时，$\boldsymbol{E}$ 逆时针为正向。

$$\int\boldsymbol{E}\cdot\mathrm{d}\boldsymbol{s}=-\frac{\mathrm{d}\Phi_B}{\mathrm{d}t}\Longrightarrow 2\pi rE=-\frac{\mathrm{d}}{\mathrm{d}t}(\pi r^2\cdot\mu_0 nI_0\cos\omega t)$$
$$\Longrightarrow E(r,t)=\frac{1}{2}r\mu_0 nI_0\omega\sin\omega t \tag{12.433}$$

（b）现在考虑一矩形环路的情况，这个环路的一边在螺线管轴线上，另一边在半径为 $r$ 处，具体详见图 12.126。由于上述 $E(r,t)$ 的存在，导致这个矩表环路内有变化的电场通量。所以我们想使用麦克斯韦方程的积分形式 $\nabla\times\boldsymbol{B}=\mu_0\varepsilon_0\partial\boldsymbol{E}/\partial t$：

$$\int\boldsymbol{B}\cdot\mathrm{d}\boldsymbol{s}=\mu_0\varepsilon_0\frac{\mathrm{d}\Phi_E}{\mathrm{d}t} \tag{12.434}$$

如果矩形环路在沿轴方向上的长度为 $l$，则电通量为

$$\Phi_E=\int\boldsymbol{E}\cdot\mathrm{d}\boldsymbol{a}=\int_0^r\frac{1}{2}r'\mu_0 nI_0\omega\sin\omega t\cdot(l\mathrm{d}r')$$
$$=\frac{1}{4}r^2\mu_0 nI_0\omega l\sin\omega t \tag{12.435}$$

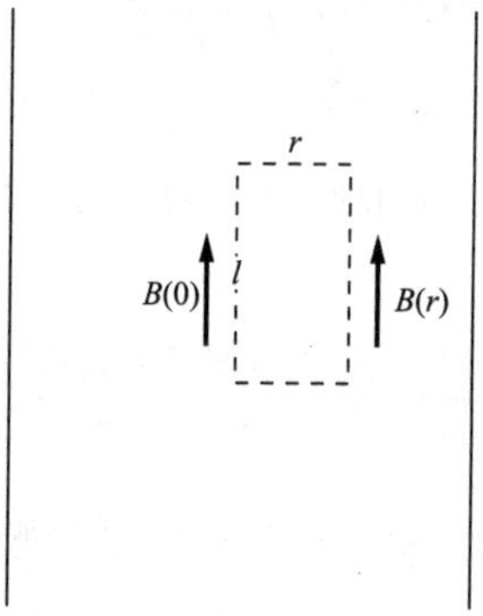

图 12.126

我们已经定义了面积矢量 $\boldsymbol{a}$ 指向纸面，与指向纸面为正向的场 $E$ 相匹配（在螺线管的右半侧）。我们必须计算顺时针上的线积分 $\int\boldsymbol{B}\cdot\mathrm{d}\boldsymbol{s}$，这需要使用右手法则。所以线积分等于 $l(B(0,t)-B(r,t))\equiv l(-\Delta B(r,t))$。因此式（12.434）为

$$l(B(0,t)-B(r,t))=\mu_0\varepsilon_0\frac{\mathrm{d}}{\mathrm{d}t}\left(\frac{1}{4}r^2\mu_0 nI_0\omega l\sin\omega t\right)$$
$$\Longrightarrow\Delta B(r,t)=-\mu_0\varepsilon_0\left(\frac{1}{4}r^2\mu_0 nI_0\omega^2\cos\omega t\right) \tag{12.436}$$

（c）由于 $B_0(t)=\mu_0 nI_0\cos\omega t$，我们有

$$\frac{\Delta B(r,t)}{B_0(t)}=-\frac{\mu_0\varepsilon_0 r^2\omega^2}{4}=-\frac{r^2\omega^2}{4c^2} \tag{12.437}$$

其中我们使用了 $\mu_0\varepsilon_0=1/c^2$。[式（12.437）中的负号对于这个问题的结论并不重要。] 电流振荡的周期是 $T=2\pi/\omega$。所以 $\omega=2\pi/T$，则 $\Delta B(r,t)/B_0(t)$ 变成 $-r^2\pi^2/c^2T^2$。忽略数值因子，我们发现如果 $r^2/c^2T^2$ 很小，则 $\Delta B(r,t)/B_0(t)$ 很小，或者说如果与 $r/c$ 比 $T$ 大很多时，上面结果也成立。$r/c$ 是光在螺线管内穿过的时间。

## 9.7　行波和驻波

（a）行进的 $\boldsymbol{B}$ 场必须指向 $\pm\hat{\boldsymbol{y}}$ 方向，因为它们必须与场 $\boldsymbol{E}$ 和场 $\boldsymbol{E}$ 传播的方向（$\pm\hat{\boldsymbol{z}}$）垂直。磁场 $\boldsymbol{B}$ 的大小为 $E_0/c$，符号由 $\boldsymbol{E}\times\boldsymbol{B}$ 的指向决定。两个磁场波因此为

$$\boldsymbol{B}_1=\hat{\boldsymbol{y}}(E_0/c)\cos(kz-\omega t)$$
$$\boldsymbol{B}_2=-\hat{\boldsymbol{y}}(E_0/c)\cos(kz+\omega t) \tag{12.438}$$

这些波的和为 $\boldsymbol{B}=\hat{\boldsymbol{y}}(2E_0/c)\sin kz\sin\omega t$。

(b) 我们使用麦克斯韦方程$\nabla\times\boldsymbol{E}=-\partial\boldsymbol{B}/\partial t$ 来求解 $\boldsymbol{B}$。$\boldsymbol{E}=2\hat{\boldsymbol{x}}E_0\cos kz\cos\omega t$ 的旋度为

$$\nabla\times\boldsymbol{E}=\begin{vmatrix}\hat{\boldsymbol{x}} & \hat{\boldsymbol{y}} & \hat{\boldsymbol{z}}\\ \partial/\partial x & \partial/\partial y & \partial/\partial z\\ 2E_0\cos kz\cos\omega t & 0 & 0\end{vmatrix}=\hat{\boldsymbol{y}}2kE_0\sin kz\cos\omega t \tag{12.439}$$

让这个式子等于$-\partial\boldsymbol{B}/\partial t$，则得到 $\boldsymbol{B}=\hat{\boldsymbol{y}}(2kE_0/\omega)\sin kz\sin\omega t$。但是我们知道 $\omega/k=c$，因为波中的 $(kz-\omega t)$ 可以写成 $k(z-(\omega/k)t)$，其中 $t$ 的系数是波的速度。所以 $\boldsymbol{B}$ 中的 $2kE_0/\omega$ 等于 $2E_0/c$，这与 (a) 中结果一致。我们已经忽略了 $\boldsymbol{B}$ 的积分常数，因为我们只关心场变化的那部分。但恒定磁场 $\boldsymbol{B}$ 当然是可以叠加的。(它在时间上必须是常数，在位置上可以变化，只要满足其余的麦克斯韦方程式。)

或者说，你可以通过麦克斯韦方程$\nabla\times\boldsymbol{B}=\mu_0\varepsilon_0\partial\boldsymbol{E}/\partial t$ (与 $\mu_0\varepsilon_0=1/c^2$) 来求解 $\boldsymbol{B}$。你应该验证一下，用这个方法也能求出相同的结果。

## 9.8 阳光

式 (9.37) 给出了功率密度为 $S=\overline{E}^2/(377\Omega)$。所以我们有

$$\frac{\overline{E}^2}{377\Omega}=10^3\ \frac{\mathrm{J}}{\mathrm{m}^2\mathrm{s}}\Longrightarrow E_{\mathrm{rms}}=614\ \frac{\mathrm{V}}{\mathrm{m}} \tag{12.440}$$

有效的磁场强度是 $B_{\mathrm{rms}}=E_{\mathrm{rms}}/c=2.0\times10^{-6}\mathrm{T}$，或 0.02G。这大概是地磁场（在地表是变化的）的 1/20。

## 9.9 驻波的能流

(a) 方便起见，让 $k\equiv2\pi/\lambda$，$\omega\equiv2\pi c/\lambda$，$A\equiv2E_0$。给出的驻波就可以写成

$$\boldsymbol{E}=\hat{\boldsymbol{z}}A\sin ky\cos\omega t,\quad \boldsymbol{B}=-\hat{\boldsymbol{x}}(A/c)\cos ky\sin\omega t \tag{12.441}$$

能量密度为（使用 $\mu_0=1/\varepsilon_0c^2$）

$$u=\frac{\varepsilon_0E^2}{2}+\frac{B^2}{2\mu_0}=\frac{\varepsilon_0A^2}{2}(\sin^2ky\cos^2\omega t+\cos^2ky\sin^2\omega t) \tag{12.442}$$

在五个给定的时刻，$\cos^2\omega t$ 和 $\sin^2\omega t$ 项的取值分别为 0、1/2 和 1。所以这五个时刻的能量密度分别是（单位是 $\varepsilon_0A^2/2$）$\sin^2ky$、1/2、$\cos^2ky$、1/2，最后又变回 $\sin^2ky$，见图 12.127。在图中可以看出，在 $ky$ 接近 $\pi/2$ 奇数倍附近的区域和 $\pi/2$ 偶数倍附近的区域间，能量来回晃动。

(b) 驻波的能流密度矢量为

$$\begin{aligned}\boldsymbol{S}&=\frac{1}{\mu_0}\boldsymbol{E}\times\boldsymbol{B}=-\hat{\boldsymbol{y}}\ \frac{A^2}{\mu_0c}\sin ky\cos ky\sin\omega t\cos\omega t\\&=-\hat{\boldsymbol{y}}\ \frac{\varepsilon_0A^2c}{4}\sin2ky\sin2\omega t\end{aligned} \tag{12.443}$$

其中我们使用了正弦的倍角公式，也利用了关系式 $\mu_0=1/\varepsilon_0c^2$。当 $\omega t$ 值为 $\pi/4$、$\pi/2$ 和 $3\pi/4$ 时，我们能很快得到 $S_y$ 值（单位 $\varepsilon_0A^2c/4$）分别为$-\sin2ky$、0 和 $\sin2ky$。如图 12.128 中所示。这些点显示了能量是怎样从图 12.127 中的一个图流向下一个图的。

例如，考虑图 12.128 中在时刻 $\omega t=\pi/4$ 时 $ky=-\pi$ 的点。在这个 $y$ 值左边的点有正的 $S_y$。换句话说，能量流进 $ky=\pi$ 附近的区域。这与图 12.127 中情况一致；在 $\omega t=\pi/4$ 时，$ky=\pi$ 点是 0

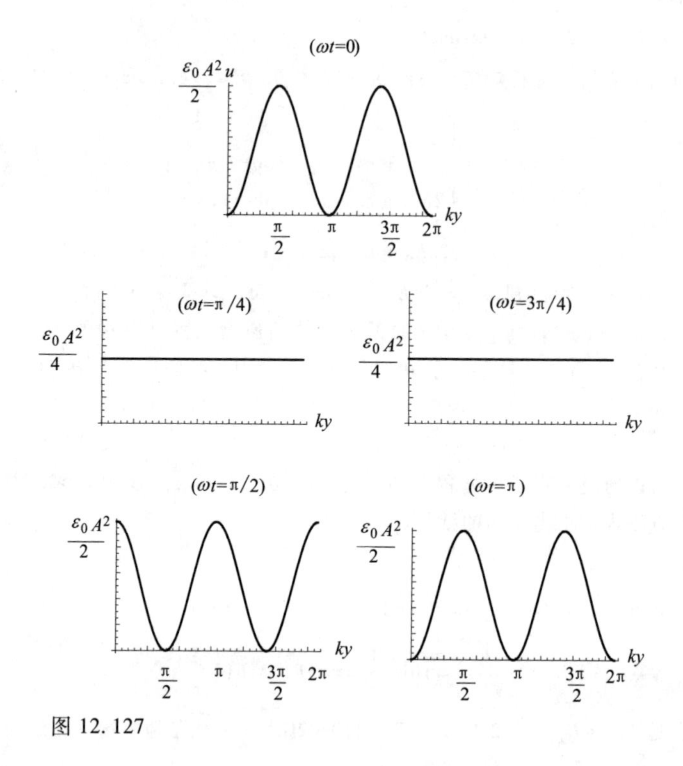


图 12.127

到最大值中的转折点。相似地，在 $\omega t=\pi/2$ 时没有任何能量流动。在此时，能量密度处处为极值，所以能流立刻静止。

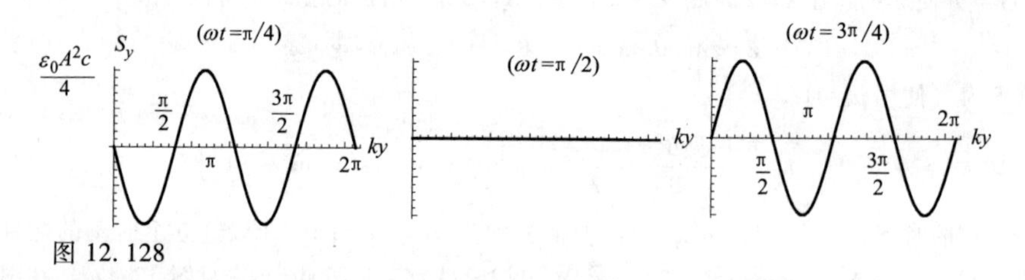


图 12.128

## 9.10 导线的能流

为了得到非零能流矢量，我们需要一个非零磁场，在我们的实验装置中就是导线的磁场。如果在细线周围有一个半径为 $b$ 的薄壁管。这个薄壁管表面的磁场 $\boldsymbol{B}$ 正切于表面，大小为 $\mu_0 I/2\pi b$。由于球壳（不是导线；注意本题答案的末尾处的注意事项）而产生的在薄壁管表面分布的电场 $\boldsymbol{E}$ 平行于薄壁管，大小为 $Q/4\pi\varepsilon_0 r^2$，其中 $r$ 是中心到壳的距离。你可以通过右手定则快速证明电流是否流向壳方向，能流密度矢量 $\boldsymbol{S}=(\boldsymbol{E}\times\boldsymbol{B})/\mu_0$ 指向远离导线的方向。所以能流方向是对的。

让我们定量计算所做的功。因为 $\boldsymbol{E}$ 垂直于 $\boldsymbol{B}$，我们有

$$S=\frac{EB}{\mu_0}=\frac{1}{\mu_0}\frac{Q}{4\pi\varepsilon_0 r^2}\frac{\mu_0 I}{2\pi b}=\frac{QI}{(4\pi\varepsilon_0 r^2)(2\pi b)} \tag{12.444}$$

我们需要在整个管表面上做积分。轴向上的一段长度为 $\mathrm{d}r$ 的薄壁管的面积 $\mathrm{d}a=2\pi b\mathrm{d}r$。所以我们有

$$\int S\mathrm{d}a = \int_R^{\infty} \frac{QI}{(4\pi\varepsilon_0 r^2)(2\pi b)}2\pi b\mathrm{d}r = \int_R^{\infty} \frac{QI}{4\pi\varepsilon_0 r^2}\mathrm{d}r$$
$$= \frac{Q(\mathrm{d}Q/\mathrm{d}t)}{4\pi\varepsilon_0 R} = \frac{\mathrm{d}}{\mathrm{d}t}\left(\frac{Q^2}{8\pi\varepsilon_0 R}\right) \tag{12.445}$$

这是正确的，因为储存在电场中的能量是 $Q^2/8\pi\varepsilon_0 R$。这可以通过不同的方式得到。其中一种就是在壳外部的体积范围内对 $\varepsilon_0 E^2/2$ 积分。但是更快的方法是使用 $U=(1/2)\int\rho\phi\mathrm{d}v$。因为 $\rho$ 仅在球壳上非零，并且 $\phi=Q/4\pi\varepsilon_0 R$ 为常数，我们有

$$U=\frac{1}{2}\phi\int\rho\mathrm{d}v=\frac{1}{2}\frac{Q}{4\pi\varepsilon_0 R}Q=\frac{Q^2}{8\pi\varepsilon_0 R} \tag{12.446}$$

(类似地，你也可以使用 $U=Q^2/2C$。) $S$ 的通量的确等于储存在电场中能量的变化率。注意磁场是常量，所以不必担心它的能量。

在 9.6.2 小节中的例题中，我们发现能量通过电容两板间的空隙而流动。但是这个能量的来源是哪里呢？正如这个问题中的情况，它从携带电流的导线流向（或来自）电容。(回到另一步，初始能量源必须是个电池或者其他电动势。) 习题 2.6 给出了电容沿轴向的外部场。作为一个练习，你可以计算一下能流所做的功。

注意：在上述解决方案中，我们说靠近导线的电场是平行于电流的。但是线内电场电流不平行（由于 $\boldsymbol{J}=\sigma\boldsymbol{E}$），还有靠近线的电场平行于电流（因为 $\mathrm{curl}\boldsymbol{E}=0$），而不是反平行？以上两个都是正确的。然而，只要我们的线是很细的（所以电容很小），我们仍可认为一个半径为 $b$ 的薄壁管（不是很薄）表面上的场等于壳产生的场。这是对的，因为尽管在导线附近可能有强场，但这个场是由维持内部电场 $\boldsymbol{E}$ 的表面电荷产生的，这些场随距离变化迅速减小。如在 9.6.2 小节末尾处提到的，此处有三种能流矢量。其中的一个能流与导线平行，并沿着导线流动，一部分给电阻提供能量，另一部分远离导线增加空间内电场的能量密度。

## 9.11 电磁场中的动量

能流密度矢量，$\boldsymbol{S}=(\boldsymbol{E}\times\boldsymbol{B})/\mu_0$，单位面积单位时间内的能量。因为 $p=E/c$，所以单位时间单位面积的动量为 $\boldsymbol{S}/c=(\boldsymbol{E}\times\boldsymbol{B})/\mu_0 c$。即在时间 $t$ 内通过面积为 $A$ 的横截面的动量是 $p=(At)(E\times B)/\mu_0 c$。这个动量可以被吸收所有波的物体获得。

我们也可以按照动量密度的形式来描述动量 $\boldsymbol{p}$，符号我们设为 $\widetilde{\boldsymbol{p}}$。波在面积为 $\boldsymbol{A}$ 的面上向前传播，在时间 $t$ 内通过的体积为 $A(ct)$，因为波传播的速度为 $c$。所以按照定义，时间 $t$ 内穿过面积 $A$ 的动量是 $\boldsymbol{p}=\widetilde{\boldsymbol{p}}(Act)$ 。用这个式子与上面 $\boldsymbol{p}$ 的表达式做替换，得到 $\widetilde{\boldsymbol{p}}=(\boldsymbol{E}\times\boldsymbol{B})/\mu_0 c^2$。

可能不需要相对论，仅使用波的性质就可证明电磁波携带动量。尽管主要的想法已经包含在练习题 9.21 中，然而这还是有些困难。

## 9.12 角动量悖论

(a) 根据法拉第定律，在螺线管内部半径为 $r$ 的感应电场（忽略符号）

$$\mathscr{E}=\frac{\mathrm{d}\phi_B}{\mathrm{d}t}\Longrightarrow E\cdot 2\pi r=\pi r^2\frac{\mathrm{d}B}{\mathrm{d}t}\Longrightarrow E=\frac{r}{2}\frac{\mathrm{d}B}{\mathrm{d}t} \tag{12.447}$$

由楞次定律可知，图 9.13 中磁场的初始方向为纸面向外，随着时间增加，磁场变小，感应电场 $\boldsymbol{E}$ 是逆时针方向的。所以内部的柱面将逆时针方向旋转，外部（负的）柱面将顺时针方向旋转。在（不导电）柱面上一部分电荷 $\mathrm{d}q$ 上受的力是 $E\mathrm{d}q$，其转矩为 $rE\mathrm{d}q$。总柱面上的转矩大小为

$rEQ$，其中$r$为$a$或$b$。使用$E$的上述形式，两个柱面上的总转矩分别为：在半径为$a$的内部柱面上总转矩沿逆时针方向，大小为$(a^2Q/2)(\mathrm{d}B/\mathrm{d}t)$，在半径为$b$的外柱面上总转矩沿顺时针方向，大小为$(b^2Q/2)(\mathrm{d}B/\mathrm{d}t)$。

为了求出柱面的总角动量变化，必须求出转矩的时间积分。但$\mathrm{d}B/\mathrm{d}t$的积分就是简单的$B_0$（或者严格上是$-B_0$，但我们早已注意到符号问题）。柱面的最终角动量因此是逆时针方向上的$a^2QB_0/2$和顺时针方向上的$b^2QB_0/2$。

（b）取顺时针方向为正，柱面最终总角动量为

$$L_{\text{柱面}}^{\text{最终}}=\frac{QB_0(b^2-a^2)}{2} \tag{12.448}$$

这不为零。因为柱面最初静止，所以柱面初始角动量为零，这样它就表现出角动量是不守恒的。然而，两个柱面角动量不守恒这个现象的确是对的，但整个系统的总角动量是守恒的。所以我们需要问我们自己，这个系统还包含什么？

根据习题9.11，我们知道如果$\boldsymbol{E}\times\boldsymbol{B}$非零，则电磁场将携带动量。这意味着场也可能携带角动量。由习题9.11，我们还知道动量密度为$\widetilde{\boldsymbol{p}}=(\boldsymbol{E}\times\boldsymbol{B})/\mu_0c^2$。$\boldsymbol{E}$和$\boldsymbol{B}$必须同时非零才能保证这个非零。在终态时，任何地方都没有$\boldsymbol{B}$场（假设柱面滚动地很慢），所以对我们悖论的解释是在初始态的场中有非零角动量。电场$\boldsymbol{E}$仅在两个柱面间非零，其中它的值为$E=(Q/l)/2\pi\varepsilon_0r$，$l$是柱面的长度（假设很长）。这个场是射线状的，所以它垂直于方向指向纸外的磁场$\boldsymbol{B}$。动量密度大小因此为

$$\widetilde{p}=\frac{EB_0}{\mu_0c^2}=\frac{QB_0}{2\pi rl\ \varepsilon_0\mu_0c^2}=\frac{QB_0}{2\pi rl} \tag{12.449}$$

其中我们使用了$\mu_0\varepsilon_0=1/c^2$。根据右手法则，$\widetilde{p}$指向顺时针方向。角动量等于动量乘以$r$，所以角动量密度为$r\widetilde{p}$。因此，在两个柱面间场中的总的初始角动量指向顺时针方向，大小为

$$\begin{aligned}L_{\text{field}}^{\text{initial}}&=\int r\widetilde{p}\,\mathrm{d}v=\int_a^b r\left(\frac{QB_0}{2\pi rl}\right)(2\pi rl\mathrm{d}r)\\&=QB_0\int_a^b r\mathrm{d}r=\frac{QB_0(b^2-a^2)}{2}\end{aligned} \tag{12.450}$$

这是系统的初始总角动量（全在场内），且它等于我们在上面式（12.448）中发现的最终角动量（这也全部包含在场中）。所以系统的角动量的确守恒。

这还有另一个悖论（你应该盖住下段内容，先不去看，而是自己思考，这样你就会发现思考的乐趣）：如果我们去掉半径为$b$的柱面，这样就仅剩下带电荷量为$Q$、半径为$a$（沿着螺线管方向）的柱面。剩下柱面的最终角动量仍是$-a^2QB_0/2$（负号意味着逆时针方向）。但是根据以上的推断，螺线管内部场的初始角动量是$QB_0(R^2-a^2)/2$。电场$\boldsymbol{E}$延伸到半径$\boldsymbol{R}$处，所以我们在式（12.450）中用$R$代替$b$。这些初始和最终的角动量并不相等，所以它表现出角动量并不守恒。是这种情况吗？解释为什么是或为什么不是。（定量的解释最好。）

角动量仍旧守恒。在先前段落的推导中，我们仅计算了螺线管内部场的角动量。但现在外面也有角动量，因为我们有一个非零的外电场。（在最初的装置中，我们通过选择两个带有相反电荷的柱面来避免这种复杂的情况。）你也许会争辩说我们仍不必担心任何外部角动量，因为外部磁场$B$仍为零。然而，情况不是这样的。不论螺线管多长，场线仍从一端环流回到另一端。可以确定的是，如果螺线管很大的话外部磁场$B$将很小。但它的大小仍会产生影响，正如我们

将在下面看到的。

如果角动量是守恒的，初始的角动量必须包含一个额外项$-R^2QB_0/2$（逆时针方向），这是由外部场提供的，这样总的初始角动量（来自所有螺线管内外部的场）将与我们知道的最终情况一样，为$-a^2QB_0/2$。这与$a\to 0$的极限情况一样。外部电场$E$与$a$无关（忽略边缘效应），假设我们保持螺线管上电荷为$Q$。所有外部角动量，无论它是多少，类似地都与$a$无关。在$a\to 0$的极限情况下，最终的角动量为零，因为主要都集中在轴右侧。初始场的角动量必须为零（假设角动量守恒），这意味着外场的角动量与内场的角动量大小相等，方向相反。且根据最初的推断，在式（12.450）中当$b\to R$和$a\to 0$时，后者等于$R^2QB_0/2$。这些论据表明在较小外场中的角动量也不能被忽略。

如果你仍想知道这个外部场的角动量存在于什么位置，注意以下的空间论据。（我们将直接使用一些第11章中的内容，尽管我们现在已经掌握了很多知识，可以从头来推导这些要用到的内容。）让螺线管和柱面的长度为$l$。电场$E$处于很远位置（$r\gg l$），表现出来的情况像$1/r^2$，因为柱面看起来像个点电荷。磁场表现出来像$1/r^3$，因为螺线管看起来像单个环路，所以我们可以用第11章中的$1/r^3$的磁偶极子的情况。你可以证明很大的$r$值对角动量的影响是很小的。（角动量中因子$r$和体积积分中的$r^2\mathrm{d}r$与场积的$1/r^5$相比太小了。）

本质上，所有的外部影响来自于螺线管中$r$的$l$阶变化。我们声明，在这个区域内，$E$和$B$都在$1/l^2$阶上。更准确地说，对于$E$来说，柱面可以粗略地看成一条线，所以有$E\sim\lambda/2\pi\varepsilon_0 r\sim(Q/l)/\varepsilon_0 l=Q/\varepsilon_0 l^2$。对于$B$，我们利用第11章中练习题11.18的结果，$B$是$B_0R^2/l^2$的形式，其中$B_0$是内场。动量密度因此是$EB/\mu_0c^2\sim(Q/\varepsilon_0 l^2)(B_0R^2/l)/\mu_0c^2=R^2QB_0/l^4$。我们用这个乘以$r\sim l$来获得角动量密度，乘以体积$\sim l^3$来获得角动量。把所有带$l$的因子消掉，我们得到类似于$R^2QB_0$的结果。这个与$l$无关并与其他参数有相同的关系，如预期的值，$-R^2QB_0/2$。方向也是正确的，因为“返回”的外部磁场$B$场线方向一般与内部磁场$B$场线方向相反。

## 12.10　第10章

### 10.1　破损的细胞膜

（a）单位面积的电容为$C/A=1\mu\mathrm{F/cm^2}=0.01\mathrm{F/m^2}$。由于$C=\kappa\varepsilon_0 A/s$，所以板间距离为

$$s=\frac{\kappa\varepsilon_0}{C/A}=\frac{3\left(8.85\times10^{-12}\dfrac{\mathrm{s^2\cdot C^2}}{\mathrm{kg\cdot m^3}}\right)}{0.01\mathrm{F/m^2}}=2.7\times10^{-9}\mathrm{m}\tag{12.451}$$

（b）由于我们用的是电介质，则4.11节中推导的时间常数变成了

$$t=RC=\frac{\rho s}{A}\cdot\frac{\kappa\varepsilon_0 A}{s}=\kappa\varepsilon_0\rho\tag{12.452}$$

我们注意到$t=RC$与$A$无关，因为$R\propto 1/A$，$C\propto A$。（基本上，如果一个给定的细胞膜碎片在给定的时间尺度内泄漏电荷，把一堆这样碎片拼凑在一起，不应该改变时间尺度，因为每一碎片不受周围其他碎片的影响。）给出的膜面积为$1\mathrm{cm^2}$，因此我们得到$t=RC=(1000\Omega)(10^{-6}\mathrm{F})=10^{-3}\mathrm{s}$。

因为$R=\rho s/A$，电阻率为

$$\rho=\frac{RA}{s}=\frac{(1000\Omega)(10^{-4}\mathrm{m}^2)}{27\times10^{-9}\mathrm{m}}\approx4\times10^{7}\Omega\cdot\mathrm{m} \tag{12.453}$$

由图4.8可以知道，这比纯水的电阻率大100多倍。

## 10.2　电介质上受的力

（a）并联电容的等效电容是电容的简单求和。（这个规则跟电阻的相反；详见习题3.18。）含有电介质的电容量是真空时电容量的$\kappa$倍。所以总电容为

$$\begin{aligned}C&=C_1+C_2=\frac{\varepsilon_0A_1}{s}+\frac{\kappa\varepsilon_0A_2}{s}\\&=\frac{\varepsilon_0a(b-x)}{s}+\frac{\kappa\varepsilon_0ax}{s}=\frac{\varepsilon_0a}{s}[b+(\kappa-1)x]\end{aligned} \tag{12.454}$$

储存的能量为

$$U=\frac{Q^2}{2C}=\frac{Q^2s}{2\varepsilon_0a[b+(\kappa-1)x]} \tag{12.455}$$

注意随着$x$变化，电荷保持不变（假设条件），但电势变化。因此能量的$Q\phi/2$与$C\phi^2/2$的形式并不有效。

（b）力为

$$F=-\frac{\mathrm{d}U}{\mathrm{d}x}=\frac{Q^2s(\kappa-1)}{2\varepsilon_0a[b+(\kappa-1)x]^2} \tag{12.456}$$

这里的正号意味着力指向$x$增加的方向。这是由于介质片被放入到电容中。但是盲目相信符号是很冒险的。物理中，力指向能量减小的方向。我们从以上的$U$的表达式中发现能量随着$x$的增加而减小（因为$k>1$）。

如果$k=1$，力$F$恰好为零，因为在这种情况下我们没有加电介质。极限情况$\kappa\to\infty$对应着导体，在这种情况下，$U$和$F$都为零。基本上，板上所有的电荷都转移至$x$维度上有重叠的区域，电介质中补偿电荷聚集在那里，所以那儿的末端没有场。注意$F$随着$x$的增大而减小。你应该考虑一下为什么是这样。提示：首先说服你自己为什么力与板上两部分电荷密度（不是总电荷）积成正比。之后看看练习题10.15

## 10.3　偶极子的能量

第一种情况如图12.129（a）所示。这有四对（非内部）相互关联的电荷，所以电势是($l\ll d$)

$$\begin{aligned}U&=\frac{1}{4\pi\varepsilon_0}\left(2\cdot\frac{q^2}{d}-2\cdot\frac{q^2}{\sqrt{d^2+l^2}}\right)=\frac{2q^2}{4\pi\varepsilon_0d}\left(1-\frac{1}{\sqrt{1+l^2/d^2}}\right)\\&\approx\frac{2q^2}{4\pi\varepsilon_0d}\left[1-\left(1-\frac{l^2}{2d^2}\right)\right]=\frac{q^2l^2}{4\pi\varepsilon_0d^3}\equiv\frac{p^2}{4\pi\varepsilon_0d^3}\end{aligned} \tag{12.457}$$

其中我们使用了$1/\sqrt{1+\varepsilon}\approx1-\varepsilon/2$。第二种如图12.129（b）所示。现在的势能为

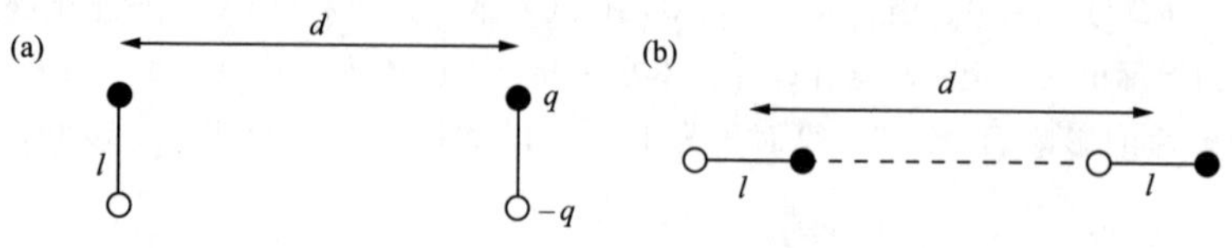


图12.129

$$
\begin{aligned}
\frac{1}{4\pi\varepsilon_0}\left(2\cdot\frac{q^2}{d}-\frac{q^2}{d-l}-\frac{q^2}{d+l}\right) &= \frac{q^2}{4\pi\varepsilon_0 d}\left(2-\frac{1}{1-l/d}-\frac{1}{1+l/d}\right)\\
&\approx \frac{q^2}{4\pi\varepsilon_0 d}\left[2-\left(1+\frac{l}{d}+\frac{l^2}{d^2}\right)-\left(1-\frac{l}{d}+\frac{l^2}{d^2}\right)\right]\\
&= \frac{q^2}{4\pi\varepsilon_0 d}\left(-\frac{2l^2}{d^2}\right) = -\frac{p^2}{2\pi\varepsilon_0 d^3}
\end{aligned}
\tag{12.458}
$$

其中我们使用了 $1/(1+\varepsilon)\approx 1-\varepsilon+\varepsilon^2$。注意在这里需要泰勒表达式的二阶展开。通过观察 每一过程中 $U$ 的表达式，很清楚发现为什么第一个 $U$ 是正的，而为什么第二个 $U$ 是负的不是很清楚。然而，在偶极子几乎接触的极限情况下，第二个 $U$ 当然为负。

## 10.4 偶极子的成分

记住我们测量角 $\theta$ 的法则，即如图 10.6 那样沿 $z$ 轴向下测量。所以径向单位矢量是 $\hat{\boldsymbol{r}}=\sin\theta\hat{\boldsymbol{x}}+\cos\theta\hat{\boldsymbol{z}}$。切向单位矢量垂直于 $\hat{\boldsymbol{r}}$，是 $\hat{\boldsymbol{\theta}}=\cos\theta\hat{\boldsymbol{x}}-\sin\theta\hat{\boldsymbol{z}}$；这时 $\hat{\boldsymbol{r}}$ 与 $\hat{\boldsymbol{\theta}}$ 的点积为零，你可以检查一下所有的符号都是正确的。把这些 $\hat{\boldsymbol{r}}$ 与 $\hat{\boldsymbol{\theta}}$ 的表达式反相，得到

$$
\hat{\boldsymbol{x}}=\sin\theta\hat{\boldsymbol{r}}+\cos\theta\hat{\boldsymbol{\theta}} \quad 和 \quad \hat{\boldsymbol{z}}=\cos\theta\hat{\boldsymbol{r}}-\sin\theta\hat{\boldsymbol{\theta}} \tag{12.459}
$$

因此

$$
\begin{aligned}
\boldsymbol{E} &= E_x\hat{\boldsymbol{x}}+E_z\hat{\boldsymbol{z}}\\
&= E_x(\sin\theta\hat{\boldsymbol{r}}+\cos\theta\hat{\boldsymbol{\theta}})+E_z(\cos\theta\hat{\boldsymbol{r}}-\sin\theta\hat{\boldsymbol{\theta}})\\
&= \hat{\boldsymbol{r}}(E_x\sin\theta+E_z\cos\theta)+\hat{\boldsymbol{\theta}}(E_x\cos\theta-E_z\sin\theta)\\
&= \frac{p}{4\pi\varepsilon_0 r^3}\{\hat{\boldsymbol{r}}[(3\sin\theta\cos\theta)\sin\theta+(3\cos^2\theta-1)\cos\theta]+\\
&\qquad \hat{\boldsymbol{\theta}}[(3\sin\theta\cos\theta)\cos\theta-(3\cos^2\theta-1)\sin\theta]\}
\end{aligned}
\tag{12.460}
$$

在 $\hat{\boldsymbol{r}}$ 项中使用 $\sin^2\theta+\cos^2\theta=1$，很快得出

$$
\boldsymbol{E}=\frac{p}{4\pi\varepsilon_0 r^3}(2\cos\theta\hat{\boldsymbol{r}}+\sin\theta\hat{\boldsymbol{\theta}}) \tag{12.461}
$$

或者，$E_r$ 等于 $\boldsymbol{E}=(E_x,\ E_z)$ 在 $\hat{\boldsymbol{r}}=(\sin\theta,\ \cos\theta)$ 上的投影。由于 $\hat{\boldsymbol{r}}$ 是单位矢量，这个投影等于点积 $\boldsymbol{E}\cdot\hat{\boldsymbol{r}}$，因此

$$
E_r=\boldsymbol{E}\cdot\hat{\boldsymbol{r}}=(E_x,E_z)\cdot(\sin\theta,\cos\theta)=E_x\sin\theta+E_z\cos\theta \tag{12.462}
$$

与式（12.460）中的第三行一致。同样地，

$$
E_\theta=\boldsymbol{E}\cdot\hat{\boldsymbol{\theta}}=(E_x,E_z)\cdot(\cos\theta,-\sin\theta)=E_x\cos\theta-E_z\sin\theta \tag{12.463}
$$

再次与式（12.460）中的第三行一致。

## 10.5 平均场

（a）从习题 1.28 的（c）部分中，我们知道了半径为 $\boldsymbol{R}$ 的球体积上的平均电场是由 $r<R$ 处的电荷产生的，大小为 $qr/4\pi\varepsilon_0 R^3$，指向球中心（如果 $\boldsymbol{q}$ 是正的）。用矢量形式表示，这个平均场可以写为 $-q\boldsymbol{r}/4\pi\varepsilon_0 R^3$。如果把球内所有电荷都叠加，则分子部分变为 $\sum q_i\boldsymbol{r}_i$（或当电荷分布连续时为 $\int \boldsymbol{r}\rho\mathrm{d}v$）。但是根据定义可知，上部分的和是偶极矩 $\boldsymbol{p}$，$\boldsymbol{p}$ 是相对于中心测量的。所以在球体上的平均场是 $\boldsymbol{E}_{\mathrm{avg}}=-\boldsymbol{p}/4\pi\varepsilon_0 R^3$。注意此处所有的场都与偶极矩相关；单极矩（总电荷）并不表现出什么。

（b）由于 $\boldsymbol{E}_{\text{avg}}$ 正比于 $1/R^3$，且体积正比于 $R^3$，则 $\boldsymbol{E}$ 在球体上的总积分与 $R$ 无关（条件是 $R$ 足够大能包含所有电荷）。这意味着如果我们通过叠加 d$R$ 来增大半径，我们不会改变 $\boldsymbol{E}$ 的积分。这表明表面上全部电荷球形成的 $\boldsymbol{E}$ 平均值为零。[我们实际上已经从习题 1.28 的（a）中了解到这一点。每一个电荷等效于表面上的零平均场。] 这个结果中球的情况就是练习 10.25 中的中心偶极子的情况。

所以对于图 10.32（a）中显示的球情况，球表面场的平均值是零。且由于偶极矩大小为 $p=2ql$，方向向上，（a）中结果给出了球体积上的平均值，$\boldsymbol{E}_{\text{avg}}=-\boldsymbol{p}/4\pi\varepsilon_0R^3$，大小为 $ql2\pi\varepsilon_0R^3$，方向向下。

（c）在图 10.32（b）中球表面场的平均值不为零。从习题 1.28 的（b）中得知，每个电荷的平均场大小为 $q/4\pi\varepsilon_0l^2$，指向向下。所以由所有电荷在表面上产生的平均场大小为 $q/2\pi\varepsilon_0l^2$，方向向下。由于它与球的半径无关，在 $R<l$ 的球体上的平均场大小为 $q/2\pi\varepsilon_0l^2$，方向向下。

这一切说明"外部"偶极子的场指向各种方向，最终在球表面处得到平衡。但"内部"偶极子的场基本指向同一方向，所以在球表面处的平均值非零。

注意到 $\boldsymbol{E}$ 的体积平均值在 $R=l$ 处被（a）和（b）两部分切断，但值是连续的；在这两种情况，它的大小为 $q/2\pi\varepsilon_0l^2$。如果我们用这个乘以 $l/l$，并使用 $p=ql$，我们可以把它写成 $p/2\pi\varepsilon_0l^3$。乘以体积 $4\pi l^3/3$ 可以得到 $\boldsymbol{E}$ 在半径为 $l$ 的球上的总体积积分，大小为 $2\pi p/3\varepsilon_0$，方向向下。换句话说，对于一个固定的 $p$ 值，甚至在理想化的偶极子的限定下，$\int\boldsymbol{E}\mathrm{d}v$ 仍有非零值，尽管球壳产生的贡献极小。

## 10.6　四极张量

我们的目标是求出点 $\boldsymbol{r}=(x_1,\ x_2,\ x_3)$ 处的电势 $\phi(\boldsymbol{r})$。正如 10.2 节中所述的那样，带撇号的坐标系将表示出电荷分布中每个点电荷的位置。在分布中，从 $\boldsymbol{r}$ 到特定点 $\boldsymbol{r}'=(x'_1,\ x'_2,\ x'_3)$ 的距离是

$$
\begin{aligned}
R&=\sqrt{(x_1-x'_1)^2+(x_2-x'_2)^2+(x_3-x'_3)^2}\\
&=r\sqrt{1+\frac{r'^2}{r^2}-\frac{2\sum x_ix'_i}{r^2}}=r\sqrt{1+\frac{r'^2}{r^2}-\frac{2\sum\hat{x}_ix'_i}{r}}
\end{aligned}
\tag{12.464}
$$

其中我们使用了 $\sum x_i^2=r^2$，$\sum x'^2=r'^2$，$(\hat{x}_1,\hat{x}_2,\hat{x}_3)=(x_1,x_2,x_3)/r$ 是在 $\boldsymbol{r}$ 方向的单位矢量 $\hat{\boldsymbol{r}}$。假设 $r'$ 比 $r$ 小，我们可以使用 $(1+\delta)^{-1/2}=1-\delta/2+3\delta^2/8-\cdots$ 来写表达式（舍掉 $1/r^4$ 阶或更高阶）

$$
\begin{aligned}
\frac{1}{R}&=\frac{1}{r}\left[1+\frac{\sum\hat{x}_ix'_i}{r}+\frac{3(\sum\hat{x}_ix'_i)^2}{2r^2}-\frac{r'^2}{2r^2}\right]\\
&=\frac{1}{r}\left[1+\frac{\sum\hat{x}_ix'_i}{r}+\frac{3(\sum\hat{x}_ix'_i)^2}{2r^2}-\frac{(\sum\hat{x}_i^2)r'^2}{2r^2}\right]
\end{aligned}
\tag{12.465}
$$

为了后续的目的，我们在最后一项上乘以 1，即单位矢量长度的平方形式。如果把它写成矢量和矩阵的形式，更容易理解 $1/R$ 的结果

$$
\begin{aligned}
\frac{1}{R}=\frac{1}{r}+\frac{1}{r^2}(\hat{x}_1,\hat{x}_2,\hat{x}_3)\cdot\begin{pmatrix}x'_1\\x'_2\\x'_3\end{pmatrix}+\\
\frac{1}{2r^3}(\hat{x}_1,\hat{x}_2,\hat{x}_3)\cdot\begin{pmatrix}3x'^2_1-r'^2 & 3x'_1x'_2 & 3x'_1x'_3\\ 3x'_2x'_1 & 3x'^2_2-r'^2 & 3x'_2x'_3\\ 3x'_3x'_1 & 3x'_3x'_2 & 3x'^2_3-r'^2\end{pmatrix}\begin{pmatrix}\hat{x}_1\\\hat{x}_2\\\hat{x}_3\end{pmatrix}
\end{aligned}
\tag{12.466}
$$

你应该检查一下这是否等价于式（12.465）。如果需要，这个矩阵的对角线项可以写成稍微不同的形式。由于 $r'^2=x'^2_1+x'^2_2+x'^2_3$，左上角等于 $2x'^2_1-x'^2_2-x'^2_3$。同样适用于另两个对角线。注意矩阵中仅有五个独立元素，因为它是对称的且为零。

为了获得 $\phi(\boldsymbol{r})$，我们必须计算积分。

$$\phi(\boldsymbol{r})=\frac{1}{4\pi\varepsilon_0}\int\frac{\rho(r')\mathrm{d}\nu'}{R} \tag{12.467}$$

换句话说，我们必须计算式（12.466）乘以 $\rho(\boldsymbol{r}')$ 的体积分，并添加上 $1/4\pi\varepsilon_0$。当 $1/r$ 项被积分后，得到 $q/r$，其中 $q$ 是电荷分布的总电荷。为了用更简洁的方式写出其他两项，定义矢量 $\boldsymbol{p}$ 为上述矢量（$x'_1$，$x'_2$，$x'_3$）中的元素做 $\rho\mathrm{d}\nu'$积分后所得元素组成的矢量。相似地，定义矩阵 $\boldsymbol{Q}$ 是上述矩阵的 $\rho\mathrm{d}\nu'$积分后的矩阵。例如，$\boldsymbol{p}$ 的第一部分和 $\boldsymbol{Q}$ 的左上角元素是

$$p_1=\int x'_1\rho(\boldsymbol{r}')\mathrm{d}v' \quad 和 \quad Q_{11}=\int(3x'^2_1-r'^2)\rho(\boldsymbol{r}')\mathrm{d}v' \tag{12.468}$$

等等。我们可以用简洁方式写出任意点 $\boldsymbol{r}$ 上的电势：

$$\phi(\boldsymbol{r})=\frac{1}{4\pi\varepsilon_0}\left(\frac{q}{r}+\frac{\hat{\boldsymbol{r}}\cdot\boldsymbol{p}}{r^2}+\frac{\hat{\boldsymbol{r}}\cdot Q\hat{\boldsymbol{r}}}{2r^3}\right) \tag{12.469}$$

式（12.469）比式（10.9）具有的优势将在下面讲到。后者给出了 $z$ 轴上的点的正确 $\phi$ 值。然而，如果我们想得到另一点的 $\phi$ 值，必须重新得到新的点相对于基准方向的角度 $\theta$，之后计算所有的 $K_i$。现在式（12.469）中结果的好处是，尽管它涉及很多数据，但它对任何的点 $r$ 都有效。$q$、$\boldsymbol{p}$ 和 $\boldsymbol{Q}$ 仅跟分布的情形有关，而与我们要计算电势的点无关。相反地，在式（12.469）中的量 $\hat{\boldsymbol{r}}$ 和 $\boldsymbol{r}$ 仅与 $\boldsymbol{r}$ 有关，与分布形态无关。所以对于给定的电荷分布，我们可以一次性地计算出（与给定的相对坐标轴）$\boldsymbol{p}$ 和 $\boldsymbol{Q}$。之后我们只需简单把我们选择的 $\boldsymbol{r}$ 加入式（12.469）中，这可以正确地使 $\phi(\boldsymbol{r})$ 阶数达到 $1/r^3$。

在球的情况下，其中 $\boldsymbol{r}$ 坐落在 $z\equiv x_3$ 轴上，这时我们有 $\hat{\boldsymbol{r}}=(0,0,1)$。由于仅有 $\hat{x}_3$ 是非零的，仅 $Q_{33}$（$Q$ 中右下角元素）存在点积 $\hat{\boldsymbol{r}}\cdot\boldsymbol{Q}\hat{r}$。此外，如果 $\theta$ 是 $\boldsymbol{r}'$与 $x$ 轴之间的夹角，则我们有 $x'_3=r'\cos\theta$。所以 $Q_{33}=\int r'^2(3\cos^2\theta-1)\rho\mathrm{d}v'$。当式（12.469）中引入 $1/r^3$ 因子时，我们恰好得到结果式（10.9）。

对于一个球壳，我们知道它有一个单极矩，你可以快速发现 $\boldsymbol{Q}$ 中所有元素都为零。由于对称性，所有非对角线上的元素都是零，这是把 10.2 节中的例子与前一段中例子结合造成的。或者说，球表面上的 ${x'_1}^2$ 的平均值等于 $r'^2/3$，因为它与 $x'^2_2$ 和 $x'^2_3$ 的值相等，且这三个和的平均值为 $r'^2$。如果你需要某些与 $\boldsymbol{Q}$ 有关的练习，可以考虑处理图 10.5 中四极装置的练习 10.26。

## 10.7 偶极子受的力

在 $\boldsymbol{r}$ 处有一个电量为$-\boldsymbol{q}$ 的电荷，在 $\boldsymbol{r+s}$ 处有一电量为 $\boldsymbol{q}$ 的电荷，二者组成偶极子。偶极子的矢量是 $\boldsymbol{p}=q\boldsymbol{s}$。如果将之放在电场 $\boldsymbol{E}$ 中，其所受的净电场力为

$$\boldsymbol{F}=(-q)\boldsymbol{E}(\boldsymbol{r})+q\boldsymbol{E}(\boldsymbol{r+s}) \tag{12.470}$$

其中 $x$ 分量为 $F_x=(-q)E_x(\boldsymbol{r})+qE_x(\boldsymbol{r+s})$。现在，由一小段位移造成方程 $f$ 的变化是$\nabla f\cdot\boldsymbol{s}$，这是由梯度的定义求出的（或者至少是它的一种定义）。所以可以把 $F_x$ 写成

$$\begin{aligned}F_x&=q[E_x(\boldsymbol{r+s})-E_x(\boldsymbol{r})]=q\,\nabla E_x\cdot\mathbf{s}\\&=(q\boldsymbol{s})\cdot\nabla E_x\equiv\boldsymbol{p}\cdot\nabla E_x\end{aligned} \tag{12.471}$$

另两个分量也可以采用类似的做法。

## 10.8　源于感生偶极子的力

如果 $q$ 是离子的电荷量，则在原子处的电场大小为 $E=q/4\pi\varepsilon_0 r^2$。如果原子的极化率为 $\alpha$，则原子的感应偶极矩是 $p=\alpha E=\alpha q/4\pi\varepsilon_0 r^2$。这个偶极矩指向离子到原子的方向（见图 12.130），所以在离子处的感应偶极子场的大小是 $E_{\text{dipole}}=2p/4\pi\varepsilon_0 r^3$。离子受的力大小是

$$F=qE_{\text{dipole}}=\frac{2pq}{4\pi\varepsilon_0 r^3}=\frac{2(\alpha q/4\pi\varepsilon_0 r^2)q}{4\pi\varepsilon_0 r^3}=\frac{2\alpha q^2}{(4\pi\varepsilon_0)^2 r^5} \tag{12.472}$$

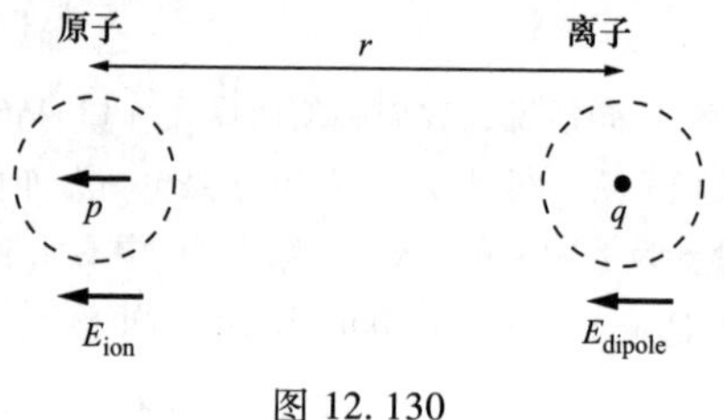


图 12.130

你可以快速证明力与 $q$ 的任一符号有关。相对于无限远处的势能是

$$U(r)=-\int_{\infty}^{r}F(r')\,\mathrm{d}r'=-\int_{\infty}^{r}-\frac{2\alpha q^2\,\mathrm{d}r'}{(4\pi\varepsilon_0)^2 r'^5}=-\frac{\alpha q^2}{2(4\pi\varepsilon_0)^2 r^4} \tag{12.473}$$

钠的极化率已给出，为 $\alpha/4\pi\varepsilon_0=27\times10^{-30}\text{m}^3$。如果势能的大小等于 $|U|=4\times10^{-21}\text{J}$，然后处理 $r$ 并设置 $q=e$，得出

$$r=\left[\frac{(\alpha/4\pi\varepsilon_0)q^2}{2(4\pi\varepsilon_0)|U|}\right]^{1/4}=\left[\frac{(27\times10^{-30}\text{m}^3)(1.6\times10^{-19}\text{C})^2}{2\times4\pi\left(8.85\times10^{-12}\dfrac{\text{s}^2\cdot\text{C}^2}{\text{kg}\cdot\text{m}^3}\right)(4\times10^{-21}\text{J})}\right]^{1/4}=9.4\times10^{-10}\text{m} \tag{12.474}$$

如果 $r$ 比这个数大，热能（平均的）足以把离子踢到无穷远处。

## 10.9　极化的水

我们必须确定每立方厘米水内的水分子数 $n$。一摩尔分子质量为 $M$ 的物质的质量为 $M$ 克。（相当于说，质子质量为 $1.67\times10^{-24}$g，$1/(1.67\times10^{-24})=6\times10^{23}$个质子才够 1g，这个数字本质上就是阿伏伽德罗常数 。）水的分子量是 18 ，所以每克（$=1\text{cm}^3$）水的分子数是 $n=(6\times10^{23}/\text{mol})/(18\text{cm}^3/\text{mol})=3.33\times10^{22}\text{cm}^{-3}$。水的偶极子可以写成 $p=6.13\times10^{-28}\ C\cdot\text{cm}$。假设偶极子方向都向下，极化密度为

$$P=np=(3.33\times10^{22}\text{cm}^{-3})(6.13\times10^{-28}\text{C}\cdot\text{cm})=2.04\times10^{-5}\text{C/cm}^2 \tag{12.475}$$

从 10.7 节中的推导可知，这是表面电荷密度 $\sigma$。它对应每平方厘米上的电子数是 $\sigma/e=(2.04\times10^{-5}\text{C/cm}^2)/(1.6\times10^{-19}\text{C})=1.3\times10^{14}\ \text{cm}^{-2}$。这比每平方厘米表面分子数小，等于 $n^{2/3}=1.0\times10^{15}\ \text{cm}^{-2}$，因为 $1\text{cm}^3$立方体的边的长度（大约）是 $n^{1/3}$分子长。

## 10.10　切向电场线

考虑图 12.131 中用黑线标出的高斯表面。表面的侧面遵循电场线的构造，所以那里没有通量。类似地，没有通量通过顶部圆形区域，因为在电容板外电场为零。所以只有球内的大圆弧有通量通过。根据式（10.53）可知，球内场的平均值为 $3\boldsymbol{E}_0/(2+\kappa)$。所以高斯表面外的通量等于$-\pi R^2\cdot3E_0/(2+\kappa)$，加了负号是因为通量是向内的。

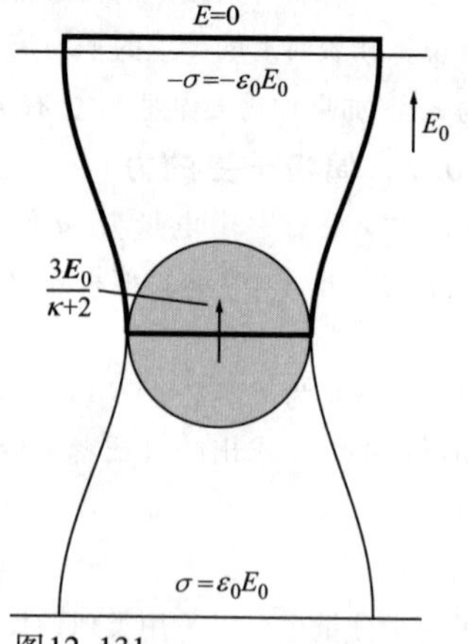


图12.131

高斯表面内的总电荷来自两个地方：上面电容盘内的负电荷和上半球内的负电荷。前者为 $q_{\text{cop}}=(-\sigma)\pi r^2=(-\varepsilon_0 E_0)\pi r^2$，

其中我们使用了电容板上的电荷密度产生均匀场 $E_0$；因此 $E_0=\sigma/\varepsilon_0$。后者的电荷是 $q_{\text{sph}}=P\pi R^2$，其中 $P$ 是极化率，因为在图 10.21（a）中圆柱上底面的电荷数为 $P\mathrm{d}a$（其中 $\mathrm{d}a$ 是水平的横截面面积），与真实底面的倾斜角无关。所有的 $\mathrm{d}a$ 区域简单叠加就得到大圆区域，$\pi R^2$。（或者你可以求半球面上的 $P\cos\theta$ 积分。）使用式（10.54）中的 $P$ 值，高斯定理给出

$$\begin{aligned}\Phi&=\frac{1}{\varepsilon_0}(q_{\text{cap}}+q_{\text{sph}})\\ \Longrightarrow -\pi R^2\frac{3E_0}{\kappa+2}&=\frac{1}{\varepsilon_0}\left(-\varepsilon_0E_0\pi r^2+3\frac{\kappa-1}{\kappa+2}\varepsilon_0E_0\cdot\pi R^2\right)\\ \Longrightarrow -3R^2\frac{1}{\kappa+2}&=-r^2+3R^2\frac{\kappa-1}{\kappa+2}\\ \Longrightarrow r&=R\sqrt{\frac{3\kappa}{\kappa+2}}\end{aligned}\tag{12.476}$$

做一个检验，当 $\kappa=1$ 时我们有 $r=R$。在这种情况下，我们的电介质就是真空，所以场的大小处处保持为 $\boldsymbol{E}_0$ 值不变；所有电场线都垂直。当 $\kappa\to\infty$ 时，$r=\sqrt{3}R$。在这种极限下，球是一个导体。$\sqrt{3}$并不是那么重要。注意在导体的情况下，电场线实际不与表面相切，因为电场线必须与导线表面垂直。当沿着赤道外场接近于零会发生什么（零矢量，在某种意义上，既平行又垂直于表面）。但是远离赤道很小的距离，场是非零的，所以问远处电容盘上的电场线在何处终止，是有意义的。

## 10.11 束缚电荷和 $P$ 的散度

如果对式（10.61）两侧进行积分并使用散度理论，我们发现我们的目标是证明 $\int_S\boldsymbol{P}\cdot\mathrm{d}\boldsymbol{a}=-q_{\text{bound}}$，其中 $q_{\text{bound}}$是表面 $S$ 内的束缚电荷。

假设极化率 $\boldsymbol{P}$ 由单位体积内的 $N$ 个偶极子所产生，每个偶极子的偶极矩是 $\boldsymbol{p}=q\boldsymbol{s}$。所以 $\boldsymbol{P}=N\boldsymbol{p}=Nq\boldsymbol{s}$。如果偶极子的指向随机分布，则 $\boldsymbol{P}=0$，在给定空间内没有额外的束缚电荷。但是如果它们整齐排列，$\boldsymbol{P}\neq0$，并且如果额外的 $\boldsymbol{P}$ 随位置变化，在空间内可能会有净束缚电荷，推导过程如下。

考虑图 12.132 中所示的一堆偶极子。垂直线代表 $S$ 左侧的一个小面。在 $S$ 内有多少额外的负电荷，即在线的左面？如果一个偶极子完全坐落在 $S$ 的里面或外面，它对净电荷的贡献为零。但是如果一个偶极子被垂直线切断，在 $S$ 内有一个额外的负电荷 $-q$。

多少偶极子被线切断？任何距中心距离小于 $s/2$ 的偶极子都被切断。所以中心必须在厚度 $s$ 的区域内，即图中阴影区表明的那样。两端的偶极子则由边框表示。如果一个给定区域的面积是 $\mathrm{d}a$，任何中心在体积为 $s\mathrm{d}a$ 的区域上的偶极子将对 $S$ 提供 $-q$ 的电荷。由于单位体积内有 $N$ 个偶极子，我们发现 $N(s\mathrm{d}a)$ 个偶极子被线切断。与这一块相连的其他电荷是 $\mathrm{d}q_{\text{bound}}=N(s\mathrm{d}a)(-q)$，可以写成 $\mathrm{d}q_{\text{bound}}$

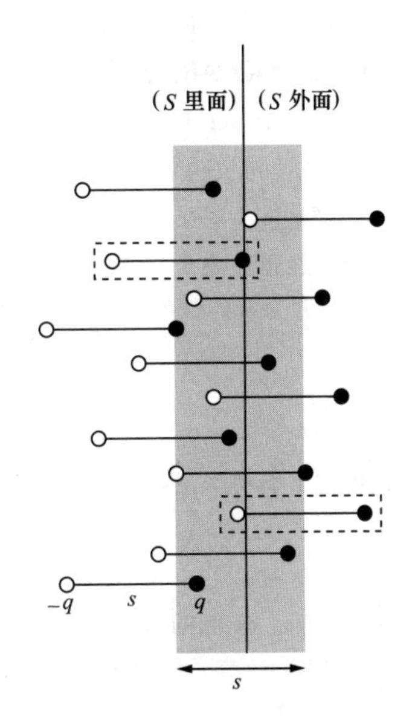


图 12.132

$=-(Nqs)\,\mathrm{d}a=-P\mathrm{d}a$。

如果偶极子与这一区域的法线成一角度 $\theta$，则相关区域的体积要乘以 $\cos\theta$，结果就变小了。如果我们把这一参数添加到 $P$ 上，它使 $P$ 变成垂直于表面的分量 $P_\perp$。所以在体积内靠近给定面积为 $\mathrm{d}a$ 的区域内，额外电荷等于 $\mathrm{d}q_{\text{bound}}=-P_\perp\,\mathrm{d}a$，写成点积的形式就是 $\mathrm{d}q_{\text{bound}}=-\boldsymbol{P}\times\mathrm{d}\boldsymbol{a}$。在给定的闭合表面上对这个进行积分，得到束缚电荷

$$q_{\text{bound}}=-\int\boldsymbol{P}\cdot\mathrm{d}\boldsymbol{a}\tag{12.477}$$

尽管我们在 10.11 节中通过考虑电介质得到这个结果，但这个问题表明（如在文中提到的那样）这个结果与电介质无关。无论极化 $\boldsymbol{P}$ 变成什么，式（12.477）中的结果仍有效。（你可以以你想要的方式手动调节偶极子，使 $\boldsymbol{P}$ 在偶极子的长度上缓慢改变，所以我们能够讨论平均值。）为了强调我们在文中所说的，得到式（10.62）的合理路线是从式（10.59）和式（10.61）开始，这两个式子通常是正确的，之后可以立刻得出式（10.62）。这里并没有提到电介质。但如果我们实际上处理一个（线性的）电介质，则有 $\boldsymbol{P}=\chi_e\varepsilon_0\boldsymbol{E}$，并且我们可以使用 $1+\chi_e=\kappa$ 来写出下式：

$$\varepsilon_0\boldsymbol{E}+\boldsymbol{P}=\varepsilon_0\boldsymbol{E}+\chi_e\varepsilon_0\boldsymbol{E}=\kappa\varepsilon_0\boldsymbol{E}\equiv\varepsilon\boldsymbol{E}\tag{12.478}$$

在任何情况下关系式 $\boldsymbol{D}\equiv\varepsilon_0\boldsymbol{E}+\boldsymbol{P}$ 都成立，但那仅仅是个定义式。

## 10.12　$D$ 的边界条件

$D_\perp$ 是连续的。这可以由式子 $\mathrm{div}\boldsymbol{D}=\rho_{\text{free}}$ 推断出来；在装置中没有自由电荷，所以 $\boldsymbol{D}$ 的散度为零。散度定理告诉我们对于任何闭合回路有 $\oint\boldsymbol{D}\times\mathrm{d}\boldsymbol{a}=0$。那是因为通过任何表面的通量为零。所以如果我们画一个薄饼状的区域，一面在板的内部，另一面在板的外部，通过一面向内的通量必须等于从另一面出来的通量。因此 $D_\perp^{\text{in}}A=D_\perp^{\text{out}}A\Rightarrow D_\perp^{\text{in}}=D_\perp^{\text{out}}$。所以 $D_\perp$ 在边界处是连续的。

对于 $D_{11}$，我们知道在边界处是连续的，因为我们在边界处有一层束缚电荷，那使 $E_\parallel$ 不连续。所以 $\boldsymbol{D}\equiv\varepsilon_0\boldsymbol{E}+\boldsymbol{P}$ 告诉我们 $D_\parallel$ 不连续与 $P_\parallel$ 不连续一样。由于外部 $\boldsymbol{P}=0$，$P_{11}$ 的不连续性就是 $-P_\parallel^{\text{in}}$。所以从内到外的 $D_\parallel$ 变化量是 $-P_\parallel^{\text{in}}$。

## 10.13　漏电电容的电量 $Q$

从练习题 10.42 可知，电场的能量密度是 $\varepsilon E^2/2$。这与磁场的情况相同，通过把 $B=\sqrt{\mu_0\varepsilon}\,E$ 代入到 $B^2/2\mu_0$ 可以得到。总能量密度是 $\varepsilon E^2$，或 $\varepsilon E_0^2\cos^2\omega t$。但 $\cos^2\omega t$ 的时间平均值为 1/2，所以平均能量密度为 $\varepsilon E_0^2/2$。

场中的能量会由于欧姆电阻的存在而减少。为了计算这个功率损耗，可以考虑一个横截面积为 $A$，长度为 $L$ 的管的情况。这个管的功率消耗是

$$\begin{aligned}P&=I^2R=(JA)^2(\rho L/A)=J^2\rho(AL)\\&=(\sigma E)^2\,\frac{1}{\sigma}\times\text{体积}=\sigma E^2\times\text{体积}\end{aligned}\tag{12.479}$$

每单位体积上的功率消耗是 $\sigma E_0^2$。它的时间平均值是 $\sigma E_0 2/2$。因此

$$Q=\frac{\omega\cdot(\text{储能})}{\text{能耗}}=\frac{\omega(\varepsilon E_0^2/2)}{\sigma E_0^2/2}=\frac{\omega\varepsilon}{\sigma}\tag{12.480}$$

从表 4.1 可知，海水的电导率是 $\sigma=4(\Omega\cdot\mathrm{m})^{-1}$。且从图 10.29 知道，介电常数 $\kappa$ 在频率 1000MHz（$10^9$Hz）下仍为 80。因此，由于 $\varepsilon=\kappa\varepsilon_0$，我们有

$$Q=\frac{(2\pi\times10^9\,\mathrm{s}^{-1})\left(80\times8.85\times10^{-12}\,\dfrac{\mathrm{s}^2\cdot\mathrm{C}^2}{\mathrm{kg}\cdot\mathrm{m}^3}\right)}{4(\Omega\cdot\mathrm{m})^{-1}}=1.1\tag{12.481}$$

由于 $Q$ 等于能量减小为原来的 $1/e$ 转过 $\omega t$ 的弧度数，我们发现转过一圈后（$2\pi$ 弧度）几乎没有剩下的能量。对应 1000MHz 的波长是 $(c/\sqrt{\kappa})/v=0.033\text{m}$。所以微波雷达不会发现潜水艇。

### 10.14 $E$ 和 $B$ 的边界条件

没有自由电荷和电流时，描述系统的方程是

$$\begin{aligned}\nabla\cdot\boldsymbol{D}=0,\ \nabla\times\boldsymbol{E}=-\partial\boldsymbol{B}/\partial t\\ \nabla\cdot\boldsymbol{B}=0,\ \nabla\times\boldsymbol{B}=\mu_0\partial\boldsymbol{D}/\partial t\end{aligned}\tag{12.482}$$

涉及 $\boldsymbol{D}$ 的方程来自式（10.64）和式（10.78），且其中 $\rho_{\text{free}}$ 和 $\boldsymbol{J}_{\text{free}}$ 设为零。另两个方程是麦克斯韦方程组的两个方程。我们现在可以使用标准参数。对于垂直分量，可以对两个“div”方程在体积上（厚度很小，横跨表面的区域）使用散度定理。我们的方程告诉我们流出体积外的通量为零，所以一边场上的垂直分量必须等于另一边场上的垂直分量。并且对于平行分量，可以在表面上消逝区域的小矩形区域内，对两个“旋度”方程使用斯托克托定理。我们的方程告诉我们在矩形上的线积分是零，所以在一侧的平行场必须等于另一侧的平行场。（在旋度方程式的右边中的有限非零值是不重要的，因为它对在极小的矩形上的积分是无影响的。）以上四个方程因此变为（下角标 1 和 2 标记两个区域）

$$\begin{aligned}D_{1,\perp}=D_{2,\perp}\quad E_{1,\parallel}=E_{2,\parallel}\\ B_{1,\perp}=B_{2,\perp}\quad B_{1,\parallel}=B_{2,\parallel}\end{aligned}\tag{12.483}$$

由于对于线性电介质，$\boldsymbol{D}=\varepsilon\boldsymbol{E}$，这些方程中的第一个给出

$$\varepsilon_1E_{1,\perp}=\varepsilon_2E_{2,\perp}\tag{12.484}$$

所以 $E_\perp$ 是不连续的。但是其他三个分量在边界上是连续的。这表明，整个场 $\boldsymbol{B}$ 是连续的，如同 $\boldsymbol{E}$ 的平行分量那样。

注意我们假设这些物质是非磁性的。在读完 11.10 节后，你可以证明在磁场中 $B_\parallel$ 是不连续的。

## 12.11 第 11 章

### 11.1 磁电荷的麦克斯韦方程组

电荷和电流的麦克斯韦方程组由式（9.17）给出。如果磁电荷存在，最后一个方程将被 11.2 节中讨论的 $\nabla\cdot\boldsymbol{B}=b_1\eta$ 所替代，其中 $\eta$ 是磁电荷密度，$b_1$ 是常数，它取决于选择磁电荷的单位数。根据 $\boldsymbol{B}$ 方向的一般定义，正磁荷将被地磁北极吸引，所以它将表现得像指南针的北极。

以速度 $\boldsymbol{v}$ 运动的磁荷将产生磁流。令 $\boldsymbol{K}$ 为磁流密度。让 $\boldsymbol{K}=\eta\boldsymbol{v}$，这与 $\boldsymbol{J}=\rho\boldsymbol{v}$ 相类似。磁荷守恒将由“连续性方程”表示，即 $\nabla\cdot\boldsymbol{K}=-\partial h/\partial t$，与 $\nabla\cdot\boldsymbol{J}=-\partial\rho/\partial t$ 类似。

磁流可能是电场源，就像电流是磁场源那样。所以我们必须在式（9.17）中的第一个麦克斯韦方程右侧添加一个正比于 $\kappa$ 的项。（等价地，如果不加这一项，我们将以相互矛盾的结论结束，与 9.1 节中相似，起因是 $\nabla\cdot(\nabla\times\boldsymbol{E})=0$。）让新的项为 $b_2\kappa$。之后我们得到

$$\nabla\times\boldsymbol{E}=-\frac{\partial\boldsymbol{B}}{\partial t}+b_2\boldsymbol{K}\tag{12.485}$$

为了确定常数 $b_2$，我们可以对方程两侧取散度。左边等于零是因为 $\nabla\cdot(\nabla\times\boldsymbol{E})=0$，所以有（使用连续性方程）

$$
\begin{aligned}
0 &= -\nabla\cdot\left(\frac{\partial \boldsymbol{B}}{\partial t}\right)+b_2\ \nabla\cdot\boldsymbol{K}\\
&= -\frac{\partial}{\partial t}(\nabla\cdot\boldsymbol{B})+b_2\left(-\frac{\partial\eta}{\partial t}\right)\\
&= -\frac{\partial}{\partial t}(b_1\eta)-b_2\frac{\partial\eta}{\partial t}\\
&= -(b_1+b_2)\frac{\partial\eta}{\partial t}
\end{aligned}
\tag{12.486}
$$

因此 $b_2$必须等于$-b_1$。所以广义的麦克斯韦方程是以下形式（ $b\equiv b_1=b_2$）：

$$
\begin{aligned}
\nabla\times\boldsymbol{E} &= -\frac{\partial\boldsymbol{B}}{\partial t}-b\boldsymbol{K}\\
\nabla\times\boldsymbol{B} &= \mu_0\varepsilon_0\frac{\partial\boldsymbol{E}}{\partial t}+\mu_0\mathbf{J}\\
\nabla\cdot\boldsymbol{E} &= \frac{\rho}{\varepsilon_0}\\
\nabla\cdot\boldsymbol{B} &= b\eta
\end{aligned}
\tag{12.487}
$$

常数可以随意选择。常规取法是 $b=1$ 和 $b=\mu_0$。

## 11.2 磁偶极子

如果我们把电流环路看成真实的偶极子，偶极矩为 $m=Ia=I\pi b^2$。式（11.15）给出了偶极子轴上 $z$ 处的磁场为$\mu_0 m/2\pi z^3$，这里等于$\mu_0(I\pi b^2)/2\pi z^3=\mu_0 Ib^2/2z^3$。

如果我们把电流环路看成一个有限尺寸的环，则式（6.53）给出了轴上 $z$ 处的场 $B_z=\mu_0 Ib^2/2(z^2+b^2)^{3/2}$。对于 $z\gg b$，我们可以忽略分母中的 $b^2$ 项，得到 $B_z\approx\mu_0 Ib^2/2z^3$，这与上述理想化偶极子的结果一致。

正确结果是理想偶极子结果的 $z^3/(z^2+b^2)^{3/2}$倍，比理想偶极子结果小。这个比例当 $z\to\infty$ 时接近1。它比给定的数 $\eta$（我们讨论当 $\eta=0.99$ 时）大，则应满足

$$
\frac{z^3}{(z^2+b^2)^{3/2}}>\eta \Longrightarrow \frac{z^2}{z^2+b^2}>\eta^{2/3}\Longrightarrow z>\frac{\eta^{1/3}b}{\sqrt{1-\eta^{2/3}}}
\tag{12.488}
$$

对于 $\eta=0.99$，这给出 $z>(12.2)b$。你可以证明如果我们想要这个因子大于 $1-\varepsilon$（此处 $\varepsilon=0.01$），所以为得到一个好的近似值（在小 $\varepsilon$ 的限定下），我们需要 $z/b>\sqrt{3/2\varepsilon}$。确实 $\sqrt{3/2\ (0.01)}=\sqrt{150}=12.2$。

## 11.3 球坐标系中的偶极子

使用附录K中的矢量等式$\nabla\times(\boldsymbol{A}\times\boldsymbol{B})$ 和 $\boldsymbol{m}$ 常数，我们发现（忽略 $\mu_0/4\pi$）

$$
\boldsymbol{B}\propto\nabla\times[\boldsymbol{m}\times(\hat{\boldsymbol{r}}/r^2)]=\boldsymbol{m}(\nabla\cdot(\hat{\boldsymbol{r}}/r^2))-(\boldsymbol{m}\cdot\nabla)(\hat{\boldsymbol{r}}/r^2)
\tag{12.489}
$$

但 $\hat{\boldsymbol{r}}/r^2$ 的散度是零（除了 $r=0$ 那点），因为我们知道库仑静电场的散度为零；或者我们使用 球坐标系中散度的表达式。我们仅剩下第二项。因此，使用球坐标系中的$\nabla$的表达式，得到

$$
\boldsymbol{B}\propto-\left(m_r\frac{\partial}{\partial_r}+m_\theta\frac{1}{r}\frac{\partial}{\partial\theta}\right)\frac{\hat{\boldsymbol{r}}}{r^2}
\tag{12.490}
$$

此处的$\partial/\partial r$ 项，向量 $\hat{\boldsymbol{r}}$ 不取决于 $r$，但 $r^2$ 取决于 $r$，当然 $m_r(\partial/\partial r)(\hat{\boldsymbol{r}}/r^2)=-2m_r\hat{\boldsymbol{r}}/r^3$。在$\partial/\partial\theta$ 项上，$r^2$ 与 $\theta$ 无关，但矢量 $\hat{\boldsymbol{r}}$ 与 $\theta$ 有关。如果我们在 $\theta$ 上以 $\mathrm{d}\theta$ 递增，则 $\hat{\boldsymbol{r}}$ 的方向改变 $\mathrm{d}\theta$。由于 $\hat{\boldsymbol{r}}$ 长

度为 1，因此在 $\hat{\boldsymbol{\theta}}$ 方向上会有 $d\theta$ 分量。查看附录 F 中的图 F.3，那幅图对应着柱坐标系中反向 $\theta$，但结果是相同的。因此$\partial\hat{\boldsymbol{r}}/\partial\theta=\hat{\boldsymbol{\theta}}$。所以我们有 $(m_\theta/r)(\partial/\partial\theta)(\hat{\boldsymbol{r}}/r^2)=m_\theta\hat{\boldsymbol{\theta}}/r^3$。

最后，在图 12.133 中我们发现固定矢量 $\boldsymbol{m}=m\hat{z}$ 相对于 $\hat{\boldsymbol{r}}$-$\hat{\boldsymbol{\theta}}$ 基底的分量为 $m_r=m\cos\theta$ 和$m_\theta=-m\sin\theta$。此处的负号表明 $\boldsymbol{m}$ 指向 $\theta$ 减小的方向（至少对于右半球成立。）把这些放到一起，并把 $\mu_0/4\pi$ 代回，得到

$$\begin{aligned}\boldsymbol{B}&=\frac{\mu_0}{-4\pi}\left(-2(m\cos\theta)\frac{\hat{\boldsymbol{r}}}{r^3}+(-m\sin\theta)\frac{\hat{\boldsymbol{\theta}}}{r^3}\right)\\&=\hat{\boldsymbol{r}}\frac{\mu_0 m}{2\pi r^3}\cos\theta+\hat{\boldsymbol{\theta}}\frac{\mu_0 m}{4\pi r^3}\sin\theta\end{aligned}\tag{12.491}$$

与式（11.15）一致。

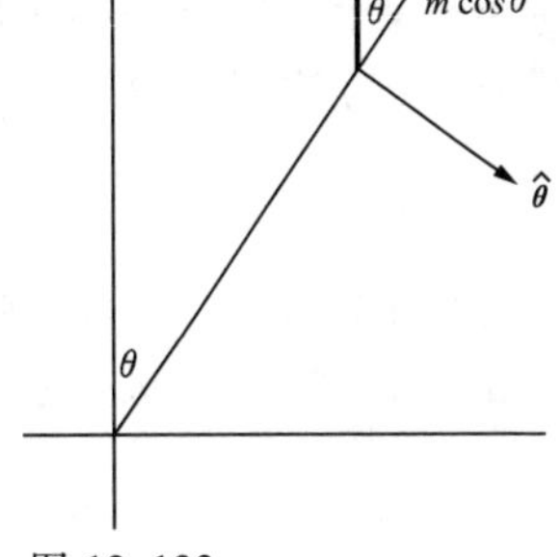

图 12.133

## 11.4 偶极子上受的力

（a）表达式 $(\boldsymbol{m}\cdot\nabla)\boldsymbol{B}$ 是下式的缩写

$$(\boldsymbol{m}\cdot\nabla)\boldsymbol{B}=\left(m_x\frac{\partial}{\partial x}+m_y\frac{\partial}{\partial y}+m_z\frac{\partial}{\partial_z}\right)(B_x,B_y,B_z)\tag{12.492}$$

插入项作用在 $\boldsymbol{B}$ 的三个分量上，产生一个矢量的三个分量。在图 11.9 中的装置中，球的场 $\boldsymbol{B}$ 的散度，$m_z$是 $\boldsymbol{m}$ 的唯一一个非零分量。$\boldsymbol{B}_x$ 和 $\boldsymbol{B}_y$ 在 $z$ 轴上为零，所以 $\partial B_x/\partial z$ 和 $\partial B_y/\partial z$ 都为零（或非常靠近 $z$ 轴）。在式（12.492）中的九个可能项仅剩下一个，得到

$$(\boldsymbol{m}\cdot\nabla)\boldsymbol{B}=\left(0,0,m_z\frac{\partial B_z}{\partial_z}\right)\tag{12.493}$$

（b）表达式$\nabla(\boldsymbol{m}\times\boldsymbol{B})$ 是下式的缩写：

$$\nabla(\boldsymbol{m}\cdot\boldsymbol{B})=\left(\frac{\partial}{\partial_x},\frac{\partial}{\partial_y},\frac{\partial}{\partial_z}\right)(m_xB_x+m_yB_y+m_zB_z)\tag{12.494}$$

每个导数都作用于括号里的所有项。但再说一次只有 $m_z$ 非零。同样地，在 $z$ 轴上，一阶的情况下，$B_z$ 与 $x$ 和 $y$ 无关（因为通过对称性可知，$B_z$ 在 $z$ 轴上能达到最大值或最小值，所以作为 $x$ 或 $y$ 的方程斜率必须是零）。因此$\partial B_z/\partial x$ 和$\partial B_z/\partial y$ 都为零（或非常接近于 $z$ 轴）。所以再一次地只剩下一项

$$\nabla(\boldsymbol{m}\cdot\boldsymbol{B})=\left(0,0,m_z\frac{\partial B_z}{\partial_z}\right)\tag{12.495}$$

（c）我们首先看看给定矩形环路受力的表达式。之后我们将计算实际上受的力。偶极矩 $\boldsymbol{m}$ 指向纸外，面积大小为 $I$，所以 $\boldsymbol{m}=\hat{z}Ia^2$。使用上面的式（12.492）和式（12.494）中的表达式 $(\boldsymbol{m}\cdot\nabla)\boldsymbol{B}$ 和$\nabla(\boldsymbol{m}\cdot\boldsymbol{B})$，我们得到

$$(\boldsymbol{m}\cdot\nabla)\boldsymbol{B}=\left(0+0+(Ia^2)\frac{\partial}{\partial_z}\right)(0,0,B_0x)=(0,0,0)\tag{12.496}$$

$$\nabla(\boldsymbol{m}\cdot\boldsymbol{B})=\left(\frac{\partial}{\partial_x},\frac{\partial}{\partial_y},\frac{\partial}{\partial_z}\right)(0+0+(Ia^2)B_0x)=(Ia^2B_0,0,0)\tag{12.497}$$

我们发现第一个表达式给出环路上的力为零，而第二个给出在正 $x$ 方向上的力为 $Ia^2B_0$。

我们现在明确地计算这个力。很快就发现矩形上边受的净力是零（右半边的抵消了左半边的）。这同样适用于底部的边。或者说，底边和顶边有相互抵消的部分。所以我们需要观察左右

两边。通过右手法则，右侧受的力指向右侧，大小为 $IBl=I(B_0a/2)(a)=IB_0a^2/2$。左侧受的力也指向右侧（$I$ 和 $\boldsymbol{B}$ 同时切换符号），大小相同。总力因此是 $F=IB_0a^2$，方向为正 $x$ 方向，与式（12.497）中的一致。所以 $\nabla(\boldsymbol{m}\cdot\boldsymbol{B})$ 是力的正确表达式。（实际上，我们所做的是抵消 $(\boldsymbol{m}\cdot\nabla)\boldsymbol{B}$ 力。但是在所有情况下 $\nabla(\boldsymbol{m}\cdot\boldsymbol{B})$ 都是正确的。）

## 11.5　$\chi_m$ 的转化

在国际单位制中，$M=1\text{A/m}$ 和 $B=1\text{T}$。则 $\chi_m=\mu_0 M/B=4\pi\times10^{-7}$。你可以证明 $\chi_m$ 单位确实能被消掉，所以 $\chi_m$ 是无量纲的。

使用高斯单位制的人会如何描述这个量呢？由于 1A/m 等于（$3\times10^9$esu/s）/（100cm），如果在 $m$ 的定义中没有额外 $c$ 的参数，那么这个值就是高斯单位制中的 $M$ 值。这个参数通过除以 $3\times10^{10}$cm/s 变为所有偶极矩 $m$ 的值（因此也是所有的磁化强度 $M$）。高斯单位制中 $M$ 的值因此是

$$M=\frac{3\times10^9\,\text{esu/s}}{100\text{cm}}\frac{1}{3\times10^{10}\,\text{cm/s}}=10^{-3}\frac{\text{esu}}{\text{cm}^2} \tag{12.498}$$

这里的3精确地说是2.998，所以这个结果是准确的。

在高斯单位制中，大小为1T的磁场对应的是 $10^4$G，所以在高斯单位制中给定装置的磁化率是

$$\chi_m=\frac{M}{B}=\frac{10^{-3}\,\text{esu/cm}^2}{10^4\,\text{G}}=10^{-7}\frac{\text{esu}}{\text{cm}^2\cdot\text{G}}=10^{-7} \tag{12.499}$$

单位的确可以消掉，因为洛伦兹力的表达式告诉我们——高斯的单位是力每电荷量。所以 $\chi_m$ 的单位是 $\text{esu}^2/(\text{cm}^2\cdot\text{force})$。你可以通过观察库仑定律中的单位变化，发现这些单位是可以消除的。在国际单位制中的 $\chi_m$ 值是 $4\pi\times10^{-7}$，这是高斯制的 $4\pi$ 倍。

## 11.6　液氧的磁化率

式（11.20）给出了磁矩上的力 $F=m(\partial B_z/\partial_z)$。使用表11.1中的数据，所有量取向上为正方向，则一个 $10^{-3}$kg 样品的磁矩是

$$m=\frac{F}{\partial B_z/\partial_z}=\frac{-7.5\cdot10^{-2}\text{N}}{-17\text{T/m}}=4.4\times10^{-3}\text{J/T} \tag{12.500}$$

磁化率通过 $\boldsymbol{M}=\chi_m\boldsymbol{B}/\mu_0$ 定义。（公认的 $\boldsymbol{M}=\chi_m\boldsymbol{H}$ 定义可以得到相同的结果，因为 $\chi_m$ 结果很小。详见练习题11.38。）1g 液氧的体积是 $V=(10^{-3}\text{kg})/(850\text{kg/m}^3)=1.18\times10^{-6}\text{m}^3$。所以

$$\begin{aligned}\chi_m&=\frac{M}{B/\mu_0}=\frac{(m/V)}{B/\mu_0}=\frac{m\mu_0}{BV}\\&=\frac{(4.4\times10^{-3}/\text{J/T})(4\pi\times10^{-7}\text{kg}\cdot\text{m/C}^2)}{(1.8\text{T})(1.18\times10^{-6}\text{m}^3)}=2.6\times10^{-3}\end{aligned} \tag{12.501}$$

## 11.7　旋转的球壳

对于磁化球，我们从式（11.55）知道靠近赤道表面的电流密度是 $M$，因为球从本质上看像个柱面（表面平行于 $\boldsymbol{M}$）。但远离赤道，表面相对 $\boldsymbol{M}$ 开始倾斜。根据11.8节末尾的例子，表面电流密度是 $\mathcal{J}=M_{\parallel}\Rightarrow\mathcal{J}(\theta)=M\sin\theta$，其中 $\theta$ 是从球顶向下的角度（假设 $\boldsymbol{M}$ 方向向上）。

现在考虑均匀的表面电荷密度为 $\sigma$ 的旋转球的情况。在任何点上的表面电荷密度是 $\mathcal{J}=\sigma v$，其中 $v=\omega(R\sin\theta)$ 是旋转的线速度。因此 $\mathcal{J}(\theta)=\sigma\omega R\sin\theta$。$\mathcal{J}(\theta)$ 对于磁化旋转球有相同的关于 $\theta$ 的表达式，所以如果 $M=\sigma\omega R$，对于所有的 $\theta$，它们都相等。

## 11.8 磁化球内的磁场 $B$

(a) 让 $p \to m$ 和 $\varepsilon_0 \to 1/\mu_0$，式（11.15）中的场可以从式（10.18）中的场得到。如果在磁化球内用磁偶极子 $m$ 代替所有的电偶极子 $p$，则在一个外部某点处，来自于每一个偶极子的场是其乘上 $(m/p)(\mu_0\varepsilon_0)$。所有偶极子场上的积分也是乘以这个相同的参数，所以在外部任何点上的新磁场等于原磁场的 $(m/p)(\mu_0\varepsilon_0)$倍。从 10.9 节得知原来的外部场与强度为 $p_0=(4\pi R^3/3)P$ 的电偶极子产生的场相同，其中在中心位置有 $P=Np$。你可以快速核查这个场的 $(m/p)(\mu_0\varepsilon_0)$倍与强度为 $m_0=(4\pi R^3/3)M$ 的磁偶极子产生的磁场是相同的，其中 $M=Nm$。

(b) 如果 $\boldsymbol{m}_0$ 指向 $z$ 的方向，根据式（11.12），在球表面上点 $(x, y, z)$ 上 $\boldsymbol{A}$ 的笛卡儿分量是

$$
\begin{aligned}
A_x &= -\frac{\mu_0}{4\pi}\frac{m_0 y}{R^3} = -\mu_0\frac{My}{3} \\
A_y &= \frac{\mu_0}{4\pi}\frac{m_0 x}{R^3} = \mu_0\frac{Mx}{3} \\
A_z &= 0
\end{aligned}
\tag{12.502}
$$

注意习题（11.7）中的结果告诉我们在旋转球壳表面上的 $\boldsymbol{A}$ 等于 $(\mu_0\sigma\omega R/3)(-y,x,0)$。这与我们在习题 6.7 中用另一种方式求出的 $\boldsymbol{A}$ 相同。

再次回顾 6.3 节，$A_x$ 满足$\nabla^2 A_x=-\mu_0 J_x$。对于 $A_y$ 也类似。但在球内 $\boldsymbol{J}=0$，所以 $A_x$ 和 $A_y$ 满足拉普拉斯方程。通过唯一性定理，如果我们发现球内拉普拉斯方程的解满足球表面的边界条件，则我们就求出了解。如同 10.9 节中的极化球，$A_x$ 和 $A_y$ 的解很容易得到。它们是式（12.502）中的简化方程；它们的二阶导数为零，所以它们中的任何一个都满足拉普拉斯方程。球内的磁场是

$$
\boldsymbol{B} = \nabla\times\boldsymbol{A} = \frac{\mu_0 M}{3}\begin{vmatrix} \hat{\boldsymbol{x}} & \hat{\boldsymbol{y}} & \hat{\boldsymbol{z}} \\ \partial/\partial x & \partial/\partial y & \partial/\partial z \\ -y & x & 0 \end{vmatrix} = \frac{2\mu_0 M}{3}\hat{\boldsymbol{z}}
\tag{12.503}
$$

与极化球内的 $\boldsymbol{E}$ 类似，这个 $\boldsymbol{B}$ 是均匀的且是垂直方向的。这就是最后的相似之处。场 $\boldsymbol{B}$ 方向向上，然而原场 $\boldsymbol{E}$ 方向向下。此外，$\boldsymbol{B}$ 的数学系数是 2/3，然而在 $\boldsymbol{E}$ 中是（负）1/3。2/3 恰好是使表面法向分量连续、并且使垂直分量有恰当的间隔（见练习 11.31）。

式（12.503），与习题 11.7 的结果结合，可以告诉我们贯穿旋转球壳内部的场是均匀的，大小为 $2\mu_0\sigma\omega R/3$。这与习题 6.11 中的球心处场的结果一致。

## 11.9 固态旋转球的北极处的磁场

从习题 11.7 中，我们知道半径为 $r$、带有均匀表面电荷密度 $\sigma$ 的旋转球壳的磁场（内部和外部）与均匀磁化率 $M_r=\sigma\omega r$ 的球所产生的磁场相同。从习题 11.8 中我们知道磁化球的外部场是强度为 $m=(4\pi r^3/3)M_r$ 的偶极子在中心处所产生的场。所以外部有一个半径为 $r$ 的旋转壳外（在北极点上面），距中心 $R$ 处的（径向）场为

$$
B = \frac{\mu_0 m}{2\pi R^3} = \frac{\mu_0}{2\pi R^3}\frac{4\pi r^3(\sigma\omega r)}{3} = \frac{2\mu_0\sigma\omega r^4}{3R^3}
\tag{12.504}
$$

我们可以认为固态旋转球是许多旋转壳的叠加，半径范围为 $r=0$ 到 $r=R$，其均匀表面电荷密度为 $\sigma=\rho\mathrm{d}r$。固态球的北极在所有球壳的外面，所以我们可以对每一个壳使用以上偶极子的磁场 $\boldsymbol{B}$ 的形式。在北极点（即在半径 $R$ 处）的场为

$$B=\int_0^R \frac{2\mu_0(\rho \mathrm{d}r)\omega r^4}{3R^3}=\frac{2\mu_0\rho\omega R^2}{15} \tag{12.505}$$

这个场是球中心处场的2/5；详见练习题11.32。由总电荷$Q=(4\pi R^3/3)\rho$，我们可以把$B$写成$B=\mu_0\omega Q/10\pi R$。

## 11.10　立方体的表面电流

式（11.55）给出了表面电流密度为$\mathcal{J}=M$。由于磁化强度的单位（$\mathrm{J/T\cdot m^3}$）也可以写成A/m，我们得到$\mathcal{J}=4.8\times10^5\mathrm{A/m}$。这个电流密度形成一个$l=0.05\mathrm{m}$宽的带状，所以电流为$I=\mathcal{J}l=(4.8\times10^5\mathrm{A/m})(0.05\mathrm{m})=24000\mathrm{A}$。

立方体的偶极矩为

$$m=MV=(4.8\times10^5\mathrm{J\cdot T^{-1}\cdot m^{-3}})(0.05\mathrm{m})^3=60\mathrm{J/T} \tag{12.506}$$

沿着$x$轴，2m长的场可由式（11.15）计算出：

$$B=\frac{\mu_0 m}{2\pi r^3}=\frac{(4\pi\times10^{-7}\mathrm{kg\cdot m/C^2})(60\mathrm{J/T})}{2\pi(2\mathrm{m})^3}=1.5\times10^{-6}\mathrm{T} \tag{12.507}$$

或0.015G。这大约是地磁场（0.5G）的1/30，所以它不会干扰到指南针。

## 11.11　铁环

根据图11.32得知，1.2T的磁场$\boldsymbol{B}$要求磁场$\boldsymbol{H}$大约为120A/m。考虑螺线管中间长11cm部分的线积分$\int \boldsymbol{H}\cdot \mathrm{d}\boldsymbol{l}$。如果$I$是导线中的电流，则$NI=20I$是我们环路内的自由电流，所以

$$\int \boldsymbol{H}\cdot \mathrm{d}\boldsymbol{l}=I_{\text{free}}\Longrightarrow(120\mathrm{A/m})\cdot\pi(0.11\mathrm{m})=20I\Longrightarrow I=2.1\mathrm{A} \tag{12.508}$$

# 附录A　国际标准单位制（SI）和高斯单位制的区别

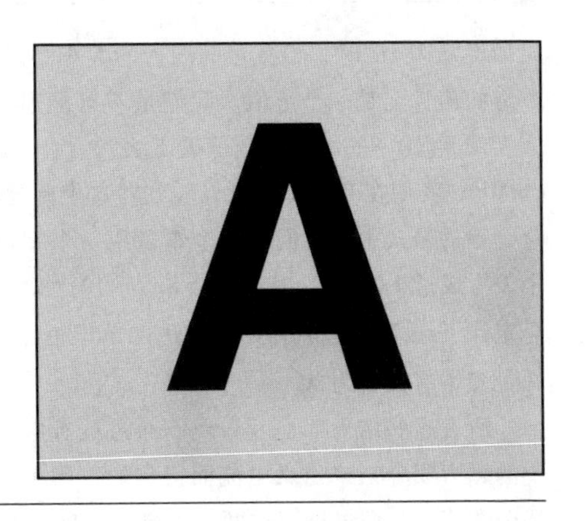

本附录中，我们将讨论国际单位制（SI）和高斯单位制的区别。首先，让我们来看一下在这两个单位制系统中都有哪些单位，然后再讨论它们的区别，对于这些区别，有些会做详细讨论，有些只做大致讨论。

## A.1　国际标准单位制（SI）

在本书中，我们使用的就是国际标准单位制（SI）。在SI中使用到的4个最主要的单位是米（m）、千克（kg）、秒（s）、库仑（C）。实际上库仑并不是SI中的一个基本单位，它是和用来测量电流（单位时间的电荷量）的单位安培（A）相关的一个量。库仑是一个导出单位，它的定义是1A·s。

之所以没有把库仑而是把安培作为基本单位，是由于历史原因造成的。相对而言，通过电流计（参见7.1节）来测量电流会更容易些。更进一步而言，两个载流导线上的电流可以用它们之间表现出来的磁场力（参见图6.4）而测量出来。只要我们能测量出在给定的时间内流向一个物体的电流，就能知道那个物体上的电荷。另一方面，尽管也可以通过两个带有等量电荷的物体之间的相互作用力（就像练习1.36中那样，两个球都悬挂在绳子上，它们之间相互排斥）来直接测量物体上的电荷量，但是要组建这个装置也是很不容易的。还有，在这个装置中如果它们的电荷量不相等，我们能从中得到的信息除了这些电荷产生的作用力外就没有别的了。重点就在于，对于一个电流来讲，拿一个安培表（安培表的主要部件就是一个电流计）来测量电流是很容易的。[1]

对安培的标准定义是：如果有两根相距1m的相互平行的导线，它们带有相同的电流，其中一根导线（整根导线）对另一根导线每米长度上产生的作用力为$2\times10^{-7}$N，那么每根导线上的电流就是1A。这里的底数10上的指数和因子2都是由于历史原因造成的。这个力非常小，但是通过缩小两个导线之间的距离，利用图6.4中所示的装置，就可以足够准确地测量到这个作用力。

用这种方法定义了安培，进而又以1A·s（这恰好等于大约$6.24\times10^{18}$个电子的负电荷量）定义了库仑后，至少在理论上我们就完全可以计算出两个电量为1C的电荷，距离一定距离时，

---

1　如果我们知道一个物体的电容值，那么我们可以利用电压表测量电压的方式，很容易地测量出它的电荷量。但是电压表的主要部件仍然是一个电流计，所以这个办法实质上还是在测量电流。

比如说距离1m时，相互之间的力的大小。因为1C的电荷量已经由安培的定义固定了，所以这个力的值肯定是一个定值。我们是不可能通过篡改定义来调节这个值的大小的。这个值的大小为大约$9\times10^9$N——这个数值看上去没有什么特别之处，但是它是和光速有关的（它的数量级为$c^2/10^7$；我们在6.1节中可以看到对这个问题的解释）。因此这个（相当大的）数就出现在了库仑定律的公式中。我们把这个常量用一个字母来表示，这就是“$k$”，但是由于其他的原因，这个$k$写成了$1/4\pi\varepsilon_0$，其中$\varepsilon_0=8.85\times10^{-12}\mathrm{C}^2\cdot\mathrm{s}^2\cdot\mathrm{kg}^{-1}\cdot\mathrm{m}^{-3}$。这个复杂的单位其实是为了让库仑定律$F=(1/4\pi\varepsilon_0)q_1q_2/r^2$右边的单位正好为牛顿（等价于$\mathrm{kg}\cdot\mathrm{m}\cdot\mathrm{s}^{-2}$）。$\varepsilon_0$的单位和基本物理量安培有关，为$\mathrm{A}^2\cdot\mathrm{s}^4\cdot\mathrm{kg}^{-1}\cdot\mathrm{m}^{-3}$。

所有这些结果都是因为我们通过载有电流$I$的两条导线之间的洛伦兹力（尤其是洛伦兹力中的磁力成分）来定义电流而得到的，两个带电量为$q$的物体之间的库仑力为我们刚才得到的那个数值。我们可以把这两个力学定律前面的因子变成一个统一的简洁的数值。[2] 由于上面提到的历史原因，SI系统更偏向于使用洛伦兹力。

最终在SI系统中一共有七个基本单位。这七个单位列在了表A.1中。其中烛光（candela）在我们学习电磁学的过程中不会涉及，摩尔（mole）和开（Kelvin）只是偶尔会涉及。这样在SI系统中包含的最重要的电磁学的单位就只有前四个。

**表 A.1　SI基本单位**

| 物理量 | 名称 | 符号 | 物理量 | 名称 | 符号 |
|---|---|---|---|---|---|
| 长度 | 米 | m | 热力学温度 | 开 | K |
| 质量 | 千克 | kg | 物质的量 | 摩尔 | mol |
| 时间 | 秒 | s | 亮度 | 烛光 | cd |
| 电流 | 安培 | A | | | |

## A.2　高斯单位制

高斯单位位制中，上述SI单位制中的那些单位会变成什么样子呢？在电磁学中，正如在SI系统中一样，表A.1中最后三个单位（或者说与它们相似的单位），在高斯单位制中也很少会用到，所以我们暂时不述及这三个单位。前面两个单位在高斯单位之中分别是厘米和克，这些单位之间的差别就是相差几个数量级而已，所以两个单位系统之间的转换还是比较简单的。第三个单位，也就是秒，在两个单位系统中是一样的。

第四个单位，也就是电荷，在这两个系统中有着根本的不同。高斯单位制中电荷的单位是esu（“electro-static unit”的缩写），它和库仑之间的关系不是简单的10的几次方的关系。这种复杂的关系是由于库仑和esu的不同的定义方式决定的。对于库仑的定义，我们在上面已经说过，它是安培（是由洛伦兹力定义的）的导出单位，但是esu是由库仑力定义的。本质上讲，它是为了让库仑定律

$$\boldsymbol{F}=k\frac{q_1q_2\hat{\boldsymbol{r}}}{r^2} \tag{A.1}$$

2　利用毕奥-萨伐尔定律可以计算洛伦兹力中的磁场，在毕奥-萨伐尔定律中有一个复杂的因子：$\mu_0/4\pi$。但是由于$\mu_0$已经准确定义为$4\pi\times10^{-7}\mathrm{kg}\cdot\mathrm{m/C^2}$，这个因子就变成了简洁的$10^{-7}\mathrm{kg}\cdot\mathrm{m/C^2}$。

变得更简单而使 $k=1$ 得到的。对库仑力的这个简化付出的代价就是，两个载有电流的导线之间的洛伦兹力就不那么简单了［也不是太糟糕，就像 SI 单位系统中的库仑力一样，就是要引入一个因子 $c^2$；参见式（6.16）］。这和 SI 系统中的计算是相对的，在 SI 中洛伦兹力比较“优先”。也就是说，在两个系统中我们都可以自由定义一些物理量，不过都只能使洛伦兹力和库仑力中的一个保持比较简单的形式。

## A.3 两个系统的主要区别

在 A.2 中，我们解释了导致 SI 和高斯单位的最重要区别的原因。在 SI 系统中，库仑定律中的常量

$$k_{\mathrm{SI}} \equiv \frac{1}{4\pi\varepsilon_0} = 8.988\times10^9\ \frac{\mathrm{N}\cdot\mathrm{m}^2}{\mathrm{C}^2} \tag{A.2}$$

带有不可忽略的量纲，而高斯系统中的常量

$$k_{\mathrm{G}} = 1 \tag{A.3}$$

是没有量纲的，这样我们就不必为了它的单位而烦恼，或者担心忘了写单位；$k$ 就是一个简单的数值 1。尽管两个常量 $k$ 之间最先让你感到麻烦的是两个数值上的巨大差异，这个差异其实是无关紧要的。它改变的仅是物理量的数值大小。它们之间最重要的差别在于 $k_{\mathrm{SI}}$是有单位的，而 $k_{\mathrm{G}}$是没有单位的。当然，我们也可以设想在一个单位系统中它的单位为 $k=1\mathrm{dyn}\cdot\mathrm{cm}^2/\mathrm{esu}^2$。这个定义可以使得它的单位和 $k_{\mathrm{SI}}$是等价的，从而它们的差别就只剩下数值差异了。但是高斯单位系统中并没有这么做。

$k_{\mathrm{G}}$没有单位，导致了两个单位系统产生了很大的差异，这是因为这种无量纲的情况导致我们在解决其他高斯单位问题上都会引入 esu。仿照库仑定律，我们可以写出（利用 $1\mathrm{dyn}=1\mathrm{g}\cdot\mathrm{cm}/\mathrm{s}^2$）

$$\mathrm{dyn} = (\text{无量纲})\cdot\frac{\mathrm{esu}^2}{\mathrm{cm}^2} \Longrightarrow \mathrm{esu} = \sqrt{\frac{\mathrm{g}\cdot\mathrm{cm}^2}{\mathrm{s}^2}} \tag{A.4}$$

因此 esu 不是一个基本单位。它可以用克、厘米、秒来表示。相对而言，在 SI 单位中，电荷的单位库仑是不能用相似的方法来表达的。因为 $k_{\mathrm{SI}}$的单位是 $\mathrm{N}\cdot\mathrm{m}^2/\mathrm{C}^2$，所以库仑定律中 C（和其他的单位）就相互抵消了，我们在其他的单位中就不用考虑 C 了。

因此，在我们应用中，SI 单位系统中有四个基本单位（m，kg，s，A），而高斯单位系统中只有三个（cm，g，s）。下面我们会对这个问题做进一步的讨论，但是现在先让我们总结一下 SI 和高斯单位系统的三个最主要的区别。这三个区别的重要性是依次增加的。

（1）SI 单位系统使用的是千克和米，而高斯系统中使用的是克和厘米。这在三个区别中是最无足轻重的，因为这只会在结果中简单地引入 10 的指数次方。

（2）SI 单位制中的电荷（库仑）是通过电流来定义的，也就是通过载有电流的导线之间的作用力来定义的。而高斯单位制中的电荷（esu）是直接用库仑定律来定义的。后面这个定义直接导致了在高斯单位制中库仑定律保持了一个比较好的形式。因此这两个系统之间的差别就不再是简单的 10 的几次方的问题了。然而，尽管这些差别有时会显得很麻烦，但是这个问题并不大。这虽然会带来一些小麻烦，但是也都只是数值上的——和 10 的几次方的差异差不多。你可以在附录 C 中找到你可能会用到的所有的转换关系。

（3）在高斯单位制中，$k$ 是没有量纲的，而 SI 中的 $k$（其中引入了 $\varepsilon_0$）是有单位的。[3] 这就导致 esu 是可以用高斯单位中其他的单位来表示，而在库仑定律中却不是这样。这是这两个单位制系统的最重要的差别。

## A.4　三个单位和四个单位的对比

现在让我们更加详细地讨论一下这两个单位制系统中单位的个数的情况。高斯系统中少一个单位是由于 esu 可以用其他单位通过方程（A.4）来表示而引起的。这暗示着我们在计算完毕之后一般要检查一遍单位，因为把 esu 写成其他单位的组合单位后，电荷信息就消失了，所以在高斯单位系统下检查单位时得到的信息会比较少。比如下面这个例子。

在 SI 单位制中，由一层薄的电荷面产生的电场可以用方程（1.40）得到，其值为 $\sigma/2\varepsilon_0$。在高斯单位制中这个电场是 $2\pi\sigma$。回顾一下方程（1.3）中 $\varepsilon_0$ 的单位，SI 单位系统中电场的单位是 $\mathrm{kg\cdot m\cdot C^{-1}\cdot s^{-2}}$（如果你想用安培来表示，可以写成是 $\mathrm{kg\cdot m\cdot A^{-1}\cdot s^{-3}}$，我们这里使用库仑是为了和 esu 相对应）。这个量纲正好是（力）/（电荷）。高斯单位制中电场 $2\pi\sigma$ 的单位是 $\mathrm{esu/cm^2}$，但是因为 esu 是由方程（A.4）给出的，所以它的单位是 $\mathrm{g^{1/2}\cdot cm^{-1/2}\cdot s^{-1}}$。这就是电场在高斯单位制系统中写成基本单位后的形式。

现在我们假设有两个学生尝试在高斯系统下来解决这样一个问题：一个面电荷密度为 $\sigma$、质量为 $m$、体积为 $V$ 的薄平面以一个不可忽略的速度 $v$ 运动时，求出这个平面产生的电场。第一个学生意识到这些信息中大多数都是独立的，进而直接进行求解，得到答案 $2\pi\sigma$（忽略相对论修正）。第二个学生严肃对待了所有的变量，得到了答案 $\sigma^3Vm^{-1}v^{-2}$。因为高斯单位中 $\sigma$ 的单位是 $\mathrm{g^{1/2}\cdot cm^{-1/2}\cdot s^{-1}}$，这个答案的单位是

$$\frac{\sigma^3V}{mv^2}\longrightarrow\frac{(\mathrm{g^{1/2}\cdot cm^{-1/2}\cdot s^{-1}})^3(\mathrm{cm})^3}{(\mathrm{g})(\mathrm{cm/s})^2}=\frac{\mathrm{g^{1/2}}}{\mathrm{cm^{1/2}\cdot s}}\tag{A.5}$$

这个单位正好和我们上面提到的高斯单位中电场的单位是一样的。更一般而言，根据式（A.4）我们知道任何带有（$\mathrm{g^{1/2}\cdot cm^{-1/2}\cdot s^{-1}}$）（$\mathrm{esu\,g^{-1/2}\cdot cm^{-3/2}\cdot s}$）$^n$这种单位的答案，都是带有电场的单位。前面这个例子就有 $n=3$。

当然，在 SI 系统中凑巧得到正确的单位时，还是会出现很多错误的答案。单位的正确不一定意味着答案是对的。但是重点在于，因为高斯单位制下电荷信息被抹掉，所以我们在解决问题时只使用了三个基本单位而不是四个。高斯单位制系统下，答案的单位形式是正确的，但是答案却是错误的，这种比例要比 SI 单位系统中的会更大。

## A.5　*B* 的定义

SI 和高斯单位系统的另外一个差别就是对磁场的定义。在 SI 中，洛伦兹力（或者说是洛伦兹力中的磁场部分）为 $\boldsymbol{F}=q\boldsymbol{v}\times\boldsymbol{B}$，而高斯系统中为 $\boldsymbol{F}=(q/c)\boldsymbol{v}\times\boldsymbol{B}$。这就是说，SI 系统的表达式中只要是有 $B$ 出现的地方，在高斯系统的表达式（在其他可能的修正中）中相应的地方应该是

3　更精确的类比：在 SI 单位制中，在利用定义安培（可以从这个量推导出库仑）的方程计算两个导线之间的力时，包含一个有量纲的常量 $\mu_0$。

$B/c$。或者，等价而言，高斯制中的 $B$ 都对应于 SI 中的 $cB$。然而，这个差别其实是微不足道的，它的重要性远不如上面我们提到的高斯单位中 esu 在公式中引起的作用。

在高斯单位中，$E$ 和 $B$ 具有相同的量纲。在 SI 系统中它们的量纲是不一样的；$E$ 的量纲是速度乘以 $B$ 的量纲。这个意义上讲，高斯制中对 $B$ 的定义更加自然，因为在它们通过洛伦兹力进行相互转变时这两个量就变得有意义，就像 $E$ 和 $B$ 一样；对于 SI 中的情况参见方程（6.76），对于高斯系统中的情况参见方程（6.77）。毕竟洛伦兹力告诉我们，$E$ 和 $B$ 是在不同的参考框架下，是以不同的两种简单方法来描述相似的场的。然而，在 SI 中的洛伦兹力进行转变时，要有一个从“$B$”到“$cB$”的转变，这并不是一个令人悲观的事，因为 $x$ 和 $t$ 同样出现在洛伦兹力的转变中，并且它们具有的量纲是不同的（它们之间相互关联的地方是 $x$ 和 $ct$）。这就像 $p$ 和 $E$ 之间的关系一样（这两个量之间的直接相互关联的地方是 $pc$ 和 $E$）。任何情况下，洛伦兹力表达式的不同，源于在某个系统中是否要加入因子 $c$。很容易可以想象得到，在洛伦兹力的形式为 $\boldsymbol{F}=q\boldsymbol{E}+(q/c)\boldsymbol{v}\times\boldsymbol{B}$ 的 SI 系统（这个系统中电荷有一个明确的单位）中，$E$ 和 $B$ 的量纲相同。

## A.6　单位合理化

你可能会好奇为什么库仑定律和毕奥-萨伐尔定律在 SI 系统中会有一个 $4\pi$ 因子，参见式（1.4）和式（6.49）。如果没有这些因子，表达式确实会看起来更简洁一些。原因是，如果这些定律中出现这些 $4\pi$ 因子，那么在麦克斯韦方程组中就不会出现这些因子了。出于很多原因，不让麦克斯韦方程组出现 $4\pi$ 因子而变得更简洁，这是非常有必要的。为了让麦克斯韦方程组中不出现 $4\pi$ 因子，而在库仑定律和毕奥-萨伐尔定律中插入这些因子的方法就叫作单位的“合理化”。当然相对于麦克斯韦方程组，人们会更关心库仑定律的应用，对单位的这种调整的作用好像适得其反了。但是麦克斯韦方程组是更加基础的方程，其中蕴含的是转变过程中的逻辑。

可以很容易看出，库仑定律和毕奥-萨伐尔定律中加入的 $4\pi$ 因子是怎样使高斯定理和安培定理中的 $4\pi$ 因子消失的。后面这两个定理就是和麦克斯韦方程组中的两个方程（或者说其实是一个半，麦克斯韦方程组中的安培定理需要再由另外的式子补充完整）等价的。在高斯定理中，$4\pi$ 因子的缺失会直接导致计算求得表面积时会引入 $4\pi r^2$（参见 1.10 节的开始的那一部分）。在安培定理中，$4\pi$ 因子的缺失会导致 6.3 节和 6.4 节中的结果，同样也是在球形的表面积的计算中会引入 $4\pi r^2$ 因子［因为方程（6.44）写成了和方程（6.30）相似的形式］。也可以更加直接地说：毕奥-萨伐尔定律中的 $1/4\pi$ 导致了一个无限长的直导线产生的电场中出现了 $1/2\pi$ 这个因子，并且这里的 $2\pi$ 在沿着电场的环路进行积分时，正好被圆的周长 $2\pi r$ 抵消了。

如果库仑定律和毕奥-萨伐尔定律中没有这个 $4\pi$ 因子，那么在麦克斯韦方程组中就会出现 $4\pi$ 这个因子。这正是高斯系统中出现的情况，在高斯系统中，麦克斯韦方程组通过“curl $\boldsymbol{B}$”和“div $\boldsymbol{E}$”各自引入一个因子 $4\pi$；这个情况可以参见方程（9.20）。注意，不管怎样，我们可以很容易想象这个高斯型的系统（也就是库仑定律中有一个无量纲的前置因子），这个系统中库仑定律和毕奥-萨伐尔定律中有因子 $4\pi$，而麦克斯韦方程组中没有。这是一个被称为 Heaviside-Lorentz 单位的高斯单位的一个变形。

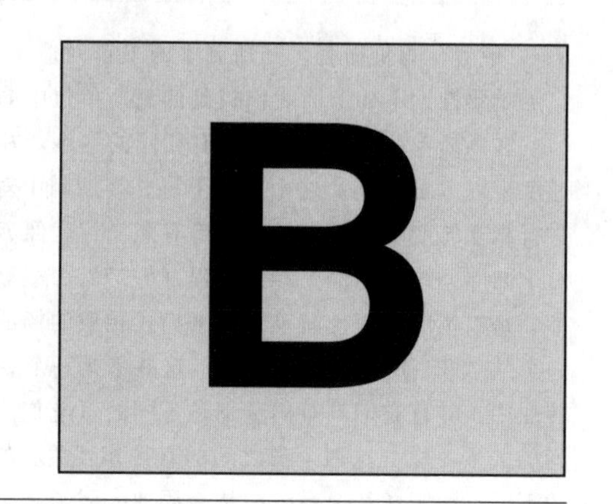

# 附录B SI单位制中的常用物理量

本附录中，我们以和电磁场相关的 SI 导出单位开始（例如焦耳、欧姆等）。然后我们列出这本书中提到的主要的物理量的单位（其实只要是被标注了特定字符的量，我们就把它们列出来了）。

在 SI 单位制中，安培是和电荷相关的一个基本单位；库仑是一个导出单位，被定义为1安·秒。然而，因为多数人都认为，在考虑电荷问题时，库仑比电流更容易理解，所以我们在这个附录中把库仑看成是一个基本单位。因此安培就被定义为库/秒。

对于我们列出来的每一个重要的物理量，我们都把它的单位用基本单位（m、kg、s、C 以及偶尔出现的 K）和经常使用的几个导出单位的形式表示了出来。例如，电场的单位是 $kg\cdot m\cdot C^{-1}\cdot s^{-2}$，但是同样可以写成 N/C 和 V/m。

这些导出单位如下：

$$牛(N)=千克\cdot米/秒^2==\frac{kg\cdot m}{s^2}$$

$$焦(J)=牛\cdot米=\frac{kg\cdot m^2}{s^2}$$

$$安(A)=\frac{库}{秒}=\frac{C}{s}$$

$$伏(V)=\frac{焦}{库}=\frac{kg\cdot m^2}{C\cdot s^2}$$

$$法(F)=\frac{库}{伏}=\frac{C^2\cdot s^2}{kg\cdot m^2}$$

$$欧(\Omega)=\frac{伏}{安}=\frac{kg\cdot m^2}{C^2\cdot s}$$

$$瓦(W)=\frac{焦}{秒}=\frac{kg\cdot m^2}{s^3}$$

$$特(T)=\frac{牛}{库\cdot米/秒}=\frac{kg}{C\cdot s}$$

$$亨(H)=\frac{瓦}{安/秒}=\frac{kg\cdot m^2}{C^2}$$

下面按照章节的顺序列出主要的物理量。

## 第1章

电荷 $q$：C

库仑定律里面的 $k$：$\frac{\text{kg}\cdot\text{m}^3}{\text{C}^2\cdot\text{s}^2}=\frac{\text{N}\cdot\text{m}^2}{\text{C}^2}$

$\varepsilon_0$：$\frac{\text{C}^2\cdot\text{s}^2}{\text{kg}\cdot\text{m}^3}=\frac{\text{C}^2}{\text{N}\cdot\text{m}^2}=\frac{\text{C}}{\text{V}\cdot\text{m}}=\frac{\text{F}}{\text{m}}$

电场 $E$（单位电荷受到的力）：$\frac{\text{kg}\cdot\text{m}}{\text{C}\cdot\text{s}^2}=\frac{\text{N}}{\text{C}}=\frac{\text{V}}{\text{m}}$

电通量 $\Phi$（电场 $E$ 和面积的乘积）$\frac{\text{kg}\cdot\text{m}^3}{\text{C}\cdot\text{s}^2}=\frac{\text{N}\cdot\text{m}^2}{\text{C}}=\text{V}\cdot\text{m}$

电荷密度 $\lambda$，$\sigma$，$\rho$：$\frac{\text{C}}{\text{m}}$，$\frac{\text{C}}{\text{m}^2}$，$\frac{\text{C}}{\text{m}^3}$

## 第2章

电势 $\phi$（单位电荷的能量）：$\frac{\text{kg}\cdot\text{m}^2}{\text{C}\cdot\text{s}^2}=\frac{\text{J}}{\text{C}}=\text{V}$

偶极矩 $p$：C · m

## 第3章

电容 $C$（单位电荷的势能）：$\frac{\text{C}^2\cdot\text{s}^2}{\text{kg}\cdot\text{m}}=\frac{\text{C}}{\text{V}}=\text{F}$

## 第4章

电流 $I$（单位时间的电荷量）：$\frac{\text{C}}{\text{s}}=\text{A}$

电流密度 $J$（单位面积上的电流）：$\frac{\text{C}}{\text{m}^2\cdot\text{s}}=\frac{\text{A}}{\text{m}^2}$

电导率 $\sigma$（单位场强作用下的电流密度）：$\frac{\text{C}^2\cdot\text{s}}{\text{kg}\cdot\text{m}^3}=\frac{1}{\Omega\cdot\text{m}}$

电阻率 $\rho$（单位电流密度需要的电场）：$\frac{\text{kg}\cdot\text{m}^3}{\text{C}^2\cdot\text{s}}=\Omega\cdot\text{m}$

电阻 $R$（产生单位电流需要的电压）：$\frac{\text{kg}\cdot\text{m}^2}{\text{C}^2\cdot\text{s}}=\frac{\text{V}}{\text{A}}=\Omega$

功率 $P$（单位时间内的功率）：$\frac{\text{kg}\cdot\text{m}^2}{\text{s}^3}=\frac{\text{J}}{\text{s}}=\text{W}$

## 第5章

光速 $c$：$\frac{\text{m}}{\text{s}}$

## 第6章

磁感应强度 $B$（单位电荷-速率受到的力）：$\frac{\mathrm{kg}}{\mathrm{C\cdot s}}=\mathrm{T}$

$\mu_0$：$\frac{\mathrm{kg\cdot m}}{\mathrm{C^2}}=\frac{\mathrm{T\cdot m}}{\mathrm{A}}$

矢势 $A$：$\frac{\mathrm{kg\cdot m}}{\mathrm{C\cdot s}}=\mathrm{T\cdot m}$

面电荷密度 $J$（单位长度上的电流）：$\frac{\mathrm{C}}{\mathrm{m\cdot s}}=\frac{\mathrm{A}}{\mathrm{m}}$

## 第7章

电动势$\mathscr{E}$：$\frac{\mathrm{kg\cdot m^2}}{\mathrm{C\cdot s^2}}=\frac{\mathrm{J}}{\mathrm{C}}=\mathrm{A\cdot\Omega}=\mathrm{V}$

电通量 $\Phi$（$B$ 乘以面积）：$\frac{\mathrm{kg\cdot m^2}}{\mathrm{C\cdot s}}=\mathrm{T\cdot m^2}$

电感 $M$，$L$：$\frac{\mathrm{kg\cdot m^2}}{\mathrm{C^2}}=\frac{\mathrm{V\cdot s}}{\mathrm{A}}=\mathrm{H}$

## 第8章

频率 $\omega$：$\frac{1}{\mathrm{s}}$

品质因数 $Q$：1（无量纲）

相位 $\phi$：1（无量纲）

导纳 $Y$（单位电压产生的电流）：$\frac{\mathrm{C^2\cdot s}}{\mathrm{kg\cdot m^2}}=\frac{\mathrm{A}}{\mathrm{V}}=\frac{1}{\Omega}$

阻抗 $Z$（单位电流产生的电压）：$\frac{\mathrm{kg\cdot m^2}}{\mathrm{C^2\cdot s}}=\frac{\mathrm{V}}{\mathrm{A}}=\Omega$

## 第9章

功率密度 $S$（单位面积的功率）：$\frac{\mathrm{kg}}{\mathrm{s^3}}=\frac{\mathrm{J}}{\mathrm{m^2\cdot s}}=\frac{\mathrm{W}}{\mathrm{m^2}}$

## 第10章

介电常量 $\kappa$：1（无量纲）

偶极矩 $p$：$\mathrm{C\cdot m}$

扭矩 $N$：$\frac{\mathrm{kg\cdot m^2}}{\mathrm{s^2}}=\mathrm{N\cdot m}$

原子极化率 $\alpha/4\pi\varepsilon_0$：$\mathrm{m^3}$

极化密度 $P$：$\frac{\mathrm{C}}{\mathrm{m}^2}$

磁化率 $\chi_e$：1（无量纲）

介电常数（电容率）$\varepsilon$：$\frac{\mathrm{C}^2\cdot\mathrm{s}^2}{\mathrm{kg}\cdot\mathrm{m}^3}=\frac{\mathrm{C}^2}{\mathrm{N}\cdot\mathrm{m}^2}$

位移矢量 $D$：$\frac{\mathrm{C}}{\mathrm{m}^2}$

温度 $T$：K

玻尔兹曼常量 $k$：$\frac{\mathrm{kg}\cdot\mathrm{m}^2}{\mathrm{s}^2\cdot\mathrm{K}}=\frac{\mathrm{J}}{\mathrm{K}}$

## 第 11 章

磁矩 $m$：$\frac{\mathrm{C}\cdot\mathrm{m}^2}{\mathrm{s}}=\mathrm{A}\cdot\mathrm{m}^2=\frac{\mathrm{J}}{\mathrm{T}}$

角极矩 $L$：$\frac{\mathrm{kg}\cdot\mathrm{m}^2}{\mathrm{s}}$

普朗克常量 $h$：$\frac{\mathrm{kg}\cdot\mathrm{m}^2}{\mathrm{s}}=\mathrm{J}\cdot\mathrm{s}$

磁化强度（单位体积内的 $m$）：$\frac{\mathrm{C}}{\mathrm{m}\cdot\mathrm{s}}=\frac{\mathrm{A}}{\mathrm{m}}=\frac{\mathrm{J}}{\mathrm{T}\cdot\mathrm{m}^3}$

磁极化率 $\chi_m$：1（无量纲）

磁场强度 $H$：$\frac{\mathrm{C}}{\mathrm{m}\cdot\mathrm{s}}=\frac{\mathrm{A}}{\mathrm{m}}$

磁导率 $\mu$：$\frac{\mathrm{kg}\cdot\mathrm{m}}{\mathrm{C}^2}=\frac{\mathrm{T}\cdot\mathrm{m}}{\mathrm{A}}$

# 附录 C　单位的转换

在本附录中，我们将列出并且推导出 SI 和高斯系统中主要单位之间的转换关系。下面你看到的很多转换中包含着一些我们已经知道的简单转换。不过，其中有一些（电荷，$B$ 场，$H$ 场）也会有点麻烦，因为两个系统中相应的物理量的定义方式是不同的。

## C.1　单位转换

下面的转换关系中，除了前五个，其他的从理论上来说不应该使用符号“=”，因为等号意味着两个系统中的单位是完全一样的，只有数值因子的差别。事实上不是如此。所有的电学量之间的关系，都某种程度地和电荷相关，并且库仑不能用 esu 来替换。这是因为 esu 是用高斯单位中的其他单位来定义的；具体参见附录 A 中的关于库仑和 esu 的区别的讨论。比如说，下面的第六个式子合适的说法应该是“1C 等价于 $3\times10^9$ esu”。但是一般我们就直接使用符号“=”，你要知道这个等号意味着什么。

下面的转换关系中，符号“[3]”代表着光速的“2.998”，$c=2.998\times10^8$ m/s。下面的对 C-esu 的讨论会解释这个问题是如何产生的。

时间：$1\text{s}=1\text{s}$

长度：$1\text{m}=10^2\text{cm}$

质量：$1\text{kg}=10^3\text{g}$

力：$1\text{N}=10^5\text{dyn}$

能量：$1\text{J}=10^7\text{erg}$

电荷：$1\text{C}=[3]\cdot10^9\text{esu}$

电势：$1\text{V}=\dfrac{1}{[3]\cdot10^2}\text{statvolt}$（静伏）

电场强度：$1\text{V/m}=\dfrac{1}{[3]\cdot10^4}\text{statvolt/cm}$

电容：$1\text{F}=[3]^2\cdot10^{11}\text{cm}$

电阻：$1\Omega=\dfrac{1}{[3]^2\cdot10^{11}}\text{s/cm}$

电阻率：$1\Omega\cdot\text{m}=\dfrac{1}{[3]^2\cdot10^9}\text{s}$

电感：$1\mathrm{H}=\dfrac{1}{[3]^2\cdot 10^{11}}\mathrm{s^2/cm}$

磁感应强度：$1\mathrm{T}=10^4\mathrm{G}$

磁场强度 $1\mathrm{A/m}=4\pi\cdot 10^{-3}\mathrm{Oe}$（奥斯特）

## C.2　关系式的推导

### C.2.1　力：牛顿（N）和达因（dyn）

$$1\mathrm{N}=1\frac{1\mathrm{kg}\cdot\mathrm{m}}{\mathrm{s}^2}=\frac{(1000\mathrm{g})(100\mathrm{cm})}{\mathrm{s}^2}=10^5\frac{\mathrm{g}\cdot\mathrm{cm}}{\mathrm{s}^2}=10^5\mathrm{dyn} \tag{C.1}$$

### C.2.2　能量：焦耳（J）和尔格（erg）

$$1\mathrm{J}=1\frac{\mathrm{kg}\cdot\mathrm{m}^2}{\mathrm{s}^2}=\frac{(1000\mathrm{g})(100\mathrm{cm})^2}{\mathrm{s}^2}=10^7\frac{\mathrm{g}\cdot\mathrm{cm}^2}{\mathrm{s}^2}=10^7\mathrm{erg} \tag{C.2}$$

### C.2.3　电荷：库伦（C）和 esu

利用式（1.1）和式（1.2）可知，两个相距 1m 的、电量都为 1C 的电荷之间的相互作用力等于 $8.988\times10^9\mathrm{N}\approx9\times10^9\mathrm{N}$，或者也可以说是 $9\times10^{14}\mathrm{dyn}$。在高斯制下该如何描述这种情况呢？在高斯单位制中，库仑定律告诉我们这个力应该是$q^2/r^2$。距离为 100cm，所以如果 1C 等于 $N$ esu 的话（$N$ 可以再去定义），那么电荷之间的 $9\times10^{14}\mathrm{dyn}$ 可以表示成

$$9\times10^{14}\mathrm{dyn}=\frac{(N\mathrm{esu})^2}{(100\mathrm{cm})^2}\Longrightarrow N^2=9\times18^{18}\Longrightarrow N=3\times10^9 \tag{C.3}$$

因此 1C 等于 $3\times10^9\mathrm{esu}$。我们如果在式（1.2）中使用 $k$ 的更加精确的值，这个结果中的“3”会变成 $\sqrt{8.988}=2.998$，这正好就是光速中出现的 2.998，即 $c=2.998\times10^8\mathrm{m/s}$。下面我们会介绍原因。

如果保持 $k\equiv1/4\pi\varepsilon_0$ 而进行上面的推导的话，会发现这个数值 $3\times10^9$ 实际上就是 $\sqrt{\{k\}\times10^5\times10^4}$，其中给 $k$ 加上花括号为了把它变成没有 SI 单位的纯数字$8.988\times10^9$。（这里的因子 $10^5$和 $10^4$分别来自于达因和厘米的转换。）我们从式（6.8）中知道 $\varepsilon_0=1/\mu_0c^2$，所以有 $k=\mu_0c^2/4\pi$。进一步而言，$\mu_0$ 的数值为 $\{\mu_0\}=4\pi\cdot10^{-7}$，所以 $k$ 的数值为$\{k\}=\{c\}^2\cdot10^{-7}$。因此式（C.3）中出现的数值 $N$ 为

$$N=\sqrt{\{k\}\cdot10^9}=\sqrt{(\{c\}^2\cdot10^{-7})10^9}=\{c\}\cdot10=2.998\cdot10^9\equiv[3]\cdot10^9 \tag{C.4}$$

### C.2.4　势能：伏特（volt，V）和静伏（statvolt）

$$1\mathrm{V}=1\frac{\mathrm{J}}{\mathrm{C}}=\frac{10^7\mathrm{erg}}{[3]\cdot10^9\mathrm{esu}}=\frac{1}{[3]\cdot10^2}\frac{\mathrm{erg}}{\mathrm{esu}}=\frac{1}{[3]\cdot10^2}\mathrm{statvolt} \tag{C.5}$$

### C.2.5 电场：伏/米（V/m）和静伏/厘米（statvolt/cm）

$$1\,\frac{\mathrm{V}}{\mathrm{m}}=\frac{\dfrac{1}{[3]\cdot 10^{2}}\mathrm{statvolt}}{100\mathrm{cm}}=\frac{1}{[3]\cdot 10^{4}}\,\frac{\mathrm{statvolt}}{\mathrm{cm}} \tag{C.6}$$

### C.2.6 电容：法拉（farad，F）和厘米（cm）

$$1\mathrm{F}=1\,\frac{\mathrm{C}}{\mathrm{V}}=\frac{[3]\cdot 10^{9}\mathrm{esu}}{\dfrac{1}{[3]\cdot 10^{2}}\mathrm{statvolt}}=[3]^{2}\cdot 10^{11}\frac{\mathrm{estu}}{\mathrm{statvolt}} \tag{C.7}$$

我们也可以把这个高斯单位写成厘米。这也是正确的，因为 1statvolt = 1esu/cm（因为一个点电荷的电势是 $q/r$），所以 1esu/statvolt = 1cm。因此有

$$1\mathrm{F}=[3]^{2}\cdot 10^{11}\mathrm{cm} \tag{C.8}$$

### C.2.7 电阻：欧姆（ohm，Ω）和秒/厘米（s/cm）

$$1\Omega=1\,\frac{\mathrm{V}}{\mathrm{A}}=1\,\frac{\mathrm{V}}{\mathrm{C/s}}=\frac{\dfrac{1}{[3]\cdot 10^{2}}\mathrm{statvolt}}{[3]\cdot 10^{9}\mathrm{esu/s}}=\frac{1}{[3]^{2}\cdot 10^{11}}\frac{\mathrm{s}}{\mathrm{esu/statvolt}}=\frac{1}{[3]^{2}\cdot 10^{11}}\,\frac{\mathrm{s}}{\mathrm{cm}} \tag{C.9}$$

这里我们用到了 1esu/statvolt = 1cm。

### C.2.8 电阻率：欧·米（Ω·m）和秒（s）

$$1\Omega\cdot\mathrm{m}=\left(\frac{1}{[3]^{2}\cdot 10^{11}}\,\frac{\mathrm{s}}{\mathrm{cm}}\right)(100\mathrm{cm})=\frac{1}{[3]^{2}\cdot 10^{9}}\mathrm{s} \tag{C.10}$$

### C.2.9 电感：亨利（henry，H)）和 $\mathrm{s}^2$/cm

$$1\mathrm{H}=1\,\frac{\mathrm{V}}{\mathrm{A/s}}=1\,\frac{\mathrm{V}}{\mathrm{C/s^{2}}}=\frac{\dfrac{1}{[3]\cdot 10^{2}}\mathrm{statvolt}}{[3]\cdot 10^{9}\mathrm{esu/s^{2}}}=\frac{1}{[3]^{2}\cdot 10^{11}}\,\frac{\mathrm{s}^{2}}{\mathrm{esu/statvolt}}$$

$$=\frac{1}{[3]^{2}\cdot 10^{11}}\,\frac{\mathrm{s}^{2}}{\mathrm{cm}} \tag{C.11}$$

这里我们用到了 1esu/statvolt = 1cm。

### C.2.10 磁场 $B$：特斯拉（tela，T）和高斯（guass，G）

考虑一个电荷量为 1C 的点电荷，它以 1m/s 的速度沿着垂直于磁场的方向运动，磁场的强度为 1T。从式（6.1）我们知道这个电荷受到的力为 1N。让我们把这个情况再在高斯系统中用包含因子 $c$ 的那个关系式（6.9）来表示一下。我们知道 $1\mathrm{N}=10^{5}\mathrm{dyn}$，并且 $1\mathrm{C}=[3]\times 10^{9}\mathrm{esu}$。如果我们使 $1\mathrm{T}=N\mathrm{G}$，那么式（6.9）表达的这个情况为

$$10^5\,\mathrm{dyn}=\frac{[3]\cdot 10^9\,\mathrm{esu}}{[3]\cdot 10^{10}\,\mathrm{cm/s}}\left(100\,\frac{\mathrm{cm}}{\mathrm{s}}\right)(N\mathrm{G}) \tag{C.12}$$

因为 1G 等于 1dyn/esu，所有的单位都抵消了（肯定是这样的），这样我们得到 $N=10^4$，这个与我们预期的结果一致。这个结果是准确的，因为两个因子［3］是相互抵消的。

## C.2.11 磁场 $H$：安/米（A/m）和奥斯特（Oe）

这两个单位制中 $H$ 的定义是不一样的（在 SI 的定义中有一个 $\mu_0$），所以我们需要多加注意。想象一下，真空中有一个 1T 的磁场 $B$。这两个单位制度中和这个 $B$ 对应的 $H$ 各是什么呢？在高斯系统中，$B$ 是 $10^4$G。但是真空条件下高斯单位中 $H=B$，所以 $H=10^4$Oe，因为 1Oe 和 1G 的单位是相等的。在 SI 系统中我们有（你应该验证一下这些单位）

$$H=\frac{B}{\mu_0}=\frac{1\mathrm{T}}{4\pi\cdot 10^{-7}\mathrm{kg}\cdot\mathrm{m/C^2}}=\frac{10^7}{4\mu}\ \frac{\mathrm{A}}{\mathrm{m}} \tag{C.13}$$

因为这等价于 $10^4$Oe，所以我们得到 $1\mathrm{A/m}=4\pi\cdot 10^{-3}\mathrm{Oe}$。或者说 1Oe 大概等于 80A/m。

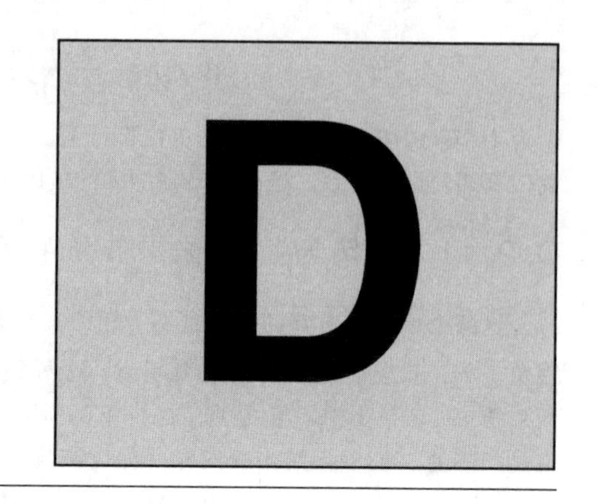

# 附录D　SI和高斯单位制中的公式

下面几页中列出了这本书中在SI和高斯单位制中所有的主要结果。在看到两种单位制下对应的公式以后，你会发现SI到高斯单位的转换中包含了三种转换中的一种或几种，下面将给予讨论。

当然，即便某个公式在两个单位制中的形式是完全一样的，它们表达的意义也不是一样的。比如在两个单位制系统中，力和电场的关系式是一样的：$F=qE$。但是在SI系统中这个表达式的意思是把1C的电荷放在1V/m的电场中受到的力是1N，而在高斯系统中的意思则是，把一个1 esu的电荷放在1statvolt/cm的电场中受到的力是1dyn。我们所说的两个公式"一样"的意思是写成的表达式看起来是相同的，但是在两个系统中这些字母所表达的东西是不同的。

从SI到高斯单位制的三种基本的转换形式列在了D.1节~D.3节中。从D.4开始列出所有的公式。

## D.1　消去$\varepsilon_0$和$\mu_0$

本书的出发点是式（1.4）的库仑定律。这个定律在SI中的表达式包含一个因子$1/4\pi\varepsilon_0$，而在高斯单位中却没有这个因子（或者说这个因子是1）。为了从SI单位制向高斯单位制转变，我们需要设$4\pi\varepsilon_0=1$，或者说是$\varepsilon_0=1/4\pi$（我们下面会看到，或许还会有其他的一些改变）。也就是说，需要去掉式子中出现的所有$4\pi\varepsilon_0$因子，或者用$1/4\pi$替换掉所有的$\varepsilon_0$。在很多式子中，做到这些也就够了。诸如：D.4节列表中的式（1.31）表示的高斯定理；[1] 式（1.39）和式（1.40）表示的线电荷或者面电荷产生的电场；式（1.53）表示的电场的能量；以及式（3.10）和式（3.15）代表的球体或者平行极板的电容等。

$\varepsilon_0\to1/4\pi$的这种转换，必然带来的就是$\mu_0\to4\pi/c^2$的转换。我们在第6章中通过定义$\mu_0\equiv1/\varepsilon_0c^2$引入了$\mu_0$，所以如果我们用$1/4\pi$来替换$\varepsilon_0$，那么就必须同时用$4\pi/c^2$来替换$\mu_0$。$\mu_0\to4\pi/c^2$这种转换的一个例子就是两个载有电流的导线之间的相互作用力，即式（6.15）。

利用这种转换规律，也可以从高斯单位制向SI单位制进行转换，尽管操作过程中会有些复杂。这个转换必须（至少对于与$\varepsilon_0$和$\mu_0$相关的转换中是必须的）引入因子为$4\pi\varepsilon_0$（和$4\pi/\mu_0c^2$是等价的）的乘法。因为$\varepsilon_0$有一个$C^2\cdot s^2\cdot kg^{-1}\cdot m^{-3}$的单位，所以这样只需要一次操作就可以

1　D.4节中SI和高斯单位制的公式并列出现时的"双"等号，是根据SI中的公式中的数值确定的。

保证得到的 SI 表达式中的单位是正确的。比如，高斯单位制中对于电荷量为 $2\pi\sigma$ 的面电荷产生的电场的表达式为下面的列表中的式（1.40），所以 SI 中的表达式一定是 $2\pi\sigma(4\pi\varepsilon_0)^n$ 的形式。你可以很快地证明 $2\pi\sigma(4\pi\varepsilon_0)^{-1}=\sigma/2\varepsilon_0$ 正好有一个电场的单位（需要核对一下四个基础单位 kg、m、s、C 的指数就可以）。

## D.2　把 $B$ 变成 $B/c$

如果所有的量在两个单位制系统中的定义都是一样的（包括因子 $4\pi\varepsilon_0$ 和 $4\pi/\mu_0c^2$），那么上面的包含 $\varepsilon_0$ 和 $\mu_0$ 的规律对于从 SI 到高斯单位制中的转换都可以适用。但是，不巧的是，两个系统中某些单位的定义方式并不是一样的。所以我们在不了解这些定义的情况下是不能从一个系统中向另一个系统中转变的。

最值得注意的一个例子是，两个系统中对磁场的定义的不同。在 SI 单位制中洛伦兹力（或者说其中的磁场部分）为 $\boldsymbol{F}=q\boldsymbol{v}\times\boldsymbol{B}$，但是在高斯单位制中是 $\boldsymbol{F}=(q/c)\boldsymbol{v}\times\boldsymbol{B}$。因此要把一个 SI 单位制中的式子变换到高斯单位制中的式子，我们需要把所有的 $B$ 替换成 $B/c$（对于矢势 $A$ 也是如此）。其中的一个例子就是无限长的导线产生的磁场 $B$，即式（6.6）。在 SI 单位制中我们有 $B=\mu_0I/2\pi r$。对其中的 $\mu_0$ 和 $B$ 使用上面的规律，高斯单位制中的 $B$ 就变成了下面的形式：

$$B=\frac{\mu_0I}{2\pi r}\longrightarrow\left(\frac{B}{c}\right)=\left(\frac{4\pi}{c^2}\right)\frac{I}{2\pi r}\Longrightarrow B=\frac{2I}{rc}\tag{D.1}$$

这个答案是正确的。采用 $B\to B/c$ 的转换规律的另外一些例子有：安培定律，即式（6.19）和式（6.25）；洛伦兹力，即式（6.76）；以及磁场中的能量，即式（7.79）。

## D.3　其他定义的差别

上面的两个转换方法对于前 9 章的公式都是适用的，但是在第 10 章和第 11 章我们遇到了一些新的物理量（$\chi_e$、$D$、$H$ 等），并且由于历史的原因，这些物理量在两个单位系统中的定义大部分都是不同的。[2] 比如在对式（10.41）应用 $\varepsilon_0\to1/4\pi$ 的操作之后，我们看到在 SI 单位制到高斯单位的转换中还需要把 $\chi_e$ 换成 $4\pi\chi_e$。所以高斯单位制中的表达式为

$$\chi_e=\frac{P}{\varepsilon_0E}\longrightarrow(4\pi\chi_e)=\left(\frac{4\pi}{1}\right)\frac{P}{E}\Longrightarrow\chi_e=\frac{P}{E}\tag{D.2}$$

这个式子是正确的。$\chi_e\to4\pi\chi_e$ 这个转换规律和式（10.42）是一致的。近似地，式（10.63）可以代表用 $D/4\pi$ 来替代 $D$ 的例子。

在磁场方面的一些例子如下。式（11.9）表示了在从 SI 到高斯单位制的转变过程中用 $c\boldsymbol{m}$ 来替代 $\boldsymbol{m}$（对于 $\boldsymbol{M}$ 也一样）的方法（因为 $\boldsymbol{m}=I\boldsymbol{\alpha}\to c\boldsymbol{m}=I\boldsymbol{\alpha}\Longrightarrow\boldsymbol{m}=I\boldsymbol{\alpha}/c$，这就是在高斯单位制下的正确表达形式）。同样地，式（11.69）和式（11.70）展示了用（$c/4\pi$）$\boldsymbol{H}$ 来替换 $\boldsymbol{H}$ 的方法。式（11.68）就符合这样的规律，我们可以验证一下。SI 中对 $\boldsymbol{H}$ 的表达式，转换到高斯单位制后变成了如下的形式：

2　这个带有 $B$ 的情况仅仅是这些区别中的一个简单的例子，但是我们把它拿出来另做讨论，这是因为磁场 $B$ 在这本书中出现的频率要远高于其他的物理量。

$$\boldsymbol{H}=\frac{1}{\mu_0}\boldsymbol{B}-\boldsymbol{M}\longrightarrow\left(\frac{c}{4\pi}\boldsymbol{H}\right)=\left(\frac{c^2}{4\pi}\right)\left(\frac{\boldsymbol{B}}{c}\right)-(c\boldsymbol{M})\Longrightarrow\boldsymbol{H}=\boldsymbol{B}-4\pi\boldsymbol{M} \quad (D.3)$$

这就是高斯单位制中的标准表达式。尽管我们可以记住所有这些区别，以便在转换过程中随心使用，但是在第10章和第11章中，这种有差别的公式太多了，在你用到它们的时候还不如随时去查表更容易一些。但是对于1~9章，利用前两个规律你就可以在工作过程中省下很多力气，这两个规律就是：(1)$\varepsilon_0\to1/4\pi$，$\mu_0\to4\pi/c^2$，以及（2）$B\to B/c$。

## D.4　公式

在下面的几页中，首先给出SI单位制中的公式，然后给出高斯单位制中的对应的公式。

### 第1章

| | | |
|---|---|---|
| 库仑定律（1.4）： | $\boldsymbol{F}=\frac{1}{4\pi\varepsilon_0}\frac{q_1q_2\hat{\boldsymbol{r}}}{r^2}$ | $\boldsymbol{F}=\frac{q_1q_2\hat{\boldsymbol{r}}}{r^2}$ |
| 势能（1.9）： | $U=\frac{1}{4\pi\varepsilon_0}\frac{q_1q_2}{r}$ | $U=\frac{q_1q_2}{r}$ |
| 电场（1.20）： | $\boldsymbol{E}=\frac{1}{4\pi\varepsilon_0}\frac{q\hat{\boldsymbol{r}}}{r^2}$ | $\boldsymbol{E}=\frac{q\hat{\boldsymbol{r}}}{r^2}$ |
| 电场和力（1.21）： | $\boldsymbol{F}=q\boldsymbol{E}$ | （相同） |
| 通量（1.26）： | $\Phi=\int\boldsymbol{E}\cdot\mathrm{d}\boldsymbol{a}$ | （相同） |
| 高斯定理（1.31）： | $\int\boldsymbol{E}\cdot\mathrm{d}\boldsymbol{a}=\frac{q}{\varepsilon_0}$ | $\int\boldsymbol{E}\cdot\mathrm{d}\boldsymbol{a}=4\pi q$ |
| 线电荷的电场（1.39）： | $E_r=\frac{\lambda}{2\pi\varepsilon_0 r}$ | $E_r=\frac{2\lambda}{r}$ |
| 面电荷的电场（1.40）： | $E=\frac{\sigma}{2\varepsilon_0}$ | $E=2\pi\sigma$ |
| 穿过面的 $\Delta E$（1.41）： | $\Delta\boldsymbol{E}=\frac{\sigma}{\varepsilon_0}\hat{\boldsymbol{n}}$ | $\Delta\boldsymbol{E}=4\pi\sigma\hat{\boldsymbol{n}}$ |
| 球面附近的电场（1.42）： | $E_r=\frac{\sigma}{\varepsilon_0}$ | $E_r=4\pi\sigma$ |
| 面上的 $F$/(面积)（1.49）： | $\frac{F}{A}=\frac{1}{2}(E_1+E_2)\sigma$ | （相同） |
| 电场内的能量（1.53）： | $U=\frac{\varepsilon_0}{2}\int E^2\mathrm{d}v$ | $U=\frac{1}{8\pi}\int E^2\mathrm{d}v$ |

### 第2章

| | | |
|---|---|---|
| 电势能（2.4）： | $\phi=-\int\boldsymbol{E}\cdot\mathrm{d}\boldsymbol{s}$ | （相同） |
| 电场和电势（2.16）： | $\boldsymbol{E}=-\nabla\phi$ | （相同） |

| | | |
|---|---|---|
| 势能和电荷密度（2.18）： | $\phi=\int\frac{\rho \mathrm{d}v}{4\pi\varepsilon_0 r}$ | $\phi=\int\frac{\rho \mathrm{d}v}{r}$ |
| 势能（2.31）： | $U=\frac{1}{2}\int\rho\phi \mathrm{d}v$ | （相同） |
| 偶极子的势能（2.34）： | $\phi=\frac{ql\ \cos\theta}{4\pi\varepsilon_0 r^2}$ | $\phi=\frac{ql\ \cos\theta}{r^2}$ |
| 偶极矩（2.34）： | $p=ql$ | （相同） |
| 偶极场（2.35）： | $\boldsymbol{E}=\frac{ql}{4\pi\varepsilon_0 r^3}\ (2\cos\theta\hat{\boldsymbol{r}}+\sin\theta\hat{\boldsymbol{\theta}})$ | $\boldsymbol{E}=\frac{ql}{r^3}\ (2\cos\theta\hat{\boldsymbol{r}}+\sin\theta\hat{\boldsymbol{\theta}})$ |
| 散度定理（2.48）： | $\int_S\boldsymbol{F}\cdot \mathrm{d}\boldsymbol{a}=\int_V \mathrm{div}\boldsymbol{F}\mathrm{d}v$ | （相同） |
| $\boldsymbol{E}$ 和 $\rho$（2.51）： | $\mathrm{div}\boldsymbol{E}=\frac{\rho}{\varepsilon_0}$ | $\mathrm{div}\boldsymbol{E}=4\pi\rho$ |
| $\boldsymbol{E}$ 和 $\phi$（2.69）： | $\mathrm{div}\boldsymbol{E}=-\nabla^2\phi$ | （相同） |
| $\phi$ 和 $\rho$（2.71）： | $\nabla^2\phi=-\frac{\rho}{\varepsilon_0}$ | $\nabla^2\phi=-4\pi\rho$ |
| 斯托克斯定理（2.82）： | $\int_C\boldsymbol{F}\cdot \mathrm{d}\boldsymbol{s}=\int_S \mathrm{curl}\boldsymbol{F}\cdot \mathrm{d}\boldsymbol{a}$ | （相同） |

## 第 3 章

| | | |
|---|---|---|
| 电荷和电容（3.7）： | $Q=C\phi$ | （相同） |
| 球体的 $C$（3.10）： | $C=4\pi\varepsilon_0 a$ | $C=a$ |
| 平行板的 $C$（3.15）： | $C=\frac{\varepsilon_0 A}{s}$ | $C=\frac{A}{4\pi s}$ |
| 电容器中的能量（3.29）： | $U=\frac{1}{2}C\phi^2$ | （相同） |

## 第 4 章

| | | |
|---|---|---|
| 电流，电流密度（4.7）： | $I=\int\boldsymbol{J}\cdot \mathrm{d}\boldsymbol{a}$ | （相同） |
| $\boldsymbol{J}$ 和 $\rho$（4.10）： | $\mathrm{div}\boldsymbol{J}=-\frac{\partial\rho}{\partial t}$ | （相同） |
| 电导率（4.11）： | $\boldsymbol{J}=\sigma\boldsymbol{E}$ | （相同） |
| 欧姆定律（4.12）： | $V=IR$ | （相同） |
| 电阻率（4.16）： | $\boldsymbol{J}=\left(\frac{1}{\rho}\right)\boldsymbol{E}$ | （相同） |
| 电阻，电阻率（4.17）： | $R=\frac{\rho L}{A}$ | （相同） |
| 功率（4.31）： | $P=IV=I^2R$ | （相同） |

$R$，$C$ 时间常量（4.43）：　$\tau = RC$　（相同）

## 第 5 章

洛伦兹力（5.1）：　$\boldsymbol{F} = q\boldsymbol{E} + q\boldsymbol{v}\times\boldsymbol{B}$　$\boldsymbol{F} = q\boldsymbol{E} + \frac{q}{c}\boldsymbol{v}\times\boldsymbol{B}$

区域电荷（5.2）：　$Q = \varepsilon_0 \int \boldsymbol{E}\cdot \mathrm{d}\boldsymbol{a}$　$Q = \frac{1}{4\pi}\int \boldsymbol{E}\cdot \mathrm{d}\boldsymbol{a}$

$E$ 的变化（5.7）：　$E'_{\parallel} = E_{\parallel}$，$E'_{\perp} = \gamma E_{\perp}$　（相同）

移动电荷 $Q$ 的 $E$（5.15）：　$E' = \frac{Q}{4\pi\varepsilon_0 r'^2}\frac{1-\beta^2}{(1-\beta^2\sin^2\theta')^{3/2}}$

$$E' = \frac{Q}{r'^2}\frac{1-\beta^2}{(1-\beta^2\sin^2\theta')^{3/2}}$$

$F$ 的变化（5.17）：　$\frac{\mathrm{d}p_{\parallel}}{\mathrm{d}t} = \frac{\mathrm{d}p'_{\parallel}}{\mathrm{d}t'}$，$\frac{\mathrm{d}p_{\perp}}{\mathrm{d}t} = \frac{1}{\gamma}\frac{\mathrm{d}p'_{\perp}}{\mathrm{d}t'}$（相同）

电流之间的力 $F$（5.28）：　$F_y = \frac{qv_x I}{2\pi\varepsilon_0 rc^2}$　$F_y = \frac{2qv_x I}{rc^2}$

## 第 6 章

由线电流产生的 $B$（6.3），（6.6）：$\boldsymbol{B} = \hat{z}\frac{I}{2\pi\varepsilon_0 rc^2} = \hat{z}\frac{\mu_0 I}{2\pi r}$　$\boldsymbol{B} = \hat{z}\frac{2I}{rc}$

光速（6.8）：　$c^2 = \frac{1}{\mu_0\varepsilon_0}$　（没有对应的表达式）

导线受到的力（6.14）：　$F = IBl$　$F = \frac{IBl}{c}$

导线之间的力（6.15）：　$F = \frac{\mu_0 I_1 I_2 l}{2\pi r}$　$F = \frac{2I_1 I_2 l}{c^2 r}$

安培定律（6.19）：　$\int \boldsymbol{B}\cdot \mathrm{d}\boldsymbol{s} = \mu_0 I$　$\int \boldsymbol{B}\cdot \mathrm{d}\boldsymbol{s} = \frac{4\pi}{c}I$

（微分形式）（6.25）：　$\mathrm{curl}\boldsymbol{B} = \mu_0\boldsymbol{J}$　$\mathrm{curl}\boldsymbol{B} = \frac{4\pi}{c}\boldsymbol{J}$

矢势（6.32）：　$\boldsymbol{B} = \mathrm{curl}\boldsymbol{A}$　（相同）

$\boldsymbol{A}$ 和 $\boldsymbol{J}$（6.44）：　$\boldsymbol{A} = \frac{\mu_0}{4\pi}\int\frac{\boldsymbol{J}\mathrm{d}v}{r}$　$\boldsymbol{A} = \frac{1}{c}\int\frac{\boldsymbol{J}\mathrm{d}v}{r}$

毕萨定律（6.49）：　$\mathrm{d}\boldsymbol{B} = \frac{\mu_0 I}{4\pi}\frac{\mathrm{d}\boldsymbol{l}\times\hat{\boldsymbol{r}}}{r^2}$　$\mathrm{d}\boldsymbol{B} = \frac{I}{c}\frac{\mathrm{d}\boldsymbol{l}\times\hat{\boldsymbol{r}}}{r^2}$

螺线管中的 $\boldsymbol{B}$（6.57）：　$B_z = \mu_0 nI$　$B_z = \frac{4\pi nI}{c}$

穿过平面的 $\Delta B$（6.58）：　$\Delta B = \mu_0\mathcal{J}$　$\Delta B = \frac{4\pi\mathcal{J}}{c}$

| | SI | 高斯 |
|---|---|---|
| 在面上 $F$/(面积)(6.63): | $\frac{F}{A}=\frac{(B_z^+)^2-(B_z^-)^2}{2\mu_0}$ | $\frac{F}{A}=\frac{(B_z^+)^2-(B_z^-)^2}{8\pi}$ |
| $\boldsymbol{E}$, $\boldsymbol{B}$ 的转换(6.76): | $\boldsymbol{E}'_{\parallel}=\boldsymbol{E}_{\parallel}$ | (相同) |
| | $\boldsymbol{B}'_{\parallel}=\boldsymbol{B}_{\parallel}$ | (相同) |
| | $\boldsymbol{E}'_{\perp}=\gamma(\boldsymbol{E}_{\perp}+\beta\times c\boldsymbol{B}_{\perp})$ | $\boldsymbol{E}'_{\perp}=\gamma(\boldsymbol{E}_{\perp}+\beta\times\boldsymbol{B}_{\perp})$ |
| | $c\boldsymbol{B}'_{\perp}=\gamma(c\boldsymbol{B}_{\perp}-\beta\times\boldsymbol{E}_{\perp})$ | $\boldsymbol{B}'_{\perp}=\gamma(\boldsymbol{B}_{\perp}-\beta\times\boldsymbol{E}_{\perp})$ |
| 霍尔电场 $\boldsymbol{E}_t$(6.84): | $\boldsymbol{E}_t=\frac{-\boldsymbol{J}\times\boldsymbol{B}}{nq}$ | $\boldsymbol{E}_t=\frac{-\boldsymbol{J}\times\boldsymbol{B}}{nqc}$ |

## 第 7 章

| | | |
|---|---|---|
| 电动势(7.5): | $\mathscr{E}=\frac{1}{q}\boldsymbol{f}\cdot\mathrm{d}\boldsymbol{s}$ | (相同) |
| 法拉第定律(7.26): | $\mathscr{E}=-\frac{\mathrm{d}\Phi}{\mathrm{d}t}$ | $\mathscr{E}=-\frac{1}{c}\frac{\mathrm{d}\Phi}{\mathrm{d}t}$ |
| (微分形式)(7.31): | $\mathrm{curl}\boldsymbol{E}=-\frac{\partial\boldsymbol{B}}{\partial t}$ | $\mathrm{curl}\boldsymbol{E}=-\frac{1}{c}\frac{\partial\boldsymbol{B}}{\partial t}$ |
| 互感[系数](7.37),(7.38): | $\mathscr{E}_{21}=-M_{21}\frac{\mathrm{d}I_1}{\mathrm{d}t}$ | (相同) |
| 自感[系数](7.57),(7.58): | $\mathscr{E}_{11}=-L_1\frac{\mathrm{d}I_1}{\mathrm{d}t}$ | (相同) |
| 线圈的 $L$(7.62): | $L=\frac{\mu_0N^2h}{2\pi}\ln\left(\frac{b}{a}\right)$ | $L=\frac{2N^2h}{c^2}\ln\left(\frac{b}{a}\right)$ |
| $R$, $L$ 时间常数(7.69): | $\tau=L/R$ | (相同) |
| 电感器中的能量(7.74): | $U=\frac{1}{2}LI^2$ | (相同) |
| 磁场 $B$ 中的能量(7.79): | $U=\frac{1}{2\mu_0}\int B^2\mathrm{d}v$ | $U=\frac{1}{8\pi}\int B^2\mathrm{d}v$ |

## 第 8 章

| | | |
|---|---|---|
| $RLC$ 时间常量(8.8): | $\tau=\frac{1}{\alpha}=\frac{2L}{R}$ | (相同) |
| $RLC$ 频率(8.9): | $\omega=\sqrt{\frac{1}{LC}-\frac{R^2}{4L^2}}$ | (相同) |
| $Q$ 因子(8.12): | $Q=\omega\cdot\frac{\text{能量}}{\text{功率}}$ | (相同) |
| 串联 $RLC$ 电路中的 $I_0$(8.38): | $I_0=\frac{\varepsilon_0}{\sqrt{R^2+(\omega L-1/\omega C)^2}}$ | (相同) |
| $RLC$ 串联电路中的 $\phi$(8.39): | $\tan\phi=\frac{1}{R\omega C}-\frac{\omega L}{R}$ | (相同) |

| | | |
|---|---|---|
| 共振 $\omega$ (8.41)： | $\omega_0=\dfrac{1}{\sqrt{LC}}$ | （相同） |
| 弯曲的 $I$ 的宽度 (8.45)： | $\dfrac{2\|\Delta\omega\|}{\omega_0}=\dfrac{1}{Q}$ | （相同） |
| 导纳 (8.61)： | $\widetilde{I}=Y\widetilde{V}$ | （相同） |
| 阻抗 (8.62)： | $\widetilde{V}=Z\widetilde{I}$ | （相同） |
| 阻抗（表 8.1）： | $R$，$i\omega L$，$-i/\omega C$ | （相同） |
| 电阻上的平均功率 (8.81)： | $\overline{P}_R=\dfrac{V_{rms}^2}{R}$ | （相同） |
| 平均功率（通式）(8.85)： | $\overline{P}=V_{rms}I_{rms}\cos\phi$ | （相同） |

## 第 9 章

| | | |
|---|---|---|
| 位移电流 (9.15)： | $\boldsymbol{J}_d=\varepsilon_0\dfrac{\partial\boldsymbol{E}}{\partial t}$ | $\boldsymbol{J}_d=\dfrac{1}{4\pi}\dfrac{\partial\boldsymbol{E}}{\partial t}$ |
| 麦克斯韦方程组 (9.17)： | $\mathrm{curl}\boldsymbol{E}=-\dfrac{\partial\boldsymbol{B}}{\partial t}$ | $\mathrm{curl}\boldsymbol{E}=-\dfrac{1}{c}\dfrac{\partial\boldsymbol{B}}{\partial t}$ |
| | $\mathrm{curl}\boldsymbol{B}=\mu_0\varepsilon_0\dfrac{\partial\boldsymbol{E}}{\partial t}+\mu_0\boldsymbol{J}$ | $\mathrm{curl}\boldsymbol{B}=\dfrac{1}{c}\dfrac{\partial\boldsymbol{E}}{\partial t}+\dfrac{4\pi}{c}\boldsymbol{J}$ |
| | $\mathrm{div}\boldsymbol{E}=\dfrac{\rho}{\varepsilon_0}$ | $\mathrm{div}\boldsymbol{E}=4\pi\rho$ |
| | $\mathrm{div}\boldsymbol{B}=0$ | （相同） |
| 波速 (9.26) (9.27)： | $v=\dfrac{1}{\sqrt{\mu_0\varepsilon_0}}=c$ | $v=c$ |
| $E$，$B$ 的振幅 (9.26)，(9.27)： | $E_0=\dfrac{B_0}{\sqrt{\mu_0\varepsilon_0}}=cB_0$ | $E_0=B_0$ |
| 功率密度 (9.34)： | $S=\varepsilon_0\overline{E^2}c$ | $S=\dfrac{\overline{E^2}c}{4\pi}$ |
| 坡印廷矢量 (9.42)： | $S=\dfrac{\boldsymbol{E}\times\boldsymbol{B}}{\mu_0}$ | $S=\dfrac{c}{4\pi}\boldsymbol{E}\times\boldsymbol{B}$ |
| 恒等式 1 (9.51)： | $\boldsymbol{E}'\cdot\boldsymbol{B}'=\boldsymbol{E}\cdot\boldsymbol{B}$ | （相同） |
| 恒等式 2 (9.51)： | $E'^2-c^2B'^2=E^2-c^2B^2$ | $E'^2-B'^2=E^2-B^2$ |

## 第 10 章

| | | |
|---|---|---|
| 介电常数 (10.3)： | $\kappa=Q/Q_0$ | （相同） |
| 偶极矩 (10.13)： | $\boldsymbol{p}=\int\boldsymbol{r}'\rho\mathrm{d}v'$ | （相同） |
| 偶极势 (10.14)： | $\phi(\boldsymbol{r})=\dfrac{\hat{\boldsymbol{r}}\cdot\boldsymbol{p}}{4\pi\varepsilon_0r^2}$ | $\phi(\boldsymbol{r})=\dfrac{\hat{\boldsymbol{r}}\cdot\boldsymbol{p}}{r^2}$ |
| 偶极子 ($E_r$，$E_\theta$) (10.18)： | $\dfrac{p}{4\pi\varepsilon_0r^3}(2\cos\theta,\ \sin\theta)$ | $\dfrac{p}{r^3}(2\cos\theta,\ \sin\theta)$ |

偶极子的转矩（10.21）：　$\boldsymbol{N}=\boldsymbol{p}\times\boldsymbol{E}$　（相同）

偶极子受力（10.26）：　$F_x=\boldsymbol{p}\cdot\mathrm{grad}E_x$　（相同）

极化率（10.29）：　$\boldsymbol{p}=\alpha\boldsymbol{E}$　（相同）

极化密度（10.31）：　$\boldsymbol{P}=\boldsymbol{p}N$　（相同）

圆柱体的 $\phi$（10.34）：　$\phi=\dfrac{p\mathrm{d}a}{4\pi\varepsilon_0}\left(\dfrac{1}{r_2}-\dfrac{1}{r_1}\right)$　$\phi=P\mathrm{d}a\left(\dfrac{1}{r_2}-\dfrac{1}{r_1}\right)$

面密度（10.35）：　$\sigma=P$　（相同）

平均电场（10.37）：　$\langle\boldsymbol{E}\rangle=-\dfrac{\boldsymbol{P}}{\varepsilon_0}$　$\langle\boldsymbol{E}\rangle=-4\pi\boldsymbol{P}$

磁化系数（10.41）：　$\chi_{\mathrm{e}}=\dfrac{P}{\varepsilon_0E}$　$\chi_{\mathrm{e}}=\dfrac{P}{E}$

$\chi_{\mathrm{e}}$ 和 $\kappa$（10.42）：　$\chi_{\mathrm{e}}=\kappa-1$　$\chi_{\mathrm{e}}=\dfrac{\kappa-1}{4\pi}$

球体极点处的 $\boldsymbol{E}$（10.47）：　$\boldsymbol{E}_{内}=-\dfrac{\boldsymbol{P}}{3\varepsilon_0}$　$\boldsymbol{E}_{内}=-\dfrac{4\pi\boldsymbol{P}}{3}$

介电常数（10.56）：　$\varepsilon=\kappa\varepsilon_0$　（没有对应的表达式）

$\boldsymbol{P}$ 的散度（10.61）：　$\mathrm{div}\boldsymbol{P}=-\rho_{边界}$　（相同）

电位移矢量 $\boldsymbol{D}$（10.63）：　$\boldsymbol{D}=\varepsilon_0\boldsymbol{E}+\boldsymbol{P}$　$\boldsymbol{D}=\boldsymbol{E}+4\pi\boldsymbol{P}$

$\boldsymbol{D}$ 的散度（10.64）：　$\mathrm{div}\boldsymbol{D}=\rho_{自由}$　$\mathrm{div}\boldsymbol{D}=4\pi\rho_{自由}$

线性的 $\boldsymbol{D}$（10.65）：　$\boldsymbol{D}=\varepsilon\boldsymbol{E}$　$\boldsymbol{D}=\kappa\boldsymbol{E}$

弱场 $\boldsymbol{E}$ 的 $\chi_{\mathrm{e}}$（10.73）：　$\chi_{\mathrm{e}}\approx\dfrac{Np^2}{\varepsilon_0kT}$　$\chi_{\mathrm{e}}\approx\dfrac{Np^2}{kT}$

边界电流 $\boldsymbol{J}$（10.74）：　$\boldsymbol{J}_{边界}=\dfrac{\partial\boldsymbol{P}}{\partial t}$　（相同）

$\boldsymbol{B}$ 的旋度（10.78）：　$\mathrm{curl}\boldsymbol{B}=\mu_0\dfrac{\partial\boldsymbol{D}}{\partial t}+\mu_0\boldsymbol{J}$　$\mathrm{curl}\,\boldsymbol{B}=\dfrac{1}{c}\dfrac{\partial\boldsymbol{D}}{\partial t}+\dfrac{4\pi}{c}\boldsymbol{J}$

波速（10.83）：　$v=\dfrac{c}{\sqrt{\kappa}}$　（相同）

$E$，$B$ 的振幅（10.83）：　$E_0=\dfrac{cB_0}{\sqrt{\kappa}}=vB_0$　$E_0=\dfrac{B_0}{\sqrt{\kappa}}$

## 第 11 章

极矩（11.9）：　$\boldsymbol{m}=I\boldsymbol{\alpha}$　$\boldsymbol{m}=\dfrac{I\boldsymbol{\alpha}}{c}$

矢势（11.10）：　$\boldsymbol{A}=\dfrac{\mu_0}{4\pi}\dfrac{\boldsymbol{m}\times\hat{\boldsymbol{r}}}{r^2}$　$\boldsymbol{A}=\dfrac{\boldsymbol{m}\times\hat{\boldsymbol{r}}}{r^2}$

磁偶极子（$B_r$，$B_\theta$）（11.15）：　$\dfrac{\mu_0m}{4\pi r^3}(2\cos\theta,\ \sin\theta)$　$\dfrac{m}{r^2}(2\cos\theta,\ \sin\theta)$

磁偶极子受力（11.23）：　$\boldsymbol{F}=\nabla(\boldsymbol{m}\cdot\boldsymbol{B})$　（相同）

电子的轨道角动量（11.29）：　$\boldsymbol{m}=\dfrac{-e}{2m_{\mathrm{e}}}\boldsymbol{L}$　$\boldsymbol{m}=\dfrac{-e}{2m_{\mathrm{e}}c}\boldsymbol{L}$

| | | |
|---|---|---|
| 极化率（11.41）： | $\dfrac{\Delta m}{B}=-\dfrac{e^2r^2}{4m_e}$ | $\dfrac{\Delta m}{B}=-\dfrac{e^2r^2}{4m_ec^2}$ |
| 偶极子的转矩（11.47）： | $\boldsymbol{N}=\boldsymbol{m}\times\boldsymbol{B}$ | （相同） |
| 极化密度（11.51）： | $\boldsymbol{M}=\dfrac{\boldsymbol{m}}{\text{体积}}$ | （相同） |
| 磁化系数$\chi_m$（11.52）： | $\boldsymbol{M}=\chi_m\dfrac{\boldsymbol{B}}{\mu_0}$ | $\boldsymbol{M}=\chi_m\boldsymbol{B}$ |
| 弱磁场$B$的$\chi_{pm}$（11.53）： | $\chi_{pm}\approx\dfrac{\mu_0Nm^2}{kT}$ | $\chi_{pm}\approx\dfrac{Nm^2}{kT}$ |
| 表示密度$\mathcal{J}$（11.55）： | $\mathcal{J}=M$ | $\mathcal{J}=Mc$ |
| 体密度$\boldsymbol{J}$（11.56）： | $\boldsymbol{J}=\mathrm{curl}\boldsymbol{M}$ | $\boldsymbol{J}=c\ \mathrm{curl}\ \boldsymbol{M}$ |
| $\boldsymbol{H}$场（11.68）： | $\boldsymbol{H}=\dfrac{\boldsymbol{B}}{\mu_0}-\boldsymbol{M}$ | $\boldsymbol{H}=\boldsymbol{B}-4\pi\boldsymbol{M}$ |
| $\boldsymbol{H}$的旋量（11.69）： | $\mathrm{curl}\ \boldsymbol{H}=\boldsymbol{J}_{\text{自由}}$ | $\mathrm{curl}\boldsymbol{H}=\dfrac{4\pi}{c}\boldsymbol{J}_{\text{自由}}$ |
| （积分形式）（11.70）： | $\int\boldsymbol{H}\cdot\mathrm{d}\boldsymbol{l}=I_{\text{自由}}$ | $\int\boldsymbol{H}\cdot\mathrm{d}\boldsymbol{l}=\dfrac{4\pi}{c}I_{\text{自由}}$ |
| $\chi_m$（accepted def.）（11.72）： | $\boldsymbol{M}=\chi_m\boldsymbol{H}$ | （相同） |
| 磁导率（11.74）： | $\mu=\mu_0(1+\chi_m)$ | $\mu=1+4\pi\chi_m$ |
| $\boldsymbol{B}$和$\boldsymbol{H}$（11.74）： | $\boldsymbol{B}=\mu\boldsymbol{H}$ | （相同） |

## 附表 H

| | | |
|---|---|---|
| 切向分量$E_\theta$（H.3）： | $E_\theta=\dfrac{qa\sin\theta}{4\pi\varepsilon_0c^2R}$ | $E_\theta=\dfrac{qa\sin\theta}{c^2R}$ |
| 功率（H.7）： | $P_{rad}=\dfrac{q^2a^2}{6\pi\varepsilon_0c^3}$ | $P_{rad}=\dfrac{2q^2a^2}{3c^3}$ |

# 附录E SI和高斯单位之间的准确关系

1983年，在关于重量和距离的国际大会上，官方对“米”进行了重新定义，新的定义为真空中光在1/299792458s的时间内所走过的距离。秒是由某个原子的频率定义的，具体的定义方式我们这里不做讨论。这个九位数是根据最近的对光速测量所得到的最接近于精确值的一个数。在这种定义下，光速也就被定义为299792458m/s。测量一个光脉冲从$A$点到$B$点需要的时间的实验，通常被看成是一个测量$A$和$B$之间的距离的实验而不是用来测量光速的实验。

然而，这一步并没有什么实质的意义，不过这在简化与电磁场相关的单位上确实还是有它的意义的。我们在第9章中学过真空条件下的麦克斯韦方程组，当时给出的是SI单位制，得到的结论是：行波的速度为$c=(\mu_0\varepsilon_0)^{-1/2}$。在SI中常量$\mu_0$被定义为$4\pi\cdot10^{-7}\mathrm{kg\cdot m/C^2}$，而$\varepsilon_0$的值则是由和光速相关的实验得到的，这就需要精确地进行$\varepsilon_0$的实验测量。但是现在$\varepsilon_0$需要一个由下面的这个条件，来确定其精确值：

$$(\mu_0\varepsilon_0)^{-1/2}=299792458\mathrm{m/s} \tag{E.1}$$

在高斯单位制中就没有这个问题，只要是有$c$出现的地方，都会直接清楚地表示出来，并且所有的其他物理量的定义都十分明确。它们都是以静电学中的电荷单位也就是esu开始的，通过库仑定律对其定义时并没有引入其他的因子。

根据对米这个单位的重新定义的结果，即式（E.1），单位系统中这些单位之间的关系可以被认为是很精度的。这些关系中的一些重要物理量，列在附录C中。在列表中符号［3］代表的十进制精确小数为2.99792458。

这个精确的数值很令人生厌，并且对于我们的工作也是没有必要的。其中的［3］和3之间如此接近纯属幸运，这是米和秒之间的一个意外的结果。在百分之0.1的精确度完全能够满足需要的情况下，我们只需要记住“300 V = 1 statvolt”和“$3\times10^9$esu = 1 C”就足够了。如果对精度要求比较低，我们也可以说1cm的电容量等于1pF，其实这种情况下精度也能保持在12%之内。

SI中一个重要的常量是$(\mu_0\varepsilon_0)^{-1/2}$，这是一个以欧姆为单位的电阻量纲。因为$\varepsilon_0=1/\mu_0c^2$，所以这个电阻等于$\mu_0c$。利用$\mu_0$和$c$的精确值，我们得到$(\mu_0\varepsilon_0)^{-1/2}=40\pi\cdot[3]\Omega\approx376.73\Omega$。要记住这个数值，或者用它来进行参照的话，我们可以把这个值记作“377Ω”。这个值正好是以“V/m”为单位的真空中平面波的电场强度的值和以“A/m”为单位的磁场强度值的比值。正因为如此，常量$(\mu_0\varepsilon_0)^{-1/2}$通常用$Z_0$来表示，并且它有一个比较神秘的名字，叫作“真空阻抗”。在真空中传播的平面波中，$E_{\mathrm{rms}}$是以V/m为单位的电场，其传播的功率密度，单位为W/

$m^2$，就可以表示成 $E^2{}_{rms}/Z_0$。

现在 SI 中的电学单位和其他的单位之间的逻辑关系有了一些轻微的不同。在“米”这个单位被重新定义之前，对电学单位的定义都是独立的，这主要是因为：至少在原理上，这些精确的值都是可以用 SI 力学测量单位推导出来的。因此经常要涉及的安培这个量，就是用式（6.15）定义的两个平行的载有电流的导线之间的相互作用力来定义的。这是可以的，因为关系式中的常量 $\mu_0$ 有一个精确的值 $4\pi \cdot 10^{-7}\text{kg} \cdot \text{m/C}^2$。而后再把安培作为基本单位，库仑被定义为 1A · s。而库仑本身由于在库仑定律中存在 $\varepsilon_0$ 而不能作为一个基本单位。现在，由于 $\mu_0$ 和 $\varepsilon_0$ 都有一个精确的值，系统可以把任何一个物理量作为理论的起始点。这样，所有的物理量都是等价的，所以就没有必要去选择一个起始单位。不管这是不是一个有趣的问题，它现在已经成为历史了。

# 附录 F　曲线坐标系

在附录 F 中，我们首先分别列出在笛卡儿坐标系、柱坐标系和球坐标系中的主要的矢量操作运算符（梯度、散度、旋度、拉普拉斯算符）。然后我们对每一个运算符都做一些讨论——定义内容，得到的结果，给出一些例子等。你会发现下面的表达式中有一些看上去很是吓人。然而，在这本书中你不会用到下面的所有的表达式。在接下来的实际应用中，总是会只有一个或者两个分式的值不为零。

## F.1　矢量运算符

### F.1.1　笛卡儿坐标系

$$
\begin{aligned}
\mathrm{d}\boldsymbol{s} &= \mathrm{d}x\hat{\boldsymbol{x}}+\mathrm{d}y\hat{\boldsymbol{y}}+\mathrm{d}z\hat{\boldsymbol{z}} \\
\nabla &= \hat{\boldsymbol{x}}\frac{\partial}{\partial x}+\hat{\boldsymbol{y}}\frac{\partial}{\partial y}+\hat{\boldsymbol{z}}\frac{\partial}{\partial z} \\
\nabla f &= \frac{\partial f}{\partial x}\hat{\boldsymbol{x}}+\frac{\partial f}{\partial y}\hat{\boldsymbol{y}}+\frac{\partial f}{\partial z}\hat{\boldsymbol{z}} \\
\nabla\cdot\boldsymbol{A} &= \frac{\partial A_x}{\partial x}+\frac{\partial A_y}{\partial y}+\frac{\partial A_z}{\partial z} \\
\nabla\times\boldsymbol{A} &= \left(\frac{\partial A_z}{\partial y}-\frac{\partial A_y}{\partial z}\right)\hat{\boldsymbol{x}}+\left(\frac{\partial A_x}{\partial z}-\frac{\partial A_z}{\partial x}\right)\hat{\boldsymbol{y}}+\left(\frac{\partial A_y}{\partial x}-\frac{\partial A_x}{\partial y}\right)\hat{\boldsymbol{z}} \\
\nabla^2 f &= \frac{\partial^2 f}{\partial x^2}+\frac{\partial^2 f}{\partial y^2}+\frac{\partial^2 f}{\partial z^2}
\end{aligned}
\tag{F.1}
$$

### F.1.2　柱坐标系

$$
\begin{aligned}
\mathrm{d}\boldsymbol{s} &= \mathrm{d}x\hat{\boldsymbol{r}}+r\mathrm{d}\theta\hat{\boldsymbol{\theta}}+\mathrm{d}z\hat{\boldsymbol{z}} \\
\nabla &= \hat{\boldsymbol{r}}\frac{\partial}{\partial r}+\hat{\boldsymbol{\theta}}\frac{1}{r}\frac{\partial}{\partial \theta}+\hat{\boldsymbol{z}}\frac{\partial}{\partial z} \\
\nabla f &= \frac{\partial f}{\partial x}\hat{\boldsymbol{r}}+\frac{1}{r}\frac{\partial f}{\partial \theta}\hat{\boldsymbol{\theta}}+\frac{\partial f}{\partial z}\hat{\boldsymbol{z}}
\end{aligned}
$$

$$\nabla\cdot\boldsymbol{A}=\frac{1}{r}\frac{\partial(rA_r)}{\partial r}+\frac{1}{r}\frac{\partial A_\theta}{\partial\theta}+\frac{\partial A_z}{\partial z}$$

$$\nabla\times\boldsymbol{A}=\left(\frac{1}{r}\frac{\partial A_z}{\partial\theta}-\frac{\partial A_\theta}{\partial z}\right)\hat{\boldsymbol{r}}+\left(\frac{\partial A_r}{\partial z}-\frac{\partial A_z}{\partial r}\right)\hat{\boldsymbol{\theta}}+\frac{1}{r}\left(\frac{\partial(rA_\theta)}{\partial r}-\frac{\partial A_r}{\partial\theta}\right)\hat{\boldsymbol{z}}$$

$$\nabla^2 f=\frac{1}{r}\frac{\partial}{\partial r}\left(r\frac{\partial f}{\partial r}\right)+\frac{1}{r^2}\frac{\partial^2 f}{\partial\theta^2}+\frac{\partial^2 f}{\partial z^2} \tag{F.2}$$

### F.1.3　球坐标系

$$\mathrm{d}\boldsymbol{s}=\mathrm{d}r\hat{\boldsymbol{r}}+r\mathrm{d}\theta\hat{\boldsymbol{\theta}}+r\sin\theta\mathrm{d}\phi\hat{\boldsymbol{\phi}}$$

$$\nabla=\hat{\boldsymbol{r}}\frac{\partial}{\partial r}+\hat{\boldsymbol{\theta}}\frac{1}{r}\frac{\partial}{\partial\theta}+\hat{\boldsymbol{\phi}}\frac{1}{r\sin\theta}\frac{\partial}{\partial\phi}$$

$$\nabla f=\frac{\partial f}{\partial r}\hat{\boldsymbol{r}}+\frac{1}{r}\frac{\partial f}{\partial\theta}\hat{\boldsymbol{\theta}}+\frac{1}{r\sin\theta}\frac{\partial f}{\partial\phi}\hat{\boldsymbol{\phi}}$$

$$\nabla\cdot\boldsymbol{A}=\frac{1}{r^2}\frac{\partial(r^2Ar)}{\partial r}+\frac{1}{r\sin\theta}\frac{\partial(A_\theta\sin\theta)}{\partial\theta}+\frac{1}{r\sin\theta}\frac{\partial A_\phi}{\partial\phi}$$

$$\nabla\times\boldsymbol{A}=\frac{1}{r\sin\theta}\left(\frac{\partial(A_\phi\sin\theta)}{\partial\theta}-\frac{\partial A_\theta}{\partial\phi}\right)\hat{\boldsymbol{r}}+\frac{1}{r}\left(\frac{1}{\sin\theta}\frac{\partial A_r}{\partial\phi}-\frac{\partial(rA_\phi)}{\partial r}\right)\hat{\boldsymbol{\theta}}+\frac{1}{r}\left(\frac{\partial(rA_\theta)}{\partial r}-\frac{\partial A_r}{\partial\theta}\right)\hat{\boldsymbol{\phi}}$$

$$\nabla^2 f=\frac{1}{r^2}\frac{\partial}{\partial r}\left(r^2\frac{\partial f}{\partial r}\right)+\frac{1}{r^2\sin\theta}\frac{\partial}{\partial\theta}\left(\sin\theta\frac{\partial f}{\partial\theta}\right)+\frac{1}{r^2\sin^2\theta}\frac{\partial^2 f}{\partial\phi^2} \tag{F.3}$$

## F.2　梯度

标量的梯度是矢量。一个函数$f$的梯度写成$\nabla f$或者 grad $f$，它可以定义[1] 成函数$f$在一个小的变化 d$\boldsymbol{s}$ 上的变化量为

$$\mathrm{d}f=\nabla f\cdot\mathrm{d}\boldsymbol{s} \tag{F.4}$$

矢量$\nabla f$和位置有关，在定义域内的每一个点上都有一个不同的梯度和它对应。

你可能会怀疑，符合式（F.4）的矢量是否真的存在。我们可以说明，如果$f$是一个函数，假如它有三个变量，那么在空间中的每一个点上都会存在一个唯一的矢量$\nabla f$，使得在给定的点附近任何一段距离 d$\boldsymbol{s}$，函数$f$的变换都等于$\nabla f\cdot\mathrm{d}\boldsymbol{s}$。对于为什么一个简单的矢量能对所有的从给定点到可能的距离上的值都适用这个问题，还不是很清楚。但是，这个矢量的存在可以通过两种方法来证明。首先，我们可以直接构建一个矢量$\nabla f$；下面在式（F.5）中我们就会这样做。其次，任何函数（连续的）在距离非常近的两个点附近都可以看成是一个线性的函数，并且对于线性的函数符合式（F.4）的$\nabla f$都是存在的。我们接下来将要证明这是为什么。不过，在解决这个问题前，我们先看一下梯度的一个重要特征。

从式（F.4）的定义中，我们可以很快知道（就像 2.3 节中提到的那样）$\nabla f$是指向函数$f$增长速度最快的方向的。事实上正是如此，因为我们可以把点积$\nabla f\cdot\mathrm{d}\boldsymbol{s}$ 写成$|\nabla f||\mathrm{d}\boldsymbol{s}|\cos\theta$，其中$\theta$是矢量$\nabla f$和矢量 d$\boldsymbol{s}$ 之间的夹角。所以对于一个给定长度的矢量 d$\boldsymbol{s}$，这个点积在$\theta=0$ 的时候取得最大值。所以如果我们想要$f$的变化量最大，就要使这个偏移量 d$\boldsymbol{s}$ 在$\nabla f$的方向上。

1　我们在第 2.3 节中使用的定义跟这个不同，但是我们将会证明这两个定义是等价的。

对于一个比较简单的情况，如果$f$是一个关于两个变量的函数，函数可以表示成$xy$平面上的一个表面。这个表面若是平面的话，即如果有一个小虫子在上面爬动，它会认为这是一个普通的平面。如果我们找到在某个位置的增长速度最快的方向，然后把这条线画在$xy$平面上，最后的结果就是$\nabla f$的方向，参见图 2.5。在垂直于$\nabla f$的方向上，$f$的值是一个常量。$\nabla f$的绝对值大小代表了$f$在单位长度的距离上，$\nabla f$方向上的变化量的大小。等价地，如果我们把增长速度最快的方向看成是一个一维空间，那么这个梯度就成了单一变量函数的标准的微分式。

我们可以再“反向”回去看看，我们把梯度定义为指向函数增长速度最快的那个方向（在指定的那个区域内）的一个矢量，其大小等于在那个方向上函数的变化率。这样就会得到在给定的区域内，对于任何偏移量 d$s$，$f$的变化率由式（F.4）来决定。事实是这样的，因为点积就是在$\nabla f$的方向上得到相距为 d$s$ 的点上的值。这个方向上$f$有一个变化量，而在与其正交的方向上就没有这个变化量。

图 F.1 展示了两个变量的函数的情况。为简单起见，我们假设这个函数所表示的平面与$xy$平面相交于$x$轴。（我们可以对坐标系进行转换和旋转，从而使这种关系始终成立。）它的梯度指向$y$轴方向。图中的$P$点在给定点的正上方。这个方向投在$xy$平面的投影沿着梯度的方向。点$Q$是不在$xy$平面的梯度方向上的距离为 d$s$ 的一点。这个 d$s$ 可以分成沿着$x$轴方向和沿着$y$轴方向的两个分量，其中$x$轴方向上$f$没有变化，$y$轴方向正好为梯度的方向，这个方向会使$f$到$Q$的过程中产生一个变化。

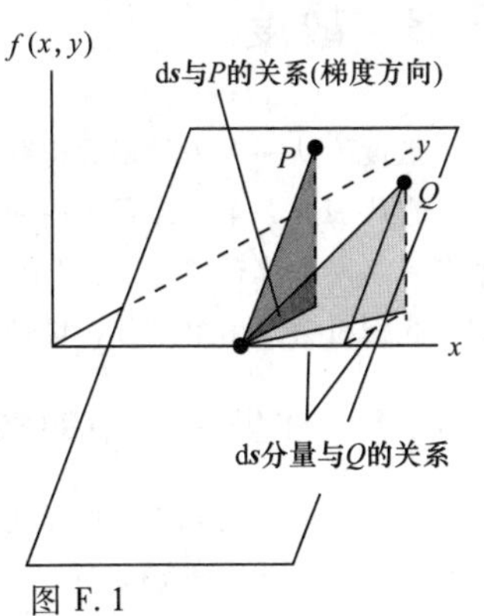

图 F.1
只有梯度方向 d$s$ 的分量引起$f$的变化

前面两个段落解释了为什么式（F.4）定义的矢量$\nabla f$一定是存在的；任何连续的函数在小的区域内都是线性的，并且如果$f$是线性的，那么在每一个点的位置都会有一个唯一的$\nabla f$可以满足式（F.4）。但是就像上面所提到的那样，我们也可以通过假设这样的矢量存在来验证它的存在。让我们首先在笛卡尔坐标系中来计算一下梯度，然后再在球坐标系中来计算。

## F.2.1　笛卡儿坐标系中的梯度

在笛卡儿坐标系中，由于一个微小的位移引起的$f$的变化可以写成

$$df=(\partial f/\partial x)dx+(\partial f/\partial y)dy+(\partial f/\partial z)dz$$

这是三个变量的函数的泰勒级数展开式的开始项部分。小的位移量 d$s$ 就是（d$x$，d$y$，d$z$），所以，如果 d$f$ 等于$\nabla f\cdot$d$s$，我们需要

$$\nabla f=\left(\frac{\partial f}{\partial x},\frac{\partial f}{\partial y},\frac{\partial f}{\partial z}\right)\equiv\frac{\partial f}{\partial x}\hat{\boldsymbol{x}}+\frac{\partial f}{\partial x}\hat{\boldsymbol{y}}+\frac{\partial f}{\partial z}\hat{\boldsymbol{z}}\tag{F.5}$$

这和式（F.1）中的$\nabla f$的表达式是一致的。在 2.3 节中，我们把式（F.5）作为梯度的定义式，并且讨论了它的一些其他特征。

## F.2.2　球坐标系中的梯度

在球坐标系中，$f$的变化量可以写成 $df=(\partial f/\partial r)dr+(\partial f/\partial\theta)d\theta+(\partial f/\partial\phi)d\phi$。然而位移量 d$s$ 的形式相对于笛卡儿坐标系中的形式要复杂多了，它的形式是

$$ds=(dr,rd\theta,r\sin\theta d\phi)\equiv dr\,\hat{\boldsymbol{r}}+r\,d\theta\,\hat{\boldsymbol{\theta}}+r\sin\theta d\phi\,\hat{\boldsymbol{\phi}} \tag{F.6}$$

如果我们要 d$f$ 等于$\nabla f\cdot d\boldsymbol{s}$，则需要

$$\nabla f=\left(\frac{\partial f}{\partial r},\frac{1}{r}\frac{\partial f}{\partial\theta},\frac{1}{r\sin\theta}\frac{\partial f}{\partial\phi}\right)\equiv\frac{\partial f}{\partial r}\hat{\boldsymbol{r}}+\frac{1}{r}\frac{\partial f}{\partial\theta}\hat{\boldsymbol{\theta}}+\frac{1}{r\sin\theta}\frac{\partial f}{\partial\phi}\hat{\boldsymbol{\phi}} \tag{F.7}$$

这和式（F.3）是一致的。

我们看到，（相对比于笛卡儿坐标系中的情况）在梯度定义式中的多余的因子是由 d$\boldsymbol{s}$ 表达式中的单位矢量的系数决定的。相似地，在柱坐标系中梯度的形式，即式（F.2）可以看成是 d$\boldsymbol{s}$ 等于 $dr\hat{\boldsymbol{r}}+rd\theta\hat{\boldsymbol{\theta}}+dz\hat{\boldsymbol{z}}$。因为上面 d$\boldsymbol{s}$ 在算子$\nabla$定义式中的额外因式，也因为$\nabla$算子定义了其他所有的矢量算符，我们看到这个附录中的所有结果都可以追溯到 d$\boldsymbol{s}$ 在不同坐标系中的表达式的不同。比如，在球坐标系中的对旋度的冗长的表达式列在了式（F.3）中，它的一个直接的结果为 $d\boldsymbol{s}=dr\hat{\boldsymbol{r}}+rd\theta\,\hat{\boldsymbol{\theta}}+r\sin\theta d\phi\hat{\boldsymbol{\phi}}$。

## F.3　散度

散度能从一个矢量函数得到一个标量值。一个矢量函数的散度，其定义式列在了式（2.47）中，它代表从一个小体积由内向外的净通量。在2.10节中我们在笛卡儿坐标系中对散度进行了推导，结果为算符$\nabla$和矢量 $\boldsymbol{A}$ 的点乘，即$\nabla\cdot\boldsymbol{A}$。我们这里在柱坐标系中用同样的方法再推导一次。我们将会给出第二种，也是更加详细的推导。在练习题F.2中还有第三种推导过程。

### F.3.1　柱坐标系中的散度，第一种方法

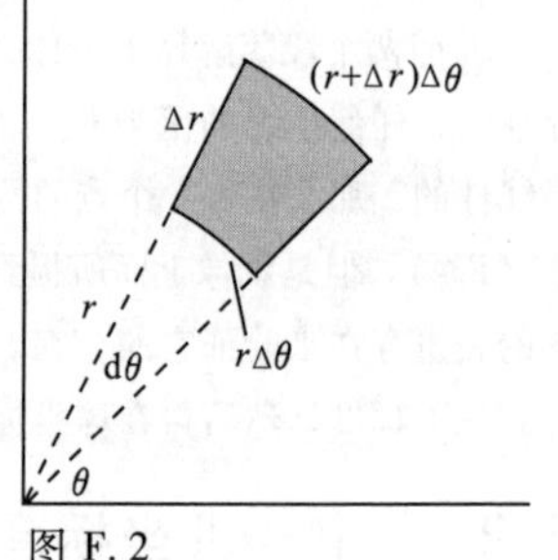

图 F.2
$r$-$\theta$ 平面上的一个小区域

考虑一个像图F.2中那样在 $r$-$\theta$ 平面上的一个小区域，这个小区域覆盖了从 $z$ 到 $z+\Delta z$ 的区间（$\hat{z}$ 的方向指向纸面以外的方向）。让我们首先来看一下矢量场 $\boldsymbol{A}$ 在垂直于 $z$ 轴方向的两个面上所产生的通量。就像在2.10节中那样，在这两个面上只有 $\boldsymbol{A}$ 的 $z$ 方向分量对通量值有贡献。在这个小体积的极限情况下，这两个面的面积为 $r\Delta r\Delta\theta$。在底面上向内的通量为 $A_z(z)r\Delta r\Delta\theta$，同时顶面上向外的通量等于 $A_z(z+\Delta z)r\Delta r\Delta\theta$。为了简化，我们省略掉了 $A_z$ 中 $r$ 和 $\theta$ 的讨论，并且我们选定了指向两个面中心的位置的正方向，就像图2.22中那样。因此向外的净通量为

$$\begin{aligned}\Phi_{z\text{ faces}}&=A_z(z+\Delta z)r\Delta r\Delta\theta-A_z(z)r\Delta r\Delta\theta\\&=\left(\frac{A_z(z+\Delta z)-A_z(z)}{\Delta z}\right)r\Delta r\Delta\theta\Delta z\\&=\frac{\partial A_z}{\partial z}r\Delta r\Delta\theta\Delta z\end{aligned} \tag{F.8}$$

这个向外的通量除以体积 $r\Delta r\Delta\theta\Delta z$，就得到$\partial A_z/\partial z$，这和式（F.2）中的第三个表达式是一致的。这就是我们在2.10节中所使用的式子。毕竟，在柱坐标系中的 $z$ 轴和笛卡儿坐标系中的 $z$ 轴是一样的。比较有研究价值的是 $r$ 坐标。

考虑通过两个面的通量值（用图F.2中的曲线来表示），它们都是垂直于 $r$ 方向的。关键点

在于这两个面的面积是不一样的。上面的那一个比较大。所以通过两个面的通量值的差别不仅仅取决于 $A_r$ 的值，还和面积值有关。通过下部的左面的面向内的通量等于 $A(r)[r\Delta\theta\Delta z]$，同时通过上部的右面的面向外的通量等于 $A_r(r+\Delta r)[(r+\Delta r)\Delta\theta\Delta z]$。和上面一样，我们简化了对 $\theta$ 和对 $z$ 的讨论，并且选取指向面中心的位置。向外的净通量为

$$\begin{aligned}\Phi_{r\ \text{faces}} &= (r+\Delta r)A_r(r+\Delta r)\Delta\theta\Delta z - rA_r(r)\Delta\theta\Delta z \\ &= \left[\frac{(r+\Delta r)A_r(r+\Delta r)-rA_r(r)}{\Delta r}\right]\Delta r\Delta\theta\Delta z \\ &= \frac{\partial(rA_r)}{\partial r}\Delta r\Delta\theta\Delta z \end{aligned} \tag{F.9}$$

用这个向外的净通量除以体积 $r\Delta r\Delta\theta\Delta z$，我们在分母中有一个 $r$ 因子，所以就得到 $(1/r)(\partial(rA_r)/\partial r)$，这和式（F.2）中的第一个分式是一致的。

对于最后的两个面，垂直于 $\theta$ 方向，我们不必考虑面积的不同，所以可以很快得到

$$\begin{aligned}\Phi_{\theta\ \text{faces}} &= A_\theta(\theta+\Delta\theta)\Delta r\Delta z - A_\theta(\theta)\Delta r\Delta z \\ &= \left[\frac{A_\theta(\theta+\Delta\theta)-A_\theta(\theta)}{\Delta\theta}\right]\Delta r\Delta\theta\Delta z \\ &= \frac{\partial A_\theta}{\partial\theta}\Delta r\Delta\theta\Delta z \end{aligned} \tag{F.10}$$

把这个净通量除以体积 $r\Delta r\Delta\theta\Delta z$，我们又会在分母中得到一个 $r$，我们有 $(1/r)(\partial A_\theta/\partial\theta)$，这和式（F.2）中的第二个分式是一致的。

如果你喜欢这种计算方法，你可以在球坐标系中再重复这种除法运算。然而，在任何坐标系中，这种通过除法来计算散度的方法都不是很难，详见练习题 F.3。你可以证明这种通式在球坐标系中会变得更为简单。

## F.3.2 柱坐标系中的散度，第二种方法

让我们通过精确的点乘计算的方法来定义柱坐标系中的散度。

$$\nabla\cdot\boldsymbol{A} = \left(\hat{\boldsymbol{r}}\frac{\partial}{\partial r}+\hat{\boldsymbol{\theta}}\frac{1}{r}\frac{\partial}{\partial\theta}+\hat{z}\frac{\partial}{\partial z}\right)\cdot(\hat{\boldsymbol{r}}A_r+\hat{\boldsymbol{\theta}}A_\theta+\hat{z}A_z) \tag{F.11}$$

第一印象中，式中出现了 $\nabla\cdot\boldsymbol{A}$，这并没有产生式（F.2）中的散度的形式。而得到的后面的两个分式中，第一个分式看起来好像应该把 $(1/r)(\partial(rA_r)/\partial r)$ 换成 $\partial A_r/\partial r$。然而，这个点乘确实是和后面的分式是相符合的。因为我们知道，这个与笛卡儿坐标系是不一样的，在笛卡儿坐标系中单位矢量是和自身的位置相关的。这意味着在式（F.11）中，$\nabla$ 算符的衍生算子同样作用在矢量 $\boldsymbol{A}$ 上。这个情况不能用在笛卡儿坐标系中，因为在笛卡儿坐标系中 $x$、$y$、$z$ 坐标轴的方向都是固定的，但是在这里却是一个例外。把 $\boldsymbol{A}$ 写成（$A_r$，$A_\theta$，$A_z$）的形式会隐藏一些重要的信息。$\boldsymbol{A}$ 的完整的表达式应该是 $\hat{\boldsymbol{r}}A_r+\hat{\boldsymbol{\theta}}A_\theta+\hat{z}A_z$。这里有六个变量（三个矢量和三个分量），并且这些量中任何一个发生变化都会引起 $\boldsymbol{A}$ 的变化。单位矢量的衍生量中的非零

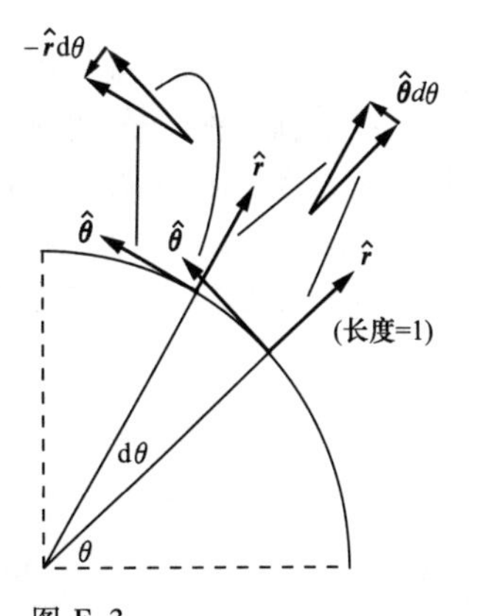


图 F.3
$\hat{\boldsymbol{r}}$，$\hat{\boldsymbol{\theta}}$ 单位矢量与 $\theta$ 的关系

项为

$$\frac{\partial\hat{\boldsymbol{r}}}{\partial\theta}=\hat{\boldsymbol{\theta}} \quad 和 \quad \frac{\partial\hat{\boldsymbol{\theta}}}{\partial\theta}=\hat{\boldsymbol{r}} \tag{F.12}$$

为了说明这些关系，我们可以看一下，如果我们把它们旋转一个角度 $d\theta$ 会对 $\hat{\boldsymbol{r}}$ 和 $\hat{\boldsymbol{\theta}}$ 产生什么影响。因为单位矢量的长度为1，我们从图F.3中可以看到，$\hat{\boldsymbol{r}}$ 会在 $\hat{\boldsymbol{\theta}}$ 方向上引入一个长度为 $d\theta$ 的分量，同时 $\hat{\boldsymbol{\theta}}$ 会在 $-\boldsymbol{r}$ 方向引入一个长度为 $d\theta$ 的分量。九个分式中的其他七个都为零，因为这些单位矢量都是和 $r$，$z$ 无关的，并且 $\hat{z}$ 和 $\theta$ 也是无关的。

我们可以很快看到，由于单位矢量之间的垂直关系，除了式（F.11）中三个不为零的分式以外，还会有另一个分式也不为零：

$$\hat{\boldsymbol{\theta}}\cdot\frac{1}{r}\frac{\partial}{\partial\theta}(\hat{\boldsymbol{r}}A_r)=\hat{\boldsymbol{\theta}}\cdot\frac{1}{r}\left(\frac{\partial\hat{\boldsymbol{r}}}{\partial\theta}A_r+\hat{\boldsymbol{r}}\frac{\partial A_r}{\partial\theta}\right)=\hat{\boldsymbol{\theta}}\cdot\frac{1}{r}\hat{\boldsymbol{\theta}}Ar+0=\frac{A_r}{r} \tag{F.13}$$

因此式（F.11）就变成了

$$\nabla\cdot\boldsymbol{A}=\frac{\partial A_r}{\partial r}+\frac{1}{r}\frac{\partial A_\theta}{\partial\theta}+\frac{\partial A_z}{\partial_z}+\frac{A_r}{r} \tag{F.14}$$

正如我们预期的一样，这里的第一个和最后一个分式可以合并成式（F.2）中 $\nabla\cdot\boldsymbol{A}$ 的第一个分式。

## F.4　旋量

旋量的作用可以从一个矢量函数得到另一个矢量。对一个矢量函数的旋量计算由式（2.80）来定义，它表示对给定的一个小区域周围的净旋量除以这个面积的值。（这个面积的三个可能的方向对应着三个分量。）在2.16节中，我们在笛卡儿坐标系中对旋量进行了推导，得到的结果为 $\nabla$ 算符和矢量 $\boldsymbol{A}$ 的叉乘，也就是 $\nabla\times\boldsymbol{A}$。我们在这里将会在柱坐标系中使用同样的方法来进行推导，之后，和上面推导散度的第二种方法类似，我们还会用第二种方法来推导。实际上，我们只会计算 $z$ 分量；这样会使得结果变得简洁。作为练习，读者可以自己推导另外的两个分量。

### F.4.1　柱坐标系中的旋量，第一种方法

$\nabla\times\boldsymbol{A}$ 的 $z$ 分量可以通过计算围绕 $r$-$\theta$ 平面内（更一般的情况而言，应该说是平行于 $r$-$\theta$ 平面）一个小面积的环量而得到。考虑图F.2中的右上面和左下面的边。按照2.16节中的方案，对左下边沿线逆时针积分得到 $A_\theta(r+\Delta r)[(r+\Delta r)\Delta\theta]$，左下边沿顺时针的积分等于 $-A_\theta(r)[r\Delta\theta]$。为了简化计算，我们已经省略了 $\theta$ 和 $z$ 分量，并且选择了边的中点为参考点。注意到右上边的边要比左下边的边长些（上面的计算散度的过程中也有类似的情况）。沿着这两个边的净环量为

$$\begin{aligned}C_{\theta\text{ sides}}&=(r+\Delta r)A_\theta(r+\Delta r)\Delta\theta-rA_\theta(r)\Delta\theta\\&=\left[\frac{(r+\Delta r)A_\theta(r+\Delta r)-rA_\theta(r)}{\Delta r}\right]\Delta r\Delta\theta\\&=\frac{\partial(rA_\theta)}{\partial r}\Delta r\Delta\theta\end{aligned} \tag{F.15}$$

把这个环量除以面积 $r\Delta r\Delta\theta$，在分母中我们得到了一个 $r$ 因子，所以我们得到了 $(1/r)(\partial(rA_\theta)\partial r)$，这和式（F.2）中 $\nabla\times\boldsymbol{A}$ 的 $z$ 分量中的前两个分式是一致的。

现在考虑左上边和右下边。沿着左上边的顺时针线积分等于$-A_r(\theta+\Delta\theta)\Delta r$，右下边的顺时针线积分等于 $A_r(\theta)\Delta r$。沿着这两个边的净环量为

$$\begin{aligned} C_{r\ \text{sides}} &= -A_r(\theta+\Delta\theta)\Delta r + A_r(\theta)\Delta r \\ &= -\left[\frac{A_r(\theta+\Delta\theta)-A_r(\theta)}{\Delta\theta}\right]\Delta r\Delta\theta \\ &= -\frac{\partial A_r}{\partial\theta}\Delta r\Delta\theta \end{aligned} \tag{F. 16}$$

把这个环量除以面积 $r\Delta r\Delta\theta$，我们在分母中又会得到一个 $r$ 因子，所以就得到了$-(1/r)(\partial A_r/\partial\theta)$，这和式（F. 2）一致。

## F. 4. 2　柱坐标系中的旋度，第二种方法

我们的目的是计算叉乘：

$$\nabla\times\boldsymbol{A} = \left(\hat{\boldsymbol{r}}\frac{\partial}{\partial r}+\hat{\boldsymbol{\theta}}\frac{1}{r}\frac{\partial}{\partial r}+\hat{z}\frac{\partial}{\partial z}\right)\times(\hat{\boldsymbol{r}}A_r+\hat{\boldsymbol{\theta}}A_\theta+\hat{z}A_z) \tag{F. 17}$$

同时要注意，根据式（F. 12)，一些单位矢量是和坐标系相关的。和上面一样，我们将只关注 $z$ 分量。这个分量是由于分式 $\hat{\boldsymbol{r}}\times\hat{\boldsymbol{\theta}}$ 和 $\hat{\boldsymbol{\theta}}\times\hat{\boldsymbol{r}}$ 而出现的。除了这两个比较明显的分式以外，我们还引入了一个 $\hat{\boldsymbol{\theta}}\times(\partial\hat{\boldsymbol{\theta}}/\partial\theta)$，它是从式（F. 12）中得到的，等于 $\hat{\boldsymbol{\theta}}\times(-\hat{\boldsymbol{r}})=\hat{z}$。因此这个叉乘的 $z$ 分量就等于

$$\begin{aligned} (\nabla\times\boldsymbol{A})_z &= \hat{\boldsymbol{r}}\times\frac{\partial(\hat{\boldsymbol{\theta}}A_\theta)}{\partial \mathrm{r}}+\hat{\boldsymbol{\theta}}\times\frac{1}{r}\frac{\partial(\hat{\boldsymbol{r}}A_r)}{\partial\theta}+\hat{\boldsymbol{\theta}}\times\frac{1}{\mathrm{r}}\frac{\partial(\hat{\boldsymbol{\theta}}A_\theta)}{\partial\theta} \\ &= \hat{z}\left(\frac{\partial\boldsymbol{A}_\theta}{\partial\boldsymbol{r}}-\frac{1}{r}\frac{\partial A_r}{\partial\theta}+\frac{A_\theta}{r}\right) \end{aligned} \tag{F. 18}$$

和预期一样，第一个分式和最后一个分式的和可以合并成$\nabla\times\boldsymbol{A}$ 的 $z$ 分量中的第一个分式。

# F. 5　拉普拉斯计算

对一个标量函数进行拉普拉斯计算，会产生另一个标量。对一个函数$f$的拉普拉斯计算（写成$\nabla^2 f$或者$\nabla\cdot\nabla f$）定义为函数$f$的梯度的散度。它的物理意义在于，这个运算对函数$f$在一个球面的平均值和$f$在球心位置处的值做了一个比较。让我们来进行定量阐述。

考虑一个半径为 $r$ 的球，函数$f$在球面上有一个平均值。把这个平均值叫作$f_{\text{avg},r}$。如果我们把球心的位置当作坐标系的原点，那么$f_{\text{avg},r}$可以写成（$A$ 为球的表面积）

$$f_{\text{avg. }r} = \frac{1}{A}\int f\mathrm{d}A = \frac{1}{4\pi r^2}\int fr^2\mathrm{d}\Omega = \frac{1}{4\pi}\int f\mathrm{d}\Omega \tag{F. 19}$$

其中 $\mathrm{d}\Omega=\sin\theta\mathrm{d}\theta\mathrm{d}\phi$，为立体角元素。我们可以把 $r^2$放到积分外面使之相互抵消，因为在球面上 $r$ 是一个常量。$f_{\text{avg},r}$的这个表达式没有什么令人意外之处，因为 $\mathrm{d}\Omega$ 在整个球面上的积分值为 $4\pi$。但是现在让我们用 $\mathrm{d}/\mathrm{d}r$ 对式（F. 19）的两边进行微分，这样我们可以用上散度定理。在右边，积分中没有包含 $r$，所以我们可以将微分符号移到积分内部。这就得到了（利用$\hat{\boldsymbol{r}}\cdot\hat{\boldsymbol{r}}=1$）

$$\frac{\mathrm{d}f_{\text{avg},r}}{\mathrm{d}r} = \frac{1}{4\pi}\int\frac{\partial f}{\partial r}\mathrm{d}\Omega = \frac{1}{4\pi}\int\hat{\boldsymbol{r}}\frac{\partial f}{\partial r}\cdot\hat{\boldsymbol{r}}\mathrm{d}\Omega = \frac{1}{4\pi r^2}\int\hat{\boldsymbol{r}}\frac{\partial f}{\partial r}\cdot\hat{\boldsymbol{r}}r^2\mathrm{d}\Omega \tag{F. 20}$$

（因为球面上的 $r$ 为常量，我们可以再次把这个 $r^2$ 移到积分的内部。）但是 $\hat{\boldsymbol{r}} \cdot r^2 \mathrm{d}\Omega$ 仅仅是球的面元矢量 $\mathrm{d}\hat{\boldsymbol{a}}$。同时 $\hat{\boldsymbol{r}}(\partial f/\partial r)$ 为球坐标系中$\nabla f$的 $\hat{\boldsymbol{r}}$ 分量。$\nabla f$的其他分量在点乘 $\mathrm{d}\hat{\boldsymbol{a}}$ 时都变成了零，所以我们可以写成

$$\frac{\mathrm{d}f_{\mathrm{avg},r}}{\mathrm{d}r}=\frac{1}{4\pi r^2}\int \nabla f \cdot \mathrm{d}\boldsymbol{a} \tag{F.21}$$

利用散度定理，可以把这个结果变成

$$\frac{\mathrm{d}f_{\mathrm{avg},r}}{\mathrm{d}r} = \frac{1}{4\pi r^2}\int \nabla\cdot \nabla f\mathrm{d}V \Longrightarrow \boxed{\frac{\mathrm{d}f_{\mathrm{avg},r}}{\mathrm{d}r} = \frac{1}{4\pi r^2}\int \nabla^2 f\mathrm{d}V} \tag{F.22}$$

这个结果中有两个必然的有用的结果。首先如果任何位置处都有$\nabla^2 f=0$，那么对于所有的 $r$ 都有$\partial f_{\mathrm{avg},r}/\partial r=0$。换句话说，随着球面半径的增大（保持球心的位置不变），$f$ 在球面上的平均值不变。所以所有球心在给定位置的球面上 $f$ 的平均值都一样。尤其是，当这个球面无限小的时候这个平均值依然是一样的。但是当球面无限小的时候这个平均值应该是球心位置的 $f$ 函数值才对。因此如果$\nabla^2 f=0$，那么 $f$ 在球面（不管多大的）上的平均值就等于这个函数在球心位置的值：

$$\nabla^2 f=0 \Longrightarrow f_{\mathrm{avg},r}=f_{\mathrm{center}} \tag{F.23}$$

这就是我们在2.12节中引入并证明了其电势 $\phi$ 在球形情况下的结果。

其次，我们可以推导出，对于 $r$ 很小的情况下 $f$ 的变化情况。到目前为止，我们都是给出的精确结果。现在我们来讨论一下在 $r$ 比较小的时候的近似值。这种情况下可以说在整个球体上$\nabla^2 f$是一个比较小的常量（假定 $f$ 是连续的）。所以，每一个位置处的值都和球心位置处的值相同。式（F.22）中的体积积分就等于 $(4\pi r^3/3)(\nabla^2 f)_{\mathrm{center}}$，我们有

$$\frac{\mathrm{d}f_{\mathrm{avg},r}}{\mathrm{d}r}=\frac{1}{4\pi r^2}\frac{4\pi r^3}{3}(\nabla^2 f)_{\mathrm{center}} \Longrightarrow \frac{\mathrm{d}f_{\mathrm{avg},r}}{\mathrm{d}r}=\frac{r}{3}(\nabla^2 f)_{\mathrm{center}} \tag{F.24}$$

因为$(\nabla^2 f)_{\mathrm{center}}$是一个常量，我们很快就可以对两边进行积分，从而得到

$$f_{\mathrm{avg},r}=f_{\mathrm{center}}+\frac{r^2}{6}(\nabla^2 f)_{\mathrm{center}} \quad \text{对 } r \text{ 很小的情况} \tag{F.25}$$

其中积分的常数选择为和 $r=0$ 位置处的相等。我们看到 $f$ 在整个球面（比较小）上的平均值按照二次方的规律增长，二次方的系数为中心位置拉普拉斯计算值的1/6。

我们在函数 $f(r,\theta,\phi)=r^2$ 或者等价的函数 $f(x,y,z)=x^2+y^2+z^2$ 中来验证一下这个结果。使用式（F.1）或者式（F.3）都能得到$\nabla^2 f=6$。如果我们的球心位于坐标原点，那么利用式（F.25），我们可以得到 $f_{\mathrm{avg},r}=0+(r^2/6)(6)=r^2$。这是正确的，因为 $f$ 在整个球面上的值都为常量 $r^2$。这种情况下，这个结果对所有的 $r$ 都是成立的。

### F.5.1　柱坐标系下的拉普拉斯运算

让我们通过精确计算函数 $f$ 的梯度的散度来计算一下柱坐标系下的拉普拉斯运算。我们在上面已经看到，在计算中必须对单位矢量的位置关系加以注意。我们有

$$\nabla\cdot\nabla f=\left(\hat{\boldsymbol{r}}\frac{\partial}{\partial r}+\hat{\boldsymbol{\theta}}\frac{1}{r}\frac{\partial}{\partial \theta}+\hat{z}\frac{\partial}{\partial z}\right)\cdot\left(\hat{\boldsymbol{r}}\frac{\partial f}{\partial r}+\hat{\boldsymbol{\theta}}\frac{1}{r}\frac{\partial f}{\partial \theta}+\hat{z}\frac{\partial f}{\partial z}\right) \tag{F.26}$$

再加上三个“相关”的分式，我们可以得到包含 $\hat{\boldsymbol{\theta}}\cdot(\partial\hat{\boldsymbol{r}}/\partial\theta)$ 的分式，在式（F.12）中等于 $\hat{\boldsymbol{\theta}}\cdot\hat{\boldsymbol{\theta}}=1$。所以第四个分式就变成了 $(1/r)(\partial f/\partial r)$。于是拉普拉斯运算结果为

$$\nabla^2 f=\frac{\partial}{\partial r}\left(\frac{\partial f}{\partial r}\right)+\frac{1}{r}\frac{\partial}{\partial\theta}\left(\frac{1}{r}\frac{\partial f}{\partial\theta}\right)+\frac{\partial}{\partial z}\left(\frac{\partial f}{\partial z}\right)+\frac{1}{r}\frac{\partial f}{\partial r}$$

$$=\frac{\partial^2 f}{\partial r^2}+\frac{1}{r^2}\frac{\partial^2 f}{\partial\theta^2}+\frac{\partial^2 f}{\partial z^2}+\frac{1}{r}\frac{\partial f}{\partial r} \tag{F.27}$$

这里的第一个和最后一个分式可以合并成式（F. 2）中$\nabla^2 f$表达式中的第一个分式。

## 练　　习

### F. 1　两个坐标系中的散度

（a）笛卡儿坐标系中的矢量 $\boldsymbol{A}=x\hat{\boldsymbol{x}}+y\hat{\boldsymbol{y}}$ 和柱坐标系中的矢量 $\boldsymbol{A}=r\hat{\boldsymbol{r}}$ 是相等的。在笛卡儿坐标系和柱坐标系中分别计算$\nabla\cdot\boldsymbol{A}$，并验证这两个结果是相等的。

（b）对于矢量 $\boldsymbol{A}=x\hat{\boldsymbol{x}}+2y\hat{\boldsymbol{y}}$ 重复（a）中的计算。你可以通过使用 $\hat{\boldsymbol{x}}=\hat{\boldsymbol{r}}\cos\theta-\hat{\boldsymbol{\theta}}\sin\theta$ 和 $\hat{\boldsymbol{y}}=\hat{\boldsymbol{r}}\sin\theta+\hat{\boldsymbol{\theta}}\cos\theta$ 来找到柱坐标系中对应的矢量。或者也可以使用 $\hat{\boldsymbol{r}}=\hat{\boldsymbol{x}}\cos\theta+\hat{\boldsymbol{y}}\sin\theta$ 和 $\hat{\boldsymbol{\theta}}=-\hat{\boldsymbol{x}}\sin\theta+\hat{\boldsymbol{y}}\cos\theta$ 来把 $\boldsymbol{A}$ 转换成单位矢量。

### F. 2　柱坐标系中的散度

用下面的方法在柱坐标系中计算一下散度。我们知道笛卡儿坐标系中的散度为$\nabla\cdot\boldsymbol{A}=\partial A_x/\partial x+\partial A_y/\partial y+\partial A_z/\partial z$。为了写出柱坐标系中这个式子的形式，证明在笛卡儿坐标系中这个算符的推导可以写成（算符$\partial/\partial z$保持不变）

$$\frac{\partial}{\partial x}=\cos\theta\frac{\partial}{\partial r}-\sin\theta\frac{1}{r}\frac{\partial}{\partial\theta}$$

$$\frac{\partial}{\partial y}=\sin\theta\frac{\partial}{\partial r}-\cos\theta\frac{1}{r}\frac{\partial}{\partial\theta} \tag{F.28}$$

同时，$\boldsymbol{A}$ 的分量可以写成（$A_z$保持不变）

$$A_x=A_r\cos\theta-A_\theta\sin\theta$$

$$A_y=A_r\sin\theta+A_\theta\cos\theta \tag{F.29}$$

然后精确地计算$\nabla\cdot\boldsymbol{A}=\partial A_x/\partial x+\partial A_y/\partial y+\partial A_z/\partial z$。计算过程会比较复杂，但是最后的结果会比较简单。

### F. 3　散度的一般表达式

设 $\hat{\boldsymbol{x}}_1$、$\hat{\boldsymbol{x}}_2$、$\hat{\boldsymbol{x}}_3$（不一定是笛卡儿坐标系中的）为一个坐标系中的基矢。例如，在球坐标系中这些基矢为 $\hat{\boldsymbol{r}}$、$\hat{\boldsymbol{\theta}}$、$\hat{\boldsymbol{\phi}}$。注意本附录的开头部分列出的 $\mathrm{d}\boldsymbol{s}$ 线元都具有下面的形式：

$$\mathrm{d}\boldsymbol{s}=f_1\mathrm{d}x_1\hat{\boldsymbol{x}}_1+f_2\mathrm{d}x_2\hat{\boldsymbol{x}}_2+f_3\mathrm{d}x_3\hat{\boldsymbol{x}}_3 \tag{F.30}$$

其中 $f$ 因子是（可能是没有必要的）坐标的函数。比如在笛卡儿坐标系中 $f_1$、$f_2$、$f_3$分别为 1、1、1，在柱坐标系中它们是 1、$r$、1，在球坐标系中它们是 1、$r$、$r\sin\theta$。我们在 F. 2 节中已经看到，$f$ 的三个变量决定了$\nabla$的形式（最后的分母中的因子），所以它们决定了矢量算符变量的所有的东西。利用我们在 F. 3 节中使用的第一个方法，来证明散度的一般表达式为

$$\nabla\cdot\boldsymbol{A}=\frac{1}{f_1f_2f_3}\left[\frac{\partial(f_2f_3A_1)}{\partial x_1}+\frac{\partial(f_1f_3A_2)}{\partial x_2}+\frac{\partial(f_1f_2A_3)}{\partial x_3}\right] \tag{F.31}$$

验证一下这个通式在球坐标系中的正确性。（对旋度的一般表达式可以用同样的方法得到。）

**F.4 两个坐标系中的拉普拉斯算符**

（a）笛卡儿坐标系中的函数 $f=x^2+y^2$ 和柱坐标系中的函数 $f=r^2$ 是等价的。在这两个坐标系中分别进行 $\nabla^2 f$ 的计算，并验证结果的一致性。

（b）对于函数 $f=x^4+y^4$，重复（a）中的计算。你需要推导这个函数在柱坐标系中的形式。

**F.5 一维和二维中的“球面”平均值**

式（F.25）对于三维空间是适用的，但是这个结果也可以推广到二维空间（“球面”就变成了一个环路围绕起来的面积）和一维空间（“球面”就变成了两个点之间的线段）。请对这个结论进行推导。尽管在比较少的维度下进行计算可能会比较简单一些，但是推导的过程和我们在三维条件下推导式（F.25）的方法是相似的。在二维条件下，$f$ 是和 $z$ 无关的，和三维条件的体积对应的量是一个圆筒。在一维条件下，$f$ 和 $y$，$z$ 都无关，三维的体积对应着一个矩形棒。在一维条件下的结果看上去会像是标准的一维泰勒级数。

**F.6 立方体中的平均值**

通过对笛卡儿坐标系中三个坐标的函数进行二阶泰勒表达式展开，证明对于一个边长为 $2l$（立方体的边都和坐标轴平行）的一个立方体，函数 $f$ 在其表面上的平均值为

$$f_{\text{avg}}=f_{\text{center}}+\frac{5l^2}{18}(\nabla^2 f)_{\text{center}} \tag{F.32}$$

你需要自己来证明为什么这里的因子 5/18 要比式（F.15）中的 1/6 大，而且比 $(\sqrt{3})^2/6$ 小。

# 附录 G 狭义相对论简介

## G.1 相对论基础

我们假定读者对狭义相对论已经有所了解。这里我们要回顾一下第 5 章的开始部分使用过的基本原理和公式。最本质的内容就是一个惯性参考系的概念，以及一个参考系向另一个参考系转变时对一个事件的描述。

一个参考系就是一个由测量尺寸和时间构成的坐标系。时间无处不在。当某个位置发生某个事件时，这个事件发生的时间就从那个位置的时钟读取，并一直保持在那个地方的时间。也就是说，时间是由参考系里面的一个固定的时钟决定的。同一个参考系内的时钟都是同步的。爱因斯坦在他 1905 年发表的伟大的文章中提供了解释这种现象的一个方式（并不是唯一的方式），其中用到了光。在 $t_A$时刻，一个光的短脉冲从 $A$ 点向远处的 $B$ 点发射，在 $B$ 位置处的时钟为时刻 $t_B$时到达 $B$ 点，之后马上朝着 $A$ 点发射，在 $t'_A$时刻回到 $A$ 点。如果 $t_B=(t_A+t'_A)/2$，那么 $A$ 和 $B$ 的时钟就是同步的。如果不是这样，它们中的一个就得调整。这样这个参考系中的所有的时钟就都可以同步了。注意这个过程中观察者的所有的工作也就只是读取记录当地的时钟来进行比较。

在选定的坐标系中，一个事件在坐标系为 $x$、$y$、$z$、$t$ 的时空处发生。这个事件可能是一个粒子在 $t_1$时刻通过空间中的（$x_1$，$y_1$，$z_1$）点。这个粒子的运动轨迹可能是一系列的这样的事件。假定在任何时刻 $t$，这些轨迹都有一个特殊的属性 $x=v_xt$，$y=v_yt$，$z=v_zt$，其中 $v_x$、$v_y$ 和 $v_z$ 都是常量。这描述的就是在参考系中沿着一条直线的匀速运动。一个惯性参考系就是其中的一个独立的物体在这种运动下不受任何外在影响的系统。换句话说，一个惯性系就是一个服从牛顿第一定律的系统。包括时钟的同步在内，这些都有两个基本假设：它是均匀的（也就是说，空间中所有的位置都是等价的），并且它是各向同性的（也就是说空间中各个方向都是等价的）。

对于两个参考系，假设我们把它们分别称为 $F$ 和 $F'$，它们在某些方面可以是不同的。其中一个参考系可以直接位于另一个参考系内部，$F'$的坐标原点可以固定在 F 参考系中一个不是原点的某个点上。或者 $F'$的坐标轴和 $F$ 的坐标轴也不一定是平行的。如果 $F$ 和 $F'$之间没有相互运动，那么对于一个事件，如果在 $F$ 中发生的时间是固定的，那么在 $F'$中也是固定的。这种情况下我们可以将 $F'$和 $F$ 中的时钟设定为一样的。如果空间是均匀的并且是各向同性的，那么坐标位置的不同和参考系的取向并没有什么有意义的区别。现在假定参考系 $F'$ 的原点相对于参考系 $F$ 的原点运动。这个事件的轨迹在参考系 $F$ 中的坐标和时间的值，与在参考系 $F'$ 中的坐标系和时间的值可能是不同的。它们之间有什么样的关系呢？在回答这个问题的过程中我们假定 $F$ 是一个惯性参考系，同时参考系 $F'$ 相对于参考系 $F$ 有一个固定的速度，但是没有旋转。这种情况下，$F'$ 同样也是一个惯性参考系。

狭义相对论的基本假设就是在不同的惯性参考系中观察到的物理现象都遵从同样的定律。一个参考系中的规律在另一个参考系中照样能使用，没有哪个参考系是例外的。如果是这样的，这个相对论的假设就可以提供一种方法，能够把一个参考系中对某个事件的描述转换到另一个参考系中对这个事件的描述。在这种转换关系中就出现了一个通用速度，它的值必须是由实验测量得到的，并且在所有的参考系中都是一样的。有时会引入秒的定义，如果把秒的定义和光速的测量联系在一起的话，那么不论光源是静止的还是移动的，光速在任何参考系中的值都是不变的。人们更倾向于把这个现象视为光的一种基本属性而不是一个独立的理论。这就说明电磁波实际上是按照相对论所暗示的限制速度传播的。狭义相对论的公式解释了这个相对论基本假设的结论，这个结论已经被无数实验所证明。这是物理学中最坚实的基础。

## G.2　洛伦兹变换

在惯性参考系 F 中观察两个事件 $A$ 和 $B$，也就是说它们的时刻和坐标是由惯性参考系 $F$ 中的标尺和时钟决定的（需要注意，我们的观察者只有纸和笔，并且每一个事件发生的地方都有我们的观察者）。一个事件到另一个事件的位移由以下四个参数决定：

$$x_B-x_A, y_B-y_A, z_B-z_A, t_B-t_A \tag{G.1}$$

两个相同事件的位置可以由其他参考系 $F'$ 的坐标来决定，假定参考系 $F'$ 相对于参考系 $F$，按照如图 $G.1$ 所示的方式运动。从 $F$ 中观察，参考系 $F'$ 相对于 $F$ 沿 $x$ 轴以速度 $v$ 相对运动，参考系 $F'$ 的坐标轴与 $F$ 中的坐标轴保持平行。很显然，这是一种特殊情况，但却蕴含了很多有意义的物理现象。

从参考系 $F'$ 中观察到 $A$ 发生在 $x'_A$、$y'_A$、$z'_A$、$t'_A$，最后一位参数是由固定在参考系 $F'$ 中的时钟测得的，事件 $A$ 和 $B$ 的时刻坐标或时空间隔与 F 系中的不同，与 $F$ 系的关系由洛伦兹变换确定：

$$\begin{aligned}
x'_B-x'_A &= \gamma(x_B-x_A)-\beta\gamma c(t_B-t_A)\\
y'_B-y'_A &= y_B-y_A\\
z'_B-z'_A &= z_B-z_A\\
t'_B-t'_A &= \gamma(t_B-t_A)-\beta\gamma(x_B-x_A)/c
\end{aligned} \tag{G.2}$$

其中 $c$ 是光速，$\beta=v/c$，$\gamma=1/\sqrt{1-\beta^2}$。由于惯性参考系的相对性原理，洛伦兹变换的逆变换有类似的形式。可以将带上标和不带上标的符号替换并变换参数 $\beta$ 就可以得到逆变换，这可由计算 $x_B-x_A$ 和 $t_B-t_A$ 值得到证实。

在参考系 $F$ 中若 $t_B-t_A=0$，则两个事件是同时的。但除非 $x_B=x_A$，否则 $t'_B-t'_A=0$ 不成立。因此在一个惯性参考系中同时的两个事件，在另一个参考系中就不一定会同时。不要将基本的同时的相对性原理与观察实际混淆了，时间 $t'_B$ 和 $t'_A$ 是由位于每个事件发生地点的时钟测得的，在 $F'$ 系的时钟已经预先校准。

考虑一个在 $F'$ 系的平行于 $x'$ 放置的尺子，前后两端的坐标为 $x'_A$ 和 $x'_B$，则在 $F'$ 系中长度为

$x'_B-x'_A$。在 $F$ 系中测量尺子的长度为前后两端的距离 $x_B-x_A$，并且两端同时通过 $F$ 系的时钟。这两个事件中 $t_B-t_A=0$，在这种条件下，洛伦兹变换的第一个方程可以写为

$$x_B-x_A=(x'_B-x'_A)/\gamma \tag{G.3}$$

这就是著名的洛伦兹变换。简单来讲，在平行于参考系 $F$ 相对运动的 $F'$系中，两个固定点的距离，在 $F$ 系中的观察者看来缩短了 $1/\gamma$ 倍。如果 $F'$系和 $F$ 系互换，该结论仍然成立。而垂直于相对速度的方向测量的长度在两个参考系中则是相同的。

图 G.1 相对运动速度为 $v$ 的两个参考系。字母“$E$”相对于 $F$ 系是静止的，字母“$L$”相对于 $F'$系是静止的。在该例中，$\beta=v/c=0.866$，$\gamma=2$。(a) $F$ 系中观察者在 $F$ 系的时钟为 $t$ 时刻进行观察得到的结果，(b) $F'$系中观察者在 $F'$系中的时钟为 $t'$时刻进行观察得到的结果。

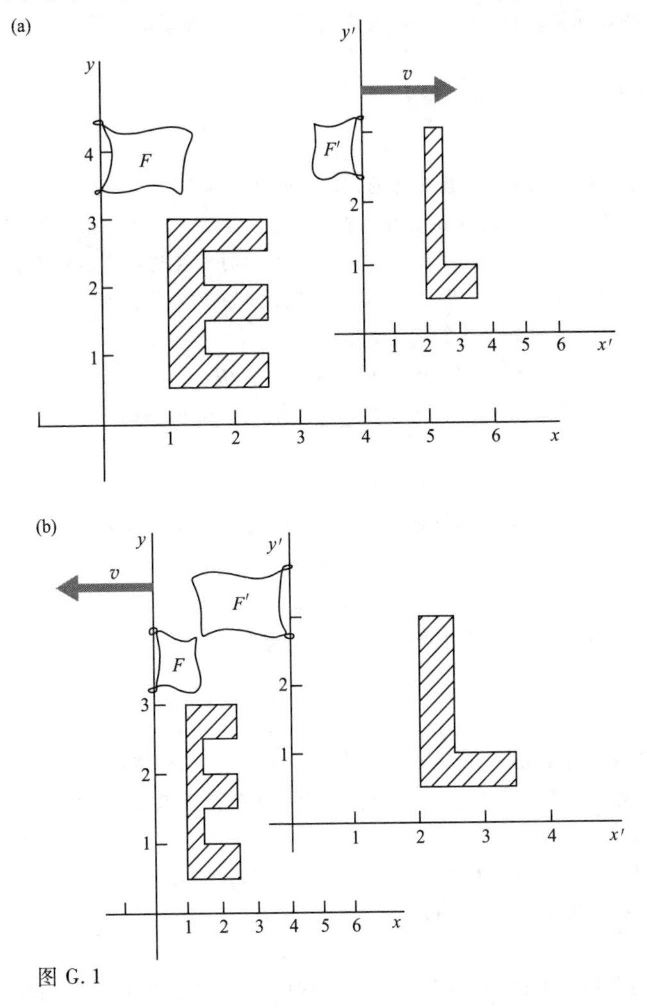


图 G. 1

问题：假定两个参考系的时钟恰好设置成：当 $F$ 系时钟为 $t=0$ 时，$F'$系中的时钟也为 $t'=0$，“$E$”的左边缘与“$L$”的左边缘接触，设距离以英尺（ft）为单位，速度 $c$ 的单位是 ft/ns。图 a 中的 $F$ 系时钟的读数是多少？图 b 中 $F'$系中的时钟读数是多少？

答案：$t=4.62\text{ns}$，$t'=4.04\text{ns}$。如果你做的不一致，重新学习一次这个例题。

研究$F'$系中的一个时钟，其相对于$F$系的运动速度是$v$，假定其通过$F$系的一个时钟时的读数是$t'$，此刻$F$系中时钟读数是$t_A$。之后运动的时钟通过另一个$F$系的时钟，此刻$F$系时钟的读数是$t_B$，运动的时钟的读数是$t'_B$，两个事件在$F$系中是独立发生的，其距离是$x_B-x_A=v(t_B-t_A)$。将其代入四个洛伦兹变换中，可以得到

$$t'_B-t'_A=\gamma(t_B-t_A)(1-\beta^2)=(t_B-t_A)/\gamma \tag{G.4}$$

根据运动的时钟，两个事件的时间间隔比在$F$系中静止的时间间隔小，这就是孪生子佯谬的时间膨胀。这已被很多实验所证实。

运动的时钟变慢，系数为$1/\gamma$，平行于相对运动速度方向的运动坐标尺，系数为$1/\gamma$。记住这点，不必写出计算公式，你也能够计算出洛伦兹变换的结果。必须强调的是，这不是某一时钟和坐标的特殊物理现象，而是基于相对性假设基础上时空测量的本质特征。

## G.3　速度加法

我们在第5章使用过的多个速度相加的方式，可以很容易地利用洛伦兹转换方程推导出来。假定一个物体在参考系$F$中以速率$u_x$沿着$x$轴的正方向运动。那么它在参考系$F'$中的速率是多大？为了使问题简化，我们假设这个运动物体在$t=0$的时刻经过原点。那么它在任意时刻在$F$中的位置可以表示成$x=u_xt$，为了进一步简化，我们设$F'$的时空原点和$F$的相重合。这样，洛伦兹转换方程组中的第一个和最后一个方程就变成了

$$x'=\gamma x-\beta\gamma ct \quad 和 \quad t'=\gamma t-\beta\gamma x/c \tag{G.5}$$

把每个方程右边的$x$换成$u_xt$，然后用第二个式子除第一个式子，我们得到

$$\frac{x'}{t'}=\frac{u_x-\beta c}{1-\beta u_x/c} \tag{G.6}$$

左边我们得到了物体在$F'$参考系中的速度$u'_x$。公式中通常把$\beta c$写成$v$：

$$u'_x=\frac{u_x-v}{1-u_xv/c^2} \tag{G.7}$$

通过解方程（G.7）中的$u_x$，你可以验证一下它的逆运算为

$$u_x=\frac{u'_x+v}{1+u'_xv/c^2} \tag{G.8}$$

这样，在任何情况下，不管是$u_x$还是$u'_x$都不会大于光速$c$。利用洛伦兹转换的逆运算，你也可以从方程（G.7）得到方程（G.8），只需要把带撇号的和不带撇号的字母交换一下，然后把再把$v$转变回去即可。

当然，如果两个参考系的相对速度有垂直于$v$的分量，那么这种转变就不一样了。参考方程（G.5），洛伦兹转换方程组的第二个和最后一个方程为

$$y'=y \quad 和 \quad t'=\gamma t-\beta\gamma x/c \tag{G.9}$$

如果我们在参考系F中有$x=u_xt$和$y=u_yt$（一般而言，这个物体可以斜着运动），我们可以把这些代入方程（G.9）并且利用第二个方程来推导第一个方程，得到

$$\frac{y'}{t'}=\frac{u_y}{\gamma(1-\beta u_x/c)}\Longrightarrow u'_y=\frac{u_y}{\gamma(1-u_xv/c^2)} \tag{G.10}$$

在$u_x=0$的特殊情况下（也就是说在参考系F中速度的方向是沿着$y$轴的方向），我们有

$u'_y=u_y/\gamma$。即，在物体斜着运动时，其 $y$ 轴方向的速度在 $F'$中会比较小。在 $u_x=v$ 的特殊情况下（这就是说物体是沿着 $x$ 轴的方向和参考系 $F'$一起运动的），你可以证明在这种情况下方程（G.10）就变成了 $u'_y=\gamma u_y \Longrightarrow u_y=u'_y/\gamma$。这是有意义的，对于这个物体有 $u'_x=0$，所以该结果和前面的在 $u_x=0$ 的情况下得到的结果 $u'_y=u_y/\gamma$ 是类似的。这就是我们交换了带撇号和不带撇号变量的结果。这些特殊情况也可以通过扩大时间来直接推导。

## G.4　能量，动量，力

狭义相对论的动力结论可以按照如下进行描述。考虑一个在惯性参考系 $F$ 中以速度 $\boldsymbol{u}$ 运动的粒子。我们发现，如果我们用下面的式子来定义粒子的动量和能量的话，粒子在和其他的粒子相互作用的过程中就可以保持能量和动量守恒：

$$\boldsymbol{p}=\gamma m_0\boldsymbol{u} \quad 和 \quad E=\gamma m_0c^2 \tag{G.11}$$

其中 $m_0$是这个粒子的不变的特征。我们把 $m_0$称为粒子的静止质量（或者直接称为质量）。粒子在参考系中运动速度非常慢，以至于可以应用牛顿力学来测定它的值——比如可以通过和标准质量的粒子进行碰撞来测定这个粒子的静止质量。乘以 $m_0$的系数 $\gamma$ 等于$(1-u^2/c^2)^{-1/2}$，其中 $u$ 是粒子在参考系 $F$ 中的速度。

给定了 $\boldsymbol{p}$ 和 $E$，我们就知道了这个粒子在 $F$ 中的动量和能量，那么它在参考系 $F'$中的动量和能量是多大呢？和前面一样，我们假定参考系 $F'$是在参考系 $F$ 中沿着 $x$ 轴正方向以速度 $v$ 匀速运动的。转换关系式就变成了

$$\begin{aligned}
p'_x&=\gamma px-\beta\gamma E/c\\
p'_y&=p_y\\
p'_z&=p_z\\
E'&=\gamma E-\beta\gamma cp_x
\end{aligned} \tag{G.12}$$

注意这里的 $\beta c$ 是两个参考系的相对速度，和方程（G.2）中一样，不是粒子的速度。

把这些转换关系式和方程（G.2）做对比，如果我们把方程（G.12）中的 $p$ 换成 $cp$，把方程（G.2）中的 $t$ 换成 $ct$ 的话会更加完美。用这种方法进行转换的四个变量的组合叫作“四维矢量”。

这个力就代表动量的变化速率。作用在一个物体上的力可以简单地表示成 $\mathrm{d}\boldsymbol{p}/\mathrm{d}t$，其中 $p$ 就是这个物体在选定的参考系中的动量，$t$ 由这个参考系中的时钟所决定。为了弄清楚这些力是如何转变的，考虑一个静止质量为 $m_0$的粒子，开始时，在参考系 $F$ 的原点位置保持静止，现用一个力 $f$ 对其作用一小段时间 $\Delta t$。我们想要得到它的动量在参考系 $F'$中的改变率 $\mathrm{d}p'/\mathrm{d}t'$。和前面一样，我们设 $F'$在 $F$ 中沿着 $x$ 方向运动。首先考虑力的分量 $f_x$的作用。在 $\Delta t$ 时间内，$p_x$从零增长到 $f_x\Delta t$，$x$ 坐标增加了

$$\Delta x=\frac{1}{2}\left(\frac{f_x}{m_0}\right)(\Delta t)^2 \tag{G.13}$$

粒子的能量增加了 $\Delta E=(f_x\Delta t)^2/2m_0$；这是它在 $F$ 中得到的机械能。（这里粒子在 $F$ 中的速度还是很慢的，牛顿力学还是适用的。）利用方程组（G.12）的第一个方程，我们得到 $p'_x$的变化量

$$\Delta p'_x=\gamma\Delta p_x-\beta\gamma\Delta E/c \tag{G.14}$$

同时，利用方程组（G.2）的第四个方程，得到

$$\Delta t'=\gamma\Delta t-\beta\gamma\Delta x/c \tag{G.15}$$

这样，$\Delta E$ 和 $\Delta x$ 都是和$(\Delta t)^2$ 成正比的，所以在 $\Delta t\to 0$ 的极限情况下，这些方程组的最后一个方程都会消失，从而得到

$$\frac{dp_x'}{dt'}=\lim_{\Delta t'\to 0}\frac{\Delta p_x'}{\Delta t'}=\frac{\gamma(f_x\Delta t)}{\gamma\Delta t}=f_x \tag{G.16}$$

结论：力在和参考系的相对运动方向平行方向上的分量在两个参考系中的大小是相同的。

力在横向方向的分量就有些不同了，在参考系 $F$ 中，$\Delta p_y=f_y\Delta t$。但是现在$\Delta p_y'=\Delta p_y$，并且 $\Delta t'=\gamma\Delta t$，所以我们得到

$$\frac{dp_y'}{dt'}=\frac{f_y\Delta t}{\gamma\Delta t}=\frac{f_y}{\gamma} \tag{G.17}$$

在运动的参考系 $F'$ 中观察，垂直于参考系运动方向的力要比在静止的参考系中的值小 $1/\gamma$ 倍。

把一个力从参考系 $F'$中转变到其他运动参考系 $F''$中会比较复杂。如果必须进行转化的话，我们可以通过把这个力首先转换到与粒子相对静止的参考系中，然后再转回到第二个运动参考系中。

我们可以用洛伦兹守恒的观点总结一下。如果你对方程（G.12）的两边进行平方运算，记住 $\gamma^2-\beta^2\gamma^2=1$，则可以很容易证明

$$c^2(p_x'^2+p_y'^2+p_z'^2)-E'^2=c^2(p_x^2+p_y^2+p_z^2)-E^2 \tag{G.18}$$

很显然，$c^2p^2-E^2$ 这个量在洛伦兹变换的过程中是不变的。它通常称为四动量恒量（尽管它有能量平方的量纲）。它在任何参考系中的值都是一样的，包括在和粒子相对静止的参考系中。在静止的参考系中，粒子的动量为零，能量为 $m_0c^2$。因此四动量恒量的值为$-m_0{}^2c^4$。所以，在其他的任何参考系中都有

$$E^2=c^2p^2+m_0^2c^4 \tag{G.19}$$

用同样的方法对方程（G.2）进行计算，得到其恒量为

$$(x_B-x_A)^2+(y_B-y_A)^2+(z_B-z_A)^2-c^2(t_B-t_A)^2 \tag{G.20}$$

对于两个事件 $A$ 和 $B$，如果这个量是正的，那就是说这两个事件存在空间间隔。通常可以找到一个参考系让这两个事件在该参考系中同时发生。如果这个恒量是负的，那么这两个事件就存在时间间隔，这种情况下，可以找到一个参考系让它们在不同的时间但是在相同的空间中发生。如果这个“间隔恒量”为零，那么这两个事件可以通过一束光连接到一起。

# 附录 H　加速电荷辐射出的场

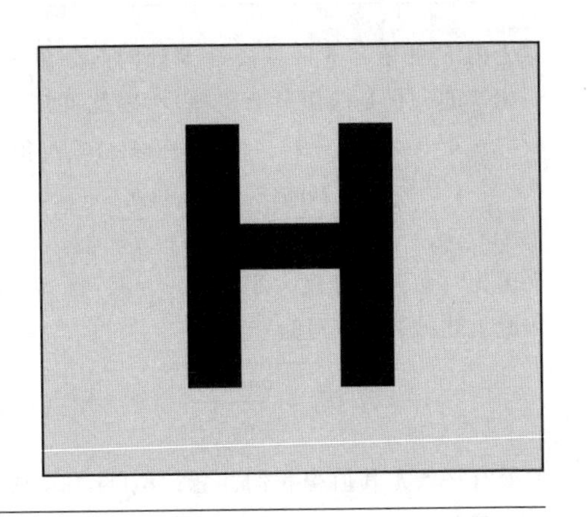

在较长一段时间内，带电量为 $q$ 的粒子以速度 $v_0$ 做匀速直线运动。现在我们假设粒子进入了某种环境，在时间 $\tau$ 内经过匀减速运动，直到静止。图 H.1 描述了上述粒子的运动状态，图中的横坐标为时间，纵坐标为速度。经过上述运动后，粒子引发的电场将是怎样的呢？我们可以通过图 H.2 对此进行推导。

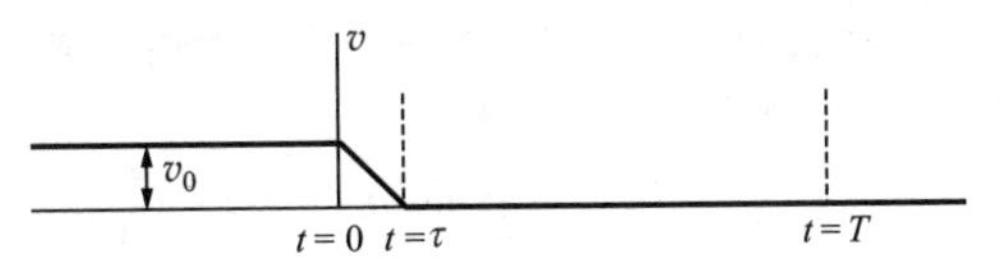


图 H.1

$t=0$ 时刻之前，粒子以速度 $v_0$ 匀速运动，其速度-时间曲线如上图所示。之后粒子做匀减速运动，其加速度大小为 $a=v_0/\tau$，这使得粒子在 $t=\tau$ 时刻停止运动。我们假设 $v_0$ 与 $c$ 相比很小。

我们假设 $v_0$ 与 $c$ 相比是一个很小的速度，设粒子开始减速的时刻为 $t=0$，此时粒子位置为 $x=0$。在粒子完全静止之前的时间内，粒子会继续向前运动一段距离，直至 $x=v_0\tau/2$处。如图 H.2 所示，与我们所要讨论的另一段距离相比，上述粒子运动距离是很短的。

现在我们来讨论 $t=T\gg\tau$ 时刻的电场形式。与原点相距 $R=cT$ 以外的观察者无法得知粒子已经减速了，此区域为图 H.2 中所示的Ⅰ区域，此区域内场的形式仍为以速度 $v_0$ 匀速运动的电荷所产生的场。在 5.7 节中我们对此进行了推导，该场对于Ⅰ区域内的观察者来说为正位于 $x=v_0T$ 这一点处的粒子之前发射出的场。如果粒子不再进行减速，则产生的电场与上述电场相同。另一方面，对与原点距离小于 $c(T-\tau)$ 即位于Ⅱ区域内的观察者来说，电场为临近原点（实际位置为 $x=v_0\tau/2$）的静止电荷所发出的场。

那么，在球壳厚度为 $c\tau$ 的过渡区域内，场的形式又是怎样的呢？通过高斯定理可以解出这一问题。在绕 $x$ 轴圆锥上，包含有一定量源于电荷 $q$ 的电通量，圆锥中分布着一些如 $AB$ 的场线。若 $CD$ 与轴所成的角度 $\theta$ 与上述圆锥相同，则 $CD$ 所处的圆锥包含着与上一圆锥等量的电通量。（这是因为 $v_0$很小，在图 5.15 和图 5.19 中可见的场线压缩在此处可以忽略。）因此，$AB$ 和 $CD$ 为同一电场线的不同部分，它们之间由场线片段 $BC$ 相连。由此我们可以得知球壳内电场 $\boldsymbol{E}$ 的方向，即场线片段 $BC$ 的方向。球壳内的电场 $\boldsymbol{E}$ 包含一个径向分量 $E_r$和一个切向分量 $E_\theta$。由图中的几何关系容易得知

$$\frac{E_\theta}{E_r}=\frac{v_0T\sin\theta}{c\tau} \tag{H.1}$$

球壳内 $E_r$ 的值与Ⅱ区域内近 $B$ 处同向分量一定是相等的（仍是应用高斯定理）。因此可知 $E_r=q/4\pi\varepsilon_0R^2=q/4\pi\varepsilon_0c^2T^2$，代入式（H.1）可得

$$E_\theta=\frac{v_0T\sin\theta}{c\tau}E_r=\frac{qv_0\sin\theta}{4\pi\varepsilon_0c^3T\tau} \tag{H.2}$$

又因为（负）加速度大小为 $v_0/\tau=a$，且 $cT=R$，因此上述结果可以写为

$$\boxed{E_\theta=\frac{qa\sin\theta}{4\pi\varepsilon_0c^2R}} \tag{H.3}$$

此处有一点尤其值得我们注意：$E_\theta$ 与 $1/R$ 成正比，而非 $1/R^2$！随着时间的推移，$R$ 逐渐增大，横向场分量 $E_\theta$ 最终将比 $E_r$ 强得多。与此横向（即垂直于 $R$）电场伴随产生的是强度为 $E_\theta/c$ 的磁场，其方向与 $\boldsymbol{R}$ 和 $\boldsymbol{E}$ 都垂直。如第9章所解释的那样，这是电磁波普遍具有的一种性质。

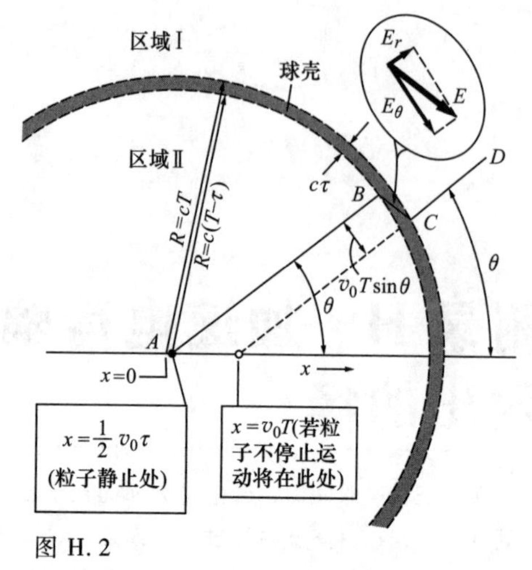


图 H.2

粒子停止运动较长一段时间后，在时刻 $t=T\gg\tau$，空间中场的分布。对于Ⅰ区域的观察者，场的形式为位置 $x=v_0T$ 处电荷的场；对Ⅱ区域的观察者，场的形式为靠近原点的静止电荷的场。其间的过渡区域为一个厚度为 $c\tau$ 的球壳。

下面我们计算，在整个球壳内，上述横向电场所贮存的能量。能量密度为

$$\frac{\varepsilon_0E_\theta^2}{2}=\frac{q^2a^2\sin^2\theta}{32\pi^2\varepsilon_0R^2c^4} \tag{H.4}$$

球壳整体体积为 $4\pi R^2c\tau$，在整个球[1]内 $\sin^2\theta$ 的平均值为 2/3。因此横向电场所包含的总能量为

$$\frac{2}{3}4\pi R^2c\tau\frac{q^2a^2}{32\pi^2\varepsilon_0R^2c^4}=\frac{q^2a^2\tau}{12\pi\varepsilon_0c^3} \tag{H.5}$$

此处，我们需要提及一个与横向磁场中储存能量相等的量（见9.6.1小节）：

$$\text{磁场中储存的全部能量}=\frac{q^2a^2\tau}{6\pi\varepsilon_0c^3} \tag{H.6}$$

上式中半径 $R$ 被消去了。当粒子减速时，这些能量由粒子所处位置以速度 $c$ 向外面无衰减地辐射出。由于 $\tau$ 既是减速所持续的时间，又是远处观察者所观测到的电磁脉冲的时间宽度，所以我们可以说减速过程中粒子放出能量的功率为

$$\boxed{P_{\text{rad}}=\frac{q^2a^2}{6\pi\varepsilon_0c^3}} \tag{H.7}$$

对于式（H.7）中出现的瞬时加速度的平方来说，$a$ 是正数或负数无所谓。当然实际上也确实应该如此，因为对一个惯性系来说，停止运动可能对另一个惯性系来说恰好是开始运动。说到不同参考系这一问题，我们顺便提及 $P_{\text{rad}}$ 本身就满足洛伦兹不变性，利用这一点有时候可以方便地解释问题。这是因为 $P_{\text{rad}}$ 为能量/时间，而能量在变换时与时间类似，都是四元矢量的第四

1　我们所说的图 H.2 中的极坐标轴为 $x$ 轴：$\cos^2\theta=x^2/R^2$。$\overline{x^2}=\overline{y^2}=\overline{z^2}=R^2/3$，因此 $\overline{\cos^2\theta}=1/3$，且 $\overline{\sin^2\theta}=1-\overline{\cos^2\theta}=2/3$。你也可以做一个积分，环 $x$ 轴的圆带面积与 $\sin\theta$ 成正比，因此积分结果为 $\sin^3\theta$。

分量，这一点在附录 G 中有解释。

这里我们有一个更普适的结论：对于做变加速运动——例如简谐振动——的带电粒子，式(H.7) 正确地给出了其放射能量的瞬时速率。这对于大至收音机天线小至原子和原子核的很大范围内的类似问题都是适用的。

# 练　　习

## H.1　能量比 *

电子初始以速度 $v$（非相对论性）做匀速直线运动，之后按加速度 $a$ 做匀减速运动，经时间 $t=v/a$ 静止。试比较电子减速运动过程中辐射出的电磁能量和初始动能。用两个长度，即时间 $t$ 内光传播的距离和以 $e^2/4\pi\varepsilon_0 mc^2$ 定义的经典电子半径 $r_0$，来表示上述能量比例。

## H.2　简谐运动 * *

一电子做频率为 $\omega$、振幅为 $A$ 的简谐运动。

(a) 求电子辐射能量的平均速率；

(b) 若没有外部提供的能量弥补能量的损失，那么过多久振子的能量变为初始值的 $1/e$?（答案：$6\pi\varepsilon_0 mc^3/e^2\omega^2$。）

## H.3　汤姆逊散射 * *

现有一束平面电磁波射向一个孤立的电子，电磁波频率为 $\omega$，电场振幅为 $E_0$。这将导致电子做正弦振荡，振荡过程中最大加速度为 $E_0 e/m$（所受的最大力除以 $m$）。经过多个周期之后，此振荡粒子平均每周期中辐射出多少能量?（注意，这与 $\omega$ 无关。）以这个平均每周期辐射出的能量除以入射波的平均能量密度（波前单位面积上的能量），即 $\varepsilon_0 E_0^2 c/2$，由此得出一个量纲为面积的常数 $\sigma$，称为散射截面。电子辐射出的能量，或者说是被散射掉的能量，加上平面波损失的能量，即等于覆盖到面积 $\sigma$ 上的能量。（此处所讨论的包含非相对论性运动的自由电子的系统，常被称为汤姆逊散射系统，这是根据 J. J. Thomson 命名的，他发现了电子，并首次对此问题进行了计算。）

## H.4　同步加速器辐射 * *

虽然我们在推导式 (H.7) 时假设 $v_0 \ll c$，但此式仍可以用于分析相对论性运动的粒子。我们只需要暂时将问题中各个条件转化至另一个粒子所在的惯性系 $F'$，此惯性系缓慢移动，然后将式 (H.7) 应用于该惯性系，之后将其转换回我们所选择的其他任意参考系即可。现考虑一个高度相对论性运动的电子 ($\gamma \gg 1$)，它垂直于磁场 $\boldsymbol{B}$ 运动。在垂直于磁场运动时电子不断变速，在此过程中一定伴随着能量辐射。电子的能量损耗速率是多少? 要解决这一问题，我们可以将其转化至一个与电子保持相对静止的参考系 $F'$中，求出此参考系中的 $E'$和 $P_{\text{rad}}'$。现在请读者证明，由于功率为能量/时间，所以 $P_{\text{rad}} = P_{\text{rad}}'$。这种辐射通常被称为同步加速器辐射。（答案：$P_{\text{rad}} = \gamma^2 e^4 B^2/6\pi\varepsilon_0 m^2 c$。）

# 附录I 超导

室温下金属铅是一种比较好的导体。正如其他纯金属一样，其电阻率按正比于热力学温度的方式变化。如果铅导线降温至15K，那么它的电阻将变为室温下阻值的1/20，且随着温度降低，其阻值也会继续降低。但当温度降至7.22K以下时，会毫无先兆地出现一个令人惊奇的结果：其电阻会变得几近于零，以致正常情况下在闭环导线中流动不足一个毫秒就会消耗殆尽的电流现在能持续流转数年，且其间测量不到电能消耗。该现象很快就被证实了。另一个实验则证实上述电流可以持续存在数十亿年。因此，上述情况下电阻数值为零是一个不争的事实。显然，在7.22K以下时导线中发生了一些不同寻常的导电现象，我们称之为超导。

超导现象最早是在1911年由杰出的荷兰实验物理学者Kamerlingh Onnes发现的。他最初在水银中发现了超导现象，其临界温度为4.16K。从那时起人们发现了数百种元素、合金以及化合物超导体，它们的临界温度分布在小至约一毫开尔文大至目前所发现的最高138K的范围之间。奇怪的是，不会变为超导体的金属元素包括常温下几种最好的导体，如银、铜以及碱金属等。

从本质上说，超导是一种量子-机械现象，且是类似现象中非常奇特的一种。无阻流动的电流中所包含的电子会严格地规则运动。这就像原子内电子的运动是不会被微扰因素影响的，其原因与超导中相仿：要改变电子的运动状态，必须精确给它两种运动状态之间的能量差。这就像在绝缘体中，电子占据了价带的各个能级，而价带和导带之间存在能量带隙。在绝缘体价带中电子填补各个能级时需要保证净电流量为零，而超导体中电子在最低能态则可以有净电子速度，也因此会有某方向的电流流动。为什么在某临界温度下会出现这种奇特的现象呢？在这里我们还无法解释。[1] 这种现象中不仅包含着导电电子间的相互作用，还包含着电子与正电性晶格间的相互作用，而电子正是在这些晶格间穿行。这也正是为什么不同的物质具有不同的临界温度，而另一些物质（被认为）在绝对零度下也仍是常规导体。

在超导这一物理现象中，磁场起着比我们能想象到的更重要得多的作用。首先我们必须说明，超导这一现象完全没有违背麦克斯韦方程组。而在超导线环电阻确实为零的情况下，线环中持久存在的电流可以直接按法拉第电磁感应定律推导得出。如果我们先假设穿过线环的通量为一个确定值 $\Phi_0$，由于绕整个线环 $\int \boldsymbol{E} \cdot \mathrm{d}\boldsymbol{s}$ 一定为零（否则由于电阻为零，电流会变为无穷大），所以 $\mathrm{d}\Phi/\mathrm{d}t$ 一定为零，

1 特定临界温度下电子突然变成规则运动这一现象会让我们想起金属在居里温度以下其中的电子自旋会自发地重新排布（在11.11节中提及）。这种合作现象中通常伴随着大量的粒子间相互作用。另一个我们比较熟悉的合作现象是水的结冰，这种现象也具有一个明确定义的临界温度。

即通量保持不变，这样电流 $I$ 会自然变为任何能保持通量为 $\Phi_0$ 的值。图 I.1 简单地对上述问题做了证明，该图也向我们展示了一个孤立超导线环中为何会存在持久的电流。

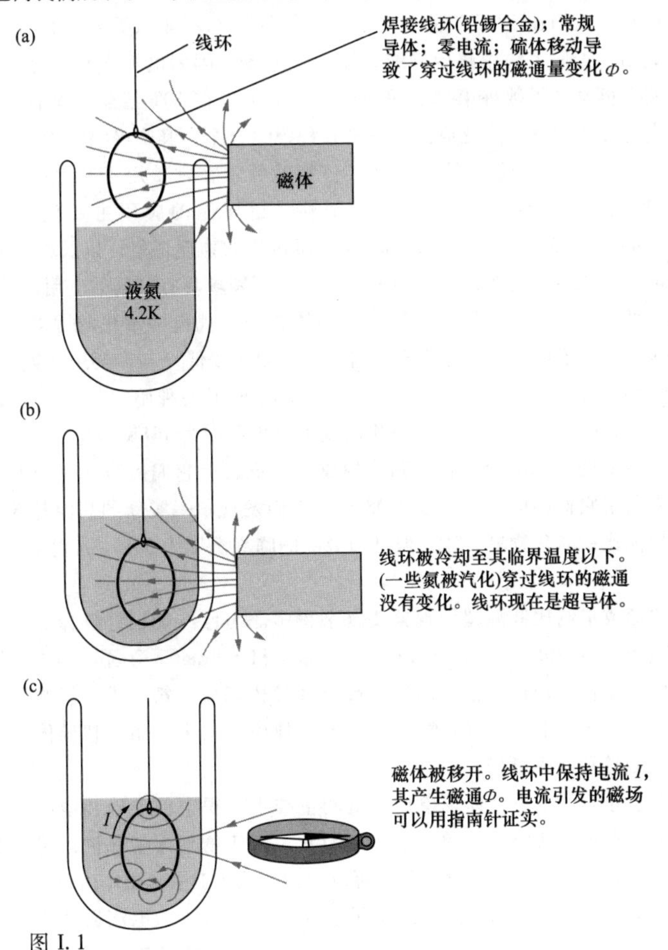


图 I.1

该图展示了超导线环中为何存在永久电流。线环由铅锡合金导线经普通焊接而成。（a）线环在没有被降温时是常规导体，具有欧姆电阻。将图中的磁体向上移动会使线环中产生很快消失的电流，其间伴有穿过线环的磁通量变化 $\boldsymbol{\Phi}$。（b）将盛有液氮的容器升高，其间不改变线环和磁体的相对位置。现在线环被冷却至其临界温度以下，成了电阻为零的导体。（c）磁体被移开。穿过零电阻线环的磁通量不再变化。只要线环保持在其临界温度以下，线环中就会有电流动动，而此电流产生的磁通量正是 $\boldsymbol{\Phi}$。永久电流引发的磁场可以用指南针证实。

超导体可以分为两类。第一类超导体，其本身材料内部（除了非常靠近表面的部分）的磁场始终为零。这并非由麦克斯韦方程组导出的结果，而是超导状态的一种基本特质，而且曾经因为这种状态下没有电阻而对人们造成了困惑。第一类超导体表面层中的电流会自然地使超导体内部 $\boldsymbol{B}=0$。在第二类超导体中，在某个确定温度范围内，且在外部磁场存在的条件下，超导体内部会存在量子化的磁通量管。这些磁通量管周围环绕着电流涡流（本质上与小螺线管类似），这些涡流使得材料其余部分的磁场可以为零。在这些磁通量管外部的材料具有超导性质。

强磁场会破坏超导现象，尽管第二类超导体通常能比第一类超导体承受更强的磁场，但仍会被足够强的磁场影响。人们在1957年前发现的所有超导体都不能承受超过数百高斯的磁场，这阻碍了超导体的应用。人们无法用超导导线来输送强电流，因为电流本身的磁场足以破坏超导状态。但之后研究人员发现了数种第二类超导体，它们可以在10T甚至更强的磁场下保持零电阻。有一种第二类超导体得到了广泛应用，它是一种铌锡合金，其临界温度为18K，且在被冷却至4K时能够承受高达25T的磁场。第二类超导体螺线管现在常被用于产生稳定的20T的磁场，它除了制冷所需之外不会需要额外的能量消耗。超导体的应用主要包括磁共振成像（magnetic resonance imaging，MRI，其原理为附录J中所讨论的物理现象）以及粒子加速。此外，超导体在诸如大型电机、磁悬浮列车以及长距离电能传输等领域具有广阔的应用前景。

除了临界磁场以外，临界温度是另一个决定超导体能否大规模实用化的因素。特别是，如果临界温度高于77K，则由于可以用液氮冷却，制冷成本相对较低（与需要用液氦的4K相比）。在1986年之前，已知最高的临界温度为23K。之后人们发现了一种临界温度为30K的超导体（一种铜的氧化物，或者叫铜酸盐）。此后，很快出现了临界温度为138K的超导体，这些超导体被称为高温超导体。不幸的是，尽管对它们制冷的成本很低，但它们的脆弱易碎使得它们很难被制成导线，从而限制了它们的应用。直至2008年，人们发现了一类新的高温超导体，其共有元素为铁。此类超导体比铜氧化物更柔软，但已知最高的临界温度为55K，人们希望其最终跨越77K的阈值。

高温超导现象的形成机制比低温超导现象要复杂得多。与已经能很好解释低温超导体现象的BCS理论（该理论建立于1957年，由Bardeen、Cooper和Schrieffer命名）不同，针对高温超导体人们至今没有建立完备的理论。已知的所有高温超导体都属于第二类，但并非所有第二类超导体都是高温超导体。实际上，目前MRI机及其他大规模应用中适用的超导体正是低温第二类超导体（既柔软又能够承受强磁场）。

另一方面，关于超导体的量子物理现象使得电测量技术变得空前准确和敏感——例如通过对振荡频率的简单测量即可对伏特这一单位进行规范化。对于物理学者来说，超导现象是量子力学的令人感到神奇的大规模现代化产物。我们可以追溯至图I.1中永磁体内自旋电子的内禀磁矩——一种尺寸小于$10^{-10}$m的超导电流。在某种意义上，内部有永久电流通过的导线环像是一个巨大的原子，与之相关的电子——实际上有无数多个电子——的运动会在同一量子态下排列为一个完美有序的系统。

# 附录 J 磁共振

电子具有自旋角动量 $\boldsymbol{J}$，其大小始终为 $h/4\pi$，或 $5.273\times10^{-35}\text{kg}\cdot\text{m}^2/\text{s}$。与自旋转轴相关的是大小为 $0.9285\times10^{-23}\text{J/T}$ 的磁偶极矩 $\mu$（见 11.6 节）。在磁场中电子会受到一个扭矩的作用，此扭矩会使磁偶极矩趋向于场的方向。电子对此的响应类似于快速转动的陀螺：自旋转轴并非变为与场对齐的方向，而是绕着场的方向旋转。现在我们来分析为何旋转的磁体会做这种运动。如图 J.1 所示，对于电子一类的带负电的粒子，磁矩 $\boldsymbol{\mu}$ 方向与角动量 $\boldsymbol{J}$ 相反。磁场 $\boldsymbol{B}$（由螺线管或者其他磁体产生的场，图中未显示）所产生的扭矩为 $\boldsymbol{\mu}\times\boldsymbol{B}$。在图中所示的时刻，该扭矩为指向 $x$ 轴负向的矢量，其大小由式（11.48）给出，即 $\mu B\sin\theta$。经过一小段时间 $\Delta t$ 后，该扭矩会对上述角动量产生一个增量 $\Delta\boldsymbol{J}$，增量方向为扭矩方向，增量大小为 $\mu B\sin\theta\Delta t$。$\boldsymbol{J}$ 的大小为 $J\sin\theta$ 的水平分量因此会偏转一个角度 $\Delta\psi$，该角度为

$$\Delta\psi=\frac{\Delta J}{J\sin\theta}=\frac{\mu B\Delta t}{J} \tag{J.1}$$

随着此过程的继续，矢量 $\boldsymbol{J}$ 的上端会以恒定角速度 $\omega_p$ 做圆周运动：

$$\omega_p=\frac{\Delta\psi}{\Delta t}=\frac{\mu B}{J} \tag{J.2}$$

这就是自旋轴旋转的速度。注意，由于对于任意俯仰角上式都成立，所以可以消去 $\sin\theta$。

对于电子来说，$\mu/J$ 的值为 $1.761\times10^{11}\ \text{s}^{-1}\cdot\text{T}^{-1}$。在强度为 1G（$10^{-4}$T）的场中，自旋矢量旋转的角速度为 $1.761\times10^{7}$ rad/s，或者说是 $2.80\times10^{6}$ r/s。质子与电子具有完全相同自旋角动量，即 $h/4\pi$，但磁矩则较小。这是可以预料得到的，因为质子的质量是电子的 1836 倍。在有关轨道角动量的示例中［见式（11.29）］，我们知道了自旋中的基本粒子的磁矩与其质量成反比，其他部分则与上述情况相同。而实际上质子的磁矩为 $1.411\times10^{-26}$ J/T，仅比电子磁矩小 660 倍，这样看来质子可以看作某种复合粒子。在 1G 强度的磁场中，质子的自旋轴每秒转 4258 圈。约 40%的稳定原子核具有其本征角动量，以及与其对应的磁偶极矩。

我们可以通过分析磁偶极矩对电路的影响来确定它们的旋转。现假设有一个质子处于磁场 $B$ 中，其自旋轴与场垂直，质子周围环绕着一个小线圈，见图 J.2。质子的旋转会产生穿过线圈的交变变化磁通量，小磁棒在上下旋转过程中也会产生类似的效果。线圈内会产生按旋转频率变化的交变电压。我们可以想象，这样由单一质子引发的电压太过微弱，因而无法测量得到。但我们很容易就可以找到更多的质子——$1\text{cm}^3$ 水中含有 $7\times10^{22}$ 个质子（此处只考虑每个水分子中的两个氢原子），这些质子都具有相同的频率。问题在于，它们不会同时指向相同的方向。实际上，它们自旋轴与磁矩的方向非常均匀地分布于所有可能的方向，因此它们的场基本上会相互

抵消，但我们可以采取相应的措施使其变得规律。如果将水置于强磁场 $B$ 中，则数秒后由于磁场能量的影响会出现轻微的净质子磁矩，其方向与 $\boldsymbol{B}$ 相同。对于常见的顺磁性材料，上述净磁矩大小的数量级与 $\mu B/kT$ 相同。虽然在一百万质子磁矩中可能也只能有一个这样不会被抵消掉的磁矩，但当对应质子在线圈中开始旋转时，就会产生可以探测到的信号。

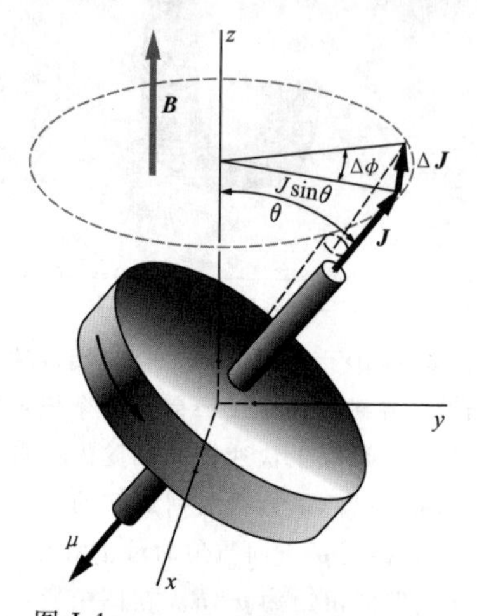


图 J.1
处于外部磁场作用下磁体的旋转。对于一个带负电的转子，自旋角动量 $\boldsymbol{J}$ 和磁偶极矩 $\boldsymbol{\mu}$ 指向相反的方向。

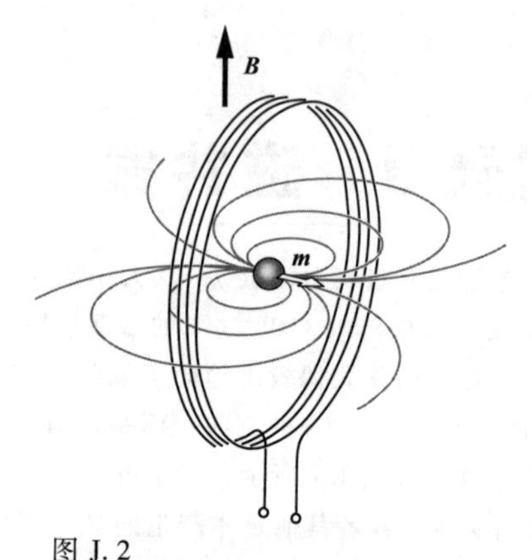


图 J.2
线圈中心磁偶极矩的旋转会使穿过线圈的磁通量发生周期性的变化，从而在线圈中引发一个交变电动势。注意，偶极子 $\boldsymbol{m}$ 所产生的与线圈相关的磁通量为环绕线圈外部的部分。见练习 J.1。

图 J.3 所示为一种可以用来探测微弱场（如地磁场）中的原子自旋轴旋转的方法。如果要观测电子或原子核的自旋轴旋转，则有许多其他的方法。在这些方法中通常需要利用一个稳定磁场和一个在 $\omega_p$ 附近某频率振荡的磁场。对电子自旋（电子顺磁共振，electron paramagnetic resonance，EPR）来说，此频率通常为数千兆赫，而原子核自旋（核磁共振，nuclear magnetic resonance，NMR）对应频率为几十兆赫。受到分子内部磁场之间的相互影响，自旋轴旋转频率，或者说是共振频率，会产生轻微的频移，而这使得 NMR 在诸如化学领域等多个方面都得到重要应用。在对某复合分子进行分析时，通常可以通过某质子自旋轴旋转频率变化来判断其位置。

磁场能够很容易地渗透进普通非磁性材料，如果材料本身电导率或磁场变化频率不太大，那么外部磁场会在材料内部引发交变的磁场。在我们的示例中，将一瓶水置于 2000G 磁场中，会使质子极化方向按照 $8.516\times10^6$r/s 的速度旋转。旋转动量对应的场会在瓶外线圈内引发一个 8.516MHz 频率的信号。上述情况对人体来说同样成立，因为人体在作为电介质来看时可以认为是水的集合体。在 NMR 成像（或者叫磁共振成像，magnetic resonance imaging，MRI）中，通过核磁共振可以显示出人体内的情况。在这种应用中，外部线圈中的旋转质子所产生的高频信号能够测得人体内某确定位置处的氢原子浓度。如果稳定磁场 $B$ 在空间中按照某确定的梯度变化，那么，由于 $B$ 能够通过式（J.2）确定测得信号中的旋转频率，我们就可以进而通过该频率确定信号源在体内的具体位置。

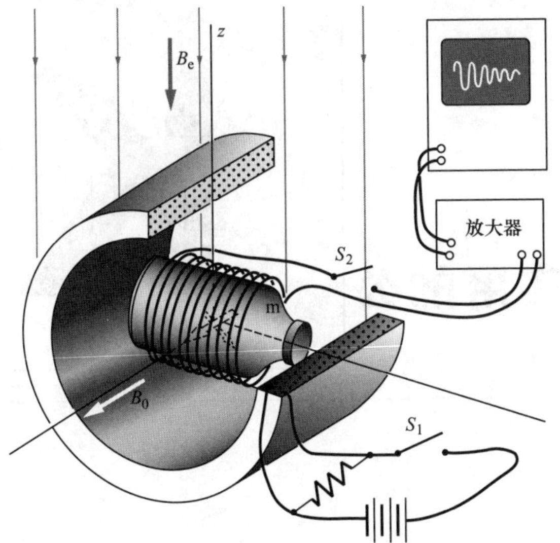


图 J.3
用于观测地磁场 $B_e$ 中质子自旋轴旋转的装置。两个相互正交放置的线圈内部放着一瓶水。将开关 $S_2$ 断开，$S_1$ 闭合，较大的线圈会产生一个强磁场 $B_0$。对于通常的顺磁体（见11.6节），如果偶极子指向场的方向则能量较低，但热量会对此产生干扰。此处我们所说的偶极子是水分子中的质子（氢原子核）。当系统达到热平衡后（在此示例中需要数秒），通过累计所有质子磁矩 $\mu B_0/kT$ 即可得到整体的磁化强度。现在我们将强磁场 $B_0$ 关闭，并将联通水瓶与放大器的开关 $S_2$ 闭合。此时磁矩 $\boldsymbol{m}$ 在 $xy$ 平面内绕残余的弱磁场 $B_e$ 旋转，其旋转速率由式（J.2）给出。旋转矢量 $\boldsymbol{m}$ 的交变 $y$ 向分量会在线圈中引发交变的电压，此电压经放大后可以被观测到。通过测量其频率即可精确确定 $B_e$。强磁场 $B_0$ 引起的磁化现象会在数秒内被热量的无序振荡破坏，因此上述信号也会同时消失。此类及其他类别的磁共振磁力计被地理物理学者用来探究地球磁场，有时甚至被考古学家用于定位随葬器物。

## 练　　习

### J.1 质子产生的电动势**

在图 J.2 中，半径为 $a$ 的四匝线圈中心处有一个质子，自旋轴旋转频率为 $\omega_p$。假设此质子磁矩为 $1.411\times10^{-26}$ J/T，求出它在线圈中引发的交变电动势的表达式。

### J.2 一瓶水产生的电动势***

(a) 在图 J.3 中，若室温下水瓶中装有 200cm$^3$ 的 $H_2O$，磁感应强度 $B_0$ 为1000G，那么净磁矩 $\boldsymbol{m}$ 为多大？

(b) 根据练习题 J.1 的结果，粗略估计线圈所能产生的信号电压，已知磁感应强度 $B_e$ 为 0.4G，线圈直径 4cm，匝数为 500 匝。

# 附录 K　一些实用的公式/事实

## K.1　基本常数

| | | |
|---|---|---|
| 光速 | $c$ | $2.998 \cdot 10^{8}$ m/s |
| 基本电荷量 | $e$ | $1.602 \cdot 10^{-19}$ C |
| | | $4.803 \cdot 10^{-10}$ esu |
| 电子质量 | $m_e$ | $9.109 \cdot 10^{-31}$ kg |
| 质子质量 | $m_p$ | $1.673 \cdot 10^{-27}$ kg |
| 阿伏伽德罗常量 | $N_A$ | $6.022 \cdot 10^{-23}$ mole$^{-1}$ |
| 玻尔兹曼常量 | $k$ | $1.381 \cdot 10^{-23}$ J/K |
| 普朗克常量 | $h$ | $6.626 \cdot 10^{-34}$ J · s |
| 引力常量 | $G$ | $6.674 \cdot 10^{-11}$ m$^3$/(kg · s$^2$) |
| 电子磁矩 | $\mu_e$ | $9.285 \cdot 10^{-24}$ J/T |
| 质子磁矩 | $\mu_p$ | $1.411 \cdot 10^{-26}$ J/T |
| 真空介电常数 | $\varepsilon_0$ | $8.854 \cdot 10^{-12}$ C$^2$/(N · m$^2$) |
| 真空磁导率 | $\mu_0$ | $1.257 \cdot 10^{-6}$ T · m/A |

$\mu_0$ 的确切数值为 $4\pi \cdot 10^{-7}$（根据定义）。

$\varepsilon_0$ 的确切数值为$(4\pi \cdot [3]^2 \cdot 10^9)^{-1}$，其中 $[3] \equiv 2.99792458$（见附录 E）。

## K.2　积分表

$$\int \frac{\mathrm{d}x}{x^2 + r^2} = \frac{1}{r} \arctan\left(\frac{x}{r}\right) \tag{K.1}$$

$$\int \frac{\mathrm{d}x}{\sqrt{1 - x^2}} = \arcsin x \tag{K.2}$$

$$\int \frac{\mathrm{d}x}{\sqrt{x^2 - 1}} = \ln(x + \sqrt{x^2 - 1}) \tag{K.3}$$

$$\int \frac{\mathrm{d}x}{\sqrt{x^2+a^2}} = \ln\left(\sqrt{x^2+a^2}+x\right) \tag{K.4}$$

$$\int \frac{\mathrm{d}x}{(a^2+x^2)^{3/2}} = \frac{x}{a^2(a^2+x^2)^{1/2}} \tag{K.5}$$

$$\int \ln x\mathrm{d}x = x\ln x - x \tag{K.6}$$

$$\int x^n \ln\left(\frac{a}{x}\right)\mathrm{d}x = \frac{x^{n+1}}{(n+1)^2} + \frac{x^{n+1}}{n+1}\ln\left(\frac{a}{x}\right) \tag{K.7}$$

$$\int x\mathrm{e}^{-x}\mathrm{d}x = -(x+1)\mathrm{e}^{-x} \tag{K.8}$$

$$\int x^2\mathrm{e}^{-x}\mathrm{d}x = -(x^2+2x+2)\mathrm{e}^{-x} \tag{K.9}$$

$$\int \sin^3 x\mathrm{d}x = -\cos x + \frac{\cos^3 x}{3} \tag{K.10}$$

$$\int \cos^3 x\mathrm{d}x = \sin x - \frac{\sin^3 x}{3} \tag{K.11}$$

$$\int \frac{\mathrm{d}x}{\cos x} = \ln\left(\frac{1+\sin x}{\cos x}\right) \tag{K.12}$$

$$\int \frac{\mathrm{d}x}{\sin x} = \ln\left(\frac{1-\cos x}{\sin x}\right) \tag{K.13}$$

$$\int \frac{\cos x\mathrm{d}x}{(1-a^2\cos^2 x)^{3/2}} = \frac{\sin x}{(1-a^2)\sqrt{1-a^2\cos^2 x}} \tag{K.14}$$

$$\int \frac{\sin x\mathrm{d}x}{(1-a^2\sin^2 x)^{3/2}} = \frac{-\cos x}{(1-a^2)\sqrt{1-a^2\sin^2 x}} \tag{K.15}$$

$$\int \frac{\cos x\mathrm{d}x}{[1-b^2\sin^2(x-a)]^{3/2}} = \frac{(2-b^2)\sin x + b^2\sin(2a-x)}{2(1-b^2)\sqrt{1-b^2\sin^2(a-x)}} \tag{K.16}$$

$$\int \frac{\sin x(a\cos x - b)\mathrm{d}x}{(a^2+b^2-2ab\cos x)^{3/2}} = \frac{-a+b\cos x}{b^2\sqrt{a^2+b^2-2ab\cos x}} \tag{K.17}$$

## K.3　矢量恒等式

$$\nabla\cdot(\nabla\times\boldsymbol{A}) = 0$$

$$\nabla\cdot(f\boldsymbol{A}) = f\nabla\cdot\boldsymbol{A} + \boldsymbol{A}\cdot\nabla f$$

$$\nabla\cdot(\boldsymbol{A}\times\boldsymbol{B}) = \boldsymbol{B}\cdot(\nabla\times\boldsymbol{A}) - \boldsymbol{A}\cdot(\nabla\times\boldsymbol{B})$$

$$\nabla\times(\nabla f) = 0$$

$$\nabla\times(f\boldsymbol{A}) = f\nabla\times\boldsymbol{A} + (\nabla f)\times\boldsymbol{A}$$

$$\nabla\times(\nabla\times\boldsymbol{A}) = \nabla(\nabla\cdot\boldsymbol{A}) - \nabla^2\boldsymbol{A}$$

$$\nabla\times(\boldsymbol{A}\times\boldsymbol{B}) = \boldsymbol{A}(\nabla\cdot\boldsymbol{B}) - \boldsymbol{B}(\nabla\cdot\boldsymbol{A}) + (\boldsymbol{B}\cdot\nabla)\boldsymbol{A} - (\boldsymbol{A}\cdot\nabla)\boldsymbol{B}$$

$$\boldsymbol{A}\times(\boldsymbol{B}\times\boldsymbol{C}) = \boldsymbol{B}(\boldsymbol{A}\cdot\boldsymbol{C}) - \boldsymbol{C}(\boldsymbol{A}\cdot\boldsymbol{B})$$

$$\nabla(\boldsymbol{A}\cdot\boldsymbol{B}) = (\boldsymbol{A}\cdot\nabla)\boldsymbol{B} + (\boldsymbol{B}\cdot\nabla)\boldsymbol{A} + \boldsymbol{A}\times(\nabla\times\boldsymbol{B}) + \boldsymbol{B}\times(\nabla\times\boldsymbol{A})$$

## K.4　泰勒级数

泰勒级数的通常形式为

$$f(x_0+x)=f(x_0)+f'(x_0)+\frac{f''(x_0)}{2!}x^2+\frac{f'''(x_0)}{3!}x^3+\cdots \tag{K.18}$$

通过连续求导并令 $x=0$ 即可证明上式。例如，取一阶导并令 $x=0$，则等式左边为 $f'(x_0)$，右侧也为 $f'(x_0)$，这是因为第一项为常量，在微分后为零，第二项对应 $f'(x_0)$，之后的所有项由于都包含 $x$ 项，所以在 $x=0$ 时这些项为零。类似地，如果我们取二阶导并令 $x=0$，则等式两边都为 $f''(x_0)$，这可以推广至任意阶。因此，由于式（K.18）等号两侧在 $x=0$ 时相等，且对于任意 $n$，取两侧表达式的 $n$ 阶导，在 $x=0$ 时它们仍相等，所以它们一定是等价的表达式（假设它们都是有具体意义的方程，这就像我们平时处理物理问题时所做的那样）。

下面列出了常见的一些泰勒级数，它们都是在 $x_0=0$ 处展开的。本书中，我们很多次在研究极限小情况下的问题时都利用了这些级数。这些级数都是通过式（K.18）推导而来的，当然，某些情况下有更快的推导方法。例如，要得到式（K.20）最简单的方法是对式（K.19）做微分，而式（K.19）则可以通过叠加几何级数而得。

$$\frac{1}{1-x}=1+x+x^2+x^3+\cdots \tag{K.19}$$

$$\frac{1}{(1-x)^2}=1+2x+3x^2+4x^3+\cdots \tag{K.20}$$

$$\ln(1-x)=-x-\frac{x^2}{2}-\frac{x^3}{3}-\cdots \tag{K.21}$$

$$e^x=1+x+\frac{x^2}{2!}+\frac{x^3}{3!}+\cdots \tag{K.22}$$

$$\cos x=1-\frac{x^2}{2!}+\frac{x^4}{4!}-\cdots \tag{K.23}$$

$$\sin x=x-\frac{x^3}{3!}+\frac{x^5}{5!}-\cdots \tag{K.24}$$

$$\sqrt{1+x}=1+\frac{x}{2}-\frac{x^2}{8}+\cdots \tag{K.25}$$

$$\frac{1}{\sqrt{1+x}}=1-\frac{x}{2}+\frac{3x^2}{8}+\cdots \tag{K.26}$$

$$(1+x)^n=1+nx+\binom{n}{2}x^2+\binom{n}{3}x^3+\cdots \tag{K.27}$$

## K.5　复数

关于虚数 i 的定义为 $i^2=-1$。（当然，$-i$ 的平方同样为 $-1$。）通常一个具有实部和虚部的复数 $z$ 可以写为 $a+bi$ 的形式，其中 $a$ 和 $b$ 为实数。这样一个复数可以被描述为复平面上的一个点 $(a, b)$，此平面的 $x$ 和 $y$ 分别为实轴和虚轴。

关于复数的最重要的一个公式为

$$e^{i\theta}=\cos\theta+i\sin\theta \tag{K.28}$$

要对该式进行证明，只需对等式两边同时进行泰勒级数展开。由式（K.22）可知，式（K.28）左侧第一、三、五等各项为实数，由式（K.23）可知这些项的和为 $\cos\theta$。类似地，第二、四、六等各项为虚数，由式（K.24）可知它们的和为 $i\sin\theta$。将上述过程写出来，即

$$\begin{aligned} e^{i\theta} &= 1+i\theta+\frac{(i\theta)^2}{2!}+\frac{(i\theta)^3}{3!}+\frac{(i\theta)^4}{4!}+\frac{(i\theta)^5}{5!}+\cdots \\ &=\left(1-\frac{\theta^2}{2!}+\frac{\theta^4}{4!}+\cdots\right)+i\left(\theta-\frac{\theta^3}{3!}+\frac{\theta^5}{5!}+\cdots\right) \\ &=\cos\theta+i\sin\theta \end{aligned} \tag{K.29}$$

原式成立。

令式（K.28）中的 $\theta\to-\theta$ 可得 $e^{-i\theta}=\cos\theta-i\sin\theta$。将此式与式（K.28）结合就可以得到 $\cos\theta$ 和 $\sin\theta$ 的复指数表达式：

$$\cos\theta=\frac{e^{i\theta}+e^{-i\theta}}{2},\ \sin\theta=\frac{e^{i\theta}-e^{-i\theta}}{2i} \tag{K.30}$$

通过复平面中笛卡儿坐标（$a$，$b$）描述的复数 $z$ 也可以用极坐标（$r$，$\theta$）表示。通过笛卡儿坐标与极坐标之间的变换可得半径 $r$ 和角度 $\theta$（见图 K.1）：

$$r=\sqrt{a^2+b^2},\ \theta=\arctan(b/a) \tag{K.31}$$

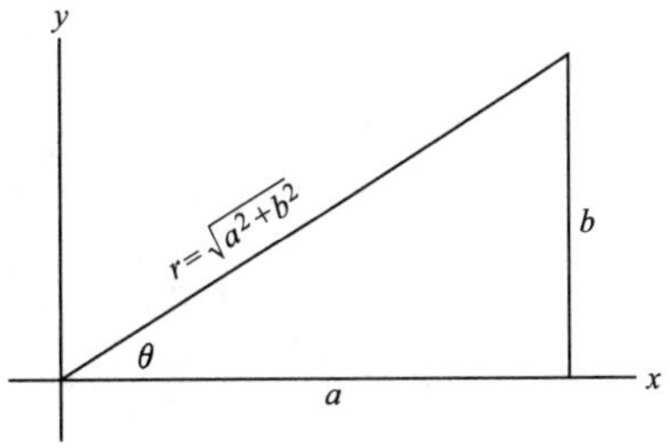

图 K.1 复平面中的笛卡儿坐标与极坐标

利用式（K.28），我们将 $z$ 表示为如下极坐标形式：

$$a+bi=(r\cos\theta)+(r\sin\theta)i=r(\cos\theta+i\ \sin\theta)=re^{i\theta} \tag{K.32}$$

可见指数中的量（除去 i）等于复平面中矢量的角度。

复数 $z$ 的复共轭以 $z^*$（或 $\bar{z}$）表示，其定义为 $z^*\equiv a-bi$，或与其等价的 $z^*\equiv re^{-i\theta}$。笛卡儿坐标系下的点（$a$，$b$）关于实轴对称的点即其复共轭对应的点。注意，从 $z^*$ 的这几种表达形式中我们都可以看出 $r$ 可以写为 $r=\sqrt{zz^*}$。半径 $r$ 即我们所说的 $z$ 的大小或绝对值，通常表示为 $|z|$。某复数积的复共轭为复数复共轭的乘积，即 $(z_1z_2)^*=z_1^*z_2^*$。要对此进行证明，只需将 $z_1$ 和 $z_2$ 写为极坐标形式。通过写为笛卡儿坐标同样可以完成证明，但稍为繁琐。该关系对两复数相除同样成立。

我们可以试着推导正弦和余弦的二倍角公式，以作为式（K.28）的应用实例。我们有

$$\begin{aligned} \cos2\theta+i\ \sin2\theta &= e^{i2\theta}=(e^{i\theta})2=(\cos\theta+i\ \sin\theta)2 \\ &=(\cos^2\theta-\sin^2\theta)+i(2\sin\theta\cos\theta) \end{aligned} \tag{K.33}$$

将等式两边实部分别做平方可得 $\cos2\theta=\cos^2\theta-\sin^2\theta$，而将虚部分别做平方则可得 $\sin2\theta=2\sin\theta\cos\theta$。用这种方法可以很容易地推导出其他三角函数公式。

## K.6 三角恒等式

$$\sin2\theta=2\sin\theta\cos\theta,\ \cos2\theta=\cos^2\theta-\sin^2\theta \tag{K.34}$$

$$\sin(\alpha+\beta)=\sin\alpha\cos\beta+\cos\alpha\sin\beta \tag{K.35}$$

$$\cos(\alpha+\beta)=\cos\alpha\cos\beta-\sin\alpha\sin\beta \tag{K.36}$$

$$\tan(\alpha+\beta)=\frac{\tan\alpha+\tan\beta}{1-\tan\alpha\tan\beta} \tag{K.37}$$

$$\cos\frac{\theta}{2}=\pm\sqrt{\frac{1+\cos\theta}{2}},\quad \sin\frac{\theta}{2}=\pm\sqrt{\frac{1-\cos\theta}{2}} \tag{K.38}$$

$$\tan\frac{\theta}{2}=\pm\sqrt{\frac{1-\cos\theta}{1+\cos\theta}}=\frac{1-\cos\theta}{\sin\theta}=\frac{\sin\theta}{1+\cos\theta} \tag{K.39}$$

双曲函数的定义可以类比于式（K.30），省略其中的 i 项：

$$\cosh x=\frac{e^{x}+e^{-x}}{2},\quad \sinh x=\frac{e^{x}-e^{-x}}{2} \tag{K.40}$$

$$\cosh^2 x-\sinh^2 x=1 \tag{K.41}$$

$$\frac{d}{dx}\cosh x=\sinh x,\quad \frac{d}{dx}\sinh x=\cosh x \tag{K.42}$$

# 参考文献

Andrews, M. (1997). Equilibrium charge density on a conducting needle. *Am. J. Phys.*, **65**, 846-850.

Assis, A. K. T., Rodrigues, W. A., Jr., and Mania, A. J. (1999). The electric field outside a stationary resistive wire carrying a constant current. *Found. Phys.*, **29**, 729-753.

Auty, R. P. and Cole, R. H. (1952). Dielectric properties of ice and solid $D_2O$. *J. Chem. Phys.*, **20**, 1309-1314.

Blakemore, R. P. and Frankel, R. B. (1981). Magnetic navigation in bacteria. *Sci. Am.*, **245**, (6), 58-65.

Bloomfield, L. A. (2010). *How Things Work*, 4th edn. (New York: John Wiley & Sons).

Boos, F. L., Jr. (1984). More on the Feynman's disk paradox. *Am. J. Phys.*, **52**, 756-757.

Bose, S. K. and Scott, G. K. (1985). On the magnetic field of current through a hollow cylinder. *Am. J. Phys.*, **53**, 584-586.

Crandall, R. E. (1983). Photon mass experiment. *Am. J. Phys.*, **51**, 698-702.

Crawford, F. S. (1992). Mutual inductance $M_{12}=M_{21}$: an elementary derivation. *Am. J. Phys.*, **60**, 186.

Crosignani, B. and Di Porto, P. (1977). Energy of a charge system in an equilibrium configuration. *Am. J. Phys.*, **45**, 876.

Davis, L., Jr., Goldhaber, A. S., and Nieto, M. M. (1975). Limit on the photon mass deduced from Pioneer-10 observations of Jupiter's magnetic field. *Phys. Rev. Lett.*, **35**, 1402-1405.

Faraday, M. (1839). *Experimental Researches in Electricity* (London: R. and J. E. Taylor).

Feynman, R. P., Leighton, R. B., and Sands, M. (1977). *The Feynman Lectures on*

*Physics*, vol. Ⅱ (Reading, MA: Addision-Wesley).

Friedberg, R. (1993). The electrostatics and magnetostatics of a conducting disk. *Am. J. Phys.*, **61**, 1084-1096.

Galili, I. and Goihbarg, E. (2005). Energy transfer in electrical circuits: a qualitative account. *Am. J. Phys.*, **73**, 141-144.

Goldhaber, A. S. and Nieto, M. M. (1971). Terrestrial and extraterrestrial limits on the photon mass. *Rev. Mod. Phys.*, **43**, 277-296.

Good, R. H. (1997). Comment on "Charge density on a conducting needle," by David J. Griffiths and Ye Li [*Am. J. Phys.* **64** (6), 706-714 (1996)]. *Am. J. Phys.*, **65**, 155-156.

Griffiths, D. J. and Heald, M. A. (1991). Time-dependent generalizations of the Biot-Savart and Coulomb laws. *Am. J. Phys.*, **59**, 111-117.

Griffiths, D. J. and Li, Y. (1996). Charge density on a conducting needle. *Am. J. Phys.*, **64**, 706-714.

Hughes, V. W. (1964). In Chieu, H. Y. and Hoffman, W. F. (eds.), *Gravitation and Relativity*. (New York: W. A. Benjamin), chap. 13.

Jackson, J. D. (1996). Surface charges on circuit wires and resistors play three roles. *Am. J. Phys.*, **64**, 855-870.

Jefimenko, O. (1962). Demonstration of the electric fields of current-carrying conductors. *Am. J. Phys.*, **30**, 19-21.

King, J. G. (1960). Search for a small charge carried by molecules. *Phys. Rev. Lett.*, **5**, 562-565.

Macaulay, D. (1998). *The New Way Things Work* (Boston: Houghton Mifflin).

Marcus, A. (1941). The electric field associated with a steady current in long cylindrical conductor. *Am. J. Phys.*, **9**, 225-226.

Maxwell, J. C. (1891). *Treatise on Electricity and Magnetism*, vol. I, 3rd edn. (Oxford: Oxford University Press), chap. VII. (Reprinted New York: Dover, 1954.)

Mermin, N. D. (1984a). Relativity without light. *Am. J. Phys.*, **52**, 119-124.

Mermin, N. D. (1984b). Letter to the editor. *Am. J. Phys.*, **52**, 967.

Nan-Xian, C. (1981). Symmetry between inside and outside effects of an electro-static shielding. *Am. J. Phys.*, **49**, 280-281.

O'Dell, S. L. and Zia, R. K. P. (1986). Classical and semiclassical diamagnetism: a critique of treatment in elementary texts. *Am. J. Phys.*, **54**, 32-35.

Page, L. (1912). A derivation of the fundamental relations of electrodynamics from those of electrostatics. *Am. J. Sci.*, **34**, 57-68.

Press, F. and Siever, R. (1978). *Earth*, 2nd edn. (New York: W. H. Freeman).

Priestly, J. (1767). *The History and Present State of Electricity*, vol. II, London.

Roberts, D. (1983). How batteries work: a gravitational analog. *Am. J. Phys.*, **51**, 829-831.

Romer, R. H. (1982). What do "voltmeters" measure? Faraday's law in a multiply connected region. *Am. J. Phys.*, **50**, 1089-1093.

Semon, M. D. and Taylor, J. R. (1996). Thoughts on the magnetic vector potential. *Am. J. Phys.*, **64**, 1361-1369.

Smyth, C. P. (1955). *Dielectric Behavior and Structure* (New York: McGraw-Hill).

Varney, R. N. and Fisher, L. H. (1980). Electromotive force: Volta's forgotten concept. *Am. J. Phys.*, **48**, 405-408.

Waage, H. M. (1964). Projection of electrostatic field lines. *Am. J. Phys.*, **32**, 388.

Whittaker, E. T (1960). *A History of the Theories of Aether and Electricity*, vol. I (New York: Harper), p. 266.

Williams, E. R., Faller, J. E., and Hill, H. A. (1971). New experimental test of Coulomb's law: a laboratory upper limit on the photon rest mass. *Phys. Rev. Lett.*, **26**, 721-724.

**图书在版编目（CIP）数据**

伯克利物理学教程：SI 版. 第 2 卷，电磁学；翻译版：原书第 3 版/（美）E. M. 珀塞尔（Edward M. Purcell），（美）D. J. 莫林（David J. Morin）著；宋峰等译. —北京：机械工业出版社，2017. 11（2025. 1 重印）
（“十三五”国家重点出版物出版规划项目　世界名校名家基础教育系列）
书名原文：Electricity and Magnetism，3rd edition
ISBN 978-7-111-57451-4

Ⅰ. ①伯…　Ⅱ. ①E…　②D…　③宋…　Ⅲ. ①电磁学-教材　Ⅳ. ①O4

中国版本图书馆 CIP 数据核字（2017）第 169227 号

机械工业出版社（北京市百万庄大街 22 号　邮政编码 100037）
策划编辑：张金奎　责任编辑：张金奎
责任校对：刘志文　封面设计：张　静
责任印制：张　博
北京中科印刷有限公司印刷
2025 年 1 月第 1 版第 7 次印刷
169mm×239mm · 45. 5 印张 · 2 插页 · 916 千字
标准书号：ISBN 978-7-111-57451-4
定价：188. 00 元

电话服务
客服电话：010-88361066
010-88379833
010-68326294

网络服务
机　工　官　网：www.cmpbook.com
机　工　官　博：weibo.com/cmp1952
金　　书　　网：www.golden-book.com
机工教育服务网：www.cmpedu.com

**封底无防伪标均为盗版**